DIE EHE

IHRE

PHYSIOLOGIE, PSYCHOLOGIE, HYGIENE UND EUGENIK

EIN BIOLOGISCHES EHEBUCH

HERAUSGEGEBEN VON

DR. MAX MARCUSE

BERLIN UND KÖLN

A. MARCUS & E. WEBER'S VERLAG

1927

Inhaltsverzeichnis

Vorwort

Daß die Ehe gegenwärtig eine Krisis durchlebt, von deren Ablauf das Schicksal der abendländischen Menschen, Staaten, Völker — der europäischen Zivilisation und Kultur — abhängt, darüber ist im letzten Jahrzehnt schon so viel gesagt und geschrieben worden, daß — vollends zu drucken — fast nichts mehr übrig geblieben scheint. Darum bedarf es einer Begründung, wenn ein neues „Ehebuch" sich in die Öffentlichkeit wagt. Am nächsten liegt der Hinweis darauf, daß — solange die Erkenntnis noch nicht zur Besserung geführt habe — die Wiederholung des schon oft — unter dieser Voraussetzung aber offenbar noch nicht hinreichend oft oder doch nicht eindringlich genug — Gesagten notwendig sei. Auch die Rechtfertigung mit rein subjektiven Tatbeständen: mit dem Bedürfnis des Einzelnen, auszusprechen, wie ihm sich das Problem darstelle, und seinem Vermeinen, neue Betrachtungsweisen zeigen oder neue Möglichkeiten erschließen zu können, läßt sich gegenüber einer Erscheinung von so unvergleichlichem Gewicht wie der Erschütterung der Ehe-Fundamente und dem Zerfall tausender von anscheinend festgefügten Ehe-Ordnungen wohl hören, wenn Erfahrung und Urteil zur Seite stehen. Dem Herausgeber würde solche Qualifikation vielleicht nicht abgesprochen werden. Aber diese persönliche Voraussetzung hätte ihm doch nicht genügt, um für das vorliegende Werk Interesse zu erwarten und zu fordern.

Als wesentlichste Repräsentanten des bisherigen Schrifttums über die Ehe ragen aus seiner Masse zwei Bücher hervor: *Keyserlings* „Ehebuch" und *van de Veldes* „Vollkommene Ehe". Es ist unvermeidlich, an ihnen kurz Kritik zu üben, um Willen und Recht dieses Werkes zu erläutern. Für *Keyserling* ist die Ehe ein metaphysisches Problem; er und seine Mitarbeiter suchen es durch „reine Erkenntnis" zu begreifen und durch eine „neue Sinngebung" zu lösen. Die Methode ist: intuitiv-künstlerische Anschauung, — das Ziel: Selbstverwirklichung des Menschen. Vom Kinde ist hier kaum irgendwo die Rede. Als dieses „Ehebuch" erschien, kam in mir der lang gehegte Plan zur Reife, „mein" Ehebuch herauszugeben. *Kurt Finkenrath* schlug eine gemeinsame Arbeit vor, weil wir beide von der Einsicht erfüllt waren: die einseitig irrationale Schau des Philosophen fordere die einseitig naturwissenschaftliche Untersuchung des Arztes heraus.

Dr. *Finkenrath* ordnete sich rasch der anders gedachten Anlage dieses Werkes ein und unter und überließ mir allein die Führung. Ich danke ihm dafür. Wie er „Ehekunde" meint, führt er in dem einleitenden Kapitel des näheren aus. Ich sah vor mir die Aufgabe, ein „Ehebuch" zu schaffen, in dem die Ehe nicht als metaphysisches, sondern als biologisches Problem behandelt werden, als Erkenntnismittel nicht Intuition, sondern Erfahrung dienen, als Ziel nicht Selbstverwirklichung, sondern Sicherung der Art und ihres kulturellen Gedeihens gelten sollte. So ist dies Buch also in bewußtem Gegensatz zu *Keyserling* entstanden. Gleichwohl ist beiden ein Gedanke gemeinsam. Die Ehe sei eine Schicksals- und Schuldgemeinschaft, die durch Liebe allein weder ersetzt noch erfüllt werden kann. Aber während *Keyserling* „Schicksal" und „Schuld" wesentlich nur an dem Paarverhältnis abwägt und gestaltet findet, ist uns Wert und Sinn der Ehe vom Kinde, von den Kindern her gegeben. Mit nichten bedeute dies Mißachtung der reinen Liebesgemeinschaft außerhalb oder innerhalb der Ehe. Wir glauben aber in dieser romantikfernen und instinktunsicheren Zeit nur ausnahmsweise an ihre innere Wahrheit und bezweifeln ihren schöpferischen Wert.

Dann kam *van de Veldes* Buch. Hier ist zwar alles auf eine physiologische Grundlage gestellt, und statt der Durchdenkung eines metaphysischen Problems wird Unterricht in der Technik der Ehe erteilt. Niemand kann die Bedeutung dieser Dinge für eheliches Glück und Unglück klarer erkennen und wichtiger nehmen als der Arzt; aber „Glück" und „Unglück" sind nichts für die Ehe Wesentliches, und die Forderung der Verewigung der „Hoch-Zeit" zur „Hoch-Ehe" erscheint uns nicht nur als eine wirklichkeitsfremde Ideologie, sondern auch dem Grunde nach fehlgreifend. „Ohne den Alltag ist eine Ehe gar nicht möglich" — heißt es bei *Wilhelm Hagen* auf S. 189 des vorliegenden Werkes, und vollends die von *van de Velde* vorausgesetzte und verlangte Zentrierung der Ehe um die Erotik und die Geschlechtsgemeinschaft verwischt die Grenzmerkmale zwischen Liebesverhältnis und Eheverbundenheit. Von dieser allein sollte aber in „meinem" Buch die Rede sein.

Dies Werk also ist weder ästhetisch orientiert wie das *Keyserling*sche noch erotisch wie das van de *Velde*sche, sondern ärztlich-biologisch. Daß wir der Einseitigkeit auch dieser Betrachtungsweise uns durchaus bewußt sind, — darauf wurde schon hingedeutet. Und daß mit ihr nicht letzte Lösungen gefunden werden können, sollte nicht erst betont zu werden brauchen. Aber ohne diese neue oder doch erneuerte Grundlegung, ohne eine innere Wandlung des modernen Menschen zu biologischem Denken und Verantworten scheinen uns Idee und Bestand der Ehe unrettbar verloren. Und das würde nicht etwa nur den Verfall überalterter Formen, sondern die Vernichtung aller schaffenden und gestaltenden Kräfte menschlicher Organisation bedeuten.

Unter Biologie versteht — wie der Titel erläutert — dies Buch die Gesamtheit ärztlich-medizinischer Erfahrung und Voraussicht. Es will die Somatologie und die Psychologie der Ehe in allem Wesentlichen und Grundsätzlichen darstellen, und zwar immer im Hinblick auf die Ehe als biologischen Tatbestand, d. h. als Funktion menschlichen Lebens und Fortlebens. Dabei bleiben pathologische Formen im allgemeinen unberücksichtigt, teils weil die Beziehungen zwischen „Krankheit und Ehe" schon in anderem Zusammenhange erfolgreich behandelt worden sind (*Senator—v. Noorden—Kaminer*), teils weil in diesem Rahmen nur die normale, — will sagen: biologischen Normen gemäße Ehe interessieren kann. Daß damit methodisch die Notwendigkeit verknüpft ist, auch auf die Abweichungen von jener Norm zu achten und sie als ihre negativen Indikatoren zu werten, versteht sich von selbst. Auf psychologischem Gebiete sind ohnehin die positiven Qualitäten unserer Wahrnehmung und Erörterung vielfach entzogen (vgl. die einschlägige Bemerkung von *Fritz Künkel*, S. 450 dieses Buches). Nur die Themen „Psychopathen als Ehegatten" und „Sexuell abnorme Ehen" glaubten wir ganz ausdrücklich zur Darstellung bringen zu müssen, da es sich hier wie dort um physiologisch-pathologische „Zwischenstufen" handelt, die in einem ärztlich-biologischen Ehebuche schlechterdings nicht übergangen werden durften. Und durch den Überblick über „die gesundheitlichen Gefahren und Gefährdungen der Ehe" soll nur die Aufgabe der Ehe in unserem Sinne verdeutlicht werden.

Mitarbeiter an diesem Buche konnten — dem ganzen Gedankengange nach — nur Mediziner sein. Die Themen „Urformen und Wandlungen" und „Statistik" — beide für eine wissenschaftliche Behandlung der Ehe auch als Lebens-Phänomens unentbehrlich — durften jedoch nicht einem Prinzip zuliebe der Bearbeitung durch Fachgelehrte entzogen werden.

Die Autoren haben ihre Beiträge ohne vorherige gegenseitige Verständigung verfaßt. Diese ist in derartigen Fällen auch weder durchführbar noch erwünscht. Die damit unvermeidlichen Mängel jedes Sammelwerkes werden durch die eben diesem Sachverhalt zu dankenden Gewinnste oft auf- oder überwogen. Der Herausgeber erhofft für das vorliegende Werk denselben Effekt. Die Widersprüche spiegeln nur in charakteristischer Weise die Problematik mancher Sachverhalte wider und kennzeichnen wohl sehr anschaulich die Unstimmigkeiten, die zwischen einzelnen Methoden auch innerhalb naturwissenschaftlicher Beobachtung und Beurteilung bestehen. So ist die Vergleichung zwischen den rassenhygienischen und erbbiologischen Beiträgen einerseits und den medizinisch-psychologischen Kapiteln andererseits gewiß höchst aufschlußvoll für den Beziehungsreichtum auch des ärztlichen Eheproblems. Und von den Gegensätzen, die wiederum z. B. innerhalb dieser zweiten Gruppe sich durchsetzen mußten: Willens- und Bewußtseinspsychologie, Entwicklungs- und Tiefenpsychologie, Psychoanalyse und Individualpsychologie — werden sicherlich bemerkenswerte Anregungen für die weitere Durchdenkung ausgehen. Daß hingegen zwischen den Beiträgen der weiblichen Autoren und denjenigen, die Männer zu Verfassern haben, ein geschlechtsspezifischer Unterschied nirgends wahrnehmbar ist — und dies grade in einem „Ehebuch"! —, das dürfte wohl für das wissenschaftliche Niveau aller Seiten einen interessanten und ungewöhnlichen Beleg erbringen, zugleich aber auch Zeugnis dafür ablegen, daß trotz aller Vielseitigkeit und Unabhängigkeit der Einzeldarstellungen das Gesamtwerk von einem geistigen Band zusammengehalten wird, — nämlich von der biologisch begründeten Bejahung der Ehe und der positiven Zielsetzung aller hier an ihr geübten Kritik.

Auch die Wiederholungen werden nicht allzu sehr stören. Dank einer nicht durchschnittlichen Selbstbescheidung aller Mitarbeiter, die im Interesse des Ganzen eine in etlichen Fällen geradezu brutale Handhabung des Redaktionsstiftes durch den Herausgeber duldeten, konnten Wiederholungen fast durchweg auf diejenigen Teile beschränkt werden, die durch eine unvermeidbare Überkreuzung der Themen selbst, bei gleichzeitiger Notwendigkeit persönlicher Stellungnahme des Autors in dem ihm sich bietenden Zusammenhang bedingt waren, so daß auch von hier aus die wissenschaftliche Geltungs- und Eindruckskraft der vorgetragenen Untersuchungsergebnisse und Anschauungen nur gestärkt werden dürfte.

Einen Beitrag, der dem Buche noch zugedacht war, muß es leider entbehren. Das Thema „Die ärztlich wichtigen Rechtsbeziehungen der Ehe" schien dem Herausgeber so bedeutsam zu sein, daß er für dessen Bearbeitung sich des vorzüglichsten Sachkundigen für diese Sonderfrage versicherte. Aber Professor *Julius Heller* hat sich der Aufgabe mit solcher umfassenden Emsigkeit und eindringenden Gründlichkeit unterzogen, daß die 7 Druckbogen seiner Arbeit den Rahmen des vorliegenden Werkes gesprengt hätten und sie nun neben diesem, als selbständige Monographie, erscheinen mußten.

Der Herausgeber übergibt dies Werk in erster Reihe seinen ärztlichen Kollegen, denen die Problematik der Ehe heute mehr als je in den Mittelpunkt ihres Erfahrungs- und Aufgabenbereiches gerückt erscheint. Aber darüber hinaus wendet er sich an die Gebildeten aller Berufe. Es ist dafür gesorgt worden, daß das Verständnis des Buches zwar ernsten Willen, zu lernen und zu erkennen, verlangt, aber nicht etwa fachliches Wissen voraussetzt. Das schließt jedoch die Forderung in sich, das ganze Werk durchzuarbeiten. Das oben angedeutete redaktionelle Verhalten des Herausgebers mußte und sollte bewirken, daß die einzelnen Artikel nicht in sich abgeschlossene Monographien darstellen, sondern erst durch die ergänzenden Beiträge an anderen Stellen diese Abrundung erfahren, ja daß letzten Endes hier überhaupt alles mit allem verknüpft ist. Unter diesen Umständen unterblieben in den Texten im allgemeinen auch die sonst wohl üblichen Verweisungen auf andere Teile des Buches: sie wären bei der Lektüre nur lästig gefallen und hätten die Täuschung erweckt, daß dies Buch geblättert und nicht studiert sein will. Den praktisch dringlichsten Bedürfnissen mögen das Namen- und Sachregister dienen.

Berlin, April 1927.

Max Marcuse.

Verzeichnis der Mitarbeiter

Professor Dr. A. Basler, Tübingen
(jetzt: an der Universität Kanton in China)
Oberregierungsrat Dr. Friedrich Burgdörfer, Berlin
Professor Dr. Max Christian, Berlin
Privatdozent Dr. Rainer Fetscher, Dresden
Dr. Kurt Finkenrath, Berlin
Stadtmedizinalrat Dr. Wilhelm Hagen, Frankfurt a. M.
Dr. Otto Herschan, Breslau
Frau Dr. Karen Horney, Berlin
Dr. Fritz Künkel, Berlin
Dr. Max Marcuse, Berlin
Geheimer Sanitätsrat Dr. Albert Moll, Berlin
Dr. Géza Róheim, Budapest
Frau Dr. Helenefriderike Stelzner, Berlin

DIE EHE

IHRE

PHYSIOLOGIE, PSYCHOLOGIE, HYGIENE UND EUGENIK

EIN BIOLOGISCHES EHEBUCH

HERAUSGEGEBEN VON

DR. MAX MARCUSE

BERLIN UND KÖLN
A. MARCUS & E. WEBER'S VERLAG
1927

den Dingen nicht mehr gegenständlich gegenübertreten können, daß wir ihrer Beziehung uns nicht mehr bewußt sind. Nur der Philosoph macht sich dann und wann die scheinbar müßige Arbeit, Ursache und Zusammenhang alltäglich gewordener Erscheinungen aufzuspüren.

Beruht so die naive Beantwortung unserer Frage auf ihrem Nichtverstehen, so werden die Antworten reichhaltiger und lebhafter von denjenigen kommen, die selbst irgendwo und irgendwann an der Ehe litten oder gar scheiterten.

Aus den eigenen Irrtümern und Fehlern werden wir hier die Anklagen vernehmen, die gegen die Eheform und die Ehe selbst vielfältig erhoben werden. Die Kritik des Einzelnen aus seinem kleinen persönlichen Erfahren und Erleben heraus vermag nicht eigene Schuld, eigenen Mangel und eigenes Schicksal in seiner Ichbegrenztheit zu erfassen, sondern er wird umgekehrt alles Leid und alles Scheitern im Liebes- und Eheleben hinspiegeln auf die Ehe als solche. Ebenso eng wie die naive Betrachtung der Bejahung ist daher die verneinende Antwort der Kritiker nur aus ihrem Icherlebnis.

Größer und von umfassenderen Gesichtspunkten aus gewonnen ist schon die Antwort des Gelehrten, der vergleichend-kritisch die Erscheinungsweisen der Ehe bei dem Menschen untersucht.

Aus den Erzählungen der Naiven wie der Kritischen ersieht er Lebenssitte und Brauch in jenem Kreis, in jenem Dorf, und er erkennt, daß unter „Ehe" von Menschen, die sich desselben Wortes und derselben Sprache bedienen, sehr unterschiedliche Formen verstanden werden. Je weiter er wandert, je mehr er fragt, um so stärker wird sich ihm dieses Bild der Verschiedenheit und Mannigfaltigkeit aufdrängen. Schreitet er aus dem Deutschen Reich, aus den Grenzen der deutschen Sprachgemeinschaft hinaus, durchquert er den mitteleuropäischen Raum, überschreitet er die Grenze Europas und des abendländischen Kulturkreises, so ergibt sich für ihn, daß die Ehe etwas anderes bedeutet unter der Sonne Afrikas, in den Urwaldgebieten Australiens, in Asien und Europa, wie in der neuen und in der alten Welt. Aber die Grenzen dieser verschiedenen Ehebegriffe ziehen nicht die Erdteile oder der Raum, sondern die Unterschiede werden bedingt durch Rassen, Völker, Nationen, Religionen, Länder, Stämme, Gemeinden, Gesellschaftskreise, Gesellschaftsklassen und Sippen in einem Lande, unter einer Sonne! Ja, wenn man dem Weg der Unterscheidung bis in die kleinsten Verschiedenheiten folgen will, so ergibt sich, daß man im Vergleich der Eheformen erst Halt machen kann bei den einzelnen Menschen.

Allen drei Antworten ist das Eine eigentümlich: Sie urteilen über die Wirklichkeit der Ehe in der Erscheinungswelt — über die

Eheform also, und unsere Aufgabe ist es, aus diesen Betrachtungen des Formenkreises den Begriff „Ehe" heraus zu arbeiten.

Das Grundlegende und Gemeinsame dieser verschiedenen Eheformen im Begrifflichen ist, daß sie alle die jeweils durch Sitte, Gesetz oder Gebot anerkannte Form der Geschlechtsgemeinschaft zwischen Mann und Weib darstellen. Und das deutsche Wort „Ehe" hat noch bis vor einem halben Jahrtausend die Urbedeutung „Gesetz" im alltäglichen Sprachgebrauch nebenbei besessen[1]).

Wir müssen uns dabei klar werden, daß fast allerorten die Ehe in Wirklichkeit nicht die einzige Form der Liebes- oder Geschlechtsgemeinschaft zwischen den reifen Männern und Frauen der Völker darstellt; aber das Entscheidende bleibt, daß diese Form die gesellschaftlich oder gesetzlich allgemein gültige oder doch bevorrechtigte ist.

So, wie die Ehe sich uns heute zeigt, in diesem oder jenem Volke, ist sie nicht zu allen Zeiten gewesen. Auch die Ehe ist etwas Gewachsenes, Gewordenes.

In dem dunklen Schoß der grauen Vorzeit verborgen liegen die ersten Anfänge der Entwicklung der menschlichen Kultur, und in jene vorgeschichtlichen Zeiten, über die uns keine Schrift und keine Aufzeichnung unterrichten, sind auch die Vorstufen und die ersten Anzeichen für die Bindung zwischen Mann und Weib in der Eheform zu suchen. Die Geschichte der Ehe steht in engstem Zusammenhang mit der Kulturentwicklung des Menschen. Es wäre aber ein Irrtum, anzunehmen, daß die Ehe als eine Errungenschaft des Menschen allein betrachtet werden dürfe und ohne Vorbild, ohne ähnliche oder gleichsinnige Erscheinung sonst in der belebten Welt sei.

Schon bei den Tieren finden wir gesellige Bindungen der einzelnen Wesen untereinander, finden wir mannigfachste Gemeinschafts- und Gesellschaftsformen, sogar Staatenbildungen. Selbstverständlich hat auch in der so bedeutenden Erscheinung des Liebeslebens und der Fortpflanzungstätigkeit sich der gesellige Trieb in vielfacher Gestalt im Tierreich ausgewirkt. Dieser Formenreichtum ist ein erheblich größerer als unter den Menschen. Auch in der besonderen Form der Gemeinschaft selbst zwischen den zwei Geschlechtern im Tierreich bestehen wesensverwandte und gleichgerichtete, in ihrer Folgerichtigkeit, im Vergleich mit der Eheform, die wir als Kulturerrungenschaft der Menschheit rühmen, sogar überlegene Gestaltungen der „Paar-Beziehung"[2]).

Es handelt sich dabei nicht gerade um jene Tiere, die in ihrem Aufbau und ihrer körperlichen wie geistigen Entwicklungshöhe dem Menschen am nächsten stehen, sondern auch um Tiere, die im entwicklungsgeschichtlichen Aufbau weit unter uns geblieben scheinen.

[1]) Rein sprachlich sind die Wurzeln des heutigen Wortes „Ehe" êwa - êâ - êha - ee - ê - eh - ehe, wobei die Bedeutung dieses Wortes noch im 15. und 16. Jahrhundert gleich Gesetz (lat.: lex.) allgemein geläufig war. Die weltliche Bezeichnung Heirat wurde abgelöst durch die Sinnwandlung des Wortes „Ehe" unter kirchlichem Einfluß, das allmählich zur Bezeichnung des durch Gesetz geheiligten Standes wurde.
So ist der Begriff der Ehe rein sprachlich gleichsinnig festgelegt.

[2]) Ausführliches über Tiergesellschaften: *Alverdes* „Tiersoziologie", Leizig 1925.

In einer zeitlich begrenzten Einehe während der Brunstzeit, die man als Saisonehe kennzeichnet, leben aus dem Reich der Gliedertiere der Mistkäfer (Monotaurus typhoeus), der heilige Pillendreher (Ateuchus sacer), die Wasserspinne (Argyroneta) und einzelne Krebse. Von den Fischen sind Lachs und der kleine Bitterling (Rhodeus amarus) zu nennen. Bei den Reptilien finden sich Beschreibungen über Saisonehen vom Nasenfrosch, der Mauer-, Perl- und Smaragdeidechse. Von Schlangen ist die Ehe ebenfalls geschildert im Zusammenhang mit der großen Anhänglichkeit der Partner. *Brehm* berichtet hierüber von der Kobra oder Brillenschlange (Naja tripudians) [1]. Zahlreiche Vögel und Säugetiere haben die gleichen Liebesgewohnheiten [2].

Eine für die Lebenszeit währende Dauerehe schreibt man den meisten Vögeln zu, insbesondere dem Kolkraben, Rebhuhn, Moorhuhn, Buchfinken, Kranich, Storch, Strauß, Schwan, Gans, Wildente, Nachtigall — und Zwergpapagei. Von beiden letzteren Vogelarten wird die große Anhänglichkeit der Ehepaare überliefert, die sich darin zeigt, daß beim Tode des einen der andere aus Gram meist nachfolgt. Von den Säugern sind zu nennen das Nashorn, Meerschweinchen, Wildkaninchen, Halbaffen, Gorilla, Orang utang.

Im übrigen finden sich in der Tierwelt neben der Einehe Vielmännerei, Vielweiberei und völlige Vermischung der Geschlechter.

Diese Beobachtungen zeigen also, daß wir auch im Tierreich bereits Eheformen finden, die denjenigen bei den Menschen anscheinend fast völlig gleichen. Jedoch haben alle solche Betrachtungen den Fehler der menschlichen Deutung der rein äußerlich erfaßten Erscheinung zu vermeiden. Noch fehlt uns für das Innen- und Seelenleben des Tieres jegliches Verständnis. Wir wissen namentlich nicht, ob diese Formen in der Tierwelt von vornherein für jede Art naturgegeben waren. Wir sehen diese Dinge ja nur im zeitlichen Querschnitt und vermögen nur die Erscheinungswelt der Gegenwart zu beurteilen. Welches Werden und welche Entwicklung ihnen vorangegangen ist, entzieht sich gerade im seelischen und im Gesellschaftsleben der Tiere unserer Beurteilung.

Diese Bemerkung ist deshalb vonnöten, weil in der wissenschaftlichen Betrachtung der Ehe ein Streit darüber entstanden ist, ob die menschliche Ehe, besonders die Einehe, eine natürliche Lebensform der Geschlechtsgemeinschaft sei, die nur unter kulturellen Umwelteinflüssen entartete, oder ob es sich hier um eine aus natürlichen Triebgegebenheiten entwickelte Kulturform handelt. Dieser Streit ist noch unentschieden [3]. Alle Belege, die bisher von den Forschern beiderseits gebracht wurden, genügen nicht, um mit ausschließlicher Sicherheit das eine oder das andere endgültig zu beweisen. So ist zwar der Ausgangspunkt der menschlichen Ehe

1) Kobra oder Brillenschlange. Naja tripudians. *Brehms* Tierleben.

2) *Hesse* und *Doflein*, „Tierbau und Tierleben", Leipzig 1914, Bd. 2.

3) Die Auffassung der naturgegebenen monogamen Ehe wird unter anderem vertreten von *Atkinson, Crawley, Forel, Grosse, Kuhlenbeck, Andreas Lang, Northcote, Starke, Westermarck, Wilhelm Wundt.*

Promiskuität als Urzustand wird angenommen von *Achelis, Bachofen, Bernhöft, Hellwald, Kohler, Lamprecht, Mc. Lennan, Lubbock, Lippert, Morgan, Post, Ratzel, Spencer, Wilken.*

in ihrem Urzustand für uns noch ungeklärt; dagegen zeigen doch die Überlieferungen aus den geschichtlichen Zeiten der Völker wie die Beobachtungen der Forschungsreisenden und der Missionare, daß mit den verschiedenen Kulturen der Völker und mit der kulturellen Entwicklung eines Volkes auch die Ehe selbst in Form und Grundauffassung sich wandelt. Die Eheform ist eine an Raum und Zeit gebundene, diesen sich anpassende Erscheinungsweise der Geschlechtergesellung. Zum Verständnis dessen, was wir unter Ehe in unserer Zeit und in unserem Raum, im Kulturkreis des Abendlandes, zu verstehen haben, soll kurz auf die wesentlichen Form-Merkmale der Ehe aller Zeiten und Völker eingegangen werden.

Das Entscheidende für die eheliche Liebes- und Geschlechtsgemeinschaft ist einmal die Zahl der in Beziehung zueinander tretenden Menschen. Danach unterscheiden wir: Einehe (Monogamie), wo sich jeweils nur ein Mann und ein Weib vereinen; Mehrehe (Polygamie), in der die Geschlechtsbeziehungen eines Mannes oder einer Frau zu mehreren des anderen Geschlechtes gesetzlich geregelt sind. Man unterscheidet hier eine „Vielmännerei" (Polyandrie) und eine „Vielweiberei" (Polygynie), wobei letztere die häufigere Eheform ist. Wir können gut sagen, daß die überwiegende Mehrzahl der Völker heute noch in „Vielweiberei" lebt, abgesehen davon, daß auch in den Ländern mit gesetzlich eingeführter Einehe die Polygamie zwar ungesetzlich, aber in größtem Umfange Tatbestand ist.

Neben der Zahl der Gatten und Gattinnen bestehen wesentliche Unterschiede in den einzelnen Kulturen hinsichtlich der Stellung zur

Dauer der Ehe, — von der vorübergehenden „Reise-Ehe" des persischen Kaufmanns bis zum dauernden „Lebensbund" — finden sich hier alle Übergänge — und zur

Lösbarkeit der einmal eingegangenen Ehe, — auch hier gibt es alle Stufen zwischen der Trennung der Ehe auf Wunsch eines Beteiligten, meist nur des Mannes (Scheidebrief bei den alten Israeliten), dem Erfordernis der übereinstimmenden Willenserklärung beider Gatten (norwegisches Recht) bis zur Scheidungsmöglichkeit nur bei Verschulden eines Eheteils und der Unlösbarkeit der Ehe überhaupt („Sakrament") — sowie zur

„Rechts"-Gleichheit oder -Ungleichheit der beiden Gatten in der Ehe, womit eng verknüpft auch die Frage nach der

Treue und der Bestrafung der Untreue ist.

Für den Kulturkreis des Abendlandes hat die Einehe (Monogamie, d. h. Monandrie + Monogynie) alleinige öffentliche Geltung, und wir haben daher diesen Begriff unseren weiteren Betrachtungen zu Grunde zu legen.

Um uns über die äußere und innere Form der Ehe aber näher klar zu werden, bedarf es eines Blickes auf die politischen Gewalten, die jener Form Gesetzeskraft verliehen haben und noch verleihen. Es sind diese in den Staaten des Abendlandes zwei Machtgruppen: Der Staat und die Kirche.

Staat und Kirche haben im Laufe der rund 2000 jährigen Geschichte mit wechselnden Erfolgen im heftigen Kampf um die Macht auf dem europäischen Raum gestanden. Wenn der Kampf um die endgültige Machtgeltung vielleicht auch noch nicht völlig entschieden ist, so befinden wir uns doch im Augenblick in jener Phase, wo die Trennung von Kirche und Staat dem Staate zur stärkeren Macht verholfen hat. Noch aber durchpulst die Gesetze des Staates Blut aus der Zeit des übermächtigen Einflusses der Kirche, wie wir in der gleichlautenden Übereinstimmung der Gesetze an verschiedenen Stellen sehen können.

Im Deutschen Reich liegen die gesetzlichen Verhältnisse folgendermaßen [1]:

Die bürgerliche Ehe gilt als geschlossen, wenn die Verlobten vor dem Standesbeamten ihre gegenseitige Willensübereinstimmung abgeben, die Ehe miteinander eingehen zu wollen [2]. Ein zweiwöchiges vorhergehendes Aufgebot der Verlobten hat den Zweck, etwaige Ehehindernisse festzustellen. Zu diesen staatlichen Ehehindernissen rechnen: Eheunmündigkeit, fehlende Einwilligung der Eltern oder des gesetzlichen Vertreters bei Minderjährigkeit und Geschäftsunfähigkeit, bestehende Ehe, Blutsverwandtschaft, Schwägerschaft und Adoptivverwandtschaft, Ehebruch, unzureichende Wartezeit bei Witwen, unerledigte vermögensrechtliche Auseinandersetzungen bei Wiederheirat mit den Kindern erster Ehe, Mangel der dienstlichen oder obrigkeitlichen Bewilligung.

Die Geschlechtsgemeinschaft ist auf gegenseitige Treue aufgebaut und der Staat schützt dieses Verhältnis durch die Bestrafung des Ehebruchs, allerdings nur auf Antrag, mit einer Strafe bis zu 5 Monaten Gefängnis.

Die Ehe selbst gilt, ihrem Begriff und Wesen nach, als unauflöslich, aber das bürgerliche Recht kennt unter besonderen Verhältnissen eine Ehescheidung, die nicht aus freier Willensübereinstimmung der Vermählten wie bei der Eheschließung erfolgt, sondern erst auf Grund eines schweren Verschuldens eines der Gatten oder inzwischen eingetretener Geisteskrankheit. Solche Ehescheidungsgründe sind Ehebruch, Lebensbedrohung, böswilliges Verlassen, Doppelehe, schuldhafte Zerrüttung der Ehe, sofern eine Aufrechterhaltung oder Wiederherstellung der ehelichen Gemeinschaft nicht gut zugemutet werden kann [3].

Die Gedankengänge des Gesetzgebers bei der Abfassung der Rechtsbestimmungen über die Ehescheidung werden durch folgende Begründung gekennzeichnet: „Es darf im Eherecht, auch soweit es die Auflösung der Ehe vor dem Tode eines der Ehegatten betrifft,

---

[1] In der Verfassung des Deutschen Reiches lautet Artikel 119: „Die Ehe steht als Grundlage des Familienlebens und der Erhaltung und Vermehrung der Nation unter dem besonderen Schutz der Verfassung. Die Reinerhaltung, Gesundung und soziale Förderung der Familie sind Aufgaben des Staates und der Gemeinden".

[2] Personenstandsgesetz vom 7. II. 1875.

[3] BGB. §§ 1565, 1566, 1567, 1568.

nicht das Prinzip der individuellen Freiheit herrschen, sondern die Ehe ist als eine von dem Willen der Ehegatten unabhängige, sittliche und rechtliche Ordnung anzusehen."

Das bürgerliche Gesetz, das sich in seiner Begründung auch auf die christliche Weltanschauung des deutschen Volkes beruft, gibt den kirchlichen Eherechts-Bestimmungen ausdrücklich völlige Freiheit[1]). Das Verhalten der christlichen Kirchen gegenüber der Ehe ist dabei ein völlig verschiedenes.

Die katholische Kirche hat ihren Anspruch, die Ehe nach kirchlichem Recht zu regeln gegenüber dem Staate nie aufgegeben, und sie hält daran noch heute fest.

Zum Verständnis ihrer Stellungnahme zur Ehe muß man sich die Stellung des Katholizismus zum Geschlechtsleben überhaupt vor Augen führen. Die christliche Kirche ist aufgewachsen in der sinnenfreudigen Kultur des untergehenden Griechenlandes und des Römischen Reiches, die Hinneigung zum Übersinnlichen hat in übertriebener Ablehnung der Umweltsitten einen lebensverneinenden und die Lebensfreude fliehenden Zug in das Christentum gebracht. Das bekannte Wort des Apostel Paulus: „Heiraten ist gut, aber nicht ehelichen ist besser"[2]), bringt diese Einstellung, für die aus den Aussprüchen Christi selbst kein Beleg zu bringen ist, deutlich zum Ausdruck. Und im 2. und 3. Jahrhundert nach Christi Geburt hat sich diese Bewegung, die die Freuden der Welt fliehen und den Leib verachten lehrte, immer stärker entwickelt. Aus ihr ist das Mönchtum mit seinen asketischen Idealen entstanden und die Wert- und Überschätzung des Begriffs der Jungfräulichkeit. Den Gipfel dieser Verdammnis der Geschlechtsgemeinschaft zeigt jene Tatsache, daß die Ehegatten den kirchlichen Befehl, einander zu versagen, als Gott wohlgefällig empfanden. Aus dieser Zeit leitet sich die Doppelstellung der katholischen Kirche dem Geschlechtsleben gegenüber her. In ihrer Beurteilung dieser Liebesäußerung als minderen Wertes teilt sie die Christenheit in zwei Stände. Der Gott wohlgefälligere Weg ist die Ablehnung der Geschlechtsgemeinschaft im Mönchsideal und im Priesterzölibat. Für die Masse aber ist die Ehe in ihrer kirchlichen Form als Geschlechtsgemeinschaft bestimmt, allerdings nur unter der Voraussetzung, daß sie der Fortpflanzung und der Aufzucht der Nachkommenschaft dient, so daß in der folgerichtigen Entwicklung diese

---

[1]) BGB. § 1588: „Die kirchlichen Verpflichtungen in Ansehung der Ehe werden durch die Vorschriften dieses Abschnittes nicht berührt".
Auf Wunsch Kaiser Wilhelms I. aufgenommen.
Stammler: „Recht und Kirche", Berlin 1919.

[2]) Paulus, Korinther 7, 36—38.
Martin Rade. „Die Stellung des Christentums zum Geschlechtsleben", Tübingen 1910.
Diekamp. „Katholische Dogmatik", Münster 1922.

Gedankengänge eine anderen Zwecken dienende oder diese Ziele vermeidende Liebesgemeinschaft den Fluch der Kirche verdient. Die katholische Ehe hat daher die Bedeutung eines Sakramentes und ist eine auf Dauer geschlossene, durch den kirchlichen Segen und die vollzogene Geschlechtsvereinigung unlösbar gewordene Gemeinschaft, die selbst das Oberhaupt der katholischen Kirche, der Papst, nicht zu scheiden vermag. Die katholische Kirche beruft sich in der Begründung dieser Form auf Evangelium Lukas 16, 18, Marcus 10, 3-12 „Was Gott miteinander knüpfte, soll der Mensch nicht scheiden." Die diesbezüglichen Sätze des kanonischen Rechtes über die Ehe besagen in der Übersetzung: „Die Ehe ist eine gegenseitige freie Willenserklärung zu einer ungeteilten und unauflöslichen wechselseitigen körperlichen Gemeinschaft mit der Aufgabe, Kinder zu erzeugen und zu erziehen. Die richtig vollzogene und genossene Ehe ist durch keine menschliche Gewalt, durch keine andere Ursache als den Tod zu lösen"[1]).

Diese Stellungnahme der katholischen Kirche führte im Jahre 1534 zur Bildung der protestantischen Kirche in England. König Heinrich VIII. suchte, um sich von seiner ersten Gemahlin scheiden zu lassen und Anna Boleyn zu heiraten, um die Genehmigung des Papstes nach und gründete, als ihm diese versagt wurde, die anglikanische Kirche. Im Falle der Ehescheidung Napoleons I. von Josephine wurde der formale Grund in einem Fehler bei der Eheschließung seitens des Papstes gefunden, um sie kirchlich zu rechtfertigen.

Bei schweren Verfehlungen der Ehegatten gegeneinander kennt das katholische Recht nur die Trennung von Tisch und Bett und zwar dauernd bei Ehebruch, vorübergehend nach kirchlichem Spruch, wobei aber die Ehe als solche aufrecht erhalten bleibt[2]).

Anders ist die Stellung der protestantischen Kirche, die ja überhaupt von vornherein anders dem Staate gegenübertritt. Der Protestantismus kennt den doppelten Stand in der Christenheit nicht. Er kennt nicht die Verwerfung und Mißachtung des Geschlechtslebens.

Auch für Luther und die protestantische Kirche ist die Ehe die allein gegebene Form der menschlichen Liebesgemeinschaft und die

---

[1]) Codex Iupis canonici 1081, 2.

Consensus matrimonialis est actus voluntatis, quo utraque pars tradit et acceptat jus in corpus perpetuum et exclusivum, in ordine ad actus per se aptus ad pralis generationem. C. J. c. 1118.

Matrimonium vallidum ratum et consummatum nulla humana postestate nullaque causa praeterquam morte dissolvi potest.

[2]) Wichtige Etappen der katholischen Stellung zur Ehe:
Synode von Elvira 306 und 312.
Synode von Neozesarea 314.
Pius IX. 1864 Syllabus erorum modernorum.
Leo XVII. 1880 Arcanum divinae.

protestantische Kirche hat in den Familien der Pfarrhäuser ein sittlich wertvolles Vorbild der evangelisch-deutschen Familien geschaffen[1]). Die Augsburger Konfession von 1530 enthält selbst wenig über die Stellung zur Geschlechterfrage. Die einzelnen Anschauungen in dieser Frage sind, der ganzen Natur des Protestantismus entsprechend, etwas abweichend von einander. Die Ehe selbst ist für Luther ein „weltlich Ding", allerdings der erste Stand in der Christenheit. Der Ehebruch verdient nach Luther die Todesstrafe. Mit der Aufgabe der Sakramentsnatur der Ehe wurde folgerichtig die Scheidung der Ehe allerdings nur bei Ehebruch und böswilligem Verlassen, zugestanden. Feinsinniger und durchgeistigter hat die Stellungnahme der evangelischen Kirche zur Ehe später Schleiermacher gepredigt, wobei freilich zwischen dem jungen Schleiermacher und dem alten ein gewisser Unterschied in der Auffassung nicht zu verkennen ist[2]). Für ihn ist die Natur nichts Unsittliches, in der gegenseitigen Durchdringung und Einswerdung von Natur und Vernunft das höchste menschliche Ziel gesetzt.

Die Stellung des Judentums zur Ehe wie zum Geschlechtsleben überhaupt ist eine wesentlich andere. Unter Vernachlässigung der Verhältnisse in der alten Zeit sei hier nur auf die Sexualgesetzgebung der Ghettozeit verwiesen. Das hebräische Gesetzbuch Eben Haeser verpflichtet jedermann zur Heirat. Wer keine Frau hat, kann nicht Mensch genannt werden, wer über 20 Jahre war, konnte zur Ehe gezwungen werden, wo die Ehe der Kinderzeugung diente, galt erst nach der Geburt eines Sohnes und einer Tochter das Gesetz erfüllt. Bigamie und Ehebruch wurden schwer bestraft. Die Scheidung war auf Grund eines Scheidungsbriefes des Mannes in bestimmten Fällen möglich, sonst nach gemeinsamer Willenserklärung. Die stark unter sozialhygienischen Gesichtspunkten stehende jüdische Gesetzgebung hat in den neuzeitlichen Staaten infolge der Befreiung, Gleichberechtigung und Anpassung der Juden ihre praktische Bedeutung fast völlig eingebüßt.

Entsprechend der staatlichen und der kirchlichen Regelung der „Ehe" wird ihre wissenschaftliche Erforschung, die „Ehekunde", zuerst einmal seitens der juristischen und der theologischen Fakultät betrieben.

Beide Fakultäten haben die Eigentümlichkeit, worauf Kant schon 1781 in seinem „Streit der Fakultäten" hinwies, abhängig urteilen

---

[1]) Luther hatte auch nicht von vornherein einen einheitlichen Standpunkt. 1519 rechnete er noch die Ehe zu den Sakramenten (Sermon von dem ehelichen Stand), 1527 Predigten über I. Mosis, gegen die Sakramentsnatur erklärte er sich 1520 (v. d. babylonischen Gefängnissen).

[2]) Siehe *Martin Rade* a. a. O.
Schleiermacher, „Monologe", „Briefe über Lucinde".

zu müssen, und zwar dient die Jurisprudenz dem Staatsgesetz, die Theologie dem Dogma der Kirche[1]).

Nur dort, wo die Rechtswissenschaft rechtschöpfend über den bestehenden Zustand hinausgeht, vermag sie eigenen und neuen Gesichtspunkten zu folgen.

Eine solche klassische rechtsphilosophische Betrachtung der Ehe gibt *Kant* in seiner Metaphysik der Sitten[2]). *Kant* geht dabei von der Auffassung aus, daß die Ehe ein Vertrag auf gegenseitigen Geschlechtsgenuß darstelle. Mit dieser Aufgabe werde jeder der Gatten dem anderen zur Sache. Dieser der Würde und dem Ansehen des Menschen abträgliche Zustand könne nur durch die Gegenseitigkeit und die Unauflöslichkeit der Gemeinschaft behoben werden. *Kants* eheliche Rechtskonstruktion wird von einigen Rechtslehrern als zu einseitige und grobe Auffassung über die Grundlagen der Ehegemeinschaft abgelehnt[3]). Für die rechtsphilosophischen Erörterungen sind am wichtigsten die Fragen über die Natur des Ehevertrages, seine Dauer, Lösbarkeit, Ehebruch und seine Bestrafung, die Machtverteilung zwischen den beiden Gatten, die Rechten und Pflichten in der Ehe. Das Problem der Lösbarkeit der Ehe hat dabei eine recht verschiedene Auffassung in der Rechtsphilosophie gefunden. Maßgeblich war stets die Frage, ob die Ehe als ein freier Vertrag zwischen den beiden Gatten, der allein mit der gegenseitigen Willensübereinstimmung eingegangen und auch zu lösen sei, zu werten ist, oder ob der Staat das Recht habe, die Freiheit des Einzelnen in der Ehelösung durch die Forderung des Verschuldensnachweises zu behindern und so der Ehe eine besondere Rechtsstellung zu geben. In Deutschland hat, worauf wir bereits hinwiesen, die Staatsgewalt gegen das Recht des Individuums entschieden.

Die Ehe ist aber auch Forschungsgegenstand der medizinischen Fakultät und als solcher Grundlage einer ärztlichen Ehekunde, der das vorliegende Buch im wesentlichen dienen will. Sie bedeutet „Ehekunde" vom Blickpunkt des Arztes aus gesehen und erfragt. Der Arzt aber ist im Sprachgebrauch und in der Vorstellung unseres Volkes der Vertreter eines Berufes, dem die Beratung und Behandlung der Kranken und von Krankheit bedrohten Menschen obliegt.

Der ärztliche Beruf ist aus dem Gefühl des Mitleidens geboren, und im hilfsbereiten Dienst an den kranken Menschen hat

---

1) *Immanuel Kant*, „Streit der Fakultäten" 1781.
2) *Immanuel Kant*, „Metaphysik der Sitten", 1797, I. Teil, Rechtslehre § 25. *Rudolf Stammler*, „Über Ehe und Ehescheidung", Berlin 1924.
3) *Traumann*, „Handwörterbuch der Sexualwissenschaft", 2. Aufl. *Traumann*, „Zeitschrift für Sexualwissenschaft", Dez. 1924, Bd. XI. *Hep, August*, Kantstudien, Bd. XXIX, H. 1/2, Berlin 1924.

sich das menschliche Herz Wissen und Erfahrung von gesunden und kranken Menschen, von Hilfskräften in der belebten und unbelebten Welt im Tier- wie im Pflanzenreich zu eigen gemacht und im Laufe der Jahrtausende erst die ärztliche Kunst zu ihrer gegenwärtigen Höhe entwickelt. Dies konnte nur geschehen, indem sich zu dem Mitgefühl mit dem Leiden der Menschheit die nüchterne Forschung gesellte, zumal in dem Zeitalter der Naturwissenschaften, und der Linderung des Schmerzes die Heilung des Kranken als Ziel und Aufgabe übergeordnet wurde. Um dem Kranken zu helfen, haben der Arzt und seine Kunst im Laufe der Zeiten immer mehr Einblick in das Wesen der Krankheit, ihren Verlauf und ihre Entstehung zu gewinnen versucht. Schon die Notwendigkeit, die einmal gewonnenen Erfahrungen mit anderen Ärzten auszutauschen, kommenden Geschlechtern zu überliefern, die Schüler zu lehren — erforderte klare Beschreibung und somit Abgrenzung der Krankheitsbilder von einander, auf der Grundlage sorgfältiger Beobachtung. In diesen Künsten leisteten schon die Alten Bedeutendes. Der rastlose Menschengeist blieb aber bei der Betrachtung des Krankheitsverlaufs und der Wiederauffindung eines Krankheitsbildes im Verlaufe der ärztlichen Erfahrungsspanne nicht stehen. Am Krankenbette drängte die uralte und ewige Menschheitsfrage des „Wozu“ und „Warum“ nach Antwort.

Den ältesten Zeiten und primitiven Völkern galt infolge ihrer mythischen und religiösen Gebundenheit Krankheit als Rache und Strafe der Geister, als Folge einer Schuld, als Sühne. In dieser engen Berührung mit dem Weltgefühl des Volkes war die Medizin in ihren Kenntnissen und ihren Hilfsmitteln mehr Mythos als Wissenschaft, mehr vom religiösen Glauben beeinflußt als von sachlicher Erkenntnis, und auch für das Abendland liegt die Entwicklung einer eigenen medizinischen Wissenschaft nicht allzu weit zurück; hat doch überhaupt die Naturwissenschaft in unserer abendländischen Kultur einen schweren und langen Leidensweg zurücklegen müssen, ehe sie sich von dem Dogma der Kirche befreien konnte[1]). Daß aber jede medi-

[1]) Man vergegenwärtige sich, daß die Kirchenversammlung zu Paris im Jahre 1209 noch das Lesen der naturwissenschaftlichen Bücher des Aristoteles und seiner Kommentare verbieten konnte. 1600 mußte Giordano Bruno in Rom den Scheiterhaufen besteigen, weil er die kopernikanische Lehre vom Sonnensystem nicht widerrief. 1616 wurde diese Lehre in Acht und Bann getan, 1632 mußte der 70jährige Galliläi im bloßen Hemd die Lehre abschwören mit den Worten: „Ich beuge meine Kniee und versichere, daß ich glaube und glauben werde, was die Kirche für wahr erkannt lehrt. Ich schwöre ab und verfluche meine Irrtümer und Ketzereien.“ Ihm folgte Keppler. Tolland floh vor dem Scheiterhaufen der Kirche 1700 aus Irland. Der Arzt Servrais wurde das Opfer Calvin's. Huygens floh vor der Protestantenverfolgung der katholischen Kirche aus Paris. Selbst der Protestant Melanchton sah für die naturwissenschaftliche Forschung als letztes Erkenntnismittel die Bibel an.

Gegenüber diesem Autoritätsglauben vor der Schrift und den Büchern der Alten, dem Dogma der Kirche, mußte sich erst langsam die naturwissenschaftliche Denkungsweise und Methode ihren Weg erobern. Mehr als ein Scheiterhaufen, den ein Bekenner, Forscher und Arzt besteigen mußte, steht, wie wir sehen, an diesem Kreuzweg.

zinisch-ärztliche Betrachtungsweise, also auch eine „ärztliche Ehekunde“ wissenschaftlich begründet sein, sich naturwissenschaftlicher Methoden bedienen, naturwissenschaftlichen Richtlinien folgen muß, bedarf weiterer Auseinandersetzungen nicht. Diese Aufgabe einer „ärztlichen Ehekunde“ schließt in sich ein, daß sie — im Gegensatz etwa zu einer „geisteswissenschaftlichen“ Ehekunde — aller moralischen, ästhetischen, religiösen u. dgl. Maßstäbe und Wertungen sich enthält, vielmehr unabhängig und vorurteilslos zunächst nur würdigt, was ist, werden wird oder werden kann, für Betrachtungen über das, was etwa werden soll, aber keine anderen Zielsetzungen als eben ärztlich-medizinische, also letzten Endes: biologische kennt.

Von solcher naturwissenschaftlichen Betrachtung hat sich unsere ärztliche Ehekunde leiten zu lassen, um die Urformen und Wandlungen der Ehe zu erkennen. Als Hilfsmittel zur Erfassung gesetzmäßiger oder regelmäßiger Verhaltungsweisen dient uns dabei die Wissenschaft von der Zahl; im vorliegenden Falle heißt das: die Statistik der Ehe. Ihre schwer erkennbaren, aber dennoch aufschlußreichen Ergebnisse zeigen die kleinen und kleinsten Beziehungen, die sich zu den großen Zusammenhängen von Eheschließungs- und Ehescheidungshäufigkeit, von Eheschließungsalter und Ehedauer, von Beruf, Religion und Ehefruchtbarkeit, sowie vielen anderen Abhängigkeiten entwickeln.

Für den Naturforscher ist die Natur nicht die friedliche Idylle des Dichters, sondern vor seinen offenen Augen werden die wundervollen Abendstunden sinkender Sonne der brutale blutige Kampfplatz der Lebewesen um das Dasein. Der liebliche Gesang der Vögel wie das herrliche bunte Gefieder des Männchens sind ihm nicht mehr zauberhafte Schönheiten des großen All, sondern zweckbewußte Mittel des Werbens im Liebeskampf geworden. So zerfliegt vor dem Auge des Menschenforschers die Liebesidylle zwischen Mann und Weib, und sie enthüllt sich der naturwissenschaftlichen Betrachtung als ein Kampf der Geschlechter. Unter diesem Blickpunkt wird das Verständnis für zahlreiche widerspruchsvolle Erscheinungen im menschlichen Seelenleben ein wesentlich anderes, und die Bedeutung der Frage nach dem Zueinanderpassen oder -nichtpassen der Ehegatten erweist ihren biologischen Sinn.

Wir werden die natürlichen Lebensvorgänge im Leben der Frau, ihre periodischen Störungen, sowie das Aussetzen derselben in den Wechseljahren, die Vorgänge bei Schwangerschaft und Wochenbett gerade in Bezug auf die natürlichen Folgen für die Ehegemeinschaft und ihre Rückwirkung auf Mann und Frau eingehend untersuchen müssen. Unsere Betrachtung der Eigenschaften der Gatten in ihrer

Bedeutung für die Ehe kann nicht bei den grob körperlichen Vorgängen stehen bleiben, wir müssen sie im Rahmen der Gesamtpersönlichkeit zu erfassen und zu ergründen versuchen. Dieser Weg führt uns zur Erforschung der Psychologie der Gattenbeziehungen und ihrer seelischen Voraussetzungen, Bedingungen und Auswirkungen. Das seelische Verhalten des Gesunden, die Einwirkungen des Leidens, der Sorge, der Liebe und des Mangels an Liebe, und die ganze Skala des Affektlebens auf die Struktur der Ehe und das Verhältnis der Gatten zueinander werden Gegenstand ärztlicher Ehekunde sein müssen.

Die naturwissenschaftlichen Betrachtungen bezeichneten wir zu Beginn unserer Darstellung als eine nur sachliche und amoralische. Es könnte sich nun die Frage erheben, welchen Sinn eine solche im reinen Raum befindliche Schilderung hätte, da wir doch in der Wirklichkeit, in unserem eigenen menschlichen Erleben wie in menschlichen Gemeinschaften nur nach Wertmaßstäben die Dinge und die Erscheinungen des täglichen Lebens beurteilen? Als Zielsetzung naturwissenschaftlicher Forschung nannten wir jedoch die biologische. Anders ausgedrückt, bedeutet das für die vorliegende Betrachtung der Ehe, daß ihr als Wertungsmaßstab die gesunde Ehe zu gelten habe. In diesem Sinne hat die „ärztliche Ehekunde“ zu fragen: Welche Lebensbedingungen sind für eine gesunde Ehe notwendig, welche Gewohnheiten, Umwelteinflüsse, Krankheiten gefährden die Gesundheit einer Ehe oder eines der Ehepartner? Das Wertziel der gesunden Ehe hat eine gesunde Nachkommenschaft zu fordern, und wir müssen fragen, wie dieses Ziel zu erreichen ist und wie seine Gefährdung verhindert werden kann. Daraus erwächst die weitere Frage nach der Gesundheit des Nachwuchses des Volkes wie der Rasse in dem Umfange, wie wir den individuell begonnenen Gesichtskreis volklich oder gesellschaftlich erweitern[1]. Den Unterschied einer solchen biologischen Betrachtungsweise im Gegensatz zur allgemein üblichen Auffassung in unserem Gesellschaftskörper machen wir uns am besten an einigen Beispielen klar.

Die Liebesumarmung des gesunden Mannes und der gesunden Frau bedeutet im Urteil der Biologie und zwar physiologisch wie psychologisch die natürliche Zweckerfüllung der Geschlechter. Vor dem Forum der Gesellschaft und vor dem Forum der Kirche aber würde eine diesbezügliche Beurteilung von anderen Gesichtspunkten abhängig sein, wie wir im Eingang unserer Darstellung gesehen haben. Die Kirche verdammt diesen Vorgang und sieht in ihm eine Mißachtung ihrer Gebote, wenn nicht die kirchlichen Forderungen der Einsegnung erfüllt wurden, der Staat sieht in ihm eine Verletzung seiner Gesetze und einen Verstoß gegen die Sittlichkeit, wenn das Paar sich nicht vorher der standesamtlichen Eintragung versichert hat. Die Gesellschaft

[1]) Siehe hier die Frage der Abtreibung auf dem Ärztetag Leipzig 1925 und die Polemik in der politischen Presse.

hat vollends verdammt und verfemt, wo sich natürliche Neigung formenlos bindet und so ihren Gewohnheiten und Gebräuchen entgegenstellt. Hat aber trotz allem die Liebesgemeinschaft im Dunkel der Beziehung zwischen zwei Menschen sich dem Bannspruch von Kirche, Staat und Gesellschaft zu entziehen gewußt, so wird sie durch „Folgen" ganz gewiß in das Licht der Kritik der Umwelt gezogen. Vor dem biologischen Forum ist das Kind der ledigen Mutter gleich dem ehelichen, wenn die natürlichen Voraussetzungen die gleichen sind. Aber die Kirche brandmarkt den „Bastard", der Staat gewährt ihm ebenfalls nicht den vollen Rechtsschutz des ehelichen Kindes, und die Gesellschaft verfemt Mutter und Kind, kürzt ihnen zumindest die soziale Geltung [1]).

Oder aus einem anderen Bereich: Der Selbstmörder ist biologisch ein Toter wie jeder andere, die Kirche aber versagt ihm den Gottesacker.

Die naturwissenschaftliche Auffassung verwischt also durch ihre ganz andere Betrachtungsweise verschiedene uns aus unserer gesellschaftlichen Zugehörigkeit überkommene Begriffe und Werturteile. Auf der anderen Seite aber prägt sie uns auch neue Wertungen und vermag Unterschiede zu zeigen, wo unsere gesellschaftlichen Auffassungen nur Einheiten sehen.

Wenn wir uns beispielsweise den Begriff der Ebenbürtigkeit, der einen ganz veralteten und unfreien Maßstab an die Grundlagen der Ehe anzulegen scheint, ansehen, so läßt sich dabei folgendes feststellen:

Unter dem Begriff „ebenbürtig" versteht die Kirche gleiche Konfession, die Gesellschaft gleichen Stand, wobei Adel, Bürgertum und Bauerntum in ihrem Werturteil erheblich voneinander abweichen; unter dem Worte „ebenbürtig" versteht die Gesellschaft auch die Vermögensverhältnisse, die, wenn günstig, häufig gegen sonstige Standesforderungen aufgerechnet werden. Für den Biologen aber ist der Begriff „ebenbürtig" gleiche Rasse oder gleichwertige Erbanlage, für den Arzt insbesondere die Übereinstimmung an körperlicher und seelischer Gesundheit und die wechselseitige Eheeignung der Gatten nach Alter, Körperbau, Charakter und sonstigen Eigenschaften im Sinne angemessener Ergänzung.

Man kann diese Mannigfaltigkeit der Abweichungen der alltäglichen Betrachtungen aus irgendwelchen anders orientierten Urteilen heraus im Gegensatz zu unserem lebenskundlichen Denken durch weitere zahlreiche Beispiele belegen. Aber die gegebenen mögen genügen, um auf den grundsätzlichen Gegensatz hinzudeuten.

Jede lebenskundliche Betrachtung hat als Ziel Förderung des Lebens, Steigerung des Lebens, als Gegensatz zu Hemmung, Verkümmerung und Krankheit. Ihr Feind ist alles, was Schuld und Ursache von Entwicklungs- und Gesundheitsstörungen ist oder werden kann. *Pestalozzi* machte einmal aus einem anderen Grunde zur Erklärung der Beziehung von Mensch und Umwelt eine treffende Be-

[1]) Die heutige geläuterte Auffassung der Ehe ist weder allein als eine staatliche Regelung des Geschlechtsverkehrs noch allein als eine Einrichtung zum Zwecke der Gebärtätigkeit und Kindererziehung noch allein als eine wirtschaftliche oder soziale oder gesundheitliche Versorgungsanstalt für Mann und Weib oder als irgendeine andere Beziehungsart aus den sozialen Bedürfnissen aufzufassen, sondern als eine Gesamtbefriedigung aller dieser Belange aus dem einheitlichen Zweck sozialbiologischer Artung einer Menschheitsgruppe.

Alexander Elster, „Sozialbiologie", S. 247.

merkung, die wir an dieser Stelle in Erinnerung bringen wollen, um die natürliche Wertung vom Gesichtspunkt des Lebens verständlicher zu gestalten. Er sagte: „Der Mensch ist gut und will das Gute; er will nur dabei auch wohl sein, wenn er es tut; und wenn er böse ist, so hat man ihm sicher den Weg verrammelt, auf dem er gut sein wollte."

Vor den naturbetrachtenden Augen des Forschers liegen in jedem Keim die Möglichkeiten natürlicher Entwicklung, einer Erfüllung natürlicher Zwecke im Kreislauf des Lebens. Von diesem Gesichtspunkte der lebendigen Erfüllung des Formenkreises betrachtet die Lebenskunde auch vor allem das Liebesleben und die Fortpflanzung und fragt nach der natürlichen Zweck- und Sinngemäßheit der Umwelt, ihrer Normen und ihrer Gebote. So übt sie Kritik am Eherecht und stellt die Frage, ob Rechts- und Menschensatzung hier der Natur gerecht werden. Die Einehe selbst wird aus dem Gesichtswinkel biologischer Betrachtung zum Problem. Die Frage nach den Erbwerten der Eltern taucht auf und verdichtet sich zu eugenischen Forderungen an die Gattenwahl. Als Sonderthema erscheinen hier im weiteren Zusammenhang z. B. die Verwandtenehe und Mischehe.

Eine ärztliche Ehekunde wird dabei nach den Hemmnissen für eine gesunde Ehe zu suchen haben und sie entweder in dem Menschen selbst oder in gesellschaftlichen Gewohnheiten, in wirtschaftlichen Verhältnissen und dergleichen finden, um ihr Urteil dementsprechend klar und deutlich abzugeben. Allein mit diesem Urteil oder mit dieser Verurteilung ist unsere Aufgabe noch nicht erfüllt. Wir lernten den gesunden Menschen, die natürliche Ehe kennen, erkannten die Krankheiten und ihre Ursachen. Aber wir wollen mehr. Wir wollen die Krankheiten heilen oder sie verhindern. Und so gilt es unserer therapeutischen und prophylaktischen Grundaufgabe gemäß, auf Mittel zu ihrer Behebung und Verhütung zu sinnen.

Um die Mitte des 19. Jahrhunderts schrieb *Salomon Neumann* [1]: „daß der größte Teil der Krankheiten, welche entweder den vollen Lebensgenuß stören oder gar einen beträchtlichen Teil der Menschen vor dem natürlichen Ziel dahinraffen, nicht auf natürlichen, sondern auf gesellschaftlichen Verhältnissen beruhe, bedarf keines Beweises. Die medizinische Wissenschaft ist in ihrem innersten Kern und Wesen eine soziale Wissenschaft und solange ihr diese Bedeutung in der Wirklichkeit nicht vindiziert sein wird, wird man auch ihre Früchte nicht genießen, sondern sich mit der Schale und dem Scheine begnügen müssen. Die soziale Natur der Heilkunst steht über allem Zweifel".

Seit dieser Zeit hat die medizinische Wissenschaft sich immer stärker der Frage der Beziehungen von Krankheit und Gesellschaft

[1] Ein Berliner Arzt, der sich um die soziale Medizin sehr verdient gemacht hat und 1847 diese Worte in seiner Schrift „Die öffentliche Gesundheitspflege und das Eigentum" veröffentlichte.

zugewandt. So wie die naturwissenschaftliche Entwicklung seit dem 18. Jahrhundert die Medizin in ihren Erkenntnisquellen und Methoden befruchtete, so sind auch die Gesellschaftskritik und die volkswirtschaftlichen Untersuchungen an ihr nicht spurlos vorüber gegangen. Das soziale Zeitalter hat seine soziale Medizin erhalten! Und dem Beruf des Arztes ist die Aufgabe hinzugewachsen, sich der Gesundung der Gesellschaft zu widmen. Von diesem Blickfeld aus aber gilt es, die Ehe besonders zu betrachten. Denn die Ehe ist der Boden der Familie, die Urzelle unserer Gesellschaft. Eheschicksal und Völkerschicksal, Ehe und Gesellschaftsklassen, Beruf und Ehe, die Bedeutung der erwerbstätigen Frau für Ehe und Familie, die Bedeutung von Stadt und Land für die Struktur der Ehe müssen hier in den Kreis unserer Untersuchungen treten. Von größter sozialmedizinischer Bedeutung sind weiter vor allem die Fragen des Zeugungswillens, des Präventivverkehrs, der Fruchtabtreibung in ihrer Beziehung zur Ehe.

So rundet sich uns das Bild der ärztlichen Ehekunde ab, beginnend als naturwissenschaftliche Schau, fortschreitend zur biologischen Wertung, zu ärztlicher Beratung und Hilfe, und endend in der sozialmedizinischen Betrachtung.

Allerdings sind unsere sozialmedizinischen Untersuchungen beschränkt auf die Ehe selbst und können nur einen Ausschnitt von dem ärztlichen Wissensgebiet geben, daß die Beziehungen von Geschlecht und Gesellschaft umfaßt. Es ist nötig zu wissen, daß die gesetzliche Form der Geschlechtsgemeinschaft des Staates nicht gleichbedeutend ist mit den Liebesbedürfnissen und -gepflogenheiten der Gesellschaft. Unter Wirkung der natürlichen und kulturellen Kräfte haben sich neben der Ehe die mannigfachsten Formen der Geschlechtsgemeinschaft vom Kauf der Liebe über den gemeinsamen vorübergehenden Lustaustausch zum zeitlichen Verhältnis bis zur freien Ehe gebildet. Alle diese Formen wie der Überschuß der Unverheirateten üben ihren rückwirkenden Einfluß auf die Ehe selbst wieder in mannigfaltigster Hinsicht aus.

Die gesellschaftliche Auffassung, die im übrigen im Richterspruch des Staates gesetzliche Anerkennung fand, forderte bis in die jüngste Zeit für die bürgerliche Frau der gehobeneren Schichten Keuschheit vor der Ehe, während sie dem Manne die Freiheit gab, seine Erfahrungen im Liebesleben vorehelich zu gewinnen. Unter diesen Anschauungen begann die geschlechtliche Einführung des Mannes seitens der gewerbsmäßigen Dirne, entstammten demselben Milieu seine Geschlechtsgewohnheiten. In glücklicheren Lagen waren die kleinbürgerliche Geliebte und das „Verhältnis", das in der Jugendliebe den Übergang zur Ehe bildet. Anders liegen die Verhältnisse in der Arbeiterfamilie und auf dem Lande. Hier beginnt der Geschlechtsverkehr bei beiden Geschlechtern häufig vor der Ehe, um in der Mehrzahl der Fälle zur Ehe zwischen denselben Partnern zu führen. Im gleichen Sinne ist ein Kampf gegen die sogenannte „doppelte Moral" seitens der Frauenbewegung im bürgerlichen Leben geführt worden. Anstatt einer Angleichung des Mannes an die der Frau gestellten sittlichen Aufgaben ist eine Angleichung des jungen Mädchens an die Lebensgepflogenheiten des Junggesellen heute bereits in der Großstadt in weitestem Umfange erfolgt, so daß wir in immer steigendem Ausmaße auch in den bürgerlichen Kreisen mit dem vorehelichen Sexualverkehr des jungen Mädchens zu rechnen haben. Hierbei spielt natürlich eine große Rolle, daß die wirtschaftliche Umschichtung das junge Mädchen früher aus der Familie in das Leben sendet, und daß für zahlreiche Frauen keine Möglichkeit mehr besteht, in Ehe und Mutterschaft Beruf und Lebenserfüllung zu finden, da ein Frauenüberschuß größeren Umfanges besteht.

Die Frage kann nicht ernst genug gestellt werden: Wie müssen sich die vorehelichen Liebeserlebnisse und sexuellen Verhaltensweisen in der Ehe auswirken? Und uns trifft weiterhin die Frage, ob die angedeutete Entwicklung eine natürliche ist oder ob Irrungen und Fehlentwicklungen hier naturgemäßen Tendenzen entgegengewirkt haben.

Mit Fug und Recht tritt *Schleiermacher* dem Vorurteil aus falscher Scham in geschlechtlichen Fragen entgegen und sagt: „Warum soll es mit der Liebe anders sein, als mit allem übrigen? Soll etwa sie, die das höchste im Menschen ist, gleich beim ersten Versuch von den leisesten Regungen bis zur bestimmtesten Vollendung in einer einzigen Tat gedeihen können? Sollte sie leichter sein als die einfache Kunst zu essen und zu trinken, die das Kind lang erst mit ungeschickten Objekten und rohen Versuchen ausübt, die ganz ohne sein Verdienst nicht übel ablaufen? Auch in der Liebe muß es vorläufige Versuche geben, aus denen nichts Bleibendes entsteht, zu denen aber jeder etwas beiträgt, um das Gefühl bestimmter und die Aussicht auf Liebe größer und herrlicher zu machen".

Während wir in jeder unserer Lebensäußerung das Kind mühsam zum Menschen erziehen, hat man von einer geschlechtlichen Erziehung, einer Erziehung zur Liebe oder Ehe abgesehen. Es ist eine Errungenschaft der letzten Jahre, daß man die jungen Menschen wenigstens über die Grundlagen des Geschlechtslebens und seine gesundheitlichen Gefahren aufklärte, aber bei dieser Aufklärung, über deren Methode und Wert man noch erheblich streitet, ist man stehen geblieben. Zur eigentlichen sexuellen Erziehung ist man nicht vorgedrungen, wenn man nicht das Verbot der Unkeuschheit vor der Ehe als eine solche ansehen will. Umstritten war dabei stets die Frage der gemeinsamen oder getrennten Erziehung der Geschlechter.

Wenn wir einmal den Menschen für erziehbar und lenkbar ansehen, muß auch Erziehung zur Ehe mit Einbeziehung der Ausbildung in der richtigen seelischen und körperlichen Technik in der Ehe als

Aufgabe uns gestellt werden. Unser jetziges illegales voreheliches Geschlechtsleben in der Prostitution kann doch nur als eine Erziehung zur Verantwortungslosigkeit, zur Perversität, zu einseitiger Vordrängung der körperlichen Sinnlichkeit und zur Unterdrückung des Seelischen im Liebesleben führen.

Diesen Betrachtungen gegenüber erhebt sich die Frage, ob die dem Manne in unserer Kultur nachgesagte Trennung seiner seelischen und sinnlichen Liebe in verschiedene Objekte nicht der Erfolg dieser falschen Erziehung ist, während man bisher hier eine Naturanlage vermutete. Behauptet doch auch *Krafft-Ebing*, daß die perversen Gewohnheiten auf eine Erziehung zur Unsittlichkeit zurückzuführen seien.

Gegenüber unserer ärztlich-naturwissenschaftlichen Betrachtung tritt die Frage an uns heran: Ist das ärztliche Urteil allgemein gültig, ist es selbst so frei und unabhängig, um rückhaltlos werten zu können?

Kant bemängelt an der medizinischen Fakultät, daß sie ebenso wie die Rechtswissenschaft und die Theologie keine freie Wissenschaft sei. Er schreibt: „Daher schöpft der biblische Theolog seine Lehren nicht aus der Vernunft, sondern aus der Bibel, der Rechtslehrer nicht aus dem Naturrecht, sondern aus dem Landrecht, der Arzneigelehrte seine ins Publikum gehende Heilmethode nicht aus der Physik des menschlichen Körpers, sondern aus der Medizinalordnung“.

Man mag dieses Urteil *Kants* ausgangs des 18. Jahrhunderts heute nicht mehr als zeitgemäß erachten, es legt uns aber doch nahe, es ernsthaft nachzuprüfen.

Soweit die ärztliche Wissenschaft und Forschung in ihrer Beziehung zur Naturwissenschaft in Frage kommt, kann sie frei und nur an die eigenen Gesetze der Forschung gebunden Zeugnis ablegen. Der Arzt selbst aber, der die ärztliche Kunst ausübt, ist Mitglied der Gesellschaft, Bürger eines Staates, einer Stadt und Angehöriger eines Standes und genötigt, sich an gewisse überlieferte Formen und Anschauungen anzulehnen. Besonders deutlich ist die Abhängigkeit und die unwillkürliche Beeinflussung des ärztlichen Urteils dort, wo der Arzt Beauftragter einer Behörde oder gar Beamter ist. Abgesehen davon, daß der Arzt „Mensch“ ist und als solcher gebunden an seinen Glauben und seine Weltanschauung. Unverkennbar droht auch heute noch die Gefahr, von der *Kant* vor mehr als 100 Jahren sprach, daß das Urteil des Arztes nicht genügend frei von fremden Wertbindungen sei.

Die ärztliche Beobachtung deckt zum Beispiel eine Beziehung zwischen Krankheit und sexueller Enthaltsamkeit auf. Soll der Arzt nun den Geschlechtsverkehr oder die Ehe aus therapeutischen oder prophylaktischen Gründen anraten? Der Arzt als ungebundener Wissenschaftler müßte den Geschlechtsverkehr raten, der Arzt als Bürger eines Staates mit gesetzlicher Einehe dürfte nur letztere „verordnen“. Oder soll der Arzt den Wünschen des Individuums Rechnung tragen, wenn dadurch Staatsgesetze verletzt werden. Die Stellung des Arztes z. B. zu § 175 oder § 218 des Deutschen Strafgesetzbuches wird stets weniger von wissenschaftlichen als religiösen, weltanschaulichen, politischen Anschauungen beeinflußt sein. Dazu kommt für die hier zu erörternden Probleme noch die besondere Gebundenheit des Arztes als Geschlechtswesen selbst. Die ganze sexualwissenschaftliche Literatur leidet unter der Einseitigkeit einer rein männlichen Einstellung und völlig irrigen und ungerechten Wertung der Frau. Die spärlichen weiblichen wissenschaftlichen Äußerungen zu dieser Frage sind — womöglich noch stärker — mit dem entsprechend gleichartigen Mangel belastet.

Wir ersehen hieraus den ganzen Kreis der Gebundenheiten des ärztlichen Urteils.

Nachdem wir nunmehr die Ehe unter dem Gesichtspunkt der medizinischen Fakultät betrachtet haben, bleibt noch die Frage offen, ob nicht auch die vierte der Fakultäten, die philosophische, noch einige wichtige Dinge selbst zum Problem der Ehe zu sagen hätte. In der Tat dürfen wir im größten Umfange auch von einer „philosophischen Ehekunde" uns wertvolle Einblicke versprechen. Schon die Betrachtung seitens der medizinischen Fakultät hat sich in dem Forschungsgebiet der Naturwissenschaft, Biologie und Psychologie wie der Völkerkunde und der Geschichte recht eigentlich auf die Wissenschaften der philosophischen Fakultät gestützt. Aber diese selbst hat auch in dem ihren Namen tragenden Sonderkreis häufig und mit sehr verschiedenem Wertakzent im Laufe der Jahrhunderte von der Ehe gesprochen. Doch nicht die Beantwortung der Frage, welche Bedeutung der Ehe im Leben der Menschheit in einem philosophischen System geschenkt wird, erweckt hier unser Interesse, sondern wir sehen die Betrachtung der Ehe als wichtigen Gegenstand zweier anderer Disziplinen der philosophischen Fakultät an; der Volkswirtschaft und der Soziologie.

Die Soziologie als Beziehungslehre des Verhältnisses der Menschen zueinander, als die Lehre von Gemeinschaft und Gesellschaft muß im Zusammenhang mit unserem Thema und darum von Wichtigkeit erscheinen, weil wir in den Gesetzen der Gesellschaft häufig den Gegner der ärztlich für gut befundenen Ehe erkannten. Abgesehen davon, daß die Ehe selbst neben ihren körperlichen und seelischen Geschlechtsbeziehungen ein wichtiges Gemeinschaftsproblem für sich darstellt. Hier beginnt ein Forschungsgebiet, an dessen Grenzen sich der ärztliche Pionier in der sozialen Medizin vorwagte, ohne über die Diagnose hinausgehen zu können. Und das Gleiche gilt von der volkswirtschaftlichen Betrachtung der Ehe. Wieder finden wir in den Gesetzen der Wirtschaft, in wirtschaftlichen Zielen, im wirtschaftsbetonten Handeln den Feind der gesunden Ehe, den Förderer der Krankheiten, den Gefährder der Nachkommenschaft.

Anders entwickelt sich die Ehe in den Kreisen, wo unbewegliches Kapital vorherrscht als in jenen, wo das bewegliche Kapital regiert. Die wirtschaftliche Freiheit der Frau wird in den Krisen der Ehe ein anderes Verhalten zur Folge haben als wirtschaftliche Abhängigkeit. Kurz, die Wirtschaft bestimmt in der Ehe, sie führt zum Eheschluß aus Wirtschaftsnot in einem Falle, wie sie aus Wirtschaftsnot im anderen Falle Ehehemmnis wird oder Nachkommenschaft verhindert oder gefährdet. Die Beziehungen zwischen der Wirtschaft und der Ehe, zwischen Wirtschaft und Bevölkerungsvorgängen sind viel weitreichender als man lange Jahre annehmen wollte. In der Kulturgeschichte der Ehe zeigt sich diese Abhängigkeit besonders in den Formen der Raubehe, Tauschehe, Geschenkehe, Dienstehe, Kaufehe, Mitgiftehe, Geldehe.

Wir müssen bekennen, daß die ärztliche Betrachtung der Ehe allein nicht die ganze Problematik dieser Liebesgemeinschaft zwischen Mann und Frau zu erfassen, geschweige denn zu lösen vermag. Und an den Grenzen zwischen dem Erfahrungsbereich des Arztes, dem Interessengebiet der Gesellschaft und der Machtsphäre der Wirtschaft beginnt jener Streit der Werte, der zur schwersten Stunde des Menschen führt, dem Widerstreit der sittlichen Pflichten. Schiller sprach einst das Wort, daß das Leben nicht wert sei, gegen die „Schuld“ eingetauscht zu werden. So ergeben sich auch für den Arzt als sittlichen Menschen Zweifel und Anfechtungen, welchen Platz *seine* Werte in der Skala aller Wertungen erhalten soll.

Auf der anderen Seite weiß der Arzt, wie in der Geschichte aller Zeiten sich nie die natürliche Entwicklung und Forderung auf die Dauer unterdrücken ließ. Mögen die Gegenkräfte — genährt aus idealer Begeisterung oder aus realer Notwendigkeit — vorübergehend noch so mächtig sein, die Natur wird ihrer Herr und setzt sich durch — zu spät oft und zu ungestüm, als daß die anderen Werte noch gerettet und *Natur* und *Kultur* zur Versöhnung gebracht werden könnten. An dem *Phänomen der Ehe* scheint sich jetzt ein solches *Elementarereignis* vorbereiten zu wollen. Auf die von hier aus drohenden Gefahren hinzuweisen, das *Wissen* um sie und um die Möglichkeit der Abwehr zu vermitteln, den *Willen* zur Gesundung der allenthalben erschütterten Ehe zu wecken und zu stärken, die *Jugend* ehefreudig, ehetauglich und eheverantwortlich zu machen — kurz: die *natürlichen* Wurzeln, Gestaltungsbedingungen, Forderungen, Glücks- und Unglücksmöglichkeiten der Ehe kennen zu lernen, soll die biologische „Ehekunde“ dienen.

Urformen und Wandlungen der Ehe

Von Géza Róheim

I. Zur Einführung.

Unter Ehe versteht man im allgemeinen entweder, biologisch gerichtet, die dauernde Lebens- und Geschlechtsgemeinschaft eines bestimmten Männchens mit einem bestimmten Weibchen, oder, soziologisch gedacht, nur die von der Gesellschaft gutgeheißenen Fälle einer derartigen Paar-Beziehung. Mit dieser zweiten Definition haben wir wohl auch den Kern der einschlägigen Probleme aufgedeckt, indem das spezifisch Menschliche eben in der Notwendigkeit einer solchen Sanktion oder, anders gewendet, in den Verboten, in der Regelung des Geschlechtslebens liegt. Wie soll man sich nun die verschiedenen Formen des Ehebündnisses, ihre Aufeinanderfolge und ihre Abwandlungen in der Menschheitsgeschichte vorstellen? Auf diese Frage gibt die vergleichende Ethnologie im wesentlichen zwei Antworten. Natürlich gibt es mehr Hypothesen über diese Probleme, es lassen sich jedoch zwei Hauptrichtungen, — man wäre versucht zu sagen: zwei Weltanschauungen unterscheiden. Die eine Richtung ist von der Idee des Fortschrittes geleitet, und ihre Grundauffassung läßt sich etwa so formulieren: Einst war alles anders wie jetzt. Die andere Richtung steht, bewußt oder unbewußt, im Dienste einer konservativen Weltanschauung: Es ist immer alles so gewesen, wie wir es heute vorfinden, ist das Endergebnis der Untersuchungen der neueren Forscher von *Westermarck* bis zu *P. W. Schmidt*. Das heißt: die erste Richtung sieht alles im Wandel begriffen, und folglich sind ihr die gesellschaftlichen Werte relativ, während diese Werte, Recht und Unrecht, laut der zweiten Richtung ewig bestehen, ewig so wie sie heute sind oder vielmehr: wie sie heute zu sein scheinen.

Wir werden noch Gelegenheit finden, die Unzulänglichkeiten beider Schulen aufzudecken. Vorläufig machen wir den Anfang mit der positiven Arbeit. Wir versuchen die Gründe darzustellen, die für eine dritte, zwischen den beiden Schulmeinungen stehende Auffassung der Dinge sprechen.

II. Die polygame Urhorde.

a) Das biogenetische Grundgesetz.

Die vorpsychoanalytische Sexualforschung war, im großen und ganzen, in der irrigen Annahme befangen, daß die geschlechtlichen Triebe des Menschen unvermittelt in der Pubertät auftreten. Nun hat uns die ärztliche Einsicht, gewonnen und immer wieder bestätigt an tausenden von Fällen, eines besseren belehrt. Die Psychoanalyse hat den Nachweis erbracht (da ja die Kranken durch die Analyse auch geheilt werden, können wir auch von einem experimentellen Nachweis sprechen), daß sämtliche Konflikte des kranken und auch des gesunden Seelenlebens mit ihren tiefsten Schichten im Oedipuskomplex verankert sind. Unter „Oedipuskomplex" verstehen wir jene libidinösen Strebungen des Kindheitsalters, welche (beim Knaben) auf die Mutter als Sexualobjekt gerichtet, im Vater den Störer des größten Glückes erblicken und später, etwa vom 3. bis 5. Lebensjahr anfangend, der Verdrängung anheimfallen, d. h. durch sich neubildende Ich-Schichten vom Bewußtwerden abgehalten werden. Es lassen sich eine Menge von Fällen anführen, in denen kleine Knaben ganz unschuldsvoll etwa erklären: „wenn der Papa stirbt, so heirate ich die Mami". Oder aber: „der Vater soll abreisen (in der Sprache des Unbewußten und der Kinder = sterben), damit ich bei der Mutter im großen Bett schlafen kann". Derlei Aussprüche hat wohl jeder gehört, aber ohne sie sonderlich zu beachten. Erst indem die Psychoanalyse die Wurzeln des neurotischen Krankseins in den Konflikten des infantilen Trieblebens aufgedeckt hat, lernen wir diese Worte aus dem Kindermund ernst nehmen. Wir wissen nunmehr, daß die Libido in ihren Urstadien auf das allernächstliegende, kaum noch verlassene Objekt, auf die Mutter, gerichtet ist, beziehungsweise die Inzestschranke noch nicht kennt. Wollen wir nun die Gültigkeit des biogenetischen Grundgesetzes *(Haeckel)* auch für das geistige Leben annehmen, so würde etwas Analoges auch für die ersten Stufen der Menschheitsentwicklung vorauszusetzen sein.

Hier ist die von *Freud* konsequenterweise vollzogene Anknüpfung an *Atkinsons* Hypothese von der Urhorde gegeben[1]). *J. J. Atkinson* hat in Neu-Kaledonien zu gleicher Zeit das Leben der Eingeborenen und der halbwild lebenden Pferdeherden beobachtet. Im Leben der ersteren sah er nun eine peinliche, von den Eingeborenen selbst als Inzestverhütung gedeutete Vermeidung zwischen Bruder und Schwester, — im Tierleben wiederum die positive Seite dieses Zustandes, die Tötung des Leittieres und den vollzogenen Inzest von der Seite der jungen Füllen. *Atkinson* nahm nun eine Vermutung *Darwins* auf. Der berühmte Begründer der modernen Wissenschaft meint nämlich:

"Wir können in der Tat nach dem, was wir von der Eifersucht aller Säugetiere wissen, von denen viele mit speziellen Waffen zum Kämpfen mit ihren Nebenbuhlern begabt sind, schließen, daß allgemeine Vermischung der Geschlechter im Naturzustand äußerst unwahrscheinlich ist . . . .

Wenn wir daher im Strome der Zeit weit genug zurückblicken und nach den sozialen Gewohnheiten des Menschen, wie er jetzt existiert, schließen, ist die wahrscheinlichste Ansicht die, daß der Mensch ursprünglich in kleinen Gesellschaften lebte, jeder Mann mit einer Frau oder, hatte er die Macht, mit mehreren, welche er eifersüchtig gegen alle anderen Männer verteidigte. Oder er mag kein soziales Tier gewesen sein und doch mit mehreren Frauen für sich allein gelebt haben wie der Gorilla; denn alle

[1]) Vgl. *Freud*, Gesammelte Schriften, X, 152.

Eingeborenen stimmen darin überein, daß nur ein erwachsenes Männchen in einer Gruppe zu sehen ist. Wächst das junge Männchen heran, so findet ein Kampf um die Herrschaft statt, und der Stärkste setzt sich dann, nachdem er die anderen getötet oder vertrieben hat, als Oberhaupt der Gesellschaft fest."

Die Hypothese von der polygamen Urhorde geht also eigentlich auf *Darwin* zurück. *Atkinson* und *Andrew Lang* machten dann ernst damit, und durch *Freud*, durch die Entdeckung der ontogenetischen Parallele ist sie zum Rang einer wissenschaftlich ernst zu nehmenden, ja, wenn wir Recht haben, zur wahrscheinlichsten Ansicht erhoben worden.

In der Freudschen Fassung lautet die Theorie so, daß die vertriebenen Söhne in den Urhorden der Menschenaffen immer wieder den Versuch machten, den König der Herde, ihren eigenen Erzeuger, gewaltsam zu beseitigen, um den Weg zum Geschlechtsverkehr mit ihren Müttern und Schwestern frei zu bekommen. Als ihnen dies endlich gelang, brach der Kampf um die Oberherrschaft und um die Weiber der Horde wieder aus, bis sich nun der Stärkste zum Nachfolger des Vaters erhob und die anderen Konkurrenten entweder tötete oder wieder in die Verbannung trieb. Dieser Zustand mag Jahrtausende und Zehntausende gedauert haben. Wie sie zu Ende kam, darüber werden wir später noch Vermutungen aufstellen.

Dabei ist noch Folgendes zu beachten. Die Urhorden der Menschheit lebten ganz gewiß in weitabliegenden isolierten Gruppen, so daß der Mensch nie Männchen oder Weibchen einer anderen Horde zu Gesicht bekam. Ihm blieben also gar keine anderen Sexualobjekte wie die blutsverwandten Weibchen der eigenen Horde und keine anderen Nebenbuhler als die älteren Männchen der Horde. Dieser Zustand wird in der Entwicklung des Einzelnen wiederholt, denn auch das Kind lebt im Kreise der Familie, und auch für ihn repräsentiert die eigene Mutter das ganze weibliche, der eigene Vater das ganze männliche Geschlecht.

Das biogenetische Grundgesetz ist aber selbst eigentlich eine Hypothese, indem es in jedem einzelnen Fall erst der Nachprüfung bedarf, ob das Gesetz in Wirkung tritt, d. h. psychoanalytisch ausgedrückt: ob der Wiederholungszwang nicht durch erworbene Anpassungsleistungen unterdrückt wird. Nun bleibt es aber natürlich immer schwer, eine wissenschaftliche Hypothese, die sich auf Längstvergangenes bezieht, so zu beweisen, daß der Beweis jeden Widerspruch ausschließt. Da bleibt nur ein Weg übrig. Der heuristische Wert der Theorie hängt von den sonst unverständlichen Tatsachen ab, die im Lichte der neuen Hypothese verständlich werden. Untersuchen wir das einschlägige Material.

b) Die Urzeit in den Sagen der Völker.

In altersgrauen Zeiten lebte ein gewisser Welu, ein großer Krieger und ein großer Frauenheld. Er wollte alle Frauen der Horde für sich behalten und er beschloß einmal, den ganzen Stamm der Nauos auszurotten. Mit einem einzigen Speerwurf durchbohrte er alle die Männer, die hintereinander in Reih und Glied standen; nur zwei blieben übrig, die auf einen Baum flüchteten. Die beiden hießen Karkantya und Bona (zwei kleinere Falkenarten). Welu wollte in den Baumwipfel klettern, um die beiden zu töten, er war aber zu schwer und fiel herunter. Im Fall wurde er von einem Hund angegriffen und kastriert. Er starb auf der Stelle und verwandelte sich in den Adlerfalken[1]).

Die Geschichte vom Kampf der kleinen „Falken" gegen den einen Großen und vom Tod dieses bedarf kaum noch einer Erläuterung. Es geht eben um die Frauen der Horde. Der Alte möchte alle Frauen für sich behalten, und die Jungen können ihren Geschlechtstrieb nur dann befriedigen, wenn sie ihn töten. Dazu eine ähnliche Sage aus Nordaustralien.

Es lebte in der mythischen Vorzeit der Kakadu, ein Riese, genannt Kunapippi. Er hatte ganze Säcke voller Kinderkeime, und von diesen stammen die heutigen Eingeborenen. Er besaß eine Menge Schwirrhölzer, die wie er selbst Kunapippi hießen. Den Eingeborenen gab er die Grundlagen ihrer Kultur, insbesondere die Heiratsbestimmungen und die Zeremonien der Männerweihe. Es kam aber auch eine andere Horde, denen er ebenso die Grundlagen der Kultur, Heiratsregel usw. gab. Nun, fährt die Sage ganz unvermittelt fort, wollte Kunapippi die Leute alle auffressen. Zweien jedoch ist es gelungen, zu entkommen und Hilfe bringend den Riesen zu töten. — Kunapippi gehörte keiner Heiratsklasse und keinem Totemverband an, bezüglicherweise hatte er teil an allen Klassen und Totemverbänden, da sie ja alle von ihm abstammen. Er war ein großer Mann mit einem riesigen Fuß[2]). Der Mann mit dem Riesenfuß ist aber, wie ich aus der Symbolik dieser Sagen nachgewiesen habe, der Erzeuger, der Urvater der Besitzer des riesigen Gliedes[3]).

Es fehlt hier die im Süden angegebene Ursache der Tragödie, daß nämlich Kunapippi im Alleinbesitz der Frauen bleiben wollte. Nun deutet aber manches darauf, daß wir es hier mit den Bruchstücken derselben Ursage zu tun haben, so z. B. die Zweizahl der geflüchteten Helden, der Zusammenhang mit den Riten der Männerweihe usw. Es scheint also, daß die Abwesenheit des schönen Geschlechtes in der Sage nur der später einsetzenden Verdrängung zuzuschreiben ist. Wenn dem so wäre, müßten wir aber Anzeichen, Überlebsel einer früheren Fassung im Text der Sage aufzeigen können. In der Tat scheint die gesuchte Mutterfigur in der Sage vorzukommen, nur daß sie mit dem Urvater nach Art der Traumarbeit verdichtet wurde. Die verzehrten Männer werden nämlich aus dem Innern des getöteten Kunapippi lebend heraus geholt, ein Sagenmotiv, welches stets auf die Geburt deutet (vergleiche auch den Sack mit den Kinderkeimen). Zur Gewißheit wird diese Konjektur dadurch erhoben, daß in einer Roper River-Variante Kunapippi die ausgeschnittene Zunge einer schrecklichen alten Frau ist. Diese schreckliche alte Frau hat die Männer der Urzeit lange verfolgt, bis sie sich

---

[1]) *G. F. Angas*, Savage Life and Scenes in Australia, 1847, I, 109. *Ch. Wilhelmi*, Manners and Customs of the Australian Aborigines, Royal Society Transactions, 1862, 37.

[2]) *B. Spencer*, Native Tribes of the Northern Territory, 1914, 215.

[3]) *Róheim*, Australian Totemism, 1925, 296.

„ermannten", die Alte töteten und ihre Zunge, die dann zum Schwirrholz wurde, herausschnitten[1]).

Wir hätten demnach in beiden Fällen eigentlich historische, wenn auch stark überarbeitete Erzählungen vor uns, die einen letzten Widerhall der Urtragödien der Menschheit enthalten.

Eine ähnliche Überlieferung besitzen auch die benachbarten Marind-anim in Neu-Guinea. Um die Mythe zu verstehen, müssen wir bemerken, daß die Majo-Zeremonien Mysterienriten sind, deren eigentliches Geheimnis in den homo- und heterosexuellen Orgien besteht. Dem rituellen Coitus wird aber auch eine magische Wirkung zugeschrieben; durch die Majo-Zeremonien wird die Fruchtbarkeit der Kokospflanze gewährleistet. Die Einzelheiten der Riten deuten darauf hin, daß es sich um ehemalige Riten der Männerweihe handelt, daß die in den sexuellen Geheimnissen Eingeweihten eigentlich die Väter, die Uneingeweihten aber die Jungen, die Knaben sind. Die jungen Mädchen, die in diesen Riten koitiert werden, heißen Majo-Iwag (Mädchen des Majo); oft wird aber statt dessen der Ausdruck Majo-mes-iwag, alte Frau des Majo gebraucht. Die Geheimkulte gehen auf diese „Alten Frauen" zurück, woraus zu schließen wäre, daß der Geschlechtsverkehr ursprünglich mit einer alten Frau als Vertreterin der Mutter-Imago vollzogen wurde.

Mythe von den frühesten Majo-Zeremonien.

Als die Majo-Zeremonien ihren Anfang nehmen sollten, gesellten sich uneingeweihte Knaben dazu und wollten auch an den sexuellen Orgien teilnehmen. Sie gesellten sich zu den Majo-iwag. Darüber erzürnt, schlugen die Eingeweihten auf die Knaben los. Die Folge davon war, daß diese sich in schwarze, fliegende Hunde verwandelten und übers Meer flogen. Nachts, wenn die Leute schliefen, kamen sie zurück mit jungen Kokosnüssen und Kokosblüten im Maul, die sie auf die schlafenden Leute fallen ließen. Sodann verwandelten sie sich in Knaben und gesellten sich zu den Majo-iwag. Gegen Morgen verwandelten sie sich wieder in fliegende Hunde und flogen übers Meer zurück. Als die Leute erwachten, sahen sie junge Kokosnüsse und Blüten am Boden liegen und betrachteten diese kopfschüttelnd, denn ehedem war der Kokos nicht bekannt. So wurde die Kokospalme entdeckt[2]).

Jener Zug der Sage, daß die von den Mädchen vertriebenen Jünglinge sich gerade in fliegende Hunde verwandeln, ist eine Anspielung auf die Beziehungen der Kokospalme zu den fliegenden Hunden, die sich auf den Palmen aufhalten und die jungen Nüsse fressen. In der totemistischen Denkungsart dieser Stämme bilden demnach Palme und Hund einen Komplex, eine Einheit. Wenn wir uns vergegenwärtigen, daß die Riten überhaupt darum abgehalten werden, um Kokospalmen entstehen zu lassen, und daß laut der Sage die Entstehung der ersten Kokospalme als Folge des verbotenen, weil den

1) *H. Basedow*, The Australian Aboriginal, 1925, 270.
2) *P. Wirz*, Die Marind-anim von Holländisch-Süd-Neu-Guinea. (Abhandlungen der Hamburgischen Universität) II, 60.

Interessen der Alten zuwiderlaufenden Geschlechtsverkehrs gilt, und endlich daß die Jungen und die Kokospalme in der Sage eigentlich eine Einheit bilden (Verwandlung in fliegende Hunde; fliegender Hund = Kokospalme), so kommen wir zu der unabweislichen Schlußfolgerung, daß in diesen großen Mysterien des Stammes ursprünglich nicht Kokospalmen, sondern, was auch viel natürlicher zu sein scheint, Junge gezeugt wurden[1]) und daß die Urzeit die Epoche der Kämpfe um die Frauen der Horde zwischen Jung und Alt war. Die Jungen wollten sich an die „Majo-mes-iwag", an „die alten Frauen der Mysterien" heranmachen, aber dies bedeutete den Kampf mit den Vätern. Treffend bemerkt *Rapp*, daß das eigentliche Geheimnis der vorderasiatischen Mysterien in der Liebe des Sohnes zur Mutter zu suchen sei"[2]). Als Grundzug der Marind-Sagen über die Dema, d. h. die halb göttlichen, halb tierischen Wesen der Urzeit läßt sich aber feststellen, daß die Heirats-, sowie die totemistischen Verbote damals noch nicht galten. So ist es auch in Zentralaustralien; die wunderkräftigen Heroen der Alcheringa nährten sich stets von ihren eigenen Totemtieren und lebten stets in Ehegemeinschaft mit den Weibern des eigenen Totems[3]). Wir glauben daher, daß die negative Wendung des Verhältnisses zwischen Blutsverwandten eben erst später eingesetzt hat und daß uns die Sagen wirklich Klänge aus der vergangenen Urzeit, aus der Zeit vor der Errichtung der Inzestschranke, bewahrt haben.

c) Die Vermeidungen.

Die Gruppe der Gebräuche, die von den Ethnologen „Vermeidungen" (avoidances) genannt werden, gibt uns Gelegenheit, die sekundäre Natur dieser Inzestschranke zu studieren. Über die Verhältnisse in Fiji berichtet *Fison* wie folgt:

„In Fiji betrachtet der Sohn meines Schwestersohnes die Tochter von meiner Tochter oder die Tochter der Tochter meines Bruders als seine Schwester (ngane) genau so, wie wenn sie seine leibliche Schwester wäre. Daher muß er sie auch ebenso vermeiden („nganena" vgl. oben ngane Schwester), als wäre sie die Tochter seiner Mutter. Kommt sie in ein Zimmer und sitzt er dort mit gestreckten Beinen, so zieht er die Beine an sich und schaut in eine andere Richtung. Trifft er sie am Weg, so stellt er sich, als ob er sie nicht gesehen hätte. Mit ihr allein zu bleiben, sie zu berühren, oder anzusprechen, wäre höchst unschicklich"[4]).

Wir nehmen an, daß diese Vermeidungen einen Grund haben, Schutzmaßregeln gegen eine Gefahr sind, die wirklich vorhanden ist.

---

[1]) „Bei der Geburt eines Knaben werden Kokospalmen gepflanzt. Wenn sie zu tragen beginnen, wird das Unufest gefeiert, durch das der Knabe in die Reihe der Erwachsenen aufgenommen wird." *Thurnwald*, Forschungen, III, 1912, 5.

[2]) *Roschers* Lexikon, I, 1, 719; II, 1, 1648.

[3]) *Róheim*, Australian Totemism, 1925, Ders., Arunta and Marind-anim. Anthropologia Hungarica, 1925.

[4]) *L. Fison*, The Classificatory System of Relationship. Journ. Authr. Inst. XXIV, 1895, 363. *Frazer*, Totemism and Exogamy, II, 147.

Daß verbotene Handlungen bei besonderen festlichen Gelegenheiten nicht nur erlaubt, sondern sogar geboten sind, ist eine allgemeine Erscheinung im Völkerleben. Im Fiji haben wir die Weiheriten des Nangafestes; bei dieser Gelegenheit herrscht allgemeine Promiskuität und die „Brüder" und „Schwester" (inkl. Bruderssöhne, Schwesterstöchter etc.), die sich sonst einander nicht einmal nähern dürfen, werden mit einander gepaart und zum Inzest aufgefordert[1]).

In Lepers Island darf ein Bruder seine Schwester nie wiedersehen, nachdem sie einmal tatauiert, d. h. geschlechtsreif wurde. Sie verläßt das Elternhaus und geht zum Bruder ihrer Mutter. Nun dürfen sich die beiden nie mehr sehen, ihre Namen nie wieder aussprechen und nicht einmal einander erwähnen. *Rivers* Berichterstatter, der Eingeborene *John Pantutun*, folgert ganz richtig, daß es sich um Maßnahmen zur Verhinderung des Geschlechtsverkehrs handelt[2]). In Neu-Kaledonien werden diese Vermeidungen so ernst genommen, daß ein Bruder, der zufällig mit seiner Schwester eine Minute im Kanoe allein blieb, den Stamm verlassen mußte[3]). Die Eingeborenen geben oft die richtige Deutung an, so z. B. die Boloki im Kongo-Gebiet. Hier werden alle Vermeidungen mit dem Ausdruck „Bokilo" bezeichnet. Kila bedeutet „verbieten", und in diese Kategorie gehört vor allem die Schwiegermutter, dann aber auch alle Schwägerinnen, Schwiegertöchter usw. Als Ursache der Vermeidungen wird die Notwendigkeit angegeben, jeden Versuch des Geschlechtsverkehrs zwischen diesen Personen zu verhindern. „Denn wenn man eine Frau nicht sieht, kann man sie auch nicht begehren", heißt es[4]). Dem könnte man immer noch entgegenhalten, daß es sich ja schließlich nur um Hypothesen über die Entstehung dieser Sitten handle, mögen diese Hypothesen nun von Ethnologen im Studierzimmer oder von den Eingeborenen selbst herrühren. Glücklicherweise hat sich aber die Sachlage auf diesem Gebiet seit den in ihrer Tragweite immer noch nicht genügend gewürdigten Forschungen von *Rivers* radikal geändert. *Rivers* hat nämlich den Nachweis führen können, daß diese Vermeidungen tatsächlich die Art und Weise sind, in welcher die Naturvölker das Aufhören einer früher gültigen Eheform erreichen oder daß, wo sich eine solche Vermeidung findet, früher wirklich Geschlechtsbeziehungen bestanden und daß die Vermeidung eben die Gefahr eines Rückfalls verhüten soll. Auf den Torresinseln finden wir die bekannten Vermeidungsregeln zwischen Schwiegersohn und Schwiegermutter. Früher durfte er aber die

[1]) *B. Thomson*, The Fijians, 1908, 154. Journal of the Anthropoligical Institute, XIV, 1885, 27, 22.

[2]) *W. H. R. Rivers*, The History of Melanesian Society, 1914, I, 213.

[3]) *J. J. Atkinson*, Primal Law, 1903, 213.

[4]) *J. H. Weeks*, Among Congo Cannibals 1913, 133, 134.

Schwiegermutter heiraten, allerdings entstand aus einer solchen Heirat immer eine Schlägerei[1]). Ein Mann darf die weiblichen Verwandten seiner Frau nicht beim Namen nennen, da sonst der Verdacht besteht, daß er mit ihnen Umgang gepflogen hat. Hat er aber z. B. der Schwiegermutter gegenüber die Vermeidungsregel durchbrochen und mit ihr geschlechtlich verkehrt, so muß er sie von nun ab mit dem Personennamen ansprechen[2]). In Tikopia beziehen sich die Vermeidungsregeln auf die „Cross Cousins"[3]). Sie dürfen nichts Böses über einander sagen, einander kein Leid antun usw. Die Ehe zwischen ihnen ist verboten, scheint aber früher als die allgemein anerkannte Eheform gegolten zu haben[4]). Überall in Arosi sind die Vermeidungsregeln zwischen Bruder und Schwester in Geltung; dies ist ganz natürlich, sagt *Fox*, da die Abwesenheit dieser Vermeidungen auch die Freiheit des Geschlechtsverkehrs bedeuten würde. In Arosi darf ein Bursche auch die „Cross Cousin" nicht ansprechen, mit ihr nicht spielen, sie nicht anschauen, besonders aber kein Essen von ihr annehmen, ihre Säcke nicht berühren. Nun bedeutet das Annehmen von Speise und auch der Austausch der Säcke eine Verlobung; die Vermeidungsregel bedeutet daher klipp und klar die Tabuierung einer früher üblichen Eheform. Dies dürfte auch in Bezug auf die Beziehungen zwischen Bruder und Schwester stimmen; heute finden wir Vermeidung, in den Ursprungssagen stets Ehe zwischen Bruder und Schwester[5]). Als ganz schlagender Beweis, daß Vermeidung, insbesondere das Meiden des Namens als Reaktion oder, um es gleich herauszusagen, als Verdrängung einer libidinösen Beziehung aufzufassen ist, seien noch die Meidungen der Banaro angeführt. Hier wird die Defloration von einem sog. „Geistgatten" im Männerhaus vollzogen. So wird das Mädchen von einem älteren Mann, der die Rolle eines Ahnengeistes spielt, zuerst geschwängert, leugnet aber ihrem Manne gegenüber den stattgehabten Verkehr: sie „weiß nicht", wie sie schwanger geworden. Den Namen ihres „Geistgatten" darf sie nie mehr aussprechen. Ebenso meidet auch der Schwiegervater den Namen seiner Schwiegertochter. Der Schwiegervater aber ist nun gerade derjenige, der die Defloration eigentlich vollziehen sollte, der aber heute von diesem Recht nicht mehr Gebrauch macht[6]).

1) *Rivers*, l. c. I, 142.
2) *Rivers*, l. c. II, 132.
3) „Überkreuz Vetter" oder wie *Thurnwald* sie nennt „Bölken Vetter". „Bölken" (*Thurnwald*, Die Gemeinde der Bánaro, 1921, 107) Sohn und Tochter eines Geschwisterpaares, falls diese verschiedenen Geschlechts sind. Bei den meisten Naturvölkern gelten diese als legitime Ehegenossen, während die Ehe zwischen den Kindern von Geschwistern des gleichen Geschlechts als Inzest gilt. Vgl. weiter unten.
4) *Rivers*, II, 166.
5) *C. E. Fox*, The Threshold of the Pacific, 1924, 28, 62.
6) *Thurnwald*, Die Gemeinde der Bánaro, 1921, 21, 95.

Nun sehen wir die Verbote und Vermeidungen im rechten Licht, als die Kehrseiten der Urwünsche der Menschheit. Die Worte *Frazers*, die auch *Freud* in diesem Zusammenhange anführt, enthalten mehr wirkliche völkerpsychologische Einsicht, als so mancher äußerst „wissenschaftlich" gehaltene moderne Beitrag zur Ethnologie:

„Es ist nicht leicht einzusehen, warum ein tief wurzelnder menschlicher Instinkt die Verstärkung durch ein Gesetz benötigen sollte. Es gibt kein Gesetz, welches den Menschen befiehlt zu essen und zu trinken, oder ihnen verbietet, ihre Hände ins Feuer zu stecken. Das Gesetz verbietet dem Menschen nur, was sie unter dem Drängen ihrer Triebe ausführen könnten. Was die Natur selbst verbietet und bestraft, das braucht nicht erst das Gesetz zu verbieten und zu strafen. Anstatt also aus dem gesetzlichen Verbot des Inzests zu schließen, daß eine natürliche Abneigung gegen den Inzest besteht, sollten wir eher den Schluß ziehen, daß ein natürlicher Instinkt zum Inzest treibt" [1]).

Wir brauchen daher nur die Liste der Vermeidungen durchzunehmen, um auf die Spuren früherer libidinöser Beziehungen zu gelangen. Wenn ein Mann seine „Bölken" meidet, so ist es sicher, daß bei dem betreffenden Volk früher die „Bölken-Ehe" die Regel war und die Tendenz einer Annäherung, wenigstens im Unbewußten, zwischen den „Bölken" noch fortbesteht. Ebenso finden wir oft Meidungen zwischen dem Gatten und den Schwestern der Frau, oder zwischen der Frau und den Brüdern des Gatten. In allen diesen Fällen müssen wir konsequenterweise annehmen, daß bei dem betreffenden Volk „Levirat" oder „Sororat" entweder nach dem Tode der Gattin bzgw. des Gatten oder schon zu Lebzeiten bestand. Es gibt aber eine weitere Gruppe der Vermeidungen, die, so schwer dies auch unserem Bewußtsein fallen mag, ebenfalls nur die oben gegebene Erklärung zulassen.

Der holländische Missionar *Joustra* beschreibt die Sachlage bei den Batak. Laut ihrer Auffassung führt das Alleinsein eines Mannes mit einer Frau stets zu geschlechtlicher Vereinigung. Da aber der Inzest die Rache der Götter heraufbeschwört, müssen weitgehende Vorsichtsmaßregeln getroffen werden, um das Unglück zu verhüten. Bruder und Schwester dürfen sich nie zu gleicher Zeit im Zimmer aufhalten, ebenso der Vater nicht mit seiner Tochter und die Mutter nicht mit ihrem Sohn. Die Meidung zwischen Mutter und Sohn tritt nur nach der Pubertät des Sohnes in Kraft [2]).

In Melanesien entsteht eine radikale Änderung in der Einstellung des Knaben zu seinen weiblichen Verwandten nach der Pubertät. Er darf die Schwester nicht sehen, ihren Namen nicht aussprechen und sie verstecken sich gegenseitig bei einer zufälligen Begegnung. Von

---

1) *Frazer*, Totemism and Exogamy, I, 97. *Freud*, Totem und Tabu, 1913, 114.

2) *J. G. Frazer*, Totemism and Exogamy, II, 189. *M. Joustra*, Het leven, de zeden en gewoonten der Bataks. Mededeelingen van wege het Nederlandsche Zendelinggenootschap. XLVI, 1902, 391.

der Mutter kann er zwar Essen annehmen, sie stellt es aber auf den Boden und reicht es ihm nicht direkt. Wenn sie ihn anspricht, so sagt sie „Kommen Sie“ und nicht wie früher „Komm“. Sprechen sie miteinander, so setzt sie sich abseits und spricht, indem sie nicht in sein Gesicht schaut. „Die Bedeutung aller dieser Maßnahmen ist evident“, bemerkt *Codrington*[1]). Bei den Akamba findet sich die Meidung zwischen Vater und Tochter; sie wird nur zwischen der Geschlechtsreife und der Verehelichung des Mädchens beobachtet[2]).

Wie wir bereits oben ausgeführt haben, hat die analytische Untersuchung des Individuums mit Sicherheit eine ontogenetische Urzeit mit der Mutter oder mit den Schwestern als Sexualobjekten feststellen können. Diese erste Liebe des kleinen Knaben verfällt der Verdrängung, um in der Vorpubertät neuen, diesmal nicht blutsverwandten Objekten gegenüber, eine Auferstehung zu feiern. Den Vorgang der Verdrängung definiert *Freud* als „eine fluchtartige Entziehung der Besetzung“, als eine Art Verinnerlichung der Flucht. Die Flucht ist die Reaktion gegenüber einer äußeren Gefahr, die innere oder Triebgefahr wird unschädlich gemacht, indem die „Besetzung“ plötzlich fluchtartig entzogen und so die unbewußte Vorstellung von dem Bewußtsein ferngehalten wird.

Die Handlungsweise der Primitiven entspricht nun genau diesem Schema und kann als eine dramatisierte Darstellung der Verdrängung verstanden werden. Besser noch sprechen wir von einer noch schwach entwickelten Verinnerlichung, von einem Mittelding zwischen „Flucht“ und „Verdrängung“. Wie verhält sich die Sache aber, wenn es sich um Meidungen zwischen Personen des gleichen Geschlechtes handelt? In diesem Falle scheint unsere Erklärung zu versagen. Untersuchen wir aber das Material, so stellt sich heraus, daß es sich um Fälle handelt, in denen die eine der beiden Parteien laut nicht mehr gültigem Rechtsbrauch ein Anrecht auf die Frau des andern hätte, oder wenigstens eine Rivalität zwischen den Männern im Spiele ist[3]). In diesen Fällen handelt es sich demnach ebenso um eine Verdrängung der Aggressivität wie in den oben mitgeteilten um eine Verdrängung der Libido.

d) Verschiedene Überlebsel des Urhordenzustandes.

Die Verhältnisse im Tierreich.

Wir wollen noch in aller Kürze einen Blick auf andere Erscheinungen im Leben der Primitiven werfen, die als Überlebsel jener Kämpfe in der Urhorde zu deuten sind.

In den Pubertätsriten der Knaben tritt eine merkwürdige ambivalente Einstellung zwischen den Alten und Jungen zu Tage. Während diese Riten den offen eingestandenen Absichten der älteren Generation

---

1) *R. H. Codrington*, The Melanesians, 1891, 232.
2) *Frazer*, Totemism and Exogamy, II, 424.
3) Vgl. z. B. die Angaben von *C. G. Seligman*, The Melanesians of British New-Guinea, 1910, 689—691.

entsprechend zur Kräftigung der Jungen und dazu dienen sollen, daß die letzteren als vollgültige Mitglieder des Stammes aller Rechte (auch der sexuellen) teilhaftig werden, scheint die Handlungsweise der Alten diesen Absichten stracks zuwiderzulaufen. Den Jungen werden allerhand Entbehrungen auferlegt, und sie werden auch von den Alten geprügelt und mißhandelt. Im Mittelpunkt der ganzen Handlung steht aber irgend eine, wenn auch nur symbolische Verstümmelung (Beschneidung, Zahnausschlagen, Amputieren des Fingergliedes, Enthaarung), und das einschlägige Sagenmaterial läßt diese Verstümmelung deutlich als Symbol oder Ersatz der Kastration erscheinen. Diese zwiespältige Einstellung wird auch in die Geisterwelt projiziert; der eine Ahnengeist will die Jungen vernichten, oder er tötet sie auch, während der andere sie beschützt und zu neuem Leben auferstehen läßt. Da dieser verdrängte Konflikt gerade an der Schwelle des Geschlechtslebens ausbricht, hat *Reik* mit Recht gefolgert, daß seine Ursache auch in dieser Sphäre zu suchen ist. Die Riten sollen ja zwischen Mutter und Sohn eine Scheidewand aufrichten, und ihre Periodizität scheint auf eine ehemalige Brunstzeit des Menschen hinzudeuten. Dies entspricht vollkommen den Erfahrungen der Zoologen; in der Brunstzeit werden die geschlechtsreifen Männchen von den alten Bullen abgetrieben. Der moralische Gehalt der Weiheriten besteht zum guten Teil aus Satzungen und Verboten, deren Zweck offensichtlich der Schutz der Interessen der alten Männer ist und die mit der gerontokratischen Verfassung der Naturvölker im Einklang stehen[1]). Diese Gerontokratie (*Frazer, Rivers*) wiederum, die Herrschaft der Alten, ist wahrscheinlich eine Milderungsform für die ursprüngliche Herrschaft des Alten, nachdem Mittel und Wege gefunden wurden, um die Horden durch die Vereinigung von mehreren kräftigen älteren Leittieren im Kampf ums Dasein zu stärken. Auch die Weiheriten der Mädchen lassen die Deutung auf den phylo- und ontogenetischen Oedipuskomplex (Urhordenkampf) zu, indem die Defloration häufig entweder von dem eigenen Vater oder doch von einem Vertreter der Vater-Reihe (Schwiegervater, Geistgatte, ältere Generation, Schamane) vollzogen wird. Endlich haben wir aber im Totemismus der Primitiven höchst wahrscheinlich den Verschiebungsersatz jenes Urhordenzustandes. Das Totemtier wird ja von den Mitgliedern des Totem-Klans selbst als Vater bezeichnet, und das Verbot, das Tier zu töten, können wir doch nur wie alle anderen Verbote als Abwehr eines früher hemmungslos durchgeführten Wunsches verstehen. Dementsprechend bedeutet das Weib, welches zum selben Totem gehört, die Frau des Vaters, die Mutter, und das Verbot der geschlechtlichen

[1]) Vgl. *Th. Reik*, Die Pubertätsriten der Wilden, Imago, IV. *Róheim*, Australian Totemism, 1925, 270, 296, 344 etc.

Beziehungen innerhalb des Totems läßt sich, wie die Sagen auch bezeugen, aus der ursprünglichen Endogamie ableiten.

„Wenn das Totemtier der Vater ist, dann fallen die beiden Hauptgebote des Totemismus, den Totem nicht zu töten und kein Weib, das dem Totem angehört, sexuell zu gebrauchen, inhaltlich zusammen mit den beiden Verbrechen des Oedipus, der seinen Vater tötete und seine Mutter zum Weib nahm, und mit den beiden Urwünschen des Kindes, deren ungenügende Verdrängung oder deren Wiedererweckung den Kern vielleicht aller Psychoneurosen bildet" [1]).

Im Tierreich scheint dieser Typus des geselligen Zusammenlebens: Horde, Leittier, Kämpfe um die Weibchen mit den jüngeren Männchen — gerade bei höheren Säugetieren häufig vorzukommen. Bei den Hirschen bilden sich nur zur Brunstzeit größere Herden, in denen sich wiederum Gruppen bilden, indem ein altes Männchen sich einen Harem von 6—12 Weibchen erkämpft. Die jungen Männchen werden von den alten abgetrieben und bilden zu dieser Zeit kleine Herden für sich. Ebenso geht es auch bei den amerikanischen Hirschen und dem Damhirsch zu [2]). Bei den Wildpferden ist die polygame Familie die Grundlage der Herde; ein starker Leithengst treibt alle erwachsenen Männer von seinem Harem weg [3]).

„Soweit man bei den Säugetieren von Ehe überhaupt reden kann, handelt es sich sehr selten um Monogamie. Bei Huftieren und Robben sehen wir Formen der Polygamie, welche uns sehr an die geschlechtlichen Gewohnheiten mancher Hühnervögel erinnern. Wir sehen bei solchen Tieren die starken erwachsenen Männchen im Kampf mit ihren Geschlechtsgenossen sich eine Anzahl von Weibchen sichern [4]). Beim Gnu hat man beobachtet, daß ältere Männchen durch die in Vollkraft befindlichen Männchen aus der Herde vertrieben und dauernd von ihr ferngehalten werden. Beim Guanaco schlagen sich die jüngeren geschlechtsreifen Männchen, die durch den Leithengst von der Herde vertrieben wurden, mit ihresgleichen und mit jungen unreifen Weibchen zusammen [5]). Besonders fallen aber die Angaben über die Gewohnheiten der Affen ins Gewicht".

Die schwächeren Männchen einer Affenherde kommen in der Regel nicht zur Begattung, da der Führer, das alte Leitmännchen, eifersüchtig alle Annäherungen überwacht und mit Zähnen und Händen abwehrt. Alte Männchen, wohl meist besiegte und vertriebene Leittiere und Familienväter leben auch als sehr bösartige, griesgrämige Einsiedler, so bei Pavian, Gorillas usw. [6]). Nach den Angaben von *Winwood Read* und *Huxley* untersteht jede Gorillahorde der Leitung eines erwachsenen Männchens. Beim Heranwachsen der Jugend bricht der Kampf aus und der stärkste wird zum Oberhaupt der Horde [7]).

---

1) *S. Freud,* Totem und Tabu, 1913, 127.
2) *Hesse-Doflein,* Tierbau und Tierleben, 1914, II, 696.
3) *Id:* ibid. 692.
4) *Hesse-Doflein,* l. c. II, 473, 474.
5) *F. Alverdes,* Tiersoziologie. Forschungen zur Völkerpsychologie und Soziologie, Bd. I, 1925, 47, 48.
6) *Hesse-Doflein,* l. c. II, 614.
7) *Herrmann,* Modelle zu den Ödipus- und Kastrationskomplexen bei den Affen Imago XII, 64.

III. Die Monogamie und die Pygmäenfrage.

Die polygame Urhorde ist keine ethnologische Tatsache, sondern eine Hypothese. Nie ist ein primitives Volk gefunden worden, welches im Urhordenzustand lebt. Es muß hingegen nach den Forschungen von *Westermarck* und der neuen kulturhistorischen Schule (*Graebner, P. W. Schmidt*) als Tatsache hervorgehoben werden, daß die Monogamie sowohl auf den niedrigsten wie auch auf den mittleren und höchsten Stufen des Menschendaseins weitaus die häufigste, die vorherrschende Form der Ehe ist.

Wie verhält es sich bei den niedrigst stehenden Völkern der Menschheit? Wenn wir diese Frage durch Feststellung eines Zustandbildes beantwortet haben, stehen wir vor der zweiten Fragestellung: Welche Schlußfolgerung läßt sich aus der Feststellung eines gewissen Zustandes etwa bei den Pygmäen für den Urzustand bzgw. für die ganze Menschheit ziehen? Und drittens: Wie lassen sich die ethnologisch einwandfrei festgestellten Tatsachen psychologisch begreifen?

Malinowski hat seinerzeit den Nachweis erbracht, daß bei den Australiern die Einzelfamilie als grundlegende Zelle der Gesellschaft betrachtet werden muß [1]). Dasselbe gilt nach *Seligman* von den Veddas; die Ehe ist streng monogam, wird früh vollzogen, und Ehebruch soll im wilden Zustand kaum vorkommen [2]). Sobald der Kubu-Jüngling das heiratsfähige Alter erreicht hat, sucht er sich eine Gesellin, mit welcher er in heimlicher Ehegemeinschaft lebt. Wenn sie ihm gefällt, nachdem er eine Zeit lang mit ihr verkehrt hat, geht er zu ihrer Mutter und begehrt sie zur Frau. Monogamie ist bei den Kubu zwar Regel, aber nicht Gesetz, einige Männer haben zwei bis drei Frauen [3]). Von den Semang erfahren wir, daß Monogamie bei ihnen Regel ist und daß keine Beschränkung des vorehelichen Geschlechtsverkehrs vorkommt. Nach der Ehe ist aber absolute Treue das Gewöhnliche [4]). Es scheint, daß die Zuneigung unter Eheleuten manchmal groß ist [5]). Auch bei den Andamanen bildet die Familie die eigentliche Grundlage der Gesellschaft. Die Ehe ist monogam, die Verbindung dauert bis zum Tod, und Treue wird gegenseitig beobachtet. Die Unverheirateten leben in freiem Geschlechtsverkehr. Allerdings deutet *Brown* an, daß die Angaben über eheliche Treue doch nicht so recht stimmen können, denn die Syphilis hat sich unter ihnen auffallend rasch verbreitet zu einer Zeit, in der ihre alten Sitten noch zu Recht bestanden. Mann und Frau leben in einer Hütte, sie besorgt die Pflanzennahrung, er liefert das Fleisch zum gemeinsamen Haushalt. Als Hauptmoment der Hochzeitszeremonie sei die scheue Einstellung des Mannes hervorgehoben; er versucht zu entfliehen, wird aber von seinen Freunden gezwungen, sich in den Schoß der Braut zu setzen. Damit ist die Ehe vollzogen, sie gelten nun als Mann und Frau [6]). Die Buschmänner nähern sich noch mehr dem Bilde, welches sich die ältere Schule der Ethnologen über die Naturvölker machte. Monogamie findet sich hier neben Polygamie, die älteren und mächtigeren Männer hatten mehrere Frauen, wie übrigens auch

---

1) *B. Malinowski,* The Family among Australian Aborigines, 1913, 303.
2) *C. G. Seligman,* The Veddas, 1911, 96.
3) *B. Hagen,* Die Orang Kubu auf Sumatra. Städt. Völker-Museum, I, 1908, 131, 133.
4) *Skeat and Blagden,* Pagan Races of the Malay Peninsula, 1906, II, 56.
5) *Schebesta,* Über die Semang auf Malakka Anthropos, XVIII/XIX, 1909.
6) *A. R. Brown,* The Andaman Islanders, 1922, 70—74.

in Australien[1]). Es wird auch von einem Tanz oder Ritus berichtet, wobei der Häuptling Umgang mit allen anwesenden Frauen pflegt[2]).

Der Tatbestand scheint also so zu liegen: Bei den Pygmäenstämmen ist die monogame Ehe die Regel, Polygamie kommt auch vor, wenn auch seltener. Andere eheliche Verbindungen (Gruppenehe, Polyandrie) sind gänzlich unbekannt.

Nach den Vertretern der neuen Schule sind diese Tatsachen von außerordentlicher Bedeutung. Sie glauben nachgewiesen zu haben, daß Ursprungsfragen überhaupt nur auf Grundlage des Pygmäenmaterials entschieden werden können. Demzufolge wäre die Annahme, daß auch die Monogamie, wie alles andere in der Welt irgend welche Vorstufen habe, irgendwie zu „erklären" sei, ganz unwissenschaftlich; sie ist als ursprüngliche Eheform festgestellt, alles andere ist einfach „Degeneration". Nun sind wir aber gerade über die Pygmäenstämme nicht allzugut unterrichtet. In neuerer Zeit beginnt sich glücklicherweise dieser Zustand zu ändern, damit schwindet aber auch die Tugendglorie von ihrem Haupt (siehe die oben angeführte Bemerkung von *Brown*), die *P. W. Schmidt* mit so vieler Mühe aufrecht zu halten sucht[3]).

Ganz abgesehen von alledem müssen wir aber doch fragen: Sind die Pygmäen denn unsere Ahnen? Oder ist es bewiesen, daß die Ahnen der heutigen großwüchsigen Rassen Pygmäen und zwar den heutigen Pygmäenvölkern genau ähnliche Pygmäen waren? Denn nur in diesem Falle könnten wir der Auffassung beitreten, daß der Pygmäenforschung allein das entscheidene Wort in Ursprungsfragen aller Art zukommt[4]). Die Ansicht, daß allen großwüchsigen Rassen entsprechende Pygmäenformen als Vorstufen gehören, ist nun tatsächlich von *Kollmann* vertreten worden[5]). Aber selbst dieser extreme Verfechter der anthropologischen Pygmäentheorie behauptet nicht, daß die Ahnen der Europäer die heute noch lebenden Pygmäenrassen gewesen seien. Wie sich nun die sozialen und religiösen Einrichtungen dieser anderen, postulierten Pygmäen verhalten, — darüber wissen wir gar nichts, und somit ist der ganzen „Pygmäen-Ethnologie" der Boden entzogen. Abgesehen davon, daß andere Anthropologen von Bedeutung die Pygmäen für Kümmerformen[6]) oder „Domestikationsar-

---

1) *G. Stow*, Native Races of South-Africa, 1905, 95, 96.

2) *Stow*, l. c. 118.

3) Vgl. z. B. seine Versuche, den Wert der sonst zustimmend angeführten Quellenwerke zu bezweifeln, wo diese über den freien Geschlechtsverkehr vor der Ehe berichten. *Schmidt*, Die Stellung der Pygmäenvölker, 1910, 155—161.

4) Vgl. z. B. *Krause*, Über primäre und sekundäre Primitivheit. Tagungsbericht 1925, 55.

5) *Kollmann*, Neue Gedanken über das alte Problem von der Abstammung der Menschen. Korrespondenzblatt, 1905, 9. Globus 1905, 140.

6) *Schmidt*, Prähistorische Pygmäen. Globus, 1905, 309, 325. *Schwalbe*, Zur Frage der Abstammung des Menschen, ebenda, 159.

scheinungen"[1]) halten, haben wir nicht den geringsten Grund zur Annahme, daß die menschliche Entwicklung überall genau die gleichen Bahnen eingeschlagen hat. Dieses Vorurteil wurde durch die kulturhistorische Schule von der älteren evolutionistischen Richtung übernommen, und es wird damit ruhig weiter gearbeitet, wo es eben in die sonstigen Gedankengänge der neuen Richtung hineinpaßt.

Ethnologisch verhält sich nun die Sachlage wie folgt: Die kulturhistorische Richtung hat das geographische Nacheinander der Völker ohne weiteres in ein evolutionistisches Übereinander verwandelt. Es wird z. B. der Nachweis geführt, die Kurnai seien früher in Australien ansässig gewesen als etwa die Arunta. Nun geraten wir aber durch die Ausdrucksweise auf eine schiefe Ebene. Es heißt in diesem Fall, die Kurnai seien „älter" als die Arunta. Jedes Volk ist ja gleich „alt", und ob die Randgebiete eines Erdteiles von Völkern eingenommen werden, die dem Urzustand näher stehen oder aber eine Sonderentwicklung durchgemacht haben, — das muß doch immer erst untersucht werden!

Wie steht es nun mit unseren Pygmäen? Abgesehen von der geographischen Lagerung beruht die Annahme ihrer besonderen Primitivität nicht etwa auf der materiellen Kultur dieser Stämme. Was „primitiv" ist und was „hochentwickelt", darüber können auf dem Gebiete der Technik kaum solche Meinungsverschiedenheiten bestehen, wie auf dem Gebiete der geistigen Kultur. Pfeil und Bogen, Töpferei, Flechttechnik, Kamm und Auslegerboot, Eisenwerkzeuge sind gewiß nicht primitiv, aber alle diese Errungenschaften sind den Pygmäen oder manchen Pygmäen bekannt. Außer der geographischen Lagerung gründet sich die Annahme der Primitivität hauptsächlich auf die Abwesenheit gewisser Einrichtungen, wie Totemismus, Zweiklassensystem, „Gruppenehe", etc. Dies sind gerade jene Züge der Steinzeitvölker, welche der älteren Ethnologenschule als besonders primitiv galten. Nun heißt es umgekehrt. Es ist mir geradezu unbegreiflich, wie man bei Völkern, die vielfach nicht einmal eine eigene Sprache besitzen, sondern die Sprache ihrer großwüchsigen Nachbarn sprechen, — wie man just bei diesen und nur bei diesen Völkern das Ursprünglich-Menschliche auffinden will.

Wir glauben die Annahme an anderer Stelle begründen zu können, daß die besonderen Züge des Pygmäencharakters (Monogamie, Monotheismus) damit zusammenhängen, daß bei ihnen die Urkonflikte der Menschheit zwar nicht fehlten, aber relativ früh zu einem Ruhepunkt, zu einer Sublimierung gelangt sind. Wir schließen uns den inhaltreichen Ausführungen *Friedenthals* an, der die Zusammen-

---

[1]) *E. Fischer*, Die Domestikationsmerkmale des Menschen, Zeitschrift für Sexualwissenschaft 1921, Bd. VIII, Heft 1.

hänge zwischen dem Kampf der Männchen um das Weibchen (Oedipus-Konflikt) der Ausbildung der sekundären Geschlechtsmerkmale und der Kulturentwicklung aufgedeckt hat[1]).

Von den Symptomen, die wir als Überlebsel einer früheren überwundenen „Oedipus-Urzeit" auch für die Pygmäen in Anspruch nehmen möchten, seien hier nur zwei Sitten die sich auf die Ehe beziehen, angeführt.

Hutereau schreibt über die Batua: „Der Sohn mißbraucht ungestraft die Frauen seines Vaters, seines Bruders, seiner Onkel, seiner Vettern. Der Batua, der auf Reisen geht, weiß genau, daß seine Frau alle Pflichten der Gattin bei seinen Brüdern oder Söhnen erfüllen wird" [2]). Bei den Bayaga Pygmäen besteht die Familie aus Vater, Mutter, Kindern und Enkeln und seltener einem Bruder des Familienhauptes und seinen Nachkommen. Der junge Yaga muß, wenn er heiraten will, in die Familie seiner Frau eintreten, zuvor hat er längere Zeit umsonst zu dienen und eine Anzahl Elefanten erlegen zu helfen. Hat er einen Sohn und ist dieser soweit erwachsen, daß er einen Elefanten töten kann, so darf der Vater wieder in seine ursprüngliche Familie zurückkehren, aber der Sohn gehört zur Mutter und bleibt bei ihr bis er heiraten will [3]). Es ist doch jedenfalls auffallend, daß der Vater nur solange bei der Mutter bleiben soll, bis sein Sohn einen Elefanten (Vatersymbol bei den benachbarten Pangwe [4]) töten kann, um dann freiwillig seine Stelle bei der Mutter zu räumen.

Dennoch bleibt aber die Tatsache bestehen, daß die Monogamie bei den heute lebenden primitivsten Völkern der Menschheit (mögen sie nun Pygmäen sein oder nicht) die häufigste Form der Ehe ist. Wir wollen nun versuchen, die dritte Frage zu beantworten und diese Tatsache psychologisch zu erklären. In den Zeremonien ist der unbewußte Sinn menschlicher Handlungsweisen gewöhnlich leichter zu erkennen, als in den praktisch gerichteten, der Realität angepaßten Bräuchen. Nun finden wir aber, daß die Ehe bei den meisten Völkern der Erde mit einem zeremoniellen Zusammenessen beginnt.

Bei den Kubu essen beide Eheaspiranten einige Happen Reis aus einer Schüssel in der Weise, daß das Mädchen dem Jüngling einige Bissen Reis in den Mund stopft und umgekehrt [5]). Bei den Nordbaining gilt die Ehe erst vom Austeilen der Betelnuß an für abgeschlossen [6]), sonst wird auch eine Kokosnuß über das junge Paar zerbrochen, so daß die Milch über sie fließt [7]) usw. Nun tritt aber im Leben des Mannes die Nahrungsgemeinschaft mit einem anderen Lebewesen zuerst in der Säuglingszeit auf. In Ysabel scheint die Mutterbedeutung der nahrungsspendenden Frau noch fortzuwirken, indem der Mann eine Frau nicht heiraten darf, wenn er von ihr zu essen bekommen hat [8]). Wir deuten daher das Zusammenessen mit einer Frau auf die Wiederfindung des verlorenen infantilen Liebesobjektes, der Mutter, und finden die Bestätigung dieser Bedeutung in den Hoch-

1) *H. Friedenthal*, Zur Grundlegung des Rasseproblems in der Anthropologie. Z. f. E. 1926.

2) *H. Baumann*, Vaterrecht und Mutterrecht in Afrika. Z. f. E. 1926, 112 nach sur la vie familiale et juridique de quelques populations du Congo Belge. Annales du Musée du Congo Belge. Ethn. et Anthr., Serie III, 1909, 11.

3) *H. Baumann*, Vaterrecht und Mutterrecht in Afrika. Z. f. E. 1926, 112 nach *Crampels* Bericht.

4) Vgl. *Trilles*, Le Totemisme chez les Fan., 1912, 205.

5) *B. Hagen*, Die Orang Kubu auf Sumatra. Veröffentl. d. Städt. Völkermuseums Frankfurt am Main, II, 1908, 131.

6) *F. Burger*, Die Küsten- und Bergvölker der Gazellehalbinsel, 1913, 55.

7) *E. Crawley*, The Mystic Rose, 1902, 378; ebenda weitere Fälle.

8) *W. H. R. Rivers*, History of Melanesian Society, 1914, I, 256.

zeitsriten der Völker. In der Bretagne schneidet sich die eben getraute junge Frau in die linke Brust und ihr Gatte saugt ein Tröpfchen Blut [1]). Ebenso sahen wir oben, daß bei den Andamenesen der Gatte sich in echt kindlicher Weise in den Schoß der Frau setzt.

Wir ziehen also, um das Vorwiegen der Monogamie in der gesamten Menschheit, besonders aber bei den Pygmäen (es handelt sich um Völker von infantilem physischem Habitus) zu erklären, die infantile Bindung an eine Frau heran. Die monogamen Ehen der Naturvölker sind auch *gute* Ehen, denn in der ausschließlichen sexuellen Bindung an eine einzige Person des anderen Geschlechts feiert die Mutterbindung der ontogenetischen Frühzeit ihre Auferstehung. Es ist höchst bemerkenswert, daß bei den Banaro die Benennungen für Mutter und Gattin die gleichen sind. Noch dazu besteht bei diesem Stamm die Institution der „Geistgatten", wonach der junge Mann stets eine Frau ehelicht, die von seinem eigenen Schwiegervater, also auch einem „Vater", geschwängert wurde. Sie ist also die Frau des Vaters, eine Stellvertreterin, ein psychisches Aequivalent der Mutter [2]). Auf Santa Cruz bedeutet die übliche Ansprache zwischen einem Mann und einer Frau, die eine Ehe miteinander eingehen dürfen, eigentlich Sohn und Mutter [3]). Im Ungarischen bedeutet nach der Ansicht *Karjalainens* das Wort „Gattin" (feleség) ursprünglich ungefähr „liebe Mutter" [4]). Die wichtigste Bestätigung findet unsere Deutung aber, wenn wir die Verhältnisse im Tierleben heranziehen. Hier steht das Zusammenhalten der Geschlechter im engsten Zusammenhang mit der Brutpflege und dauert oft bis nach vollendeter Aufzucht der Jungen [5]). Bei den Säugetieren finden wir vielfach ein länger dauerndes Zusammenleben von Vater, Mutter und Kindern, insbesondere ist dies bei Tieren mit langer Entwicklungs- und Wachstumszeit der Fall [6]). Vom Standpunkt der bisherigen Nutzbiologie (siehe *Ferenczi*) würde sich dieser Zusammenhang etwa so erklären, daß die langsame Entwicklung der Jungen einen gesteigerten Schutz notwendig macht, und darum wohl auf dem Wege der natürlichen Zuchtwahl auch erreicht. Wenn wir aber in Anlehnung an die Psychoanalyse eine mehr psychologisch gerichtete Lustbiologie bevorzugen, so werden wir in der langsamen Entwicklung bei diesen Tierarten schon ein Symptom der verstärkten Mutterbindung erblicken. Diese Mutterbindung erklärt nun auch das Verhalten des erwachsenen Männchens; es hält zum Weibchen, solange sie Mutter ist, d. h. ihre Brut pflegt. In dieser zweiten Kindheitsepoche identifiziert sich das

---

1) *F. C. Conybeare,* A Brittany Marriage Custom Folk-Lore, XVIII, 448.
2) *Thurnwald,* Bánaro, 96.
3) *Rivers,* History I, 223.
4) *Karjalainen,* Wie Ego im Ostjakischen die Verwandten benennt. Finnisch-Ugrische Forschungen, XIII, 1912, 9.
5) *Hesse-Doflein,* l. c. II, 470.
6) *Hesse-Doflein,* II, 692. *Alverdes,* Tiersoziologie, 1925, 42.

Männchen auch seelisch mit der eigenen Nachkommenschaft; anstatt, wie bei manchen Arten, die Jungen anzugreifen, wird es sie behüten und pflegen und so zum zärtlichen Vater werden. In der monogamen Dauerehe als Haupteheform der Menschheit lebt die infantile Drei-Einigkeit; Vater-Mutter-Kind. Es ist eben eine Drei-Einigkeit: die Bindung des Vaters an die Ehefrau, die für ihn, indem er sich mit dem Sohn identifiziert, wieder zum Ur-Objekt, zur Mutter wird; die Identifizierung der Mutter mit der Tochter; ihre Mutter-Rolle gegenüber dem Sohn und dem Gatten; und ihre Wiederauffindung des eigenen Vaters in den neuen Liebesobjekten. *Vom Standpunkt des Sohnes; das Libidinöse (das „Es"), strebt der Mutter zu, die höheren Schichten des Ichs (Ich-Ideal) entstehen in Anlehnung an den Vater.* Diese Verhältnisse sind unlängst von *Brown* treffend beleuchtet worden.

Er knüpft an die Tatsache an, daß manche Papua-Stämme Neu-Guineas die Ehe als eine innige Vermischung zweier Persönlichkeiten betrachten, die aber nur mit der Geburt des ersten Kindes in der Person des Kindes für vollzogen gilt. Diese Auffassung der Familie als einer Dreiheit besteht auch bei polygamen Völkern zu Recht, indem dort die Frauen als Abspaltungen einer einzigen Persönlichkeit aufgefaßt werden. Dies wäre die Funktion der „Sororatsehe" (ein Mann mit mehreren Schwestern) in Australien. In Afrika wird die Frage durch eine Isolierungstechnik gelöst. Die Frauen bewohnen verschiedene Hütten mit ihren Kindern; der Gatte geht von Hütte zu Hütte, so daß die Dreiheit in jeder Hütte zu Recht besteht [1]).

Indem wir so der vereinigenden Kräfte des Familienlebens gedenken, dürfen wir aber auch die verdrängten Konflikte nicht vergessen. Am Männerhaus von Doreh sind mannigfache Verzierungen angebracht. Da sehen wir einen Mann mit der Frau in ehelicher Umarmung, während das Kind den Vater von hinten stößt, um den Koitus der Eltern zu verhindern [2]).

Wir glauben demnach, daß die lange dauernde Hilflosigkeit der menschlichen Nachkommenschaft bzgw. die starke Mutterbindung für viele spezifisch menschliche Züge der Entwickelung die Verantwortung trägt. Sie erklärt ebenso den verschärften Oedipus-Komplex des Menschen wie auch die schließliche Überwindung des Urhorden-Konfliktes in der Monogamie und die Ersatzfindung der Mutter in der Ehefrau. Der Zusammenhang zwischen dieser langen Kindheitsperiode (Mutterbindung) und der Kulturentwicklung (das spezifisch Menschliche) springt ins Auge, wenn wir das späte Erwachsensein der Kulturvölker mit der Frühreife und der frühen Ehe der Na-

---

1) *A. R. Radcliffe Brown,* Father, Mother and Child. Man. 1926, 103.
2) *O. Finsch,* Neu-Guinea und seine Bewohner, 1865, 108.

turvölker vergleichen. Die Kultur ist eben ein Sublimierungsprodukt der Kindheitsperiode.

IV. Verwandtschaftsnamen und Eheformen. Die Gruppenehe.

Als der amerikanische Ethnologe *Morgan* im Jahre 1871 sein berühmtes Werk „Systems of Consanguinity and Affinity of the Human Family" veröffentlichte, hatte die gelehrte Welt reichlich Ursache zum Staunen. Man war ja allgemein der Ansicht, daß nichts fester steht im Wandel der Zeiten und Welten als die Blutsverwandtschaft; Mutter, Vater, Onkel, Schwester sind Begriffe, die jedes Volk im selben Sinne anwendet. Da stellt es sich nun heraus, daß bei den meisten Stämmen Nordamerikas die Schwester der Mutter auch Mutter genannt wird, ihr Bruder heißt aber Onkel. Ebenso ist der Bruder des Vaters auch Vater, aber seine Schwester ist eine Tante. Diese Sprachen haben zwar Ausdrücke für den älteren oder jüngeren Bruder (Schwester), aber kein Wort für Schwester oder Bruder im allgemeinen. Fehlt das Wort „Tante" in einer Sprache, so heißt die betreffende Verwandte auch Mutter, aber der Onkel ist nie ein Vater, sondern ein älterer Bruder. Die Söhne meines Bruders sind meine Brüder, ebenso ihre Söhne, aber der Sohn eines dieser Brüder ist nun mein Sohn. Die Kinder eines Bruders und seiner Schwester nennen sich Vettern („Überkreuz-Vetter"). In einem anderen System nenne ich meinen „Überkreuz-Onkel" (Mutters Bruder) entweder Onkel oder Vater, meine „Überkreuz-Tante" (Vaters Schwester) ist entweder meine Tante oder meine Mutter; die Söhne dieser Onkel sind nun wiederum meine Onkel[1]).

Noch verwickelter wird die Sache mit den Verwandtschaftsnamen in Hawaii und Rotuma. Nach diesem System nennt ein Hawaiianer alle Männer der nächstälteren Generation Vater und alle Frauen derselben Mutter, die Männer und Frauen der gleichen Generation Bruder und Schwester, und dann unterscheidet er noch Großvater, Großmutter und Enkel.

„Indem nun die Theorie der allgemeinen Blutsverwandtschaft den hier gebrauchten Namen dieselbe Bedeutung gibt wie unseren entsprechenden Verwandtschaftsnamen, nimmt sie an, in der Gesellschaft, in der diese Nomenklatur entstand, sei der wirkliche Vater und die wirkliche Mutter dem einzelnen unbekannt gewesen, und er habe daher jedes Mitglied der Sippe, das möglicherweise dem Alter nach sein Vater und seine Mutter sein konnte, Vater und Mutter genannt. Danach seien dann auch die weiteren Verwandtschaftsstufen Bruder, Schwester, Großvater, Enkel notwendig von entsprechend allgemeinerem Umfang gewesen" [2]).

---

1) *L. H. Morgan*, System of Consanguinity and Affinity of the Human Family. Smithsonian Contributions to Knowledge, XVII, 1871, 145, 147.

2) *Wundt*, Völkerpsychologie VII. Die Gesellschaft, 1917, I, 109.

Morgan stellte dann auf Grundlage dieser Verwandtschaftsnamen eine Entwickelungsreihe der menschlichen Eheformen auf, die folgende Stufen umfaßte: 1. Schrankenlose Promiskuität. 2. Blutsverwandtschaftsfamilie (Verbot nur zwischen Eltern und Kindern, nicht aber zwischen Geschwistern). 3. Gruppenehe (Verbot zwischen Eltern und Geschwister, freier Verkehr aller Männer der einen Stammesgruppe zu allen Frauen der anderen Gruppe). 4. Mutterrechtliche Paarungsfamilie, Anfänge der Individualehe, Unsicherheit des Vaters. 5. Patriarchalische Familie mit Polygamie. 6. Monogame Familie. Im Lichte unseres heutigen Wissens ist es nun unzweifelhaft, daß diese Stufenfolge sich nicht aufrecht halten läßt. Daß „Mutterrecht" dem „Vaterrecht" überall vorausgegangen sein soll, ist, obzwar dieser Standpunkt von manchen Ethnologen immer noch eingenommen wird, mehr als zweifelhaft. Wie wir es mit der Gruppenehe halten sollen und andere Fragen mehr, sind noch weit davon, geklärt zu sein; die Monogamie steht ganz mit Unrecht am Ende der Entwickelungsreihe; u. s. w. Das ist aber nun gar nicht die wichtigste Frage, sondern ob *Morgan* oder seine Gegner bezüglich der Bedeutung der Verwandtschaftsnamen Recht hatten. *Westermarck* und andere nehmen nämlich den Standpunkt ein, daß diese mit „Vater", „Mutter" usw. übersetzten Wörter unmöglich denselben psychischen Inhalt haben können, wie unsere Ausdrücke, denn wenn man sich auch einen Zustand der Ungewißheit bezüglich der Vaterschaft vorstellen kann, so gilt dasselbe keineswegs von der Mutter. Er glaubt, daß es sich um höfliche Anredeformen handle, die eventuell eine Rangordnung innerhalb der Sippe, aber keineswegs Blutsverwandtschaft oder Eheverhältnisse angeben wollen [1]). Der *Morgan*schen Schule schien *Kroeber* dann den Todesstoß versetzt zu haben.

In einer sehr gelehrten Abhandlung versucht er den Nachweis, daß unsere Verwandtschaftsnamen eine ebenso große Anzahl von Personen umfassen wie die der Primitiven, daß man demnach mit Unrecht unser System als „deskriptiv" dem amerikanisch-ozeanisch-afrikanischen System als „klassifikatorisch" entgegengestellt hat. Hauptsächlich unternimmt er aber den Versuch, die Absurdität der aus den Verwandtschaftsnamen gezogenen Schlußfolgerungen nachzuweisen. So hebt er hervor, daß in der Dakota-Sprache dasselbe Wort den Großvater und den Schwiegervater bezeichnet. Daraus wäre nun der absurde Schluß zu ziehen, die Dakota hätten einst ihre Mutter geheiratet. Ebenso haben wir bei diesen Völkern die gleiche Bezeichnung (mit einer Suffixänderung) für den Vetter und den Schwager einer Frau; dies würde aber die Ehe mit der Kousine bedeuten: „a social condition utterly opposed to the basic principles of almost all Indian society".

Nun wird aber das Unmögliche gerade Ereignis. *Rivers*, dessen Forschungen hier eigentlich nicht nur bahnbrechend waren, sondern uns auch deutlich bewiesen haben, wie wenig wir früher, trotz der großen Materialsammlungen über diese Dinge, wußten, macht darauf

[1]) *A. L. Kroeber*, Classificatory System of Relationship. Journ. Royal Anthr., 1909, 89.

aufmerksam, daß der Vater des Vaters im Dakotasystem auch deshalb Schwiegervater heißen kann, weil diese Ausdrücke in einer Gesellschaft geprägt wurden, in der man gewöhnlich die Schwester des eigenen Vaters heiratete. Ebenso wären der Vater der Mutter und der Schwiegervater eine und dieselbe Person, wenn wir eine Ehe der Nichte mit dem Bruder der Mutter voraussetzten. Die zweite „Absurdität" im Urteil *Kroebers* ist aber nichts weniger als absurd, denn die Ehe mit der Kousine, in einer noch näher zu umschreibenden Form, gehört zu den allerhäufigsten Erscheinungen bei den Primitiven. Endlich hat aber *Rivers* [1]) auch nachweisen können, daß gerade diese drei Eheformen (mit der Schwester des Vaters, mit dem Bruder der Mutter und mit den „Überkreuz-Vettern [also entweder Tochter der Schwester des Vaters oder Sohn des Bruders der Mutter]) in Melanesien vergesellschaftet sind und tatsächlich mit den entsprechenden terminologischen Besonderheiten einhergehen.

Es wird sich lohnen auf diese Verhältnisse etwas näher einzugehen.

In allen Verwandtschaftssystemen Poly- und Melanesiens heißt der Bruder des Vaters auch „Vater" und die Schwester der Mutter auch „Mutter". Daraus folgt nun natürlich, daß die Kinder des Onkels väterlicherseits und die der Tante mütterlicherseits als „Brüder" bezw. „Schwestern" gelten. Hingegen haben wir überall eine besondere Nomenklatur, um den Bruder der Mutter und auch um die Schwester des Vaters zu bezeichnen. Diese Regel jedoch wird nicht so ausnahmslos durchgeführt, wie die vorhergehende. In manchen Siedlungen, deren Bevölkerung vermutlich ursprünglich als Polynesiern besteht, und in den westlichen Salamonen heißt der Bruder der Mutter auch Vater und hie und da sind die Ausdrücke für „Mutterbruder" und „Schwiegervater" ganz gleichlautend. Ob wir es in den oben angegebenen Fällen (Mutterbruder - Vater) mit einer primitiven Stufe oder mit einer sekundären Vereinfachung zu tun haben, läßt sich nur auf Grundlage einer eingehenderen Untersuchung des ganzen Systems entscheiden. Auf Eddystone Island heißt z. B. der Mutterbruder auch „Vater", aber der Schwestersohn wird mit einem besonderen Ausdruck bezeichnet. Das betreffende Wort kommt auch sonst vor und dient dazu, das Verhältnis Schwestersohn-Mutterbruder zu bezeichnen. Somit wäre es in diesem Fall ganz klar, daß die Bezeichnung des Mutterbruders als „Vater" einer sekundären Vereinfachung zuzuschreiben ist. Was nun die Frau des Mutterbruders betrifft, so wird diese in manchen Systemen mit dem Ausdruck für Schwiegermutter, in anderen wieder als „Gattin" bezeichnet. In Mota, in der Banks-Gruppe und in Pentecost finden wir auch, daß der Bruder der Mutter früher, als die Polygamie noch allgemein üblich war, eine von seinen vielen Frauen dem Sohn der Schwester überließ. Es wird noch immer als schicklich betrachtet, die Witwe des Bruders der Mutter zu heiraten. Um das Weitere zu verstehen, müssen wir uns die Verhältnisse graphisch vorstellen können:

Af	Am_1	Am	———	Bf	Bm	Bf_1
Schwester des Vaters	Bruder des Vaters	Vater		Mutter	Bruder der Mutter	Schwester der Mutter
			Ego Bm 1			

Wir setzen ein Zweiklassensystem voraus; so, daß alle Stammesmitglieder A oder B sind und ein A nur eine B, ein B nur eine A heiraten kann. Es heiratet also

Am_1 ——— Bf_1 Af_2 ——— Bm_2

[1]) *W. H. R. Rivers.* Kinship and Social Organisation, 1914, 89.

Bei Mutterfolge werden die Kinder von Am, und Bf_1, Bf, Bm etc., sie gehören also derselben Stammeshälfte an, wie B (Ego). Das heißt: niemand kann die Tochter des Onkels väterlicherseits oder der Tante mütterlicherseits heiraten, diese sind für Ego seine Schwester. Handelt es sich aber um eine Ehe zwischen der Tante väterlicherseits mit irgend einem Mann der anderen Stammeshälfte

Af . . . . Bm . . . . Af, m

(Vaterschwester)

dann sind die Kinder (Af, m) Altersgenossen der entgegengesetzten Stammeshälfte, d. h. „Überkreuz-Vetter", mögliche Gatten und Gattinnen. Ebenso verhält sich die Sache, wenn wir annehmen, daß Bm der Bruder der Mutter ist und eine Ehe mit irgendeiner Af eingeht. Wie die Tochter des Mutterbruders, ist auch seine Frau eine A und deshalb eine mögliche Gattin für Bm. Je nachdem nun Bm_1 mit der Gattin von Bm (Mutterbruder) oder mit seiner Tochter verkehrt, heißt die Frau des Mutterbruders Gattin oder Schwiegermutter. Wenn Ego Bm_1 mit der Frau seines Onkels (mütterlicherseits) Umgang pflegt, so sind die Kinder des Onkels seine Kinder und daher finden wir in den Banks Inseln und in Pentecost, daß die eine Gruppe von Überkreuz-Vettern (Kinder der Schwester des Vaters) „Eltern", die andere Gruppe (Kinder des Bruders der Mutter) „Kinder" heißen [1]). Etwas anders verhält sich die Sache mit der Schwester des Vaters. In Polynesien heißt sie gewöhnlich „Mutter", nur in Tonga und Tikopia, wo ihr auch ganz besondere Funktionen zukommen, finden wir ein Wort für „Vaterschwester". In Fiu wird die Schwester des Vaters zwar nicht als Mutter, dafür aber ebenso bezeichnet, wie die Frau des Bruders der Mutter; ebenso in Guadalcaner, hier bedeutet das betreffende Wort aber auch Schwiegermutter. Im allgemeinen ist die Schwester des Vaters eine Respektsperson höchsten Grades und ihr gebührt das entscheidende Wort bezüglich der Eheangelegenheiten ihres Neffen. Möglicherweise haben wir das als Überlebsel einer Ehe zwischen dem Neffen und der Schwester des Vaters zu deuten; sie muß erst befragt werden, ehe sie ihre Rechte einem anderen abtritt. Im Falle eines einfachen Zweiklassensystems wären nämlich die Schwester des Vaters und die Frau des Mutterbruders dieselbe Person, bezüglicherweise dieselbe Gruppe von Personen. In Hiw finden wir nun tatsächlich die Ehe mit der Schwester des Vaters. Daraus folgert nun *Rivers*, daß die Schwester des Vaters allmählich aus der Gruppe der Personen, mit denen der Bruder der Mutter aber auch Ego eine Ehe eingehen, ausschied und zur Respektsperson erhöht wurde [2]). Ebenso hat *Rivers* ganz unzweideutige Beweise der Ehe mit der Tochter des älteren Bruders der Ehe mit der Frau des Onkels väterlicherseits [3]) und der Ehe mit der Enkelin, beziehungsweise mit der Großmutter; in Fiji bezeichnet Ego die Frau des Sohnes ebenso, wie seine eigene Mutter, in Buin heißt die Mutter des Vaters „mamai", ein Ausdruck, der sonst eine mögliche Gattin bezeichnet [4]). Die Sache gewinnt eine erhöhte Bedeutung durch die Analogieen in Australien und Afrika. Noa bedeutet in der Dierisprache „Ehefrau" oder „mögliche Ehefrau", Nadada ist eine reziproke Bezeichnung für „Vater der Mutter" einerseits und „Tochter der Tochter der Tochter" andererseits. Nun heißt es aber „die Noa sind auch Nadada" zueinander, das heißt, bei den Dieri gilt die Ehe zwischen dem Großvater und der Tochter seiner Tochter als die eigentliche orthodoxe Gattenwahl [5]). *A. R. Brown* hat die weitere wichtige Entdeckung gemacht, daß die gesamte Struktur eines australischen Stammes auf einem der zwei Ehetypen beruht; entweder heiratet der Australier die Tochter des Mutterbruders (Überkreuz-Kousine) oder die Tochters Tochter des Bruders der

[1]) *Rivers*, History, II, 16—20.
[2]) *Rivers*, History II, 109, 110.
[3]) *Rivers*, l. c. II, 116—120.
[4]) *Rivers*, l. c. II, 53—58.
[5]) *A. W. Howitt*, Native Tribes of South East Australia, 1904, 163.

Großmutter mütterlicherseits [1]). Die erste Form wäre eine Verschiebung nach der kollateralen Richtung; Frau des Mutterbruders, Stellvertreterin der Mutter, dann Tochter an Stelle der Frau des Mutterbruders = Gattin. In der zweiten Form fängt der Verschiebungsmechanismus mit den Generationen an, wie in der Großmutterehe der Dieri und der Melanesier, nicht der Bruder der Mutter, sondern der Bruder von Mutters Mutter bildet den Ausgangspunkt. Am Anfang der Reihe stünde dann die Ehe mit der Frau dieses großmütterlichen Mutterbruders, dann nach dem schon bekannten Mechanismus der Ersatzbildungen mit der Tochter, dann mit der Enkelin. Ähnliche Verhältnisse sind für Afrika von *B. Z. Seligman* nachgewiesen worden. Bei den Balla in Nord-Rhodesien nennt z. B. der Großvater seine Enkelin „Gattin" und die Großmutter ihren Enkel „Gatte". Die „kollateralen" Großmütter (d. h .wohl nicht die eigene wirkliche Großmutter) nennt man „Gattinnen" und hat das Recht, sie auch als solche zu behandeln. Bei den Wa-Yao heißt die Enkelin „Gattin", und die Enkelkinder männlichen Geschlechts, wie auch die Gatten der Enkelinnen, sind „jüngere Brüder", weil er ja an Stelle des Großvaters getreten ist. Es kommt aber bei den Wa-Yao nicht nur die Ehe mit der Enkelin, sondern auch mit der Ur-Enkelin vor, in diesem Fall heißt der eigene Enkel „Schwiegervater", da er ja die Tochter seines Enkels geheiratet hat. Der Umstand, daß die Urenkelin gewöhnlich „Tochter" heißt, beweist die Häufigkeit der Ehe mit der Enkelin. Auch die anderen Besonderheiten der melanesischen Ehe haben ihre Analogieen in Afrika. Bei den Ba-Kaonde finden wir die Ehe mit der Tochter des Mutterbruders und sowohl die Tochter, wie die Gattin des Mutterbruders heißt bei ihnen Gattin. Andere Stämme kennen auch die Ehe mit der Frau des Bruders der Mutter, belegen aber wiederum die „Überkreuz-Kousine" als Tochter der Gattin mit einem Tabu [2]).

Versuchen wir nun, alle diese Tatsachen zu einem Gesamtbild zusammenzufassen. Da stellt es sich vor allem heraus, daß der Standpunkt gerade der modernen Ethnologenschule, das Leugnen des Zusammenhanges zwischen den Formen der Ehe und den Verwandtschaftsnamen vollkommen hinfällig ist. Das „klassifikatorische" Verwandtschaftssystem folgt in seinen Hauptzügen ganz logisch aus der Teilung des Stammes in zwei Stammeshälften, überall wo eine dieser beiden Erscheinungen zu finden ist, muß die andere auch vorhanden gewesen sein. Beweis dessen, daß z. B. die Pygmäen weder Klanverfassung noch Stammeshälften besitzen, demzufolge haben sie auch, wie wir, eine „deskriptive" und keine „klassifikatorische" Nomenklatur. Die wesentlichen Merkmale des Systems hängen mit den Eheformen der Primitiven eng zusammen. Solche Eheformen sind: a) die Ehe zwischen Überkreuz-Vettern; b) die Ehe mit der Frau des Mutterbruders; c) die Ehe mit der Großmutter bezw. mit dem Großvater.

Die Entwicklung wird man sich etwa auf folgender Linie vorstellen können: Als Kompromißbildungen zwischen den Wünschen der Väter und der Söhne, und wohl auch infolge äußerer Ereignisse, entsteht die Zweiteilung der Urhorde. Die Sprache ist noch in der Entwicklung begriffen, der Mensch verfügt nur noch über die kindlichen Lallwörter, die Vater und Mutter bezeichnen, ferner über die Ausdrücke die „Generationsgleichheit", d. h. das Verhältnis der Ge-

---

1) *A. R. Brown*, Three Tribes of Western Australia. Journal, 1913, 191.
2) *B. Z. Seligman*, Marital Gerontocracy in Africa. Journal 1924, LIV, 231.

schwister zueinander angeben. Und hier stellt sich gleich die Brauchbarkeit unseres Standpunktes heraus, da wir eine Urhorde annehmen, zugleich aber die Familie vom infantilen Standpunkt immer in der Einheit des Erzeugers, der Gebärerin und des Kindes erblicken. Nun sind dem Kinde alle Altersgenossen des Vaters Väter und alle Frauen Mütter oder Schwester. Die Aufspaltung und Reihenbildung dieser beiden Urbegriffe nimmt seinen Anfang, sie ist aber auch eine Introjektion der gesellschaftlichen Struktur bei ihrem Ausgangspunkt. Setzt nun das Zweiklassensystem ein, entwickelt sich die Lage wie folgt:

Am	Bf	Af	Bm
Vater	Mutter	Vaters Schwester	Mutterbruder
	Ego B mf		A f, m

Die Frauen, die Bm nun wählen können, sind (bei Mutterfolge) entweder die Töchter der Brüder der Mutter, oder seine Gattinnen. Nun nimmt die Differenzierung der Verwandtschaftsnamen seinen Anfang, *die Frau des Mutterbruders wird von der Mutter unterschieden, sie ist jene „Mutter", die man heiraten darf.* Ebenso können aber die Verwandtschaftsnamen im Widerstreit der Libido- und Verdrängungspositionen wiederum umgekehrt eine Verdrängungsposition bezeichnen, die *„Schwester des Vaters" ist jene Frau des Mutterbruders, die man nicht heiraten darf.* Wenn wir uns das Inzestverbot als vom Leittier der Horde ausgehend vorstellen, muß seine erste Form die gewesen sein: der Sohn darf seiner Mutter und seinen Schwestern nicht beiwohnen. *Gerade diese Verbote eröffnen nun aber die Möglichkeit eines Ausgleiches. Durch die Verdrängung des Geschwisterinzestes (Vermeidungen) entsteht die Differenzierung des „Mutterbruders" aus der Masse der „Väter", er ist eben jener „Vater", der mit der Mutter nicht geschlechtlich verkehrt.* Daher kann er seine Frau (= die Schwester des Vaters, die Frau mit dem der Vater nicht verkehrt) dem Sohn überlassen und es entsteht dann zwischen beiden, infolge dieser erotischen Bindung eine Reihe von Indentifizierungen und Spannungen, die eine folgenschwere Rolle in der Menschheitsgeschichte spielen. Um die Frau behalten zu können, übergibt der Mutterbruder dem Neffen lieber die Tochter; im ersten Fall hat er in der Ehe eine Neuauflage der Mutter, im zweiten eine Neuauflage der Schwester gefunden. Andererseits läßt sich aus den Urverboten auch die Ehe mit der Großmutter und ähnliches verstehen. Die Großmutter ist ja für den Vater „tabu", folglich für den Sohn frei. Daß aber wirklich die „klassifikatorischen" Verwandtschaftsnamen aus der Aufspaltung oder Ausdehnung der eigentlichen entstanden sind, beweist schon die Tatsache, daß im allgemeinen die orthodoxe Eheform nicht die Ehe mit einem „klassifikatorischen“, sondern mit dem leiblichen „Überkreuz-Vetter“ ist. Wenn wir so die Bedeutung dieser Ehen ins rechte Licht stellen, merken wir mit Überraschung, daß sie im Gegensatz zu der gesamten sozialen Struktur der Primitiven stehen. Auf der einen Seite finden wir eine weitgehende Inzestflucht, eine Gesellschaft, die nicht nur den Inzest, sondern auch viele erotische Bindungen ausschließt, die an das inzestuöse Objekt erinnern, d. h. im Unbewußten mit der Mutter identisch sind. Auf der anderen Seite finden wir aber, daß die „Vermeidung“ so ungeschickt ausgeführt wird, daß das Vermiedene sich gerade durchsetzen kann: Verdrängung des Inzestes und inzest-ähnliche Ehen als Wiederkehr des Verdrängten aus der Verdrängung. Immerhin wäre aber der anderen Richtung in der Erklärung der Verwandtschaftsnamen ein Zugeständnis zu machen. Es ist ohne nähere Untersuchung des betreffenden Spezialgebietes oft sehr schwer zu bestimmen, ob die Verwandtschaftsnamen tatsächliche, wenn auch überwundene Stufen der sozialen Entwicklung oder nur die Wünsche des Unbewußten widerspiegeln. Namentlich scheint es festzustehen, daß die übrigens bei weitem nicht so häufigen Systeme, die *Morgan* als „malayische“ bezeichnet (z. B. Hawaii), keine direkten Überlebsel des Urzustandes, sondern sekundäre Vereinfachungsformen sind. Hier ist aber wiederum Vorsicht geboten. Wenn wir diese Erscheinungen einfach als „Verfall“ bezeichnen, können wir dennoch der Frage nach ihrer Entstehung und Bedeutung nicht ausweichen. Nun wissen wir aber aus der psychoanalytischen Erfahrung, daß eine Regression nichts Neues schafft, der Trieb regrediert nur zu archaischen Konstellationen und Fixierungen. Wenn die Verwandtschaftsnamen als Abspaltungen gleichsam zur Verdünnung der Urfamilien-Begriffe entstanden sind und diese Tendenz zur philologischen Reihenbildung auch der Weg der sozialen Reihenbildung (Exogamie) ist, so beweist doch die umgekehrte Tendenz der Verdichtung, das Verschwinden der spezialisierten Verwandtschaftsfunktionen, den umgekehrten Weg, den Weg nämlich, der zur Wiederherstellung des Urzustandes führt. In der Tat scheint es auch, daß wir in Hawaii, wo *Morgan* im Verwandtschaftssystem die Stütze seiner Theorie der inzestuösen Gruppenehe der eigenen Brüder mit den eigenen Schwestern fand, die Existenz des Schwesterinzestes einerseits und andererseits auch der Gruppenehe nachweisen können. Als vornehmste Art der Eheschließung galt die Ehe des eigenen Bruders mit der eigenen Schwester. Doch nur Häuptlinge durften solche Ehen schließen, und die Kinder einer solchen Ehe waren so hochheilig (kapu), daß jeder Mensch sich vor ihnen auf den Boden werfen mußte. Es war ihnen auch verboten, sich in Gegenwart fremder Personen zu entkleiden. Eine Stufe geringer an Heiligkeit war die Ehe zwischen Halb-Bruder und Halb-Schwester usw. Jene Eheform, durch welche die Häuptlinge in so hohem Grade „kapu“, d. h. heilig wurden, war aber dem gewöhnlichen Volk ebenfalls „kapu“, aber im anderen Sinne, es war verboten und selbst die Ehe mit dem Vetter war bei ihnen ein Stein des Anstoßes[1]). So stellen die Könige, wie auch bei anderen Völkern die Lieblingssünden des Volkes dar und beweisen durch ihr Isoliertsein sowohl das Begehren nach der Ursünde, wie auch die Macht der hemmenden Kräfte. Hier wird es aber ganz deutlich, daß die Einfachheit der Verwandtschaftsnomenklatur die Abwesenheit der gewohnten Bezeichnungen für Onkel, Vetter usw. regressiven Kräften zuzuschreiben ist, deren Wirken und Tendenz auch an der sozialen Struktur nachweisbar ist. Hawaii ist die Heimat einer Eheform, die in den Diskussionen über Gruppenehe eine große Rolle gespielt hat. Wir meinen die Puna-lua-Ehe. Puna-lua bedeutet „intimer Freund“ und hat einen definitiven Sinn in der Verwandtschaftsnomenklatur: ein Mann nennt die Gatten der Schwester seiner Frau seine Puna-lua, d. h. Busenfreunde. Als Puna-lua bezeichnet auch der Gatte den anerkannten Nebengatten seiner Frau und es sind in erster Linie die Brüder des Gatten, denen diese Rolle zukommt. Dasselbe bezieht sich auf das weibliche Geschlecht: die Puna-lua einer Frau sind die Nebenfrauen ihres Mannes, d. h. ihre Schwestern. Wir finden also in Hawaii eine Art von Gruppenehe, die eine Gruppe von Brüdern mit einer Gruppe von Schwestern eingeht[2]).

Neuerdings hat *Rivers* wichtige Beweise dieser Eheform in Melanesien gefunden. Für die „moderne“ Ethnologie war die Sache nämlich schon längst gegenstandslos, eine Gruppenehe hat es nie und niemals gegeben und wenn so was doch vorkommt, sind die betreffenden Völker einfach als „entartet“ zu betrachten, und damit ist die Frage erledigt[3]). In manchen Bezirken von Fiji wird die Schwester der Gattin und die Gattin des Bruders ebenfalls als Gattin bezeichnet. Allerdings bleibt es unsicher, ob man daraus auf eine Gruppe von Brüdern, die mit einer Gruppe von Schwestern zusammenlebten, folgern darf, oder die Bezeichnung „Gattin“ im Sinne der wählbaren Frau etwa, wie dies tatsächlich auch geschieht, daß man nach dem Tode der ersten Gattin ihre Schwester heiratet („Sororatsehe“ *Frazer*). In anderen Teilen Melanesiens heißen die Schwester der

1) *Rivers*, l. c. I, 380—382.

2) *Morgan*, Ancient Society, 427. *Rivers* I, 386, 387.

3) Die folgenden Anschauungen und Mutmaßungen über Gruppenehe beziehen sich nur auf jene Völker, deren Verwandtschaftsbezeichnungen „klassifikatorisch“ sind.

Frau und die Frauen des Bruders „Schwester". Es scheint nun, daß diese Ansprache (und ebenso Mutter) in Melanesien immer dann gebraucht wird, wenn die Benützung des Personennamens in der Ansprache als anstößig empfunden wird. Während man z. B. in Rowa die Schwester der Frau und die Frau des Bruders mit dem Personennamen bezeichnet, wird diese Ansprache in Merlav mit der Bezeichnung als „Schwester" abwechselnd gebraucht. Nun hat aber *Rivers* gefunden, daß eine Frau mit dem Personennamen ansprechen soviel heißt wie: den geschlechtlichen Umgang mit ihr einzugestehen, während die Bezeichnung als Schwester oder Mutter eben das Verbot eines intimen Verhältnisses andeutet[1]). Damit wird übrigens die Entstehung der „einfachen" klassifikatorischen Systeme ins rechte Licht gerückt. Der historische Vorgang ist nicht die unmittelbare Spiegelung eines Zustandes von beinahe uneingeschränkter Promiskuität, sondern die fortschreitende Ausbreitung der Tabu-Seite des Oedipus-Komplexes. An Stelle der genitalen Beziehungen zur Schwester der Gattin, treten allmählich die infantilen, wobei das Unbewußte natürlich die Wunscherfüllung im Durchbruch der Schwester- (bzgw. Mutter-) Rolle der früheren Gattin findet.

Ferner hat *Rivers* aus der Nomenklatur gefolgert, daß der Mutterbruder einst seine Frau nicht nur dem Neffen abtreten konnte, sondern daß sie auch beide mit derselben Frau oder denselben Frauen verkehrten, in Rowa heißt z. B. die Frau des Mutterbruders „the wife of all of us"[2]).

Die Dieri, ein Stamm mit der einfachsten Form des Zweiklassensystems in Zentralaustralien, haben eine Art von Gruppenehe in der Sitte der Pira-uru- (Vollmond-) Ehen. Bei Vollmond werden nämlich die Versammlungen abgehalten, an denen die Verteilung der gesamten Bevölkerung in eheliche Gruppen erfolgt. Jeder Dieri hat eine Hauptgattin und jede Frau einen Hauptgatten. Dabei sind aber auch nebeneheliche Beziehungen sanktioniert und zwar zwischen den „Brüdern" des Gatten einerseits und den „Schwestern" der Frau andererseits. Es kommt auch vor, daß diese „Pira-uru" in Gruppen von vier, zwei Brüdern mit zwei Schwestern, zusammenleben[3]).

Wir wollen nun versuchen, die Frage zu beantworten, inwiefern die Gruppenehe als eine stets wiederkehrende Phase in der Entwicklung der menschlichen Gesellschaft gelten kann, und welche Funktion ihr in dieser Entwicklung zukommt. Wir berufen uns vor allem auf das von *Frazer* gesammelte Material über Levirat und Sororat, d. h. über die Ehe der Brüder mit derselben Frau entweder nachein-

---

1) *Rivers*, II, 38, 129.
2) *Rivers*, II, 129—135.
3) *Howitt*, Native Tribes 177—183.

ander (Levirat) oder zu gleicher Zeit (Polyandrie) und über die Ehe mehrerer Schwestern mit demselben Mann (Sororat, Polygamie). *Frazer* meint, daß wir es hier mit den Abspaltungsformen einer Erscheinung zu tun haben; ursprünglich war es eine Gruppe von leiblichen Brüdern mit einer Gruppe von leiblichen Schwestern [1]). Es ist jedenfalls hervorzuheben, daß bei den Tschuktschen in Nordasien, bei denen ähnliche Gruppenehen an der Tagesordnung sind, gerade Brüder in derselben Gruppe nicht vorkommen dürfen, daß aber die Ehezeremonie die Neben-Gatten zu Blutsverwandten, d. h. zu fiktiven Brüdern stempelt [2]). Heute, da wir durch die Psychoanalyse über die Bedingungen und Ursachen der Liebeswahl so genau unterrichtet sind, läßt sich allerdings Genaueres über diese Verhältnisse aussagen. Denn die Tatsache ist ja unverkennbar, daß die besondere Anziehungskraft in derlei Gruppenbildungen genau so im Familienkomplex wurzelt, wie bei der Monogamie. Dort sucht der Mann in der einen Frau die Einzige der Kindheitsstufe, die Mutter, hier überträgt er die Gefühle, die er einst für seine eigene Schwester hegte, auf eine zweite Gruppe von Schwestern. Diese Übertragung spiegelt sich in der primitiven Form der Tauschehe. Am gibt seine Schwester Af, die er nicht heiraten kann, dem Bm, die ihm wiederum seine Schwester Bf schenkt. Es ist natürlich, daß für beide Teilen die Schwester des anderen zur Stellvertreterin der eigenen Schwester wird. Die Psychoanalyse kann aber auch die Frage beantworten, warum den verschiedenen Formen der Gruppenehe (inklusive Polygamie und Polyandrie) keineswegs die Bedeutung in der Geschichte der Menschheit zukommt wie der Einehe. Die Fixierung der libidinösen Strebungen auf Brüder und Schwestern spielt in der Ontogenese lange nicht dieselbe Rolle, wie die Elternfixierung, die Brüder sind immer nur Ersatzobjekte des Vaters, die Schwestern Ersatzobjekte der Mutter. Daher finden wir auch in diesen Gruppenehen die Person der Mutter stets in der Hauptfrau und die des Vaters stets in dem Hauptgatten wieder und die Gruppe fällt auf der einen Seite immer rasch wieder auseinander, um dann als Polygamie das Verhältnis der Töchter zum Vater oder als Polyandrie den Kreis „Söhne und Mutter“ wieder herzustellen [3]).

Über die Einzelheiten des Sexuallebens der Naturvölker sind wir höchst mangelhaft unterrichtet. Jedoch das können wir zufällig feststellen, daß gerade bei Tschuktschen und Zentralaustraliern, also zwei Völkern, die eine besondere Neigung zur Gruppenehe zu haben scheinen, da sie diese Institution fixieren und konservieren konnten, auch sehr

[1]) *Frazer*, Totemism and Exogamy, IV, 139. *Ders.*, Folk-Lore in the Old Testament, 1919, II, 304.

[2]) *Bogoras*, Chukchee Jesup North Pacific Expedition, VII, 604, 605.

[3]) Vgl. *Brown*, Father, Mother, Child. Man 1926. *W. H. R. Rivers*, The Todas, 1906, 515.

deutliche Beweise der manifest-homosexuellen Strömung vorliegen [1]). Nun hat die Psychoanalyse an unzähligen Fällen die Beobachtung machen können, daß die Vorliebe für Frauen, die auch mit anderen Männern verkehren, stets eine homosexuelle Gefühlsströmung, eine, wenn auch unbewußte, aber jedenfalls vorhandene libidinöse Strebung zu diesen anderen Männern in sich schließt [2]). Dasselbe läßt sich bei den Naturvölkern beobachten, denn der Nebengatte ist ja der Puna-lua der beste Freund und auch die Gefährlichkeit des Fremden, d. h. seine Aggressivität wird gemildert, wenn er mit der Gattin seines Gastgebers Umgang gepflogen hat [3]). Der Einfluß eines Dierihäuptlinges beruht unter anderem auch auf der Anziehungskraft seiner Nebenfrauen, die er den jungen Männern des Stammes verleiht. Man denke auch an die Intimität zwischen Mutterbruder und Neffen in Melanesien und daran, daß dieses Verhältnis in dem geschlechtlichen Verkehr mit derselben Frau begründet ist und man wird die Vermutung wagen, daß wenn ähnliche Gruppenbildungen oder nebeneheliche Bindungen in der Urhordenzeit bestanden, ihnen eine besonders wichtige Funktion in der Umbildung der Horde mit nur einem Männchen in eine Horde mit mehreren Männchen zugesprochen werden muß.

Nun müssen wir aber eine wichtige Beobachtung *Morgans* heranziehen [4]). Wie kommt es, daß bei den meisten Primitivstämmen die Überkreuz-Vettern einander ehelichen können und sollen, während eine Ehe zwischen den rechten Vettern als Inzest betrachtet wird? Eine Teilantwort erhalten wir allerdings, indem wir uns wie *Frazer* auf das Zweiklassensystem berufen, und eine Erklärung der Bevorzugung der „Croß-Cousin"-Ehe, wenn wir mit *Rivers* als Vorstufe die Ehe mit der Frau des Mutterbruders annehmen. Ferner können wir auch hinzufügen, daß dem Unbewußten der Bruder des Vaters als eine Einheit mit dem Vater, die Schwester der Mutter als eine Einheit mit der Mutter erscheinen kann. Aber gerade im Unbewußten ist die Vorbildlichkeit der Sexualität maßgebend. Die Übertragung der „Vater-Imago" auf den Bruder des Vaters, wird viel leichter erfolgen, wenn die Brüder alle mit der Mutter verkehren und die Identifizierung der Mutter mit ihren Schwestern, wenn alle die Frauen des Vaters sind. Die besondere Bedeutung des Onkels mütterlicherseits seine Differenzierung aus der Gruppe der „Väter" wäre demnach darin zu finden, daß der Onkel „jener Vater ist, der nicht mit der Mutter ver-

---

[1]) *W. Bogoras*, The Chukchee Jesup, VII, 448. *Klaatsch*, Reisebericht. Z. f. E. 1907, 581.

[2]) *F. Boehm*, Homosexualität und Polygamie. Int. Z., VI, 4. *Ders.*, Beiträge zur Psychologie der Homosexualität. Int. Z., VIII, 313.

[3]) *Crawley*, Mystic Rose, 1902, 248, 245.

[4]) *Morgan*, Ancient Society, 144.

kehrt[1]). So entsteht wohl das Avunkulat, indem ein Teil des Vater-Komplexes nun auf diesen Onkel übergeht und der junge Mann nun nicht die Mutter, aber an ihrer Stelle die Frau des Onkels — nicht die Schwester, aber an ihrer Stelle die Tochter des Onkels heiratet[2]). Ebenso mutatis mutandis auf der anderen Seite; die Schwester des Vaters als Respektsperson ist jene „Mutter", mit welcher der Vater „nicht koitiert". Wenn aber die männlichen Geschwister alle mit derselben Gruppe von weiblichen Geschwistern verkehren, dann ist die Tochter meines Vatersbruders, oder meiner Mutterschwester möglicherweise meine Halbschwester und es ist verständlich, daß sie überall, wo das klassifikatorische System herrscht, auch als Schwester bezeichnet und die Ehe mit ihr im Sinne des Zweiklassensystems als eine inzestuöse verboten wird.

V. Zusammenfassung.

Vom Urvater, der seine Töchter auch für sich behalten wollte, ging jedenfalls das Verbot des Geschwisterinzestes aus. In der allmählichen Introjektion dieses Verbotes liegen schon die ersten Ansätze zur Herausbildung des Zweiklassensystems, denn indem den heranwachsenden Generationen das Tabu der Schwester in Fleisch und Blut überging, blieben immer Frauen für die Söhne frei, nämlich dieselben, die den Vätern tabu waren, die Schwester der Väter (Frau des Mutterbruders). Möglicherweise haben wir uns den Übergang so vorzustellen, daß ein Zusammenwohnen mehrerer Männchen auf Grundlage des Frauenaustausches schon in Ansätzen vorbereitet war, etwa wie die Kameradschaft zwischen Neffe und Mutterbruder in der Weibergemeinschaft wurzelt. Vielleicht liegt an den Wurzeln des Zweiklassensystems überall das Zusammentreffen zweier Horden, denn es scheint, daß die beiden Stammeshälften wenigstens in Australien und Melanesien ursprünglich zwei verschiedene Rassen bedeuten. Dann hätten wir uns den weiteren Verlauf etwa so vorzustellen, daß die abgetriebenen Männchen der Horde A den Urhordenkampf nun gegen einen fremden Urvater siegreich wiederholten und in dieser zweiten Horde übergangsweise eine Art Weibergemeinschaft herstellen, aus dem dann in der nächsten Generation unter dem Einfluß des introjizierten Geschwistertabus sich ein Zweiklassensystem entwickelt hätte. Oder aber die Jungen wären mit den eroberten Frauen heimgekehrt, usw. Man kann über diese Transformation, über die Zwischenperiode zwischen Urhorde und Einzelfamilie verschiedene Hypothesen bilden, aber die Schwierigkeiten des Eindringens in die Ereignisse jener dunklen

---

1) Es handelt sich um ein Zweiklassensystem; Ehe zwischen Geschwistern ausgeschlossen.

2) Vgl. E. *Jones*, Mother-Right and the Sexual Ignorance of Savages. International Journal of Psycho-Analysis. VI, 1925.

Vorzeit sind so groß, daß wir besser nur bei Andeutungen bleiben. Als solche Andeutung möchte ich auch die Möglichkeit aufgefaßt wissen, daß der Übergang durch die Libido-Verschiebung in der Gruppenehe von der Mutter (oder von der Frau) auf den Vater (auf den Mann) vorbereitet wurde. Die Gruppenehe dürfte wohl niemals die ausschließliche und auch nie die überwiegende Form menschlicher Ehegemeinschaft gewesen sein; wir setzen nur eine Periode der Urgeschichte voraus, in der sie neben polygamen oder monogamen Eheformen eine größere Rolle spielte, als in den vorangehenden und nachfolgenden Epochen[1]. Wir gelangen so zu einem Nacheinander von Urhorde (Oedipus-Konflikt), Gruppenehe und Monogamie und nehmen an, daß diese Reihenfolge in die *fernen Urzeiten* der Menschwerdung gehört. Es ist demnach ganz richtig, zu sagen, daß Monogamie die älteste *ethnologisch* erreichbare Schicht bildet, und es ist sicher, daß der ganze Vorgang abgelaufen war, ehe es Naturvölker im heutigen Sinne überhaupt gab. Jene Rekonstruktion erscheint uns aus der Erkenntnis des starren Wiederholungszwanges im Weltgeschehen notwendig; die Bruchstücke, die wir in den sozialen Systemen, Sagen usw. finden, können am besten als Regressionen auf ähnliche, früher überwundene Stufen verstanden werden. Wie ich früher einmal hervorgehoben habe, hätten wir damit die genaue Parallele zur Ontogenese; erst die Fixierung der Libido in der Familie (Oedipus, Urhorde), dann die Promiskuität der Pubertätszeit und den Lebenskampf an Stelle des Vaterkonfliktes (Bordelle, freie Liebe der Jugend bei den Naturvölkern, Kampf mit der fremden Horde in der Urzeit) und endlich die exogame monogame Familie im Leben des Einzelnen und in der Geschichte der Menschheit als Wiederfinden des Ur-Objektes: Frau und Mutter. *Dies wären die Urformen der Ehe, die im Laufe der Geschichte in verschiedenen Wandlungen immer wiederkehren.*

Nun noch ein kurzes Nachwort, um Mißverständnisse möglichst zu vermeiden. In dem Tierreich lassen sich Vorbilder für alle möglichen Formen des geschlechtlichen Zusammenlebens auffinden, und da wir konsequenterweise annehmen, daß die Ahnen der Menschheit alle möglichen Phasen der Entwicklung durchlaufen haben, läßt sich eigentlich garnichts über die absolute „Primitivität" dieser oder jener Eheform aussagen. Es liegen keine Gründe vor, warum wir nicht annehmen sollten, daß die Gruppenehe und die Monogamie ebenfalls Wiederholungen älterer Zustände sind und nur *in der Geschichte der Ausbildung des spezifisch Menschlichen* an einer besonderen Stelle auftauchen.

[1]) Vgl. *J. C. Flügel*, The Psycho-Analytic Study of the Family, 1921, 179.
[2]) Vgl. *Róheim*, Nach dem Tode des Urvaters. Imago IX.

Überall können wir aber in der Geschichte der Menschheit die fortschreitende Anpassung, die Milderung der Konflikte beobachten, und in diesem Sinne ist anzunehmen, daß jene Form des Zusammenlebens, welche die Konflikte in schärfster Form enthält, auch Anfang und Anstoß der Entwicklung war. Sie entspricht auch eigentlich den Forderungen der Art: Befruchtung aller Weibchen durch das stärkste Männchen, da ja das Weibchen nach der Befruchtung neun Monate braucht, um wieder befruchtet zu werden, während das Männchen in dieser Zeit andere Weibchen befruchten kann. Wenn die polygame Urhorde so gleichsam ein Spiegelbild unserer Struktur als Säugetiere ist, scheint die Einzelfamilie mit der gleichmäßigen Lustbetätigung aller Individuen beider Geschlechter (hier ist schon der Schwerpunkt auf die Lustseite und nicht auf die „Nützlichkeitsfunktion" des Geschlechtlichen verlegt!) mit der Wiederfindung der Mutter und der Infantilsituation in der neuen Dreiheit: Vater, Mutter, Kind — unserer psychischen Struktur mehr entgegenzukommen. In der Ersatzbildung, in der Verschiebbarkeit der Energie liegt ja das Wesen des Psychischen, und wir hätten damit guten Grund, den Weg von der Urhorde zur Einzelehe, dem Weg vom Tierischen zum Menschlichen gleichzusetzen.

Die von der Gesellschaft gutgeheißenen Formen des geschlechtlichen Zusammenseins[1]) können aber eben nur Kompromißbildungen sein, da ja die Gesellschaft eben als Ausgleichsprodukt der entgegenstrebenden Kräfte der Väter und Söhne entsteht. Oder anders ausgedrückt: die Differenzierung zwischen dem Erlaubten und dem Verbotenen auf dem Gebiete des Geschlechtslebens ist eben der Niederschlag jenes ersten Ausgleiches. Die Gesellschaft stellt den aufstrebenden männlichen Individuen so manches Hindernis in den Weg, bis sie sich das Eheglück erkämpfen, verfährt aber im ganzen doch glimpflicher mit der Jugend als der Urvater, an dessen Stelle sie getreten ist und, indem sie die Spannung herabsetzt, sichert sie ihr eigenes Fortbestehen.

1) Siehe die Definition der Ehe in der Einleitung.

Eheschicksale und Völkerschicksale

Von Adolf Basler

In jedem auf höherer Gesittungsstufe stehenden Volke (ich sage absichtlich nicht Staat) sind Menschen der verschiedensten Art notwendig.

Unerläßlich ist der Staatsmann, der die heterogensten Wünsche und Bedürfnisse der Bevölkerung in eine einheitliche Formel zu bringen vermag. Ebenso unersetzlich ist der Landwirt, dessen Begabung auf ganz anderer Seite liegt; er muß, mit unermüdlichem Fleiße seine Dispositionen nach den Launen der Natur richtend, jahraus jahrein dem Boden den Ertrag abringen, muß soviel gelassene Ruhe — man könnte beinahe sagen: Indolenz — besitzen, daß er nicht unwillig wird, wenn ihm in einem gewitterreichen Sommer wenige Minuten die Arbeit langer Tage vernichten, sondern geduldig seine Sisyphusarbeit von neuem beginnt.

So ließen sich die verschiedensten Berufe aufzählen, die alle voneinander abhängen und die alle bestimmte körperliche oder seelische Anlagen erfordern.

Diese Berufe werden, wenn man über die verschiedenartigen Bestandteile eines Volkes sprechen will, zweckmäßigerweise zu Gesellschaftsklassen gruppiert.

Bevor nun im Folgenden gezeigt werden soll, wie die Ehe zum Zustandekommen dieser Gesellschaftsklassen beiträgt und andererseits wieder von ihnen abhängig ist, müssen noch einige Erörterungen vorausgeschickt werden.

Wenn der Maurer für die einzelnen Teile eines Bauwerkes verschieden feinen Sand und Kies braucht, dann wirft er das ihm aus dem Flußbett zugeführte Material durch Siebe bestimmter Lochweiten und kann sich auf diese Weise eine Serie bestimmter Kies- und Sandsorten vom feinsten Sand bis zum gröbsten Kies herstellen. So kann man vom gleichen Siebungsprozeß[1]) beim Menschen sprechen. Ihm sind die Individuen ständig ausgesetzt beim Durchlaufen bestimmter Schulen, durch

---

1) *W. Scheidt.* Allgem. Rassenkunde, München 1925, S. 274.

Prüfungen, durch den Konkurrenzkampf im Berufsleben.

Für primitive Verhältnisse ist die Siebung des Menschenmaterials sehr übersichtlich. Der der Schule entwachsene Knabe wird vom Zimmermann oder Schmied nur dann in die Lehre genommen, wenn er für den anstrengenden Beruf kräftig genug ist. Hat sich der Lehrherr über den Kräftezustand getäuscht, dann wird der Lehrling nach wenigen Wochen als ungeeignet entlassen. Das ist die Berufsauslese während der ersten Wochen der Lehrzeit. Der so ausgesiebte Knabe wird jetzt vielleicht zu einem Schneider gebracht, wo er mehr Erfolg hat. Daher kommt es, daß die Zimmerleute lauter kräftige Menschen sind. Unter den Schneidern gibt es auch Individuen mit großer Muskelkraft, denn gute körperliche Leistungsfähigkeit ist dem Beruf des Schneiders nicht hinderlich, dem Zimmermann aber die fehlende Muskelkraft.

Hier haben wir die denkbar einfachsten Sortierungen vor uns. Die Sache wird wesentlich schwieriger, wenn es sich um psychische Anlagen handelt. Schon die Trennung unterdurchschnittlicher von durchschnittlicher Begabung gelingt oft nicht in der Volksschule, nicht einmal in den unteren Klassen der Mittelschule. Wie oft hört man über einen Jungen: Er ist bisher ganz gut mitgekommen, erst in der Sekunda kam er immer weiter zurück. Es liegt das u. a. daran, daß der Intellekt aus einer Menge Einzelbegabungen zusammengesetzt ist, die schwer gegeneinander abzuwägen sind. Viel verwickelter ist es, durchschnittliche Veranlagung von mäßig überdurchschnittlicher zu trennen, ganz zu schweigen von den hochqualifizierten psychischen Leistungen auf Spezialgebieten.

Die fortgesetzte Sortierung zielt automatisch dahin, den rechten Mann auf den rechten Platz zu bringen. Dies würde auch für alle geistigen Fähigkeiten erreicht oder nahezu erreicht, wenn jeder Mensch einige hundert Jahre alt würde. Da dem aber nicht so ist, muß der Siebungsprozeß im einzelnen Menschenleben auf halbem Wege oder gar am Anfange des Weges stecken bleiben. Nur einige wenige Genien können den ganzen Weg im Einzelleben zurücklegen.

Aber durch eine Institution, die an Bedeutung alle Gesetzesvorschriften und alle Bräuche weit übertrifft, wird das individuelle Leben bis zu einem gewissen Grade weit über den Tod hinaus verlängert, Jahrhunderte, vielleicht Jahrtausende. Diese Institution ist die Ehe. Der Mann, der zum ersten Male auf den Gedanken kam, ein Weib zu wählen und mit ihm bis ans Lebensende beisammen zu bleiben, und die anderen seiner Horde veranlaßte, das Gleiche zu tun, war der größte Gesetzgeber, den je die Menschheit erlebte[1]).

Durch die Ehe werden Familienstämme, Geschlechter gebildet, in denen sich der Siebungsprozeß über viele Jahrzehnte erstrecken kann.

Doch eine Einschränkung ist notwendig. Im Pflanzenreiche kann aus dem oberflächlich vermoderten Stumpf einer Eiche ein junger Sproß aufschießen und sich im Verlaufe von Jahrhunderten zu dem mächtigen Baume entwickeln, der das Abbild der alten Eiche darstellt. Eine derartige Reihe von Pflanzen lebt „unendlich"; hier handelt es sich tatsächlich um das gleiche Individuum, denn es kommt keine neue Erbanlage hinzu. Der Nachkomme eines Mannes aber besitzt eine Mischung der Erbanlagen des Vaters und der Mutter.

Sollen deshalb die folgenden Generationen ähnliche Fähigkeiten aufweisen, dann muß der Stammvater eine Gattenwahl treffen, bei der das Vorhandensein solcher Anlagen berücksichtigt wird. Und jede folgende Generation muß ebenso verfahren.

Doch kehren wir wieder zurück zu dem eingangs erwähnten Beispiel. Der Knabe habe die Fähigkeiten für den Beruf des Zimmermanns, dann hält er die Lehre durch, wird Meister, verheiratet sich und will auch wieder einen Sohn Zimmermann werden lassen. Da sein Vater kräftig ist, wird der Sohn wahrscheinlich über die gleiche Konstitution verfügen, vorausgesetzt, daß auch seine Frau aus kräftiger Familie stammt. Hier macht sich also der Einfluß der Heirat für die Erhaltung der Familie in der gleichen Berufsklasse geltend. Würde der kräftige Zimmermann eine Ehe mit einer schwachen Frau eingehen, entständen Mischänderungen, die bei der Fortsetzung der Gattenwahl aus körperlich schwachen Familien schließlich zur Ausmerzung der Körperkraft führt und so zum Berufe des Zimmermanns ungeeignet macht.

Wie auf der einen Seite Muskelkraft „gezüchtet" wird, so werden auf der anderen Seite Menschen von überdurchschnittlicher Begabung herausgeholt. Für geistige Anlagen sind die Verhältnisse noch besser untersucht. Ich nehme an, ein Mann sei durch alle Instanzen der Siebung glücklich hindurchgekommen und habe damit eine gewisse überdurchschnittliche Begabung bekundet.

---

[1]) Wenn auch die Gruppenehe nicht als Urform der Ehe anerkannt werden darf, wie *J. Kohler* (Zeitschr. f. vergl. Rechtswissensch., Bd. 12, 1897, S. 187) und andere früher annahmen, so lebten doch in der Kindheit des Menschengeschlechtes viele, vielleicht die meisten Stämme polygyn (vgl. *Woltmann*, Politische Anthropol., Jena, S. 164 u. *E. Ziegler*, Vererbungslehre usw., Jena 1918, S. 395).

Nun ist zu erwarten, daß ein größerer Teil seiner Nachkommen auch wieder mehr überdurchschnittliche Begabung besitzt als das bei den Nachkommen unbegabter Männer der Fall ist. „Unter 52 von *Galton*[1]) zusammengestellten bedeutenden Schriftstellern waren nur 12, deren Verwandtschaft außerdem nur eine besonders begabte Person aufweist, alle übrigen hatten 2, 3, 4 und mehr hochbegabte Verwandte, und nur bei 19 war über die Begabung der Vorfahren nichts besonderes bekannt. Von 26 großen Malern hatten nur drei bloß einen bedeutenden Verwandten, alle übrigen mehr. 15 von 24 großen Dichtern hatten mehr als einen hochbegabten Verwandten, und nur bei 9 war über die Bedeutung der Vorfahren nichts bemerkt."

Von den Söhnen des Zimmermanns kommen nur die kräftigsten zu einem Zimmermann oder zu einem Schmied oder Schlosser in die Lehre, die schwächlicheren dagegen zu einem Schneider (Siebung in der zweiten Generation).

Die am besten ausgesiebten Menschen müssen die Führung des Volkes übernehmen in wissenschaftlicher, künstlerischer, politischer Beziehung. Sie allein sind dazu befähigt; sie bilden — um mich eines oft gebrauchten 2000 Jahre alten Gleichnisses zu bedienen — den Kopf des völkischen Organismus, während die übrigen Volksbestandteile die Glieder darstellen.

Bei der beschriebenen Art der Verehelichung behalten die Familien jahrhunderte lang ihren Charakter. Man kann deshalb die Gesellschaftsklassen ungezwungen definieren als Zusammenfassung nach Berufstätigkeit, Gesittungsgütern und natürlichen Anlagen gleichartiger Familien. Die Bausteine einer Gesellschaftsklasse sind also die Geschlechter, nicht etwa die jeweiligen Persönlichkeiten. Einzelindividuen sind, gemessen an dem regelrechten Alter einer Gesittung, viel zu kurzlebig.

Da man aber mitunter einem Individuum nicht ansieht, welche Erbanlagen in ihm „schlummern" (Verschiedenheit zwischen Phänotypus und Genotypus), ist die Frage berechtigt, woher soll derjenige, der eine Ehe eingeht, wissen, ob der Partner die gewünschten Anlagen mitbringt. Deshalb soll der Zimmermann, sofern es ihm auf muskelkräftigen Nachwuchs ankommt, wieder die Tochter eines Zimmermanns oder eines Schlossers heiraten, also die Tochter eines vermutlich kräftigen Mannes. Der Zimmermann, der sich eine Frau sucht, ist schon „sortiert", das Mädchen aber nicht, deshalb muß der Vater des Mädchens wenigstens den Ausleseprozeß durchgemacht haben. Der Mann, der einen

[1]) Zit. nach *W. Scheidt.* l. c. S. 192.

akademischen Beruf ausübt, hat, wenn er eine Ehe eingeht, seine Probe auf geistige Fähigkeit bestanden, kommt die Braut aus den gleichen Kreisen, dann kann mit größerer Wahrscheinlichkeit damit gerechnet werden, daß sie ebenfalls über gute geistige Anlagen verfügt, denn ihr Vater hat statt ihrer den Siebungsprozeß durchgemacht. Man darf also sagen, der Mann der intellektuellen Gesellschaftsklasse kann aus niederen Kreisen stammen, bei der Frau ist zu geringe Berücksichtigung der Abstammung aber gewagt. Wenn eine unrichtige Gattenwahl getroffen ist, dann muß das ganze Sortierungsgeschäft möglicherweise wieder von neuem beginnen. Je besser die Ehen den Eigenschaften des Standes, dem sie angehören, angepaßt sind, um so größere Aussicht für das Gedeihen des Volkes ist vorhanden. Aus dem Gesagten geht auch die Bedeutung der Klassenbildung für die Ehe hervor; sie ist zur richtigen Gattenwahl unerläßlich.

Hier wirft sich leicht die Frage auf: Ist denn eine dauernde Siebung der Menschen immer noch notwendig, wenn sie in früheren Zeiten doch immer und immer wieder sortiert worden sind? Der Familienstamm ist — um es noch einmal zu sagen — nicht wie die Eiche, der, so alt sie auch mit all den kommenden neuen Sprößlingen wird, von keiner Seite her neue Erbanlagen zugeführt werden. Die menschliche Familie ist mit jeder neuen Ehe immer wieder neuen Erbeinflüssen ausgesetzt. Das ist der Grund, weshalb immer wieder abweichend veranlagte Individuen auftreten, die durch neue Siebung jedes an seinen Platz gebracht werden müssen.

Mit dem Wert der Ehe für die richtige Siebung ist aber nur eine Seite ihrer Aufgabe erfüllt. Die andere Seite besteht darin, daß die Ehe der jungen Generation diejenigen Kulturgüter beschafft, die für den jeweiligen Stand in Betracht kommen. Es ist ein altbekannter, aber immer wieder in Vergessenheit geratener Satz, daß das Weib die Trägerin der Kultur innerhalb der Familie ist[1]).

Die Eignung der Nachkommen eines Ehepaares für eine bestimmte Aufgabe ist nämlich auch von den Einflüssen der Umwelt oder Peristase abhängig, die sich in unbeabsichtigte und beabsichtigte einteilen lassen.

Die erste Art von Einwirkungen besteht in der Umgebung, in die die Kinder durch die Schicksale der Eltern kommen; dabei spielt der Wohnort der Eltern, seine Höhenlage über dem Meeresspiegel, die geologische Formation (Kropf),

[1]) *O. Schultze.* Das Weib in anthropologischer Betrachtung, Würzburg 1906.

das Klima im engeren Sinn, die Vermögensverhältnisse der Eltern, die Art der Haushaltsführung eine große Rolle. Alles das sind Dinge, für die die Ehe von allergrößter Bedeutung werden kann; so, wenn beispielsweise ein Mann, oder was wohl häufiger vorkommt, ein Mädchen durch die Ehe in eine andere Gegend übersiedelt.

Zu den mehr beabsichtigten peristatischen Verhältnissen gehört die Aufzucht und Erziehung.

Unter Aufzucht verstehe ich die Sorge, die man einem Kinde angedeihen läßt, soweit sie zur Erhaltung des Lebens und der Gesundheit notwendig ist, vornehmlich in dem Alter, in dem es selbst noch nichts zur Erhaltung seines Lebens beitragen kann.

Die Erziehung kann erst einsetzen, nachdem die Psyche des Kindes erwacht ist, das gilt nicht nur für die geistige, sondern auch die sogenannte körperliche Erziehung. Selbst bei der Aufzucht wird im allgemeinen das berücksichtigt, was für die Gesellschaftsklasse, der die Familie angehört, am meisten Wert hat. Für die kulturell höheren Schichten der Bevölkerung ist es wegen der geringen Nachkommenschaft am bedeutungsvollsten, daß möglichst wenig Kinder sterben. Tatsächlich wird dies gerade hier durch die Aufzucht erreicht. Formänderungen des Körpers, die für die Angehörigen mancher Gesellschaftsklassen unerläßlich sind, Deformierungen des Kopfes, der Füße (bei Chinesinnen) usw. gehören ebenfalls hierher.

Die Erziehung, deren Anpassung an die Gesellschaftsklasse eine viel größere Bedeutung hat, beginnt ebenfalls möglichst früh. Das, was das Kind in frühester Jugend sieht und lernt, ist oft bestimmend für das ganze Leben. In seinen Fragen schneidet das Kind unbewußt häufig die höchsten Probleme an; von der richtigen Antwort hängt so sehr viel ab, daß man sich oft darüber wundern muß, wie solche Fragen von den Eltern in geradezu frivoler Weise abgetan werden. Allerdings gehört großes Wissen und Takt auf Seiten der Eltern dazu, die Fragen der Kinder zweckmäßig zu beantworten.

Sowohl für die ererbte Anlage wie für die Beeinflussung der Nachkommen ist es wichtig, daß die beiden Eltern der gleichen Gesellschaftsklasse angehören. Nur dann werden bei der Kindererziehung gerade diejenigen Eigenschaften begünstigt, die dem Stand, dem ein Kind angehört, am meisten wert sind.

In diesem Zusammenhang sei es gestattet, einige Worte zu sagen über die Stellung der Familie zu Rasse und Volk. In einem größeren Gebiete, etwa einem Erdteile, können wir die Menschen einmal nach ererbten körperlichen Merkmalen ordnen, dann erhalten wir biologische Gruppen, die als Rassen bezeichnet werden müssen. Die gleiche Bevölkerung läßt sich aber auch nach kulturellen Merkmalen gruppieren; das wichtigste Gesittungsgut ist die Sprache. Menschen, die die gleiche Sprache besitzen, fasse ich als Nation oder Volk zusammen.

Innerhalb eines Volkes kann es die verschiedensten Rassen geben, dafür bilden aber auch Zweige einer und derselben Rasse Bestandteile der verschiedensten Nationen.

Jedes Geschlecht spiegelt nun, wie aus den bisherigen Ausführungen hervorgeht, im Kleinen wieder, was sich im Großen an der gesamten Bevölkerung eines Erdteiles erkennen läßt. Es ist allerdings nicht so, daß jede Familie eine andere Sprache redet; der Unterschied besteht auf sprachlichem Gebiet höchstens in bestimmten Redewendungen, aber in anderen Gesittungsgütern ist der Unterschied oft auffallender. Eine Familie der führenden Gesellschaftsklasse unterscheidet sich von einer solchen der primitiveren Schichten in Gepflogenheiten, Ausdrucksweise, Kindererziehung häufig mehr als zwei Familien verschiedener Völker aus den gleichen sozialen Kreisen. Wie sehr andererseits jedes Geschlecht vom anderen in biologischer Beziehung abweicht, weiß auch ohne wissenschaftliche Vorbildung jeder, der von Familienähnlichkeit spricht.

Somit läßt sich die Familie, je nachdem wir sie vom biologischen oder vom kulturellen Standpunkt aus betrachten, als kleinstes Rassengemisch oder als kleinstes Volk ansehen.

Bis hierher haben uns also folgende Gedanken geleitet:

1. In jedem komplizierten Gemeinwesen sind die einzelnen Arbeitsgebiete derart spezialisiert, daß zur Tätigkeit innerhalb eines jeden nur diejenigen Menschen berufen sind, deren ererbte Anlagen eben dieser Art der Betätigung entsprechen.

2. Die Sortierung der Menschen nach ihren Anlagen kann nur durch einen Siebungsprozeß bewerkstelligt werden, für den vielfach das individuelle Leben zu kurz ist.

3. Er muß sich also für bestimmte Fähigkeiten über mehrere Generationen innerhalb eines Geschlechtes erstrecken, hat aber nur dann Aussicht auf Erfolg, wenn die besonderen Veranlagungen einer Familie längere Zeit hindurch eine gewisse Ähnlichkeit haben.

4. Eine weitgehende Gleichmäßigkeit der Generationenreihe wird erreicht durch die Institution der Ehe, wenn bei der Eheschließung bestimmte Momente berücksichtigt werden (von denen gleich gesprochen werden soll).

5. Die Ehe sorgt für die Stetigkeit innerhalb der Geschlechter nicht nur inbezug auf die Erbanlagen, sondern auch auf die Gesittungsgüter.

6. Die Bedeutung der Gesellschaftsklassen für die Ehe besteht darin, daß jede dieser Klassen Familien mit ähnlichen Erbanlagen und ähnlicher Gesittung zusammenfaßt und andererseits die Ehen fast immer innerhalb einer und derselben Klasse geschlossen werden.

Aus allem diesem ergibt sich die Bedeutung der Ehe für das Zustandekommen führender Familien und für die Erhaltung ihres geistigen Niveaus.

Nun haben aber weder die ererbten Anlagen noch die beste Aufzucht und Erziehung einen Wert, wenn die genügende Fortpflanzung der Ehe fehlt, oder wenn Krankheiten die Gesundheit oder das Leben der Nachkommenschaft gefährden.

Wie schon in anderen Zusammenhängen mehrmals erwähnt, haben die Ehen in der geistig führenden Gesellschaftsklasse weit geringere Fortpflanzungskraft als in den anderen Bevölkerungsschichten[1]). Auf die Ursachen einzugehen, ist hier nicht der Ort. Aber schon die Tatsache als solche hat eine eminente Bedeutung. Sie wird uns zur Genüge gelehrt durch einen Blick in die Familiengeschichten. Man stelle sich eine Liste führender Familien aller Gesellschaftsklassen aus gar nicht weit zurückliegender Zeit zusammen und sehe, wie viele oder richtiger, wie wenige davon noch leben.

Diese Erscheinung ist so allgemein bei allen Kulturvölkern aller Zeiten zu beobachten und durch keine gesetzlichen Maßnahmen zu bekämpfen, daß man sie beinahe als Naturgesetz betrachten muß.

Manche erblicken eine Rettung im Eingehen von „Mesalliancen“ also darin, daß eine Frau aus niederem Stande geheiratet wird, aber auch solche Frauen nehmen inbezug auf Fortpflanzung sofort die Sitten der höheren Stände an und, sofern die Ursache beim Manne liegt, ist die Ehe unter allen Umständen unfruchtbar.

Abgesehen von der geringen ehelichen Fruchtbarkeit trägt an dem Aussterben führender Familien vielfach die Ehelosigkeit der Männer schuld. Sie mißachten also die für die ganze Kultur so bedeutungsvolle Ehe. In die gleiche Kategorie gehört das späte Heiratsalter der überdurchschnittlich begabten Männer.

Die weitere Ursache ist die namentlich durch das großstädtische Milieu begünstigte geschlechtliche Ausschweifung mit ihrer großen Gefahr für das Acquirieren von Geschlechtskrankheiten.

Damit hängt es zusammen, daß zu allen Zeiten die Führerschicht mit Geschlechtern aus anderen Gesellschaftsgruppen aufgefüllt wurde. Diese Geschlechter machen in der Regel den oben beschriebenen Siebungsgang durch, rücken Generation um Generation in eine höhere Stellung, eignen sich in der Ehe mit einer der neuen Stufe entsprechenden Frau höhere Gesittung an und sind deshalb, wenn sie in die erste Gesellschaftsklasse eintreten, in ihren ererbten Anlagen, ihrer Gesittung und Familientradition den anderen Familien ebenbürtig.

Den Vorgang beschreibt *Lenz*[2]) im Einzelnen:

---

1) *F. Lenz,* Menschl. Auslese u. Rassenhyg., München 1921, Bd. II, S. 72.
2) Ebenda, S. 51.

„Der soziale Aufstieg vollzieht sich im allgemeinen im Laufe von Generationen, derart, daß jemand, der innerhalb seines Standes zu wirtschaftlichem Wohlstand gelangt ist, seinen Kindern höhere Bildung zu verschaffen und ihnen ein möglichst großes Erbe zu hinterlassen bestrebt ist, wie es den Anforderungen eines höheren Standes entspricht. Dieses Bestreben, die Kinder auf eine höhere soziale Stufe zu bringen, ist im allgemeinen eher noch stärker als das nach eigenem sozialem Aufstieg. Die Kinder wenigstens sollen es besser haben, als man selber es gehabt hat. Auch hierbei ist die Erblichkeit der geistigen Begabung natürlich von wesentlichster Bedeutung; und wenn der Sohn nicht über ebenso tüchtige Anlagen wie der Vater verfügt, so gelingt der Aufstieg in einen höheren Stand meist nicht, sondern er hat Mühe, sich nur im Stande des Vaters zu behaupten. So ist es eine ganz natürliche Folge der sozialen Auslese, daß die höheren Stände den niedern an geistiger Begabung durchschnittlich überlegen sind."

Bei manchen ganz hervorragenden Männern vollzieht sich der Aufstieg während des individuellen Lebens. Daß diese gegenüber den anderen Familien nicht zurückstehen, braucht nicht hervorgehoben zu werden. Solange die führenden Familien so lebenskräftig sind, daß Zeit für genügenden Ersatz vorhanden ist, sind die Voraussetzungen für das Gedeihen des Volkes gegeben.

Mit der Erhaltung der Familien durch zweckmäßige Ehen der einzelnen Glieder ist eine ruhige Weiterentwicklung des ganzen Volkes verbunden. Damit spreche ich einen Gedanken aus, der mit *Ehrenberg*[1]) übereinstimmt, wenn er sagt: „Von der Beschaffenheit der Familie hängt die Beschaffenheit des Volkes ab."

Wenn ich von zweckmäßiger Ehe spreche, so sei gesagt, daß ich die Zweckmäßigkeit darin erblicke, daß die Frau der Gesellschaftsklasse entstammt, der der Mann nach seinem Berufe angehört, daß die Ehegatten so gut zusammenpassen, daß ein friedliches Einvernehmen der Ehegatten genügende Nachkommenschaft, zweckmäßige Aufzucht und Erziehung erwarten läßt, daß keines der Gatten an einer Krankheit leidet, die die Gesundheit der Descendenz gefährden kann, daß die Ehe nicht zwingt, in einer für die Entwickelung der Nachkommenschaft unzweckmäßigen Gegend zu wohnen.

Die ältere Geschichte Roms bietet uns ein Beispiel dafür, wie im Laufe von Jahrhunderten durch Aufstieg plebejischer Geschlechter ein teilweiser Ersatz der Führerklasse stattfand.

In der Zeit, wo die erste geschichtliche Kunde in die Zustände Roms leuchtet, war das ackerbautreibende römische Volk scharf gegliedert in eine Oberschicht, den Populus Romanus, und die Plebs, eine wesentlich bäuerliche, persönlich freie, aber politisch unberechtigte Volksmasse. Die Vollbürger Roms, die in ihrer Gesamtheit den Populus bildeten, waren, wie im allgemeinen angenommen wird, aus vorgeschichtlichen Zeiten her stärker nordrassisch gemischt als die Ple-

[1]) Die Familie in ihrer Bedeutung für das Volksleben. Jena 1916.

bejer und besaßen zweifellos bessere erbliche Anlagen als die militärisch und politisch unterdrückte Urbevölkerung, die jedoch zweifellos auch einen gesunden, tüchtigen Menschenschlag darstellte.

Damals bestanden für die Oberschicht strenge patriarchale Ehegesetze. Der Hausvater herrschte mit nahezu schrankenloser Gewalt über Frau, Kinder und Knechte. So stand die Römerin als Gattin in der Gewalt des Gatten, wie als unverheiratete Tochter in der Gewalt des Vaters, oder nach dessen Ableben bis zur Verheiratung in der Gewalt des Bruders. Die Vormundschaft über die Witwe des Vaters führten die Söhne, „aber sie war untertänig als Freie, nicht als Dienerin, und führte im Hause die volle Herrschaft über das weibliche Gesinde." Das waren die Ehen im Rom der Bauernhäuser aus Lehm und Stroh. Diese Sitten haben sich einige Jahrhunderte unverändert erhalten.

In diesen ältesten Zeiten bestand eine scharfe Trennung zwischen der Urbevölkerung und den Patriziern. Ehen fanden zwar statt, aber die Nachkommen galten nicht als Patrizier, sondern waren Plebejer.

Schon im 6. Jahrhundert wurde die Plebs je nach der Größe ihres Grundbesitzes zu den verschiedenen Truppenteilen bzw. militärischen Chargen zugelassen, sie war also in dieser Hinsicht dem Populus gleichgestellt. Dieses Gesetz wird von der Überlieferung dem König Servius Tullius (578—534 v. Chr.) zugeschrieben. In den sich über das nächste Jahrhundert ausdehnenden Kämpfen erreichte die Plebs weitere namhafte politische Zugeständnisse.

Eine Änderung wurde erst dadurch hervorgerufen, daß im Verlauf der jahrhundertelang währenden Kämpfe zwischen den beiden Schichten im Jahre 445 Cajus Canulejus den Gesetzentwurf einbrachte und nach harter Gegenwehr dessen Annahme durchsetzte, daß zwischen den Mitgliedern des Populus und des Plebs vollgültige Ehebündnisse mit allen zivilrechtlichen Wirkungen derselben sollten geschlossen werden können. Danach wurden die Kinder eines Patriziers und einer plebejischen Frau Patrizier, während sie nach dem bisher geltenden Rechte stets der Plebs zugeteilt worden waren.

So groß die politische Bedeutung dieses Gesetzes war, so gering ist die eugenische. Jedenfalls wurde die Panmixie durch dasselbe nicht erheblich befördert, das soll im Folgenden dargelegt werden.

Die Entstehung der Plebejer ist mehrere Jahrhundert älter als die sagenhafte Gründung Roms. Sie fällt zusammen mit dem Vorstoß der Italiker, eines vorübergehend in Süddeutschland ansäßigen nordischen Stammes nach Italien. Dieser Stamm, der sich auf seinem Vormarsch wohl mit dinarischen und mediterranen Völkerschaften gemischt hatte, kam auf seinem Siegeszuge auch in die Gegend des nachmaligen Rom und unterwarf die eingesessene Bevölkerung, die so zur vorgeschichtlichen Plebs wurde. Diese stellt somit ein anderes Rassengemisch mit weniger nordischem Einschlag dar. Schon in der Zeit, als die Römer eben in die Geschichte eintreten, der Sage nach unter den letzten Königen, macht sich bei ihnen der Drang nach Ausbreitung bemerkbar. Sie ergreifen Besitz von den in Roms Umgebung liegenden Bauerndörfern und -städtchen, die genau wie Rom selbst seit der italischen Invasion sich aus einer mehr nordischen Oberschicht und mehr mediterranen Unterschicht zusammensetzten. Ihre Einwohner durften unter römischer Oberhoheit auf dem eigenen Hofe verbleiben, aber sie wurden nicht Vollbürger, sondern Plebejer.

Auch kamen seit den ältesten Zeiten Mischungen vor zwischen Plebejern und Patriziern. Die Nachkommen dieser Ehen konnten aber vor der Lex Canuleia nicht Vollbürger werden, sondern sie blieben in den Reihen der Plebejer und trugen zur Ausgleichung der beiden Rassengemische bei.

Wenn deshalb Ehen zwischen diesen beiden Schichten häufiger wurden, so handelte es sich um durchaus ähnliche Rassengemische. Auch der Bildungsgrad war sicher der gleiche und der Ausleseprozeß, den die Familie einer vornehmen Plebejerin durchgemacht hatte, um eine angesehene Stellung zu erreichen, war eher verschärft gegenüber dem des jungen Patriziers. Das patrizisch-plebejische Connubium wurde für die Römer zum Segen, als mit dem dritten vorchristlichen Jahrhundert das Patriziat sich durch die erschreckende Abnahme der Nachkommenschaft gezwungen sah, sich aus den vornehmen Geschlechtern der Plebs zu ergänzen. Schon vorher hatte sich eine neue regierende Aristokratie gebildet, die sowohl aus patrizischen wie plebejischen Familien sich zusammensetzende Nobilität.

Soweit ist die Voraussetzung erfüllt, daß die eheliche Nachkommenschaft solange auf der Höhe bleibt, bis Ersatz stattfinden kann. Deshalb blühte die römische Republik noch in diesen Zeiten trotz dem ungeheueren Verluste an Menschenmaterial in den zahlreichen Kriegen.

In dieser Zeit bestand größtenteils, auch inbezug auf den Geschlechtsverkehr, noch die alte Zucht und Sitte, die alte bäuerliche Schwerfälligkeit, und wenn auch in den ältesten Familien die Fortpflanzung sich, wie dies ganz allgemein der Fall ist[1]), verschlechterte, wodurch manche Geschlechter ausstarben, so vollzog sich dieser Absterbeprozeß nur langsam, so daß inzwischen neue Geschlechter Gelegenheit hatten, sich zu entwickeln.

[1]) Vgl. *E. Baur*. Deutschlands Erneuerung, Bd. 6, 1922, S. 257 (263).

Wir wissen aber, daß die Schicksale der Ehen und Völker auch andere sein können. Als Beispiel diene das römische Reich in seiner späteren Gestalt, wo sich die Beziehungen zwischen Ehe und Volk wieder leicht erkennen lassen.

Das Rom der Kaiserzeit bietet ein ganz anderes Bild. Am schlimmsten war der sittliche Verfall gerade in den höheren Ständen, wo bei den Männern die Unmoral, bei den Frauen der Kleiderluxus und die allgemeine Gefallsucht im Vordergrunde standen. Schon im Jahre 22 v. Chr. mußte Augustus den Frauen und Söhnen der Senatoren verbieten, auf öffentlichen Schaubühnen als Tänzer aufzutreten. Der Ehebruch und die Unzucht verschiedenster Art war bei beiden Geschlechtern geradezu epidemisch geworden.

Als Folge dieser Unmoral bestand bei den Herren der Gesellschaft eine egoistische Abneigung gegen die Pflichten und Lasten des häuslichen Lebens, und wurde durch die daraus folgende Ehelosigkeit wieder zur Quelle neuer Unzucht. Ehebruch auf der einen und mit schrankenloser Willkür geübte, oft vollständig unbegründete Trennung der Ehe auf der andern Seite, waren geradezu epidemisch geworden.

Das Rom, von dem ich spreche, war nicht mehr das große Bauerndorf mit Holzhäusern und Strohdächern, es war die Riesenstadt mit schmalen Gassen und himmelhohen Mietskasernen mit einem großstädtischen Proletariat von 320 000 Männern und 270 000 Weibern.

Diesen Zuständen suchte der Kaiser, mit weitgehendem Scharfblick die Gefahr für das Volk klar erkennend, durch scharfe Gesetze zu begegnen. So kam im Jahre 9 n. Chr. die Lex Papia Poppäa zustande; es ging aus von der Verpflichtung der Römer zu heiraten, um dem Staate Kinder zu erzeugen. Der römische Hagestolz, der auch im öffentlichen Recht und in Bekleidung von Ehrenämtern erheblich zurückgesetzt wurde, sah sich durch dieses Gesetz von dem Antritt aller Erbschaften, außer den von nahen Verwandten, ausgeschlossen, während der Verheiratete, aber Kinderlose nur die Hälfte der ihm vermachten Erbschaften oder Legate übernehmen durfte. Wer aber verheiratet war und Kinder hatte, sollte in Ehrenauszeichnungen und bei Ämterbewerbungen entschieden bevorzugt werden. Aber am Rande des gähnenden Abgrundes mußte auch dieses an Bestimmungen von außerordenticher Strenge, ja Härte, reiche Gesetz seinen Zweck verfehlen.

Dazu kam noch ein Umstand, der vielleicht gerade die solidesten und am meisten überlegenden jungen Aristokraten von der Eheschließung abhielt. Die Schauspiele, die dem Volke unbedingt geboten werden mußten, erforderten unerhörte und immer steigende Summen. Nun waren die Römer senatorischen Standes zum Beisteuern zu solchen staatlichen Ausgaben verpflichtet, was manchen sein ganzes Vermögen gekostet haben dürfte, wodurch er nicht in der Lage war, noch für eine Familie zu sorgen.

Alle diese Momente trugen dazu bei, das schnelle Aussterben der alten Familien zu verursachen. Auf der anderen Seite waren die Vorbedingungen für Panmixie in der erschreckendsten Weise gegeben.

Schon gegen Ende des 4. Jahrhunderts v. Chr. brachte die sich entwickelnde Sklavenwirtschaft viele Übelstände mit sich; schon damals erfolgten Freilassungen im größten Umfang. Bis zur Kaiserzeit hatte sich aber infolge der ständigen Kriege die Zahl der Sklaven in unvorhergesehener Weise vermehrt. Und wenn sich im 4. und 3. Jahrhundert die Sklaven meist aus Italienern rekrutierten, bestanden sie in der Kaiserzeit aus Bewohnern der ganzen damals bekannten Welt und stellten vielfach ein niedrig stehendes demoralisiertes Rassengemisch dar. Die plötzlichen Freilassungen dieser Massen brachten die größten sittlichen Gefahren mit sich und gaben Veranlassung für geschlechtliche Mischung.

Auch diesem Unfug steuerte Augustus durch verschiedene Gesetzesvorschriften, die aber den fortschreitenden Verfall nicht mehr aufhalten konnten.

Der Tod der alten Geschlechter und ihr beschleunigter Ersatz durch Emporkömmlinge gab dem römischen Volke, der römischen Kultur den Todesstoß.

Gewiß gab es auch in Zeiten des Verfalls einer Kultur Ehen, aus denen hervorragende Gelehrte, Schriftsteller, Künstler hervorgingen. Und gerade am Übergang zwischen dem ersten und zweiten Jahrhundert nach Chr. erleben wir in dem römischen Reiche einen Aufschwung, der den Anschein hätte erwecken können, als sei alles in schönster Ordnung, eine Scheinkultur allerdings, die nach wenigen Dezennien wieder in sich zusammenbrach. Aber eine Schwalbe macht keinen Sommer. Wenn die große Masse des Volkes für die Schöpfungen der wenigen Großen kein Interesse hat, dann können sie auch das Volk in seiner Gesamtheit nicht beeinflussen. Umgekehrt wird auch die wirtschaftliche Lage der Führerschicht dadurch schlechter, weil für ihre Werke kein Absatz mehr besteht.

Damit Marmorstatuen, Oden und wissenschaftliche Arbeiten gekauft werden, ist zweierlei notwendig: einmal müssen Menschen vorhanden sein, deren Einkommen über dem Durchschnitt liegt, solche gibt es nun auch in Zeiten der Dekadenz. Denn einige Schieber oder Volksredner werden sich immer einen ihren „Leistungen“ entsprechenden Lohn sichern.

Der zweite Punkt, auf den es ankommt, ist der, daß diejenigen Menschen, die über ein großes Einkommen verfügen, auch Verständnis für Kulturgüter haben. Diese Voraussetzung trifft aber bei einem untergehenden Volke wegen des zu raschen Aufsteigens der Familien nicht zu. *Denn die neuen Reichen haben kein Interesse an Kulturgütern.*

Meine Ausführungen über die Ursache des Verfalls von Gesittungen scheinen, flüchtig betrachtet, manchem in einem gewissen Gegensatz zu der üblichen Darstellung zu stehen, wonach der Völkertod durch Ausmerzung bestimmter Rassen und Überwucherung anderer bedingt ist, wie dies *Baur*[1]) in mustergiltiger Weise dargestellt hat. Dieser scheinbare Widerspruch läßt sich jedoch leicht durch die Überlegung, daß die Eigenschaften, welche die Bedeutung einer Familie bestimmen, natürlicherweise Rassenmerkmale derjenigen Rassen sind, die das in Frage kommende Volk bilden, erklären.

Daß die Völker Europas und des näheren Orients bisher ausnahmslos zugrunde gegangen sind, nachdem eine bestimmte Stufe der Kultur erreicht war, ist eine so bekannte und in der Literatur so oft behandelte Tatsache, daß es gar nicht notwendig ist, auf Einzelheiten einzugehen.

Immer ging dem Verfall des Volkes der Verfall der Ehen in der Führerklasse voraus: Verzicht auf die Ehe, eheliche Untreue bei Mann und Frau, Abneigung gegen Nachwuchs, in vielen Fällen Unfähigkeit zur Zeugung von Nachwuchs als Folge sexueller Exzesse, Allmischung.

Bisher wurde hauptsächlich erörtert, wie die Schicksale der Familien auf das Schicksal des ganzen Volkes wirken. Die Umkehrung, d. h. der Einfluß der Völkerschicksale auf die Ehen, wurde, obgleich beide Beziehungen wechselseitige sind, nur gestreift. Deshalb sollen die Folgen der zuletzt erwähnten Beeinflussung noch einmal zusammengefaßt werden. Natürlich werden die Ehen durch alle politischen Vorgänge in Mitleidenschaft gezogen. In erster Reihe muß man hier der Kriege gedenken, die durch die langdauernde Entfernung der Männer eheliche Untreue größten Stiles bei beiden Gatten, Verseuchung der Familie mit Geschlechtskrankheiten und damit zusammenhängende Scheidungen zur Folge haben. Man vergegenwärtige sich nur die Wirkungen des letzten Krieges in dieser Beziehung. Erst recht vernichtet werden die Ehen durch die mit Kriegen zusammenhängenden Besetzungen. Dahin gehört auch die Tatsache, daß ein großer Teil der heiratsfähigen Männer erschossen wird, oder an Kriegsseuchen zugrunde geht, wodurch ein großer Teil der weiblichen Bevölkerung

[1]) *E. Baur.* l. c.

nicht zur Ehe gelangt. So trostlos diese Kriegsfolgen auch für die Beteiligten sind, so muß doch gesagt werden, daß es sich hier um Erscheinungen handelt, von denen sich der gesunde Volkskörper bald wieder erholt, wie die Geschichte lehrt.

Schlimmer sind, so paradox dies klingt, die Verheerungen innerhalb des Ehelebens, die die Kultur anrichtet, oder besser ihr unvermeidlicher Begleiter, der Luxus. Es handelt sich um die Zustände, wie wir sie soeben der römischen Geschichte entnommen haben. Durch den Aufschwung der Kultur wird jedesmal die „großstädtische" Lebensführung verallgemeinert, führt zur Zerrüttung der Ehen und diese führt ihrerseits zum Untergang der Kultur. Wir haben also den Zirkel: Verbesserung der Kulturzustände — Luxus — Zerstörung der Ehe — Vernichtung der Kultur.

Nun gibt es aber zwei Völker, deren geschichtliche Überlieferungen weiter zurückreichen als die Entstehung der meisten, schon längst untergegangenen Völker des Altertums, und diese beiden Völker leben heute noch. Ich meine China und Japan.

In den beiden ostasiatischen Reichen liegen die Verhältnisse anders. Ein Chinese erzählte mir, es gäbe viele chinesische Familien, die einen 3000jährigen Stammbaum besitzen. Wenn nun auch die ältesten Glieder und verschiedene spätere mehr oder weniger legendär sein mögen, so dürften doch nicht mehr zweifelhafte Ahnen darin enthalten sein, als bei uns in einem 500jährigen Stammbaum.

Wir können also wohl sagen, die chinesischen führenden Familien erreichen ein Alter, das nach unseren Begriffen ganz unerhört ist. Das gleiche läßt sich für Japan behaupten. Damit und mit nichts anderem steht es im Zusammenhang, daß die chinesische Gesittung alle anderen Völker überdauert. Auch hier hängt die Langlebigkeit der Geschlechter wieder aufs engste mit den Schicksalen der einzelnen Ehen zusammen.

Der Chinese oder Japaner bleibt nie unverheiratet, denn die Religion und die ganze Weltanschauung verlangt unter allen Umständen männliche Nachkommenschaft. Das ist ein Beispiel dafür, wie außerordentlich die Familie durch die Weltanschauung beeinflußt wird, und dies trotz der ganz allgemein bezeugten Unmoral der Chinesen. In China und Japan haben die Kriege den gleichen demoralisierenden Einfluß, wie in Europa, die Kultur hat schon längst ihren Höhepunkt erreicht, trotzdem bleiben die Geschlechter erhalten. Ist in einer Familie kein männlicher Nachkomme, dann wird zur Adoption geschritten. Der Adoptivsohn hat natürlich nicht die gleichen Erbanlagen wie die Eltern, aber er erhält zum mindesten die durch Aufzucht und Erziehung bedingten Eigenschaften und ist somit im Besitze der alten Familientradition. Das ist ein wesentlich besserer Ersatz für ein im Mannesstamm aussterbendes Geschlecht, als der Sohn eines über Nacht reichgewordenen Schiebers. Dazu kommt noch, daß in solchen Fällen, die durch die Adoptiveltern vorgenommene Auslese zweifellos eine sorgfältigere ist, als die durch die Natur besorgte, sich oft nur nach kaufmännischer Begabung richtende.

Aber auch ohne Demoralisierung und dadurch bedingte Untergrabung der Ehe können Völker zugrundegehen, nämlich durch zu weitgehende Mischung. Dieser Vorgang beginnt, sich unter unseren Augen abzuspielen. Die Juden können seit ihrer Zerstreuung nach der Zerstörung Jerusalems nicht mehr als Volk im engeren Sinne bezeichnet werden, schon weil ihnen die gemeinsame lebende Sprache fehlt. Doch lassen sie sich wegen einiger anderer sie verbindenden Kulturgüter, wie Religion, einer eigenen religiösen Sprache, gewisser Sitten, immerhin als Volk in weiterem Sinne auffassen. Das so verstandene jüdische „Volk“ steht vor seinem Untergang, nicht aus inneren Ursachen, sondern infolge der stetig zunehmenden Mischehen.

Statistik der Ehe

Von Friedrich Burgdörfer

Inhalt

I. Statistik der Eheschließungen und Ehelösungen.

a) Eheschließungen.

1. Die Heiratshäufigkeit und ihre Wandlungen infolge des Krieges.

Vor dem Kriege wurden im Deutschen Reich früheren Gebietsumfangs alljährlich rund eine halbe Million Ehen geschlossen, auf das jetzige verkleinerte Reichgebiet berechnet trafen etwa 450 000 bis 460 000. Die sogenannte allgemeine Heiratsziffer betrug vor dem Kriege durchschnittlich jährlich etwa 8 Eheschließungen auf 1000 Einwohner. Sie bewegte sich auch in den vorausgegangenen Jahrzehnten — mit geringen, zum Teil durch das Auf und Ab der wirtschaftlichen Konjunktur bedingten Schwankungen — um diesen Wert. Es betrug[1]) im Deutschen Reich (früheren Umfangs) die durchschnittliche Zahl der Zahl der Eheschließungen:

---

[1]) Vgl. Bd. 316 der Stat. des Deutschen Reichs, S. 2*.

Jahresdurchschnitt	überhaupt	auf 1000 Einwohner	Jahresdurchschnitt	überhaupt	auf 1000 Einwohner
1841 — 1845	276 344	8,22	1876 — 1880	345 439	7,84
1846 — 1850	275 515	7,89	1881 — 1885	354 716	7,70
1851 — 1855	270 704	7,53	1886 — 1890	380 867	7,90
1856 — 1860	298 420	8,09	1891 — 1895	404 338	7,96
1861 — 1865	325 287	8,38	1896 — 1900	457 353	8,40
1866 — 1870	347 767	8,64	1901 — 1905	470 483	8,04
1871 — 1875	392 744	9,43	1906 — 1910	498 819	7,94
			1911 — 1913	516 531	7,81

In den Kriegsjahren ist die Heiratshäufigkeit auf einen ungeheuren Tiefstand gesunken, um in den ersten Jahren nach Kriegsschluß auf einen vorher nie erreichten Hochstand hinaufzuschnellen (14,5 Eheschließungen auf 1000 Einwohner im Jahre 1920!); bis zum Jahre 1923 ebbte allerdings die Heiratshochflut wieder langsam ab, um sich durch ein 1924 beginnendes, wohl vorübergehendes Wellental offenbar wieder der Vorkriegsnorm zu nähern. Es betrug

Die Zahl der Eheschließungen:

Jahr	überhaupt[1])	auf 1000 Einwohner	Jahr	überhaupt[1])	auf 1000 Einwohner
1913	462 744	7,66	1919	798 657	13,42
1914	415 200	6,79	1920	871 973	14,48
1915	250 800	4,10	1921	720 208	11,84
1916	251 600	4,12	1922	681 891	11,12
1917	285 400	4,71	1923	581 277	9,42
1918	326 200	5,43	1924	440 039	7,08
			1925	482 792	7,74

Bei Zugrundelegung der Eheschließungszahl des Jahres 1913 wären unter normalen Verhältnissen in dem Jahrfünft 1914—1918 rund 2 315 000 Eheschließungen zu erwarten gewesen, tatsächlich wurden bloß 1 530 000 im gegenwärtigen Reichsgebiet geschlossen. Der Ausfall beträgt also 785 000. Mit andern Worten: der Krieg wirkte auf die Eheschließungshäufigkeit so, als ob 1¾ Jahre lang überhaupt keine Ehe geschlossen worden wäre.

In dem ersten Jahrfünft nach dem Kriege wurde dieser Ausfall aber mehr als eingebracht. Es wurden von 1919—1923 insgesamt 3 650 000 Ehen geschlossen, d. s. 1 340 000 mehr als nach der „Norm" des letzten Vorkriegsjahres zu erwarten gewesen wären. Insgesamt schließt sonach das Jahrzehnt anormaler Bevölkerungsentwicklung 1914—1923 gegenüber der Norm der letzten Vorkriegszeit mit einem Mehr an Eheschließungen von über einer halben Million (+ 555 000)

[1]) Die Zahlen für 1913 fg sind berechnet für das heutige Reichsgebiet; vgl. Bd. 316 d. Stat. d. Deutschen Reichs, S. 18*

ab. Wie weit dieser Wellenberg in dem sich 1924 erstmals anzeigenden Wellental der nächsten Jahre wieder ausgeglichen wird, bleibt abzuwarten. Zu beachten ist schließlich auch, daß es sich hier nur um die Eheschließungen handelt, es sei vorweg bemerkt, daß — trotz dieser gewaltigen Zunahme der Eheschließungshäufigkeit — wegen der verhältnismäßig noch stärker gestiegenen Zahl der Ehelösungen der Gesamtbestand der stehenden Ehen infolge des Weltkrieges einen Ausfall von über 300 000 Ehen erfahren hat. (Vgl. hierüber Abschnitt Ib und II). Am stärksten setzte, wie sich aus der Reichsstatistik der Bevölkerungsbewegung ergibt, nach Kriegsschluß die Heiratshäufigkeit in ländlichen Gegenden ein, weil hier die Verhältnisse für eine Nachholung der durch den Krieg verhinderten Eheschließungen am günstigsten waren. Die städtische Bevölkerung zögerte offenbar zunächst noch infolge der vielfachen Hemmungen, welche sich aus der Wohnungsnot, der Inflationsnot usw. ergaben. Doch wurden diese Hemmungen, man kann sagen, mit der steigenden Not in steigendem Maße überwunden. Während in den ländlichen Gegenden nach dem Höhepunkt von 1919 die Heiratsziffer schon wieder zurückgeht, steigt sie in den Städte- und Industriezentren im Jahre 1920, teilweise sogar noch 1921 weiter an. Die Brautleute gewannen offenbar mehr und mehr die Überzeugung, daß die Wohnungsnot nicht in ein oder zwei Jahren gelöst sein wird[1]) und entschlossen sich deshalb, wenn sie irgend einen Unterschlupf bei Eltern, Verwandten usw. finden konnten, nicht erst abzuwarten, bis sie eine regelrechte Wohnung bekommen konnten; und die Lebensmittelteuerung und sonstigen Nöte der Zeit waren — psychologisch betrachtet — oft nicht nur kein Hemmnis, sondern wirkten häufig als wichtiges Motiv für die Eheschließung mit. Dafür daß überhaupt bei zahlreichen Eheschließungen der jüngsten Vergangenheit wirtschaftliche Erwägungen eine größere Rolle gespielt haben, spricht auch die große Zahl von Heiraten älterer, besonders auch verwitweter Personen (vgl. hierüber weiter unten). Seit dem Jahr 1923 schreitet die Rückwärtsbewegung der Heiratshäufigkeit im ganzen Reich ziemlich gleichmäßig fort.

Auch in den anderen am Weltkrieg beteiligten Ländern ist die Entwicklung der Eheschließungshäufigkeit unter den Einwirkungen des Krieges ähnlich verlaufen. Das ergibt sich aus folgender Gegenüberstellung, in der zum Vergleich auch die Zahlen für einige neutral gebliebene Länder aufgenommen sind[2]).

[1]) Der Fehlbetrag an Wohnungen wird heute noch auf rund 1 Million beziffert.

[2]) Vgl. Aperçu de la Démographie des divers pays du monde, publié par l'Office permanent de l'Institut int. de Statistique. La Haye 1925; sowie Bd. 316 d. Stat. d. Deutschen Reichs, Berlin 1926.

Auf 1000 Einwohner kamen Eheschließungen in den Jahren:

Länder	1913	1915	1916	1917	1918	1919	1920	1921	1922	1923	
Deutsches Reich . .	7,7	4,1	4,1	4,7	5,4	13,4	14,5	11,8	11,1	9,4	a. In den am Krieg beteiligten Ländern
Österreich	6,7	4,5	4,4	4,8	6,6	12,3	13,5	12,6	11,4	8,7	
Ungarn	9,1	3,2	3,4	4,1	6,9	19,8	13,0	10,5	10,5	9,5	
Rümänien	9,2	7,2				6,8	12,9	12,4	10,3	9,9	
Bulgarien	5,7	6,4	2,2	4,4	9,6	15,8	14,1	12,4			
Rußland.							8,7	10,8			
England u. Wales .	7,8	9,7	7,4	6,9	7,7	9,9	10,1	8,5	7,8	7,6	
Frankreich	7,6	2,1	3,2	4,7	5,3	14,3	15,9	11,7	9,7	9,1	
Belgien	8,0	3,2	4,0	4,3	5,8	12,8	14,4	11,8	11,0	10,5	
Italien	7,5	5,1	2,9	2,7	3,0	9,2	14,0	11,5	9,4	8,5	
Schweiz	6,9	5,1	5,8	6,0	6,7	8,0	9,0	8,4	7,7	7,6	b. In neutralen Ländern
Schweden . . .	5,9	5,8	6,1	6,2	6,7	6,9	7,3	6,6	6,1	6,3	
Norwegen	6,3	6,5	6,0	7,2	7,8	6,0	7,0	6,7	6,3	6,2	
Dänemark	7,2	6,5	7,2	7,0	7,6	8,2	8,8	8,2	7,9	8,0	
Niederlande . . .	7,8	6,7	7,2	7,4	7,3	8,6	9,6	9,2	8,7	8,0	
Spanien	6,8	6,2	6,6	6,7	6,8	8,1	8,4	7,7	7,6	7,3	

Ihren Höhepunkt haben die Heiratsziffern fast überall im Jahr 1920 (in einzelnen Ländern, vor allem in Ungarn und in Rumänien, bereits im Jahr 1919) erreicht, um von da ab langsam wieder zurückzugehen, doch liegt 1923 die Heiratsziffer fast überall noch über dem Niveau von 1913. Die Zunahme der Heiratshäufigkeit war nach Kriegsschluß umso stärker, je größer der Ausfall in den Kriegsjahren war. (Vgl. z. B. Ungarn und Frankreich, dagegen England). Bemerkenswert ist, daß auch die neutralen Länder unmittelbar nach Kriegsschluß eine vergleichsweise allerdings nur geringe Belebung der Heiratsziffer aufzuweisen haben und auch 1923 fast durchweg noch höhere Heiratsziffern aufweisen, als sie 1913 hatten. Er bleibt abzuwarten, ob auch im Ausland, wie auf Grund der vorliegenden neueren Zahlen für das Reich anzunehmen ist, auf den Wellenberg jetzt ein Wellental folgen wird.

Die Höhe der auf 1000 der Gesamtbevölkerung berechneten Heiratsziffern ist nicht ohne weiteres von Land zu Land zu vergleichen, da sie auf die Bevölkerung im ganzen bezogen wird und die Alterszusammensetzung der verschiedenen Bevölkerungen nicht berücksichtigt sind. Von der tatsächlichen Heiratsintensität kann man nur ein genaues Bild gewinnen, wenn man die Heiratshäufigkeit jeder Altersstufe in Beziehung setzt zur heiratsfähigen Bevölkerung[1]) der entsprechenden Altersstufe, wie es in mathematisch präziser Form in den sogenannten Heiratstafeln geschieht.

Für die Zeit nach dem Kriege liegen solche Heiratstafeln bis jetzt noch von keinem Lande vor. Auch für die Zeit vor dem Kriege sind sie nur in wenigen Ländern berechnet

[1]) Über die für die Heiratshäufigkeit der Bevölkerung in erster Linie maßgebende Geschlechterproportion unter der Gesamtbevölkerung und insbesondere unter der heiratsfähigen Bevölkerung habe ich ausführlich in Bd. XIV. der „Zeitschrift für Sexualwissenschaft", Jahrgang 1927 (Aprilheft), berichtet.

worden. Für das Deutsche Reich ist eine Heiratstafel für die Eheschließungen aus dem ledigen Stande (Erstheiraten) unter Zugrundelegung der Ergebnisse der Volkszählung vom 1. Dezember 1910 und der Heirats- und Sterblichkeitsverhältnisse der Jahre 1910 und 1911 vom Statist. Reichsamt aufgestellt worden [1]).

Mit Hilfe der Heiratstafeln läßt sich auch das Gesamtmaß der Heiratsintensität mathematisch genau bestimmen. Unter Zugrundelegung der Heiratsverhältnisse der Jahre 1910/11 ergibt sich nach der Deutschen Heiratstafel der Ledigen, daß sowohl von den Männern als auch von den Frauen, welche das 15. Lebensjahr überschreiten, 85,6% oder $^6/_7$ (früher oder später) heiraten, während 14,4% bis zu ihrem (früher oder später erfolgenden) Tode unverheiratet bleiben. Beide Geschlechter schlossen (vor dem Krieg!) mit dem gleichen Endresultat ab. Innerhalb der einzelnen Altersgruppen bestehen aber recht erhebliche Unterschiede zwischen den beiden Geschlechtern. (Näheres ergibt sich aus folgender dem Bd. 275 der Stat. d. D. R., S. 39* entnommenen Übersicht.)

Von je 10 000 das 15. Lebensjahr überschreitenden Personen heirateten im vorbezeichneten Alter

Heiratsalter	im Deutschen Reich 1910/11 Männer	Frauen	in Berlin 1888 Frauen
unter 20 Jahre	14	708	728
20 — 25 „	2671	4410	3433
25 — 30 „	3890	2396	2534
30 — 35 „	·1320	649	1065
35 — 40 „	417	230	415
40 — 45 „	146	93	171
45 — 50 „	61	47	95
50 u. mehr „	42	31	41
zusammen	8561	8564	8482

2. Das Heiratsalter.

Das Heiratsalter ist für die qualitative Entfaltung der Ehe von großer Bedeutung. Jung (d. h. wohl: nicht zu alt, aber auch nicht zu jung) gefreit hat noch niemand gereut! Mag das Sprichwort im prak-

[1]) Vgl. Bd. 275 der Stat. d. D. R. (Referent *J. Rahts*), Berlin 1918, S. 38* fg. Den Berechnungen ist eine kurze Erläuterung des angewendeten mathematischen Verfahrens beigegeben. Außerdem sind dort auch die Ergebnisse anologer ausländischer Berechnungen zusammengestellt. Vgl. dazu auch *G. v. Mayr*, Statistik und Gesellschaftslehre, Bd. II, Bevölkerungsstatistik, 2. Aufl., Tübingen 1926, S. 720; ferner *E. Moll*, Heiratstafeln für Bayern und Hamburg 1880—1911, herausgegeben v. Bayr. Stat. Landesamt, München 1919. — Statistisches Jahrbuch der Schweiz 1922, S. 20/21 (Heiratstafel 1901 bis 1910).

tischen Leben auch gar oft Lügen gestraft werden, so behält es doch im großen und ganzen gesehen seine Berechtigung. Vom Standpunkt der gegenseitigen Anpassung der Ehegatten, des auf solcher Anpassungsfähigkeit beruhenden Eheglückes, vom Standpunkt einer möglichst langen Ehedauer, vom Standpunkt der Kindererzeugung, Kinderaufzucht und Kindererziehung in der Ehe, wie ganz allgemein vom gesundheitlichen, bevölkerungs-, sozial- und allgemein kulturpolitischen Standpunkt aus hat die frühzeitig oder besser rechtzeitig geschlossene Ehe vor der Spätehe ganz unbestreitbare Vorzüge.

In welchem Alter heiraten Männer und Frauen? Vor dem Kriege war, solange hierüber Berechnungen für das Deutsche Reich vorliegen (das ist seit 1901), das durchschnittliche Heiratsalter der Männer 29 Jahre, das der Frauen 25¾ Jahre, während des Krieges ist — wegen der Abwesenheit der jüngeren Männer und dem stärkeren Einschlag der Wiederverheiratungen gegenüber den Erst-Ehen — das Heiratsalter für beide Geschlechter stark gestiegen, um neuerdings wieder sich dem Niveau von 1913 zu nähern.

Das durchschnittliche Heiratsalter der erstmals heiratenden Männer ist von 1913 bis 1919 um rund 1½ Jahre gestiegen (von 27,48 auf 29,03 Jahre), steht aber 1923 (mit 27,57 Jahren) nur noch wenig über dem Niveau von 1913; bei den erstmals heiratenden Frauen war die Erhöhung des durchschnittlichen Heiratsalters nicht ganz so stark; sie betrug bis zum Jahre 1919 rund 1¼ Jahre (24,73 auf 26,05), 1923 steht aber das weibliche Heiratsalter der Ledigen (mit 25,10) noch um rund ¼ Jahr über dem Vorkriegsstand. Die durchschnittliche Altersdifferenz, die vor dem Kriege bei den aus dem ledigen Stande heiratenden Personen 2¾ Jahre betrug, hatte sich 1919 auf rund 3 Jahre erhöht, betrug aber 1923 nur noch 2½ Jahre, also weniger als vor dem Krieg.

Diese Veränderungen in dem durchschnittlichen Heiratsalter der beiden Geschlechter und in der durchschnittlichen Heiratsaltersdifferenz zwischen Mann und Frau lassen aber die tatsächlichen starken Veränderungen in der Altersverteilung der Eheschließenden nur unvollkommen erkennen. Genauer charakterisiert wird die durch die Kriegswirkungen geschaffene Sachlage durch folgende Berechnung[1]):

Setzt man für jede Altersstufe die Zahl der aus dem ledigen Stande heiratenden Männer bzw. Frauen im Jahre 1913 = 100, so ergeben sich für die Jahre 1919 bis 1923 folgende Meßziffern:

---

[1]) Vgl. Bd. 316 d. Stat. d. D. R., S. 12*. Den Berechnungen sind durchweg die Zahlen für das jetzige Reichsgebiet zugrunde gelegt.

Altersstufen	Männer					Frauen				
(von ... bis unter ... Jahren)	1919	1920	1921	1922	1923	1919	1920	1921	1922	1923
unter 17	—	—	—	—	—	36	67	82	87	87
17 — 18	—	—	—	—	—	53	95	103	103	102
18 — 19	356	489	407	368	306	65	110	112	114	109
19 — 20	309	547	447	391	331	81	120	121	122	114
20 — 21	276	539	468	407	362	99	131	123	130	117
21 — 22	202	309	319	328	294	113	138	125	129	118
22 — 23	122	169	157	168	152	130	148	127	128	113
23 — 24	110	140	127	134	123	147	166	137	133	115
24 — 25	106	126	110	116	104	166	181	146	139	117
25 — 26	113	127	107	109	96	185	195	152	143	117
26 — 27	134	147	116	115	99	207	219	168	153	124
27 — 28	157	165	130	120	102	222	231	179	161	129
28 — 29	183	187	144	129	103	241	244	187	170	135
29 — 30	203	214	159	140	109	249	262	198	175	142
30 — 35	242	246	186	158	121	250	253	199	181	147
35 — 40	295	299	225	188	143	214	217	174	157	136
40 — 45	395	403	311	253	196	220	222	183	161	142
45 — 50	370	410	352	316	255	189	200	179	178	157
50 — 60	301	358	311	296	262	182	207	194	197	179
60 u. darüber	243	303	291	311	253	171	218	236	186	230
zusammen . .	166	185	152	144	122	159	177	147	141	121

Diese Zahlen sind nach verschiedener Richtung recht lehrreich. Bei den Männern erscheint es zunächst bemerkenswert, daß, trotz der großen Kriegsverluste, die Zahl der (erstmals) Heiratenden auch in den vom Krieg am stärksten betroffenen Jahrgängen bisher in den ersten Jahren nach dem Kriege (1919—1922) sich durchweg über dem Niveau von 1913 hielt und nur im Jahre 1923 in den Altersstufen von 25—27 Jahren ein wenig unter dem Niveau von 1913 liegt. Allerdings haben die vom Krieg am stärksten betroffenen Geburtsjahrgänge — gemessen an den Zahlen von 1913 — begreiflicherweise nicht jene hohen Meßziffern aufzuweisen wie die an den Kriegsopfern weniger beteiligten und daher mehr oder weniger noch vollzähligen Jahrgänge. Im übrigen weist die Altersverteilung der erstmals heiratenden Männer deutlich zwei Extreme auf, eins am Anfang, eins am Ende der Altersskala: Die Heiratshäufigkeit der jungen Leute von unter 22 Jahren hat sich unmittelbar nach dem Kriege verdreifacht, teilweise sogar mehr als verfünffacht (1920) und steht auch 1923 noch auf dem 3- bis $3^1/_2$fachen des Betrages von 1913. Die Zahl der frühzeitigen, zum Teil wird man wohl sagen müssen vorzeitigen Eheschließungen der Männer hat sonach relativ außergewöhnlich stark zugenommen; es entspricht dies den schon auf Grund früherer Volks-

und Berufszählungen festzustellenden [1]) Tendenzen zur frühzeitigen Eheschließung, besonders unter der Arbeiterbevölkerung, die jetzt umso stärker in Erscheinung treten, als das retardierende Moment, das früher in der allgemeinen Wehrpflicht lag, weggefallen ist. Allerdings fallen die Eheschließungen der unter 22 jährigen Männer ihrer absoluten Zahl nach nicht allzu stark ins Gewicht (1923 heirateten annähernd 50 000 Männer im Alter von unter 22 Jahren).

Das andere Extrem ist das ebenfalls starke und auch der absoluten Zahl nach mehr ins Gewicht fallende Anwachsen der Spätheiraten der Männer. Im Alter von über 40 Jahren heirateten unmittelbar nach dem Kriege 3—4mal und auch 1923 noch 2—2½mal soviel Männer als 1913. Zum Teil handelt es sich in diesen Altersklassen auch noch, wie in der Mittelstufe, um durch den Krieg aufgeschobene, jetzt nachgeholte Ehen, zum Teil beteiligten sich aber auch diejenigen Jahrgänge, die vom Krieg ziemlich verschont blieben, in recht starkem Maße an den Eheschließungen, was wohl vielfach auf wirtschaftliche Erwägungen (Wohnungsfrage usw.) zurückzuführen ist. Wenn man bedenkt, daß die Zahl der Jungheiraten stark zugenommen hat und daß selbst in den Jahrgängen, die vom Krieg stark dezimiert sind, 1923 die gleiche Zahl von Männern wie 1913 heiratete, so wird, sobald die durch den Krieg an der rechtzeitigen Eheschließung behinderten älteren Jahrgänge völlig „aufgebraucht" sind, bei den Männern rechnerisch im Gesamtdurchschnitt eine Verjüngung des Heiratsalters festzustellen sein. Die Tendenz hierzu ist zweifellos vorhanden, wenn auch vorerst die Wirkungen des Krieges im ganzen in einer Erhöhung des durchschnittlichen Heiratsalters bestehen.

Bei den Frauen sind die Extreme der durch den Krieg bedingten Altersverschiebungen weniger stark, aber doch auch bemerkenswert. Bei ihnen konzentriert sich die stärkste Zunahme auf die mittleren und höheren Altersgruppen. Die Frauen im Alter von über 26 Jahren heirateten nach dem Krieg in der doppelten bis dreifachen Anzahl des Jahres 1913 und auch 1923 liegt das Niveau der Heiratshäufigkeit der über 26 Jahre alten ledigen Frauen nicht unerheblich über dem Gesamtdurchschnitt, während im Vergleich hierzu die Frauen bis zum 25. Lebensjahre nicht die gleiche Zunahme in der Heiratshäufigkeit aufzuweisen haben, ja der absoluten Zahl nach, wenigstens in den untersten Altersstufen, teilweise hinter der absoluten Zahl von 1913 zurückblieben. Die Gattenwahl der zahlreich heiratenden jungen und der ebenfalls zahlreich heiratenden älteren Junggesellen konzentrierte sich offenbar in wesentlich stärkerem Maße, als es vor dem Krieg der Fall war, auf die ledigen Frauen in den mittleren Alters-

[1]) Vgl. hierüber meine Ausführungen in der „Zeitschrift für Sexualwissenschaft" 1927, Bd. XIV.

stufen. Dadurch wurde der durch den Kriegstod in den entsprechenden Männerjahrgängen verursachte Frauenüberschuß in jenen mittleren Altersklassen bis zu einem gewissen Grad aufgesogen. Es ergibt sich daraus aber auch die für die Fruchtbarkeit der Ehen beachtenswerte Tatsache, daß das Heiratsalter der Frauen sich nicht unwesentlich erhöht hat, was für den Gebärwert jener Ehen nicht ohne Belang ist. (Vgl. hierzu Abschnitt III.)

Betrachtet man nun noch die Alterskombination der einzelnen Ehepaare, so ergeben sich, wie aus dem Vorgesagten zu erwarten ist, auch hier bemerkenswerte Änderungen gegenüber dem Vorkriegsstand: Die Zahl der ungleichen Paarungen hat erheblich zugenommen, die Zahl der extremen Fälle hat sich vermehrt [1]).

Inzwischen ist, wie sich aus den Aufstellungen in Band 316 der Statistik des Deutschen Reiches S. 15* ergibt, mit der sinkenden Heiratshochflut auch die Streuung hinsichtlich der Alterskombination der Eheschließenden etwas zurückgegangen. Es bleibt aber die für die Morphologie des neuen Ehebestands bedeutsame Tatsache auch für 1923 noch bestehen, daß die Männer im Alter von unter 35 Jahren, besonders aber die unter 22 Jahren in höherem Maße als dies 1913 der Fall war, ältere oder gleichaltrige Frauen heirateten. bei den Männern von über 35 Jahren dagegen ist die umgekehrte Erscheinung zu beobachten.

Bemerkenswert ist, daß gerade bei den Männern von unter 30 Jahren die extremen Alterskombinationen in der Zeit nach dem Kriege besonders stark zugenommen haben. So heirateten von 100 eheschließenden Männern jeder Altersstufe eine um mehr als 5 Jahre ältere Frau:

Männer im Alter von	1913	dagegen 1923
unter 20 Jahren	6,1	8,5
20 — 25 „	3,6	4,6
25 — 30 „	2,9	3,3

3. Die Eheschließenden nach ihrem bisherigen Familienstand.

Vor dem Kriege heirateten 90% aller Männer und 93% aller Frauen aus dem ledigen Stande. Wiederverheiratungen machten bei den Männern knapp 10% und bei den Frauen noch keine 7% der Gesamtzahl der Eheschließungen aus. Infolge der zahlreichen Ehelösungen (Kriegerwitwen) und der zahlreichen Ehescheidungen nach dem Kriege ist die Zahl der Wiederverheiratungen nicht unerheblich gestiegen. Bei den Männern machte 1924 der Anteil der Wiederverheiratungen über 14%, bei den Frauen rund 10% aus.

---

[1]) Vgl. hierzu die bildliche Darstellung der Verteilung der Gesamtzahl der Eheschließungen des Jahres 1919 im Vergleich zum Jahre 1913, die in der vom Stat. Reichsamt herausgegebenen Zeitschrift „Wirtschaft und Statistik", Jahrg. 1921, S. 386 fg., veröffentlicht ist.

Jahr	Von je 1000 eheschließenden					
	Männern			Frauen		
	waren vor der Heirat					
	ledig	verwitwet	geschieden	ledig	verwitwet	geschieden
1913	899	86	15	934	51	15
1919	863	118	19	862	125	13
1920	884	92	24	878	105	17
1921	877	90	33	883	94	23
1922	878	86	36	897	77	26
1923	872	89	39	904	67	29
1924	858	100	42	903	65	32

Nachdem die durch den Krieg aufgeschobenen Heiraten lediger Männer jetzt im wesentlichen als nachgeholt gelten können, macht sich der Mangel an heiratsfähigen Junggesellen in der Weise bemerkbar, daß Witwer und Geschiedene in verstärktem Maße in die Lücke einrücken.

Die Witwer scheinen verhältnismäßig häufiger als das früher der Fall war, zur Wiederverheiratung zu kommen. Der gestiegene Anteil der geschiedenen Männer — er hat sich beinahe verdreifacht — (und analog bei den Frauen der Anteil an geschiedenen Frauen) an der Zahl der Eheschließenden, hängt mit der außerordentlichen Steigerung der Zahl der Ehescheidungen zusammen (s. unten). Bei den Frauen ist gegen Ende des Krieges und vor allem in der ersten Zeit nach dem Kriege eine außerordentlich starke Wiederverheiratung von Witwen festzustellen, was bei der großen Zahl von Kriegerwitwen [1]) nicht verwunderlich erscheint. Der Anteil der Witwen an der Gesamtzahl der eheschließenden Frauen geht neuerdings zwar zurück; es ist aber bemerkenswert, daß immerhin noch eine nicht unerhebliche Zahl von Männern — trotz des Überschusses an heiratsfähigen ledigen Frauen — sich mit Witwen verheiratet. Die mehrfach erwähnten, durch die Nöte der Zeit in verstärktem Maße zur Geltung gelangenden wirtschaftlichen Erwägungen (Wohnungsfrage usw.) dürften dabei eine wesentliche Rolle spielen.

Noch genauere Einblicke geben die Nachweise über den beiderseitigen Familienstand der zusammengehörigen Ehegatten vor der Verheiratung [2]). Während 1913 87% aller Ehen zwischen beiderseits ledigen Personen geschlossen wurden, sank diese Zahl 1919 auf 77% und bleibt auch 1924 mit 81% noch unter dem Vorkriegsstand. Wenn man in Erwägung zieht, daß vom bevölkerungspolitischen Standpunkt aus die beiderseitige Erst-Ehe für die Kinderaufzucht im allgemeinen wesentlich günstigere Bedingungen aufweist, als die mit Kindern aus einer früheren Ehe des einen der beiden Gatten belastete zweite usw. Ehe, so muß auch der Rückgang des Anteils der Erst-Ehen unter den Nachkriegsehen als ein Symptom der Verschlechterung der

[1]) Annähernd ein Drittel (31%) aller Gefallenen war verheiratet; die Zahl der Kriegerwitwen kann sonach auf über 600 000 beziffert werden. Wie viele davon zur nochmaligen Verheiratung gekommen sind, läßt sich nicht feststellen.

[2]) Vgl. Bd. 316 d. Stat. d. D. R., S. 17* und Statist. Jahrbuch f. d. D. R. 1926 S. 28.

biologischen Struktur unseres Nachkriegs-Ehebestandes festgehalten werden.

4. Eheschließungen zwischen Blutsverwandten.

In diesem Zusammenhang soll noch kurz eine in der Heiratsstatistik mancher Länder behandelte Spezialfrage[1]), der vom rassehygienischen Standpunkt aus Interesse zukommt, gestreift werden: die Frage der Ehen zwischen Blutsverwandten.

Die Zahl der konsanguinen Ehen ist nach den Zahlen für Preußen zu schließen, in den letzten Jahrzehnten fortgesetzt zurückgegangen. Auf 1000 Eheschließungen trafen 1910 4,2, 1919 3,2, 1924 2,5 Eheschließungen zwischen Blutsverwandten. 1924 gab es in Preußen unter 273 000 Eheschließungen 689 Eheschließungen zwischen Blutsverwandten; in der Hauptsache (1924: 609 oder fast $^9/_{10}$ der Fälle) handelt es sich um Ehen zwischen Geschwisterkindern, dann folgen (1924: 68 Fälle in Preußen) die Ehen zwischen Onkel und Nichte und in verschwindend geringer Zahl (12) die Ehen zwischen Neffe und Tante. Im ganzen ist für alle diese Arten von konsanguinen Eheschließungen ein Rückgang festzustellen[2]). Auf dem Lande ist die Zahl der Ehen zwischen Blutsverwandten im allgemeinen höher als in den Städten; bemerkenswert ist auch die für Amsterdam in neuester Zeit (1914 bis 1920) festgestellte Zunahme der Blutsverwandtenehen besonders unter den Juden.

b) Ehelösungen durch Tod und Scheidung.

1. Gesamtüberblick.

Jeder Eheschließung folgt innerhalb eines kürzeren oder längeren Zeitraums die Ehelösung. Die natürliche Form der Ehelösung ist der Tod des einen Ehegatten und somit die Verwitwung des anderen Gatten. Im Jahre 1913 wurden im Deutschen Reich (heutigen Gebietsumfangs) insgesamt 280 000 Ehen gelöst, davon 263 000 = 94 v. H. durch Tod und 16 700 = 6 v. H. durch Scheidung. Die anormale Form der Ehelösung durch gerichtliche Scheidung hat in der Zeit nach dem Kriege in Deutschland, wie im Ausland sehr erheblich an Bedeutung gewonnen. 1924 wurden insgesahmt 311 000 Ehen gelöst,

---

1) Auf die sonstigen Details der deutschen und ausländischen Heiratsstatistik (wie z. B. die Frage der konfessionellen oder nationalen Mischehen, der berufl. Gliederung der Heiratenden usw.) soll hier nicht näher eingegangen werden. Über die einschlägigen Leistungen der amtl. Deutschen Statistik vgl. die synoptische Übersicht über die Bearbeitung der Statistik der Bevölkerungsbewegung in Bd. 276 d. Stat. d. D. R. — Ferner *G. v. Mayr* a. a. O. — *F. Zahn*, Artikel Heiratsstatistik im Handwörterbuch der Staatswissenschaften. — *E. Würzburger*, Ehestatistik auf Grund der Volkszählung 1910. Zeitschrift des Sächs. Stat. Landesamts 1914, S. 82 fg.

2) Vgl. *G. v. Mayr*, a. a. O. S. 758, sowie Zeitschrift des Preußischen Stat. Landesamts 1926, S. 190.

davon 275 000 = 88 v. H. durch Tod, 36 000 = 12 v. H. durch Scheidung.

2. Die Ehelösungen durch Tod eines Gatten.

Während des Krieges waren die Ehescheidungen stark zurückgetreten, dagegen hatte die Zahl der Ehelösungen durch den Tod des Gatten, vor allem durch den Tod verheirateter Soldaten, ungewöhnlich zugenommen. In den fünf Kriegsjahren 1914—1918 wurden im Deutschen Reich jetzigen Gebietsumfangs insgesamt annähernd 2 Millionen Ehen durch den Tod eines Gatten gelöst, während nach der Zahl für das Jahr 1913 (263 000) im gleichen Zeitraum normalerweise nur etwa 1,3 Millionen Ehelösungen durch Tod zu erwarten gewesen wären; es sind somit hauptsächlich infolge des Krieges um 700 000 Ehen durch Gattentod über das normale Maß hinaus gelöst worden. Auch nach dem Kriege liegt die Zahl der Ehelösungen durch Tod noch über dem Niveau von 1913. Man wird hierin noch eine Nachwirkung des Krieges zu erblicken haben. Immerhin bewegt sich die Zahl — wenigstens vorläufig — wieder auf das Vorkriegsniveau zu.

Es betrug die Zahl der Ehelösungen durch Tod eines Gatten:

1913	263 141	dav. 58,6 v. H. durch den Tod des Mannes	41,4 v. H. durch den Tod der Frau
1918	475 082	„ 63,0 „ „ „ „ „ „ „	37,0 „ „ „ „ „ „ „
1919	305 495	„ 56,2 „ „ „ „ „ „ „	43,8 „ „ „ „ „ „ „
1924	275 001	„ 57,5 „ „ „ „ „ „ „	42,5 „ „ „ „ „ „ „

Mit Rücksicht auf das durchschnittlich höhere Heiratsalter der Männer werden die Ehen, welche durch den Tod eines Gatten ihr Ende fanden, in der überwiegenden Zahl der Fälle durch den Tod des M a n n e s gelöst; dem entspricht das Überwiegen der Zahl der Witwen gegenüber den Witwern (s. u.). 1913 wurden im Deutschen Reich 58,6%, also annähernd $^3/_5$ der durch Tod gelösten Ehen durch den Tod des Mannes, 41,4% durch den Tod der Frau gelöst. 1924 war das Verhältnis 57,5 : 42,5 v. H.

Während des Krieges war der Anteil der durch Männertod gelösten Ehen auf über zwei Drittel (1915 sogar auf 71,4%) gestiegen, im letzten Kriegsjahr, das auch unter den Frauen wegen der starken Grippeepedemie und der Wirkungen der Hungerblockade viele Opfer gefordert hatte, ging trotz der hohen absoluten Zahl der gestorbenen Ehemänner der Männeranteil bereits etwas zurück (auf 63%) und in den Jahren nach dem Krieg hielt er sich — offenbar infolge der Voraussterblichkeit der Männer im Kriege — etwas unter dem Vorkriegsanteil, ist ihm aber in den letzten Jahren wieder ziemlich nahe gerückt.

Gliedert man die Ehen, welche durch den Tod eines Gatten gelöst wurden, nach der D a u e r der Ehe, so zeigt sich, daß in allen Ehedauergruppen die Ehelösung durch den Tod des Mannes häufiger ist als die Ehelösung durch den Tod der Frau, nur bei den jüngeren Ehen, d. h. bei Ehen, welche in den ersten fünf Jahren ihres Bestehens durch den Tod eines Gatten gelöst wurden, überwiegt die Ehelösung durch den Tod der Frau, wohl mit eine Folge der stärkeren Lebensgefährdung der Frau durch anormalen Verlauf der Schwangerschaft. (Vgl. auch S. 89.)

3. Die Ehescheidungen.

Die gerichtlichen Ehescheidungen haben nach dem Kriege eine starke Zunahme erfahren. Ihre Zahl war schon vor dem Kriege in stetigem, raschen Ansteigen begriffen, das im Kriege durch die militärisch bedingte massenhafte „Ehetrennung" vorübergehend unterbunden bzw. hinausgeschoben wurde, nach dem Kriege aber umso stärker wieder einsetzte. Während 1905 die Zahl der Ehescheidungen im Deutschen Reich (damaligen Umfangs) noch rund 11 000 betrug, stieg sie in ununterbrochener Linie bis zum Jahre 1913 auf 17 800, oder umgerechnet auf das heutige Reichsgebiet auf 16 700; im Jahre 1915 und 1916 ging sie infolge des Krieges auf rund 10 000 zurück, erhöhte sich aber bereits in den letzten Kriegsjahren, besonders 1918, wieder auf 12 700 und schnellte in den folgenden Jahren 1919 auf 21 000, 1920 auf 36 000, 1921 auf 39 000, ihr bisheriges Maximum, hinauf, von dem sie in den Jahren 1922 und 1923 ein wenig zurücksank (37 000 bzw. 34 000), um aber 1924 einen erneuten Anstieg (auf 36 000) anzukündigen[1].

Jahr	Zahl der stehenden Ehen	Zahl der Ehescheidungen	Ehescheidungen auf 10000 stehende Ehen	Ehescheidungen auf 100000 Einwohner
1900	9 795 000	7 928	8,1	14,1
1910	11 622 000	14 911	12,8	23,1
1913	10 460 000	16 657	15,9	27,9
1919	10 170 000	21 308	21,0	35,9
1920	10 390 000	36 107	34,8	60,1
1921	10 920 000	38 726	35,5	63,7
1922	11 400 000	36 587	32,1	59,7
1923	11 770 000	33 939	28,8	55,0

Gegenüber dem Vorkriegsstand hat sich die Scheidungsziffer rund verdoppelt, gegenüber dem Stand von 1900 sogar mehr als verdreifacht! Angesichts solcher Zahlen erscheint es in der Tat nicht unberechtigt, von einer Ehekrisis[2]) bzw. einer Verschärfung der Ehekrisis in der Nachkriegszeit zu sprechen. Besonders hoch ist die Scheidungshäufig-

[1]) Vgl. Bd. 316 d. Stat. d. D. R., S. 19*.

[2]) Vgl. den Vortrag von *Karen Horney* über die Ehekrisis der Gegenwart in der „Deutschen Psychoanalytischen Gesellschaft" in Berlin im Dezember 1926 und den ungefähr gleichzeitigen Vortrag von *Hellpach* über die Tugendkrisis der Frau.

keit in den Städtezentren, vor allem in Berlin und Hamburg. Sie erreichte hier 1924 mit 193 bzw. 183 Scheidungen auf je 100 000 Einwohner das 3- bis 4fache des reichsdurchschnittlichen Häufigkeitsgrades. Verhältnismäßig gering ist die Scheidungshäufigkeit auf dem Lande [1]). Das ergibt sich deutlich aus folgender Gegenüberstellung für Preußen:

	In Preußen kamen auf je 100000 Einwohner Ehescheidungen		
	1913	1921	1924
In den Städten .	45,0	106,8	100,1
Auf dem Lande .	10,0	21,5	16,9
Überhaupt	26,9	66,9	61,3

International halten, soweit Statistiken vorhanden sind [2]), in bezug auf Scheidungshäufigkeit die Vereinigten Staaten von Amerika den Rekord. In den Vereinigten Staaten von Amerika wurden gezählt [3]):

im Jahr	Ehescheidungen überhaupt	Berechnet auf 100 000 der Gesamtbevölk.	Berechnet auf 100 000 der verheirateten Bevölkerung	Bevölkerung auf 1 Ehescheidung	Verheir. Personen auf 1 Ehescheidung
1923	164 609	149	360	670	277
1922	147 775	136	330	734	303
1916	108 702	113	281	884	356
1906	72 062	84	231	1 185	433

Eine recht erhebliche Ehescheidungshäufigkeit hat auch Japan [4]), von den europäischen Ländern u. a. Österreich, Schweiz, Frankreich, eine ausgesprochen geringe dagegen England aufzuweisen.

Ehescheidungen:

Länder	1913		1922	
	Ehescheidungen überhaupt	auf 100000 Einwohner	Ehescheidungen überhaupt	auf 100000 Einwohner
England und Wales .	577	1,6	2 588	6,8
Österreich	[5]) 3 278	11,4	[6]) 5 188	83,0
Schweiz	1 620	41,8	2 116	54,4
Japan	59 536	112,5	53 053	92,7

[1]) Vgl. hierzu die preußische, bayerische, sächische Ehescheidungsstatistik in den Zeitschriften der betreffenden Statistischen Landesämter.

[2]) Aperçu de la Démographie des divers pays du Monde, 1925, S. 246 fg. u. 483 fg.

[3]) Vgl. *Marriage* and *Divorce* 1923, hrsg. vom Bureau of the Census, Washington 1925. Der Bericht enthält eine eingehende Darstellung der Ehescheidungen, besonders auch im Hinblick auf Scheidungsursachen, Ehedauer, Kinderzahl usw., wobei die geschiedenen Ehen durchweg darnach unterschieden werden, ob die Scheidung dem Mann oder der Frau bewilligt worden ist. Diese Trennung gewährt außerordentlich wertvolle Einblicke in die Morphologie der geschiedenen Ehen, sowohl vom bevölkerungspolitischen als auch vom psychologischen und moralstatistischen Standpunkt aus.

[4]) Über die eigenartigen Verhältnisse, welche die Ehescheidungs- und die Eheschließungsstatistik in Japan aufweist vgl. *G. v. Mayr*, Moralstatistik, Bd. 3.

[5]) Altes Gebiet.

[6]) Neues Gebiet (ohne Burgenland).

So verschieden auch das Niveau der Scheidungshäufigkeit von Land zu Land ist — nicht nur wegen der verschiedenen geistigen Einstellung der einzelnen Völker zur Frage der Dauerehe, sondern auch wegen der Einflüsse der Ehescheidungsgesetzgebung, der religiösen Bindungen, gesellschaftlichen Sitten usw. — so kommt doch in allen hier aufgeführten Ländern — abgesehen von Japan, das, wie in Anm. 4, S. 82, erwähnt, überhaupt eine Sonderstellung einnimmt — deutlich zum Ausdruck, daß die Ehescheidungshäufigkeit nach dem Kriege eine wesentlich höhere ist als vor dem Kriege. Soweit es sich um Länder handelt, die an der Kriegführung intensiv beteiligt waren, ist überall in den ersten Nachkriegsjahren ein ganz ungewöhnliches Hinaufschnellen der Ehescheidungshäufigkeit festzustellen.

Bemerkenswert ist übrigens, daß Frankreich, das ebenso wie Deutschland den bisherigen Kulminationspunkt seiner Ehescheidungshäufigkeit im Jahre 1921 erlebte, seitdem bis zum Jahre 1924 einen ununterbrochenen Rückgang aufzuweisen hat, während in Deutschland, wie oben erwähnt, das Jahr 1924 bereits einen Wiederanstieg gebracht hat.

Wenn man von einer „Heiratsepidemie" der Nachkriegsjahre sprach, so kann man mit noch mehr Grund von einer „Scheidungsepidemie" der Nachkriegszeit sprechen. Die letztere ist in gewissem Sinne die Kehrseite der ersteren. Ein großer Teil der oft übereilten Kriegstrauungen und der nach Kriegsende geschlossenen Ehen haben nicht die Dauerhaftigkeit bewiesen, die den Ehen vor dem Kriege eigen waren. Die Schwierigkeiten der ganzen Zeitverhältnisse (Wohnungsnot usw.) und die sich daraus ergebenden, den häuslichen Frieden gefährdenden Konfliktsstoffe, dazu die mancherlei Irrungen und Wirrungen auf sexuellem und sittlichem Gebiet, bedeuten in vieler Hinsicht eine weit schwerere Belastungsprobe für das gegenseitige Anpassungsvermögen und das Sichverstehen der beiden Ehegatten als das ehedem der Fall war. Nicht zu verkennen ist, daß auch die Auffassung von dem Wesen der Ehe und den ehelichen Pflichten in mancher Hinsicht gewisse Wandlungen — teils ebenfalls im Zusammenhang mit den wirtschaftlichen, sozialen und sittlichen Notständen der Zeit — erfahren hat, Wandlungen, die auch die Motive der Eheschließungen und damit die Fundamente der Ehe mit beeinflußt haben. Dabei ist zu beachten, daß die hier genannten Zahlen nur die gerichtlich geschiedenen Ehen umfassen; in welchem Maße die Zahl der tatsächlich getrennt lebenden (aber nicht oder noch nicht gerichtlich geschiedenen) Ehegatten zugenommen hat, läßt sich überhaupt nicht feststellen.

Aber auch die Statistik der gerichtlichen Ehescheidungen spricht eine beredte Sprache und gewährt schlaglichtartige Einblicke in die wachsende Zerrüttung des Ehe- und Familienlebens weiter Kreise unseres Volkes. In gewisser Hinsicht charakteristisch für die Änderung der Situation gegenüber der Vorkriegszeit ist die Tatsache, daß der Anteil der Ehen, die aus beiderseitigem Verschulden der Ehegatten geschieden wurden, wesentlich gestiegen ist. Nach den Ergebnissen der bayerischen Ehescheidungsstatistik[1]) wurden durch gerichtlichen Urteilsspruch als schuldig erkannt in . . . Fällen:

	der Mann	die Frau	beide
1913	597 = 51,5 v. H.	356 = 30,7 v. H.	206 = 17,8 v. H.
1917	341 = 35,6 „ „	454 = 47,4 „ „	163 = 17,0 „ „
1918	387 = 33,6 „ „	506 = 43,9 „ „	260 = 22,5 „ „
1919	241 = 48,2 „ „	140 = 28,0 „ „	119 = 23,8 „ „
1920	1484 = 40,9 „ „	1130 = 31,2 „ „	1011 = 27,9 „ „
1921	1536 = 46,4 „ „	844 = 25,5 „ „	928 = 28,1 „ „
1922	1501 = 50,6 „ „	671 = 22,6 „ „	797 = 26,8 „ „
1923	1317 = 49,6 „ „	550 = 20,7 „ „	788 = 29,7 „ „
1924	1556 = 53,3 „ „	572 = 19,6 „ „	791 = 27,1 „ „

Gegen Ende des Krieges ist der relative Schuldanteil der Frauen ungewöhnlich stark angewachsen. Nach dem Kriege hat sich der prozentuale Anteil der Ehen, welche aus Alleinschuld der Frau geschieden wurden, verringert, der Anteil der Ehen aber, welche aus beiderseitigem Verschulden geschieden wurden, ist ganz erheblich gestiegen. Die Zahl dieser Scheidungen hat sich rund vervierfacht.

Auch hinsichtlich der Scheidungsgründe ist eine bemerkenswerte Wandlung, wenigstens für die erste Nachkriegszeit, gegenüber der Zeit vor dem Kriege festzustellen. Soweit im Deutschen Reich Nachweisungen über Scheidungsgründe vorliegen, ergibt sich folgendes[2]):

Während vor dem Kriege die Hälfte (48 v. H.) aller Scheidungsgründe auf § 1565 BGB. — Ehebruch, Doppelehe, widernatürliche Unzucht — entfiel, ist der Anteil dieses Scheidungsgrundes 1920 und 1921 auf zwei Drittel gestiegen, bewegte sich auch 1921 und 1922 über dem Vorkriegsniveau und hat sich erst 1923 und 1924 wieder auf den Vorkriegsstand zurückgebildet, bzw. liegt jetzt sogar etwas darunter (1924: 45,2 v. H.). Der zweite Hauptscheidungsgrund — Verletzung der ehelichen Pflichten, ehrloses Verhalten (§ 1568 BGB.) —, der 1913 mit 41 v. H. aller Scheidungsgründe beteiligt war, ist unmittelbar nach dem Kriege etwas zurückgetreten (1920: 30 v.H.), hat aber neuerdings an Zahl rasch zugenommen und bildete 1924 mit 50 v. H. den häufigsten Scheidungsgrund. Der dritthäufigste Scheidungsgrund — bösliches

[1]) Vgl. *F. Burgdörfer*, Bewegung der Bevölkerung in Bayern 1914—1917. Zeitschr. d. Bayr. Stat. Landesamts 1919, Heft 1/2, S. 101 fg.

[2]) Vgl. „Wirtschaft und Statistik“ 1924, S. 387.

Verlassen (§ 1567 BGB.) —, der 1913 noch mit etwa einem Zehntel (9 v. H.) an den Scheidungen beteiligt war, spielt heute (in der Zeit der Wohnungsnot) eine völlig untergeordnete Rolle (1924: 3,5 v. H.). Die übrigen Scheidungsparagraphen — § 1569: Geisteskrankheit und § 1566: Lebensnachstellung — hatten schon vor dem Kriege zahlenmäßig nur eine geringe Bedeutung (1,8 bzw. 0,2 v. H.), ihr Anteil ist in der Nachkriegszeit noch weiter zurückgegangen, insbesondere der der Scheidung auf Grund von Geisteskrankheit — bei Gleichbleiben der absoluten Zahl (rund 375 Fälle) — auf 0,9 v. H.

Von besonderem Interesse ist eine getrennte Betrachtung der Scheidungsgründe nach Stadt und Land, wie sie z. B. die preußische Statistik ermöglicht[1]).

Die Hauptgründe der Ehescheidungen in Preußen in Stadt und Land:

Schuldig der Mann bezw. die Frau	Von 100 Ehescheidungsgründen entfallen auf: Ehebruch (§ 1565) 1913	1921	1924	schwere Verletzung der ehelichen Pflichten, ehrloses und unsittliches Verhalten (§ 1568) 1913	1921	1924
	a. In den Städten					
Mann	42,0	59,1	45,1	49,9	38,1	52,0
Frau	63,7	65,0	50,7	25,2	30,4	44,4
Zusammen	50,0	61,7	47,2	40,7	34,7	49,1
	b. Auf dem Lande					
Mann	28,4	48,5	32,3	57,9	46,1	61,5
Frau	49,1	61,7	45,1	27,8	29,4	44,0
Zusammen	36,2	55,1	37,3	46,5	37,7	54,7
	c. Insgesamt					
Mann	39,5	57,7	43,6	51,4	39,2	53,1
Frau	60,9	64,4	50,0	25,7	30,3	44,3
Zusammen	47,5	60,7	46,0	41,8	35,2	49,8

Vor dem Kriege wurden gerade die Hälfte der städtischen Ehescheidungen auf Grund des § 1565 — Ehebruch — vollzogen, 1921 waren es über drei Fünftel und 1924 wieder knapp die Hälfte. Auf dem Lande dagegen wurden 1913 nur etwas über ein Drittel der Ehescheidungen auf Grund des § 1565 ausgesprochen, 1921 jedoch ebenfalls (beinahe in gleichem Maße wie in den Städten) fast drei Fünftel und 1924 wieder rund ein Drittel. Scheidungen auf Grund des § 1568 — schwere Verletzung der ehelichen Pflichten, ehrloses und unsittliches Verhalten — sind auf dem Lande relativ (d. h. nach dem Anteil an der Gesamtzahl der Scheidungen auf dem Lande) häufiger als in den Städten, 1921 ist sowohl auf dem Lande als in den Städten der Prozentanteil solcher Ehescheidungen gegenüber der starken Zunahme der

[1]) Letzte Veröffentlichung über die preuß. Scheidungsstatistik (absolute Zahlen für 1924) siehe in Zeitschr. des Preuß. Stat. Landesamts 1926, S. 198.

wegen Ehebruch erfolgten Scheidungen, stark zurückgegangen, 1924 aber stehen die Scheidungen auf Grund § 1568 sowohl in den Städten (mit 49,1 v. H.) als vor allem auf dem Lande (mit 54,7 v. H.) an der Spitze aller Scheidungsgründe. Betrachtet man, wie es die vorstehende Übersicht ermöglicht, die in den Städten und auf dem Lande durch Schuld des Mannes bzw. durch Schuld der Frau geschiedenen Ehen je für sich, so zeigt sich, daß in den Städten und noch mehr auf dem Lande — abgesehen von dem Jahre 1921 — das Verschulden des Mannes vorwiegend in Verfehlungen gegen § 1568 (Verletzung der ehelichen Pflichten usw.) besteht, während bei den durch Verschulden der Frauen geschiedenen Ehen dieses Verschulden auf dem Lande sowohl, wie noch mehr in der Stadt in der Mehrzahl der Fälle in Ehebruch (§ 1565) besteht.

Gliedert man die geschiedenen Ehen nach ihrer Dauer, so ergeben sich auch hier eine Reihe wichtiger Feststellungen.

Die Ehescheidungen nach der Dauer der geschiedenen Ehen in den Jahren 1913, 1921/1924.

Jahre	Zahl der Ehescheidungen[1]) nach einer Ehedauer von ... bis unter ... Jahren							
	unter 1	1 — 5	5 — 10	10 — 15	15 — 20	20 — 25	25 u. mehr	zusammen
1913	121	3722	5232	3547	2054	1048	694	16418
1921	311	8884	11631	7905	4538	2458	1537	37264
1922	277	9331	9808	6940	4518	2385	1662	34921
1923	278	10951	8302	6124	3861	2177	1704	32605
1924	337	11743	8911	5967	3806	2280	1824	34868
	Von 100 geschiedenen Ehen überhaupt hatten eine Dauer von ... Jahren							
1913	0,7	22,7	31,9	21,6	12,5	6,4	4,2	100,0
1921	0,8	23,9	31,2	21,2	12,2	6,6	4,1	100,0
1922	0,8	26,7	28,1	19,9	12,9	6,8	4,8	100,0
1923	0,8	31,2	25,5	18,8	11,8	6,7	5,2	100,0
1924	1,0	33,7	25,6	17,1	10,9	6,5	5,2	100,0

Besonders stark haben die Scheidungen vor dem 5. Ehejahr zugenommen; während 1913 auf die Ehedauergruppe 1—5 Jahre 22,7 v. H. aller Scheidungen entfielen, umfaßt diese Gruppe 1924 über ein Drittel (33,7 v. H.). Noch deutlicher wird die Verschiebung, die in der Verteilung der geschiedenen Ehen nach ihrer Dauer eingetreten ist, durch folgende Gegenüberstellung. Setzt man die Zahl der Scheidungen jeder Ehedauergruppe für das Jahr 1913 = 100, so beträgt die Zahl der Ehescheidungen

[1]) Die Statistik erstreckt sich 1913 auf die Länder: Preußen, Bayern, Sachsen, Baden, Hessen, Hamburg, Oldenburg, Braunschweig, Anhalt, Lippe, Mecklenburg-Strelitz, Waldeck; für 1921/24 dazu: Thüringen; für 1923/24 dazu: Lübeck; für 1924 dazu: Bremen.

Nach einer Ehedauer von	1913	1921	1924
unter 1 Jahr	100	213,8	300,0
1 bis unter 5 Jahren	100	262,7	344,5
5 „ „ 10 „	100	251,5	188,1
10 „ „ 15 „	100	253,0	189,3
15 „ „ 20 „	100	249,9	211,1
20 „ „ 25 „	100	250,9	238,8
25 und mehr „	100	217,4	265,9
Insgesamt	100	252,3	233,1

Die stärkste Zunahme der Scheidungshäufigkeit gegenüber der Vorkriegszeit ist sonach einerseits in der Gruppe der unter einjährigen und der ein- bis unter fünfjährigen Ehen eingetreten. Die Zahl der Scheidungen in diesen Gruppen hat sich gegenüber 1913 verdreifacht, ist also bedeutend rascher gewachsen als die Zahl der Eheschließungen nach dem Krieg. Auf der anderen Seite — und das ist das andere Extrem — hat auch unter den Ehen, die sich der Silberhochzeit nähern oder sie bereits hinter sich haben, die Scheidungshäufigkeit ebenfalls ganz ungewöhnlich stark zugenommen, in der Ehedauergruppe 20—25 Jahre hat sie sich sogar mehr als verdoppelt, in der Ehedauergruppe von über 25 Jahren sogar annähernd verdreifacht. Diese Zunahme der Scheidungshäufigkeit verdient umso mehr Beachtung, als es sich hier um Ehen handelt, die um das Jahr 1900 oder vor 1900 geschlossen wurden, also zu einer Zeit, die — im Gegensatz zu den Nachkriegsjahren mit ihrer Heiratshochflut und großen Scheidungshäufigkeit unter den jungen Ehen — hinsichtlich der zahlenmäßigen Stärke der Heiratshäufigkeit als „normal" bezeichnet werden muß. Man wird in dieser Steigerung der Scheidungshäufigkeit der älteren Ehen ein besonders ernstes Symptom der neuzeitlichen Ehekrisis zu erblicken haben, das besonders noch dadurch unterstrichen wird, daß die Zahl der Scheidungen von über 25jährigen Ehen in den Nachkriegsjahren ununterbrochen zunimmt, was sonst nur noch für die unter 5 jährigen Ehen festzustellen ist, hier aber aus der Heiratshochflut der Nachkriegszeit wenigstens bis zu einem gewissen Grad erklärt werden kann. Bei den übrigen Ehedauergruppen ist nach dem Hochstand des Jahres 1921, in dem ein Teil der durch den Krieg aufgeschobenen Scheidungen nachgeholt wurde, in den folgenden Jahren teilweise ein, wenn auch nicht anhaltender Rückgang der Ehescheidungszahlen festzustellen. Die 5—20jährigen Ehen sind offenbar, soweit sie die Scheidungskrisis der unmittelbaren Nachkriegszeit überstanden haben, zur Zeit nicht in dem Maße gefährdet wie die jüngeren und älteren Ehen. Die unbeständigsten Verbindungen sind gerade unter den jüngeren Ehen, vor allem unter den vielfach überhasteten Kriegs- und Nachkriegsehen, durch die große Scheidungskrise der ersten Nachkriegsjahre beseitigt worden[1]).

Es ist eine Erfahrungstatsache, daß gemeinsamer Kinderbesitz die beste Gewähr, der stärkste Kitt für den Bestand der Ehen, für den Zusammenhalt der Ehegatten und das Familienleben bilden. Dies kommt auch in der Scheidungsstatistik deutlich zum Ausdruck. Ehen mit gemeinschaftlichen Kindern oder sogar einer größeren Zahl von gemeinschaftlichen Kindern sind an den Ehescheidungen verhältnismäßig in viel geringerer Zahl beteiligt als kinderlose oder kinderarme Ehen. Während die Zahl der kinderlosen Ehen im allgemeinen auf rund ein Zehntel bis ein Achtel aller stehenden Ehen beziffert werden kann, machen die kinderlosen Ehen bei den Scheidungen in Deutschland etwa zwei Fünftel aus.

Von den im Jahre 1924 in Preußen geschiedenen 23 251 Ehen hatten

	1924	dagegen 1913
keine gemeinschaftliche Kinder .	10 703 = 46,0 v. H.	38,9 v. H.
gemeinschaftliche Kinder. . . .	12 548 = 54,0 „ „	61,1 „ „
davon waren zur Zt. der Scheidung minderjährig:		
0 Kinder	410 = 1,8 v. H.	1,2 v. H.
1 Kind	6 713 = 28,9 „ „	25,7 „ „
2 Kinder	3 168 = 13,6 „ „	17,5 „ „
3 Kinder	1 306 = 5,6 „ „	8,7 „ „
4 Kinder	537 = 2,3 „ „	4,2 „ „
5 Kinder	229 = 1,0 „ „	2,2 „ „
6 und mehr Kinder	185 = 0,8 „ „	1,6 „ „

c) Ehedauer.

Die zwischen Eheschließung und der durch Tod oder Scheidung eintretenden Ehelösung durchlebte Zeit ergibt die Ehedauer. Bisher ist die Dauer der Ehen in den meisten Ländern überhaupt nicht oder in wenig befriedigender Weise festgestellt worden, weil man in der Bevölkerungsstatistik immer zu sehr vom einzelnen Individuum ausging und sich noch nicht gewöhnt hat, die Bevölkerungsvorgänge auch vom Standpunkt der kleinsten sozialen Zelle, der Ehe und Familie, aus zu betrachten. Immerhin liegen einige Ergebnisse über diese Frage vor[2]).

Nach den von *G. v. Mayr* (a. a. O. S. 767) mitgeteilten Berech-

[1]) Vgl. hierzu die bildliche Darstellung in „Wirtschaft und Statistik", Jahrgang 1924, S. 387.

[2]) Über die älteren Berechnungen, besonders auch über die indirekten Ermittlungen von *P. Kollmann* vgl. *G. v. Mayr* a. a. O. S. 770.

nungen des Preuß. Stat. Landesamts, die sich auf unmittelbare Feststellungen der Ehedauer gründen, ergibt sich, daß in Preußen die durchschnittliche Ehedauer betrug:

bei Lösung der Ehe durch den Tod

	des Mannes	der Frau
1875 — 80	23,2 Jahre	21,6 Jahre
1901 — 05	26,6 „	24,0 „
1913	26,7 „	25,0 „
1922	27,4 „	25,4 „

Vorstehende Berechnungen beziehen sich nur auf die durch den Tod eines Gatten gelösten Ehen; über die Dauer der durch gerichtliche Scheidung gelösten Ehen sind bereits S. 86 einige Daten mitgeteilt worden.

Einen mathematisch genauen und zusammenfassenden Überblick über den zeitlichen Verlauf des Auflösungsprozesses, wie er sich an einem bestimmten Grundstock von Ehen durch Tod des Mannes oder der Frau oder durch Scheidung vollzieht, vermittelt die sog. Ehedauertafel, wie sie zuerst von dem Berliner Kommunalstatistiker *R. Böckh* 1875 berechnet worden ist (wiederholt in den Jahren 1885 und 1895). Für eine ganzes Land ist mir eine solche Ehedauertafel nur von Frankreich und zwar für die Zeit 1906/09 bekannt geworden[1]).

Was die Wahrscheinlichkeitsziffer der durch den Tod des Mannes gelösten Ehen anlangt, so beginnt sie nach der französischen Ehedauertafel mit nicht ganz 7‰ und wächst sehr rasch und ununterbrochen an. Der Verlauf dieser Ziffer, graphisch dargestellt, gleicht einer männlichen Sterblichkeitskurve (nach der allgemeinen Absterbeordnung), die etwa mit dem 30. Lebensjahr beginnt.

Auch die Ehelösungswahrscheinlichkeit durch den Tod der Frau beginnt mit etwa 7‰. Sie steigt im dritten und vierten Ehedauerjahr auf ein erstes Maximum von etwa 8‰, mit dem die weibliche Ziffer sogar ausnahmsweise die männliche übertrifft. In dieser Erscheinung kommen ohne Zweifel die Gefahren der ersten Niederkunft zum Ausdruck. Sie sind übrigens, wie anderweitig festgestellt, für jüngere Ehefrauen weit geringer als für ältere. Nach dem vierten Ehedauerjahr geht die weibliche Ehelösungsziffer wieder zurück, während die männliche ununterbrochen steigt, und sie erreicht erst im 17. Ehedauerjahr wieder den Betrag ihres ersten Maximums von 8‰. Dann steigt auch sie ununterbrochen, aber weit langsamer als die männliche. Im ganzen

[1]) Vgl. das Referat von *M. Huber* im Bull. de l'Institut International de Statistique. Bd. 20, S. 258—269. — Näheres habe ich darüber mitgeteilt in meiner Schrift über „Das Bevölkerungsproblem", München 1917, S. 211 fg.; dort ist auch die französische Ehedauertafel ausführlich wiedergegeben.

bleibt, von der Ausnahme der ersten Ehedauerjahre abgesehen, die Wahrscheinlichkeit, daß die Ehe durch den Tod der Frau gelöst wird, durchweg viel geringer als die Lösungswahrscheinlichkeit durch den Tod des Mannes. Es ist dies auch gar nicht anders zu erwarten angesichts des durchschnittlich höheren Heiratsalters der Männer einerseits und der größeren Lebensdauer der Frauen andrerseits.

Was die durch gerichtliche Scheidung bewirkten Ehelösungen anlangt, so steigt die Wahrscheinlichkeit hierfür in den ersten 7 Ehedauerjahren sehr rasch an bis zu fast 3‰ des gesamten Bestandes, vom 8. Ehedauerjahr an nimmt sie dann wieder ab, beim 22. beträgt sie nur noch 1‰, beim 40. 0,1‰.

Nach den auf einen fiktiven Anfangsbestand von 10 000 Ehen berechneten Ziffern können etwa $^3/_5$ (58%) der Ehepaare das Fest der silbernen Hochzeit feiern, das der goldenen kaum ein Zehntel. Bis zum Ende des 28. Jahres bestehen von dem Anfangsbestand von 10 000 neu geschlossenen Ehen noch 5099, also etwas mehr als die Hälfte, am Ende des 29. Ehedauerjahres nur noch 4901, also weniger als die Hälfte. Die wahrscheinliche Ehedauer, d. h. diejenige Zeit, welche die Hälfte aller angehenden Ehepaare erreicht, liegt demnach zwischen 28 und 29 Jahren, sie beträgt nach der französischen Statistik etwa $28^1/_2$ Jahre.

Die mittlere Ehedauer oder die Zeit, welche durchschnittlich jedes Ehepaar zusammen lebt, wird berechnet aus der Summe aller von der gegebenen Grundmasse der neugeschlossenen Ehen insgesamt durchlebten Ehejahre, dividiert durch die Zahl des Anfangsbestandes (10 000). Diese mittlere Ehedauer beträgt für die französischen Ehen 29 Jahre und 4 Monate. Für Berlin hat sie *Rahts* für 1895/96 auf 25 Jahre berechnet. Doch kann man beide Zahlen — abgesehen von der zeitlichen Differenz — wohl nicht gut mit einander vergleichen, da es sich das eine Mal um die Ehen eines ganzen Landes, das andere Mal um die einer einzigen Großstadt handelt.

d) Lebensdauer der Verheirateten im Vergleich zu den Unverheirateten.

In diesem Zusammenhang sei noch kurz auf die Frage eingegangen, welche Beziehungen zwischen Familienstand und Lebensdauer bestehen. Sind die Verheirateten langlebiger als die Unverheirateten? Einer der ersten, der auf diesen Zusammenhang hinwies, war *Hufeland*. Er sah im Ehestand ein Verlängerungsmittel des Lebens. *Kant* bestritt die Richtigkeit dieser Behauptung, ohne bei dem damaligen Stand der statistischen Forschung die Frage abschließend klären zu können. Erst durch die Sterbetafeln nach dem Familienstand, wie sie von *G. von Mayr* und *F. Prinzing* für Bayern (1876 und

1881/1890), *J. Rahts* für das Deutsche Reich (1910/11), *W. Wilcox* für den Staat New-York (1910) aufgestellt worden sind, wie sie ferner für Schweden (1891–1900), England und Wales (für 1910/1912) vorliegen, war es möglich, die Beziehungen zwischen Familienstand und Sterblichkeit bzw. Lebenskraft zahlenmäßig genau festzustellen. Das Ergebnis ist durchweg folgendes: Bei den Männern ist die Lebensdauer der Verheirateten wesentlich günstiger als die der Ledigen und auch als die der Verwitweten und Geschiedenen. Bei den Frauen ist der Unterschied weniger stark ausgeprägt. Es ist aber auch hier — abgesehen von den jüngeren Frauen (in der ersten Gebärperiode) — durchweg eine höhere Lebensdauer der Verheirateten gegenüber den Unverheirateten festzustellen.

Nach der deutschen Sterbetafel 1910/1911 [1]) ergibt sich folgende mittlere Lebenserwartung für verheiratete und unverheiratete Männer und Frauen im Alter von 20 Jahren aufwärts:

Lebenserwartung im Deutschen Reich 1910/1911 (in Jahren.)

Alter in Jahren	männliches Geschlecht			weibliches Geschlecht		
	ledig	verheiratet	verwitwet	ledig	verheiratet	verwitwet
20	38,80	45,16	—	43,66	46,10	—
25	34,68	40,90	32,80	39,54	42,05	39,42
30	30,71	36,55	29,59	35,60	38,05	36,14
35	27,03	32,28	26,19	31,73	34,05	32,48
40	23,62	28,16	23,21	27,95	30,07	28,82
45	20,44	24,23	20,21	24,15	26,05	24,91
50	17,35	20,51	17,49	20,48	22,07	21,11
55	14,59	17,02	14,73	16,99	18,25	17,45
60	11,97	13,84	12,09	13,73	14,68	14,02
65	9,60	10,98	9,64	10,72	11,54	10,92
70	7,50	8,45	7,39	8,13	8,86	8,28
75	5,82	6,34	5,51	6,07	6,70	6,13
80	4,59	4,69	4,04	4,45	5,03	4,49
85	3,36	3,54	3,01	3,38	3,92	3,34
90	2,61	2,71	2,25	2,43	2,99	2,55

Während die Lebenserwartung für einen ledigen 20 Jahre alten Mann 38,80 Jahre beträgt, ist sie für einen verheirateten Mann gleichen Alters auf 45,16 Jahre festgestellt, d. h. ersterer hat unter den Sterblichkeitsverhältnissen der Jahre 1910 und 1911 die Aussicht 58,80 Jahre, letzterer dagegen 65,16 Jahre, also $6^1/_3$ Jahre älter zu werden. Beim weiblichen Geschlecht beträgt der Unterschied rund $2^1/_2$ Jahre;

[1]) Bd. 240 der „Statistik des Deutschen Reichs", Teil 1, S. 130 fg. (Berlin 1915).

eine 20jährige Frau ledigen Standes hat die Aussicht 63,66, eine gleichaltrige verheiratete Frau dagegen die Aussicht 66,10 Jahre alt zu werden. Bei jungen Ehefrauen ist die Sterblichkeit größer als bei gleichaltrigen Unverheirateten; von je 100 000 18 jährigen Ehefrauen starben im Laufe der folgenden 5 Altersjahre im Durchschnitt 2086, von ebenso viel Ledigen gleichen Alters nur 1902, also 10 v. H. weniger. Nach dem vollendeten 23. Lebensjahr ist die Sterblichkeit der Ehefrauen durchweg geringer als die der ledigen Frauen.

Die höhere Lebensdauer der verheirateten Männer und Frauen gegenüber gleichaltrigen unverheirateten Personen ist zweifellos zu einen Teil dem günstigen Einfluß, den Ehe und Familienleben für die Gesundheit haben, zuzuschreiben, zum Teil wird sie aber auch, wie *Rahts* mit Recht zu diesen Zahlen bemerkt, in dem Umstand begründet sein, daß körperlich oder geistig schwächere Personen meist ledig bleiben, daß somit durch die Ehe eine gewisse Auslese der gesünderen, widerstandsfähigeren und lebenstüchtigeren Naturen stattfindet.

Eine gewisse Bestätigung dieser Schlußfolgerungen wird man auch in den Untersuchungen von *W. F. Ogburn*[1]) erblicken dürfen, der auf Grund des ihm zugänglichen amerikanischen Materials nicht nur eine größere Sterblichkeit der Unverheirateten, sondern auch eine relativ stärkere (z. T. erheblich stärkere) Verbreitung von Kriminalität, geistigen Defekten und Armut unter den Unverheirateten gegenüber den Verheirateten festgestellt hat.

II. Der Ehebestand, die Veränderungen seiner Zahl und Struktur.

a) Die stehenden Ehen.

1. Die Zahl der stehenden Ehen wird bei den Volkszählungen im allgemeinen nicht unmittelbar festgestellt[2]), sie ergibt sich aber mit hinreichender Sicherheit aus den Ermittlungen über den Familienstand der Bevölkerung. Bei der letzten Vorkriegszählung (am 1. Dezember 1910) wurden im Deutschen Reich damaligen Umfangs

11 608 028 verheiratete Männer und
11 621 685 verheiratete Frauen gezählt.

[1]) *W. F. Ogburn*, The relationship of marital condition to death, crime, insanity, and pauperism. XVI. Session de l'Institut International de Statistique. Rom 1925.

[2]) Dies geschieht in der Regel nur da, wo mit den Volkszählungen besondere familienstatistische Ermittlungen verbunden werden. Eine Ausnahme bilden in dieser Hinsicht die wertvollen ehestatistischen Feststellungen, welche das Sächs. Stat. Landesamt mit den Volkszählungen (1905 u. 1910) zu verbinden pflegt. — Über die in ehestatistischer Hinsicht immerhin bedeutsamen Aufschlüsse, welche die Gliederung der Gesamtbevölkerung, der heiratsfähigen Bevölkerung, der Bevölkerung einzelner Berufsgruppen und sozialen Schichten nach dem Familienstand vermittelt, vgl. meine Ausführungen in der „Zeitschrift für Sexualwissenschaft" 1927, Bd. XIV.

Die Zahl der stehenden Ehen kann sonach für 1910 auf 11,6 Millionen, in der Umrechnung auf das heutige Reichsgebiet auf 10,5 Millionen beziffert werden. Von der letzten Volkszählung vom 16. Juni 1925 liegen die vollständigen Ergebnisse noch nicht vor. Soweit sie vorhanden sind[1]), ergibt sich unter Gegenüberstellung der entsprechenden Zahlen für die Zählung von 1910 durchweg eine recht erhebliche Zunahme der Zahl der Ehen, so in Bayern um 20 v. H., in Württemberg um 16 v. H., in Baden um 20 v. H., also im gesamten süddeutschen Durchschnitt um rund ein Fünftel; in den Hansastädten Hamburg und Bremen ist die Zahl der Ehen sogar um ein volles Drittel gestiegen.

Ein abschließendes Urteil für das ganze Reich läßt sich aus diesen Zahlen noch nicht gewinnen. Auch bezüglich der strukturellen Veränderungen des Ehebestandes, soweit sie überhaupt zahlenmäßig zu erfassen sind, können endgültige Aufschlüsse erst die Reichsergebnisse der Volkszählung 1925 erbringen. Wohl aber vermag die Statistik der Eheschließungen und der Ehelösungen seit 1910, wenn man sie in Verbindung mit der Statistik des Ehebestandes vom Jahr 1910 bringt, eine Reihe bedeutsamer Einblicke in die zahlenmäßigen und zum Teil auch in die strukturellen Wandlungen des Ehebestandes zu bieten — Einblicke allerdings, die noch der späteren Korrektur durch die neue Bestandsaufnahme der Volkszählung von 1925 insofern bedürfen, als sich diese Berechnungen nur auf die Eheschließungs- und Ehelösungsstatistik stützen können, während die Ein- und Auswanderung von Ehepaaren mangels vollständiger Unterlagen unberücksichtigt bleiben muß. Doch dürfte diese erst später mögliche Korrektur an den Grundzügen des Zahlenbildes nichts wesentliches ändern.

2. Welches ist nun die zahlenmäßige Bilanz zwischen Eheschließungen und Ehelösungen?

Hierüber gibt unter Zugrundelegung des heutigen Reichsgebiets umstehende Übersicht[2]) für die Zeit von 1913—1924 Aufschluß.

Während vor dem Krieg (1913) bei rund 463 000 Eheschließungen und 280 000 Ehelösungen sich jährlich ein Reinüberschuß von rund 183 000 Ehen ergab, ist dieser Überschuß im ersten Kriegsjahr auf 50 000 zusammengeschrumpft und hat sich in den folgenden Kriegsjahren in einen Überschuß der Ehelösungen über die Eheschließungen verwandelt. Insgesamt ergibt sich für das Jahrfünft 1914/18 ein Überschuß der Ehelösungen über die Eheschließungen von 520 000. Normalerweise wäre in diesem Jahrfünft ein Überschuß der Eheschlie-

[1]) Vgl. „Wirtschaft und Statistik" 1927, Heft 1.
[2]) Vgl. Bd. 316 d. Stat. d. D. R. S. 18*.

ßungen über die Ehelösungen von rund 915 000 Ehen zu erwarten gewesen. Der durch den Krieg hervorgerufene Verlust an stehenden Ehen beziffert sich sonach auf (915 000 + 520 000 =) 1 435 000. Ein Teil dieses Ausfalls ist allerdings durch die hohen Eheschließungsüberschüsse des folgenden Jahrfünfts wieder eingebracht. 1919—1923 hat die Zahl der stehenden Ehen um 2 035 000 zugenommen; also um 1 120 000 mehr als bei Zugrundelegung des jährlichen Vorkriegszuwachses zu erwarten war. Das ganze Jahrzehnt 1914/23 schließt sonach mit einem Ausfall von 315 000 stehenden Ehen als Folge der durch den Krieg geschaffenen besonderen Verhältnisse ab.

Jahr	Auf das jetzige Reichsgebiet bezogene Zahl der				Überschuß der Eheschließungen (+) oder der Ehelösungen (—)
	Eheschließungen	Ehelösungen			
		durch Tod	d. Scheidung	insgesamt	
1913	462 744	263 141	16 657	279 798	+ 182 946
1914	415 200	348 112	16 596	364 708	+ 50 492
1915	250 800	395 362	10 184	405 546	— 154 746
1916	251 600	373 135	9 793	382 928	— 131 328
1917	285 400	397 609	11 047	408 656	— 123 256
1918	326 200	475 082	12 709	487 791	— 161 591
1919	798 657	305 495	21 308	326 803	+ 471 854
1920	871 973	289 210	36 107	325 317	+ 546 656
1921	720 208	272 376	38 726	311 102	+ 409 106
1922	681 891	298 335	36 587	334 922	+ 346 969
1923	581 277	287 756	33 939	321 695	+ 259 582
1924	440 039	275 001	35 936	310 937	+ 129 102

Daß dieser Fehlbetrag in der Ehebilanz des Krieges auch in den kommenden Jahren kaum mehr in nennenswertem Umfang abgedeckt werden wird, kann aus den inzwischen festgestellten Ergebnissen für das Jahr 1924 geschlossen werden. Das Jahr 1924 erbrachte bei wesentlich verringerter Eheschließungszahl und gegenüber dem Vorkriegsstand erhöhter Ehelösungszahl nur einen Zuwachs von 129 000 stehenden Ehen gegenüber 183 000 Ehen im Jahr 1913. Schließt man das Jahr 1924 noch in die Zusammenfassung ein, so erhöht sich der Gesamtausfall der Kriegs- und Nachkriegsjahre 1914—1924 auf 370 000 Ehen. Die Zahl der stehenden Ehen im heutigen Reichsgebiet, die normalerweise bei Zugrundelegung des Jahreszuwachses von 1913 von 1910—1924 sich um (14 × 183 000 =) rund 2,6 Millionen auf rund 13,1 Millionen erhöht hätte, ist tatsächlich nur um 2,2 Millionen auf 12,7 Millionen angewachsen, bleibt also um $2^1/_2$% hinter dem erwartungsmäßigen Ehebestand zurück.

Aber nicht nur der Zahl nach, sondern fast noch mehr der Qualität seiner biologischen Zusammensetzung nach hat sich unser Ehebestand während und infolge des Krieges stark verändert, und zwar verschlechtert. Denn die Ehen, die infolge des Krieges nicht geschlossen bzw. aufgeschoben wurden, oder die infolge Kriegstodes des Mannes vorzeitig gelöst wurden, betreffen hauptsächlich junge Paare von gesunder Körperkonstitution, Leute im zeugungsfähigsten, im zeugungs- und schaffensfreudigsten Alter. Das ist ein Verlust, der auch durch einen zahlenmäßig starken Neuzugang an Eheschließungen nicht ausgeglichen werden kann. Die Eheschließungen der Kriegs- und Nachkriegsjahre lassen eine Erhöhung des durchschnittlichen Heiratsalters erkennen und zeichnen sich im übrigen, was das Verhältnis zwischen Heiratsalter von Mann und Frau anlangt, auch noch durch Zunahme der ungleichen Paarungen und durch Zunahme der Wiederverheiratungen aus sowie — nach der Statistik der Ehescheidungen zu schließen — durch verstärkte Neigung zur Ehelösung, gar nicht zu reden von der durch den Krieg erhöhten Verseuchung zahlreicher Ehen durch Geschlechtskrankheiten und von den bekannten kontraselektorischen Wirkungen des Krieges unter dem männlichen Teil der Bevölkerung. Im ganzen genommen ist der Ehebestand von heute durchschnittlich älter und verkörpert schon darum nicht mehr die gleiche Fortpflanzungskraft, jedenfalls aber nicht den gleichen Fortpflanzungswillen wie der Bestand vor dem Kriege[1]).

Die Auswirkungen des Eheausfalls sind nach alledem noch weit bedeutender, als seine zahlenmäßige Höhe annehmen läßt.

b) Die getrennt lebenden Ehegatten.

Eine besondere Betrachtung erfordern im Rahmen dieses Abschnittes über die „stehenden Ehen" jene Ehen, die zwar nicht rechtlich geschieden sind, in denen aber trotzdem kein eheliches Zusammen-

[1]) Das ergibt sich klar aus folgenden Feststellungen des Statistischen Reichsamts in Bd. 316 d. Stat. d. D. R., S. 19*: Die Zahl der verheirateten Frauen im gebärfähigen Alter von unter 45 Jahren blieb zu Beginn des Jahres 1919 um 1,3 Millionen hinter ihrem normalen Wert zurück. Dieser Umstand mußte zunächst für die Jahre 1919 und 1920 einen erheblichen Ausfall an Geburten nach sich ziehen, zumal der größte Teil des Fehlbetrages an verheirateten Frauen im gebärfähigen Alter, nämlich rund 1 Million von 1,3 Millionen oder 77%, auf die Altersstufe von 20 bis unter 35 Jahren entfiel, in welchem Alter die Fruchtbarkeit der Frauen am größten zu sein pflegt. Die trotzdem verhältnismäßig hohe Geburtenzahl der beiden ersten Nachkriegsjahre, die im 2. Halbjahr 1919 die Geburtenzahl von 1913 sogar überstieg und im Jahre 1920 nicht viel hinter derselben zurückblieb, stellt demnach eine bedeutende Mehrleistung der Ehen dar, die den Krieg überstanden haben. Dagegen ist die nach der Anhäufung der Eheschließungen in den Jahren 1919 bis 1923 zu erwartende Zunahme der Geburtenzahl so gut wie nicht eingetreten. Der Ausfall der Geburten während des Krieges ist daher nur zu einem kleinen Teil, und zwar fast nur durch die alten Ehen, nachgeholt worden. Nicht ganz ohne Einfluß wird in dieser Hinsicht der Umstand gewesen sein, daß der Gebärwert der nach dem Kriege so überaus zahlreich geschlossenen Ehen im Durchschnitt ein unternormaler war. Denn naturgemäß blieb die Fruchtbarkeit der Ehen, die von über 40 Jahre alten Junggesellen und Witwern aus wirtschaftlichen und ähnlichen Gründen eingegangen sind, sehr gering. Ebenso wenig war von der verhältnismäßig großen Zahl der Ehen, in denen der eine Ehegatte oder gar beide bereits verwitwet oder geschieden waren, eine Hebung der Geburtenzahl zu erwarten.

leben vorliegt. Da, wie oben erwähnt, bei der Volkszählung in der Regel die Ehe nicht als selbständiges soziales Gebilde für sich erhoben wird, sondern die Zahl der stehenden Ehen vielmehr indirekt aus den Angaben der einzelnen Personen über den Familienstand gewonnen werden, sind durchweg auch die getrennt lebenden Ehegatten unter den Verheirateten und damit unter den stehenden Ehen mitgerechnet. Nachweisungen über die Getrenntlebenden sind nur durch Sonderermittlungen über den Familienstand der am Zählungstage vorübergehend abwesenden Personen möglich, wie sie beispielsweise das Sächs. Statistische Landesamt bei der Volkszählung von 1905 und 1910 durchgeführt hat[1]).

In Sachsen wurde außerdem über die Erfassung des rein rechtlichen Familienstandes hinausgehend bei den Verheirateten auch noch gefragt „ob getrennt lebend". Insgesamt hatten sich in Sachsen bei der Volkszählung

Jahr	Männer	Frauen	zusammen
1905	8 296	13 801	22 097
1910	8 889	14 610	23 499

Personen als „getrennt lebend" in den Haushaltungslisten eingetragen. Auf je 1000 verheiratete Personen entfielen 1905 13,04, 1910 12,67 Getrenntlebende. Besonders groß ist der Promillesatz der Getrenntlebenden in den Großstädten. Es trafen 1910 auf 1000 verheiratete Personen in Dresden 20,03, in Leipzig 20,07 Getrenntlebende.

Es ist allerdings, wie *E. Würzburger* zu diesen Zahlen bemerkt, sehr unwahrscheinlich, daß diese Angaben vollständig sind; denn die Angabe „getrennt lebend" setzt ein gewisses Einverständnis dessen, der sie macht, mit diesem Zustand voraus. Eheverlassene Frauen, deren Mann sich den Pflichten gegen die Familie entzogen hat, werden sich deshalb schwerlich zu einer solchen Eintragung entschließen und lieber sich einfach als „verheiratet" bezeichnen.

Zieht man zur Vervollständigung auch noch diejenigen Fälle heran, in denen eine Person als „verheiratet" und als dauernd (also nicht bloß vorübergehend) in einer Haushaltung abwesend eingetragen ist, der andere Ehegatte aber sich weder im Verzeichnis der in derselben Haushaltung anwesenden noch in dem der vorübergehend abwesenden Personen findet, also die Fälle, in denen die Ehe wohl praktisch getrennt ist, hinzu, so betrug die Gesamtzahl der Getrenntlebenden[2]):

Jahr	Männer	Frauen	zusammen
1905	20 690	20 102	40 792
1910	21 146	20 728	41 874

Das sind bei beiden Zählungen mehr als 2 v. H. der als anwesend gezählten verheirateten Personen.

Dieses Ergebnis für die sächsischen Ehen, dem leider von anderen Ländern kein Vergleichsergebnis gegenüber gestellt werden

[1]) Vgl. Zeitschrift des Sächs. Stat. Landesamts, Jahrg. 1908, S. 18, Jahrg. 1914, S. 82 fg.
[2]) Ohne die Anstaltshaushaltungen.

kann[1]), kann wenigstens als Anhaltspunkt für die Größenordnung der Zahl derjenigen Ehen betrachtet werden, die (in der Vorkriegszeit) rechtlich zwar noch bestanden, praktisch aber bereits aufgelöst waren. Durch den Krieg dürften diese Zahlen in Sachsen wie auch anderwärts, namentlich in den Städten, eine weitere Steigerung erfahren haben.

III. Fruchtbarkeit und Kinderaufzucht der Ehen.

a) Der internationale Geburtenrückgang.

Das vorige Jahrhundert war — wenigstens in seiner zweiten Hälfte und von wenigen Ländern abgesehen — ein Zeitabschnitt beispielloser Bevölkerungsvermehrung. Um die Jahrhundertwende machte sich jedoch allerorten eine Verlangsamung des natürlichen Bevölkerungswachstums bemerkbar oder kündete sich wenigstens in verschiedenen Symptomen an. Die Geburtenziffer, d. h. die auf 1000 der Bevölkerung berechnete Geburtenzahl, ist in den meisten Kulturländern schon gegen Ende des 19. Jahrhunderts, vor allem zu Beginn des 20. Jahrhunderts mehr oder weniger stark zurückgegangen. Der Bevölkerungszuwachs (Geburtenüberschuß) hielt sich aber gleichwohl noch einige Zeit auf seiner alten Höhe, weil gleichzeitig mit der Geburtenhäufigkeit die Sterblichkeit, besonders die Kindersterblichkeit in vorher ungeahnter Weise zurückging. Bis zu einem gewissen Grade stehen beide Erscheinungen in ursächlichem Zusammenhang[2]) und soweit damit beide Zahlenreihen sich in ihrem Endertrag optimalen Verhältnissen näherten, war diese Entwicklung durchaus zu begrüßen. Eine Reihe von Symptomen deuteten jedoch darauf hin, daß die Geburtenziffer nicht die Tendenz hatte, bei ihrem Optimum, d. h. jenem Zustande stehen zu bleiben, bei dem sie quantitativ und qualitativ die günstigste Bevölkerungsvermehrung sicherte, sondern die Tendenz hat, diese Grenze zu unterschreiten, sich sozusagen ihrem Minimum zu nähern. Sie sank in einem Tempo, mit dem der Rückgang der Sterblichkeit nicht gleichen Schritt halten konnte. Die natürliche Bevölkerungsvermehrung (ausgedrückt im Geburtenüberschuß) ging deshalb zurück oder drohte, namentlich in den Städten, mehr und mehr zu versiegen oder gar einem Überschuß der Sterbefälle über die Gebur-

[1]) Bei der deutschen Berufszählung von 1907 wurden insgesamt über 100 000 „verheiratete oder getrennt lebende" Personen gezählt, die von eigenem Vermögen lebten, 1895 33 000. Es handelt sich hier zweifellos in der Hauptsache um getrennt lebende Ehefrauen. Allerdings kann aus diesen Zahlen kein Rückschluß auf die Gesamtzahl der Getrenntlebenden im Reich gezogen werden, da die Zahl der getrennt lebenden Erwerbstätigen nicht festzustellen ist.

[2]) Den Beweis für diesen Kausalzusammenhang habe ich zu führen versucht in einem Aufsatz „Geburtenhäufigkeit und Säuglingssterblichkeit mit besonderer Berücksichtigung bayerischer Verhältnisse", Allgem. Stat. Archiv Bd. 8 (1914).

ten Platz zu machen. Vielerorts reichte die Geburtenziffer schon nicht mehr aus, um den Bevölkerungsstand aus eigner Kraft aufrecht zu erhalten [1]).

Das war die Situation vor dem Kriege! Sie hat eine schier unübersehbare Literatur über den Geburtenrückgang hervorgerufen [2]).

Im Deutschen Reich entwickelte sich die Geburtenhäufigkeit im Verlauf von acht Jahrzehnten wie folgt:

Jahres-durchschnitt	Lebendgeborene überhaupt	auf 1000 Einwohner	Jahr	Lebendgeborene überhaupt	auf 1000 Einwohner
1841/50	1 237 723	36,1	1909	1 978 278	31,0
1851/60	1 285 782	35,3	1910	1 924 778	29,8
1861/70	1 469 834	37,2	1911	1 870 729	28,6
1871/80	1 674 844	39,1	1912	1 869 636	28,3
1881/90	1 732 015	36,8	1913	1 838 750	27,5
1891/00	1 900 295	36,1	1914	1 818 596	26,8
1901/10	1 999 364	32,9	1915	1 382 546	20,4
			1916	1 029 484	15,2
Jahr			1917	912 109	13,9
1901	2 032 313	35,7	1918	926 813	14,3
1902	2 024 735	35,1	1919	1 260 500	20,0
1903	1 983 078	33,8	1920	1 599 287	25,9
1904	2 025 847	34,0	1921	1 560 447	25,3
1905	1 987 153	33,0	1922	1 404 215	22,9
1906	2 022 477	33,1	1923	1 297 449	21,0
1907	1 999 933	32,3	1924	1 270 820	20,5
1908	2 015 052	32,1	1925	1 292 499	20,7

Seit dem Jahr 1901 mit seinem Geburtenrekord von 2,1 Millionen — der relativen Geburtenziffer nach war 1876 das Rekordjahr mit 42,6 Geburten auf je 1000 Einwohner — ging trotz fortgesetzt steigender Bevölkerungs- und Ehezahl die Geburtenzahl bis zum Kriegsausbruch fast ununterbrochen zurück. Vom Jahr 1915 ab, oder genauer vom 2. Vierteljahr 1915 ab, das zuerst unter der Wirkung des durch den Kriegsausbruch bedingten Rückgangs der Zeugungen stand, stürzte die Geburtenzahl jäh ab, um 9 Monate nach Kriegsschluß (ab August 1919) wieder — vorübergehend wenigstens — anzusteigen.

[1]) Vgl. die einschlägigen Literaturübersichten von *E. Schmidt* im Deutschen Stat. Zentralblatt. — Ferner *E. Roesle*, Der Geburtenrückgang, seine Literatur und die Methodik seiner Ausmaßbestimmungen, Leipzig 1914, sowie die Literaturübersicht, die *meiner* Schrift über „Das Bevölkerungsproblem", München 1917 beigegeben ist. Aus neuester Zeit *J. Müller*, Der Geburtenrückgang, Jena 1925. — Das statistische Tatsachenmaterial zu dieser Frage habe ich auf Grund des 2. Bandes der „Statistique internationale du mouvement de la population d'après les registres de l'état civil" (herausgegeben von der Statistique générale de la France) für eine große Zahl von europäischen und außereuropäischen Ländern und zwar, soweit Unterlagen vorhanden, für die Zeit 1840—1910 im Allgem. Stat. Archiv Bd. VIII, Heft 2 übersichtlich zusammengestellt. Es darf hier auf diese Zusammenstellungen Bezug genommen werden.

ohne jedoch je wieder das Vorkriegsniveau zu erreichen. Während des Krieges entstand, gemessen am Vorkriegsstand, ein Geburtenausfall von 3,5 Millionen und selbst wenn man den „normalen" Vorkriegsgeburtenrückgang für die Kriegsdauer in Rechnung stellt, bleibt immer noch ein Ausfall von 3,2 Millionen, d. h. beinahe zwei volle Vorkriegsgeburtenjahrgänge!

Auf einen Ersatz dieser Ungeborenen kann — im Gegensatz zu den nach früheren Kriegen, im besonderen auch nach dem Krieg 1870/71 gemachten Erfahrungen — nicht gerechnet werden. Die nach dem Kriege einsetzende „Geburtenwelle" hat selbst in ihrem Höhepunkt (1. Vierteljahr 1920 mit 29,5‰) nur knapp die Geburtenziffer des Friedensjahres 1911 erreicht, ist aber bereits vom zweiten Vierteljahr an in rasch absteigender Linie auf einen Tiefstand gesunken, wie er selbst unter normalen Verhältnissen vor dem Kriege im Deutschen Reich (als Gesamtdurchschnitt) noch nicht bekannt war. Dabei muß man sich zur richtigen Würdigung dieses Ergebnisses vergegenwärtigen, daß der Kriegsabschluß die Wiedervereinigung von etwa 3 Millionen Ehepaaren brachte, die vorher infolge des Kriegsdienstes des Mannes zum großen Teil jahrelang voneinander getrennt waren und daß außerdem im Jahre 1919 die ungewöhnlich hohe Zahl von 844 000, i. J. 1920 von 884 000 Ehen neu geschlossen wurden — beides Umstände, die für 1920 und 1921 eine weit größere Geburtenzahl erwarten ließen.

In normalen Zeiten pflegt bekanntlich die Zahl der neugeschlossenen Ehen von ausschlaggebendem Einfluß auf die Geburtenhäufigkeit des folgenden Jahres zu sein. Wie sehr sich die Verhältnisse in der Nachkriegszeit geändert haben, ergibt sich aus folgender Gegenüberstellung. Es betrug die Zahl der

Eheschließungen			Geborenen		
im 3. Vierteljahr	1913	110 278	im 2. Vierteljahr	1914	473 292
im 3. „	1920	198 717	im 2. „	1921	382 075

In der Zeit unmittelbar vor dem Kriege standen hiernach 1000 Eheschließungen 4291 Geburten, beim Vergleich von 1920/21 dagegen 1000 Eheschließungen bloß 1922 Geburten gegenüber. Allerdings läßt sich nicht feststellen, ob und in welchem Maße die geringe Geburtenzahl der Kinderscheu der Neuvermählten oder der älteren Ehepaare zuzuschreiben ist, da eine Ausgliederung der Geburtenzahlen nach der Dauer der Ehen in Deutschland fehlt. Es ist aber doch immerhin charakteristisch für die heutige Situation, daß trotz des ungewöhnlich starken Zugangs an jungen, für die Fortpflanzung in erster Linie in Betracht kommenden Ehen, die Geburtenzahl stark zurückgeht. Eine große Eheschließungshäufigkeit bildet eben jetzt noch weniger eine Gewähr für eine ausreichende Bevölkerungszunahme, als es schon vor dem Kriege der Fall war. Der Wille zur Ehe wurde durch den Krieg und die wirtschaftlichen Verhältnisse nach dem Kriege nicht geschwächt, eher noch gestärkt, wohl aber der Wille zum Kinde. Die Beendigung des Krieges brachte nicht die Beseitigung der schon vorher auf die Geburtenfreudigkeit lähmend wirkenden wirtschaftlichen Unsicherheit und Not, sondern noch eine weitere Verschärfung des wirtschaftlichen Druckes (Wohnungselend usw.), einen Ausblick in eine düstere und ungewisse Zukunft, Imponderabilien, die wohl in erster Linie auf den Fortpflanzungswillen hemmend eingewirkt haben mögen.

Jedenfalls zeigen die angeführten Tatsachen, daß — trotz der restlosen Nachholung des Eheschließungsausfalles der Kriegsjahre — auf keinen Ausgleich, nicht einmal auf einen teilweisen Ersatz des Kriegs-Geburtenausfalls gerechnet werden kann.

Die Geburtenhäufigkeit hat nach dem Kriege eine wohl bleibende Niveausenkung erfahren, die Frage ist nur, auf welchem Niveau die Geburtenziffer „stabilisiert" werden wird. Frankreich hat sich, nachdem es bereits im Jahrzehnt 1890/1900 bei einer Geburtenziffer von 22 auf je 1000 Einwohner angelangt war, bis zum Kriegsausbruch ungefähr auf dem Niveau von 20 Geburten auf 1000 Einwohner gehalten und steht auch nach dem Kriege nicht viel darunter. Ob es Deutschland gelingen wird, seine jetzige Geburtenziffer, deren Niveau nicht mehr viel über dem Frankreichs liegt, zu stabilisieren, erscheint fraglich. Wenn man bedenkt, daß auf 1000 Einwohner in Berlin 1925 nur noch 11,2, in Frankfurt 12,8, in Dresden 12,9, in Stuttgart 13,1, in München 13,4, in Hamburg 13,7 Geburten entfielen, wenn man weiter in Erwägung zieht, daß von den 47 deutschen Großstädten im Jahre 1925 nur noch 6, und zwar ausschließlich Arbeiterstädte im Rheinisch-westfälischen Industriebezirk (Hamborn, Buer, Oberhausen, Gelsenkirchen, Duisburg und Bochum) mehr als 20 Geburten auf je 1000 Einwohner aufzuweisen hatten, daß dagegen schon 15 Großstädte, und zwar die größten, auf das Niveau von unter 15‰ herabgesunken waren, und wenn man dazu in Rechnung stellt, daß heute bereits jeder vierte Deutsche in einer Großstadt lebt, so muß eine weitere Senkung des deutschen Geburtenniveaus als durchaus im Bereich des wahrscheinlichen liegend bezeichnet werden. Relativ höhere Geburtenziffern haben nach den Ergebnissen des Jahres 1924 die Provinzen Oberschlesien (30,3‰) und Westfalen (25‰) aufzuweisen, zwei stark industrialisierte Gebiete mit erheblicher Zuwanderung jüngerer Arbeitskräfte und überwiegend katholischer Bevölkerung, zwei Gebiete, die sich schon immer durch hohe Geburtenziffern auszeichneten. Es reihen sich an die vorwiegend agrarischen Gebiete Prov. Ostpreußen (25,2), Grenzmark (23,7), Pommern (23,5), Niederschlesien (23,3), Bayern (23,1); auch das agrarische Oldenburg (24,1) und Mecklenburg-Schwerin (22,2) liegen noch etwas über dem heutigen Reichsdurchschnitt von (21,1‰). Aber keines dieser Maximalgebiete, abgesehen von Oberschlesien, erreicht heute noch den gesamten Reichsdurchschnitt des letzten Vorkriegsjahres (1913: 28,3). Durch besonders niedrige Geburtenziffern zeichnen sich neben den Stadtstaaten Hamburg, Bremen und Lübeck, sowie der Stadt Berlin vor allem die Provinz Brandenburg (19,5), Schleswig-Holstein (18,7), Hannover (20,7), Hessen-Nassau (20,1), die Länder Sachsen (17,8), Württemberg (19,3) und einige kleinere Länder aus. Die Geburtenziffern dieser Länder liegen nicht nur unter dem heutigen, schon recht niedrigen Reichsdurchschnitt, sondern zum Teil (z. B. in Württemberg und vor allem in Sachsen) unter dem französischen Durchschnitt.

Auch im Ausland ist die Geburtenziffer nach dem Kriege, wenn überhaupt, nur ganz vorübergehend angestiegen, im ganzen aber gegenüber dem Vorkriegsstand mehr oder weniger stark gesunken, das gilt sowohl für die am Kriege beteiligten als auch für die neutralen Länder, wie sich aus folgender Übersicht ergibt [1]):

Staaten	Auf 1000 Einwohner entfielen Geborene (ohne totgeborene im Jahre)						
	1900	1910	1913	1922	1923	1924	1925
a. Am Weltkrieg beteiligt gewesene Staaten:							
Deutsches Reich	35,6	29,8	[2]) 27,5	22,9	21,0	20,5	20,6
Östereich	37,2	32,6	[3]) 23,1	23,2	22,4		
Italien	33,0	33,3	31,7	30,2	29,3	28,2	
Ungarn	39,3	35,7	34,5	29,4	28,4	26,2	26,2
England und Wales	28,7	25,1	24,1	20,4	19,7	18,8	18,3
Schottland	29,6	26,2	25,5	23,5	22,8	21,9	21,3
Belgien	29,0	23,5	22,4	20,4	20,3	19,9	19,8
Frankreich	21,4	19,6	18,8	19,3	19,4	19,2	19,6
b. Im Weltkrieg neutrale Staaten:							
Schweiz	28,6	25,0	23,1	19,6	19,4	18,7	18,4
Finnland	32,0	30,1	27,1	23,4	23,7	22,4	
Schweden	27,0	24,7	23,2	19,6	18,8	18,1	17,5
Norwegen	30,0	26,1	25,5	24,2	23,0	21,7	20,0
Dänemark	29,7	27,5	25,6	22,3	22,3	21,9	21,1
Niederlande	31,6	28,6	28,2	25,9	26,0	25,1	24,0
Spanien	33,8	33,1	30,4	30,5	30,6	29,9	29,3

So stark wie im Deutschen Reich war allerdings der Absturz der Geburtenziffer nur in wenigen Ländern, was allerdings wohl mit den besonderen Notständen Deutschlands in der Nachkriegszeit zusammenhängt. Eine Ausnahme von der Regel bildet Frankreich, in gewissem Umfang auch Spanien. In beiden Ländern ist die Geburtenziffer des Jahres 1923 sogar größer als die des letzten Vorkriegsjahres. In Frankreich ist sie von 18,8 auf 19,6‰ im Jahre 1926 gestiegen, was möglicherweise darauf zurückzuführen ist, daß teils das annektierte Elsaß-Lothringen (mit einer Geburtenziffer von 23,3 im Jahre 1913 gegenüber 18,8 in Alt-Frankreich), teils aber auch durch die nach dem Kriege zu beobachtende starke Zuwanderung fremder Elemente (vor allem Italiener, Spanier, Afrikaner, auch Polen usw.) zur Hebung des Niveaus der Geburtenziffer beigetragen haben, zum Teil dürfte in dieser geringen Aufwärtsbewegung auch eine Wirkung der bewußt und energisch betriebenen Bevölkerungspolitik Frankreichs zu erblicken sein. Frankreich steht heute nicht mehr an letzter Stelle, nicht mehr in völliger Isolierung, wie in der Vorkriegszeit; es haben sich eine Reihe anderer Länder, vor allem Schweden, das jetzt die niedrigste

[1]) Für die Jahre bis 1923 vgl. Bd. 316 d. Stat. d. D. R., S. 22*, dazu auch die dort abgedruckte sehr instruktive graphische Darstellung über die Entwicklung der Geburtenziffer in den europäischen Staaten seit 1900.

[2]) Auf dem jetzigen Reichsgebiet.

[3]) Auf dem jetzigen Gebiet Deutsch-Österreichs.

Geburtenziffer hat (17,5‰), ferner die Schweiz, Belgien, England, Norwegen, aber auch Deutschland in raschem Abwärtstempo, dem französischen Geburtenniveau genähert, ja es zum Teil bereits unterschritten.

Zieht man auch noch die übrigen in der zeitlichen Vergleichsübersicht noch nicht berücksichtigten größeren europäischen Länder, die teils nicht über frühere Statistiken verfügen, in Betracht, so sind namentlich im Osten Europas und auf dem Balkan noch große Gebiete zu finden, die die anderthalbfache oder gar doppelte Geburtenziffer aufzuweisen haben wie Deutschland, so Rußland mit 42,6 auf je 1000 Einwohner im Jahre 1923, Räte-Ukraine (1923: 35,4), Rumänien (1922: 34,3); die Tschechoslowakei bildet (mit 25,6 ‰ i. J. 1924) die Überleitung zu Mitteleuropa. Wenn auch in den vorgenannten Ländern, soweit hier historische Vergleiche überhaupt möglich sind, durchweg ebenfalls ein Rückgang der Geburtenziffer festzustellen ist, so hält er sich in den östlichen Ländern doch noch in sehr engen Grenzen. Es herrscht dort noch eine ungebrochene, urwüchsige Fruchtbarkeit der Bevölkerung, die — geographisch betrachtet — gegen Mittel- und Westeuropa fortschreitend rasch abnimmt. Recht hohe Geburtenziffern finden sich, soweit Zahlen hierüber vorliegen [1]), auch in Asien, vor allem auch in Japan und Brit.-Indien, ähnlich in Süd- und Mittelamerika und in Afrika (Ägypten). Nordamerika und Australien ähneln dagegen mit ihrem geringen Geburtenstand stark dem westlichen Europa, wobei namentlich bei Australien bemerkenswert ist, daß es trotz geringer Geburtenhäufigkeit bei gleichzeitig außerordentlich niedriger Sterblichkeit noch einen verhältnismäßig hohen Geburtenüberschuß erzielt.

Überhaupt kommt es letzten Endes nicht so sehr auf die Geburtenziffer an sich, sondern auf den verbleibenden Reinertrag der Geburtenhäufigkeit, d. h. auf den Überschuß der Geburten über die Sterblichkeit an. Wenn beispielsweise Australien bei 23,2 ‰ Geburten und 9,5 ‰ Sterbefällen einen Geburtenüberschuß von 13,7 auf je 1000 Einwohner erzielt oder wenn die Niederlande bei einer Geburtenziffer von 24,0 ‰ und einer Sterblichkeit von nur 9,6 ‰ einen Geburtenüberschuß von 14,4 auf je 1000 der Bevölkerung aufweisen, so ist das privatwirtschaftlich, volkswirtschaftlich und bevölkerungspolitisch zweifellos ein gesünderer Zustand, als wenn zur Erzielung des gleichen Nutzeffekts von 14,5 ‰ Geburtenüberschuß in Rumänien eine Geburtenziffer von 37,5 ‰ erforderlich ist, weil gleichzeitig die Sterblichkeit 23,0 ‰ beträgt. Allerdings darf man, wie schon oben erwähnt, nicht übersehen, daß die Geburtenhäufigkeit das Primäre ist und daß es ohne ausreichende Geburtenzahl keinen Geburtenüberschuß geben kann, ebenso wenig wie es ohne ausreichende — d. h. über die (wenn auch noch so geringen) Selbstkosten hinausgehende — Einnahmen auch keinen Einnahmeüberschuß geben kann. Wenn Rußland beispielsweise mit seiner ungewöhnlich hohen Geburtenziffer von 42,6 ‰ bei einer Sterbeziffer von 23,1 ‰ einen Geburtenüberschuß von 19,5 ‰ erzielt, so ist es klar, daß man einen gleich hohen Geburtenüberschuß nicht erwarten kann, wenn die gesamte Geburtenziffer, wie z. B. im Deutschen Reich, nur 20,6 ‰ beträgt. Geburtenziffer und Sterblichkeitsziffer, insbesondere Säuglingssterblichkeit, stehen, wie schon oben erwähnt, in gewisser Wechselbeziehung. Es gilt, wie ich an anderer Stelle dargelegt habe, bezüglich des Nettoertrags der Geburtenzahl in übertragenem Sinn das Gesetz vom abnehmenden Bodenertrag: je größer die Geburtenzahl (Rohertrag), desto größer die Säuglingssterblichkeit (Spesen) und desto geringer — relativ — der verbleibende Kinderaufwuchs (Reinertrag), aber wie gesagt: nur relativ; absolut steigt im allgemeinen mit steigender Geburtenzahl auch die Zahl der aufwachsenden Kinder, wenigstens bis zu einem gewissen Punkt, den ich das Geburtenoptimum genannt habe. Über jenen Punkt hinaus nimmt der Kinderaufwuchs mit steigender Geburtenzahl nicht nur relativ, sondern auch absolut ab. Wo das Geburtenoptimum liegt, ist für jedes Land und für jede Zeit verschieden. Hier soll abschließend ein zusammenfassender Überblick über den heutigen Stand der Geburten- und Sterbeziffer

[1]) Vgl. Stat. Jahrbuch f. d. D. R. 1926, S. 11* fg.

insbesondere über die Säuglingssterblichkeit und über den Geburtenüberschuß — als rein rechnerische Abgleichung zwischen Geburten- und Sterbefallzahl — in einer Reihe wichtiger Länder gegeben werden.

Überblick über die Bevölkerungsbewegung im In- und Ausland.

Länder	Jahr	Geborene (ohne Totgeb.)		Gestorbene (ohne Totgeb.)		Geburtenüberschuß		Säuglingssterblichkeit	
		überhaupt	auf 1000 Einw.	überhaupt	auf 1000 Einw.	überhaupt	auf 1000 Einw.	überhaupt	auf 100 Lebendgeb.
Deutsches Reich	1925	1 290 732	20,6	744 306	11,9	546 426	8,7	135 570	10,5
Niederlande . .	1925	176 836	24,0	70 417	9,6	106 419	14,4	8 765	5,0
Schweden . . .	1925	105 989	17,5	70 840	11,7	35 149	5,8	5 850	5,5
England u. Wales	1925	710 979	18,3	473 006	12,2	237 973	6,1	53 008	7,5
Frankreich . .	1925	768 983	19,6	708 919	18,1	60 064	1,5	68 367	8,9
Schweiz[1]) . . .	1925	73 000	18,4	48 000	12,2	25 000	6,2	[2]) 4 571	[2]) 6,1
Italien	1924	1 123 260	28,2	661 020	16,6	462 240	11,6	142 034	12,6
Spanien . . .	1925	644 693	29,3	432 164	19,7	212 529	9,6	87 766	13,6
Rumänien . .	1923	608 763	36,6	372 480	22,4	236 283	14,2	125 830	20,7
Ungarn . . .	1925	230 061	27,9	140 351	17,0	89 710	10,9	38 534	16,8
Tschechoslowakei	1924	362 800	25,6	215 534	15,2	147 206	10,4	[3]) 64 263	[3]) 17,8
Polen[4]) . . .	1923	97 692	33,5	49 015	16,8	48 677	16,7	[5]) 16 367	16,6
Ukraine . . .	1923	931 415	35,4	449 554	17,1	481 861	18,3		
Rußland[6]) . .	1923	3 285 167	42.6	1 784 977	23,1	1 500 190	19,5		
Japan	1924	1 998 520	33,8	1 254 946	21,2	743 574	12,6	312 267	15,6
Britisch Indien .	1923	8 466 085	35,1	6 036 931	25,0	2 429 154	10,1	1 486 277	17,6
Verein. Staaten[7])	1923	1 792 646	22,4	992 237	12,4	800 409	10,0	138 259	7,7
Australien . .	1925	135 792	22,9	54 568	9,2	81 224	13,7	7 251	5,3

b) Eheliche und uneheliche Fruchtbarkeit.

1. Verteilung der Geburten nach ehelicher und unehelicher Abkunft.

Der vorstehende Überblick über die heutige bevölkerungsstatistische Situation gibt zugleich in großen Umrissen auch ein Bild von der Entwicklung und dem Stand der ehelichen Fruchtbarkeit in den einzelnen Ländern. Wenn auch die unehelichen Geburten in manchen Ländern nicht unerhebliche Zahlen aufzuweisen haben, so wird doch im ganzen die Gesamt-Geburtenzahl entscheidend durch die ehelichen Geburten bestimmt. Die Ehen sind nach wie vor die eigentlichen Trä-

1) Für 1925 vorläufige Zahlen.
2) Säuglingssterblichkeit von 1923.
3) Säuglingssterblichkeit von 1920.
4) Die Zahlen beziehen sich nur auf die ehem. preuß. Teile von Posen und Westpreußen.
5) Säuglingssterblichkeit von 1922.
6) Leningrad, Moskau und 51 europ. und asiat. Gouvernements.
7) Registrationsgebiet.

ger der Fortpflanzung und Erneuerung des Menschengeschlechts. In Deutschland entfallen etwa $^9/_{10}$ aller Geburten auf verheiratete Frauen, ein Zehntel auf uneheliche Mütter (1913: 140 000 uneheliche Geburten = 10,5 % der Gesamtzahl der Geburten). Der Satz schwankt — je nach wirtschaftlicher und sozialer Gliederung der Bevölkerung, nach der Höhe des durchschnittlichen Heiratsalters, nach Sitten und Gewohnheiten — innerhalb der einzelnen Reichsteile — von kleineren Ländern abgesehen — zwischen 5 v. H. (Westfalen) und 19 v. H. in Mecklenburg-Schwerin [1]) (Berlin 16 v. H.). Auch im Ausland schwankt der Anteilsatz der unehelichen an der Gesamtzahl der Geborenen in der Regel zwischen 5 und 10 v. H., in einzelnen wenigen Ländern geht er allerdings erheblich darüber hinaus, so sind z. B. in Österreich ein Fünftel, in Chile sogar ein Drittel der Gebornenen unehelicher Abkunft. Das sind indessen Ausnahmen, die hier unberücksichtigt bleiben können.

2. Lebenskraft der ehelich und unehelich Geborenen (Fehlgeburten, Totgeburten, Säuglingssterblichkeit).

Die Bedeutung der **ehelichen** Geburten für die Fortpflanzung der Bevölkerung tritt noch stärker hervor, wenn man nicht nur die Gesamtzahl der Geburten, sondern auch die verschiedene Lebenskraft der ehelichen und unehelichen Kinder in Rechnung stellt.

Ehelich und unehelich Geborene im Deutschen Reich 1924 und 1913.

	1924		1913	
	absolut	ehelich bzw. unehelich Geborene überhaupt = 100	absolut	ehelich bzw. unehelich Geborene überhaupt = 100
Ehelich Geborene überhaupt .	1 174 304	100	1 710 621	100
davon lebendgeboren . . .	1 138 488	97,0	1 662 171	97,2
totgeboren	35 816	3,0	48 450	2,8
im 1. Lebensjahr gest.	112 648	9,6	235 272	13,8
überlebten das 1. Lebensj.	1 025 840	87,4	1 426 899	83,4
Unehelich Geborene überhaupt	139 321	100	183 977	100
davon lebendgeboren . . .	132 332	95,0	176 579	96,0
totgeboren	6 989	5,0	7 398	4,0
im 1. Lebensjahr gest.	25 364	18,2	41 924	22,8
überlebten das 1. Lebensj.	106 968	76,8	134 655	73,2

Die unehelichen Kinder sind bekanntlich schon im Mutterleibe stärker gefährdet als die ehelichen, was teils durch die häufigere Be-

[1]) Neuerdings ist für das Land Sachsen (für das erste Halbjahr 1926) eine Unehelichenquote von 20,3 v. H. festgestellt worden, d. i. ein Satz, wie er in der amtlichen sächsischen Statistik bis dahin noch nicht zu verzeichnen war.

rufstätigkeit der unehelichen Mütter, größtenteils wohl aber auf mehr oder minder kriminelle Umstände zurückzuführen sein mag. Eine umfassende Statistik der Fehlgeburten existiert aus begreiflichen Gründen nirgends, soweit aber, wie z. B. für einzelne Städte, Unterlagen vorhanden sind, bestätigen sie diese Annahme[1]).

Auch unter den zum normalen Ende gekommenen Schwangerschaften ist der Prozentsatz der Totgeburten bei den unehelichen Müttern (um $^1/_3$—$^1/_2$) höher als bei den verheirateten Müttern. Im Deutschen Reich waren totgeboren

im Jahr	unter 100 ehelich Geborenen	unter 100 unehelich Geborenen
1913	2,88	4,00
1920	3,01	4,57
1921	2,99	4,84
1922	3,01	4,95
1923	3,00	4,80
1924	3,05	5,02

Dazu kommt nun noch, daß unter den Lebendgeborenen — trotz des auch bei den unehelichen Kindern zu beobachtenden Rückgangs der Säuglingssterblichkeit — ein weit größerer Prozentsatz der unehelichen als der ehelichen vorzeitig stirbt.

Es starben im Deutschen Reich im 1. Lebensjahr von je 100 Lebendgeborenen:

Jahr	eheliche	uneheliche	überhaupt
1901	19,4	33,9	20,7
1910	15,2	25,7	16,2
1913	14,2	23,7	15,1
1923	12,0	23,6	13,2
1924	9,9	19,2	10,9

Von 100 lebendgeborenen ehelichen Kindern kommen nach den relativ günstigen Ergebnissen des Jahres 1924 rund 90, von 100 unehelichen Lebendgeborenen dagegen nur 80 über die Gefahren des ersten Lebensjahres hinweg. Berechnet man unter Zugrundelegung dieser Sätze den einjährigen Aufwuchs, so entfallen von diesem „Rein-

[1]) Vgl. *F. Prinzing*, Handbuch der medizinischen Statistik, Jena 1906, S. 40 fg. — *O. Landsberg*, Statistik der Fehlgeburten. Allgem. Stat. Arch. Bd. VII, 2, S. 53 fg. (Tübingen 1914). — *H. Wolff*, Zur Beobachtung der Fehlgeburten. Allg. Statistisches Archiv 1925, S. 360 fg. — *E. Bumm*, Not und Fruchtabtreibung, München, med. Wochenschrift 14, XII, 23, Nr. 50. — *R. Manschke*, Die Ergebnisse der Fehlgeburtenstatistik der Stadt Budapest, Statist. Monatsschrift Nr. F., 2. Jahrg., S. 409 fg. Brünn 1907. — Stat. Jahrbuch der Stadt Budapest, XIII. Jahrg. 1921—24, herausgegeben von *Thirring* (Abschnitt Fehlgeburten, S. 108 fg.).

ertrag" der Geburten 90,6 v. H. auf die unehelichen und nur noch 9,4 v. H. auf die unehelichen Geburten, gegenüber 89,5 und 10,5 v. H. bei der rohen Geburtenzahl.

3. Die eheliche und uneheliche Fruchtbarkeitsziffer.

Für genauere Untersuchungen über die Fruchtbarkeit eines Volkes, besonders aber über die Fruchtbarkeit der Ehen, ist es erforderlich, den Altersaufbau, die Geschlechts- und Familienstandsgliederung der Bevölkerung zu berücksichtigen. Es ist notwendig, die tatsächliche Geburtenleistung in Beziehung zu setzen zur Zahl der gebärfähigen Frauen bzw. der Frauen im gebärfähigen Alter. Das Ergebnis dieser Inbeziehungssetzung wird als „Fruchtbarkeitsziffer" bezeichnet, und zwar als „allgemeine" Fruchtbarkeitsziffer, wenn die Gesamtzahl der Geborenen mit der Gesamtzahl der gebärfähigen Frauen, als „eheliche" Fruchtbarkeitsziffer, wenn die Zahl der ehelich Geborenen mit der Zahl der gebärfähigen verheirateten Frauen und als „uneheliche" Fruchtbarkeitsziffer, wenn die Zahl der unehelich Geborenen mit der Zahl der unverheirateten gebärfähigen Frauen in Beziehung gesetzt wird. Das gebärfähige Alter wird teils mit 15—45, teils mit 15—50 Jahre abgegrenzt. Das Stat. Reichsamt hat seinen in Bd. 316 der Stat. d. D. R. durchgeführten neuen Berechnungen von allgemeinen, ehelichen und unehelichen Fruchtbarkeitsziffern durchweg nur die Frauen von 15—45 Jahren zugrunde gelegt.

Das Ergebnis dieser Berechnungen ist folgendes:

I. Die allgemeine Fruchtbarkeitsziffer, d. h. die auf 1000 (verheiratete und unverheiratete) Frauen im Alter von 15—45 Jahren berechnete Geburtenzahl betrug:

im Jahr	überhaupt Geborene auf 1000 15—45jähr. Frauen	Meßziffern	
		1913 = 100	1920 = 100
1913	120,1	100	—
1919 Jan./Juli	56,6	47	—
1919 Aug./Dez.	109,8	91	—
1920	103,6	86	100
1921	101,0	84	97
1922	92,0	77	89
1923	84,1	70	81
1924	81,6	68	79

Die Zahl der Frauen im gebärfähigen Alter, die 1913 13,8 Millionen betrug, bezifferte sich 1923 auf 15,9 Millionen, ist also um 2,1 Millionen gestiegen, trotzdem wurden 1923 um 300 000 Kinder weniger geboren als 1913 (1,34 Mill. gegen 1,66 Mill.). In keinem Jahre nach dem Kriege wurde die allgemeine Fruchtbarkeitsziffer des Jahres 1912 voll erreicht, bis 1923 ist sie bereits auf 70% ihres Vorkriegswertes zurückgesunken.

II. Diese Berechnung trägt indessen noch nicht der Veränderung des Familienstandes, d. h. der großen Zahl von Eheschließungen in der Nachkriegszeit Rechnung. Wie hat sich die Fruchtbarkeit der Ehen, auf die es hier vor allem ankommt, verändert? Darüber geben folgende Berechnungen Aufschluß.

Eheliche Fruchtbarkeitsziffer im Deutschen Reich 1913—1924.

Jahr	Verheiratete Frauen im Alter von unter 45 Jahren	Ehelich Geborene	Ehelich Geborene auf 1000 verheiratete Frauen	Meßziffern	
				1913 = 100	1920 = 100
1913	7 130 000	1 485 545	208,4	100	—
1919 Jan./Juli	6 370 000	431 977	116,8	56	—
1919 Aug./Dez.	6 520 000	639 366	233,9	112	—
1920	6 910 000	1 412 739	204,4	98	100
1921	7 270 000	1 403 442	193,0	93	94
1922	7 550 000	1 293 891	171,4	82	84
1923	7 750 000	1 199 738	154,8	74	76
1924	7 799 000	1 174 304	150,6	72	74

Die eheliche[1]) Fruchtbarkeitsziffer, die unter den Einwirkungen des Krieges — 3 Millionen Ehemänner lebten infolge des Kriegsdienstes getrennt von ihren Frauen — fast auf die Hälfte ihres Vorkriegswertes zusammengeschrumpft war, schnellte genau 9 Monate nach Kriegsende auf einen Stand, der um 12% über dem Vorkriegsniveau lag. Es wurde ein Teil der während der vier Kriegsjahre versäumten Zeugungen nachgeholt, zum Teil setzte sich diese Bewegung auch noch 1920 fort, doch wird diese Bewegung in ihrem Enderfolg überdeckt von der Gegenbewegung fortschreitender allgemeiner Geburtenbeschränkung. Die Fruchtbarkeitsziffer des Jahres 1920 bleibt bereits um 2% unter dem Vorkriegsstand zurück. *Von da ab gewinnt die allgemeine Abnahmetendenz völlig die Oberhand über die „Nachholungstendenz"*. Die Heiratshochflut brachte eine gewaltige Zunahme der gebärfähigen Ehefrauen, ihre Zahl stieg von Ende 1919 bis 1923 um 1¼ Millionen. *Der etwa ab 1921 zu erwartende Erfolg dieser bedeutsamen Auffrischung des Ehestockes ist aber völlig ausgeblieben.* Im Gegenteil! Trotz dieser starken Zunahme der Neuvermählten ist die Fruchtbarkeitsziffer gegenüber der Gesamtheit der gebärfähigen Frauen 1923 um 26% niedriger als sie 1913 war.

Stellt man die heutige Fruchtbarkeitsziffer unserer Ehen in Vergleich nicht nur mit der Zeit unmittelbar vor dem Kriege, sondern auch mit den vorausgegangenen Jahrzehnten, so läßt sich der ganze Umfang der auf diesem Gebiet eingetretenen folgenschweren Veränderungen aus folgender Gegenüberstellung klar erkennen:

Es trafen auf 1000 verheiratete Frauen im Alter von 15—45 Jahren ehelich Geborene:

im Jahresdurchschnitt	1880/81	319
„ „	1890/91	313

[1]) Die *uneheliche* Fruchtbarkeitsziffer betrug 1913 25,6, 1924 nur noch 17,0 auf 1000 gebärfähige unverheiratete Frauen, d. s. 67% ihres Vorkriegsstandes.

im Jahresdurchschnitt	1900/01	295
" "	1910/11	233
" Jahr	1913	216
" "	1923	155
" "	1924	151

Bis um die Jahrhundertwende vollzog sich der Rückgang ganz allmählich, von 1880—1890 um jährlich 0,20 v. H., 1890—1900 um 0,58 v. H., 1900—1910 aber bereits um jährlich 2,55 und 1910—1913 um 3,03 v. H. jährlich. Die eheliche Fruchtbarkeitsziffer erreicht heute nur noch rund die Hälfte ihres Standes zur Zeit der Jahrhundertwende. Während damals auf jede dritte Ehefrau im gebärfähigen Alter durchschnittlich eine Geburt entfiel, kommt heute erst auf jede sechste bis siebente gebärfähige Ehefrau durchschnittlich eine Geburt!

Auch im Ausland ist allenthalben — mit wenigen Ausnahmen — ein Rückgang der ehelichen Fruchtbarkeitsziffer zu beobachten,

Staat	Jahre	Gebärfähige Frauen überhaupt (in 1000)	Lebendgeborene in 1000	Auf 1000 gebärfähige Frauen	Verheir. gebärfähige Frauen in 1000	Ehelich Lebendgeborene in 1000	Auf 1000 verh. gebärfähige Frauen
Deutsches Reich . .	1913	13 780	1 606	116,6	7 130	1 443	202,7
	1923	15 930	1 297	81,4	7 750	1 164	150,3
Belgien	1910/11	1 724	174	101,0	875	163	186,6
	1922/23	1 824	155	84,7	904	146	161,0
Bulgarien . .	1910/11	891	183	205,0	627	176	281,5
	1920/21	1 108	195	176,2	704	194	275,6
Dänemark	1911	619	74	119,5	294	66	223,9
	1922/23	762	74	97,6	365	66	182,0
Engl. u. Wales . . .	1911/12	8 989	884	98,3	4 287	846	197,4
	1922/23	9 468	769	81,2	4 596	736	160,2
Frankreich	1910/12	8 895	756	85,0	5 127	693	135,1
	1923/24						[1]) 142,0
Niederlande	1910/11	1 312	168	127,9	610	164	269,3
	1923/24	1 572	183	116,5	750	180	239,8
Schweden	1910/11	1 187	134	113,3	482	115	238,0
	1922/23	1 333	115	86,1			[1]) 182,0
Spanien	1910/11	4 415	638	144,4	2 438	607	249,0
	1921/22	4 312	652	151,3	2 417	614	254,0
Tschechoslowakei . .	1923	3 357	378	112,5	1 620	340	209,8

[1]) Geschätzte Ziffern.

aber nirgends ist der Abfall in den letzten Jahren so schnell und in solchem Ausmaß erfolgt wie in Deutschland.

Das ergibt sich deutlich aus vorstehenden Berechnungen, die ebenfalls dem Band 316 d. Stat. d. D. R. (S. 102*) entnommen sind.

Im Gegensatz zu den oben mitgeteilten rohen Berechnungen auf Grund der allgemeinen Geburtenziffer zeigen diese feineren Berechnungen, welche den Altersaufbau und den Familienstand berücksichtigen, daß unter den vorgenannten Ländern Frankreich die geringste eheliche Fruchtbarkeitsziffer besitzt, daß es aber dort gelungen ist, die Fruchtbarkeitsziffer nicht nur zu stabilisieren, sondern sogar etwas zu erhöhen (von 135 auf 142). In den anderen Ländern befindet sie sich noch in absteigender Entwicklung, voran, wie erwähnt, in Deutschland, das die französische Fruchtbarkeitsziffer (mit 150) nur noch um einen ganz geringfügigen Betrag überragt. Alle übrigen der vorgenannten Länder haben höhere Fruchtbarkeitsziffern aufzuweisen als das Deutsche Reich, bemerkenswerterweise auch jene Länder, welche hinsichtlich der rohen Geburtenziffer hinter Deutschland rangieren (z. B. Schweden, England).

Am stärksten ist die eheliche Fruchtbarkeitsziffer — wie schon vor dem Kriege — in den Städten gesunken[1]). Das wird in vollem Ausmaß erst aufgezeigt werden können, wenn die Alters- und Familienstandsgliederung der Stadtbevölkerung auf Grund der Volkszählung von 1925 vorliegt. Für Bremen, wo diese Unterlagen bereits vorhanden sind und wo außerdem die standesamtlichen Nachweise über Geburten außerordentlich mannigfaltig gegliedert sind, hat der Direktor des Stat. Landesamts, Dr. *W. Böhmert,* nach dieser Richtung höchst aufschlußreiche Untersuchungen durchgeführt[2]), deren Ergebnis in gewisser Hinsicht als typisch gelten darf für die Fruchtbarkeitsverhältnisse in den Großstädten überhaupt. (Die Bremer Geburtenziffer liegt sogar (mit 15,8 gegen 14,9) noch etwas über dem Gesamtdurchschnitt der deutschen Großstädte.)

Nach der Bremer Statistik trafen auf je 1000 verheiratete Frauen im Alter von 16—50 Jahren .... Geborene:

1870	290	1920	133
1880	264	1921	125
1890	222	1922	109
1900	212	1923	96
1910	161	1924	94
1913	153	1925	93
1918	69		

Die Zahlen sind nicht ohne weiteres vergleichbar mit den oben für das ganze Reich mitgeteilten, da bei der Berechnung der Bremer Fruchtbarkeitsziffern auch die 45—50jähr.

---

[1]) Nach der bayerischen Statistik trafen auf 1000 verheiratete Frauen im Alter von 16—50 Jahren .... Geborene

	1908/12	1913	1917
auf dem Lande	253,6	248,8	126,9
in den Städten insgesamt .	156,5	137,5	80,9
darunter in den Großstädten	134,9	118,1	71,3

Zeitschrift des Bayr. Stat. Landesamts 1919, S. 124.

[2]) *W. Böhmert,* 100 Jahre Geburtenstatistik in Bremen nebst Angaben über die Säuglingssterblichkeit. Mitteilungen des Statistischen Landesamts Bremen 1925, Nr. 3.

Frauen mit einbezogen sind. Die Bewegung der Ziffern aber — und darauf kommt es hier vor allem an — läuft fast völlig parallel der für das Reich im ganzen festgestellten Entwicklung. Von 1900 bis zum Kriegsausbruch sank die eheliche Fruchtbarkeitsziffer in Bremen um $^1/_4$, seitdem weiter um $^1/_3$ ab. 1870 haben in Bremen unter 10 Frauen im Alter von 16—50 Jahren durchschnittlich 3 pro Jahr geboren, 1900 unter 10 Frauen gleicher Alterszusammensetzung 2 und 1925 nur noch knapp 1.

Bremen verfügt auch über eingehende Anschreibungen über das Alter der Gebärenden. Diese Statistik läßt die bemerkenswerte Tatsache erkennen, daß der Anteil der einzelnen Altersklassen an der Gesamtzahl der Geburten in dem ganzen 25jährigen Zeitraum außerordentlich gleichmäßig ist. Hier soll zum Vergleich nur das erste und letzte Jahr, auf welches sich diese Statistik erstreckt, herausgegriffen werden. Von je 1000 ehelich Geborenen entfielen auf verheiratete Frauen im Alter von ... Jahren

Alter in Jahren	1901	1925	Gesamtdurchschnitt 1901 – 1925
bis 21	38,7	56,8	47,8
22 und 23	79,9	86,1	88,2
24 und 25	134,0	125,2	126,7
26 und 27	147,6	126,8	142,3
28 bis 30	204,3	201,2	197,0
31 bis 35	221,6	239,9	229,9
36 bis 40	128,1	122,4	123,4
über 40	45,8	41,6	44,7

Aus der Tatsache, daß trotz des gewaltigen Rückgangs der Geburtenzahl die Verteilung der Geburten nach dem Alter der Gebärenden im wesentlichen gleich geblieben ist, ergibt sich, daß in allen Altersklassen der Gebärwille in gleicher Weise nachgelassen hat, — eine Tatsache, die *Böhmert* mit Recht als stärksten Beweis dafür ansieht, daß es sich beim Geburtenrückgang um eine allgemeine, auf klare Überlegung begründete Bewegung im Volksleben handelt.

Genauere Einblicke in die Veränderungen der Fruchtbarkeit innerhalb der einzelnen Altersklassen gewährt folgende (im Auszug) der Bremer Statistik entnommene Übersicht.

Auf 1000 Ehefrauen im vorbezeichneten Alter trafen ehelich Geborene

Alter in Jahren	1901	1925	Meßziffer für 1925 1901 = 100	Alter in Jahren	1901	1925	Meßziffer für 1925 1901 = 100
22	515,3	363,5	70,0	30	258,4	126,0	48,7
23	476,6	278,0	58,3	31	258,6	113,4	43,8
24	437,8	283,5	64,7	32	260,7	109,4	41,9
25	389,8	210,4	54,0	33	202,4	94,5	46,6
26	361,0	172,8	47,8	34	173,1	87,3	50,4
27	384,9	162,5	42,2	35	193,9	67,6	34,8
28	325,3	174,3	53,5	36	187,8	64,9	34,5
29	340,3	156,1	45,8	37	147,7	61,5	41,6

Während im Jahr 1901 jede zweite Ehefrau im Alter von 22 Jahren ein Kind zur Welt brachte, traf dies 1925 nur noch für jede dritte Frau zu. *Die eheliche Fruchtbarkeit hat bei den jüngeren Frauen etwa um ein Drittel, bei den Ehefrauen zwischen 25 und 30 Jahren etwa um die Hälfte und bei den Ehefrauen im Alter von über 35 Jahren sogar um rund zwei Drittel abgenommen.*

Besonders aufschlußreich ist die Gliederung der Geborenen nach der *Geburtenfolge*. Hier tritt der Wille zur Beschränkung der Kinderzahl ganz offensichtlich in Erscheinung.

Nach der erwähnten Bremer Statistik kommen auf 1000 gebärfähige Ehefrauen

Geburtennummer	1901	1925
Erstgeburten . .	31,3	23,8
2. Geburten . .	25,3	15,6
3. „ . .	17,3	7,4
4. „ . .	13,1	3,3
5. „ . .	9,4	1,9
6. „ . .	7,0	1,1
7. „ . .	3,9	0,6
8. „ . .	3,1	0,5
9. „ . .	1,8	0,3
10. „ . .	1,2	0,2
11. u. mehr Geb.	2,1	0,3

Rückgang auf der ganzen Linie, ganz besonders bei den höheren Geburtennummern! Die Erstgeburten sind etwa um ein Viertel, die zweiten Geburten um $^2/_5$, die dritten um $^3/_5$ zurückgegangen, die vierten um $^3/_4$, die fünften um $^4/_5$ zurückgegangen und die höheren Geburtennummern sind praktisch so gut wie völlig ausgeschieden.

Von 100 im Jahr geborenen Kindern entfielen

auf	1901	1925
1. Geburt . . .	27,1	43,3
2. „ . . .	21,9	28,4
3. „ . . .	15,0	13,4
4. „ . . .	11,3	6,2
5. „ u. darüber	24,7	8,7

Diese Zahlen bedeuten praktisch das Ein- und Zweikindersystem! 1901 entfielen auf die Erst- und Zweitgeborenen rund die Hälfte, 1925 dagegen drei Viertel aller Geborenen. Die 3. und 4. Geburt dagegen bildet eine Ausnahme, was darüber hinausgeht ist geradezu eine Seltenheit geworden.

Das gleiche Bild, wenn auch graduell etwas abweichend, ergibt sich auch für das Industrieland Sachsen[1]), wo ebenfalls die Geburten nach der Rangnummer der Niederkünfte ausgezählt werden.

Die ehelichen Niederkünfte in Sachsen mit Unterscheidung der Ordnungszahl

Jahr	Zahl der				Wenn die Gesamtzahl der Niederkünfte gleich 100 gesetzt wird. beträgt die Zahl der		
	1.	2. u. 3.	4. und weiteren	Niederkft. insgesamt	1.	2. u. 3.	4.und weiteren
	Niederkünfte				Niederkünfte		
1901/02	26 597	47 155	65 156	138 918	19,15	33,94	46,91
1913	26 773	38 065	40 520	105 358	25,41	36,13	38,46
1922	33 802	33 693	17 045	84 540	39,98	39,86	20,16

Wie sind die einzelnen wirtschaftlichen und sozialen Schichten der Bevölkerung an diesem gewaltigen Rückgang der Geburten beteiligt?

Auch auf diese Frage vermag die Bremer Statistik neuartige und bemerkenswerte Aufschlüsse zu geben bzw. anderwärts schon gemachte ähnliche Feststellungen zu bestätigen. Bei der eigentümlichen bremischen Wohnweise war es möglich, einzelne für die wohlhabende Schicht, für den Mittelstand und für die Arbeiterbevölkerung typische Stadtteile oder Straßen gesondert hinsichtlich der Entwicklung ihrer Geburtenhäufigkeit zu untersuchen. Hiernach trafen auf 1000 Einwohner . . . Geborene

in	1901	1910	1925
a) wohlhabenden Bezirken .	12,7	12,6	14,7
b) Mittelstands-Bezirken . .	28,9	21,7	14,2
c) Arbeiter-Bezirken . . .	43,7	33,3	19,5
d) Arbeiter-Straßen . . .	46,2	31,1	18,9
zusammen a — d	33,1	24,1	16,2
Staat Bremen im ganzen .	32,8	26,8	17,3

Die Geburtenhäufigkeit in den wohlhabenden Kreisen, die in Bremen wie auch anderwärts schon von jeher relativ niedriger war, hat sich auf ihrem früheren Stand erhalten, ja darüber hinaus noch etwas erhöht. Allerdings ist diese Erhöhung nach *Böhmert* in der Hauptsache wohl dadurch zu erklären, daß infolge der Wohnungsnot in vielen von früher wohlhabenden Bewohnern bewohnten Häusern dieser Bezirke neuerdings jüngere Ehepaare der mittleren und der Arbeiterschichten aufgenommen worden sind. Die Geburtenziffer der Mittelstandsbezirke ist in den letzten 25 Jahren um die Hälfte zurückgegangen, sie ist damit noch unter die der wohlhabenden Bezirke gesunken. In den Arbeitervierteln, die 1901 noch gegenüber den wohlhabenden Vierteln die 3—4fache Geburtenziffer aufzuweisen hatten, ist der Geburtenrückgang unaufhaltsam und in stärkstem Ausmaß erfolgt. Diese Tatsache ist bei dem zahlenmäßigen Über-

[1]) Vgl. Zeitschrift des Sächs. Statist. Landesamts 1924/25, S. 14.

gewicht der Arbeiterklasse entscheidend für die Bewegung der Geburtenhäufigkeit der Gesamtbevölkerung. Es hat sich im Laufe des letzten Jahrhunderts eine bemerkenswerte Angleichung des Niveaus der Geburtenhäufigkeit in allen Bevölkerungsschichten vollzogen. Die breite Masse der Bevölkerung ist dem von den wohlhabenden Schichten und dem Mittelstande gegebenen Beispiel der Geburtenbeschränkung gefolgt. Damit ging die Geburtenhäufigkeit der Gesamtbevölkerung unaufhaltsam zurück.

Soweit, wie in Bremen, der Niveauausgleich bereits erfolgt ist, dürfte allerdings der Rückgang der Gesamtgeburtenhäufigkeit wahrscheinlich nicht mehr wie bisher weiter fortschreiten, sondern die Geburtenziffer die Tendenz zu einer gewissen Stabilisierung zeigen, wie es oben schon für Frankreich festgestellt wurde.

c) Kinderbesitz der Ehen.

1. Allgemeiner Überblick über die fortschreitende Verkleinerung der Haushaltungen und Familien.

Der gewaltige Rückgang, den die Geburtenzahl im allgemeinen und besonders die Zahl der dritten, vierten usw. Geburten erfahren hat, hat naturgemäß tiefgreifende Wirkungen für die ganze Struktur der Familien und damit auch des Volkskörpers[1]). Die kinderreiche Familie verschwindet immer mehr und mehr, die kinderarme, speziell die Ein- und Zweikinderfamilie wird geradezu zum modernen Familientypus, namentlich in den Städten. Rückgang der ehelichen Fruchtbarkeit bedeutet Kleinhaltung der Familien, Schrumpfung der Zellen des Volkskörpers.

Leider ist dieser Schrumpfungsprozeß in Deutschland, wie übrigens auch in den meisten ausländischen Staaten, statistisch noch nicht in seiner ganzen Art und Weise erfaßt. Unsere Bevölkerungsstatistik ist zu sehr auf das Individuum und fast noch gar nicht auf die zutreffende Erfassung der Familie, dieser sozialen Zelle, eingestellt (s. unten Ziff. 2). Eine familienweise Erfassung der ehelichen Fruchtbarkeit und der Kinderaufzucht fehlt noch in Deutschland. Man ist für die statistische Beurteilung der Frage der Familienverkleinerung in Deutschland, wie in den meisten ausländischen Staaten, zunächst noch auf die Statistik der Haushaltungen angewiesen, wobei der im Sinne einer hauswirtschaftlichen und Wohngemeinschaft abgegrenzte Begriff der „Haushaltung" sich häufig nicht mit dem biologisch zu fassenden Begriff der Familie (Eltern einschließlich ihren noch leben-

[1]) Auf die qualitative Bedeutung der Frage kann hier nicht näher eingegangen werden. Wenn die von *Ploetz* u. a. vertretene Theorie von der An- und Abschwellung der Wertigkeit der Kinder mit der Geburtenrangnummer richtig ist, so folgt daraus ohne weiteres die qualitative Veränderung, welche der Volkskörper erfahren muß, wenn sein Nachwuchs nur aus Erst- und Zweitgeborenen besteht.

den — auch den nicht bei ihnen wohnenden — Kindern) deckt. Immerhin läßt auch die Haushaltungsstatistik, wenn auch nicht in völlig klaren Zahlen, die Wirkung des Geburtenrückgangs für die Familienstruktur erkennen. Im Deutschen Reich trafen

im Jahre	auf eine Haushaltung überhaupt[1])	auf eine Familienhaushaltung
1885	4,69 Personen	
1890	4,66 „	
1895	4,64 „	
1900	4,60 „	4,76
1905	4,57 „	4,72
1910	4,53 „	4,67
1925	4,07 „	

Der nach der letzten Zählung vorläufig[2]) festgestellte Rückgang der durchschnittlichen Haushaltsgröße war hiernach wesentlich stärker als in irgend einem früheren Zählungszeitraum. Verursacht ist dieser starke Rückgang der durchschnittlichen Haushaltsgröße in der Hauptsache durch die Folgen der Beschränkung der Kinderzahl in der Ehe, darnach durch die vermehrte Neugründung von Ehen nach dem Kriege (von denen auch unter normalen Verhältnissen noch keine größere Haushaltung zu erwarten war), sowie durch die wirtschaftlich bedingte Einschränkung der Zahl der Hausangestellten, die — übrigens ebenso wie Schlafgänger, Zimmerabmieter, beim Arbeitgeber wohnende Gewerbegehilfen usw. — mit zur Haushaltung zählen. Die Verkleinerung der Haushaltungen ist auf der ganzen Linie festzustellen. Von 59 Reichsteilen (Ländern und Landesteilen), für welche Vergleichszahlen für 1907 und 1925 gegeben werden können, hatten nur 7 noch 1925 annähernd die gleiche Haushaltungskopfstärke aufzuweisen wie 1907. Im Jahre 1907 hatte nicht ein einziges der Vergleichsgebiete eine durchschnittliche Haushaltsstärke von unter 4 Personen, 1925 dagegen blieben nicht weniger als 15 hinter diesem Satz zurück und von 39 Vergleichsgebieten, die 1907 eine durchschnittliche Haushaltsstärke von über 4,5 Personen hatten, lagen 1925 nur noch 17 über dieser Grenze, ohne jedoch ihren früheren Stand vollständig bewahrt zu haben.

Besonders weit fortgeschritten ist die Tendenz zur Kleinhaltung der Familie und der Haushaltungen in den G r o ß s t ä d t e n. Während im Gesamtdurchschnitt des Reiches 1925 auf eine Haushaltung 4,07 Personen entfielen, sind es im Durchschnitt der 45 deutschen Großstädte nur noch 3,54 Personen. Eine bemerkenswerte Ausnahme bilden

---

[1]) D. h. Einzel-, Familien- und Anstaltshaushaltung.

[2]) Vgl. Vorläufige Ergebnisse d. Volkszählung 1925. Sonderheft 2 zu „Wirtschaft und Statistik" 1925.

die Großstädte des rheinisch-westfälischen Industriebezirks, die sich bekanntlich auch durch höhere [illegible]lichkeit auszeichnen. Im Gesamtdurchschnitt blieben die rheinisch-westfälischen Großstädte mit (3,93 Personen je Haushaltung) nur wenig hinter dem Reichsdurchschnitt (4,07) zurück. Eine ganze Anzahl jener Großstädte stehen mit ihrer durchschnittlichen Haushaltungskopfstärke sogar über dem Reichsdurchschnitt, so Münster i. W. (4,51), Hamborn (4,46), Bochum (4,38), Oberhausen (4,37), Gelsenkirchen (4,27), München-Gladbach (4,25), Duisburg (4,22), Mühlheim a. d. R. (4,11) und Dortmund (4,10). Auf die rheinisch-westfälischen Großstädte mit durchschnittlich 3,93 Personen je Haushaltung folgen die Großstädte des Rhein-Main-Industriegebiets mit 3,78, dann die sonstigen süddeutschen Großstädte mit 3,71, die Hafenstädte mit 3,52, die sonstigen norddeutschen Großstädte mit 3,51, die sächsischen Großstädte mit 3,42 und zuletzt Berlin mit 3,21 Personen je Haushaltung.

Genauere Einblicke in die Veränderungen der Haushaltsgröße und die heutige Haushaltszusammensetzung werden erst die im Programm der großen Zählung von 1925[1]) vorgesehenen eingehenden, zum Teil völlig neuartigen Auszählungen für die Haushaltungs- und Familienstatistik — besonders auch vom Standpunkt der Familienbelastung in den einzelnen Berufsgruppen und sozialen Schichten der Familien mit einem oder mehreren Verdienern usw. — erbringen.

Bemerkenswert sind in diesem Zusammenhang die für Bremen bereits vorhandene[2]) Ausgliederung der Familien (Haushaltungen) nach ihrer Kopfstärke auf Grund der Zählung von 1925 im Vergleich zur Zählung von 1900. Sie zeigt deutlicher noch als die für das Reich vorerst nur mögliche durchschnittliche Berechnung, Richtung und Ausmaß des Familien-Schrumpfungsprozesses. Von je 100 Familien (Haushaltungen) entfielen auf Familien (Haushaltungen)

mit	1900	1925
1 Person . . .	5,89	5,87
2 bis 4 Personen	49,82	66,79
5 bis 6 „	26,75	20,78
7 u. mehr „	17,54	6,56

Der Anteil der Kleinfamilien (2—4 Personen), der 1900 rund die Hälfte der Gesamtzahl ausmachte, ist auf zwei Drittel gestiegen, die mittlere Familienstärke (5 und 6 Personen) dagegen war 1900 mit über einem Viertel vertreten, heute nur noch mit einem Fünftel und die großen Familien mit 7 und mehr Personen, die 1900 noch 18% der Gesamtzahl auf sich vereinigten, sind heute nur noch mit 6,5% vertreten. Dabei ist zu beachten, daß Bremen sowohl hinsichtlich seiner Geburtenhäufigkeit als auch hinsichtlich

[1]) Vgl. *F. Burgdörfer*, Die Volks-, Berufs- und Betriebszählung 1925. Erhebungs- und Bearbeitungsplan, Allgem. Stat. Arch. Bd. 15, 1925.

[2]) *W. Böhmert* a. a. .O. S. 39.

seiner durchschnittlichen Haushaltsstärke (3,74 gegen 3,54) [illegible] dem Gesamtdurchschnitt der deutschen Großstädte liegt. [illegible] anderen Großstädten dürfte die Schrumpfung der Familie [illegible] noch stärker sein.

Auch im Ausland ist allgemein eine mehr oder weniger ausgiebige Verkleinerung der Haushaltungen und Familien zu beobachten [1]. Die kleinste durchschnittliche Haushaltsgröße hat Frankreich mit 3,5 Köpfen je Haushaltung (vor dem Kriege) aufzuweisen. Unsere deutschen Großstädte waren in ihrer Gesamtheit im Jahr 1925 auf das gleiche Niveau, ein Dutzend bereits unter dieses Niveau herabgesunken.

Ein internationaler Vergleich der Gliederung der Haushaltungen nach ihrer Größe ist mit großen Schwierigkeiten verbunden, da der Begriff der „Haushaltung" nicht überall gleichmäßig abgegrenzt ist, vor allem gegenüber den Zimmerabmietern. In manchen Ländern. so vor allem in Frankreich, werden in der Regel die Zimmerabmieter ohne weiteres als Einzelhaushaltungen betrachtet, anderwärts, so vor allem in Deutschland, nur wenn sie selbständige Hauswirtschaft führen. Gleichwohl lassen sich trotz dieser vergleichstörenden Momente wertvolle Einblicke in die vergleichsweise Haushaltungsstruktur der einzelnen Länder, denen noch die Zahlen für die Großstädte Paris und Berlin und Bremen beigefügt sind, gewinnen:

Von je 100 Haushaltungen entfielen auf die vorbezeichnete Größenklasse:

Haushaltungen mit . . . . Personen	Deutsches Reich 1910	Frankreich 1901	England u. Wales 1911	Vereinigte Staaten von Amerika 1900	Paris 1901	Berlin 1910	Bremen 1925
1	7,3	15,8	5,3	5,0	30,0	10,1	5,9
2—4	50,3	58,9	53,6	74,7 (2—6)	57,6	62,7	66,5
5—6	25,1	17,3	24,8		9,2	20,5	20,8
7 u. mehr	17,8	8,0	16,3	20,4	2,2	6,7	6,5

Am meisten fortgeschritten in der Tendenz nach unten ist Frankreich, vor allem Paris. Berlin hatte 1910 ungefähr die Größenklassenverteilung erreicht wie sie Frankreich im gesamten Landesdurchschnitt noch 1901 besaß. Es hat sich inzwischen, nach der oben für Bremen geschilderten Entwicklung zu schließen, zweifellos stark den Pariser Verhältnissen genähert, die ihrerseits wohl auch noch eine weitere, wenn auch zahlenmäßig wohl nicht sehr starke Verkleinerung der Haushaltungsgrößen aufweisen werden. Bremen, das 1900 ungefähr die Haushaltsgrößengliederung wie das Deutsche Reich im Jahr 1910 erreicht hatte, nimmt 1925 ungefähr die Stellung ein, wie sie die Weltstadt Berlin 1910 noch hatte. Die Riesenstädte gehen hiernach hinsichtlich der Verkleinerung der Haushaltungen und Familien mit Riesenschritten voran, die mittleren Großstädte folgen in mehr oder

[1] Vgl. hierzu die Zusammenstellungen in Bd. 240 (Teil 1) der Stat. d. D. R., S. 74*; ferner *G. v. Mayr* a. a. O. S. 211, sowie *F. Zahn*, Art. Haushaltungsstatistik im Handwörterbuch der Staatswissenschaften, 3. Aufl., V S. 409.

weniger raschem Tempo nach und in weiterem Abstand, aber ebenfalls mit ausgeprägter Tendenz nach unten, folgen die kleineren Städte und das Land.

2. Die familienweise Erfassung der Fruchtbarkeit und Kinderaufzucht.

In der Haushaltungsstatistik sind, wie sich aus dem oben skizzierten Begriff der „Haushaltung" als Wohn- und hauswirtschaftlicher Gemeinschaft ergibt, alle im Haushalt lebenden Personen, also neben dem Haushaltungsvorstand, seiner Ehefrau und seinen Kindern auch etwaige Dienstboten, beim Arbeitgeber wohnende Gewerbegehilfen usw. sowie auch (mit gewissen Unterschieden von Land zu Land) Zimmerabmieter, Schlafgänger und dergl. zusammengefaßt. Wenn auch die Familie in der Regel den Kern der Haushaltung bildet, so sind doch auch, namentlich bei den Groß-Haushaltungen, in starkem Maße familienfremde Elemente untermischt, andererseits umfaßt vielfach auch die Haushaltung nicht alle zur Familie (im biologischen Sinn) gehörigen Personen, da diejenigen Kinder, welche ausbildungs- oder erwerbshalber oder wegen Gründung eines eigenen Hausstandes vorübergehend oder dauernd aus der Haushaltung der Eltern ausgeschieden sind, nicht dabei berücksichtigt werden. Die Haushaltung als wirtschaftlich-soziale Wohn- und Lebensgemeinschaft und die Familie als biologisch-soziale Einheit von Eltern und Kindern sind zwei Kreise, die sich vielfach nicht decken. Für eine Untersuchung über die Wirkung der Beschränkung der Kinderzahl auf die Struktur der Ehen und Familien würde an sich nur die biologische Einheit der Familie in Betracht kommen.

Leider fehlen aber gerade über die Familie in dieser Abgrenzung in den meisten Ländern, besonders auch in Deutschland noch brauchbare Bestandsstatistiken, so daß zur Charakterisierung der Entwicklungstendenz die besser gepflegte Haushaltungsstatistik herangezogen werden mußte. Erst einige Jahre (ausnahmsweise einige Jahrzehnte) vor dem Kriege hat man in einzelnen Ländern es unternommen, mit den Volkszählungen allgemeine familienstatistische Ermittlungen zu verbinden. Was die amtliche Statistik des In- und Auslandes[1]) auf diesem Gebiet bisher geleistet hat, habe ich an anderer Stelle — unter gleichzeitiger Mitteilung der wichtigsten materiellen Ergebnisse und

[1]) Unter den amtlichen familienstatistischen Bestandsaufnahmen sind vor allem zu nennen die von Frankreich, wo seit 1886, zunächst allerdings in recht unvollkommener Weise, regelmäßig mit den Volkszählungen familienstatistische Zusatzfragen verbunden worden sind. Bei den Volkszählungen um das Jahr 1910 wurden familienstatistische Zusatzfragen, allerdings auch noch in unzulänglicher Form, erstmals gestellt in Preußen und in Belgien, besser in England und Wales, in Irland und vor allem (besonders auch was die wissenschaftliche Durcharbeitung des Stoffes anlangt) in Schottland.

eingehender kritischer Würdigung der Erhebungs- und Bearbeitungsmethoden — dargelegt[1]).

Die Ergebnisse der Familienstatistik sind in vieler Hinsicht aufschlußreich. Sie ermöglichen eine wesentlich vertiefte und klarere Erfassung der Bevölkerungsfrage, vor allem der Frage der ehelichen Fruchtbarkeit und der Kinderaufzucht in den Ehen. Erst die familienweise Betrachtung ermöglicht zunächst einmal die grundlegende Scheidung zwischen kinderlosen Ehen und fruchtbaren Ehen mit weiterer Unterscheidung der kinderarmen und kinderreichen Familien, sie ermöglicht zahlenmäßig Einblicke in die Bedeutung der natürlichen Voraussetzungen für die Fruchtbarkeit, wie sie im Heiratsalter von Mann und Frau sowie in der Ehedauer der statistischen Erfassung zugänglich sind, ferner nähere Einblicke in die Zusammenhänge zwischen ehelicher Fruchtbarkeit einerseits und beruflicher und sozialer Stellung, Einkommen, Umwelt (Stadt und Land), Rasse und ähnlichen Faktoren andererseits, endlich kann sie wertvolle und schlüssige Unterlagen geben über die Zusammenhänge zwischen Kinderzahl und Kindersterblichkeit und dergl. Probleme mehr. Leider sind die Erhebungen der einzelnen Länder in methodischer Hinsicht so verschiedenartig aufgebaut, daß ein internationaler Vergleich der Ergebnisse nicht möglich ist. Auf eine Wiedergabe der Hauptergebnisse der einzelnen familienstatistischen Erhebungen, die übrigens durchweg noch der Vorkriegszeit angehören, muß hier aus Raumrücksicht verzichtet werden. Ich darf dieserhalb auf meine einschlägigen Arbeiten hinweisen[2]).

Bei den Volkszählungen, die nach dem Kriege durchgeführt worden sind, hat man den familienstatistischen Fragenkomplex fast noch weniger berücksichtigt, als bei den Vorkriegszählungen. Andere dringende Probleme (so in Deutschland die Frage der beruflichen und sozialen Gliederung der Bevölkerung usw.) standen im Vordergrund. Soweit mit den ersten Nachkriegszählungen familienstatistische Fragen verbunden worden sind, wie z. B. in Belgien mit der Volkszählung von

1) Vgl. *F. Burgdörfer*, Die Schottische Familienstatistik von 1911, Allgemeines Statistisches Archiv Band IX (1915). — Die Französische Familienstatistik habe ich ausführlich behandelt in meiner Schrift über „Das Bevölkerungsproblem, seine Erfassung durch Familienstatistik und Familienpolitik", München 1917. Hier habe ich auch einen allgemeinen Überblick über Zielsetzung und Methode der Familienstatistik gegeben. In methodischer Hinsicht sind ferner noch zu erwähnen, das Referat, das ich am 4. Dezember 1917 vor der vom Ärztlichen Verein München eingesetzten „Kommission zur Beratung von Fragen der Erhaltung und Wahrung der Volkskraft" erstattet habe. Münchener Medizinische Wochenschrift 1918, Nr. 2; — ferner mein Aufsatz über „Familienstatistik", Allgemeines Statistisches Archiv, Band X, S. 484 fg.

2) Die, besonders für Rassenhygiene, Vererbungswissenschaft usw. wichtigen familienstatistischen Fragenkomplexe können weniger mit Hilfe der sich auf das ganze Volk erstreckenden allgemeinen amtlichen Erhebungen, sondern müssen durch spezielle familienstatistische Untersuchungen, wie sie z. T. schon von privater Seite vorliegen, geklärt werden. Einschlägige Literatur siehe in meiner Schrift über das Bevölkerungsproblem.

1920 und in Frankreich mit der Volkszählung von 1921, liegen die Ergebnisse noch nicht (Frankreich) oder (so in Belgien) noch nicht in der für eine kritische Würdigung und Vergleichung mit dem Vorkriegsstand erforderlichen Form[1]) vor. In den angelsächsischen Ländern hat man zwar mit der Volkszählung von 1921 auch familienstatistische Fragen verbunden; es handelt sich aber um Fragen anderer Art und anderer Zielsetzung (Beschaffung von Unterlagen für Witwen- und Waisenversorgung und dergl.) als bei der Zählung von 1911. Vergleiche mit den amtlichen Familienstatistiken aus der Zeit vor dem Kriege sind sonach zur Zeit noch nicht vorhanden.

Es ist zu hoffen, daß bei der nächsten großen deutschen Volkszählung, die voraussichtlich im Jahre 1930 stattfinden wird, das schon für die (durch den Krieg verhinderte) Volkszählung von 1915 vorgesehene umfangreiche familienstatistische Programm durchgeführt werden wird. Und es ist weiter dringend zu wünschen, daß auch die vom Internationalen Statistischen Institut schon vor dem Kriege in einer besonderen Kommission[2]) geleistete verdienstvolle Vorarbeit in bezug auf Vereinheitlichung und Verallgemeinerung der Familienstatistik mit allem Nachdruck fortgesetzt und dem Ziel entgegengeführt wird. Die Familienstatistik muß mehr und mehr in den Mittelpunkt der Bevölkerungsstatistik gerückt werden, denn sie ist die unentbehrliche Voraussetzung für eine zielbewußte Bevölkerungspolitik, die in erster Linie auf Förderung, Pflege und Schutz der Familie[3]) abzielen, d. h. Familienpolitik sein muß.

---

[1]) Die Haupttabellen über die belgische Familienstatistik sind in dem Quellenwerk Population, Recensement général de 1920, Bd. II, Brüssel 1925 veröffentlicht, es fehlt aber noch der Band I des Volkszählungswerks, der erst nähere Mitteilungen über die methodischen Grundlagen der Zählung, die Art der Fragestellung und der Bearbeitung bringen wird, — Angaben, die für eine kritische Verwertung der Zählungsergebnisse unerläßlich sind.

[2]) Die Kommission bestand vor dem Kriege aus den Herren *Nicolai* (Berichterstatter), *Bleicher, Bortkiewicz, Kiaër, Raseri, Zahn*. Über den Stand der Arbeiten vgl. *E. Nicolai*, Exposé de la méthode appliquée de l'étendue donnée dans les divers pays à la statistique concernant la fécondité des mariages et le nombre des enfants par famille. Bull. de l'Institut International de Statistique, Bd. XIX, 1, S. 259. — *Derselbe*, Sur la fécondité des mariages et le nombre des enfants par famille, Bull. Bd. XX, 2.

[3]) Vgl. *F. Zahn*, Die Deutsche Familie und der Wiederaufbau unseres Volkes, Allgemeines Statistisches Archiv 1926, Bd. 16, S. 1 fg.

Die Ehegatten als Vermittler des Erbgutes unter besonderer Berücksichtigung der väterlichen und mütterlichen Vererbungsvalenz und der erbbiologischen Elternschaftsdiagnose

Von Rainer Fetscher

Die experimentellen Grundlagen der Vererbung[1]).

Im Jahre 1865 erschien in den „Verhandlungen des naturforschenden Vereins zu Brünn“ eine Abhandlung des Augustinerabtes *Gregor Mendel* „Versuche über Pflanzenhybriden“, in der die wichtigsten Tatsachen der Vererbungserscheinungen eindeutig niedergelegt waren. Trotz ihrer gewaltigen Bedeutung geriet die Arbeit in Vergessenheit. Erst 1900 wurden die „*Mendel*'schen Regeln“ gleichzeitig von *de Vries, Correns* und *Tschermak* wieder entdeckt und nun der Ausgangspunkt der ganzen modernen Erbbiologie. An einigen Beispielen seien die Gesetze kurz erläutert.

Kreuzt man z. B. die weiße Rasse der Wunderblume (Mirabilis Jalapa) mit der roten Rasse, so erhält man eine in ihrem Aussehen intermediäre Generation rosablühender Pflanzen (1. Filiageneration, F_1). Diese erzeugen zweierlei Sorten von Geschlechtszellen, solche mit der Anlage zu roter und solche mit der Anlage zu weißer Blütenfarbe in gleicher Häufigkeit. Befruchtet man die F_1 unter sich, so ergeben sich deshalb folgende Kombinationsmöglichkeiten:

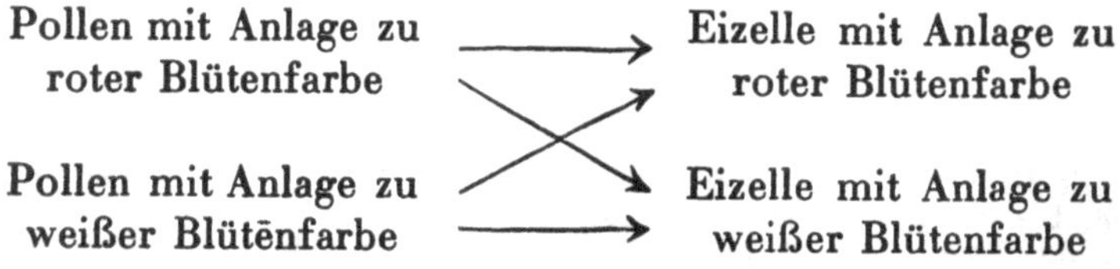

Daraus folgt, daß in der 2. Filialgeneration $^1/_4$ der Pflanzen (Erbkombination weiß × weiß) weiß, $^1/_4$ (Erbkombination rot × rot) rot, $^2/_4$ aber (Erbkombination rot × weiß und weiß × rot) rosa blühen

1) Vgl. zu diesem Abschnitt: *E. Baur*, Einführung in die experimentelle Vererbungslehre, 5. u. 6. Aufl., Borntraeger, Berlin 1922. — *Johannsen*, Element der exakten Erblichkeitslehre, 3. Aufl., Fischer, Jena 1926. — *Goldschmidt*, Einführung in die Vererbungswissenschaft, 4. Aufl., Leipzig 1923. — *Meisenheimer*, Vererbungslehre, Jena 1923. — *Shull*, Heredity, New York 1926.

muß. Die Erscheinung wird als „Aufspalten", „Mendeln" bezeichnet. Die rosa Pflanzen verhalten sich natürlich in allen folgenden Generationen, untereinander befruchtet, ebenso. Sie sind „spalterbig" oder „heterozygot", d. h. sie haben, wenigstens bezüglich der Blütenfarbe, kein einheitliches Erbgut. Sowohl die rotblühenden wie weißblühenden Blumen sind dagegen „reinerbig", „homozygot".

Bei der Rückkreuzung, der Kreuzung eines Bastards mit einer der Ausgangsrassen, ergibt sich folgendes Bild:

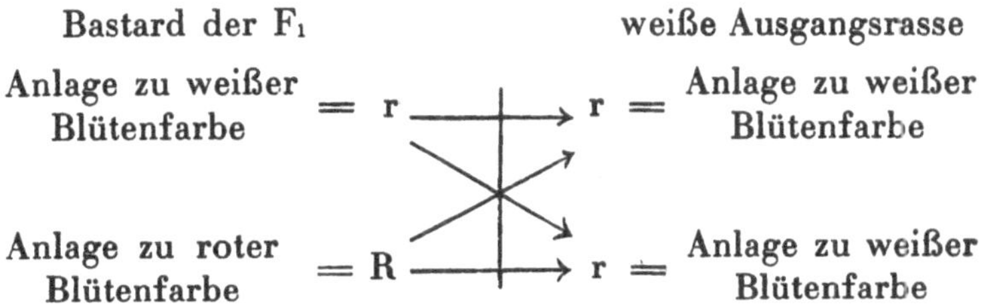

Also 2mal rr und 2mal Rr, das heißt $^1/_2$ der Pflanzen blüht weiß, $^1/_2$ rot.

Nicht immer ist die F_1 intermediär, sondern gleicht oft völlig einer der Ausgangsrassen. Es sei für dieses sehr verbreitete Verhalten ein einfaches Beispiel angeführt. Aus der Kreuzung zwischen gezahntrandiger und glattrandiger Brennessel (Urtica Dodartii × Urtica pilulifera) geht eine Bastardgeneration mit gezahntem Blattrand hervor. Wir nennen die Anlage zu gezahntem Blattrand „überdeckend", „dominant", die zu glattem Rand „überdeckbar", „rezessiv". Da sich der Bastard nicht von der gezahntblättrigen Ausgangsrasse im Aussehen unterscheidet, kann man aus diesem, dem „Erscheinungsbild" oder „Phänotypus" nicht auf das „Erbbild" oder „Idiotypus" bzw. „Genotypus", die Summe der Erbanlagen, der Gene, schließen. Erst in der F_2, die durch Kreuzung der F_1 unter sich erhalten ist, wird die Heterozygotie der F_1 erkennbar, da folgende Kombinationen zustande kommen:

(D = Anlage zu gezahntem Blattrand, d = Anlage zu glattem Blattrand.)

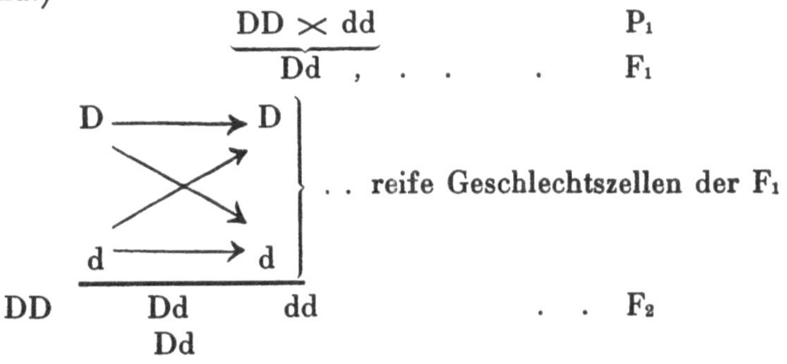

Daraus folgt, daß $^1/_4$ der Pflanzen homozygot gezahntrandig (D D), $^2/_4$ heterozygot gezahntrandig (D d), $^1/_4$ homozygot glattrandig sein muß, insgesamt also $^3/_4$ gezahnten, $^1/_4$ glatten Blattrand aufweist. Alles übrige, wie Rückkreuzung usw., ist nach dem gleichen Prinzip leicht ableitbar.

Da sich zahlreiche Anlagen unabhängig voneinander vererben, können in der F_2 Neukombinationen der Merkmale auftreten. Es sei dies für den Fall zweier voneinander unabhängiger Merkmalspaare ausgeführt.

Kreuzen wir reinerbig (homozygot) schwarze, glatthaarige Meerschweinchen, deren Erbformel mit S S ff gegeben sei, mit homozygot weißen rosettenhaarigen Tieren, welche mit s s F F bezeichnet seien, so erhalten wir eine Generation schwarzer rosettenhaariger Tiere mit der Formel S s F f. Diese erzeugen vier verschiedene Geschlechtszellen in gleicher Häufigkeit, nämlich:

1. Geschlechtszellen mit der Anlage schwarz rosettenhaarig (S F);
2. „ „ „ „ weiß glatthaarig (s f);
3. „ „ „ „ schwarz glatthaarig (S f);
4. „ „ „ „ weiß rosettenhaarig (s F).

Da jede dieser Geschlechtszellen mit einer beliebigen anderen von ihnen zusammentreffen kann, ergeben sich 4 × 4 = 16 Befruchtungsmöglichkeiten, die im einzelnen im nachstehenden Schema abzulesen sind:

	SF	Sf	sF	sf
SF	SS FF	SS Ff	Ss FF	Ss Ff
Sf	SS Ff	SS ff	Ss Ff	Ss ff
sF	Ss FF	Ss Ff	ss FF	sS Ff
sf	Ss Ff	Ss ff	ss Ff	ss ff

Schema der 16 Befruchtungsmöglichkeiten bei Kreuzung mit 2 Merkmalspaaren.

Das Auszählen des Schemas ergibt, daß 9 Tiere beide dominante Merkmale, nämlich schwarz und rauhhaarig, besitzen, je 3 Tiere das eine dominante und das andere rezessive, also drei sind schwarz und glatthaarig, drei weiß und rosettenhaarig, ein einziges Tier zeigt beide rezessiven Merkmale, nämlich weiß und glatthaarig. Wir erhalten damit vier verschiedene Sorten von Tieren, darunter 2 neue, von den Ausgangsrassen abweichende Merkmalskombinationen. Die Größe der einzelnen Gruppen wäre auch rechnerisch einfach zu bestimmen gewesen; bei der Kreuzung in Bezug auf ein Merkmalspaar heterozygoter Induviduen ist die Wahrscheinlichkeit, daß die dominante Anlage, homozygot oder heterozygot, bei den Nachkommen auftritt $^3/_4$, die Gegenwahrscheinlichkeit $1 - {^3/_4} = {^1/_4}$ für das rezessive Merkmal. Die Wahrscheinlichkeit bei 2 Merkmalspaaren beträgt deshalb in der F_2 für das Zusammentreffen beider dominanter Anlagen in einem Individuum $^3/_4 \cdot {^3/_4} = {^9/_{16}}$, für die Kombination des einen dominanten mit dem anderen rezessiven Merkmal $^3/_4 \cdot {^1/_4} = {^3/_{16}}$ und umgekehrt $^1/_4 \cdot {^3/_4} = {^3/_{16}}$, für die Kombination beider rezessiver Anlagen $^1/_4 \cdot {^1/_4} = {^1/_{16}}$. Das gleiche Ergebnis bekommt man bei der Potenzierung des Binoms $({^3/_4} + {^1/_4})^n$, wobei n die Zahl der Merkmalspaare bedeutet. Bei 4 Merkmalspaaren bedeute A a, B b, C c, D d die Erbformel der F_1; dann ergäbe sich in der F_2 folgende Verteilung:

$$({^3/_4} + {^1/_4})^n = ({^3/_4} + {^1/_4})^4 = ({^3/_4})^4 + 4 \cdot ({^3/_4})^3 \cdot {^1/_4} + 6 \cdot ({^3/_4})^2 \cdot ({^1/_4})^2 + 4 \cdot {^3/_4} \cdot ({^1/_4})^3 + ({^1/_4})^4$$

Daraus ergibt sich:

81 mal wird mindestens heterozygot vorhanden sein: A, B, C, D,
27 mal wird mindestens heterozygot vorhanden sein: A, B, C, und homozygot d d,
27 mal wird mindestens heterozygot vorhanden sein: B, A, D, und homozygot c c,
27 mal wird mindestens heterozygot vorhanden sein: A, D, C, und homozygot b b,
27 mal wird mindestens heterozygot vorhanden sein: B, C, D, und homozygot a a,
9 mal wird mindestens heterozygot vorhanden sein: A, B, und homozygot c c und d d,
9 mal wird mindestens heterozygot vorhanden sein: B, C, und homozygot a a und d d,
9 mal wird mindestens heterozygot vorhanden sein: C, D, und homozygot a a und b b,
9 mal wird mindestens heterozygot vorhanden sein: B, D, und homozygot a a und c c,
9 mal wird mindestens heterozygot vorhanden sein: C, A, und homozygot b b und d d,
9 mal wird mindestens heterozygot vorhanden sein: D, A, und homozygot b b, c c,
3 mal wird mindestens heterozygot vorhanden sein: A und homozygot b b, c c und d d,

3 mal wird mindestens heterozygot vorhanden sein: B und homozygot a a, c c und d d,
3 mal wird mindestens heterozygot vorhanden sein: C und homozygot a a, b b, d d,
3 mal wird mindestens heterozygot vorhanden sein: D und homozygot a a, b b, c c,
1 mal wird vorhanden sein: a a, b b, c c, d d.

Insgesamt bestehen 256 Möglichkeiten, die oben im einzelnen gekennzeichnet sind, nämlich $2^{2n} = 2^8$ Kombinationen. In jeder der angeführten Gruppen befindet sich stets nur ein Individuum, das alle zugehörigen Merkmale homozygot besäße.

Aus dem bisher Gesagten ergibt sich zur Genüge, daß die Erblichkeitsgesetze Zufallsgesetze sind; man darf deshalb in kleinen Beobachtungsreihen nicht völlige Übereinstimmung der gefundenen Werte mit den theoretischen erwarten. Als Maß der in dem beschränkten Umfang aller Beobachtungsreihen begründeten Abweichung gilt der „mittlere Fehler", der mit der Formel $m = \pm \sqrt{\frac{p_1 \, p_2}{n}}$ berechnet wird. Dabei bedeutet p_1 die prozentuale Häufigkeit des Eintrittes eines Ereignisses, p_2 die Häufigkeit seines Nichteintrittes, also $100 - p_1$; n ist die Zahl der Beobachtungen. Weichen zwei Beobachtungsreihen über gleichartige Ereignisse um weniger als das Dreifache des mittleren Fehlers voneinander ab, dann ist man nicht berechtigt, von einer Änderung des Ereignisablaufes zu sprechen.

Die cytologischen Grundlagen der Vererbung[1]).

Die oben auseinandergesetzte Spaltungsregel und die Unabhängigkeitsregel sind nur bei geschlechtlicher Fortpflanzung gültig; insbesondere sind die im Kern enthaltenen Chromosomen oder Kernschleifen von ausschlaggebender Bedeutung. Sie gelten heute als die wichtigsten, jedoch kaum als die alleinigen Träger aller Vererbungserscheinungen. Zunächst ist hervorzuheben, daß die Zahl der Kernschleifen charakteristisch für jede Tier- und Pflanzenart ist und in allen Körperzellen konstant bleibt, ohne daß jedoch die Zahl der Kernschleifen Rückschlüsse auf die Entwicklungshöhe eines Organismus zuließe. Mit der Befruchtung, der Vereinigung von Ei- und Samenzelle, müßte sich jedoch mit jeder Generation die Zahl der Kernschleifen verdoppeln und schließlich ein nicht lebensfähiges Wesen entstehen. Die Geschlechtszellen sind deshalb erst nach einem Reifungsvorgang, der Reduktionsteilung, befruchtungsfähig, bei dem die Zahl der Kernschleifen auf die Hälfte vermindert wird.

---

[1]) *Morgan* (übers. von *Nachtsheim*), Die stoffliche Grundlage der Vererbung, Berlin 1921. — *Stomps*, Erblichkeit und Chromosomen, Jena 1923.

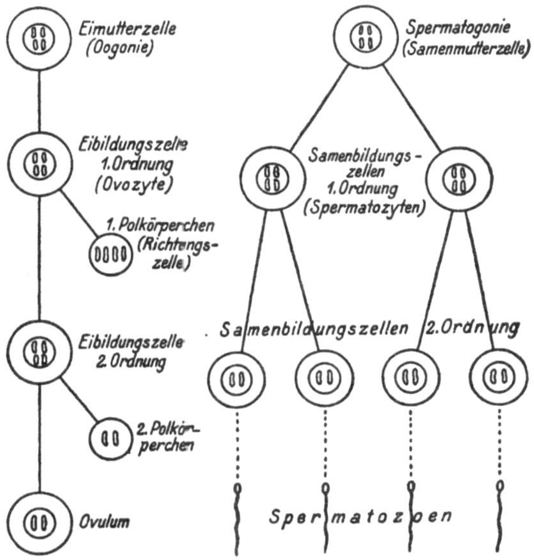

Reifung von Ei und Samen (schematisch [1]).

Die Ei-Reifung erfolgt in zwei Teilungen, bei denen jedesmal nur das eine Teilstück dem Ei zureift, während das andere als sog. Richtungszelle oder Polkörperchen ausgeschieden wird. Bei der ersten Reifungsteilung wird die Zahl der Chromosomen nicht verändert; sie spalten sich wie bei allen anderen Teilungen der Länge nach durch und je eine der beiden Hälften wandert in die Ovozyte oder in das 1. Polkörperchen. Bei der zweiten Reduktionsteilung unterbleibt diese Längsspaltung; von den paarweise einander zugeordneten Chromosomen wandert der eine Partner in das 2. Polkörperchen, der andere in das Ovulum. Welches der beiden einander zugehörigen homologen Chromosomen abgestoßen wird, hängt vom Zufall ab. Das reife Ei enthält aus den erwähnten Gründen nur die halbe Chromosomenzahl.

Die Samenreifung ist im Prinzip völlig gleich, nur daß alle Teilstücke erhalten bleiben und daß sie, nachdem die Reduktion der Chromosomenzahl eingetreten ist eine morphologische Änderung durchmachen, die sie erst zu ihrer physiologischen Aufgabe befähigt.

Von den je zwei einander zugeordneten Chromosomen enthält jedes die gleichen Erbeinheiten, Gene, die wir uns perlschnurartig hintereinander aufgereiht denken. Je zwei Gene, von denen das eine von der Mutter, das andere vom Vater stammt, bestimmen zusammen eine Erbanlage. Die Mendelschen Gesetze sind nichts anderes als die Folge des zufallsgemäßen Zusammentretens und der Trennung väterlicher und mütterlicher Gene.

---

[1]) *Fetscher*, Grundzüge der Erblichkeitslehre, Dresden 1924.

Merkmale, die ihren Sitz in verschiedenen Chromosomenpaaren haben, müssen sich unabhängig voneinander vererben, entsprechend den eingangs dargestellten Beispielen. Merkmale, deren Gene sich im gleichen Chromosom befinden, werden dementsprechend in der Regel gemeinsam, gekoppelt, vererbt. Die Koppelung kann jedoch gelegentlich durchbrochen werden, wie die Untersuchungen *Morgans* und seiner Schule an der Taufliege (Drosophila) uns lehrten.

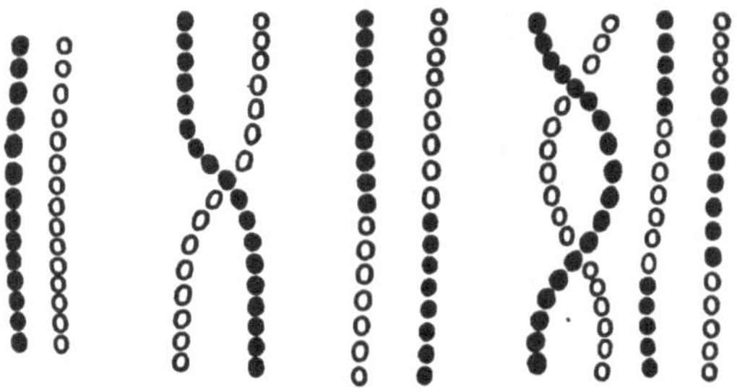

Abschnitts (Chromomeren-) Austausch eines Kernschleifenpaares (schematisch) nach *Baur* [1]).

Die homologen Chromosomen können gelegentlich in der schematisch dargestellten Art Teilstücke und damit Gene austauschen (Crossing over), so daß sie hernach in neuer Anordnung und Koppelung auftreten. Auf Einzelheiten kann hier nicht eingegangen werden, weshalb nur auf das Literaturverzeichnis hingewiesen sei. Weitere Unregelmäßigkeiten kommen dadurch zustande, daß zwei homologe Chromosomen nicht auseinander weichen, sondern gemeinsam in eines der Teilstücke wandern (non disjunction *Bridges*); dann enthält das eine um ein Chromosom weniger, das andere um eines zuviel. In selteneren Fällen kommt es zu Gigasformen durch regelwidrige Befruchtung vor der Reduktionsteilung.

In zahlreichen Fällen wirken Anlagenpaare, die in verschiedenen Chromosomen verankert sind, als Ursache einer einzigen Eigenschaft zusammen (Polymerie oder Polyidie). Wirken sie alle gleichsinnig, so sprechen wir von Homomerie. Nicht zu verwechseln damit ist die heterophäne Vererbung, die verschiedenartige Auswirkung des gleichen Gen. Es kommt auch vor, daß von zwei voneinander unabhängigen Anlagenpaaren sich das eine gegen das andere wie ein dominantes Gen zu einem homologen rezessiven Gen verhält. Man nennt dann ersteres Anlagenpaar epistatisch, letzteres hypostatisch. Es ist weiterhin zu erwähnen, daß manche Anlagen als Letalfaktoren wirken, d. h. keine lebensfähige Frucht entstehen lassen, wenn sie homozygot vorhanden sind. Merkmalspaare dieser Art sind in der Literatur mehrfach beschrieben.

---

[1]) *Baur - Fischer - Lenz*, Menschliche Erblichkeitslehre, 2. Aufl., München 1923.

Die Vererbung des Geschlechts.

Chromosomengarnitur einer Spermiogonie des Menschen (Japaner). Die homologen Chromosome sind paarweise geordnet (nach *Oguma* und *Kihara*)[1].

Die menschliche Eizelle enthält nach dem gegenwärtigen Stande der Forschung 48 Chromosome vor der Reifung. Jedes befruchtungsfähige Ovulum besitzt demnach 24. Anders liegen die Dinge bei den Spermatozoën; es gibt von ihnen zweierlei Arten in gleicher Häufigkeit; solche mit 23 und solche mit 24 Chromosomen. Dies erklärt sich daraus, daß der Chromosomenbestand des Mannes nur 47 beträgt. Wir finden bei ihm das als X-Chromosom bezeichnete (Nr. 1) ohne homologes Chromosom, während die Frau zwei X-Chromosome besitzt. Das Geschlecht der Frucht wird nach folgendem Schema bestimmt:

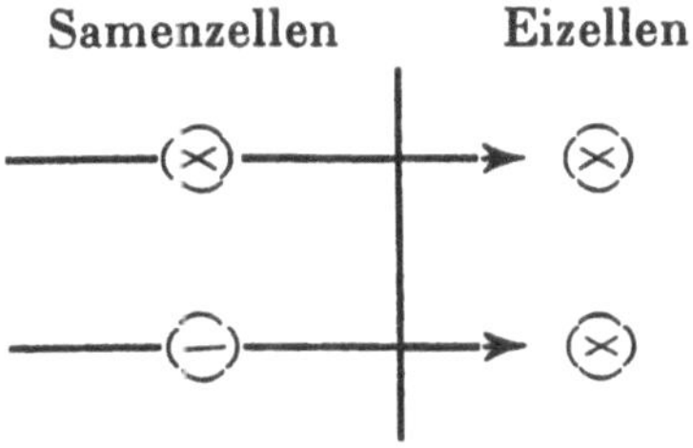

(Es ist nur das X-Chromosom bezeichnet.)

Samenzelle mit X-Chromosom + Eizelle ergibt eine Kombination mit zwei X-Chromosomen = eine weibliche Frucht.

Samenzelle ohne X-Chromosom + Eizelle ergibt eine Kombination mit nur einem X-Chromosom = männliche Frucht.

Da die zwei Sorten von Samenzellen gleich häufig sind, müßte die gleiche Zahl männlicher und weiblicher Früchte erzeugt werden. Tatsächlich ist dies nicht der Fall, wie sich daraus ergibt, daß unter den Fehlgeburten sowohl wie unter den Totgeburten mehr männliche als weibliche Früchte gefunden werden und dennoch unter den Lebendgeborenen noch 106 Jungen auf 100 Mädchen kommen. *Lenz* will das Überwiegen von Jungen durch die Hypothese erklären, daß die um ein Chromosom ärmeren männchenbestimmenden Samenzellen schneller beweglich seien und deshalb leichter zur Befruchtung kämen.

[1]) *Kan Oguma*, Etude des chromosomes chez l'homme. Arch. de Biologie 23, 1923, S. 493.

Eine Reihe experimenteller Erfahrungen auf botanischem wie zoologischem Gebiet stützen diese Auffassung. Es bestehen weiterhin familiäre Unterschiede in der Knabenziffer, die sich vielleicht aus der familiär verschiedenen Fähigkeit der Frauen zum Austragen männlicher Früchte erklärt (*Fetscher*[1])). *Baumann*[2]) hat neuerdings dies bestätigt, wenn er auch an seinem wesentlich andersartigen Material geringere familiäre Unterschiede fand. Es ist ferner nicht ausge-

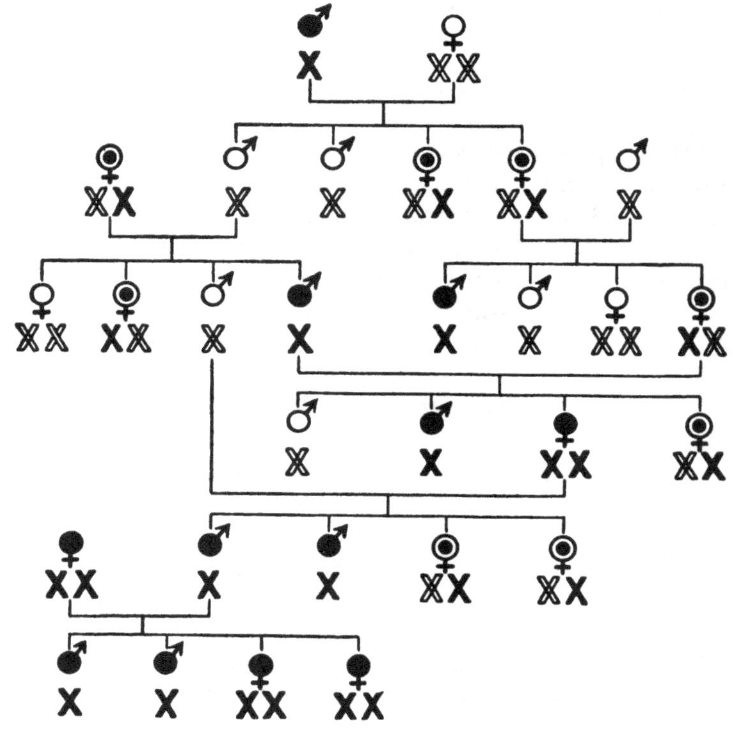

Schematischer Stammbaum zur Erklärung geschlechtsgebundenen Erbganges:

♂ = gesunder Mann
♀ = gesunde Frau
♂ (schwarz) = kranker Mann
♀ (schwarz) = kranke Frau
♀ (mit Punkt) = äußerlich gesunde Frau mit latenter Anlage (Konduktor) im Falle rezessiv-geschlechtsgebundenen Erbganges.
Heterozygot kranke Frau im Falle dominant-geschlechtsgebundenen Erbganges.

X (hohl) = gesundes X-Chromosom
X = krankes X-Chromosom

---

1) Zur Frage der Knabenziffer beim Menschen. Arch. f. Rassen- u. Gesellschaftsbiol., Bd. 15, S. 233, 1923.

2) Über die Frage einer familiären Häufung von Geburten eines Geschlechts, Arch. f. Rassen- und Gesellschaftsbiol., Bd. 18, 1926, S. 152.

schlossen, daß auch das Alter der Mutter und ihr Ernährungszustand Einfluß auf die Fähigkeit des Austragens männlicher Früchte besitzt. Die Erfahrungen darüber sind aber noch nicht eindeutig genug, um etwas Bestimmtes auszusagen. Da vielfach die Frage auftaucht, ob es möglich sei, ein Kind bestimmten Geschlechts nach Wahl zu zeugen, so sei auch darauf kurz eingegangen. Alle Theorien, welche die Zeugung zu bestimmten Zeiten empfehlen, sind unhaltbar und ohne Aussicht auf Erfolg. *Lenz*[1]) empfiehlt die Befruchtung zu erschweren, um die Aussicht auf eine männliche Frucht zu erhöhen. Man wird aber auch diesem Vorschlag mit einer gewissen Skepsis begegnen müssen. Solange das Vorhandensein geschlechtsspezifischer Abwehrstoffe, die *Fetscher* vermutet, noch nicht exakt bewiesen ist, wird man gut tun, auch darauf keine Vorschläge aufzubauen.

Merkmale, deren Gene im X-Chromosom liegen, haben eine besondere, als „geschlechtsgebunden" bezeichnete Art des Erbganges. Die Einzelheiten werden am besten aus vorstehendem schematischen Stammbaum abgelesen.

Die Größen der Geschwisterreihen sind so bemessen, daß das Verhältnis zwischen kranken und gesunden Geschwistern dem theoretischen entspricht. Es ist natürlich in beobachteten Stammbäumen nicht allgemein zu erwarten, wie oben schon näher begründet wurde.

Vom geschlechtsgebundenen Erbgang ist der geschlechtsbegrenzte zu unterscheiden. Bei diesem handelt es sich um Merkmale, die, ohne an das Geschlechtschromosom gebunden zu sein, sich ausschließlich oder vorzugsweise bei einem Geschlecht äußern.

Die Erbänderung (Idiokinese).

Alle Änderungen der Erbmasse, die aus uns unbekannten Ursachen auftreten, werden als Mutation bezeichnet. Mutationen dürften bei der Entstehung der Arten eine erhebliche Rolle gespielt haben. Während man früher Mutationen für recht selten hielt, kommt neuerdings *Baur* auf Grund seiner experimentellen Studien zu dem Ergebnis, daß sie verhältnismäßig häufig vorkommen, allerdings vielfach als heterozygot rezessive Anlagen, deren Vorhandensein erst aus Kreuzungen bekannt wird. Modifikationen (Paravariationen) sind Änderungen des Erscheinungsbildes, die nicht durch Erbanlagen, sondern durch Umweltwirkung (Parakinese) bedingt sind. Sie sind für die Erbanlage ohne Bedeutung, selbst dann, wenn Paraphorie oder auch eine Dauermodifikation vorliegt, also die Änderung des Erscheinungsbildes sich auch noch bei einer oder mehreren Generationen der Nachkommen bemerkbar macht. Für die menschliche Fortpflanzung von größter Bedeutung ist die Idiophorie, die Keimschädigung.

[1]) In *Halban-Seitz* Biologie und Pathologie der Frau, München 1925.

Die experimentellen Grundlagen zu ihrer Beurteilung verdanken wir in erster Linie *A. Bluhm* und *Stockard*[1]). Letzterem gelang es u. a. Mißbildungen unter den Würfen von Meerschweinchen durch Alkoholwirkung bei den Elterntieren zu erzeugen. *A. Bluhm* zeigte an weißen Mäusen, daß ein Unterschied in der Wirkung besteht, je nachdem die männlichen oder die weiblichen Tiere alkoholisiert werden. Das Geschlechtsverhältnis der Geborenen bleibt unverändert, wenn die weiblichen Tiere der Alkohol- oder auch Koffeinwirkung unterliegen, es ist zugunsten der männlichen Früchte verschoben, wenn nur die Vatertiere der Giftwirkung ausgesetzt werden. In beiden Fällen ist die Zahl der erfolglosen Kohabitationen und ebenso der toten Früchte erhöht. Werden nur die Muttertiere alkoholisiert, so ist die Zahl der toten Früchte unter den Würfen bedeutender, als wenn nur die Vatertiere behandelt werden, da zu der Keimschädigung noch die Fruchtschädigung hinzutritt.

Bertholet fand bei 100 Trinkern 64 mal völligen Schwund der Samenkanälchen, also Unfruchtbarkeit[2]). Bevor dieser Zustand erreicht ist, dürfte eine Zeit liegen, in der zwar noch Zeugung möglich ist, aber eine mehr oder minder starke Keimschädigung zu erwarten ist. *Bezzola* fand nach den Geburtsdaten von 8186 Schwachsinnigen und Idioten zwei Zeugungsmaxima, die auf Fastnacht und Weinlese fallen. *E. H. Müller* fand bei 847 Epileptikern eine ähnliche Verteilung der Zeugungsmaxima. *Hertzka* zeigte an dem Material von *Laitminen*, daß die Entwicklungskurve von Jungen und Mädchen aus Trinkerfamilien die normalen Geschlechtsdifferenzen sehr viel weniger klar ausgeprägt erkennen läßt. *Legrain* stellte unter 761 Kindern von Trinkern 72,6% als entartet fest, *Bournville* unter 1000 epileptischen, blöd- und schwachsinnigen Kindern bei 74,8% Trunksucht eines oder der beiden Eltern. Ebenso finden wir unter den Kindern von Trinkern hohe Kriminalität. Inwieweit im einzelnen die Minderwertigkeit der Nachkommenschaft auf Keimschädigung zurückzuführen ist, oder vielleicht auf eine Erbanlage, die zu der Trunksucht der Eltern schon Anlaß gab, wird sich kaum entscheiden lassen. Ziemlich sicher dürfte wohl sein, daß die Übersterblichkeit unter Trinkerkindern nur zum Teil aus der meist ungünstigen sozialen Lage zu erklären ist und wohl auch teilweise auf Keimschädigung zurückgeht.

Auch eine Reihe weiterer Genußmittel und vor allem auch Gewerbeschädigungen können vermutlich zu Idiophorie führen. Man wird das Nikotin zu verdächtigen haben (erhöhte Aborthäufigkeit bei Tabak-

---

[1]) Vgl. *Marcuse*, Handwörterbuch der Sexualwissenschaft. — *Bluhm, A.*, Alkohol u. Nachkommenschaft, Ztschr. f. indukt. Abstammungs- u. Vererbungslehre, 1922, Bd. 37.

[2]) Vgl. *Wlassak, R.*, Grundriß der Alkoholfrage, Leipzig 1922.

arbeiterinnen, die jedoch vielleicht auch auf Fruchtschädigung oder Kontraktionsreiz des Nikotins auf den Uterus zurückzuführen ist), ferner das Arsen, besonders auch Blei. Letzteres erzeugt im Tierversuch häufiges Verwerfen der Haustiere (*Fuchs*), untergewichtige Würfe bei Meerschweinchen, wenn die männlichen Tiere der Bleiwirkung unterliegen (*Weller*). Erhöhte Aborthäufigkeit bei Frauen, die vor der Ehe mit Blei gearbeitet hatten, fand *Oliver*. *Lehmann* berichtet über die große Sterblichkeit unter den Kindern ungarischer Töpfer (Ursache häufig Eklampsie und Hirnwassersucht). Die ausführlichsten Angaben stammen von *Deneufbourg*, doch genügen auch seine Beobachtungen nicht zu bindenden Schlüssen. Als sicher kann aber wohl gelten, daß Bleischädigung der Frau im höchsten Grade bedenklich ist. Den Röntgen- und Radiumstrahlen kommt gleichfalls wohl eine erhebliche, aber noch nicht völlig geklärte Bedeutung zu. Neuerdings will *Stieve*[1]) sogar bei „ungesunder" Lebensweise und seelischen Erschütterungen Schwund der Keimzellen beobachtet haben. Es scheint jedoch die Keimschädigung keine Eigenschaft zu sein, die stets dem Träger der geschädigten Keimzellen dauernd anhaftet. Schwindet die Ursache der Keimschädigung, dann können wohl häufig nach einiger Zeit sich die Geschlechtsdrüsen erholen und gesunde Keimzellen erzeugen, soweit nicht schwere organische Schädigungen bestehen bleiben, die aber wohl meist dann zur Unfruchtbarkeit führen.

Zusammenfassend ist zu sagen, daß Keimschädigung beim Menschen wahrscheinlich ist und daß sie wegen der Verbindung mit Fruchtschädigung bei der Frau bedenklicher als beim Manne ist. Hinzugefügt sei noch, daß *Lenz* glaubt, es könnten heterozygot rezessive Schädigungen entstehen, die bei den Nachkommen selbst noch nicht sichtbar werden können, sondern erst in späteren Generationen herausmendeln.

Die krankhaften Erbanlagen des Menschen[2]).

Im Folgenden sei ein kurzer Überblick über die krankhaften Erbanlagen des Menschen unter besonderer Berücksichtigung solcher gegeben, die sich ausschließlich oder vorzugsweise bei einem Geschlechte äußern. Bei der Fülle des Stoffes und der Enge des verfügbaren Raumes dürfte eine mehr oder minder tabellarische Übersicht am ehesten zum Ziele führen.

---

[1]) Unfruchtbarkeit als Folge unnatürlicher Lebensweise, J. F. Bergmann, München 1926.

[2]) Vgl. *Baur - Fischer - Lenz*, Grundriß der menschlichen Erblichkeitslehre, 2. Aufl., München 1923. — *Siemens*, Allg. u. spez. Vererbungspathologie d. Menschen, 2. Aufl., Berlin 1923.

a) Vollständig geschlechtsbegrenzte Krankheitsanlagen

1. auf den Mann:
   Leistenhoden dom. ?
   Varikozele ?
   Hydrozele ?
   alle Mißbildungen der spezifisch männlichen Geschlechtsorgane.
. auf die Frau:
   alle Mißbildungen der spezifisch weiblichen Geschlechtsorgane
   Myome des Uterus dom. ?
   Menstruationsanomalien
   Innersekretorische Störungen des Ovarium
   Chlorose dom. ?
   Osteomalazie
   Mehrlingsgeburten rez., Oligohydramnie unregelmäßig dom. ?

b) Unvollständig geschlechtsbegrenzte Krankheitsanlagen:

1. auf den Mann:
   Diabetes mellitus dom.
   Diabetes insipidus dom.
   Angeborene Herzfehler
   Leukaemie
   Heuschnupfen rezessiv
   Blasensteine
   Syringomyelie ?
   Amyotrophische Lateralsklerose dom. ?
   Alopecia praesenilis dom.
   Genuine Epilepsie rezessiv, aber auch dominant
   Anomalien des Sexualempfindens, manchmal dominant
   Dysplasia adiposogenitalis ?
   Giftsuchten
   Moral insanity
   Neurasthenie dominant ?
   Leistenbruch dominant ?
   (Überwiegen von Kehlkopf- und Mastdarmkrebs).
' Auf die Frau:
   Atonie (Enteroptose, Gastroptose usw.)
   Gallensteine
   Kropf (Basedow, Myxoedem)
   Fettsucht dominant
   Migräne rezessiv
   Hysterie dominant ?
   Innersekretorische Störungen
   Gicht dominant
   Haemangiome dominant
   Pigmentanomalien, dominant, auch rezessiv
   Glaukom ? dominant
   Angeborene Hüftluxation rezessiv.

c) Geschlechtsgebundene Anlagen:

1. Stets nur geschlechtsgebunden-rezessive Erbanlagen:
   Aplasia axialis extracorticalis congenita
   Anidrosis

Albinismus des Auges
Dichromasie
Hemeralopie mit Myopie
Keratosis follicularis mit Degeneratio corneae
pes varus (polymer, 1—2 rezessive und 1 geschlechtsgebunden rezessives Faktorenpaar)
Trichromasie
Pseudohypertrophia muscularis Gowers
Haemophilie (bei der Frau noch nicht sicher beobachtet; Homozygotie, die ja nur bei der Frau möglich ist, könnte als Letalfaktor wirken).

2. Geschlechtsgebunden-rezessiv neben anderen Formen des Erbgangs:

Atrophie des Sehnerven
Ataxia Friedrich (aber auch dominant und rezessiv)
Atrophia musculorum progressiva (daneben dominant)
Epidermolysis bullosa traumatica dystrophica (meist rezessiv)
Hydrophthalmus (meist rezessiv)
Megalocornea (auch dominant)
Retinitis pigmentosa (?) meist rezessiv, selten dominant.

d) Geschlechtsgebunden dominant:

Basedow'sche Krankheit ?
Hysterie ?
Manisch-depressives Irresein (polyid, ein rezessives und ein geschlechtsgebunden-dominantes Faktorenpaar ?)
Neigung zu Endocarditis
Obesitas ?
Keratosis follicularis spinulosa cum ophiasi.

e) Rezessive Krankheitsanlagen:

Albinismus universalis
Akromegalie
Atrophia cutis diffusa
Amaurotische Idiotie
Anophthalmus
Ektopia lentis et pupillae
Farbenblindheit, totale
Flocculusbildung der Iris (polyid)
Keratosis diffuca congenitalis
Membrana pupillae persistans
Genuine Epilepsie ?
Haematoporphyriurie
Mikrokephalie
Myatonia congenita
Paralysis agitans
Riesenwuchs
Schwachsinn
Situs viscerum inversus
Schizophrenie (zwei rezessive, ein dominantes Faktorenpaar
Taubstummheit
Xeroderma pigmentosum.

f) Dominante Krankheitsanlagen:

Achondroplasie
Aniridie
Altersstar
Ankylosen der Fingergelenke
Ataxie, cerebellare
Atherom
Brachydaktylie
Cataract, angeborener (in verschiedenen Formen)
Chondrome
Colobom der Iris und des nervus opticus
Camptodactylie
Clinodactylie
Dermatitis herpetiformis Duhring
Dermatosis Darier
Degeneratio corneae
Diabetes mellitus
Diabetes insipidus
Epheliden
Epikanthus
Epidermolysis bullosa traumatica simplex
Exostosen
Glaukom
Gynaekomastie
Greisenbogen
Halsfistel, angeborene
Haemolytischer Ikterus
Haematurie
Heterochromie
Huntington'sche Chorea
Hyperopie
Keratosis pilaris
Knochendefekte
Leukonychie
Lipome
Lippen- und Kieferspalten
Luxatio lentis
Luxatio patellae
Monodaktylie
Mikrognathie
Muskeldefekte
Myoplegie (familiäre paroxismale Lähmung)
Myotonia congenita (Thomsen'sche Krankheit)
Nystagmus
Otosklerose
Osteopsathyosis
Polythelie
Polydaktylie
Prognathismus
Ptosis
Psychopathie

Progressive Muskeldystrophie
Quincke'sches Ödem
Recklinghausen'sche Krankheit
Schweißfüße und -hände
Spaltfuß, Spalthand
Skoliose und Kyphose
Syndaktylie
Splenomegalie, familiäre
Syringom
Sklera blaue
Teleangiektasien
Tremor hereditarius
Trichterbrust
Tuberöse Hirnsklerose (typisch heterophaen!)
Turmschädel
Trommelschlägerfinger
Trophödem
Urticaria.

g) Rezessiv und dominant:

Partieller Albinismus
Hypertrichosis
Ichthyosis vulgaris
Keratosis palmaris et plantaris
Angeborene Hornhauttrübung ?
Mikrophthalmus
Retinitis pigmentosa
Nachtblindheit
Achondroplasie
Ateleiosis.

Die normalen körperlichen Eigenschaften des Menschen:

Körpergröße (polyid)
Lebensdauer
Hautfarbe (polyid)
Mongolenfleck (rezessiv)
Haarform (schlichtes Haar rezessiv gegen lockiges, dieses rezessiv gegen krauses, vielleicht noch ein weiterer Faktor für straffes Haar)
Haarfarbe (wohl drei homomere Intensitätsfaktoren)
Augenfarbe (nach *Plate* je ein Faktor für gelbes und braunes Pigment, sowie zwei homomere Intensitätsfaktoren; nach *Fischer* blau rezessiv gegen grau, dieses rezessiv gegen braun. *Lenz* vermutet eine geschlechtsgebunden dominante Anlage für Braunäugigkeit)
Kopfform (polymer)
Nasenform (polymer)
Ohrform (*Carrière:* angewachsene Ohrläppchen dominant. *Darwin*'sches Höckerchen häufiger bei Jungen als Mädchen, vielleicht geschlechtsgebundener Erbgang)
Papillarlinien
Haemagluttinine
(vgl. Elternschaftsdiagnose).

Selbstverständlich sind noch eine ganze Reihe weiterer Merkmale erblicher Natur. Die Aufzählung will lediglich einige Andeutungen geben und verzichtet von vornherein auf Vollständigkeit.

Normale psychische Merkmale[1]).

Heymanns versucht das Temperament als Kombination von drei Gruppen psychischer Eigenschaften zu erklären und unterscheidet: 1. Gefühlserregbarkeit (Emotionalität), 2. seelische Nachwirkung gefühlsbetonter Erlebnisse, 3. Aktivität. *Davenport* nimmt einen Erregbarkeitsfaktor an und ein zweites, davon unabhängiges Merkmalspaar für die Stimmungslage. Die neun möglichen Kombinationen ergäben dann die verschiedenen Temperamentstypen. *Peters* stimmt im wesentlichen *Davenport* bei. Einen wesentlich anderen Weg beschritt *Kretschmer,* der von den beiden großen Formenkreisen endogener Geisteskranken ausgehend schizothyme und zyklotyme Temperamente im Bereich des Normalen unterscheidet. Bemerkenswert ist ferner, daß den zyklothymen in der großen Mehrzahl der Fälle pyknischer Körperbau zukommt, der schizothymen verschiedene Formen, nämlich die asthenische, die athletische, die dysplastische. Unter den Kindern verschiedenartiger Eltern kommen öfter Mischformen zur Beobachtung. *Key* schält aus der Charakterveranlagung folgende Eigenschaften heraus: 1. Wirtschaftliche Eignung, 2. Unternehmungslust, 3. Zähigkeit. Ein sicheres Urteil wird man nach den Ergebnissen noch nicht abgeben können, sondern sich auf die Vermutung des Dominierens der drei Merkmale über ihr Fehlen beschränken müssen. *Estabrook* und *Davenport* haben auch versucht, in der Nam-Family und den Yukes die Vererbung bestimmter sozialer Eigenschaften zu studieren. Man gewinnt in ihnen den Eindruck, daß antisoziale Neigung über soziale dominiert. Wesentlich aufschlußreicher sind die Untersuchungen von *Peters* über die Vererbung der Schulfähigkeiten. Er kommt zu dem Ergebnis, daß die durchschnittliche Schulleistung der Kinder um so größer ist, je besser jene der Eltern war. Auch zwischen Enkeln und Großeltern läßt sich noch eine deutliche Beziehung feststellen. In gleichem Sinne spricht die seelische Geschwisterähnlichkeit (*Schuster* und *Elderton*), sowie die der Schulleistungen (*Thorndike*), der auch fand, daß Zwillinge eine reichlich doppelt so große Ähnlichkeit aufweisen.

Eingehende Untersuchungen verdanken wir *Haecker* und *Ziehen* über die Vererbung der musikalischen Begabung. Im allgemeinen dominiert musikalische Fähigkeit über ihr Fehlen; sie versuchen

[1]) Vgl. *Peters, W.*, Die Vererbung geistiger Eigenschaften und die psychische Konstitution, Jena 1925.

ferner sie in verschiedene Einzelkomponenten zu zerlegen. Einfacher zu verfolgen ist die Erblichkeit hervorragender Begabung, über die wir deshalb auch besser unterrichtet sind. Es sei nur an die Familie Bach erinnert, die Mathematikerfamilie Bernoulli, Galtons Stammbaum, Goethes, Tizians, Feuerbachs Verwandtschaftskreis usw. Besonders überzeugend wirken *Galtons* Ergebnisse, der in umfangreichen statistischen Erhebungen zeigen konnte, daß unter den Blutsverwandten berühmter Männer eine überdurchschnittliche Zahl hervorragender Talente zu finden ist. *Woods* verdanken wir ähnliche Untersuchungen und endlich sei noch der umfangreichen Arbeiten *Termans* gedacht, die alle die überwiegende erbmäßige Bedingtheit der Begabung erhärten.

Vater- und Mutterähnlichkeit der Kinder.

Der vaterrechtliche Familienbegriff läßt die biologische Bedeutung der Frau zu gering erscheinen. Aus dem Bisherigen dürfte zur Genüge hervorgehen, daß der Erbeinfluß der Frau dem des Mannes nicht nachsteht, daß aber gewisse Unterschiede bestehen, die ihre Ursache in der geschlechtsbegrenzten und geschlechtsgebundenen Vererbung haben. So dürfte nach *Lenz* die größere seelische Ähnlichkeit von Brüdern, welche jene von Vätern und Söhnen um etwa 1/3 übertrifft, aus geschlechtsgebundenem Erbgang zu erklären sein. In gleicher Richtung deutet die größere Ähnlichkeit zwischen Vätern und Töchtern als zwischen Vätern und Söhnen (die Töchter erhalten vom Vater ein X-Chromosom, die Söhne jedoch nicht). Die Söhne sind ferner ihren Müttern um fast 15% ähnlicher als ihren Vätern. Daß auch die Mutterähnlichkeit bei den Töchtern größer ist als die Vaterähnlichkeit, widerspricht dem nicht und ließe sich schon aus der geringeren Variationsbreite aller Eigenschaften bei der Frau verstehen; besonders dürfte auch bei psychischen Merkmalen Geschlechtsbegrenzung eine beträchtliche Rolle spielen (z. B. wesentlich geringere Produktivität der Frau auf musikalischem Gebiete). In körperlicher Hinsicht wirkt sich die Geschlechtsdifferenz in einschneidenden konstitutionellen Unterschieden aus, die sich u. a. auch in der verschiedenen Morbidität und Mortalität der Geschlechter gegen die einzelnen Infektionskrankheiten äußert (*Günther*). Daß auch bei endogenen Krankheiten die Bedeutung von Vater und Mutter sowohl für Söhne wie Töchter verschieden sein kann, ergibt sich aus den Besonderheiten des Erbganges krankhafter Gene, die im X-Chromosom verankert sind, aus der Wirksamkeit der Letalfaktoren und der Tatsache der Geschlechtsbegrenzung.

Die Erbbiologie ist noch eine junge Wissenschaft. Sie kann deshalb nur mit verhältnismäßig wenig sicheren Tatsachen aufwarten, wenn auch schon ein umfangreiches Beobachtungsmaterial vorliegt. Immerhin haben ihre bisherigen Erfolge bewiesen, daß es mit ihrer Methodik gelingt, weitere Einblicke in das biologische Geschehen überhaupt zu gewinnen.

Erbbiologische Elternschaftsdiagnose in der Ehe.

Die Frage, ob unter mehreren in Betracht kommenden Vätern eines Kindes an Hand erbbiologischer Untersuchungen der richtige gefunden werden könne, ist nicht selten. Sie wird namentlich dann besonders oft aufgeworfen werden, wenn einmal die exceptio plurium gefallen und an ihre Stelle die Kollektivhaftung aller Beteiligten getreten ist. Immerhin kommen auch jetzt schon Fälle vor, in denen die Untersuchung gewünscht wird, entweder um die von der Mutter behauptete Vaterschaft zu beweisen, oder aber vom angeblichen Vater, um die eigene Vaterschaft zu bestreiten. Dies spielt in Alimentationsprozessen, aber auch bei Anfechtung der Ehelichkeit eines Kindes eine Rolle. In seltenen Fällen, bei fahrlässiger Kindsverwechslung oder bei vorsätzlicher Kindsunterschiebung, sei es von beiden Gatten im Einverständnis (Fideikommiß, Erbschaft u. dgl.), sei es nur von Seiten der Frau, namentlich, in bisher sterilen oder durch Tod früherer Kinder kinderlos gewordenen Ehen (zur Täuschung des Ehemannes aus materiellen oder ideellen Motiven), kann die Feststellung der Elternschaft angestrebt werden, insbesondere wird zu entscheiden sein, ob ein bestimmtes Kind von einer bestimmten Mutter abstammt.

Mit Hilfe erbbiologisch deutbarer Merkmale sind wir nun in einer Reihe von Fällen in der Lage, wenigstens teilweise solche Fragen zu beantworten. Da sich gleiche Merkmale stets bei einer Gruppe von Personen finden, kann man allerdings in den positiven Fällen nur mit mehr oder minder großer Wahrscheinlichkeit eine bestimmte Person als Vater oder Mutter vermuten, doch grenzt die Wahrscheinlichkeit um so näher an die Sicherheit, je kleiner die Gruppe von Personen ist, bei der das gleiche zur Entscheidung benützte Merkmal vorkommt. Inwieweit eine solche Feststellung forensischen Wert besitzt, hängt völlig von der Lage des Einzelfalles ab, meist wird sie aber nur im Zusammenhang mit anderen Tatsachen verwertbar sein. Wichtiger dürfte die nicht selten mit großer Sicherheit zu stellende Diagnose sein, daß eine bestimmte Person nicht als Vater oder Mutter in Betracht komme. Nach dem gegenwärtigen Stande unseres Wissens liegt also mindestens vorerst der Nachdruck auf den negativen Fällen.

Aus der großen Menge bekannter Erbmerkmale kommen für den besonderen Zweck nur wenige in Frage, da sie einigen bestimmten

Voraussetzungen genügen müssen. Diese sind: sie müssen scharf umrissen sein, verändernden Umwelteinflüssen nur wenig unterliegen und möglichst schon kurz nach der Geburt soweit ausgeprägt sein, um eindeutig festgestellt werden zu können; daneben sind auch einige Formen des Erbganges von Bedeutung. Aus dem Gesagten ergibt sich auch, welcher Art pathologische wie normale Merkmale es sind, die nicht diesen Bedingungen entsprechen. Es fallen alle aus, bei denen zahlreiche graduelle Abstufungen vorhanden sind — alle geistigen Eigenschaften — alle, welche nur eine Anlage darstellen, zu der Umwelteinflüsse hinzutreten müssen, um aus der Anlage ein Merkmal werden zu lassen, — eine Reihe geschlechtsbegrenzter Eigenschaften, — solche, die sich in einem bestimmten Alter ändern — usw.

Welche aus der Reihe pathologischer Erbmerkmale für die Elternschaftsdiagnose in Frage kommen, sei zunächst erörtert.

Von Augenleiden verhalten sich die angeborenen Cataractformen meist dominant. Kommen bei gesunder Mutter und krankem Kinde mehrere Väter in Frage, von denen einer an angeborener Katarakt leidet, so kann mit erheblicher Wahrscheinlichkeit der Kranke als Vater bezeichnet werden. Da ferner die Linse meist nur teilweise getrübt ist, so daß ein Zentralstar, Schichtstar usw. unterschieden werden kann, die in ihrer besonderen Form erblich sind, könnte sogar zwischen mehreren kranken Vätern gewählt werden. Zu berücksichtigen bleibt jedoch, daß Bilder von angeborenem Star auch erworben sein können, wie Tierexperimente von *V. Skily* und *Ekstein* mit vitaminfreier Nahrung und von *Pagenstecher* mit der Fütterung trächtiger Tiere mit Naphtalin beweisen. Eine gewisse Vorsicht wird also auch hier am Platze sein. Findet sich die gleiche angeborene Starform aber in mehreren Generationen der gleichen Familie, so liegen keine Bedenken mehr vor. Je seltener ein Merkmal überhaupt vorkommt, um so brauchbarer wird es für unseren Zweck, selbst dann, wenn der Erbgang noch nicht mit modernen erbstatistischen Methoden untersucht ist. Zu diesen zählt u. a. die Ectopia lentis (et pupillae), über welche Mißbildung eine Reihe von Stammbäumen bekannt sind, deren große Mehrzahl für Rezessivität der Anlage spricht, eine Minderheit jedoch auch für Dominanz.

Nehmen wir an, eine gesunde Mutter habe ein an Ektopia lentis leidendes Kind, so werden wir unter den in Frage kommenden Vätern jenen für den wahrscheinlichsten halten dürfen, der an der gleichen Mißbildung leidet. Sind alle gesund, so kann man immer noch behaupten, derjenige sei der wahrscheinlichste, in dessen Familie Ectopia lentis vorkommt. Gelingt auch dieser Nachweis nicht, so wird zu erörtern sein, ob die Mutter mit einem der Angeschuldigten blutsver-

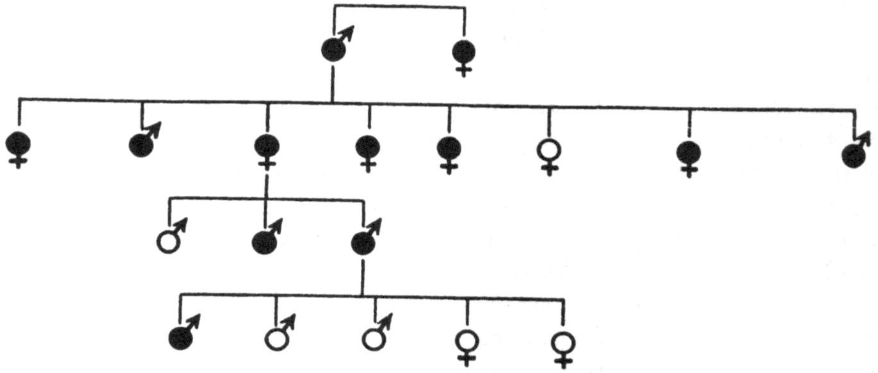

Stammbaum mit offenbar dominanter Vererbung von Ektopia lentis congenita nach *Strebel* und *Steiger* (gekürzt).

wandt ist. Da mit zunehmender Seltenheit eines rezessiven Merkmals die Wahrscheinlichkeit ansteigt, daß Merkmalsträger aus Verwandtenehen stammen (*Lenz*), so dürfte man in dem gedachten Falle den Blutsverwandten für den wahrscheinlichsten Vater halten. Mehr als eine Vermutung kann man aber natürlich nicht aussprechen. Kolobom, Aniridie, Membrana pupillae persistens, Anophthalmus, Kryptophthalmus können in gleicher Weise benutzt werden, ebenso der gleichermaßen sehr seltene Mikrophthalmus, der jedoch, wenigstens nach einem von *Ash* mitgeteilten Stammbaum, geschlechtsgebunden-rezessiven Erbgang aufweisen könnte.

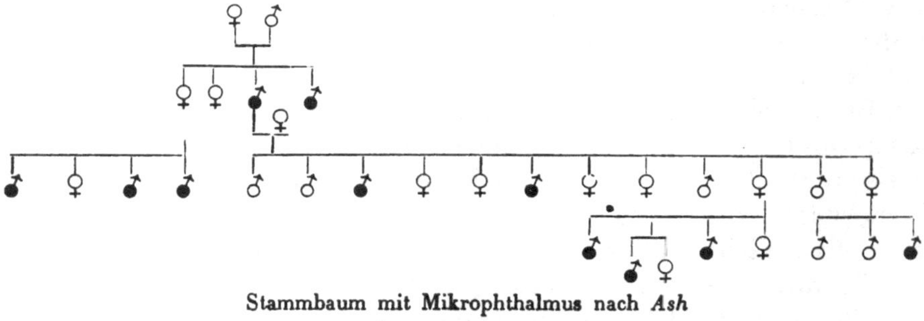

Stammbaum mit Mikrophthalmus nach *Ash*

┌┴┐ = Zwillinge.

Die gesunden Frauen mit kranken Söhnen der 3. Generation könnten als Konduktoren aufgefaßt werden; gegen geschlechtsgebunden-rezessive Anlage spricht aber, daß ein kranker Mann der 2. Generation kranke Söhne hat, was bei geschlechtsgebunden-rezessiver Anlage nur möglich wäre, wenn seine Frau Konduktor ist.

Bei geschlechtsgebunden-rezessivem Erbgang kommt das Leiden des Vaters bei keinem seiner Nachkommen zum Ausbruch, wenn die

Mutter gesund ist. So erbliche Merkmale bei den Söhnen setzen voraus, daß die Mutter Konduktor ist; der Vater ist dabei gleichgültig. Ist ein Mädchen befallen, so muß die Mutter Konduktor sein und der Vater das Merkmal äußerlich sichtbar aufweisen. Bei weiblichen Kindern, die ein geschlechtsgebunden-rezessives Merkmal zeigen, kann man also in der Praxis alle Personen als Väter ausschließen, die nicht Merkmalsträger sind. Bei geschlechtsgebunden-dominantem Erbgang sind alle weiblichen Nachkommen eines kranken Vaters behaftet, die Söhne aber gesund. In diesem Falle müssen kranke Söhne stets von kranken Müttern abstammen; der Vater ist gleichgültig. Heterozygotkranke Mütter lassen aber zur Hälfte auch gesunde Söhne erwarten, was z. B. bei Beurteilung von Kindsunterschiebung bedacht werden muß.

Angeborener erblicher Nystagmus kommt in dominanter und geschlechtsgebunden-rezessiver Form vor. Man wird im Einzelfall die schwierige Entscheidung fordern müssen, welche Form vorliegt, um Rückschlüsse wagen zu dürfen. Brauchbar aus dem Gebiete der Augenheilkunde dürften noch die kongenitale hereditäre Ptosis, die sich dominant verhält, kongenitaler Hydrophthalmus, der wahrscheinlich rezessiv vererbt wird, Keratokonus und verwandte Leiden sein. Gelegentlich wird auch die von *Froehlich* in ihrem Erbgang untersuchte Flocculusbildung der Iris, worunter blatt- bis warzenförmige Gebilde des Pupillarpigmentsaumes verstanden werden, in Betracht kommen können.

Albinismus dürfte einfach rezessiv sein (*Davenport*), wenn auch einige Tatsachen für Polymerie zu sprechen scheinen. Für die Elternschaftsdiagnose können Fälle von partiellem Albinismus von besonderer Bedeutung sein, ferner auch Heterochromie der Iris. Es sei hier die seltene „Scheckung“ beim Menschen erwähnt und durch folgenden Stammbaum erläutert.

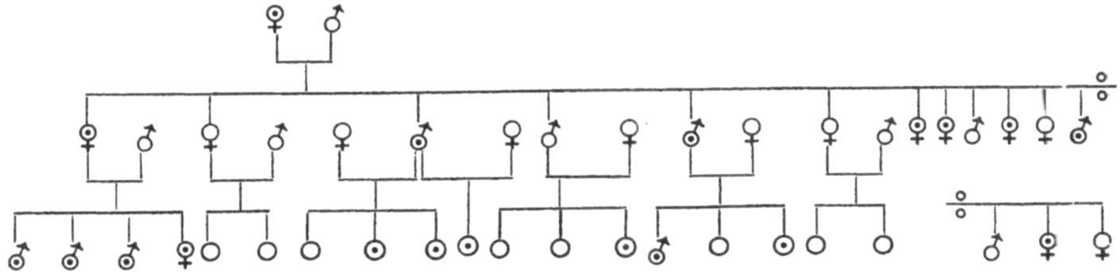

Stammbaum einer Familie gescheckter Neger (nach *Simpson* und *Castle*).

Aus dem Gebiete der Ohrenheilkunde kommen nur auffallende Mißbildungen des äußeren Ohres in Betracht, z. B. Atresie des Gehörganges, gänzliches Fehlen des Gehörorgans auf einer oder beiden Seiten, usw. Gelegentlich scheinen sich aber einzelne Defekte gegenseitig zu ersetzen, z. B. Fehlen des Auges in der einen, des Ohres in der anderen Generation auftreten zu können. Taubstummheit scheidet als häufig erworbenes Leiden aus, ebenso Otosklerose, die zwar erblich ist, aber erst verhältnismäßig spät zum Ausbruch kommt. Die mit ihr öfters verbundene Osteopsathyrosis, eine Erbanlage zu abnormer Knochenbrüchigkeit, oft verbunden mit blauer Sklera und anscheinend dominantem Erbgang ist dagegen sehr wohl verwendbar.

Bei den Mißbildungen ist besondere Vorsicht am Platze, da viele von ihnen paratypisch sein können. Symmetrische Mißbildungen oder gleichartige an oberen und unteren Extremitäten dürfen wohl meist als genotypisch angesprochen werden, ebenso auch Hemmungsmißbildungen und eine Reihe anderer schon genauer untersuchter. Das bekannteste Leiden ist wohl die Polydactylie in ihren verschiedenen klinischen Formen, die fast ausnahmslos dem dominanten, selten dem rezessiven Erbgang folgen. In gleichem Sinne ist die dominante Brachydactylie zu werten, bzw. die Minorbrachydactylie und Brachyphalangie, doch können die Formanomalien des Knochengerüstes der Finger vielfach erst durch Röntgenaufnahme nachgewiesen werden (*Mohr* und *Wriedt*), die bei allen in Betracht kommenden Personen, also Mutter, Kind und den fraglichen Vätern, gemacht werden muß, um Irrtümer auszuschließen. Spaltfuß und Spalthand dürfen trotz ungeklärten Erbganges wegen der großen Seltenheit der Mißbildung zur Elternschaftsdiagnose herangezogen werden, ebenso die dominante Klinodactylie, Versteifung der Nagelglieder, die Klamptodactylie, Streckunfähigkeit einzelner Finger. Die Gesichtsspalten (Hasenscharte, Wolfsrachen) werden nur mit großer Vorsicht bewertet werden dürfen, desgleichen Klumpfuß, der wohl auf zwei rezessiven Faktorenpaaren beruht, aber auch paratypisch entstehen kann, ebenso die polymere angeborene Hüftluxation schon wegen ihrer weit größeren Häufigkeit beim weiblichen Geschlecht. Am ehesten wird man dann auf Klumpfuß und verwandte Mißbildungen Wert legen dürfen, wenn sie mit Spaltbildungen der Wirbelsäule kombiniert sind. Da diese aber durch die im Kindesalter noch nicht abgeschlossene Verknöcherung leicht vorgetäuscht werden kann, wird man am besten nur Hemmungsmißbildungen des Rückenmarks selbst, also Hydromeningocele u. Myelomeningocele, berücksichtigen. Kongenitale Knochendefekte dürfen als hinreichender Beweis der Vater- bzw. Mutterschaft gewertet werden, wenn sie sich in gleicher Weise bei Eltern und Kind finden. Beschrieben sind mehrfach familiäre Fälle von Defekten des knöchernen Schädeldaches. *Blencke* teilt einen Stammbaum mit, bei dem außerdem noch ein angeborener Defekt beider Schlüsselbeine vorhanden war, *Mau* beschrieb einen Fall von kongenitalem Fehlen des Radius mit Ersatz durch eine zweite Ulna. *Blencke* berichtete ferner über einen Fall angeborener Patella bipartita. Kongenitale Luxation der Patella ist mehrfach als familiäres Leiden beschrieben. Überzählige Rippen, Schaltwirbel, vielleicht auch Situs viscerum inversus können wohl gelegentlich in Betracht kommen. Angeborene Brüche sind wegen ihrer Häufigkeit nur zu verwerten, wenn sie atypisch sind, z. B. Lumbalhernien. Leistenhoden, Hypo- und Epispadie kommen eher in Frage. Hervorzuheben ist, daß der Vater oft nur eine leichte Form, das Kind aber eine schwere, bis zur Ektopie der Blase, aufweisen kann, *Cords* beschreibt einen Fall angeborener Aplasie der Augenmuskeln, *Wegelin* und *Benders* eine seltene Mißbildung des kleinen Fingers mit wahrscheinlich dominantem Erbgang, Mißbildungen, die schon wegen ihrer Seltenheit gute Anhaltspunkte abgäben. Innere Leiden; Konstitutionsanomalien, Nerven- und Geisteskrankheiten kommen nicht in Betracht, mindestens wird man gerade bei ihnen äußerst zurückhaltend sein müssen, schon deshalb, weil sich die meisten erst erhebliche Zeit nach der Geburt manifestieren. Von den Hautleiden kommen wohl Riesennaevi manchmal in Frage, Muttermäler im allgemeinen bedeuten ein zu unsicheres Merkmal. Das Xeroderma pigmentosum scheidet aus, da es in der Regel bald zum Tode führt, die Psoriasis deshalb, weil sie sich erst spät äußert und das Zusammenspiel einer Erbanlage mit Umweltsschädigung voraussetzen dürfte. Die seltene Epidermolysis bullosa, ein dominantes, gelegentlich unregelmäßig dominantes Leiden, kommt dagegen wieder in Frage; zu beachten bleibt, daß nach *Siemens* auch eine rezessive Form, die mit Störungen der Nagelbildung verbunden ist, vorkommt. *Siemens* hat ferner geschlechtsgebunden-rezessive Anidrosis beobachtet, die mit den aus dem Erbgang sich ergebenden Einschränkungen zu brauchen ist. Die verschiedenen Formen von Verhornungsanomalien der Haut, Keratosis, Ichthyosis sind unregelmäßig dominant. Anonychia, Leukonychie, Onychogryphosis sind ebenfalls dominant. Lingua scrotalis, die *Siemens* als dominant vermutet, kann ebenso wie Polythelie herangezogen werden.

Wir schließen damit die Erwähnung pathologischer Merkmale, die für die Elternschaftsdiagnose in Betracht kommen, ohne den Anspruch auf Vollständigkeit zu erheben. Bei dem vielgestaltigen Bilde der menschlichen Pathologie ist zu erwarten, daß immer neue erbliche Normabweichungen gefunden werden, die noch einzureihen wären.

Aus dem Bereiche erblicher n o r m a l e r Merkmale haben wir vorerst eine geringere Auswahl, da nur wenige den eingangs angeführten Bedingungen entsprechen. Immerhin stehen uns in den H a e m a g g l u t i n i n e n und den P a p i l l a r m u s t e r n sehr brauchbare Merkmale zur Verfügung. Insbesondere dürfen wir von letzteren noch mehr in der Zukunft erwarten.

Wir unterscheiden beim Menschen **vier Blutgruppen**, deren Verhalten am besten aus nachstehender Tabelle zu ersehen ist.

	Gruppe	Blutkörperchen besitzen die agglutinable Substanz: 1 —	2 A	3 B	4 A B
Blutserum enthält Agglutinin	1 a b	—	+	+	+
	2 b	—	—	+	+
	3 a	—	+	—	+
	4 —	—	—	—	—

nach *Schiff*[1]).

— = Fehlen von Agglutination
\+ = Agglutination tritt ein

Sie zeigt, wie sich die Blutkörperchen der vier Gruppen gegen die verschiedenen Sera verhalten. Die Blutkörperchen der Gruppe 4 können von Agglutinin a und b zusammengeballt werden; deshalb darf das Serum keins von beiden enthalten, in Gruppe 2 besitzen sie A, im Serum folglich b, das nur B, nicht aber A agglutiniert, in Gruppe 3 B und deshalb im Serum a, in Gruppe 1 werden A noch B und im Serum dafür a und b. Die Blutkörpercheneigenschaften A und B sind nach *Hirschfeld* und *Dungern* dominant erblich. *Bernstein* nimmt drei voneinander unabhängige Merkmalspaare an, so daß die Erbformel der vier Gruppen folgendermaßen aussähe:

Gruppe	1	2	3	4
m. Blutkörpercheneigenschaft	0	A	B	AB
Erbformel	RR	RA oder AA	RB oder BB	AB

Ohne auf diese im einzelnen noch ungeklärte Frage einzugehen, seien noch abermals nach *Schiff* die Zusammenhänge der Blutgruppen zwischen Eltern und Kindern in tabellarischer Übersicht mitgeteilt.

		Blutgruppen des einen Elters: 1	2	3	4
Blutgruppen des anderen Elters	1	1	—	—	—
	2	1,2	1,2	—	—
	3	1,3	1, 2, 3, 4	1,3	—
	4	1, 2, 3, 4	1, 2, 3, 4	1, 2, 3, 4	1, 2, 3, 4

Blutgruppen der Kinder

[1]) *Lattes-Schiff*, Individualität des Blutes, Berlin 1925. — *Schiff*, Ärztl. Sachverständigen-Ztg. 1924, Nr. 24. — *Schiff*, Technik der Blutgruppenuntersuchung, Berlin 1926.

Und endlich sei noch eine Tabelle über die nicht mögliche Gruppenzugehörigkeit des Vaters bei gegebener Blutgruppe von Mutter und Kind angeführt:

		Mutter-Blutgruppe		
		1	2	3
Blutgruppe des Kindes	2	1,3	—	1,3
	3	1,2	1,2	—
	4	1, 2, 3,	1,2	1,3
		Vater kann nicht sein		

Zur Diagnose der Blutgruppe benötigt man Serum von Gruppe 2 und 3. Die untersuchten Blutkörperchen gehören zu Gruppe 1, wenn sie von beiden Seren nicht agglutiniert werden, zu 4, wenn sie auf beide reagieren, zu 2, wenn 3, zu 3, wenn 2 wirksam ist. Die Technik ist äußerst einfach. Auf einem Objektträger werden je ein Tropfen der beiden Testsera gebracht und in diesen eine Spur des zu untersuchenden Blutes gebracht, das weder mit Natriumcitrat versetzt noch defibriniert worden muß; nach einigen Minuten ist mit schwacher Vergrößerung leicht das Resultat abzulesen. Zweckmäßig ist es auch noch, Serum 1 und 4 zu benützen, um Irrtümer völlig sicher auszuschließen und für die Testsera möglichst dauernd die gleichen Spender zu benützen; die Sera sind mit 0,5% Karbolsäure versetzt im Eisschrank mindestens drei Monate haltbar.

Schiff meint, man könne in einem Viertel der Fälle die Blutgruppenzugehörigkeit zur Elternschaftsdiagnose benützen. Wenn alle in Betracht kommenden Personen bereit sind, sich Blut entnehmen zu lassen, wird diese Angabe wohl stimmen, doch dürfte sehr oft an der Weigerung eines Teiles, die Untersuchung vornehmen zu lassen, der Versuch scheitern, da gerichtlicher Zwang unmöglich ist.

In mancher Hinsicht noch schwieriger liegen die Dinge bei den Papillarmustern. *Poll* unterscheidet an ihnen drei Typen: Wirbel, Schleifen und Bogen. Wirbel sind gekennzeichnet durch zwei Deltas an ihrer Basis, d. h. eine Art Dreieck, das durch die Gabelung einer Linie und ihr Zusammentreffen mit einer dritten entsteht. Bei Schleifen ist nur ein Delta vorhanden und zwar auf der ulnaren oder radialen Seite, je nachdem wohin die Schleife offen ist. Bei Bogenmustern ist überhaupt kein Delta vorhanden. Die Muster werden nach ihrer Gestalt in zirkuläre und eliptische untergeteilt; gelegentlich finden sich Doppelmuster. Man kann ferner die Zahl der Linien zwischen Delta und Zentrum bestimmen und damit einen Zahlenwert des Musters angeben. *Bonnevie* empfiehlt dafür nicht die absoluten Zahlen zu nehmen, sondern eine künstliche Klasseneinteilung und schlägt vor:

Klasse	Zahl der Linien zwischen Delta und Zentrum
0	kein Delta
1	0
2	1—2
3	3—4
4	4—6
5	7—8
6	9—10
7	11—13
8	14—16
9	17—20
10	über 20

Man bestimmt nun für jede Seite des Musters getrennt die Klasse, addiert die Klassenzahlen und dividiert durch 2 und erhält so den „quantitativen Wert des Papillarmusters“ (*Poll*). Die Summierung der Werte von allen zehn Fingern gibt den quantitativen Wert des Individuums. Typus und quantitativer Wert vererbt sich unabhängig. Wir haben also mit einer Reihe unabhängig mendelnder Faktorenpaare zu rechnen. Für die Elternschaftsdiagnose brauchbar dürfte die anscheinend dominante Form eliptischer Muster sein, die selten vorkommt.

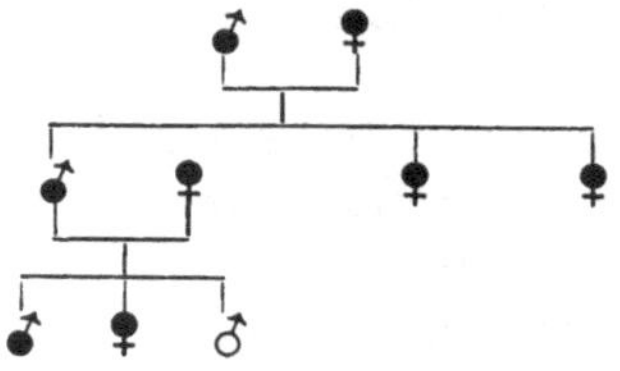

Stammbaum mit Vererbung von eliptischen Papillarmuster nach *Bonnevie*.

Poll teilt einen Stammbaum mit, nach dem sich Doppelschlinge am Daumen dominant vererbt. Dieses Muster, das gleichfalls nicht häufig ist, wird deshalb ebenso zur Elternschaftsdiagnose benützt werden dürfen.

(S. Abbildung auf Seite 147).

Der quantitative Wert der Papillarmuster ist nach *Bonnevie* wahrscheinlich von fünf Faktorenpaaren abhängig. Es liegt deshalb der quantitative Wert des Kindes meist innerhalb der Variationsbreite der Eltern. Vorerst dürfte es aber wohl noch gewagt erscheinen, darauf Schlüsse zu bauen. Eher möglich scheint es, extreme Werte zur Vaterschaftsdiagnose heranzuziehen. Hätte z. B. die Mutter den Wert 60—80, das Kind 0, von den fraglichen Vätern einer gleichfalls 0, die übrigen ähnliche Werte wie die Mutter, dann kann man es wagen, den mit 0 als den wahrscheinlichsten Vater zu bezeichnen und die übrigen auszuschließen.

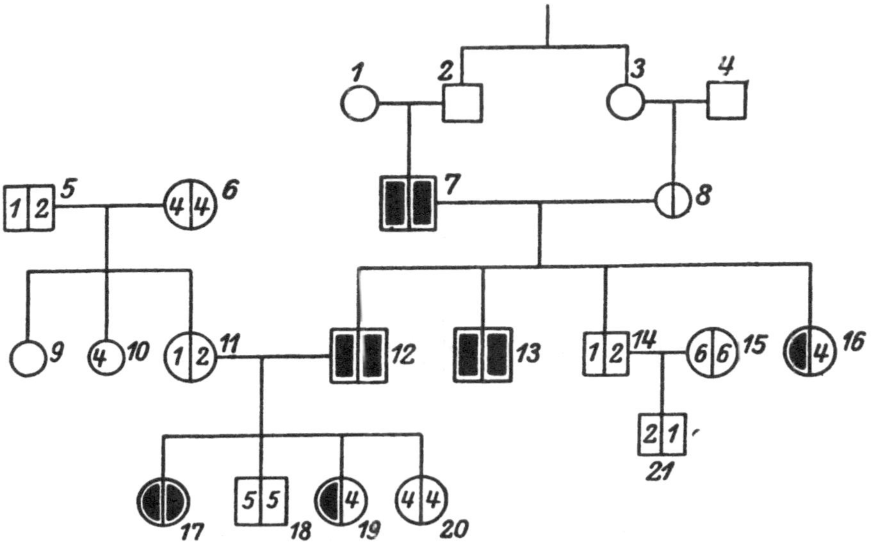

Vererbung der Doppelschlinge am Daumen nach *Poll* (gekürzt).

▮◖ = Doppelschlinge
1 = Bogen
2 = Außenschleife mit wenigen Linien zwischen Scheitel und Delta
3 = Außenschleife mit 10–15 Linien
4 = „ „ mehr als 15 Linien
5 = geschlossene Figur mit höherem Außendelta
6 = „ „ „ gleich hohem Außen- und Innendelta

Die beiden Hälften der Quadrate (Männer) und Kreise (Frauen) bedeuten je den linken und rechten Daumen.

Endlich sei noch darauf hingewiesen, daß in sehr ausgesprochenen Fällen auch die Form des Ohres herangezogen werden kann. Nach *Carrière* sind angewachsene Ohrläppchen dominant. Auch das Darwin'sche Höckerchen kann wohl benützt werden, doch scheint bei ihm Geschlechtsbindung zu bestehen. Alle übrigen normalen Merkmale sind einerseits im Erbgang noch zu unklar, andererseits in so zahlreichen Gradabstufungen vorhanden, daß man vorerst von ihrer Benützung absehen muß. Es darf jedoch erwartet werden, daß in näherer Zukunft auch weitere Grundlagen der erbbiologischen Elternschaftsdiagnose gefunden werden. Immerhin ist die grundsätzlich ablehnende Haltung der Gerichte, wie *Reinheimer*[1]) vom Landgericht Elberfeld mitteilt, schon heute nicht mehr berechtigt. In manchen Fällen wird die Erbbiologie als forensische Methode zu brauchen sein.

[1]) Ztschr. f. d. ges. ger. Med. 6, 1925, S. 560. — Vgl. *Nürnberger*, Zentrbl. f. Gynaekol. 1925, S. 1410. — *Fetscher*, Ztschr. f. Sexualw. 12, 1925, H. 9.

Eugenische Gattenwahl

Von Max Christian

Die Eingehung einer Ehe ist ein entscheidender Vorgang im Leben der Persönlichkeit. Der Mensch wächst im allgemeinen im Schoße einer Familie auf, von der er weit mehr empfängt als er ihr je wiedergibt. Wenn er in die Reihe der Erwachsenen eintritt, gilt seine Sorge für längere Zeit in der Hauptsache der eignen Person, sei es, daß er im Beruf vorwärts strebt oder sich auch nur beschäftigt, um die Zeit bis zur Heirat mehr oder weniger nützlich auszufüllen. Es gibt natürlich auch Fälle, in denen junge Leute von Anfang an in den Dienst ihrer Eltern und Geschwister treten, aber dies sind doch nur Ausnahmen. Mit der Verehelichung bekommt das persönliche Leben ein ganz anderes Aussehen und einen neuen Inhalt. Die Heirat ist die gegenseitige Verpflichtung zu treuer Lebensgemeinschaft zwischen Mann und Weib, die nicht nur den Geschlechtsverkehr, sondern auch gemeinsame Wirtschaft, gegenseitige Hilfe in allen Leibes- und Seelennöten und gewissenhafte Aufzucht der Kinder in sich schließt. Da die Ehe nur unter sehr erschwerten Umständen lösbar ist, so bedeutet der Entschluß zu heiraten für den Einzelnen wohl die wichtigste Entscheidung seines ganzen Lebens. Zur Führung der Ehe gehört vor allem die Fähigkeit, auf einen nicht geringen Teil der egoistischen Interessen zu Gunsten des Gatten rsp. der Gattin und der Familie zu verzichten, Verantwortungsgefühl für das Wohlergehen des Ehepartners und der Nachkommen und Takt. Es werden also von beiden Ehegatten gewisse Opfer verlangt, die aber bei richtiger Gattenwahl vielfältig aufgewogen werden, durch das Glück und die Befriedigung, die der Lebensgemeinschaft und dem Gedeihen einer gesunden und lebensfrohen Kinderschar entsprießen. Daß dieses Glück und diese Befriedigung auch zu erhöhter Gesundheit, Leistungsfähigkeit und Lebenskraft führen, ist nicht nur durch die alltägliche Beobachtung, sondern auch durch wissenschaftliche Untersuchungen bewiesen. Es gilt ja als Regel, daß nach der Verheiratung die jungen Leute, namentlich die jungen Frauen, körperlich und seelisch aufblühen. Es hat sich aber auch bei psychologischen Untersuchungen gezeigt, daß junge Männer, die bis dahin ein unstetes und unordentliches Leben geführt und ernstere Willenskraft hatten vermissen lassen, mit dem Entschluß zur Heirat in moralischer Hinsicht völlig verwandelt wurden. Ferner ist es eine bekannte Tatsache, daß die Ledigen eine kürzere Lebensdauer haben als die Verwitweten und Geschiedenen, und diese wieder eine kürzere als die Verheirateten.

Auch für die Gesellschaft und den Staat ist der Vollzug der Gattenwahl von hoher Bedeutung. Von philosophischer Seite ist einmal behauptet worden, der Sinn des Lebens überhaupt sei das möglichste Glück einer möglichst großen Zahl von Menschen. Wenn sich das vom biologischen Standpunkt aus auch nicht aufrecht erhalten läßt, so kann man sich wohl mit dem Satz einverstanden erklären, daß das möglichst größte Glück der möglichst größten Zahl von Menschen Sinn der Gesellschafts- und Staatenbildung sei, und Gesellschaft und Staat haben nicht nur den Zweck, Glück zu verbreiten, sondern auch sich selbst zu erhalten, und das kann nur geschehen durch Sicherung der erforderlichen Fortpflanzung. Deshalb muß von Gesellschaft und Staat der größte Wert auf das Zustandekommen von Ehen gelegt werden und zwar ausgesprochener Weise von solchen Ehen, aus denen eine nicht zu geringe Zahl von vollwertigen Nachkommen zu erwarten ist.

Daß für Staat und Gesellschaft auch das persönliche Glück der Ehegatten, durch richtige Gattenwahl, eine Rolle spielt, kann nicht bestritten werden, denn die Bürger eines Staates oder einer Gemeinde lassen sich viel leichter regieren, wenn sie zufrieden und glücklich sind als wenn sie durch häusliche Sorgen und Unfrieden verstimmt sind. Indes haben Behörden, Organisationen und die Allgemeinheit auf die richtige Gattenwahl noch kaum einen nennenswerten Einfluß ausgeübt und sich im allgemeinen darauf beschränkt, die Ehe mit allen Mitteln der Gesittung und des Gesetzes zu schützen, um den freien Geschlechtsverkehr nach Möglichkeit zu verpönen und zu verhindern. Man kann wohl sagen, daß Staat und Gesellschaft bislang an dem Problem der Eheschließung in der Hauptsache quantitativ interessiert waren, d. h. mehr Wert darauf legten, daß möglichst alle geschlechtlichen Beziehungen legalisiert wurden, als daß eine richtige Gattenwahl zustande kam.

Nun ist aber die Gesellschafts- und Staatenbildung eine rein menschliche Erfindung, die durch die Kulturentwicklung bedingt ist. Sie ist darum zeitlich begrenzt und auch in ihren Arbeitsformen keineswegs vollkommen. Ihr steht ein anderer Begriff gegenüber, der im menschlichen Sein selber begründet ist und „Rasse" oder „Einheit der Geschlechterfolgen" genannt wird. Die rassischen Belange sind bisher den Menschen noch wenig zum Bewußtsein gekommen. Trotzdem sind sie immer vorhanden, weil Rasse die natürliche Verbundenheit durch das Blut bedeutet. Von ihren Wirkungen wird der Hauptteil der folgenden Ausführungen handeln. Hier kommt es allein darauf an, einleitend die Tatsache herauszustellen, daß die Rasse oder richtiger gesagt Rassenpflege den Hauptwert auf das qualitative Eheproblem, d. h. die richtige Gattenwahl legen muß, und erst wenn dieses Problem gelöst ist, der Quantität der Eheschließungen und Geburten ihr Augenmerk zuwenden kann. Je mehr Einblick die menschliche Gesellschaft in die Ergebnisse der Vererbungslehre und Rassenforschung gewinnt, umso mehr müssen sich die Ziele von Staat und Gesellschaft einerseits und Rassenpflege andrerseits hinsichtlich der Ehepolitik einander nähern, denn letzten Endes werden die Schicksale nicht nur der einzelnen Menschen, sondern auch aller Gesellschaften und Staaten genauso wie die der Rassen, durch ihre biologische Wertigkeit bestimmt. Es kommt also darauf an, daß die Menschen schon von vornherein „wohlgeboren" werden, d. h. mit günstigen Erbanlagen auf die Welt kommen, und das ist der Zweck der Eugenik oder Rassenhygiene.

Es ist schon kurz darauf hingewiesen worden, daß die Ehe nicht allein ein Vertrag zur Ausübung und Gewährung des Geschlechtsverkehrs, sondern auch eine treue Lebensgemeinschaft mit wirtschaftlichen, sittlichen und seelischen Grundlagen ist. Es ergibt sich häufig genug, daß die eine oder die andere der Grundlagen gänzlich fehlt oder zu geringfügig ist. Wenn nicht ein Ausgleich erfolgt, so werden solche Ehen brüchig und können daher ihre Aufgabe, Glück, Zufriedenheit und günstige Aufwuchsbedingungen für die Kinder zu gewährleisten, garnicht oder nur unvollkommen erfüllen. Es erscheint auch vom eugenischen Standpunkt aus keineswegs überflüssig, die Eheschließung im einzelnen und im allgemeinen auch aus dem Gesichtswinkel der sozialen Ökonomie und der Seelenkunde zu betrachten. Andernfalls müßten die besten biologischen Absichten durch die starken Kräfte der Triebe und der Gemütsbewegungen zunichte gemacht werden. Über die Wege der Gattenwahl wird noch später ausführlich gehandelt werden. An dieser Stelle soll nur ein Einwand gegen die Gesamtheit der folgenden Darlegungen vorausgenommen werden. Die eugenische Gattenwahl bedeutet nichts mehr und nichts weniger, als daß die Eheschließung nicht ohne Würdigung von Vernunftgründen vorgenommen werden soll. Das geschieht zwar im praktischen Leben bereits im ausreichenden Maße, vornehmlich sind die wirtschaftlichen Gründe hier in allen Schichten der Bevölkerung stark maßgebend; es wird aber meistens der Schein aufrecht erhalten, als ob das ausschlaggebende Moment für die Heirat die Liebe, also ein triebhaftes Empfinden, sei. Es soll nicht geleugnet werden, daß die Liebe beim gegenseitigen Aufsuchen der Paare eine große Rolle spielt und sich oft einstellt, wenn die äußeren Verhältnisse zueinander passen. Im allgemeinen unterliegt aber der Trieb beim Kulturmenschen schon gewissen Einschränkungen, indem er sich ganz unbewußt nur auf Menschen richtet, die derselben Rasse, derselben Gesellschaftsschicht, einem bestimmten Schönheitstyp oder sonst welchen Besonderheiten angehören. Wenn jemand einwenden sollte, eine Ehe ohne Liebe sei unsittlich, so muß dem entgegengehalten werden, daß es durchaus nicht Absicht der Eugenik ist, die Liebe bei der Gattenwahl auszuschalten, wohl aber ist es ihre Absicht, die Menschheit dahin zu erziehen, daß die Liebe bei ihr sich nicht mehr einstellen kann, wenn nicht die Voraussetzungen der Eugenik gegeben sind.

Die eugenische Gattenwahl bedeutet, daß vor Eingehung der Ehe jedesmal die Lehren der Vererbungsforschung und der Rassenhygiene zu Rate gezogen werden. In welcher Form das zu bewerkstelligen ist, wird später erörtert werden. Zunächst sollen die Grundsätze, die bei der Gattenwahl maßgebend sind, eine eingehende Würdigung finden. Es muß nochmals betont werden, daß für die folgenden Ausführungen nur die Ehen in Betracht kommen, die mit der Absicht auf Kindererzeugung geschlossen werden. Alle anderen sind ja nur Scheinehen oder wenigstens keine Vollehen, und sind für biologische, insbesondere eugenische Betrachtungen belanglos.

Die erste Frage, die hier behandelt werden soll, betrifft das Alter der Eheschließenden und zwar das absolute Alter und das gegenseitige Altersverhältnis. Die Zeugungsfähigkeit tritt bei den Mädchen zwischen dem 13. und 15., bei den Knaben zwischen dem 14. und 16. Jahre auf, doch sind die Körper beider Geschlechter zunächst noch nicht den Anforderungen der Zeugung und Geburt gewachsen. Die

Körper beanspruchen noch eine Reihe von Jahren ihre Kraftquellen für das Wachstum und die Ausbildung ihrer Organe. Rein biologisch ist das Weib in unseren klimatischen und rassischen Bedingtheiten etwa mit der Vollendung des 16. Lebensjahres und der Mann etwa mit dem 19. Lebensjahr den Anforderungen der Fortpflanzung gewachsen. Dementsprechend gestattet das Eherecht weiblichen Personen die Verehelichung vom 17. Jahre ab, während von den Männern zur Eingehung der Ehe die Mündigkeit, die mit der Vollendung des 21. Jahres eintritt, verlangt wird. Diese Bestimmungen machen kaum jemals Schwierigkeiten, weil die wirtschaftlichen Verhältnisse dem Manne nur selten vor dem 21. Jahre die Heirat erlauben. Dahingegen hat es die Entwicklung mit sich gebracht, daß das Heiratsalter bei den Männern der höheren sozialen Schichten ganz bedenklich gestiegen ist. Die für kulturelle Vervollkommnung stark eingenommene und biologisch ungeschulte Führerschaft der europäischen Kulturvölker, hat es dahin gebracht, daß die wertvollsten Teile der männlichen Jugend durch übermäßig lange und kostspielige Ausbildungszeiten für den Beruf, lange Wartezeiten bis zur Anstellung in einer Berufsstellung, deren Einkommen eine Heirat erlaubte, die besten Jahre verlieren mußte, ohne eine Familie gründen zu können. Das durchschnittliche Heiratsalter bei den Männern, die die Führer stellten, ist in den letzten Jahren durchschnittlich auf etwa 35 Jahre emporgeschnellt, und diese Tatsache hat außerordentlich ernste Folgen. Mit den Jahren nimmt nicht nur die Lust zum Heiraten, sondern auch die Fähigkeit, in der Ehe Befriedigung zu finden und zu bringen, merklich ab, so daß in diesen Kreisen der Typus des eingefleischten Junggesellen immer mehr überhand nimmt, sondern es führt auch die Aussicht, zur Ehe erst sehr spät zu gelangen, zu einer verantwortungslosen Lebenshaltung. Es muß daher im wohlverstandenen Interesse der einzelnen Persönlichkeit, des Staates und der Rasse mit aller Kraft darauf hingearbeitet werden, daß in allen Berufen die wirtschaftliche Heiratsfähigkeit etwa mit 25 Jahren erlangt werde. Man kann dann mit Recht sagen, daß dadurch die schlimmsten Gefahren vermieden werden, die verhältnismäßig günstigsten Voraussetzungen für eine glückliche Ehe geschaffen werden, und daß dann am ehesten die Aussicht vorhanden ist, eine für den Bestand des Volkstums und der Rasse ausreichende Zahl von Kindern aufzuziehen. Daß die Schwängerung einer Frau vor dem 16. Lebensjahr meist zu schwächlichen oder geradezu lebensschwachen Kindern führt, ist allgemein bekannt und auch sehr erklärlich, weil die Organe der Frau in diesem Alter noch nicht für die starke Inanspruchnahme durch die Schwangerschaft ausgereift sind. Daß allzu große Jugend des Vaters eine ähnliche Folge habe, ist zwar schon öfter behauptet, aber noch niemals bewiesen worden. Ein allzu hohes Alter der Mutter kann für die Qualität des Kindes nicht in Frage kommen, weil ja die Gebärfähigkeit in einem Alter aufhört, in dem die gesunde Durchblutung der Organe noch im vollen Gange ist. Tatsächlich sind eine ganze Reihe von hochbegabten und sehr gesunden Menschen bekannt, die von mehr als 40jährigen Müttern geboren wurden. Männer können bekanntlich bis ins höchste Alter zeugungsfähig bleiben. Man hat oft genug nachzuweisen versucht, daß die Kinder sehr alter Männer minderwertig seien, der Beweis ist indes nicht geglückt, und ebensowenig ist es gelungen, nachzuweisen, daß ein sehr großer Altersunterschied zwischen den Eltern ungünstig für die Beschaffenheit eines Kindes sei. Es ist möglich, daß einmal eine systematische Untersuchung den Sachverhalt anders beleuchten wird; vorläufig liegt keinerlei Veranlassung vor, dem Alter und dem Altersunterschied für die Anlagen der Nachkommen eine entscheidende Bedeutung zuzuweisen. Etwas anders ist es freilich mit dem Einfluß des Altersunterschiedes auf die harmonische Gestaltung einer Ehe, doch das sind Dinge, die hier nicht erörtert werden sollen.

Spielt das Alter der Heiratenden somit für die eugenische Gattenwahl keine entscheidende Rolle, so tun dies umsomehr die persönlichen Eigenschaften der Ehebewerber. In einer Bevölkerung gibt es eine Anzahl von Menschen im heiratsfähigen Alter, die sich vom eugenischen Standpunkt überhaupt nicht für die Ehe eignen, und wieder andere, die nur zur Ehe mit solchen tauglich sind, die ganz bestimmte Eigenschaften aufweisen. Vorausgesetzt, alle Kinder in einer Bevölkerung wären gesund und lebenskräftig geboren, so würde dennoch das Lebensschicksal eine Anzahl von ihnen während der Aufwuchszeit untauglich für die Ehe machen. Genau so, wie Infektions- und andere Krankheiten, Mängel der Körperpflege und Unfälle einen gewissen Prozentsatz der Kinder hinwegraffen, bewirken ähnliche Vorgänge derartige Gesundheitsschädigungen, daß die biologische Ehetauglichkeit ausgeschlossen wird. So kann z. B. eine Entzündung des Gehirns oder der Hirnhäute zur Verblödung oder zum Infantilismus des ganzen Körpers oder zu einer solchen Schwächlichkeit führen, daß eine Verheiratung von keinem vernünftigen Menschen in Betracht gezogen wird. Hier sind es nur gewisse Grenzfälle, die die Begutachtung eines Sachverständigen erfordern, indes sind diese nicht besonders häufig; ein Irrtum bei ihnen rächt sich dann nicht, wenn überhaupt Fortpflanzungsfähigkeit besteht, weil die Krankheit, die aus einer exogenen Ursache einen von Natur gesunden Körper befallen hat, sich nicht vererbt. Allerdings würde in jedem Falle festzustellen sein, ob der Körper wirklich von Natur gesund, d. h. frei von Krankheitsanlagen war, was nicht immer ganz leicht sein dürfte.

Von sonstigen Infektionskrankheiten ist hier die Tuberkulose zu nennen. Sie fordert schon im Säuglingsalter nicht unbeträchtliche Todesopfer, pflegt sich aber im späteren Kindesalter vorwiegend in den Drüsen, hauptsächlich in der Nähe der Lungenwurzel einzunisten, um dann nach eingetretener Pubertät sich auf die Lungen auszubreiten und zu der gefürchteten Schwindsucht zu führen, die die häufigste Todesursache zwischen dem 15. und 50. Lebensjahr darstellt. Wohl die Mehrzahl aller Menschen erleidet während des Lebens einen tuberkulösen Infekt, übersteht ihn aber durch lokale Abkapselung und bleibt dabei völlig gesund, ja, wird sogar gegen neue Infekte relativ immun. Nimmt die Tuberkulose aber erst einen aktiven Verlauf, was bei mehr als 1% der Bevölkerung auch heute noch in Deutschland der Fall ist, so tritt nach einiger Zeit Bazillenhusten, d. h. Übertragungsfähigkeit der Krankheit, Siechtum und Tod ein. Dieser Verlauf ist oft infolge angeborener Disposition oder verringerter Widerstandsfähigkeit durch Umweltbedingungen nicht aufzuhalten. Es ist ferner bekannt, daß die Schwangerschaft die tuberkulöse Erkrankung, selbst wenn sie scheinbar schon zum Stillstand gekommen ist, mit starken Stößen vorwärts treibt. Deshalb wird von den Ärzten die Lungentuberkulose, die Aktivitätserscheinungen zeigt, als Indikation zur Einleitung des Abortus, beziehungsweise der Frühgeburt, betrachtet. Die Verhältnisse liegen also so, daß das Vorhandensein einer Tuberkulose bei einem weiblichen Ehebewerber bedeutend schwerer wiegt, als bei einem männlichen. Beim Weibe muß die Feststellung einer beginnenden und selbst einer nicht mit Sicherheit ausgeheilten Tuberkulose schon die stärksten Bedenken für die Ehetauglichkeit erwecken, während beim Manne die geringfügigeren Veränderungen, die ohne Bazillenabsonderung bestehen und keine Neigungen zum Fortschreiten aufweisen, keine absolute Eheuntauglichkeit bedingen. Allerdings sollte man in allen diesen Fällen zur äußersten Vorsicht mahnen und für eine Reihe von Jahren gelegentlich ärztliche Nachuntersuchung empfehlen.

Auch die Rachitis, unter dem Namen Englische Krankheit bekannt, schädigt den Körper oft derartig, daß die Ehetauglichkeit in Frage gestellt wird. Leichtere Formen der Rachitis verursachen gewisse Knochenveränderungen, die für den späteren Gesundheitszustand ziemlich belanglos bleiben. Für die Frau können aber derart schwere Veränderungen des knöchernen Beckens eintreten, daß eine normale Geburt völlig ausgeschlossen wird. Die Geburtswege sind dann so verengt, daß beim Eintritt der Wehen das lebende Kind getötet werden muß und nur in zerstückeltem Zustand durch sie hindurchgebracht werden kann, oder aber das Kind muß durch den Kaiserschnitt zur Welt gebracht werden. Es ist klar, daß die rachitische Verbildung des Beckens für das Weib ein wesentlicher Grund zur Fernhaltung von der Ehe sein muß, denn auch der Kaiserschnitt ist trotz der vervollkommneten chirurgischen Technik ein nicht ungefährlicher Eingriff, bei dem man im allgemeinen die Gebärmutter entfernt, um weitere Schwangerschaften zu vermeiden. Damit wird aber der eigentliche Zweck der Ehe in Frage gestellt. Die rachitische Beckenverengerung ist übrigens keineswegs äußerlich bemerkbar, sodaß sie oft erst bei der Entbindung festgestellt wird. Es wäre daher wünschenswert, wenn alle Frauen, die Anzeichen von stärkerer Rachitis aufweisen, schon vor der Verheiratung auf ihre Beckenverhältnisse hin untersucht würden.

Auch Unfälle und deren Folgen können derartige Veränderungen in den Knochenbildungen und Körpergeweben setzen, daß die Ehetauglichkeit als nicht mehr vorhanden gelten muß. Beim Weibe kommen wiederum die Zerstörungen der regelrechten Gestaltung des Beckens in Betracht, die die Gebärfähigkeit vernichten. Ferner können bei beiden Geschlechtern die Geschlechtsorgane, oder Teile von ihnen, derart zerstört werden, daß völlige Zeugungsunfähigkeit eintritt. Auch Krankheiten, z. B. Entzündungen, Geschwülste, sind mitunter die Ursachen von Zerstörungen im Gebiete der Sexualsphäre. Bedeutend häufiger jedoch als die anatomischen Ursachen der Zeugungsunfähigkeit, beschäftigen nervöse und psychische Leiden des Sexualapparates den Arzt als Eheberater. Es sind dies die verschiedenen Formen der Impotenz, der Frigidität, der Perversitäten, Perversionen und sonstigen Störungen, die nur selten heilbar und darum das Eingehen einer Ehe als von vornherein verfehlt erscheinen lassen.

Unter den Krankheiten nehmen eine besondere Stellung ein die Geschlechtskrankheiten im engeren Sinne. Nicht nur deswegen, weil sie das Eingehen einer Ehe besonders gefährlich erscheinen lassen, sondern auch, weil sie so stark verbreitet sind. Es handelt sich bei ihnen vor allem um den Tripper (Gonorrhoe) und die Syphilis (Lues).

Für die eugenische Gattenwahl kommt es darauf an festzustellen, daß bei den Heiratslustigen keine übertragbare Geschlechtskrankheit besteht. Treten beide unberührt in die Ehe, so sind solche im allgemeinen von vornherein ausgeschlossen. Hat aber einer der beiden Ehebewerber bereits vorher eine Infektion durchgemacht, — auch die Ansteckung durch Eß- und Trinkgeschirre, in der Berufsausübung (Ärzte, Hebammen, Krankenpfleger) dürfen hierbei nicht übersehen werden — dann entsteht für den ärztlichen Eheberater eine verantwortungsvolle Aufgabe. Es bedarf einer sehr mühsamen und sorgfältigen Untersuchung mit besonders feinem und Übung erheischendem Verfahren, um die Abwesenheit jeder Übertragungsgefahr der Geschlechtskrankheiten festzustellen, und selbst die sorgfältigste Untersuchung kann u. U. zu einem fehlerhaften Ergebnis führen, weil die Ansteckungsgefahren nur zu bestimmten Zeiten oder unter ganz besonderen Umständen auftreten, die nicht ohne weiteres übersehen werden können. Theoretisch wäre es daher das einfachste, jeden Menschen, der einmal eine Geschlechtskrankheit erworben hat, für eheuntauglich zu erklären. Praktisch ist das aber nicht durchzuführen, weil dann der größere Teil der Männer und nicht wenige Frauen unverheiratet bleiben müßten, unter denen sich zahlreiche Träger überaus wertvollen Erbgutes befänden. Der verhältnismäßig sehr geringe Unsicherheitskoeffizient muß daher in Kauf genommen und allen denen die Ehe gestattet werden, bei denen eine Übertragungsfähigkeit früher erworbener Geschlechtskrankheiten mit unseren heutigen Methoden, die sich vermutlich noch verbessern werden, nicht festgestellt werden kann. Daß eine überstandene Syphilis imstande sei, die Keimzellen derartig zu beeinflussen, daß die Kinder minderwertig werden, ist zwar mehrfach behauptet, aber nicht schlüssig bewiesen worden.

Viele Soziologen und Volksfreunde betrachten die Geschlechtskrankheiten geradezu als das Zentralproblem der ärztlichen Eheberatung. Dem kann vom eugenischen Standpunkt, trotz aller Anerkennung der Bedeutung der Geschlechtskrankheiten für die Gattenwahl, nicht zugestimmt werden, wie die folgenden Ausführungen beweisen sollen.

Die neueren biologischen Forschungen haben mit aller Deutlichkeit gezeigt, daß das Lebensschicksal aller Lebewesen weit mehr von den angeborenen Eigenschaften, den Erbmerkmalen bestimmt wird als von den Einwirkungen der Außenwelt.

Durch die bereits 1865 von dem Augustinermönch *Gregor Mendel* veröffentlichten, aber unbeachtet gebliebenen, und erst 1901 wiederentdeckten Grundgesetze der Vererbung, ist Licht in die Vorgänge der Vererbung gekommen. Danach sind alle einzelnen Eigenschaften eines Lebewesens paarig, d. h. sie enthalten zu gleichen Teilen Faktoren von beiden Eltern. Das Ergebnis kann sein, daß die betreffende Eigenschaft des Abkömmlings in der Mitte zwischen den beiden elterlichen Eigenschaften liegt, z. B. mittlere Haarfarbe bei heller und dunkler der beiden Eltern, oder aber der Abkömmling weist dieselbe Eigenschaft wie eines der Eltern auf. Z. B. dunkle Haarfarbe bei dunkler und heller Haarfarbe der Eltern. In diesem Falle spricht man von Dominanz der betreffenden Eigenschaft, im vorliegenden Falle: der dunklen Haarfarbe, während der andere Faktor, z. B. die helle Haarfarbe rezessiv, d. h. überdeckt ist. Das Wichtigste an den *Mendelschen* Regeln ist nun, daß die überdeckten Eigenschaften, die während des Lebens eines Individuums garnicht zu bemerken sind, sich genau so vererben wie die im Erscheinungsbild des Lebewesens hervortretenden dominanten Eigenschaften. In den Keimzellen jedes Individuums sind nun die von dessen Eltern ererbten Eigenschaften nicht mehr miteinander verbunden, sondern je zur Hälfte verteilt auf die einzelnen Keimzellen. Aus diesem, bei Pflanzen und Tieren vielfach nachgeprüften und als exakt befundenen Gesetze, ergibt sich nun in praktischer Hinsicht folgendes:

Die dominanten Eigenschaften sind von Generation zu Generation zu verfolgen, weil sie überall da, wo sie in einer der beiden zur Befruchtung gelangenden Keimzellen enthalten sind, auch in die Erscheinung treten. Die rezessiven Eigenschaften jedoch treten im Erscheinungsbild eines Lebewesens nur auf, wenn beide Keimzellen, aus deren Verschmelzung das Individuum entstanden ist, dieselbe rezessive Erbanlage enthalten haben. Nun wird mit einem Male klar, wie aus scheinbar ganz gesunden Familien stammende Eltern Kinder haben können, die mit einem schweren Erbleiden, z. B. der Epilepsie, behaftet sind. Die Anlage zur Epilepsie oder dgl. ist eben von den Eltern und auch oft von deren Eltern und Großeltern, in rezessiver Form weiter vererbt worden, und erst die Vereinigung zweier, mit der Epilepsieanlage beladener Keimzellen konnte die Krankheit zum Ausbruch bringen.

Von den Krankheitsanlagen, die die Gesundheit der Menschen bedrohen, sind nur wenige dominant und zwar fast ausschließlich solche, die die Behauptung im Daseinskampfe unter den heutigen kulturellen Verhältnissen nicht in Frage stellen. Zu ihnen gehören ein Teil der Brechungsfehler des Auges, besonders eine gewisse Form der Kurzsichtigkeit, ferner eine im vorgeschrittneren Alter auftretende Form der Schwerhörigkeit, die Glatzenbildung, Neigung zu Zahnkaries usw. Diese Leiden, die man kaum noch als Krankheiten betrachtet, machen ihre Träger im Daseinskampfe nicht wettbewerbsunfähig, weil die Beeinträchtigungen, die sie bringen, durch technische Mittel ausgeglichen werden können. Es erklärt sich somit ohne weiteres, warum es schwerere dominant vererbbare Krankheiten nicht gibt. Der Erbgang derartiger Leiden liegt ja klar zu Tage und mußte im Verlauf der Geschlechtsfolgen dazu führen, daß die Träger der Leiden, wofern sie überhaupt zur Geschlechtsreife gelangten, bei der Gattenwahl gemieden wurden. Auf diese Weise wurden die, mit schwererem dominantem Leiden behafteten Erbstämme zum Aussterben verurteilt. Hier hat also das Leben, in seiner durch Kultur, Wissen und vorausschauendes Denken beeinflußten Gestaltung, bereits eine entscheidende Rolle als Auslesefaktor gespielt. Heute kommt bei der Frage der Gattenwahl ein dominant vererbbares Leiden nur insofern in Betracht, als der Wunsch aufkommen kann, die Nachkommen unter keinen Umständen mit der betreffenden Eigenschaft behaftet zu sehen. Erklärlich ist ein solcher Wunsch nicht nur aus allgemein menschlichen oder ästhetischen Gründen, sondern auch aus wirtschaftlichen und Berufsrücksichten, z. B. sind für die Berufe des Seemanns, des Forstbeamten und des Verkehrspersonals, einwandfreies Sehvermögen, für den des Arztes ein gutes Gehörorgan erforderlich. Eine Beratung hinsichtlich derartiger dominant vererbbarer Leiden bietet kaum irgendwelche Schwierigkeiten, da ja der Erbgang dieser Leiden leicht nachweisbar ist. Bei der schweren Kurzsichtigkeit z. B. ist in der Regel festzustellen, daß entweder ein Elternteil oder beide Eltern dieselbe Anomalie aufweisen. Im ersteren Falle ebenfalls etwa die Hälfte der Geschwister, im zweiten Falle sämtliche Geschwister. Aus den oben angedeuteten *Mendel*schen Regeln geht hervor, daß die Abkömmlinge eines gesunden und eines, mit einem dominanten Leiden behafteten Elters, zur Hälfte das Leiden aufweisen, vorausgesetzt allerdings, daß der kranke Elter in Bezug auf das Leiden mischerbig ist, d. h. selbst einen gesunden Elter gehabt hat. Zeigten dagegen dessen beide Eltern dasselbe dominante Leiden, so liegt Reinerbigkeit vor, und die gesamte Enkelgeneration ist mit dem Leiden behaftet.

Eine ungleich schwierigere Aufgabe bieten der eugenischen Gattenwahl die rezessiven Leiden. Die Tatsache, daß diese oft schweren und schwersten Leiden nur dann manifest werden, wenn dieselben Krankheitsanlagen von beiden Eltern auf den Abkömmling übergehen, erschwert den Nachweis des rezessiven Leidens in der aufsteigenden Linie. Zeigen beide Ehebewerber dasselbe ererbte Leiden, dann kann man ihnen mit Sicherheit vorhersagen, daß ihre sämtlichen Kinder mit derselben Krankheit behaftet sein werden. So konnte u. a. der schwedische Biologe *Lundborg* nachweisen, daß von 20 Ehepaaren, die sämtlich von Geburt taubstumm waren, sämtliche 112 Kinder gleichfalls taubstumm waren. Ist nur einer der Ehebewerber an einem rezessiv vererbbaren Leiden erkrankt, so kann man mit Sicherheit voraussagen, daß sämtliche Kinder die Krankheitsanlage in überdeckter Form mit auf den Lebensweg bekommen werden. Beherbergt aber auch der andere Ehepartner dieselbe Krankheitsanlage in überdeckter Form, dann wird von den Kindern etwa die Hälfte mit der manifesten Krankheit, die andere Hälfte mit der überdeckten Anlage behaftet sein. Weisen dagegen beide Ehepartner dieselbe Krankheitsanlage nur in überdeckter Form auf, was durch unmittelbare Untersuchung garnicht feststellbar ist, so werden nach dem Wahrscheinlichkeitsgesetz die Hälfte der Kinder gleichfalls die überdeckte Anlage in sich tragen, der vierte Teil wird die Krankheit in manifester Form zeigen, während der restliche vierte Teil völlig frei von manifester Krankheit und überdeckter Anlage ist.

Man darf sich nun natürlich die zahlenmäßigen Verhältnisse im tatsächlichen Leben nicht so exakt vorstellen. Diese nähern sich den hier erwähnten Zahlenbegriffen umsomehr, je größer das zur Unterlage dienende Material ist. In den einzelnen Familien, wo die Kinderzahl oft sehr gering ist, gelingt es meist überhaupt nicht, ein gesetzmäßiges Verhalten aufzufinden. Wenn z. B., wie im letzten der erwähnten Fälle, wo drei verschiedene Kindergruppen unterschieden werden, nur ein oder zwei Kinder geboren werden, so muß eine der drei Gruppen unbesetzt bleiben, es können aber auch beide Kinder zufällig in dieselbe Gruppe gehören, da die Reihenfolge der Gruppenbesetzung nicht gesetzmäßig erfolgt. So kommt es, daß infolge der Kleinheit der Zahl nicht selten die Vererbungsgesetze auf den Kopf gestellt erscheinen. Tatsächlich haben aber alle Prüfungen an größerem statistischem Material die Richtigkeit der *Mendelschen* Gesetze bestätigt.

Für die eugenische Gattenwahl besteht die größte Schwierigkeit in dem Nachweis der überdeckten Krankheitsanlagen bei anscheinend völlig Gesunden. Mit völliger Sicherheit ist das in den seltensten Fällen möglich, allein gewisse Anhaltspunkte bietet das Studium der Familiengeschichte. Ist man bei jedem Ehebewerber in der Lage, die gesundheitlichen Verhältnisse der Ascendenz durch 3—4 Generationen mit deren sämtlichen Geschwistern zu durchforschen, so kann man mit einem erheblichen Grad von Sicherheit gewisse Krankheitsanlagen ausschließen und vielleicht die eine oder die andere vermuten. Leider gibt es derartige, auch auf gesundheitliche und charakterliche Anlagen ausgedehnten Familiengeschichten nur recht selten. Schon in der ersten, aufsteigenden Generation, fehlen oft schon ausreichende Nachrichten von den Geschwistern der Eltern. Bei der großelterlichen Generation ist dieser Mangel meist noch weit stärker, und von der urgroßelterlichen fehlen meist brauchbare Angaben gänzlich. Aus diesem Grunde müssen im allgemeinen Verwandtenheiraten als eugenisch bedenklich erscheinen. An sich sind Verwandtenheiraten durchaus nicht als schädlich für die Nachkommenschaft zu betrachten. Die weitverbreitete Anschauung, daß durch eine Verwandtenehe eine Entartung, etwa in Gestalt von Schwachsinn, moralischen Defekten oder dgl. entstünde, ist völlig irrig. Genau so wie in der Tierzucht, z. B. bei edlen Pferderassen, eine starke Inzucht mit den günstigsten Ergebnissen getrieben wird, so gibt es auch in der Menschheitsgeschichte Beispiele von stärkster Inzucht ohne irgendwelche Entartungsvorgänge. Am bekanntesten ist die Geschichte des ägyptischen Herrschergeschlechts der Ptolemäer, das sich durch vier Jahrhunderte in zwölf Generationen fast ausschließlich durch Geschwisterehe fortgepflanzt hat und bis zu seiner letzten Vertreterin, Kleopatra, Herrscher von einwandfreier Gesundheit, z. T. sogar glänzender Begabung, aufgewiesen hat. Ist jedoch in der Ahnenreihe einer Familie eine rezessive Krankheitsanlage vorhanden, so wird die Möglichkeit, daß dieselbe Krankheitsanlage bei beiden Heiratslustigen in überdeckter Form vorhanden ist, wesentlich größer, wenn sie beide von derselben, mit der Krankheit oder Anlage behafteten Person abstammen, also verwandt sind, als wenn sie aus einander fremden Familien stammen.

Es ist zum Zwecke einer eugenischen Gattenwahl durchaus notwendig, daß wir für die Aufdeckung der rezessiven Leiden allmählich brauchbare Unterlagen erhalten. Das kann nur dadurch geschehen, daß wir möglichst alle Familien dazu veranlassen, familiengeschichtliche Aufzeichnungen zu machen und diese zu Familienstammbüchern zu verarbeiten, die auch für biologische Belange brauchbar sind.

Es bestehen bereits eine Anzahl von Gesellschaften, Vereinen und Zeitschriften, die sich die Pflege der Familiengeschichte und deren Verbreitung zur Aufgabe gemacht haben. Es ist auch eine Anzahl von Anleitungen zur zweckmäßigen Führung der Familienstammbücher veröffentlicht worden, unter denen die wertvollste, aber zugleich auch am schwierigsten durchführbare, von *Scheidt* verfaßt, ist[1]). Sehr zu begrüßen ist es ferner, daß der deutsche Bund der Standesbeamten sich in den Dienst der guten Sache gestellt hat, und die Gelegenheit des Aufgebotes von Ehepaaren dazu benutzt, die Ehepaare auf die Wichtigkeit der Führung von Familienstammbüchern aufmerksam zu machen und ihnen derartige Bücher mit einer vereinfachten Anleitung, zum Erwerb anzubieten.

1) Bei J. F. Lehmann, München.

Die Vererbungslehre beschränkt sich natürlich nicht auf die Erforschung des Erbganges ausgesprochener Krankheiten, sondern durchforscht auch die Vererbung aller sonstigen Eigenschaften. Im Grunde genommen besteht ja eigentlich kein Unterschied in dem Wesen der krankhaften Zustände und Vorgänge von den normalen. Die Krankheiten sind nur Steigerungen von normalen Lebensvorgängen, bis zu einem Zustand, der nicht mehr an die vorhandenen Daseinsbedingungen angepaßt ist. Es finden sich zwischen den normalen und den krankhaften so zahlreiche Übergänge, daß die Grenze als durchaus fließend erscheint, und die Überlegung zeigt, daß das Urteil über die Krankhaftigkeit eines Zustandes in weitgehendem Maße von den Anforderungen der Umwelt abhängig ist. Eine besondere Rolle spielen die Übergänge vom Gesunden zum Krankhaften bei den geistigen und charakterlichen Erkrankungen und Anomalien.

Die eigentlichen Geisteskrankheiten sind zum größten Teil in den Heil- und Pflegeanstalten interniert und kommen kaum für eine Heirat in Betracht. Vor dem Ausbruch der Geisteskrankheit jedoch und in den oft jahrelangen Pausen zwischen den einzelnen Krankheitsschüben, können sehr wohl Heiratsabsichten auftreten. Da ist es doppelt notwendig, die psychischen Konstitutionen zu erkennen, die die eigentliche Unterlage für die Vererbung darstellen . Die sog. asozialen und antisozialen Elemente in der Bevölkerung, die Arbeitsscheuen, Vagabunden, Trinker und Verbrecher werden im allgemeinen nicht als Geisteskranke betrachtet. Sie stellen aber Typen dar, die unter anderen Kulturverhältnissen, wie sie vor Jahrhunderten bestanden, der Umwelt angepaßt, also gesund waren, jetzt aber als minderwertig, weil unerziehbar, gelten. Die menschliche Gesellschaft muß sich gegen sie, weil sie ungeheuren Schaden anrichten, schützen, und zwar mit ganz anderen Methoden als sie bis jetzt üblich waren, nämlich durch Bewahrung, d. h. Einschränkung der Freiheit und Entziehung der Fortpflanzungsmöglichkeit. Es ist das eine sehr wesentliche Forderung der praktischen Eugenik. Indes gibt es auch eine ganze Reihe von charakterlichen Eigenschaften, die bei der Gattenwahl recht schwer ins Gewicht fallen, obwohl sie nicht eigentlich krankhaft sind. Hierzu gehören u. a. Willensschwäche, Mangel an Lebensmut, Gemütsroheit, übermäßiger Egoismus, also durchweg Eigenschaften, die sich von denen der Asozialen und Antisozialen nur quantitativ unterscheiden. Auch diesen gegenüber bedarf es bei der Gattenwahl einer gewissen Vorsicht, weil sie Eigenschaften aufweisen, die möglicherweise nur durch Umweltbedingungen gemildert auftreten, bei den Abkömmlingen aber wieder mit unverminderter Kraft erscheinen können. Auch in körperlicher Hinsicht gibt es Zustände, die nicht eigentlich krankhaft sind, oder wenigstens zur Zeit der Heiratsabsicht als solche hervortreten und doch bei der Gattenwahl die stärksten Bedenken hervorrufen müssen. Hierzu gehören u. a. ausgesprochen schwächliche Konstitutionen, die schon durch geringe Arbeitsleistungen hochgradig ermüdet, ja erschöpft werden, die dauernd eine Bereitschaft zu allerhand verschiedenen Erkrankungen aufweisen, die außergewöhnlich früh durch Arterienverkalkung altern usw. Diese Zustände haben meistens recht unangenehme Folgen für das Eheglück dadurch, daß sie das wirtschaftliche Gedeihen lähmen, aber auch dadurch, daß sie, weil auf erblicher Anlage beruhend, sich auf die Kinder fortpflanzen können.

Eine weitere wichtige Frage für die eugenische Gattenwahl ist die, ob die beiden Ehebewerber zueinander passen. Es genügt noch nicht festzustellen, daß beide Ehebewerber an sich ehetauglich sind. Es mag vielleicht, wenn die Eugenik jahrhundertelang eine immermehr verstärkte Wirkung ausgeübt hat, eine Zeit kommen, in der nur noch wenige rezessive Minderwertigkeiten in der Bevölkerung vorhanden sind. Dann wird man jedem, bei dem auch nur der Verdacht einer erblichen Belastung vorliegt, die Ehetauglichkeit absprechen können. Heute ist das noch nicht möglich, weil sonst zu viele von der Ehe abgehalten werden müßten. Welche Folgen ein solches Vorgehen nach sich ziehen würde, kann man sich leicht ausrechnen. Die Mehrzahl der Familien weist heute in irgend einer Form das Vorhandensein irgend einer vererbbaren Minderwertigkeit auf. Sei es, daß es sich um geistige, gemütliche, charakterliche oder körperliche Anomalien handelt. Aus dem angedeuteten Erbgang dieser Minderwertigkeiten kann man den Schluß ziehen, daß, wenn irgendwelche Geschwister eines anscheinend völlig gesunden Menschen oder Eltern und Voreltern, sowie einige von deren Geschwistern, eine auf Vererbung beruhende Minderwertigkeit aufweisen, der Verdacht besteht, daß auch der völlig Gesunde eine überdeckte Anlage zu der betreffenden Minderwertigkeit beherbergt. Das Bedenken auf Grund einer solchen Beobachtung bei der Gattenwahl wird aber verschwinden, wenn man mit Sicherheit feststellen kann, daß bei dem anderen Ehepartner und dessen sämtlichen Geschwistern, sowie den Eltern und Großeltern nebst deren sämtlichen Geschwistern, die gleiche Anomalie fehlt. Natürlich ist das ein Kompromiß, der theoretisch den Forderungen der Eugenik nicht genügt, denn es können doch erbliche Krankheitsanlagen in überdeckter Form weiter vererbt werden, die dann vielleicht später einmal der Anlaß zu einer manifesten Krankheit werden. Aber wir müssen uns zunächst für lange Zeit hinaus mit dem Erreichbaren begnügen, wenn wir überhaupt die Grundsätze der Eugenik der Gattenwahl in Aufnahme bringen wollen.

Es wird ferner von manchen Seiten dringend vor Rassenmischung bei der Verheiratung gewarnt. Zur Zeit, als die heute innerhalb der Menschheit unterschiedenen Rassen entstanden, waren diese natürlich vollständig rein, denn nur unter strengstem Abschluß von anderen Menschheitsgruppen während einiger Jahrtausende, konnten besondere Rassen entstehen. Seit diesen Zeiten ist aber keine Rasse unvermischt geblieben, und unter den Zeichen des Weltverkehrs ist die Wahrscheinlichkeit der Rassenmischung gewaltig gestiegen. Dennoch haben die einzelnen Völkerschaften ein gewisses rassisches Gepräge behalten, das sich durch Blutmischung nur verhältnismäßig langsam ändert. Freilich ist diese Veränderung fast bei allen Völkerschaften, außer vielleicht den Einwohnern von Zentralafrika, des Innern von Australien und einigen Gegenden von Südamerika und Asien, unzweifelhaft vorhanden und anscheinend unaufhaltsam. Ein Vorteil bedeutet diese Erscheinung für die Völkerschaften keinesfalls, denn die menschlichen Rassen, die durch eine jahrtausendelange scharfe Auslese an die Umweltbedingungen ihrer Heimat angepaßt sind, können durch Blutmischungen mit Rassen, die ihre Entstehung anderen Ausleseprinzipien verdanken, nur verlieren. Im einzelnen Fall läßt sich das natürlich nicht beweisen, weil der dazu erforderliche Maßstab fehlt. Indes gibt auch die Erfahrung im bürgerlichen und sozialen Leben manche Anhaltspunkte für den Unsegen der wahllosen Rassenmischung. Die üblen Folgen der Rassenmischung bestehen nicht in Krankheiten oder deutlichen Minderwertigkeiten, von denen oben die Rede war, sondern vor allem in einer Unzulänglichkeit der seelischen Veranlagung gegenüber den Daseinserfordernissen. Auch der Aufbau der feineren geistigen und seelischen Eigenschaften ist in ausgesprochenem Maße rassisch bedingt. Weiße, Neger und Mongolen haben eine so verschiedene Art des Denkens, Fühlens und Betrachtens, daß sie sich gegenseitig nur schwer verstehen lernen. Was bei den so sehr verschiedenen großen Rassen klar zu Tage liegt, ist jedoch bei den weniger verschiedenen Rassen gleichfalls festzustellen, wenn auch in geringerem Grade. So bestehen z. B. ganz unzweifelhafte Unterschiede in der geistigen und seelischen Struktur zwischen der nordischen, der mittelmeer–, der alpinen und der durch lange Inzucht herausgebildeten jüdischen Rasse. Wenn auch bei verschiedenartiger Rassezugehörigkeit der Ehepartner ein gegenseitiges Verständnis zur beiderseitigen Zufriedenheit sich herausbilden kann, so werden doch aus solchen Ehen meist Kinder mit unharmonischen Anlagen zur Welt kommen, denn ihre seelischen Anlagen sind von zwei, gerade in psychischer Beziehung verschieden gearteten Rassen zusammengemischt, und der Bildung von geschlossenen, zum Daseinskampf gerüsteten Charakteren oft nicht förderlich.

Die sozialen Unterschiede, die z. Z. in der Bevölkerung bei der Gattenwahl eine weit wichtigere Rolle spielen als die Rassenverschiedenheiten, sind vom eugenischen Standpunkt aus als bedeutend geringfügiger zu beurteilen. Ganz fortgeleugnet werden können sie freilich nicht, weil die sozialen Unterschiede weniger die Folgen äußerer Schicksale, als bestimmter erblicher Anlagen zu sein pflegen. In Zeiten ruhiger Entwicklung, die nicht durch große Kriege, Umwälzungen oder sonstigen Sturm und Drang unterbrochen sind, vollzieht sich in jeder Bevölkerung eine soziale Schichtenbildung in fast gesetzmäßiger Form. Erbstämme, die eine hervorragende Intelligenz, aber auch ein gewisses Maß von günstigen Charakteranlagen, z. B. Mut, Willensstärke, Unternehmungsgeist und Verantwortlichkeitsgefühl aufweisen, steigen im Laufe einiger Generationen auf der sozialen Stufenleiter immer weiter empor, während diejenigen Erbstämme, die durch Mißheiraten im eugenischen Sinne, einen Teil der entscheidenden Anlagen verloren haben, noch schneller absinken als der Aufstieg im allgemeinen dauert. In der städtischen Bevölkerung erfolgt der soziale Auf- und Abstieg, wegen der dort vorhandenen größeren Reichhaltigkeit des Berufs- und Erwerbslebens, bedeutend rascher und intensiver als auf dem Lande. Die Gewohnheit, innerhalb der gleichen sozialen Schicht zu heiraten, hat daher sicherlich einen richtigen Kern, der allerdings im allgemeinen auf einem instinktmäßigen Empfinden, seltener auf verstandesmäßiger Überlegung beruht. Wenn eine Heirat zwischen Angehörigen zweier sehr verschiedener sozialer Schichten geplant ist, wäre zu untersuchen, ob der Angehörige der tieferen sozialen Schicht seine Lebenslage außergewöhnlichen Schicksalen oder der geringen Begabung seines Erbstammes verdankt. Im letzteren Fall ist anzunehmen, daß der zum sozialen Aufstieg geeignete Erbstamm des anderen Ehepartners durch die Heirat entwertet wird. Es handelt sich bei diesen Ausführungen um Gedankengänge, die im einzelnen nicht leicht zur Geltung gebracht werden können, aber doch niemals ganz aus den Augen verloren werden sollten, weil der Eugenik daran gelegen sein muß, die auch auf wirtschaftlichem Gebiete hochbegabten Erbstämme, in ihrer Eigenart zu erhalten.

Die Grundsätze der eugenischen Gattenwahl sind nicht eben schwer begreiflich, aber sie sind leider zunächst tatsächlich noch überwiegend theoretisches Wissensgebiet, das sich seine Umsetzung in die Praxis erst erobern muß. Es ist in der bisherigen, notgedrungen summarischen Darstellung dieser Grundsätze, nach Möglichkeit auf die praktischen Auswirkungen Rücksicht genommen werden. Auf die Methoden, die der eugenischen Gattenwahl zum Durchbruch verhelfen sollen, braucht in diesem Zusammenhange nicht eingegangen zu werden, da sie im wesentlichen die eugenische Ehevermittlung und Eheberatung betreffen und als solche in anderen Abschnitten dieses Buches eigens behandelt werden.

Dagegen soll noch eine Frage kurz gestreift werden: Was ist zu tun, wenn sich nach erfolgter Eheschließung herausstellt, daß die Wahl den eugenischen Anforderungen nicht entspricht? Selbst bei Inanspruchnahme einer behördlichen Ehevermittlung und Eheberatung, sind solche Fälle nicht gänzlich ausgeschlossen, weil mitunter die Befragung der Ratsuchenden und ihrer Verwandten nach ihrer Erbgeschichte, nur ungenügende Unterlagen ergeben haben und falsche Angaben wissentlich oder unwissentlich unterlaufen sein können. Da heißt es, wenn irgend angängig, eugenisch schädliche Ehen zur Trennung zu bringen. Es sei hier nur erinnert an das Beispiel der beiden Familien Kalikak. Kalikak hatte zuerst Kinder mit einer geistig und moralisch minderwertigen Frau, die die Stammutter eines großen Geschlechts von Vagabunden, Verbrechern, Schwachsinnigen, Trinkern und Dirnen wurde, während die nachfolgende Ehe K., mit einer gesunden vollwertigen Frau, fast ausschließlich geistig, sittlich und wirtschaftlich sowie auch gesundheitlich hochstehende Nachkommen aufwies. Das Gesetz bietet zur Auflösung eugenisch schädlicher Ehen oft genügende Handhaben. Häufig genug wird aber von diesen Möglichkeiten kein Gebrauch gemacht, teils aus Unkenntnis, teils aus falscher Scham oder Entschlußlosigkeit. Von Seiten aller an dem Wohl der nachkommenden Geschlechter beteiligten Kreise, muß mit Nachdruck dahingewirkt werden, daß alle, vom eugenischen Standpunkte verwerflichen Ehen so leicht wie möglich aufgelöst werden, damit die gesunden und wertvollen Elemente noch für eine einwandfreie Vermehrung gerettet werden können. Sache der Gesetzgebung wird es sein, gerade für die hier gemeinten Fälle, die Ungültigkeitserklärung oder Scheidung der Ehe zu erleichtern.

Das physische Zusammenpassen der Ehegatten

Von Adolf Basler

Die vorwiegend durch die Keimdrüsen bedingte physiologische Verschiedenheit der beiden Geschlechter drückt allen Eigenschaften — entsprechend dem Geschlecht — ihren Stempel auf. „Die Weiblichkeit bewahrt bei all ihrer Entwicklung den Charakter der Ursprünglichkeit; die Männlichkeit ist die entsprungene, der Ursprünglichkeit durch ihre Entwicklung mehr entfremdete Lebensform[1])."

Stellen wir uns die Erbanlagen eines Individuums als geometrische Figuren vor, so daß die eine etwa durch ein Dreieck, eine andere durch ein Quadrat, wieder eine andere durch einen Kreis ausgedrückt wird, und so fort, den Einfluß der Geschlechtsdrüsenhormone aber als Farbe, etwa den männlichen als blau, den weiblichen als rot, dann sind die Erbanlagen der Ehegatten einander gleich, wenn der Eigenschaftenkomplex des Mannes beispielsweise durch 2 blaue Dreiecke, 1 blaues Quadrat und 3 blaue Kreise, derjenige der Frau durch 2 rote Dreiecke, 1 rotes Quadrat und 3 rote Kreise ausgedrückt werden kann.

Aus der Form der Figuren können wir aber nicht ersehen, ob die Frau einen ausgesprochen weiblichen Typus darstellt, der Mann einen ausgesprochen männlichen. Darüber unterrichtet die Sättigung der beiden Farben. Je blauer das Blau und je röter das Rot der Figuren, um so ausgeprägter sind die Geschlechtscharaktere.

Die Ehe wäre kein Problem, wenn die Menschen einander gleich wären. Insbesondre würde dann nicht viel davon abhängen, wie sie sich in der Ehe gruppieren. „Allein die Tatsache, daß es eine Erblichkeitsforschung beim Menschen gibt, beweist natürlich", wie *Scheidt* richtig bemerkt, „daß es auch Erbunterschiede gibt. Denn aus der Kreuzung erblich gleich beanlagter Individuen würde man kaum etwas über die erbliche Übertragung von Eigenschaften erfahren können[2])."

In den folgenden Ausführungen soll nun zunächst dargelegt werden, daß es für das Schicksal der Ehe am ersprießlichsten ist, wenn die physiologischen Vorgänge bei beiden Gatten, natürlich unter Berücksichtigung der durch das Geschlecht bedingten „Färbung",

---

1) *H. Sellheim*, Das Geheimnis vom Ewig-Weiblichen, Stuttgart 1911.
2) Allgemeine Rassenkunde, München 1925, S. 269.

möglichst übereinstimmen, andererseits soll aber auch versucht werden, zu zeigen, daß bis zu einem gewissen Grade weitgehende Übereinstimmung tatsächlich zu bestehen pflegt.

Dabei können nur einige wenige Funktionssysteme als Beispiel herausgegriffen werden; und zwar gerade solche, bei denen sich große individuelle Verschiedenheiten feststellen lassen.

Das wichtigste ist das Zusammenpassen der Herzen, nicht im Sinne des Romantikers und Dichters:

„Zwei Seelen und ein Gedanke, Zwei Herzen und ein Schlag",

sondern als Motor des Blutkreislaufsystems.

Das Herz muß bekanntlich die ganze Blutmenge des Körpers mit verhältnismäßig großer Geschwindigkeit in Umlauf erhalten, so daß schon bei vollkommener Ruhe das Schlagvolumen, d. h. die bei jeder Systole vom Herzen ausgeworfene Blutmenge etwa 50—60 cbcm beträgt, bei ganz mäßiger Arbeit 70 cbcm. Darnach berechnet sich die Arbeit des linken Ventrikels pro Systole auf 0,1409 kgm, die Arbeit des rechten Ventrikels auf 0,0476 kgm und die des ganzen Herzens auf 0,1885 kgm. In 24 Stunden leistet demnach das Herz mit 19 000 kgm eine Arbeit, die imstande wäre, ein 38 Zentner schweres Gewicht um 10 m zu heben. Das Herz kann sich den gestellten Anforderungen in außerordentlich hohem Maße anpassen. Bei großer Muskelanstrengung vermehrt das Herz die Frequenz seiner Schläge bis aufs Doppelte, das Schlagvolumen bis auf das Dreifache.

Aber auch das periphere Gefäßsystem hat durch abwechselnde Verengerung und Erweiterung sowie durch vollständigen Verschluß der Kapillaren bestimmter Bezirke, einen großen Anteil an der richtigen Aufrechterhaltung des Blutkreislaufes. Ganz besonders spielt dieser Teil der Blutbahn eine Rolle bei den Anpassungen an außergewöhnliche Leistungen.

Dafür nur ein Beispiel: Für den Menschen ist es nicht nur unangenehm, sondern auch gefährlich, längere Zeit in einer Stellung, bei der der Kopf nach abwärts gerichtet ist, zu verharren. Das Gesicht nimmt eine blaurote Färbung an, und die Blutbewegung bekommt durchaus regelwidrigen Verlauf. Nun gibt es aber einzelne Berufe, die ein stundenlanges Abwärtsneigen des Kopfes erfordern. Bei diesen Menschen haben sich die kleinsten Gefäße des Kopfes den veränderten Bedingungen so vollkommen angepaßt, daß während dieser Tätigkeit der Kreislauf sich ordnungsmäßig vollzieht, was man äußerlich schon daran erkennt, daß die Gesichtshaut sich nicht erheblich rötet[1]). Manche Artisten können auf dem Kopfe stehend die schwierig-

[1]) *A. Basler*, Einführung in die Rassen- und Gesellschaftsphysiologie, Stuttgart 1925, S. 58.

sten Kunststücke ausführen, ohne dabei eine unangenehme Sensation zu haben. In diesen Fällen handelt es sich offenbar um eine Anpassung des peripheren Kreislaufsystemes.

Diese Anpassungsfähigkeit des Kreislaufsystems ist bei den einzelnen Individuen durchaus nicht gleich, und darauf beruht die Verschiedenartigkeit in der sportlichen Ausdauer. Die Muskeln der Arme und Beine könnten bei anstrengenden Übungen leicht noch weiterarbeiten, aber das Herz versagt. Dabei braucht das Herz, das geringere Anpassungsfähigkeit hat, noch nicht krank zu sein.

Das, was dem Menschen keine Schwierigkeiten macht, wozu er von der Natur die besten Gaben mit auf den Lebensweg bekommen hat, tut er auch gern. Wer also einen ausdauernden und allen Situationen gewachsenen Kreislaufsapparat besitzt, mutet sich auch mehr inbezug auf körperliche Anstrengungen zu und hat, da er keine Beschwerden dabei empfindet, Freude daran. Fuß- oder Radtouren werden bis zum Äußersten gesteigert, der Besitzer eines ausdauernden Herzens betreibt alle möglichen Arten von Sport und kann es nicht begreifen und hält es für bösen Willen, wenn seine Frau nicht mitmachen kann. Fälle, in denen Frauen, weil sie es trotz schwächerer körperlicher Leistungsfähigkeit ihrem Manne gleichtun wollten, zugrunde gingen, gibt es zahlreiche. Ist in den gegenteiligen Fällen die Ehefrau in körperlicher Beziehung ausdauernder, dann will der Mann, dessen Herz leichter versagt, nicht zurückstehen in der teils begründeten, teils unbegründeten Furcht, der Nimbus seiner Männlichkeit könne leiden. Daß solche Situationen schon im frühen Mittelalter beobachtet werden, zeigt die Darstellung von König Gunthers Liebeswerbung im Nibelungenliede.

Dem Tierzüchter ist es bekannt, daß manche Tiere mit geringerer Futtermenge reichlich Fett ansetzen, andere bei viel stärkerer Fütterung mager bleiben. Die gleiche Verschiedenheit läßt sich beim Menschen beobachten. Es gibt Menschen, die recht phlegmatisch sind, sich über nichts besonders aufregen, sich möglichst wenig bewegen und nur ja nicht anstrengen. Solche Individuen haben geringeren Stoffwechsel und setzen trotz der geringen Nahrungsaufnahme Fett an. In vielen Fällen dürfte eine Verminderung der Schilddrüsenfunktion zugrunde liegen. Andere haben im Gegensatz dazu großes Nahrungsbedürfnis, brauchen eine viel größere Menge Nahrungsmittel; trotzdem nehmen sie nicht zu. Die aufgenommene Nahrung reicht gerade aus, das Stoffwechselgleichgewicht aufrecht zu erhalten. Das sind die leicht beweglichen, rührigen Menschen, bei denen, wenn sie körperlich nichts zu tun haben, zum mindesten der Geist arbeitet. Bei manchen dürfte übermäßige Schilddrüsensekretion vorliegen, die in ihren pathologisch gesteigerten Formen als Morbus Basedowii bezeichnet wird.

Zum Teil mag das größere oder kleinere Nahrungsbedürfnis auch mit verschiedener Ausnützung der Nahrung zusammenhängen. Groß dürfte aber dieser Einfluß, wenn nicht wirklich krankhafte Zustände vorliegen, nicht sein.

Manche Alkaloide wie beispielsweise Morphium verlieren nach längerem Gebrauch ganz erheblich von ihrer Wirkung. Um diese trotzdem zu erhalten, muß die Dosis gesteigert werden. Gegen die Giftwirkung dieser Stoffe tritt also durch „Gewöhnung" eine erworbene Toleranz ein. Das Gleiche gilt auch für manche Mineralgifte (Arsenik). Beim Alkohol liegt die Sache anders; hier ist bei dem stärksten Trinker die Toleranz oft erstaunlich klein. Ob nun die größere Toleranz durch fortgesetzten Gebrauch erworben oder ererbt ist, spielt in diesem Zusammenhang keine Rolle. Jedenfalls ist die Empfindlichkeit für Genußmittel, wie Alkohol, Nikotin, Morphium, bei den einzelnen Personen sehr verschieden. Bei anderen Personen ruft eine geringe Zufuhr von Kaffee Herzklopfen oder Schlaflosigkeit hervor.

Nun gibt es auch Personen, die Stoffe, welche anderen als tägliche Nahrung dienen, nicht ertragen können. Selbst die im gewöhnlichen Leben als die harmlosesten und gesündesten angesehenen Nahrungsmittel wie z. B. Eier können die schwersten Krankheitserscheinungen hervorrufen. Andere wieder reagieren sehr stark auf Erdbeeren, Gurken, Johannisbeeren u. dgl. Derartige Empfindlichkeiten gegenüber manchen Stoffen bezeichnen wir als I d i o s y n k r a s i e n. Es ist hier nicht der Ort, auf eine Erklärung solcher Zustände einzugehen, für den vorliegenden Zusammenhang genügt die Feststellung, daß sie vorhanden sind.

Durchaus verschieden ist die T e m p e r a t u r t o l e r a n z der einzelnen Menschen. Dabei ist zu unterscheiden zwischen dem subjektiven Empfinden und dem Ertragen von Wärme bzw. Kälte, ohne daß krankhafte Störungen auftreten. Die Wärme- und Kälteempfindung ist an bestimmte in der Haut liegende Sinnesorgane gebunden, deren Lokalisation sich an den durch punktförmige Reizung feststellbaren Wärme- bzw. Kältepunkten erkennen läßt. Je nach der Stärke ihrer Erregung empfinden wir die uns umgebende Luft als kühl oder warm. Andererseits hat die Außentemperatur einen Einfluß auf den Wärmehaushalt des Organismus. Da die Körpertemperatur immer auf dem gleichen Stand bleibt, muß der Organismus, um nicht gar zu hohe Anforderungen an die Wärmeproduktion zu stellen, die Wärmeabgabe der Haut durch feine Regulationsvorrichtungen zügeln. Diese Regulationsorgane sind die Schweißdrüsen und die Blutkapillaren der Körperbedeckungen. Ist die Außentemperatur kühl, dann ziehen sich die

Hautkapillaren zusammen, das Blut, das nur noch in geringer Menge die Haut durchströmt, hat weniger Gelegenheit sich abzukühlen. Bei äußerer Wärme dagegen flutet das Blut in den nunmehr erweiterten Kapillaren in breiten Strömen und gibt, nahe an die Körperoberfläche gelangend, einen großen Teil der Wärme ab. Gleichzeitig treten auch die Schweißdrüsen in Tätigkeit und der auf der Hautoberfläche vertrocknende Schweiß erzeugt Verdunstungskälte. Aber die Anpassungsfähigkeit dieser Regulationsmechanismen für die Körpertemperatur hat ihre Grenzen und dann hat niedrige Außentemperatur Abkühlung des Körpers und zu hohe Außentemperatur Überhitzung zur Folge. Ist die Überhitzung beträchtlich, kann ein lebensbedrohender Zustand eintreten, den wir als „Hitzschlag" bezeichnen. Gewöhnlich gehen die subjektiven Empfindungen von Wärme und Kälte Hand in Hand mit den Tendenzrichtungen des Wärmehaushaltes, aber mitunter widerspricht die Empfindung dem objektiven Verhalten. Zu der größeren oder geringeren Empfindlichkeit gegen Kälte tragen die Gewöhnung und die dadurch bedingte Reaktionsfähigkeit der Kapillaren viel bei, man spricht dann von Verweichlichung bzw. Abhärtung. Aber auch organische Verschiedenheiten, die vielfach mit endokrinen Tätigkeiten zusammenhängen, üben einen großen Einfluß aus.

Das sind Verschiedenheiten, die sich in der Ehe oft außerordentlich störend fühlbar machen können. Da kommt es vor, daß ein Gatte die Fenster schließt, der andere sie aufreißt. Ist es der Ehefrau leicht zu warm, dann bekommt der Gatte zu dünne, ist es ihr im Gegenteil leicht zu kühl, bekommt er zu warme Betten, und dergleichen mehr.

Es besteht kein Zweifel, daß jeder Mensch seinen individuellen Geruch besitzt[1]). Wir selbst merken allerdings in der Regel nichts davon, noch viel weniger sind wir in der Lage, die Menschen an ihrem Geruch zu erkennen. Dies rührt zum Teil daher, daß wir uns an die menschlichen Ausdünstungen der eigenen Rasse so sehr gewöhnt haben, daß wir sie nicht mehr empfinden, zum Teil auch an der schlechten Entwicklung unseres Geruchsinnes überhaupt. Daß trotzdem individuelle Gerüche bestehen, ersieht man daraus, daß die mit weit besserem Geruchsinn ausgestatteten Hunde imstande sind, nur mit dem Riechorgan die Spur ihres Herrn zu finden, der vielleicht schon vor längerer Zeit einen Weg gegangen war. Deshalb verwendete *Löhner*[2]) bei der wissenschaftlichen Untersuchung von Hautgerüchen des Men-

[1]) Vgl. *H. Ellis*, Die Gattenwahl b. Menschen, Würzburg 1906, S. 41. — *N. Andree*, Korrespondenzbl. d. deutsch. Ges. f. Anthr. 1876, Nr. 5. — *Schiefferdecker*, Ztschr. f. Sexualwiss., Bd. 10, 1924/25.

[2]) *Pflüg.* Arch., Bd. 202, S. 44.

schen Polizeihunde. Der Körpergeruch ist an die Sekrete bestimmter Körperteile geknüpft, wobei in erster Reihe die Achselhöhlen erwähnt werden müssen. In der Sekretion dieser Hautregionen sind neben Bestandteilen, die für die hier behandelte Frage keine Bedeutung haben, zahlreiche Fettsäuren enthalten. So Ameisen-, Essig-, Butter-, Propion-, Kapron- und Kaprinsäure. Außerdem wohl noch einige bisher nicht feststellbare flüchtige Substanzen. Durch Mischung der genannten Stoffe in den verschiedenen Mengenverhältnissen kommen wohl die persönlichen Verschiedenheiten zustande. Während der Geruch in der Regel so unbedeutend ist, daß er nicht bemerkt wird, ist er bei manchen Menschen so stark, daß er selbst im Freien auf große Entfernungen wahrgenommen wird. Ich kannte eine Studentin, deren vorherige Anwesenheit ich in den Straßen von Tübingen mit Hilfe des Geruchsinnes feststellen konnte, wenn sie schon lange nicht mehr in Sicht war.

Im ehelichen Zusammenleben kann natürlich für einen empfindlichen Ehepartner eine solche Überproduktion an Riechstoffen geradezu unerträglich werden. Letzten Endes handelt es sich auch hier um Abweichungen im Verlauf des Stoffwechsels; daher kommt es, daß der Körpergeruch durch die Zuführung bestimmter Stoffe in der Nahrung wie Knoblauch, Zwiebeln, Trüffeln, Alkohol, Trane beeinflußt wird. Andererseits gibt es auch Menschen, die in Bezug auf Körpergerüche übertrieben empfindlich sind. So erzählte mir einmal ein hysterisch veranlagter, hochbegabter Herr (Schriftsteller), er komme nur dann in richtige Stimmung, wenn ihm der Körpergeruch der gleichzeitig anwesenden Personen „sympathisch" ist. Menschen mit ausgeprägten olfaktorischen Anti- und Sympathiegefühlen, die das Vorhandensein der Periode mit dem Geruchsinn entdecken (*Ellis*), sind nicht selten.

Der Einfluß von Gerüchen auf den Begattungsvorgang selbst kommt beim Menschen, jedenfalls bei höheren Rassen — so wenig in Frage, daß ich nicht näher darauf einzugehen brauche.

Trotz der Reduktion des Geruchsinnes beim Menschen muß seine Leistung, gemessen an der Untersuchung mit chemischen Reaktionen, als ganz außerordentlich bezeichnet werden. Viele Stoffe können mit dem Geruchsinn erkannt werden, wenn die verschwindend kleine Menge von $^1/_{80000}$ mg in einem Kubikcentimeter Luft enthalten ist, von Chlorphenol genügt $^1/_{4600000}$ mg; schon lange wird überall das Merkaptan erwähnt, das mit $^1/_{460000000}$ den Rekord schlägt.

Diese empfindlichste aller Reaktionen für chemische Substanzen ist auch beim Menschen nicht ohne jede Bedeutung, weil der Geruchsinn imstande ist, uns über die Natur der uns umgebenden Gase zu unterrichten. U. a. werden wir durch den Geruchsinn darüber belehrt, ob ein Zimmer genügend ventiliert, namentlich auch darüber, ob ein Nahrungsmittel frisch ist. Nun kommt es beim Geruchsinn ganz besonders auf die psychische Verwertung der eigentlichen Sinnesempfindung an. Daß das durch den Sinn Wahrgenommene auch richtig gedeutet wird, dazu ist eine gewisse Schulung erforderlich, die ganz besonders für die Hausfrau notwendig ist und deren Mangel sich in der Ehe peinlich fühlbar machen kann.

Man kann sehr häufig z. B. auf Reisen in Hotels die Beobachtung machen, daß beide Teile eines Ehepaares die gleichen Feinschmecker sind. Diese Eigenschaft beruht sicher letzten Endes auf einer guten Entwicklung des Geschmacksinnes. Nicht selten macht man allerdings auch die Beobachtung, daß der Ehemann mit dem Essen, das ihm seine Frau vorsetzt, unzufrieden ist, wobei sich das Sprichwort bewahrheitet: Die Liebe geht durch den Magen. Ganz allgemein dürfte das weibliche Geschlecht weniger auf gutes Essen halten als die Männer. Man sieht das am besten daran, daß in Familien, in denen der Mann gestorben ist oder sich ständig auf Reisen befindet, wesentlich schlechter gekocht wird. Deshalb ist auch der umgekehrte Fall selten, daß die Frau sich darüber beklagt, daß der Gatte kein Gewicht auf gutes Essen legt und ihr deshalb nicht das für eine gute Küche notwendige Geld vorstreckt. In solchen Ehen handelt es sich meist darum, daß der Mann das Wirtshaus dem eigenen Heim vorzieht und dann, wenn er nach Hause kommt, natürlich keinen Appetit mehr hat. Wenn dieser Familienvater „sich mit allem, was ihm von der Frau vorgesetzt wird, begnügt", dann entspringt diese Anspruchslosigkeit viel mehr dem Wunsche, durch größtmögliche Sparsamkeit in der Familie viel Geld für die eigenen Bedürfnisse zu erübrigen, als mangelhaftem Geschmacksinn.

Recht verschieden ist bei den einzelnen Individuen das Bedürfnis für Ruhe und Schlaf, dessen vielumstrittene physiologische und psychologische Bedeutung hier ganz außer acht bleiben kann. Dabei muß der alten, unzutreffenden Meinung entgegengetreten werden, als hänge großes Schlafbedürfnis mit geistiger Trägheit zusammen. Von Napoleon I. wird allerdings gesagt, er habe nur 4 Stunden jede Nacht geschlafen. Auch Schliemann soll nur kurze Zeit der Ruhe gewidmet haben. Im Gegensatz dazu kenne ich führende, allgemein anerkannte Gelehrte, die großes Schlafbedürfnis haben. Ich habe die Beobachtung gemacht, daß hinsichtlich des Schlafbedürfnisses die Ehepaare meist sehr gut übereinstimmen.

Auf manche Individuen wirkt starke Körperbehaarung, namentlich bei Frauen, abstoßend. Nach vorläufigen Beobachtungen, die ich aber noch nicht als abgeschlossen bezeichnen möchte, habe ich den Eindruck, daß die überaus starke Körperbehaarung bei Frauen in einzelnen Gegenden Deutschlands häufiger auftritt. Ob es sich dabei um Rasseneigentümlichkeiten oder Einflüsse der Lebensweise handelt, wage ich noch nicht zu entscheiden.

Ungemein wichtig für das ganze Schicksal der Ehe ist das Zusammenpassen der sexuellen Funktionen. Auch eine gewisse anatomische Harmonie der Geschlechtsteile ist Erfordernis für einen günstigen Eheverlauf. Einer Erörterung dieses besonderen Themas bedarf es hier aber nicht, da es in anderen Abschnitten dieses Buches behandelt wird.

Diese Unterschiede erscheinen manchen für zu geringfügig, als daß sie das harmonische Zusammenleben beeinflussen könnten, aber aus Kleinigkeiten setzt sich das Leben zusammen. Durch das ungenügende Zusammenpassen in Kleinigkeiten werden Unstimmigkeiten hervorgerufen. So kann die Ehe nicht frei von Reibungen sein, wenn der eine Gatte großen Hunger hat, der andere an Appetitmangel leidet, der eine leidenschaftlich gern Tee oder Kaffee trinkt, der Ehepartner aber diese Getränke nicht verträgt, oder wenn der Mann Nichtraucher ist, die Frau den ganzen Tag Zigaretten raucht. Außerdem können durch ungenügendes Zusammenpassen der Gatten auch wirtschaftliche Nachteile entstehen. Man hört nicht selten von Familien, wo für Mann und Frau anders gekocht wird, und man kann auf der Reise bei jedem Gasthausbesuch Familien sehen, von denen jede Person sich eine andere Speise bestellt. Ist die Familie groß, dann muß der Ausdauer und Gedankenarbeit der zuletzt an das Bestellen Kommenden die größte Achtung gezollt werden, denn es braucht oft langer Überlegung, dann noch eine Speise zu finden, die nicht schon von einem Familienglied bestellt worden ist.

Die einzeln herausgegriffenen Eigenschaften sind vielfach Teilerscheinungen von dem Eigenschaftskomplex, den wir heute als Konstitutionstypus[1]) zusammenfassen. Aber als Folge fortwährender Mischung treten die elementaren Konstitutionstypen vielfach nicht rein in Erscheinung, sodaß namentlich auf die hier zu erörternden Zusammenhänge die Darstellung der verschiedenen Eigenschaften unabhängig von ihrer konstitutionstypischen Zugehörigkeit ein klares Bild werfen dürfte.

Wurde bisher nur die Zweckmäßigkeit ähnlicher Veranlagung bei den Ehegatten betont, so gilt es nunmehr die Tatsache ganz be-

[1]) *E. Kretschmer*, Körperbau und Charakter, Berlin 1925.

sonders hervorzuheben, daß wirklich in der Ehe vielfach Menschen mit ähnlichen Eigenschaften zusammentreffen. Schon *Leonardo da Vinci* beobachtete, daß wir in der Liebe von dem uns Ähnlichen angezogen werden.

Pearson konnte, auf umfangreiches Material gestützt, zeigen, daß zum mindesten das Zusammenpassen in der Körpergröße bei der Gattenwahl ausschlaggebend ist. „Die großen Männer heiraten Weiber, die etwas über der Durchschnittsgröße sind, die kleinen dagegen nehmen Frauen etwas unter dem Mittel. Auch für die Farbe der Augen besteht eine Neigung zur Gleichheitswahl. Die helläugigen Männer nehmen öfter helläugige Weiber als dunkeläugige, dunkeläugige Männer öfter dunkeläugige Frauen als helläugige; trotzdem bleibt ein sehr bedeutender Unterschied in der Augenfarbe der Eheleute bestehen, unter 774 Ehepaaren sind laut Pearson 333 dunkeläugige Weiber, 251 dunkeläugige Männer, 523 helläugige Männer und 441 helläugige Weiber." Auch die neueren Angaben zeigen die häufig vorkommende Verschiedenheit der Augenfarbe bei den Ehegatten. In Bezug auf die Augenfarbe scheint also die Gleichheitswahl sehr wenig bewiesen.

Von manchen Schriftstellern wird hervorgehoben, daß ganz besonders in der ersten Gesellschaftsklasse die Gattenwahl nach dem Gesichtspunkt möglichst großer Unähnlichkeit getroffen wird. Wir machen z. B. häufig die Beobachtung, daß fremde junge Mädchen oder Männer, die in eine Kleinstadt kommen, oft den Anstoß für bedeutende sexuelle Reizung geben. Und gar erst uns fremde Rassen wirken — besonders die Männer auf die Frauen — stark anziehend.

Aber wenn wir von den abnormen Schwärmereien überspannter Damen absehen, sorgt die Natur dafür, daß ganz unbewußt solche Menschen sich finden, die einander möglichst ähnlich sind.

Der Hang nach dem Gleichen wird allerdings nach der Auffassung mancher Autoren durch die vorgefaßte Meinung, das Schönheitsideal, das dem Werber vorschwebt, etwas durchkreuzt. Wie sehr aber dieses Schönheitsideal zu allen Zeiten von der jeweiligen Mode beeinflußt wird, dafür mag ein Satz aus einem aus dem 13. Jahrhundert stammenden Roman dienen[1]).

Von Nicolete, die als Schönheit beschrieben wird, heißt es: „Ihre Taille war so schlank, daß man sie mit beiden Händen umfassen konnte, und die Gänseblümchen, auf die sie trat, wie sie mit bloßen Füßen ging, erschienen schwarz im Vergleich mit ihren Füßen und Beinen, so weiß war ihre Haut".

---

[1]) Zit. nach *H. Ellis*, l. c. S. 184. Die Stelle findet sich im Original: Aucassin und Nicolete, übersetzt von F. Grundlach, Leipzig, S. 29. Dort ist der Wortlaut etwas anders.

Ein Mädchen mit Schnürleib und leukämischer Hautfarbe könnte man heute mit dem besten Willen nicht mehr als Schönheitsideal betrachten. Indessen läßt sich nachweisen, daß die wirkliche Wahl immer ganz anders ausfällt, als es den vorgefaßten Hirngespinsten entspricht. Der Mechanismus für das weitgehende Zusammentreffen ähnlicher Eigenschaften der Ehegatten dürfte weniger in der „Vorliebe" für Gleichartigkeit gelegen sein als in der Häufung bestimmter Eigenschaften in den einzelnen Lokaltypen, die aus beruflichen Gründen gesucht werden.

Wenn die Tochter eines Rebbauern als Frau eines Landmanns der Ebene diesem nur in beschränktem Maße helfen kann, während ihre langjährigen Erfahrungen und Fertigkeiten auf dem Gebiete des Weinbaues nutzlos sind, wird sie naturgemäß den Rebbauer anderen Bewerbern vorziehen und somit einen Mann aus dem gleichen Dorfe oder mindestens aus nächster Umgebung heiraten. Bei Menschen in einem Dorfe oder einem Komplex seit Jahrhunderten zusammenhängender Dörfer, ist aber eine Menge ähnlicher Eigenschaften vorhanden. Diese Häufung ähnlicher Eigenschaften erklärt sich durch verschiedene Umstände. Einmal hängen beinahe alle in Betracht kommenden Familien verwandtschaftlich zusammen, so daß von vornherein vielfach gleiche Erbanlagen zu erwarten sind. Die Übereinstimmung wird aber noch dadurch vergrößert, daß ein Teil nicht passender Anlagen durch die berufliche Lebensführung ausgemerzt wird.

Aber auch die gleichen Umwelteinflüsse für Mann und Weib von frühester Jugend spielen eine große Rolle, wodurch Normabweichungen entstehen können, die bei der Einwohnerschaft einer Gegend so gehäuft auftreten, daß man sie für eine erbliche Anomalie halten könnte; ich brauche nur an die Struma zu erinnern. Wenn wir sehr oft die Wahrnehmung machen, daß zwei Ehegatten im Besitze des ähnlichen stattlichen Kropfes sind, dann wird doch niemand behaupten wollen, daß dem Manne, der einen Kropf hat, nur eine kröpfige Frau begehrenswert erscheint, oder daß das Mädchen den Bewerber, der mit einer Struma behaftet ist, allen anderen Bewerbern vorzieht, nur weil sie selbst eine hat.

Wie die lokale Gruppierung, wirkt auch die soziale. Ich habe bei anderer Gelegenheit die Menschen in vier Gesellschaftsklassen eingeteilt[1]), die Führer-, Bürger-, Arbeiterklasse und die Schicht der Asozialen. Innerhalb einer jeden von diesen Gruppen treten bestimmte Eigenschaften gehäuft auf. Das ist ganz besonders deutlich für die Körpergröße zu erkennen.

[1]) Vgl. Ehe und Gesellschaftsklassen.

Scheidt hat nach dem Material von *Zbinden*[1]) die Körpergröße der nach Berufen geordneten Schweizer Wehrpflichtigen zusammengestellt. Ich gebe die Zahlen in die von mir unterschiedenen Gesellschaftsklassen eingeordnet wieder.

I. Gesellschaftsklasse (Führerklasse):

	Körpergröße über 170 cm	unter 157 cm
Ärzte	47%	2%
Studenten . . .	45%	2%
Anwälte . . .	43%	7%
Lehrer	35%	4%

II. Gesellschaftsklasse (Bürgerklasse):

	Körpergröße über 170 cm	unter 157 cm
Postangestellte . . .	30%	6%
Metzger	24%	6%
Zimmerleute . . .	23%	5%
Uhrmacher	21%	8%
Buchbinder	17%	19%

III. Gesellschaftsklasse (Arbeiterklasse):

	Körpergröße über 170 cm	unter 157 cm
Landwirtsch. Arbeiter	20%	14%
Dienstleute, Holzknecht	16%	14%
Barbiere.	13%	13%

IV. Gesellschaftsklasse (Asoziale):

	Körpergröße über 170 cm	unter 157 cm
Taglöhner	12%	19%

In der Statistik werden allerdings Bauern und Fabrikarbeiter vermißt. Von den aufgezählten Berufen habe ich die Taglöhner in die Gruppe der Asozialen eingereiht, ganz besonders mit Rücksicht darauf, daß „Taglöhner" wohl in den meisten Fällen als Verlegenheitsbezeichnung für einen fehlenden Beruf aufgefaßt werden dürfte. Abgesehen von den Buchbindern, die besonders klein sind und deshalb aus dem Rahmen fallen, hat nach dieser Statistik jede Gewerkschaftsklasse ihre bestimmte Durchschnittsgröße.

Werden nun, wie das tatsächlich der Fall ist, die Ehen großenteils innerhalb einer Gesellschaftsklasse geschlossen, dann müssen mehr in ihrer Größe entsprechende als verschiedene Gatten zusammentreffen.

Es ist also durchaus nicht notwendig, bei der Gattenwahl einen etwas mystischen Zug „nach dem Gleichen" anzunehmen, sondern es besteht eben eine innere Beziehung zwischen Gesellschaftsklasse und

[1]) *F. Zbinden*, Beiträge z. Anthrop. d. Schweiz. Arch. f. Anthrop. 10, 1911.

Eigenschaften. Worauf dieser Zusammenhang beruht, soll hier nicht erörtert werden. Für unsere Zwecke genügt vollkommen die Feststellung, daß er vorhanden ist. Ganz sicher ließe sich auch aus dem gleichen Grunde eine Übereinstimmung der Kopfgröße unter den Ehegatten nachweisen. Ich habe die Körpergröße nur als Beispiel gewählt, weil sie sich leicht bestimmen läßt und weil über ihre Übereinstimmung bei den Gatten auch Angaben in der Literatur vorhanden sind. Allerdings handelt es sich hier nicht um eine physiologische, sondern morphologische Übereinstimmung. Aber die morphologischen und physiologischen Eigenschaften sind meist innig miteinander verknüpft, nur sind erstere leichter festzustellen als die letzteren. Die Körpergröße hängt letzten Endes ab von der Tätigkeit bestimmter innerer Drüsen.

Was für die Körpergröße auseinandergesetzt wurde, gilt in noch viel höherem Maße für die geistigen Eigenschaften, von denen doch — der Hauptsache nach — die Zugehörigkeit zu einer sozialen Schicht abhängt. So selbstverständlich es erscheint, daß die Führerklasse über ein größeres Maß von Begabung verfügt, als die übrigen Schichten der Bevölkerung, so schwer ist dafür ein unmittelbarer Beweis zu bringen. Ist es doch geradezu unmöglich, die geistigen Fähigkeiten eines Staatsanwaltes und eines Webers miteinander zu vergleichen, weil die geistige Betätigung auf ganz anderen Gebieten liegt. Einen indirekten Maßstab für die geistigen Eigenschaften gewähren aber die durchschnittlichen Leistungen der Kinder, die aus den entsprechenden Bevölkerungsgruppen hervorgehen. Und darüber ist ein um so größeres Material vorhanden.

Die vielfach mitgeteilten Beobachtungen über Ähnlichkeit der Ehegatten sind also unzweifelhaft begründet, beruhen aber sicher nicht so sehr, wie von den meisten Autoren angenommen wird, auf einer Bevorzugung der Eigenschaften, die man selbst besitzt, sondern auf Anhäufung bestimmter Erbanlagen und zum Teil bestimmter Umweltwirkungen (Struma) in der gleichen Gegend und der gleichen Gesellschaftsklasse. Es muß jedoch zugegeben werden, daß innerhalb derselben Gesellschaftsklasse Menschen mit besonderen ähnlichen Anlagen und Neigungen sich finden, daß z. B. beide Gatten musikalisch sind oder beide Sportfreunde und dgl. mehr. Aber auch hier ist häufig die letzte Ursache weniger die Vorliebe für gleiche Veranlagung; sondern diese Liebhabereien bieten den jungen Leuten die meiste Gelegenheit, sich kennen zu lernen und lieb zu gewinnen.

Zusammenfassung.

1. Die größte Gewähr für eine glückliche Ehe ist dann vorhanden, wenn die physiologischen Eigenschaften möglichst zusammenpassen.

2. Das physiologische Zusammenpassen muß sich auf alle möglichen Funktionssysteme beziehen, wie Blutkreislauf, Ernährung, Wärmehaushalt, Stoffwechselvorgänge, Sinnesempfindungen, ganz besonders auch auf die höheren psychischen Funktionen.

3. Weitgehendes Zusammenpassen der Ehegatten ist auch im Interesse der Nachkommenschaft zu befürworten.

4. Durch Beobachtung läßt sich feststellen, daß tatsächlich in den meisten Fällen die Gatten gewisse verwandte Züge aufweisen.

5. Diese Gesetzmäßigkeit wird zum Teil durchkreuzt durch den Hang nach Fremdartigem, der sich mitunter — allerdings nicht häufig — namentlich in der geistig führenden Gesellschaftsklasse bei der Gattenwahl bemerkbar macht, und durch das mit der Mode wechselnde vorgefaßte Schönheitsideal.

6. Daß trotzdem in den meisten Fällen die Ehegatten ähnliche Eigenschaften besitzen, rührt daher, daß die Ehen vorwiegend in dem gleichen lokalen oder sozialen Kreise geschlossen werden und daß innerhalb eines jeden dieser Kreise viele Erbanlagen gehäuft auftreten.

Das psychische Zusammenpassen der Ehegatten

Von Wilhelm Hagen

Temperament und Charakter werden bei der Einschätzung eines Menschen fast stets als gegebene Größe hingenommen. Die kritische Betrachtung der Entwicklungskurve eines Menschen beweist aber, daß sowohl in der Temperamentslage als auch in der charakterlichen Prägung im Laufe des Lebens sehr bedeutende Verschiebungen eintreten, die sicher zum allergrößten Teile zu erklären sind als die Reaktion der Persönlichkeit auf die Umwelt.

Verstehen wir unter Temperament eine besondere, typische Reaktionsweise des Menschen, so ist die Grundlage zweifellos bei der Geburt gegeben. Sie ist im wesentlichen erbmäßig bedingt und läßt schon von vornherein eine Gruppierung nach bestimmten Reaktionstypen zu. Die alte Einteilung in Sanguiniker, Choleriker, Phlegmatiker und Melancholiker ist in dieser Form heute nicht mehr haltbar, weil die einzelnen Gruppen schon eine Wertung der Umwelt in ihrer Bezeichnung in sich schließen. Man wird zunächst unterscheiden müssen die Menschen, welche in ihrer Persönlichkeit sehr stark durch die Umwelt beeinflußt werden, sich ihr entweder deutlich anpassen oder aus dem Einfühlungsvermögen heraus die Umgebung beherrschen, — sehr oft in einer Weise, die von dem Beherrschten kaum gefühlt wird — und die damit zu der lebensnotwendigen Steigerung ihres Selbstgefühls kommen. Die andere Gruppe ist in ihrer geistigen Entwicklung mehr auf den folgerichtigen Ausbau der eigenen Veranlagung angewiesen. Die Umwelt spielt nur insofern eine Rolle, als sie durch ihre Reize den Ausbau dieses eigenen Persönlichkeitssystems anregt. Sie wird sehr oft als störend empfunden, entweder in der Zurückziehung auf die selbst geschaffene Welt abgelehnt, oder in der Durchsetzung der eigenen Persönlichkeit gezwungen, sich der weltfremden Idealkonstruktion des Einzelnen anzupassen. Aus einer solchen Temperamentslage erwachsene Herrscherverhältnisse sind meist gewaltsam und brechen mit der aufbauenden Persönlichkeit zusammen.

Kretschmer hat versucht, diese beiden Reaktionstypen, den mehr peripher eingestellten Gemeinschaftsmensch und den mehr zentral eingestellten Individualisten in dem Bild des Zyklothymen und des Schizothymen zu charakterisieren. Dabei ergibt sich, daß völlig rein diese Charaktere nur im pathologischen Gebiete sind, daß im Bereich des Normalen jeder Mensch eine Legierung darstellt.

Sowohl die reaktive periphere Einstellung als auch die isolierte zentrale Einstellung kann mit einem erhöhten oder verminderten Persönlichkeitsgefühl verbunden sein. Wenn die Reaktionstendenz auch angeboren ist, so ist es wahrscheinlich, daß für die Entscheidung: Melancholiker oder Sanguiniker, phlegmatisch zurückgezogener oder cholerisch herrschender Charakter die Entwicklung der Kindheit von außerordentlicher Bedeutung ist. So erscheint schon für das, was wir gemeinhin Temperament nennen — die Reaktionsweise der Persönlichkeit gegenüber den Menschen — nicht gleichgültig, unter welchem Schicksal der Mensch heranwächst.

Erst auf der Basis des Temperaments aber bildet sich der Charakter. Er ist nicht nur Reaktionsform, sondern er hat konkreten Inhalt. Während die Reaktionsweise an sich noch nicht wertet, bringt der Charakter die Ereignisse des Lebens in Beziehung zum Ich, er wägt die Wertigkeit der Dinge. Primitives Lust- und Unlustgefühl sind zunächst für die Bejahung oder Verneinung entscheidend. Da für alle Menschen die Notwendigkeiten, welche zur Lebenshaltung gehören, gemeinsam sind, finden wir bei allen Menschen eine Reihe gleicher Prinzipien als Grundlage der Wertung ihrer Erlebnisse. Zunächst die einfache Selbstbehauptung. Jedes Erlebnis, das unser Dasein bedroht oder unseren Eigenwert vermindert erscheinen läßt, wird zunächst negativ gewertet werden. Das primitivste Verlangen dieser Art ist der Hunger. Die zweite große Triebfeder unserer Charakterbildung ist die Liebe. Sehen wir von dem biologischen Endzweck der Natur, der Erhaltung der Art, ab, so bringt die Tatsache der polaren Differenzierung des Menschengeschlechts in Mann und Weib und der verschiedenartigen Lebensform der Geschlechter schon in die früheste Jugend Erlebnisse und Konflikte, welche für Stimmungslage und Charakter nicht gleichgültig sind.

Temperament und Charakter in der Ehe können also nicht nur als die Auswirkung gegebener Größen betrachtet werden, sondern bedürfen einer dreifachen Beleuchtung. Zunächst interessiert uns die Bedeutung der Charakterentwicklung vor der Ehe, dann wäre die Situation im Augenblick der Eheschließung abzuwägen und schließlich einiges über die Entwicklung der beiden Menschen im weiteren Verlauf ihres Ehelebens zu sagen.

Es gibt einen volkstümlichen Rat an den jungen Mann, sich vor der Heirat nicht nur seine Zukünftige, sondern auch ihre Mutter genau anzusehen. Das mag seinen Grund zum Teil haben in dem Kampf um die Geltung bei der geliebten Persönlichkeit, der so häufig zu einem Konflikt zwischen Ehemann und Mutter der Braut führt. Es ist aber auch berechtigt als deutlicher Hinweis darauf, daß nicht nur eine gemeinsame Erbmasse zwischen Mutter und Tochter vorhanden ist, sondern daß auch auf die weitere Entwicklung des Mädchens die Eltern einen bedeutenden Einfluß haben, bei dem naturgemäß die Mutter als Erzieherin in den ersten Lebensjahren den ausschlaggebenden Einfluß hat. In der frühesten Kindheit fällt sehr oft die Entscheidung, ob vorwiegend Geltungsgefühle oder Beeinträchtigungsgefühle den Lebensgang des Menschen bestimmen werden. Ob das Kind vor seinen Eltern Angst hat oder ob es von dieser Seite für seine Persönlichkeit nur Schutz und Liebe, aber keine Bedrückung zu gewärtigen hat, ist oft schon entscheidend für die spätere Stimmungslage dem Ehegatten gegenüber. Dabei wirkt sich ein gedrücktes Kind sehr oft dann infolge seines gesteigerten Bedürfnisses nach Geltung als brutaler Herrscher aus, sobald ihm selbst Macht zur Verfügung steht. Die Identifizierung, die zwischen den Eltern und dem Ehegatten dabei Platz greift, ermöglicht die Befriedigung des Seelenanspruches, nun da, wo man bisher unterdrückt war, seinerseits zu herrschen. Die aus Ehescheidungen bekannte Situation, daß der von seiner Mutter als stilles und braves Kind geschilderte Ehemann seiner Frau gegenüber zum pedantischen Nörgler und Tyrannen wird, findet so ihre Erklärung. Das unbewußte Erinnerungsbild an den Vater spielt dabei eine wesentliche Rolle. Regelmäßig wirkt sich mangelnde Harmonie zwischen den Eltern in der Einstellung des Kindes im späteren Leben aus. Entweder besteht das Bedürfnis, das Machtverhältnis zwischen Vater und Mutter einfach zu übertragen oder, wenn dabei das eigene Geschlecht ungünstig abschneiden würde, es in sein Gegenteil zu verkehren. Die Machtinstinkte, die in jedem Menschen schlummern, werden durch das gute oder schlechte Beispiel der elterlichen Ehe entweder zurückgedrängt oder erst recht in den Vordergrund geschoben.

Auch für die Einstellung zum Liebeserlebnis ist jene erste Lebenszeit entscheidend. Das Verhältnis des Kindes zur Mutter beeinflußt seine späteren Liebeswünsche. Dabei kann man von einer eigentlichen neutralen Kindheit nicht sprechen. Knaben und Mädchen zeigen mit dem Erwachen der ersten geistigen Reaktions- und Urteilsfähigkeit ein verschiedenartiges Verhalten. Man kann deutlich beobachten, wie verschiedene Erinnerungsbilder fixiert werden, selbst wenn die Kinder als Zwillinge unter gänzlich gleichartigen Verhältnissen heranwachsen. Die angeborene, verschiedene Reaktionstendenz führt zu anderen Bewertungen und Erlebnissen und damit zu anderen Schlußfolgerungen für spätere Handlungen. Bei der weiteren Entwicklung spielt das Verhältnis zu den Geschwistern herein. Für unsere Betrachtung ist dabei erwähnenswert, daß die Geschlechter eine gänzlich andere Einstellung haben, je nachdem sie ohne Geschwister, mit dem anderen oder dem gleichen Geschlecht herangewachsen sind oder ob sie aus einer bunt gemischten Kinderschar stammen. In letzterem Falle bringt das tägliche Zusammenleben eine nüchterne, kameradschaftliche Einstellung zum anderen Geschlecht. Der Erwachsene wird dann am ehesten fähig sein, sachlich zu urteilen. Sowohl das einzige Kind aber, das das andere Geschlecht nur als Vater oder Mutter kennen gelernt hat, als auch das isoliert heranwachsende Geschwisterpaar wird in seiner Wertung sehr viel stärker von den familiären Eindrücken bestimmt werden. Sowohl in einer schwärmerischen als auch in einer trockenen sachlichen Haltung wird es mehr den Extremen zuneigen. Auch für das einzige Mädchen unter Brüdern und den in einer Geschwisterschar aufgewachsenen „Mädlesbuben" gelten besondere Entwicklungsgesetze.

Die in der frühen Kindheit erworbenen Eindrücke beziehen sich bei beiden Geschlechtern zunächst vorwiegend auf das primitive Geltungs- und Liebesbedürfnis. Erst in der Entwicklung der Knaben- und Mädchenjahre beginnt das andere Geschlecht eine wesentliche charakterbildende Rolle zu spielen.

Bei den Knaben zeigt sich die beginnende sexuelle Einstellung zunächst in einem Zurückziehen vom Mädchen. Die Persönlichkeit, die gerade beginnt, einen weiteren Horizont zu bekommen, und vor der Aufgabe steht, sich in diesem Weltkreis eine Position zu schaffen, lehnt die Auseinandersetzung über sexuelle Probleme aus einem sicheren Instinkte heraus ab. Es muß in diesen Jahren die Richtung gewonnen werden, für die Durchsetzung des eigenen Willens und die Wertung geschaffen für die Formung des Willens. Der scharfe Maßstab, den der Knabe für sich selbst aufstellt, bietet dann auch die Grundlage für die Wertung des Mädchens. Er entspricht durchaus nicht der viel stärker gefühlsmäßigen Einstellung des Mädchens und führt somit zu einer generellen Ablehnung der „dummen Gänse", aus der wenige Walkürentypen ausgenommen werden. Stolz und Schroffheit, sowie knabenhafte Wildheit sind in diesem Alter die geschätztesten Eigenschaften beim Mädchen, gerade weil sie den eigenen Eigenschaften so durchaus entsprechen. Auch dann, wenn zwischen dem 15. und 17. Jahre der Reiz des Weiblichen zu wirken beginnt, wird zunächst der Maßstab des Kameraden angelegt. Entscheidend über den Wert sind ethische Gesichtspunkte und die Zurückhaltung steht für die Beurteilung immer noch höher als Entgegenkommen oder die Erfüllung keimender Wünsche. Hat die Kindheit die Grundlage geschaffen für die Liebeseinstellung zum Menschen überhaupt und auch zur Frau, so formt sich in diesen Jahren der Reife die Grundlage für die Wertung der Welt und damit der wesentlichste Bestandteil des Charakters.

Beim Mädchen geht die Entwicklung gerade in diesen Lebensjahren einen durchaus anderen Gang. Während der Knabe versucht, sich an sachlichen Maßstäben mit der Welt auseinanderzusetzen, geschieht beim Mädchen diese Auseinandersetzung auf der Basis der Wertung von Persönlichkeiten. Die Begeisterungsfähigkeit einer Mädchenklasse zu Personen der Geschichte oder der Literatur, für Lehrerinnen und Lehrer ist bekannt. Die Knaben des gleichen Alters können diesen Maßstäben noch nicht standhalten. Immerhin wird auch unter ihnen der Kräftige, der offenkundig mit den Kameraden und mit der in der Schule verkörperten Umwelt fertig wird, die Wertschätzung der Mädchen genießen. Wenn er dann die Tatsache, daß er der Welt sicher gegenüber steht und mit allen Problemen und Schwierigkeiten fertig wird, noch dadurch zeigt, daß er auch den Mädchen gegenüber nicht nötig hat, ihr Selbstgefühl zu verletzen um seine Geltung zu dokumentieren, wenn er, kurz gesprochen, ritterlich ist, so genießt er mit bestem Rechte die Hochachtung fast der gesamten Mädchenklasse. Auch hier werden abweichende persönliche Einstellungen zu einzelnen Mädchen als Durchbrechung der männlichen Verpflichtung zur Objektivität aufgefaßt und zunächst verworfen. Der Sprung vom Schwarm zur Liebe ist beim Mädchen sehr scharf und deutlich ausgeprägt. Ein wesentliches Merkmal ist die Individualisierung der Zuneigung, während der Schwarm noch Klassenangelegenheit ist.

Das Erwachen ausgesprochener Liebe mit ihrer untrennbaren Verflechtung seelischer und körperlicher Sehnsüchte bringt das ganze Gebäude der Eingliederung in die Umwelt mit seiner Mischung von Zu- und Abneigung, von Bejahung und Verneinung ins Wanken. Liebe ist Bejahung eines Menschen ohne Rücksicht auf seinen Wert. Es läge somit nahe, die Bedeutung des Charakters in Liebesbeziehungen überhaupt hintanzuschieben. Zweifellos ist die primitive Reaktionsweise des Temperaments zunächst entscheidend für die Beziehung zu dem anderen Menschen. Dabei kommt es vor, daß sowohl bei dem peripher eingestellten, zyklischen Menschen als auch bei den zentral eingestellten Schizothymen die Stimmungslage umschlägt. Es tritt ein neues grundlegendes Ereignis im Leben ein, das bei seinem ursprünglichen Auftreten so stark ist, daß es alle historischen Gebundenheiten beiseite schiebt und sich an die primitivsten Regungen unseres Ich wendet. Die Frage ist lediglich, ob es möglich ist, auf einer so primitiven Regung ein weiteres Leben aufzubauen und die Vergangenheit mit starker Hand beiseite zu schieben. Der Liebende ist stets bereit, diese Frage zu bejahen, denn er steht unter einem Affekt, der ein sicheres Werturteil ausschließt. Die praktische Erfahrung ist leider gezwungen, sehr viel skeptischer zu urteilen. Unser praktisches Problem beginnt eben damit, daß bei dem Entschluß zur Heirat meist eine Affekthandlung vorliegt, welche den historischen Charakter nicht genügend berücksichtigt und lediglich auf der Reaktion der Temperamente beruht. Die Ehe aber verlangt Dauer. Selbst bei großer Überwertigkeit des Liebeserlebnisses läßt sich die historische Persönlichkeit nicht abschütteln. Es ist sicher, daß sie durch das Liebeserlebnis sehr stark umgeformt wird. Aber die beiden Komponenten der Liebeserschütterung und des Beharrungsvermögens des Charakters werden nach einigem Hin- und Herspielen doch zu einem Gleichgewichtszustande kommen müssen, bei dem der historische Charakter regelmäßig eine größere Bedeutung erlangen wird als es im Augenblick des Liebessturmes den Anschein erwecken mag.

Neben mannigfachen historischen und sozialen Gründen für die Ehe als Form unseres Liebeslebens mag als psychologische Wurzel bedeutsam sein: der Wunsch nach Dauer, der Wunsch nach einer ruhigen Selbstbehauptung in den Erschütterungen der Liebeserlebnisse. Dieser Wunsch läßt zunächst fast in jeder Liebesepisode den Gedanken der Ehe auftauchen. Zum mindesten die Frau wird ihn stets haben. Dabei mag zugegeben sein, daß unsere ganze gesellschaftliche Erziehung dazu angetan ist, bei der Frau den Ehegedanken zu verstärken, beim Manne aber das Episodenhafte zu betonen. In beiden Fällen spielt der Selbsterhaltungstrieb der Persönlichkeit eine Rolle. Ursprünglich ist die Sehnsucht nach einer dauernden Lösung der eingeschlechtlichen Unbefriedigtheit des Daseins beiden Geschlechtern gemeinsam. Ebenso haben beide die Fähigkeit, die Tiefe und Mannigfaltigkeit der Liebe in den Beziehungen zu verschiedenen Menschen zu erleben. Im letzteren Falle liegt die Gefahr darin durch die Aufwühlung des Temperaments, die jede neue Liebe mit sich bringt, zerrieben zu werden. Der Mann hilft sich damit, daß er das Liebeserlebnis nur in die Oberfläche seines Charakters eindringen läßt; durch Flirt, Verhältnis oder schließlich die Dirne. Er vergißt, daß damit auch notgedrungen die Einstellung zur Frau oberflächlich wird und es eine seelische Unmöglichkeit ist, nach einer Kette von Liebesspielereien nun zu einem Menschen plötzlich eine tiefere Beziehung zu finden. Bei der heute noch landläufigen Einstellung der Frau wird der Fehler nach der entgegengesetzten Seite gemacht. Hier führt das ursprüngliche Bedürfnis nach der einmaligen endgültigen Lösung des Liebesproblemes in der Ehe zu einer ängstlichen Betonung der eigenen Wertigkeit, einer lächerlichen Zurückhaltung allzu hoch eingeschätzter Gefühle und zu einer schließlichen Enttäuschung, wenn die Ehe die erhoffte, ungeahnte Steigerung des eigenen Lebensgefühles nicht bringen kann, weil die Scheu vor der Auseinandersetzung mit dem Leben den Charakter in den Kinderschuhen hat stecken lassen und das leere Gefäß jetzt nicht restlos von dem Gatten aufgefüllt werden kann. Der beste Fall sind dann noch die Frauen, die sich nur noch als Exponent ihres Mannes fühlen; wenn sie für diesen nicht zu langweilig werden und er primitiv genug ist, eine solche Einstellung als Erhöhung seines eigenen Wertes zu empfinden.

Wir stehen also durchaus nicht auf dem Standpunkt, daß das Liebeserlebnis die Pflicht zur Ehe bedeute, und wir raten den Zeitpunkt der Eheschließung unabhängig zu machen von der Liebesepisode.

Tatsächlich stellt ja auch die Ehe besondere seelische Anforderungen. An sich würde jede menschliche Beziehung dazu neigen, nach einem Zeitpunkt der Entwicklung einem Höhepunkt zuzustreben, um dann wieder abzuflauen bis zu einem gänzlichen Auseinandergehen der beiden Menschen. Auch in der Ehe wird man sich von diesem Entwicklungsgesetz nicht ganz freimachen können. Schon das Wort „Hochzeit" entspricht dieser Auffassung, da es offenbar an ein nachheriges Abflauen in den Beziehungen der beiden Menschen denken läßt. („Mit dem Gürtel, mit dem Schleier, reißt der holde Wahn entzwei"). Es muß also wohl besondere seelische Gründe geben, die von der Liebesepisode zu dem dauernden Liebesverhältnis der Ehe herüberführen. Bedeutet die Auseinandersetzung mit einem Menschen stets ein Liebesproblem, so muß die Ehe dieses Problem bis zu einem gewissen Grade lösen. Andererseits darf es nicht zu einem restlosen Aufgehen der Gleichung zwischen den beiden Menschen kommen, wenn nicht eine Lehre zurückbleiben soll. Wir erwähnten schon, daß eben der Wunsch einer endgültigen Lösung des stets den ganzen Menschen ergreifenden Liebesproblems nur damit gestillt werden kann, daß auf die Mannigfaltigkeit der Liebesbeziehungen verzichtet wird, die im Wechsel gegeben ist.

Schon bei der Frage nach dem psychischen Zusammenpassen der beiden Ehegatten taucht dieses Problem auf. *Kretschmer* hat in einer Untersuchung von über 100 Ehen festgestellt, daß die Mehrzahl der Ehen zwischen ungleichartigen Temperamenten geschlossen wird und daß auffallenderweise die zwischen gleichartigen Menschen geschlossenen Ehen in einem höheren Prozentsatze unglücklich enden als die Ehen zwischen verschiedenen Temperamenten.

Diese zunächst überraschende Tatsache wird man bei genauerer Betrachtung verständlich finden. Zwei Menschen, die z. B. beide eine zyklische Temperamentslage haben, sind sehr leicht in der Lage, ihre gegenseitigen Seelenregungen zu verstehen. Aber es schwindet damit auch jegliches Distanzgefühl. Und die Ehe ist nur denkbar, wenn eine gewisse Distanz die beiden Ehegatten immer wieder voneinander trennt und den anderen Menschen niemals als restlos ausgeschöpft empfinden läßt. Selbstverständlich wird bei verschiedener Temperamentslage zwischen den beiden Menschen immer ein Rest bleiben, der nicht verstanden werden kann und über den hinweg eben nur die Brücke der Liebe führt. Aber dieser Rest verbürgt andererseits auch, daß sich diese Menschen immer etwas zu sagen haben werden. Die verschiedene Art, die Welt zu betrachten, gibt erst der Ehe die psychologische Berechtigung, als notwendige Ergänzung der männlichen und weiblichen Weltansicht ein Neues, Ganzes repräsentieren zu wollen. In den grundsätzlichen Verschiedenheiten der Persönlichkeit liegt andererseits die Gefahr eines absoluten Mißverstehens und damit des Zerbrechens der Ehe.

Die historische Bedingtheit des Idealbildes der geliebten Persönlichkeit bedeutet eine Erschwerung der Wahl. Der Mann wird von seiner Gattin verlangen, daß sie fähig ist, seine kindliche Liebessehnsucht nach mütterlicher Zuneigung zu stillen. Es ist selbstverständlich, daß er dabei die Züge der Mutter in dieses Idealbild hinein projiziert, da sie für ihn verknüpft sind mit seinen Kindheitserinnerungen. Er wird ferner einen Wertmaßstab anlegen. Diesen Wertmaßstab entnimmt er den Erlebnissen seiner Knabenjahre. Schließlich sucht er aber auch die Geliebte, deren Bild sehr oft dem mütterlichen Bilde entgegengesetzt ist, da die erotischen Hemmungen und das starke Abhängigkeitsgefühl der Mutter gegenüber den männlichen Wünschen an die Geliebte widerspricht. Es ist gar nicht leicht für die Frau, diese Anforderungen zu vereinigen. Auch für sie ist es schwierig, im Mann auf der einen Seite den Führer und Herrn zu sehen und auf der anderen Seite ihm in den Augenblicken der Verzagtheit und Niedergeschlagenheit eine treue Stütze zu sein ohne den Glauben an ihn zu verlieren. Gerade dieser letztere Punkt ist oft die Grundlage eines Überlegenheitsgefühles der Frau, das nicht einmal berechtigt ist und das gegenseitige Verhältnis auf die Dauer vergiften kann. Bei bedeutenden Menschen sind Zeiten des seelischen Tiefstandes besonders häufig. Der kleinlichen Frau wird das Verständnis dafür oft fehlen.

Aus diesen Schwierigkeiten ist auch schon die Behauptung aufgetaucht, daß zwei Frauentypen für das Leben des Mannes entscheidend seien. Die Geliebte, welche ihn zu der bedeutenden Leistung anstachelt, die ihm geistig ebenbürtig ist, aber auch an ihm Kritik übt und ihn vielleicht verwirft. Auf der anderen Seite die mütterliche Frau, die seiner Sehnsucht nach Ruhe entgegenkommt. Zur Zeit der späten Blüte der griechischen Kultur hat diese Trennung zu der klaren Gegenüberstellung der Hausfrau und der Hetäre geführt. Wir müssen aber eine solche Trennung doch für eine Verfallserscheinung der Ehe halten. Denn damit wird auf die eigentliche Lösung des Problems verzichtet. Wir geben aber gerne zu, daß in der Entwicklung wohl jedes Mannes verschiedene Frauentypen eine Rolle spielen. Aus dieser Erkenntnis stehen wir auch nicht auf dem Standpunkt, daß schon die erste Frau, die in den Gesichtskreis eines jungen Menschen tritt und ihn seelisch tief packt, notwendig auch seine Ehefrau werden muß. Wir glauben im Gegenteil, daß diese Entscheidung erst später getroffen werden kann. Auch die Frau wird auf verschiedene Männer verschiedenartig reagieren und bei dem einen sich mehr als Geliebte fühlen, bei dem anderen auf ihre mütterlichen Gefühle Antwort finden. Für sie ist die Frage, ob sie für diesen Mann Kindern das Leben geben kann, wohl das entscheidende Kriterium für die Gattenwahl.

Kompliziert werden diese ganzen Verhältnisse durch die Feststellung, daß männliche und weibliche Wesensart in jedem Menschen gemischt sind.

Unter normalen Verhältnissen überwiegt beim Manne der männliche Wesenszug und bei der Frau der weibliche. Wir können fast mit Sicherheit das Geschlecht als ein mendelndes Merkmal betrachten, das im wesentlichen im Augenblick des Zusammentreffens von Ei und Samen bestimmt ist. Dabei mag das Alter des Eies, die Zeit, die seit seiner Ausstoßung aus dem Eierstock verflossen ist, eine Rolle spielen und vielleicht auch mögen Umwelteinflüsse nicht ohne Bedeutung sein. Männlicher und weiblicher Stoff sind jedoch bei der Bildung jedes neuen Individuums beteiligt. Wir pflichten der Auffassung von *Magnus Hirschfeld, Weininger* und *Fließ* bei, daß erst Mann plus Weib die Gesamtform des Menschen ergeben. So sehr wir verneinen, daß außerhalb der reinen Geschlechtssphäre männliche und weibliche Persönlichkeit wesensgleich seien, umsomehr müssen wir betonen, daß männliche und weibliche Züge sowohl bei der Frau wie beim Manne in ihrer besonderen Mischung von Bedeutung für den Individualcharakter sind, der zum Teil gerade dadurch die ihn vom reinen Geschlechtswesen unterscheidende warme, menschlich-kulturelle Färbung erhält.

Auch hier muß ein gewisser Ausgleich zwischen den Ehegatten stattfinden. Frauen mit männlichem Charaktereinschlag können extreme Mannsnaturen nicht vertragen. Sehr oft finden sie auch etwas weiche Männer, die in vielen Dingen ihnen die Führung überlassen. Das typische Beispiel dafür ist die Geschäftsfrau, die sehr oft die eigentliche Seele eines Betriebes ist. Ins Groteske verzerrt zeigt dieses Bild den Pantoffelheld mit dem Hausdrachen als Frau. Selbst diese abwegige Form der Ehe des Pantoffelhelden ist immerhin noch eine Lösung des Konfliktes. Sehr oft aber bleibt ein unbefriedigendes Verhältnis auf beiden Seiten zurück. Dem Manne gelingt es nicht, bei der Frau das nötige Ansehen zu erringen und die Frau kann ihm die Achtung nicht zollen, die sie für ihr eigenes Selbstbewußtsein nötig hat.

Merkwürdig ist es, daß es ein weibliches Gegenstück zum Pantoffelhelden in unserem Sprachschatze nicht gibt. Das Los der Frau, die einen Haustyrannen zum Manne hat, ist aber deshalb nicht minder bedauernswert. Ihr bleibt freilich die Flucht in ihr Verhältnis zu den Kindern, das ihr oft den einzigen Ausgleich für die geringe Befriedigung in ihrer Ehe bieten muß.

Zu diesen Schwierigkeiten, die sich bei der Wahl des Ehegatten aus der Grundlage der Temperamente und dem Charakter ergeben, gesellt sich nun auch noch der ganze äußere Rahmen einer Ehe. Er interessiert uns nur, soweit er Einfluß auf die psychische Lage der beiden Ehegatten hat.

Schon die rein materiellen Verhältnisse spielen dabei eine recht große Rolle. Für die Liebe ist es gleichgültig, ob Geld vorhanden ist. Die Ehe aber soll gleichzeitig auch die Basis für die Lebensführung geben und sie muß leiden, wenn ihre geldlichen Unterlagen so dürftig sind, daß das nackte Leben nicht gewährleistet ist. Auch der größte Idealismus kann darüber nicht hinwegtäuschen. Außerdem erzwingt die Wirtschaftslage sehr oft äußere Formen (Wohnung bei den Eltern eines Teiles oder gar länger dauernde Trennung) die auch seelisch von entscheidendem Einfluß sind. Die hohen Ehescheidungsziffern nach dem Kriege haben ihre Aufklärung zum Teil sicher in diesen rein wirtschaftlichen Verhältnissen. Dabei ist es tatsächlich gleichgültig, ob es sich um die sogenannten gebildeten Kreise oder den Arbeiterstand handelt.

Der elterliche Einspruch gegen die Verbindung mit einem mittellosen Mädchen oder einem mittellosen Manne bezieht sich ja auch stets viel weniger auf die simple Tatsache des Geldmangels, als auf die dadurch bedingte Eingruppierung in eine gewisse soziale Schicht und die so gewährleistete Garantie für eine damit traditionell verbundene psychische Einstellung. Eine Frau, welche nie gelernt hat mit Geld zu rechnen, der das Wünschenswerte stets erreichbar war, muß schon durch eine sehr harte Lehre gehen, wenn sie in der Ehe auf das Gehalt eines mittleren Beamten herabgedrückt werden soll. Kulturelle Güter sind ihr selbstverständlich, die in anderen Kreisen oft durch Entbehrungen erkauft werden. Sie wird andererseits gewisse äußere, an sich unwichtige Bequemlichkeiten des Lebens so schätzen, daß sie geneigt ist, bei Geldmangel lieber auf ihr kulturelles Niveau als auf diese Gewohnheiten zu verzichten. Die Inflation hat uns gelehrt, daß verarmte Familien der guten Schicht lieber buchstäblich verhungern, als sich vollständig auf das Arbeiterniveau umzustellen. Die psychischen Schwierigkeiten, welche in einer wirtschaftlichen Distanz zwischen den beiden Ehegatten begründet sind, wiegen umso schwerer, als eine langsame vorherige Angleichung meist nicht möglich ist. Selbst im besten Falle, wenn der vermögendere Teil den vollen Ausgleich gegenüber der bedrückteren Lage des anderen herstellen kann, wird ein Abhängigkeitsverhältnis geschaffen, das besonders für den Mann, der in eine solche Situation gerät, äußerst drückend werden kann.

Auch das geistige Niveau der beiden Ehegatten spielt eine Rolle. Unterschiede in der Veranlagung sind dabei schwerer zu überbrücken als Unterschiede in den Ausbildungsmöglichkeiten. Für den geistig hochstehenden Mann ist es schwer, eine ebenbürtige Frau zu finden. Insbesondere wachsen ja auch die Schwierigkeiten der gegenseitigen Anpassung mit der zunehmenden Differenziertheit der Persönlichkeit. Er ist deshalb leicht geneigt, nach einer Reihe von gescheiterten Versuchen ein möglichst einfaches Menschenkind als Frau zu suchen. Solch einfache Frauen können sehr klug sein. Wenn aber Einfachheit mit Dummheit verwechselt wird, so gibt es eine Katastrophe, die sich vor allem in den Kindern bemerkbar macht.

Ebenso machen wir ja leider immer wieder die Erfahrung, daß die geistig bedeutenden Frauen zu einem höheren Prozentsatz nicht heiraten als die Durchschnittsfrau. Für sie ist erschwerend ihre meist lange Berufsausbildung und Berufstätigkeit. Wer eine Befriedigung im Berufe gefunden hat, wird sich viel schwerer entschließen, durch die Heirat seine gesamte Lebensarbeit aufzugeben und sich in die Aufgaben eines Haushaltes einzuordnen.

Immer häufiger finden wir, daß der gleiche Beruf Mann und Frau zusammenführt. Es gibt ja auch keinen besseren Anknüpfungspunkt als gemeinschaftliche Arbeit. Wenn die Kameradschaft des Laboratoriums und die Liebe zusammentreffen, so scheint eine besonders feste Grundlage für die Ehe gegeben. Die Illusion der Fortsetzung dieser gemeinsamen Arbeit wird allerdings oft grausam zerstört. Es gehören besonders glückliche Nebenumstände dazu, wenn das berufliche Zusammenwirken sich trotz Haushalt und Kindern ermöglichen läßt.

Auch die künstlerische Neigung, Liebhabereien, die Liebe zur Natur, Reiselust oder beschauliche Seßhaftigkeit können Bindeglied sein. Der Mann, welcher andererseits kein Verständnis und keinen Widerhall für seine Interessen bei der Frau findet, neigt zur Isolierung. Genau das Gleiche gilt aber auch von der Frau, welche an Intelligenz ihrem Mann überlegen ist und diesen Fehler nicht ausgeglichen sieht durch Tatkraft oder Gewissenhaftigkeit.

Auch die Begriffe klug und dumm sind ja relativ. In weitaus der Mehrzahl der Fälle ist eben die Befähigung der Gatten auf verschiedenen Gebieten verschieden und da man, wenigstens bei normalem Seelenzustand, die Eigenschaften immer mehr schätzt, die man selbst nicht hat, wird man bei freundlicher Stimmungslage geneigt sein, den Gatten günstig in seinen Fähigkeiten zu beurteilen. Bei gleichem Milieu und gleicher Vorbildung ergibt sich auch eine Vermehrung des Wissens der Frau durch den Mann ohne weiteres im Verlauf der Ehe.

Der Versuch dagegen, eine Frau aus einfachen Kreisen durch eine besondere nachträgliche Erziehung dem Lebensniveau des Mannes anzupassen, scheitert stets dann, wenn nicht wesentliche seelische

Eigenschaften eine sichere Grundlage geben und ein angeborener Herzenstakt alle formalen Klippen gesellschaftlicher Formen überwinden läßt. Immerhin gelingt es der Frau noch viel leichter, eine solche Umstellung vorzunehmen als dem Manne, der wegen seines Berufes in der Gründung der Familie einen so entscheidenden Lebensschritt garnicht sieht. Den Mangel an guter Kinderstube wird man ihm deshalb auch viel eher anmerken als der Frau. Dieser Begriff der guten Erziehung erschöpft sich aber nicht in der Kenntnis äußerer Formen. Er ist ein zusammenfassender Ausdruck für die Charakterformung, die ein Mensch in seiner Kindheit erlitten hat. Vor allem datiert aus jener Zeit wohl stets die grundsätzliche Einstellung zu der fremden Persönlichkeit, ob die Achtung vor dem anderen Menschen der Grundzug der Erziehung war oder die ganze Kindheit unter dem Eindruck brutaler Machtkämpfe mit den Eltern und Geschwistern und zwischen diesen gestanden hat.

Wohl niemals wird sich ein junges Paar über alle diese Einzelheiten bei dem Entschluß zur Ehe Rechenschaft geben. Jegliche Wertung schlägt sich ja in einer allgemeinen Stimmung dem anderen Menschen gegenüber nieder, und die Summe dieser verschiedenen Stimmungsmomente gibt schließlich den Ausschlag. Wenn wir also von dem psychischen Zusammenpassen der Ehegatten reden, so spielt das untrennbare körperliche Moment mit herein. Wir müssen ja überhaupt bedenken, daß stets Körper und Seele ineinandergreift und voneinander beeinflußt wird und daß wir die seelische Persönlichkeit schließlich nur indirekt in ihren körperlichen Erscheinungen fühlen und begreifen. Es gehört zu den seelischen Aufgaben der Ehe, auf die körperlichen Dispositionsänderungen beim Ehegatten Rücksicht zu nehmen. Außerdem müssen wir uns stets vor Augen halten, daß unser eigener Körper- und Seelenzustand die Grundlage für die Wertung des anderen Menschen bildet. Es liegt aber im Wesen der historischen Entstehung unseres Charakters, daß das Gleichgewicht zwischen den verschiedenen Wertungsgrundlagen sich dauernd verschiebt. Ein starkes erotisches Erlebnis ist geeignet, alle anderen Gefühle in den Hintergrund treten zu lassen. Da aber jede Erotik zur Entladung und Entspannung drängt, wird es Zeiten einer ganz anderen Situation zwischen Mann und Frau geben. Aus dieser Erfahrung heraus hat man sich gewöhnt, neben der wirtschaftlichen Sicherung Gleichheit der Weltanschauung zu fordern. Primitivster Niederschlag dieses Bedürfnisses nach einer gemeinsamen Basis ist die sprichwörtliche Frage aus der Tanzstunde: „Gnädiges Fräulein, essen Sie auch gerne Käse?" Gewisse Zeitungsannoncen, welche gleiche Konfessionen, bestimmte Rassen und sonstige Merkmale sozialer Eingliederung fordern, stehen auf keinem wesentlich höheren Niveau. Wir werden jedenfalls keine so rein inhaltlich definierte Fragestellung aufwerfen. Auch die Feststellung, ob man grundsätzlich bejahend oder verneinend diesem Dasein gegenübersteht, dürfte nicht entscheidend für das Zusammengehören zweier Menschen sein. Auch hier ist eine Ergänzung sehr wohl denkbar. Immerhin gehört ein großes Maß von Liebe und Verständnis dazu, eine wesentlich andere Einstellung des Ehegatten in politischen, religiösen und philosophischen Fragen anzuerkennen. Es wird schlechterdings unerträglich, wenn beide Teile in der Öffentlichkeit eine ausgesprochen entgegengesetzte Stellung einnehmen. Auch für die Erziehung der Kinder entstehen hier Schwierigkeiten. Die Quelle für Konflikte liegt allerdings lange nicht so sehr zwischen den beiden Gatten, als in der Einmischung der Umwelt, die vor allem bei religiös und politisch gespaltenen Ehen stets versuchen wird, die beiden Gatten in einen Konflikt hineinzutreiben. Überhaupt muß man leider sagen, daß die Einmischung des bösen Nachbars in eine Ehe immer eine Gefahr für sie bedeutet. Weltanschauungsfragen erschöpfen sich allerdings nicht nur im religiösen oder politischen Bekenntnis, sondern wir verstehen darunter auch die Summe von Werturteilen, welche die Grundlage unserer Lebenseinstellung bilden. Die formale Bedeutung dieser Werturteile haben wir hinlänglich erörtert. An dieser Stelle wollen wir nur darauf hinweisen, daß auch der Inhalt von Bedeutung ist. Manchmal kann ein gemeinsames Urteil einigend wirken, wenn die Grundlagen, auf denen es gewonnen wurde, durchaus verschieden sind. Ja es ist oft die einzige Brücke, die in das anders geartete Seelenleben des Gatten hinüberführt. Mögen Differenzen in der Denkweise bestehen und die Einstellung des anderen manchmal unverständlich erscheinen, so ist es beruhigend, wenn das Ergebnis für beide Teile dasselbe ist. Gemeinsamkeit in der Beantwortung der Lebensfragen ist also stets geeignet, die Geschlossenheit der Ehe nach außen hin zu betonen und in ihrem Inneren eine große Zahl von Konfliktstoffen auszuschließen.

Aus der erwähnten zeitlichen Verschiebung der Wertungen unseres Charakters ergibt sich, daß mit der Heirat das Problem der Ehe noch lange nicht gelöst ist, sondern daß damit die kritische Auseinandersetzung erst beginnt. Eine längere Verlobungszeit kann hier wohl die größten Fehler vermeiden; sie kann jedoch nie die Krisis der Ehe ersetzen. Diese bleibt niemand erspart, so wenig wie die Krisis im Beruf ausbleiben kann. Schon die ersten Wochen des ständigen Zusammenseins sind eine große Belastung, und der Name der „Flitterwochen" ist vor allem bei tieferen Menschen nicht gerechtfertigt. Fast möchte man glauben, er wäre von den alten

Eheleuten erfunden, um die Brautleute über diese Schwierigkeiten hinwegzutäuschen und ihnen den Entschluß zur Eheschließung leichter zu machen.

Das tägliche Zusammensein mit einem Menschen des anderen Geschlechtes bringt Probleme, die mit der Feststellung der gegenseitigen Liebe nicht gelöst werden können. Die Intimität des gemeinsamen Schlafzimmers, der Einblick in alle körperlichen Schwächen, das Kennenlernen der kleinen Gewohnheiten des Lebens läßt leicht das Bild des Gatten in einem durchaus anderen Lichte erscheinen als es vor der Ehe gewünscht und erwartet war. Es ist die alte Geschichte, daß der Kammerdiener den König eben nach seinen Unterhosen beurteilt. Gerade die Kleinigkeiten der Alltäglichkeit sind eine recht erhebliche seelische Belastung. Sie wirken manchmal wie immer wiederholte kleine Nadelstiche, die entweder zu einem gereizten Auffahren, das stets ungerecht ist, oder zu einem seelischen Abstumpfen führen. Da wir aber nicht auf der einen Seite die Größe eines Mannes anerkennen können und uns auf der anderen Seite über seine rücksichtslose Art, die Nase zu schneuzen, ärgern können, wird allmählich entscheidend für unsere Gefühlseinstellung die letztere an sich belanglose Kleinigkeit. Sie wirkt nämlich immer wieder auf uns, während die Feststellung der Charaktergröße meistens nur selten sich unserer Betrachtung aufdrängt. Es gibt ja auch nichts Widerlicheres als die Art, wie in Ehescheidungsprozessen die Gatten manchmal übereinander herfallen, eben weil sie alle ihre Intimitäten kennen.

So wichtig also die sexuelle Reaktion in den ersten Zeiten der Ehe für die Bildung der Stimmungsgrundlage sein mag, so sehr sind diese Kleinigkeiten wichtig für die weitere Entwicklung. Auch hier bewahrheitet es sich wieder, daß nicht die einzelnen Ereignisse wichtig und entscheidend sind, sondern die gefühlsmäßige Ladung, mit der sie explodieren. Meist steht der Affekt in gar keinem Verhältnis zu dem Anlaß, und er wird nur verständlich, wenn man in der Historie der Persönlichkeit nach der Situationsgrundlage forscht, die für die Reaktion gegeben ist. Gerade zu Beginn der Ehe werden die gefühlsmäßigen Explosionen besonders häufig sein, da sowohl alte aufgespeicherte familiäre Affekte als auch die Erinnerungen an frühere Liebeserlebnisse eine bedeutsame Rolle dabei spielen. In die historischen Affekt- und Wertkomplexe unserer Seele muß Mann oder Frau eingeordnet werden. Es ist selbstverständlich, daß dabei die Liebe die positive Einstellung erleichtert, während eine Abneigung, die sehr oft in den ersten sexuellen Erlebnissen ihre reaktionsmäßige Wurzel hat, dann auch nach Gründen ethischer Art für die ablehnende Einstellung sucht.

Jede Ehe ist also bis zu einem gewissen Grade ein Versuch, da man die affektiven Reaktionen der ersten Ehezeit nicht ohne weiteres voraussehen kann. In unserer Hand liegt jedoch zum großen Teil, was wir aus diesen Gefühlsreaktionen machen. Ich glaube nicht, daß in früheren Zeiten, in denen die Ehescheidung seltener war, die Zahl der unglücklichen

Ehen, die nicht geschieden wurden, größer gewesen ist. Die ehrfurchtsvollere Einstellung zu der Ehe, welche die Bedeutung der eigenen Persönlichkeit gegenüber dem großen ethischen und biologischen Endzweck zurücktreten ließ, erleichterte auch das Zurechtfinden der Ehegatten in der selbstgewählten neuen Lebensform. Je individualistischer die Einstellung ist, mit der man in die Ehe hineingeht, umso größer sind naturgemäß auch die Schwierigkeiten, die sich im Laufe der Ehe ergeben. Es ist garnicht verwunderlich, daß deshalb die Zahl der abnormen und gescheiterten Ehen in den Kreisen der freideutschen Jugend besonders groß ist. Denn die Ablehnung der historischen Form als solcher und der Versuch, aus der eigenen Persönlichkeit heraus selbständig zu gestalten, mußte im Beruf wie auch in der Ehe manchmal zum Scheitern führen. Auf der anderen Seite ist die aus einer starken inneren Auseinandersetzung zweier Menschen entstandene Ehe gehaltvoller und tragfähiger gegenüber allen Umwelteinflüssen als eine vorwiegend durch die äußere Form gebundene Gemeinschaft. Wir werden uns aber damit abfinden müssen, daß für die Mehrzahl der Ehen die Form, die Tatsache, daß man seine Ordnung hat, wie sich der Bauer ausdrückt, weitaus das stärkste Bindeglied der Ehegatten ist. Die äußere Form des Zusammenlebens schafft ja auch sehr viele Reibungsmomente von vornherein beiseite. Der gleichmäßig aufgebaute Lebenslauf einer bäuerlichen Wirtschaft drängt die individuelle Eigentümlichkeit sehr zurück. Das unruhige Großstadtleben, das nicht einmal die Regelmäßigkeit gemeinsamer Mahlzeiten schafft, vermehrt die Reibungspunkte. Es ist nicht richtig, wenn man sagt, daß der rauhe Alltag die Liebe zerstöre. Ohne den Alltag ist eine Ehe garnicht möglich, denn ewige Feierstunden und eine dauernde Hochspannung der Gefühle ist nicht erträglich. Sie braucht deshalb auch nicht, wie es manchmal der Fall ist, geheuchelt zu werden.

Es gibt eine Reihe rein formal bedingter Schwierigkeiten in der Ehe, die mit einem bißchen Einsicht leicht zu vermeiden sind. Mag das Folgende rezeptmäßig und oberflächlich klingen, so ist es doch erprobt und bewährt. Der Berufsärger des Mannes und der Haushaltsärger der Frau tragen nicht zur Erhöhung der Freuden des Zusammenseins bei. Gewiß ist es unvermeidlich, daß man Sorgen und Schwierigkeiten gemeinsam trägt. Aber es ist nicht notwendig, daß jede Kleinigkeit brühwarm dem anderen aufgetischt wird. Nur zu leicht ergibt sich die Situation, daß der Mann während der Berufsarbeit Ärger hat schlucken müssen und daß dieser unterdrückte Ärger auf dem Heimwege eine nachträgliche Affektreaktion auslöst. Er betritt in schlechter Laune das Haus und wird empfangen von der je nach Temperament weinenden oder scheltenden Frau, die mit den Kindern oder dem Dienstmädchen den unvermeidlichen Verdruß gehabt hat. Rasch kommt ein Wortwechsel und anstelle des Ärgers auf den Vorgesetzten oder Untergebenen und Kinder oder Dienstmädchen tritt die Gereiztheit von Mann und Frau gegeneinander. Die Stimmung ist für den Rest des Tages gründlich verdorben, einfach durch die Außerachtlassung einiger kleiner Regeln. Für den Mann lauten diese: Erledige Deinen Berufsärger im Berufe. Bist Du verstimmt, so beeile Dich nicht zu sehr auf dem Heimwege. Langsames Gehen beruhigt. Betritt das Haus mit einer freundlichen Miene und nimm das Toben der Kinder, die Dir entgegenspringen, als den Ausdruck ihrer Freude. Spare wichtige Erörterungen bis nach dem Mittagessen oder Abendessen. Für die Frau gilt die Regel, daß die ersten fünf Minuten des Mannes im Hause heilig sind. Man darf ihn dabei so wenig reizen und stören wie einen gehenden Hefeteig. Dienstbotenärger interessiert einen Mann bestimmt nicht. Benütze den Gatten weder für das Mädchen noch für die Kinder als Schreckgespenst. Wenn er den Kindern gegenüber nur als die prügelnde Strafgewalt erscheint, so kann es passieren, daß er zu Dir eine ähnliche Einstellung bekommt. Schließlich wurzeln diese kleinen Regeln in der Grundeinstellung des Respektes vor der Persönlichkeit des anderen Menschen. Mann und Frau müssen sich ein bißchen Eigenleben lassen. Der Stammtisch und das Kaffeekränzchen sind primitive, aber immerhin zweckmäßige Auswirkungen des Bedürfnisses nach Unabhängigkeit wenigstens für Stunden.

Dieses Bedürfnis der Selbständigkeit in der Ehe darf allerdings nicht in Autismus ausarten. Wer in der Ehe eine reine Zweckeinrichtung sieht, um sein bisheriges Leben unter bequemen äußeren Verhältnissen fortzusetzen, wird in ihr nicht viel Freude erleben. Ganz besonders gilt dies von dem Mann, der so vollständig auf seinen Beruf eingestellt ist, daß für ihn die Familie gänzlich zurücktritt. Es hat seinen bestimmten Sinn, wenn die katholische Kirche für den Priester und den Mönch Ehelosigkeit fordert. Auch eine Reihe von Frauenberufen gibt es, die sich mit einer Ehe und insbesondere mit eigenen Kindern nicht vertragen. Ich erinnere nur an den noch immer ungelösten Streit um die verheiratete Lehrerin oder an die Situation der Krankenpflegerinnen und Fürsorgerinnen.

Aus diesem Vergleiche ergibt sich aber auch, daß die Stellung der Frau in der Ehe eine grundsätzlich verschiedene gegenüber dem Manne ist. Schon bei der Eheschließung macht das in der heutigen Zeit, in der im ganzen öffentlichen Leben Mann und Frau fast die gleiche Stellung einnehmen, seine Schwierigkeiten. Gerade junge

Ehepaare machen immer wieder den Versuch, der Frau die bisherige Berufstätigkeit zu erhalten, und es mag ja auch glücken, solange keine Kinder da sind oder höchstens ein Kind. Da wir aber sozialbiologisch als normal eine etwas größere Kinderzahl betrachten müssen, wird allein durch die Kinder die Frau schon vorwiegend auf das Haus verwiesen. Sie empfindet das sehr oft als eine Beeinträchtigung ihrer Persönlichkeit. Aber wohl mit Unrecht. Denn sie gewinnt andererseits durch ihre häusliche Tätigkeit den entscheidenden Einfluß auf das Milieu des Hauses. Die sie umgebende Atmosphäre ist entscheidend für das Niveau der Ehe. Es wird viel seltener sein, daß der Mann den Stil des Hauses bestimmt. So ist meist auch die Frau entscheidend dafür, ob die Eheschließung für Mann und Frau einen Schritt vorwärts zu einer weiteren seelischen und geistigen Entwicklung bedeutet oder ob sie, aufgebaut auf primitiven Instinkten, verflacht und gewöhnlich macht. Es stecken in jedem Menschen gute und schlechte Anlagen nebeneinander. Unser Charakter enthält eine Entwicklungsmöglichkeit nach beiden Seiten hin. Auch in unserer Erotik stecken gute und schlechte Wurzeln. Richtiger ausgedrückt: alles biologische Geschehen ist zunächst weder gut noch schlecht und wird erst von uns mit Gefühlen und Wertungen beladen. Es liegt sehr viel an unserem Willen, wie sich die geistige Beziehung und damit das Schicksal von Mann und Frau entwickelt. Enges Zusammenleben bleibt ohne Liebe undenkbar. Denn bei der Einschätzung eines Menschen lediglich nach seinem Wert muß stets genug Grund zu Beanstandungen sich ergeben. Selbst im öffentlichen und beruflichen Leben ist fruchtbare Zusammenarbeit ohne persönliche Zuneigung fast unmöglich.

In der Ehe sind die Konfliktmöglichkeiten durch das dauernde Zusammensein auf einer rein persönlichen Basis noch größer. Verständnis für den Anderen und Kritik an der eigenen Handlungsweise können vieles erleichtern. Entscheidend ist die Fähigkeit, von der Wertbeurteilung manchmal absehen zu können. Diese Bejahung eines Menschen, abgesehen von seinem Wert, nennen wir eben „Liebe“. Wenn sie zusammentrifft mit der Ehrfurcht vor der Persönlichkeit des anderen Menschen und dem Willen zu einer gemeinsamen Lebensgestaltung, so entsteht eine Ehe, die mit der Dauer an Tiefe ihres Wertes gewinnt. Wenn zwei Menschen ihre Kräfte zusammentragen, um aus männlichen und weiblichen Wesen ein kleines Bild der Lebensmannigfaltigkeit zu formen, so kann das ihre Persönlichkeiten in ungeahntem Maße wachsen lassen. Dann stirbt ihre Liebe nicht im Alltag, sondern sie wächst. Und es ist höchstens zu befürchten, daß sie, wie *Karl Larsson* so schön sagt, schließlich einmal lästig wird.

Psychische Eignung und Nichteignung zur Ehe

Von Karen Horney

Die Frage nach der Eignung zur Ehe ist in einem der vorigen Abschnitte unter medizinisch-eugenischen Gesichtspunkten gestellt worden und hatte sich orientiert auf die Gesundheit der Ehegatten und die Möglichkeit einer gesunden Nachkommenschaft. Die Bedeutung dieser Gesichtspunkte kann nicht leicht überschätzt werden, aber sie bedürfen einer Ergänzung, denn sie lassen — im Sinne der bisher wesentlich somatisch orientierten medizinischen Wissenschaft — die Frage nach der psychischen Eignung fast ganz bei Seite. Eine solche Betrachtungsweise ist aber gerade an dieser Stelle besonders unzulänglich, weil das Gelingen oder das Scheitern einer Ehe in entscheidendem Grade von psychischen Faktoren abhängt.

Wenn man sich nun etwa auch auf den Standpunkt stellt, daß das persönliche Glück kein würdiger Gegenstand gelehrter Forschung sei, so beruht doch darüber hinaus nicht nur die Gesamtentwicklung eines Menschen und damit sein Wert für die Gemeinschaft, sondern auch das Gedeihen der Kinder zu einem sehr wesentlichen Teil auf dem psychischen Gehalt der Ehe. Wenn man bedenkt, wie die Konflikte einer Ehe die Lebenskraft von Menschen zerstören, wie sie bei den Kindern Neurosen geradezu heranzüchten können, so drängt sich das Problem auf, ob es nicht möglich sei, durch die Aufstellung gewisser Kriterien für die psychische Eignung zur Ehe solche unheilvollen Wirkungen vorauszusehen und zu verhüten, wie man etwa die Möglichkeit einer syphilitischen Infektion vorauszusehen und zu verhüten bestrebt sein kann.

Den Mut, überhaupt an diese Frage heranzugehen, schöpfen wir aus den medizinisch-psychologischen Erfahrungen an Eheleuten, die uns gestatten, n a c h t r ä g l i c h eine oft tiefgehende Einsicht zu gewinnen, wie Ehekonflikte mit innerer Notwendigkeit auf dem Boden schon vorher bestehender seelischer Einstellungen erwachsen sind. Wenn es auf diese Weise gelingt, die Bedingungen für das Scheitern einer Ehe in anscheinend gerader Linie bis auf frühe Störungen der psycho-sexuellen Entwicklung zurück zu verfolgen, so verführt ein solches Wissen leicht zu der Hoffnung, es sollte bei einer genügend großen Erfahrung möglich sein, die Gefahren, die einer Ehe auf Grund der Disposition des Einzelnen drohen, auch schon vorher zu übersehen.

Für eine solche Betrachtung kommen zwei verschiedene Ausgangspunkte in Frage: Man kann ausgehen von den von der Konstitutionsforschung ausgearbeiteten Typen oder in naiverer Weise von bestimmten Eigenschaften der Menschen[1]) und sich fragen, inwiefern dieser oder jener Typus für die Ehe geeignet sei, was für Schwierigkeiten voraussichtlich aus seiner Eigenart erwachsen werden. Indessen zeigt es sich, daß die bisher aufgestellten Typen teils zu sehr physiologisch orientiert, teils zu allgemein umrissen sind, als daß sie uns etwas darüber aussagen könnten, wie weit ein Mensch den ganz speziellen Aufgaben der Ehe gewachsen sein wird.

Man kann zweitens ausgehen von den Anforderungen, die eine Ehe in seelischer Beziehung an die Partner stellt, und sich fragen, welche Bedingungen im einzelnen gegeben sein müssen, damit er diesen Anforderungen entspricht, und woran man ihr Vorhandensein erkennen kann. Diesen Weg wollen wir hier zu gehen versuchen.

Man könnte die Gesamtheit dieser Bedingungen einheitlich erfassen, nämlich mit dem Begriff der Liebesfähigkeit, aber wir können mit ihm wenig anfangen. Nicht nur aus dem affektiven Grund, weil es unser Selbstgefühl kränkt, die Existenz einer so elementaren und selbstverständlichen Fähigkeit in Frage gestellt zu sehen, sondern auch aus dem sachlichen, weil sie ihrer Herkunft nach ein höchst kompliziertes Gebilde darstellt.

Wir müssen daher versuchen, die psychischen Anforderungen, die die Ehe an die Partner stellt, künstlich in ihre Einzelfaktoren zu zerlegen, und kommen dabei zur Aufstellung folgender drei Bedingungen:

1. Insofern die Ehe eine sexuelle Beziehung darstellt, erfordert sie eine günstige sexuelle Einstellung zum Partner.
2. Insofern sie über die einfache sexuelle Beziehung hinaus eine Gemeinschaft mit einem andern Menschen sein will, erfordert sie eine günstige psychische Einstellung zu ihm.
3. Insofern diese Gemeinschaft ihrem Sinn nach nicht als vorübergehende, sondern als dauernde und ausschließliche gedacht ist, erfordert sie die Fähigkeit zur längeren Bindung an ein und dasselbe Liebesobjekt.

Die erste dieser Bedingungen läßt sich unschwer präzisieren: Offensichtlich ist eine völlige Sexualablehnung ähnlich ungünstig für die Ehe wie eine Hemmungslosigkeit in sexueller Beziehung. Ent-

---

[1]) *Kretschmer*, Körperbau und Charakter. *Jung*, Psychologische Charaktertypen.

sprechend dem Umstand, daß die Ehe zugleich eine Befriedigung und eine Einschränkung sexueller Wünsche darstellt, setzt sie beim Partner ein Optimum an innerer sexueller Freiheit voraus, das gleich weit entfernt ist von gänzlicher Ablehnung wie von Unbeherrschbarkeit der Triebe.

Beide Extreme lassen sich in der Regel schon durch eine einfache Beobachtung erkennen. Am ehesten wird ein Mangel an Hemmungen vorher unbemerkbar bleiben können, aber doch nur dann, wenn äußerer Druck voreheliche Erlebnisse unmöglich gemacht hat, und wird andernfalls aus der Art der Erlebnisse (Wahllosigkeit) ersichtlich sein. Ebenso ist ein höherer Grad von Sexualablehnung für das geübte Auge unverkennbar; wenn sie nicht unmittelbar als solche in Erscheinung tritt, so wird sie sich doch in einzelnen Zügen deutlich verraten, also etwa in einer weitgehenden Unkenntnis über sexuelle Vorgänge, in dem Affekt, mit dem sexuelle Geschehnisse als unmoralisch verurteilt werden, oder auch in der Ablehnung resp. Ungeschicklichkeit gegenüber mittelbaren Äußerungsformen der Erotik im geselligen Leben.

Diese Überlegungen führen uns also bezüglich der ersten — und gröbsten — der aufgestellten Bedingungen zu relativ einfachen und klaren Kriterien; nur ist damit nicht viel gewonnen. Wir können zwar einen kleinen Kreis von Personen als ungeeignet zur Ehe erkennen, aber wir wissen noch nichts über das Verhalten der auf der ganzen Breite zwischen diesen Extremen liegenden Fälle, und zwar vor allem darum nicht, weil das sexuelle Empfinden in so hohem Maße abhängig ist von der psychischen Einstellung zum Partner.

Es ist hier nicht die Frage, in wieweit die seelische Einstellung innerhalb der Ehe durch das Verhalten des Partners getrübt wird, sondern in wiefern eine ungünstige Einstellung zum andern Geschlecht schon vor der Ehe, also unabhängig von der Person des Partners, in dem einen oder andern vorhanden sein kann.

Die Fähigkeit zur Objektliebe, wie sie sich aus dem Zusammenströmen zärtlicher und sinnlicher Triebregungen ergibt, stellt ein Endprodukt der psycho-sexuellen Kindheitsentwicklung dar. Auf diesem Wege können die verschiedensten Störungen eintreten. So können beide Strömungen gut entwickelt sein, aber sich nicht auf ein Objekt vereinigen. Es kommt dann zu der von *Freud* beschriebenen und seither recht bekanntgewordenen Spaltung im Liebesleben[1]), die, vor allem für den Mann von heute charakteristisch, darin besteht, daß die zärtlich geliebte Frau nicht begehrt wird oder

[1]) *Freud,* Beiträge zur Psychologie des Liebeslebens. Ges. Schriften, Bd. V.

ihr gegenüber eine Impotenz da ist, während andere lediglich zu Sexualobjekten erniedrigt werden.

Die mögliche Auswirkung auf die Ehe ist zunächst eine besonders große Gefährdung des monogamen Prinzips, während die Bindung als solche weniger gefährdet erscheint, weil ja die etwa vorhandenen andern Beziehungen auch nur Teilbeziehungen sind. Man kann nicht eigentlich sagen, daß eine solche Spaltung durchaus ungeeignet zur Ehe macht; wie weit die Ehe durch sie erschwert oder zerbrochen wird, hängt im übrigen viel weniger von dem Grad dieser Spaltung als von der Reaktionstendenz des Partners ab. Denn für den Betreffenden selbst ergibt eine solche doppelte Unterbringung der Libido, wenn auch kein volles Liebesglück, so doch einen modus vivendi, während das jeweilige Liebesobjekt auf alle Fälle, also entweder seelisch oder sinnlich, zu kurz kommt. Heiratet also ein Mann mit einer deutlichen Spaltung im Liebesleben eine Frau mit einer ausgesprochenen Sexualablehnung, so könnte man sich denken, daß gerade von diesem Punkte aus nicht notwendig Schwierigkeiten zu entstehen brauchten. Trifft er dagegen auf eine Frau mit vollem Empfinden, so wird es sehr bald zu einer Katastrophe führen. Und dies umsomehr, als der psychischen Herkunft dieser Störung entsprechend von der nur zärtlich verehrten Frau verlangt wird, sie solle ein Idealbild von Unnahbarkeit und Unberührbarkeit bilden, ihr also auch anderweitige Beziehungen verwehrt werden.

Wie also eine solche Störung sich tatsächlich in der Ehe auswirken wird, läßt sich nicht übersehen. Weit weniger schwierig ist es, sie — in ihrer ausgesprochenen Form wenigstens — vorher zu erkennen, und zwar auch dann, wenn nicht vorangegangene Erlebnisse schon eine solche Zweiteilung verraten haben. Die Spaltung zeigt sich nämlich in gleicher Deutlichkeit wie in den realen Erlebnissen schon in der verschiedenen Einstellung zu Frauen, also in der Regel so, daß gegenüber den Frauen, die durch Rasse, Geschlecht oder soziale Stellung an Mutter oder Schwester erinnern, freundschaftliche Gefühle gepflegt werden, unter Innehaltung einer sehr großen Distanz, während gegenüber andern eine sehr summarische Verachtung zu Tage tritt.

Das Liebesleben kann auch in anderer Richtung gespalten sein, dadurch daß starke Strömungen gleichgeschlechtlichen Objekten zugewendet sind. Das Problem: Homosexualität und Ehe schließt sich insofern auch innerlich an die beschriebene Spaltung im Liebesleben an, als hier eben auch nur solche Fälle zur Diskussion stehen, bei denen die Libido tatsächlich eine doppelte Richtung auf beide Geschlechter hin hat. Denn daß Personen, deren Libido bewußt und ganz vorwiegend homosexuell gerichtet ist, zur Ehe untauglich sind, bedarf bei einiger Einsicht in das feste Gefüge solcher Einstellung besonderer Begründung nicht[1]).

Die Beurteilung der Eignung von Menschen mit stärkeren homosexuellen Strömungen, seien diese nun bewußt oder unbewußt, gestaltet sich unerwartet schwierig. Die Grundtatsache, daß dem Partner nur ein Teil der Libido zuströmt, während ein anderer sublimiert oder unsublimiert demselben Geschlecht gilt, also im Falle des Mannes in Männerfreundschaften, in ein männliches Vereinsleben oder in Berufsbeziehungen hineingeht, ergibt an sich noch keine Gefährdung eines guten Zusammenlebens, allerdings unter der Voraussetzung, daß die Liebesansprüche der Frau ebenfalls infolge anderer innerer Bindungen gering sind. Ist ein solches Verhältnis nicht durch neurotische Mechanismen kompliziert, so kann es sogar relativ harmonisch und gutartig sein, da ja mit geringerer Libidobeteiligung auch die Konfliktmöglichkeiten geringer sind. Ja, die Beobachtung im täglichen Leben — dort mehr als in der ärztlichen Praxis, denn es handelt sich hier um psychisch gesunde Menschen — zeigt sogar nicht selten, daß gerade Männer, bei denen ein psychologisch geschulter Blick auf ein erhebliches Maß unbewußter, gut sublimierter Homosexualität schließen läßt, relativ gute Ehemänner abgeben, daß sie also an der einmal getroffenen Wahl festhalten, keinerlei wesentliche Beziehungen zu andern Frauen anknüpfen, rücksichtsvoll gegen ihre Familie sind, und im übrigen aufgehen in ihrer Arbeit, die sie ja meist in einen engeren Konnex mit Männern bringt.

Zum Verständnis dieser günstig scheinenden Fälle ist, wie die Entwicklung auch im einzelnen sein mag, ein Moment wesentlich: daß es sich hier um Menschen handelt, die zwar starke unbewußte homosexuelle Neigungen haben, aber diese Homosexualität unbewußt als eine Gefahr für sich empfinden und darum in der Ehe Schutz und Sicherheit gegen diese Triebgewalten suchen.

Gewisse immer wiederkehrende Eigentümlichkeiten bestätigen die Bedeutung gerade dieses Mechanismus. Wir sehen der eigenen Frau gegenüber es an einem Gefühl fehlen, das aus letzter Tiefe stammt, wogegen sehr oft ein ausgesprochenes Gefühl der Dankbarkeit anzutreffen ist, das nicht nur die im Grunde fehlende Liebe vorzutäuschen imstande ist, sondern offenbar wirklich eine gute Basis für ein Zusammenleben gibt. Oder wir sehen eine besondere Betonung der Bindung an die Frau, resp. im körperlichen eine gewisse Überpotenz, Erscheinungen, die sich psychogenetisch als Überkompensierungen von verdrängten homosexuellen Impulsen aufdecken lassen.

---

[1]) Siehe hierüber *Magnus Hirschfeld,* Die Homosexualität des Mannes und des Weibes. Verlag Louis Marcus, 1914. — Sind sexuelle Zwischenstufen zur Ehe geeignet? Jahrbuch für sexuelle Zwischenstufen, Jahrgang III.

In Fällen aber mit weniger gut geglückten Reaktionsbildungen setzt sich die verdrängte unbewußte Homosexualität leicht auf allerhand Umwegen in verkappter Form durch. Ich greife aus der Fülle der Möglichkeiten nur einige der markantesten heraus. So können die homosexuellen Wünsche, deren Drängen ein Mann spürt, ohne doch von ihnen zu wissen, in die Frau hineinverlegt werden. Mechanismus der Projektion: Nicht ich liebe diesen oder jenen Mann, sondern die Frau liebt ihn; oder: Nicht ich bin homosexuell, sondern die Frau ist es (*Strindberg*). Oder es werden auf dem Umweg über die Frau indirekte Beziehungen zu Männern gesucht: es wird also gerade eine solche Frau begehrt, die Beziehungen zu andern Männern gehabt hat oder haben könnte. Aus diesem Grunde können auch Beziehungen der eigenen Frau zu andern Männern geduldet oder begünstigt werden; oder es werden eben darum außereheliche Beziehungen gesucht, durch die eine solche indirekte Beziehung zu Männern hergestellt wird, wie es bei der Prostituierten, aber auch bei der verheirateten Frau der Fall ist[1]).

Ist anderseits die innere Abwehr gegen die eigene Homosexualität sehr hochgradig, so kann ein ganz anderes Bild entstehen, insofern dann auch gegen solche mittelbaren Beziehungen zu andern Männern eine erhöhte Empfindlichkeit auftritt. Schon die geringsten Annäherungen von Männern an die Frau erscheinen dann unerträglich, Der eigene innere Drang gegen die Homosexualität kann dann als scharfe Aggression gegen die Frau in Erscheinung treten. Diese verschiedenen Möglichkeiten können auch nebeneinander bestehen, sodaß etwa zuerst die Beziehung der Frau zu andern Männern begünstigt und dann mit übermäßiger Eifersucht verfolgt wird. Oder daß der eigenen Frau gegenüber das mißtrauische Fernhalten jeder männlichen Beziehung überwiegt, während bei andern die indirekte Beziehung zu Männern gesucht wird.

Die Ehekonflikte, die sich aus einem stärkeren Maß von unbewußter Homosexualität ergeben können, werden noch durch einen Umstand verstärkt, der sich aus der Entstehung der Homosexualität herleitet, insofern es sich bei ihr nicht um ein einfaches Zurückziehen der Libido vom andern Geschlecht, sondern um eine Flucht vor ihm resp. um eine feindselige Ablehnung desselben handelt.

Zusammenfassend müssen wir uns eingestehen, daß wir stärkere unbewußte Einstellungen wohl als solche vorher erkennen können, und zwar auf Grund eines relativ kurzen analytischen Einblicks, daß wir aber meist nicht in der Lage sein werden, eine Pro-

[1]) Vgl. *Boehm*, Beiträge zur Psychologie der Homosexualität. Internat. Ztschr. f. Psychoanalyse 1920/21.

gnose für die Ehe zu stellen. Am ehesten voraussehen lassen sich gewisse ungünstige Ausgänge, also ein relatives Ungeeignetsein bei Männern, bei denen die geheime feindselige Abneigung gegen die Frau sehr tiefgehend ist, und ebenso dann, wenn eine verkappte Homosexualität sich auf dem Wege neurotischer Ersatzbildungen durchzusetzen versucht.

Die Fähigkeit zur Objektliebe kann nun noch weitere Einschränkungen erfahren, deren Wesen darauf beruht, daß zuviel Libido an das eigene Ich gebunden ist. Das kann in der primitiven Form der masturbatorischen Selbstbefriedigung und einer direkten Eigenliebe bestehen, es kann aber auch in hochsublimierter Form in Erscheinung treten, wie etwa eine starke Zentrierung auf das eigene Ich zu den Seinsbedingungen eines schöpferischen Menschen gehört oder wie der Sammler und der Geschäftsmann in ihren Interessen „aufgehen".

Für die Frage der psychischen Eignung zur Ehe kommt es bei all diesen Einschränkungen vor allem auf den einen Gesichtspunkt an, wieviel Objektfreundlichkeit dennoch aufgebracht werden kann. Es handelt sich in all diesen Fällen also sozusagen um eine beschränkte Eignung, und die Tragfähigkeit der Ehe hängt wesentlich davon ab, inwieweit der andere Teil gewillt und fähig ist, den Ansprüchen des ersteren Rechnung zu tragen, resp. sich mit einer beschränkten Liebesfähigkeit zu begnügen. Es läßt sich denken, daß diese Relation durch alles gestört wird, was man mit einem etwas sensationellen Ausdruck als den „Haß der Geschlechter" zu bezeichnen pflegt. Auch hier fängt die Problematik erst bei den Fällen an, die diese Erscheinung nicht in krasser, vorherrschender Form aufweisen. Kein psychologisch Denkender hat wohl den Mut, sich vorzustellen, daß für einen Schopenhauer oder Weininger nur die „Richtige" hätte zu kommen brauchen, damit sie einen guten Ehemann abgegeben hätten. Nun zeigen uns unsere Erfahrungen, daß ein solcher „Haß" auch in verkappter Form in einer Stärke da sein kann, die eine Gemeinschaft zwischen Mann und Frau ernstlich gefährdet. Und zwar handelt es sich auch hier nicht um den Haß, der aus den Enttäuschungen und Konflikten innerhalb der Ehe entsteht, sondern um eine schon vorher gegebene Haßbereitschaft. Gehen wir ihr bis in die Kindheitsentwicklung hinein nach, so stoßen wir vor allem auf zwei Affekte: Neid und Angst. Der Neid auf das andere Geschlecht ist die dem Bewußtsein leichter zugängliche Erscheinung. Er hängt in seinen tiefsten Wurzeln mit der Bisexualität des Menschen zusammen und entspringt dem Umstand, daß es uns offenbar nicht gegeben ist, uns mit der eigenen Geschlechtsrolle wirklich zu begnügen[1]). Dieser sozusagen biologische Neid, beim Manne wahrscheinlich nicht geringer als bei der Frau[2]), aber bei letzterer besser studiert und unter dem Namen des „Männlichkeitskomplexes" bekannt[3]), führt alle Affekte in seinem Gefolge, die wir auch sonst beim Neid sehen, also vor allem die Rivalität, das Ressentiment und die Entwertungstendenzen. Er muß offenbar ceteris paribus um so größer sein, je weniger ein Mensch sich in seiner eigenen Geschlechtsrolle sicher oder zufrieden fühlt. Eine solche Unsicherheit kann konstitutionell bedingt sein, wie bei dem femininen Mann oder der maskulinen Frau; sie kann aber auch rein seelisch entstanden sein, durch alle möglichen Eindrücke aus der frühen Kindheit, die Schrecken und Angst vor der Sexualität erzeugt und nachhaltig fixiert haben.

Die Schwierigkeiten, die sich für eine Ehe ergeben, lassen sich gemäß der Entstehung dieses Komplexes konsequenterweise unter zwei Gesichtspunkte einordnen. Sie liegen — für die Frau — in Erscheinungen, die einer Ablehnung der weiblichen Rolle entspringen, wie Frigidität, Menstruationsstörungen, sowie die Abneigung gegen alle jeweils als weiblich geltenden Funktionen; andererseits in solchen, die die Männlichkeitswünsche zum Ausdruck bringen, wie das Annehmen männlicher Eigenart sowohl im Äußeren als in der Art zu denken und zu fühlen, sowie in dem Betonen von allem, was jeweils als spezifisch männlich gilt: also vor allem in dem Willen zu Führen und zu Herrschen. So werden in solchen Ehen Prestige- und Geltungsfragen eine besondere Rolle spielen und scheinen dann die *Adler*sche Theorie von der Bedeutung des Geltungstriebes anschaulich zu demonstrieren. Die Stellung zur Mutterschaft weist zwei entgegengesetzte Möglichkeiten auf: entweder sie wird als zu weiblich innerlich abgelehnt, oder sie wird auf Grund einer unbewußten Gleichsetzung von Mutterschaft und Männlichkeit stark überbetont. Im letzteren Fall kann dann auch der Mann geliebt werden, insofern er den Vermittler zum Kind darstellt[4]).

---

[1]) Man denke an die Götterbilder aus den verschiedensten alten Kulturen, die als sichtbaren Ausdruck dieses Verlangens die Merkmale beider Geschlechter an sich tragen, oder auch an den alten griechischen Mythos von dem Menschen, der ursprünglich beide, Männliches und Weibliches, in sich vereinigte. Siehe hierzu u. a. den Artikel „Androgynenproblem" von *F. Giese* im Handwörterbuch der Sexualwissenschaft, herausgegeben von *Max Marcuse*, 2. Aufl., Bonn 1926.

[2]) Es ist mißlich — weil offenkundiger subjektiv als in der Wissenschaft üblich — psychische Quantitäten miteinander zu vergleichen. Aber es will mir scheinen, als sei dieser geheime Neid beim Manne nicht geringer als bei der Frau, und als träte er bei der Frau nur darum stärker und deutlicher in Erscheinung, weil zu dem biologischen Neid noch der aus ihrer faktischen Benachteiligung im realen Leben (Einengung ihrer erotischen Freiheit, Einengung ihrer Möglichkeiten zur Sublimierung usw.) hinzukommt.

[3]) *Abraham*, Äußerungsformen des weiblichen Kastrationskomplexes. Internat. Ztschr. f. Psychoanalyse 1921. *Horney*, Zur Genese des weiblichen Kastrationskomplexes. Internat. Ztschr. f. Psychoanalyse 1922.

[4]) Siehe die Darstellung in dem Novellenband von *Unamuno*, „Der Spiegel des Todes"; insbesondere die Novelle „Zwei Mütter". Meyer & Jessen, Verlag, München.

Extreme Fälle dieser Art werden von sich aus die Ehe ablehnen oder müßten andernfalls als ungeeignet bezeichnet werden. Auf der andern Seite erscheint ein gewisses Maß dieser Einstellung, wenn es gut sublimiert ist, für die Ehe nicht ungünstig, insofern sie die Basis für eine gute kameradschaftliche Einstellung innerhalb der Ehe bilden kann. Alle auf einer mittleren Linie liegenden Fälle kann man wegen der vielen und großen Konfliktmöglichkeiten nur als beschränkt brauchbar für die Ehe ansehen.

Hier läßt sich nun eine Frage nicht länger zurückweisen, die schon bei den vorhergehenden Betrachtungen naherückte: Wie viele von uns Kulturmenschen sind denn nun „geeignet" für die Ehe? Die Spaltung im Liebesleben dürfte doch in ihren geringeren Graden für den Mann von heute geradezu spezifisch sein; der Männlichkeitskomplex der Frau sowie die entsprechende Unsicherheit des Mannes sind gewiß, mindestens in den Kreisen der Gebildeten, eine typische Kulturerscheinung; welche große Rolle nicht nur die bewußte Homosexualität, sondern auch gerade die unbewußt bleibende in ihren mannigfaltigen Erscheinungsformen spielt, ist für jeden deutlich, der diese Zusammenhänge einmal durchschaut hat. Es läßt sich also offenbar der Schluß nicht von der Hand weisen, daß der Kulturmensch der Jetztzeit nur eine beschränkte Eignung zur Ehe besitzt, ein Schluß, dessen Richtigkeit der tatsächliche Verlauf der meisten Ehen nicht unwahrscheinlich macht. Vielleicht war aber auch die „Eignung" zu keiner Zeit größer als heute und die Unfähigkeit trat nur weniger in Erscheinung, weil die fortstrebenden Wünsche von seiten der Gesellschaft unter stärkerem Druck gehalten wurden. An dieser Stelle müssen wir auch der Schwierigkeiten gedenken, die durch die größere Selbständigkeit der Frau für die heutige Ehe erwachsen sind. Wir sahen, daß bei manchen Einschränkungen der Liebesfähigkeit dennoch eine Gemeinschaft denkbar ist, wenn der Partner sich auf diese Einschränkungen einstellt. Diese Möglichkeit war früher stärker als heute durch die Abhängigkeit der Frau gegeben und wird zunehmend geringer, seit auch sie ihre eigenen Wünsche und Ansprüche geltend macht.

Dieser Eindruck der grundsätzlich beschränkten Eignung — zum mindestens des Kulturmenschen von heute — verstärkt sich noch, wenn wir das große Heer der Neurotiker mit einbeziehen. Denn unsere bisherigen Betrachtungen betrafen nicht eigentliche neurotische Prozesse, sondern Abarten der Entwicklung, die zwar hinter einer fiktiven Form zurückbleiben, aber doch durchaus Variationen innerhalb der Breite psychischer Gesundheit darstellen.

Die Frage, inwieweit eine Neurose zur Ehe untauglich macht, läßt sich nicht einheitlich beantworten. Jedenfalls sind wir skeptisch dagegen geworden, daß die Ehe eine wirkliche Neurose heilen könne. Immerhin müssen wir in Betracht ziehen, daß, wie schon *Freud*[1]) und *Sachs*[2]) betont haben, die Ehe die einzige Form einer erlaubten Sexualbefriedigung darstellt, und also doch in günstigen Fällen, da wo neurotische Störungen vorwiegen, die von einer durch äußere Umstände bedingten inadäquaten Sexualbefriedigung oder Abstinenz herrühren, eine Heilung dieser Beschwerden herbeiführen kann. Relativ günstig für die Frage der Eignung zur Ehe werden wir auch solche Neurosen zu beurteilen haben, die im wesentlichen eine Reaktion auf rezente, traumatische Erlebnisse darstellen, sofern sie vor der Ehe beseitigt sind. Soweit es sich aber um eine schwerere Neurose oder einen neurotischen Charakter handelt, die auf dem Boden von Störungen in der psycho-sexuellen Entwicklung entstanden sind, muß man der Erfahrung nach darauf gefaßt sein, daß die mit ihnen unweigerlich verknüpften Störungen in der sozialen und sexuellen Einstellung sich gerade in der Ehe am empfindlichsten zeigen werden. Im Gegenteil muß man, nach einem Wort von *Freud*, recht gesund sein, um die Ehe „vertragen" zu können, zeigt doch die Erfahrung häufig genug, daß ein vor der Ehe praktisch gesunder Mensch in der Ehe neurotisch erkranken oder, richtiger gesagt: daß die Ehe eine bis dahin latente Neurose manifest werden lassen kann.

Wir kommen jetzt zu dem dritten Punkt: der Fähigkeit zu längerer Bindung in der Ehe. Man sollte zunächst meinen, daß hier eigentlich keine neuen Probleme lägen, sondern daß alles, was zur Einschränkung der Liebesfähigkeit oder zur Vergrößerung der Konfliktmöglichkeiten führt, auch eo ipso die Bindung gefährdete. Die Erfahrung zeigt aber, daß diese Parallelität nur in gewissem Ausmaß besteht. Schon bei dem psychisch gesunden Menschen läßt sich die Dauer einer Bindung schlechterdings nicht voraussagen. Denn daß im Verlauf einer Ehe neue Liebesobjekte auftauchen und ihre Anziehungskraft ausüben, ist ein absolut normaler Vorgang, nicht nur weil unsere Liebeswahl meist nicht eindeutig auf einen Menschen beschränkt ist und nicht nur, weil unsere weitere seelische Entwicklung eine alte Bindung auf natürlichem Wege lockern kann, sondern weil auch die Ehe selber unvermeidlich zu Enttäuschungen und Konflikten führt, die uns zu andern Objekten hindrängen.

Bei dem psychisch labilen Menschen sind nun gewiß die auseinandertreibenden Kräfte größer, das Zusammenleben gestaltet sich

---

[1]) *Freud*, Die kulturelle Sexualmoral und die moderne Nervosität. Ges. Schriften, Bd. V.

[2]) *Sachs*, Psychoanalytisches über den Umgang mit Menschen. Vortrag 1925.

schwieriger, die Konflikte unerträglicher — und gleichwohl sehen wir immer wieder, daß sich solche Ehen gegenüber einer definitiven Sprengung äußerst resistent erweisen können. Die Kräfte, die dennoch, trotz der fortstrebenden und zerstörenden Tendenzen, eine Bindung in der Ehe bewirken können, stammen aus zwei ganz verschiedenen Schichten des Seelenlebens. Auf der einen Seite entspringen sie aus eben denselben unbewußten Kräften, aus denen auch die Konflikte entstehen. Einmal werden sich dieselben Gebundenheiten, die die Ehe erschweren, soweit sie endogener Natur sind, auch in etwa neuen Beziehungen wirksam erweisen und sie dadurch weniger gefährlich für die Ehebindung machen. Weiter sehen wir häufig, daß Menschen mit neurotischen Einstellungen im Liebesleben, instinktiv einen Partner wählen, der die entsprechenden psychischen Eigentümlichkeiten besitzt, und daß ein solches Ineinandergreifen der Komplexe zwar keineswegs ein glückliches Zusammenleben, wohl aber ein sehr festes Gefüge ergeben kann.

Endlich können gegenüber fortstrebenden und feindseligen Tendenzen, soweit sie unbewußt und also ungewollt sind, Reaktionsbildungen entstehen, die im Sinne einer Überkompensierung eine besonders starke Bindung an den Partner schaffen. Voraussehen allerdings läßt sich die Entwicklung dieses Kräftespiels nicht, genau so wenig, wie sich eine Gleichung mit mehreren Unbekannten einheitlich lösen läßt.

Auf der anderen Seite spielen sich die bindenden Vorgänge näher am bewußten Ich ab: sie bestehen in einer Identifizierung mit dem Partner, wie sie auf Grund irgend einer der in der Ehe gegebenen Gemeinsamkeiten erwachsen kann, als da sind: Kinder, Haushalt, wirtschaftliche Interessen, Standesinteressen, Gleichheit der seelischen Einstellungen. Die Gesamtheit dieser Momente läßt sich ziemlich restlos unter den von *Keyserling*[1]) betonten Werten der „Niveaugleichheit" und der „Schicksalsgemeinschaft" zusammenfassen. Nur darf man nicht, wie *Keyserling* es tut, die Bedeutung dieser Faktoren überschätzen, sondern muß sich darüber klar sein, daß sie nur Wert haben als Grundlage, auf der sich günstigen Falles eine Identifizierung entwickeln kann.

Wir sind uns nun seit *Freuds* Untersuchungen über die Massenpsychologie[2]) wohl darüber klar, welche große Rolle der Identifizierung bei jeder Massenbildung, also auch der zu Zweien in der Ehe, zukommt; wir wissen, daß sie vor allem die Folge hat, daß die Aggression gegen die Person, mit der man sich identifiziert, ein-

1) *Kayserling*, Ehe-Buch.
2) *Freud*, Massenpsychologie und Ich-Analyse. Ges. Schriften, Bd. VI.

geschränkt wird. Aber wir können auch bei ihr nichts im voraus darüber aussagen, unter welchen Bedingungen und in welchem Umfang sie sich ausbilden wird.

Fassen wir die wenigen positiven Resultate dieser Untersuchung zum Schluß zusammen, so sind es kurz diese: Voraussetzung für die Beurteilung der psychischen „Eignung" zur Ehe ist ein Einblick in das psychosexuelle Verhalten der betreffenden Menschen. Eine solche Kenntnis erlaubt es uns, aus der Art und der Größe bestimmter Abweichungen von der „Norm" die Möglichkeit — aber auch nur diese — dieser oder jener Schwierigkeiten vorauszusehen. Wir entnehmen daraus, daß selbst ein so tiefes psychologisches Erschauen der Menschen, wie die analytische Erfahrung sie uns ermöglicht, uns doch nur in sehr geringem Umfang gestattet, die Linien einer zukünftigen Entwicklung zu erraten. Schon die Entwicklung eines einzelnen Menschen ist ja nicht im voraus zu übersehen, vor allem darum nicht, weil wir vorhandene Triebrichtungen wohl als solche erkennen, aber nicht in ihren quantitativen Verhältnissen abschätzen können[1]). Bei der Ehe handelt es sich aber noch darüber hinaus um die Entwicklung von zwei Individuen und ihre voraussichtliche Wirkung aufeinander.

Wenn nun auch diese Arbeit nur einen erstmaligen und sehr unvollständigen Versuch darstellt, über die entscheidenden psychischen Kriterien in der Ehe auf psychologischer Grundlage Klarheit zu gewinnen, so geben uns doch die Erwägungen über die grundsätzlichen Grenzen einer Vorhersagung wenig Hoffnung, daß tiefere und exaktere Einsichten in diese Zusammenhänge uns künftige Eheschicksale voraussehen lassen.

---

1) „Mit andern Worten: wir wären nicht imstande, aus der Kenntnis der Voraussetzungen die Natur des Ergebnisses vorherzusagen."
Aus *Freud*, Über die Psychogenese eines Falls von weiblicher Homosexualität. Ges. Schriften, Bd. V.

Die psychische und physische Reaktion des weiblichen Organismus auf die Ehe

Von Otto Herschan

Für die Frau, sofern sie vor der Verheiratung keine sexuellen Beziehungen gehabt hat, bedeutet die Ehe einen Wendepunkt in ihrem ganzen Denken und Empfinden. Es findet bei fast allen Frauen durch diese neue Konstellation der Lebensbedingungen eine ganz bestimmte seelische Umstimmung statt, die gegen die Mädchenzeit stark auffällt. *A. Mayer* [1]) spricht von einer spezifischen weiblichen Reaktion auf die Ehe und von einem Geschlechtsunterschied in dieser Beziehung, insofern jener weiblichen Reaktion der Mann höchstens eine Vermehrung der Samenproduktion entgegenzustellen habe. Man sieht immer wieder, daß Frauen bald nach Eintritt in die Ehe körperliche und seelische Veränderungen durchmachen, die etwas völlig Neues darstellen.

Mit dem Eintritt in die Ehe ist bei den bis dahin virginellen Frauen für gewöhnlich das Erwachen des Sexualbewußtseins und die Erweckung des Sexualempfindens verbunden, und all diejenigen Gefühlskomplexe und Vorstellungen, die für das junge Mädchen früher von entscheidender Wichtigkeit waren, treten jetzt zurück an Bedeutung hinter den Vorstellungskomplexen der Sexualität und ihren seelischen Auswirkungen und Beziehungen zwischen den Ehegatten.

Schon mit dem Eintritt der Geschlechtsreife zwar beginnen sich die Sinne des Mädchens auf den Mann zu richten, ohne sich zunächst des Reizes als eines geschlechtlichen bewußt zu werden, da ja die zentrale Einstellung auf diese Dinge erst durch die geschlechtliche Erfahrung geweckt werden muß. Es ist in dieser Zeit vielmehr ein unbestimmtes Suchen und Tasten, ein gewisser Zustand der Erwartung mit mehr oder weniger ausgesprochener Bereitschaft zur Erfüllung gewisser neuerwachter libidinöser Komplexe. Aus diesem Zustand der seelischen Erwartung, Erfüllungsbereitschaft, Bewußtwerden der sexuellen Libido und mehr oder weniger intensiven Sexualtriebzügelung und -verdrängung, ergibt sich ein ganz bestimmter, für diese Periode

[1]) Körperliche Reaktion auf die Ehe. M. m. W. 1926. — Konstitutionelle Momente bei der Geburt. M. m. W. 1925.

charakteristischer Seelenzustand der Jungfrau, der erst durch die Aktivität des Mannes in bestimmte neue Bahnen gelenkt wird. Nach Eingehen der Ehe wird dann durch die beständigen sexuellen und erotischen Beziehungen zwischen den Ehegatten schließlich die Gesamtheit aller derjenigen Faktoren geschaffen, die dem Mädchen körperlich und psychisch das Bild der Fraulichkeit geben. Dazu kommen noch in vielen Fällen die allmählich bewußt werdende Sehnsucht nach dem Kinde, der sogenannte Mutterschaftskomplex und Vorstellungs- und Gefühlselemente, die sich um wirtschaftliche Momente und Ehefragen gruppieren, die der Frau ein gewisses Selbst- und Würdegefühl verleihen, ihre frühere Schüchternheit und Ängstlichkeit durch eine größere Sicherheit ersetzen, ungeahnte Gefühlskräfte zur Entfaltung bringen und schon rein äußerlich durch bestimmte Haltungsunterschiede die junge Frau erkennnen lassen.

Auf Frauen, die schon vor der Heirat berufstätig waren und durch Eigenverdienst eine gewisse wirtschaftliche Selbständigkeit und damit auch ein soziales Geltungsbewußtsein sich erworben hatten, wirkt allerdings nicht selten die Abhängigkeit, in die sie notwendigerweise die Ehesituation bringt, wenigstens anfangs deprimierend und beengend. Damit ist wohl vereinbar, daß nach den Beobachtungen *A. Mayers* berufstätige oder geistig hochstehende Frauen, wie z. B. Künstlerinnen, oft auch ohne Schwangerschaft und ohne Belastung durch den Haushalt, von selbst ihre Laufbahn aufgeben, weil sie häufig an Spannkraft verlieren, den Glauben an ihre Leistungsfähigkeit einbüßen und dann lieber ihren natürlichen Anlagen gemäß es vorziehen, Weib zu sein, anstatt die Erwerberin zu spielen.

Als spezifisch weibliche Reaktion auf die Ehe wäre auch die sehr geschickte Anpassung der Frau an neue soziale Verhältnisse in der Ehe zu nennen. Dafür geben das tägliche Leben und die Geschichte Beispiele genug. Wenn etwa Männer geistig und sozial unter ihrem Stande heiraten, was ja häufig genug vorkommt, und es in diesen Fällen für die Frau nicht leicht sein kann, sich in die veränderte geistige und gesellschaftliche Sphäre hineinzufinden, so fällt auf, wie geschickt sie meist dennoch die Aufgabe löst, und die Geschichte des Maitressenwesens, wo die Geliebten später zu Ehefrauen gemacht wurden, zeigt, mit welcher Vollendung die Frauen ihre neue Rolle durchführten und sich sogar zur geistigen Beherrschung des Mannes aufschwingen konnten.

Von erheblichem Einfluß auf die Art und Weise der seelischen Reaktion der Frau auf die Ehe ist selbstverständlich ihre physiopsychische Konstitution. Die Ausschläge dieser Konstitution nach der einen oder andern Richtung hin hängen von zwei Momenten ab, von denen das eine, das endogene, im Organismus selbst gelegen ist, während das andre, das exogene, auf äußere Ursachen hinweist. Die Auswirkung beider Momente zusammen bringt gerade in den kritischen Lebensphasen der Frau wie Pubertät, Erwachen und Betätigung des Sexualtriebes, Ehe, Involution ganz bestimmte Wesensverschiebungen, Persönlichkeitsreaktionen und charakterologische Veränderungen hervor, die eine durchgreifende Umstellung der weiblichen Psyche erkennen lassen. Allgemein gesprochen, zeigen besonders einfache unkomplizierte Naturen auch in der neuen Situation weiter eine gewisse psychische Einfachheit und harmonische Einheitlichkeit ihres Charakters; Naturen mit gegensätzlichen, disharmonischen Veranlagungen psychische Reaktionsweisen, bei denen ihre zahlreichen, stark kontrastierenden charakterologischen Strebungen ungeahnte Entwicklungsmöglichkeiten haben und eine völlig neue Persönlichkeit schaffen, die früher so gut wie nicht vorhanden war.

Die Ehe mit ihren tausend neuen Berührungspunkten zu allen Dingen des Lebens ruft in der Psyche der Frau eine bis dahin noch nicht erlebte Anspannung und Umwälzung hervor, bei der besonders die innere Auseinandersetzung mit der Erotik und Sexualität den Charakter entscheidend beeinflußt und in vielen Fällen eine direkte Persönlichkeitsumwandlung bedingt. Die Konfliktsmöglichkeiten, die sich gerade aus dieser neuen Stellungnahme zu den sexuellen Dingen ergeben können, sind unendlich mannigfaltig. Bei manchen Typen wirkt, wie *H. Hoffmann*[1]) annimmt, die unbefriedigte Sexualität neurotisierend und stört die frühere innere seelische Harmonie. Dieses seelische Zustandsbild ändert sich erst bei entsprechender Triebbefriedigung. Andere reagieren umgekehrt auf sexuelle Anforderungen mit komplizierten Persönlichkeitsreaktionen, da sie im Grunde sexuell erlebnisunfähig sind (entweder überhaupt oder in Bezug auf einen bestimmten Partner). Konflikte mit der konventionellen Norm (Versuchung, Unterdrückung), aber auch mit der übrigen seelischen Persönlichkeit (perverse, ungefestigte, infantile Sexualität), Anomalien der Geschlechtlichkeit, ziehen Unwertsgedanken und Insuffizienzgefühle nach sich. Unsicherheit des erotischen Eigenwertes kann zu sexueller Hörigkeit, zur Eifersucht und Angst und Sorge um den drohenden Verlust des Liebeszieles und zur mißtrauischen Einstellung gegen den Sexualpartner führen. In all diesen Dingen liegt, wie *H. Hoffmann* treffend bemerkt, eine Fülle von neurotischen Konfliktsmöglichkeiten verborgen, die zu pathologischen Reaktionen der weiblichen Psyche auf die Ehe führen.

Die Stärke und Wandelbarkeit aller dieser psychischen Reaktionen ist bei den einzelnen weiblichen Konstitutionstypen (*Kretschmer*[2])):

[1]) Aufbau des Charakters, Springer, Berlin 1926.
[2]) Körperbau und Charakter, Springer, Berlin, 4. Auflage.

Pyknika, Intersexuelle, Asthenika, sexuelle Hypoplastika, Robuste — verschieden.

Am besten wird mit der veränderten Situation und ihren vielen neuen Fragestellungen die Pyknika fertig, für die Ehe und Liebesleben keine schwierigen Probleme bedeuten. Alle Affekte sind bei ihr leicht auslösbar, weichen aber ebenso rasch wieder der ursprünglichen Grundstimmung. Ihr ganzes Seelenleben ist mehr harmonisch, sie ist anpassungsfähig, ihr Sinn auf das Praktische und Realistische gerichtet und hat keinerlei Neigung für das Tragische oder Exaltierte. Sie steht den Dingen des Lebens ruhig und nüchtern gegenüber, kennt keine schweren Gefühlserschütterungen, sodaß ihr Konflikte und Reibungen erspart bleiben. Ihre ganze Persönlichkeit ist zielbewußter und sucht sich mit den Schwierigkeiten des äußeren Lebens und den Konflikten des Ehelebens praktisch auseinanderzusetzen. Seelische Konflikte als Reaktion auf die veränderte Lebenslage sind selten und werden bald überwunden.

Die Pyknika erwärmt, die Intersexuelle blendet und entzündet, sagt *Mathes*[1]). Bei ihr überwiegt das Verstandesleben ganz das Gemütsleben. Aus der tiefinnerlich verankerten Ablehnung des Mannes heraus ergeben sich selbstverständlich leichter eheliche Konflikte als bei der Pyknika und alle möglichen Arten der psychosexuellen Störungen als Reaktion auf die Ehe. Ja, die Ehe ist sozusagen der Prüfstein dafür, ob es ihr gelingt, das noch vorhandene weibliche Temperament mit seinem spezifischen Affektleben durchzuschlagen.

Die Asthenika steht in der Ehe unter dem Zeichen der erhöhten Reizbarkeit und Erschöpfbarkeit ihres vegetativen Nervensystems. Alle Konflikte, die von der Pyknika mühelos überwunden werden, lösen bei ihr abnorm starke seelische Reaktionen aus. Die Grundstimmung ist eine Depression, die durch alle unangenehmen Situationen verstärkt werden kann und oft zur tiefsten Verstimmung führt. Sie ist, wie *Mathes* so schön sagt, die Dulderin des Sexuellen in ihr, sie lebt nicht ihr Leben, sie leidet es. Aus dieser psychischen und Temperaments-Einstellung heraus lassen sich alle abnormen psychischen Reaktionen auf die Ehe mühelos erklären.

Sehr häufig findet man unter den Intersexuellen in der Ehe die Typen der oberflächlich Genußsüchtigen und provoziert Erotischen, die ihre sexuellen Insuffizienzgefühle durch eine übertriebene sexuelle Einstellung zu allen Dingen zu maskieren versuchen. Sie suchen Zerstreuung und Befriedigung ihres Variationsbedürfnisses in der Ehe in der Erotik und im gesellschaftlichen Taumel und haschen nach amüsanten, prickelnden und nervenaufpeitschenden Situationen. Alle

[1]) Konstitutionstypen des Weibes in *Halban-Seitz*, Biologie u. Pathologie des Weibes, Bd. III.

ihre Sinne hungern nach Erlebnissen. Koketterie, Flirt, Gefallsucht zeichnen ihr äußeres Gehaben. Sie stellen die in der modernen Literatur so häufig beschriebenen weiblichen „Don Juan-Typen“ dar, deren Gehirn nur von Liebesdingen erfüllt ist, die von Arm zu Arm wandern, ohne das große erotische Erlebnis jemals finden zu können. Ganz besonders reich an solchen Gestalten ist die französische Literatur des Rokoko, und in meisterhafter Weise zeichnet Choderlos de Laclos in seinen „Liaisons dangereuses“ die Marquise von Merteuil als solchen weiblichen Don Juan. Auch die charakterologischen Typen der Sentimentalen, Schwermütigen, Schwärmerinnen sind in der Gruppe der Intersexuellen vertreten.

Wie die junge Frau auf das für sie neue Ehe- und Sexualproblem psychisch reagiert, ist sehr häufig auch eine Frage der Vorbereitung, und zwar steht die Vorbereitung zur Sexualität und Ehe im inneren Zusammenhange mit der Vorbereitung auf Leben und Gemeinschaft überhaupt. Sehr häufig ist dabei die Situation in der Kindheit entscheidend. Hier findet man nicht selten den Ursprung für viele abnorme psychische Reaktionen in der späteren Ehe auch bei sonst körperlich und geistig völlig gesunden Frauen. Erlebte das Mädchen eine schlechte Ehe der Eltern, namentlich Untreue, so kann ihm für das ganze weitere Leben eine Vorstellung haftbar bleiben, die als Warnung vor der Ehe später zur Geltung kommt. Aus diesem Punkte heraus können sich alle möglichen psychischen und sexuellen Konflikte in der neuen Lebenssituation einstellen, mehr oder weniger schwer, vorübergehend oder bleibend, je nach der Art des Temperamentes und der psychischen Konstitution. Abgewandtheit und Feindlichkeit dem ehelichen Partner gegenüber, wie wir es bei der Intersexuellen sehen, Abscheu vor der Sexualität, Unfähigkeit oder Unwilligkeit gegenüber den Forderungen der neuen Gemeinschaft, entwickeln sich jetzt als psychische Reaktion auf die veränderten Lebensbedingungen. Minderwertigkeitsgefühle in Gestalt von Eifersucht, Abneigung gegen den Sexualverkehr, Mißtrauen, Selbstsucht, Entschlußunfähigkeit trüben die Gattenbeziehungen, Angst vor der Schwängerung, Angst vor dem Kinde, Frigidität, Impotenz, Neigung zu Homosexualität und Ehebruch haben ihre Wurzel nicht selten in den seelischen Traumen der Kindheit.

Auch die Vererbung spielt für den Ablauf der psychischen Reaktion der Frau auf die Ehe und der damit verbundenen Persönlichkeitsumwandlung eine wichtige Rolle — und kann die schroffsten Verschiebungen charakterlicher Art durch die eheliche Umstellung der weiblichen Psyche bewirken. *A. Hoffmann* bringt als typisches Beispiel dafür die Geschichte einer degenerativen Hysterika, die sich vor der Ehe durch ihr heiteres, liebenswürdiges Wesen, durch ihr lebhaftes

Temperament einer gewissen Beliebtheit erfreute. Mit einem geschickten, aber keineswegs übertriebenen Raffinement, verstand sie es, sich in die Gunst ihres späteren Ehemannes einzuschleichen. Doch bald nach der Verheiratung änderte sich das Gesicht. Sie stellte hohe Anforderungen an den Geldbeutel ihres Mannes, der in bescheidenen Verhältnissen lebte. Sie war mit nichts zufrieden und quälte ihren Mann mit allerhand unerfüllbaren Wünschen; war unleidlich, wenn sie abgewiesen wurde. Sie entwickelte sich unter dem Einfluß ihrer Veranlagung immer mehr und mehr zu einer gehässigen, zanksüchtigen Xantippe, mit der auch beim besten Willen ein Zusammenleben nicht mehr möglich war. Das erreichte Ziel mit seinen neuen, erhöhten Anforderungen deckte eine Seite ihres Charakters auf, die niemand vorher bei ihr vermutet hätte. Für die beiden so grundverschiedenen Erscheinungsbilder ihres Wesens konnte Hoffmann genaue erbbiologische Quellen bei den beiden Eltern nachweisen. War sie vor der Ehe das Ebenbild ihres Vaters, so wurde sie nach der Heirat ihrer Mutter vollkommen wesensgleich.

Die psychischen Reaktionen des weiblichen Organismus auf die Ehe hängen letzten Endes auch von der geistigen und körperlichen Harmonie der Geschlechter ab, die bei der normalen Ehe auf der Harmonie im Geschlechtsleben beruht. Das Optimum sexueller Harmonie dürfte nach *Sellheim*[1]) folgenden Lebensaltern zueigen sein:

bei der Frau	bei dem Manne
14	18
17½	22½
21	27
24½	31½
28	35
31	39
35	45
37½	49½
42	54
45½	58½
49	63

woraus deutlich zu ersehen ist, daß das jüngere weibliche und ältere männliche Lebensalter zur Ergänzung zu bringen sind.

Die körperliche Reaktion des weiblichen Organismus auf die Ehe äußert sich in der Veränderung des Zusammenspiels der inkretorischen Drüsen, in einer veränderten Funktion des Nervensystems, des Stoffwechsels und des Genitales, Veränderungen, die in ihren weiteren somatischen Auswirkungen schon rein äußerlich erkennen lassen, daß aus dem Mädchen eine Frau geworden ist. Auch hier sind

[1]) Hygiene und Diätetik des Weibes, München 1926.

natürlich wieder individuelle Schwankungen je nach der Konstitution deutlich zu konstatieren.

Unter den äußerlich auffallenden Veränderungen betont *A. Mayer* die immer wieder feststellbare Gewichtszunahme der Frauen in den ersten Monaten der Ehe. Die vorausgegangene physiologische Gewichtsabnahme der Braut infolge der Anstrengungen der Verlobungszeit reichen seiner Meinung nach für die Erklärung dieses Phänomens nicht aus. Auch der Übertritt aus dem selbständig geführten Kampf ums Dasein bei berufstätigen Mädchen in den bergenden Hafen der Ehe und in die Ruhe der Häuslichkeit, geben keine genügende Erklärung, da die Gewichtszunahme die sonst üblichen Grenzen überschreitet. *A. Mayer* sah, ebenso wie *J. Bauer*[1]), nach der Ehe partielle Gewichtszunahme in Form von vermehrtem Fettansatz an den Hüften und am Gesäß. Im allgemeinen kann man ja eine zunehmende Rundung bei jungen Frauen auch ohne Eintritt der Schwangerschaft beobachten. Besonders deutlich zeigt sich dieses Phänomen am Gesicht, an den Oberarmen und Oberschenkeln. Es erfolgt häufig eine Zunahme der Körperbehaarung und ein von den Frauen selbst deutlich empfundenes Wachstum der Brüste. Die Veränderung in der äußeren Erscheinung ist dabei so auffallend, daß man mit geringer Übung bei der herangereiften Frau leicht die Mutter, Kinderlose, Jungfrau und alte Jungfer unterscheiden kann. *A. Mayer* bezieht diese Veränderungen auf die Wirkungen des regelmäßigen Sexualverkehrs und auf die Spermaresorption des Körpers, die gleichsam fermentativ zu einer Stoffwechselumstellung und partiellen oder allgemeinen Fettanhäufung führt. Ob dies tatsächlich der Fall ist, ist noch sehr zweifelhaft, denn wir sehen ja, daß diese Veränderungen auch bei Frauen, die in der Ehe von Anfang an nur Praeventivverkehr treiben, vorhanden sind.

Interessant ist auch folgende Beobachtung, die ich kürzlich wieder bestätigt fand: Frauen, die sich gesanglich betätigen, erreichen nach Eingehen der Ehe eine stärkere Entfaltung ihrer Stimme. Das Organ wird voller und klangreicher, modulationsfähiger und kräftiger. Daß dieses nicht nur psychische Ursachen haben kann, steht außer Frage.

Diese theoretischen Erwägungen führen uns zur Frage des Einflusses der regelmäßig ausgeführten Kohabitation auf den Gesamtorganismus der Frau. Es drängt sich dabei konsequenter Weise auch die Frage auf, ob der Geschlechtsverkehr, abgesehen von seinen generativen Folgen, Veränderungen auslöst, die ähnlich wie in der Schwangerschaft durch Umstimmung der innersekretorischen Drüsenfunktion zu Veränderungen in der körperlichen Reaktion des weib-

[1]) Disposition zu inneren Erkrankungen, 2. Auflage, Berlin.

lichen Organismus Veranlassung geben. *Bondi*[1]), der experimentell den Einfluß des Geschlechtsverkehrs auf den Eierstock am Kaninchen-Ovarium studierte, sah eine enorme Vermehrung des sezernierenden Gewebes. Die Eierstöcke waren vergrößert, vermehrte Gelbkörper und Follikelbildung und vermehrte Zellbildung in der interstitiellen Drüse waren deutlich zu konstatieren. Der Geschlechtsverkehr verursachte eine Reizwirkung auf den Eierstock, die sich in einer rascheren Entwicklung der Primordialeier und einem schnelleren Zugrundegehen der neugebildeten Follikel äußerte. Diese experimentell gefundenen Ergebnisse auf den Menschen übertragen, rücken nach *Bondis* Meinung auch die Tatsachen dem Verständnis näher, daß nach einer gewissen Zeit des ehelichen Zusammenlebens dysmenorrhoische Beschwerden, Unregelmäßigkeiten in der Periodenblutung ovariellen Ursprungs und Genitalhypoplasie schwinden. *L. Fraenkel*[2]) konnte jedoch die von *Bondi* an den Ovarien gefundenen Veränderungen auch beim virginellen Kaninchen konstatieren. Tatsache ist aber, daß unangenehme prämenstruelle Sensationen wie Ziehen im Leibe, Drängen nach abwärts, häufiger Kopfschmerz bei regelmäßigem Geschlechtsverkehr erheblich gemildert werden und auch starke Dysmenorrhoen ohne Gravidität völlig verschwinden. Es ist durchaus möglich, daß durch den regelmäßigen Geschlechtsverkehr eine derartige Stoffwechselumstimmung stattfindet, daß diese Beschwerden gemildert werden. Sicherlich sind aber auch seelische Momente dabei im Spiele, die die häufig psychisch bedingten Beschwerden zum Verschwinden bringen (*A. Mayer*[3])). Bekannt ist auch die Beobachtung, daß der Coitus kurz ante menstruationem den Eintritt der Blutung erleichtert und die Blutpassage weniger schmerzhaft gestaltet. Das Schwinden der Dysmenorrhoe in der Ehe kann auch mit dem durch die Hyperämie erzeugten Uteruswachstum zusammenhängen. In manchen Fällen sind es spezifische Angstneurosen der Brautzeit (*Frank*[4])), Minderwertigkeitsgefühle, Furcht vor Eheunfähigkeit (*A. Mayer*), kontinuierliche nicht befriedigte sexuelle Erregungen während des Brautstandes, die die Ursache der Beschwerden sind und mit dem Eintritt in die Ehe aus leicht erklärlichen Gründen fortfallen. Auch die Periodizität der Blutung wird durch den regelmäßigen Geschlechtsverkehr wesentlich beeinflußt. Junge Mädchen, die vorher abnorm große Intervalle, sogar monatelange Amenorrhoe zeigten, menstruieren wieder regelmäßig.

Auffallend ist auch der Einfluß auf die Quantität des Blutverlustes, da, wie man beobachten kann, profuse Menorrhagien bei jun-

1) Geschlechtsverkehr und Eierstock, Zentrbl. f. Gyn. 1919.
2) Sexualphysiologie, Leipzig 1913.
3) Psychogenese körperlicher Symptome in der Gynäkologie, im Handbuch von O. Schwarz, Wien 1926.
4) Vom Liebes- und Sexualleben, Leipzig 1926.

gen Mädchen sich in Intervall und Stärke regulieren und einem normalen Blutverluste Platz machen. Schon diese Symptome zeigen, daß in einer Reihe von Fällen, auch ohne Eintritt von Schwangerschaft, dauernde Veränderungen durch den ehelichen Verkehr hervorgerufen werden. Eine gewisse günstige Einwirkung der periodisch geregelten Sexualtätigkeit findet sich auch bei verschiedenen anämischen Zuständen jugendlichen Alters. So verschwindet die Chlorose meist mit Eintritt in die Ehe, und *Rosin* [1]) behauptet, einen günstigen Einfluß des Ehelebens auf die blutbildenden Organe konstatieren zu können. Auch andere anämische Zustände und nervöse Beschwerden, die mit der Störung der Blutbildung in Beziehung stehen, werden günstig beeinflußt. Hartnäckige Obstipation bei jungen Mädchen, meist psychisch bedingt, verschwindet oft schlagartig.

Bekannt ist auch die Tatsache, daß infantile Uteri in der Ehe auch ohne Gravidität nachwachsen können, und daß die Ehe geradezu heilend auf gewisse Formen der Entwicklungsstörungen einwirkt. Durch den Geschlechtsverkehr mit seinem hyperämisierenden Reiz auf die Genitalien wird auf das unterentwickelte Organ ein Wachstumsreiz ausgeübt, der häufig den Geschlechtsapparat bis zur vollkommenen Entwicklung gelangen läßt, so daß es zu Schwangerschaften, die ersten oft unvollendet, die späteren ausgetragen, kommen kann (*van de Velde* [2])). Daneben sind aber auch Änderungen im Wechsel zwischen Corpus luteum und Follikel für die Wachstumsanregung verantwortlich zu machen, die ätiologisch auf derselben Ursache beruhen und wahrscheinlich durch provozierte Ovulationen verursacht sind (***Hofstätter*** [3]), ***Biedl*** [4])). Diese Zyklusänderungen können vielleicht auch auf direkte mechanische Einwirkungen der Kohabitation, ähnlich wie der Follikelsprung beim Befruchtungsakt der Tiere, zurückgeführt werden (*A. Mayer*). In wieweit die Resorption von Sperma bei der Wachstumsanregung eine Rolle spielt, ist durchaus ungeklärt.

Waldstein und *Eckler* [5]) haben im Tierexperiment nachgewiesen, daß im Anschluß und als Folge der Kohabitation im weiblichen Organismus ein spezifisch auf Hodensubstanz reagierender Stoff gebildet wird, und daß deshalb Sperma, und zwar in nicht vollkommen abgebautem Zustande, zur Aufnahme gelangt sein muß. Dabei bleibt die Frage, ob die Samenfäden oder Trümmer derselben durch die Epithelien des Geschlechtstraktus ihren Weg nehmen, oder unter Mitbeteiligung der Leukocytose in den weiblichen Organismus gelangen, zu-

[1]) Zit. nach *Aschner*, Die Konstitution der Frau, München 1925.
[2]) Die vollkommene Ehe, Leipzig 1926.
[3]) Menstruationswellenverschiebung, Wien. klin. Woch. 1925.
[4]) Innere Sekretion, Wien-Berlin, 3. Auflage.
[5]) Wien. klin. Woch. 1913.

nächst ungeklärt. Auch *Sellheim*[1]) glaubt, daß durch den Begattungsakt eine Beeinflussung des Individuums stattfindet, daß Substanzen, welche bis dahin dem weiblichen Organismus fehlten, von ihm resorbiert werden, und daß diese resorbierten männlichen Sustanzen Stoffe erzeugen, die für den weiblichen Organismus etwas Neues bedeuten. Für den Einfluß des Coitus auf substantielle Veränderungen im weiblichen Organismus sprechen ferner die Versuche von *Dittler*, Serumveränderungen nach Coitus (*Lewitzky*[2])), Fälle von Sterilität nach Spermaimmunität infolge gehäufter Kohabitationen, Zustandekommen der Kriegsschwangerschaften, professionelle, nicht gonorrhoische Sterilität der Prostituierten. Experimentelle Feststellungen der Spermaimmunität bei parenteraler Samenzufuhr beim Tier haben ferner *Metschnikoff, Landsteiner, Dunbar, Savini, Venema* gemacht. *Bodnar* und *Kamniker*[3]) haben ähnliche Serumprüfungen am Menschen vorgenommen und analoge Ergebnisse erzielt und erklären, ebenso wie *A. Mayer*, auf diese Weise den Einfluß der Ehe auf das hypoplastische Genitale. Es ist natürlich noch nicht damit gesagt, daß man diese an Tieren gewonnenen Beobachtungen ohne weiteres auf das menschliche Weib übertragen darf, aber es ist andererseits doch sicher, daß der weibliche Organismus durch das Eingehen des sexuellen Verkehrs substantielle Veränderungen erfährt. Es ist nach *Lewitzky* und *Sellheim* sogar theoretisch denkbar, daß man durch die positive Hodenreaktion bei Frauen die vorausgegangene Kohabitation absolut sicher wird nachweisen können. Wenn es auch wenig wahrscheinlich ist, daß lebende, die Tuben und den Uterus durchwandernde Samenfäden in den mütterlichen Organismus übergehen, so liegt doch bei der nachgewiesenen Resorptionsfähigkeit der Scheide und des Peritoneums nahe, daß in diesen Fällen zugrunde gegangenes Sperma von der Mutter aufgenommen wird und dort Abwehrstoffe bildet, die dann durch die Blutzirkulation auf den Eierstock und das Ovulum ihren Einfluß ausüben.

Als besondere Reaktion des weiblichen Organismus auf die Ehe nennt *A. Mayer* auch die T e l e g o n i e. So soll die Frau durch eine Schwangerschaft Merkmale vom Kindsvater in sich aufnehmen und diese auf spätere Kinder auch eines anderen Vaters übertragen können. Es handelt sich dabei aber wohl durchweg um Fehlbeobachtungen oder Fehldeutungen, da die vermeintlichen Zusammenhänge in einem unlösbaren Widerspruch zu unseren erbbiologischen Erkenntnissen stehen würden (*Agnes Bluhm*[4]) u. a.). Das schließt nicht jede „Impräg-

---

1) a. a. O., ferner: Geheimnis des Ewig-Weiblichen, Stuttgart 1925 u. Ztschr. f. ärztl. Fortbildung 1924, S. 609.

2) Serumveränderungen nach Koitus, ref. Ber. üb. ges. Gyn. 1925.

3) Zeitschr. f. Gyn., Bd. 89, S. 85.

4) In *Marcuse* „Handwörterbuch der Sexualwissenschaft", 2. Aufl., Bonn 1926.

nierung" des weiblichen Organismus durch die Kohabitation und die indirekte Beeinflussung auch späterer Nachkommenschaft von einem andren Erzeuger aus.

Die stärkste und folgenreichste Reaktion des weiblichen Organismus auf die Ehe stellt natürlich die Schwangerschaft dar. Bereits mit der Ausreifung der Eierstöcke und ihrer Inanspruchnahme als innersekretorisches Organ kommt für den Organismus des jungen Mädchens eine tiefgreifende physiologische Umstimmung zustande, die für die nicht völlig Intakten eine gefährliche Klippe bedeutet. Noch stärkere Veränderungen im Organismus bringt die Schwangerschaft mit sich, wo der weibliche Körper im Sinne einer spezifischen Höchstleistung weit über das gewöhnte Maß hinaus engagiert ist (*Menge*[1])), und wo sich Veränderungen abspielen, die ihresgleichen in der lebendigen Natur nicht haben (*E. Kehrer*[2])).

Während von den gesunden Frauen die Ehe mit Schwangerschaft und Geburt nicht nur restlos vertragen wird, ja sich sogar ein Aufblühen des Organismus und Jüngerwerden der Frau häufig beobachten läßt (*Bublischenko*[3])), sieht man bei den weniger gut veranlagten oder konstitutionell geschwächten Frauen oft schon nach der ersten Schwangerschaft eine schwere oder irreparable Erschöpfung oder Schädigung des Organismus als Reaktion auf die Ehe eintreten. Erschlaffungszustände der Bauchwand, des Beckenbodens, der Befestigungen des Eingeweideblocks und der Genitalien, Störungen des Verdauungsapparates, Genitalverlagerungen sind nicht nur die Folgen einer schlechten Körperhygiene, sondern auch der Ausdruck und die Reaktion eines durch Tuberkulose, Alkohol, Lues und Gifte keimplasmatisch geschädigten Organismus, der unter den Anforderungen einer Ehe zusammenbricht. Nicht zum kleinen Teil ist auch die Industrialisierung der Frau ätiologisch dafür anzuschuldigen. Es würde hier zu weit führen, über den Einfluß der Schwangerschaft auf den bereits vor der Ehe kranken Organismus der Frau zu sprechen, und es seien hier lediglich die anlagemäßig resp. konstitutionell Minderwertigen, wie Infantilistinnen und Asthenikerinnen in den Kreis der Betrachtung gezogen, bei denen sich gerade durch die Ehe aus scheinbarer völliger Gesundheit heraus bestimmte spezifische körperliche Reaktionen feststellen lassen. Den größten Prozentsatz dieser konstitutionell Minderwertigen stellen die Infantilistinnen.

Ist die Ehe für die mehr oder weniger leichten Formen von Infantilismus (Hypoplasie der weiblichen Geschlechtsorgane) eine geradezu ätiologische Therapie, so bringt sie für die schweren For-

---

1) *Menge-Opitz*, Handb. d. Gyn., München 1922.
2) Psysiol. d. Schwangerschaft in *Halban-Seitz*, Bd. VI.
3) Archiv f. Frauenkunde, Bd. IV.

men große Nachteile und Gefahren mit sich, ja sie kann, was die Reaktionen des Organismus anbetrifft, für eine Frau mit ungenügend entwickelten Geschlechtsorganen direkt zum Verhängnis werden. Die dabei auftretenden pathologischen Reaktionen beziehen sich auf den Geschlechtsverkehr und auf die Schwangerschaft. *W. A. Freund*[1]) hat diese abnorme Reaktion inbezug auf die Ehe in geburtshilflich-gynäkologischer Hinsicht folgendermaßen gekennzeichnet: „Derartig veranlagte Weiber sind zur Erhaltung ihrer Person wohl befähigt, zur Fortpflanzung der Gattung aber ungeeignet, da sie mit sexueller Insuffizienz behaftet sind; denn wenn sie auch vermöge ihrer Keimdrüsen befruchtet werden können, so vermögen sie doch wegen der mangelhaften Entwicklung ihres Genitalschlauches das befruchtete Ei nicht an die gehörige Brutstätte zu fördern oder, wenn dies zufällig unter glücklichen Umständen geschehen ist, oft nicht bis zur gehörigen Reife zu beherbergen oder die schon reif gewordene Frucht nicht in normaler Weise zu gebären. Bei Schritt und Tritt auf dem Gebiete der Fortpflanzung gefährdet, bezahlen diese armen Geschöpfe die Beteiligung an diesem Geschäfte oft genug mit Gesundheit und Leben."

Schwache oder fehlende Libido und Voluptas, Kohabitationsstörungen und Dyspareunie durch die schon anatomisch dazu prädisponierte schlecht ausgebildete, rigide Scheide, machen den ehelichen Verkehr der Frau zur Qual und die Frau selbst für die geschlechtliche Betätigung ungeeignet. Diese Frauen leiden darunter seelisch so sehr, daß ihnen die Ehe besser erspart geblieben wäre. Welche Konflikte sich gerade aus diesem Punkte heraus zwischen den Ehegatten ergeben, wieviel Ehen gerade dadurch in die Brüche gehen, kann jeder Arzt durch seine Erfahrung bestätigen. Gerade diese Fälle von Infantilismus verlangen in den ersten Ehejahren in sexueller Hinsicht eine besondere Schonung und Zurückhaltung von seiten des Ehemannes, Geduld und Güte, deren nur stark vergeistigte oder außerordentlich kühle Männer fähig sind (*van de Velde*). Weitere Konflikte werden durch die häufig zu beobachtende Sterilität heraufbeschworen. Konstitutionelle Ursachen, besonders aber sofortiger Samenabfluß, post coitum aus dem abgeflachten Scheidengewölbe (*L. Fraenkel*), schlechte Entwicklung der Uterusschleimhäute machen die Frauen konzeptionsunfähig. Einkind-Sterilität (*Bab*) ist häufig, da die Reproduktionskraft solcher Frauen, mit einer einzigen Schwangerschaft und Geburt erschöpft ist und ihr Genitale vorzeitig atrophiert. Tritt die Schwangerschaft ein, so endigt sie oft, besonders die ersten Male, mit einem habituellen Abort, der infolge pathologischer Deziduaentartung und vorzeitiger Blutung durch die bis in die Mus-

[1]) Zit. nach *Fraenkel*, Sexualphysiologie, Leipzig 1914.

kulatur wuchernden Chorionzotten bewirkt wird. Gehäuftes Auftreten von Extrauterinschwangerschaften wird nicht selten beobachtet. Neigung zu Schwangerschaftstoxikosen, mit allen psychischen Nebenerscheinungen, komplizieren die Schwangerschaft und trüben die Gattenbeziehungen in dieser Zeit.

Daß die Geburt selbst durch alle Arten von Komplikationen wie mangelhafte Wehentätigkeit, Erschlaffungszustände des Uterus, sekundäre Wehenschwäche, Weichteilschwierigkeiten, Atonien und pathologische Puerperalprozesse erschwert werden kann, sei hier nur erwähnt.

Auffallend sind auch dem Gynäkologen die große Menge der infantilen Frauen und Mädchen, die über Dysmenorrhoe nach Eingehen der Ehe und des Geschlechtsverkehrs klagen.

Eine ähnliche pathologische körperliche Reaktion auf die Ehe ist bei den Frauen vom asthenischen Typus zu verzeichnen, der bis zu einem gewissen Grade als Degenerations- und Kümmerform ovarieller Ätiologie mit dem Infantilismus verwandt ist und oft fließende Übergänge zu diesem Typus zeigt. Während aber beim Infantilismus das Stehenbleiben auf kindlicher Entwicklungsstufe die abnormen Reaktionen auf die Ehe verursacht und die Ehekomplikationen schafft, ist diese konstitutionelle Anomalie neben den Genitalssymptomen im wesentlichen durch die Erschlaffung der Faser und durch die ausgeprägten Symptome von Seiten des Eingeweideblocks gekennzeichnet. Man spricht auch häufig von einem asthenisch-enteroptotisch-nervösen Symptomenkomplex. Die Asthenie, die bei völligem Gleichgewicht der innersekretorischen Drüsenfunktion während der Jugend keinerlei Symptome und Beschwerden machen muß, wird sehr häufig in dem dazu disponierten Organismus erst nach Eingehen der Ehe manifest, wenn durch die Frau der bisherige Ablauf der Körperfunktionen verändert wird. Eine solche Veränderung und Umstellung wird aber in der Ehe durch den Sexualverkehr, durch die Schwangerschaft und das enge Zusammenleben mit dem Mann geschaffen und läßt dadurch Situationen entstehen, denen die Asthenika körperlich und seelisch nicht gewachsen ist. Nicht zum kleinen Teil sind daran die oft erst in der Ehe manifestwerdenden Störungen der Sexualfunktion Schuld. Die von *Kretschmer* vorgeschlagene Einteilung dieser Frauentypen: Ptotikerin, Neurasthenikerin, Hypoplastikerin, Spasmophile, Intersexe — kennzeichnet schon die hervorstechendsten Symptome dieser konstitutionell geschwächten und für die Ehe wenig tauglichen Frauen.

Am ausgesprochensten ist die Schlaffheit und Dünnheit am ganzen Bindegewebeapparat, besonders auch am Bandapparat der Genitalien, an dem alle Arten der Ptose und Lageveränderungen in der

Ehe zu klinisch manifest werdenden Symptomen führen. Physiologische Vorgänge, die sonst nicht beachtet werden, werden überwertet, leichte, harmlose Veränderungen und Sensationen an den Genitalien werden zu Krankheitsprozessen umgedeutet, wenn erst durch den ehelichen Verkehr die Aufmerksamkeit auf das Genitale mehr hingelenkt worden ist. So klagen solche Frauen bald nach Eingehen der Ehe über Senkungsbeschwerden, Dysmenorrhoe, Kreuzschmerzen, Obstipation oder Blutungen, für die sich meist ein objektiver Befund nicht erheben läßt. Dieses Mißverhältnis zwischen der Stärke der Beschwerden einerseits und objektivem Befund andererseits, besonders bei nulliparen Frauen, zeigt, daß die Hauptquelle der Beschwerden in der Psyche zu suchen ist, die nicht allzu selten durch die Einwirkung der Ehe bei den dazu disponierten Frauen aus dem Gleichgewicht gebracht worden ist. Das gesamte Nervensystem dieser Frauen steht im Zeichen der Funktionsschwäche. Übermäßig starke Reaktion auf geringe und physiologische Reize, leichte nervöse Ermüdbarkeit, depressive, hypochondrische Stimmungen (Neuro-Psychasthenie) schaffen stets neue Konflikte, ja können sogar ganz plötzlich, äußerlich völlig unmotiviert, zu dem von *Mathes* geschilderten psychasthenischen Anfall führen, der sich als Reaktion auf seelische Konflikte und Gemütsbewegungen einstellt. *Mathes* sah diesen Zustand am häufigsten bei dem intersexuellen Typus der Asthenikerin, die seiner Meinung nach am leichtesten bei Sexualkrisen in eine geistige Zwangslage kommt, aus der sie sich nur durch die Flucht in die Neurose, in den asthenischen Anfall retten kann. Auch pathologische Uterusblutungen, Hypermenorrhoe durch die Muskelschwäche des Uterus (*Theilhaber*[1]), *Seitz*[2]), *Mathes*[3]), *Aschner*[4])) sind die Folgen des ehelichen Verkehrs. Verschlechterung des Reinheitsgrades der Scheidenflora (*Loeser*[5])), der sekundär zu chronischen Entzündungen und Katarrhen des Zervixepithels und des Endometriums führt und lästigen Fluor verursacht, beeinträchtigt den ehelichen Verkehr.

Aus der Zusammenfassung der erwähnten Tatsachen, die sich natürlich auf alle anderen Krankheitsgebiete beliebig ausdehnen lassen, ergibt sich mit zwingender Notwendigkeit, daß die psychische und physische Reaktion des Organismus auf die Ehe bei der Frau sich viel stärker geltend macht als beim männlichen Partner. Die Gründe dafür liegen einerseits in der größeren Empfindlichkeit und Reaktionsstärke des weiblichen Nervensystems, anderseits aber auch darin, daß die mit der Ehe verbundenen Änderungen der Lebens-

[1]) Archiv f. Gyn., Bd. 94 u. 102.
[2]) Archiv f. Gyn., Bd. 120.
[3]) Der Infantilismus usw., Berlin 1912.
[4]) Die Konstitution der Frau, München 1924.
[5]) Archiv f. Gyn., Bd. 125.

führung und Lebensbedingungen für die junge Ehefrau, im Gegensatze zum Manne, etwas so völlig Neues bedeuten, daß eine tiefgehende Umstellung des Organismus in jeder Beziehung erforderlich ist, um den veränderten Anforderungen zu genügen.

Als weitere wichtige Konsequenz dieser Betrachtungen ergibt sich die Forderung der richtigen Gattenwahl. Wo diese nicht unter voller Berücksichtigung der grundlegenden Bedingungen der Physiologie, Psychologie und Hygiene erfolgt, kommt es zu den mannigfaltigsten pathologischen Reaktionen des weiblichen Organismus, unter denen nicht nur die Frau selbst zu leiden hat, durch die nicht nur die Gattenbeziehungen, das eheliche Glück und die Harmonie der Ehe Schiffbruch leiden, sondern durch die auch die spätere Nachkommenschaft aufs schwerste gefährdet und selbst wieder für eine zukünftige Ehe untauglich gemacht wird.

Körperliche und psychische Reaktion des Mannes auf die Ehe

Von Wilhelm Hagen

Für eine ganze Reihe von Krankheiten und ungünstigen Erscheinungen hat sich der Volksmund angewöhnt, dem Mann die Ehe als zweckmäßiges Heilmittel zu empfehlen. Das gilt ebenso von kleinen Störungen des Allgemeinbefindens, von der Neigung zur Furunkelbildung, Schlaflosigkeit und Nervosität, wie von schweren Erkrankungen. So wird vor allem immer wieder empfohlen, daß Epileptiker und Psychopathen heiraten sollen; ja selbst bei ausgesprochener Idiotie verspricht man sich von der Ehe eine Besserung des Zustandes.

Wir Ärzte können den Glauben an die beseligende Wirkung der Eheschließung nicht in diesem Umfange teilen. Man muß zweifellos als wilden Aberglauben ablehnen, daß Epilepsie und Idiotie durch die Ehe beeinflußbar sind. Auch bei Tuberkulose hat man es schon erlebt, daß dem abgezehrten Mann empfohlen wurde, sich zum Ausgleich eine möglichst gesunde und kräftige Frau zu nehmen. Welche verheerende Folgen derartige kritiklose Handlungen haben können, zeigt sich für den nüchternen Beobachter ohne weiteres. Mag in gebildeten Ständen der Versuch, eine Tuberkulose durch die Ehe zu heilen, heute wohl nicht mehr gemacht werden, so stößt man doch allzu häufig auf die Anschauung, daß psychische Defekte, ja ausgesprochene Psychosen durch eine Heirat heilbar werden.

Zum großen Teil spielen dabei mystische Vorstellungen mit. Die Sage von dem „Armen Heinrich", der durch das Blut einer unschuldigen Jungfrau von seinem Leiden geheilt werden sollte, läßt sich unschwer auf mystische sexuelle Vorstellungen zurückführen. Es liegt ja an sich nahe, der tiefgehenden Erschütterung der Gesamtpersönlichkeit durch das seelische und körperliche Liebeserlebnis einen dauernden Einfluß zuzuschreiben. Daß dabei die Ehe und nicht irgendwelche anderen „wilden" Liebesformen in den Vordergrund treten, mag bedingt sein durch die Heiligung der Ehe und durch die Vorstellung, daß eine Heilwirkung von einem Menschen auf den anderen nur möglich ist, wenn er sich wirklich mit seiner gesamten Persönlichkeit ohne Vorbehalt dem anderen Menschen hingibt.

Wesentlich nüchterner müssen wir bei kritischer Betrachtung heute die Wirkung der Ehe auf den Mann einschätzen. Es ist aber gar kein Zweifel, daß wir körperlich und seelisch eine Veränderung der Persönlichkeit in der Ehe durch die Ehe feststellen können. Allerdings werden wir für die Betrachtung den Anteil der sexuellen Bindung und die Wirkung der rein äußerlichen Veränderung der Lebensform durch die Eheschließung wohl auseinanderhalten müssen. Dabei sei vorweg bemerkt, daß wir der Milieu-Änderung mindestens dieselbe Wirkung zuschreiben müssen, wie den rein sexuellen Einflüssen.

Die körperliche Veränderung ist im allgemeinen als durchaus günstig zu bewerten. Die Statistik lehrt uns, daß bei den Männern die Sterblichkeit der Ehelosen größer ist als die Sterblichkeit der verheirateten Männer des gleichen Lebensalters.

Es ist verständlich, daß zunächst die Regelung der körperlichen Sexualfunktionen mit der Eheschließung eine Änderung in dem Zusammenspiel der endokrinen Drüsen hervorrufen wird. Allerdings spielt dabei das Vorleben der Männer eine gewisse Rolle. Der Sexuell-Abstinente wird anders reagieren als der Mann, der gewohnt ist, seinen körperlich sexuellen Bedürfnissen keinerlei Zwang anzutun. Immerhin können wir bei der Mehrzahl der Männer annehmen, daß während der ganzen Junggesellenzeit die Erfüllung sexuell-körperlicher Wünsche aus den verschiedenartigsten Motiven heraus und wohl auch erzwungen durch die äußeren Lebensformen selten erfolgt und erst nach Überwindung größerer Hemmnisse. In der Ehe sind eine ganze Reihe von Schwierigkeiten dieser Art verschwunden. Während vorher die Gefahr einer ungesunden, körperlich und seelisch deprimierenden Abstinenz bestand, ist jetzt eher das Gegenteil zu fürchten, daß die rhythmischen Wellen des Sexuallebens zu flach werden und somit innersekretorisch und psychisch eine Verflachung eintritt.

Es ist zweifelsfrei, daß die ganze Gruppe von Störungen, welche sich als Folge nervös-endokriner Unstimmigkeiten, insbesondere an der Haut und dem Gefäßsystem zeigen, zunächst nur günstig beeinflußt wird. Die Akne, die Hautunreinigkeiten, welche so typisches Merkmal des Junggesellen sind, bessern sich von selbst, und ein größeres Wohlbehagen geht damit einher. Es ist auch kein Zweifel, daß Ehemänner dick werden. Bei der Frau sind uns die endokrinen Zusammenhänge zwischen Sexualfunktion und Fettablagerung wesentlich klarer. Aber auch beim Mann bedeutet ein Herabgehen der Sperma-Resorption, d. h. in unserem Falle eine vermehrte Ausscheidung, eine erhöhte Neigung zum Fettansatz. Schulversuch dafür ist die bekannte Tatsache, daß sich im Zölibat vor allem zwei Typen entwickeln, der hagere aufgeschossene, fanatische Mensch, der nur mit äußerster Willensenergie seine Sexual-Funktionen in geistige Bahnen ablenkt und sehr stark unter dem Einfluß der Sperma-Resorption steht, und der gemütliche Dicke, bei dem die Sexual-Funktionen durch die Unterdrückung und vor allem durch den Ausfall nervös-sexueller Reize verkümmert sind. Wir verwenden auch heute Hodenextrakt als Lipolysin zur Entfettung.

Da wir aber von der Ehe zu reden haben, müssen wir auch berücksichtigen, wie die äußere Form des Ehelebens Körper und Seele zu beeinflussen in der Lage ist. Man kann zweifellos das

Embonpoint der Ehemänner auch zurückführen auf die ruhige Häuslichkeit, auf das liebevoll gekochte Essen und auf die größere Ruhe, mit der es eingenommen wird. Die Unbekömmlichkeit des Wirtshausessens steht auch ohne die neueren Untersuchungen von *Friedberger*[1]) aus alten Erfahrungen fest.

In der unzweckmäßigen Ernährung der Junggesellenzeit liegt sehr oft die Quelle einer dauernd quälenden Magen- und Stoffwechselerkrankung. Gedenken wir allein des Alkohols und seiner Wirkung! Es ist kein Zweifel, daß auch ohne vollen Hausschlüssel-Entzug der verheiratete Mann weniger ins Wirtshaus geht. Allerdings hängt hier sehr viel von der Art des Hauswesens ab. Es ist auch das Gegenteil möglich, daß Unglück in der Familie und Fehler der Frau den Mann erst recht ins Wirtshaus treiben. Die Wohnungsfrage ist tatsächlich das A und O für die Zukunft der Familie, nicht nur des Mannes und damit für die Zukunft unseres Volkes. Leider ist die Wichtigkeit des Problemes noch nicht in das Bewußtsein aller verantwortlichen Stellen durchgedrungen. Besteht doch die günstige Wirkung eines gesunden Hausstandes auf den Mann im wesentlichen darin, daß er ihm biologische Lebensbedingungen gibt, die er während seiner Arbeitszeit umso mehr entbehren muß, je mehr er in einen intensiven, modernen Produktionsprozeß eingespannt ist. Die Großstadt-Mietskasernen-Wohnung kann diese Bedingungen nicht bieten. Sie setzt ein unbiologisches Dasein in der freien Zeit noch fort. Es ist nicht nur eine Frage des Kubikmeter-Preises des Mauerwerkes, ob man Hoch- oder Flachbau treiben soll. Für unsere Fragestellung bedeutet das häusliche Milieu den Entscheid darüber, ob die Ehe für den Mann eine Verbesserung oder eine Verschlechterung seiner Lebensbedingungen bringt. Denn es darf keinesfalls übersehen werden, daß die Ehe und die Familie für den Mann in erster Lnie eine erhebliche Belastung bedeuten. Da wir Soziallöhne nur in äußerst bescheidenem Maße haben, kann sich der Ledige für seine Person manches gestatten, was dem Verheirateten unmöglich ist. Er hat eine Selbständigkeit auch in finanzieller Beziehung, die er nicht nur nach der schlechten, sondern auch nach der guten Seite hin für sich ausnutzen kann. Sehr oft hört man bei der heutigen Arbeitslosigkeit den unwiderlegbaren Satz, das Alleinhungern immer noch

[1]) *Friedberger* glaubt exakt nachgewiesen zu haben, daß gewärmtes Essen für die Verwertung im Körper und insbesondere für den Stoffansatz wesentlich weniger wertvoll ist, als eine frisch zubereitete Mahlzeit. Seine Versuche harren noch der Bestätigung. Insbesondere aber entspricht das Wirtshausessen in seiner Zusammensetzung modernen Grundsätzen durchaus nicht. Fleischüberfütterung, Vitaminmangel, zu stark gewürzte und gesalzene Kost schaden auf die Dauer. Außerdem soll ja bewußt der Anreiz zum Alkoholkonsum gegeben werden.

besser sei, als zu zweit zu hungern. Die Triebkräfte, welche diese berechtigte Hemmung überwinden lassen, sind aber beim Mann geringer als bei der Frau.

Es wird also von der äußeren Gestaltung der Lebensverhältnisse weitgehend abhängen, ob der Mann zu einer Leistungssteigerung oder zu einer Leistungsverminderung im Berufe kommt.

In noch höherem Maße als von rein äußerlichen Dingen hängt das Aufsteigen oder Absteigen des Mannes mit der gesamten seelischen Entwicklung während der Ehe zusammen. An sich ist ja kein Zweifel, daß der Mann viel weniger in seiner seelischen Gesamtsituation durch die Eheschließung betroffen wird als die Frau. Rein äußerlich spielt sich heute in der Mehrzahl der Fälle die Heirat so ab, daß in der Berufstätigkeit keine wesentliche Lücke entsteht. 3—10 Tage Urlaub sind der Durchschnitt, der für die Umstellung auf den anderen Menschen zur Verfügung steht. Der Beruf geht dann ruhig weiter und während die Frau zu Hause sitzt, losgelöst aus den Gewohnheiten des Elternhauses, besteht für den Mann der Unterschied zunächst nur darin, daß er zum Essen statt ins Wirtshaus nach Hause geht. Der Weg ist etwas weiter, das Essen ist dafür etwas besser. Aber er wird bald bemerken, daß die Frau noch zeitliche Ansprüche an ihn stellt, und zwar vor allem Ansprüche seelischer Natur. Das Zeitungslesen beim Mittagessen stellt er zweckmäßig ab. Wenn die Frau nur einiges Geschick hat, vollzieht sich dann leicht die Umstellung auf das Zusammenleben, von der wir oben schon gesprochen haben. Der Mann wird in seiner ganzen Lebenshaltung stark durch die Frau beeinflußt. Man spricht nicht mit Unrecht davon, daß sie ihn hinauf- oder hinabzieht. Zum Teil von ihrer Geschicklichkeit hängt es ab, ob der Mann die Verantwortung, die er mit der Ehe übernommen hat, als Last fühlt oder nicht. Die wesentlichste Konfliktquelle für den Mann liegt in der Ausbalanzierung der beruflichen Beanspruchung und des Ehelebens. Nur in primitiven Verhältnissen läßt sich beides rein stundenmäßig trennen. Überall, wo der Mann eine Verantwortung trägt und dadurch sein Seelen- und Triebleben im Berufe mitbeteiligt ist, geht die Rechnung nicht so glatt auf.

Wir wissen, daß für bestimmte Berufe die Religionen fast aller Völker Ehelosigkeit verlangen. Die Sublimierung sexueller Kräfte ist für moralische, ethische und künstlerische Leistungen eben nicht ohne Bedeutung. Am klarsten liegt wohl bei der Dichtkunst zutage, daß künstlerische Werke ohne sexuelle Spannung kaum denkbar sind. Es ist aber Zweck der Ehe, sexuelle Spannungen aufzuheben und zu vermindern. Das kann zu einer durchaus erwünschten Abklärung der Anschauungen führen, es kann aber unter Umständen auch ein Herunterrutschen in die Alltäglichkeit bedeuten, das dann womöglich durch die wirtschaftlichen Umstände noch begünstigt wird. Die Gleichung: Leistungssteigerung im Beruf und häusliches Glück wird restlos nie aufgehen, wie ja das Problem der Ehe ohne Verzicht von beiden Seiten gar nicht zu lösen ist.

Auch der Frau gegenüber tritt mit der Eheschließung eine wesentlich andere Einstellung auf. Wir kennen vor der Ehe alle möglichen sexuellen Männertypen, von dem stark psychisch eingestellten, seelisch liebenden, körperlich abstinenten Mann, über den seelisch-körperlich Indifferenten, für den das Sexualleben nur ein normal ablaufender Bestandteil seiner vegetativen Funktionen ist, bis zu dem oberflächlichen Schürzenjäger und den körperlich und seelisch aus der erotischen Erschütterung nicht loskommenden Naturen. Jeder dieser Männer wird verschieden auf das dauernde Zusammenleben mit der Frau reagieren. Dem einen ist Treue und Verantwortungsgefühl eine Selbstverständlichkeit, ein anderer wird seine bisherige, innere Gleichgültigkeit mit Erfolg in die Ehe hinein fortsetzen, der dritte wird bei aller aufrichtigen Liebe eine restlose Befriedigung bei einer Frau nie finden können. Die Umstellung des Charakters, die daraus folgert, weist je nach der Stärke des inneren Verpflichtungsgefühles ganz verschiedene Formen auf. Je später der Mann geheiratet hat, desto geringer wird allerdings seine Anpassungsfähigkeit werden.

Es besteht immer die Gefahr, daß die vorehelichen Liebeserlebnisse in Form der begeisterten seelischen Hingabe, des Verhältnisses oder des Dirnenverkehrs auf den Zustand in der Ehe übertragen werden. Dazu kommt die gefährliche Tatsache, daß nach dem Bürgerlichen Gesetzbuch und den überlieferten Eheformen die Frau dem Mann mehr oder weniger ausgeliefert erscheint. Hat vor der Ehe der Mann um den zeitweisen Besitz der Frau immer zu kämpfen, so vergißt er in der Sicherung der Ehe nur zu leicht, daß ihm auch die Form der heutigen Ehe nicht ohne weiteres ein Recht über die körperliche und seelische Persönlichkeit der Frau gibt. Die gefährlichste Ehereaktion ist sicher dieses Haustyrannentum, das auch im Verkehr mit fremden Menschen die Persönlichkeit auf das Unvorteilhafteste verändert.

Mit Rücksicht auf die langen Jahre des Ehelebens mit Frau und Kindern zusammen müssen wir zugeben, daß die ganze Zeichnung, die wir entworfen haben, zu grobstrichig ausgefallen ist. Die kleinen Ereignisse des Tages, die in einer Familie immer in ähnlicher Form wiederkehren, vollziehen langsam die Formung beider Gatten. Die Symbiose zwischen Mann und Frau hat so mannigfaltige Formen, daß sich wirklich nur in großen Zügen einseitig über die Beeinflussung des Mannes reden läßt. In Wirklichkeit schwingt der Einfluß immer von dem Einen zum Andern. Man wird am Ende eines Lebens sehr wohl sagen können, daß und welchen Einfluß die Frau auf das Leben eines Mannes gehabt hat. Mann und Frau empfehlen wir bei den Differenzen des täglichen Lebens die Beeinflussungsmöglichkeiten immer bei sich selbst und nicht bei dem anderen zu suchen, schon aus dem Grunde, weil es viel einfacher ist, von selbst etwas zu ändern als dem anderen Umkehr zu predigen. Es ist nicht Ziel unseres Aufsatzes, dem Manne Schrecken einzujagen vor der weitgehenden Beeinflussung seiner Persönlichkeit durch die Ehe. Er soll nur wissen, daß sich in seinem Leben tatsächlich Entscheidendes ändert mit der Eheschließung. Ob zum Guten oder zum Schlechten hängt von ihm selbst in dem gleichen Maße ab wie von der Frau.

Die Bedeutung von Menstruation, Schwangerschaft, Wochenbett und Laktation für die ehelichen Beziehungen

Von Otto Herschan

Menstruation, Schwangerschaft, Wochenbett und Stillperiode als spezifische Funktionen des weiblichen Organismus müssen als Phasen im Frauenleben betrachtet werden, in denen auch das normale Weib gleichsam an der Grenze zwischen Gesund- und Kranksein steht. Sie bringen nicht nur körperlich, sondern auch in psychischer Hinsicht so tiefgreifende Veränderungen für den Körper der Frau mit sich, daß sie nicht ohne Einfluß auf das eheliche Verhältnis sein können. Anderseits muß man auch annehmen, daß eine Institution wie die Ehe, welche in natürlicher und physiologischer Weise für die überwiegende Mehrzahl der Menschheit die Funktion der Fortpflanzung regelt und neue Lebensbedingungen schafft, von wichtiger Bedeutung für den Ablauf der Geschlechtsphasen sein muß.

Die Menstruation gehört zu den Lebensprozessen der Frau, die Forscher wie *Mary Putman-Jacobi*[1]), *Goodmann*[2]), *F. H. Kisch*[3]), *von Ott*[4]) und *van de Velde*[5]) u. a. als Wellenbewegung des Organismus bezeichnen. Die Wellenbewegung, um die es sich hier handelt, bezieht sich auf die zyklischen Veränderungen des Zirkulations-, Digestions-, Respirations- und Nervensystems, der Körpertemperatur, Muskelkraft, auf die Funktion der Genitalorgane und der Psyche, mit einer Akme kurz vor und einem Wellental kurz nach der Menstruation, während beim Manne die biologische Funktionslinie quantitativ auf gleichbleibender Höhe verläuft (*L. Fraenkel*[6])) und auch jedes vergleichbare Korrelat für die weibliche Menstruationspsyche fehlt (*Stransky*[7])). In dieser

---

1) Zit. nach *L. Fraenkel*, Sexualphysiologie, Leipzig 1914.
2) Americ. Journ. of obstetries, Bd. 11, S. 673.
3) Das Geschlechtsleben des Weibes, Berlin 1906.
4) Petersburger Med. Ztschr. 1912, Nr. 18.
5) Die vollkommene Ehe, Leipzig 1926.
6) S. unter 1); ferner: Physiologie der weiblichen Genitalien. In Halban-Seitz, Biologie und Pathologie des Weibes, Berlin-Wien 1926/27.
7) In Halban-Seitz, l. c.

Zeit steht der weibliche Organismus nicht nur in einer Periode verminderter Widerstandsfähigkeit, sondern es treten auch in den meisten Fällen lokale Störungen und Störungen des Allgemeinbefindens auf, sodaß die Frauen selbst von einem *Unwohlsein* sprechen. Zu der zyklisch auftretenden Blutüberfüllung (Stauungshyperaemie der Unterleibsorgane), welche schon physiologischer Weise störende Sensationen wie Gefühl der Völle und Schwere und Drängen nach abwärts erregt, treten noch Sensationen, die auch vom kleinen Becken, besonders von Blase und Mastdarm, ihren Ausgang nehmen, und Veränderungen in den Zirkulationsorganen und in der Funktion des Nervensystems (Kopfschmerzen, Herzklopfen usw.) hinzu, die Abweichungen im psychischen Verhalten der Menstruierenden bewirken, deren Kenntnis für die Harmonie der ehelichen Beziehungen nicht ohne Bedeutung ist.

Sicherlich gibt es je nach der Beschaffenheit der Konstitution auch viele abgehärtete und weniger empfindliche Frauen, bei denen die Menstruation sowohl in körperlicher wie seelischer Hinsicht keinerlei Ausschläge gibt; im allgemeinen aber befinden sich die Frauen wenige Tage vor Eintritt der Periodenblutung und während dieser in einer Art von Ausnahmezustand (*Hofstätter*[1])), wo sie, abgesehen von der schon genannten verminderten körperlichen Leistungs- und Widerstandsfähigkeit, ähnlich wie in der Schwangerschaft und in der Klimax, zu den verschiedensten nervösen und psychischen Anomalien neigen.

Die geistige Spannkraft ist deutlich herabgesetzt und das Gehirn in dieser Zeit besonders schonungsbedürftig. Diese subjektiv und objektiv merkbare Verminderung der Leistungsfähigkeit der Gehirnrinde während der Menses bleibt auch in der weiteren Lebenszeit bis zur Menopause bestehen (*Menge*[2])). Die Frauen sind in dieser Zeit leicht erregt und rasch ermüdbar, oft bedrückt, mißmutig, empfindlich und leicht einem Stimmungswechsel unterworfen, Veränderungen, die für das Wohlbefinden sehr störend werden und die Grenze des Hysterischen, selbst Paranoid-Reizbaren streifen können, meist aber innerhalb der Grenzen des Erträglichen bleiben.

Für die ehelichen Beziehungen und die Beziehungen des Geschlechtslebens zur Menstruation ergibt sich durch das Verhalten der Libido und der Psyche folgende beachtenswerte Tatsache: Trägt der Ehemann in dieser Zeit dem natürlichen Bedürfnis der Frau nach körperlicher und geistiger Schonung nicht Rechnung, so kommt es zu Störungen im Allgemeinbefinden und in den Geschlechtsfunktionen.

---

[1]) In *Marcuse*, Handwörterbuch der Sexualwissenschaft, 2. Aufl., Bonn 1926.
[2]) *Menge-Opitz*, Handbuch der Gynäkologie, München 1922.

Was die Beziehungen der Libido sexualis zur Menstruation anbetrifft, so ist zu vermuten, daß durch die Reifungsvorgänge am Ovarium auch Reizungszustände an den Genitalien ausgelöst werden (*Rohleder*[1])). So kommt es auch, daß durch den physiologisch vermehrten Blutandrang und die Hyperämie des kleinen Beckens in dieser Zeit, besonders vor der Periode, aber auch während dieser und kurz nachher ein erhöhter Detumeszenstrieb vorhanden, die Libido im allgemeinen gesteigert und eine erhöhte erotische Angreifbarkeit gegeben ist. Es wird auch angenommen, daß gerade in diesen Tagen das Optimum der Befruchtungsmöglichkeit liegt. Auch *Koßmann*[2]) führt die erhöhte Reizbarkeit und den erhöhten Geschlechtstrieb auf die Blutfülle des gesamten weiblichen Geschlechtsapparates infolge der Menstruation zurück. *Krafft-Ebing* betont besonders die postmenstruelle Erregung. In praxi werden sich wahrscheinlich je nach Rasse, Klima und Konstitution individuelle Schwankungen ergeben. Daß aber die Annahme einer erhöhten geschlechtlichen Erregung während der Menses sicherlich ihre Richtigkeit hat, beweisen diejenigen Fälle, bei denen Frauen mit sonst nur geringer Libido oder völliger Frigidität nur während der Periode einen vollen Orgasmus beim Beischlaf erzielen und konzipieren. Die Kenntnis dieser Tatsachen war schon den in der ars amandi erfahrenen Indern und Arabern bekannt und wurde zur Erzielung eines Leibeserben von den Ärzten bei Frigidität der Frau empfohlen.

Aus der Annahme der erhöhten Sexualität während der Menstruation ergibt sich die Frage der Schädlichkeit oder Unschädlichkeit des Koitus während der Menstruation. Diese Frage wird in der Literatur meist vernachlässigt oder absichtlich nicht berührt, da es ja in unseren Kulturkreisen als selbstverständlich angesehen wird, daß die menstruierende Frau schon aus ästhetischen Gründen geschont werden muß. Bei vielen Völkern gilt nach *Ploß-Bartels*[3]) die menstruierende Frau als unrein, der beizuwohnen bei strengster Strafe verboten ist. Nach dem etwas abergläubisch eingestellten Gesetzbuche der Mohammedaner verliert der Mann durch seinen ehelichen Verkehr während der Menses die Kraft der geistigen Ruhe, und in der mosaischen Gesetzgebung wird sogar die Todesstrafe für ein derartiges Verbrechen verlangt. In unseren Ländern unterbleibt der Geschlechtsverkehr in dieser Zeit, abgesehen von Perversionen, schon aus Widerwillen gegen das Blut als solches und aus Abscheu gegen den etwas kräftigen Geruch des Menstrualblutes, das in der Vagina Fäulnisprozessen unterworfen ist.

---

1) Vorlesungen über das ges. Geschlechtsleben d. Menschen, Berlin 1919.
2) Allgemeine Gynäkologie, Berlin 1903.
3) Das Weib in der Völkerkunde. Herausgegeben von F. v. *Reitzenstein*, Berlin 1927.

Anderseits vermag ein Koitus, besonders wenn er ohne Vorsicht ausgeführt wird, ähnlich wie in der Schwangerschaft auch in den Haupttagen und am Höhepunkte der Menstruation im blutstrotzenden Genitalapparat ausgesprochen schädlich zu wirken. In den durch die menstruelle Hyperämie bereits aufgelockerten Geweben, die eine erhöhte Verletzlichkeit zeigen, kommt es bei brüsk ausgeführtem Koitus zu kleineren oder gröberen Verletzungen, in die Keime verschleppt werden, und die zu lästigen Entzündungen oder sogar Infektionen Veranlassung geben können. Auch das Fehlen des antibakteriziden Schleimpfropfes, die durch das alkalische Reagieren des Menstrualblutes bewirkte Abschwächung der sauren Reaktion der Scheide, die leichte Eröffnung des Zervikalkanals schaffen einen geeigneten Nährboden für die durch den Penis importierten Bakterien und können der Infektion Vorschub leisten. Im übrigen kann es durch den erhöhten Blutzufluß zu den schon normaler Weise blutreichen Genitalorganen zu einer pathologischen Kongestion kommen, die Menorrhagien oder eine akute haemorrhagische Endometritis zur Folge haben kann.

Wenn auch alle diese angeführten Folgeerscheinungen nur in den seltensten Fällen eintreten werden, so ist der Koitus intra menstruationem bei der erhöhten Reizbarkeit und verminderten Widerstandsfähigkeit der Frau zu verbieten, um nicht nur an diesen kritischen Tagen alle Konfliktmöglichkeiten zu vermeiden, sondern auch um dem natürlichen Schamgefühl der Frau Rechnung zu tragen. Daß ein Verstoß gegen dieses hygienische und ästhetische Verbot unter Umständen für nervös disponierte Frauen ein seelisches Trauma bedeutet, das in seinen weiteren Auswirkungen den ganzen Verlauf einer Ehe in Frage stellen kann, zeigen uns die Krankengeschichten der Psychoanalytiker.

Andererseits ist die erhöhte Befruchtungsmöglichkeit in den letzten Tagen der Menstruationsblutung relativ steriler Frauen oft eine so bedeutende, daß der Arzt nicht selten durch den Rat, den Koitus um diese Zeit zu vollziehen, wirksam helfen kann (*Hofstätter*). So wird auch von vielen Gynäkologen während der Periode behufs Begünstigung der Empfängnis in sterilen Ehen ohne nachweisbare Ursache der intramenstruelle Koitus empfohlen, allerdings bei aller Berücksichtigung der erhöhten Verletzlichkeit der durch den menstruellen Blutzufluß geschwellten Genitalorgane.

Die gewaltigste Umwälzung im Organismus der Frau bedeutet die Schwangerschaft mit ihren tief eingreifenden körperlichen und psychischen Veränderungen. Die dabei sich vollziehende Umwandlung des Stoffwechsels, die Veränderungen im Blut und hämatopoetischen System, die Verschiebungen im Zusammenspiel der inkretorischen

Drüsen, die Veränderungen an Leber und Niere, stellen an die Anpassungsfähigkeit des weiblichen Körpers große Ansprüche. In das veränderte Zusammenspiel der Organe greift noch als neuer wichtiger Faktor die Plazenta ein, die mittels der Chorionzotten durch das Blut eine Reizwirkung auf den mütterlichen Organismus ausübt und leicht zu allen möglichen Graden von Autointoxikationen Veranlassung geben kann, was wieder begreiflicherweise nicht ohne Einfluß auf das Zentralnervensystem und das psychische Verhalten der Schwangeren ist. So sehen wir, je nach der Empfänglichkeit des Zentralnervenapparates für diese somatisch-inkretorischen Verschiebungen in der Gravidität, auch bei sonst vollkommen gesunden Frauen, psychische Erregungszustände und nervös-psychische Schwangerschaftsbeschwerden auftreten, die bei Unkenntnis dieser Veränderungen von seiten des Ehemannes leicht zu Konflikten, bei dazu disponierten Frauen sogar zum Ausbruch von Psychosen führen können. Die Veränderungen der Psyche und des Charakters treten besonders in den ersten Monaten deutlich hervor, während sie sich in der zweiten Schwangerschaftshälfte mit dem Fortschreiten der Gravidität meist allmählich wieder ausgleichen oder vollständig verschwinden. Gesteigerte nervöse Reizbarkeit wie bei der Menstruation, labile Stimmung, Launenhaftigkeit, abnorme Begehrungsvorstellungen, trüben manche Ehe und verlangen von dem Ehegatten häufig große Zurückhaltung und Geduld. Auch Veränderungen des Trieblebens, Abnormitäten der sexuellen Empfindung und Betätigungsart werden bei früher völlig gesunden Frauen beobachtet. Hyperemesis, Ptyalismus gravidarum verursachen aus den verschiedensten Gründen heraus (Angst vor der Geburt, Abneigung vor dem zu erwartenden Kind, Unlustgefühl gegen den Gatten) Konflikte und können dazu zwingen, das Eheleben zeitweise zu unterbrechen. Das übererregbare Nervensystem (Schwangerschafts-Vagotonie) reagiert stärker als sonst auf die Konflikte des täglichen Lebens. Der Gemütszustand ist oft schwankend, und erhöhtes Wohlgefühl und Glück wechseln schnell ab mit ausgesprochenen Depressionen und traurigen Stimmungen. Alle diese seelischen Gleichgewichtsstörungen und Veränderungen des Affektlebens, die auch mit Veränderungen der Sinnesorgane (Geruch, Geschmack) und Veränderungen des Nervensystems einhergehen und erfahrungsgemäß bei Erstgeschwängerten besonders stark auftreten, erfordern von dem jungen Ehegatten Anteilnahme und liebevolles Eingehen auf den geistigen Zustand der Frau. Verständiger Zuspruch, vernünftiges Nachgeben ist von Seiten des Ehemannes unbedingt nötig, um ihr die Bürde zu erleichtern. Alle Nadelstiche des Lebens, schwere Emotionen, die eine besonders heftige psychische Gegenreaktion erwarten lassen, sind selbstverständlich von ihr fernzuhalten. Die Stärke der psychischen Beschwerden hängt häufig genug von der vorausgegangenen Erziehung ab. Je willensstärker eine Frau ist, je vernünftiger die Erziehung war, die ihr zuteil wurde, desto leichter kommt sie über die Graviditäts-Beschwerden hinweg, und desto kleiner und die Ehe weniger störend werden die Ausschläge des durch die Schwangerschaft veränderten Nervensystems sein.

Was den Geschlechtstrieb in der Schwangerschaft anbetrifft, so sehen wir häufig, daß Frauen, die früher schon eine relativ geringe sexuelle Libido hatten, nach erfolgter Gravidität nur noch Mütter, aber garnicht mehr Gattin mit Erfolg sein können (*Hofstätter*). Aus dieser sexuellen Gleichgültigkeit heraus, die den Mann zur Abstinenz oder auch zur Untreue zwingt, kommt es zu ehelichen Konflikten und Eifersuchtsszenen, die nicht selten sogar in pathologische Bahnen hinüberführen können. Normalerweise ist nach *E. Kehrer* der Geschlechtstrieb bis zum 7. Schwangerschaftsmonat ebenso erhalten wie vor der Schwangerschaft. Bei Frauen, die vorher beim Koitus irgend welche Hemmungen, wie z. B. Furcht vor der Schwangerschaft, hatten, kann, wenn sie sich erst gedanklich auf die Mutterschaft eingestellt haben, in den ersten Schwangerschaftsmonaten sogar Besserung des sexuellen Konnexes eintreten (*E. Kehrer*). Häufig erfährt aber auch der Geschlechtstrieb eine Herabsetzung, mit der dann eine Zunahme der thyreotoxischen Erscheinungen verbunden sein kann (*Hofbauer*[1])). So sicher es aber feststeht, daß die Gravidität besonders am Beginn die Libido sexualis in vielen Fällen erhöht, so gibt es auch anderseits sehr viele Fälle, in denen die Frauen mit dem Fortschreiten der Schwangerschaft allmählich die Wollustempfindung einbüßen und schließlich völlig dyspareunisch werden. *Rohleder* glaubt, daß der infolge des Wachstums vergrößerte gravide Uterus durch Druck auf das Ovarium und seine Nerven libidoerhöhend wirkt, und daß die Vermehrung des interstitiellen Ovarialgewebes auf innersekretorischem Wege den Geschlechtstrieb verstärkt. Von manchen normal empfindenden Frauen, deren geschlechtliches Lustgefühl aber erst durch die Kohabititionen geweckt wurde, wird sogar das Ausbleiben des Geschlechtsverkehrs in dieser Zeit als fehlend empfunden. Es gibt auch sicher beobachtete Fälle,wo die geschlechtliche Lust der Schwangeren und der Orgasmus in coitu während der ganzen Gravidität bis zur Geburt bestand (*W. Kotelnikow*[2])) und trotz ärztlichen Verbots der Beischlaf bis kurz ante partum ausgeübt wurde. Solche extremen Fälle sind aber sicher sehr selten. Ein beträchtlicher Teil der Frauen,

[1]) Zit. nach *Kehrer* a. a. O.
[2]) Zit. nach *Galant;* s. [1]) S. 231.

aber sicherlich nicht 100%, wie *S. Galant*[1]) angibt, verliert ungefähr in der zweiten Schwangerschaftshälfte jegliche Lust für den Geschlechtsverkehr und empfindet ihn als etwas Lästiges und Unangenehmes. Wird er in dieser Zeit gegen den Willen von dem unvernünftigen Ehegatten erzwungen, so stellen sich psychische Abwehrreaktionen, wie z. B. Steigerung der Schwangerschaftsbeschwerden, Hyperemesis usw. ein. Ob es nun innersekretorische Veränderungen sind, die zur Abneigung gegen die eheliche Vereinigung und zur Dyspareunie führen, ob es psychische Gründe sind, wie Rücksicht auf die wachsende Frucht, erwachendes oder übertriebenes Muttergefühl oder die Angst, durch die Brutalität des Mannes Schaden zu erleiden, sei dahingestellt. Die Tatsache, daß es in der Gravidität, besonders bei Erstgeschwängerten auch bei sonst völlig normal empfindenden Frauen, sogar zum völligen Libidoverlust, zur Dyspareunia completa kommen kann, ist jedem Gynäkologen bekannt. Unter Umständen tritt diese Erscheinung so typisch auf, daß man an dem plötzlichen Erlöschen des Geschlechtstriebes und dem Widerwillen gegen die Kohabitation die Konzeption erkennt. Auch den Frauen selbst ist diese Erscheinung als Einleitung der Schwangerschaft wohl bekannt[2]).

Die zuletzt berührten Tatsachen führen uns zur Frage des Koitus in der Schwangerschaft. Daß er auch mit Rücksicht auf den männlichen Partner nicht völlig verboten werden soll und darf, darüber sind sich alle Sexualhygieniker einig. Es ist aber auch selbstverständlich, daß mit Rücksicht auf die Schonungsbedürftigkeit der schwangeren Frau, die für alle Rücksichtnahme in dieser Zeit ein dankbares Verständnis zu bewahren pflegt, der Verkehr besonders in den letzten Monaten auf ein Mindestmaß beschränkt werden soll. Wie so häufig, liegt auch hier das Richtige in der Mitte und hängt von äußeren Umständen und dem Temperament der beiderseitigen Ehegatten ab. In den letzten Graviditätsmonaten verhindern ästhetische Momente, wie Widerwillen des Mannes vor der sekretreichen geschwollenen Scheide und Vulva, von selbst, daß dieses Gebot zu häufig gebrochen wird. Ganz zu verbieten ist der Koitus in den letzten Schwangerschaftswochen und kurz vor der Entbindung. Leider wird auch gegen dieses Verbot nur zu oft gesündigt, und es gibt brutale Ehemänner, die sich auch noch zu dieser Zeit die Frau ihren Wünschen zu Diensten machen. Abgesehen davon, daß in einer so vorgerückten Schwangerschaftsperiode der Beischlaf nur unter erschwerten Bedingungen von statten gehen kann, bedeutet er für Mutter und Kind eine nicht zu unterschätzende Gefahr. Vorzeitiger Blasen-

1) Ztschr. f. Gyn., Bd. 88.
2) *Max Marcuse* in Sexual-Probleme, Bd. 10, 1914/15, S. 766 ff.

sprung, vorzeitige Erregung von Wehen und Blutungen, Keimimport in die Vagina und in den Uterus, Puerperalfieber und Sepsis können die Folgen sein. Der Einfluß des Koitus auf den vorzeitigen Blasensprung, verfrühten Fruchtwasserabgang und Verlauf des Wochenbetts ist erst in neuerer Zeit von den Geburtshelfern wieder genügend gewürdigt worden, als durch zahlreiche Untersuchungen festgestellt worden war, welche Bedeutung der Scheidenflora am Ende der Schwangerschaft für den Verlauf des Wochenbetts zukommt. *P. Zweifel*[1]) u. a. haben nachzuweisen versucht, daß der in der letzten Zeit der Schwangerschaft vollzogene Koitus einen deletären Einfluß auf die Geburt und das Wochenbett haben kann. Auch ich habe im Laufe der Jahre eine ganze Anzahl Puerperalfieberfälle gesehen, bei Frauen mit Spontangeburten, die nie vaginal untersucht worden waren, wo die zuerst völlig unklare Ätiologie des Fiebers schließlich durch den Nachweis eines kurz ante partum ausgeführten Koitus geklärt werden konnte. Daß der Koitus während der Schwangerschaft für die Geburt und das Kindbett kein gleichgültiges Ereignis sei, war, wie *v. Büben* bemerkt[2]), schon im Altertum wohl bekannt. Schon bei Soranus aus Ephesus finden sich aufklärende Bemerkungen darüber, daß der Geschlechtsverkehr in den letzten Schwangerschaftsmonaten zu vermeiden sei. Auch die religiösen Vorschriften der Perser und Meder enthalten solche Verbote. Auf Grund von 5000 untersuchten Fällen hat *v. Büben* den Schluß gezogen, daß der Koitus sowohl in den drei ersten wie in dem letzten Monat der Gravidität schädlich sein kann. In den ersten Monaten führt er leicht zum Abort, im letzten Monat der Schwangerschaft ist er ein ganz bedeutendes Trauma für den leicht reizbaren Uterus, der durch vorzeitige Kontraktionen mit nachfolgendem verfrühtem Blasensprung auf diesen Reiz reagiert. Bei Mehrgebärenden, bei denen auch der innere Muttermund am Schwangerschaftsende schon etwas geöffnet ist, kann er auch direkt zum Blasensprung führen. Bei Erstgebärenden konnte *v. Büben* in 42,1%, bei Mehrgebärenden in 56,2% solcher Fällen vorzeitigen Blasensprung konstatieren. Neben der verzögerten Geburt ist nach *v. Büben* und *Heusler-Edenhuizen*[3]) als weitere Folge des Koitus ante partum das Steigen der fieberhaften Wochenbetten anzunehmen. Wenn man bedenkt, daß die durchschnittliche Sauberkeit der Ehegatten der niederen Volksschichten — um diese handelt es sich ja hier meistens —, insbesondere der Ehemänner, beim sexuellen Verkehr den Anforderungen der Asepsis in keiner Weise entspricht und daß eine Kohabitation eine sehr viel intensivere Berührung mit sich bringt

[1]) Zentralbl. f. Gynäk. 1895.
[2]) Zentralbl. f. Gynäk. 1926.
[3]) Zentralbl. f. Gynäk. 1926.

als eine digitale Untersuchung unter der Geburt, so ist es zu verstehen, daß jeder Akt Massen von Keimen aus der Schamspalte und vom After hinterläßt, die in dem Lochialsekret und in den durch die Geburt vielfach lädierten Geweben einen günstigen Nährboden finden. *v. Büben* ist geneigt, gerade die allerschwersten Formen von Sepsis und Pyämie auf vorzeitigen Blasensprung in Verbindung mit dem Koitus zurückzuführen. Er verzeichnet bei seinen Fällen bei Erstgebärenden 37,5%, bei Mehrgebärenden 55,5% Morbidität, wo der Koitus einige Stunden, 13,8% bzw. 20,5%, wo er einige Tage und 4,3% bzw. 20%, wo er einige Wochen ante partum stattgefunden hat. Ähnlich wie *M. P. Liubimowa*[1]) habe ich allerdings so schwere Puerperalfieberfälle mit dieser Ätiologie nicht beobachten können. Aber hohe Temperatursteigerungen mit schlechtem Allgemeinbefinden, übelriechenden Lochien, schlaffem und schlechtinvolviertem Uterus habe ich des öfteren gesehen.

Wir dürfen also bei schwangeren Frauen, die sich an uns um Rat wenden, nicht vergessen, darauf aufmerksam zu machen, daß der eheliche Verkehr in den letzten 4—8 Wochen aus den angeführten Gründen erheblich eingeschränkt werden soll und in den letzten 4 Wochen am besten unterbleibt, da Mutter und Kind sich sonst einer Gefahr aussetzen.

Bei Hypoplastikerinnen kann der Geschlechtsverkehr schon in den ersten Schwangerschaftsmonaten von deletären Folgen begleitet sein, indem Blutungen und Fehlgeburten sich einstellen. Bei Mehrgebärenden kann sich dieser Vorgang schon in ganz frühen Schwangerschaftsmonaten unter dem Bilde einer profusen Menstruation vollziehen und der Beobachtung entgehen. *Pinard*[2]) hält den Beischlaf geradezu für eine der häufigsten Ursachen des frühen Ab o r t s. Mehrgebärende scheinen eine geringere Disposition zu solchen Aborten zu haben. Als Ursache dieser frühen Fehlgeburten gibt er an: Infantilismus, Zervixrisse, Ektropien, tiefen Plazentasitz und konstitutionelle Veranlagung zu habituellen Aborten, und schätzt die Zeit von der gefahrbringenden Kohabitation bis zum Eintritt der Wehen zwischen einigen Minuten und 72 Stunden. Neuerdings hat *Menge*[3]) nachdrücklichst auf die Bedeutung des Geschlechtsverkehrs für die vorzeitige Unterbrechung der Schwangerschaft hingewiesen: Daß der Koitus überhaupt als abortauslösendes Moment bei Frauen, die zum Abort neigen, eine große Rolle spielt, geht aus der Tatsache hervor, daß manche Frauen, die bisher habituell abortiert haben, austragen, wenn man ihnen nach er-

[1]) Zentralbl. f. Gynäk. 1926.
[2]) Zentralbl. f. Gynäk. 1899.
[3]) Zit. nach *Nürnberger-Heynemann*, in Halban-Seitz a. a. O., Kapitel: Fehlgeburt.

folgter Konzeption ein strenges Kohabitationsverbot auferlegt und dieses auch wirklich befolgt wird. Besonders häufig wirkt in diesem Sinne der Koitus bei hypoplastischen Genitalzuständen und bei der Rückwärtslagerung des Uterus. Als auslösende Momente für die frühzeitige Ausstoßung des Eies nehmen viele Gynäkologen mechanische Einwirkungen durch den Koitus an, die zu einer Lockerung des implantierten Eies führen, das dann infolge der durch den Koitus erzeugten Hyperämie durch die Uteruskontraktionen zum Menstruationstermin ausgestoßen wird. Im allgemeinen wird aber die Häufigkeit dieses Ereignisses überschätzt, und es wäre vollkommen falsch, den Beischlaf während der ersten Schwangerschaftsmonate aus diesen Gründen zu verbieten, was den ehelichen Beziehungen in keiner Weise förderlich wäre.

Selbstverständlich ist der Koitus in den ersten 10—12 Tagen des Wochenbetts nach rechtzeitiger Geburt und in den ersten 8 Tagen nach einer Fehlgeburt völlig zu verbieten. Am besten ist er überhaupt bis zur Involution der Genitalien zu vermeiden, einerseits aus ästhetischen Gründen für beide Teile, andererseits wegen der Gefahr der Verletzung und Infektion der Frau. Die in den ersten 14 Tagen post partum reichlich vorhandenen Lochien bilden einen sehr guten Nährboden für pathogene Bakterien, die durch den Penis eingeschleppt werden, und steigern die Infektionsgefahr für die Mutter, je frühzeitiger die ehelichen Beziehungen wieder aufgenommen werden. Auch die ohnehin schon bestehende Hyperämie der Genitalien wird durch den Verkehr gesteigert. Größere oder kleinere Geburtsverletzungen werden wieder angefrischt und infiziert. Die puerperal aufgelockerte Scheide und Portio ist äußerst leicht verletzbar, so daß bei ungestümer Berührung lebensbedrohliche Rißblutungen und Gewebstrennungen entstehen können. *Blumreich* [1]) beobachtete eine solche sehr starke Rißblutung am 16. Wochenbettstage. Ich selbst konnte eine tiefe penetrierende Verletzung ins rechte Beckenbindegewebe hinein bei einer 10 Tage alten Wöchnerin konstatieren, eine Verletzung, die sich bei angeblich vorsichtigem Koitus ereignet hatte. Andere Autoren, wie *Neugebauer* [2]), haben Todesfälle gesehen. Wie leicht zerreißlich die Scheidenwand noch in der 3. bis 4. Woche nach der Geburt ist, zeigen die von *Calmann* [3]) zusammengestellten Fälle, wo selbst bei fachkundiger gynäkologischer Untersuchung Verletzungen der inneren Genitalien vorkamen. Ich selbst konnte zwei fast völlige zirkuläre Abtrennungen der Portio oder einer der beiden Muttermundslippen bei puerperalen Frauen beobachten, bei denen von Studierenden eine vaginale Explo-

1) In *Noorden-Kaminer:* Krankheiten und Ehe. 2. Aufl.
2) Monatssch. f. Geb. u. Gyn., Bd. 9, S. 221 u. 289.
3) Zit. nach *Fürbringer*, in *Noorden-Kaminer* a. a. O.

ration vorgenommen worden war. Risse des hinteren Scheidengewölbes werden des öfteren beobachtet, wo sich im Puerperium Rückwärtslagerungen der Gebärmutter ausgebildet hatten. Da das Wochenbett physiologischer Weise erst mit der erreichten Rückbildung abgeschlossen und die Involution der Geschlechtsorgane erst nach Ablauf von 6 Wochen für gewöhnlich beendigt ist, so ist mit Rücksicht auf die leichte Verletzlichkeit der inneren Genitalien der Frau (in früherer Zeit — 1. bis 2. Woche — Gefahr der Infektion bei geöffneten Zervicalkanal: Endometritis, Parametritis, Salpingitis) der eheliche Verkehr in den ersten drei Wochen aus all den genannten Gründen zu verbieten und in der 3. bis 6. Woche nur unter Vorsicht zu gestatten. Voraussetzung für die Wiederaufnahme der ehelichen Beziehungen ist auch nach dieser Zeit, daß das Wochenbett normal verlaufen und der Allgemeinzustand der Wöchnerin befriedigend ist. Bei Wochenbetterkrankungen ist selbstverständlich eine längere Schonzeit der Erkrankten durchzuführen. Ganz besondere Rücksicht ist in dieser Zeit auf das Nervensystem der Wöchnerin zu nehmen, das durch den zur Unzeit ausgeführten Beischlaf aufs heftigste erschüttert werden und dann die Umarmungen des Ehemannes zur Ursache des Ekels und Abscheues für immer machen kann.

Man müßte eigentlich annehmen, daß solche Verbote für Kulturmenschen sich erübrigten und daß das reichlich fließende Uterinwundsekret mit seinem unangenehmen Geruch jeden Ehemann vor dem Koitus im Frühwochenbett abhalten würde. Die Erfahrung lehrt aber, daß es immer wieder Rohlinge gibt, die nicht nur bis zum Beginn der Geburtswehen, sondern auch schon im Frühwochenbett die Duldung des Beischlafes von der Ehefrau verlangen und erzwingen. Nicht selten ist es auch Indolenz der betreffenden Frau, die diesen Akt gleichmütig gestattet, oder Angst, den Mann durch die erzwungene Abstinenz auf Abwege zu treiben.

Wird der Geschlechtsverkehr nach dieser Zeit wieder aufgenommen, so ist im Interesse der Frau und der weiteren Nachkommenschaft eine sofortige Schwängerung zu vermeiden. Im Vertrauen auf die angebliche Unmöglichkeit der Konzeption während der Stillperiode lassen sich viele Frauen zu einem sorglosen Geschlechtsverkehr verleiten, der in vielen Fällen mit einer neuen Gravidität endigt, bevor es noch den Frauen zum Bewußtsein gekommen ist, daß sie schwanger sein könnten. Wenn auch im allgemeinen stillende Mütter schwerer konzipieren als nicht stillende, so ist doch eine Gravidität trotz der erschwerten Eieinbettung, wenn überhaupt ovuliert wird, durchaus möglich. Die Laktationsamenorrhoe, die nach den Erfahrungen der einzelnen Autoren verschieden häufig — zwischen 40 und 70% der Fälle — auftritt, wiegt die Frauen in eine gewisse Sicherheit vor der Konzeption. Die Befruchtungsunmöglichkeit ist aber nur solange vorhanden, als der Eierstock seine Funktion eingestellt hat. Tritt die Ovulation indessen plötzlich während des Stillens ein, dann ist die Konzeptionsfähigkeit selbstverständlich wieder vorhanden. So sah *L. Fraenkel* bei seinem Material doppelt soviel stillende Frauen ohne Menstruation als nach der ersten Menstruation schwanger werden, die schon konzipiert hatten, bevor der Eintritt der Menses ihnen die wiedervorhandene Befruchtungsmöglichkeit andeutete.

Eine fortdauernde Schwängerung der Frau ohne physiologische Pause, wie man es ja häufig genug erlebt, bedeutet für den weiblichen Organismus eine nicht zu unterschätzende Gefahr. Sie verhindert die normale Rückbildung aller durch die Schwangerschaft in Mitleidenschaft gezogenen Organe, zerstört die körperlichen Reize und macht die Frau vorzeitig alt, Tatsachen, die natürlich nicht zur Stärkung der ehelichen Beziehungen beitragen. Auch eine geeignete Körperkultur, die diesen Verfall verhindern könnte, kann die Frau, wenn sie von einer Schwangerschaft in die andere hinübergleitet, natürlich nicht treiben. Alles dies ist umso mehr zu bedenken, als, wie *Sellheim*[1]) richtig bemerkt, mit dem Fortschreiten der Kultur Schwangerschaft, Geburt und Stillgeschäft viel größere Anforderungen an den Körper der Frauen stellen als früher und zu Körperreaktionen Anlaß geben, die ans Krankhafte grenzen. Abgesehen davon, daß auch der kräftigste Organismus durch schnell aufeinanderfolgende Geburten sich erschöpft und vorzeitig altert, daß die übermäßige Inanspruchnahme der mangelhaft involvierten Bauchdecken und Genitalbandapparate, der Muskeln des Beckenbodens zu allen Arten von Senkungen, Verlagerungen und Krampfader-Bildung führt, leidet die Frau auch seelisch durch die Erschöpfung des Nervensystems und durch das Bewußtsein, vorzeitig zu altern und ihre körperlichen Reize einzubüßen. Daß auch diese Dinge den ehelichen Beziehungen kaum förderlich sein können, ja in tragischer Weise zur ehelichen Untreue des Mannes führen, dafür gibt uns das Leben Beispiele genug. Eine weitere Gefahr dieser zeitlich schnell aufeinanderfolgenden, gehäuften Schwangerschaften besteht darin, daß eine körperlich geschwächte Frau häufig eine minderwertige Nachkommenschaft hervorbringt. Der Embryo leidet darunter, daß er durch einen geschwächten Organismus nicht die nötigen Aufbaustoffe in genügender Qualität und Quantität zugeführt bekommt. Das Ei besitzt infolgedessen eine geringere Lebensfähigkeit, es treten Aborte auf, die die Ernährung der Frucht durch Mangel an gewissen

[1]) Hygiene und Diätetik des Weibes, München 1926.

im mütterlichen Organismus nicht schnell genug ergänzten Stoffen leidet. Besonders ungünstig liegen diese Verhältnisse, wenn die Schwangerschaften innerhalb eines Jahres aufeinanderfolgen. Die Statistik *Westergaards*[1]) zeigt, daß von 100 Geborenen, die innerhalb eines Jahres hinter den Geschwistern zur Welt kamen, 20 bis zum 5. Lebensjahre starben, während die Kinder, die um mehr als zwei Jahre jünger waren, nur eine Mortalität von 11,8% aufwiesen. Wie erschreckend hoch diese Mortalitätsziffer ist, zeigt der Vergleich mit einer Statistik von *A. Seitz*[2]), der für dieselbe Zeit die Mortalität der durch operative Eingriffe geborenen Kinder auf 17,2% angibt. Ein so erfahrener Hygieniker wie *Gruber*[3]) verlangt sogar, daß im Interesse der Frau und des ehelichen Verhältnisses überhaupt die Schwangerschaften nicht rascher als alle $2^1/_2$ Jahre aufeinander folgen sollen, da es nur dann möglich sei, daß die Mütter ihre Kinder genügend lange stillen könnten.

Auch die Laktation bedeutet, ähnlich wie das Wochenbett, im gewissen Sinne eine Schonzeit für die Frau. Während der ganzen Stillperiode sehen wir häufig auch bei sonst körperlich völlig gesunden und geistig regsamen Frauen eine Abnahme der physischen und psychischen Kräfte. Wir sehen rasche Ermüdbarkeit, Vergeßlichkeit, reizbare Stimmungen mit Neigung zu Depressionen und Hypochondrie und eine gewisse Gleichgültigkeit den ehelichen Beziehungen gegenüber. Die Libido ist fast stets herabgesetzt. Folgende Gründe werden dafür angegeben: Innersekretorische Veränderungen durch Aussetzen der Ovulation und Menstruation, Säfteverlust und Schwächung des Körpers durch die Stilltätigkeit und Wochenbettsekretion, allgemeine Umstimmung der Stoffwechselvorgänge durch die Involutionsvorgänge, Schmerzen durch die Erregung beim Verkehr, teilweise Verdrängung der sexuellen Wünsche durch die Sorge um das Kind, die eine derartige Opferwilligkeit und einen so starken Verzicht auf eigene Freuden zustande bringen können, daß selbst die Liebe zum Mann hinter der Sorge um das Kind zurückstehen muß und die erotische Neigung zum Partner eine erhebliche Abkühlung erfährt. Wie *Freud* u. a. nachgewiesen haben, findet auch der weibliche Kontrektations- und Detumeszenstrieb an dem Saugen des Neugeborenen in vielen Fällen ein so starkes sexuelles Äquivalent und eine so ausgiebige körperliche Befriedigung, daß für die eheliche Liebe in dieser Zeit kaum noch ein Bedürfnis vorhanden ist. In solchen extremen Fällen entsteht mitunter, wie es *Hofstätter*[4]) schildert, auch ein Hor-

---

[1]) Zit. nach *Gruber*; s. [3]).
[2]) Arch. f. Frauenkunde. Bd. 8, S. 185.
[3]) In *Noorden-Kaminer*, a. a. O.
[4]) „Menstruation und Ovulation" in *Marcuse*, HWB. d. Sex.-Wiss., a. a. O.

ror vor der harmlosesten ehelichen Zärtlichkeit, so daß es zu schweren ehelichen Konflikten zwischen den Gatten, insbesondere zu einer feindseligen Einstellung des Mannes gegen das Neugeborene kommt. Gewisse Ehen können an dieser Spaltung der Liebe der Frau und an der leichten Befriedigung des an und für sich herabgesetzten Sexualtriebes während der Laktationsperiode durch den Saugakt des Kindes scheitern. Im allgemeinen sind in der ersten Zeit der Stillperiode die ehelichen Beziehungen zwischen ästhetisch empfindenden Gatten sehr geringe. Ruhebedürfnis und Schamgefühl der Frau, eigenartig riechende Körper- und Genitalsäfte (Schweiß, Wundsekret, Lochien), Erschlaffung der Muskulatur der Beckenschlußapparate, vorübergehender Verlust der körperlichen Reize, wie es z. B. das Sauggeschäft für die Brüste mit sich bringt, schlaffe, mit Schwangerschaftsnarben bedeckte Bauchdecken, wirken im allgemeinen wenig stimulierend auf den normal empfindenden Mann und halten ihn davon ab, die Frau in den ersten Monaten mit sexuellen Wünschen zu belästigen. Meistens wird auch erst mit dem 3. bis 4. Laktationsmonat, wenn die Frau gekräftigt ist, der frühere Sexualverkehr in gewohntem Ausmaße wieder aufgenommen, und nicht selten geben die Frauen an, daß es für sie erst bei den Kohabitationen nach der ersten Geburt zu einer wirklichen sexuellen Befriedigung gekommen ist (*Hofstätter*).

Die Bedeutung der weiblichen Klimax und Menopause für die ehelichen Beziehungen

Von Otto Herschan

Die Bedeutung des Klimakteriums und der Menopause für die Gattenbeziehungen ergibt sich zwanglos als Resultat der objektiv wahrnehmbaren anatomischen und physiologischen Veränderungen resp. Involutionsprozesse des weiblichen Organismus in dieser Zeit und der subjektiven, funktionellen Beschwerden im Verein mit den typischen Veränderungen der weiblichen Psyche dieser Phasen.

Die schon in der Praeklimax allmählich sich vollziehende Umstellung des Organismus, die ihren Ausgang von dem in seiner Funktion erlöschenden Ovarium nimmt, wirkt sich in der Klimax zur völligen Umgestaltung der weiblichen Psyche und des Sexuallebens der Frau aus, was sich natürlich, genau so wie in der kritischen Zeit der Pubertät, nicht ohne mehr oder minder starke Störungen vollziehen kann. Es ist hier nicht der Ort, um all die anatomischen und physiologischen Veränderungen des weiblichen Organismus in der Klimax ausführlich zu beschreiben, sondern sie seien hier nur insoweit in Betracht gezogen, als sich aus ihnen Beziehungen zu dem Gattenleben in dieser Zeit ableiten lassen.

Der Begriff der Klimax ist erfüllt, wenn die Eierstöcke nicht mehr funktionieren und die Ovulation dauernd aufgehört hat. Im laxen Sprachgebrauch wird die Zeit, die dem Erlöschen der Geschlechtsfunktion vorausgeht, häufig als klimakterische benannt, wo es sich doch eigentlich um die sogenannte Präklimax handelt, und von Menopause gesprochen, wo eigentlich Klimax vorliegt. Menopause bedeutet Aufhören der Menstruation, wobei die Bedingung, daß die Eierstöcke nicht mehr funktionieren, nicht erfüllt zu sein braucht. Die Uterusschleimhaut kann in dieser Zeit, unabhängig von der Ovulation, ihre Tätigkeit einstellen, ein Ereignis, was wir sehr häufig beobachten können, während umgekehrt eine Menstruation ohne Ovulation nicht vorkommt und alle diesbezüglichen Blutungen in das Gebiet des Pathologischen fallen. Es ist nach *L. Fraenkel*[1]) zweckmäßig nur dann von Klimax zu sprechen, wenn Anzeichen erschöpfter

[1]) Sexualphysiologie, Leipzig, Vogel, 1913.

Eierstockstätigkeit vorliegen, also bei den sogenannten ovariellen Ausfallserscheinungen und Zeichen der Vergreisung der Genitalien. In vielen Fällen werden natürlich Aufhören der Eierstockstätigkeit und Menopause zeitlich zusammenfallen, so daß eine Trennung der Begriffe Klimax und Menopause gar nicht möglich sein wird. Hier entscheiden die sonstigen Ausfallserscheinungen neben dem Aufhören der Menstruation. Das Erlöschen der Ovulation geschieht in unseren Breiten in der Regel zwischen dem 45.—50. Lebensjahr, nach *Schäffer*[1]) ist das 47. Jahr der Durchschnitt, wobei Konstitution, allgemein körperlicher Zustand, Rassenverschiedenheiten in der zeitlichen Schwankung eine wichtige Rolle spielen. Nach *Krieger*[2]) ist die Menopause mit 36—40 Jahren bei 12%, mit 41—45 Jahren bei 26%, mit 46—50 Jahren bei 41%, mit 51—55 Jahren bei 15% und vor dem 35. und nach dem 55. Lebensjahre in 7% zu beobachten. Der Übergang vom zeugungsfähigen Weibe zur Matrone ist ein allmählicher, wobei der Eierstock langsam aufhört, Eichen zur Vollreife und zur Befruchtungsfähigkeit zu bringen. Die Dauer der Übergangszeit ist im Durchschnitt 1½—2 Jahre, wobei aber viel größere zeitliche Schwankungen nicht allzu selten sind. Die Ausfallserscheinungen der Klimax kommen nicht durch das Aufhören der äußeren Sekretion, der Ovulation und Menstruation, sondern erst durch das Aufhören der Gesamttätigkeit des Eierstocks zustande (*L. Fraenkel*)[3]). Erst das Darniederliegen der Gesamtfunktion macht die typischen belästigenden Symptome und zwar umso stärker, je gesunder der Eierstock vorher war und je plötzlicher die Klimax eintrat.

Den Veränderungen der Genitalsphäre entsprechen bis zu einem gewissen Grade solche des Gesamtorganismus resp. des Gesamthabitus. Die äußerlich wahrnehmbaren Veränderungen stellen sich für gewöhnlich später ein als die rein psychischen und charakterologischen, wobei wieder die des Genitales vorausgehen. Tritt der körperliche Verfall gleichzeitig mit den psychischen Veränderungen ein, so liegen dem meist andere Ursachen zugrunde: Unterernährung, körperliche und psychische Erschöpfung, organische und seelische Erkrankungen, wobei Arteriosklerose und Carzinom häufig vertreten sind. Treten diese Veränderungen vor dem 40. Lebensjahre auf, Ursache und Genese dieser Fälle können ganz verschieden sein, so sprechen wir von einer Climax praecox.

Die Rückbildungsprozesse können sich völlig reibungslos in mehr oder weniger kurzer Zeit oder in Jahren vollziehen, als Ausdruck einer jeweils anders gearteten Konstitution. Im Vordergrund

---

[1]) Handb. d. Gyn., 2. Auflage.
[2]) Zit. nach *Fraenkel*.
[3]) In *Halban-Seitz* Handbuch, Bd. 1.

stehen die schon erwähnten physiologischen Involutionsprozesse an den Genitalien mit ihren charakteristischen anatomischen Veränderungen. Dazu kommen Änderungen im Zusammenspiel der inkretorischen Drüsen, Stoffwechseländerungen und vasomotorische, sekretorische, nervöspsychische Symptomenkomplexe, die man als Ausfallserscheinungen der Klimax bezeichnet. *Buch*[1]), der das Material der Breslauer Universitätsfrauenklinik daraufhin statistisch untersucht hat, fand von subjektiven Beschwerden in den Wechseljahren: In 94% Hitzewallungen, denen in 67% Schweißausbrüche und in 14% Kälteschauer folgten. Fast alle Frauen klagten über Schwindelanfälle. Was die Veränderungen auf psychischem Gebiete anbetrifft, so begegnete man in 64% Depressionszuständen, in 28% gesteigerter Reizbarkeit, in 6% wechselten Depressionen mit gesteigerter Reizbarkeit ab. 50% der Frauen klagten über Nachlassen des Gedächtnisses, das sich in 68% mit Depressionen, in 32% mit gesteigerter Reizbarkeit kombinierte. Die häufigsten Reflexneurosen, schlechter Schlaf und Kopfschmerzen, kamen bei beiden psychischen Veränderungen gleichmäßig vor.

Das Aufhören resp. die Abschwächung der sexuellen Tätigkeit geht mit bestimmten anatomischen Veränderungen im Ovarium einher, die zwar zur Aufhebung der Fortpflanzungstätigkeit, aber nicht zur Aufhebung des Geschlechtstriebes führen. Bezüglich der Libido sexualis ist zu bemerken, daß sie in der Zeit kurz vor Eintritt der Menopause, in der praeklimakterischen Zeit und bei Beginn der Klimax gewöhnlich erhöht und, wie *Rohleder*[2]) erwähnt, apud coitum gesteigert ist. Sie verliert sich in der Regel nur ganz allmählich, so, daß zwar mit einem kontinuierlichen, aber langsamen Schwinden des Geschlechtstriebes und der Voluptas bei den meisten Frauen zu rechnen ist.

Frauen, die an einen regelmäßigen Geschlechtsverkehr gewöhnt sind und auch in der Klimax und Menopause die Gattenbeziehungen weiterpflegen, behalten erfahrungsgemäß die Libido und Voluptas länger als solche, die aus bestimmten Gründen sich der ehelichen Beziehungen schon vorher enthalten mußten. Anderseits sind aber auch viele Fälle bekannt, wo es trotz Weiterpflegens der Geschlechtsbeziehungen zu einem deutlich bemerkbaren Erlöschen der Libido und Voluptas kommt und die Fähigkeit verloren wird, eine sexuelle Befriedigung beim Geschlechtsverkehr zu erreichen. Körperlicher Verfall durch Krankheiten, aber auch rein psycho-sexuelle Momente können die Ursachen sein. Inwieweit der Grad und das Tempo des Fortschreitens der anatomischen Veränderungen und Involutionsprozesse am Ovarium und damit verbundene innersekretorische Störungen für

[1]) Klimakterische Ausfallserscheinungen, J. D., Breslau 1924.
[2]) Vorlesungen über das ges. Geschlechtsleben, Berlin 1920.

die Triebabnahme verantwortlich zu machen sind, entzieht sich vorläufig noch unserer Kenntnis. Die Tatsache, daß selbst nach völliger Vergreisung der Genitalien ein voller Geschlechtsgenuß noch möglich ist, weist schon darauf hin, daß psychische Momente wie Erinnerung und Gewöhnung an den Geschlechtsakt eine wichtige Rolle im postklimakterischen Geschlechtsleben spielen müssen.

Mit dem Näherrücken des Seniums wird aber die Abschwächung des Triebes immer stärker und die Fähigkeit der Lustempfindung beim Verkehr immer geringer. Libido und Voluptas nehmen graduell und kontinuierlich ab, bis mit dem Eintritt des Greisenalters vollständige Ruhe im Geschlechtsleben eingetreten ist. Nur in seltenen Fällen besteht der Geschlechtstrieb und die Erhaltung der weiblichen Reize bis in die Spätklimax und bis in das Senium hinein in unverminderter Stärke weiter, wenn auch unsere heutige Zeit mit ihrer Körperkultur, Hygiene und Mode ein gewisses zeitliches Hinausschieben des Alterns der Frau erkennen läßt. Eine Ninon de Lenclos, Marion de Lorme oder Mistinguette, die bis in ihr höchstes Alter sich ihre Reize und Anziehungskraft zu erhalten verstehen, sind vereinzelte Ausnahmen.

Manchmal wird auch in der Spätklimax und Menopause eine ausgesprochene Steigerung des sexuellen Empfindens beobachtet, die aber nicht von Dauer ist. Psychische Gründe, wie Fortfallen der Angst vor der Schwängerung, Sucht, sich noch einmal auszuleben oder Versäumtes nachzuholen, können die Ursachen sein.

Die Energie, Rücksichtslosigkeit und moralische Hemmungslosigkeit, mit welcher klimakterische Frauen den Geschlechtsakt in dieser Zeit suchen können, erinnern, wie *Hofstätter*[1]) meint, an das Auftauchen männlicher Eigenschaften bei der alternden Frau. Der Wunsch nach Befriedigung der sexuellen Begierden tritt sehr oft mit einer solchen Vehemenz ein, daß selbst sittlich besonnene Naturen hoffnungslos davon überwältigt werden. Immer wieder erstaunt die Umgebung, wie Frauen in diesen Jahren alles vergessen und hinwerfen und nicht nur Geld opfern, sondern auch Werte des Gemüts hingeben, die lange gehegt und gepflegt worden sind, um einer neuen Liebesleidenschaft zu frönen, deren Objekt einen solchen Aufwand an Gefühl und materiellen Opfern meist nicht zu verdienen scheint. Mit Vorliebe werden junge Männer, ja auch Nichterwachsene, Objekte des Verlangens, und auch geschlechtliche Verkehrtheiten können in solchen extremen Fällen bei früher höchst moralischen Frauen beobachtet werden. Die Angst vor dem völligen Verlöschen der Genußfähigkeit reißt oft alle Schranken nieder und trägt den Keim der Zerstörung in die Ehe.

---

[1]) Artikel Klimakterium, Handwörterb. d. Sexualwissenschaft., 2. Aufl. Herausg. v. *Max Marcuse*, Bonn 1926.

Nicht selten sieht man ausgesprochene Steigerungen der Libido bei plötzlichem artefiziellem Herbeiführen der Klimax, wie z. B. bei der Totalextirpation des Genitales bei Carzinom, die sich bis zur ausgesprochenen Psychose resp. Nymphomanie steigern kann, wie ich es in solchen Fällen mehrfach beobachten konnte. Diese bereits ins Pathologische fallende Veränderung dürfte durch brüske innersekretorische Umstellung des weiblichen Organismus zu erklären sein, die die psychische und charakterologische Umbiegung der weiblichen Seele hervorruft.

Erhöhte geschlechtliche Erregbarkeit kann in der Klimax durch genitalen Pruritus, Kraurosis und nervöse Parästhesien erzeugt werden. Der Pruritus der Vulva äußert sich durch unerträgliches Jucken und Brennen in den Schamteilen, die oft mit Wollustempfindungen verbunden sein können und die eine solche Stärke erreichen können, daß sie, falls die nötige Entspannung durch den ehelichen Verkehr nicht erreicht wird, zur exzessiven Masturbation führen. *Magnus Hirschfeld*[1]) hat solche Frauen beobachtet, die unter diesen quälenden Sensationen zur Nymphomanie getrieben wurden. Auch bloße Aufgeregtheit, Unruhe, Launenhaftigkeit und Heftigkeit im Wesen im Klimakterium ist seiner Ansicht nicht selten als Folgezustand örtlicher Reizzustände zu betrachten.

Auffallende Libidosteigerungen sehen wir in dieser Zeit ferner bei Genitalerkrankungen wie Tumoren, Lageveränderungen, Ovarialcysten usw., die durch Blutkongestionen im kleinen Becken hyperämisierend auf die Genitalien wirken. Auch Tumoren der anderen Organe und der Blutdrüsen können in den Wechseljahren ähnliche Wirkungen hervorbringen.

Während das Erlöschen der Geschlechtstätigkeit des Mannes dadurch gekennzeichnet ist, daß seine Beischlaffähigkeit durch Störungen der Potenz resp. der Erektion herabgemindert oder vernichtet wird, bleibt das Weib in der Klimax oder bei bereits eingetretener Menopause doch immer noch zur Ausübung des Geschlechtsverkehrs geeignet und befähigt. Normalerweise werden die Geschlechtsbeziehungen zwischen den beiden Ehegatten in der Klimax fortgesetzt, in manchen Fällen sogar in verstärktem Maße, was einerseits damit zusammenhängt, daß bei Beginn der Klimax der Geschlechtstrieb der Frau erhöht und auch die geschlechtliche Empfindung beim Koitus gesteigert ist, andererseits, daß die Furcht vor der Schwängerung wegfällt. Es kann sogar der Fall eintreten, daß Frauen, die vor der Klimax frigide waren, nach vollzogenem Wechsel zu einem vollständig befriedigenden Geschlechtsgenuß gelangen. Physiolo-

1) Sexualpathologie, Bonn 1920.

gischerweise steht auch dem weiteren ehelichen Verkehr trotz des Erlöschens der Ovarialfunktion nichts entgegen, falls der Altersunterschied der Gatten kein zu großer ist und in dieser Zeit nicht bereits mit dem vollständigen Erlöschen der Potenz des Mannes zu rechnen ist. Da die Erzielung des Orgasmus bei der Frau nicht an die Ejakulation drüsiger Stoffe gebunden und mehr von psychischen Momenten abhängig ist, die Psyche anderseits sich in den Jahren der Geschlechtsreife genügend an die Reize gewöhnt hat, die der Verkehr mit sich bringt, und die Lustgefühle, die mit der Ausübung des Aktes verbunden sind, rein automatisch sich einstellen, so werden die meisten Frauen auch in der Klimax und Menopause nicht völlig jedem Verkehr entsagen wollen und können.

Die Zeit, in welcher die Konzeptionsfähigkeit in unseren Breiten physiologischerweise erlischt, fällt in das 40.—50. Lebensjahr. *Schaeffer* berechnet als Durchschnitt $47^1/_4$ Jahre. Er fand Menopause vor dem 40. Jahr in 3,65%, zwischen dem 50. bis 55. Jahr in 30% und nach dem 55. Jahr in 61% seiner Fälle. Daß Frauen nach dem 48. Jahr noch konzipieren ist ziemlich selten und selbst nach dem 40. Lebensjahre gehören Entbindungen nicht zum häufigen Ereignis. *Haberda* gibt sie mit 7% aller Geburten an. Schwangerschaften nach dem 50. Jahre haben *Barker, Davis, Hofmann, Krieger, Flatau, Fehling, A. Mayer* u. a. beobachtet, auch ich selbst konnte eine Gravidität im IX. Monat bei einer 55jährigen Frau beobachten, die ein völlig gesundes Kind zur Welt brachte. *Prion* sah, wie *Hofstätter* zitiert, Menopause im 59. und Gravidität im 62. Lebensjahr, *Depasse* Menopause im 59. und Gravidität im 62. Lebensjahr. Solche Ereignisse sind allerdings enorm selten, und es kommt nach dem 45. Lebensjahr viel häufiger zum Abort einer jungen Schwangerschaft als zum Austragen eines lebensfähigen Kindes. Nicht ganz selten findet man bei Abrasionen, die nach unregelmäßigen Perioden bei angeblich klimakterischen Blutungen gemacht werden, ein abgestorbenes Ei oder histologisch im Schleimhautbilde Zotten, die von einer unbemerkt abortierten Schwangerschaft stammen, so daß die Frauen selbst das Ausbleiben der Periode auf den Eintritt der Wechseljahre bezogen.

Durch das allmähliche Sistieren der Menses werden nicht selten bei Frauen, besonders dann, wenn die ehelichen Beziehungen ohne Präventivmaßnahmen ungehindert weiter bestehen, auch Graviditäten vorgetäuscht, und es kommt durch die natürliche Fettvermehrung der Klimax oder ev. durch das Auftreten von Tumoren, Parästhesien in den Genitalien, zum Symptomenkomplex der eingebildeteten Schwangerschaft. Aber auch rein psychische Ursachen können gerade in dieser Zeit die Wurzel dieser Täuschung sein und eheliche Zerwürfnisse heraufbeschwören, die sich je nach den Umständen zum lächerlichen Schauspiel oder bei Wiederholungen zum Drama steigern können. Es handelt sich dabei, wie *van de Velde*[1]) meint, meist um solche Frauen, die erst spät verheiratet ihren heißen Wunsch nach Kindersegen nicht erfüllt sehen und beim Aussetzen der Menstruation zu gleicher Zeit hoffen und das fatale „zu spät" fürchten.

L. Fraenkel schildert in seiner „Sexualphysiologie" einen einschlägigen Fall, der das Lächerliche dieser Situation so recht beleuchtet: Er war zu einer Geburt wegen Plazenta praevia gerufen. Als er in das übliche adjustierte Kreißzimmer trat, fand er die typisch ängstlichen Mienen der Kreissenden und ihrer Angehörigen vor, die ausgebreitete Wäsche und das Bad für das Kind, die Schwiegermutter, — kurz: es fehlte nichts. Es handelte sich um eine typische „grossesse nerveuse". In einem andern Fall wurde eine Frau als angeblich in Querlage ad terminum kreissend in seine Klinik gebracht, weil der Arzt nicht bei Wendungsversuchen den vorliegenden Teil erreichen konnte. Es handelte sich um ein Ovarialcarzinom ohne Gravidität. Wenn man in Betracht zieht, daß gerade solche Frauen von der Unrichtigkeit ihrer Annahme schwer zu überzeugen sind, eventuell durch die Aufklärung der ganzen Situation ein erhebliches seelisches Trauma erleiden können, da mit einem Schlage alle ihre Hoffnungen zerstört sind, so kann man sich die weiteren Auswirkungen dieses nervösen Krankheitsbildes auf die späteren ehelichen Beziehungen unschwer vorstellen.

Eine wichtige Rolle für die ehelichen Beziehungen in der Klimax spielt die Furcht vor der Schwangerschaft und kann selbst bei Frauen, die früher mit Freuden Kinder zur Welt brachten und großzogen, zu ernsten Konflikten führen. Scheu vor den erwachsenen Kindern, die es bemerken könnten, daß noch eheliche Beziehungen zwischen den Eltern bestehen, kann zum gewaltsamen Abbruch der Gattenbeziehungen führen und für beide Teile schwierige Situationen schaffen, unter denen die Frau, der ja anderweitige sexuelle Betätigung in diesem Alter meist versagt ist, selbst am schwersten leidet.

Weitere eheliche Konflikte können sich in der Klimax daraus ergeben, daß der Altersunterschied der Gatten, besonders von Seiten des Mannes ein zu großer ist, so daß der bereits in seiner Potenz geschwächte oder völlig erkaltete Ehemann seinen geschlechtlichen Pflichten nicht mehr nachzukommen vermag. Trifft diese Diskrepanz gerade in diejenige Zeit der Klimax, wo der Geschlechtstrieb der Frau sogar noch erhöht ist, so können diese Störungen der Sexualfunktion des Mannes die Frau sehr leicht auf Abwege führen. Neben den Potenz-

---

[1]) Die vollkommene Ehe, Stuttgart 1926.

störungen können auch die in dieser Zeit sich oft unangenehm bemerkbar machenden charakterologischen Veränderungen, Triebabweichungen und abnormen sexuellen Neigungen des Mannes den Weiterbestand der Ehe gefährden.

Die Klimax und die Menopause sind die Perioden von Kohabitationsstörungen, die ihre Ursache in dem allgemeinen Schrumpfungs- und Involutionsprozeß der Genitalien haben. Außer Uterus, Ovarien und Tuben beteiligt sich auch die Vagina an dem allgemeinen Rückbildungsprozeß und stellt das Hauptkontingent der Störungen im ehelichen Geschlechtsverkehr. Der Anstoß für die Veränderungen in dieser Geschlechtssphäre geht vom Eierstock aus, der in dieser Zeit seine Tätigkeit allmählich einzustellen beginnt und damit die Vergreisung der Genitalorgane herbeiführt. Zum Verständnis der für die ehelichen Beziehungen wichtigen Störungen seien hier kurz die anatomischen Veränderungen der Vagina in der Klimax angedeutet.

Die ganze Vulva wird kleiner und erschlafft, die Vagina verengt sich sowohl nach dem Introitus wie nach dem Scheidengewölbe zu. Die großen Labien flachen ab und werden durch erheblichen Fettschwund runzlig und trocken. Die Haut verdünnt sich, die Hautpapillen werden flacher. Mit zunehmendem Alter schreitet diese Atrophie der äußeren Genitalien weiter fort, die Epitheldecke der Vagina und Vulva wird dünner und leichter verletzbar. Die kleinen Labien beteiligen sich ebenfalls an dem Schrumpfungsprozeß. Beim Versuch der Kohabitation kommt es leicht zu kleineren Verletzungen des Scheideneingangs, zu Blutungen und zu Schmerzen. Die Frauen klagen nicht selten über Brennen im Scheidenvorhof und nach dem Wasserlassen, wenn der Urin über die epithelberaubten Stellen hinüberfließt und über heftige Reizerscheinungen in der Vulva und Vagina, die zu Ausfluß, Intertrigo und Genitalekzemen führen.

Die stärksten Veränderungen sieht man an der Scheide und an der Portio. Die Vagina erfährt ebenfalls eine Verengerung und Verkürzung, das Vaginalgewölbe flacht ab, die Falten verstreichen, so daß die Scheide zu einem völlig glatten Rohr wird. Die Gewebe werden blutarm, die Epithelien schilfern ab, die Oberfläche der Portio verklebt häufig mit dem Scheidengewölbe, so daß es sogar mit zunehmendem Alter zur völligen Obliteration des Scheidengewölbes kommen kann. Ist die Verengung eine besonders starke, so werden selbst bei Frauen, die mehrere Male geboren haben, die Kohabitationen schmerzhaft und unangenehm. Die Frauen empfinden die ehelichen Annäherungen als etwas Lästiges, bei denen sie durch die verursachten Schmerzen keinerlei Genuß empfinden können. Auch Gebärmuttersenkungen können den Geschlechtsakt erschweren oder unmöglich machen.

Neben den bereits erwähnten, durch die Schrumpfungsprozesse der Scheide bedingten Schmerzen stören nicht selten Blutungen die ehelichen Beziehungen. Durch Abschilferung der Epithelien der Scheide und Portio, Lösung von Verklebungen des hinteren Scheidengewölbes, besonders an den Stellen, wo die Portio mit der Vaginalwand zusammenhängt, oder Blutungen aus Erosionen, machen die Frauen ängstlich und dem ehelichen Verkehr abgeneigt. In einer nicht geringen Zahl der Fälle wirkt das Genitalcarzinom kohabitationserschwerend. Die Geschwulst selbst gibt für den Geschlechtsakt keinerlei Hindernisse ab. Noch nicht allzuweit fortgeschrittene Carzinome der Portio können durch Blutungen und Ausfluß den Verkehr verhindern. Sind sie bereits auf die Scheide übergegangen oder haben sie sich auf die Parametrien und das Becken zu ausgebreitet, so können sie durch Druck auf die Nervenstämme und Ganglien beim Geschlechtsakt Schmerzen bereiten. Neubildungen der Vulva und des Scheideneingangs wirken meist kohabitationsverhindernd.

Diese als rein mechanische Hindernisse wirkenden Neubildungen verbieten durch ihren Umfang die Immissio penis von selbst, wenn sie in ihrer weiteren Entwicklung das Vaginalrohr in ein starres, unnachgiebiges Lumen verwandeln. Aber auch wenn sie kein mechanisches Hindernis darstellen, so verbieten sie den Geschlechtsverkehr in späteren Stadien durch jauchenden, stinkenden Ausfluß.

Was die Regelung des Geschlechtsverkehrs in der Klimax anbetrifft, so ist natürlich jedes Zuviel im Interesse der Frau zu vermeiden. In denjenigen Fällen, wo sich die bereits beschriebenen anatomischen Veränderungen und Schäden nach dem Koitus zeigen, ist der Verkehr ganz zu verbieten, und alle erregenden Einflüsse, welche die in dieser Lebenszeit bereits vorhandene Hyperämie der Sexualorgane verstärken könnten, müssen ausgeschaltet oder auf das geringste Maß beschränkt werden. Solchen Frauen ist eine Wiederaufnahme des Sexualverkehrs erst dann anzuraten, wenn alle Veränderungen der Menopause bereits abgeschlossen sind und das Genitale seinen Involutionsprozeß völlig beendet hat. Völlig verkehrt wäre es aber, aus all den bereits genannten Gründen körperlich intakten und an den Geschlechtsverkehr gewöhnten Frauen den Congressus zu verbieten, schon aus dem Grunde, da die Fortsetzung der geschlechtlichen Tätigkeit einen entschieden günstigen Einfluß auf das Befinden der Frau und die Beschwerden der Wechseljahre ausübt und die Vergreisung der Genitalien hinausschiebt. Als sicherstehend möchte ich nach meinen Beobachtungen die Tatsache hinstellen, daß bei einem gewissen Prozentsatz der Fälle von klimakterischen Uterusblutungen ovarieller Natur die Blutung mit einem plötzlichen Abbruch der Geschlechtsbeziehungen ätiologisch im Zusammenhang steht. *Kisch*[1]) sagt: Was den Einfluß der sexuellen Betätigung der Frau zur Zeit der Menarche auf die klinischen Erscheinungen anbetrifft, so läßt sich im allgemeinen feststellen, daß eine frühere höhere Tätigkeit der geschlechtlichen Funktionen einen günstigen Einfluß auf die Frau in der Menopause ausübt. Frauen, welche lange Zeit verheiratet waren, viele Kinder hatten und selbst stillten, überstehen den klimakterischen Wechsel viel leichter als alte Jungfern oder Frauen, die lange Zeit im keuschen Witwenstande lebten.

Mindestens ebenso wichtig für die Gattenbeziehungen wie die anatomischen Veränderungen des weiblichen Organismus sind die psychischen oder psychosexuellen Veränderungen dieser Zeit. Wenn auch im allgemeinen der Einfluß der Wechseljahre auf das Seelenleben der Frau überschätzt und von berufener und dichterischer Seite viel Falsches behauptet und darüber geschrieben worden ist, da ja die körperlichen und seelischen Veränderungen meist so allmählich auftreten, daß die Frau nicht allzu sehr darunter leidet, so bedeutet doch auch dieser langsame Umschwung für die Psyche des Weibes eine ernst zu nehmende Krise. Von ausschlaggebender Bedeutung für die weitere seelische und gefühlsmäßige Entwicklung der Frau kann in dieser Zeit das Verhalten des Ehemannes werden, der bei mangelnder Rücksichtnahme auf die neue Eigenart der Frau und durch Verständnislosigkeit für ihre psychischen und charakterologischen Veränderungen selbst den Anlaß zu schweren ehelichen Verstimmungen heraufbeschwören kann.

Nach *Stransky*[2]) beginnt die eigentliche klimakterische Wende der weiblichen Psyche schon etwa von der zweiten Hälfte der Dreißig an, wo sich auch die ersten Wellenlinien der klimakterischen Unruhezone zeigen. Wirtschaftliche und Erwerbssorgen, Reibungen mit der Umgebung, wo Kinder vorhanden sind, steigende Sorgen ob ihrer Aufzucht, Hinwelken der körperlichen Reize, kritische Einstellung zu den verlebten Ehejahren, Reue über ein verpfuschtes Leben, erkaltende Liebe und Potenz des Partners bei häufig gesteigerter eigener sexueller Libido — wirken im Sinne einer starken physischen und psychischen Anspannung, die eine gewisse unbestimmte Ruhelosigkeit des Weibes und eine Inkongruenz ihres Denkens und Handelns erzeugt.

Wie sich *Stransky* ausdrückt, pflegt sich in diesen Jahren auch beim monogam „solidesten" Weibe das geschlechtliche Variationsbedürfnis irgendwie zu regen, zunächst unter der Maske des erhöhten Verlangens nach geschlechtlichem Verkehr mit dem eige-

---

[1]) Das Geschlechtsleben des Weibes. Wien-Berlin 1917.

[2]) Medizinische Psychologie in *Halban-Seitz*, Handbuch der Biologie u. Path. des Weibes, Lieferung 10.

nen Mann, dann aber auch in Gestalt eines mehr oder weniger gehemmten „Lüstelns“ nach anderen Männern. Selbst „solide“ Frauen sind in diesem Alter bei verführerischer Situation vor einem „faux pas“ nicht gefeit.

Selbstverständlich wird, was die Steigerung der Libido sexualis und das Variationsbedürfnis in rebus sexualibus anbetrifft, sicherlich nach Stand, Temperament und körperlicher Beschaffenheit ein großer Unterschied zu machen sein. Eine verheiratete Frau, die bereits eine größere Anzahl Kinder geboren hat und mit deren Aufzucht und mit Haushaltungssorgen überlastet ist, wird sich kaum so leicht diesen Überlegungen hingeben können wie eine Frau ohne größeren Pflichtenkreis, die von Anfang an mit einer größeren Sinnlichkeit ausgestattet war, und der Wohlleben und Luxus Körperkultur und Mode, sorgsame Pflege und eingehende Beschäftigung mit dem eigenen Körper gestatten. Es ist auch kaum anzunehmen, daß eine von Sorgen, Arbeit und vielen Geburten vorzeitig gealterte Frau aus den arbeitenden Klassen sich in diesen Gefühlsbahnen bewegen könnte und Zeit für diese Überlegungen haben dürfte. So bleibt für diese psychische Spielart der klimakterischen Frau schließlich nur ein ganz bestimmter Typ übrig, bei dem diese Qualitätsveränderung ihrer Person, wie es *L. Fraenkel* treffend ausdrückt, nichts anderes als die Folge einer Verstärkung bereits praeexistenter Eigenschaften ist. So kommt es, daß bei dieser Kategorie von Frauen der Wunsch nach Liebe, solange das Alter die körperlichen Reize noch nicht zerstört hat, einen so mächtigen Impuls erfährt, daß sie gegen sich selbst machtlos und unüberlegter Handlungen fähig werden.

Auch die Angst vor dem Verlöschen der eigenen sexuellen Wünsche und Begierden spielt dabei eine Rolle. Die plötzliche Sucht mancher klimakterischer Ehefrauen, auch solcher, die bereits Mutter mehrerer erwachsener Kinder sind, sich jugendlich zu kleiden und jugendlich erscheinen zu wollen, ist nichts anderes als eine vom Weibe bewußt oder unbewußt gewollte Abwehrbewegung gegen das Erlöschen der Sexualität und gegen das „gefährliche Alter“. Und dieses ist deshalb „gefährlich“, weil das Weib zu dieser Zeit sich und alles, was ihr früher hoch und heilig war, vergessen kann, nur um noch nicht entsagen zu müssen (*B. A. Bauer*)[1]). Bekanntlich hat ja diesen Seelenzustand, in dem sich die alternde Frau nur von dem Wunsche beseelt fühlt, an Liebe und Liebesgenuß noch einmal alles zu erraffen und zu erleben was im Rahmen des Erreichbaren liegt, *Karin Michaelis* in ihrem Buche „Das gefährliche Alter“ eingehend geschildert. Wenn auch diese psycho-sexuellen Verän-

1) Weib und Liebe, Wien 1925.

derungen extremer Natur nur bei einem gewissen Frauentypus in Erscheinung treten, so gibt es doch, wie allgemein bekannt ist, Fälle genug, wo es gerade in den Wechseljahren zu lächerlichen oder maßlosen Exzessen klimakterischer Frauen kommt, die sie mit ihrer nächsten Umgebung, mit dem Ehegatten oder der Gesellschaft in den schwersten Konflikt bringen, ihr inneres Glück völlig zerstören und sie sogar sozial unmöglich machen. Die Liebe der alternden Frau, die sich mit aller Kraft ihres Herzens an die letzten Reste ihrer schwindenden Jugend klammert, die unter Hintansetzung aller gesellschaftlichen Formen mit einem Jüngling noch einmal die Liebe erleben will, ist ein oft benutzter Romanstoff und der Wirklichkeit entnommen.

Ein weiterer Grund für eheliche Konflikte bei der klimakterischen Frau ergibt sich daraus, daß die Wechseljahre für die Frau die Lebenshöhe der Erfahrung bedeuten, sie zur Rückschau und Summierung ihres bisherigen Lebens einladen, was nicht selten eine gewisse Korrektur ihrer alten Maximen und Prinzipien, nicht zuletzt gerade in sexualibus, bedeutet. Daß dabei der bisherige Ehepartner nicht immer gerade glimpflich davonkommt, ist eine häufig zu beobachtende Tatsache.

Mit Naturtreue hat *Ivette Guilbert* in dem Romane „Les demie-vieilles" die Empfindungen der Frauen im Klimakterium geschildert: Sie streben sich ganz jung zu erhalten, verbergen ihr Häßlichwerden, suchen sich noch einmal in der Liebe zu berauschen. Was sie in Stunden qualvollen Selbstzerfleischens vorausgeschaut haben, trifft jedoch ein. Wenn die Zitrone ausgepreßt ist, wirft man sie fort, und sie weinen um Vergangenes, denn wenn sie auch gegen die Zeit ankämpfen, sie vermögen diese nicht zu mindern, ihren Lauf fortzusetzen. Da werden sie stark und freuen sich der Erinnerung und des Bewußtseins, an dem Honigseim der Leidenschaften solange gesogen zu haben, als es ihnen irgendwie erlaubt war [1]).

Das Klimakterium als Abschluß der vollreifen Geschlechtstüchtigkeit drängt der Frau mit elementarer Gewalt die Erkenntnis auf, daß ihre ureigenste Natur und Bestimmung unwiederbringlich geschwunden ist und daß sie nun mit unvermeidlicher Gesetzmäßigkeit dem Alter (dem Abgrund) entgegengeht (*H. Hoffmann*) [2]). Je nach der Veranlagung und Temperamentseinstellung ist die psychische Reaktion auf diese neue Geschlechtsphase verschieden. Viele ergeben sich in diese neue Lebenssituation, verzagt oder hoffnungslos resignierend, andere werden unzufrieden, reizbar, streitbar, gefallsüchtig usw. und

1) Zit. nach *Kisch*.
2) Aufbau des Charakters, Springer, Berlin 1926.

zeigen Umbiegungen ihres Charakters, über die ihre nächste Umgebung erstaunt ist.

Frauen, die Jugend und Schönheit als das höchste Gut des Weibes ansehen, werden die Annäherung an Klimax und Menopause mit viel größerem Bangen empfinden, sie als eine viel schwerere Schicksalsprüfung auffassen, als solche, die noch andere Güter zu schätzen wissen. Sehr oft bemerkt man, daß gerade diese Frauen es versuchen, durch verschärfte Forderungen und Gefühlsansprüche an ihre Umgebung, die natürlich allen Betroffenen, besonders dem Ehemanne zur Qual werden, die Anteilnahme und das Interesse an ihrer Person wach zu halten.

Andere sehen eine neue Kompensation für die verlorenen Güter in einer ausgiebigen Betätigung in kleinlicher, engherziger Zanksucht, Schwatzhaftigkeit und Klatschsucht. Volksmund und Witzblätter haben diesen Frauentyp als „böse Schwiegermutter" genügend beleuchtet.

Dann gibt es auch Frauen, ja sogar Mütter, die mit dem Eintritt des Klimakteriums sich der psychischen Spielart der alten Jungfer nähern, jedes Interesse für geistige Beschäftigung verlieren und in fast schizoider Gleichgültigkeit das Familienleben und die ehelichen Beziehungen vernachlässigen, um sich lediglich ihren Körperfunktionen zu widmen. Als besonderer Typ ist hier die klimakterische Hypochondrika zu erwähnen, die unter der Carzinomfurcht und tausend andern Leiden zu keinem rechten Lebensgenuß mehr kommt, und die mit ihren ewigen Klagen und Sucht um Bemitleidung das Interesse an ihrer Person beim Ehemann erzwingen will.

Wichtig für die ehelichen Beziehungen ist ferner die Tatsache, daß auch sonst völlig normale und gesunde Frauen in den Wechseljahren nicht von nervös-psychischen Störungen verschont bleiben, die ihr Wohlbefinden und ihre Stimmung erheblich verschlechtern können. Gerade von der nächsten Umgebung, von Kindern und Gatten, werden diese Temperamentsveränderungen und Verschiebungen im Gefühlsleben zuallererst und unangenehm empfunden. Störungen im psychischen Gleichgewicht wie Reizbarkeit, gesteigerte Triebhaftigkeit mit verringertem Überlegungsvermögen, Mangel an Hemmungen, scheinbar unmotivierte Zornesausbrüche, Empfindlichkeit harmlosen Vorgängen und Äußerungen gegenüber, geben den auch vorher ausgeglichenen und ruhigen Naturen das Gebahren des Unsteten und nervös Überreizten. Viele Frauen empfinden selbst ganz genau, daß sie durch ihren ewigen Stimmungswechsel dem Gatten und der Familie das Leben erschweren und sind in dieser Zeit für jede Rücksichtnahme besonders dankbar. Bei vielen besteht in dieser Zeit eine gewisse Neigung zu Schwermut und Depressionen, eine auffallende geistige Ermüdbarkeit und verringerte Leistungsfähigkeit. Wenn diese Störungen meist auch vorübergehender Natur sind und gewöhnlich in erträglichen Grenzen bleiben, so bieten sie doch manchen Angriffspunkt zwischen den Ehegatten und stören die Harmonie der ehelichen Gemeinschaft. Zeigt der Ehemann in dieser kritischen Periode eine völlige Gleichgültigkeit oder Verständnislosigkeit für diese Dinge, so können schwerste Zerwürfnisse die Folge sein und noch in dieser Zeit zur Auflösung der Gemeinschaft zwingen.

Bei Frauen, die schon vorher kein seelisches Gleichgewicht besaßen, zu nervös-psychischen Abweichungen neigten, können diese Störungen Grade erreichen, die den weiteren Bestand der Ehe gefährden oder zum Selbstmord oder zur Psychose führen. Zu diesen klimakterischen Involutionspsychosen gehören nach *F. Kehrer:* Zirkuläres Irresein, besonders der depressive Zustand, praeseniles Irresein und praesenile Demenz, paranoide Psychosen mit praesenilem Beeinträchtigungswahn, Involutionsparanoia, Paraphrenie und depressiver Wahn. Sicher ist es aber, daß die Wechseljahre fast niemals den Grund, sondern nur das auslösende Moment für solche Störungen abgeben, und daß es nur auf dem Boden einer bereits bestehenden Disposition zu schweren Psychosen kommt.

All die genannten Störungen mit ihren Rückwirkungen auf das Eheleben prägen sich besonders stark aus, wenn der Ausfall der Ovarialfunktion und Menstruation plötzlich einsetzt. So sehen wir sie häufiger nach frühzeitig ausgeführten Röntgenkastrationen oder nach operativer Entfernung der Genitalien. Tritt dagegen das Klimakterium mit einer allmählichen Abschwächung der Menstruation und langsamem Erlöschen der Ovarialfunktion ein, so sind für gewöhnlich die Ausfallserscheinungen und psychisch-charakterologischen Veränderungen weniger ausgeprägt und gefahrvoll für die Ehe.

In diesen Fällen sehen wir auch, daß die Frauen in zufriedener ausgeglichener Stimmung die gefährliche Periode des Klimakteriums überstehen und ohne schwerere seelische Konflikte in die Menopause eintreten. Sind die Wechseljahre glücklich überstanden, die Menopause vollkommen abgeschlossen, die Involutionsprozesse am Genitalapparat normal verlaufen, so hat die Frau inzwischen Zeit gehabt, sich in das Unabänderliche zu fügen, und es tritt jetzt, vorausgesetzt, daß auch das allgemein körperliche Befinden nicht gestört ist, ein Zustand des seelischen Wohlbefindens und eine Ruhe und Heiterkeit des Gemüts ein, die die Frau noch in stärkerem Maße als in den früheren Geschlechtsphasen zum Zentrum und ruhenden Pol der Familie und des Ehelebens macht. Nicht zum geringsten trägt dazu bei, daß alle möglichen nervösen Beschwerden, Sorgen und Schmerzen mit dem Erlöschen der Generationstätigkeit schwinden, die bei der Frau vorher einen großen Teil ihrer Spannkraft verbrauchten. Mit dem Fortschreiten der Menopause folgt in der Regel eine gewisse seelische Wiederangleichung der Geschlechter mit Aufhebung der Differenzen in ihrem Denken und Fühlen. Die Frau kennt jetzt den Mann genug, um auch seine Schwächen zu begreifen und zu verzeihen und ist seinen Wünschen entgegenkommender. In manchen Fällen bildet sich erst jetzt eine wahre Lebensfreundschaft und echte Kameradschaft heraus, in der auch bis ins späte Alter, falls überhaupt noch ein sexueller Verkehr möglich ist, die sexuellen Beziehungen gepflegt werden. In anderen Fällen wendet sich das Interesse mehr wirtschaftlichen Fragen zu oder dem Wohlergehen der bereits erwachsenen Kinder und Nachkommen, oder es werden religiöse Fragen, Frömmigkeit, literarische Beschäftigung und Betätigung in der öffentlichen Wohltätigkeit, je nach dem Stande der einzelnen Frauen, das Hauptinteressengebiet. Mit dem Eintritt des sechsten Lebensjahrzehntes erlischt für gewöhnlich jedes sexuelle Fühlen, während die Fähigkeit zur tüchtigen praktischen Arbeit noch lange erhalten bleiben kann. Aus der sexuellen Bindung dem Manne gegenüber ist dann nur noch die Lebenskameradschaft geblieben.

Die Bedeutung des männlichen Klimakteriums für die Ehe und die Gattenbeziehung

Von Max Marcuse

Die durchschnittliche Auffassung, daß dem Manne ein „kritisches Alter", ähnlich wie das der Frau, nicht zugehöre, ist ein Irrtum. Es gibt unzweifelhaft auch Wechseljahre des Mannes. Sie sind selbstverständlich denjenigen der Frau nicht kongruent, sondern — wie jede Lebensphase des einen Geschlechtes der des anderen — nur analog, und analog ist auch ihre Bedeutung für die Ehe und das körperliche und geistig-seelische Verhältnis der Gatten zueinander.

Ist der Begriff der weiblichen Klimax erfüllt, wenn die Eierstöcke nicht mehr funktionieren und die Ovulation dauernd aufgehört hat (*Herschan*)[1], so wird diese Definition auf die männliche Klimax, auch mutatis mutandis, nicht übertragbar sein, weil beim Manne von einer so vollständigen Rückbildung der Keimdrüsenfunktion erst im Greisenalter die Rede sein kann. Aber daß die Hoden schon lange Zeit vorher, bisweilen Jahrzehnte vor dieser gänzlichen Atrophie des Greisenalters einer gewissen Rückbildung unterliegen, scheinen die Fälle darzutun, in denen histologische Veränderungen in den Zwischenzellen (Zunahme der Pigmentierungen) bei Fünfzigern gefunden worden sind. Und wenn auch die Samenzellen-Produktion nicht selten noch im 6. und 7. Jahrzehnt, bisweilen auch noch darüber hinaus anhält — jüngst wurden sogar bei der von *Kuczinski* vorgenommenen mikroskopischen Autopsie in den Hoden eines im Alter von 118 Jahren verstorbenen Mannes noch Spermien gefunden —, so weist doch das Sperma wiederum von Fünfzigern nicht selten so charakteristische, quantitative und qualitative, Veränderungen auf, daß *Fürbringer*[2]) ausdrücklich ein „Sperma des Climacterium virile" mit den Merkmalen der Oligospermie, Oligozoospermie und Asthenospermie vorbehaltlos anerkennt. Aber mögen auch die Ursachen und Zusammenhänge des männlichen Klimakteriums im einzelnen noch fraglich sein, der Tatbestand selbst

---

[1]) S. das vorige Kapitel.
[2]) Deutsche Mediz. Wochenschr. 1923, 51.

ist fraglos, und seine Wurzeln müssen im Physiologischen und im Psychologischen gesucht werden: in jener Beziehung ist es wohl vorwiegend eine Umstimmung der inneren Sekretion, in dieser die „Tragik des Alterns“, die den Symptomenkomplex des Climacterium virile bewirken. In der Fachliteratur ist von ihm meines Wissens erstmalig bei *Freud* die Rede[1]), ohne daß weiterhin ärztlicherseits besonders auf ihn geachtet worden wäre, bis *K. Mendel*, wesentlich von neurologischen Gesichtspunkten aus, ihn von neuem erkannte und beschrieb[2]).

Die Wechseljahre des Mannes fallen durchschnittlich zwischen das 45. und 55. Lebensjahr, können aber sowohl früher, etwa schon mit dem 40. Lebensjahr, als auch später, etwa erst um die 60er Jahre, sich einstellen — je nach individueller Konstitution und Lebensweise. Nach *Hirschfelds*[3]) Erfahrungen treten sie bei Junggesellen, Witwern und feminin Veranlagten häufiger auf als bei Verheirateten und den virilen Typen. Ich glaube, man unterscheidet besser zwischen Männern mit einer ihrer Sexualkonstitution adäquaten und solchen mit inadäquater sexueller Lebensführung, wobei nicht zweifelhaft ist, daß diese zweite Gruppe häufiger und schwerer von den klimakterischen Erscheinungen befallen wird. Die Gestaltung des Symptomenkomplexes im einzelnen und seine Intensität sind jedoch außerordentlich verschieden. Regelmäßig fehlen selbstverständlich die Ausfallserscheinungen, die das Klimakterium des Weibes so sinnfällig als einen geschlechtsspezifischen Vorgang charakterisieren.

Unter den organischen Veränderungen spielen der sog. „Dominanzwechsel“ (*Kretschmer*), Effeminationserscheinungen und eine allgemein erhöhte Krankheitsbereitschaft — der „Mann von 50 Jahren“ hat einen auffallend großen Anteil an der Klientel aller Ärzte — die wichtigste Rolle. Unter den pathopsychischen Erscheinungen überwiegen Gedächtnisschwäche, Konzentrationsunfähigkeit, Grübelsucht sowie seelische Verstimmungen und eine früher nicht gekannte Rührseligkeit („Ich bin kein Mann mehr, ich bin wie ein Weib“). Unter den Charakterveränderungen sind das Aufkommen von Mißtrauen, Überempfindlichkeit und Streitsucht auffallend. *Strindberg* hält die allgemeine Desillusionierung für das Kennzeichen des „âge critique des Mannes . . ., wo alles durchschaut wird, als wäre es aus Glas“.

Für den vorliegenden Zusammenhang haben die größte Bedeutung die Störungen der Sexualfunktion und des Sexualtriebes — letztere auch beträchtlich im Sinne sexueller Triebabweichungen. Bei vielen Männern machen sich im 5. und 6. Lebensjahrzehnt abnorme sexuelle Neigungen bemerkbar, die sie früher niemals gekannt haben. Als ein sehr bemerkenswertes Zeugnis aus der schönen Literatur sei hier die sachlich und künstlerisch unübertreffliche Behandlung der „Knabenliebe“ des Mannes in den Wechseljahren in Thomas Manns „Der Tod in Venedig“ erwähnt. Der Dichter selbst bezeichnet (in einem Briefe an seinen Kritiker W. Hellpach) die Geschichte als einen Versuch, „das Klimakterium eines bedeutenden Menschen tragisch-phantastisch zu poetisieren“.

Diese Andeutungen mögen zunächst genügen, um erst einmal im großen und ganzen verständlich zu machen, daß diese Phase in der organischen und psychischen Entwicklung des Mannes von erheblicher,

---

[1]) Über die Berechtigung, von der Neurasthenie einen bestimmten Symptomenkomplex als Angstneurose abzutrennen (1895). Gesammelte Schriften, Bd. I.
[2]) Neurolog. Zbl. 1910, 20 u. Zbl. f. Neurol. u. Psychiatr. 1922, 7.
[3]) Sexualpathologie, Bonn 1919.

nicht selten revolutionärer, bisweilen deletärer Bedeutung für das Schicksal einer Ehe werden kann. Irgendwie jedoch wird für jede Ehe das Klimakterium auch des Mannes sich als ein „gefährliches Alter" erweisen, wobei diese Gefährdung infolge des durchschnittlichen Zusammentreffens der Wechseljahre des Ehemannes mit denjenigen der Ehefrau peinlich kompliziert zu werden pflegt, aber auch durch einander entsprechende Symptome, wie etwa Nachlassen der Libido und allgemeine Enterotisierung bei Mann und Frau, abgeschwächt werden kann. Indessen sind auch in diesen Fällen Beeinträchtigungen des ehelichen Verhältnisses mindestens für einige Zeit die Regel.

Diese Bemerkungen führen zu der Erwägung, daß bei der Abgrenzung der Auswirkungen des Klimakteriums sowohl der Ehefrau wie — was hier im wesentlichen allein interessiert — des Ehemannes gegenüber Disharmonien in der Ehe, die aus anderen Quellen kommen, namentlich derjenigen Gefahren zu gedenken ist, die der Monogamie als einer ausschließlichen „Gesellschaft zu zweien", die um die Zeit des (männlichen) Klimakteriums durchschnittlich schon 2—3 Jahrzehnte angedauert hat, innewohnen und die in unserer Zeit um so größer sind, als einerseits die Menschen — auch in den Grenzen des Normalen — empfindlicher (beeindruckbarer nach der positiven wie der negativen Seite) und unruhiger (variationsbedürftiger), andererseits die ehelichen Beziehungen infolge der Präventivgebräuche sexuell unbefriedigender geworden sind als in früheren Generationen. So bleibt z. B. gegenüber der häufigen Erscheinung einer Libido- und Potenz-Abnahme bei den im Klimakterium befindlichen Ehemännern regelmäßig zu fragen, ob oder inwieweit hier eine bloße „Abstumpfungswirkung" vorliegt; und gegenüber ebenfalls oft beklagten Störungen im Kohabitationsablauf und gewissen Organschädigungen, namentlich der Prostata, darf nicht die Möglichkeit übersehen werden, daß diese Erscheinungen die kumulative Wirkung jahrzehntelanger Coitus - interruptus - Gepflogenheit darstellen. Solcher diagnostischer Schwierigkeiten gibt es noch mehr; sie hier aufzuführen liegt kein Grund vor. An dieser Stelle genügt vielmehr die Hervorhebung der positiven Momente im Sinne einer Inbeziehungsetzung zwischen männlichem Klimakterium und Ehe.

Die erwähnten Störungen des Sexualtriebes und der Sexualfunktion äußern sich beim klimakterischen Manne ebenso individuell, d. h. je nach Konstitution und voraufgegangener sexueller Lebenshaltung verschieden wie bei der klimakterischen Frau: es gibt Minderungen wie Steigerungen der Libido und der Potenz und Beeinträchtigungen der Kohabitations-Mechanik, unter denen

Ejaculatio praecox und Ejaculatio retardata an erster Stelle stehen. Es bedarf keiner weiteren Ausführungen, um darzutun, in welcher Weise diese Symptome das Gattenverhältnis ungünstig beeinflussen können, — nicht: müssen. In der überwiegenden Mehrzahl sonst harmonischer Ehen werden derartige Veränderungen in dem sexuellen Verhalten des Mannes eine unmittelbare Schädigung der Gattenbeziehung nicht bewirken; aber mittelbar — als unbewußte Quelle von Verstimmungen und Reizbarkeiten mit Insuffizienzgefühlen beim Manne selbst und Vorwurfstendenzen gegen die Frau — ganz wie mutatis mutandis beim weiblichen Klimakterium — sowie andererseits als letzte Belastung, die eine schon vorher brüchige Ehe zum endgültigen Zerfall bringt, gewinnen solche an sich noch wenig belangvollen Symptome der männlichen Wechseljahre oft eine ernste Bedeutung für die Ehe. Bedenklicher jedoch sind die klimakterischen Veränderungen der Sexualtendenzen. Von der im männlichen Klimakterium erstmalig auftretenden Homosexualität („tardive" Hs.) war im Hinblick auf ihre häufigste Form, die Pädophilie, beiläufig schon die Rede. In manchen Fällen tritt ein sehr starker Trieb zum Onanieren auf. Andere sogenannte Perversionen spielen als Auswirkungen klimakterischer Veränderungen, die in den hier gedachten Fällen eine „Regression" auf puerile und juvenile Sexualziele zu bedeuten pflegen, eine erhebliche Rolle anscheinend nicht — abgesehen von inzestuösen Phantasien. Wenn diese auch nur selten — zwar durchaus nicht so vereinzelt, wie eine naive Erschließung nur aus den Außenseiten familialen Lebens vermuten möchte — zu wirklichen Inzestverhältnissen sich verdichtet, so sind doch die Fälle recht häufig, in denen der im Klimakterium befindliche Vater sich der erwachsenen Tochter gegenüber wie ein Liebhaber zu benehmen beginnt, wobei der inzestuöse Sinn solcher Verhaltensweise dem Vater selbst oft gänzlich unbewußt ist, dagegen von der Tochter häufig genug mindestens erahnt wird. Gerade im Klimakterium scheint die Väterlichkeit eine Krisis durchzumachen und mit dem für diese Altersstufe charakteristischen Isolierungsgefühl und Identifizierungsbedürfnis einerseits und mit somatischen Prozessen andererseits leicht Inzesttrieben zu verfallen. Es ist klar, daß solche „Krisis der Väterlichkeit" zugleich eine Krisis der Erlebens- und Verhaltensweise als Ehemann bedeutet und die Quelle von „Lagerbildungen", die auf der anderen Seite die (klimakterische) Mutter und den erwachsenen Sohn zusammenführen, und von schweren Erschütterungen des Ehe- und Familienlebens werden kann. Aus konstitutionell und sozial ungeordneten Kreisen in niederen Schichten, wo die einzige Stube „zugleich Versuchung und Verrat" bedeutet, werden diese Zusammenhänge durch die Statistik und Kasuistik der Inzest-Kriminalität beleuchtet. Unter den 350 im Jahre 1914 von deutschen Gerichten wegen Blutschande verurteilten Männern waren 113 — also rund ein Drittel — zwischen 40 und 50 Jahren. Unter den 109 Inzest-Delinquenten, an denen *Hentig* und *Viernstein* das Problem studierten, konnte das 47. Lebensjahr als der Höhepunkt ermittelt werden[1]).

Mit den erwähnten sexualpsychischen Wandlungen hängt es, wenigstens zum Teil, zusammen, wenn bis dahin sehr gute Ehemänner, sobald sie ins Klimakterium kommen, in der Ehe unleidlich werden, außereheliche Verhältnisse eingehen und gar Ansehen und Stellung bedrohende erotische Torheiten sich zuschulden kommen lassen. „Dieselbe Sehnsucht", — meint *Helenefriderike Stelzner*[2]) — „die bei der klimakterischen Frau die Melancholie des notwendigen Verzichtes auslöst, täuscht dem Mann im Lebensherbst einen köstlichen letzten Frühling vor, der allerdings nicht selten in einer großen Tragödie sein Ende findet." Dieser psychische Sachverhalt gewinnt oft eine erhebliche Bedeutung nicht nur für das Schicksal einer bestehenden Ehe, sondern auch für die Schließung einer Ehe — sei es der ersten des bis dahin ledigen Mannes, sei es einer folgenden, um deren willen dann nicht selten die Scheidung der früheren Ehe betrieben und erreicht worden ist — und für die Gattenwahl. „So kommt es einerseits zu Ehen zwischen im weitesten Sinne Altersverschiedenen, wobei der Mann die doppelte, die dreifache Anzahl der Jahre bei der Eheschließung zählen kann, andererseits zu reizvollen oder auch schändlichen Freundschaften zwischen Jung und Alt". „Als Wissender zu schenken" — äußert sich *W. Hagen* in einem ähnlichen Zusammenhange — „und eine junge Seele in einen neuen Lebensabschnitt hineinzuführen, ist für ihn" (den älteren Mann) „die größte Freude und tiefste seelische Befriedigung"[3]). Über diese Gefühle und Beziehungen haben viele bedeutende Männer in ihren Bekenntnissen und Autobiographieen berichtet, und auch in der Dichtkunst hat dieser psychische Tatbestand seinen Niederschlag gefunden; so singt Storm, der glückliche Gatte und Vater, in seinen späteren Jahren von einem halben Kinde: „Und plaudernd hing sie mir im Arm, sie halberschlossen erst dem Leben, ich zwar nicht alt, doch gerade da, wo uns verläßt die Jugend eben." Wie solche Erlebnisse auf die Ehe und das Verhältnis des Gatten zur Gattin wirken, ist in hohem Maße von der Reaktionsweise der Ehefrau abhängig. Im allgemeinen wird diese, wenn sie von den Beziehungen des Mannes — mögen sie nun rein „platonisch" oder schon weiter

---

1) Untersuchungen über den Inzest, Heidelberg 1925.

2) Z. f. d. ges. Neurol. u. Psychiatr. 1925, Bd. 93, 3/5.

3) Ztschr. f. Sex.-Wiss. 1926/27, Bd. XIII. — Auch der sogen. „pädagogische Eros" erwächst oftmals auf gleichem psychischem Boden.

gediehen sein — erfährt, darin eine eheliche Untreue, zum mindesten eine Beeinträchtigung ihrer eigenen Rechte sehen und um so mehr zur Eifersucht und — je nach ihrem Charakter und Temperament — zu versteckten Sticheleien, offenen Vorwürfen, kalten Feindseligkeiten oder heftigen Affektausbrüchen geneigt sein, als sie die junge Rivalin als eine besonders gefährliche Konkurrentin empfindet: selbst eine alternde Frau sieht sie sich für den Mann erotisch entwertet, und dies „nachdem sie Jahre oder Jahrzehnte lang ihm gut genug gewesen ist und dazu dienen mußte, die Lasten und Leiden der Ehe zu tragen". Namentlich die auch ihrerseits in den Wechseljahren befindliche Ehefrau pflegt solchen Vorstellungen und Gefühlen leicht zu verfallen und erst durch ihre Ungeschicklichkeit und Unbeherrschtheit den Mann an eine erotische Beziehung fest zu binden, der sonst sehr wahrscheinlich nur eine mehr oder weniger flüchtige Dauer beschieden gewesen wäre. Zielt nämlich die Frau auf Zurückgewinnung ihres Mannes und Erhaltung der Ehegemeinschaft, so ist ein Verhalten wie das übliche, eben angedeutete, so verkehrt wie nur möglich. Es protestiert gegen physische und psychische Zwangsläufigkeiten, die — will man die Zusammenhänge teleologisch betrachten — vielleicht sogar tief biologisch begründet sind. Denn der erotischen Hinneigung des Mannes dieser Altersphase zum jugendlichen Mädchen entspricht eine ausgeprägte Hinneigung solcher oft eben erst der Pubertät entwachsenen Mädchen zu dem „gereiften Manne", dem Manne „in gesetzten Jahren". Durch den ferneren Sachverhalt, daß — wie *Herschan* in seiner Darstellung des weiblichen Klimakteriums zutreffend bemerkt hat[1]) — auch die Liebe der alternden Frau oftmals nach dem Jüngling strebt, einen Vorgang, dem wiederum die häufige Neigung junger Männer zu älteren Frauen gemäß ist, wird die Überzeugung gestärkt, daß es sich hier um spezifische Libidowandlungen in den verschiedenen Lebensaltern handelt. Dieser Wechsel des geschlechtlichen Reizbildes in Abhängigkeit von der jeweiligen Altersstufe gilt der Ehe- und Sexualkritik vielfach als Beweis für die Unnatur der dauernden Festlegung auf einen Geschlechtspartner durch die Ehe. Gegen diese Kritik ist im wesentlichen einzuwenden, daß die grundsätzlich lebenslängliche Einzelehe nur der Ordnung des Sexuallebens, insbesondere mit dem Ziel bestmöglicher Zeugung und Aufzucht von Nachkommenschaft dienen soll, nicht aber die Gesamtheit des erotischen Erlebens umfassen kann. Tendenzen dieser Art, wie sie die öffentliche Moral vorgibt, sind in der Tat natürlichen Kräften entgegengesetzt und unehrlich, jedenfalls utopisch.

[1]) S. den voraufgegangenen Abschnitt.

Wenn im Voraufgegangenen die Zuneigung zwischen dem klimakterischen Mann und dem jungen Mädchen in Vergleich gestellt worden ist mit der gegenseitigen Neigung zwischen der älteren Frau und dem Jüngling, so sollen damit keinesfalls die Bedeutungen beider Verhältnisweisen für die Ehe einander gleichgesetzt werden. Ohne Scheu vor dem Vorwurf einer rückständigen Vertretung der „doppelten Moral" finde ich den Unterschied zwischen jenen zwei Sachverhalten und ihren Tragweiten für die Ehe erheblich, indem ich die Beziehung des älteren Mannes zu einem jungen Mädchen für die Ehe und das Gattenverhältnis in der Regel für zwar nicht unbedenklich, aber doch für grundsätzlich durchaus tragbar halte, während die anscheinend gleichsinnige Beziehung der Gattin durchschnittlich die Gefahr oder gar schon den Tatbestand einer schweren Zerrüttung der Ehe bedeuten wird. Angesichts der geschlechtsspezifischen physischen und psychischen Sachverhalte, die den Satz: „wenn zwei dasselbe tun, so ist es nicht dasselbe" auch für den vorliegenden Fall als unzweifelhaft gültig erweisen, braucht auf die immerhin fragwürdigere eugenische Argumentation nicht zurückgegriffen zu werden, nach der die veränderte Einstellung des klimakterischen Mannes hinsichtlich der Auslese der Frau „Ausgleichsbestrebungen der Natur im Interesse der Zeugung" diene (*K. E. Schultze*) [1]).

Die Praxis aller dieser Komplikationsmöglichkeiten ist je nach der sozialen Struktur der Ehe und dem Altersverhältnis der Gatten verschieden. Namentlich den Ehen der kulturell höheren Schichten drohen von den Einwirkungen des Klimakteriums des Mannes die Gefahren am ernstesten. Und wenn nun in bezug auf den möglichen Fall einer klimakterischen „Eheirrung" des Mannes — wobei nicht immer gleich an einen „Ehebruch" gedacht zu werden braucht — gefragt wird, wie denn die Ehefrau am sinnvollsten und unschädlichsten für sich und die Ehe darauf reagieren solle, so ist eine allgemein gültige Antwort selbstverständlich nicht möglich. Für manche Fälle wird das richtige Beispiel die Gattin von Kurt Martens gegeben haben, als sie zu ihrem Manne, der ihr, als Vierzigjähriger in eine 17jährige Gymnasiastin verliebt, von dieser emphatisch vorschwärmte, „mit einem unbeschreiblichen Ausdruck von Nachsicht und Resignation" nur sagte: „Du alter Esel!" [2]). In anderen Fällen freilich wird solches Verhalten der Frau sein Ziel verfehlen und den verletzten Gatten nicht zur Selbstbesinnung, sondern zur völligen „Flucht aus der Ehe" führen. Selbstverständlich kann nur von den an Instinkt und Gemüt überlegen-

1) Die Ethik der Dekadenz, Leipzig 1925.
2) Schonungslose Lebenschronik. Zweiter Teil. Wien 1924.

sten Frauen erwartet werden, daß sie die innere Notwendigkeit eines solchen Erlebnisses für den Mann erkennen und respektieren und ihre eigene Aufgabe darin sehen und erfüllen, durch takt- und liebevollen vorläufigen Verzicht die dankbare Rückkehr des von Schuldgefühlen und Gehässigkeiten unbelasteten Mannes in den „Garten der Ehe" und der Familie vorzubereiten. Daß freilich nicht immer solch glückliches Ende das Opfer der Gattin belohnt, lehrt vielfältige Erfahrung. Nicht nur ihr eigenes Klimakterium, sondern auch das des Ehemannes sind schließlich doch Stücke aus der „biologischen Tragödie der Frau" im Sinne *Nemiloffs* — dies um so mehr, als das Klimakterium der Frau zwar in einer Minderheit von Fällen nicht ihr persönliches, aber doch regelmäßig ihr generatives Sexualleben beschließt, während das männliche Klimakterium nicht in einen der weiblichen Menopause vergleichbaren Zustand übergeht. Im Aufstieg des Geschlechtslebens ist das Weib dem Manne um 2—4 Jahre voraus, den Abstieg aber hat es 10—15 Jahre früher beendet (*C. H. Stratz*) [1]).

Eine besonders peinliche Konstellation schafft nicht selten die zweite Ehe einer Frau, die eine erwachsene oder heranwachsende Tochter aus erster Ehe mitbringt: Das Verhältnis zwischen Stiefvater und Stieftochter wird leicht durch die Wechseljahre des Mannes bedroht, und die ganze Variationsreihe von der zartesten Erotik bis zur gröbsten Sexualität kann die Ursache ehelicher Disharmonien, Zerwürfnisse, Katastrophen werden.

Ganz allgemein ist festzuhalten, daß grade unter den Bedingungen des Klimakteriums ein eheliches Paarverhältnis durch das Auftreten eines Dritten leicht zu der dreigliedrigen Gruppe umgewandelt wird, deren soziologische Struktur und Bedeutung *L. v. Wiese* [2]) scharf beleuchtet hat. Kaum jemals läßt jener Dritte die Ehebeziehung unverändert, aber er muß sie nicht nur und für immer schwächen oder gar zerstören, sondern kann gelegentlich auch (mit oder ohne Absicht) die Bindung zwischen den Zweien festigen.

Der verschiedene Verlauf der erotischen Abirrungen klimakterischer Ehemänner hängt auch mit der sexualpsychischen Wandlung zusammen, die dem schon kurz erwähnten organischen „Dominanzwechsel" entspricht und aus monogamen Ehetypen polygame werden läßt — und umgekehrt. Dies bedeutet, daß die männlichen Wechseljahre nicht nur die Ehe komplizieren, sondern auch vereinfachen können, wobei der hier gedachte Einfluß des Klimakteriums nicht mit den Libido- und Potenz-Minde-

[1]) Lebensalter und Geschlechter, Stuttgart 1926.
[2]) Kölner Vierteljahrshefte f. Soziologie VI, 2, 1926.

rungen, vollends nicht im Sinne von Alters- oder Abnutzungserscheinungen, verwechselt werden darf. Die Stärke der sexuellen Erlebnis- und Leistungsfähigkeit nimmt in den Fällen, um die es sich bei dem Dominanz- oder Typenwechsel handelt, nicht ab, sondern nur die Erlebnisweise und das Erlebnisziel sind andere geworden; allerdings wird häufig diese klimakterische Umstimmung eines polygamen in einen monogamen Mann auf einer Beeinträchtigung der erotischen Beziehungsfähigkeit überhaupt, zugunsten einer sozialen, insbesondere familialen beruhen. Es ist klar, daß solche Veränderung der Ehe und dem Gattenverhältnis in der Regel nur förderlich sein kann.

Andere Einflüsse des männlichen Klimakteriums auf die Ehe entspringen abseits der eigentlichen Sexualsphäre und leiten sich aus den allgemeinen Umstimmungen der Psyche und des Charakters her. Die wesentlichsten Symptome dieser Art wurden schon angedeutet, und es kann nicht wundernehmen, daß eine bis dahin an dem Ehemann unbekannte Hypochondrie, Arbeitsunlust, Überempfindlichkeit und dgl. mehr nicht nur die Ehefrau befremden, sie selbst (und die Kinder) „nervös" machen und das Ehe- und Familienleben unmittelbar stören, sondern auch seine wirtschaftlichen Grundlagen erschüttern kann. Es kommt hier besonders die Form des Climacterium virile in Betracht, die der „Melancholie der Involutionszeit" im Sinne *Kräpelins* entspricht und die *Bleuler* zutreffend als eine Depression der klimakterischen Männer gekennzeichnet hat, die Lebensfreude und Lebensfähigkeit deutlich herabsetze, aber in 2—3 Jahren restlos auszuheilen pflege. Daß auch die bereits erwähnte Anfälligkeit gegenüber wirklich organischen Krankheiten, die dem Manne während der Wechseljahre eignet, für die Ehe- und Familienhaltung sehr bedenklich werden kann, leuchtet ohne weiteres ein.

In diesen Zusammenhang gehören ferner die Gefahren, die dem klimakterischen Mann auf kriminellem Gebiete drohen. Von dem besonderen Fall des Inzestes war schon die Rede. Die gelegentliche Steigerung der Triebhaftigkeit einerseits, die Herabsetzung der Willenskraft andererseits, dazu gewisse Fehleinstellungen gegenüber der Wirklichkeit in dieser Altersphase bringen den Mann, und zwar anscheinend grade den verheirateten Mann — dies offenbar unter der Einwirkung der von der Ehe geforderten weitgehenden „Verdrängungen", die unter den physischen und psychischen Bedingungen des Klimakteriums oft nicht mehr erfolgreich durchgehalten werden können — leicht in Kollision mit dem Strafgesetz. Abgesehen von den manifesten Sittlichkeitsdelikten klimakterischer, vordem sexuell und sozial einwandfreier Männer werden auch Eigentums- und Vermögensdelikte, die larvierte Sexualvergehen darstellen, aber auch asexueller Herkunft sein können, von bis dahin untadligen Männern in den auch in dieser Hinsicht „kritischen" Jahren verübt. So erreichen z. B. die Verurteilungen von Männern wegen Verletzung der Eidespflicht in dem Lebensalter von 40-50 Jahren die höchste Verhältnisziffer. Dabei ist gewiß nicht ohne weiteres einzusehen, daß grade dieses Vergehen das männliche Klimakterium als solches bevorzugen sollte, und es könnte weniger gewaltsam erscheinen, hier einen wirtschaftlichen oder ähnlichen Zusammenhang zu sehen, als einen physio-psychologischen. Der Gewinnung eines klareren Einblickes stehen die Mängel der statistischen Quellen entgegen. Aber die Tatsache, daß auch unter den spezifischen Delikten der klimakterischen Frau die Verletzung der Eidespflicht eine auffällige Rolle spielt und auch hier dieses Delikt in dem 5. Lebensjahrzehnt am häufigsten zur Verurteilung gelangt, macht jenen Zusammenhang wahrscheinlich. Um ihn zu verstehen, würde es vor allem der Kenntnis der Inhalte der verletzten Eide bedürfen.

Nicht nur das ordentliche Gericht, sondern auch das Gericht, das Gesellschaft und Familie oft viel strenger abhalten, kann in vielen Fällen der Persönlichkeit des nach einem langen vorwurfsfreien Leben kriminell entgleisten Mannes nicht gerecht werden, wenn sie nicht die Möglichkeit klimakterischer Einwirkungen bedenken. Auch dann freilich bleiben derartige Fälle für die Ehe und das Verhältnis der Ehefrau zum Manne meist nicht ohne Erschütterung, die der besondere Zusammenhang nur desto tragischer gestaltet. Auch durch die zivilrechtliche Bedeutung, die das Klimakterium gelegentlich bekommt, kann die Gattenbeziehung in Mitleidenschaft gezogen werden; sind doch z. B. Schenkungen und testamentarische Verfügungen, die der Mann in den Wechseljahren garnicht selten zuungunsten der eigenen Gattin und der Familie vornimmt, oft in dem klimakterischen Ausnahmezustand bewirkt und daher unter Umständen anfechtbar.

Mag nun im allgemeinen das Klimakterium der Frau, wie in seinen Symptomen überhaupt so auch in seinen Auswirkungen auf die Ehe insbesondere, erheblich belangvoller sein, so ist doch der Tatbestand einer analogen körperlichen und geistig-seelischen Verfassung auch beim Manne gegenüber der durchschnittlichen Unkenntnis oder Leugnung eines Climacterium virile nachdrücklichst zu betonen und sein möglicher Anteil an der Gestaltung eines Eheschicksals nicht zu unterschätzen. Und wenn — auch von *Herschan* — mit allem Recht von dem Ehemanne verständnisvolle Rücksicht auf die Besonderheiten der im Klimakterium befindlichen Gattin gefordert wird, so darf demgegenüber auch von der Frau Takt und Einsicht gegenüber den klimakterischen Erscheinungen des Mannes verlangt werden. Versäumnisse in dieser Hinsicht gefährden nicht nur die Ehe und das Familienleben, sondern lähmen oft die besten Kräfte des Mannes, deren er zur Erfüllung seiner — sei es praktischen, sei es künstlerischen oder wissenschaftlichen — Lebensaufgaben bedarf, die ja an ihn in viel höherem Grade gestellt zu werden pflegen als an die Frau dieser Lebensphase[1]). Namentlich für den geistigen Arbeiter und den Künstler scheint das Climacterium virile ebenso sehr Quelle von Hemmungen und Beeinträchtigungen wie von Antrieben und Steigerungen eigener Art zu sein — für die Ausnahmesituation des Genies hat *Waldvogel* einige Belege in diesem Sinne beizubringen versucht —, und so wird man im Hinblick auf solche Zusammenhänge geradezu von einer Mission der Frau sprechen dürfen.

[1]) Es ist bemerkenswert, daß neuerdings von gynäkologischer Seite die größere Häufigkeit klimakterischer Vasalgieen (*R. Schmitt:* Aortalgieen) bei Männern als bei Frauen betont wird, wobei Nikotin, Alkohol und der intensiveren Arbeit eine besondere Bedeutung zugewiesen wird (*Wiesel* in *Halban-Seitz*, Biologie u. Pathologie des Weibes, III. Bd.).

Die gesundheitlichen Gefahren und Gefährdungen der Ehe

Von Kurt Finkenrath

Eine naturwissenschaftlich-medizinische Betrachtung der Ehe kann nicht vorbeigehen an dem Einfluß, den Störungen im körperlichen Wohlbefinden und in der körperlichen und geistigen Wohlgestaltetheit auf die Ehe selbst und auf die Ehepartner auszuüben vermögen. Der Natur der Ehe nach, als einer engen geistigen und körperlichen Gemeinschaftsbeziehung zwischen zwei Personen verschiedenen Geschlechts, haben wir in diesem Sinne wesentlich von zwei Gesichtspunkten aus die Zusammenhänge zu würdigen. Es sind dies einmal die Gefahren, die von der Ehe her und durch die geistigen und körperlichen Ansprüche der Ehe dem einen oder dem anderen Gatten drohen, und es sind dies zweitens Gefährdungen der Ehe, ihrer Ausführbarkeit und ihrer Durchführung, die gegeben sind durch körperliche und geistige Mängel der Gatten selbst sowie durch Einflüsse der Umwelt.

Beginnen wir bei den Gefahren, die die Ehe in sich birgt, so werden sie für den gesunden Ehegatten in erster Linie begründet sein in Krankheiten des anderen Gatten. Es handelt sich hierbei fast ausschließlich um die ansteckenden und übertragbaren Krankheiten, deren Verbreitung durch die gemeinschaftlichen menschlichen Beziehungen überhaupt gegeben ist, am stärksten selbstverständlich aber in einer so engen Gemeinschaft, wie der Ehe, zum Ausdruck kommen muß. Die hygienische Kultur unserer Neuzeit hat infolge zunehmender Kenntnis von dem Gang der Verbreitung dieser Krankheiten, die vor Jahrhunderten noch als Seuchen die Welt entvölkern konnten, ihre Bedeutung erheblich zurückgedrängt, und so dürften sie praktisch eine geringere Rolle spielen, als theoretisch vielleicht möglich wäre.

Nur zwei große Gruppen aus der Reihe dieser Krankheiten bedürfen einer ausdrücklichen Erwähnung, da sie auch heute noch sozial-hygienisch eine bedeutende Rolle überhaupt und eine besondere in der Ehe spielen.

Es sind dies einmal die Geschlechtskrankheiten: Gonorrhöe, Syphilis und weicher Schanker, die überwiegend oder ausschließlich durch den Geschlechtsverkehr, vor oder während der Ehe erworben und leicht auf den andern Ehegatten übertragen werden können. Rein zahlenmäßig bilden diese Krankheiten die häufigsten gesundheitlichen Gefahren, denen Mann und Frau, besonders aber die Frau, in der Ehe ausgesetzt sind.

Zum andern sind es die tuberkulösen Erkrankungen, die noch immer die Todesursache von etwa einem Zehntel der Bevölkerung sind und in gewissen Stadien der Erkrankung dem gesunden Ehegatten gefährlich werden.

Drohen diese Gefahren der Krankheitsübertragung schon dem gesunden Ehegatten, so werden sie noch bedenklicher für den kränkelnden oder bereits ebenfalls erkrankten Partner.

Außer den bakteriellen (oder sonst parasitären) Übertragungen findet sich bisweilen die psychische Induktion geistiger und gemütlicher Erkrankungen. Die Abwege des Psychopathen, die Wahnideen des Geisteskranken werden vom gesunden — wenn auch für solche Beeindruckungen disponierten Ehegatten — übernommen.

Andere Gefahren ergeben sich aus den funktionellen physiologischen Ansprüchen selbst, die die Ehegemeinschaft zur Folge hat. — Die sexuellen Ansprüche, die in der Ehe der triebstärkere Partner — es braucht dies durchaus nicht immer der Mann zu sein — geltend macht, führen leicht zu erheblichen Belastungen und Erschöpfungen des schwächeren. Es ist gar nicht selten, daß der im Daseinskampf abgespannte und ermüdete, von Berufssorgen und Erwerbsstrapazen erschöpfte, vielleicht neurasthenisch oder psychasthenisch gewordene Mann nun im Hause sich den sexuellen Ansprüchen seitens der Frau in stärkerem Umfange, als für ihn tunlich, gegenübersieht. Die Folgen sind verschieden, sei es, daß er den erotischen und sexuellen Anforderungen der ausgeruhten und lebhaften Gattin auf Kosten seines gesundheitlichen Wohlbefindens zu sehr nachgibt, sei es, daß er infolge der Herabsetzung seiner Leistungsfähigkeit gegenüber den Wünschen der Frau zu Minderwertigkeitsgefühlen kommt, die ihn seelisch bedrücken und belasten. Für die Frau werden die Rückwirkungen zu starker sexueller Inanspruchnahme infolge ihrer mehr passiven Rolle weniger in körperlichen als vorwiegend psychischen Störungen sich auswirken, die zu Frigidität, Ablehnung und Ekelgefühlen führen können. Solche gesundheitlichen Gefahren des Ehelebens kommen besonders in den Fällen zum Ausdruck, in denen die Alters- oder Temperamentsunterschiede oder überhaupt die konstitutionellen Verschiedenheiten der Gatten groß sind. Neurasthenische Männer und hysterische Frauen unterliegen — für sich und für den andern — derartigen Gefährdungen in außerordentlichem Maße. Hierbei ist zu erinnern, daß die eheliche Bindung gegenseitig abstumpfend auf die Erotik und Sexualität der Gatten wirkt, da alle Reizvarianten zu fehlen pflegen oder Reizgewöhnung eintritt. Dieser Zustand kann auf die Dauer zur Herabsetzung der Libido wie der Potenz und zu den charakteristischen Fällen einer Impotenz des Mannes oder Frigidität der Frau nur „intra muros" führen.

Im allgemeinen pflegen bedeutender als für den Mann die gesundheitlichen Gefahren der Ehe für die Frau zu sein, die durch ihre ganz anderen Aufgaben, besonders durch ihre Rolle in der Fortpflanzungstätigkeit, bedingt sind. Schwangerschaft, Geburt, Wochenbett und Stillgeschäft bilden besonders gefahrvolle Funktionen für jede Frau. Dieses drückt sich schon durch die erhöhte Allgemeinsterblichkeit der verheirateten Frauen gegenüber den ledigen im zweiten und dritten Lebensjahrzehnt aus. Unglückliche Verlaufszeiten bei der Geburt, die durch körperliche Mißbildungen, komplizierende Krankheiten, Unfälle veranlaßt sein können, führen alljährlich zu einem beträchtlichen Verlust an Frauenleben. Namentlich das gefürchtete Kindbettfieber spielt immer noch die Hauptrolle in diesen unglücklichen Ausgängen einer Schwangerschaft. Besonders gefährlich aber wird diese für solche Frauen, die bereits ein organisches Leiden haben, das infolge der außerordentlich großen physiologischen Ansprüche der Schwangerschaft entweder neu aufflackert oder funktionell zu Insuffizienzerscheinungen führt. Ersteres gilt für chronische, latent gewordene Krankheitsprozesse, wie z. B. die Gonorrhöe und die Tuberkulose, wobei letztere als die gefährlichere oft zu tödlichen Verschlimmerungen führt. Die Funktionsstörungen aber im Verlauf einer Schwangerschaft treten leicht bei im normalen Leben vielfach gut kompensierten Herzfehlern, bei Basedow, Zuckerkrankheit sowie chronischen Nierenleiden der Frau auf. Das Bestehen solcher Erkrankungen erfordert daher vor der Verehelichung eine genaue Unterrichtung der Frau über die ihr daraus drohenden Gefahren.

Auch Geisteskrankheiten stehen im engsten Zusammenhang mit der weiblichen Fortpflanzungstätigkeit, und nicht nur vorübergehende, sondern auch dauernde Geisteskrankheiten leiten sich aus der Periode der Schwangerschaft wie der Geburt, des Wochenbetts und der Stillzeit her, wenn der Zusammenhang auch weniger ein ursächlicher als nur ein konditioneller zu sein pflegt.

War bei den Gefahren der Ehe bisher unser Betrachtungswinkel die Schädigung der Gesundheit des einzelnen Ehegatten durch die Besonderheiten der ehelichen Paarbeziehung, so wollen wir im folgenden die Gefährdungen der Ehe selbst hinsichtlich der ihm gestellten Aufgaben und Pflichten betrachten, wie sie sich durch die

Auffassung der Ehe als Liebes- und Geschlechtsgemeinschaft und als normgemäße Voraus- und Zielsetzung der Nachkommenschaft mit all ihren wirtschaftlichen und gesellschaftlichen Eigentümlichkeiten ergeben.

Ausgehend von den körperlichen Beziehungen der Ehegatten, finden wir hier die gemeinhin übersehene, zum mindesten unterwertete Tatsache, daß Trieb und Triebstärke bisweilen bei den Ehepartnern nicht die gleichen Qualitäten aufweisen. Diese Verschiedenheiten in der Libido sind angeboren, richtiger: eingeboren, erbkonstitutionell oder durch die embryonale Entwicklung bewirkt, in anderen Fällen, vorübergehend oder dauernd, durch organische oder psychische Leiden intra vitam verursacht. Neben der krankhaften Herabsetzung findet sich die krankhafte Steigerung beim Mann oder bei der Frau und hat in ihren verschiedenen Ausdrucksformen eine mehr oder minder erhebliche Differenz in den Ansprüchen der Ehegatten aneinander zur Folge. Stärker und nachhaltiger als die Unterschiede in der Libido, beeinflussen Potenzstörungen das Eheglück und unter Umständen die Ehefähigkeit überhaupt.

Entsprechend der Eigenart der verteilten Rollen der Geschlechter in der Ehe, ist es die Impotenz des Mannes, die die Aufnahme oder die Fortführung eines normalen Geschlechtsverkehrs der Gatten in erster Linie verhindert. Solche Impotenz kann außer auf einer konstitutionellen Triebschwäche oder völliger Anaphrodisie auf angeborenen Mißbildungen der männlichen Geschlechtsorgane beruhen und stellt ein absolutes Ehehindernis dar; es sei denn, daß es sich um einen der Ausnahmefälle handelt, in denen die Ehe gar nicht als Sexualgemeinschaft gedacht wird. Unter Umständen kann die Impotenz auch die Folgeerscheinung erst in späteren Lebensjahren erworbener Krankheiten sein oder von Verletzungen herrühren und dann erst im Verlauf der Ehe dazu führen, daß die gegenseitigen normalen Geschlechtsbeziehungen unmöglich werden, soweit nicht eine Wiederherstellung oder Gesundung zu erwarten ist. Am häufigsten verursachen Tabes und Diabetes, bisweilen Fettsucht, die frühzeitige Impotenz des Mannes. Auch einzelne Gewerbekrankheiten, wie die Bleivergiftung und die Schwefelkohlenstoffvergiftung, haben besonders Potenzstörungen zur Folge. Größer als das Heer der Erkrankungen, die zur organischen Impotenz führen, sind funktionelle Störungen, die den Mann eheunfähig machen. Es handelt sich dabei in der Regel nur um vorübergehende Erscheinungen, die unter Umständen allerdings nicht ohne weittragende Rückwirkungen auf das eheliche Verhältnis sind.

Was für die Impotenz des Mannes auf Grund körperlicher Mißbildungen seiner Geschlechtsorgane gilt, trifft für die Frau inbezug auf die selteneren Veränderungen ihrer Geschlechtsteile zu, die wie der Verschluß oder das Fehlen der Scheide einen normalen Beischlaf unmöglich machen. Die psychische Impotenz der Frau spielt dabei für die ehelichen Beziehungen nur scheinbar nicht die Rolle wie beim Manne, insofern die Mechanik der ehelichen Beziehungen dadurch nicht gestört wird und dem Ehemann die Störung auf Seiten der Frau meist unbekannt bleibt. Auf das sexualpsychische Verhältnis der Frau zum Manne wirkt aber ihre psychische Impotenz (Frigidität) schwer schädigend und somit oft auf die Gesamtheit der Ehebeziehungen — ohne Bewußtwerdung der wahren Untergründe — verheerend.

Außer den Störungen der Libido und Potenz vermögen auch Verschiedenheiten in der Triebrichtung, organisch oder psychisch bedingte Anomalien, sexuelle Perversionen eine Ehe zu gefährden. Da die Psychopathia sexualis inbezug auf die Forderungen und Bedingungen der Ehe eine besondere Behandlung erfährt, braucht hier nur kurz auf diesen Zusammenhang hingewiesen zu werden.

Von entscheidendster Bedeutung für die Ehemöglichkeit ist natürlich außer der geistigen und normalen körperlichen Betätigung der sexuellen Teilfunktionen das dementsprechende Verhalten der Gesamtpersönlichkeit. Jede Störung dieser muß die eheliche Gemeinschaft gefährden. Die Geisteskrankheiten pflegen daher die gefährlichsten Belastungen einer Ehe zu sein und schließen sie, soweit es sich um nicht vorübergehende Psychosen mit Rückkehr zur Gesundheit oder mindestens einer weitgehenden „Defekt-Heilung“ handelt, völlig aus.

Hier interessieren nur die Auswirkungen einer Geisteskrankheit nach der ehepsychischen und ehetechnischen Seite, aber nicht die juristischen Folgerungen.

Was für die Geisteskrankheiten im engeren Sinne gilt, trifft überwiegend, zumindest abgeschwächt, auch für jene geistigen und seelischen Krankheitsgruppen zu, die wir auf der Grenze zwischen normalem und abnormalem Seelenleben vorfinden.

Es gehört hierher besonders die Hysterie, jenes Krankheitsbild der Ichbetonung, das sich zur Zweckverwirklichung einer besonderen psychischen Reaktionsweise mit weitestgehender Beeinflussung körperlicher Erscheinungen bedient. Die egozentrischen Eigenarten des Hysterikers — es trifft dieses, wohlgemerkt, für Mann wie Frau zu — führen zu schweren Disharmonien, die unter Umständen eine untragbare Belastung in der Ehe bedeuten. Die frühere Vorstellung, daß für die hysterische Frau die Ehe heilsam sei, ist für den Regelfall ein Irrtum und die noch immer nicht ausgerottete „Heiratstherapie“ ein ärztlicher Mißgriff gröblichster Art.

Auch in den Fällen, wo sich die Hysterie nicht in dem bestimmten egozentrischen Charakterzug äußert, vermag sie unter Umständen bei stärkerem Hervortreten, ehezerrüttend zu wirken, wobei nicht vergessen sei, daß der Kreis der Menschen, die zur hysterischen Reaktion bereit und fähig sind, viel größer ist, als man ahnt, und daß zufällig gegebene Situationen im Leben bisweilen erst das auslösende Moment werden können. Was für den Hysteriker zutrifft, läßt sich in großen Zügen auch auf den Psychopathen anwenden, wobei sehr wichtig der Umstand sein dürfte, welche seelische Konstitution der andere Ehegatte besitzt. In diesem Zusammenhange muß auch der Einwirkungen der Rauschgifte, vor allem des Alkohols, Morphiums und Kokains, Erwähnung getan werden, da gerade die Sucht nach diesen Giften häufig von psychopathischen Personen ausgeht. Die Gefährdungen der Ehe liegen hier in der Veränderung der psychischen Struktur des Erkrankten, der haltlos, lügnerisch und geschäftsuntüchtig wird wie beim Morphinisten, oder durch erotische Wahnvorstellungen und sexuelle Exzesse wie beim Alkoholisten das Leben mit ihm unerträglich macht. Wahnhafte Eifersuchtsimpulse spielen bei ihm, mehr aber noch beim Kokainisten, eine verhängnisvolle Rolle, insofern als haltlose Anklagen in die Ehe getragen werden und zu fürchterlichen Affektausbrüchen, Mordanschlägen und Selbstmorden führen können. Selbstverständlich vermögen auch die wirtschaftlichen und gesellschaftlichen Folgen aus allen diesen Süchten der Gatten noch besonders ehezerrüttend zu wirken.

Die seelischen Anforderungen, die bei Erkrankung eines Gatten an den gesunden gestellt werden, sind oft recht erheblich und die Art und die Kraft, solche seelischen Belastungen zu ertragen, sind bei den einzelnen Menschen recht verschieden. Länger dauernde Krankheiten erfordern ein großes Maß von Aufwartung und Pflege und so von Mehrleistung im Haushalt. Die Krankheiten selbst haben häufig solche äußeren Erscheinungen zur Folge, daß sich bei dem gesunden Ehegatten ein innerer Widerwille bildet, der auch bei größtem Opfermut nur schwer überwindbar ist. Die Unsauberkeiten des Kranken, üble Düfte, häßliche Absonderungen, können die Durchführung der ehelichen Gemeinschaft zu einer äußerst schwierigen oder unmöglichen Aufgabe machen. Besonders stark werden diese Einflüsse, wenn ungünstige Lebens- und Wirtschaftsverhältnisse nicht die Möglichkeiten ausreichender Räume und Arbeitshilfe bieten. Es wird sich auch verschieden auswirken, ob der Gatte oder die Gattin erkrankt. Im allgemeinen wird die Frau eher der Lage am Krankenbette gewachsen sein als der Mann. Aber die Erkrankung verändert auch stets das seelische Allgemeinbefinden des Befallenen, und wo sie nicht müde, abgespannt und lebensunlustig macht, führt sie häufig zu stärkerer Gereiztheit und Reizbarkeit. Dann gibt es schwere Stunden in der Ehe, denn auch der durch die Krankheit mit Arbeit überlastete gesunde Gatte pflegt empfindlicher geworden zu sein. Die schwerste Belastung seelischer Art bieten aber ersichtlich die Krankheiten dar, die durch Selbstverschuldung oder Treubruch eines Gatten nunmehr zum Verhängnis für die Ehe werden können. So bedeuten auch hier die Geschlechtskrankheiten hinsichtlich ihrer seelischen Mitwirkungen eine schwere Heimsuchung für die Ehe. Man muß ferner berücksichtigen, daß gewisse Krankheiten des einen Gatten häufig die ehelichen Beziehungen völlig aufheben und dadurch der andere Gatte manchmal in eine Bedrängnis hinsichtlich der Befriedigung seiner natürlichen Bedürfnisse im Liebesleben gerät. So kann die Stunde kommen, in der für den gesunden Gatten, auch für den aufopferungsvollsten und gewissenhaftesten, die Last und Sorge durch die Krankheit des andern zu groß wird und er die Ehepflichten nicht mehr taktvoll durchzuhalten vermag. Das Krankheitsschicksal der Eltern aber kann häufig auch einen tiefgreifenden und nachhaltigen Einfluß auf die Kinder ausüben, deren erste Lebenseindrücke von entscheidender Bedeutung zu sein pflegen.

Die Wirkungen der Krankheit auf die Ehe sind damit nicht erschöpft. Kranksein kostet Geld! Und so bedeutet jede Krankheit für die eheliche Gemeinschaft eine schwere wirtschaftliche Belastung. Ist von der Krankheit der Ehemann betroffen, so fällt in der Regel der Ernährer der Familie aus, und es beginnen die ernsten Sorgen des Erwerbes gerade zu einem Zeitpunkt, wo die Ausgaben für die ärztliche Behandlung und Krankenpflege erheblich sind. Erkrankt die Frau, so verschlingen die unzureichende Wirtschaft und die Hilfskräfte für den Haushalt neben den Mitteln zur Wiederherstellung in empfindlicher Weise Gelder. Selbstverständlich zeigen sich diese Wirkungen am stärksten dort, wo die wirtschaftliche Lage der Ehe bereits vorher eine ungünstige war. Wenn auch die Sozialversicherung den ungeheueren Schrecken, den die Krankheit für die Ehe in den minderbemittelten Kreisen der Bevölkerung bedeutet, etwas verringert hat, so bringt diese nach wie vor schwere wirtschaftliche Sorge. Die leibliche und seelische Mehrbelastung der Umgebung (Unterernährung, Schlafmangel, Aufregung u. dgl. m.) macht sie auch empfänglicher für die Krankheit. Daraus leitet sich dann jener traurige Kreislauf her, in dem Krankheit zur Armut und Armut wiederum zur Krankheit führt und so eine ganze Familie zu Grunde richten kann.

In der gegenwärtigen Zeit hat die Wohnungsfrage eine überragende Bedeutung für die Ehe gewonnen. Die engen Wohnverhältnisse bieten nicht nur eine erhöhte Übertragungsgelegenheit für die körperlichen Krankheiten, sondern führen auch zu schweren seelischen Beeinträchtigungen. In jungen Ehen, die in einem abgetretenen Zimmer der Eltern ihren Anfang nehmen, sind heutzutage die beiden Neuvermählten oft auf einen einzigen Raum angewiesen. Gerade feinfühlige Menschen, die eine solche Offenheit in allen ihren körperlichen Bedürfnissen bisher nicht gepflogen hatten, müssen unter solchem Zustand erheblich leiden. Die ungünstige Lage ihres Zimmers hindert häufig die Neuvermählten, nach Notwendigkeit und Bedürfnis der Ruhe zu pflegen und ihren Liebeswünschen nachzugehen, mit Rücksicht auf die Eltern im Nebenraum oder die unvermählten Geschwister. Aus solchen Unlustfaktoren ergeben sich gar nicht selten seelische und nervöse Reizzustände, die weiterhin zur völligen Zerrüttung und zum Bruch dieser so geschlossenen Ehen führen. Kommt es in diesen engen Wohnverhältnissen zur Geburt eines Kindes, so ergibt sich wieder eine starke Gefährdung der Frau im Wochenbett, erhöhte Belastung des gleichzeitig berufstätigen Mannes durch die Unannehmlichkeiten der Krankenstube, der Wohnraum, Küche und Besuchszimmer darstellt. Auch bei nicht ganz so ausgesprochener Ungunst der äußeren Umstände drohen in der Unzulänglichkeit der Wohnverhältnisse der seelischen Gesundheit der Gatten und der Ehe ernste Gefahren. Der notgedrungene Verzicht auf elterliches Glück einerseits, auf naturgemäßes Liebesleben andererseits (dies namentlich aus Rücksicht auf die vorhandenen Kinder), sind in einer erschreckend großen Zahl von Fällen in diesem Sachverhalte begründet. Für die heranwachsenden Kinder besteht die Schwierigkeit, sie nach Geschlechtern zu trennen. Je tiefer wir bei dieser Betrachtung zu denjenigen hinabsteigen, die zu den bei der Verteilung der Güter auf dieser Erde Vergessenen gehören, um so stärker treffen wir auf die sexuelle und soziale Ehe-Not. Wenn auch ein großer Teil durch die Gewöhnung gemildert erscheint, so wirken sich doch all diese Dinge in einer Form irgendwann einmal verhängnisvoll aus, entbehren doch etwa 7 Millionen Menschen in Deutschland einer eigenen Lagerstätte.

In den Zusammenhang der gesundheitlichen Gefährdungen der Ehe gehört auch die Würdigung des Berufes des Mannes. Der Seemann ist monatelang fern von seiner Frau, der kaufmännische Reisende verbringt nicht selten die Hälfte seines Lebens außerhalb der Familie. Da ist es fast selbstverständlich, daß in diesen und ähnlichen Ehen an den abwesenden Gatten oder die einsame Frau die Versuchung zur Untreue herantritt, der nur die stärksten Charaktere — oder die triebschwächsten Konstitutionen! — widerstehen. Auch die Fälle der Anfechtungen, denen der Damenschneider, Friseur, Arzt ausgesetzt sind, dürfen nicht vergessen werden. Die zahlenmäßige Erfassung der Geschlechtskrankheiten hat ergeben, daß die einzelnen Berufe verschieden in ihnen vertreten sind und eine besondere Berufsgefährdung auch hier sehr beachtlich ist. Andere Gewerbe bewirken eine andersartige gesteigerte Gesundheits- und Lebensgefährdung. Auf die Potenzstörungen durch Gewerbekrankheiten haben wir schon hingewiesen. Eine noch größere Bedeutung hat in diesem Zusammenhang die Erwerbstätigkeit der Frau, die in einem besonderen Kapitel gewürdigt werden wird.

Eine Reihe schwerer innerer wie äußerer Belastungen und Gefährdungen der Ehe folgen aus Störungen in der Fortpflanzungsfähigkeit der Ehegatten. Die Nichterfüllung des Wunsches, Kinder zu besitzen, wird der Anlaß zu Mißstimmungen und gegenseitigen Vorwürfen sein, zumal da die „Schuld" bei dem andern Ehegatten gesucht zu werden pflegt. Eigenes Schuldgefühl erhöht bei sensiblen Naturen die Schwierigkeiten womöglich noch mehr. Die Geschlechtskrankheiten, die oft zugleich eine Untreue aufdecken, spielen unter den Gründen für das Ausbleiben der Nachkommenschaft die bedeutsamste Rolle.

Was für das völlige Fehlen der Nachkommenschaft gilt, trifft auch auf die Vererbung und Übertragung von Krankheiten auf die Kinder zu, die, sei es in den Beziehungen der Gatten zueinander, sei es in der eigenen Betrachtung der Kinder, eine dauernde Anklage zu sein pflegen, zumal wenn es sich um selbstverschuldete Krankheiten handelt.

Nicht alle die geschilderten Tatbestände müssen unbedingt jede Ehe gefährden. Sie werden es nur unter bestimmten Umständen tun, je nach den Anforderungen, die die Gatten an das Leben und an die Ehe stellen, und nach ihrer besonderen Eigenart und Belastungsfähigkeit, sowie nach den übrigen äußeren und inneren Erschütterungen der Ehegemeinschaft. Andrerseits können schon alltägliche und in der physiologischen Breite liegende Streitigkeiten und Differenzen bei besonders reagiblen Naturen die Ehe ernstlich gefährden, während robustere Menschen über beträchtlichere Hemmnisse und Widerstände leicht hinweg kommen.

Dabei könnte aus der vorliegenden kurzen Übersicht über die Gefahren und Gefährdungen der Ehe ein falscher Schluß auf die Problematik der Ehe für die körperliche und psychische Gesundheit gezogen werden. Demgegenüber ist zu betonen, daß für die biologisch und physiologisch normalen Naturen die Ehe sich als ein Faktor von außerordentlichem Gesundheitswert erwiesen hat. Allgemein wirkt die Ehe lebensverlängernd nicht nur für den Mann, sondern auch für die Frau, wenn man die ungünstige Wirkung der Schwangerschaft auf die Sterblichkeit der verheirateten Frau in Abzug bringt.

Sexuelle Hygiene der Ehe

Von Albert Moll

Die sexuelle Hygiene der Ehe beginnt, wenn jemand den Entschluß faßt, zu heiraten; sie kompliziert sich dann, wenn er oder sie eine bestimmte Person heiraten will. Aber die Frage, ob die hygienischen Vorbedingungen für die Heirat bestehen (man denke z. B. an den, der von einer Geschlechtskrankheit noch nicht vollständig genesen ist) und die, ob das Zusammentreten der beiden eine wünschenswerte Nachkommenschaft erhoffen läßt (also eugenische Gesichtspunkte) stehen hier nicht zur Erörterung, weil sie in anderen Abschnitten des Buches behandelt werden.

Hingegen kann in dem vorliegenden Zusammenhange nicht übergangen werden die Hygiene der Verlobungszeit, oder, wenn keine formale Verlobung stattgefunden hat, der Zeitspanne, wo zwei Personen zur Eingehung der Ehe miteinander entschlossen sind. Sehen wir, wie es in den bürgerlichen Familien, die noch in der alten Tradition leben, dabei zugeht. Ein etwa 30jähriger Assessor verlobt sich mit der 22jährigen Tochter eines Kaufmanns. Nehmen wir an, daß beide in derselben Stadt leben. Sie kommen täglich zusammen, oft bei Verwandten, oft bei befreundeten Familien, sie beteiligen sich an der allgemeinen Unterhaltung, ziehen sich nur zeitweise zurück, gehen in ein nicht abgeschlossenes Zimmer, wo sie sich miteinander unterhalten, wobei sie nahe beieinander sitzen, auf dem Sofa oder sonstwo, sich gelegentlich küssen, umschlingen und aneinanderdrücken. Bisweilen gehen wohl auch beide zusammen allein aus, obwohl in Familien, die noch ganz in überkommenen Anschauungen leben, dies nicht gestattet ist, sondern stets eine Begleiterin mitgeht. Doch beschränkt sich diese strenge Observanz nur noch auf wenige Kreise. Die beiden gehen gelegentlich zusammen ins Theater. Ins Kaffeehaus zusammen zu gehen oder zum 5-Uhr-Tee mit Tanz, verbietet im allgemeinen noch die althergebrachte Sitte. Am Anfang dieser Zeit spielen, wenn wir weiter annehmen, daß sich beide miteinander aus Liebe oder wenigstens aus starker Neigung verlobt haben, die Genitalien, oder, wie wir besser sagen wollen, die Begattungsorgane (Kopulationsorgane) zunächst keine Rolle. Je häufiger aber beide zusammen sind, und je häufiger sie allein sind und sich aneinanderdrücken, um so mehr erwachen die Triebe, meistens zunächst beim Manne, beim Mädchen zunächst überhaupt nicht, wenn es ganz unverdorben ist. Aber beim Manne projizieren sich allmählich die seelischen Liebesgefühle in die Begattungsorgane, es treten Erektionen ein, und es kommt besonders beim Aneinanderdrücken mitunter bei dem Manne sogar zu einer Ejakulation. Ausbleiben könnten die genitalen Erregungen beim Mann nur dann, wenn sich die beiden so weit zügeln, daß sie die körperlichen Berührungen, abgesehen von einem Kuß, vollkommen meiden. Wohnen beide in etwas voneinander entfernten Orten, so besucht der Bräutigam die Braut von Zeit zu Zeit, und die eben geschilderten Vorgänge finden nur selten statt, ja, wenn beide nur gelegentlich zusammenkommen, bleiben die genitalen Erregungen überhaupt aus. Gleichzeitig werden beide von den weiblichen Mitgliedern der Familien, nicht nur von den Eltern der Braut, sondern auch von befreundeten und verwandten Familien scharf beobachtet, Scherze über die Verliebtheit werden gemacht, die meist harmloser Natur sind und nur den einen Nachteil haben, daß, was den beiden vielleicht etwas Heiliges ist, hier zum Gegenstand „verständnisvollen" Lächelns herabsinkt. Oft finden in dieser Zeit auch, besonders in wohlhabenden Familien, Schlemmereien statt, es wird Wein getrunken, es muß „repräsentiert" werden.

Alles dies führt zu einer ungesunden sexuellen Erregung, denn ungesund ist die häufige Erregung, die nicht zu einer Entladung durch den intimen Verkehr führt. Was gelegentlich nicht schadet, muß bei dauernder Wiederkehr schädlich wirken, und aus diesem Grunde ist es wünschenswert, besonders wenn beide in derselben Stadt wohnen, die Verlobungszeit möglichst abzukürzen. Entweder führt sie zu einem gewaltsamen Zurückdrängen der Triebe, die geweckt sind, oder, beim Manne wenigstens, zur geheimzuhaltenden Ejakulation in die Wäsche. Die Abkürzung der Verlobungszeit unter solchen Vorbedingungen ist eine grundlegende Forderung der sexuellen Hygiene.

Etwas anders liegt es, wenn die Verlobten nicht mehr die alte Tradition innehalten oder Familien angehören, bei denen nie die strenge Sitte geherrscht hat, daß erst in der Ehe der Beischlaf stattfinden darf. Auf dem Lande, besonders auch in katholischen Gegenden, besteht vielfach die Sitte des vorehelichen Verkehrs. Der junge Bauernbursche liebt die Tochter des Nachbarn, beide kommen oft zusammen, aber es gilt hier für durchaus erlaubt, vor der Ehe geschlechtlich zu verkehren, ja, sogar für erwünscht. Es werden oft antikonzeptionelle Mittel angewendet, um die Schwängerung zu verhüten, und heute ist die Anwendung von solchen

Mitteln, des Irrigators, des Condoms, aber auch der abtötenden Präparate auf dem Lande nahezu allgemein bekannt. Aber es gilt hier wenigstens das ungeschriebene Gesetz, daß der Mann das Mädchen heiratet, wenn er mit ihm intim verkehrt hat.

Schon diese Betrachtungen zeigen, daß die Art, wie man in die Ehe tritt, verschieden ist. Der eine führt zum Traualtar ein junges Mädchen, dem er sich bisher nur in keuschester Weise genaht hat. Ihre Berührung, und zwar nicht nur etwa der intime Verkehr, sondern eine allzu intime Berührung, wäre unerlaubt. Der andere hat sein Mädchen schon kennen gelernt, mit ihr zusammen geschlafen, und wenn sie auch mit dem Myrthenkranz zum Traualtar tritt, weiß doch jeder aus der näheren Bekanntschaft, daß die anatomische Jungfrauenschaft nicht mehr besteht.

Der Unterschied dieser beiden Gruppen ist von größter Bedeutung, und zwar schon deshalb, weil das Verhalten des Mannes nach der Heirat in beiden Fällen ganz verschieden sein sollte. Für das Mädchen, das unberührt in die Ehe tritt, ist die Hochzeitsnacht etwas ganz anderes, als für das Mädchen, das bereits die nötigen Erfahrungen, wenn auch nur mit ihrem Verlobten, hat. Bei jener entscheidet die Hochzeitsnacht oft über das zukünftige Glück der Ehe. Um dies zu begründen, will ich kurz auf jene Erscheinung hinweisen, die man in neuerer Zeit als Dyspareunie bezeichnet hat: das Fehlen der Wollust beim Beischlaf oder überhaupt bei irgend welchen genitalen Akten der Frau. Hier sind zwei Gruppen zu unterscheiden, die eine, bei der überhaupt nicht ein Trieb zum Beischlaf besteht, und die, bei der der Trieb besteht, aber gleichzeitig die Unmöglichkeit, zum Orgasmus, zur höchsten Wollust zu gelangen. Diese Erscheinung kann verschiedene Ursachen haben. Eine von diesen ist das falsche Verhalten des Mannes in der Hochzeitsnacht und überhaupt bei den ersten Begattungsakten. Dies ist wichtig, weil die Dyspareunie nicht nur dem Weib einen hohen Genuß raubt, sondern auch ihre Erwartung, die sie an die Ehe geknüpft hat, zum großen Teil enttäuscht, und sie, die doch schon so weit sexuell aufgeklärt ist oder durch andere Frauen sexuell aufgeklärt wird, das Fehlen des Orgasmus als einen erheblichen Mangel empfindet. Besonders bedenklich wird der Fall dann, wenn das, was man als Vorlust bezeichnet, besteht, die eigentliche Wollust aber fehlt.

Zerlegen wir den Akt vom Standpunkt der Frau in drei Phasen, so kommt zuerst die Vorlust, die allmählich ansteigt, sie entladet sich in der Akme, die mit starken Muskelkontraktionen verbunden ist, eine Schleimabsonderung herbeiführt und als Begleiterscheinung den Orgasmus liefert, jenes kaum beschreibbare höchste Wollustgefühl, das in dem dritten Stadium abklingt und ein wohltuendes Gefühl der Schwäche, aber auch der Befriedigung erregt. Wenn der Akt stets mit Vorlust verbunden ist, die den Orgasmus erwarten läßt, dieser aber ausbleibt, so ist dies für die Gesundheit der Frau nicht nur nicht gleichgültig, sondern ein schweres Trauma. Der Beischlaf bietet für die Gesundheit keine Gefahren, wenn er mit dem Orgasmus und dem Gefühl der Befriedigung schließt. Aber die Erregung des ganzen Körpers, die in der Vorlust, bei der Erwartung des Orgasmus stattfindet, ist, wenn dies oft wiederkehrt, ein schwerer Schaden in erster Linie für das gesamte Nervensystem. Reizbarkeit und Depression, sowie das ganze Heer der neurasthenischen Symptome können die Folgen sein. Nicht so unmittelbar bedenklich ist es, wenn die junge Frau auch nicht die Vorlust empfindet und der Trieb zum Beischlaf überhaupt fehlt; dann fehlt wenigstens diese schwere Erschütterung, die in dem Anschwellen der Lust und ihrer Nichtbefriedigung liegt. Daß aber auch dann dieser Mangel nicht gleichgültig ist, habe ich bereits oben erwähnt, und deshalb ist es wesentlich, daß in der Frau auch unter den Beziehungen der Trieb zum Beischlaf und die Fähigkeit, Lust und Wollust zu fühlen, besteht.

In jedem Fall ist die Frage, wie sich der junge Ehemann, namentlich einer feinfühligen Frau gegenüber, in der Hochzeitsnacht und in den Flitterwochen verhält, sexualhygienisch von großer Bedeutung. Hierbei haben wir schon mit der Tatsache zu rechnen, daß in zahllosen Fällen, gerade in sittenstrengen Familien, die Erziehung des jungen Mädchens oft so gewesen ist, daß sie jeden Geschlechtsverkehr als etwas Unreines empfindet, nicht nur den illegitimen. Durch solche Erziehung werden Hemmungen im Nervensystem entwickelt, die den natürlichen Ablauf der für die Begattung notwendigen Vorgänge an den Kopulationsorganen verhindern.

Beim Mann unterscheiden wir zwei somatische Vorgänge bei der Begattung: die Erektion und die Ejakulation; beide werden von Nervenzentren aus vermittelt, über deren genaue Lage merkwürdigerweise auch heute noch die Ansichten auseinandergehen, die aber sicherlich in der Nähe des Sakralmarks liegen. Durch sexuelle Vorstellungen, aber auch durch Reize der Nerven (Berührung der Genitalien, Füllung der Samenblasen) werden Erektionen bewirkt, indem die zu den Zentren führenden Nerven das Erektionszentrum reizen, und von hier aus wiederum zentrifugale Reize stattfinden, durch die die Schwellkörper des Gliedes sich mit Blut füllen, wodurch die Erektion bewirkt wird. Ebenso wird durch periphere Reize das Ejakulationszentrum erregt, und indem von hier zentrifugal durch Nerven Muskeln erregt werden, findet jene rhythmische Muskelfähigkeit statt, die die stoßweise Entleerung des Samens beim Beischlaf bewirkt. Ganz analog sind die Vorgänge bei der Frau. Auch hier wird durch periphere Reize das Erektionszentrum erregt, das zu einer Erektion der Klitoris, aber auch schon zur Entleerung gewisser Drüsen (Bartholinischen) führt. Das Ejakulationszentrum wird ebenfalls durch periphere Reize erregt, die wie beim Manne durch zentrifugale Nervenfasern die rhythmische Ejakulation bewirken. Die Muskeln, die hierbei zu rhythmischer Kontraktion angeregt werden, sind andere wie beim Manne; aber grundsätzlich ist der Vorgang bei beiden Geschlechtern ganz analog.

Wir wissen, daß auch beim Mann durch hemmende Reize, die vom Gehirn ausgehen, sowohl die Erektion, wie die Ejakulation verhindert werden kann. Dasselbe kann beim Weibe der Fall sein. Während aber beim Mann nur in seltenen Fällen durch psychische Vorgänge eine Hemmung des Erektions- und des Ejakulationszentrums stattfindet, ist dies bei der Frau überaus häufig der Fall, und dies beruht zum großen Teil auf der Erziehung, die auch sonst vielfach zu Hemmungen führt und führen soll, hier aber durch eine falsche Richtung, die den sexuellen Vorgang als etwas Abscheuliches hinstellt, allmählich eine solche psychische Einstellung bewirkt, daß auch beim ganz normalen Mädchen vom Gehirn aus die Reizung der genannten Sexualzentren ausgeschaltet wird. Hat aber eine solche Erziehung stattgefunden, so ist es eine keineswegs einfache Aufgabe, diese Hemmungen bei der Frau zu lösen. Man wird sich schon ohne weiteres denken können, daß solche psychischen Widerstände nur durch eine Berücksichtigung der Psyche der Frau behoben werden können. Ein Mann, der hierauf in der Hochzeitsnacht nicht Rücksicht nimmt, wird schon nach dieser Richtung es unter Umständen unmöglich machen, daß sich der normale Sexualtrieb der Frau entwickelt, der sich nicht in Umarmungen und Küssen und in der Sorge für den Mann erschöpfen, sondern auch den Ablauf der geschilderten Erektionen und Ejakulationen in den Kopulationsorganen bewirken soll.

Man stelle sich eine junge Frau vor, die als Mädchen mit dem Bräutigam nur gesellschaftlich zusammen gewesen ist, in den von der Sitte gebotenen Formen. Und nun der Gegensatz dazu: im gemeinsamen Bett, entkleidet bis aufs Hemd, liegen beide zusammen. Meist hat sich der Mann im selben Zimmer entkleidet, wie die Frau. Schon durch die Dunkelheit, die hierbei möglichst herrschen soll, kann viel genutzt werden, durch die Dunkelheit bei der Entkleidung und beim Akte selbst. Wenn die junge Frau abwehrt, so habe der Mann Geduld, er suche nicht durch brutale Gewalt ihr Schamgefühl zu ersticken. Auch sonst muß der Mann mit dem nötigen Takt vorgehen. Die junge Frau soll sich allmählich an diese Situation gewöhnen. Wenn sie auch vorher schon gewußt hat, daß der Beischlafsakt mit dem ihr angetrauten Ehemann stattfinden wird und nichts Verwerfliches ist, so ist doch die Situation eine außergewöhnliche. Hier ist es Aufgabe für den Mann, die Frau allmählich sexuell zu erziehen. Ich sagte vorhin, daß er sich Zeit lassen muß, wenn die Frau zurückweicht. Das ist nicht nur nötig, um der Dyspareunie vorzubeugen. Das Schamgefühl zu schonen, ist auch aus anderen Gründen erforderlich.

Die Deflorierung ist mit starken Schmerzen verbunden. Wenn die Spannung des Jungfernhäutchens zu Schmerzen führt, wird es in vielen Fällen das Beste sein, so schnell wie möglich die Durchstoßung vorzunehmen. Jeder weiß, daß ein schneller Schnitt bei einer Eiterung mit weniger Schmerz verbunden ist, aber das dauernde Tasten mit dem Messer unnötige Schmerzen bewirkt. Aber auch dabei ist zu berücksichtigen, daß für die folgenden Tage der Wundschmerz besteht und die Wollustempfindung nicht aufkommen läßt. Deswegen ist es vorteilhaft, die Wunde erst etwas verheilen zu lassen, ehe man mit Beischlafsversuchen fortfährt. Tut man dies nicht und wird der Frau auch, abgesehen von einem ersten Akt, stets ein

Schmerz zugefügt, so entwickeln sich sehr leicht Abwehrbewegungen, die sich in doppelter Weise äußern können: entweder in der Form von Vaginismus oder in der Form von allgemeinen Abwehrkrämpfen. Bei jedem neuen Akt findet ein reflektorisches oder durch Angst ausgelöstes Zusammenziehen des Constrictor cunni statt, der ein Eindringen in die Scheide unmöglich macht und umso stärker wird, je mehr der Mann gewaltsam einzudringen sucht, da hierbei der Wundschmerz stets vermehrt wird. In andern Fällen kommen Krämpfe in den Bein- und Beckenmuskeln vor, sogar der ganze Körper kann sich daran beteiligen, so daß bei jeder neuen Annäherung des Mannes diese Abwehrbewegungen stattfinden und der ganze Körper sich schüttelt. Es ist dann viel besser, wieder eine Zeit lang zu warten, um möglichst die Erinnerung an den Schmerz abschwächen zu lassen, als immer wieder erneut, um nur recht schnell zum Ziele zu kommen, den Beischlaf zu wiederholen.

Natürlich wird man nicht immer dem Manne die Schuld geben dürfen, wenn der Vaginismus oder die sonstigen Abwehrbewegungen eintreten, da auch der geschickteste Mann mitunter nicht imstande ist, bei einer hypernervösen Frau die Reflexe und Angstkrämpfe zu verhindern. Der Mann, der am keuschesten gelebt hat, gar keine Erfahrung hat, wird übrigens oft hierbei der ungeeignetste Ehemann sein, und zwar deshalb, weil er selbst kein Vertrauen zu sich hat. Dieses ist notwendig, und ein starker Einfluß des Mannes ist hier oft entscheidend. Wenn die Frau durch ihn die Überzeugung gewinnt, daß die ihr bei den ersten Versuchen zugefügten Schmerzen durch die unvermeidliche Verletzung und dann durch die Wunde herbeigeführt waren, wird sie sich später willig hingeben, und es wird nicht zur Entwicklung des Vaginismus und der sonstigen Krämpfe kommen. Man sieht hieraus, daß das Verhalten des Mannes in der ersten Zeit nach doppelter Richtung von großer Bedeutung ist: erstens für die Weckung der normalen Genitalvorgänge und zweitens für die Unterdrückung der geschilderten Krämpfe. Je mehr der Mann dabei imstande ist, die Psyche der Frau zu schonen, den Akt der Entjungferung zu einem beglückenden Erlebnis zu machen, um so mehr wird sich das Sexualleben der Frau normal entwickeln.

In wohlhabenden Kreisen ist es vielfach Brauch, eine Hochzeitsreise zu machen. Die sittlich gesunde Frau, deren Schamgefühl sehr stark ist, wird dadurch ihren nächsten Angehörigen und Freundinnen entzogen. Das Kichern der andern über die Folgen der Hochzeitsnacht sind ihr erspart, und sie wird nicht von ihnen daraufhin betrachtet, ob sie sehr geschwächt aussieht. Aus diesen Erwägungen ist es ganz gut, wenn die Frau die Flitterwochen fern vom Hause zubringt. Auch der Umstand, daß neue Eindrücke wirken und die beiden Jungvermählten stark in Anspruch nehmen, ist kein Fehler. Auch die Triebe des Mannes werden dadurch herabgesetzt.

Es ist mehrfach darauf hingewiesen worden, daß die Wollustkurve der Frau langsamer ansteigt als die des Mannes. Ich bezweifle es, ob das bei der normalen Frau, deren gesunde Sinnlichkeit geweckt ist, wirklich der Fall ist. Bei der jungen bis dahin noch unberührten Frau dürfte es zutreffen. Ebenso wird häufig angeführt, daß die Wollustkurve bei der Frau auch langsamer abklingt als beim Mann. Ich kann auch das als ein allgemeines Gesetz, soweit es sich um Frauen handelt, deren normaler Geschlechtstrieb geweckt ist, als richtig nicht anerkennen. Es gibt auch Männer, bei denen die Wollustkurve sehr langsam absteigt, ja, auch solche, bei denen nach dem Beischlaf noch die Erektion eine ganze Weile besteht. In allen Fällen muß der Mann dafür sorgen, daß ein Ausgleich stattfindet, so daß die beiden Wollustkurven konform verlaufen; denn jener hohe Genuß, der Orgasmus, den die Natur dem Menschen beim Beischlaf in Aussicht stellt, muß von beiden Teilen empfunden werden. Wenn aber das Aufsteigen der Lustkurve bei der Frau erheblich langsamer erfolgt, als beim Mann, wird bei diesem der Orgasmus erheblich früher eintreten, als bei der Frau. Da bei den meisten Männern die Erektion kurz nach dem Orgasmus schwindet, würde jener Reiz, den das eingeführte Glied auf die Frau ausüben soll, fortfallen, ehe bei ihr diese höchste Lust empfunden ist. Abgesehen davon, daß das nicht befriedigte Erwartungsgefühl schädlich ist, fehlt auch bei dem Mann ein großer Teil des normalen Genusses, wenn ein solches Mißverhältnis dauernd besteht; denn auch der Mann wird durch das Lustgefühl der Frau, und besonders durch deren Erschütterung im Orgasmus auf das stärkste erregt; ja, die Wollust in seinem Gliede ist erst dann eine vollständige, wenn gleichzeitig mit seinen rhythmischen Kontraktionen die der Frau erfolgen, und diese rhythmischen Kontraktionen fallen mit dem Orgasmus zusammen. Erst wenn diese Übereinstimmung eingetreten ist, kann der Beischlaf als im physiologischen und sexualhygienischen Sinne normal gelten. Ähnlich, wie viele Männer vor jedem Verkehr mit einer bezahlten Frau, besonders mit der Prostituierten, deshalb zurückschrecken, weil die Gegenseitigkeit der Lust und Wollust fehlt, so fehlt auch vielen Männern der normale Reiz beim Beischlaf, wenn nicht die Frau mit ihrer Lust und Wollust ebenfalls beteiligt ist. Auch unter diesem Gesichtspunkt ist es für den Mann wichtig, nicht nur die Kongruenz in dem Ablauf der Kurven, sondern auch die Möglichkeit, daß es zu dem Wollustgefühl bei der Frau kommt, zu berücksichtigen. Ja, es gibt Männer, die selbst impotent sind, wenn nicht diese Wollust-Atmosphäre herrscht, wie sie die Gleichartigkeit bedingt. Der Mann sehnt sich nach dieser genitofunktionellen Harmonie. Wo er sie in der Ehe nicht erreicht, wird er auch leichter zum Ehebruch neigen, als im andern Fall.

Beiläufig will ich noch bemerken, daß auch die Frage wiederholt erörtert worden ist, ob das Ausbleiben des Orgasmus der Frau, das, wenn sie eine längere Lustkurve hat, ebenso erfolgen muß, wie wenn sie überhaupt an Dyspareunie leidet, die Befruchtungsmöglichkeit verhindert. Man nahm wohl an, daß bei den rhythmischen Kontraktionen die Gebärmutter beteiligt ist und aspirierend auf den Samen wirkt. Nach meinen Erfahrungen und auch nach denjenigen vieler anderer kann von einer Unfruchtbarkeit infolge Ausbleibens des Orgasmus der Frau nicht gesprochen werden. Nach meinen weiteren Erfahrungen scheint es mir auch kaum richtig zu sein, daß die Empfängnismöglichkeit dadurch vermindert wird.

Soviel über die ersten Sexualakte der Ehe. Ich komme zu der Frage, ob vom hygienischen Standpunkt aus auch die Häufigkeit des Sexualaktes eine Rolle spielt. Regeln sind von Religionsstiftern und Religionshäuptern häufig angegeben worden, im Talmud, ebenso wie im Koran und auch von Luther. *Fürbringer* [1]) hat die Frage erörtert und sagt, daß, wenn sich der Arzt jeder numerischen Schätzung entzieht, der ihn um Rat Fragende ganz hilflos sei. Er meint, man könne die Zahl der Beischlafsakte für das Jahr mit 50—100 durchschnittlich angeben. Ich glaube, daß im allgemeinen diese Zahl den tatsächlichen Verhältnissen entspricht. Daß sehr viele Abweichungen vorkommen und vorkommen müssen, kann schon deshalb keinem Zweifel unterliegen, weil der Geschlechtstrieb der einzelnen Menschen verschieden stark ist. Wenn auch dabei die Gewöhnung eine erhebliche Rolle spielt und schon der Umstand, daß zum Beischlaf zwei Personen gehören, eine solche Gewöhnung oder Anpassung notwendig macht, wird man doch, wie ich glaube, bei Berücksichtigung der einzelnen Person dieser allgemeinen Normierung noch einiges hinzusetzen müssen. In den Flitterwochen wird im allgemeinen der Verkehr häufiger stattfinden, als später; ebenso in den ersten Jahren der Ehe; aber nicht nur deshalb, weil man in dieser Zeit jünger und potenter ist, sondern weil in der Tat mit der Zeit in der Ehe die Triebe besänftigt werden. Wesentlich scheint mir zu sein, daß der Beischlaf nicht durch künstliche Erregungen provoziert, sondern nur aus innerem Trieb ausgeübt werden soll.

„Künstliche Erregungen" nenne ich hier solche, bei denen der innere Trieb nicht besteht und auch nicht durch Liebkosungen geweckt wird. Reizungen des männlichen Gliedes mit den Händen der Frau kommen öfter vor, auch solche der Frau durch den Mann.

---

[1]) Artikel „Koitus" in *Max Marcuse:* Handwörterbuch der Sexualwissenschaft, 2. Aufl., Bonn 1926.

Sie sind, wie ich noch später erwähnen werde, nicht immer zu umgehen. Im großen und ganzen aber halte ich die Weckung des Triebes durch solche Mittel nicht für wünschenswert. Etwas anderes ist natürlich die Frage, ob durch Zärtlichkeiten, Küsse, Umarmungen, wie sie die Liebe ohne weiteres mit sich bringt, die Erregung erfolgen darf. Das ist natürlich k e i n e „künstliche" Weckung des Triebes.

Eine weitere Frage ist die, in w e l c h e n Z w i s c h e n r ä u m e n die Akte stattfinden sollen, denn, wenn man die Zahl 50—100 für das Jahr angibt, d. h. ein oder zwei Beischlafsakte in jeder Woche, so geht hieraus nicht hervor, daß sie in gleichmäßigen Perioden stattfinden sollen. Eines wird man aber hierbei als „allgemeine", wenn auch nicht ausnahmslose hygienische Forderung anerkennen dürfen, daß der Akt n i c h t in e i n e r Nacht öfters w i e d e r h o l t wird. Es ist bekannt, daß die Wiederholung des Aktes nach kürzerer Zeit zwar eine längere Dauer der Lust, eine kürzere Dauer der Wollust, des Orgasmus, bewirkt, daß aber andererseits auch die Stärke des Orgasmus, wie von vielen Seiten angegeben wird, dabei gesteigert wird. Daß eine gelegentliche Überschreitung jenes Gebotes nicht schädlich ist, glaube ich; daß aber die Wiederholung des Beischlafes innerhalb kürzester Zeit für die Gesundheit und besonders für das Nervensystem keine gleichgültige Erscheinung ist, dafür sprechen Erfahrungen von Männern, die kaum eine andere Schädlichkeit im Leben erfahren haben als diese e i n e. Sie suchten sich die Wollust durch schnelle Wiederholung zu verstärken. Abgesehen von der Impotenz, die hierauf einige Male zurückzuführen war, habe ich dabei allgemeine nervöse Erscheinungen, und zwar wesentlich solche der zerebralen Neurasthenie, beobachtet.

Ich spreche natürlich hier von normalen Menschen, nicht von sexuell Hyperästhetischen. Solche Fälle von sexueller Hyperästhesie habe ich bei Frauen sehr häufig beobachtet. Wenn der Trieb geweckt ist, scheinen die Fälle von s e x u e l l e r H y p e r ä s t h e s i e bei der Frau nicht seltener zu sein, als beim Mann. Sie wird deswegen aber oft folgenschwer, weil den Anforderungen solcher Frau der Mann mit seiner Potenz nicht gewachsen ist. Ich habe Frauen gesehen, die in einer Nacht mehrmalige, sogar die fünf- bis sechsfache Wiederholung des Beischlafes von ihren Ehemännern verlangten. Verschiedene solcher Ehen haben durch Scheidung geendet, wobei der wahre Scheidungsgrund mit Rücksicht auf die Möglichkeit einer Kompromittierung nicht angegeben wurde. Wenn zufällig zwei derartig sexuell hyperästhetische Personen aufeinandertreffen und die Potenz des Mannes seinen eigenen Trieben entspricht und den von der Frau geforderten Leistungen genügt, so wird verhältnismäßig selten eine Ehekatastrophe die Folge sein, obwohl die starke Potenz des Mannes in vielen Fällen allmählich nachläßt, besonders wenn es sich, wie in der Ehe, stets um dieselbe Frau handeln soll. Im übrigen brauche ich solche Fälle hier deshalb nicht eingehend zu berücksichtigen, weil es sich dabei um ausgesprochen k r a n k h a f t e Zustände handelt, ich hier im wesentlichen die normalen Verhältnisse, die der g e s u n d e n Person, berücksichtige.

Allerdings gehen die Ansichten hierüber auseinander. *Van de Velde*[1]) ist der Meinung, daß gerade in der „vollkommenen Ehe" die mehrfache Ausübung des Beischlafes in ganz kurzen Zwischenräumen

[1]) Die vollkommene Ehe. Leipzig u. Stuttgart 1926.

zu empfehlen sei, ja bei starker Potenz biete eine dritte „Vergattung“, die sich der zweiten bald anschließt, große Vorteile. Bei dem ersten Beischlaf, der nach einigen oder vielen Tagen der Karenz erfolgt, brauche der Mann oft zu wenig Reize, um zur Ejakulation zu kommen, so daß diese der Frau nicht oder nur eben genügen und der Koitus der beiden bestenfalls eine Abreaktion, aber nur ein Minimum an Sexualgenuß bringt. Dieser Mangel sei sehr wichtig, weil er Enttäuschung bedeutet, und nichts sei für die Liebe fataler als Enttäuschung beim Geschlechtsverkehr. Gerade wenn man den Akt bald wiederholt, sei der Sexualgenuß der beiden viel größer. Daß der Sexualgenuß größer ist, mag sein. Der Akt dauert auch länger. Daß man aber eine dauernde Institution aus diesen schnell hintereinanderfolgenden Akten machen soll, halte ich nicht für richtig. Der Sexualgenuß kann durch allerlei Raffiniertheiten erhöht werden, aber die lange Dauer, die zur neuen Erregung notwendig ist, wird bei der normalen Potenz für das Befinden am folgenden Tage nicht gleichgültig sein. Ich kenne Ehen, auch illegitime Verhältnisse, bei denen in einer Nacht der Akt mehrfach wiederholt wird. Fast alle Beteiligten haben mir gesagt, daß sie am folgenden Tage sich außerordentlich schlecht befunden haben. Jedenfalls scheint es mir für den Mann, aber auch für die Frau, besonders wenn jener einen geistigen Beruf ausübt, keineswegs unbedenklich, in dieser Weise die Akte zu forzieren. Vielleicht könnte man den Sonnabend Abend dazu wählen, weil der folgende Tag arbeitsfrei ist. Vielleicht könnte es auch während des Urlaubs öfter geschehen. Als Regel kann ich die Zusammendrängung der Akte auf eine kurze Zeit nicht als richtig ansehen.

Oft erörtert ist die Frage, ob Menstruation, Schwangerschaft, Geburt, Wochenbett den Beischlaf verbieten. Wir dürfen die Forderung der Hygiene nicht mit Religionsgeboten verwechseln. Zwar sind diese oft aus hygienischen Gründen hervorgegangen, aber keineswegs immer. Wenn dem Israeliten nach Knabengeburten 44 Tage, nach Mädchengeburten 66 Tage der Beischlaf verboten wurde, so ist dieser Unterschied aus hygienischen Gründen nicht herzuleiten.

Schon aus ästhetischen Gründen wird während der Menstruation Abstinenz geübt. Es gibt auch Frauen, bei denen die Menstruationsbeschwerden ganz erheblich durch den Begattungsakt zunehmen, und zwar wahrscheinlich wegen der außerordentlichen Erhöhung des Blutzuflusses, den dieser Akt bewirkt. Es sind mir Fälle bekannt, wo Männer diese Zeit der Periode für den Beischlaf benutzen, ja sogar bevorzugen. Es handelt sich dabei meines Erachtens bereits um ein die sexuelle Perversion streifendes Gebiet oder gar schon um eine Perversion selbst. Wenn aber ferner gefordert wird, daß die Frau erst eine Woche nach beendeter Menstruation den Beischlaf ausüben und ebenso mehrere Tage vor deren Beginn abstinent leben soll, so liegt dafür kein Grund vor. Das kann nur für kranke Frauen gelten, bei denen etwa durch die Beiwohnung während dieser Zeit Koliken oder andere Beschwerden ausgelöst werden. Es wäre aber unbegründet, deshalb allen Frauen den Beischlaf solange zu untersagen. Ganz abgesehen davon, daß, wer Ratschläge gibt, auch deren Durchführbarkeit zu prüfen hat; und man muß auch auf den Geschlechtstrieb der Männer hierbei Rücksicht nehmen. Im übrigen gibt es Frauen, die Koliken vortäuschen, weil ihnen oft aus den oben erwähnten Gründen der Beischlaf gleichgültig oder vielleicht unsympathisch ist.

Während der Schwangerschaft ruht in der Tierwelt beim Weibchen der Geschlechtstrieb, die Befruchtung läßt den Begattungstrieb schweigen. Das ist beim Menschen aber nicht der Fall. Die gesunde Frau mit normalen Trieben hat auch während der Schwangerschaft den Drang zur Befriedigung. Daß durch solchen Akt besonders häufig Aborte oder Frühgeburten hervorgerufen werden, ist nicht bewiesen. In den späteren Stadien der Schwangerschaft werden allerdings oft schon mechanische Schwierigkeiten hinzukommen. Die Form, die der Unterleib in den letzten Monaten der Schwangerschaft hat, wird in viel höherem Grade als eine gewöhnliche Fettsucht, die auch oft schon den Beischlaf erschwert, diesen vielfach unmöglich machen. An sich ist auch eine weit vorgeschrittene Schwangerschaft keine Gegenanzeige gegen den Geschlechtsverkehr. Ich habe viele Frauen gesehen, die noch in vorgeschrittener Schwangerschaftsperiode regelmäßig den Geschlechtsverkehr ausübten, und ich kenne keinen Fall, wo dadurch eine Frühgeburt bewirkt wurde. Während der Geburt ist selbstverständlich der Beischlaf nicht zulässig. Was die spätere Zeit betrifft, so sehen wir, daß auf dem Lande das Wochenbett, und zwar ohne Schädigung, keineswegs als eine so schwere Affektion hingenommen wird wie vielfach in der Stadt, und besonders in den „vornehmen" Kreisen. Jedenfalls liegt keine Veranlassung vor, wenn die Geburt gut verlaufen ist, Komplikationen nicht eingetreten sind, noch längere Zeit den Beischlaf zu verbieten. Ich gehe natürlich hier nicht auf die Frage ein, ob durch den Beischlaf eine neue Schwangerschaft bewirkt werden und diese nach der eben beendeten von schädlicher Wirkung sein kann. Hier spreche ich nur vom Beischlaf als solchem. Während der Stillperiode den Beischlaf zu vermeiden, besteht kein Anlaß. Die aufgestellte Behauptung, daß die Milch dadurch verschlechtert werde, ist durch irgend welche Beweise nicht gestützt.

Während der Menopause braucht der Beischlaf nicht unterlassen zu werden. Der Ehefrau ist er oft willkommen, weil sie dabei fühlt, daß sie ihrem Mann nicht gleichgültig ist und ihr vorgeschrittenes Alter noch Reize für den Ehemann hat. Die Gefahr, in solcher Zeit noch zu gebären, besteht nicht. Während manche Frau schon, wenn sie anfängt, sich den Wechseljahren zu nähern, eine Schwangerschaft fürchtet, weil sie doch zu alt dazu sei, noch ein Kind zur Welt zu bringen und aufzuziehen, so ruhen alle diese Befürchtungen, die gerade heute das Eheleben, auch bei jüngeren Frauen, so sehr stören, vollkommen. Die Frage der Konzeptionsverhütung gehört nicht zu meinem Thema, aber es scheint mir richtig, in diesem Zusammenhang darauf hinzuweisen, daß der Beischlafakt sowohl für den Ehemann, wie für die Frau, für die letztere besonders in der Zeit bis zur Menopause, d. h. auch noch während der Wechseljahre, oft mit starker Angst vor der Schwängerung verbunden ist. Diese Angst fehlt später. Da der Beischlaf ohne Sorge, Furcht und Angst sowohl aus hygienischen Gründen, aber auch um einen vollen Genuß zu gewähren, ausgeübt werden soll, kann gegen den Beischlaf in der Menopause nichts eingewendet werden.

Hingegen wird man zugeben müssen, daß es Kontraindikationen gegen den Beischlaf gibt. Zunächst ist in allen Fällen, wo eine Infektion zu erwarten ist, der Beischlaf verboten. Das gilt nicht nur für die Geschlechtskrankheiten, sondern auch für andere. Selbstverständlich kann es vorkommen, daß jemand geschlechtskrank ist, etwa einen chronischen Tripper hat, und er die Infektionsgefahr durch Kondom ausschließt. Aber selbst in solchen Fällen ist ihm der Beischlaf schon wegen seiner eigenen Erkrankung verboten. Dasselbe gilt auch für viele andere Krankheiten, besonders die der Frau, deren Genitalerkrankungen sehr häufig wegen der Vermehrung des Blutzuflusses beim Beischlaf diesen verbieten. In anderen Fällen können manche Formen von funktioneller Potenzschwäche des Mannes den Beischlaf kontraindizieren. Die in der Funktion gestörten Zentren müssen, besonders wenn stärkere Exzesse stattgefunden haben, wieder zur Ruhe kommen und sich erholen, ähnlich wie jedes übermüdete Organ. Abgesehen davon gibt es Fälle, in denen der Beischlaf zu schweren Folgen für Gesundheit und Leben geführt hat. Man muß sich die Begleiterscheinungen des Koitus vergegenwärtigen. Bei ihm sind nicht nur die Genitalorgane beteiligt: es tritt eine Erhöhung des Blutdrucks ein, das Herz arbeitet beschleunigt, es kann zu Schweißausbruch kommen, Zuckungen des ganzen Körpers begleiten den normalen Akt. Man wird deshalb verstehen, daß Personen, die zu einer Zerreißung der Gefäße neigen, in der Tat durch die Kohabitation gefährdet sind, und damit stimmt die Erfahrung überein, daß wiederholt der Geschlechtsakt bei Männern zum Tode geführt hat. In der Öffentlichkeit sind nur einzelne Fälle bekannt geworden, die an hervorragender Stelle stehende Personen betrafen, die bei ihrer Geliebten oder auch im Bordell den Tod fanden. Wer außerdem aber seine Erfahrungen im privaten Kreise gesammelt hat, wird doch den einen oder den andern Fall kennen, wo der Beischlaf tötlich wirkte. Es handelt sich dabei offenbar um Zerreißung der Hirngefäße infolge des erhöhten Blutdruckes. Daß gesunde, noch nicht durch Alter veränderte Gefäße beim Beischlaf zerreißen, ist wohl kaum anzunehmen. Ich kenne auch keinen hierher gehörenden Fall. Wohl aber wird man mit der Möglichkeit bei Arteriosklerose rechnen müssen. Die Wahrscheinlichkeit, daß beim Beischlaf der Tod erfolgt, ist allerdings auch für diese Fälle sehr gering. Wenn man die vielen Fälle berücksichtigt, wo ohne ernste Folgeerscheinungen auch Männer mit diesen Gefäßveränderungen den Beischlaf regelmäßig auszuüben vermögen, bleibt nur ein ganz kleiner Prozentsatz übrig, den in Zahlen wohl aber niemand angeben kann. Daß bei manchem die ersten epileptischen Anfälle beim Beischlaf entstanden sind, wird mitunter angegeben. Für die Wiederholung der Anfälle gilt dasselbe, wie das, was ich von der Arteriosklerose gesagt habe. Außerordentlich selten tritt aber im Vergleich zur Häufigkeit der Epilepsie, wenn die Anfälle nicht schon an sich sehr gehäuft sind, ein epileptischer Anfall beim Beischlaf ein. Bei der Seltenheit an sich würde ich keinem deshalb a priori den Beischlaf untersagen. Daß gelegentlich hysterische Anfälle dabei ausgelöst werden, ist richtig; aber die Möglichkeit eines solchen Anfalles kann erst recht nicht dazu führen, den Beischlaf zu untersagen; das sollte höchstens dann geschehen, wenn mit Regelmäßigkeit der Beischlaf zu hysterischen Krämpfen führt.

Wenn wir daher auch Kontraindikationen gegen den Beischlaf kennen, so sind diese doch so selten vorhanden, daß man im großen und ganzen in der normalen Ehe eine Abstinenz weder anraten noch erwarten soll. Die Frage, ob die Abstinenz an sich schädlich wirkt, will ich hierbei nur streifen. Es gibt Personen mit starkem Geschlechtstrieb, bei denen die dauernde Unterdrückung ihres Triebes zu unangenehmen, wenn auch nicht gefährlichen Folgen führt. Das gilt ebenso für die Frau wie für den Mann. Die Nichtbefriedigung eines sich immer wieder hervordrängenden Triebes kann bei manchen Menschen ihre geistige Leistungsfähigkeit mindern. Da diese aber fast bei allen geistig arbeitenden Personen eine Vorbedingung für den Erwerb ist und dadurch auch für eine materiell befriedigende Ehe, werden wir die Abstinenz nur in den seltensten Fällen fordern dürfen. Das Dilemma, das sich daraus ergibt, daß unter bestimmten Umständen, z. B. bei einer Infektionskrankheit, bei einem Beinbruch der Mann, wie bei Frauenkrankheiten die Frau allein behindert ist, den Beischlaf auszuüben, soll an dieser Stelle nur gestreift werden. Wir kämen damit zur Ethik, deren Erörterung nicht zu meiner Aufgabe gehört.

Es ist das Verdienst *van de Veldes*, in neuerer Zeit die Sexualtechnik, die sonst nur sehr zaghaft behandelt wurde, ausführlich erörtert zu haben. Die Technik kann, da es sich bei der Scheide und beim männlichen Glied um Körperorgane handelt, nicht entbehrt werden. Was zunächst die Stellung beim Beischlaf betrifft, so ist die normale Stellung die, daß die Frau auf dem Rücken liegt, der Mann Leib an Leib über ihr. Gewöhnlich wird der Beischlaf so ausgeübt, daß der Mann durch aktive Stützung der Ellenbogen, der Arme und der Knie die Schwere seines auf der Frau ruhenden Körpers mindert. Schon die Bildung der Genitalien weist auf die Lage Leib an Leib hin. Die Scheide ist nicht zylindrisch gebaut, sondern sie ist leicht gewölbt, so daß die vordere Scheidenfläche leicht konvex in die Scheidenhöhle ragt. Das männliche Glied ist ebenfalls bei der Erektion nicht ganz zylindrisch gestellt, sondern oben leicht konkav. Diese Konkavität paßt zu der konvexen Form der Scheide. Wenn auch dies eine Zweckmäßigkeit zu sein scheint, so ergibt sich daraus noch nicht mit Notwendigkeit die gewöhnliche Lage, bei der der Mann zwischen den Beinen der Frau ruht.

Den meisten ist allerdings diese Lage die bequemste und die normalste. Man wird trotzdem in einzelnen Fällen, besonders in der Technik nicht erfahrene Männer finden, die eher in die Scheide hineingelangen, wenn sie rittlings über der Frau liegen, so daß deren Beine zwischen denen des Mannes sich befinden. Manche können sich dabei besser etwas nach oben drängen, sie rutschen nicht nach unten, und anscheinend ist bei einer gewissen Kleinheit des Gliedes diese Position vorzuziehen. Unter bestimmten Umständen können aber auch noch andere Stellungen vorkommen. Gar nicht selten gelingt Frauen und Männern eher die Einführung des Gliedes, wenn sie sich seitlich, der Leib des Mannes an den Rücken der Frau gelehnt, begatten. Ebenso wie manche Männer, besonders solche mit kleinerem Glied in der oben geschilderten abweichenden Begattungslage eher zum Beischlaf kommen, so gibt es auch Männer, die, wenn sie mit der Potenz Schwierigkeiten haben, zum Beischlaf besser fähig sind, wenn sie unten liegen, die Frau rittlings über ihnen, und zwar ebenfalls so, daß die Schenkel des Mannes die der Frau umschließen. Die Schwere der Frau läßt in solchen Fällen eher das Glied in der Scheide als bei der umgekehrten Lage, so daß wohl bei kurzem Glied wie bei schwacher Potenz diese Lage oft für die Begattung günstiger ist. Auch bei manchen fettleibigen Personen hat sich diese Stellung beim Beischlaf als vorteilhaft erwiesen. Es können natürlich noch zahlreiche andere Variationen vorgenommen werden, wie sie schon in den Postures érotiques von *Giulio*

Romano dargestellt wurden. *Van de Velde* hat ebenfalls noch eine Reihe von Positionen erwähnt, und jedenfalls zeigt die Erfahrung, daß Änderungen der Lage, besonders der der Frau z. B. durch Unterlegen einer großen Rolle unter das Kreuz oder andere, die Begattungsmöglichkeit erleichtern.

Man darf nicht vergessen, daß das Größenverhältnis zwischen Scheide und Glied eine beachtliche Rolle spielt. Wenn auch die Scheide sehr dehnbar ist, so können trotzdem durch ein Mißverhältnis Schwierigkeiten entstehen. Ein zu starkes Glied dringt nicht ein, ein zu schwaches gleitet zu schnell heraus. Hier kommen viele Frauen von selbst allmählich dazu, die richtige Lage zu finden. Die Frau ist in solchen Fällen oft die beste Helferin, und zwar besonders dann, wenn der Mann mit einem Gefühl der Unsicherheit in die Ehe geht, falls er nicht die Technik beherrscht.

Sehr wesentlich ist die Mitwirkung der Frau aus einem besonderen Grunde. Die Empfindung in der Scheide ist nicht so, wie die meisten glauben. Untersuchungen haben ergeben, wie sich Frauen darin täuschen, ob das Glied oder ein anderer Körper in der Scheide ist. Deswegen ist es manchmal notwendig, daß die Frau selbst erst lernt, wie die Empfindung ist, wenn sich ein entsprechender Körper in ihrer Scheide befindet. Ich habe Frauen gesehen, die diese Empfindungsfähigkeit durch Einführung eines Fingers oder eines entsprechenden kleinen Instrumentes allmählich gelernt haben. Gerade diese Frauen können dann, wenn Schwierigkeiten beim Beischlaf entstehen, durch die Hilfe, die sie manuell bei der Einführung des Gliedes gewähren, den Beischlaf sehr erleichtern. Es sind das, wie ich bemerke, ganz ausgezeichnete Frauen, die es aber mit ihrer Pflicht, Ehefrau zu sein, ernst nehmen, und die wohl zu unterscheiden wissen, was das Schamgefühl zuläßt, und was es verbietet. Sie sehen aber in dieser Mithilfe, wenn auch am Anfang vielleicht ein gewisses Zögern beobachtet wird, nicht eine Verletzung des Schamgefühls, weil sie ihre Pflicht, zur Kinderzeugung beizutragen, ernst nehmen. Man darf in solchen Fällen nicht den Sittenaposteln das Wort lassen.

Ehe und Gesellschaftsklassen. Mesalliancen.

Von Adolf Basler

Um die Bevölkerung eines Landes in eine Ordnung bringen zu können, teilt man sie seit langer Zeit je nach den Berufsarten in bestimmte gesellschaftliche Klassen ein; die auf sozialer Auslese oder Siebung beruhende Einreihung in eine derartige Klasse hängt im allgemeinen mit der physischen oder psychischen Qualifikation zusammen. Unter Siebung versteht man also nach *Scheidt*[1]) „einen Vorgang, der innerhalb einer Bevölkerung bestimmte Eigenschaften oder Eigenschaftsgruppen in bestimmten Bevölkerungs-, Berufs-, Standes-Schichten usw. häuft, dadurch, daß die betreffenden Eigenschaften mehr oder minder Vorbedingung sind für die Zugehörigkeit eines Menschen zu den einzelnen Gruppen, für die Bewährung der Eigenschaftsträger in diesen Gruppen." Die anlagemäßige Eignung bewirkt also eine Sortierung der Menschen in bestimmte „Fächer" des gesellschaftlichen Lebens. Eine solche Einteilung der Menschen sei der besseren Übersicht halber an den Anfang meiner Ausführungen gestellt.

Die „erste Gesellschaftsklasse" umfaßt die vorwiegend geistig arbeitenden Menschengruppen: Beamte, Künstler, Schriftsteller, Gelehrte. Ihre Angehörigen sind zum Teil festbesoldet. (Führerklasse.)

Als „zweite Klasse" fasse ich alle die zusammen, die in freien Berufen der Hauptsache nach körperlich arbeiten. Die wichtigsten Vertreter dieser Gruppe sind die Bauern und Handwerker. Um die Gesellschaftsklasse kurz bezeichnen zu können, will ich sie Bürgerklasse nennen.

Die dritte Kategorie wird gebildet durch die Arbeiter, d. h. Menschen, deren Beschäftigung vielfach genau die gleiche ist wie in der zweiten Klasse, die sich aber von jenen dadurch unterscheiden, daß sie gegen feste Bezahlung angestellt sind. Der Unterschied ist also hauptsächlich ein wirtschaftlicher. (Arbeiterklasse.)

---

1) Allgem. Rassenkunde, München 1925, S. 270.

Diesen drei sozial tüchtigen und wertvollen Klassen steht als vierte Schicht die Klasse der Asozialen gegenüber. Sie umfaßt Arbeitsscheue, Verbrecher, Dirnen, Zuhälter usw.

Innerhalb jeder dieser Klassen gibt es Menschengruppen, die man vielleicht mit größerem Recht einer andern Klasse zuzählen könnte, und zwischen den einzelnen Klassen gibt es alle möglichen Abstufungen; aber trotzdem lassen sich nach dem entworfenen Einteilungsprinzip Unterschiede der einzelnen Bevölkerungsgruppen ganz besonders auch in Bezug auf die Ehe verhältnismäßig leicht darstellen.

Es zeigt sich nämlich, daß die meisten Männer der Führerklasse sich mit Frauen der gleichen Klasse verheiraten und daß das Analoge für die übrigen Gesellschaftsklassen gilt. So weist z. B. die italienische Ehestatistik Angaben darüber auf[1]), ob die Eheleute des Lesens und Schreibens kundig oder Analphabeten sind. In folgender Tabelle sind die im Jahre 1896*) geschlossenen Ehen nach diesem Gesichtspunkt eingeteilt. Die zweite senkrechte Reihe gibt die Prozentzahl der Eheschließungen in jedem Jahre nach dem Zivilstandsregister an.

I. Heiraten zwischen:	II. Nach dem Zivilstandsregister in Prozenten	III. Nach der Wahrscheinlichkeitsrechnung in Prozenten
A. Des Lesens und Schreibens kundigen Männern mit ebensolchen Frauen	42,44	29,91
B. Des Lesens und Schreibens kundigen Männern und des Lesens und Schreibens unkundigen Frauen	20,60	33,13
C. Des Lesens und Schreibens unkundigen Männern und des Lesens und Schreibens kundigen Frauen	5,00	17,54
D. Des Lesens und Schreibens unkundigen Männern und des Lesens und Schreibens unkundigen Frauen	31,96	19,42

Ob diese Gruppierung wirklich über die gegenseitige Anziehung etwas aussagt oder nur dem wahllosen Zufall entspricht, läßt sich leicht beurteilen, wenn man die Verbindung der Paare nach der Wahrscheinlichkeitsrechnung ermittelt.

Aus obiger Tabelle läßt sich ersehen, daß unter 100 Ehemännern 63,04 lesen und schreiben konnten, 36,96 Analphabeten waren. Unter 100 Ehefrauen befanden sich 47,44, die lesen und schreiben konnten und 52,56 Analphabetinnen. Nehmen wir an, daß die Heiraten nur nach der Wahrscheinlichkeitsrechnung zustandegekommen seien, dann

[1]) *A. Niceforo*. Anthropologie der nichtbesitzenden Klassen. Leipzig 1910, S. 252.

*) Für das hier zu beleuchtende Problem und ganz besonders für die Darstellung des methodischen Vorgehens dürfte es einigermaßen belanglos sein, daß die Statistik bereits drei Jahrzehnte alt ist.

läßt sich ohne Mühe ausrechnen, welches die verschiedenen Kombinationen sein müßten. Es ergeben sich dann für diese folgende Werte.

A. Heiraten zwischen einem des Lesens und Schreibens kundigen Mann und ebensolcher Frau . . . . . $\frac{63{,}04 \times 47{,}44}{100} = 29{,}91\%$

B. Heiraten zwischen einem des Lesens und Schreibens kundigen Mann und einer Analphabetin . . . . $\frac{63{,}04 \times 52{,}56}{100} = 33{,}13\%$

C. Heiraten zwischen einem Analphabeten und einer des Lesens und Schreibens kundigen Frau . . . . . $\frac{36{,}96 \times 47{,}44}{100} = 17{,}54\%$

D. Heiraten zwischen Analphabeten . . . . $\frac{36{,}96 \times 52{,}56}{100} = 19{,}42\%$

Die Schlußzahlen sind der Übersicht halber unter III. in die Tabelle (S. 290) eingetragen. Man sieht dann ohne weiteres, daß innerhalb jeder Gruppe viel mehr Ehen stattfinden als der Wahrscheinlichkeit entsprechen würde.

Bei dieser Untersuchung wurde die italienische Bevölkerung in zwei Gesellschaftsklassen eingeteilt, in solche, die lesen können, und in Analphabeten. Eine eingehende Ehestatistik liegt für Budapest vor, die zwar die einzelnen sozialen Klassen auch nicht scharf trennt, aber immerhin erkennen läßt, daß im großen Ganzen die ehelichen Verbindungen zwischen Angehörigen der gleichen sozialen Schichten überwiegen. Was die inneren Ursachen für das Zustandekommen dieser Kombination sind, darauf soll an anderer Stelle eingegangen werden. Hier interessiert nur die Feststellung der Tatsache und der darauf gegründete Schluß, daß sich von einer Ehe in den verschiedenen Gesellschaftsklassen sprechen läßt. Im Folgenden sei nunmehr versucht, die Unterschiede hervorzuheben.

Klasse der Asozialen.

In dieser Gruppe der Minderwertigen und Entgleisten besteht in Wirklichkeit wilde Liebe. Höchstens bildet die Ehe das behördlich sanktionierte Feigenblatt für das dunkle Treiben einiger Zuhälter und Dirnen. Ein Familienleben, wie es das Wesen der ehelichen Gemeinschaft bildet, dürfte in den seltensten Fällen existieren. Es ist die Gesellschaftsklasse, von der *Forel*[1]) sagt: „Am schlimmsten sind wohl die Verhältnisse des Großstadtproletariates, mit welchem sich meistens das Verbrecherproletariat vergesellschaftet. Im Kreis der Kuppler, Gauner, Gewohnheits- oder Anlageverbrecher etc. bildet sich eine eigene Lebensanschauung, nach welcher der geriebenste Schurke zum angesehensten Individuum wird. Zeigt ein Kind entsprechende erb-

[1]) Die sexuelle Frage, München 1905.

liche Anlagen, so ist es „vielversprechend". In dieser Gesellschaft werden brave Kinder, die altruistisch empfinden, als Störenfriede, Spielverderber oder Dummköpfe angesehen und entsprechend vielfach verachtet, gehaßt und oft mißhandelt."

Arbeiterklasse.

In dieser Bevölkerungsgruppe wird bei der Eheschließung das materielle Substrat im allgemeinen weniger berücksichtigt als bei den höheren Gesellschaftsklassen. Es wird ohne viel Überlegung im jugendlichen Alter drauflos geheiratet. Damit hängt es zusammen, daß die ganz frühen Heiraten — unter 20 Jahren — in den untersten Volksschichten häufiger vorkommen als in den oberen, und zwar sowohl was die früheren Heiraten der jungen Männer als was die der Mädchen anbetrifft. Die Eheschließungen, bei denen die Männer ein Alter zwischen 20 und 24 Jahren haben, die man doch auch noch zu den recht frühen rechnen kann, sind ebenfalls in der Arbeiterklasse meist zahlreicher als in den höheren Gesellschaftsklassen [1]). Damit hängt die größere „Nuptalität" der Arbeiterklasse zusammen, d. h. die Tatsache, daß mehr heiratsfähige Menschen wirklich verheiratet sind als in höheren Schichten.

Mit Rücksicht darauf, daß wirtschaftliche Vorteile bei der Gattenwahl nur eine geringe Rolle spielen, sollte man meinen, müßten hier die glücklichsten Ehen zustande kommen. Daß dem nicht so ist, beweist das doch recht häufige Vorkommen von Ehescheidungen und die zahlreichen ehelichen Streitigkeiten. Die Ursache liegt darin, daß die Eheschließungen überhaupt zu leicht genommen werden, ohne daß die Eheschließenden vorher ihre Eigenheiten im allgemeinen, namentlich nicht ihre Fehler gekannt hätten.

Ein weiterer Grund dafür, daß die Ehen in der Arbeiterklasse häufig unfriedlich sind, liegt darin, daß die Frau in der Regel einem anderweitigen Verdienst nachgeht bezw. einen Beruf, den sie schon vor der Ehe hatte, weiterhin ausübt. Dabei handelt es sich um eine Frage, die auch für die anderen Gesellschaftsklassen eine Rolle spielt und auf die ich noch einmal zurückkommen werde; an dieser Stelle sei sie nur soweit behandelt, als es für die „Arbeiterklasse" notwendig ist.

Das Mädchen, das der Arbeiter als Frau heimführt, arbeitet heute in der Regel in einer Fabrik, einer Spinnerei, Weberei oder Zigarrenfabrik. Der Mann dagegen ist, wenn er nicht eine gehobene Stellung als Werkmeister, Aufseher oder dergleichen einnimmt, der körperlichen

---

[1]) *A. Niceforo*, l. c. S. 241.

Leistungsfähigkeit seines Geschlechtes entsprechend in der Schwerindustrie beschäftigt. Soweit meine Erfahrungen reichen, gibt das in der Fabrik beschäftigte Mädchen einen kleinen Teil des Wochenlohnes als Entschädigung für Wohnung und Verpflegung den Eltern. Alles übrige hat es zu seiner eigenen Verfügung. Es ist nur zu begreiflich, daß die junge Frau nach der Verheiratung die Freiheit und Ungebundenheit, die ihr als Mädchen selbstverständlich erschien, nicht aufgeben will. Die Folge ist, daß sie die Fabrik weiterhin besucht. Dazu trägt auch noch der Umstand bei, daß sie in der Fabrik manche Neuigkeiten erfährt, die ihr in ihrer Häuslichkeit entgingen. Daß häufig nicht der Verdienst die Ursache für die Fortsetzung des Berufes ist, ersieht man daraus, daß während der schlimmsten Epochen der Inflationszeit in den Arbeiterfamilien die Frau in die Fabrik ging, in einer Zeit, da die annähernd in Goldwährung bezahlten Arbeiter ein Einkommen hatten, das dasjenige vieler Akademiker weit übertraf. In vielen Fällen ist auch der Verdienst der Frau bei dem obenerwähnten oft unüberlegten Entschluß zur Heirat schon im Anfang der Ehe unerläßlich.

Welches nun aber auch die Beweggründe sein mögen, die die Frau zum Weiterführen ihrer Tätigkeit veranlassen, fest steht jedenfalls, daß sie nach erfolgter Verheiratung weiter außer dem Hause, vorwiegend in der Fabrik oder dgl. arbeitet. Für die Ehe ist es aber nie günstig, wenn die Frau einen Beruf ausübt, der dem des Mannes fremd ist, und es ist für die Arbeitsfreudigkeit des Mannes nicht immer gut, wenn er weiß, daß im Notfall die Frau die Familie ernähren kann. Unter der Beschäftigung der Frau außerhalb des Hauses leidet naturgemäß die Aufzucht und Erziehung der Kinder. Abgesehen davon, macht es die Statistik im höchsten Maße wahrscheinlich, daß unter den verschiedenen Ursachen für die Geburtenabnahme die Fabrikarbeit der Frau eine nicht zu unterschätzende Rolle spielt[1]).

Wenn ein Mann aus dem Volke ein Dienstmädchen heiratet, dann ist die Voraussage für das Schicksal der Ehe viel günstiger, als wenn er eine Fabrikarbeiterin heimführt. Die bisherige Arbeit der Ehefrau läuft in der gleichen Richtung, wie sie sie zur Führung des Haushaltes weiterhin braucht. Die Einstellung der Fabrikarbeiterin ist durchaus anders.

Eine Berufstätigkeit der Frau, die unter bestimmten Bedingungen für die ganze Familie segensreich werden könnte wird in anderen Verhältnissen zum Verhängnis. So gibt es beispielsweise Bauernmädchen, denen das Bestellen der Felder geradezu zur Leidenschaft

1) *A. Bluhm*, Arch. f. Rass.- u. Ges.-Biol., Bd. 13, S. 322 (324) 1921.

geworden ist. Ein Bauer wird mit einer solchen Frau sicher zu Wohlstand gelangen. Heiratet aber das gleiche Mädchen einen Fabrikarbeiter, der nur ein kleines Äckerchen zur Verfügung hat, dann bringt die Frau trotzdem den ganzen Tag auf diesem Fleckchen Erde zu, statt den Haushalt zu besorgen und vernachlässigt die Familie.

Ebenso leicht wie die Ehe eingegangen wird, wird bei der ersten Enttäuschung eine Scheidung versucht. Gelingt diese nicht, trennen sich die Ehegatten ohne gerichtliches Urteil. Eine neue Trauung ist dann allerdings unmöglich, doch dafür bietet die wilde Ehe genügend Ersatz.

Der Kinderreichtum ist oder war wenigstens bis vor kurzer Zeit in der Arbeiterklasse meist größer als bei den übrigen Gesellschaftsklassen.

Eine Zusammenstellung verschiedener deutscher Großstädte nach *Mombert* ist in dieser Beziehung sehr lehrreich. Die mittlere Kinderzahl pro 1000 verheiratete Frauen im Alter von 15 bis 45 Jahren betrug in:

Berlin	172
Hamburg	194
Frankfurt	208
Leipzig	209
Dresden	211
München	225
Breslau	234
Essen	328

Danach weist Essen mit seiner überwiegenden Arbeiterbevölkerung die größte Kinderzahl auf.

Allerdings darf nicht unerwähnt bleiben, daß in neuerer Zeit und je nach der besonderen Zusammensetzung schon früher in manchen Kreisen der Arbeiterbevölkerung sich ein Geburtenrückgang bemerkbar macht. Ich verweise auf eine Untersuchung von *Joffe*, nach der im Kreise Mannheim schon im Jahre 1871 die Zahl der Geburten auf 1000 Ehefrauen um 16, im Jahre 1910 um 18 unter dem Landesmittel lag. So darf auch bei der Beurteilung obiger Zusammenstellung nicht vergessen werden, daß die meisten Arbeiter in Essen Polen sind, bei denen der Kinderreichtum an sich größer ist.

Die Intelligenz der Kinder aus Arbeiterehen ist im Durchschnitt schlechter. Von den in der Berliner Begabtenschulen aufgenommenen Kindern stammten 25% von gelernten und 17% von ungelernten Arbeitern, obwohl die Arbeiterkinder die übrigen weit an Zahl übertrafen.

Bürgerklasse.

Die Ehen der Bürgerklasse stellen in manchen Beziehungen gerade das Gegenstück dar zu denjenigen der Arbeiterklasse, am ausgesprochensten in der Gruppe der Bauern. Der Landwirt, aber auch der Gewerbetreibende, geht bei der Eheschließung meist von materiellen Gesichtspunkten aus. Bei der Gattenwahl sind für den Bauern die Größe des Grundbesitzes und die Zahl der Kühe, für den Handwerker die Beziehungen und das Vermögen des Schwiegervaters viel wichtiger als die persönlichen Reize der Braut. Der Fortbestand der Ehe kann viel leichter gefährdet werden, wenn sich ein Acker der Braut um einige Quadratmeter kleiner erweist, als wenn sich nachträglich eine Verschiedenheit des Charakters herausstellt. Daß in der Bürgerklasse bei der Gattenwahl aber auch darauf gesehen wird und gesehen werden muß, daß die Braut die Qualifikation für ihre späteren Verpflichtungen hat[1]), soll ausdrücklich Erwähnung finden.

Das Heiratsalter ist höher als bei den Arbeitern. Das ist leicht verständlich, denn der selbständige Gewerbetreibende muß sich erst eine Existenz gründen, ehe er ans Heiraten denken kann, und die Frau muß die nötige Erfahrung besitzen. Nach einer Tabelle von *Niceforo*[2]) heirateten Kaufleute und Industrielle in Italien mit 28 Jahren 8 Monaten, in Kopenhagen mit 32,2 Jahren. Für letztere betrug das durchschnittliche Heiratsalter der Frauen 26,5 Jahre.

Die Kinderzahl ist geringer als bei der Arbeiterbevölkerung. *Lenz*[3]) veröffentlicht eine Zusammenstellung aller Ehen, die in Zürich in den Jahren 1905—1911 durch den Tod gelöst wurden, die mindestens 15 Jahre gedauert hatten und in denen die Frau im Alter von weniger als 25 Jahren geheiratet hatte.

Von 100 Züricher Ehen hatten	weniger als 3 Kinder	mehr als 3 Kinder
bei den Fabrikanten, Großkaufleuten, Akademikern . . .	58,6	41,4
bei den Beamten, Lehrern, Privatangestellten	47,8	52,2
bei den kleineren Geschäftsleuten und Handwerksmeistern .	42,7	57,3
bei den gelernten Arbeitern und Unterbeamten	38,3	61,7
bei den ungelernten Arbeitern	38,1	61,9

Auch in dieser Gesellschaftsklasse ist die Frau häufig beruflich tätig, aber im Gegensatz zu den Arbeitern nicht in einem von der Tätigkeit des Mannes abweichenden Beruf, sondern als dessen Gehil-

1) *G. Hansen*, Die drei Bevölkerungsstufen, München 1915, S. 221.
2) l. c., S. 238.
3) Menschliche Auslese und Rassenhygiene II, S. 75, 1921.

fin. Die Frau des Handwerkers führt in vielen Fällen den durch das Gewerbepersonal stark vergrößerten Haushalt, besorgt auch oft den Verkauf, wie das bei Bäckern und Metzgern wohl stets der Fall ist. Auch die anderen Handwerker unterhalten häufig einen Laden, oder die Frau erledigt für ihren Mann die Buchführung. Daß die Frau des Bauern in der Landwirtschaft mithelfen muß, ist so selbstverständlich, daß ich nichts darüber zu sagen brauche.

Überall handelt es sich um eine Tätigkeit der Frau, die mit der des Mannes organisch zusammenhängt, die sich meist im eigenen Heim abspielt und durch die die Gatten einander nicht entfremdet, sondern im Gegenteil eher genähert werden. Diese wesentlich gesünderen Verhältnisse sind der Aufzucht und Erziehung der Kinder förderlich. Über die speziellen Verhältnisse bei bürgerlichen Ehen kann ich mich an dieser Stelle kurz fassen.

Die Tätigkeit des Landmannes bietet der Frau ganz besonders Gelegenheit zur Hilfe im eigenen Betrieb. Man kann häufig die Beobachtung machen, daß die Frauen beinahe größeres Vergnügen an der landwirtschaftlichen Beschäftigung haben als ihre Ehemänner. Wird eine in der Landwirtschaft altgewordene Frau aus irgend welchen Ursachen aus ihrer Tätigkeit herausgerissen, dann fühlt sie sich im höchsten Maße unglücklich.

Die Scheidung wird viel ernster genommen[1]). Hier läßt sich eine Verschiedenheit nach der Konfession feststellen, die bei den Scheidungen in der Arbeiterklasse nur eine geringere Rolle spielt. In katholischen Gegenden gibt es fast überhaupt keine Scheidungen bei der bäuerlichen Bevölkerung. Aber auch der evangelische Bauer läßt sich nur selten scheiden. Ausschlaggebend dafür sind auch wieder materielle Gesichtspunkte, die Schwierigkeiten der Auseinandersetzung.

Führerklasse.

Auf je höherer Gesittungsstufe eine Menschengruppe steht, um so komplizierter werden bei ihr naturgemäß die Probleme des Lebens und ganz besonders diejenigen der Ehe.

Schon die Gattenwahl ist entsprechend dem höheren Kulturniveau schwieriger, da an den Ehepartner größere Ansprüche gestellt werden als in anderen Gesellschaftsklassen. In scharfem Widerspruch zu den vielseitigen Wünschen steht die Schwierigkeit, überhaupt eine Wahl treffen zu können, und zwar wegen fehlender Gelegenheit, worauf von *Stigler*[2])

1) Vgl. *Graßl*, Zeitschr. f. Sexualwiss., Bd. XIII, Nr. 12, 1927.
2) Wien. med. Woch. 1918, Nr. 38.

und anderen häufig aufmerksam gemacht wurde. Die meisten Paare, zwischen denen später eine Ehe zustande kommt, lernen sich außerhalb der konventionellen Geselligkeit kennen.

Auch in der Führerklasse kommen mitunter Ehen vor zwischen Menschen, die schon in ihrer Jugend zusammen gespielt haben oder die in der Tanzstunde Gefallen aneinander gefunden haben. Unzweifelhaft kennen sich da die Gatten schon vor der Heirat am besten, trotzdem werden solche Ehen häufig nicht glücklich. Die Ursache sehe ich darin, daß solche Paare annähernd gleich alt sind. Der Mann sollte aber, da die Frau viel reifer ist, immer einige Jahre älter sein. Das höhere Heiratsalter des Mannes gegenüber der Frau scheint mir gerade in der Schicht der Kulturbegabten notwendiger zu sein, weil hier der Mann sich länger jugendlich erhält und namentlich jugendlich fühlt als in den übrigen Klassen. Ein Arbeiter oder Bauer kommt sich mit 40 Jahren meist schon wie ein Greis vor, also in einem Alter, in dem die Angehörigen der „höheren“ Stände oft erst eine menschenwürdige Stellung bekommen und deshalb erst anfangen, das Leben zu genießen. Von Arbeitern und Bauern, die Mitte der Dreißig sind, kann man oft die Redensart hören: „In meinem Alter kann man eben nicht mehr so arbeiten wie ein Junger“. Ein Jüngling von 22 Jahren gilt auf dem Lande als „älterer“ Heiratskandidat. Damit will ich nur begründen, weshalb die Ehen zwischen Jugendgespielen auf dem Lande und in den unteren sozialen Schichten im allgemeinen eine günstigere Prognose haben als in der kulturell oberen Gesellschaftsklasse. Abgesehen davon, ist es in dieser vielleicht wegen der mit der höheren Bildung zusammenhängenden größeren Empfindlichkeit gar nicht gut, wenn sich das Brautpaar zu genau kennt, da man dann auch über den kleinsten Fehler des Ehepartners unterrichtet ist und schon mit einer gewissen Beunruhigung in die Ehe tritt. Eine Großstädterin sagte mir einmal, nachdem sie anfänglich darüber erstaunt war, daß nicht mehr Ehen innerhalb der Tübinger Gesellschaft geschlossen werden, als Erklärung: „In Tübingen kennt man sich eben zu gut“.

Das Heiratsalter ist bei den Angehörigen der ersten Gesellschaftsklasse höher als überall sonst; bei ihnen sind die in späteren Jahren (25—29) geschlossenen Ehen häufiger. Das ist wesentlich durch die langdauernde Ausbildung des Mannes bedingt. Für einige Berufe ist das Heiratsalter in umstehender Tabelle zusammengestellt[1]):

Der in den höheren Gesellschaftsschichten gewöhnlich größere Altersunterschied zwischen Mann und Frau kommt in dieser Tabelle nur in beschränktem Maße zum

---

1) *A. Niceforo*, l. c., S. 239.

Mittleres Heiratsalter

I. Berufe	II. England Männer	II. England Frauen	III. Altersunterschied	IV. Preußen (Männer und Frauen zusammen) Stadt	IV. Preußen (Männer und Frauen zusammen) Land
Freie studierte Berufe . .	31,22	26,40	4,82	—	—
Beamte	26,25	24,43	1,82	32,1	34,5
Geistliche	—	—		32,6	32,6
Kaufleute	26,67	24,22	2,45	30,9	31,0
durchschnittlich			3,03		
Tagelöhner	25,56	23,66	1,90	29,4	—
Bergleute	24,06	22,46	1,60	27,9	27,5
Maurer	—	—		29,9	28,5
durchschnittlich			1,75		

Ausdruck. Ich habe in der dritten Rubrik den Altersunterschied für die einzelnen Berufe eingetragen. Danach wäre er in England am größten für die Studierenden freier Berufe 4,82, am kleinsten bei den Bergleuten 1,60 Jahre.

In der Bürgerklasse besteht, wie ich gezeigt habe, abgesehen von dem geschäftsmäßigen Kalkül, für die Gattenwahl der feste Grundsatz, sich diejenige Frau zu suchen, die vermöge ihrer Anlagen und Erziehung dem Manne in seinem Beruf am meisten helfen kann. Dieser Grundsatz wird mitunter auch bei der Oberschicht befolgt, doch müßte er nach meiner Auffassung noch viel mehr zur Geltung kommen. Hier ist die Hilfe der Frau eine ganz andersartige als in der Klasse, die ich als die zweite bezeichnet habe; sie besteht vor allem darin, daß die Frau die Interessen des Mannes teilt und dafür Verständnis besitzt, wie sie seine Arbeit fördern kann. Allerdings läßt sich nicht leugnen, daß die Gattenwahl auch nach den geistigen Anlagen getroffen wird[1]). Als erfreulichen Fortschritt darf man es begrüßen, daß sich in neuerer Zeit so oft in Büchern der Hinweis findet, daß die Ehefrau des Verfassers zum großen Teil zu dem Zustandekommen des Werkes beigetragen habe.

In der kameradschaftlichen Mitarbeit der Frau dürften die jüdischen Ehen den christlichen überlegen sein, nicht nur bei Gelehrten, wo es sich darum handelt, bei der Herausgabe eines Werkes zu helfen oder die Separata zu ordnen und dergleichen, sondern namentlich auch in Geschäftskreisen. Diese Erfahrung habe ich auch von anderen, sowohl Juden wie Christen, bestätigt erhalten.

In der kulturell führenden Gesellschaftsklasse ist die Arbeit beider Gatten größer. Der Mann ist durch

[1]) *W. Scheidt*, l. c., S. 299.

den Beruf gewöhnlich voll in Anspruch genommen, an die Hausfrau stellt der besser ausgestattete Haushalt natürlich weit größere Anforderungen als bei den anderen Schichten.

Eine große Schwierigkeit für die Ehe bietet in dieser Klasse die Vereinigung so sehr verschiedener Menschen. Größere Widersprüche als den in der Gesellschaft unbeholfenen Gelehrten, der nichts als seine Bücher kennt, und den stets glatten, nie um eine Antwort verlegenen, jeder Situation gewachsenen Diplomaten lassen sich kaum ausdenken. Den gleichen Gegensatz bildet der pedantische Verwaltungsbeamte und der geniale Künstler. Wenn deshalb die beiden Ehepartner so heterogenen Gruppen entstammen, gehört ein großes Anpassungsvermögen dazu, die Gegensätze zu überwinden. Die Enttäuschungen nach erfolgter Hochzeit sind in dieser sozialen Schicht vielleicht häufig noch größer als in anderen. Damit mag es auch zusammenhängen, daß gerade hier die glücklichsten und gleichzeitig die unglücklichsten Ehen zu finden sind. Scheidungen sind in manchen Gruppen selten, wie z. B. bei den Beamten, in anderen sehr häufig, wie bei den Schriftstellern, Künstlern usw.

Die Kinderzahl ist in der oberen Gesellschaftsklasse gering. Nach *Steinmetz*[1]) hat der Nachwuchs der tüchtigen Männer die Tendenz, an Zahl geringer zu werden als der ihrer Eltern war.

Die Kinder hervorragender Männer und die Kinder ihrer Eltern:

Universitätsprofessoren	4,6	Kinder;	ihre	Eltern	7
Künstler	4	„	„	„	6
Praktiker	5	„	„	„	$7^2/_3$
Beamte	4	„	„	„	$6^3/_4$
Kaufleute	5	„	„	„	7,5

Diese Tatsache hängt zunächst einmal mit dem höheren Heiratsalter und der häufigeren Ehelosigkeit zusammen. Aber auch innerhalb der Ehen ist die Fortpflanzung schlechter, da hier der Fortpflanzungswille am geringsten ist und die Praeventivmethoden am rationellsten geübt werden. Ob auch die Fortpflanzungsfähigkeit der Intellektuellen ungünstiger ist, sei es aus natürlichen, sei es aus „Zivilisations"-Gründen, ist strittig.

Dafür ist die Kindersterblichkeit etwas geringer, aber das ist natürlich kein Ausgleich für die fehlenden Geburten. Als Beispiel sei eine Statistik für englische Verhältnisse angeführt[2]).

---

[1]) Zit. nach *Graßl*, Arch. f. Rass.- u. Ges.-Biol., Bd. 5, S. 501, 1908.
[2]) Arch. f. Rass.- u. Ges.-Biol., Bd. 4, S. 420 (423), 1907 (*H. Fehlinger*).

	Arbeiterbevölkerung					Vornehmste Gegend
	Salford	Potteries	Leicester	Barrow in Furness	Drei Gemeinden London Ost	Drei Gemeinden London West
	Zahl der Kinder auf je 1000 weibliche Personen vom 15.—45. Lebensjahr					
Bei der Geburt	134,00	148,36	113,98	133,86	156,31	69,55
Überlebende nach 1 Jahr	105,84	115,72	93,19	111,56	129,94	57,70
„ „ 2 Jahren	96,88	108,24	87,69	105,92	120,80	54,72
„ „ 3 „	93,66	105,08	86,00	103,82	118,00	53,64
„ „ 4 „	91,75	102,99	84,80	102,52	116,52	53,12
„ „ 5 „	90,19	101,52	84,18	101,69	115,61	52,74
	Von je 100 Geburten lebten					
Nach 1 Jahr	790	780	809	836	826	830
„ 2 Jahren	723	730	769	794	773	781
„ 3 „	699	708	755	778	755	771
„ 4 „	685	694	744	769	745	764
„ 5 „	673	684	739	763	740	758

Zahlenmäßige Beweise dafür, daß die Nachkommenschaft der obersten Gesellschaftsklasse eine Begabung aufweist, die über dem Durchschnitt der Gesamtbevölkerung liegt, gibt es bereits eine große Menge.

Schon *Galton* hat zusammengestellt, wie viele hervorragende Verwandte berühmte Männer der verschiedenen Berufe haben, und in welchem Verwandtschaftsglied sie zu ihnen stehen.

Kornhausen[1]) fand unter 1000 Schülern von Pittsburgh:

In den Schulen der oberen Stände . .	13% zurückgebliebene und 25% fortgeschrittene Schüler
In den Schulen des Mittelstandes	30% zurückgebliebene und 20% fortgeschrittene Schüler
In den Schulen der unteren Stände . .	40% zurückgebliebene und 7,5% fortgeschrittene Kinder

	Väter	Brüder	Söhne	Großväter	Onkel	Neffen	Enkel	Urgroßväter	Großonkel	Vettern	Großneffen	Urenkel
Geistliche	28	36	40	20	40	41	6	0	4	8	0	0
Künstler . . , .	—	89	—	7	14	18	18	0	7	1	0	0
Dichter	26	40	45	5	5	50	5	0	5	0	10	0
Gelehrte	26	47	60	14	16	23	9	0	5	16	16	7
Schriftsteller	48	42	59	24	24	24	9	3	6	18	6	3
Generäle	47	50	31	28	18	18	9	8	8	20	8	0
Staatsmänner . .	33	39	49	26	8	35	12	8	5	21	5	0
Richter	26	35	36	15	18	19	19	2	4	11	17	6
Mittel	31	41	48	17	18	22	14	3	5	13	10	3

[1]) Nach *W. Scheidt*, l. c., S. 276.

Seither sind schon so viele ähnliche Untersuchungen ausgeführt worden, daß die Tatsache über jedem Zweifel steht.

Was ich oben über den selbständigen Beruf von Ehefrauen gesagt habe, das gilt für die höheren Stände und dementsprechend die h ö h e r e n F r a u e n b e r u f e in ganz besonderem Maße. Die berufstätigen jungen Mädchen müssen, wenn die Frage einer Eheschließung an sie herantritt, sich klar darüber sein, daß sie an einem Kreuzweg stehen. Ein selbständiger Beruf der Frau läßt sich mit der Gründung eines Heimes und einem befriedigenden Ehe- und Familienleben auf die Dauer nicht vereinigen. Biologisch gesehen, besteht die Hauptaufgabe der Ehefrau noch immer in der Mutter-Leistung, und diese wird durch die höheren Berufe der Frau ganz besonders gefährdet.

Daß offenbar das Studium, vielmehr aber noch die Ausübung des Berufes, bei den Frauen eine A b n e i g u n g gegen die Ehe zur Folge hat, ersieht man aus folgender Zusammenstellung nach *Shinn*[1]).

Es waren verheiratet:

	Aus Mittelschulen mit gemeinschaftl. Erziehung der Knaben und Mädchen	Aus Mittelschulen mit getrennter Erziehung der Knaben und Mädchen
Im Alter von 25 Jahren	38,1%	29,6%
„ „ „ 30 „	49,9%	40,1%
„ „ „ 35 „	53,6%	46,6%
„ „ „ 40 „	56,9%	51,8%

Deshalb muß *v. Behr-Pinnow*[2]) in allen Stücken recht gegeben werden, wenn er sagt: „Eine besondere Beachtung verdient aber der Zölibat geistig hochstehender Frauen und die Ehen solcher Gebildeter, in denen beide Teile den vorher geübten Beruf beibehalten wollen. Diese Ehen sind entweder kinderlos oder kinderarm. Jedenfalls bleibt die Kinderzahl unterdurchschnittlich, unter dem notdürftigsten Maß für die Erhaltung des Bevölkerungsstandes."

Aber auch von verheirateten Frauen, die als Mädchen einen höheren Beruf ergriffen hatten, bleibt ein Drittel kinderlos, und die durchschnittliche Kinderzahl einer Mutter beträgt in diesen Ehen nur 2,1, so daß nur 0,7 Kinder auf je eines der Mädchen entfallen, welche solche höheren Schulen absolviert haben, die das akademische Studium vorbereiten.

D e r A u s f a l l d e r i m B e r u f s l e b e n s t e h e n d e n F r a u e n f ü r d i e F o r t p f l a n z u n g i s t v o m S t a n d p u n k t e d e r R a s -

[1]) Nach *W. Scheidt*, l. c., S. 308.
[2]) Die Zukunft der menschlichen Rasse, 1925, S. 111.

senhygiene um so mehr zu bedauern, als es naturgemäß die besser begabten Mädchen sind, die studieren bezw. einen höheren Beruf ergreifen.

Ich habe die gesamte Bevölkerung in vier Klassen eingeteilt und muß vom sozial- und rassehygienischen Standpunkt (irgendein anderer kommt hier nicht in Betracht) die Verbindung eines Mannes oder einer Frau einer Gesellschaftsklasse mit der Frau oder dem Manne einer anderen Gesellschaftsklasse als Mesalliance (Mißehe) bezeichnen. Jedoch darf man sich auch hier wieder durchaus nicht schematisch an den Beruf des Ehemanns und an denjenigen seines Schwiegervaters halten, denn es gibt, wie schon erwähnt, innerhalb jeder Gesellschaftsklasse und innerhalb jedes Berufes alle möglichen Abstufungen. Es besteht also in der Praxis vielfach eine gewisse Willkür, ob man von einer Mißehe sprechen soll oder nicht. Im allgemeinen wird man nur in solchen Fällen von Mesalliance reden dürfen, wo es sich um sehr verschiedene Gesellschaftsklassen handelt, wo auch die ganze Erziehung und Tradition der beiden Ehepartner voneinander abweichen. Das alte Rechtsverhältnis zieht nur den Fall in Betracht, daß der Mann eine nicht „ebenbürtige" Frau heiratet. Für wissenschaftliche Zwecke besitzt natürlich ebenso gut der umgekehrte Fall Interesse, bei dem ein Mädchen aus vornehmer Familie sich mit einem nicht „ebenbürtigen" Manne vermählt.

Die früher erwähnte Ehestatistik von Budapest gestattet keinen Schluß über die Häufigkeit der Mesalliancen. Auch *Ammon*[1]) deutet nur ganz allgemein die Seltenheit von Mißheiraten an, wenn er sagt, daß außerhalb des Standes geschlossene Eheverbindungen wegen ihres seltenen Vorkommens allgemeines Aufsehen erregen. Eine exakte, statistische Ermittelung der Häufigkeit dürfte auf große Schwierigkeiten stoßen, denn in solchen Fällen wird in den Angaben der Beruf des Vaters der Ehefrau meist verschleiert. Wird z. B. der Vater als Landwirt geführt, so muß man sich klar machen, daß darunter alles zu verstehen ist, vom Rittergutsbesitzer bis zum Besitzer einer Ziege, der in Wirklichkeit sein Leben als Taglöhner fristet. Als Fabrikant wird sowohl der Großindustrielle bezeichnet, wie auch der nomadisierende Korbmacher, der im Herumziehen seine „Fabrikate" verkauft.

Der Gang für das Zustandekommen einer „Mißheirat" in dem hier gedachten Sinne ist in der Regel der, daß der junge Mann ein „Verhältnis" anknüpft, wobei er gewöhnlich an eine Ehe gar nicht denkt. Wenn sich die Beziehungen bis zu einem gewissen Grade ent-

---

[1]) Die Gesellschaftsordnung, Jena 1900, S. 69.

wickelt haben, dann wird der männliche Teil zu einer Heirat gedrängt. Das ist der Fall, wenn der Student in München sich nicht mehr aus den Banden einer Kellnerin befreien kann. Dort verheirateten sich im Jahre 1886 358 Beamte, Gelehrte und Künstler. Wegen der Zusammenstellung mit Gelehrten und Künstlern ist anzunehmen, daß es sich um Akademiker handelt. Von 100 dieser Beamten usw. fiel die Wahl auf „Dienstboten". Wir gehen sicher nicht fehl, wenn wir vermuten, daß es sich um 100 „Gschpusi" handelt, mit denen die Ehekandidaten vorher im Konkubinat gelebt hatten, und die offiziell als deren „Dienstboten" galten.

Auch einer anderen Veranlassung, die nicht ganz selten vorkommt, muß gedacht werden: Wenn der bisher unverheiratete oder verwitwete ältere Herr so gut von seiner Haushälterin verpflegt wird, daß er bei einer Kündigung schwer gleichwertigen Ersatz finden könnte, entschließt er sich, um diesen Zukunftssorgen aus dem Wege zu gehen, zur Heirat.

Weiterhin gibt es noch eine dritte idealere Art von „Mißheirat", die gerade bei den feinsten Naturen vorkommt, aber oft ein tragisches Ende nimmt. Eine solche Ehe schildert u. a. *Berthold Auerbach* in seinem „Lorle", wobei er die Lebensbeschreibung des berühmten Anatomen und Physiologen *Fr. G. J. Henle* wiedergegeben haben soll.

Manche erblicken in einer Mißheirat eine günstige Wirkung in rassenhygienischer Beziehung. Dieser Auffassung kann ich durchaus nicht beipflichten. Meistens stammen die weiblichen Elemente, um die es sich handelt (Kellnerinnen, Statistinnen, Verkäuferinnen) nicht etwa aus einer gesünderen Familie als der Mann, und in der Regel sind es die minderwertigeren Personen, die ein solches Ziel erstreben und erreichen. Durchaus unerwünschte Eigenschaften werden zum Auslesefaktor.

Heiratet ein Mann der kulturell oberen Gesellschaftsklasse ein Mädchen aus gleichem Stand, dann hat sich jedenfalls der Vater im Kampfe ums Dasein bewährt. Diese Garantie fällt bei der Mesalliance weg. Die Erbanlagen, die zum sozialen Aufstieg befähigen, können zwar auch hier vorhanden sein, aber man weiß es nicht. Das Auerbachsche Lorle ist unzweifelhaft aus anständiger Familie, gesund und besitzt möglicherweise gute Erbanlagen. Ob das aber wirklich der Fall ist, läßt sich nicht sagen, denn weder die Aszendenten, noch das Mädchen selbst haben den Beweis dafür erbringen können. Sicher ist aber jedenfalls, daß sie sich das Wissen nicht angeeignet hatte, das erforderlich ist, um einem Gelehrten eine Gefährtin durchs Leben zu sein, und die Kinder so zu erziehen, wie dies der Stellung und dem Wissen des Vaters entspricht. Hat ein Mädchen aus einer niederen Klasse etwa studiert und durch ein Examen bewiesen, daß es die gleichen Erbanlagen besitzt wie sein Ehepartner, dann läßt sich der oben erwähnte Einwand gegen die Ehe nicht erheben. Aber es kommen immer noch Bedenken in Betracht. Wie mehrfach erwähnt, spielt neben den erblichen Anlagen die allerfrüheste Erziehung eine außerordentlich große Rolle im Leben des Menschen. Fehler oder Lücken darin lassen sich nur selten nachholen. So können in dem zuletzt genannten Falle trotz der guten intellektuellen Veranlagung Mängel in der allgemeinen Bildung zurückgeblieben sein, die ein ersprießliches Ehe- und Familienleben unmöglich erscheinen lassen. Das schwerste Bedenken besteht aber darin, daß es sich um ein berufstätiges Mädchen handelt, deren Eignung zur Ehefrau und Mutter durchschnittlich eben geringer ist.

Aber nicht nur der Mann fühlt sich in der Ehe nicht glücklich, sondern auch die aus niederen Kreisen stammende Frau. Und wohl jedes Bauernmädchen an der Seite eines Gelehrten wird sich wieder in seine gewohnte Umgebung zurücksehnen. Immerhin darf nicht verschwiegen werden, daß in der Geschichte Fälle von ganz erstaunlicher Anpassungsfähigkeit von Frauen aus niederem Stande an den Mann bekannt sind. So beispielsweise die Kaiserin Katharina I. und Lady Hamilton.

Das livländische Bauernmädchen Katharina besaß trotz ihrer mehr als bewegten Vergangenheit eine derartige Anpassungsfähigkeit, daß *Brückner*[1]) schreiben konnte: „Zu den Mitarbeitern und Genossen Peters zählte Katharina. . . . Wie früher *Lefort*, so verstand es später Katharina, die Leidenschaft des Zornes beim Zaren in den Momenten äußerster Aufwallung zu zügeln; ja, man erzählte sogar, daß ihre Nähe, ihr sanftes Wesen beruhigend, heilend auf denselben wirkte, wenn er von seinem nervösen Leiden, krampfhaften Zuckungen heimgesucht wurde. Katharina war dem Zaren eine treue Gefährtin, eine stete Begleiterin. Sie theilte seine Sorgen und Mühen; sie war bei ihm auf Reisen, sogar bisweilen im Felde, wie bei jenem denkwürdigen Zuge an den Pruth im Jahre 1711 und im persischen Kriege."

Ganz unglücklich wird sich ein Mädchen aus höherem Stande in der Ehe mit einem sozial tiefer stehenden Manne fühlen. Einmal wird der Mann wegen seiner beruflichen Inanspruchnahme weniger Zeit haben, sich der höher stehenden Frau zuliebe weiterzubilden, andererseits bleibt die Ehe naturgemäß auf der durch den Beruf des Mannes bedingten gesellschaftlichen Stellung stehen. Dazu kommt noch, daß es sich bei solchen Ehen meist um hysterische, exzentrische oder außergewöhnlich sinnliche Frauen handelt, bei denen die Eigenschaften, die für eine glückliche Ehe Voraussetzung sind, von vornherein fehlen.

---

[1]) *A. Brückner*, Peter d. Große in *Onckens* Allgemeine Geschichte, S. 562.

Zusammenfassung.

1. Bei der Eheschließung fällt die Wahl beinahe stets auf einen Angehörigen bzw. eine Angehörige der gleichen Gesellschaftsklasse.

2. Bei der Arbeiterklasse finden die Heiraten fast ausschließlich ohne Berücksichtigung materieller Interessen statt.

3. Das Heiratsalter ist hier niedriger als bei den studierten Berufen (nach einer italienischen Statistik durchschnittlich um 3—4 Jahre). Damit hängt es zusammen, daß in den Arbeitervierteln der Großstädte im Verhältnis mehr Ehen geschlossen werden als in den anderen Bezirken.

4. Gerade in der Arbeiterklasse wirkt die Fortsetzung des Berufes vonseiten der Frau schädlich auf die Struktur der Ehe. Es würde deshalb wünschenswert sein, wenn die Frau mit der Eheschließung die Fabrikarbeit aufgäbe bzw. aufgeben könnte. Viele Männer der Arbeiterklasse bevorzugen auch Mädchen mit häuslicher Tätigkeit. Ehescheidungen finden häufig statt.

5. Der Kinderreichtum war bei den Arbeitern lange Zeit größer als in den übrigen Gesellschaftsklassen und ist es auch noch in manchen Gegenden. Aber in neuerer Zeit geht auch in Arbeiterfamilien die Kinderzahl zurück.

6. Die selbständigen Handwerker und Bauern müssen bei der Gattenwahl in viel höherem Maße die Eignung der Frau für den Beruf des Mannes berücksichtigen. Deshalb ist das Heiratsalter meist höher als bei den Arbeitern. Die Kinderzahl ist geringer.

7. Die berufliche Tätigkeit der Frau besteht hier in der Unterstützung des Mannes. Scheidungen sind in der Bürgerklasse in katholischen Gegenden weit seltener als in evangelischen.

8. In der „ersten" Gesellschaftsklasse fehlt es für den jungen Mann und das Mädchen häufig an Gelegenheit, sich kennen zu lernen. Der Altersunterschied zwischen Mann und Frau ist durchschnittlich größer als in den anderen Gesellschaftsklassen.

9. Die Kinderzahl ist geringer, so daß ein großer Teil der tüchtigsten Familien nach kurzer Zeit ausstirbt. Die Qualität der Nachkommenschaft ist, entsprechend den guten Erbanlagen bei den Eltern, eine bessere als in den übrigen Klassen.

10. Zum Teil ist die schlechte Fortpflanzungskraft der führenden Familien durch das höhere Heiratsalter und die Verbreitung der Ehelosigkeit bedingt.

11. Sehr befördert wird die Kinderarmut hier durch den höheren Beruf der Frau, der ganz besonders kontraselektorisch auch dadurch wirkt, daß gerade die begabtesten und fleißigsten Mädchen zum Studium gelangen.

12. In der asozialen Klasse besitzt die legale Ehe nur sehr geringe Bedeutung und wird vielfach durch die wilde Ehe (Konkubinat) ersetzt.

13. Mißheiraten oder Mesalliancen sind meist die Folgen von „Verhältnissen", die während der Studienzeit angeknüpft werden, kommen auch mitunter so zustande, daß ein älterer Herr seine Haushälterin heiratet. Mesalliancen aus schwärmerischem Idealismus kommen auch vor, sind aber sehr selten.

14. Diese Mißheiraten führen gewöhnlich nicht zu glücklichen Ehen und sind immer bedenklich wegen der Nachkommenschaft. Denn weder das Mädchen aus niederem Stande noch dessen Vorfahren haben den gleichen Ausleseprozeß durchgemacht wie der Ehepartner. Allerdings sind Fälle von Mesalliancen bekannt, in denen sich die Frau durch große Anpassungsfähigkeit auszeichnete.

15. Zu ganz unglücklichen Ehen führen häufig die Heiraten zwischen einem Manne niederen Standes und einem Mädchen aus kulturell gehobener Familie.

Die Ehe auf dem Lande und in der Stadt

Von Adolf Basler

In dem Maße wie sich die ländliche Bevölkerung von der städtischen in somatischer und kultureller Beziehung unterscheidet, besitzt auch die Ehe eine andere Struktur. Je mehr sich in einer ländlichen Gemeinde die Industrie entwickelt, um so ähnlicher ist ihre Bevölkerung derjenigen der Arbeiterviertel einer Großstadt, und diese Verwischung der Unterschiede zeigt sich auch in der größeren Ähnlichkeit der Ehe bei den beiden Bevölkerungsgruppen. In manchen deutschen Gegenden, besonders in Norddeutschland, scheint auch heute noch in einem und demselben Dorfe eine scharfe Trennung zwischen Arbeitern und Bauern zu bestehen; diesen Unterschied kennt man aber nicht in dem Teile Deutschlands, über den ich aus eigener Anschauung sprechen kann (Südwesten). So schreibt auch der Bearbeiter des Württembergischen Schwarzwaldkreises in der Darstellung der geschlechtlichen Verhältnisse im Deutschen Reiche[1]): „Ein deutlich hervortretender Unterschied zwischen Bauern und Arbeitern wird nirgends bemerkt, hauptsächlich deshalb, weil die beiden Stände zu sehr ineinander übergehen und sich gegenseitig in bonam et malam partem beeinflussen." Um deutliche Unterschiede vor uns zu haben, müssen wir deshalb reine Bauerndörfer, die eine alteingesessene Bevölkerung besitzen, mit der Großstadt vergleichen. Solche Dörfer in großer Zahl aufzufinden, ist in heutiger Zeit, wo die Industrie ihre Arme in die entlegensten Winkel streckt, gar nicht leicht; vor 100 Jahren hätte man beinahe jedes Dorf zur Untersuchung heranziehen können. Die häufige Vereinigung landwirtschaftlicher und industrieller Tätigkeit in einer Familie ist auch der Grund für unvermeidliche Trugschlüsse, die aus der Statistik gewonnen werden[2]). So kann es vorkommen, daß Familien, die ihrer ganzen Struktur nach als bäuerliche bezeichnet werden müssen, die großen Grundbesitz und sechs Stück Vieh oder noch mehr im Stalle stehen haben, als Arbeiterfamilien gezählt werden, nur weil der Mann, während es in der Land-

---

[1]) *H. Wittenberg* und *E. Kückstädt,* Die geschlechtlich-sittl. Verhältnisse der evangel. Landesbewohner im Deutschen Reiche, Leipzig 1895, Bd. 2, S. 527.

[2]) *Claaßen,* Arch. f. Rass.- u. Ges.-Biol., Bd. 2, S. 300.

wirtschaft nichts zu tun gibt, am 1. Dezember als Fabrikarbeiter aufgenommen wird. Umgekehrt gilt ein Mann, dessen Frau und sämtliche Kinder in die Fabrik gehen, als Bauer, wenn er gerade keine industrielle Beschäftigung hat.

Wie im vorangegangenen Artikel erwähnt wurde, ist die rein bäuerliche Bevölkerung bei der Eheschließung recht schwerfällig und nimmt auf die materiellen Verhältnisse mehr Rücksicht als auf die persönlichen Eigenschaften der Ehegatten. Häufig haben die Eheschließenden bei Beratung der Angelegenheit kein Stimmrecht, sondern die Ehe wird von den beiderseitigen Eltern vereinbart („sie werden sich versprochen"), oft schon zu einer Zeit, in der die Beteiligten noch Kinder sind. Wenn sie herangewachsen sind, haben sie sich zu fügen, und sie fügen sich auch gerne, weil sie einsehen, daß das, was die Eltern ausgemacht haben, wirklich ein „gutes Geschäft" ist. Die leidenschaftliche Liebesglut, mit der der junge Bauer oder ein Bauernmädchen gegen den Willen der Eltern sich eine Heirat erzwingt, existiert meistenteils nur in der Phantasie einiger Romanschriftsteller oder Operettentextdichter. In Wirklichkeit ist sie in der ländlichen Bevölkerung zum mindesten sehr selten[1]). Wie es eigentlich selbstverständlich ist, wird in diesen Gegenden jung geheiratet. Das Heiratsalter des Mannes stieg nur während der Zeit der allgemeinen Dienstpflicht, weil abgewartet wurde, bis er vom Militär kam.

Auch in solchen Gegenden und in solchen Fällen, bei denen die Initiative von dem jungen Paar ausgeht, sind lange Verlobungen häufig; man sagt: die beiden „gehen zusammen". Diese langen Brautschaften bleiben häufig nicht ohne Folgen. Nach den älteren Statistiken, bei denen die Unterschiede zwischen Stadt und Land unzweifelhaft noch stärker ausgeprägt sind, als heute, entfallen verhältnismäßig viel mehr uneheliche Geburten auf die Landwirtschaft als auf Industrie und Handwerk. Die Häufigkeit der unehelichen Geburten auf dem Lande ist in den einzelnen Gegenden sehr verschieden. Zum großen Teil dürfte die Ursache dafür nach *Graßl* in der Art der Beschäftigung und Lebensführung zu suchen sein; *Hansen*[2]) macht wirtschaftliche Gründe verantwortlich. So weist z. B. in Baden der Schwarzwald mehr uneheliche Geburten auf als die Rheinebene[3]). Bei der verschiedenen Häufigkeit unehelicher Kinder wäre vielleicht auch an rassenmäßige Einflüsse zu denken. In Gegenden mit überwiegender dinarischer Rasse scheinen auf den

1) Vgl. *Graßl*, Bäuerliche Liebe, Zeitschr. f. Sexualwissensch., Bd. XIII, 12.
2) Die drei Bevölkerungsstufen, München 1915.
3) *Lange*, Die unehelichen Geburten in Baden, Karlsruhe 1912.

Dörfern mehr uneheliche Geburten vorzukommen; jedoch reichen die Beobachtungen nicht aus, um ein endgiltiges Urteil auszusprechen. Auffallend ist, daß in industrialisierten ländlichen Gegenden uneheliche Kinder seltener sind. Man bilde sich aber ja nicht ein, daß die Bevölkerung auf einem höheren sittlichen Niveau steht. Die Mädchen, die, sowie sie aus der Schule entlassen sind, die Fabrik besuchen, und dort von ihren älteren Kolleginnen die „neuesten Errungenschaften der Wissenschaft" erfahren, wissen sich zu helfen. Nicht selten entspringt in bäuerlichen Gegenden verfrühte Nachkommenschaft dem Wunsche des Ehekandidaten, bei seiner Braut die Eignung zur Fortpflanzung festzustellen — ein Sachverhalt, in dem der Rest der alten Institution der „Probenächte" zu erkennen ist.

Auch in der Beurteilung unehelicher Kinder besteht ein großer Unterschied in den einzelnen Gegenden. In manchen Orten betrachtet man es als ganz selbstverständlich, daß schon ein Kind bei der Trauung vorhanden ist, in anderen wieder sieht es das Mädchen als die größte Schmach an, wenn sie bei der Kopulation kein Kränzchen tragen darf; hier wird die Trauung mit allen Mitteln so beschleunigt, daß wenigstens die Geburt in der Ehe erfolgt. Nahe beisammenliegende Dörfer haben in dieser Beziehung oft eine durchaus verschiedene Lokaltradition. Aber jedenfalls hat auf dem Lande die uneheliche Geburt eine ganz andere Bedeutung als in der Großstadt. Im allgemeinen werden die Kinder immer durch die nachträgliche Heirat legitimiert.

In der Landwirtschaft gibt es je nach der Gegend tief einschneidende Spezialisierungen. Die Tätigkeit des Landmannes ist durchaus verschieden, je nachdem er in einer Gegend mit Weinbau ansässig ist oder in der Ebene mit überwiegendem Getreide- und Gemüsebau, oder in einer Gebirgsgegend mit Waldwirtschaft und Viehzucht. Diese Spezialisierungen werden bei der Gattenwahl berücksichtigt. „Denn mehr als in einem anderen Berufszweig ist in der Landwirtschaft die Frau nicht bloß die Genossin, sondern auch die Gehilfin des Mannes" (*Hansen*). Die Auswahl nach der gewohnten Beschäftigung trägt vielfach die Schuld daran, daß am liebsten innerhalb des gleichen Dorfes geheiratet wird und ist somit eine der Ursachen für die verbreitete Inzucht. Sehr schön ist das zu sehen in einer bestimmten Gegend von Mittelbaden. Von den um die Stadt Offenburg liegenden Ortschaften besitzen die westlichen ebene Ackerflächen, die sich gut zum Anbau von Getreide, Kartoffeln und Tabak eignen. Im Osten erheben sich die mit Reben bepflanzten sanft ansteigenden Ausläufer des Schwarzwaldes; die zwischen den Rebhügeln liegenden Dörfer werden ausschließlich von Weinbauern bewohnt. Der Weinbau erfordert nun eine ganz andere Tätigkeit als der Ackerbau der westlichen Dörfer; der Einwohner von Schutterwald könnte niemals den Aufgaben in Zell gerecht werden und umgekehrt. Diese verschiedene Tätigkeit zeigt sich auch in den Eheschließungen. Auf der einen Seite steht der Kontingent der Reborte, auf der andern die Gruppe der Landorte. Innerhalb jedes Komplexes kommen Eheschließungen vor, auch dann, wenn die Orte weit auseinanderliegen, höchst selten aber zwischen einem Dorf der ersten und zweiten Kategorie, auch wenn sie weniger weit von einander entfernt sind als die Orte innerhalb einer und derselben Gruppe.

Hansen sagt von der Bäuerin: „Der Frau untersteht das ganze Hauswesen, sie schaltet und waltet in Küche und Keller. Einer der wichtigsten Produktionszweige, die ganze Milchwirtschaft, ist in ihren Händen. Von ihrem haushälterischen Sinne hängt das Gedeihen der Wirtschaft ab. Denn eine Frau, sagt das Sprichwort, kann in der Schürze mehr hinaustragen, als der Mann hereinzufahren vermag. Darum wird denn auch auf dem Lande die Wahl einer Frau als ein sehr wichtiger Akt aufgefaßt, den man nicht dem unerfahrenen Heiratskandidaten allein überlassen darf. Zuvor werden genaue Erkundigungen eingezogen, alle Eigenschaften der Ausersehenen einer scharfen Prüfung unterworfen. Gar zu jung darf sie nicht sein, denn der Beruf einer tüchtigen Bauernfrau erfordert eine längere Vorbereitung. — — Sodann ist der Wirkungskreis der Frau von dem des Mannes streng geschieden. Sie sind beide unentbehrlich. Der Mann ist so unbeholfen in Küche und Keller, wie auch die gescheiteste Frau in Feld und Wald hilflos ist." Diese Darstellung kann allerdings doch nur für einzelne Gegenden, wahrscheinlich solche mit besonders großem Grundbesitz zutreffen. Die Frauen der kleinen und mittleren Bauern müssen recht viel auf dem Felde mithelfen und kennen sich dadurch im Feldbau auch sehr wohl aus. Ganz besonders trifft das zu für die Kleinbauern, wo der Mann ein Handwerk betreibt oder in einem Betrieb arbeitet; dort hängt die ganze Landwirtschaft an der Frau und an den Kindern. Die Darstellung *Hansens* zeigt, wie außerordentlich die Gepflogenheiten verschiedener ländlicher Gegenden von einander abweichen und wie schwer es ist, sie in eine Formel zu bringen.

Eine gewisse Gleichmäßigkeit gegenüber der Stadt wird dadurch bedingt, daß die Ehegatten in der Regel zeitlebens in der gleichen Wohnung bleiben, aus der sie jahraus jahrein nicht herauskommen. Der Hausrat ist meist von den Eltern und Ureltern übernommen, — nicht etwa in großbäuerlichen Familien, wo manche ererbte Stücke einen Altertumswert besitzen; in diesen Kreisen werden meist die alten Einrichtungsgegenstände veräußert und dafür in einem Warenhaus moderne Möbel gekauft. Ich meine in diesem Zusammenhang gerade die ärmere Landbevölkerung, kleine Bauern, deren Frauen und Töchter in die Fabrik gehen. Hier werden die ererbten Möbel, die keinen Kunst- oder Altertumswert repräsentieren, von den folgenden Generationen übernommen, nicht aus Pietät, sondern einfach deshalb, weil diese Familien auf ein gemütliches Heim keinen Wert legen und sich für das Geld, das sie an der Einrichtung sparen, lieber seidene Kleider kaufen.

Was aber auch die Triebfedern sind, die Tatsache muß festgestellt werden, daß sich auf dem Lande das eheliche Leben im allgemeinen in den gleichen Räumen, zwischen den gleichen Möbeln abspielt, wie bei den vorausgehenden Generationen. Im gleichen Milieu werden auch wieder die Kinder groß, und eines davon wird sich wieder in die gleichen Räume verheiraten. Den Eltern des jungen Paares wird entweder sofort bei der Eheschließung oder zu einer späteren Zeit vertraglich das Recht auf lebenslängliche Verpflegung zugesichert (Leibgeding).

In vielen ländlichen Gegenden wohnt das junge Paar schon von Anfang der Ehe an bei den Eltern, die in diesem Falle Besitzer des Hauses bleiben. Dabei ist es nicht etwa der Sohn, sondern in der Regel die Tochter, die sich ins Vaterhaus verheiratet. Die Tochter hilft dann nach wie vor der Mutter im Haushalt. Daß infolge solcher Verhältnisse häufig Streitigkeiten zustande kommen, ist begreiflich. Diese spielen sich dann aber oft nicht zwischen dem Ehepaar untereinander ab, sondern zwischen dem Ehepaar auf der einen und den Eltern auf der anderen Seite.

Die Zahl der Ledigen vom Hundert der Bevölkerung ist in Land- und Stadtgemeinden annähernd gleich.

. Dabei muß man aber berücksichtigen, daß es auf dem Land mehr Kinder gibt als in der Stadt; dadurch wird die Zahl der unverheirateten Erwachsenen in den Landgemeinden zu klein angegeben, so daß in Wirklichkeit auf dem Lande mehr heiratsfähige Menschen sein müssen als in der Stadt.

Aus der bisherigen Darstellung geht hervor, daß die Ehe zwischen Blutsverwandten auf dem Lande beinahe eine Selbstverständlichkeit ist. Die Gattenwahl findet innerhalb der engsten Bevölkerungskreise statt, in der Regel im Dorfe selbst; wenn dies nicht der Fall ist, in einem Nachbardorfe. Das Dorf, aus dem sich der Bauer seine Frau holt, bleibt aber nicht seinem eigenen Ermessen überlassen, sondern die Dörfer bilden alter Tradition entsprechend Komplexe, innerhalb deren die Gattenwahl erfolgt. Die Orte, die zu einem solchen durch keine Gesetze und keine Verträge geregelten Verband gehören, unterhalten auch sonst regen Verkehr und, was die

Hauptsache ist, die Bräuche — speziell auch die Arten der Bodenbearbeitung — sind die gleichen. Eine derartige Gruppe bilden beispielsweise die schon erwähnten östlich von Offenburg liegenden Reborte, einen weiteren in sich geschlossenen Komplex die auf der Westseite von Offenburg liegenden Dörfer: Schutterwald, Langhurst und Höfen. Weiterhin bei Tübingen die Ortschaften: Wankheim, Jettenburg, Kusterdingen, Mähringen, Immenhausen. Ich kenne ein Dorf, in dem nur ein paar Familiennamen vorkommen. Trotzdem wird immer wieder untereinander geheiratet.

In dem badischen Dorfe Kirrlach mit über 3000 Einwohnern ist der Familienname Oechsler sehr verbreitet. Wie mir gesagt wurde, soll der Stammvater der Familie Oechsler vor etwa 150 Jahren aus Konstanz zugezogen sein. Ob die Zahl der Jahre ganz genau stimmt, weiß ich nicht; sie scheint mir aber aus bestimmten Gründen wahrscheinlich. Diese Familie hat sich nun in dem Dorfe so verzweigt, daß es keinen Einwohner gibt, der nicht von dem ersten Kirrlacher Oechsler abstammt. Ich habe mich redlich bemüht, eine Familie ausfindig zu machen, die keine Oechsler in ihrer Ascendenz hat. Es war mir unmöglich; im Gegenteil fand ich, daß alle Personen, auf die sich meine Nachforschungen bezogen, in mehreren Linien von der Familie Oechsler stammen. Dabei gehört Kirrlach wohl zu den größten Dörfern und ist zugleich außerdem ein ausgesprochener Industrieort. Das dort Gefundene muß also für ein kleines Bauerndorf in noch viel höherem Maße gelten. Das Ergebnis meiner Erörterungen läßt sich in den Satz zusammenfassen: In dem Dorfe blüht die Inzucht.

Nimmt man alle Landorte zusammen, dann ist die Zahl der Geburten zweifellos größer als in den Städten, so betrug beispielsweise die Geburtenziffer für 1891/1900: in Preußen 38,0, in Berlin 29,9, in Hamburg 34,6, und die Zahl der Kinder unter 5 Jahren auf 1000 Bewohner in Preußen 134, in Berlin nur 94[1]).

Trotzdem bestehen auch auf dem Lande je nach der Gegend die größten Verschiedenheiten. Das badische „Hanauerland", der im mittleren Baden unmittelbar an den Rhein anschließende Teil der Rheinebene, ist seit Jahrzehnten durch seine Kinderarmut bekannt. Die Einwohner, wohlhabende Bauern, zeichnen sich durch Gesundheit und namentlich schönen Wuchs aus, treiben vielfach Pferdezucht und sind gute Reiter. Was die Ursache der Kinderarmut gerade in dieser Gegend ist, ist schwer zu sagen, möglicherweise liegt fran-

[1]) *R. Thurnwald,* Arch. f. Rass.- u. Ges.-Biol., Bd. 1, S. 840 (841), 1904. — Wegen der — wie man annehmen darf — reineren Erhaltung der spezifischen Eigenschaften, greife ich bei meinen Angaben absichtlich auf diese alte Statistik zurück. Die Zahlen sollen übrigens nur die Verhältnisse illustrieren.

zösischer Einfluß zugrunde. Auch die eheliche Treue soll bei den Hanauer Bauern nicht sehr groß sein.

In anderen, auch badischen Gegenden, z. B. im Schwarzwald, ist die Kinderzahl groß und Familien mit 9 und 10 Kindern sind keine Seltenheit. Der kriminelle Abort kommt auf dem Lande sicher viel häufiger vor, als gewöhnlich angenommen wird. Er wird weniger von unbeteiligten Personen gewerbsmäßig ausgeübt als in der Stadt und gelangt deshalb nur in seltenen Fällen vor Gericht und somit an die Öffentlichkeit. Wenn bei den viel rückständigeren und bis zum Beginn des Krieges sicher auch viel religiöseren russischen Bäuerinnen — noch dazu verheirateten — die Fruchtabtreibung so häufig war, wie *Weißenberg*[1]) schildert, dann kann man sich leicht ein Bild von der Häufigkeit des gleichen Vergehens in unserer von der Industrie und der Großstadt viel mehr beeinflußten Bauernbevölkerung bei unehelicher Konzeption machen.

Die Ehe wird bedeutungslos, wenn die eheliche Gemeinschaft aufgegeben wird. Ein solches Aufgeben der ehelichen Gemeinschaft kann auf friedlichem Wege erfolgen oder auf feindselige Weise.

Die friedliche Aufhebung der ehelichen Gemeinschaft läßt sich hauptsächlich auf dem Lande beobachten; dafür liegen immer wirtschaftliche Gründe vor. Sie können durch lokale Verhältnisse bedingt werden: In dem badischen Gau Bruhrain z. B. ist ein großer Teil vom Grund und Boden Eigentum der Gemeinde. Die Felder werden als sogenannte „Allmende" nach festen Regeln unter die Bürger der Gemeinde von einem gewissen Alter an auf Lebensdauer verteilt. Der Anspruch erlischt beim Auszug aus der Gemeinde. Die Männer suchen vielfach in der Fremde Arbeit zu finden, lassen aber ihre Frauen in dem Orte zurück, um den Anteil am Allmend zu halten. Sie kommen oft ein ganzes Jahr lang nicht in die Heimat zurück, wenn es gut geht: alle Weihnachten und Ostern auf einige Tage. Die Frauen und Töchter — soweit sie erwachsen sind — gehen in eine Zigarrenfabrik und betreiben nebenher die Landwirtschaft. Der Mann bringt ab und zu, wenn er in Urlaub kommt, eine inzwischen aquirierte Syphilis in die Familie. Das hindert aber nicht, daß sich Mann und Frau bei dieser Art der Lebensführung wohl fühlen. Für eines dieser Dörfer, Rheinsheim, habe ich nach der Volkszählung von 1910 zusammengestellt, daß ein Überschuß von 55 Ehefrauen vorhanden war, in Schutterwald, wo jeder seine eigenen Felder hat, waren nur drei alleinstehende Ehefrauen anwesend, in Unterharmersbach eine. Meine Unterlagen stammen, wie erwähnt, aus dem Jahre 1910, also aus einer Zeit, wo vor-

[1]) Arch. f. Rass.- u. Ges.-Biol., Bd. 9, S. 612 (614) 1912.

übergehende politische Einflüsse nicht in Betracht kommen. Eine Zusammenstellung der drei Orte sei angeführt. Daß die auswärtige Arbeit des Mannes auf die Kinderzahl einen nennenswerten Einfluß hat, habe ich nicht finden können.

Ort	Einwohnerzahl im ganzen:	Davon Verheiratet:			
		im ganzen	weiblich	männlich	Frauenüberschuß
Rheinsheim . . .	1817	687	371	316	55
Schutterwald . . .	2761	1063	533	530	3
Unterharmersbach .	1597	545	273	272	1

Feindselige Aufhebung der ehelichen Gemeinschaft ist auf dem Lande selten, sie fehlt fast vollständig in katholischen Gegenden.

Handgreifliche Streitigkeiten zwischen Ehegatten dürften seltener vorkommen als in der Großstadt. Für Dörfer besteht eine große Verschiedenheit je nach dem Volksstamme, dem sie angehören. In polnischen, bayrischen, österreichischen Dörfern scheinen Tätlichkeiten zwischen den Ehegatten häufiger zu sein als beispielsweise in badischen.

Wenn die Darstellung der ländlichen Verhältnisse deshalb gewisse Schwierigkeiten bereitet, weil je nach der Gegend Verschiedenheiten bestehen, so bietet die städtische Bevölkerung je nach der sozialen Schichtung ein noch bunteres Bild. Da aber die Ehe bei den verschiedenen Gesellschaftsklassen in einem besonderen Artikel gewürdigt wird, sollen nur diejenigen Verhältnisse dargestellt werden, welche für die Großstadt charakteristisch sind.

Der größte Unterschied zwischen Stadt und Land besteht in dem Fehlen eines Zwanges. Während auf dem Dorfe das ganze Leben und somit auch die Ehe und alles, was mit ihr zusammenhängt, unter ständiger Kontrolle der Öffentlichkeit steht, ist in der Großstadt in bezug auf Lebensführung jeder sein eigener Herr. Kein Mensch kümmert sich um den anderen, kennt ihn nicht einmal, wenn er nicht zufällig sein Nachbar ist.

Die größere sexuelle Ungebundenheit des unverheirateten Großstädters und der ledigen Großstädterin hängt damit zusammen, daß hier die Ehe nicht in annähernd gleichem Umfange wie auf dem Lande Voraussetzung für eine sexuell befriedigte Lebensführung ist. Infolgedessen fehlt es in der Stadt, zum mindesten in der Großstadt, an einem der hauptsächlichsten Antriebe zur Ehe.

Der junge Mann auf dem Lande kann in der Regel seinen Geschlechtstrieb erst befriedigen, nachdem er die Wahl fürs Leben getroffen hat. Ob die Heirat schon erfolgt ist oder nicht, ist belanglos.

D e r J u n g g e s e l l e d e r G r o ß s t a d t g i b t s i c h u n a b h ä n g i g v o n j e d e r V e r p f l i c h t u n g z ü g e l l o s d e m G e n u ß h i n. Und das ist eine der Hauptursachen für die Unlust zu Eheschließungen vornehmlich bei der männlichen Bevölkerung der Städte. Das unzureichende Einkommen, die Schwierigkeit eine genügend große Wohnung zu beschaffen, die Unsicherheit der beruflichen Stellung, das alles sind mehr oder weniger bewußte Vorwände. Wem wirklich an einer baldigen Verheiratung gelegen ist, findet in der Regel Mittel und Wege, die Vorbedingungen zu erfüllen. Der wahre Grund ist, daß er das Junggesellenleben begehrenswerter findet als das „Ehejoch".

Außer der Heiratsunlust gibt es aber auch noch andere üble Folgen des großstädtischen Junggesellentums — dem sich fortschreitend auch die w e i b l i c h e Bevölkerung der bürgerlichen Schicht ergibt — für die Ehe: Die größere Verbreitung der G e s c h l e c h t s k r a n k h e i t e n.

Eine weitere für die Ehe in manchen Fällen verhängnisvolle Folge des wilden vorehelichen Geschlechtsverkehrs besteht darin, daß er, zur Gewohnheit geworden, auch nach erfolgter Eheschließung fortgesetzt wird: wer an Abwechslung in der Liebe gewöhnt ist, erträgt die Monogamie schwerer. Der geringe Zwang in der Großstadt trägt weiterhin dazu bei, daß die e h e l i c h e T r e u e weniger streng gehalten wird als auf dem Lande.

Mit der Ungebundenheit des Geschlechtsverkehrs hängt auch die große Zahl unehelicher Geburten zusammen. Auf dem Lande und in kleinen Städten mit bodenständiger ackerbautreibender Bevölkerung wie z. B. Tübingen [1]), gibt es auch uneheliche Kinder, vielleicht mehr als in manchen Großstädten. Aber dieser illegitime Nachwuchs bildet, wie oben erwähnt, doch in der Regel nur den Auftakt zur Ehe und wird durch die nachträgliche Verheiratung legitimiert. In der Großstadt haben die unehelichen Kinder eine andere Bedeutung, schon deswegen, weil Vater und Mutter häufig ganz verschiedenen Gesellschaftsklassen angehören. Im allgemeinen heiratet ein den höheren Kreisen angehörender Vater die Mutter nicht.

Thurnwald schreibt: „Während sich für die Stadtgemeinden fast die gleiche Zahl an Verheirateten ergibt wie für das übrige Land, ist die Geburtenziffer in den Städten bedeutend niedriger als auf dem Lande, ja während in den Großstädten die Zahl der Verheirateten besonders hoch ist, steht Geburtenziffer und Kinderzahl da ganz auffallend tief. Daß es sich hier in der Tat um eine v e r s c h i e d e n e Fruchtbarkeit der V e r h e i r a t e t e n handelt, geht aus den Ziffern über die eheliche Fruchtbarkeit deutlich hervor, die ein ähn-

[1]) Seit 1914 haben sich übrigens auch in Tübingen die Verhältnisse geändert.

liches Verhalten wie die Geburtenziffern zeigen." Damit stimmt es auch überein, daß die Bezirke Mannheim und Karlsruhe die kleinste Kinderzahl von Baden haben.

Einen Überblick über die Kinderzahl in Stadt und Land, gleichzeitig nach Berufen geordnet, gibt folgende Tabelle:

Auf 100 Familien kamen Kinder[1]):

Kopenhagen:	Beamte und dergl.	257
	Größere Kaufleute	259
	Untergeordnete Angestellte	350
	Maurermeister	351
	Maurergesellen	409
Kleinere Städte:	Beamte und dergl.	333
	Kaufleute	334
	Untergeordnete Angestellte	404
	Schustermeister	399
	Schustergesellen	419
Landdistrikte:	Hufner	398
	Häusler	398
	Feldarbeiter	430
	Fischer	427

Die Ehescheidung ist in der Stadt ganz erheblich häufiger. Auf dem Lande steigt die Frequenz nur dann, wenn, wie im Kanton Appenzell, die Bevölkerung von der Landwirtschaft zur Industrie übergegangen ist[2]).

Wenn die ländlichen Verhältnisse Veranlassung für Eheschließung unter Blutsverwandten geben, dann läßt sich von der stark fluktuierenden Großstadtbevölkerung gerade das Gegenteil feststellen. Für Inzucht ist weniger Gelegenheit, weil im Strome des Lebens die Familien weit auseinander gerissen werden. Hier kann eher der entgegengesetzte Vorgang stattfinden, daß die Rassen zu sehr gemischt werden. Von den meisten Rassenforschern wird — unzweifelhaft mit Recht — die Auffassung vertreten, daß Kreuzung stark abweichender Rassen unter Umständen für die Nachkommenschaft ungünstig ist. Nun sind aber auch in den europäischen Großstädten keine größeren Rassengegensätze vorhanden als in dem kleinsten Dorf. Von dieser Seite ist also eine Verschlechterung der Bastardbevölkerung nicht zu erwarten. Anders liegen die Verhältnisse in Amerika, wo unter der großstädtischen Arbeiterbevölkerung europäische, mongolische, armenoide Rassen, Neger und Indianer bunt durcheinander gewürfelt sind. Hier muß die zu starke Mischung als eine rassenhygienische Gefahr erscheinen.

---

1) *H. Westergaard*, Arch. f. Rass.- u. Ges.-Biol., Bd. 3, S. 359 (367), 1906.
2) *H. Christ*, Arch. f. Rass.- u. Ges.-Biol., Bd. 5, S. 819 (820), 1908.

Wenn ich die in den deutschen Großstädten übliche Rassenmischung zunächst als unbedenklich bezeichnet habe, so möchte ich aber doch mit Rücksicht auf kulturelle Gesichtspunkte hier einer Einschränkung Raum gönnen.

Es reicht gerade aus, wenn in unserer alles nivellierenden Zeit bald eine Gegend wie die andere aussieht, jede Großstadt, ob im Süden oder Norden, einem Bahnhof gleicht, zwischen dessen Schienen man Häuser gestellt hat. Sollen nun, um das Maß der Eintönigkeit voll zu machen, auch die Menschen einander gleich werden? Jetzt ist immerhin noch beispielsweise in Norddeutschland die nordische Rasse stärker vertreten als in Süddeutschland. Das bedingt schon eine in die Augen springende Verschiedenheit der Bevölkerung, ganz abgesehen von den zahlreichen Lokalformen, die von Gegend zu Gegend wechseln. Finden aber Ehen in ausgedehntem Maße zwischen den einzelnen deutschen Stämmen statt, dann wird der letzte Rest von Stammes- und Kulturunterschieden beseitigt. Gerade die Gegensätzlichkeit zwischen den einzelnen lokalen Rassengemischen regt aber die Phantasie an und gibt den Anstoß zu neuen Gedanken.

Aus dem gleichen Grunde kann ich, ohne auf die viel umstrittene und bis jetzt ungelöste Frage, ob eine Mischung zwischen Juden und Christen zu wünschen sei, einzugehen, denjenigen nicht ohne weiteres zustimmen, die für vollständige Verschmelzung von Juden und Christen eintreten. Damit ist der Untergang des Judentums besiegelt. Seit den Tagen des römischen Kaiserreiches dürfte es wohl kaum ein bedeutenderes Kulturvolk gegeben haben ohne Juden. Werden nun die Juden durch Aufgehen im Wirtsvolk plötzlich beseitigt, so ist das ein Experiment von weittragender Bedeutung. Es kann segensreich sein, kann aber auch verhängnisvoll werden.

Meine ganze Ausführung über Rassenmischung hat nur rein akademischen Charakter, denn die Entwicklung wird in der durch die modernen Verkehrsverhältnisse gegebenen Richtung weitergehen, wenn nicht ganz unvorhergesehene Änderungen eintreten.

Zum Schlusse muß noch der Ehen gedacht werden, die zwischen einem Großstädter und einem Mädchen vom Lande oder umgekehrt zwischen dem in einem Dorfe lebenden jungen Manne und einem Mädchen aus der Großstadt geschlossen werden. Dabei muß von vornherein hervorgehoben werden, daß es eine Menge Großstädter gibt, die entweder von dem spezifisch großstädtischen Betrieb nichts zu sehen bekommen, oder die keinen Gefallen daran finden. In diesem Zusammenhang soll aber als „Großstädterin" nur eine Dame bezeichnet werden, die in dem täglichen Promenieren vor Schaufenstern, in Kaffeekonzerten und dem Besuche der Modeschauspiele ihre Lebensaufgabe erblickt. Auch in der Kleinstadt oder dem Dorf gibt es natürlich Männer und Frauen, die durch regen Verkehr und sonstige geistige Anregungen an Bildung hoch erhaben über manchem Großstädter stehen. Auch von diesen soll hier nicht die Rede sein.

Unter Berücksichtigung dieser Einschränkungen steht jedenfalls fest, daß eine Ehe zwischen einem Großstädter und einem Mädchen vom Lande oder umgekehrt zwischen einem Kleinstädter und einer Großstädterin häufig nicht glücklich ausfällt. Eine auch noch so gebildete junge Dame, die vom Dorfe stammt, vielleicht sogar von einem Gute, wird sich in der Stadt schwer in die nach ihren Begriffen kleinlichen Verhältnisse des Sparens an Lebensmitteln gewöhnen können. Die Großstädterin wird auf dem Lande beinahe vor Langeweile umkommen.

Zusammenfassung.

1. Die bäuerliche Bevölkerung ist bei der Gattenwahl schwerfällig und meist auf materielle Vorteile bedacht.

2. Lange Verlobungen sind häufig; uneheliche Kinder werden fast immer nachträglich legitimiert. In industrialisierten Gegenden gibt es weniger uneheliche Geburten als in solchen mit reiner Bauernbevölkerung.

3. Die Gattenwahl richtet sich vielfach nach der Art, wie die Landwirtschaft betrieben wird. Daher kommt es, daß die Ehegatten meist aus dem gleichen Orte oder aus der nächsten Umgebung stammen.

4. Das Leben nach der Ehe verläuft auf dem Lande außerordentlich gleichmäßig, meist in den gleichen Räumen und in den gleichen Möbeln wie das der Eltern.

5. Durch die Gattenwahl nach der Tätigkeitsart bedingt, sind natürlich Heiraten unter Blutsverwandten häufig.

6. Die Kinderzahl ist größer als in den Städten. Doch gibt es auch rein bäuerliche Gegenden, in denen die Kinderzahl seit Jahrzehnten klein ist.

7. In manchen Dörfern geht, durch lokale Verhältnisse bedingt, der Mann auf Arbeit nach auswärts und läßt Frau und Kinder in der Heimat zurück.

8. Das geschlechtliche Leben in der Großstadt ist hauptsächlich deswegen so sehr verschieden vom Leben auf dem Lande, weil niemand den anderen kennt und deshalb der Druck der öffentlichen Meinung fehlt. Deswegen steht dort dem unehelichen Geschlechtsverkehr der Weg offen.

9. Damit hängt einerseits die Heiratsunlust, andererseits die große Verbreitung von Geschlechtskrankheiten in den Städten zusammen. Infektionen der Ehefrau sind nicht selten.

10. Die unehelichen Kinder werden im Gegensatz zum Land häufig nicht legitimiert, weil Vater und Mutter durchaus verschiedenen Gesellschaftsklassen angehören.

11. Die Kinderzahl ist geringer, wenn sie auch in ausgesprochenen Arbeitervierteln immer noch recht hoch sein kann.

12. Für Mischung der in Europa vorkommenden Rassen ist in den Städten reichlich Gelegenheit geboten.

Die Erwerbs- und Berufsarbeit der Ehefrau

Von Max Christian

Es gibt wohl keine Völker und auch keine Abschnitte der Kulturentwicklung im Bereiche unseres Gesichtskreises, in denen nicht die Frauen einen gewissen, meist nicht unbeträchtlichen Teil der Arbeitslast getragen haben, welche zur Erhaltung des Lebens und der Kulturhöhe erforderlich war. Meist waren es die häuslichen Verrichtungen, wie die Instandhaltung des Hausrates, die Anfertigung, Ausbesserung und Reinigung der Kleidung, die Zubereitung der Nahrung, die Kinderpflege die der Frau vorbehalten waren, dazu kam aber oft noch die Sorge für Hausvieh und die Bestellung von Garten und Feld. Nur in den Zivilisationen, die zu einer besonders hohen Blüte emporgetrieben waren, kam es zur Bildung von Familien, die infolge ihres Reichtums die gesamte Hausarbeit von Sklaven oder sonstigem Dienstpersonal verrichten ließen, während die Hausfrau nur regierte. Diese Familien stellten jedoch nur eine sehr dünne Oberschicht der Bevölkerung dar, die große Masse der Bevölkerung war stets auf die kräftige Mitarbeit der Frauen angewiesen. Wie die Arbeit zwischen Männern und Frauen aufgeteilt wurde, das hing natürlich von vielen äußeren und inneren Bedingungen ab, nämlich Klima, Bodenfruchtbarkeit, Nahrungs- und Kulturbedürfnisse, gesellschaftliche Verhältnisse, Sitten und Gewohnheiten. Im ganzen kann man wohl sagen, daß die Männer die Tätigkeiten ausübten, die Mut und Kraft erforderten, wie Jagd, Fischerei, Fällen von Bäumen, Hausbau, schwerere Feldarbeit und Krieg, den Frauen aber die Arbeit verblieb, die zwar ungefährlicher und leichter war, aber um so mehr Zeit beanspruchte. Es handelt sich also von jeher um eine regelrechte Arbeitsteilung zwischen Mann und Frau, und es ist eigentlich falsch, wenn man der Ehefrau früherer Jahrhunderte die Erwerbstätigkeit abspricht, denn selbst, wenn die Frau keine unmittelbaren Einkünfte für die Haushaltung, etwa durch Garten- und Feldbestellung, beschaffte, so müßte man doch gerechterweise die Verwaltung der vom Mann beschafften Einkünfte und das Heranziehen neuer Arbeitskräfte in den Kindern als mindestens mittelbare Erwerbstätigkeit werten. Es gibt sogar Strömungen, die die regelrechte Tätigkeit der Hausfrau als Berufsausübung anerkannt und dementsprechend entlohnt wissen möchten, doch gehören diese Forderungen in das Gebiet des Frauenrechts, das hier nicht behandelt werden soll.

Nun vollzieht sich seit einigen Jahrzehnten eine grundlegende Änderung in der Arbeitsteilung zwischen Mann und Frau. Früher gab es überhaupt keine eigentlichen Frauenberufe. Die nur mäßig entlohnte Erwerbsarbeit als Magd in einer fremden Familie wurde im allgemeinen nur kurze Zeit ausgeübt und diente nur dazu, den Zeitraum zwischen erlangter Arbeitsfähigkeit und der Heirat durch nützliche Beschäftigung auszufüllen, zu lernen und einen Spargroschen für die spätere Haushaltung zu verdienen. Nur wenige heirateten nicht; für diese gab es keine besonderen Berufe, sie mußten weiter als Mägde in fremden Familien dienen oder fanden bei Verwandten, unter mehr oder weniger günstigen Bedingungen, Aufnahme. In der zweiten Hälfte des vorigen Jahrhunderts begannen die Frauen sich einen Beruf nach dem anderen zu erobern. Lehrerinnen, Fabrikarbeiterinnen, Ladnerinnen, Kontoristinnen machten den Anfang und schlugen sehr bald den männlichen Wettbewerb aus dem Felde, weil sie erheblich billiger arbeiten konnten als diese. Trotz lebhafter Gegenwehr der berufstätigen Männer wurden den Frauen immer mehr Berufe eröffnet, und durch die Weimarer Verfassung 1919 wurden in Deutschland die letzten Schranken für die Berufstätigkeit der Frau hinweggeräumt. Die Vereinigten Staaten von Nordamerika waren auf diesem Wege vorangegangen, die nordischen Staaten Europas waren ihrem Beispiel in einiger Entfernung gefolgt, der Weltkrieg mit seinen Folgeerscheinungen auf wirtschaftlichem, sozialem und politischem Gebiet, hat die Entwicklung in den meisten europäischen Ländern zum Abschluß gebracht.

Fragen wir zunächst, welche Ursachen diese Entwicklung in Gang gebracht haben, so müssen wir antworten, daß wirtschaftliche, ethische und biologische Beweggründe zusammenwirkten, um den Anstoß zu der unaufhaltsamen Bewegung zu geben. Wirtschaftlich war es die Tatsache, daß der sog. Nahrungsspielraum für die Familie in der sich stark vermehrenden Bevölkerung Europas immer enger wurde, so daß es dem Mann immer schwerer wurde, den Lebensunterhalt für seine Familie zu beschaffen, zumal die Kulturbedürfnisse bei zunehmender Bildung rascher wuchsen als das Einkommen. Die Töchter mußten daher immer häufiger einen Erwerb suchen, um den elterlichen Haushalt zu entlasten oder sogar zu stützen. Die rasch sich vollziehende Umwandlung der Agrarstaaten zu Industriestaaten, führte zudem zu der Bildung von großen und riesigen Siedlungen, zu Großbetrieben in der Fabrikation, im Handel, Verkehr und sonstigen Unternehmungen, die alle nach möglichst billigen Arbeitskräften suchten und sie vielfach bei den Frauen fanden. Die Ergebnisse der letzten Berufszählung, vom 15. Juli 1925, liegen noch nicht vor, doch werden sie ein sehr viel ernsteres Bild zeigen, als die der vorhergehenden Berufszählung, die schon aus dem Jahre 1907 stammt.

Damals gab es im Deutschen Reiche etwa 19 Millionen Frauen und Mädchen im erwerbsfähigen Alter, von denen rund $9^1/_2$ Millionen beruflich tätig waren, und zwar

4 598 986	in landwirtschaftlichen Betrieben,
2 003 924	in der Industrie,
591 818	in Handel und Verkehr,
320 904	in häuslichen Diensten,
288 311	in freien Berufen,
1 249 383	als Dienstboten.

Bei den voraufgegangenen Berufszählungen in Deutschland 1895 und 1882 wurden rund $6^1/_2$ Millionen beziehungsweise $5^1/_2$ Millionen berufstätige Frauen und Mädchen gezählt Das Anwachsen dieser Zahlen bis 1907 ist jedoch nur z. T. auf die Zunahme der Berufstätigkeit zurückzuführen, zum anderen Teil beruht sie auf dem statistischen Erhebungsverfahren, das die Berufstätigkeit namentlich in der Landwirtschaft bei den späteren Zählungen wesentlich schärfer erfaßte. Überhaupt muß man sich hüten, den statistischen Erhebungen bei Berufszählungen einen exakten Wert zuzumessen, da diese viel zu sehr von subjektiven Urteilen und methodischen Eigenarten abhängig sind, so können auch Vergleiche zwischen den einzelnen Staaten inbezug auf die Berufstätigkeit der Frauen, nur mit äußerster Vorsicht angestellt werden. Eine derartige internationale Übersicht findet sich im Allgemeinen statistischen Archiv Bd. 7 aus der Feder von Zahn. Erwähnt seien hier nur wenige Zahlen. Der Prozentsatz der Frauen an der erwerbstätigen Bevölkerung schwankt zwischen 14 (Amerika) und 42 (Österreich), wobei die Länder mit starker Landwirtschaft die höchsten Zahlen aufweisen. Deutschland mit 30,4% steht etwa in der Mitte. Von der gesamten weiblichen Bevölkerung der Kulturstaaten wird im allgemeinen rund $^1/_3$ als berufstätig gezählt, in England nur $^1/_4$, in Amerika 14%, in Österreich aber fast die Hälfte und in der Kapkolonie $^2/_3$, wobei natürlich die Betätigung im landwirtschaftlichen Kleinbetrieb eine Hauptrolle spielt. Dementsprechend verhalten sich auch die Ziffern für Ledige, Verheiratete, Verwitwete und Geschiedene charakteristisch. Dort, wo ein geringer Teil der weiblichen Bevölkerung berufstätig ist, beträgt der Prozentsatz der Ledigen $^2/_3$—$^3/_4$ und noch mehr, im anderen Falle steigt der Anteil der Verheirateten und verheiratet Gewesenen auf $^2/_3$ und mehr. In Deutschland waren von den berufstätigen Frauen 59% ledig, 29,7% verheiratet und 10,9% verwitwet oder geschieden.

Im Jahre 1907 also waren von den Ehefrauen im Deutschen Reich 26,04% genötigt, ihren vollen Lebensunterhalt zu verdienen.

Dieses Bild sieht auf den ersten Blick ungünstiger aus als es in Wirklichkeit ist, denn die meisten Beschäftigungen von Frauen in der Industrie, im Gewerbe, im Handel und Verkehr und in häuslichen Diensten sind nur vorübergehender Natur; etwa 80—90% der Mädchen scheiden bis zum 30. Jahre aus ihren Berufen wieder aus um zu heiraten. In der Landwirtschaft ist die Frauenarbeit grundsätzlich anders zu werten als in den übrigen Berufen, weil sie, abgesehen von dringenden Saisonarbeiten, z. B. Kartoffelernte, meist Halbtagsarbeit ist und somit ausreichende Zeit für die Haushaltung übrig läßt. Da die Arbeit zudem eher gesundheitsfördernd als schädigend ist, so fallen hier nicht nur die sozialen, sondern auch die hygienischen Nachteile fort.

Inzwischen hat sich aber die wirtschaftliche Grundlage des deutschen Volkes gewaltig verändert. Die Verarmung durch den verlorenen Krieg und seine Folgen ist so weit fortgeschritten, daß die gesamte Wirtschaft krankt, daß fast in keinem Berufe auskömmliche Löhne und Gehälter gezahlt werden können und daß die weiten Kreise, die von Renten und Sparkapitalien lebten, aller Subsistenzmittel entblößt wurden. Die unmittelbare Not hat daher einen erschreckend großen Teil der Frauen in die Berufsarbeit getrieben, und zwar nicht nur in Arbeiterkreisen, sondern fast im selben Umfang im Mittelstand, der ja durch die Inflation proletarisiert worden ist. Waren früher die Frauenberufe zum größten Teil vorübergehende Beschäftigungen vor der Verheiratung, so sind jetzt weit weniger Frauen in der Lage, bei der Verheiratung ihren Erwerb aufzugeben, und das zieht schwerwiegende soziale Folgen nach sich. Entweder unterbleibt die Eheschließung und wird durch „freie" Liebes- und Geschlechtsbeziehungen ersetzt, oder aber die Eheschließung erfolgt unter Bedingungen, die zu keinem vollen und geordneten Familienleben führen. Es liegen also in dieser Entwicklung Auflösungstendenzen für unsere soziale Struktur, die garnicht ernst genug betrachtet werden können.

Der ethische Faktor, der die heutige Lage mitgeformt hat, hat sich in der sog. Frauenbewegung konzentriert. In der zweiten Hälfte des vorigen Jahrhunderts vermehrte sich in der Bevölkerung der Frauenüberschuß, weil bei der rasch wachsenden Bevölkerungszahl und der nicht ausreichenden Erwerbsmöglichkeiten in der Heimat, eine sehr starke Auswanderung der jungen Männer ins Ausland, namentlich nach Amerika, einsetzte. Im Mittelstand, besonders im höher gebildeten Mittelstand, machte sich die Heiratsnot besonders stark geltend, weil hier außer dem Auswanderungsdrang noch eine falsche Beamten- und Angestelltenpolitik Eingang fand, die durch immer höher geschraubte Anforderungen an die Ausbildung und schlechte Anstellungsverhältnisse das Heiratsalter der Männer immer höher hinauftrieb. Immer mehr Mädchen kamen daher nicht zum Heiraten und waren gezwungen, sich ihren Lebensunterhalt zu erwerben. Ihnen standen aber nur Berufe zur Verfügung, die im Vergleich zu denen der Väter und Brüder nur als untergeordnet galten, z. B. in der Hauswirtschaft und Krankenpflege. Höhere Ausbildung und wissenschaftliches Studium waren ihnen versperrt. Es ist durchaus berechtigt, daß die Frauen Berufsausübungen anstrebten, die ihnen auch ohne Heirat, durch eignen Erwerb, das Verbleiben in der sozialen Schicht ermöglichten, in der sie aufgewachsen waren. Mit der Eroberung der früheren Domänen der Männer kam jedoch die sog. Emanzipation, d. h. das Streben nach völliger Gleichberechtigung mit den Männern und die Freude an der völligen Selbständigkeit. Das führte z. T. zur grundsätzlichen Verweigerung der Heirat, zum anderen Teil zur Wahrung der Selbständigkeit auch nach der Verheiratung, die natürlich nur durch Fortsetzung der beruflichen Erwerbstätigkeit gewährleistet werden konnte. Das Beispiel des gebildeten Mittelstandes blieb nicht ohne Nachahmung in den übrigen Volksschichten, und so finden wir heute in weiten Kreisen der Bevölkerung die Gewohnheit, daß fast alle Töchter, ähnlich wie die Knaben, einen Beruf ergreifen und größtenteils auch nach der Verheiratung mindestens für eine Reihe von Jahren fortsetzen. Allerdings macht es fast den Eindruck, als ob die Übertreibungen nach dieser Richtung schon wieder etwas nachließen, doch kann dies nicht bewiesen werden. Jedenfalls hat das ethische Streben, den Frauen im gesellschaftlichen und Berufsleben dieselben Rechte wie den Männern zuzuerkennen, einen nicht geringen Anteil an der Zunahme der Frauenarbeit.

Die biologischen Beweggründe für dieses Phänomen sind schon mehrfach gestreift. Die Verengerung des Nahrungsspielraums und die Verringerung der Möglichkeit, rechtzeitig in den Hafen der Ehe einzulaufen, sind an sich schon biologisch zu werten; hinzu kommt aber die Wandlung in der Auffassung der Ehe überhaupt. Galt es früher für alle Mädchen als selbstverständliche und einzig erstrebenswerte Aufgabe, so früh wie möglich zu heiraten, zahlreichen Kindern das Leben zu schenken und in den Sorgen für Familie und Haushalt aufzugehen, so wird immer mehr die Ehe in ihrer natürlichen Form abgelehnt, Kindersegen als unerwünschte Belastung zu vermeiden gesucht. Die Werte des Familienlebens werden gering geschätzt und individualistischen Interessen geopfert. Was an dem heutigen Zustand der Berufstätigkeit der Frauen im allgemeinen und der Ehefrauen im besonderen auf das Konto der zerstörenden Kräfte des Krieges und seiner Folgen zu setzen, was dagegen einer folgerichtigen Kulturentwicklung zuzurechnen ist, kann z. Z. noch nicht mit Bestimmtheit erkannt werden. Nach den biologischen Gesetzen verläuft das Leben meistens in Wellenbewegungen, weil jeder Reiz im lebenden Organismus eine Reaktion erzeugt. Die biologischen Gesetze wiederum sind keineswegs auf physiologische Lebensäußerungen beschränkt, sondern machen sich auch in weit höherem Maße als man bisher anerkannt hat, auf den psychologischen Gebieten geltend, die die Grundlage der ethischen und auch wirtschaftlichen Kultur bilden. Wenn die Wirkungen der außergewöhnlichen Ereignisse abgeklungen sein werden, wird es sich zeigen, in welcher Lage die Bewegung der beruflichen Frauenarbeit zur Ruhe gelangt. Ohne Zweifel wird die Frauenarbeit ein sehr wesentlicher Faktor der Volkswirtschaft bleiben, und der Anteil der Ehefrauen, die zur Berufstätigkeit gezwungen sind, wird sicherlich für lange Zeit hinaus mehr als 40% betragen.

Betrachten wir nun die Gewerbe, in denen Frauen beruflich beschäftigt werden, so gibt es heute kaum noch eins, in dem das nicht der Fall ist. Während des Krieges waren ja die Frauen gezwungen, an Stelle der zum Kriegsdienst eingezogenen Männer deren Arbeiten zu übernehmen. So zogen sie auch in großen Massen in die Metallindustrie, in das Verkehrs- und Transportgewerbe, in alle Handwerke usw. ein. Hier und da sind einige von ihnen in den Berufszweigen wegen besonderer Eignung verblieben, im großen und ganzen aber sind die Frauen aus einer ganzen Reihe von Berufen fast restlos wieder ausgeschieden, weil diese an die körperlichen und geistigen Funktionen Anforderungen stellen, denen der weibliche Organismus nicht gewachsen ist. Von den Eigentümlichkeiten des weiblichen Körpers werden durch die Berufsbetätigung hauptsächlich diejenigen betroffen, die sich in der Beschaffenheit der Gewebe auswirken. Es sind das der verhältnismäßige Wasserreichtum und der lockere Bau der Haut, des Unterhautgewebes und der Muskulatur, die schlankere und leichtere Struktur der Knochen, die größere Nachgiebigkeit der Bänder und Gelenkkapseln sowie die Abhängigkeit von den Vorgängen in der Sexualsphäre, die eine verringerte Widerstandsfähigkeit gegen die Anforderungen des Berufslebens bedingen. *Sellheim* bezeichnet den Zustand des weiblichen Körpers treffend mit protrahierter Jugendlichkeit, die für die Generationsleistungen des Weibes durchaus erforderlich ist. Um die gewerbepathologischen Vorgänge richtig zu verstehen, hält man sich am besten vor Augen, daß der typische weibliche Körper — es gibt natürlich auch Ausnahmen — etwa in der Mitte zwischen dem des Mannes und des Kindes steht.

Um nun den E i n f l u ß d e r B e r u f s a r b e i t a u f d e n w e i b l i c h e n O r g a n i s m u s in seinem ganzen Umfange erkennen zu können, muß man sie in ihre einzelnen Eigentümlichkeiten und äußeren wie inneren Bedingungen zergliedern. Zunächst ist es der O r t d e r B e r u f s t ä t i g k e i t, der eine gewichtige Rolle spielt. Bei der nicht unbeträchtlichen Zahl der Heimarbeiterinnen fällt dieser Faktor natürlich fort, hier sind es andere Schädlichkeiten, die unsere Aufmerksamkeit erheischen. Für die unverheiratete Berufstätige ist die vom Heim getrennte Beschäftigungsstelle häufig als sozialer und gesundheitlicher Vorteil zu bewerten, wenn ausreichende hygienische Verhältnisse gewährleistet sind. Für Ehefrauen dagegen bedeutet die Entfernung vom Haushalt während des ganzen Arbeitstages eine um so größere Erschwernis ihres Daseins, je größer ihre Familie ist. In der Regel hat ja auch die kinderlose Ehefrau die Sorge für den Haushalt, die neben der Berufstätigkeit noch reichliche Arbeit verlangt. Durch die Gesetzgebung ist dieser Tatsache durch mannigfache Vorschriften Rechnung getragen worden, z. B. durch Arbeitsverkürzung vor der Mittagspause um ½ Stunde, wenn sonst die Zeit für die Bereitung des Mittagsmahls nicht ausreichen sollte. Der Beschäftigungsort kann auch durch allgemeine unhygienische Beschaffenheit und durch das Zusammensein mit vielen anderen Menschen, das Entstehen von konstitutionellen und Infektionskrankheiten fördern. Die Frage nach der Arbeitszeit, ihrer Zuträglichkeit und besten Einteilung ist noch keineswegs geklärt. Am zuträglichsten ist wahrscheinlich eine geteilte Arbeitszeit mit einer längeren Mittagspause, in großen Städten ist sie freilich wegen der großen Entfernungen zwischen Wohnung und Arbeitsstätte meist nicht durchführbar. Eine achtstündige tägliche Arbeitsdauer ist wohl bei den meisten gewerblichen Beschäftigungsarten das höchste Maß dessen, was Frauen und besonders Ehefrauen, zugemutet werden kann. Häusliche und landwirtschaftliche Beschäftigungen werden hingegen in weit ausgedehnterem Maße ohne jede physische Beeinträchtigung vertragen. Die größten Anforderungen an die Arbeitskraft stellen die industriellen Großbetriebe, die in der Mechanisierung des Arbeitsvorganges weit fortgeschritten sind. In Spinnereien und Webereien z. B. wird von der Arbeiterin die Beobachtung und Bedienung einer ganzen Reihe von Maschinen verlangt, die mit einer ständig gespannten Aufmerksamkeit und sog. Geistesgegenwart sowie manuellen Geschicklichkeit verbunden ist. Einer derartigen Inanspruchnahme des Nervensystems, bedingt durch das zwangsläufige Arbeitstempo, sind viele Arbeiterinnen nicht gewachsen. Kommt dazu noch eine anstrengende Körperhaltung, etwa zu langes Stehen oder Bücken bei zahlreichen Verrichtungen, dann treten noch die muskulären Ermüdungsstoffe in einem Maße auf, daß die Erschöpfung immer näher rückt. Die leichtere Ermüdbarkeit des weiblichen Körpers ist vermutlich schuld daran, daß die beruflichen Unfälle bei den Frauen im Durchschnitt häufiger sind als bei den Männern, die allerdings wegen ihrer gefährlicheren Berufe im allgemeinen von schwereren Unfällen betroffen werden. Vielfach wird auch die Eintönigkeit der Fabrikarbeit für die Ablenkung der Aufmerksamkeit, also vermehrte Unfallsgefahr, und auch für die Unlustempfindung bei der Arbeit, also Gemütsdepressionen, verantwortlich gemacht. Es ist schwer zu sagen, wie die Eintönigkeit der Arbeit wirkt. Es scheint fast so, als ob die weibliche Psyche den Einwirkungen der Eintönigkeit weniger unterläge als die männliche Natur, denn jene sind von den vielen häuslichen Beschäftigungen und Handarbeiten daran gewöhnt, eintönige und langweilige Arbeiten zu verrichten. Ja, man findet sogar nicht selten, daß gerade diese eintönigen Verrichtungen bevorzugt werden, weil sie die Aufmerksamkeit nicht anspannen, sondern es erlauben, an allerhand anderes zu denken und träumerischen Phantasien nachzuhängen. Das durchschnittliche Weib steht eben auch in psychischer Hinsicht zwischen Mann und Kind.

Wenn man den unmittelbaren Einfluß der gewerblichen Beschäftigung auf die Ehefrauen darstellen will, so muß man sich zunächst vergegenwärtigen, daß alle Berufsschädlichkeiten, deren Kenntnis durch die Gewerbepathologie für die einzelnen Erwerbszweige zu Tage gefördert sind, in gleichem, wenn nicht verstärkten Umfange, wie auf die sonstigen Berufstätigen, auch auf die Frauen einwirken. Es kann nicht die Aufgabe dieser Abhandlung sein, den gesamten Fragenkomplex der Gewerbepathologie aufzurollen, vielmehr können nur diejenigen Gewerbeschäden gestreift werden, die für die Ehefrauen besondere Gefahren bringen. Auf die Gefahr der Übermüdung und Erschöpfung durch allzulange und allzu anstrengende Beschäftigung ist schon oben hingewiesen worden. Die Grenze für die Arbeitsdauer und Intensität, die noch als gesundheitlich erträglich bezeichnet werden kann, liegt für die Ehefrauen nächst den jugendlichen Arbeitern am niedrigsten, weil die Ehefrauen durch ihre Generationsleistungen, die Haushaltsorgen und die Kindererziehung in mehr oder weniger erheblichem Maße geschwächt werden. Gewöhnlich fehlt es ihnen an dem nötigen Schlaf, an Erholung, an Ruhe, an Zeit für Körperpflege und oft auch an ausreichender Ernährung, da die besten Bissen dem Mann oder den Kindern zugedacht zu werden pflegen. Hiermit hängt es wohl in erster Linie zusammen, daß die arbeitenden Frauen äußerlich auffallend früh altern. Während die Männer in den bürgerlichen Berufen erst erheblich jenseits des fünfzigsten Lebensjahres, in der Industriearbeit gegen Ende des fünften Lebensjahrzehnts zu altern beginnen, zeigen die erwerbstätigen Ehefrauen meistens schon gegen Ende des vierten Jahrzehnts das Bild der Greisin. Wohl mögen hierbei rassische Eigentümlichkeiten mitspielen; der Hauptgrund liegt aber sicher in der Erschöpfung, die den Ehefrauen durch ihre Doppelbetätigung als Berufsausübende und Ehefrau, zugemutet wird. In welchen Berufen die Erschöpfungstendenz am ausgesprochensten vorhanden ist, läßt sich schwer sagen, da ja die Eigentümlichkeiten der einzelnen Betriebe hinsichtlich der Räumlichkeiten, der Beleuchtung, Heizung, Lüftung, Schalldämpfung, Erschütterung usw., wesentlich mitsprechen. Man kann aber wohl sagen, daß diejenigen Betriebe im allgemeinen die anstrengendsten sind, die den größten Lärm verursachen. Das ist in weitgehendem Maße der Fall bei den mechanischen Spinnereien und Webereien. Auch üble Gerüche, übermäßige Hitze, starke Dämpfe, setzen die Leistungsfähigkeit des Nervensystems herab und fördern die Übermüdung. (Chemische Industrie, Abfallsortiererei, Wäscherei und Färberei). Es gibt auch eine Reihe von Berufszweigen, die die Frauen zu einer ungesunden Lebensweise zwingen, nämlich zu Arbeiten vorwiegend in den Nachtstunden, unregelmäßigen Mahlzeiten, Genuß größerer Mengen alkoholischer Getränke, Aufenthalt in überfüllten und schlechtgelüfteten Räumen (Gastwirts- und Reinigungsgewerbe).

Von den eigentlichen Gewerbekrankheiten sind auch für die Frauen die gewerblichen Vergiftungen von weittragender Bedeutung. An erster Stelle steht dabei immer noch das Blei, dessen Gefahren ja schon seit vielen Jahrzehnten bekannt sind. Trotz der Vervollkommnung der Diagnostik, trotz aller Maßnahmen zur Verringerung der Bleivergiftungsgefahr, kommen immer noch jährlich mehrere hundert Fälle von ausgesprochener Bleivergiftung zur Beobachtung. Es handelt sich stets um chronische, sehr langsam verlaufende Krankheiten, die je nach der persönlichen Konstitution, der Art und Menge der Einverleibung von Blei in den Körper, sich entweder in den Verdauungsorganen (Bleikolik, chronische Obstipation) oder im Nervensystem (Lähmungen, Encephalopathie) oder in den Sexualorganen abspielen. Für die Frauen kommen die letzteren Erkrankungen vor allem in Betracht, sie scheinen schon bei geringeren Erkrankungsformen vor den übrigen aufzutreten und recht weitgehende Wirkungen hervorzurufen.

Störungen der Periode, Fehl- und Frühgeburten bei Schwangerschaften, Lebensschwäche der Kinder, Versagen der Stillfähigkeit sind die häufigsten Erscheinungen bei der Beschäftigung in bleigefährlichen Betrieben. Auf die Schädigung der Nachkommenschaft an Leben und Gesundheit wird noch weiter unten näher eingegangen werden. Ob die Erscheinungen an den Sexualorganen lediglich auf die Veränderungen des Blutes, die ja anscheinend die ersten Zeichen der Bleivergiftung darstellen, zurückzuführen sind, oder auf unmittelbare Erkrankungen einzelner Teile des Sexualapparates, das steht noch nicht mit Sicherheit fest und ist vorderhand auch nebensächlich. Nun sind zwar die Frauen in den gefährlichsten Betrieben bei der Gewinnung und Aufbereitung der Bleierze nicht beschäftigt, auch werden die bleihaltigen Farben nach den bestehenden Vorschriften schon in den Großbetrieben auf maschinellem Wege gelöst. Zahlreiche Verordnungen suchen die Bleigefahr zu verhüten oder doch abzuschwächen, es bleiben jedoch noch genug Gewerbezweige übrig, in denen auch für die Frauen noch Bleivergiftungsmöglichkeiten bestehen. Erwähnt seien nur folgende: Verarbeitung fertiger Metalle, z. B. Polieren. Einlegen und Verpacken, Spielwarenfabriken, Herstellung von künstlichen Blumen, Abziehbildern, Keramik, Staniol und Schminken, Buchdruckerei, Kunstmalerei und polygraphisches Gewerbe. In der Literatur sind über den Umfang der Bleivergiftung und ihrer schädlichen Folgen viele Angaben verbreitet, die den Tatsachen, wenigstens der Jetztzeit, keineswegs entsprechen. Sei es, daß sie aus Zeiten und Örtlichkeiten stammen, wo man die Bleigefahr und ihre Verhütungsmöglichkeiten noch nicht kannte, sei es, daß man den

Fehler der geringen Zahl nicht berücksichtigte. Unter den heutigen gewerbehygienischen Verhältnissen ist die Bleigefahr zwar noch die verbreitetste unter allen gewerblichen Vergiftungen, die Zahl der einwandfrei festgestellten Bleierkrankungen dürfte aber im ganzen Reichsgebiet kaum 400 im Jahre übersteigen, sodaß auf Ehefrauen jährlich nicht mehr als 60—70 entfielen. Rechnet man die dreifache Zahl auf noch in der Entwicklung begriffene, noch nicht feststellbare, oder wenigstens nicht festgestellte Bleierkrankungen, die aber schon leichte Erscheinungen von Blutarmut und Menstrualstörungen verursachen können, so hat man wohl ein einigermaßen zutreffendes Bild von der derzeitigen Ausbreitung der Bleierkrankungen bei den Ehefrauen in Deutschland. Man wird zugeben müssen, daß die Bleigefahr nicht gerade eine schwerwiegende Frage unseres öffentlichen Lebens ist, wenn anders natürlich nichts unversucht bleiben darf, was sie noch weiter herabsetzen kann. Noch weiter in ihrer zahlenmäßigen Bedeutung treten die sonstigen gewerblichen Gifte zurück. Es handelt sich um Vergiftungen mit Quecksilber, Arsen, Phosphor, Nitro- und Amidoverbindungen, Schwefelkohlenstoff und Benzol. Die von diesen Giften ausgehenden Gefahren sind durch entsprechende Verordnungen (Ausschluß der Arbeiterinnen von den gefährlichen Betrieben) bereits soweit ausgeschaltet, daß Erkrankungen durch sie überhaupt nur selten beobachtet werden. Es soll daher von ihrer Besprechung im Hinblick auf die berufstätigen Ehefrauen abgesehen werden. Das gleiche gilt von den Erkrankungen an Hautkrebs, die durch Hantieren mit Teer oder Teerprodukten entstehen. Dahingegen bedarf einer besonderen Erwähnung die Beschäftigung mit Röntgenstrahlen oder sonstiger strahlender Energie. Die Katodenstrahlen haben nicht nur die Fähigkeit, durch langsame chemische Umsetzungen in der Haut schwere Verbrennungen, sondern auch innerhalb der Keimdrüsen Störungen zu verursachen, die zur völligen Sterilität führen können. Die berufliche Beschäftigung mit solchen Strahlen ist für alle Frauen im gebärfähigen Alter, auch wenn sie noch nicht zur Verheiratung gelangt sind, mit der Gefahr der Sterilisierung bedroht, allerdings ist es durch geeignete Schutzvorrichtungen leicht möglich, diese Gefahr völlig zu beseitigen. Neuerdings sind wohl schon die meisten Röntgenlaboratorien mit derartigen Schutzvorrichtungen versehen.

Praktisch weit wichtiger als die unmittelbar wirkenden gewerblichen Gifte sind diejenigen gewerblichen Schädlichkeiten, die mittelbar zu Erkrankungen führen. Eine ganze Reihe von Gewerbearten sind mit Staub- oder Dampfentwicklung verknüpft, die je nach ihrer Art die allgemeine Gesundheit in mehr oder weniger hohem Grade beeinträchtigen. Unter den Staubarten gibt es solche, die in den oberen Luftwegen bei der Einatmung kleine Verletzungen hervorrufen, durch die dann die verschiedensten Krankheitserreger in das Gewebe einzudringen vermögen (Steinstaub — Glasstaub — Metallstaub). Die Folgen sind entzündliche Veränderungen und Tuberkulose. Andere Staubarten sind weniger gefährlich, rufen aber doch in größeren Mengen und bei längerer Dauer, entzündliche Schwellungen auf den Schleimhäuten der Luftwege hervor, durch die gleichfalls die Erreger der Tuberkulose in das Drüsen- und Lungengewebe eindringen können. Tabakstaub, Haar-, Filz-, Lumpenstaub. Wieder andere Staubsorten scheinen ungefährlich zu sein, während es endlich Staubsorten gibt, die eher einen Schutz gegen die Tuberkulose, als deren Förderung zu gewähren scheinen (Kohlen- und Zementstaub). Bezüglich der Tuberkulose soll hier nur darauf hingewiesen werden, daß die stauberzeugenden Gewerbe, soweit ihre Staubarten zur Tuberkulose disponieren, für die Ehefrauen besonders gefährlich sind, weil selbst geringe tuberkulöse Erkrankungen, die sonst leicht ausheilen könnten, beim Eintritt einer Schwangerschaft rasche Fortschritte zu machen pflegen und häufig zum frühen Tod führen. Die bei der Färberei, Wäscherei, in der chemischen Industrie und ähnlichen Betrieben sich entwickelnden Dämpfe, rufen soweit sie nicht giftige Bestandteile enthalten, erhebliche Erkältungsgefahren hervor, die jedoch für Ehefrauen im allgemeinen nicht größer sind als für andere.

Im ganzen kann die Frage nach der Bedeutung der eigentlichen Gewerbekrankheiten für die Berufstätigkeit der Ehefrauen dahin beantwortet werden, daß sie, in Anbetracht der Ausschaltung der Frauen von den gefährlichsten Betrieben und der zur Verhütung der Gewerbekrankheiten erlassenen Verordnungen gering ist im Verhältnis zu den Schäden, die den berufstätigen Frauen aus den allgemeinen Verhältnissen, aus biologischen Veranlassungen erwachsen.

Die Tuberkulose, von der bereits erwähnt ist, daß sie die Ehefrauen in ganz besonderer Weise bedroht, bedarf noch einer kurzen Erläuterung. Es besteht noch immer ein Streit darüber, ob die Schwindsucht, die häufigste Form der Tuberkulose, als eine Infektionskrankheit oder eine soziale Erscheinung aufzufassen ist. Sicherlich gibt es keine Tuberkulose ohne Eindringen des Tuberkelbazillus in das Gewebe. Andrerseits sind die Abwehrvorrichtungen des völlig gesunden Menschen so stark, daß er verhältnismäßig große Massen von eingedrungenen Tuberkelbazillen unschädlich machen kann. Es scheint also bei der tuberkulösen Erkrankung die Konstitution der Hauptfaktor zu sein. Auch vorübergehende Schwächung der Konstitution leistet der Erkrankung Vorschub. Die Erfahrung zeigt nun, daß bei ungünstiger sozialer Lage die Schwindsucht gehäuft auftritt. Vor allem sind es wohl die Wohnungsverhältnisse, die der Verbreitung der Tuberkulose Tür und Tor öffnen. Voraussetzung ist jedoch bei dieser Beobachtung, daß die Quellen für die tuberkulöse Erkrankung, nämlich die Bazillenausstreuer, bereits in großer Zahl vorhanden sind. In Deutschland wird die Zahl der bazillenaushustenden Menschen nicht weit von 400 000 entfernt sein, und da diese fast ausschließlich innerhalb der erwerbstätigen Altersklassen zu suchen sind, so werden sie den Satz von 1 % der erwerbstätigen Bevölkerung vermutlich überschreiten. Dieses Heer von Menschen, die zum größten Teil noch eine erhebliche Arbeitskraft besitzen und für Angehörige zu sorgen haben, völlig zu isolieren und aus dem Erwerbsleben auszuschalten, ist leider unmöglich. Es muß also überall da, wo man berufsmäßig mit anderen zusammen arbeitet oder verkehrt, mit der Möglichkeit der Ansteckung mit Tuberkulose gerechnet werden. Je größer die Zahl der Mitarbeiter ist, umso größer ist die Ansteckungsgefahr. Theoretisch müßte nun die Zahl der Schwindsuchterkrankungen mit der Größe der einzelnen Betriebe wachsen, tatsächlich ist das Gegenteil der Fall, denn in den letzten fünfzig Jahren sind in allen Ländern mit fortgeschrittner Industrialisierung und vorwiegenden Großbetrieben, z. B. in Belgien, England und Deutschland, die Todesfälle an Tuberkulose um 80—50 % zurückgegangen, während sie in Ländern mit vorwiegendem landwirtschaftlichem Kleinbetrieb wie Norwegen, Österreich und Spanien, nur unwesentlich gesunken oder sogar gestiegen sind. Es ist dies ein sicheres Zeichen dafür, daß der Stand der Tuberkulose in der Hauptsache von der allgemeinen gesellschaftlichen Kultur, von der Lebenshaltung und vor allem der Ernährungslage abhängt, eine Anschauung, die durch das große Experiment des Weltkrieges bestätigt worden ist. Wenn man also behaupten will, daß die Berufstätigkeit der Frauen der Hauptfaktor für die vermehrte Tuberkulosemorbidität und Mortalität der Frauen sei, so kann man dem nur mit gewissen Einschränkungen zustimmen. Tatsächlich ist ja die Tuberkulosesterblichkeit der Frauen gestiegen, seitdem die Frauen in steigendem Maße sich der Berufstätigkeit zugewandt haben. Inwieweit dieses Phänomen aber ausschließlich auf die Schäden der Berufstätigkeit zurückzuführen ist, darüber läßt sich bislang noch kein zuverlässiges Urteil gewinnen. Es ist durchaus möglich, daß die Zunahme der Tuberkulosesterblichkeit der Frauen, die in manchen Altersklassen und Teilgebieten die der Männer überragt, nur durch die ungünstige wirtschaftliche Lage zu erklären ist, die so viele

Frauen zur Berufstätigkeit zwingt, ohne ihre Lage entscheidend aufzubessern. Unzweifelhaft ist aber, das sei noch einmal festgestellt, die Tatsache, daß Schwangerschaft in den meisten Fällen eine bereits in der Entwicklung begriffene Tuberkulose ungünstig beeinflußt. Bei Beurteilung der Sterblichkeitsstatistik ist dieses Moment nicht zu vergessen.

Die Frage, ob zwischen der Berufstätigkeit der Frauen und der Verbreitung der Geschlechtskrankheiten eine Beziehung besteht, ist nur mit Vorbehalten zu beantworten. Alle Umstände, die den außerehelichen Geschlechtsverkehr begünstigen, bereiten natürlich den Geschlechtskrankheiten den Boden. Es wäre nun zu untersuchen, ob die Berufstätigkeit der Frauen in erheblichem Umfange zum außerehelichen Geschlechtsverkehr führt. Für die ledigen Frauen ist dies ohne weiteres zu bejahen. Die Mädchen, die ohne Beruf im allgemeinen in Abhängigkeit und unter Aufsicht der Eltern und gesetzlichen Erzieher bleiben, sind den Verlockungen der freien Geschlechtsbeziehungen weniger ausgesetzt, solche dagegen, die durch den Beruf gezwungen sind, am fremden Ort ohne Aufsicht und Schutz zu leben, oder die sich durch eigenes Einkommen die erforderliche Unabhängigkeit zu verschaffen vermögen, betätigen erfahrungsgemäß ihre Selbständigkeit häufig auch auf sexuellem Gebiet. Eine so große Gefahr wie für die Ledigen besteht sicherlich nicht für die verheirateten Frauen in der Berufsausübung. Zwar erscheint die Hausfrau, die nur verhältnismäßig wenig ihr Heim zu verlassen braucht und sich meist unter den Augen von Verwandten und Nachbarn bewegt, vor Anfechtungen wesentlich geschützter als die berufstätige Frau. An diese tritt die Versuchung selbstverständlich häufiger heran. Inwieweit die berufstätigen Frauen den Versuchungen widerstehen oder nicht, darüber gibt es naturgemäß keine statistischen Erhebungen und kann es nicht geben. Auch aus der an manchen Orten ermittelten Zahl der geschlechtskranken Ehefrauen darf man keinerlei Schlüsse auf außereheliche Beziehungen ableiten. Es ist daher eine bloße Vermutung, wenn man annimmt, daß die berufstätigen Ehefrauen in vermehrtem Umfange zum außerehelichen Verkehr gelangen und dadurch der Ansteckung mit Geschlechtskrankheiten in erhöhtem Grade ausgesetzt sind. Manche Beobachtungen der ärztlichen Praxis sprechen für diese Annahme. Was die Geschlechtskrankheiten nicht nur für die persönliche Gesundheit der Frau, sondern auch für das Eheglück und den Familienfrieden bedeuten, braucht hier nicht weiter erörtert zu werden.

Von einer Reihe von Forschern ist der Versuch gemacht worden, die Einwirkung der Berufsarbeit auf die Entstehung von sog. Frauenkrankheiten zu studieren. Entzündliche Veränderungen im kleinen Becken, die nicht auf geschlechtliche Infektionen zurückzuführen sind, Lageveränderungen der Gebärmutter, Senkungen der Beckenorgane samt deren mannigfaltigen Folgezuständen, will man bei den berufstätigen Frauen in weit höherem Maße gefunden haben als bei den nicht beruflich beschäftigten. Beweisend sind die hierfür aufgestellten Statistiken in keinem Falle; denn der Vergleich der Häufigkeit von Frauenkrankheiten bei den berufstätigen und den nicht berufstätigen, ist schon deswegen irreführend, weil die ersteren fast sämtlich der Krankenversicherung angehören und die letzteren nur ausnahmsweise. Die Krankenversicherung führt bekanntlich zur stärkeren Inanspruchnahme ärztlicher Hilfe. Außerdem kann man aus den Untersuchungen kein klares Bild darüber gewinnen, welche Besonderheiten der Berufsarbeit die hauptsächlichen Ursachen für die Frauenkrankheiten darstellen. Ein Teil der Autoren macht das Stehen während der Arbeit, ein ebenso großer Teil das dauernde Sitzen für die genannten Krankheitszustände verantwortlich. Richtig ist es, daß zahlreiche Berufe, wie z. B. in der Buchdruckerei, in der Wäscherei, ausschließlich im Stehen, sogar meistens auf demselben Fleck, andere, wie z. B. die Maschinennäherei, ausschließlich im Sitzen ausgeübt werden. Es ist auch kaum zu bezweifeln, daß in einzelnen Fällen das langdauernde Stehen oder Sitzen zur Entwicklung von Frauenleiden führen kann, fraglich aber ist, ob in diesen Fällen nicht eine angeborene oder vorher beziehungsweise außerberuflich erworbene Disposition bei der Entstehung des Leidens die Hauptrolle spielen. Es ist ferner fraglich, ob die betreffenden Leiden nicht auch ohne Berufstätigkeit eingetreten wären und ob überhaupt in Wirklichkeit ein Unterschied zwischen Berufstätigen und nicht Berufstätigen in Bezug auf die genannten Krankheiten besteht. Vom sozialhygienischen Standpunkte beanspruchen zufällige Beobachtungen kein besonderes Interesse, sondern nur gesetzmäßige Zusammenhänge, und diese scheinen nach der vorliegenden Literatur noch keineswegs über jeden Zweifel erhaben zu sein.

Abschließend ist über die gesundheitlichen Schäden, die aus der Berufsarbeit den Frauen und besonders den Ehefrauen erwachsen, zu sagen, daß sie weit weniger auf der unmittelbaren Einwirkung von Krankheitsursachen als vielmehr auf einer Schwächung der allgemeinen Konstitution, durch Übermüdung und allerhand Nebenumstände der Arbeit beruhen, auf denen sich dann sekundär ernstere Gesundheitsstörungen aufbauen. Auch diese Gesundheitsstörungen haben nicht oder nicht mehr den Umfang, wie sie auf Grund unzuverlässiger oder älterer Beobachtungen behauptet werden. Der Schutz durch die Bestimmungen der Gewerbeordnung und der zahlreichen gewerbehygienischen Verordnungen hat sich in erfreulicher Weise ausgewirkt.

Ein weniger erfreuliches Bild bietet dagegen die Einwirkung der Frauenberufsarbeit auf das Familienleben, die Gesellschaft und die Rasse. Es ist schon mehrfach darauf hingewiesen, daß die neuzeitliche Entwicklung zu Sitten und Gewohnheiten geführt hat, die bei weiterer Entwicklung in derselben Richtung bedrohlich für die Grundlagen unserer Kultur und unseren Bestand als Gesellschaft werden können. Man wird nicht behaupten können, daß die Berufstätigkeit der Frau die alleinige oder auch nur vorwiegende Ursache für die Lockerung der Geschlechtssitten und die Entthronung des Familienideals sei. Eine Verstärkung des Dranges nach Aufhebung der überkommenen sittlichen Bindungen bedeutet sie auf alle Fälle. Es ist möglich, daß sich aus dem Streben der Frauen nach selbständigem Erwerb und eigener Verantwortlichkeit allmählich ein höheres Ethos entwickelt, das dem Bestande von Rasse und Gesellschaft nicht mehr entgegenwirkt. Zur Zeit sind jedoch überwiegend Zerstörungstendenzen zu bemerken, wenn man das gesellschaftliche Phänomen in seiner Gesamtheit betrachtet.

Um dies zu verstehen, muß man sich die Vorgänge in den höheren gesellschaftlichen Schichten vor Augen halten, die ja von jeher das Vorbild der anderen Schichten waren. Es gibt jetzt kaum noch Töchter in der bürgerlichen Gesellschaft, die nicht zu einem Lebensberuf ausgebildet werden. In den Kreisen des gebildeten Mittelstandes ist es jetzt meist ein Fachstudium oder die Ausbildung zu mittleren Beamtenstellen, die bevorzugt werden. Schon mit dem Studium und mit der Ausbildung ist bereits ein größeres Maß von Freiheit verbunden, das häufig genug zur Annahme von Sitten ausgenutzt wird, welche einer späteren Verehelichung im Wege stehen. Die Rücksichten auf die Gesundheit werden durch übermäßig viel geistige Arbeit, durch Genuß von Reizmitteln wie Alkohol, Zigaretten und Kaffee, wenn nicht schlimmeren Giften, vernachlässigt. Es entsteht der Typ der Junggesellin. Nach den in Amerika und Deutschland angestellten Untersuchungen werden die Frauen durch die rein geistigen Berufe in ihrer Gesundheit nicht unerheblich mehr beeinträchtigt als die Männer. Vor allem infolge übergroßen Eifers und geringerer Widerstandsfähigkeit des Nervensystems. Aber meistens tritt doch allmählich eine Gewöhnung und Anpassung an die Berufsanforderungen ein, sodaß die Zahl der durch den Beruf konstitutionell schwer geschädigten Frauen nur wenige Prozent, schätzungsweise weniger als 5 % beträgt. Dahingegen werden die weiblichen Angehörigen der höheren Berufe in großer Zahl für ihre natürliche Bestimmung endgültig verdorben. Die Neigung, überhaupt eine Ehe einzugehen, ist an sich schon bedeutend geringer, als es ohne Beruf der Fall wäre, wenn aber eine Verheiratung erfolgt, so handelt es sich meist nicht um eine vollwertige Ehe im biologischen Sinne. Es muß ohne weiteres zugegeben werden, daß nunmehr, nachdem eine so große Zahl von Mädchen in die Berufsausbildung eingetreten ist, ein weit größerer Prozentsatz als früher sich unter ihnen findet, der dem natürlichen Empfinden gehorchend, froh ist, dem Beruf zu entsagen und auch unter weniger glänzenden Bedingungen in die Ehe zu treten. Diejenigen aber, die ihren Beruf beibehalten, sei es als Ärztin oder Juristin, als Künstlerin, als kaufmännische Angestellte oder Angehörige eines freien Berufes, betrachten fast alle in mehr oder weniger schroffer Form die Ehe als eine individualistische Angelegenheit, einen Vertrag über gewisse gegenseitige Verpflichtungen, aber nicht als eine Einreihung in den Lebensstrom der Rasse und Gesellschaft. Die Untersuchungen über die Generationstätigkeit der Frauen mit höheren Berufen stammen sämtlich aus einer Zeit, in der erst die Spitzenreiter oder die Vorhut des weiblichen Heeres in die Berufe eingebrochen waren. Es besteht unzweifelhaft ein nicht unerheblicher Unterschied zwischen den Vorkämpfern des Frauenstudiums und dem Gros der Armee, da die ersteren eine Auslese an Intelligenz, an Mut und starkem Willen darstellen. Folgt man diesen Untersuchungen, so muß man eine so geringe Vermehrung in den Ehen der studierten Frauen feststellen, wie sie sonst nirgends zu beobachten ist. Selbst die großstädtischen Juden, die bekanntlich im Durchschnitt nur etwa 1,9 bis 1,7 Kinder auf jede Ehe aufweisen und das bisher höchste Maß an Kinderbeschränkung einer gesellschaftlichen Gruppe erreicht haben, stehen hier noch besser da als die Ehen studierter Frauen.

Die fast allgemein gewordene Berufsschulung der weiblichen Jugend ist ein ernsthaftes Hindernis für die eigentliche Familienkultur. Ein Mädchen, das unmittelbar von der Schule in die Berufsausbildung treten muß, behält keine Zeit übrig für die Erlernung des Haushalts, des Kochens, der Kinderpflege und was noch schlimmer ist, bekommt kein inneres Interesse an dieser Beschäftigung. Die immer mehr in Aufnahme kommenden Abhilfseinrichtungen, der Haushaltsunterricht in der Schule, beziehungsweise in der Fortbildungsschule, Vorträge und Kurse, sind kein ausreichender Ersatz für die hauswirtschaftliche Anlernung im Elternhaus oder in fremder Familie, wo die Mädchen allmählich unter eigner Verantwortung und ohne allzu große Ablenkung, hausfrauliche Arbeiten verrichten mußten. Es kommt jetzt immer häufiger vor, daß die jungen Ehefrauen den Anforderungen des Haushalts völlig ahnungs- und hilflos gegenüberstehen. Die Folgen der Untüchtigkeit der Hausfrau sind von weittragender Bedeutung, mehr als man das im ersten Augenblick übersieht. Die Kosten des Haushaltes wachsen umsomehr, je weniger die Hausfrau sparsam und doch schmackhaft zu kochen versteht, je weniger sie den Hausrat in Ordnung hält und je weniger sie das Heim wohnlich zu halten weiß. Es dauert dann nicht lange, bis es den Mann wieder ins Wirtshaus treibt, wo er einen großen Teil seines Verdienstes in alkoholische Getränke umsetzt, um sich in eine freudige Stimmung zu versetzen, die er zu Hause nicht findet. Seit Jahrzehnten ist dieses Problem in ungezählten Schriften und Reden, nach der volkswirtschaftlichen, ethischen und auch biologischen Seite hin behandelt worden, ohne daß es bisher gelungen wäre, eine endgültige Lösung zu finden. Die soziale Erscheinung der Berufstätigkeit, nicht nur der angehenden, sondern auch der eigentlichen Ehefrauen, verwickelt das Problem noch mehr. Konnten die ersteren trotz fehlender Vorbildung sich noch allmählich in die Hausfrauen- und Mutterpflichten hineinfinden, so fehlt es der erwerbstätigen Ehefrau häufig an Zeit und an Kraft hierfür. Der Verdienst reicht dann eben oft genug nur dazu aus, die Schäden, die durch die Mißwirtschaft im Haushalt entstehen, auszugleichen. Ein wirtschaftliches Vorwärtskommen wird verhältnismäßig selten erreicht, aber die Wertschätzung des Geldes ist in unserem, so stark materiellen Zeitalter, so in den Mittelpunkt des Denkens gelangt, daß die Vorstellung, eine verständige Bewirtschaftung eines geringeren Einkommens leiste mehr als die unverständige Verwendung eines größeren Einkommens, allenthalben auf unfruchtbaren Boden fällt.

Diese Abhandlung soll sich mit den biologischen Folgen der Berufstätigkeit der Ehefrauen beschäftigen. Es bestehen aber so enge Verbindungen zwischen den wirtschaftlichen, sittlichen und biologischen Vorgängen, daß ein Eingehen auf die ersteren nicht zu vermeiden war. Wir gelangen damit zu dem Zentralproblem unserer Gesellschaftskultur, die ja auf der Familienverfassung aufgebaut ist und jetzt schwer erkrankt erscheint. Z. Z. sind etwa 40% der Ehefrauen in Deutschland hauptberuflich tätig. Nehmen wir an, daß die Hälfte davon in der Landwirtschaft beschäftigt ist, wo die natürliche Kinder-Erzeugung und -Aufzucht noch kaum einen Schaden gelitten hat, so bedeutet das für den Rest, der wohl die Zahl von drei Millionen annähernd erreichen dürfte, eine Schädigung der Familienkultur. Obwohl die willkürliche Einschränkung der Kinderzahl schon in weiten Kreisen gang und gäbe ist, dürfte sie in den Ehen von berufstätigen Frauen noch stärker ausgeprägt sein. Die gesetzliche Wochenhilfe wird an dieser Tatsache kaum etwas geändert haben, da ja der wichtigste Beweggrund zur Verhütung von Kindersegen, soweit er überhaupt ökonomischer Natur ist, weniger in den Kosten der Schwangerschaft und des Wochenbettes als in denjenigen der Kinderaufzucht besteht. Wenn nun die berufstätige Ehefrau gezwungen ist, ihre Kinder für Jahre hinaus in fremde Pflege zu geben, so wird die natürliche Freude am Kinde nicht unerheblich herabgestimmt und der Wunsch, weiterem Kindersegen vorzubeugen, vergrößert — sei es durch die Präventivtechnik, sei es durch Abtreibung. —

Für das Leben, die Gesundheit und die gesamte körperliche, geistige und seelische Verfassung des Kindes ist die Konstitution der Mutter von ausschlaggebender Bedeutung. In erster Linie sind es natürlich die erblichen Anlagen des Kindes, die sein Lebensschicksal bedingen. Sie stammen vom Vater und der Mutter etwa zu gleichen Teilen und unterliegen den Gesetzen der Erbbiologie, die an anderer Stelle ausführlich behandelt sind. Die Frage, ob die erwerbstätigen Mütter eine günstige Auslese darstellen und somit überdurchschnittliche Anlagen auf ihre Kinder vererben, wird z. Z. nicht endgültig beantwortet werden können. Vermutlich ist dies bis zu einem gewissen Grade der Fall, weil ja zur Ausübung eines Berufes im allgemeinen ein gewisses Maß von Gesundheit, und für berufstätige Ehefrauen auch noch eine überdurchschnittliche Willenskraft gehört. Umso bedauernswerter ist es, daß die berufstätigen Ehefrauen so wenig Kinder zur Welt bringen. Das Lebensschicksal des Nachwuchses ist jedoch auch während des Wachstums im Mutterleibe von der Konstitution der Mutter abhängig. Ist die Mutter durch ihre Berufstätigkeit blutarm, chlorotisch oder sonst in ihrer Blutzusammensetzung regelwidrig geworden oder kreisen in ihrem Blute Gifte, so kann das zu einer so erheblichen Schwächung oder Vergiftung des Fötus führen, daß sein Absterben im Mutterleib erfolgt.

Bei den gewerblichen Vergiftungen, namentlich beim Blei, dürfte diese Gefahr außerordentlich groß sein. Es können ferner Genußgifte wie Alkohol, Nikotin, Koffein, Morphium, Kokain, die Konstitution des Fötus recht empfindlich schädigen. Die früher oft behauptete Entstehung von Epilepsie, Lähmungen, Taubheit und sonstiger schwerer Nervenleiden, infolge Mißbrauchs von Rauschgiften von Seiten der Eltern, gehört zwar ins Reich der Fabel, aber eine Verringerung der Widerstandsfähigkeit des Nervensystems gegen die Anforderungen des Lebens, kann sehr wohl durch zu starken Gebrauch von Rauschgiften durch die Mutter, hervorgerufen werden. Von Infektionskrankheiten der Mutter ist am wichtigsten die Syphilis. Im sekundären Stadium wird sie sicher mit dem Blute auf den Fötus übertragen. Die Tuberkulose wird so gut wie nie unmittelbar auf den Fötus übertragen, wohl kann aber eine gewisse, in den Körpersäften beruhende Disposition, für eine spätere Ansteckung mit Tuberkelbazillen dem Fötus mitgeteilt werden. Inwiefern die Berufsausübung bei den Frauen zur Veränderung ihres Blutes in Bezug auf dessen Zusammensetzung, Beherbergung von Giften oder Infektionskeimen und damit zur Schädigung etwaigen Nachwuchses beiträgt, darüber ist im Vorstehenden schon das Notwendige gesagt. Im ganzen ist das keimende Leben in ziemlich weittragendem Maße vor den Einflüssen der Umwelt geschützt. Dadurch daß der Fötus innerhalb der Gebärmutter nicht unmittelbar, sondern in einer mit einer Flüssigkeit, dem sog. Fruchtwasser gefüllten Blase liegt, wird er vor Zusammendrückungen und auch vor unmittelbaren Stößen und Verletzungen bewahrt. Das mütterliche Blut fließt nicht unmittelbar in den Körper des Fötus, sondern geht vorher durch das schwammige Gebilde der Plazenta hindurch, wobei eine gewisse Reinigung von schädlichen Bestandteilen auf mechanischem und wahrscheinlich auch biologischem Wege erfolgt. Die Zufuhr von Blut zum Fötus wird durch bestimmte Reguliervorrichtungen im Gang gehalten, auch wenn das Befinden und die Gesamtkonstitution der Mutter nicht einwandfrei sind. Das keimende Leben ist also von der Natur, dem mütterlichen Organismus gegenüber, mit einer gewissen Überwertigkeit ausgestattet. Indes ist diese Überwertigkeit nur eine relative. Stärkere Schädigungen des mütterlichen Organismus machen sich auch bei der Frucht bemerkbar. Ist z. B. die Erwerbstätigkeit der Mutter mit starkem Schweißverlust verknüpft, der nicht regelmäßig durch Flüssigkeitsaufnahme wieder ersetzt werden kann, so wird die Bildung des Fruchtwassers behindert, u. a. kann auf diese Weise eine Schädigung des Kindes, etwa die Verkümmerung eines Gliedes durch Druck im Mutterleib, eintreten.

Fast allgemein hat man beobachtet, daß die Kinder erwerbstätiger Mütter bei der Geburt etwas leichter sind als die der nicht erwerbstätigen. An sich hat diese Tatsache nichts zu bedeuten, da sie ausschließlich auf einem geringeren Wasserreichtum zu beruhen scheint, der für die Lebensfähigkeit und Gesundheit ziemlich belanglos ist. Von manchen Seiten wird auf Grund praktischer Erfahrungen und statistischer Erhebungen behauptet, daß bei berufstätigen Frauen auffallend häufig ein zu früher Geburtstermin, sowie abnorme Geburten beobachtet würden. Es ist wohl möglich, daß einwandfreie wissenschaftliche Untersuchungen hierfür genügend Unterlagen bieten werden, einstweilen liegen solche Untersuchungen noch nicht vor und selbst wenn sie vorliegen würden, würden sie sicherlich nicht den wichtigsten Teil der uns beschäftigenden Frage darstellen.

Was die Aufzucht der Kinder einer berufstätigen Ehefrau anlangt, so liegt hier eines der bedenklichsten Kapitel der sozialen Hygiene vor. Selbst in der Landwirtschaft, wo die Mütter vorwiegend in Halbtagsschicht arbeiten, sind die Kinder bis zum Eintritt in das schulpflichtige Alter stark gefährdet. Es liegt das zum größeren Teil an den mangelhaften Kenntnissen der Mütter in der Säuglings- und Kinderpflege, aber zu einem gewissen Teil auch an der beruflichen Beschäftigung, die zur regelrechten Versorgung und Beaufsichtigung der Kinder nicht genug Zeit läßt.

Die Säuglings- und Kindersterblichkeit ist auf dem flachen Lande im allgemeinen größer als in der Stadt und nur wo es gelingt, eine gut arbeitende Säuglings- und Kleinkinderfürsorge in Gang zu setzen, wird die Kindersterblichkeit auf ein erträgliches Maß heruntergedrückt. In der Schulzeit wachsen die Kinder auf dem Lande immer mehr zu Gehilfen der Eltern heran und sind dann kaum noch von gesundheitlichen Gefahren bedroht. In der Stadt ist es einer berufstätigen Mutter beinahe unmöglich, ihre Kinder auch nur einigermaßen zu betreuen. Eine ganze Anzahl von Behelfsvorrichtungen treten hier in Kraft, um die Not nicht allzusehr anwachsen zu lassen. In den Fabriken sind Stillstuben eingerichtet, in denen die jungen Mütter ihre Säuglinge regelmäßig stillen können. Krippen und Kinderheime nehmen die Kinder während der Arbeitszeit der Mutter in Pflege. Freundinnen und Nachbarinnen nehmen sich gleichfalls der aufsichtslosen Kinder an. Oft müssen aber auch die Kinder zu weit entfernt wohnenden Eltern oder Verwandten gebracht werden. In den Städten und Industriezentren wird die Kinderfürsorge mit großen Mitteln betrieben und ihr ist es im Verein mit der zweifellos größeren Gewissenhaftigkeit der ehelichen Mütter zu danken, daß die Säuglings- und Kindersterblichkeit der ehelichen Kinder in den letzten Jahren sehr erfreulich gesunken ist und jetzt nur noch halb so groß ist wie am Beginn des Jahrhunderts. Z. T. ist aber dieser Fortschritt auch auf die große Kinderarmut zurückzuführen, denn eine alte Erfahrung lehrt, daß die Kindersterblichkeit steigt, je größer der Kinderreichtum der einzelnen Familien ist. Ein wirkliches Familienleben, das doch seinen größten Reiz durch die Aufzucht einer gesunden und blühenden Kinderschar erhält, kann natürlich nicht zustande kommen, so lange die Hausfrau und Mutter den Tag über außerhalb des Hauses erwerbstätig ist. Mit der Zeit müssen durch die neuzeitige Entwicklung die natürlichen Mutterinstinkte verdrängt werden, wie ja auch auf anderen Gebieten Instinkte durch Kultur abgeschwächt worden sind. Den größten Schaden trägt davon der Nachwuchs, der den festen Halt im Elternhaus verliert und mehr und mehr in gesundheitlicher und sittlicher Hinsicht gefährdet wird.

Die Bedeutung des Geburtenrückganges ist im Vorstehenden als ein bedenkliches Zeichen des gesellschaftlichen Niederganges und z. T. als Folge der Berufstätigkeit der Frauen hingestellt worden. Die größte Gefahr für Volk und Rasse besteht jedoch in der Tatsache, daß die Erscheinung des Geburtenrückgangs nicht gleichmäßig alle Gruppen, Klassen und Schichten der Bevölkerung befallen hat, sondern die vom gesellschaftlichen und rassischen Gesichtspunkt wertvollsten Familien am stärksten. Sollte diese krankhafte Erscheinung am Volkskörper auch nur wenige Generationen andauern, so bedeutet sie naturgemäß einen raschen, sich sogar nahezu in geometrischer Progression fortsetzenden Rassenverfall.

Ist die berufliche Frauenarbeit in ihrer heutigen Form mitschuldig an dem bereits im Gange befindlichen Rassenverfall? Das ist die Frage, die wir uns nunmehr vorzulegen haben. Die Beantwortung hängt davon ab, ob sich feststellen läßt, daß die berufstätigen Frauen eine rassische Auslese darstellen. In den oberen Gesellschaftsschichten kann daran kein Zweifel aufkommen. Schon die vorgeschriebenen Prüfungen auf den Schulen, Hochschulen, Akademien und Universitäten bedeuten eine Intelligenzauslese, für die Frauen in demselben Maße wie für die Männer. In Bezug auf die Willenskräfte scheint die Auslese durch die Prüfungen für die Frauen noch schärfer zu sein, denn es ist eine allgemeine Erfahrungstatsache, daß die Frauen zum Erwerb der für die Prüfungen erforderlichen Kenntnisse und Fähigkeiten ein erheblich größeres Maß an Mühe, Fleiß und Sorgen aufwenden müssen, jedenfalls tatsächlich aufwenden als die Männer. Zur Überwindung dieser Schwierigkeiten gehört im allgemeinen ein zäher, zielbewußter Wille und eine gefestigte Gesundheit. Von den in ein Fachstudium eintretenden Frauen gibt eine beträchtliche Zahl die begonnene Berufsausbildung vor Erreichung des Ziels aus Gründen wieder auf, unter denen unzureichende Intelligenz, Erschlaffung des Willens oder eine Gesundheitsschädigung in erster Linie stehen. Häufig ist für das Aufgeben des Studiums oder der Berufsausübung die Verheiratung oder die Aussicht auf eine solche ausschlaggebend. Das bedeutet an sich noch keinen Auslesevorgang, da ja dem Entschluß eine durchaus gesunde Sinnesart zu Grunde liegen kann. Andererseits kann man aber auch die Fortführung der Berufsausbildung und Ausübung trotz erfolgter Verehelichung nicht als Gegenauslese bezeichnen, da ja hierzu wenigstens ein starker Wille und eine gute Gesundheit gehören. Man kann also mit Recht behaupten, daß die berufstätigen Ehefrauen in den oberen Gesellschaftsschichten eine Tüchtigkeitsauslese darstellen. Bei den übrigen Gesellschaftsschichten ist die Sachlage weniger klar. Je weiter nach unten in der gesellschaftlichen Schichtung, desto mehr kommt die Intelligenzauslese für die Berufsergreifung in Fortfall. Auch der Wille spielt nicht mehr dieselbe Rolle wie bei den höheren Berufen, da die unmittelbare Not zur Berufsausübung zwingt und selbst die gesundheitliche Verfassung wirkt aus denselben Gründen nur in abgeschwächtem Maße als Auslesefaktor. Dennoch wird man in allen Bevölkerungsschichten im Prinzip dieselben Auslesevorgänge wie bei den höheren Schichten als wirksam annehmen müssen, wenn auch in einem nach unten immer mehr abgeschwächten Grade. Diese Feststellung ist keineswegs geeignet, unser rassenhygienisches Gewissen zu beruhigen, im Gegenteil, es erscheint die zunehmende Berufstätigkeit der Ehefrauen als eine Verschärfung der Gefahr für unsere Rasse.

Was ist dagegen zu tun? Aufklärung, Belehrung, Vorstellungen, Gesetze und Polizeimaßregeln werden uns kaum erheblich vorwärts bringen, da sie an der Gewalt der harten Tatsachen scheitern müssen. Das Rad der geschichtlichen Entwicklung läßt sich nicht rückwärts drehen, und so können wir nicht erwarten, daß wir noch einmal die patriarchalischen Zustände früherer Geschlechter in Familie, Staat und Gesellschaft zurückzwingen können. Die Berufstätigkeit der Ehefrauen zu verbieten, zu verhindern oder doch wenigstens zu bekämpfen, erscheint mit den Mitteln unserer jetzigen Kulturentwicklung als gänzlich aussichtslos. Wir können gegen die sozialhygienischen und eugenischen Gefahren der Frauenberufsarbeit keine Radikalmittel anwenden, sondern müssen uns mit einer symptomatischen Behandlung bescheiden, die ja manche Schäden beseitigen und einige Krankheitserscheinungen an unserem Volkskörper zu mildern imstande ist. Ob es noch einmal gelingt, den kranken Volkskörper zur Genesung zu bringen oder ob er denselben Weg gehen muß, wie schon so viele Völker, das kann heute noch niemand mit Bestimmtheit sagen. Jedenfalls wird es ein ganz neuer Gedanke sein, der die Genesung bringt und wenn nicht alles trügt, wird er biologischer Natur sein, denn nur ein solcher gelangt an die Wurzel des Übels.

Heiratsalter und Altersverhältnis in der Ehe

Von Wilhelm Hagen

Das Heiratsalter bei den Völkern der Erde schwankt zwischen 6 und 7 Jahren einerseits und einem Durchschnitt von über 30 Jahren andererseits. Ja, rechnet man die Verlobung neugeborener Mädchen, die bei den Eskimos üblich ist, dazu, so scheint es kein Alter zu geben, in dem man zum Heiraten zu jung ist. Innerhalb dieser großen Spanne, die von wirtschaftlichen Momenten bedingt ist, liegt das biologische Heiratsalter. Gerade das angezogene Beispiel der Eskimos beweist uns, wie sehr w i r t s c h a f t l i c h e Momente bei der Ehe mitbestimmend sind. Die kleinen Mädchen werden deswegen schon verlobt, um zu wissen, ob sie überhaupt Aussicht auf eine wirtschaftliche Selbständigkeit haben, denn die Eskimofrau, die allein steht, ist undenkbar, sie würde bei den dortigen Lebensverhältnissen in der ersten Hungerperiode als familienlos zugrunde gehen. Auch das andere Extrem, die Heirat jenseits der 30er Jahre, ist von den Wirtschaftsverhältnissen bedingt. Wir finden diesen hohen Durchschnitt in Europa, und zwar in den nördlichen Ländern, sowie in einzelnen Kolonialgegenden, wo die Frau zunächst Ballast für die Arbeit des Mannes ist, nach der Sicherung der Existenz allerdings um so mehr begehrt wird. Auch der b i o l o g i s c h e Heiratsaugenblick ist bei den Völkern verschieden. Bei den südlichen Völkern liegt er wesentlich früher, weil auch die sexuelle Entwicklung früher abgeschlossen ist. Die indische Unsitte der Kinderheirat hat jedoch diesen Zeitpunkt zuweit vorausgeschoben, einseitig zu Ungunsten der Frau und nur verständlich bei der zurückgesetzten Stellung, welche die Frauen dort einnehmen.

Die Statistik von Frankfurt a. M. zeigt 1911 für Männer ein Heiratsalter von 30,3 Jahren, für Frauen von 27,1 Jahren. Aus begreiflichen Gründen stieg das Heiratsalter während des Krieges erheblich an, um 1919 mit einem Durchschnittsalter von 32,3 Jahren für den Mann und 28,5 Jahren für die Frau den Höhepunkt zu erreichen. Seit der Zeit ist es wieder etwas abgefallen und zwar auf 31,7 Jahre 1925 für den Mann und 28,1 Jahre 1925 für die Frau.

Es ist kein Zweifel, daß dieses Heiratsalter weit hinter der biologischen Reife liegt. Wir müssen diese für die Frau etwa auf das 18. und für den Mann auf das 21. Lebensjahr annehmen. Dabei ist die Fortpflanzungsfähigkeit schon viel früher gegeben und liegt bei der Frau im 13.—14. Lebensjahr, beim Manne etwa um das 15. Lebensjahr herum. Die zweifellos krankhafte, frühzeitige sexuelle Betätigung in diesem Alter scheidet bei der biologischen Betrachtungsweise des Heiratsalters aus. Das Bürgerliche Gesetzbuch setzt die Ehereife der Frau auf das 16. Lebensjahr und des Mannes auf 21 Jahre fest. Auch diese Daten liegen für den normal entwickelten Menschen zu früh. Die volle körperliche Reife ist erst einige Jahre später von Mann und Frau erreicht.

Für die Bevölkerungspolitik bedeutet das Hinausschieben des Heiratsalters eine Verminderung der Kinderzahl. Eine Frau, die mit 29 Jahren heiratet, bekommt nur 62,5% der Kinderzahl einer Frau, die mit 20 Jahren heiratet. Selbst wenn wir annehmen, daß bei einem Heiratsalter der Frau jenseits der 30er Jahre bei beiden Eltern der Wunsch besteht, eine Zahl von 3—4 Kindern zu erreichen, ergibt sich der Mangel, daß entweder die Geburten überstürzt folgen oder bei den jüngeren Kindern der Altersunterschied zwischen Eltern und Kindern so groß wird, daß eine Großvatererziehung eintritt, deren Schäden jedem Pädagogen sehr wohl bekannt sind. Wenn der Durchschnitt in Deutschland sich für das Heiratsalter des Mannes jetzt dem 30. Lebensjahre nähert, so ist die Zahl der Ehen, die jenseits der 30er Jahre von Männern geschlossen werden, bei der großen Streuung des Heiratsalters doch so erheblich, daß die Familienstruktur des Volkes wesentlich durch diese Spätehen beeinflußt wird. Rassenhygieniker sind deshalb sehr stark für die Frühehe eingetreten. Da es vorwiegend wirtschaftliche Gesichtspunkte sind, welche den Mann zwingen, erst spät an die Gründung einer Familie zu denken, und da wirtschaftliche Gesichtspunkte heute auch der Frau ein längeres Verweilen im Beruf oft vorteilhafter erscheinen lassen als eine frühe Heirat, so versuchen sie durch wirtschaftliche Verbesserungsvorschläge einen Anreiz zur frühen Heirat zu schaffen.

Bei diesen Bestrebungen spielt nicht nur der Wunsch mit, eine größere Kinderzahl der Ehen zu erhalten. Dieser Wunsch erscheint heute nicht ohne weiteres berechtigt. Es soll vor allem auch in der Frühehe ein gesünderes Familienleben entstehen. Schon die Gefahr der Ansteckung mit Geschlechtskrankheiten ist natürlich vermindert. Dafür muß aber in Kauf genommen werden, daß die seelische Entwicklung der Ehegatten noch nicht abgeschlossen ist. Während des Krieges und nach dem Kriege sind neben zahlreichen Spätehen auch häufig Frühehen, insbesondere bei der Jugend der gebildeten Stände geschlossen worden. Das Schicksal dieser Ehen ist nicht restlos ermutigend. Mögen die Kriegsverhältnisse und die wirtschaftliche Not viel dazu beigetragen haben, daß die beiden Gatten sich auseinanderlebten, zum Teil liegt die Schuld sicher auch daran, daß die Entwicklung der jungen Menschen noch nicht abgeschlossen war.

Es ist die Eigentümlichkeit unserer Kultur, daß sich die seelische Entwicklung eines Menschen immer mehr verzögert. Die Zeit der Reife lag im Altertum schon vor dem 20. Lebensjahre, Zwanzigjährige waren entscheidende Leiter der Völkergeschicke. Heute gilt der 30jährige Mann kaum als erwachsen, und gerade in den letzten Jahrzehnten haben sich die Grenzen zwischen Alter und Jugend bis in die Phase zwischen dem 4. und 5. Lebensjahrzehnt verschoben. Die körperliche Entwicklung ist wohl beim Manne Anfang der 20er und beim Mädchen im 18. Lebensjahre vollendet. Die seelische Liebesreife ist jedoch in diesem Alter noch nicht erreicht.

Noch zur Zeit unserer Eltern war das Ideal, das Mädchen in der ersten Jugendblüte unter die Haube zu bringen. Man nahm die seelische Unreife nicht nur in Kauf, sondern sie hatte noch einen besonderen Wert. Allerdings galt das nur für die führenden Schichten; die Statistik beweist, daß bei dem Durchschnitt des Volkes das Heiratsalter auch damals schon wesentlich später lag. Dafür waren jedoch wirtschaftliche Gesichtspunkte ebenso maßgebend wie für die Tatsache, daß das Heiratsalter des Mannes auch seinerzeit schon um das 30. Lebensjahr bei den führenden Schichten gelegen war und somit sehr hohe Altersdifferenzen zwischen den Ehegatten die Regel waren.

Da sich das Sexualleben vielleicht im Einzelfalle zurückdrängen läßt, bei einer größeren Gruppe aber ganz bestimmt nicht ohne weiteres um ein Jahrzehnt verschoben werden kann, zog die Gesellschaft die moralische Konsequenz. Sie gab dem Mann Raum für eine freie Liebesentwicklung, während für die Frau die Forderung der Unberührtheit bis zur Ehe aufrechterhalten wurde. Bei dem niedrigen Heiratsalter der Frauen war das ja auch möglich. Allerdings hatte diese Regelung zur Folge, daß der Mann für seine sexuellen Bedürfnisse an die Frauen anderer sozialer Schichten verwiesen wurde. Abgesehen von der Entwürdigung, die jedes Liebesspiel zwischen Menschen bedeutet, von denen der eine den anderen Partner nicht als gleichwertig anerkennt, verschiebt sich die ganze Einstellung zur Frau durch ein solches Verhältnis- und Dirnenwesen. Eine Gefühlsverarmung bleibt schließlich auch beim Manne zurück. Die Frau aber wird in ihrer menschlichen Würde aufs schwerste geschädigt, ganz abgesehen von den körperlichen und wirtschaftlichen Gefahren.

Die Bindung an einen einzigen Menschen bedeutet zweifellos einen Konflikt unseres Kulturwillens mit biologischen Trieben. Wohl um einen Ausgleich für die Nachkommenschaft zu erreichen, finden wir überall in der Natur bei den freilebenden Säugetieren die Tendenz, daß sich das junge Männchen mit dem alten Weibchen paart und daß das alte Männchen möglichst weibliche Jungtiere aufsucht. Auch beim Menschen liegen die Verhältnisse ähnlich. Das erste Liebeserlebnis eines Mannes führt ihn wohl stets zu der älteren oder reiferen Frau. Später sucht er die Gefährtin auf der gleichen Entwicklungsstufe, um schließlich, vielleicht im Zusammenhange mit dem rascheren biologischen Altern der Frau, ausgesprochen junge Mädchen zu bevorzugen. Bei der konventionellen Regelung, daß der Mann jenseits der 30 das 18-jährige Mädchen heiratet, hat der Mann den wesentlichen Teil seiner Liebesentwicklung schon hinter sich, während sie der Frau im ersten Keim beschnitten wird. Es wäre natürlich falsch, den Ausweg aus diesem Dilemma in einer beiderseitigen absoluten Frühehe zu suchen. Ebenso wie es falsch wäre, nun für beide Teile ein spätes Heiratsalter zu propagieren. Immerhin liegen die Durchschnittszahlen für das Gesamtvolk so, daß sie einem durchschnittlichen Heiratsalter entsprechen, das hinter dem hauptsächlichen Abschluß der biologischen Liebesentwicklung liegt.

Allerdings müssen dann einige Konsequenzen in Kauf genommen werden. Die allgemeine Volkssitte verlangt von dem Mädchen ebenso wenig wie vom Mann die absolute körperliche und seelische Unberührtheit vor der Ehe. Eine Reihe von Bräuchen gerade der ländlichen Bevölkerung sind im Gegenteil durchaus darauf eingestellt, die Familiengründung erst bei dem Vorhandensein von Nachkommenschaft vorzunehmen. Ein verfeinertes Gefühl wird gegen eine solche Auffassung Bedenken haben. Sobald es nicht mehr lediglich eine primitive Angelegenheit ist, wer Ehegatte wird, stört schon der Gedanke an eine mögliche Bindung durch das Kind vor der endgültigen Entscheidung über die Heirat. Freilich mag es auch Fälle geben, in denen von beiden Teilen mit Bewußtsein alle Konsequenzen einer restlosen Liebeserfüllung getragen werden, auch in der Voraussicht, wieder auseinandergehen zu müssen. Doch entsteht dann oft, besonders für die Frau, ein sehr schweres Schicksal, dem nicht jeder Mensch gewachsen ist. Wir sind auch der Auffassung, daß eine letzte körperliche Hingabe für die seelische Entwicklung einer Liebe nicht notwendig ist und daß die Entscheidung, ob es sich um den Lebensgefährten handelt, schon vorher getroffen werden kann. Halten wir an der körperlichen Unberührtheit aus seelischen Motiven fest, so gilt jedenfalls gleiches Recht für Mann und Weib. Die Konsequenz ist aber dann, daß das Heiratsalter nicht solange hinausgeschoben werden kann, wie es heute üblich ist. *Eine bestimmte Entwicklungsstufe des Menschen verlangt auch die körperliche Liebeserfüllung, wenn nicht Störungen seiner Lebenslinie eintreten sollen.* Für den *Mann* liegt dieses Alter *etwa bei dem 25. Lebensjahre*, für die *Frau zwischen dem 21. und 23. Lebensjahre.* Wir halten deshalb diesen Zeitpunkt für das *physiologisch richtigste Heiratsalter.* Die erste Liebesentwicklung ist abgeschlossen. Es stehen sich zwei reife Menschen gegenüber. Sie sind auch in der Lage, klar zu sehen, welche Bindung sie eingehen. Kein Zweifel darf ihnen sein, daß für beide Teile erotische Ablenkungen noch kommen werden. Es ist jedoch sicher, daß sie, wenn sie sich im biologisch gleichen Alter befinden, das größte Verständnis immer wieder beieinander finden werden. Es kommt ja auch in der Ehe nicht nur auf den sexuellen Reiz an, sondern auf die gute Kameradschaft. Bei Menschen der erwähnten Altersgruppen ist die Basis für kameradschaftliches Verstehen ohne weiteres gegeben. Auch sexuell werden sie sich nie ganz fremd werden. Wenn auch die Frau etwas früher altert, so tritt der dann mögliche Konflikt erst ein, wenn die Ehe durch ihre lange Dauer schon so fest gefügt ist, daß das Zusammengehörigkeitsgefühl unter einigermaßen normalen Umständen weitaus überwiegt.

Entschieden zu warnen ist vor allzu großen Altersdifferenzen. Die genannten Mittelwerte können von beiden Seiten natürlich überschritten werden. Aber der Grenzwert liegt für die normale Ehe, die im dritten Lebensjahrzehnt geschlossen wird, doch bei der Gleichaltrigkeit der Gatten einerseits und bei einer Altersdifferenz von 10 Jahren zwischen Mann und Frau andererseits. Bei Spätehen soll die Frau unter allen Umständen jünger sein als der Mann. Die 10-Jahresgrenze würden wir jedoch auch dann raten, nicht zu unterschreiten. Mag es verständlich sein, daß sich der gealterte Mann ein junges Mädchen zur Frau sucht, und mag umgekehrt eine ältere Frau manchmal den Wunsch haben, einen ganz jungen Mann zu heiraten, so sind diese Grenzfälle doch biologisch abwegig, weil der eine der Partner am Beginn, der andere am Ende seines Liebeslebens steht. In der Episode mag eine solche Verbindung eine große Bereicherung für beide Menschen sein. Zum Aufbau einer Lebensgemeinschaft ist sie durchaus ungeeignet.

Verwandtenehe und Mischehe

Von Max Marcuse

I. Die Verwandtenehe.

Noch spielen bei der Gattenwahl — gegenüber einerseits unbesinnlicher Liebesleidenschaft, andererseits ökonomischer Zweckbedachtheit — eugenische Erwägungen eine irgendwie belangvolle Rolle nicht. Kaum daß Fragen nach der gesundheitlichen Ehetauglichkeit des Partners, sei es ausgesprochenermaßen, sei es auch nur im Stillen, mit einigem Ernst geprüft werden: seine Fortpflanzungstauglichkeit und der Zeugungswert der beabsichtigten Verbindung bleiben in der überwiegenden Mehrzahl der Fälle, auch dort, wo die Ehe nicht etwa auf dem Vorsatz der Kinderlosigkeit aufgebaut werden soll, unberücksichtigt, ja unerwogen. Nur besondere Auffälligkeiten in dieser Hinsicht an der Persönlichkeit des in Aussicht genommenen Gatten selbst, allenfalls noch bei einem seiner Eltern oder Geschwister, erwecken in den gebildeten Schichten Bedenken solcher Art, in der Regel aber nur, um sie alsbald wieder von den die Eheschließung oder die Gattenwahl im Grunde bestimmenden erotischen oder wirtschaftlichen Motiven beschwichtigen zu lassen. Wenn sich auch die Zeichen einer beginnenden Umwertung auf diesem Gebiete mehren und eine ärztliche Eheberatung in steigendem Maße in Anspruch genommen zu werden scheint, so pflegt so etwas wie ein eugenisches Verantwortungsgefühl — das beileibe nicht mit Hypochondrie und psychopathischer Skrupelsucht in sexualibus verwechselt werden darf — bei Ehekandidaten oder ihren Angehörigen immer noch erst in den Fällen sich zu regen, in denen die Partner blutsverwandt miteinander sind. Diese Ausnahmestellung der Verwandten-Heirat im Bewußtsein, mehr noch im Unbewußten weiterer Bevölkerungskreise wurzelt nun freilich mitnichten in eugenischen Gedanken und Voraussetzungen, sondern — uralt wie die Skepsis und Zurückhaltung des Volksglaubens gegenüber der Geschlechts- und Ehegemeinschaft zwischen Blutsverwandten sind — in einem prähistorischen und „praelogischen" Komplex von Faktoren, unter denen biologische Erfahrungen ganz gewiß die geringste Bedeutung hatten. Wir können aus jenen Zeiten das „Tabu", unter dem die Verwandtenehen immer gestanden haben, durch die mannigfaltigsten „Überdeterminierungen" bis auf die Gegenwart verfolgen. In ihr findet es seinen sinnfälligen Niederschlag in dem Eherecht und den Religionssatzungen fast aller Kulturkreise, indem in ihnen die Blutsverwandtschaft als Ehehindernis erklärt wird, wobei freilich die Grenzen außerordentlich verschieden gezogen und mit wechselnder Strenge und Konsequenz eingehalten werden. Folgende Tabelle, die *G. Wulz*[1]) aus den Lehrbüchern von *Friedberg, Hahn* und *Heiner* zusammengestellt hat, veranschaulicht die Stellungnahme der europäischen Eherechte und Religionsgemeinschaften zu dem Ehehindernis der Konsanguinität.

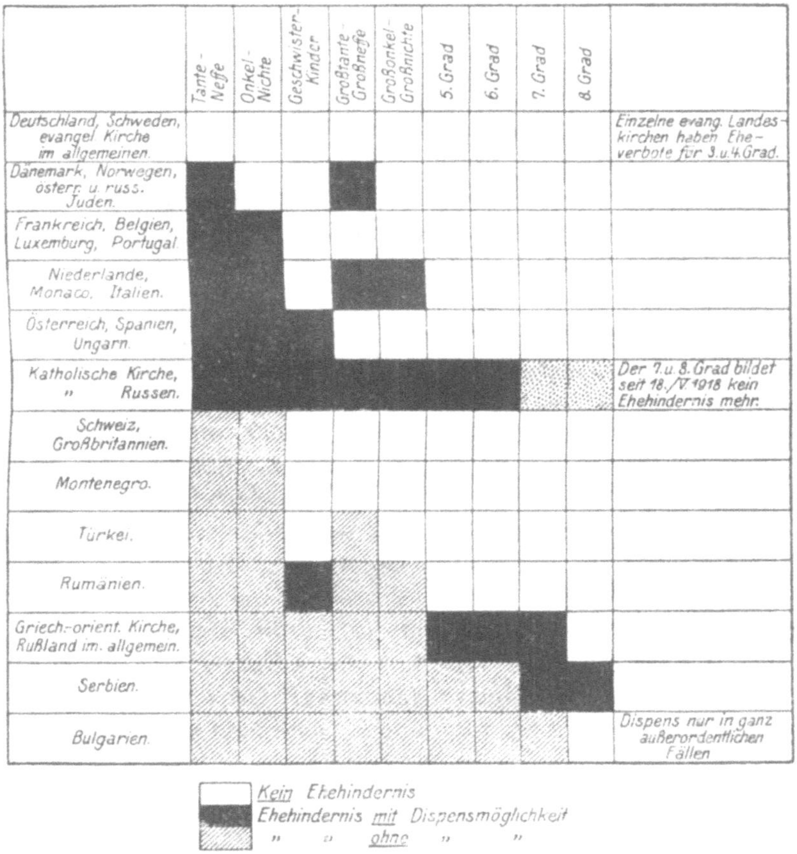

Das deutsche BGB. verbietet die Heirat zwischen nahen Verwandten durch seinen § 1310, der folgenden Wortlaut hat: „Eine

[1]) Archiv f. Rassen- u. Gesellschafts-Biologie 1925, Bd. 17, Heft 1.

Ehe darf nicht geschlossen werden zwischen Verwandten in gerader Linie, zwischen vollbürtigen und halbbürtigen Geschwistern sowie zwischen Verschwägerten in gerader Linie. Eine Ehe darf nicht geschlossen werden zwischen Personen, von denen die eine mit Eltern, Voreltern oder Abkömmlingen der anderen Geschlechtsgemeinschaft gepflogen hat. Verwandtschaft im Sinne dieser Vorschriften besteht auch zwischen einem unehelichen Kinde und dessen Abkömmlingen einerseits und dem Vater und dessen Verwandten andererseits".

Schon diese Fassung des bürgerlichen Rechtes an sich, mehr noch allerdings ihre Vergleichung mit den Bestimmungen des § 173 des deutschen StGB., die den Inzest verpönen, zeigt sich das Ineinanderströmen der mannigfachsten „Tabu"-Tendenzen gegenüber dem geschlechtlichen Umgang mit Verwandten und — Verschwägerten. Die Einbeziehung dieses Personenkreises noch in das sexuelle Tabu verrät besonders deutlich die primitiv-psychischen Untergründe [1]), wenn sie auch nunmehr durch Rationalisierung in den Dienst des Gedankens der „Familienreinheit" gestellt erscheinen, so wie das Ehe- und Sexualverbot für wirklich Blutsverwandte jetzt nachträglich mit eugenischen Rücksichten — die, wohlgemerkt, der Gesetzgeber sonst nirgends kennt — zu erklären und zu begründen versucht wird [2]).

Zu diesem Zwecke beruft man sich vornehmlich auf das Aussterben vieler Adelsgeschlechter, auf die Rassenpathologie der Juden und auf die endemischen Konstitutionsminderwertigkeiten namentlich in Gebirgsdörfern, in denen die Bewohner nur miteinander sich zu vermischen pflegen, und deutet diese Erscheinungen als degenerative Wirkungen der — allerdings: „chronischen" — Verwandtenehen. Dabei wird aber übersehen, daß wir andererseits eine besonders gute Gesundheit in bestimmten bäuerlichen Gegenden mit starker Inzucht treffen, — daß es ferner auch Adelsfamilien von hoher biologischer Tüchtigkeit bei intensivster Verwandtenzucht (namentlich in England) gibt, — und daß weiterhin einige Bürgerfamilien, in denen mehr oder weniger oft Blutsverwandtschaft zwischen gemeinsamen Zeugern bestand, besonders vorzügliche Qualitäten bewähren (wie das

[1]) s. die „pietas" des Kanonischen Rechtes, nach dem die Sünden zwischen Blutsverwandten und Verschwägerten gleichermaßen die reverentia sanguini debita verletzen: durch die copula carnalis werden (nach *Augustin*) die Eheleute una caro.

[2]) Der § 1311, der auch Adoptivverwandtschaft zum Ehehindernis erklärt, verdankt seine Entstehung anderen Gesichtspunkten und darf hier vernachlässigt werden, obschon eine kulturhistorische und vergleichend-ethnologische Betrachtung auch hier Beziehungen zu dem vorliegenden Problem unschwer aufzudecken vermöchte. Es handelt sich bei der „Wahlverwandtschaft" um ein — wie *Kaeferlein* (J.-D. Erlangen 1926) bemerkt — Gegenstück zu der „Nichtverwandtschaft" des unehelichen Kindes mit seinem unehelichen Vater: „Im letzteren Falle wird vom Zivilgericht eine Verwandtschaft künstlich geleugnet, im ersteren künstlich geschaffen."

Erfindergeschlecht Siemens). Ja, Talente entstammen nach den Feststellungen von *Reibmayr*[1]) auffallend häufig Familien mit der Gepflogenheit von Verwandtenheiraten, während das Genie mit Vorliebe als Kreuzungsprodukt zwei verschiedener Inzucht-Familien auftritt. Eine unvoreingenommene Prüfung der Nachkommenschaft aus Konsanguinitätsehen läßt also irgend eine Einheitlichkeit des biologischen Wertes oder Unwertes vermissen, und man kann, wie *Hofstätter*[2]) richtig hervorhebt, aus den zahlreichen in der Literatur niedergelegten Beobachtungen eine Variationsreihe ableiten, „die von vollkommen gesunden Kindern über solche mit den verschiedensten krankhaften Anlagen und pathologischen Zuständen zur vollkommenen Sterilität führt."

Wie lösen sich diese — und mancherlei andere — Widersprüche? Wo Blutsverwandtschaft der Gatten zu Wert- oder Zahlminderung der Nachkommenschaft zu führen scheint, da sind regelmäßig andere Tatbestände auffindbar, die ihrerseits entweder schon allein die ungünstigen Folgen erklären oder sich doch als mitwirkende Bedingungen erweisen. Ebenso lassen sich überdurchschnittliche Fortpflanzungsresultate auf andere oder kompliziertere Zusammenhänge zurückleiten. In keinem einzigen Falle ist die Verwandtenehe in ihrem Wesen durch nichts anderes als eben durch diese biologische Eigenart bestimmt, vielmehr ist sie wie jede Ehe schlechthin eine „Gesellschaft zu zweien" von besonderer Struktur, wie sie in völliger Kongruenz aller inneren und äußeren Bedingungen nicht noch ein Mal ent- und besteht. Es liegt also niemals die Wirkung der Inzucht als solcher ausschließlich, sondern stets nur in Verbindung mit anderen verursachenden und bedingenden Faktoren vor. Das wird schon deutlich, wenn man die Verschiedenheit der Motivation der Verwandtenheiraten bedenkt, die etwa dreierlei Art ist: Mangel an Auswahl, ökonomische Interessen, psychische Tendenzen. Je nach dieser ihrer besonderen Begründung können die Ehen auch ihrem Zeugungswerte nach verschieden sein. So stehen z. B. die Kinderlosigkeit und Kinderarmut vieler Verwandtenehen in unverkennbarer Abhängigkeit von dem Motiv zur Gattenwahl und zur Heirat im einzelnen Falle: rationalistische und individualistische Ehetypen sind durchweg durch ihren fortpflanzungsfeindlichen Sinn gekennzeichnet. Daß es sich nicht um „natürliche" Wirkungen der Konsanguinität der Gatten und eine der Verwandtenehe wesenseigentümliche Degenerationserscheinung handeln kann, wird durch die auch hier wieder entgegengesetzten Erfahrungen bewiesen,

[1]) Inzucht und Vermischung beim Menschen. Leipzig u. Wien 1897.
[2]) „Sterilität" in *Marcuse:* Handwörterbuch der Sexualwissenschaft, 2. Auflage, Bonn 1926.

nach denen für die Verwandtenehen ein „erstaunlicher Kinderreichtum“ behauptet wird (*Kraus*[1])).

Das biologische Wesensmerkmal der Nachkommen konsanguiner Vorfahren besteht in dem sog. **Ahnenverlust**, richtiger: der **Ahnenkonzentration**. Blutsverwandtschaft beruht ja auf der Gemeinsamkeit derselben Ahnen, und die Kinder z. B. aus einer Vetternehe ersten Grades haben statt vier Urgroßelternpaare nur deren drei. Die Ahnenkonzentration ist natürlich desto beträchtlicher, je häufiger in den früheren Generationen Verwandtenehen schon ge-

Don Carlos	Philipp II., König von Spanien	Kaiser Karl V.	Philipp der Schöne	Maximilian I
				Maria von Burgund
			Johanna die Wahnsinnige	Ferdinand der Katholische
				Isabella von Castilien
		Isabella von Portugal	Emanuel I. von Portugal	Ferdinand von Visco
				Beatrix von Portugal
			Maria von Spanien	Ferdinand der Katholische
				Isabella von Castilien
	Maria von Portugal	Johann III. König von Portugal	Emanuel I. von Portugal	vgl. oben
				vgl. oben
			Maria von Spanien	vgl. oben
				vgl. oben
		Katharina von Österreich	Philipp der Schöne	vgl. oben
				vgl. oben
			Johanna die Wahnsinnige	vgl. oben
				vgl. oben

[1]) In *Noorden-Kaminer:* Krankheiten und Ehe, Leipzig 1916.

schlossen worden sind und je näher die Gatten jeweils miteinander verwandt waren. So hat *Lorenz*[1]) z. B. für den früheren deutschen Kaiser Wilhelm II. ausgerechnet, daß er in der XII. Ahnenreihe statt der theoretisch zu erwartenden 4096 Ahnen nur 275 hat, die Istzahl also $^1/_{15}$ der Sollzahl beträgt. Diese außerordentliche Differenz ist durch die in den verschiedenen Generationen sich immer wiederholenden Verwandtenheiraten bewirkt und spiegelt die für dynastische Verhältnisse üblichen Sachverhalte wider.

Bemerkenswert in diesem Zusammenhange ist auch die Ahnentafel von Don Carlos, die (nach *Siemens*[2])) in ihrem Anfange wie vorstehend (S. 346) aussieht.

Um auch ein Beispiel ähnlicher Art aus einer bürgerlichen Familiengeschichte der Gegenwart zu bieten, darf ich folgenden Fall darstellen:

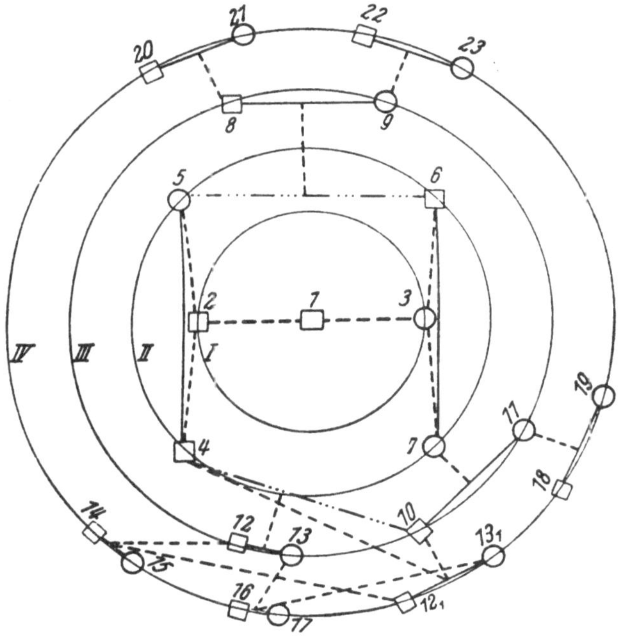

Die großen konzentrischen Kreise I—IV bezeichnen die Folge der Aszendenzen; die kleinen Rechtecke männliche, die kleinen Kreise weibliche Angehörige der Sippe. Die ausgezogenen Graden verbinden Ehegatten, die aus Strichen und Punkten zusammengesetzten: Geschwister miteinander; die nur gestrichelten Linien verbinden Eltern und Kind. — 1 versinnbildlicht den Probanden (Verfasser!), 2 seinen Vater, 3 seine Mutter; 4 und 5 stellen die Eltern von 2, — 6 und 7 die Eltern von 3 dar; usw. Aus der Zeichnung ergibt sich, daß 5 und 6, d. h. die Großmutter des Probanden väterlicherseits und der

[1]) Lehrbuch der ges. wissenschaftlichen Genealogie, Berlin 1898.
[2]) „Blutsverwandtschaft" in *Marcuse:* Handwörterbuch der Sexualwissenschaft, 2. Aufl., Bonn 1926.

Großvater mütterlicherseits Geschwister waren, seine Eltern also rechte Vetter und Base; infolgedessen hat er statt 4 Urgroßelternpaare = 8 Ahnen auf dem III. Generationskreis nur 3 Urgroßelternpaare = 6 Ahnen. Aus der Zeichnung ergibt sich ferner, daß 4 und 10, d. h. der Großvater väterlicherseits und der Vater der Großmutter mütterlicherseits Brüder waren, daß also die Eltern des Probanden nicht nur (von der einen Seite her: 5 und 6) Geschwisterkinder, sondern auch (von der anderen Seite her: 4 und 7) Kinder von Oheim und Nichte waren; infolgedessen gehört das Brüderpaar 4 und 10, als solches einer und derselben Generation angehörig, dennoch zwei verschiedenen Aszendenzkreisen II und III zu, und daraus resultiert der bemerkenswerte Tatbestand, daß die Urgroßeltern 12, 13 des Probanden gleichzeitig seine Ururgroßeltern sind, also sowohl dem III. wie dem IV. Aszendenzkreise zugehören und auf letzterem als 12_1 und 13_1 markiert sind; 12 und 13 sind mit 12_1 und 13_1 identisch. Diese Beziehungen haben weiterhin die eigentümliche Folge, daß einem und demselben, nämlich dem IV. Ahnenkreise gleichzeitig zwei Elternpaare (14, 15 und 16, 17) und deren Kinder (12_1 und 13_1), miteinander verheiratet, angehören! — Obwohl also unter der Aszendenz des Probanden — soweit die vorliegende Sippschaftstafel reicht — nur eine Blutsverwandtenehe bestand, nämlich die seiner Eltern, aber weil deren Blutsverwandtschaft eine zweifache war, hat er bis zum IV. Ahnenkreise, d. h. bis zur Ururgroßeltern-Generation statt der normalen 30 verschiedenen Vorfahren deren nur 22 (23 abzüglich des Probanden selbst)! In der nächsten Ahnenreihe würde das Verhältnis der Soll- zur Ist-Zahl schon 62:30 sein!

Dies alles sind ungewöhnliche Fälle von Inzucht.

Wir müssen uns aber vergegenwärtigen, daß ein gewisses Maß von Inzucht in der Sexualgeschichte der Menschheit eine naturnotwendige Erscheinung ist und alle Menschen aus einer ganzen Serie von Verwandtenehen stammen. Würde dem nicht so sein, so müßten nach der Berechnung von *Plate*[1]) im Jahre 1 etwa 130 000 000 000 000 000 Menschen gelebt haben, aber schon für die Zeit der Gotik, des Rittertums und der Hohenstaufen hat *Hagen*[2]) die phantastische Zahl von 1 Milliarde Ahnen für jeden Menschen ermittelt. Es hängt mit dem Vorgang der Fruchtbarkeitsauslese, d. h. der ungleichen Vermehrung der Menschen zusammen, daß die Individuen einer Population allmählich miteinander immer verwandter wurden, um so mehr, je schärfer die Auslese waltete. So kommen noch immer viel mehr Verwandtenehen vor, als gewöhnlich angenommen wird. Für Vetternehen ersten Grades haben *Mayet*[3]) und *Lenz*[4]) zwar nur 1% aller Ehen in Deutschland berechnet, aber unter bestimmten Bedingungen sind diese weit häufiger; fand doch z. B. *Reutlinger*[5]) unter 117 jüdischen Ehen zweier hohenzollernscher Kleinstädte nicht weniger als 19 = 16,2% Vetternehen ersten Grades. Ähnlich wie bei den Juden verhält es sich nach *Wulz* „bei Gemeinden, die ringsum von andersgläubiger oder

1) Vererbungslehre, Leipzig 1913.
2) Zum Problem der Gattenwahl, Ztschr. f. Sex.-Wiss. 1926/27, Bd. XIII, Heft 10.
3) Jahrb. f. vgl. Rechtsw. u. Volksw., Berlin 1903.
4) *Baur-Fischer-Lenz:* Menschliche Erblichkeitslehre, 2. Aufl., München 1923.
5) Arch. f. Rassen- u. Gesellschafts-Biologie, 1923.

andersstämmiger Bevölkerung umgeben sind. Noch höher ist die Zahl der Verwandtenehen dort, wo fast unüberwindliche geographische Hindernisse wie Berg, Meer und Ödland die Wahl des Ehegatten auf einen kleinen Kreis beschränken". Biologische und bevölkerungsstatistische Erwägungen dieser Art lassen uns erkennen, daß theoretisch zwischen allen Menschen, mindestens zwischen Angehörigen *eines* Volkes —, namentl. einer *Rasse*, Blutsverwandtschaft besteht und ihre Eheschließungen im *gametischen* Sinne Verwandtenheiraten darstellen. Verwandtenehen im *familialen* Sinne unterscheiden sich also nur durch den *Grad* der Konsanguinität, wobei aber zu bedenken bleibt, daß mittels der Wahrscheinlichkeitsrechnung erweislich ist, daß bei einer gewissen Anzahl genealogisch nicht verwandter Individuen die gleiche Erbkonstitution vorhanden sein muß wie bei ganz nahen Blutsverwandten (*Hofstätter*). Schon aus diesen Überlegungen ergibt sich, daß von der Verwandtenehe im üblichen Sinne *völlig eigenartige* und *nur ihr* zukommende Fortpflanzungswirkungen *nicht* zu erwarten sein dürften.

Was bedeutet nun Konsanguinität der Vorfahren für die Grundlegung der Erbkonstitution der Nachkommen? Einleuchtender Weise eine *Häufung an bestimmten Erbmassen*. An der Zusammensetzung und dem Aufbau des individuellen Idioplasmas nimmt im Falle der elterlichen oder voreIterlichen Blutsverwandtschaft ja nur eine geringere, will sagen: weniger vielfältige Menge von Erbfaktoren teil als im Falle der Nichtverwandtschaft. Dieser *Mangel an Buntheit* der Erbstruktur schließt einerseits eine *Herabsetzung möglicher* Entwicklungs*weisen*, andererseits eine *Intensivierung gegebener* Entwicklungs*möglichkeiten* ein — beides nach der wertpositiven und -negativen Seite. Mit anderen Worten: es kommt darauf an, *was für* Erbgut in den bestimmten Fällen von Verwandtenpaarungen gehäuft wird. Der elterlichen Konsanguinität können die Kinder sowohl eine Konzentrierung von *Vorzugsmerkmalen* zu danken wie eine Ballung von *minderwertigen* Erbanlagen vorzuwerfen haben. Die *Gefahren* der Verwandtenehen liegen natürlich in *dieser* Auswirkungsweise, wobei zu erinnern ist, daß die Ehe zwischen nur *gametisch* konsanguinen Menschen in dem oben dargelegten Sinne denselben Zeugungswert oder -unwert hat wie die „eigentliche" Blutsverwandtenehe.

Die praktisch bedeutsame Wirkung der Verwandtenpaarung ist die *Häufung krankhafter rezessiver Erbanlagen*, die es verursacht, daß aus solchen Ehen trotz der persönlichen (phänotypischen) Gesundheit der Gatten selbst, nämlich wenn diese mit der gleichen (rezessiven) Krankheitsanlage im Erbplasma behaftet sind, manifest kranke Kinder hervorgehen können. Nun haben aber „eine erbliche Belastung mit rezessiven Erbübeln sehr viele Familien, meist ohne daß den Familienangehörigen etwas davon bekannt ist. In der einen Familie steckt dieses, in der anderen jenes Übel. Heiraten außerhalb der Familie lassen die erbliche krankhafte Anlage nicht homozygotisch heraustreten, Heiraten innerhalb der Familie begünstigen das Auftreten" (*E. Baur*[1]), und zwar muß man, wie eine einfache von *Lenz* angestellte Überlegung klar macht, um so häufiger die Verwandtenehe bei den Eltern der Erkrankten finden, je seltener die Krankheitsanlage ist. So fällt die Häufigkeit z. B. des Zwergwuchses, der hereditären Ataxie, der Taubstummheit usw. bei elterlicher Konsanguinität oder gar chronischer familiärer Inzucht auf und verdächtigt die Verwandtenehe zu Unrecht spezifischer, nur ihr eigentümlicher Gefahren für die Nachkommenschaft.

Ein anschauliches Beispiel, wie durch Verwandtenehe rezessive Erbanlagen sichtbar werden können, gibt der Stammbaum einer Klumpfuß-Familie nach *Fetscher*[2]), worin zugleich die möglichen Folgen intensivster Verwandtenpaarung, des Inzestes, verdeutlicht wird.

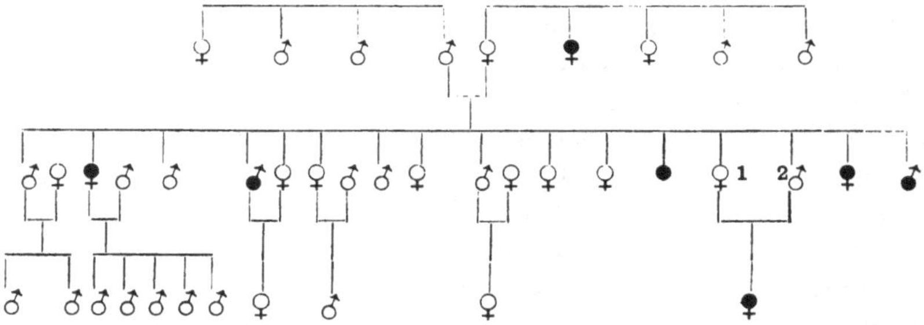

1 und 2 sind Geschwister — beide mit normalen Füßen, während das aus ihrem Inzest hervorgegangene Mädchen die Mißbildung aufweist.

Während hier ein schon wiederholt in der Familie aufgetretenes Übel, von dem aber die beiden Erzeuger selbst frei waren, bei dem Kinde aus dieser inzestuösen Paarung wieder manifest wurde — wobei zu beachten bleibt, daß die Großeltern persönlich den Defekt ebenfalls nicht aufwiesen und trotz ihrer Nichtverwandtschaft, offenbar infolge dennoch vorhandener gleichsinniger rezessiver Erbbeanlagung, neben 10 gesunden Kindern 5 mit der Mißbildung behaftete Kinder erzeugt hatten —, zeigt ein von *Albrecht*[3]) veröffentlichter Stammbaum das erstmalige Auftreten von Taubstummheit infolge konsanguiner Häufung rezessiver Erbanlagen:

---

[1]) *Baur-Fischer-Lenz* a. a. O.
[2]) Grundzüge der Erblichkeitslehre, Dresden o. J. (1924).
[3]) Nach *Fetscher* a. a. O.

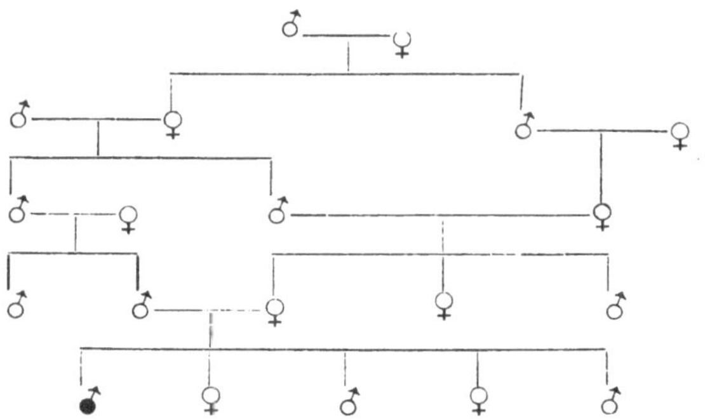

Auf welche Weise rezessive Krankheitsanlagen, die bisher in einer Familie noch nicht als Krankheiten in Erscheinung traten, unter dem Einfluß einer Homozygotisierung durch Verwandtenehe erstmalig zur manifesten Krankheit realisiert zu werden vermögen, mag folgender Stammbaum von *Boehm* verdeutlichen, der sich auf zwei Fälle von Netzhautschwund bezieht: dabei muß allerdings die Kenntnis der wesentlichen Normen der Vererbungsvorgänge vorausgesetzt werden:

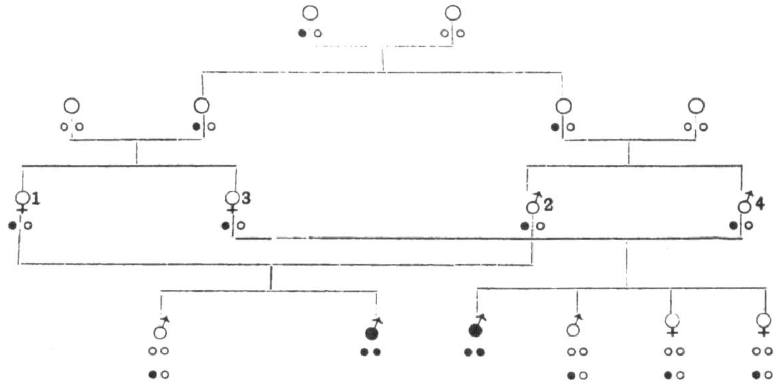

Die kleinen Kreise stellen die Erbanlagepaarlinge dar, und zwar bedeuten kleine schwarze Kreise „Krankheitsanlage", kleine weiße „Fehlen der Krankheitsanlage". Bei den Nachkommen aus den beiden Vetternehen (zwischen 1 und 2, 3 und 4) läßt sich außer bei den äußerlich Kranken (den kranken Phänotypen), die ja reinerbig (homozygot) sein müssen, das Erbbild aus dem Erscheinungsbild nicht mit Sicherheit erschließen. Es sind deshalb die zwei genotypischen Kombinationsmöglichkeiten angegeben: beide Erbanlagepaarlinge defektfrei oder ein gesunder und ein defekter Paarling. (Aus: Fetscher, a. a. O.).

Wenn wir diese Vorgänge verfolgen und uns andererseits der früheren Inbeziehungsetzung zwischen biologischer und genealogischer Verwandtschaft erinnern, so wird deutlich, daß die provokatorische Wirkung einer Amphimixis auf krankhafte rezessive Erbanlagen sich gelegentlich in ganz gleicher Weise auch bei Abwesenheit von Konsanguinität geltend machen muß. Für diese Vorkommnisse ist das von *Bleuler*[1]) beobachtete untereinander nicht verwandte Ehepaar, das nur Mikrokephale zeugte, während jeder der beiden Eltern mit einem anderen Gatten gesunde Kinder bekam, ein anschauliches Beispiel. Die Homozygotisierung ist also grundsätzlich von Blutsverwandtschaft der Gatten unabhängig.

Nach allem diesem: Der Zeugungswert der Geschlechtsverbindungen zwischen Verwandten wird — wie jedes Geschlechtspaares — durch die beiderseitigen Erbkonstitutionen bestimmt. Nur daß hier diese beiden Konstitutionen, die Idioplasmen, einander durchschnittlich ähnlicher sind als im Regelfall. Daß diese Ähnlichkeit — im Sinne *R. Demolls*[2]): die gegenseitige Ungiftigkeit von Spermie und Ei — soweit gehen könnte, daß es dadurch nicht zu dem für die Befruchtung und einen normalen Aufbau des Foetus erforderlichen „Entwicklungsreiz" kommt, ist für menschliche Verhältnisse nicht leicht anzunehmen, da auch bei der weitestgehenden Übereinstimmung zweier Idioplasmen — wie etwa bei eineiigen Zwillingen — die Differenzen ihrer Komposition und Struktur noch erheblich genug sein dürften, um nicht aus solchem Grunde unfruchtbar miteinander bleiben zu müssen. Wo die „Inzuchtsterilität" auf „Verlustmutationen" im Sinne *Johannsens* und *Bromans* beruht, würde die Ursache in dem Zusammentreffen rezessiver Defektanlagen der Fortpflanzungs-Organe oder -Funktionen (Infantilismen u. ä.) zu suchen sein und nur einen besonderen Fall konsanguiner Homozygotisierung darstellen. Ob dieser Zusammenhang beim Menschen wirklich vorkommt, ist aber noch fraglich.

Bei der notwendigen Unterscheidung zwischen dem „eigentlichen" Zeugungswert der Verwandtenehen und ihren nur auf „persönlichen" Faktoren beruhenden Folgen ist schließlich und zwar sehr ernstlich auch zu bedenken, daß die Neigung zur Eingehung einer Blutsverwandtenehe — wo nicht äußere Umstände zu ihr nötigen — oft einer psychopathischen Anlage, dem von *Hentig*[3]) sog. „Inzestoid" und der von *Stelzner*[4]) namentlich auf Seiten des Mannes gerügten Bequemlichkeit und Kampf- und Eroberungsunlust entstammt. *M. Hirschfeld*[5]) hat darauf aufmerksam gemacht, daß Männer mit homosexueller Veranlagung häufig ihre Cousinen heiraten. Da bei solchen Männern die sexuelle Aktivität gegenüber dem weiblichen Geschlecht minimal ist, ist

---

[1]) Lehrbuch d. Psychiatrie, 3. Aufl., Berlin 1920.
[2]) Zool. Jahrb. 1923, S. 443 f.
[3]) *H.-Viernstein:* Untersuchungen über den Inzest, Heidelberg 1925.
[4]) Ztschr. f. d. ges. Neurolog. u. Psychiatrie, 1924, 93, 3/5.
[5]) Sexualpathologie, Bonn 1918.

— wie *Karl Abraham*[1]) zutreffend hervorhebt — die Wahl einer Verwandten für sie eine besondere Bequemlichkeit. *Abraham* selbst hat schon vor bald 20 Jahren für viele Fälle die Verwandtenehe als Ausdruck einer neurotischen Fixierung an das infantile Liebesobjekt wahrscheinlich gemacht, derzufolge die Applikation an fremde Personen des anderen Geschlechts erschwert ist; so stehen zunächst zwei Möglichkeiten offen: unverehelicht bleiben oder Heirat eines Blutsverwandten. In der Tat finden wir in Familien, in denen sich die Verwandtenehen häufen, auffallend oft auch viele ehelose Personen, und es ist mir nicht zweifelhaft, daß die psychoanalytische Auffassung eines beachtlichen Teiles der Verwandtenehen als „neurotischer Endogamie" durchaus richtig ist. In allen derartigen psychopathisch oder neuropathisch determinierten Fällen würde Kinderlosigkeit oder Kinderarmut vorwiegend willkürlich herbeigeführt oder auch durch eine besondere Triebschwäche bedingt sein, während Minderwertigkeiten des Nachwuchses als einfache Vererbungs- oder gar nur als Milieu-Wirkung (traditionelle Vererbung) ohne weiteres verständlich wären. Unter diesen Umständen leuchtet auch ein, daß die besondere psychisch-charakterelle Eigenart derjenigen Individuen, die einen Verwandten zum Gatten wählen (sofern hier überhaupt von „wählen" im eigentlichen Sinne gesprochen werden kann), die beiderseitige Übereinstimmung in Tradition und Lebensanschauung, kurz: die gesamte Voraussetzung und Struktur der Verwandtenehe vielfach einer im ganzen reibungslosen und harmonischen Gattenbeziehung sehr günstig ist, so daß *Molls*[2]) Erfahrungen über die durchschnittliche Glücklichkeit von Verwandtenehen insoweit allgemeiner Beobachtung entspricht, als sie an denjenigen konsanguinen Ehepaaren gewonnen ist, die der syntonen Gruppe Kretschmers zugehören. Das ist ein erheblicher Teil. Anderseits sind aber nicht wenige Verwandtenehen ausgesprochen „schizoide" Ehetypen, — was nach ihrer psychischen und sozialen Vorgeschichte ebenfalls nicht verwunderlich sein kann. In diesen Fällen ist die Verwandtschaft der Ehegatten grade die psychische Wurzel charakteristischer Ehekonflikte.

Für die ärztliche Eheberatung stellt sich somit das Problem der Verwandtenehe folgendermaßen dar: In jedem einzelnen Falle ist die Gesundheitsgeschichte der Familien der Ehekandidaten genaustens zu erforschen und daraus ihr individuelles Erbbild zu erschließen, wobei die Hauptaufmerksamkeit auf rezessive Plus- und vor allem Minus-Varianten zu richten ist. Die bloße Berücksichtigung der direkten Vorfahren, selbst wenn, wie gefordert worden ist,

[1]) Über neurotische Endogamie. In: Klinische Beiträge zur Psa. Wien 1921.
[2]) Handbuch der Sexualwissenschaften. 3. Aufl., Leipzig 1926.

mindestens drei Generationen untersucht werden, genügt selbstverständlich nicht (*O. Aichel*[1]). Erst aus dem Sippen-Befund also ist unter wesentlicher Berücksichtigung des Verwandtschaftsverhältnisses — dieses ist, insofern irgend ein Merkmal aus einer Vorfahrenreihe stammt, die garnicht die Verwandtschaft begründet, für die vorliegende Frage selbstverständlich irrelevant — der Zeugungswert der beabsichtigten Ehe nach Möglichkeit und Wahrscheinlichkeit zu ermitteln. Wir sahen, daß rezessive Erbübel eine außerordentliche Verbreitung haben und andererseits den Verwandtenpaarungen eine homozygotisierende Wirkung eigentümlich ist. Darum müssen Ehen zwischen Blutsverwandten in der Mehrzahl der Fälle in praxi fortpflanzungshygienisch bedenklich erscheinen. Aber wenn das familiale Erbgut unversehrt ist, kann von einer Gefährdung der Nachkommenschaft durch die bloße Tatsache der Konsanguinität nicht die Rede sein, bei besonders guter Qualifizierung der Keimplasmen sogar das Gegenteil zutreffen. Selbstverständlich ist auch ein dominant-erbliches Familienübel, wenn die verwandten Ehegatten selbst nicht mit ihm behaftet sind, auch durch die Konsanguinität nicht wieder zu aktivieren, denn es muß ja aus dem Idioplasma ausgeschieden sein, weil es sonst eben kraft seiner Dominanz auch am Phänotypus sich hätte offenbaren müssen. So ist Verwandtschaft auch in dem Falle für den Zeugungswert der Ehe belanglos, wenn der eine Partner von dem dominant-erblichen Familienübel befallen, der andere frei ist, denn dieser kann auch nicht mehr sein Erbträger sein, so daß (im Hinblick auf dieses besondre Merkmal) nur der Zeugungswert des behafteten Teiles zur Prüfung steht. Daß die Erbvalenzen nicht nur nach dem einfachen Schema: dominant — recessiv, sondern auch nach den Gesichtspunkten der Heterogamie oder Homogamie, der geschlechtsabhängigen Vererbung usw. zu beurteilen und zu würdigen sind, braucht hier nicht ausdrücklich erwähnt zu werden. In den hier wie überall häufigen Fällen von einer Mischung tüchtiger und untüchtiger Erbanlagen wird die Stellungnahme des ärztlichen Eheberaters von der biologischen und kulturellen Bewertung und der spezifischen Erbvalenz der verschiedenen idioplasmatischen Anteile abhängig sein — nicht anders wie bei jeder Eheberatung. Handelt es sich nur um eine Beurteilung der Ehe-, nicht der Fortpflanzungstauglichkeit — weil die Ehe mit dem festen Vorsatz zur Kinderlosigkeit geschlossen wird oder weil einer der Partner nachweislich steril ist —, so dürfen natürlich die Zeugungswerte überhaupt vernachlässigt werden, und es sind nur die Personen auf ihre Eig-

---

[1]) Über Inzucht beim Menschen. Reichs-Gesundheitsblatt 1926. 40/41.

nung zur ehelichen Gemeinschaft, namentlich also zu der besonderen Eheführung mit dem oder der Blutsverwandten zu prüfen. Nach den angestellten Überlegungen kann gerade hier ein Widerspruch zwischen den beiden verschiedenen Orientierungen leicht möglich werden. Andererseits darf die Eugenik über Verwandtenehen auch bei zweifelhafter Güte der Keimplasmen eine gewisse Befriedigung empfinden. Denn einmal zeigt sich — worauf *Helenefriederike Stelzner* aufmerksam macht — in der Wahl des Gatten bezw. der Gattin aus der eignen Familie nicht selten eine Art potenzierten Rassegefühls, „das die schätzenswerten Eigenschaften des eignen Verwandtentypus, die bewunderten der Mutter, die respektierten des Vaters, die sich bei einem Vetter, bei einer Base wiederfinden, gern in das eigne Heim verpflanzt und bei seinen Kindern wiederzufinden hofft"; dieses Rassegefühl jedoch ist auch der Keim (freilich zugleich: Auswuchs) der rassenhygienischen Gesinnung. Zweitens aber richtet sich die eugenische Zielsetzung auf „Sammlung der letzten gesunden Idioplasmastämme und ihre möglichste Vermehrung, so daß sie sich im Laufe der Generationen an die Stelle der kranken setzen" (*Lenz*); dieses Resultat aber wird durch die Inzucht, da sie andernfalls unerkannt und unbekannt bleibende kranke Erbstämme kenntlich macht, gefördert. Für den Arzt, der im konkreten Falle um Begutachtung und Beratung angegangen wird, kann solche Erwägung aber selbstverständlich nicht maßgeblich sein. Schwer zu begreifen ist, daß der Preußische Landesgesundheitsrat, wenn er im Kampfe gegen die „Abtreibungsseuche" die eugenische Indikation für die Schwangerschaftsunterbrechung zwar grundsätzlich anerkennen, dieser Indikation aber möglichst enge und zuverlässig begründete Grenzen stecken will und dabei zu dem Leitsatz gelangt: „Die Unterbrechung darf vorgenommen werden, wenn . . . oder bei belasteten verwandten Ehen" (Veröffentl. a. d. Gebiete d. Medizinalverwaltg. XXIII, 1, S. 47 f.). Diese Formulierung ist wissenschaftlich unbrauchbar und kommt praktisch einer Freigabe des Abortes in der überwiegenden Mehrzahl von Verwandtenehen gleich.

Zum Schluß sei noch des Appells gedacht, den ein verstorbener bedeutender Psychiater an seine studentischen Hörer zu richten pflegte, nachdem er ihnen einen Geisteskranken demonstriert hatte, dessen Familiengeschichte elterliche oder voreIterliche Konsanguinität aufzeigte: „Also meine Herren, hüten Sie sich vor den hübschen Cousinen!" Aus den vorstehenden Auseinandersetzungen dürfte deutlich geworden sein, in wieweit diese — aus der Zeit vor der Wiederentdeckung der Mendelschen Erbnormen und vor der neu erworbenen Einsicht in die Vererbungsvorgänge stammende — Mahnung in ihrer

Verallgemeinerung fehlgeht, in wieweit sie aber auch eine wohl beachtliche Forderung eugenischen Verantwortungsbewußtseins enthält[1]).

II. Die Mischehe.

Als „Mischehe" wird eine Ehe bezeichnet, in der die Gatten entweder zwei verschiedenen Religionen bzw. Konfessionen oder zwei verschiedenen Rassen bzw. Volkstümern angehören. Sie ist also gleichsam das Gegenstück zur Verwandtenehe, insofern diese durch eine überdurchschnittliche Ähnlichkeit, die Mischehe aber durch eine überdurchschnittliche Unähnlichkeit der Ehegatten gekennzeichnet ist.

Die Zugehörigkeit zu einer bestimmten Religionsgemeinschaft ist unmittelbar nur ein statistischer Tatbestand, der als solcher die Persönlichkeit eines Individuums und seine Beziehung zu einem anderen Menschen garnicht berührt. Allerdings entspricht jenem formalen Sachverhalt im Regelfalle eine besondere Tradition — von andren Beziehungen wird noch zu sprechen sein — mit der Wirkung einer eigenen religiösen Gesinnung. Aber in den Fällen, in denen Angehörige verschiedener Kirchen- oder sonstiger Glaubensgesellschaften die Ehe miteinander eingehen, dürfte jene Wirkung — zum mindesten bei dem einen von beiden — fast immer verfehlt, jedenfalls um diese Zeit nicht vorhanden sein.

Daß ein gläubiger Protestant eine fromme Katholikin und diese jenen heiratet, oder daß ein gläubiger Christ und ein frommer Jude einander ehelichen, wird nur ganz ausnahmsweise möglich sein, nämlich bei entscheidender Maßgeblichkeit rein äußerer Motive, die einer derartigen Verbindung den wesentlichen Charakter einer Ehe überhaupt nehmen. Daß etwa eine Ehe zwischen zwei in ihrer religiösen Einstellung grundverschiedenen Partnern unter der Einwirkung erotischer bzw. sexueller Anziehung geschlossen wird, geschieht vollends nur vereinzelt, weil normaler Weise das persönliche Hingefühl auf dem Boden einer so gegensätzlichen geistigen und seelischen Lebenshaltung nicht erwachsen kann; die dennoch aus einer alle Klüfte zweier entgegengesetzter Weltanschauungen und Gottbeziehungen überspringenden Leidenschaftlichkeit der Sinne resultierende Ehe ist aber nicht so sehr durch das Wesensmerkmal einer Mischehe als einer Psychopathen-Ehe gekennzeichnet. So ist wohl auch die Meinung *W. H. Riehls*[2]) zu verstehen: „Eine völlige Verschiedenheit der Religion beider Ehegatten kann gar nicht gedacht werden, denn eine solche Ehe würde von vornherein ihrem vollem Begriffe nicht entsprechen." Andererseits ist auch in ungemischten Ehen eine tiefe religiöse Gemeinschaft höchst selten. Wenn Partner verschiedener Religion sich zur Ehe zusammenfinden, so sind sie jedenfalls in unserem Kulturbereich mit seiner verhältnismäßig starken Ausgeprägtheit der einzelnen Glaubenssysteme — im Gegensatz etwa zu China, dem „größten Beispiel für Religions-

---

[1]) S. zu dem Kapitel auch: *Max Marcuse,* Inzucht und Verwandtenehe, im HWB. d. SW., 2. Aufl., Bonn 1926.

[2]) Die Familie. III Bd. der „Naturgeschichte des Volkes . . .", Stuttgart 1856.

mischung" infolge eines jahrtausendelangen Prozesses der Abschleifung und der Angleichung (*F. v. d. Heydt*) [1]) — fast durchweg nur noch dem Namen nach (aus Bequemlichkeits-, Zweckmäßigkeits- oder Pietätsgründen) Protestanten, Katholiken, Juden und in ihrer religiösen Gesinnung jedenfalls so liberal oder gar indifferent, daß in dieser Hinsicht gar nicht von einer „Mischung" gesprochen werden kann. Es mag aber auch an die seltenen Fälle gedacht werden, in denen der eine Partner noch einigermaßen stark im Glauben ist und dann den anderen, gleichgültigeren, durch Überredung oder Überzeugung für seine Religion oder Konfession gewinnt. Alle diese Sachverhalte werden durch die außerordentlich häufigen Übertritte und Umtaufen des einen Teiles und noch schärfer durch das gemeinsame Austreten beider Partner aus ihren bisherigen Religionsgruppen — vor oder während der Ehe — beleuchtet. Und das ja grade ist es, was die religiöse, richtiger: areligiöse Mischehe allen Glaubensgesellschaften und ihren Geistlichen als der Übel schlimmstes erscheinen läßt; werden sie doch von ihr bis ins Mark getroffen, wobei sie freilich zu übersehen pflegen, daß die Schließung der Mischehe von ihnen ohnedies schon Verlorenen zu erfolgen pflegt, die ständig zunehmende Verbreitung der Mischehen also nicht so sehr Ursache als vielmehr Symptom der fortschreitenden Loslösung von den religiösen Traditionen und Autoritäten bedeutet. Natürlich ist das Interesse, das die einzelnen Religionsgesellschaften an den Mischehen, sofern es sich um solche Fälle handelt, in denen mit ihnen der „Übertritt" eines der beiden Partner verbunden ist, ein verschiedenes je nach der Gruppe, zu der hin der Übertritt erfolgt und die damit in der Regel auch der Zukunft der Kinder versichert wird. Im allgemeinen hat von solchen Übertritten diejenige Religionsgemeinschaft den Gewinn, die entweder die Majorität in dem betr. politischen oder kulturellen Bezirk vertritt oder über die strengeren Zuchtmittel verfügt. Wo beide Voraussetzungen durchweg fehlen wie beim Judentum des Westens, wirkt die Mischehe in dieser Beziehung deletär, und wir sehen tatsächlich die jüdischen Religionsgesellschaften Westeuropas vor unseren Augen an der Mischehe zugrunde gehen.

Es ist klar, daß diese Bedeutung der Religions-Mischehe den hier zu behandelnden Zusammenhang nicht berührt. Uns können an dieser Stelle nur folgende Erwägungen interessieren. Wenn sich aus den bisherigen Darlegungen ergibt, daß die Verschiedenheit des religiösen Bekenntnisses an sich in der Regel einen eigenen psychischen Tatbestand für die Eheschließenden nicht bedeutet, so bleibt doch dem gegenüber zu erinnern, einmal daß das Schicksal einer Ehe weitgehend von den Beziehungen der Gatten zu ihren eigenen und den gegenseitigen Familien mitbestimmt wird, diese Beziehungen aber durch die Religionsfremdheit häufig getrübt erscheinen, und zum anderen, daß die Eheschließenden geistig-seelisch noch durchaus unfertig zu sein pflegen, jedenfalls in ihnen sehr wohl die Möglichkeit einer Entwicklung gegeben ist, an der die religiöse Vergangenheit, obschon z. Zt. der Eheschließung unwirksam geblieben oder geworden, im Verlaufe der Ehe entscheidenden Anteil nimmt, und die dann die innerliche Gemeinschaft, insbesondere auch die Erziehungsgemeinschaft der Ehe in Frage stellen kann. Hierzu würde folgendes zu bemerken sein.

---

[1]) Die Mischehe. Praktisches Handbuch für evangelische Mischehenarbeit. Berlin 1926.

Grade in Mischehen ist durchschnittlich die Abhängigkeit der Gatten von der Familie gering; ist doch die Bereitschaft zur Mischehe in der Regel auf dem Boden a f a m i l i ä r e r Gesinnung, wenn nicht gar einer familienfeindlichen Tendenz erwachsen, die freilich nicht dauernd Bestand zu haben braucht. Andererseits sind in der Mehrzahl der Fälle von Mischehen auch schon die Familien nur mehr oder weniger locker mit der religiösen Tradition verknüpft, sodaß sie an dem Religionsunterschied a n u n d f ü r s i c h nicht Anstoß nehmen, sogar gern ihre „grundsätzliche" Billigung der Mischehe betonen.

Wenn sie in dem einzelnen Falle dennoch eine derartige Verbindung zu verhindern, herabzusetzen oder zu zerstören trachten, so gilt ihr Verhalten im Grunde nicht der religiösen Misch-, sondern der sozialen oder ökonomischen M i ß ehe, als welche tatsächlich solche Ehen in einem sehr hohen Prozentsatz der Fälle sich kennzeichnen. Bei Übereinstimmung der gesellschaftlichen und wirtschaftlichen Verhältnisse oder wenn nach der einen oder anderen dieser Richtungen hin die Verbindung gar Vorteile zu bringen verspricht, so erscheint auch den Familien die Religionsunterschiedlichkeit einigermaßen belanglos. Charakteristische Beispiele für solche Begebenheiten sind die freilich nicht mehr aktuellen Eheschließungen zwischen Angehörigen einander religionsfremder D y n a s t i e n oder zwischen armen c h r i s t l i c h e n A d l i g e n und reichen J ü d i n n e n; aber auch abseits von diesen Gesinnungs- und Instinktlosigkeiten deckt eine erhebliche Anzahl von Mischehen in tüchtigen und anständigen Familien aller Bevölkerungsschichten die wahren, wenn auch oft unbewußten Zusammenhänge auf, die sich häufig hinter einer Ablehnung nicht etwa der Mischehe an sich, sondern nur der besonderen Gattenwahl verbergen.

Dabei darf nun aber keinesfalls übersehen werden, daß religiöse Verschiedenheiten der Eheleute oder Ehekandidaten, namentlich in Deutschland, weitgehend auch eine Verschiedenheit a n d e r e r Beziehungen als nur der religiösen Tradition und Umwelt bedeuten. Einmal gehören bei uns die Katholiken durchschnittlich zu den sozial minder gut gestellten Bevölkerungsschichten, zum zweiten sind sie vielfach politisch besonders orientiert, und drittens leben die beiden Konfessionen — abgesehen von den Großstädten — meist unter verschiedenen landschaftlichen und klimatischen Bedingungen. In allen diesen Umständen — ihre Verknüpfung mit überdies noch biologisch-anthropologischen Merkmalen wird in späterem Zusammenhange berücksichtigt werden — liegen Keime zu Differenzen zwischen den Gatten und den beiderseitigen Familien, — zu Differenzen aber, die gegenüber der Religionsverschiedenheit A k z i d e n t i e n darstellen und n i c h t der Mischehe a l s s o l c h e r zugehören. Was insbesondere den Einfluß der F a m i l i e angeht, so ist ihr Wühlen und Hetzen auch in einer Unzahl von Ehen o h n e Mischcharakter spürbar und von mehr oder weniger zerrüttendem Erfolg begleitet, sodaß grade bei der Betrachtung von Eheschicksalen ganz allgemein der n e g a t i v e Sinn des doppeldeutigen Wortes „Familienbande" allzu oft erkennbar wird.

Die oben erwähnten durchschnittlichen Verknüpfungen der religiösen Verschiedenheit der Gatten mit Schwierigkeiten, die abseits von der Religions- und Konfessionsfrage gelegen sind, können sich selbstverständlich auch in den Beziehungen zwischen den Gatten persönlich geltend machen, sind dann aber ebenfalls nicht geeignet, die Verantwortung dafür der Mischehe als solcher aufzubürden, sondern lediglich die allgemeine Problematik des Zusammenpassens der Ehegatten und der Gattenwahl aufzuzeigen. Anders verhält es sich anscheinend in den Fällen, in denen die religiöse Herkunft und Vergangenheit späterhin sich irgendwie durchsetzt und, etwa als Ausdruck der wechselnden Psyche der Altersstufen, Differenzen schafft, die zur Zeit der Heirat nicht voraussehbar waren. Aber auch hier handelt es sich kaum je um ein spezifisches Mißgeschick der Mischehe, sondern nur um eine besonders gefärbte Erscheinung unvermeidbarer Ehenot schlechthin. Jede Eheschließung ist ein Wagnis, dessen Mißlingen in der überwältigenden Mehrzahl der Fälle auf eine geistig-seelische Auseinanderentwicklung der Gatten im jahrelangen und jahrzehntelangen Verlauf der Ehe zurückzuführen ist und innerhalb wie außerhalb der Mischehe das Ziel innerlicher Verbundenheit durch die Gemeinsamkeit des Erlebens verfehlen läßt. Dabei spielen religiöse Scheidungen in unserem Kulturbereich ganz offensichtlich die geringste Rolle, obschon ihre Bedeutung nicht völlig geleugnet werden kann, und so gut wie immer stellt diese Bedeutung sich dem tiefer forschenden Beobachter als ein Konflikt nur beinhaltender, nicht schaffender Notstand dar. Der Arzt lernt ihn namentlich bei einigen neurotischen Ehedisharmonien als vorwiegend psychoplastisches, nicht psychogenes Motiv — im Sinne *Birnbaumscher* Strukturanalyse — kennen, und zwar eher bei ungemischten als bei gemischten Ehen, weil bei diesen doch die durchschnittliche religiöse Indifferenz der Gatten eine solche Entwicklung immerhin seltener macht[1]). Wenn sie sich einstellt, leiden freilich die Erziehung und der Aufwuchs der Kinder am schwersten in der Mischehe, und infantile Erlebnisse dieser Art, die als Traumen die seelische Entwicklung nachteilig beeindruckten und ihr Gleichgewicht störten, habe ich des öfteren bei ärztlich-psycho-

---

[1]) In vollem Einklang mit dieser Beobachtung steht die Erfahrung *Wilh. Kahls* über die Gründe für die Zerrüttung von Ehen. Im Rechtsausschuß des Reichstages nannte *Kahl* gelegentlich der Beratung über die Reform des Scheidungsrechtes am 25. I. 1927 als dritten der diesbezgl. Hauptgründe: „Bei starker religiöser Empfindsamkeit und Empfindlichkeit beider Ehegatten hat die Gesinnungseinheit dadurch einen geradezu tödlichen Stoß erlitten, daß der eine Teil die Konfession oder Religion gewechselt hat oder daß sich schwere Konflikte aus der Empfindung der stärksten religiösen Verantwortlichkeit heraus hinsichtlich der religiösen Kindererziehung entwickelt haben. Ein Widerspruch, in dem sich die beiden Ehegatten nicht verständigen können. Hier handelt es sich hauptsächlich um Ehegatten mit tiefer sittlicher Empfindung und religiöser Stimmung."

logischen, namentlich auch psychoanalytischen Erhebungen feststellen müssen. Wie denn überhaupt, wo immer Religionsverschiedenheit der Gatten im Verlaufe der Ehe zu Schwierigkeiten führt, von diesen — worauf andeutungsweise bereits hingewiesen worden ist — die Ehe wesentlich in ihrer Bedeutung als Erziehungsgemeinschaft beeinträchtigt erscheint, während die unmittelbare Paarbeziehung weit weniger davon berührt wird. Daher hat das Vorhandensein von Kindern für die Gestaltung der Mischehe oft eine eigene Bedeutung, und der unter den Mischehen ganz besonders verbreitete Wille zur Kinderlosigkeit beruht wohl zum Teil auf dem Vorgefühl von Gefährdungen der ehelichen Harmonie durch die Erweiterung der Zweiergruppe zur „Familie". Damit wird natürlich der biologische Wert von Mischehen für solche Fälle mehr als fragwürdig.

Die Fruchtbarkeit der Mischehen war immer geringer als die der anderen Ehen. Im Jahre 1895 waren in Preußen gänzlich kinderlos überhaupt 11% der Ehen, dagegen von den Ehen zwischen protestantischen Männern und katholischen Frauen 21,4%, von den Ehen zwischen katholischen Männern und protestantischen Frauen 21,1%, von den Ehen zwischen christlichen Männern und jüdischen Frauen 34,2% und von den Ehen zwischen jüdischen Männern und christlichen Frauen 36%. Durchschnittlich kamen in den Jahren 1875—1900 in Preußen auf jede katholische Ehe 5 Kinder, auf jede evangelische Ehe 4, auf jede katholisch-evangelische Mischehe 3,1 Kinder; andererseits auf rein jüdische Ehen je 3,8, dagegen auf die christlich-jüdischen Mischehen je 1,7 Kinder. Dabei ist beachtlich, daß die Statistik ja nur solche Ehen als Mischehen erfaßt, die zur Zeit der Erhebung den Mischcharakter aufzeigen, infolgedessen an dem Problem selbst überhaupt vorübergeht. Unter diesen Umständen bedürfen die statistischen Ermittlungen verschiedener Berichtigungen, von denen aber in dem vorliegenden Zusammenhange abgesehen werden muß[1]).

Hier kommt es nur auf die Feststellung an, daß die Religionsverschiedenheit der Gatten mit einer besonders starken Neigung zur Geburteneinschränkung und -verhütung verknüpft ist und Mischehen durch überdurchschnittliche Kinderarmut gekennzeichnet sind. Dieselbe individualistische Einstellung, aus der überhaupt die Bereitschaft zur Schließung einer Mischehe zu erwachsen pflegt, bewirkt den fortpflanzungsfeindlichen Sinn des „égoisme à deux" der in dieser Mischehe verbundenen Gatten. Obwohl die große Verbreitung der Kinderlosigkeit in den Mischehen grade in den Dienst einer möglichst ausschließlichen und unabgelenkten Paarbeziehung zwischen den Eheleuten gestellt ist und diese Aufgabe auch weitgehend erfüllt, kann es nicht wundernehmen, daß damit andererseits das mächtigste Hindernis für eine Scheidung fehlt.

[1]) Siehe hierzu und zu den folgenden Erörterungen überhaupt: *Max Marcuse*, Die Fruchtbarkeit der christlich-jüdischen Mischehe. Bonn 1920 — und *Max Marcuse*, Der Zeugungswert der Mischehe. Archiv für soziale Hygiene und Demographie 1926 (Mai).

Werden in Ehen mit Kindern die Gatten in der überwiegenden Mehrzahl der Fälle auch bei stärksten Divergenzen von der Scheidung durch die Rücksicht auf das Wohl der Kinder und durch die mannigfachen Schwierigkeiten der Auseinandersetzung noch immer letzten Endes zurückgehalten, so wird in kinderlosen Ehen schon bei viel weniger belangvollen Disharmonien die Scheidung beschlossen. Dieser Sachverhalt hat für den vorliegenden Zusammenhang eine desto größere Bedeutung, als jener Individualismus, unter dessen Zeichen die Mischehen stehen, und die ganze rationalistische Struktur der Persönlichkeiten, die zur Eingehung einer Mischehe geneigt sind, andererseits auch weniger Hemmungen kennen, wenn es gilt, aus Enttäuschungen an und in der Ehe die Konsequenz der Scheidung zu ziehen. Hier wie dort setzt sich eben eine weitgehende Unabhängigkeit von überkommenen Urteilen und Vorurteilen durch.

So ist es leicht verständlich, daß die Mischehen einen unverhältnismäßig hohen Prozentsatz zu den Ehescheidungen liefern, und eine Fehldeutung, darin einen Beweis für die größere Häufigkeit unglücklicher Ehen unter ihnen zu sehen, vollends ein Irrtum, solche späteren Mißverläufe als wesentliche Wirkungen der Religionsfremdheit der Gatten zu betrachten. Die wahren Zusammenhänge sollten aus den voraufgegangenen Darlegungen deutlich geworden sein.

Aus beiläufigen Bemerkungen mußte auch bereits hervorgehen, daß die Religions-Mischehe, von der grundsätzlich allein bisher gesprochen worden ist, häufig zugleich eine Mischehe auch in biologischem Sinne ist. Schon bei den evangelisch-katholischen Ehen wird vielfach eine Verbindung eingegangen zwischen Angehörigen zweier Bevölkerungsgruppen, die genotypisch verschieden konstituiert sind. Während in dem protestantischen Bevölkerungsteil Deutschlands die nordischen Rassenkomponenten stärker vertreten sind, entstammen die katholischen Kreise vorwiegend den Gruppen mit wesentlichem Gehalt an ostischen, mediterranen und dinarischen Rassenmerkmalen. Rheinländer, Bayern, Badenser und Ostmärker (mit vielem polnischem Blut) einerseits, Nord- und Niederdeutsche andererseits repräsentieren hauptsächlich die beiden konfessionellen Kategorien und stellen gleichzeitig die am meisten von einander abweichenden deutschen Gau- und Stammestypen dar. Dennoch werden diese Unterschiede bei der allgemeinen Verständigung über Mischehen in der Regel unberücksichtigt gelassen, zum Schaden zwar einer genügend „mehrdimensionalen" Betrachtung dieser Ehen und ihrer scheinbar spezifischen Schicksale, aber mit einigem Recht im Hinblick auf die eugenischen Fragestellungen, die sich im Anschluß an rassisch-ethnische Mischehen im Aberglauben und in der Wissenschaft erheben. Um von diesen Fragestellungen wesentlich betroffen zu werden, reicht die biologische Differenz zwischen den zwei Gruppen, die beide dem arisch-europäischen Rassengemisch zugehören, nicht aus. Das bedeutet implicite, daß es nur graduelle Unterschiede in der Distanz zwischen den beiderseitigen Genotypen sind, die die Rassen-Mischehen unter einen eigenen biologischen Gesichtspunkt zu rücken vermögen. Im folgenden soll nun die für unseren Kultur- und Sozialbereich weitaus wichtigste Form der Rassenmischung, nämlich die christlich-jüdische Mischehe, einer besonderen Würdigung unterzogen werden, wobei unter ihr fortan die eheliche Verbindung zwischen einem Rassejuden als solchem (nicht nur: Religionsjuden) und einem Vertreter des (ganz überwiegend einem der christlichen Bekenntnisse angeschlossenen) eingeborenen europäischen Rassetyps zu verstehen ist.

Von der außerordentlichen Verbreitung der christlich-jüdischen Mischehen und ihrer wachsenden Zunahme geben folgende Zusammenstellungen Aufschluß:

Es wurden in Deutschland geschlossen:

Ehen überhaupt	1910	496 396	1923	581 277
Mischehen überhaupt . . .		49 058		77 307
christlich-jüdische . .		1 003		2 004

Oder in anderer Inbeziehungsetzung:

	Eheschließungen in Deutschland			
1901 — 1910	zwischen Juden	38 332	zwischen Christen u. Juden	8 225
1911 — 1924		52 425		20 266

Dabei ist an die methodische Unzulänglichkeit der Statistik zu erinnern, die grade an christlich-jüdischen Mischehen im biologischen Sinne nur Mindestzahlen zu ermitteln vermag.

Es kann nicht zweifelhaft sein, daß die Mischehen zwischen Christen und Juden auch weiterhin fortschreitend zunehmen werden und allmählich ein vollkommenes Konnubium zwischen den Westjuden und der nichtjüdischen Stammbevölkerung eintreten wird. Daraus leitet sich ein erhebliches national- und kulturbiologisches Interesse an diesem Vorgange her, das in diesem Zusammenhange aber nur insoweit zu würdigen ist, als es mit dem Zeugungswert der christlich-jüdischen Mischehe unmittelbar verknüpft ist[1]).

Es wurde schon einleitend darauf hingewiesen, daß die Mischehe gleichsam das Negativ der Verwandtenehe (und umgekehrt) ist. Dies namentlich auch in biologischer Beziehung. Bedeutet die Konsanguinität der Vorfahren für die Nachkommen eine Häufung an bestimmten Erbmassen, da an der Zusammensetzung und dem Aufbau des Individualplasmas eine weniger vielfältige Menge von Erbfaktoren teilnimmt als im Durchschnitt, so ist das biologische Merkmal der Mischehe der Umstand, daß bei ihr Zahl

[1]) Darüber hinaus habe ich das fragliche Problem im Arch. f. soziale Hygiene und Demographie l. c. erörtert.

und Abstand der verschiedenen Erbanlagepaare, die sich bei der Zeugung zusammenfinden, ungewöhnlich groß sind. Die Folge davon ist, daß — nach den Normen der Vererbung — die Mischlinge die einzelnen Eigenschaften der Ausgangsrassen „in kaleidoskopartigem Durcheinander" zeigen (*Siemens* [1])). So kann es leicht geschehen, daß die Mischlinge sowohl im Körperbau wie im Charakter Disharmonien aufweisen, die in der Regel als gewichtigster Einwand gegen die Rassenkreuzungen betont werden. Damit werden aber ihr Ausmaß und ihre Bedeutung nicht zutreffend eingeschätzt. In seiner Polemik gegen *J. A. Mjoen* weist *W. E. Castle* [2]) mit Recht darauf hin, daß die verschiedenen (physischen und psychischen) Eigenschaften ja keine Einheitscharaktere im Sinne der Vererbungsbiologie sind, sondern auch bei rassengleichen Zeugungen durch die Kombination der mannigfaltigsten Erbfaktoren zustandekommen. Da der Mensch 48 (bzw. 47) Chromosomen hat, an deren jedes viele Erbanlagen gebunden sind, ist für jedes Individuum eine unerhörte Fülle von Kombinations-Möglichkeiten und -Notwendigkeiten für die Struktur seines Idioplasmas gegeben. Die besondere Buntheit der Mischlings-Konstitution braucht nun nicht nur nicht eine Herabsetzung der physischen oder psychischen Leistungsfähigkeit zu bewirken, sondern kann sich sehr wohl auch in einer gesteigerten Anpassungsfähigkeit und Reagibilitätsbreite und somit in einer Erhöhung der tatsächlichen Lebenstüchtigkeit des „Bastards" im Vergleich zu jedem der beiden Eltern auswirken. Immerhin sehen wir bei vielen Kindern rassenverschiedener Eltern, wenigstens in der ersten Generation, eine grobe Mischung von väterlichen und mütterlichen Elementen, die zum Teil recht unvermittelt nebeneinander liegen, wie dies den Mendelschen Erbregeln entspricht. „Fabelhafte Begabungen blitzen auf, welche nur aus dem Zusammentreffen der ungleichartigen Elemente der Eltern erklärt werden können, daneben finden sich aber auch unüberbrückbare Widersprüche und die Zerstörungen einer ganzen Persönlichkeit durch den körperlichen und seelischen Zwiespalt" — urteilt *W. Hagen* [3]) offenbar nicht aus dem Durchschnitt der Fälle, sondern aus Extremen, die aber für die Problematik der Mischehe besonders kennzeichnend und aufschlußreich sind. In den folgenden Generationen gleichen sich dann die Gegensätze aus.

Die rassische Verschiedenheit zwischen Juden und Nichtjuden ist als wissenschaftliche Wahrheit nicht weiter zu diskutieren. Desto frag-

---

[1]) Artikel „Bastard" im Handwörterbuch der Sexualwissenschaft. Herausgeg. von *Max Marcuse*. 2. Aufl. Bonn 1926.

[2]) Journ. of Heredity. Bd. 17. 1926.

[3]) Das Problem der Gattenwahl. Zeitschr. f. Sex.-Wiss. Bd. XIII, 1926, 10 u. 11.

würdiger ist der Grad der Rassenfremdheit zwischen beiden Menschheitsgruppen. In Europa hat die Jahrhunderte lange Gemeinsamkeit der Milieuauslese jedenfalls eine so bedeutende Übereinstimmung zwischen den Erbbildern bewirkt und die Extreme auf beiden Seiten, namentlich auf Seiten der Juden, so weitgehend ausgemerzt, daß für den Durchschnitt der Fälle von einem Rassengegensatz im Sinne der Vererbungsbiologie nicht mehr gesprochen werden kann. Insbesondere ist auch die Zahl der „Randindividuen" unter den Westjuden sehr beträchtlich[1]). Durchaus anfechtbar im einzelnen, aber ebenso schlüssig in der grundsätzlichen Erwägung sind folgende Ausführungen *Fishbergs*[2]):

„Zirka 30% der Juden in Deutschland haben blonde Haare, und ein großer Teil von ihnen hat helle Augen. Fast 15% haben beides, helle Augen und Haare, sind tatsächlich ihrer Rasse nach «Indogermanen», von deren idealem Rassetypus. Diese heiraten sicherlich nicht außerhalb der Grenzen ihrer Rasse, wenn sie blonde Christen heiraten. Die vielen Christen in Deutschland, die zu ihrem Leidwesen zum brünetten Typus gehören und vom anthropologischen Standpunkt der Rassen-Theoretiker als zur alpinen Rasse gehörig betrachtet werden, heiraten nicht außerhalb ihrer Rassegrenzen, wenn sie sich mit Juden von gleicher Rasseeigentümlichkeit vereinigen . . . Ähnlich können in Frankreich und Italien und in gewissem Grade auch in Deutschland Heiraten zwischen Juden und Christen vom ethnischen Standpunkt als «reine» Christen betrachtet werden, weil beide im weitesten Maße der sogenannten mittelländischen Rasse angehören. Alles, was die extremen Rasse-Theoretiker in ihren Bestrebungen zur Erhaltung der Rassereinheit von ihren Anhängern fordern können, ist, daß in ehelichen Angelegenheiten der Rassetypus des Individuums in Betracht kommen sollte . . ."

In dem vorliegenden Zusammenhange interessiert nicht die Frage nach der Bewahrung oder Bedrohung irgendeiner fiktiven Rassenreinheit oder überhaupt anthropologischer Rasseninteressen durch die christlich-jüdischen Mischehen, sondern nur die nach ihrer fortpflanzungshygienischen Bedeutung. Aber auch dafür haben die Darlegungen von *Fishberg* insofern Geltung, als auch für den gesundheitlichen Zeugungswert einer Mischehe zwischen Christ und Jüdin oder Jude und Christin die anthropologische Gruppenzugehörigkeit der Gatten — auch bei der von *Fishberg* unterlassenen Berücksichtigung der psychischen Tatbestände, die ja natürlich ebenfalls in der Rasse anlagemäßig begründet sind — sich als belanglos erweist, vielmehr nur die Qualität der beiden Individualplasmen über ihre Eignung zur Zeugung überhaupt und zur Zeugungsgemeinschaft insbesondere entscheidet, obschon gewisse Beziehungen „antinomischer Charaktere" zur Pathologie wahrscheinlich sind (*H. Hoffmann*[3])). Wie für die Verwandtenehe gibt es

[1]) Die Notwendigkeit, in diesem Zusammenhange zwischen Westjuden und Ostjuden zu unterscheiden, habe ich an anderer Stelle belegt. (Arch. f. soziale Hygiene u. Demographie, l. c.)

[2]) Diskussionsbemerkungen in Sexual-Problemen. Bd. VIII. 1912.

[3]) Das Problem des Charakteraufbaus, Berlin 1926.

auch für die Mischehe keinerlei Sonderbedingungen, die sie aus den allgemeinen Wirkenszusammenhängen zu isolieren vermöchten, nach denen die Schicksale der Ehen und ihre Fortpflanzungsfunktionen ablaufen. Die Normen, die das physische und psychische Zusammenpassen der Gatten, die eugenischen Forderungen der Gattenwahl und die Übermittlung des Erbgutes auf die Nachkommen bestimmen, sind unverändert auch für die (christlich-jüdische) Mischehe gültig; das heißt: das Kriterium für ihre Prognose ist der persönliche Faktor, und wesentlich ist nicht, welche Rassen sich verbinden, sondern welche Individuen. Dabei kann es natürlich hier wie überall für eugenische Fragestellungen immer nur auf den Genotypus ankommen.

Es sollte keines ausdrücklichen Hinweises darauf bedürfen, daß Genotypus und Rassentypus biologisch gesehen grundsätzlich identisch sind. Die Betonung der Notwendigkeit, bei der Würdigung des Mischehen-Problems und bei der ärztlichen Eheberatung in dem einzelnen Falle sich nicht an der Rassenzugehörigkeit der Partner, sondern an ihren persönlichen Genotypen zu orientieren, kann also nur den Hinweis auf die konstitutive Kompliziertheit der beiden Ausgangsrassen und die ungeheure Vielfältigkeit der Kombinationsmöglichkeit von Erbfaktoren in dem einzelnen Individuum bedeuten.

Nun kann nicht bezweifelt werden, daß bei der Befolgung dieser Richtlinien in praxi einer beträchtlichen Zahl von Mischehen zwischen Christen und Juden eine ungünstige Prognose gestellt werden muß; auch steht die Tatsache fest, daß die erwähnten extremen Fälle von Abartigkeiten der Bastarde grade bei Kindern aus christlich-jüdischen Mischehen häufig anzutreffen sind. Das hat seinen offensichtlichen Grund eben in der Besonderheit der individuellen Auslesebedingungen, unter denen diese Verbindungen zu stehen pflegen. Es handelt sich bei ihnen in der überwiegenden Mehrzahl um entweder aus erotischer Leidenschaft oder aber aus wirtschaftlicher oder sozialer Zweckbedachtheit geschlossene Ehen. In beiden Fällen — dort infolge der affektiven Einengung des Bewußtseins und Urteils, hier infolge des ganz anders orientierten Interesses — ist für eine vernünftige Erwägung der Ehe- und Zeugungsaussichten in der Regel kein Raum; namentlich eugenische Gesichtspunkte werden um so mehr vernachlässigt, als diese Ehen zu einem sehr erheblichen Teil von vornherein mit der Absicht eingegangen werden, kinderlos zu bleiben. Überdies treffen in den Mischehen aus persönlichem Hingefühl, die den größeren Anteil an den Verbindungen zwischen Christen und Juden haben, durchschnittlich besonders starke Kontraste zusammen, da es grade die psycho-biologische Gegensätzlichkeit der Typen zu sein pflegt, die hier zueinander treibt. Zwar konnte *Kretschmer*[1]) an gesunden Ehepaaren die „Kontrastehen" als die häufigeren nachweisen und diese Anziehung zwischen konstitutionellen Gegensätzen als günstig sowohl für den Bestand der Ehe als auch für die Beschaffenheit der Nachkommenschaft feststellen; aber bei jenseits der Grenze des Normalen stehenden Menschen scheint nach den Erhebungen von *A. H. Hübner*[2]) diese Art Gattenwahl nach beiden Richtungen hin ungünstig zu wirken. Und solche Persönlichkeiten nehmen augenscheinlich einen überdurchschnittlichen Anteil an den christlich-jüdischen Mischehen. Rebellische Charaktere, chaotische Konstitutionen, problematische Naturen — medizinisch gesehen: Psychopathen und Neurotiker setzen sich am ehesten über konventionelle Bedenken hinweg, suchen die Extreme, sind Propagandisten der Tat. Mit der zunehmenden Verbreitung der Mischehen werden diese fortschreitend ihre Sonderstellung im allgemeinen Urteil und Sentiment verlieren (und vice versa), und damit wird eine solche Gattenwahl auch immer weniger eine besondere persönliche Abartung zur Voraussetzung haben. Vorläufig aber ist jener Sachverhalt noch gegeben und von der erheblichsten Bedeutung für das richtige Verständnis der Beobachtung, daß von den Kindern aus Mischehen zwischen Christen und Juden ebenfalls ein verhältnismäßig hoher Prozentsatz vom Durchschnitt abzuweichen scheint. Nach der positiven wie nach der negativen Seite hin. Organische und traditionelle Vererbung, Konstitution und Familienmilieu, Geburt und Kindheitserlebnis wirken in einer — nicht für die Mischehe als Rassenkreuzung, sondern nur für die besonderen personalen (und sozialen) Bedingungen, unter denen sie geschlossen werden und als Zeugungs- und Erziehungsgemeinschaft funktionieren — spezifischen Weise auf die Nachkommenschaft, unter der wir viele biologisch und kulturell sowohl Minderwertige wie Höherwertige treffen.

Hierbei ist es notwendig, auch an dieser Stelle der schwer ausrottbaren Phantasie entgegenzutreten, daß den verschiedenen Rassen als solchen eine verschiedene Erbvalenz eigen sei und insbesondere bei der Zeugung zwischen Juden und Nichtjuden sich die Erbkraft der ersteren regelmäßig als die stärkere erweise. Das ist falsch, vielmehr gelten für diese Mischehen ganz die gleichen Vererbungsnormen wie für die Übertragung des elterlichen Erbgutes auf die Nachkommenschaft überhaupt. Durchschnittlich stehen die Kinder etwa mitten „zwischen den Rassen", und zwar so-

[1]) Die körperlich-seelische Zusammenstimmung in der Ehe. Zeitschr. f. Menschenkunde. 1925, I, 4.

[2]) Psychiatrische Eheberatung. D. M. W. 1927, Nr. 2.

wohl körperlich wie psychisch, sowohl mit ihren Vorzügen wie mit ihren Mängeln. Im einzelnen sind allerdings gemäß den Mendelschen Erbregeln auch die Extreme reichlich vertreten, d. h. viele Mischlinge ähneln ausgesprochen nur dem einen Elter und seiner Rasse — aber ohne Bevorzugung der einen oder der anderen [1]). Auch inwieweit die Mischlinge von der besonderen Verknüpfung zwischen Rasse und Geschlecht ihrer Eltern erbkonstitutionell bestimmt werden, richtet sich nach gar keinen anderen Normen als den allgemeinen bezüglich väterlicher und mütterlicher Erbvalenz. Mit diesen allgemeinen Normen steht der bei dem Nachwuchs christlich-jüdischer Mischehen oft auffallende „Dominanzwechsel" (*Kretschmer*) durchaus in Übereinstimmung. Man beobachtet ohnehin in manchen Ehen, daß Kinder in jungen Jahren der Familie des einen Elters nachschlagen, um dann im späteren Alter den Charakter der anderen Elternseite auszubilden (*H. Hoffmann* [2])). Bei stark kontrastierenden elterlichen Konstitutionstypen fallen solche phänotypischen Umwandlungen der Kinder begreiflicher Weise besonders auf. So weisen auch viele christlich-jüdische Mischlinge scheinbar einen spezifischen Rassewechsel auf, indem sie in der Jugend jüdischer aussehen als im erwachsenen Alter oder umgekehrt und in der einen Altersphase mehr einen „christlichen", in der andren mehr einen „jüdischen" Charakter besitzen. In Wirklichkeit handelt es sich um die typischen Strukturverschiebungen des Phaenotypus. Sie haben nach *Woltmann* ihre Ursache darin, daß die zweielterlichen Gestaltungskräfte erst im Gesamtprozeß des Lebens sich durchsetzen und daher nie in einer bestimmten Lebensperiode nach ihrem ganzen Werte offenbar werden.

Nach allem diesem gilt hinsichtlich der eugenischen Bewertung der Mischehe grundsätzlich ganz Ähnliches wie für die Verwandtenehe. Die Art dieser Gattenwahl ist an sich verdächtig auf eine ungünstige Personal-Auslese und macht eine sorgfältige Prüfung der beiden Genotypen zur Pflicht. Die Tatsache der Rassenverschiedenheit an sich ist unwichtig: die Ehe wird genau den Gemeinschafts- und Zeugungswert haben, den ihr die beiden Menschen geben und geben können [3]).

---

1) Die Hypothese *F. Lenz'* von der „selektiven Befruchtung", die auf einer unterschiedlichen Vitalität der Samenfäden beruhe und es als möglich erscheinen lasse, daß bestimmte Erbanlagen gewisser Rassen mit einer erhöhten Beweglichkeit der Samenfäden verknüpft seien, die dadurch in der Konkurrenz um die Befruchtung den betr. Rassenanlagen zum Siege und im Laufe der Generationen zum Durchschlagen verhelfe — entbehrt vorläufig jeglicher exakten Begründung und ist aus einer Überwertung jener vermeintlichen Beobachtungen, einer besonderen rassischen Erbvalenz erwachsen.

2) l. c.

3) S. zu diesem Abschnitt auch *Max Marcuse:* Kreuzung und Mischehe, im HWB. d. SW., 2. Aufl., Bonn 1926.

Eheliche Fruchtbarkeit, ihre Verschiedenheit und Auslesewirkung

Von Rainer Fetscher

Die eheliche Fruchtbarkeit ist von inneren und äußeren Momenten abhängig. Die inneren umfassen alle in den Gatten selbst gelegenen Beziehungen, welche die Nachkommenzahl beeinflussen; das ist namentlich der Gesundheitszustand im weitesten Sinne. Die äußeren Faktoren umfassen die Gesamtzahl der persönlichen und sozialen Umstände, soweit sie Einfluß auf die Größe des Nachwuchses haben. Diese allein sind hier zu erörtern. Als wichtigste seien schon hier hervorgehoben: Heiratsalter, Ehedauer, Wirtschaftslage, Beruf und Stellung, Wohnungsverhältnisse, Weltanschauung usw. Eine Reihe von Einflüssen sind zahlenmäßig kaum zu erfassen und können mehr vermutet als bewiesen werden. Die folgenden Ausführungen müssen deshalb in mehr als einem Punkte lückenhaft bleiben. Besonders nachteilig ist es für diese Untersuchung, daß es im Deutschen Reich keine Familienstatistik wie in Frankreich gibt, weshalb wir leider nur allzuoft auf indirekte Schlüsse angewiesen sind.

Das mittlere Heiratsalter ist bei beiden Geschlechtern im Sinken. Die Ursache dürfte in der dauernd fortschreitenden Industrialisierung zu erblicken sein, welche den jungen Leuten frühzeitig selbständigen Broterwerb ermöglicht, während in der bäuerlichen Bevölkerung die wirtschaftliche Selbständigkeit schwerer zu erreichen ist. Die übrigen Berufsgruppen beeinflussen das mittlere Heiratsalter weniger, da sie zahlenmäßig zurücktreten.

Tabelle 1.

Das mittlere Heiratsalter in Preußen betrug:

	beim Manne	bei der Frau
1876—1885	29,5	26,7
1906—1910	28,9	25,6

Nach dem Kriege stieg zunächst das Alter der Eheschließenden wieder an, wohl als einfache Folge davon, daß zahlreiche Ehen nachgeholt wurden, die normalerweise in die Kriegsjahre gefallen wären. Tabelle 2 gibt über diese Veränderung Auskunft.

Tabelle 2.

Von 1000 aus dem ledigen Stande im Deutschen Reich Heiratenden waren alt:

	Männer			Frauen		
	unter 25 Jahren	25—30 Jahre	über 30 Jahre	unter 20 Jahren	20—25 Jahre	über 25 Jahre
1913	326	461	213	95	529	379
1919	242	415	343	43	440	517
1920	289	397	314	61	458	481
1921	325	333	292	75	474	451
1922	356	333	261	79	493	428
1923	381	331	238	87	506	407

Sehr bald macht sich aber wieder (ab 1921) eine rückläufige Bewegung bemerkbar, die sich der Altersverteilung der Eheschließenden vor dem Kriege nähert. Sind erst auch im Wohnwesen normale Verhältnisse wieder erreicht, dürfte wohl ein noch weiteres Absinken des Heiratsalters zu erwarten sein. Diese Rückkehr zu den Friedensverhältnissen gibt sich auch in der Häufigkeit der Eheschließungen kund.

Tabelle 3.

Auf 1000 Einwohner kamen im Deutschen Reich Eheschließungen:

1913	7,7	1916	4,1	1919	13,4	1922	11,1
1914	6,8	1917	4,7	1920	14,5	1923	9,4
1915	4,1	1918	5,4	1921	11,8	1924	7,1

Tabelle 3 läßt im Vergleich mit Tabelle 2 erkennen, daß die Jahre des am stärksten veränderten Altersaufbaues der Eheschließenden zugleich die Jahre sehr erhöhter Heiratshäufigkeit sind, und bestätigen damit, daß der Anstieg des Heiratsalters (in Preußen 1919 30,8 Jahre bei Männern, 27,3 Jahre bei Frauen) noch als Nachwirkung des Krieges aufzufassen ist.

Wir haben uns eingehend mit dem Heiratsalter befaßt, da es sehr erheblichen Einfluß auf die eheliche Fruchtbarkeit ausübt, wie die Erhebungen *Rubins* und *Westergaards* [1]) sowie *Boeckhs* [2]) zeigen:

1) Statistik der Ehen auf Grund der sozialen Gliederung der Bevölkerung, Jena 1890.

2) Die statistische Messung der ehelichen Fruchtbarkeit. Bull. de l'inst. intern. de stat. 6. Rom 1890.

Tabelle 4.

Heiratsalter des Mannes (Dänemark 1878—1882)	unter 25 Jahren	25—30 Jahre	30—35 Jahre	35—45 Jahre	über 45 Jahre
Durchschnittliche Kinderzahl	3,50	32,5	3,02	2,28	1,10
Heiratsalter der Frau (Berlin 1885)	**unter 20 Jahren**	**20—25 Jahre**	**25—30 Jahre**	**30—35 Jahre**	**über 35 Jahre**
Durchschnittliche Kinderzahl	5,53	4,48	4,11	2,93	1,34

Tabelle 5.

Heiratsalter der Frau	Berlin 1885			
	Von 100 Ehen jeder Kategorie haben		Von 100 sterilen oder Einkindehen fallen auf das Heiratsalter	
	0 Kinder	1 Kind	Sterile Ehen	Einkind-Ehen
15—20 Jahre	6,6	4,8	5,4	6,5
20—25 „	8,4	5,4	29,5	31,1
25—30 „	12,9	7,4	32,6	32,9
30—35 „	22,0	12,2	16,9	16,9
35—40 „	36,4	20,5	8,8	8,5
über 40 „	68,6	20,0	6,8	3,1
Zusammen	11,6	7,4	100,0	100,0

nach *Prinzing* [1])

Tabelle 5 erläutert die Zusammenhänge zwischen Heiratsalter und Fruchtbarkeit an dem gleichen Material wie *Boeckh* von anderem Standpunkte aus. Es zeigt sich hier mit voller Klarheit, daß unfruchtbare Ehen und Einkindehen in ihrer Häufigkeit vom Heiratsalter abhängig sind. In der zweiten Hälfte der Tabelle ist die Altersverteilung auf je 100 sterile Ehen berechnet. Sie weicht von jener in der Gesamtheit aller Eheschließenden ab und läßt auch wieder erkennen, daß spätere Heirat häufiger Unfruchtbarkeit nach sich zieht. Man geht wohl nicht fehl in der Vermutung, daß es sich vielfach nicht um natürliche Ursachen, sondern oft um Sterilität eines oder beider Teile durch Tripper handelt. Daneben spielt die Ehedauer eine große Rolle, wie namentlich aus Untersuchungen in Schottland (1911) hervorgeht:

---

[1]) Die statistischen Grundlagen der sozialen Hygiene (Handbuch d. Sozialen Hygiene u. Gesundheitsfürsorge, herausgegeb. von *Gottstein, Schloßmann, Teleky,* Bd. 1, Springer, Berlin 1925).

Tabelle 6.

Bei einer Ehedauer von	1—6 Jahren	10—11 Jahren	15—16 Jahren	20—21 Jahren	25—26 Jahren	30—31 Jahren	31 und mehr Jahren
entfielen auf eine Ehe durchschnittliche Kinder	2,0	3,3	4,3	5,2	5,8	6,1	6,8

nach *Burgdörfer* (aus *Prinzing* gekürzt)

Die zum Teil ziemlich weit zeitlich zurückliegenden Daten lassen wahrscheinlich deutlicher den natürlichen Einfluß des Heiratsalters erkennen, als es Untersuchungen aus den letzten Jahren vermöchten, da die willkürliche Geburtenbeschränkung, sei es als Empfängnisverhütung oder Schwangerschaftsunterbrechung, naturgemäß immer mehr die natürlichen Unterschiede verwischt.

Die Abnahme der ehelichen Fruchtbarkeit ist in dem zu beobachtenden Ausmaße mindestens nur zum geringsten Teile in einer Abnahme der Fruchtbarkeit an sich zu erklären, sondern hängt im Wesentlichen mit der zunehmenden Verbreitung der Präventivtechnik und Schwangerschaftsunterbrechung zusammen.

Tabelle 7.

Die eheliche Fruchtbarkeit, berechnet auf 15—50jährige weibliche Verheiratete, war in

	Preußen	Sachsen	Bayern	Württemberg	Baden	Hessen	Berlin	Hamburg	Deutsches Reich
1880—81	278,4	271,8	282,7	296,8	271,3	245,8	236,7	250,7	274,3
1890—91	274,3	261,8	268,1	264,1	252,0	234,7	195,2	234,3	266,5
1900—01	261,0	230,2	272,5	273,2	264,4	230,0	153,7	180,8	255,1
1910—11	209,0	156,2	219,9	214,6	250,1	176,7	111,2	130,9	200,7

Die Abnahme der ehelichen Fruchtbarkeit ist aus obiger Tabelle mit aller Deutlichkeit zu erkennen. Im einzelnen ist noch die Verschiedenheit des Verhaltens der einzelnen Länder zu bemerken. Namentlich fällt auf, daß die dichtest besiedelten Gebiete (Sachsen und die Großstädte) die stärkste Abnahme aufweisen, ein Hinweis auf den Zusammenhang zwischen Industrialisierung und Geburtenrückgang.

Diese Änderung der ehelichen Fruchtbarkeit findet natürlich auch in der abnehmenden Geburtenhäufigkeit ihren Ausdruck:

Tabelle 8.

Auf 1000 Einwohner kamen Geburten:

1911	12	13	14	15	16	17	18	19	20	21	22	23	24
29,5	29,1	28,3	27,6	21,0	15,7	14,4	14,7	20,7	26,7	26,1	23,7	21,7	21,1

Die Erholung der Geburtenziffer nach dem Kriege gibt sich damit lediglich als Folge der gesteigerten Ehehäufigkeit, bleibt aber hinter der Erwartung sehr erheblich zurück, da die Geburtlichkeit 1920 nicht einmal den Vorkriegsstand erreicht, obgleich 1919 die Zahl der Eheschließungen nahezu verdoppelt war. Seither sinkt die Geburtenzahl unaufhaltsam von Jahr zu Jahr. Mit 21,1 ist sie der Erhaltungsgrenze von rund 20 sehr nahe gekommen, Grund genug, recht bedenklich in die Zukunft zu sehen. Es erscheint durchaus als möglich, daß bald die Zahl der Sterbefälle jene der Geburten überwiegt. Bei dem Sinken der Geburtlichkeit handelt es sich weniger um eine Zunahme kinderloser als kinderarmer Ehen, ein Beweis dafür, daß die Rationalisierung des Geschlechtslebens und nicht andere Ursachen den Ausschlag geben dürften. Dies drückt sich besonders deutlich in der Abnahme der Häufigkeit höherer Geburtennummern aus, wie Tabelle 9 zeigt:

Tabelle 9.

Von 1000 Entbindungen in Baden kamen auf die 1., 2. usw. Niederkunft:

Jahr		1.	2.	3.	4.	5.—7.	8.—12.	13.—16.	17. u. öfter
Durchschnitt	1878/86	176,17	156,40	138,83	129,79	256,33	134,25	12,25	0,90
„	1891/99	207,38	178,03	146,38	119,33	221.06	113,72	12,03	1,16
„	1903/11	213,51	185,26	148,11	119,30	214,20	106,94	11,64	1,07
„	1913	230,57	187,81	145,10	114,30	204,69	103,55	12,55	1,43
„	1921	373,89	226,78	120,18	84,49	131,56	56,45	5,94	0,71
„	1922	345,80	256,73	133,38	79,28	126,12	52,63	5,68	0,38

nach *Fischer*[1])

Engelsmann[2]) versuchte darüber hinaus an seinem Kieler Material noch zu zeigen, daß der Rückgang in erster Linie auf die Zunahme der Abtreibungen zurückzuführen ist. Wir wollen jedoch auf diese schwierige Frage hier nicht eingehen; sondern lediglich die Schätzung von *Lenz*[3]) anführen, nach der jährlich 2—2,5 Mill. Geburten durch Verhütung in der Ehe ausfallen, und die Schätzung *Bumms*[4]),

[1]) Grundriß der sozialen Hygiene, 2. Aufl., Karlsruhe 1925.
[2]) Die bevölkerungspolitische Bedeutung der Fehlgeburten. Klin. W. 1925, S. 2118.
[3]) Bevölkerungspolitik u. Mutterschutz. Arch. f. Rassen- u. Ges.-Biol. XII, S. 345. — Grundriß der Rassenhygiene (Bd. II von *Baur-Fischer-Lenz*, Grundriß der menschl. Erblichkeitslehre u. Rassenhygiene, 2. Aufl., München 1923).
[4]) Not und Fruchtabtreibung. M. m. W. 1923, Nr. 50.

daß jährlich etwa 500 000 künstliche Schwangerschaftsunterbrechungen in Deutschland vorkommen. Würde es sich allein um eine quantitative Minderung handeln, so würde man weniger pessimistisch sein können, doch deuten viele Anzeichen darauf hin, daß gerade Unterwertige eine über- und Vollwertige eine unterdurchschnittliche Zahl von Kindern hinterlassen. Die eheliche Fruchtbarkeit ist ferner nach der sozialen Lage verschieden. Allein schon das verschiedene Heiratsalter der einzelnen Berufsgruppen bedeutet nach dem bisher Gesagten einen beträchtlichen Unterschied. Guten Einblick gewähren die Angaben von *Fircks*[1]) (Tabelle 10).

Tabelle 10.

Das mittlere Heiratsalter der Männer in Preußen betrug 1881 bis 1885:

in Bergbau- und Hüttenwesen . .	27,6	Jahre
bei Fabrikarbeitern . . . . . , .	27,7	„
bei Erziehung und Unterricht . .	29,9	„
bei Landwirtschaft und Gärtnerei .	29,6	„
bei Handel und Versicherungswesen	30,9	„
bei Gesundheits- und Krankendienst	31,8	„
bei Kirchen- und Gottesdienst . .	32,5	„
bei Beamten . , ...	33,4	„

Auch aus England liegen entsprechende Zahlen vor. Im Einklang damit stehen die Angaben über die Kinderzahl in einzelnen Berufsgruppen. Eine der brauchbarsten Aufstellungen stammt von *Feld*[2]), die nachstehend mitgeteilt sei:

Tabelle 11.

Von 100 Ehen, die nach mindestens 15jähriger Dauer durch den Tod gelöst wurden, hatten in Zürich 1905—1911:

	Keine Kinder	1—3 Kinder	4—5 Kinder	6 und mehr Kinder
bei den Fabrikanten, Großkaufleuten, akademischen Berufen	10,2	48,4	22,0	19,4
bei den Beamten, Lehrern, Privatangestellten . , , , .	7,3	40,6	25,7	26,4
bei den kleineren Geschäftsleuten, Handwerksmeistern .	7,1	35,6	26,6	30,7
bei den gelernten Arbeitern und Unterbeamten . . .	7,0	31,3	23,5	38,2
bei den ungelernten Arbeitern	5,7	32,4	21,7	40,2

[1]) Bevölkerungslehre und Bevölkerungspolitik, Berlin 1898.
[2]) Zur Statistik des Geburtenrückganges, Conrads Jhrb. 1914, Nr. 6.

Die neuesten Daten zu diesem Thema verdanken wir *Dresel* und *Fries*[1]) (Tabelle 10), die mit den erstgenannten durchaus im Einklang stehen.

Tabelle 12.

Auf je 100 Familien kamen in Heidelberg 1921—22:

bei Akademikern . , . .	270,7	Kinder
bei Beamten und Lehrern	304,0	„
bei freien Berufen . . .	320,8	„
bei Kaufleuten	341,0	„
bei Handwerkern . . .	383,1	„
bei Angestellten , . . .	431,9	„
bei Handarbeitern . . .	596,4	„

Die Wahrscheinlichkeit überdurchschnittlicher Erbanlagen bei den Kindern steigt mit der sozialen Stellung der Eltern an, ohne daß jedoch behauptet werden soll, daß sie in jedem Einzelfalle zutreffe. Im allgemeinen darf aber wohl gesagt werden, daß die unterdurchschnittliche Fortpflanzung in den höheren Berufen ungünstig auf die Wertigkeit des kommenden Geschlechts einwirkt. Da durchschnittlich 3,6 Kinder auf ein Ehepaar entfallen müssen, um den zahlenmäßigen Bestand des Volkes zu erhalten, ergibt sich aus Tabelle 10, daß nur die 3 sozial tiefsten Schichten jenes Maß überschreiten; sie decken somit das Minus an Geburten in den oberen Klassen. Eine ganz ähnliche Deutung verlangen die Zahlen über Wohlstand und Kinderzahl, auf deren Wiedergabe jedoch verzichtet sei, da sie vieldeutiger als unsere Angaben über Beruf und Größe der Nachkommenschaft sind.

Trotz einiger Bedenken gegen die Art solcher Untersuchungen überhaupt sei auf die Resultate von *Fürst* und *Lenz*[2]) über die Geschwisterzahl der Schüler in Münchener Fortbildungsschulen bei verschiedener Schulnote hingewiesen.

Tabelle 13.

Fortbildungsschüler mit nebenstehender Note stammen aus Ehen mit einer durchschnittlichen Kinderzahl von:

Note des Ausgangsfalles	Reduzierte Kinderzahl	
	pro fruchtbare Ehe	pro Ehe überhaupt
II	2,39	2,03
III	2,70	2,29
IV	3,15	2,68
V	6,51	5,53

[1]) Die Geburtlichkeit und Sterblichkeit der Kinder in Heidelberg in verschiedenen sozialen Schichten. Öffentl. Gesundheitspfl. 1922, H. 9.

[2]) Ein Beitrag zur Frage der Fortpflanzung verschieden begabter Familien. Arch. f. Rassen- u. Ges.-Biol., Bd. 17, S. 353.

Die ursprüngliche unmittelbar gezählte Größe der Geschwisterreihen ist reduziert nach den Angaben *Weinbergs*[1]), da einmal die unfruchtbaren Ehen der entsprechenden Klasse ja nicht zur Beobachtung kommen und dann, weil die erfaßten Familien eine Auslese nach hoher Kinderzahl darstellen. Es steigt nämlich die Wahrscheinlichkeit, daß eine Familie durch die Erhebung erfaßt wird, mit ihrem Nachwuchs an. Klarer sind noch die Untersuchungen von *Reiter* und *Osthoff*[2]) an Kindern der Rostocker Hilfsschule, sowie die Beobachtungen *Cassels* in Berlin, welche dartun, daß Schwachsinnige annähernd die doppelte Kinderzahl des Bevölkerungsdurchschnittes besitzen. *Prokein*[3]) untersuchte die Abstammung der Hilfsschulkinder in München und fand, daß überdurchschnittlich viele aus den unteren sozialen Schichten stammen; besonders hervorgehoben sei, daß unter den Vätern schwachsinniger Kinder, die von Arbeitern abstammen, ungelernte Arbeiter 45,4% der Fälle vertreten waren, während sie nur 23,2% der Arbeiter ausmachen. Umgekehrt werden von einigen Autoren Zahlen genannt, welche beweisen, daß die Mehrzahl der Begabten von ebensolchen Eltern abstammt. Da aber bei der Schulleistung doch wohl die Umwelt eine sehr erhebliche Rolle spielt, dürfte es zweckmäßiger sein, sich darauf zu beschränken, zu zeigen, daß die eindeutigeren Intelligenzdefekte häufiger bei Kindern aus den unteren Schichten gefunden werden.

Wir dürfen somit zwei Tatsachen feststellen:

1. Die sozial tieferen Schichten hinterlassen eine überdurchschnittliche Kinderzahl.

2. Der Prozentsatz Minderwertiger ist in ihnen überdurchschnittlich groß.

Daraus folgt, daß die Gefahr fortschreitender Verschlechterung des Erbwertes von Generation zu Generation besteht. Bezeichnet g die prozentuale Geburtenzahl einer Bevölkerung (Ao), s die prozentuale Sterblichkeit, so verändert sich die Bevölkerungszahl nach der Formel:

$$A_n = A_o \left(1 + \frac{g-s}{100}\right)^n$$

wobei n die Zahl der Jahre bedeutet, über die sich die Berechnung erstreckt. Mit Hilfe der Formel ist es möglich, die Verschiebungen in der Zusammensetzung der Bevölkerung durch die verschiedene Frucht-

---

1) Die rassenhygien. Bedeutung d. Fruchtbarkeit. Arch. f. Rassen- u. Ges.-Biol. 1910, VII.

2) Die Bedeutung endogener und exogener Faktoren bei Kindern d. Hilfsschule. Ztschr. f. Hyg. 1921.

3) Über die Ehen schwachsinniger Hilfsschulkinder Münchens. Arch. f. Rassen- u. Ges.-Biol., Bd. 17, S. 360.

barkeit der sozialen Schichten leicht zu berechnen. Besteht eine Bevölkerung von einer Mill. z. B. aus 2 Gruppen zu je 500 000 Personen, von der Gruppe A 30 Geburten auf das 1000, B aber nur 10 aufweist und beträgt die Sterblichkeit in beiden 20, so würde nach 100 Jahren Gruppe A auf 1 383 500 angestiegen, B auf 176 850 zurückgegangen sein, A also 88,7%, B 11,3% der Gesamtbevölkerung ausmachen, statt der ursprünglichen gleichen Stärke. Ist Gruppe A überwertig, so läge Auslese vor, ist B überwertig, so hätte man von Gegenauslese zu sprechen.

Am stärksten wirkt im Sinne einer dauernden Änderung der Bevölkerungszusammensetzung die verschiedene Fruchtbarkeit von Stadt und Land, da sie seit langer Zeit besteht. Diese hinlänglich bekannte Tatsache durch Zahlenangaben zu belegen, dürfte sich erübrigen. Insbesondere verdient hervorgehoben zu werden, daß diese Erscheinung seit Jahrhunderten besteht, wenigstens soweit der Sterbeüberschuß in Betracht gezogen wird, was zu dem Aussterben immer weiterer städtischer Geschlechter führt. So waren im Jahre 1800 von 220 rathausfähigen Straßburger Geschlechtern, die am Ende des 13. Jahrhunderts urkundlich nachweisbar sind, alle bis auf 20 im Mannesstamme erloschen. Wichtig ist aber, daß keineswegs allenthalben die Nachkommenzahl bäuerlicher Ehen die städtischer übertrifft, daß vielmehr in einzelnen Gebieten (Schwarzwald) das Zweikindersystem vielfach üblich ist und neuerdings, wohl mindestens teilweise als Kriegsfolge, die ländliche Fruchtbarkeit stärker als die städtische zurückgeht, wenn sie auch noch absolut letztere übertrifft.

Tabelle 14.

Die Fruchtbarkeitsziffer betrug in Bayern:

Jahr	Staat	Stadt	Land
1913	100	100	100
1914	88	75	94
1915	120	89	147
1916	98	75	117
1917	83	71	94
1918	100	104	102
1919	47	61	43
1921	49	50	49
1922	60	61	60

nach *Maurer*[1])

In Tabelle 14 sind die Werte von 1913 je für sich gleich 100 gesetzt, die Fruchtbarkeitsziffer der folgenden Jahre ist in Prozenten

[1]) Aus der Bevölkerungsbewegung der Kriegs- und Nachkriegsjahre. M. m. W. 1924, Nr. 24, 28, 29.

von 1913 ausgedrückt. Da sie die Geburtenzahlen auf die bestehenden Ehen umrechnet, ist sie ein gutes Maß der ehelichen Fruchtbarkeit. Die Tabelle läßt besonders erkennen, daß die ländliche Fruchtbarkeit in den Nachkriegsjahren stärker abgesunken ist als die städtische. Ob es sich um einen Dauerzustand handelt oder nicht, läßt sich aber jetzt noch nicht entscheiden. Auffallend ist jedenfalls auch noch, daß es sich um das katholische Bayern handelt, woraus man schließen könnte, daß auch die katholische Kirche nicht in der Lage sein wird, dauernd den naiven Fortpflanzungstypus unter ihren Angehörigen zu erhalten. In den Städten reicht ihr Einfluß schon lange nicht mehr so weit und scheint nach obigem auch auf dem Lande im Sinken. Angesichts dieser Beobachtung dürften die Zahlen von Tabelle 15 nicht mehr ganz zutreffend sein, doch sind sie immer noch bemerkenswert, da sie zeigen, daß eine Auslese nach konfessioneller Zugehörigkeit in großem Umfange stattfindet, die wohl in der Lage wäre, das kulturelle Gepräge eines ganzen Volkes zu verändern, wenn kein Wandel eintritt.

Tabelle 15.

In Preußen kamen auf eine Ehe eheliche Geburten:

	bei Protestanten	bei Katholiken	bei Juden
1891—95	4,2	5,2	3,3
1912	2,9	4,7	2,2

nach *Krose*[1])

Recht schwierig ist der Einfluß der Wohnungsenge auf die Geburtenzahl zu beurteilen, da eine ganze Reihe von Umständen zusammenspielen. Zunächst wohnen die sozial unteren Schichten in den kleineren Wohnungen, und da sie, wie oben gezeigt wurde, fruchtbarer als die oberen sind, wird mit größerer Wohnungsenge die eheliche Fruchtbarkeit ansteigen. Dann ist zu berücksichtigen, daß kinderreiche Familien wegen ihrer ungünstigeren Wirtschaftslage an ihren Ausgaben für die Miete sparen müssen und, so sinnwidrig es auch ist, in die kleinen Wohnungen abwandern.

Tabelle 16 gibt in diese Zusammenhänge sehr klaren Einblick und bedeutet zugleich einen Hinweis auf den Einfluß von Wohlstand auf die Kinderzahl, zwei Momente, die ja aufs engste zusammenhängen. Leider liegen aus der Nachkriegszeit entsprechende Untersuchungen nicht vor. Sie würden ohne Zweifel zu wesentlich anderen Ergebnissen führen, vor allem auch erkennen lassen, daß das unfrei-

1) Geburtenrückgang u. Konfession. In *Faßbenders:* Des deutschen Volkes Wille zum Leben. 1917.

Tabelle 16.

Standesamtsbezirk	Eheliche Fruchtbarkeit 1909-12	überfüllte Wohnungen (mit mehr als 4 Personen auf 1 heizbares Zimmer) in % 1905
II	60,3	3,8
VI	84,9	5,9
Va	104,0	10,0
VIII	114,1	11,0
Xe	117,6	12,9
XIIIa	136,9	16.8
Berlin überhaupt	114,6	10,4
		nach *Prinzing* (gekürzt) [1])

willige Zusammenleben mehrerer Familien in einer Wohnung die eheliche Fruchtbarkeit höchst ungünstig beeinflußt. Von sehr erheblichem Einfluß auf die eheliche Fruchtbarkeit ist die Erwerbstätigkeit der verheirateten Frau. Einerseits ist die Berufsarbeit an sich ungünstig für die Schwangerschaft, anderseits dürfte aus begreiflichen Gründen die verheiratete berufstätige Frau im besonderen Maße zu Schwangerschaftsverhütung und Unterbrechung geneigt sein. Nach *Burgdörfer* [2]) kamen 1911 in Schottland auf eine erwerbstätige, mindestens 15 Jahre verheiratete Frau 2,36 lebende Kinder, auf die nicht erwerbstätige 2,54. Größere Unterschiede an nicht ausreichendem Material konnten *Weichardt* und *Steinbacher* [3]) feststellen. Sehr bemerkenswert sind ferner die Angaben von *Hirsch* [4]) über die Zusammenhänge von Frauenarbeit und Fehlgeburten.

Für die Bevölkerungsbilanz ist nicht die Geburtenzahl, sondern der Sterbeüberschuß das wichtigste. Im allgemeinen verhält er sich ähnlich wie die eheliche Fruchtbarkeit, wenn auch in weniger scharfer Gradausprägung nach sozialen Schichten. Dies erklärt sich daraus, daß die Sterblichkeit im allgemeinen, besonders aber die Säuglingssterblichkeit, in den oberen Schichten wesentlich geringer als in den unteren ist. Auch hierin aber bahnt sich durch den Ausbau der sozialen Fürsorge ein bedeutungsvoller Wandel an.

---

[1]) Das Bevölkerungsgesetz. Mayr's Allg. Stat. Arch. 04, Bd. II, S. 19. — Eheliche und uneheliche Fruchtbarkeit und Aufwuchsziffer in Stadt und Land in Preußen. D. m. W. 1918, Nr. 13.

[2]) Die Bevölkerungsbewegung während des Krieges. M. m. W. 1919, Nr. 16. — Die Bevölkerungsbewegung im Deutschen Reich vor, in und nach dem Kriege. M. m. W. 1921, Nr. 44. — Die schottische Familienstatistik von 1911. Allg. Stat. Arch. 1916, Bs. 9. — Das Bevölkerungsproblem, München 1917.

[3]) Familiengeschichtliche Erhebungen in Kreisen gelernter Industriearbeiter Mittelfrankens. M. m. W. 1922, Nr. 22.

[4]) Die Gefahren der Frauenerwerbsarbeit, Leipzig 1925.

Der eheliche Praeventivverkehr

Von Max Marcuse

Die Tatsache des fortschreitenden Geburtenrückganges steht fest und betrifft die meisten Völker westeuropäischer Kultur. Zwar nimmt seit einiger Zeit auch die uneheliche Fortpflanzung an diesem Vorgang beachtlichen Anteil, aber ganz vorwiegend handelt es sich um eine Abnahme der ehelichen Geburtlichkeit. Dabei ist die Ehefrequenz nicht zurückgegangen, zeit- und ortweise sogar gestiegen. So zeigt sich durchweg eine Entwertung der Ehe nicht als erotische, soziale und kulturelle, sondern als generative Zielsetzung — mit anderen Worten: eine f o r t s c h r e i t e n d e M i n d e r u n g d e s e h e l i c h e n W i l l e n s z u m K i n d e, i n s b e s o n d e r e z u K i n d e r n. Denn daß der Geburtenrückgang, namentlich auch der eheliche, ganz überwiegend die Folge willkürlicher Geburtenbehinderung ist, darüber kann unter den Erfahrenen und Einsichtigen — bei aller Würdigung auch der „Unfruchtbarkeit als Folge unnatürlicher Lebensweise" (*Stieve*) — irgend ein Zweifel nicht bestehen: in die Rationalisierung des gesamten Lebensstils sind wesentlich auch das Sexualleben und die Ehe einbezogen worden. Man rationalisiert diese immer stärker, stellt sie unter ein Gesetz der Vernunft — aber nicht etwa, wie *A. Elster* mit guten Gründen hervorhebt, nur der materialistischen Vernunft, löst sie aus der früher als unlösbar erschienenen Verknüpfung mit ungeregeltem Geschlechtsgenuß und mit Kinderzeugung, die dem „Zufall" und der „Natur" überlassen blieb. Die Ehe nimmt immer ausgeprägter den Charakter einer „Gesellschaft zu zweien" (*Simmel*) an und stellt ihre soziologische und psychologische Bedeutung immer entschiedener auf die „Paar"-Beziehung (*L. v. Wiese*) ab. Welche Ursachen und Bedingungen dieser Entwicklung zugrunde liegen, wie diese nach Tempo und Ausbreitung verläuft und wie ihr innerer und äußerer Wirkungszusammenhang zu verstehen ist, welchen intellektuellen, willentlichen und tätigen Anteil die beiden Geschlechter an der Rationalisierung des ehelichen Verkehrs und seiner Folgen haben, — diese Fragen sind von brennendem Interesse. Ihrer Klärung dienen zwei Betrachtungsweisen: die kulturhistorisch-soziologische und die psychologisch-sexualwissenschaftliche. Ich habe in anderen Zusammenhängen schon auf beiderlei Weisen das Problem zu erhellen versucht[1]) und sehe hier nur die Aufgabe, vom Beobachtungsstandpunkt des ärztlichen Praktikers aus die wesentlichen Tatbestände des ehelichen Praeventivverkehrs selbst herauszuheben.

Der Versuch der Ehegatten oder eines von ihnen, dem Begattungsakt — „Vergattungsakt" (*van de Velde*) — die Gattungsbedeutung zu nehmen, setzt die Kenntnis dieser Bedeutung voraus, d. h. die Einsicht in den ursächlichen Zusammenhang zwischen Koitus und Zeugung. Diese Einsicht ist fraglos von den Menschen erst erworben worden, und zwar in einer Kulturphase, in der es nicht mehr allgemein üblich war, den Geschlechtsverkehr mit dem Weibe in einem so jugendlichen Alter dieses zu vollziehen, daß die Menstruation eine kaum bekannte Erscheinung blieb, daß also auch ihr Sistieren als das Zeichen einer erfolgten Befruchtung nicht bemerkt werden konnte: dieser Sachverhalt nämlich muß für die anfänglichen Zeiten der menschlichen Sexualgeschichte angenommen werden. Später förderten offenbar auch Beobachtungen an den Haustieren die Erkenntnis der tatsächlichen Beziehungen. Mit anderen Worten: erst auf dem Boden des physiologischen Vaterschaftsbegriffes konnte der Praeventivverkehr entstehen, und es ist in diesem Sinne beachtenswert, daß im Gegensatz zu der Rolle, die in der biblischen Geschichte vom Sündenfall dem Weibe zugewiesen wird, als Urheber eines Präventivverkehrs erstmalig der Mann in der Bibel genannt wird. So alt wie die Erzählung von *Onan* ist der (eheliche) Präventivverkehr also mindestens. Aber als Massenerscheinung, als — sozusagen: allgemeine Volkssitte, als die er sich gegenwärtig präsentiert, ist er ein Produkt moderner abendländischer Zivilisation und in seiner psychischen Bedingtheit auch nicht etwa mit den Verfallserscheinungen der antiken Kulturvölker identisch.

Wollen wir das Wesentliche der neuzeitlichen Verbindung von Ehelust mit Elternschaftsunlust richtig erfassen, so dürfen nicht die außerordentlichen Verhältnisse der allerjüngsten Zeit unserer Betrachtung zugrunde gelegt werden. Menschen und Dinge sind unter dem Einfluß des Krieges und seiner Folgen aus der ihnen gemäßen Entwicklung hinausgedrängt worden, und insbesondere im Bereiche des Sexuallebens ist eine Verwirrung angerichtet, die eine sinnvolle Inbeziehungsetzung von Ursachen, Bedingungen und Wirkungen kaum möglich macht. Wir sehen hier nur das Nach- und

[1]) *Max Marcuse:* Der eheliche Präventivverkehr, seine Verbreitung, Verursachung und Methodik. Stuttgart 1917. — Wandlungen des Fortpflanzungs-Gedankens und -Willens. Bonn 1918. — Die sexuologische Bedeutung der Zeugungs- und Empfängnisverhütung in der Ehe. Stuttgart 1919.

Neben-einander und bleiben bei dem Versuch, daraus das Zu-einander zu erschließen, auf Kombinationen angewiesen, die weniger in den Tatbeständen, als in der persönlichen Einstellung des Beurteilers begründet sind. So kann es doch wohl nicht befriedigen, wenn *E. Roesle* bei der Betrachtung der Bevölkerungsbewegung nach dem Kriege aus dem vielfältigen Komplex der Zusammenhänge die Inflation herausgreift und nach einer Abhängigkeit jener von dieser fahndet — mit dem Ergebnis, daß der Rückgang der effektiven Konzeptionsziffer in den deutschen Städten während der Jahre 1921—1923 im wesentlichen die Wirkung des Niederganges der deutschen Valuta gewesen sei, daß aber in Schweden und in der Schweiz die hohe Valuta eine gleichartige Wirkung auf die Natalität ausgeübt habe. Zu ähnlich widerspruchsvollen Befunden haben allerdings auch Vorkriegserhebungen geführt, wie die gleichzeitige Vertretung einer „Wohlstandstheorie“ und einer „Notstandstheorie“ ausweist; denn der Grund solcher Unstimmigkeiten liegt ganz allgemein in dem Irrtum, der die Rationalisierung des Geschlechtslebens mit äußeren Umständen zu erklären, statt als psychischen Vorgang einer Schwächung des menschlichen Fortpflanzungswillens zu verstehen unternimmt. Aber die Kriegs- und Nachkriegszeit hat, wie gesagt, zu einer allgemeinen Erschütterung der Gesetzmäßigkeiten geführt, so daß auch eine psychologisch-verstehende Betrachtungsweise keine Ordnung in dieses Chaos hineinzubringen vermöchte, wenn sie es nicht als Ausnahmezustand und nur im Zusammenhange mit der ihm voraufgegangenen Entwicklung zu beurteilen wüßte. So muß man jetzt zwar im Hinblick auf Teuerung, zunehmende Erwerbstätigkeit der Frau, Arbeitslosigkeit, Wohnungsmangel und Wohnenge die Geburtenbeschränkung für weite Bevölkerungsschichten schlechthin als Notwehrakt anerkennen, aber man hat dabei wohl zu beachten, daß diese Entwicklung eine ganz sekundäre und für das wirkliche Verständnis der neuzeitlichen ehelichen Präventivsitten unwesentliche ist. Ich habe schon bei anderer Gelegenheit mich eines aus sachlichen Gründen ganz ungeschickten, aber die unterschiedlichen Tatbestände gut verdeutlichenden Vergleiches aus der Sexualpathologie bedient, als ich darauf hinwies, daß der durch die Ausnahmezustände der letzten Jahre erzwungene Präventivverkehr in der Ehe eine Perversität darstelle gegenüber seinem eigentlichen Charakter einer Perversion. Er wird in dem gegenwärtigen Umfange zwar gewollt, aber nicht gewünscht (*A. Elster*).

Der Wille der Ehegatten zur Kinderlosigkeit und Kinderarmut im Gegensatz zu dem Wunsch nach „Kindersegen“ früherer Generationen ist also Ausdruck und Wirkung jenes geistig-seelischen Prozesses, der den naiven Sexualtyp des Menschen in einen rationalen umgewandelt hat. Die psychische Einstellung des modernen Menschen zum Leben erkennt ein Recht, vollends eine Pflicht zur Fortpflanzung nicht mehr an und sieht, wo früher gottgewollte Abhängigkeiten zu walten schienen, nur noch „Folgen", die vermeidbar sind und gemäß unsrer Wert- und Zielsetzung vermieden oder doch erheblich eingeschränkt werden müssen. In diesem Zusammenhange ist der Wandel der Sexualmoral als Hauptgrund des Geburtenrückganges für jeden erkennbar, der so klar und scharf wie *J. Wolf* Einblick in die Bevölkerungsbewegung und ihre Beziehungen zum Menschen gewonnen hat (I. Internat. Kongreß für Sexualforschung, Berlin 1926).

Worauf es ankommt, ist demgemäß folgendes: Alles, was einer flächenhaften Betrachtung als soziale, wirtschaftliche, moralische, hygienische oder sonstwie äußere „Ursachen" für die Ausbreitung der Geburtenprävention und namentlich des ehelichen Präventivverkehrs erscheint, dient nur in Wirklichkeit der endogenen Fortpflanzungs-Unlust oder -Skepsis als bewußtes Motiv, wobei die Unsicherheit und Haltlosigkeit der Motivierung in den einzelnen Fällen, im Verein mit der vielfachen Planlosigkeit der Mittel, die Erscheinung auch als ein Gutteil „Mode" ausweist. In diesem Sinne wird der Präventivverkehr der Ehegatten an erster Stelle in den Dienst sozialer Zwecke (Klassenaufstieg u. dgl.) gestellt, weit weniger für ökonomische und gesundheitliche und fast gar nicht für eugenische Bestrebungen verwertet. Den psychostrukturellen Voraussetzungen und Grundlagen entsprechend sind die Präventivsitten im Katholizismus und auf dem flachen Lande zwar auch schon längst nicht mehr unbekannt, aber doch viel weniger verbreitet als in anderen Lebensbezirken, während ihnen Juden und von den Berufen geistige Arbeiter und Beamte am stärksten anhängen und — wovon noch eingehender zu sprechen sein wird — den Frauen ein Hauptanteil an der intellektuellen Urheberschaft des ehelichen Präventivverkehrs zukommt. Ist es nun auch, grade wenn man die Bedenklichkeit gegen Zeugung und Geburt als eine psychische Funktion des Menschen unseres Zeitalters, nicht wesentlich als eine Milieuwirkung erkennt, durchaus zutreffend, daß in jeder Ehe, sofern sie die physiologische Fortpflanzungsperiode der Frau über andauert und nicht etwa Fruchtabtreibungen die primitive und rohe Methode der Beschränkung der Kinderzahl darstellen, früher oder später präventive Maßnahmen zur Notwendigkeit werden, so sind doch die erheblichen Unterschiede höchst beachtlich, die beispielsweise die von mir (l. c.) veröffentlichte Kasuistik der 300 Ehen erkennen läßt. Dabei gilt die Feststellung, die *Alfred Adler* bezüglich der Abtreibungen gemacht hat, auch für den Präventivverkehr, — nämlich daß die gewichtigsten dafür angeführten Gründe objektiv nicht stichhaltig sind[1]). Das ist nach den gegebenen Darlegungen auch nicht im geringsten zu verwundern, denn die Gründe sind eben gar nicht objektive, sondern „subjektive" und darum grade besonders tief und mächtig.

Was die Methoden des (ehelichen) Präventivverkehrs anlangt, so steht an weitaus erster Stelle der Coitus interruptus. Dieser Sachverhalt ist aus zwei Gründen besonders beachtenswert. Einmal beweist er die verhältnismäßige Belanglosigkeit der sog. „Schutzmittel" für die Praxis der Geburtenbeschränkung. Es kann nicht bestritten werden, daß die Verbreitung und Vervollkommnung der Schutzmittel sowohl die vorhandene Unlust zur Kinderzeugung und -gebärung suggestiv zu verstärken, wie dem bestehenden Willen zur Zeugungs- und Empfängnisverhütung zu leichterer und erfolgreicherer Durchsetzung zu verhelfen geeignet sind. Aber es kann keine Rede davon sein, daß sie für die Entstehung des Willens zur Kinderarmut oder Kinderlosigkeit eine Bedeutung haben: das Anwachsen der Herstellung und des Vertriebes der „Schutzmittel" ist Bedürfnisfolge, nicht -ursache; und sie dienen nicht der Idee, sondern der Technik des ehelichen Präventivverkehrs. Und dies in einem noch immer ganz beschränkten Umfange. In der ausschlaggebenden Masse der Fälle verzichtet der Präventivwille der Ehegatten (und der illegitimen Partner) auf die Hilfe aller „Schutzmittel" und weiß sein Ziel ohne alle Unkosten auf höchst simple Weise zu erreichen, nämlich eben durch den Coitus interruptus[2]). Daß dieser erhebliche Störungen zur Folge hat — Störungen für die Gesundheit und für das erotische Verhältnis der Gatten zu einander —, darin liegt die zweite beträchtliche Bedeutung dieser Präventivmethode, grade angesichts ihrer unabschätzbar großen Verbreitung. Diese wird von Laien, gelegentlich auffallender Weise auch von Ärzten, gegen die Annahme einer ernsthaften Schädlichkeit des Coitus interruptus geltend gemacht, und nicht selten erhält der Arzt, der unter Hinweis auf die Bedenklichkeit dieser Methode vor ihr warnt oder in den einschlägigen Fällen physische oder psychische Störungen auf sie

[1]) Entbehren schon im Einzelfall die vorgeblichen Gründe des Präventivverkehrs weitgehend objektiver Stichhaltigkeit, so ist der Irrtum, den die Neomalthusianer begehen, indem sie vorübergehenden privatwirtschaftlichen Nutzen zur Begründung ihrer auf Beeinflussung der allgemeinnen Sexualsitten zielenden Präventivpropaganda anführen, besonders gröblich (*Fahlbeck, Grotjahn*).

[2]) Damit aber die absolute Gebrauchsfrequenz der Schutzmittel auch nicht unterschätzt werde, zitiere ich folgende Äußerung *Fürbringers:* „Um einen drastischen Begriff (von der ungeheuren Verbreitung des Kondoms oder, wie es nach *Ferdy* richtiger heißt: des Condus) zu geben, dürfen wir verraten, daß vielfach Damen der besten Gesellschaft von ihren Badereisen, zumal ins Ausland, dem Gatten erstaunlich große Vorräte mitbringen, selbst Theologen sich vom ärztlichen Berater die Bezugsquellen erbitten . . . .".

zurückführen muß, die Antwort: „Aber dann müßten ja alle Ehemänner und Ehefrauen krank werden". Solche Schlüsse gehen natürlich f e h l , schon weil sie die Vielfältigkeit und Bedeutung der individuellen Erkrankungsbedingungen verkennen, und werden hier nur zur Beleuchtung der persönlichen und sachlichen Verhältnisse angeführt. Es ist allerdings klarzustellen, daß für den C. i. als Präventivmethode nur die Entfernung des männlichen Gliedes aus dem weiblichen Genitale v o r der Ejakulation wesentlich ist; außerhalb kann sie unbehindert stattfinden, braucht also nicht etwa überhaupt unterdrückt zu werden. Andererseits kann die Frau sehr wohl schon zum Orgasmus gelangt sein, wenn der Mann zwecks Vermeidung ihrer Besamung sein Glied herausnimmt; das hängt vom individuellen Ablauf des Kohabitationserlebnisses der Frau und von der Fähigkeit und dem Willen des Mannes ab, den Termin der Ejakulation bis nach dem Orgasmus der Frau hinauszuschieben. Auf Grund dieser Sachverhalte wird nun vielfach der Standpunkt vertreten, daß schädliche Folgen des C. i., soweit sie auf einer Beeinträchtigung der physiologischen Entspannung beruhen, nicht Wirkungen der Methode an sich, sondern einer fehlerhaften Technik seien. Dies um so mehr, wenigstens im Hinblick auf die Frau, als auf ihrer Seite ein Unbefriedigtbleiben auch bei nicht unterbrochenem Vollzug der Kohabitation sehr häufig und von ebendenselben Schädigungen gefolgt sei. Solcher Beurteilung mag eine theoretische Berechtigung für bestimmte Zusammenhänge nicht durchaus abgesprochen werden. Aber der Praxis gegenüber bewährt sie sich nicht. Denn bei der Bedachtnahme auf „rechtzeitige" Unterbrechung sind Aufmerksamkeit und Selbstbeherrschung des M a n n e s schon ohnehin übermäßig in Anspruch genommen, so daß ihm nicht noch eine willkürliche Prolongierung des Ejakulationstermines zugemutet werden kann, er dazu auch durchschnittlich gar nicht imstande ist. Daran ändern Fälle von ausnahmsweiser männlicher Nerven- und Potenzstärke nichts, und wenn der dänische Sexualreformer und Popularhygieniker *P. I. Müller* sich rühmt, Jahrzehnte lang diese Methode angewendet und den Akt auf 1—1½ Stunden hingehalten, sich grade dadurch besondere Kraft und Gesundheit verschafft zu haben und wenn er solches „Training" sogar als sittliche und hygienische Forderung unter dem Beifall seiner auch in Deutschland sehr großen Gemeinde propagiert, so muß demgegenüber erklärt werden, daß es sich hier um „sportliche" Leistungen handelt, denen in vereinzelten Fällen ein erzieherischer, wohl auch ein starker erotisch-ästhetischer Wert (für beide Partner) innewohnen mag, die aber ein höchst a n t i - p h y s i o l o g i s c h e s Verhalten darstellen, das für den durchschnittlichen Mann, auch den konstitutionell g u t durchschnittlichen, wenn überhaupt durchführbar, ein schweres, bei gewohnheitsmäßiger Ausübung unter Umständen ruinöses Trauma bedeutet. Aber auch schon die bloße „Vorsicht" des Mannes, der kurz vor der Akme das Glied herauszieht und dann sogleich ejakuliert („fraudieren"), bedeutet für ihn eine, wie gesagt, „übermäßige" Belastung und eine schwere Erschütterung des Nervensystems psychischer und somatischer Natur. Nach *Rohleder* handelt es sich bei den letzteren um vasomotorische Schädigungen des Rückenmarks, *Moll* hält molekulare Störungen für wahrscheinlicher. Eine häufige, aber noch immer nicht genügend beachtete Folge des gewohnheitsmäßigen C. i. sind organische und funktionelle Störungen des männlichen Urogenitalsystems, namentlich im Zusammenhange mit Veränderungen der Prostata, deren ursächliche Bedingtheit dadurch klargestellt ist, daß es, insbesondere in jüngeren und unkomplizierten Fällen zur Heilung oft keiner anderen Maßnahme bedarf als der Aufgabe jener Gepflogenheit. Jedenfalls zeigt — trotz der Skepsis und der Einwände eines so sachkundigen Beobachters wie *Fürbringer* — die Erfahrung, daß der C. i., wenn er sich auch meist mit anderen schädigenden Faktoren kombiniert, eine wesentliche Rolle für die Entstehung neurasthenischer und neurotischer Erkrankungen beim Manne spielt. Eine desto größere begreiflicher Weise, je häufiger das schädliche Verhalten geübt und je mehr es mit der willkürlichen Prolongierung der Detumeszenz verbunden wird, vor allem je reagibler die individuelle Konstitution gegenüber diesen besonderen traumatischen Einwirkungen ist. Für die Frau liegen die Verhältnisse ähnlich. Sie pflegt bei dieser Art Präventivverkehr den Mann ständig zu beobachten, daß er nicht den richtigen Augenblick verpasse, also ebenfalls ihre Aufmerksamkeit ganz auf die rechtzeitige Unterbrechung des Beischlafes zu richten und sich selbst zu diesem Behufe willkürlich das Wollustgefühl zu versagen. So wird dies Verhalten auch für die Frau ungemein häufig Ursache einer Neurose (im Sinne *Freuds:* einer Aktualneurose), aber auch anatomischer Schädigungen im Sexualtraktus. Und dabei ist es höchst bemerkenswert, daß diese Schädigungen hier wieder nicht an das Ausbleiben eines Orgasmus überhaupt gebunden sind, findet man sie doch auch bei Frauen, mit denen der Mann den C. i. so ausübt, daß sie — sei es vor der Unterbrechung, sei es mittels manueller Nachreizungen im Anschluß an den eigentlichen Coitus — zur (wenn auch meist: nicht ungetrübten) Entspannungslust gelangen, und stimmen fernerhin doch die Veränderungen weitgehend mit denjenigen überein, die auch für die Masturbation pathognomisch sind: Retropositio fixata durch Retraktorenspasmen oder Entzündung. „Es muß in dem abnormen Verlauf des Orgasmus ein pathologischer Faktor liegen" (*L. Fraenkel*). Nach *Linkenheld* bewirkt der Coitus interruptus bei der Frau ein typisches Krankheitsbild: eine Neuralgie des N. ileoinguinalis, und *A. Herzfeld* und *M. Porosz* — ebenso ich — fanden schwere Ovaralgien als Folgen solcher Präventivmethode. Es kann nicht zweifelhaft sein, daß jener von *L. Fraenkel* vermutete pathologische Faktor in dem Mangel der Besamung zu suchen ist. Die im Zustande der sexuellen Hyperämie befindlichen weiblichen Genitalien bedürfen augenscheinlich zur vollkommenen Detumeszenz auch dieser Besamung, wie ja, so sicher es ist, daß der Orgasmus der Frau weitgehend von der Ejakulation des Mannes unabhängig verläuft, diese dennoch in der Regel einen wesentlichen Einfluß auf die weibliche Lustlösung hat. Es ist namentlich *van de Veldes* Verdienst, auf die hier wirkenden Beziehungen hingewiesen zu haben. Sie sind teils somatischer, teils psychischer Natur; jene beruhen auf der Apperzeption der Muskelkontraktionen des Mannes bei der Ejakulation und auf der Wahrnehmung des Anpralls des Ejakulats selbst, — diese auf dem seelischen Erleben des männlichen Orgasmus in der Umarmung. Der Einzelanteil dieser Faktoren an der Lustentspannung der Frau ist individuell außerordentlich verschieden; die Wahrnehmung des Anpralls des Samens an die Portio hat anscheinend die am wenigsten ausschlaggebende Bedeutung. Auf jeden Fall stellt der Coitus interruptus eine Kümmerform der Kohabitation dar und beraubt auch den organischen Geschlechtsapparat der Frau des lösenden Abschlusses der Besamung.

Neben und in dem Zusammenhange mit den gesundheitlichen Schädigungen des Coitus interruptus verdient der fatale Einfluß, den dieser eheliche Brauch auf das Schicksal der Ehe selbst in zahlreichen Fällen hat, ernste Beachtung. Außer den Ärzten mit einschlägiger Klientel — *van de Velde* z. B. bezeichnet den systematischen Coitus interruptus als eine „Abwürgung der Ehe" — können aufschlußreiche Erfahrungen hierüber namentlich die Richter und mehr noch die Anwälte sammeln, die besonders Eheprozesse zu bearbeiten haben. So schreibt *Horch* aufgrund der Einsichten, die ihm seine jahrzehntelange umfangreiche Praxis als Rechtsanwalt vermittelt hat, zu dem vorliegenden Thema folgendes:

Bei einer Beratung unglücklicher Ehen ergibt sich in einer beträchtlichen Anzahl von Fällen der auffällige Umstand, daß die Mißhelligkeiten mit dem Zeitpunkt einsetzen, in welchem die Gebärtätigkeit nach der Geburt eines oder zweier Kinder aussetzt. Vorsichtiges Befragen stellt fest, daß der Wunsch, über die Zahl der geborenen Kinder nicht hinauszugehen, zum congressus interruptus geführt hatte, dessen Einfluß auf das Nervensystem des einen oder des anderen Ehegatten, meist aber beider, unverkennbar ist . . . . Bei einer derartigen körperlichen Gereiztheit beider Ehegatten, die durch die häufig wiederholte derartige Begattung ins ungemessene gesteigert wird, ist es nicht zu verwundern, wenn, von einer derartigen Mißstimmung ausgehend, sich diese Überreizung auch auf alle anderen häuslichen Verhältnisse ausbreitet und zu den empfindlichsten Störungen des

Ehelebens Veranlassung gibt [1]). Oft gelingt es, durch eine vernünftige Regulierung des Geschlechtsverkehrs das drohende Unheil zu beseitigen. Allerdings tritt auch hier eine recht bedenkliche Tendenz der erkennenden Gerichte zutage. Beispielsweise hat das Reichsgericht in einem Urteil vom 2. Mai 1901 den Grundsatz ausgesprochen, daß die Weigerung der Frau, den Coitus ohne Präservativ zu dulden, als Ehescheidungsursache angesehen werden könne, obwohl die Benutzung derartiger Mittel für die Vermeidung von Ehescheidungsklagen weit wichtiger erscheint als die Zulassung des coitus interruptus" [2]).

Die spezifische Wirkung der Samenaufnahme und der Resorption gewisser Zerfallsprodukte der Spermien auf den weiblichen Organismus, die *Waldstein-Eckler, Dittler* u. a. als wahrscheinlich erwiesen haben, gibt auch der Frage nach der hygienischen Bedeutung von Condus und Pessar einen neuen Gehalt. Der Coitus condomatus versagt der Frau ganz wie der Coitus interruptus die Besamung, und wenn es richtig ist, daß der Organismus des Weibes zu seiner physiologischen Erhaltung und Gestaltung der Spermazufuhr bedarf, daher z. B. seine Entwicklungsstörungen und Beschädigungen infolge sexueller Abstinenz nicht nur auf dem Lustverzicht und dem Ausfall der physiologischen Sexualfunktion, sondern auch auf der Spermaentbehrung beruhen, — dann müssen gegen den Präventivverkehr mittels Condus in Hinsicht auf die Gesundheit der Frau nicht weniger Bedenken erhoben werden als gegen den Coitus interruptus. Für die Beurteilung des Pessars bedarf es in diesem Zusammenhang noch der Berücksichtigung der besonderen Bedeutung des Uterus für die Resorption des Spermas; denn diese Präventivmethode versagt der Frau ja nicht die Besamung schlechthin, deponiert vielmehr das Ejakulat in unverminderter Menge in dem weiblichen Genitale und versperrt den Samenzellen nur den Eintritt in die Gebärmutter. Die Aufnahmefähigkeit der Uterusschleimhaut für die Zerfallsprodukte der Spermien ist aber größer als die der Scheidenwand, dringen doch sogar manche von ihnen direkt in die Uterusschleimhaut, in und zwischen deren Zellen sie in allen Stadien der Auflösung gefunden werden. Wird so eine wesentliche Funktion des Uterus als „animal sperma desiderans" durch das Pessar unterbunden, so wird andererseits bei der gewohnheitsmäßigen Verwendung des Pessars die an sich zwar weniger tüchtige Resorptionsfähigkeit der Vagina für das Sperma resp. seine Zerfallsprodukte ganz besonders stark in Anspruch genommen, weil diese Form des Coitus reservatus, wo sie eheliche Sitte geworden ist, mangels jeglicher Belästigung für den

[1]) Schon *Ferdy* hat den Zusammenhang zwischen regelmäßigem Coitus interruptus und ehelicher Untreue der Frau betont.

[2]) Diese Stellungnahme des RG. aus dem Jahre 1901 ist durch eine neuerliche Entscheidung vom 11. November 1918 gebilligt worden (RGE. Bd. 94. S. 123), und zwar mit einer bevölkerungspolitischen Begründung, die, wie *F. E. Traumann* zutreffend kritisiert, mit keinem Gedanken das Sexualproblem der Kollision zwischen dem Fortpflanzungsinteresse von Staat und Gesellschaft und dem individuellen Recht der Frau auch nur streift.

Mann und in der überwiegenden Mehrzahl der Fälle auch für die Frau und bei der relativen Zuverlässigkeit der Prävention außerordentlich häufig ausgeübt zu werden pflegt. So erhält bei dieser Präventivmethode die Frau im Laufe der Zeit meist sogar eine besonders reichliche Spermazufuhr (unter Ausschluß der Verwendung zur Konzeption), von der her eine ungewöhnlich starke Überschüttung des Blutes mit den Zerfallsprodukten des Spermas wahrscheinlich ist. Diese Produkte scheinen nun „Spermatoxine" zu enthalten und den weiblichen Organismus für die Zukunft gegen eine befruchtende Wirkung des Spermas zu „immunisieren". So würde die nicht seltene — wenn auch keineswegs durchgehende — Erfahrung, daß nach lange fortgesetztem Präventivverkehr mittels Pessars, auch wenn dieses Verhalten aufgegeben und Befruchtung gewünscht wird, eine solche nicht eintritt, durch die Annahme einer auf jene Weise erworbenen „Spermaimmunität" sich unschwer erklären[1]).

Gegen die hygienische Bedeutung des Condus und des Pessars und ihre Tauglichkeit als Präventivmittel werden noch andere Bedenken erhoben. So wird dem Condus eine abstumpfende Wirkung auf das Lustgefühl beider Partner zugewiesen; bekannt ist *Ricords* Wort von dem „Spinngewebe" (im Hinblick auf seinen Wert als Schutz gegen Infektion, wovon hier nicht zu reden ist) und der „Sackleinwand". Das ist maßlos übertrieben und hat Geltung nur bei der Verwendung besonders groben Materials — es sei denn, daß an eine psychogene Störung gedacht wird. Eine solche allerdings ist bei sensiblen Personen mit der Benutzung des Condus oft verbunden und kann bei beiden Geschlechtern zu sexuellen Insuffizienzen der verschiedensten Grade führen. Dieser Mangel, wesentlich bewirkt durch die mit dieser Form des Präventivverkehrs verbundenen Vorbereitung und die zu starke Bewußtheit des Sachverhaltes, eignet dem Pessar weniger. Es braucht nicht erst unmittelbar vor der Kohabitation eingelegt zu werden, wird im Gegenteil zweckmäßiger Weise schon Stunden oder Tage zuvor von der Frau eingeführt, so daß die störenden Vorbereitungen fortfallen und der Sachverhalt vor und während dem Zusammensein „vergessen" wird. Bei richtiger Lage des Pessars und normalen Größenverhältnissen der Genitalien spürt weder der

[1]) Auf dieser selben „Spermaimmunität" beruht möglicher Weise eine Reihe unklarer Formen von Sterilität, wie namentlich *E. Vogt* hervorgehoben hat. Die „therapeutische" Wirkung einer Trennung der Ehegatten (mit sexueller Abstinenz) auf eine vorher längere Zeit bestandene Unfruchtbarkeit, die dann bei Wiederaufnahme des Geschlechtsverkehrs behoben wird, könnte sich auf solche Zusammenhänge beziehen. Ebenso ließe sich die bisher unerklärbar gewesene Beobachtung, daß die allererste Kohabitation sehr oft zu einer Befruchtung führt, während spätere Kohabitationen unter sonst gleichen Bedingungen dies nicht tun, mit Hilfe der Hypothese einer Spermaresorption und Bildung von Spermatoxinen verstehen (*Vogt* u. a.).

Mann noch im allgemeinen die Frau das Schutzmittel. Ich sage bezüglich der Frau: „im allgemeinen" —, weil es Ausnahmen gibt, in denen die Frauen erklären, durch das Pessar, auch wenn sie es garnicht merken und an sein Vorhandensein garnicht denken, eine Einbuße an Endlust zu haben, da diese nur dann vollkommen sei, wenn das Ejakulat die Gebärmutter erreicht. Dieser Sachverhalt ist andeutungsweise bereits erwähnt worden. Anders als *van de Velde* möchte ich allerdings die Beeinträchtigungen des weiblichen Orgasmus durch das Pessar auf Autosuggestion der betr. Frauen zurückführen.

Das bevorzugte Schutzmittel ist das Pessar namentlich dann, wenn der Mann eine Schwängerung zwar vermieden wissen, aber sonst mit der Präventivsorge nichts „zu tun haben" will und sie der Frau als „ihre Angelegenheit" überläßt, — vor allem aber in den Fällen, in denen die Frau ohne Wissen des Mannes sich gegen Konzeption, sei es im ehelichen Verkehr, sei es im Dienste heimlicher illegaler Geschlechtsbeziehungen, schützen will. Von diesen Bedenken einer möglichen mißbräuchlichen Verwendung abgesehen, haftet dem Pessar auch noch der Übelstand an, daß nicht jede Frau es verträgt und der Fremdkörper nicht ganz selten Schädigungen der Schleimhaut hervorruft. Auch daß gelegentlich — aus besonderen anatomischen oder pathologischen Gründen — das Pessar überhaupt nicht „sitzt", sei der Vollständigkeit halber vermerkt.

Das Thema „Pessar" erfordert schließlich noch einen Hinweis auf die namentlich von *M. Vaerting* unzweifelhaft übertriebenen, keinesfalls nachgewiesenen, aber immerhin als beachtlich dargetanen Möglichkeiten einer Fruchtschädigung beim Mißlingen dieser Art Präventivverkehrs. Das Pessar führt, wenn es seine präventive Schuldigkeit nicht tut, zu einer Schwängerung unter Ausschluß oder doch wesentlicher Einschränkung der Auslese unter den Keimzellen bei ihrer Konkurrenz um die Erreichung und Befruchtung des Eis, und diese selbst wird gegenüber dem physiologischen Vorgang erheblich verzögert. Dieser Sachverhalt im Verein noch mit möglicherweise schädigenden Einflüssen des Pessarmaterials auf die Beschaffenheit der Samenzellen erscheint *Vaerting* als eine bedrohliche Quelle für Verschlechterungen des so zustande gekommenen Zeugungsproduktes, und er (man weiß auch hier wieder nicht, ob der Autor der Bruder Mathias oder die Schwester Mathilde ist) sieht daher in dem Präventivverkehr mittels Pessars eine eugenische Gefahr.

Erfüllen nach allem diesem also weder der Condus noch das Pessar ideale Forderungen, so sind sie dennoch für die überwiegende Mehrzahl der Fälle brauchbar und verläßlich, — gutes Material, sorgfältige Verarbeitung und richtige Technik vorausgesetzt. Diese und andere, z. B. die verschiedenartigen Modifikationen und Spezialformen der beiden Mittel betreffende Einzelheiten, deren Wichtigkeit für die Praxis und für eine gewissenhafte ärztliche Beratung der Klienten nicht hoch genug eingeschätzt werden kann, sollen gleichwohl im Rahmen dieser Abhandlung nicht erörtert werden. Nur der intrauterinen Pessare sei besondere Erwähnung getan, weil sie neuerdings mit großem geschäftlichem Erfolge propagiert werden, vor ihnen aber mit allem Ernste gewarnt werden muß; sie verursachen leicht Geschwüre und Katarrhe, mitunter erheblichen Grades, und fungieren überdies, soweit sie den erstrebten Zweck erreichen, nicht so sehr als Verhütungs- wie als Abortiv-Mittel. In erhöhtem Maße noch gilt dies von den Intrauterinstiften und „Steriletts", für deren Folgen der Arzt nach *Walthard, Labhardt* u. a. aus dem Gesichtspunkt des „Kunstfehlers" straf- und zivilrechtlich einzustehen hat. Die sog. „Seidenfäden", die ebenfalls intrauterin zu verwenden sind, mögen weniger Gefahren für die Gesundheit in sich bergen, sind aber nach meiner Erfahrung auch viel eher als Vorkehrungen zur Unterbrechung als zur Vorbeugung einer Schwangerschaft zu betrachten und verdienen keinesfalls die Wertschätzung, die ihnen von seiten einiger Gynäkologen zuteil wird. — Den Übergang von den mechanischen zu den chemischen Schutzmitteln stellen die verschiedenartig imprägnierten Tampons, Vaginalkugeln und ähnliche Einlagen dar. Ihre Unzuverlässigkeit kennzeichnet z. B. *Rohleder* richtig, wenn er die sog. Sicherheitsschwämmchen — „Unsicherheitsschwämmchen" nennt. Überdies wird ihre Verwendung, die kurz vor dem Beisammensein erfolgen muß, von vielen Frauen als sehr lästig empfunden, und auf das männliche Glied wirken die verschiedenen Chemikalien (Chinin. sulfuricum oder muriaticum, Thymol u. a. m.) oft stark reizend. Unsicher und schädlich sind auch die Scheidenspülungen, die — namentlich in den unbemittelten Kreisen wegen ihrer Billigkeit außerordentlich verbreitet, aber auch in den anderen Bevölkerungsschichten sehr beliebt — besonders dann, wenn sie unter hohem Druck erfolgen, zu Entzündungen der weiblichen Beckenorgane führen, andererseits erst die Samenzellen in den Cervikalkanal hineintreiben können. Der Zusatz von Chemikalien auch hier erhöht gewöhnlich nur die hygienische Bedenklichkeit, aber nicht die antikonzeptionelle Wirksamkeit der Maßnahme. Daß diese auch als Quelle neurasthenischer und psychischer (Frigidität) Schädigungen der Frau, die statt nach der Kohabition den Orgasmus in Ruhe abklingen zu lassen, sogleich aus dem Bette heraus und die präventive Prozedur vornehmen muß, eine nicht geringe Rolle spielt, verdient nachdrücklich hervorgehoben zu werden. Schließlich gilt für alle diese letzterwähnten Formen des Präventivverkehrs ein eugenisches Bedenken, ähnlich wie bezüglich des Pessars, im Falle seines Versagens. Diese Gefahr liegt hier sogar näher: wenn die betreffenden Chemikalien oder die einfachen Wasserspülungen oft nicht ausreichen, um die Samenzellen zeugungsunfähig zu machen (oder überhaupt zu entfernen), so müssen sie dann doch eine so weitgehende Schädigung der Spermien hervorrufen können, daß im Falle einer Schwängerung die fötale Entwicklung mehr oder weniger bedroht erscheint. Es ist nicht auszuschließen, daß bei der ungeheuren Verbreitung dieser Präventivmethoden und der fraglosen Häufigkeit ihres Mißlingens sonst unerklärliche Mißbildungen und andere angeborene (nicht ererbte) Konstitutionsdefekte, unter Umständen auch Fruchttode, in einer beträchtlichen Anzahl von Fällen so zustande kommen. Daß die Beweise, die für solche Zusammenhänge *Vaerling* beizubringen sich bemüht, nicht überzeugend sind, sei auch mit Bezug auf diese Möglichkeiten klargestellt.

Im Anschluß an diese Erwägungen ist es notwendig, noch auf eine andere mögliche Nebenwirkung mißlingender Praeventivmaßnahmen, insbesondere des Pessars und der Spülungen hinzuweisen, — Nebenwirkungen, die vielleicht dazu bestimmt sind, künftighin in nicht wenigen Fällen als Hauptwirkungen erstrebt zu werden: es ist nämlich nicht ausgeschlossen, daß diese präventiven Vorkehrungen, sofern sie die Befruchtung nicht verhindern, sondern nur erschweren, die Geburten von Knaben fördern. *Lenz* zweifelt aufgrund der biologischen Determinierung des Geschlechtes nicht an der Möglichkeit, das Verhältnis der Knaben- zu den Mädchengeburten (Sexualproportion bei der Geburt 106/100, bei der Zeugung 125/100) durch willkürliche Maßnahmen zu beeinflussen. Er schreibt:

„Dennoch aber dürfte es möglich sein, die Wahrscheinlichkeit der Erzeugung eines Knaben beträchtlich zu erhöhen. Alles, was die Befruchtung erschwert, wirkt in diesem Sinne, z. B. schon die Vermeidung der Zeugung in den ersten drei Wochen nach der Menstruation. Sodann dürfte die Deponierung des Spermas fern vom Muttermund am Scheideneingang in dem Sinne wirken. In einzelnen Fällen, wo es trotz fehlender Einführung in die Scheide zur Befruchtung kam, führte dieses meines Wissens zur Geburt von Knaben, was freilich auch Zufall gewesen sein mag. Weiter kommt Erschwerung der Befruchtung durch chemische oder mechanische Mittel in Betracht. Hier ist aber große Vorsicht am Platze, damit nicht etwa eine Schädigung der Samenzelle die Geburt eines schwächlichen oder krankhaften Kindes zur Folge hat. Dringend warne ich daher vor Versuchen, das Geschlecht durch Röntgenstrahlen beeinflussen zu wollen. Ein harmloses Mittel zur Erschwerung der Befruchtung dürfte dagegen die Milchsäure in großer Verdünnung sein, da diese auch normalerweise in der letzten Woche vor der Menstruation schon im Vaginalsekret vorhanden ist. Ich glaube daher empfehlen zu dürfen, daß Frauen, die einen Stammhalter wünschen, vor der Kohabitation eine Ausspülung mit durch Milchsäure deutlich angesäuertem, lauwarmem

Wasser machen sollen. Dem Mann wäre zu raten, die erste Ejakulation mit einem Kondom abzufangen und die zweite so einzurichten, daß das Sperma an den Eingang der Scheide zu liegen kommt. Sollte bei diesem Verfahren keine Befruchtung eintreten, so wäre mit der Ansäuerung der Spülflüssigkeit allmählich herunterzugehen. Wenn auch dann keine Befruchtung eintreten würde, so wäre die erste Ejakulation zu verwenden. Vor der Erschwerung der Befruchtung durch Alkohol und andere Chemikalien glaube ich dagegen warnen zu müssen, weil sie zur Schädigung der Keimzellen und in der Folge des zu erzeugenden Kindes führen könnten. Ein Mittel, die Wahrscheinlichkeit der Geburt eines Mädchens mehr als auf die Hälfte zu erhöhen, haben wir nicht; doch ist die Frage praktisch auch weniger wichtig. Ich habe mir reiflich überlegt, ob ich das geschilderte Verfahren auch mit gutem Gewissen empfehlen dürfe, und ich bin zu einer Bejahung dieser Frage gekommen. Die Frage der Geschlechtsbestimmung ist heute so weit gediehen, daß so etwas in der Luft liegt und über kurz oder lang von anderer Seite doch empfohlen werden würde, und da möchte ich wenigstens dazu beitragen, daß nur Verfahren angewendet werden mögen, die nach menschlichem Ermessen für das Kind unschädlich sind. Man kann wohl sagen, daß es für unser Volk besser wäre, wenn etwas mehr Knaben geboren würden als bisher, das würde auch mehr wie alles andere zur Lösung der Frauenfrage beitragen."

Als (ehelicher) Präventivverkehr könnte auch noch die Kohabitation zwischen Gatten bezeichnet werden, deren einer Teil zwecks Verhütung der Zeugung resp. der Empfängnis künstlich sterilisiert worden ist. Aber medizinisch, psychologisch und technisch liegen hier von den bisher erwähnten Präventivmethoden so durchaus abweichende Verhältnisse vor, daß diese nicht in dem Rahmen vorliegender Abhandlung, sondern in einem besonderen Abschnitt besprochen werden sollen. Nicht in diese Betrachtung gehören auch die Perversitäten aus Präventivgründen. Es kann nicht zweifelhaft sein, daß die Perversitäten — was hier nichts anderes bedeuten soll, als sexuelle Betätigungsweisen, die dem physiologischen Ziel der Vereinigung des männlichen und weiblichen Genitale ausweichen — in wachsendem Maße als Präventiv-Methoden verwendet werden und auch in der Ehe in ungeheurem Umfange diesem Zwecke dienen sollen. Schließlich ist hier auch nicht auf die „Empfängnisverhütung durch Autosuggestion", an die angeblich nur geglaubt zu werden braucht, um sie zu verwirklichen, einzugehen: diese Methode, „durch Überhöhung, nicht Hemmung der Hingabe" Mutter nur aus Wahl zu werden, soll von den Frauen Asiens in hohem Maße beherrscht werden.

Überall, wo der (eheliche) Präventivverkehr therapeutischen oder prophylaktischen Indikationen gemäß ist, also der Heilung oder der Vorbeugung von Krankheiten dienen soll, können Recht und Pflicht des Arztes, die präventiven Maßnahmen zu verordnen, nicht zweifelhaft sein. Nach dem Grundsatz des nil nocere muß er dabei die hygienisch bedenklichen Mittel vermeiden, im gegebenen Falle vor ihnen warnen; und nach dem Grundsatze der beruflichen Sorgfalt darf er nur die verhältnismäßig zuverlässigsten empfehlen. Derselbe Grundsatz darf ihn aber nicht mit „Verordnungen" und „Empfehlungen" sich begnügen lassen, sondern verpflichtet ihn, die Klienten über die richtige Anwendung hinreichend zu belehren. Nach den früheren Auseinandersetzungen können nur Condus und Pessar die Mittel der Wahl sein. Die besten Erklärungen über ihre Anwendungsweise und die Art, wie der Arzt die Klienten mit der Methode vertraut zu machen hat, sind *Nyström* zu danken. *K. Lewin* macht bezüglich der Belehrung über die Benutzung des Pessars sich und seinen Klientinnen die Situation m. E. schwerer, als es bei durchschnittlicher Intelligenz und Geschicklichkeit der Frauen erforderlich ist: ich habe in der Regel eine „Unterrichtsstunde" ausreichend gefunden, statt der von *Lewin* gewünschten vier Konsultationen. — Auch bezüglich des Condus und Pessars bleibt aber die Tatsache zu berücksichtigen, daß der Präventivverkehr auf alle Fälle ein unphysiologisches Verhalten darstellt, — nicht aus der von jedem Gesichtspunkt törichten Erwägung heraus, daß der Geschlechtsverkehr den „Zweck" der Zeugung und Empfängnis habe und der nicht mit solcher Zwecksetzung verbundene Geschlechtstrieb und -verkehr „unmoralisch", „unnatürlich" sei, sondern weil die Technik des Präventivverkehrs einen Eingriff in den physiologischen Vorgang und Ablauf der Kohabitation bedeutet. Es handelt sich bei den präventiven Maßnahmen ja gerade um eine willkürliche Abwendung physiologischer Folgen. Daß derartige Vorkehrungen an und für sich das Recht des nicht mehr auf der Stufe eines primitiven Naturwesens befindlichen Menschen sind, ist selbstverständlich — beruhen doch überhaupt Zivilisation und Kultur auf der Erfindung und Verwendung von Mitteln zur Verhinderung von natürlichen, d. h. im Bereiche des organischen Geschehens: von biologisch-physiologischen Wirkungen. Aber das schließt nicht aus, daß die Zwecksetzung der Zeugungs- und Empfängnisverhütung den Ablauf des „Sexualreflexes", der seinem Wesen nach sich zwecklos vollziehen will, beeinträchtigt, mit der sehr wohl möglichen Folge von Gesundheitsschädigungen über die einzelnen Anlässe besonders untauglicher Formen des Präventivverkehrs hinaus, je nach der individuellen Konstitution[1]). Nach *Stieve*, der die ungewollte Kinderlosigkeit auf Grund von Tierversuchen und anatomischen Untersuchungen auf zivilisatorische Einflüsse zurückzuführen unternimmt, wirkt die planmäßige Geburten-

[1]) Vgl. hierzu *Schleiermacher:* „Absicht soll nirgends sein in dem Genuß der süßen Gabe der Liebe, weder irgendeine sträfliche Nebenabsicht noch die an sich unschuldige, Menschen hervorzubringen . . ., weil dadurch etwas in der Liebe auf etwas Fremdes bezogen wird". Diese aus der romantisch-metaphysischen Anschauung Schleiermachers sich herleitende These läßt sich grundsätzlich auch mit psycho-physiologischen Erwägungen vertreten.

verhinderung ebenfalls in diesem Sinne, und „fortgesetzter Geschlechtsverkehr ohne Befruchtungserfolg — eine Erscheinung, die wir nur beim Menschen und niemals in der freien Natur finden —“ müsse „auf die Dauer unbedingt zu Schädigungen führen“. Wenn *H. L. Eisenstadt* einen erheblichen Teil der sog. Berufskrankheiten als „Präventivverkehrskrankheiten“ deutet und namentlich die große Verbreitung von Neurosen unter den verheirateten Beamten und geistigen Arbeitern, aber auch viele Stoffwechsel-, d. h. inkretorische Leiden auf gewohnheitsmäßigen Präventivverkehr zurückführt, so fehlt es solcher Auffassung zwar wiederum trotz der von *Eisenstadt* angezogenen Kasuistik und Statistik an wissenschaftlichen Beweisen, aber die hygienische Problematik des Präventivverkehrs ist keinesfalls zu übersehen, und der Arzt hat ihn in der Praxis nach den Gesichtspunkten differenter Mittel zu würdigen. Dies nach den früheren Auseinandersetzungen ganz besonders auch bei der anamnestischen Erhebung und kausalen Krankheitsforschung. Dann wird er — bei gewisser Art seiner Klienten — nicht seltener in die Lage kommen, Präventivverkehr für die Zukunft zu verbieten, — gänzlich oder wenigstens seine bisher geübte Methode —, als ihn anzuraten oder zu verordnen.

Im Grundsätzlichen sollte soweit die Stellung des Arztes zum ehelichen Präventivverkehr als unanfechtbar erscheinen, denn die Zeit ist ja glücklicherweise vorüber, in der es als „standesunwürdig“ gegolten hat, „über die absichtliche Verhütung der Konzeption als Folge des Beischlafes etwas anderes vom ärztlichen Standpunkt zu äußern als ein kräftiges Pfui“. (*F. Lehmann*), und die Anschauung eines *Sänger*, der noch 1892 erklärte, daß das „eheliche Sexualleben uns Ärzte garnichts angehe“, und das Anathema eines *Zweifel* sogar noch vom Jahre 1900, daß der Arzt, der sich mit antikonzeptionellen Mitteln abgebe und somit der „Lüsternheit“ „Vorschub leiste“, der sozialen Achtung verlustig gehe, — erscheinen uns in ihrer unärztlichen Gesinnung heute schon als geradezu unglaubhaft[1]). Aber im Einzelnen bleibt des Fragwürdigen noch genug. So sind z. B. die Ansichten über die Indikationen zum Präventivverkehr in der Ehe sehr verschieden. Ich spreche hier — wohlverstanden — zunächst nur von den im engeren Sinne medizinischen Indikationen, und meine da, daß *v. Franqué* nicht mit Unrecht den Ärzten den Vorwurf macht, daß sie oft ohne zureichenden Grund die Vermeidung einer (neuen) Schwangerschaft empfehlen, bei der therapeutischen oder prophylaktischen Verordnung oder Billigung des ehelichen Prä-

[1]) Freilich fehlt es noch immer nicht an wirklichkeitsfremden Stellungnahmen akademischer Gynäkologen, die — wie z. B. der jüngst verstorbene *Opitz* (Freiburg) — die ärztliche Beratung auf diesem Gebiete als „standesunwürdig“ vermieden wissen wollen.

ventivverkehrs eine übergroße Ängstlichkeit besäßen und sich mehr als wünschenswert einer hypochondrischen Einstellung ihrer Klienten anpaßten, — sofern es sich nicht überhaupt nur um Vorwände handelt.

Eine strittige Prinzipienfrage ist die nach dem Verhältnis des Arztes zu den sog. eugenischen und sozialen Indikationen des ehelichen Präventivverkehrs. Wir erleben hier einen ähnlichen Streit wie bezüglich des ärztlichen Rechtes zur Schwangerschaftsunterbrechung. Aber der Unterschied ist evident. Alle Rationalismen können über die Tatsache nicht hinwegtäuschen, daß die künstliche Abortierung eine überlegte und vorsätzliche Tötung keimenden Lebens ist. Erst keimenden Lebens; also ist die Gleichsetzung mit „Mord" eine törichte Übertreibung, — ist indes andererseits die Gleichsetzung zwischen Schwangerschafts-Unterbrechung und -Verhütung in tatsächlicher wie in wertender Hinsicht Unsinn. Bei den höheren Organismen, bei denen neues Leben durchweg nur mittels Amphimixis erzeugt werden kann, insbesondere also beim Menschen kann vernünftigerweise von „keimendem Leben" erst nach der befruchtenden Vereinigung von Samenzelle und Ei gesprochen werden. Die Behauptung, daß der Fötus nur pars viscerum matris sei, ist biologisch ebenso unhaltbar wie die, daß die Keimzelle schon keimendes Leben sei. Es ist also mitnichten etwa widerspruchsvoll, wenn ich hinsichtlich des künstlichen Abortes soziale und eugenische Indikationen für den Arzt ablehne, zumal solche Indikationen nach der Unvoraussehbarkeit sozialer Möglichkeiten und nach der vorläufigen Unsicherheit der individuellen Erbprognose wissenschaftlicher Solidität entbehren und für die ohnehin dem Wesen und Sinn des ärztlichen Berufes an sich widerstreitende, daher nur durch höherwertige ärztliche Zielsetzung (Schutz oder Rettung des mütterlichen Lebens) begründbare Tötung der Frucht eine Rechtfertigung nicht schaffen können, und wenn ich dagegen bezüglich der ärztlichen Empfehlung oder Förderung des (ehelichen) Präventivverkehrs jene Indikationen anerkenne. Selbstverständlich sind die angeblichen sozialen und eugenischen Indikationen in diesem Zusammenhange an und für sich nicht weniger fragwürdig als in Bezug auf die Schwangerschaftsunterbrechung, aber Rat und Beihilfe zur Schwangerschaftsverhütung erscheinen mir schon durch mögliche Gefährdungen gerechtfertigt zu werden, wenn der Wille der Eheleute auf Prävention gerichtet ist. Das gilt m. E. unbedenklich bezüglich der eugenischen Anzeige, denn als eine hygienisch-prophylaktische Kategorie gehört ihre Erwägung und Betrachtung grundsätzlich in den Kreis der ärztlichen Berufsaufgabe. Anders kann man über die soziale Anzeige denken, insofern diese ihrem Wesen nach nicht ärztlicher Berufskompetenz unterliegt. Aber angesichts der Tatsachen des Lebens läßt sich eine prinzipielle Zurückhaltung des Arztes auch gegenüber den aus den äußeren Lebensverhältnissen abgeleiteten Begründungen nicht rechtfertigen. Selbst in den nicht seltenen Fällen, in denen die Motivierung des Präventivwillens eine so rein wirtschaftliche oder gesellschaftliche ist, daß ihm zu willfahren mit ärztlicher Berufsausübung nichts mehr gemein zu haben scheint, handelt der Arzt, wenn er durch sachgemäße Belehrung und Verordnung auf wirklich ernste Wünsche der Klienten eingeht, meist durchaus im Rahmen individual- und sozialhygienischer Aufgaben, da seine Weigerung in der Regel nicht etwa den künftigen Präventivverkehr hindern wird, sondern lediglich auf gesundheitsschädliche oder unzuverlässige Methoden anweist und die Fruchtabtreibungen fördert, wie denn überhaupt die hygienische Bedeutung der Schwangerschaftsverhütungen als erfolgreichstes Mittel zur Bekämpfung der willkürlichen Schwangerschaftsunterbrechungen, der ‚Abtreibungsseuche", (und im Hinblick auf den Condus auch zur Bekämpfung der Geschlechtskrankheiten) nicht klar genug betont werden kann. Nach *Lenz* sind im Deutschen Reich jährlich mehrere Hunderttausende Fehlgeburten im Grunde auf mangelnde Kenntnis zweckmäßiger Verhütungsmittel zurückzuführen, und mehrere Tausend Frauen verlieren dabei auf qualvolle Weise ihr Leben. „Der einzige erfolgversprechende Weg zur Bekämpfung der Fehlgeburten und ihrer traurigen Folgen geht über die Verbreitung der Kenntnis zweckmäßiger Methoden der Empfängnisverhütung". Diese durchaus richtige Auffassung könnte jetzt Aussicht auch auf Sanktionierung durch die Rechtsprechung haben. Wenn nämlich das Reichsgericht bei der wegen Abtreibung Angeklagten, die an Tuberkulose litt, eine die Straffreiheit ausschließende Selbstverschuldung ihres (nicht strittigen) Notstandes angenommen hat, weil sie „unbekümmert" um die Folgen einer Schwängerung und ihre Gefahren für sie sich hingegeben und somit schuldhafterweise die „im Verkehr und nach den Rechtspflichten zu beobachtende Sorgfalt im Handeln" außer acht gelassen habe — so sollte der Schritt von solcher Begründung zur Forderung ernsthafter und sinnvoller Präventivmaßnahmen in derlei Fällen nicht mehr groß sein[1]). Das soll keinesfalls heißen, daß der Arzt, den etwa seine Anschauungen vom Staatsinteresse oder von der sexuellen Ethik nach dieser Richtung hinleiten, nicht das Recht oder die Pflicht hätte, dem „fortpflanzungsfeindlichen

---

[1]) Gegenwärtig ist die betreffende Entscheidung (Akt. Z. I. D. 141/26) freilich noch ganz anders gemeint —, nämlich auf die Forderung der Enthaltung vom illegitimen Geschlechtsverkehr überhaupt abgestellt.

Sinn" von Ehegatten, wo er ihm unzulänglich oder irrtümlich begründet erscheint, entgegenzuwirken und zu seinem Teil an einer Hebung des „Willens zum Kinde" mitzuarbeiten. Es ist dann seiner Urteilsfähigkeit überlassen, den Erfolg solcher Einwirkungsversuche vorauszusehen und sich gegen Selbsttäuschungen und ein in Wahrheit unhygienisches Verhalten seinerseits zu schützen. Dabei bleibt des allgemeinen Grundsatzes für das ärztliche Verhalten zu gedenken, daß der Arzt, der doch als solcher von seinen Klienten um Rat und Beistand angegangen zu werden pflegt, überall und immer, wo und wann er aus nichtärztlichen, z. B. aus moralischen Gründen, will sagen: aus Gründen seiner Moral, die erbetene Hilfe verweigern oder gar Gegenverordnungen geben zu müssen glaubt, diesen Zusammenhang den Klienten gegenüber eindeutig klarzustellen hat und nicht etwa sein Verhalten mit medizinischen Gründen decken darf. So dürfen umgekehrt auch nicht Ratschläge und Hilfeleistungen im Sinne der Prävention aus sozialen, wirtschaftlichen oder ähnlichen Erwägungen vom Arzte in den Schein therapeutisch begründeter Maßnahmen gehüllt werden. Solche Unehrlichkeit ist des Arztes nicht würdig, verrät sein schlechtes Gewissen, d. h. Geschäftssinn, nicht Überzeugung als Motiv seiner Stellungnahme, und züchtet Sexual- und Fortpflanzungshypochondrie bei den Gatten.

Die bisherigen Auseinandersetzungen führen zu der weiteren Prinzipienfrage, ob der Arzt, der um Begutachtung, Empfehlung oder Applikation von Schutzmitteln ersucht wird, überhaupt besondere „Indikationen" fordern muß, oder ob ihm nicht der ernste Wille der Eheleute zum Präventivverkehr genügen kann, um seinen sachverständigen Beistand zu leisten und dadurch einer unsachverständigen — gesundheitsschädlichen oder kriminellen — Geburtenverhütung vorzubeugen. Die Beantwortung dieser Frage bestimmt sich nach den persönlichen, moralischen und standesethischen Anschauungen des Arztes und ist daher nicht mit allgemeiner Geltung zu geben. Ich will indes nicht mit meiner Ansicht zurückhalten, daß dem Arzte eine Ermittlung oder Nachprüfung der individuellen Präventionsmotive nicht zur Pflicht gemacht werden kann, wenn er grundsätzlich das Recht eines Ehepaares anerkennt, Kinder nicht oder nicht mehr haben zu wollen, ohne deshalb auf die eheliche Gemeinschaft zu verzichten. In der ärztlichen Praxis überwiegen die Fälle, in denen die Frau um ein „Schutzmittel" bittet. Ich glaube, daß man als Arzt zwar nicht verpflichtet, aber doch berechtigt ist, den Willen einer Frau auf Empfängnisverhütung zu respektieren und die Verantwortung für die Moral oder Unmoral ihrer Motive ihr selbst zu überlassen. *Hilde Grünbaum-Sachs* verweist in diesem Zusammenhange nur auf einen typischen Fall: in einer nicht sehr harmonischen Ehe kann gerade das Muttergefühl die Frau bewußt oder unbewußt dahin bringen, keine oder keine weiteren Kinder haben zu wollen, weil die seelische Atmosphäre für diese ungünstig ist. Darüber daß der Arzt eine Zumutung der Beihilfe zu offensichtlichem Betruge zurückweisen muß, ist kein Wort zu verlieren. Daß man als Arzt andererseits so weit gehen soll, wie *Alfred Adler,* der dafür ist, jeder Frau deutlich zu sagen: „Du brauchst keine Kinder zu bekommen, wenn Du nicht willst", — ist mir bedenklich; seine Begründung mit dem Interesse der unerwünscht empfangenen Kinder, die der Fluch einer liebeleeren Jugend erwartet, überzeugt jedenfalls nicht; auch würde von dem von *Adler* befürworteten Verhalten des Arztes eine suggestive Erweckung und Förderung der Mutterschaftsunlust — in weiterer Konsequenz: der Elternschaftsunlust überhaupt — zu erwarten sein, und das ist, ohne medizinische Indikationen in dem einzelnen Falle, ärztlicher Beruf nicht. Damit soll der ethische Gehalt des Standpunktes, daß man nur ein Kind in die Welt setzen dürfe, das man sich ehrlich wünscht, nicht verkannt werden. Andererseits läßt sich in zahlreichen Fällen, in denen angeblich und auch vermeintlich ein besonders tiefes Verantwortungsgefühl gegenüber der Fortpflanzungsaufgabe den Präventivwillen bestimmt, dies Verantwortungsgefühl als bloße Furcht vor der Verantwortung, als Mangel an Verantwortungsgefühl demaskieren. Nicht selten steckt dahinter eine konstitutive Psychopathie, so daß unter Umständen aus eugenischen Erwägungen der Arzt den Präventivwillen des Klienten wird gutheißen dürfen. Häufiger aber handelt es sich nur um Flucht vor den Pflichten der Elternschaft, und solche Tendenzen ausdrücklich zu fördern, kann nicht Aufgabe des Arztes sein, auch wenn er den Standpunkt der Ärztin *Agnes Bluhm,* daß die Kindererzeugung eine „Staatsbürgerpflicht" sei, nicht teilt, ihn zum mindesten nicht in der Situation Arzt — Patient (resp. Klient) vertreten zu dürfen glaubt. In diesem Sinne ist die Mahnung *Grotjahns* zu verstehen, daß der Arzt dem Wissen von den Präventivmitteln das Gewissen gegenüber ihrer unbegründeten Anwendung zu schärfen und es mit wirklichem eugenischem Verantwortungsgefühl zu erfüllen sich bemühen solle.

Die jüngst in Preußen eingerichteten öffentlichen Eheberatungsstellen sind zweckmäßig in den Dienst dieser Aufgabe zu stellen, ohne daß damit das Verbot, in ihnen Ratschläge behufs Einschränkung der Kinderzeugung und Verwendung von Präventivmitteln zu erteilen, gebilligt werden könnte. Wenn die diesbezügliche Tätigkeit der Eheberatungsstellen wirklich im wesentlichen nur auf Fernhaltung fortpflanzungsuntüchtiger Personen von der Eheschließung sich beschränken soll, dann ist der Mißerfolg dieser Einrichtung mit

Sicherheit vorauszusehen — ganz abgesehen von der sogar von *F. Lenz* gerügten unnötigen Grausamkeit solcher Bestrebung. Andrerseits kann die neueredings einsetzende Propaganda der Geburtenpraevention, die auch von Ärzten unter sozial- und rassenhygienischer Begründung betrieben und gefördert wird, keinesfalls gebilligt werden; soweit jene Gründe nicht überhaupt nur Vorwände für bevölkerungs- oder klassenpolitische Bestrebungen darstellen, über deren Recht oder Unrecht hier nicht zu sprechen ist, sind sie zum Teil sehr kurzsichtig (insofern sie von den Menschen, auch wenn die letzten Bedenken und Schwierigkeiten bezüglich der Praeventivsitten von der öffentlichen Moral beseitigt sind, noch immer genügend Einsicht und Selbstüberwindung erwarten, um nicht einem ungehemmten Egoismus zu verfallen, der die Ehe ganz allgemein zu einer bloßen „Wirtschafts- und Vergnügungsgemeinschaft" [*Hagen*] machen würde), zum Teil sachlich abwegig (insofern sie unterstellen, daß grundsätzlich die Qualität des Nachwuchses durch Verminderung seiner Zahl gehoben würde, also Quantität und Qualität regelmäßig in einem umgekehrten Verhältnis zueinander stünden — was im günstigsten Falle eine Verkennung der relativen Unabhängigkeit vorübergehender sozialer und kultureller Vorteile von konstitutiven Dauerwerten bedeutet).

Es ist nicht ausgeschlossen, daß der Arzt der Zukunft mit allen diesen Fragen sich praktisch gar nicht mehr wird auseinanderzusetzen haben: von pessimistischer Seite werden bereits in diesem Sinne große Hoffnungen an die pharmazeutische Auswertung der tierexperimentellen hormonalen Sterilisierung durch den Innsbrucker Physiologen *Haberlandt* geknüpft. Sollte es wirklich gelingen, durch innerliche Medikation Frauen nach Belieben zeitweise zu sterilisieren, so wird es die dringlichste Aufgabe sein, die Methode der Zugänglichkeit und des Vertriebes dieser Mittel zu finden, die ihren außerordentlichen Gewinn für die Heilkunde und die — körperliche und seelische — Hygiene sicherstellt, aber ihre unerhörte Gefahr für die sexuelle Ordnung und Moral, ja für Leben und Kultur überhaupt — abwendet.

Fruchtabtreibung und Ehe

Von Otto Herschan

Es hieße die Tatsachen völlig verkennen, wollte man der außerehelichen Fruchtabtreibung die erste Stelle in der Frequenzziffer des kriminellen Aborts zuweisen. Wie man schon lange aus der Forschung über den kriminellen Abort weiß (*M. Hirsch*[1]), *v. Weinzierl*[2]), *Peham* und *Katz*[3])) ist die Mehrzahl der Frauen, die sich ihre Leibesfrucht abtreiben lassen, verheiratet. Über die Häufigkeit der kriminellen Fruchtabtreibung in der Ehe existieren bereits viele Statistiken, die mit erschreckender Deutlichkeit das Anwachsen dieser Seuche in den letzten Jahrzehnten zeigen. Trotzdem können auch noch so sorgfältig ausgeführte Statistiken, ähnlich wie beim außerehelichen kriminellen Abort, nur ein ungefähres Bild von der Häufigkeit der Fruchtabtreibung in der Ehe geben. Sie zeigen auch nur indirekt, wie *Lewin*[4]) treffend bemerkt, die größere oder geringere Geschicklichkeit, mit der von den einzelnen Frauen die Beseitigung der Leibesfrucht verheimlicht wird. Die Kriminalitätsziffer des Aborts beträgt nach der Zusammenstellung *Hirschs:*

in Deutschland:

Lindemann (Halle) 90%
Bumm-Schaefer (Berlin) 89%, 66²/₃%
Hirsch (Berlin) Stadt 77%
Stadt und Land 55%
Schaeffer (Berlin) 54,5%
Nürnberger (München) 17,7%
Benthin (Ostpreußen) 13,1%
Siegel (Freiburg) 7%
Winter (Königsberg) 6,4%

im Ausland:

van der Hoeven (Niederlande) 7,1%
Treub (Niederlande) 10,1%
Konwes (Utrecht) 13,9%
Mendez de Léon 15%
Nyhoff (Groningen) 24%
Meurer 33%

---

1) Zur Statistik des Aborts, Zentrbl. f. Gyn. 1918, S. 758.
2) Die uneheliche Mutterschaft, Berlin—Wien 1925.
3) Die instrumentelle Uterusperforation, Wien, Springer, 1926.
4) Die Fruchtabtreibung durch Gifte, Berlin 1924.

Orthmann 49%
Doléris (Paris) 50%
Boissard (Paris) $66^2/_3$%
v. Lingen (Petersburg) $33^1/_2$—69%
Jacobsohn (Moskau) 75%
Wygdowski (Wilna) 75%.

Die großen Schwankungen in der Kriminalitätsziffer erklären sich aus der Verschiedenheit des Materials und aus dem Unterschied in den Methoden, nach denen das Material statistisch ausgewertet wurde.

Bumm[1]), der die Zahl der Aborte in Berlin auf 30% aller Geburten angibt — auf 500 000 Geburten im Jahr kommen seiner Schätzung nach 150 000 Fehlgeburten — sagt, daß es eine Seltenheit ist, daß eine Frau, die leicht konzipiert und viele Kinder hat, nicht auch einmal zwischen den rechtzeitigen Geburten eine Fehlgeburt durchmacht. Daß die meisten dieser Fehlgeburten, besonders die fieberhaften, bei sonst gesunden Frauen absichtlich herbeigeführt werden, davon sind alle Gynäkologen überzeugt. Um zu erfahren, wieviel Fehlgeburten auf natürlichem Wege erfolgten, wieviel auf Abtreibung beruhten, hat *Bumm* bei 100 solchen Frauen genaue Nachforschungen angestellt. Von 100 Frauen, die wegen Abortus incompletus die Poliklinik der Berliner Universitäts-Frauenklinik aufsuchten, hatten 89 die Unterbrechung künstlich herbeigeführt durch heiße Spülungen, Dampfbäder, Tees, durch Injektionen von Wasser, Seifenlösungen, Lysol, mittels besonderer Intrauterinspritzen, durch Sondierung, Einlegen eines Stiftes usw. Von den 100 Frauen waren 85 verheiratet. *Lindemann*[2]) in Halle kommt mit 90% kriminellen Aborten zu ähnlichen Resultaten. Wenn man nach den Schätzungen von *Olshausen* und *Thorn*[3]) bedenkt, daß 80—90% aller fieberhaften Aborte kriminellen Ursprunges sind, so kann man sich, wenn man die Statistiken der ehelichen fieberhaften Aborte durchsieht, ein ungefähres Bild von der Häufigkeit der kriminellen Fruchtabtreibung in der Ehe machen. Zur Illustration dieser Tatsache müssen hier einige Zahlen angeführt werden. Nach den Erhebungen *Benthins*[4]) hatten nachstehende Autoren über die Frequenz der ehelichen Fruchtabtreibung folgende Zahlen:

Zur gerichtlichen Aburteilung gelangten:

Treub, Amsterdam	106	krim.	Aborte	ledig	96	verh.
Orthmann, Amsterdam	29	„	„	„	20	„
Mendez de Léon, Amsterdam .	33	„	„	„	28	„
Meyer-Rüegg, Bern	64	„	„	„	106	„

1) Münchner med. Woch. 1923 und zit. nach *Stumpf* in *Winckels* Handbuch der Geburtshilfe, Bd. III, Teil 3.
2) Zit. nach *Benthin*.
3) Zit. nach *Stumpf*.
4) Über kriminelle Fruchtabtreibung, Zeitschr. f. Geb. u. Gyn., Bd. 72.

Die französische Statistik von 1880—1911 der wegen Fruchtabtreibung angeklagten Frauen zeigt viele Jahre hindurch die gleiche Zahl von Ledigen und Verheirateten, in manchen Jahren sogar ein Überwiegen der Verheirateten.

Aus dem Material von *Max Hirsch* ist ersichtlich, daß auf 100 fruchtbare Ehen im Durchschnitt 87 Aborte kommen, 27,68% der ehelichen Schwangerschaften enden durch Abort, davon 21,55% durch Abtreibung. Am stärksten ist der kriminelle Abort im Alter von 31—36 Jahren vertreten zu einer Zeit, wo die meisten Frauen bereits mehrere Schwangerschaften hinter sich haben und durch willkürliche Beseitigung der Leibesfrucht aus den verschiedensten Motiven heraus einem weiteren Anwachsen der Zahl der Kinder vorbeugen wollen. In diesem Alter kommen nach *Hirsch's* Berechnungen auf 100 verheiratete Frauen 110 Aborte, d. h. daß jede Frau dieser Altersklasse mindestens einen Abort durchgemacht hat.

Auf 100 Schwangerschaften kommen nach *Hirsch:*

Bei einer Ehedauer von Jahren	Geburten	Aborte	Krim. Aborte	= % der Gesamtaborte
0 – 5	67	33	16	49
6 – 11	67	33	21	64
12 – 17	71	29	22	75
18 – 23	84	16	12	75
24 –	79	21	11	48

Wie *Stumpf*[1]) berichtet, ist die eheliche Fruchtabtreibung ganz besonders in Amerika verbreitet, *Johnson*[2]) berechnet 75—90% der Fälle auf verheiratete Frauen, und *Horigan*[3]) bezeichnet die boarding-houses, in denen junge Ehepaare vor Gründung eines Hausstandes gerne Wohnung nehmen, als wahre Brutstätten des Verbrechens.

In allen Berichten über das Vorkommen der Fehlgeburt, insbesondere des kriminellen Aborts, wird auch das häufige Vorkommen von Mehrgebärenden besonders betont. *Franz*[4]) zählte unter seinen 844 Fällen sogar 803 Fälle von Mehrgebärenden.

Nach den Erfahrungen *Haberdas*[5]) ist die Zahl der Fruchtabtreibungen bei verehelichten Frauen kaum kleiner als bei unverehelichten. Auch bei ihm finden sich Statistiken, in denen die ehelichen bei

[1]) Forensische Geburtshilfe in *Winckel*, Handbuch der Geburtshilfe, 1. Auflage, Bd. 3, Teil 3.
[2]) American Journal of obstetrics, Bd. 33, pag. 86.
[3]) American Journal of obstetrics, Bd. XI, pag. 177.
[4]) Zit. nach *Benthin*.
[5]) Lehrbuch der gerichtlichen Medizin, Bd. 1.

weitem überwiegen. In einem Berichte von *Patek*[1]) stehen 525 Ehefrauen 487 ledigen Mädchen gegenüber. Auch unter den zum ersten Mal geschwängerten Frauen, die sich die Leibesfrucht beseitigen ließen, findet man Ehefrauen und solche, die sich vom Beginn der Ehe an die Frucht abtreiben ließen. Ein großes Kontingent für diese Frauen stellen die Berufstätigen. Das beste Beispiel für die eheliche kriminelle Fruchtabtreibung hat uns ja der letzte Krieg geliefert, wo sich die kriminellen Aborte von Seiten Verheirateter geradezu erschreckend häuften.

Die neueste russische Statistik von 1925 bekräftigt die Annahme von der Häufigkeit des willkürlich herbeigeführten Abortes in der Ehe vollkommen. Seitdem in Sowjetrußland die künstliche Unterbrechung der Schwangerschaft aus sozialen Gründen erlaubt ist, entfielen 1925 auf je 1000 Geburten 302 künstliche Schwangerschaftsunterbrechungen, 60% aller um Hilfe suchenden Frauen standen im Alter bis zu 30 Jahren und hatten bereits drei Kinder. Diese Zahlen beweisen, daß der Zeugungswille sicherlich auch in Deutschland unter gleichen Umständen kaum höher zu bewerten sein würde.

Zum Schluß sei noch eine Statistik der Breslauer Universitäts-Frauenklinik von 1904—1917 aus der Dissertation von *G. Gramse*[2]), Breslau 1918, angeführt:

Jahrgang	Zahl der geburtshilflichen Fälle	Davon Aborte	Eheliche	Uneheliche	Davon fieberhafte	Eheliche	Uneheliche	Prozentsatz der Fieberhaften	Prozentsatz in der Münchener Frauen-Klinik
1916/17	791	50	30	20	18	13	5	36%	—
1915/16	819	49	25	24	11	6	5	22 „	33%
1914/15	907	37	17	20	5	2	3	13 „	21 „
1913/14	1303	63	31	32	17	8	9	27 „	20 „
1912/13	1250	71	33	38	18	10	8	25 „	23 „
1911/12	1240	82	45	37	20	13	7	24 „	21 „
1910/11	1146	79	50	29	15	13	2	19 „	16 „
1909/10	976	53	30	23	18	11	7	33 „	17 „
1908/09	897	64	33	31	12	7	5	18 „	17 „
1907/08	891	72	32	40	18	7	11	25 „	14 „
1906/07	808	70	38	32	9	6	3	13 „	10 „
1905/06	770	71	45	26	10	4	6	14 „	—
1904/05	788	75	49	26	7	5	2	9 „	—
Summa	12586	836	458	378	178	105	73		
			54,8%	45,2%		59,0%	41,0%		

Aus dieser Statistik geht hervor, daß 54,8% der Aborte ehelich waren, 45,2% unehelich, und davon 59% fieberhaft bei den ehelichen

[1]) Zit. nach *Haberda*.
[2]) J. D., Breslau 1918.

Fehlgeburten und 41% bei den unehelichen. Es bestätigt sich damit auch wieder die Ansicht vieler Autoren, daß prozentualiter mehr von Verheirateten als von Unverheirateten abgetrieben wird.

Aus den amtlichen Feststellungen geht ferner hervor, daß die Zahl der unehelichen Geburten trotz der Aborte nicht nur nicht abnimmt, sondern daß anderseits die Verurteilung von Ehefrauen wegen Abtreibung der Leibesfrucht eine erhebliche Steigerung erfährt. Bei allen Prozessen gegen die Fruchtabtreiber sind stets auch Ehefrauen und zwar aus allen Ständen hineingezogen worden. Es gibt keine Bevölkerungsklasse, welche von der ehelichen Fruchtabtreibung verschont bliebe, es läßt sich höchstens ein Unterschied in den Motiven bei den einzelnen Ständen feststellen. *Benthins* Statistik bestätigt diese Annahme, die übrigens alle Ärzte schon lange haben, in vollem Umfange. Daß die eheliche Fruchtabtreibung in den einzelnen Statistiken bei den niederen Volksklassen ganz besonders stark zum Ausdruck kommt, liegt einerseits daran, daß die gehobeneren Gesellschaftsklassen nur einen kleinen Teil der Bevölkerung ausmachen und sich außerdem in Privatentbindungsanstalten oder durch Reisen ins Ausland heimlich der Frucht entledigen können, ohne daß man diese Zahlen statistisch erfassen kann. Wenn man bedenkt, mit welcher Leichtigkeit gegen Geld von allen Sorten von Abtreibern die Beseitigung der Leibesfrucht erlangt werden kann, so ist es nicht weiter erstaunlich, daß es gerade diesen Gesellschaftsklassen gelingt, diese Operation unter Ausschluß der Öffentlichkeit vor sich gehen zu lassen. Man ist als Gynäkologe oft erstaunt, mit welcher Bedenkenlosigkeit und Mißachtung des kindlichen Lebens verheiratete Damen der gebildeten und guten Stände den Abort vom Arzte verlangen und seine Motivierung beschönigen, im Gegensatz zu den Frauen aus den niederen Volkskreisen, die sehr häufig erst durch die soziale Not getrieben an ihn mit dieser Bitte herantreten.

Das Ansteigen der Zahlen der Fruchtabtreibung ist häufig eine Begleiterscheinung des Verfalls und das Degenerationszeichen eines dem Untergang entgegenstrebenden Volkes. Dieses bestätigt uns die Geschichte der absterbenden Völker früherer Zeiten in eindeutiger Weise. Wenn wir auch heute, wo die Abtreibungsseuche in der Ehe gleichmäßig stark fast alle Nationen und Volksschichten ergriffen hat, keineswegs so pessimistisch an einen Untergang zu denken brauchen, so sind wir doch von dem moralischen Verfall nicht allzuweit entfernt. Mit erschreckender Deutlichkeit gibt sich dieses Verfallssymptom in der Zunahme der kriminellen Aborte in der Ehe in allen Ständen zu erkennen. Die Achtung vor dem keimenden Leben im Mutterleibe hat in den letzten Jahrzehnten einer geradezu frivolen

Leichtherzigkeit Platz gemacht und die Auffassung, daß jeder nach Gutdünken mit seinem Körper schalten und walten könne und gesetzliche Verbote nicht mehr zu Recht beständen, drängt ja, wie wir alle wissen, in die Richtung hinein, die Indikation zur Schwangerschaftsunterbrechung zu verflachen oder sie ganz aufzuheben. In allen Volksklassen wird ebenso wie in den besseren Ständen beim Versagen der antikonzeptionellen Mittel oder bei Ablehnung einer nicht indizierten Schwangerschaftsunterbrechung „selbstverständlich“ zur Abtreibung zurückgegriffen. Die Motive sind je nach dem Stande der Einzelnen und je nach der Erziehung und dem sittlichen oder religiösen Empfinden verschieden. Ist es bei den unverheirateten Frauen Schamgefühl, Schande oder Furcht, die bürgerliche Stellung zu verlieren, die die Frauen zur Beseitigung der Leibesfrucht treibt, so ist es bei den Ehefrauen aller Volksklassen sehr oft die wirtschaftliche und soziale Not, die Sorge ums tägliche Brot, die zu dieser Tat Veranlassung gibt. Während das erste Kind in der Ehe für gewöhnlich ein besonders freudiges Ereignis bedeutet, wird die öftere Wiederholung immer weniger freudig aufgenommen. Schlechte Wohnungsverhältnisse, ungenügendes Einkommen des Mannes, Arbeitslosigkeit, sind die Hauptmotive für die Fruchtabtreibung in den Ehen der ärmeren Volksschichten von heute. In den sozial höher stehenden Kreisen, die in unseren Tagen ebenso unter der wirtschaftlichen Not zu leiden haben, wie die sozial schlechter gestellten Volksschichten, ist die Angst, durch die Erziehung einer reichen Kinderschar sozial eine Stufe tiefer zu steigen, die Kinder nicht genügend gut erziehen zu können, sicherlich auch für die Fruchtabtreibung maßgebend. Zunehmende Beteiligung der Frauen am Erwerbsleben, um die Familie standesgemäß zu erziehen und zum Haushalte beitragen zu können, die Furcht, durch die Schwangerschaft und durch die Geburt diese wichtige Stellung zu verlieren, tragen dazu bei, die Beseitigung der Leibesfrucht zu erstreben. *Benthins* Statistik über die Motive der ehelichen Fruchtabtreibung verzeichnet in 30,4% schlechte soziale Verhältnisse, in 28,5% Kinderreichtum und in 25,4% nur Bequemlichkeitsgründe.

Aber die Frauen allein anzuschuldigen, wäre falsch, da nicht selten die Ehemänner selbst die Urheber der Fruchtabtreibung sind, denen eine große Kinderzahl häufiger unangenehmer als der Mutter selbst ist. In extremer Form äußert sich dieses Mißfallen der Männer gerade in den niederen Volkskreisen durch eine außerordentlich schlechte Behandlung der Ehefrauen in der Schwangerschaft, die in unsinniger Weise für das Zustandekommen der Schwangerschaft verantwortlich gemacht werden, und denen von Seiten der Ehemänner die leichte Konzeptionsmöglichkeit als Ursache des Unheils vorgeworfen wird. Viele dieser Frauen werden unter solchen Umständen aus Verzweiflung und

Angst vor der Brutalität der Ehemänner zur Fruchtabtreibung gezwungen und suchen sich der Gravidität um jeden Preis zu entledigen.

Sehr häufig scheut aber die Frau die Pflichten und Lasten, die eine große Kinderzahl mit sich bringt, auch dann, wenn die wirtschaftlichen Verhältnisse diese größere Kinderzahl gestatten würden. Die gesteigerten Ansprüche an den Lebensgenuß, die durchweg üppigere Lebenshaltung, die auf Genießen und Bequemlichkeit eingestellt ist, gesellschaftliche Verpflichtungen und Modetorheiten lenken von den Mutterpflichten ab und zerstören den Empfängnis- und Gebärwillen. Die Anschauung, daß mit dem eigenen Körper alles gestattet wäre, bringt manche Frauen dazu, aus oberflächlichen und nichtigen Gründen, wie z. B. solchen eines Umzuges oder solchen der Aussicht, auf bevorstehende Feste, Vergnügungen oder Reisen verzichten zu müssen, die Frucht abzutreiben. Wo die pekuniären Vorbedingungen für einen bequemeren Lebensgenuß nicht vorhanden sind, wird unter dem Mantel der weisen Voraussicht für die Zukunft der bereits vorhandenen Kinder das Verbrechen leicht vor sich selbst entschuldigt.

Wieweit die Abtreibungsmanie verheirateter Frauen gehen kann, illustrieren Fälle, in denen aus Gründen der Eitelkeit und Bequemlichkeit alle paar Monate durch intrauterine Ätzung, Massage oder Sondierung die Schwangerschaft beseitigt wird, wozu sich leider sachkundige Helfer gegen entsprechendes Honorar hergeben. So ist mir ein Fall bekannt, wo bei einer Frau im Laufe von 10 Jahren mindestens 20 mal die Menstruation durch den Hausarzt mittels Massage herbeigeführt wurde, wenn die Periode sich länger als 14 Tage verspätete. Auch die Beseitigung der Gravidität unter der Maske einer etwas forcierten Vaginaluntersuchung wird verlangt und stillschweigend ausgeführt. In neuester Zeit ist die Einführung von Intrauterinpessaren aus Edelmetall, die bei einer Konzeption das Wachstum der Frucht hemmen und sie zum Absterben und zur Ausstoßung bringen, eine gern geübte Methode der Fruchtabtreibung. Gerade unter berufstätigen Frauen (namentl. Künstlerinnen) wird diese zeitersparende Methode der kriminellen Fruchtabtreibung häufig angewendet. Bekannt ist auch die Einführung von zusammengedrehten Silkwormfäden zur Verhütung der Empfängnis. Auch hier handelt es sich um eine maskierte Abtreibung, denn die Folgen sind keine Verhütung der Konzeption, sondern Schwangerschaft mit anschließendem Abort und Infektion, Entwicklung von fieberhaften Adnexentzündungen, die zur sekundären Sterilität führen. In einem mir bekannten Falle wurde ein solcher Faden mehrere Jahre mit bestem Erfolge getragen und erst entfernt, als neue Konzeption erwünscht war. Dieselbe trat nicht ein. Bei der aus diagnostischen Gründen vorgenommenen Tubendurchblasung zeigte sich, daß beide Tuben, wahrscheinlich auf Grund einer alten Adnexentzündung, verschlossen waren. Der Befund konnte per laparatomiam bestätigt werden.

In vielen Fällen leiten sich die durch die Erfahrung belehrten Ehefrauen den Abort auch von selbst ein, und gehen dann mit leichten Blutungen zum Arzt, der wegen unaufhaltbarem Abort, trotz geschlossenem Halskanals, die Sache zu Ende bringt. Aus dem reichhaltigen Material von *Peham* und *Katz* geht hervor, daß jede Blutung, sei sie auch noch so gering und noch so kurz dauernd, in den meisten Fällen Arzt und Patientin in schöner Harmonie in dem Wunsche vereinigt, die Schwangerschaft auf kürzestem Wege zu beseitigen. Eine nicht geringe Rolle unter den Beweggründen, die einen gewissen Teil von verheirateten Frauen zur vorzeitigen Unterbrechung der Schwangerschaft treibt, natürlich nur solche, die bereits geboren haben, spielt auch die Furcht vor der Schwangerschaft, vor den Anstrengungen und Schmerzen einer Geburt und vor den Gefahren des Wochenbetts eine Rolle. Es steht zweifellos fest, daß gerade die Frauen der besseren Stände heute einer nervensensibleren Generation angehören und mit ihrer nervösen und geschwächten Konstitution nicht die Lasten und Folgen von wiederholten Geburten auf sich nehmen wollen, weil sie einen Kräfteverfall und nervöse Störungen befürchten. Aus diesen Beweggründen heraus wird leicht eine Entschuldigung und Indikation für den Eingriff gefunden, besonders dann, wenn sich noch stärkeres Erbrechen, Ödeme oder andere Komplikationen im Laufe der Schwangerschaft einstellen. Gewisse psychopathische Züge im Charakter dieser Frauen, krankhafte Abhängigkeit von Stimmungen, nervöse Reizbarkeit und Launenhaftigkeit weisen darauf hin, daß sie zur Gruppe der Hystero-Neurasthenikerinnen gehören. Auch die Furcht vor kranker Nachkommenschaft, die sich unter dem Zwange der Erwerbsarbeit oder bei erblicher Belastung entwickeln könnte, ist ein Motiv für die kriminelle Fruchtabtreibung in der Ehe. Nicht zu vergessen ist auch die Sorge um die körperliche Schönheit, die durch wiederholte Geburten leiden könnte und den Verlust der körperlichen Reize zur Folge hätte. Die Angst, die Straffheit der Brüste einzubüßen oder durch einen Hängeleib, durch Varicen entstellt werden zu können, ist gar nicht so selten ein Grund dafür, sich ohne Bedenken von den Lasten einer neuen Schwangerschaft zu befreien.

Die Leichtherzigkeit und Verantwortungslosigkeit, mit der sich so viele Ehefrauen einem Eingriff zur Beseitigung der Schwangerschaft unterziehen, erklärt sich einerseits aus dem Mangel an mütterlichen Gefühlen, andererseits aus der Unkenntnis der Gefahren, die auch ein von sachkundiger Hand vorgenommener Eingriff mit sich bringen kann. Wenn auch heute dank der verbesserten Technik und der besseren medizinisch-anatomischen Beschlagenheit der Laienabtreiber diese Eingriffe häufig ohne gröbere Verletzungen und ohne schwere Infektionen vonstatten gehen, so gibt es immer noch beklagenswerte Opfer genug, die ihren Leichtsinn mit ewigem Siechtum, schweren körperlichen Schäden oder mit dem Leben büßen. Besonders tragisch ist dabei, daß gerade die schwersten Verletzungen instrumentell durch die Hand des Arztes gesetzt werden, dem sich die verheiratete Frau voller Glauben anvertraut hat. An den Folgen krimineller Eingriffe sterben nach den Berechnungen *Benthins* mehr Frauen als am Kindbettfieber. Die allgemeine Mortalität der kriminellen Fruchtabtreibung läßt sich nach ihm auf 4% berechnen. Von 100 Frauen, die im Kindbettfieber zugrunde gehen, sterben 67,4% durch die Folgen einer Fehlgeburt. Die Mortalitätsziffer der durch kriminellen Abort ad exitum kommenden Frauen richtet sich selbstverständlich in den Statistiken der einzelnen Beobachter nach der Schwere der Fälle. In manchen Berichten finden sich 20-40-50% als Sterbeziffern. *Engelmann*[1]) gibt eine Liste von 357 Fällen von Uterusverletzungen nach kriminellem Abort, von denen 99 tödlich verliefen. Nach *Vollmann*[2]) sterben an den Folgen der Fehlgeburt 6 mal soviel Personen als nach rechtzeitigen Geburten. Die Gründe für die Gefährlichkeit der Fruchtabtreibung liegen in der Gefahr

1. der Verletzungen (Perforationen, Risse, Rupturen),
2. der Infektion,
3. der Verblutung,
4. der Luftembolie,
5. der Nachkrankheiten,
6. der Sterilität usw.

Über die Art und den Sitz der einzelnen Verletzungen sei hier nicht berichtet; die Lehrbücher der gerichtlichen Medizin und der einschlägigen Fachzeitschriften teilen ja immer wieder Material in erschreckender Fülle, auch von verheirateten Frauen, mit. Auch über versuchte Fruchtabtreibungen bei nicht erkannter Extrauteringravidität bei Ehefrauen berichten *Max Hirsch*[3]) und viele andere.

Ganz besonders leicht ereignen sich Perforationen bei spitzwinkliger Anteflektion, Retroflektion und Ausladungen des schwangeren Uterus. Auch Erschlaffungszustände der Gebärmutter während der Kurettements oder bei der Auslöffelung mit der Abortzange leisten diesen Verletzungen Vorschub. Sehr typisch sind diejenigen Verletzungen, die durch ungeübte Hände gesetzt werden oder bei Selbstabtreibungen mit scharfen oder spitzen Instrumenten ge-

1) Zentrbl. f. Gyn. 1925.
2) Die Fruchtabtreibung als Volkskrankheit, Thieme 1926.
3) Die Fruchtabtreibung, ihre Ursachen usw., Enke 1921.

schehen. Da diese Manipulationen meistens heimlich in ungünstiger Position gemacht oder von Frauen selbst im Hocksitz vorgenommen werden, wird der Scheideneingang verfehlt, das Instrument in die Harnröhre oder in die Blase geschoben. Verletzungen der Blasenschleimhaut, Perforationen der Blasenwand, schwerste Cystitiden oder Pyelitiden sind, wie *Stoeckel*[1]) häufig beobachten konnte, die Folgen. Passiert das Abtreibungswerkzeug die Scheide gradlinig, so kann bei Unkenntnis der Anatomie das hintere Scheidengewölbe und der Douglas durchstoßen werden, wenn der äußere Muttermund verfehlt wird. Bei Verfehlung des inneren Muttermundes ereignen sich die bekannten Perforationen der hinteren Zervixwand.

Interessant in dieser Beziehung ist die Statistik in der Monographie über die instrumentelle Uterusperforation von *Peham* und *Katz*. Unter 100 beobachteten Fällen haben die beiden Autoren doppelt soviel verheiratete als ledige Frauen gefunden: 66 waren verheiratet, 33 ledig, 1 verwitwet. Unter den verheirateten Frauen, die eine instrumentelle Perforation erlitten, waren nur drei Erstgeschwängerte, die übrigen Pluriparae. 43 hatten bereits das 30. Jahr überschritten. An den 100 Fällen waren nicht weniger als 71 mal Ärzte mit Instrumenten beteiligt, wobei in 11 Fällen die Perforation als sicher kriminell nachgewiesen werden konnte. In 28 Fällen waren es Hebammen, die das Abtreibungsgewerbe ausübten. Diese Zahlen stimmen mit denen von *Heynemann* [2]) überein, der bei 134 anamnestisch genau ausgeforschten Perforationen 93 Ärzte als Urheber = 78% der Perforationen ermittelte. Als Todesursache fanden *Peham* und *Katz* bei ihren Perforationen:

Peritonitis in 45 Fällen,
Peritonitis, Sepsis und Septicopyaemie in 10 Fällen,
Sepsis durch gasbildende Bakterien in 7 Fällen,
Sepsis oder Septicopyaemie durch andere Bakterien in 4 Fällen,
Peritonitis mit Ileus in 3 Fällen,
Erschöpfung durch Eiterung in 3 Fällen,
Verblutung in 10 Fällen.

Wenn man diese Zahlen betrachtet und wenn man bedenkt, daß überwiegend Fälle mit tödlichem Ausgange bekannt werden und überhaupt zur gerichtlichen Aburteilung kommen (in der schwedischen Statistik *Hedréns*[3]) von 1412 Fällen, die zur gerichtlichen Verhandlung kamen, starben 98,3%), die Fälle mit günstigem Ausgang jedoch verborgen bleiben, so kann man sich einen Begriff von dem Unheil machen, das die kriminelle Fruchtabtreibung über die Ehen bringt.

---

[1]) Handbuch der Geburtshilfe, 2. Aufl., Fischer, Jena.
[2]) Zentrbl. f. Gyn. 1925 und in *Halban-Seitz*, Handbuch der Biologie u. Pathologie des Weibes, Abschnitt Abort.
[3]) Vierteljahrsschrift f. ger. Medizin, Bd. 29, Supplementheft.

Tritt der Tod nicht durch Verblutung aus violenten Zerreißungen oder durch nachfolgende Sepsis oder Peritonitis ein, so führen in vielen Fällen schwere lokale Entzündungsprozesse zu langdauernden Eiterungen und Verwachsungen, die Wochen und Monate zur Abheilung brauchen und sehr häufig zur Allgemeinschädigung des Organismus und Vernichtung des Fortpflanzungsvermögens führen. Als solche deletäre Prozesse sind zu nennen Endometritis, Para- und Perimetritis, Douglasabszesse, Salpingoophoritis und Pelveoperitonitis chronica adhaesiva. Von den auf entzündlicher Basis beruhenden Sterilitätsfällen fällt neben der Gonorrhoe (50%) fast der größte Teil auf fieberhafte Wochenbetten nach kriminellen Aborten. Selbstverständlich ist die Fortpflanzungsmöglichkeit für immer vernichtet, wenn zwecks Erhaltung des Lebens der Infektions- oder Blutungsherd radikal entfernt werden muß und die supravaginale Amputation des Uterus oder die Totalexstirpation des Genitales erfolgt. Aber auch ohne diese verstümmelnden Eingriffe werden nach schweren Entzündungsprozessen die früher gesunden und lebensfrohen Ehefrauen zu kranken und siechen Geschöpfen, die ihr ganzes Leben lang von Arzt zu Arzt wandern, um Heilung von ihren Beschwerden und ihrer sekundären Sterilität zu finden. Mißmut, Lebensüberdruß, Depressionen lassen eine richtige Lebensfreude nicht mehr aufkommen. Beschwerden und Schmerzen beim ehelichen Verkehr zerstören die früher harmonischen ehelichen Beziehungen. Der sich bei entzündlichen Prozessen einstellende häßliche und unangenehm riechende Fluor ruft beim Ehemann Abneigung gegen die sexuellen Beziehungen hervor und führt zur Vernachlässigung der Ehefrau. Nebenbei leiden diese Frauen sehr häufig unter dem Schuldgefühl des begangenen Verbrechens und unter dem Bewußtsein, keine Nachkommenschaft mehr zeugen zu können, so schwer, daß sie seelisch darunter zusammenbrechen können. Häufig ist es nur noch die verstümmelnde Operation, die erst nach Jahren endlich die ersehnte Heilung von den körperlichen Beschwerden bringt. Welche ehelichen Konflikte aus der verfrühten Klimax, den Leiden der Kinderlosigkeit, den körperlichen und seelischen Beschwerden und dem verfrühten somatischen Verfall und Verlust der Reize der Frau sich ergeben, sind nicht schwer zu erraten.

Wenn auch all die beschriebenen schweren Folgen des kriminellen Abortes in der Ehe nur in einem gewissen Prozentsatz der Fälle auftreten, so gibt es immerhin doch noch lokale und allgemeine körperliche Schädigungen genug, die die Abtreibung der Leibesfrucht zu einem Eingriff stempeln, der in seinen weiteren Auswirkungen nicht ohne Einfluß auf die Ehe bleibt. Seitdem der kriminelle Abort so häufig geworden ist, mehren sich auch die Stimmen derjenigen, die selbst den lege artis durchgeführten Eingriff als ein für den weiblichen Organismus nicht gleichgültiges Ereignis ansehen, das man beliebig oft auf Wunsch der Frau, selbst bei strenger Indikation, durchführen könnte.

Schon die plötzliche Unterbrechung der Schwangerschaft mit ihren tief eingreifenden allgemein körperlichen Veränderungen und Umstimmungen des weiblichen Organismus kann für die weitere Entwicklung und Gesundheit der Frau nicht ohne Bedeutung sein. Eine plötzliche Änderung in den komplizierten innersekretorischen Vorgängen der Fortpflanzungsphase durch den Eingriff bedeutet einen Schock, oder, wie es *Vollmann* treffend bezeichnet, einen „inneren Unfall" der Frau. So sehen wir ja auch, daß Frauen, die selbst viele unkomplizierte Aborte durchgemacht haben, viel schneller altern als solche, mit rechtzeitigen normalen Geburten. Die ausgetragene Schwangerschaft verjüngt den Organismus der Frau — diese alte Volksbeobachtung besteht sicherlich zu Recht. Nach den statistischen Untersuchungen *Bublischenkos*[1]) vergrößert sich mit der Anzahl der Schwangerschaften die Zahl der jünger Aussehenden, allerdings nur bei Personen, die nicht mehr als 6 Schwangerschaften durchgemacht haben.

Auch das Kurettement des schwangeren Uterus ist, abgesehen von den Gefahren schwerer Nebenverletzungen und einer Infektion, kein gleichgiltiges Ereignis für die Genitalorgane der Frau. Da die meisten kriminellen Abtreibungen schließlich doch noch durch die Hand des Arztes beendigt werden müssen und eine große Zahl von Schulen noch die instrumentelle Ausräumung bevorzugt, so hat man sich in den letzten Jahren mit den Auswirkungen dieser Therapie auf das Genitale näher beschäftigt, und es sind genaue Beobachtungen bekannt geworden (*Zomakion*[2]), *Wolff*[3])), die auf Schädigungen der Genitalorgane durch Dilatatoren und Curette aufmerksam machen. *Benthin* berichtet aus der Königsberger Klinik, daß von 152 Fällen, in denen die Einleitung der Frühgeburt klinisch unter peinlichster Wahrung der Asepsis gemacht wurde, in 40% Fieber und in 2,6% Nacherkrankungen und ungewollte Nebenverletzungen der Zervix bei der Dehnung des Gebärmutterhalses auftraten. Einige wichtige Beobachtungen über die Veränderungen an der Zervix nach Uterusausschabungen bei Abort hat kürzlich *Zomakion* an der Hand eines genau beobachteten Materials mitgeteilt. Frauen, die wiederholte Uterusausschabungen während der Schwangerschaften durchmachten, zeigten später

1. starke Schmerzanfälle bei den Menses und Störungen und Hemmungen der Menstruation, Dysmenorrhoe, und Störungen des

---

[1]) Archiv f. Frauenkunde, Bd. 9.
[2]) Zentrbl. f. Gyn. 1926.
[3]) Zentrbl. f. Gyn. 1926.

Allgemeinbefindens, die sich zyklisch mit der Periode wiederholten;
2. abortus habitualis;
3. relative oder absolute Sterilität;
4. Atrophien der Uterusschleimhaut und vorzeitige Verkümmerung des Genitalapparates.

Mehrere Beobachter beschreiben Narbenbildungen und Stenosen in der Zervix mit Sterilität, Dysmenorrhoe, Amenorrhoe, ferner Haematometrabildung mit oder ohne doppelseitige Haematosalpinx. *Halban* beschreibt 1912 einen Fall von Atresia uteri mit Haematometra nach Curettement, *Hisgen* 1920 zervikale Atresie intra partum nach Curettement post abortum mit Störungen der Eröffnungsperiode durch verzögerte Weichteileröffnung. Wiederholte Uterusausschabungen, die, wie wir ja wissen, von Ehefrauen bei habituellen Abtreibungen öfters vorgenommen werden müssen und die häufig bis in die tiefsten Schleimhautschichten und in die Uterusmuskulatur gehen, stören die Regeneration des Endometriums und führen zu Narbenbildungen in der Schleimhaut. So erklären sich auch die Spätfolgen der wiederholten Ausschabungen wie habituelle Spontanaborte, Sterilität, Menstruationsstörungen, wie Amenorrhoe, Oligomenorrhoe, Schleimhaut- und Genitalatrophie, angewachsene Plazenten. Die auftretende Dysmenorrhoe beruht häufig auf Muttermundsverengerungen durch Neubildung von Narben und Stenosen an den Stellen der durch die Dilatatoren verursachten Risse.

Neben diesen rein mechanisch gesetzten anatomischen Schleimhautveränderungen und sonstigen Nebenverletzungen, die mit der operationstechnischen Seite zusammenhängen, kommt es aber auch zu biologischen Störungen des Organismus der Frau, die ausschließlich mit der Schwangerschaftsunterbrechung als solcher im Zusammenhang stehen. *Zomakion* hat in solchen Fällen innersekretorische Störungen gesehen, die rückwirkend auf den Eierstock zur Hemmung und Störung der Follikelbildung führten. *Kakuschkin*[1]) ist der Ansicht, daß viele Sekundärsterilitäten nach künstlicher Fruchtabtreibung durch Veränderungen im ovariellen Gewebe und in der Störung der Follikeltätigkeit zu suchen sind, die wieder ihre Wurzel in der plötzlichen Änderung der biologischen Lebensbedingungen hat. Ungenügende Reifung des Follikels, Abweichungen im Vorgang des Berstens, Veränderungen im Ei selbst könnten hypothetisch zur Erklärung herangezogen werden. *Kakuschkin* sagt mit Recht, daß mit der jähen Unterbrechung der Schwangerschaft in den frühen Monaten, wo die Beziehungen zwischen Ei und Corpus luteum besonders innige sind

[1]) Zentrbl. f. Gyn. 1926.

(*L. Fraenkel*), aus der Kette der harmonisch zusammenarbeitenden innersekretorischen Organe ein Glied plötzlich herausgerissen wird, wodurch dieses harmonische Zusammenarbeiten gewaltsam gestört wird. Eine kürzere oder längere Zeitspanne nach dem Abortus dauert die verstärkte sekretorische Tätigkeit vieler Drüsen fort, ohne in dem Antagonisten — im gegebenen Falle das Ei — infolge seines Ausfalls ein Gegengewicht zu finden. Diese Tätigkeit, selbst bei kurzer Dauer, kann seiner Erfahrung nach die Eierstöcke in größerem Maße angreifen, als dies bei der Gravidität der Fall ist. Wir sehen ja auch häufig, daß selbst nach unterbrochener Schwangerschaft gewisse, in der Gravidität aufgetretene, innersekretorisch bedingte Beschwerden weiter dauern, als Zeichen des Weiterfunktionierens der durch die Schwangerschaft veränderten Drüsen, die sich erst allmählich wieder umstellen. So kann man bei operierten Extrauteringraviditäten bei Erstgeschwängerten nicht selten eine wochenlange Sekretion der Brustdrüsen beobachten, die mit keinerlei äußeren Reizen im Zusammenhang steht. Auch Zirkulationsstörungen im Corpus luteum, dessen progressive und regressive Entwicklung durch die Fruchtabtreibung aufs stärkste geschädigt wird, sind für weitere Ovarialstörungen nach *Kakuschkin* verantwortlich zu machen. So bedeutet die häufige Wiederholung der Schwangerschaftsunterbrechung und Ausschabung nach kriminellen Aborten durch die Schwächung der follikulären Tätigkeit des Ovariums und Verringerung seiner Inkretionstätigkeit für die Frau eine schwerwiegende Veränderung in den Funktionen des Genitalapparates und des ganzen weiblichen Organismus, die zur vorzeitigen Atrophie der Geschlechtsorgane und zum frühzeitigen Altern der Frau führt. Ganz besonders schädlich in dieser Beziehung sind nach *Zomakion* die Ausschabungen während der frühen Schwangerschaftsmonate bei der ersten Gravidität. Aus seinen Krankengeschichten geht ferner hervor, daß sehr häufig die Steigerung der Störungen im Genitalapparat mit der Häufigkeit der Ausschabungen parallel geht. Diese Reihenfolge ist gewöhnlich

Abort,
Sterilität,
Störungen der Menstruation,
vorübergehende und später dauernde Amenorrhoe mit atrophischen Veränderungen am Genitalapparat und wachsenden Erscheinungen von Hypoovarismus.

Wenn man bedenkt, welchen stimulierenden Einfluß die Schwangerschaft auf den weiblichen Organismus ausübt, so wird es verständlich, welchen Schaden die plötzliche Unterbrechung besonders in der ersten Gravidität ausübt. Es sind Fälle bekannt, wo solche Frauen, nach einer einzigen Ausschabung steril wurden, ohne daß sich nachweisbare Veränderungen am Genitalapparat fanden.

Sehr häufig finden wir auch in der Anamnese von Frauen, die wegen Extrauteringravidität operiert wurden, Aborte und Ausschabungen (*Zomakion*). Wenn auch eine Reihe von Fällen auf Infantilismus und schwere Tubenentzündungen zurückzuführen ist, so möchte auch ich, gestützt auf eigene Beobachtungen, glauben, daß feinste Veränderungen des Epithels und der Cilien, Endosalpingitiden, die klinisch und anatomisch keine augenfällige Erscheinungen machen, zur ektopischen Eieinbettung führen.

Im übrigen kann man den Müttern, die aus sozialen oder Bequemlichkeits-Gründen die Schwangerschaft auszutragen ablehnen, stets entgegenhalten, daß das Einkindsystem sozial minderwertige und häufig für den Lebenskampf untaugliche Menschen heranzieht. Da diesen Kindern eine ungebührliche Sorgfalt zugewendet wird und häufig genug Verziehung und Verwöhnung hinzukommen, wachsen sie, wie *Vollmann* sich ausdrückt, mit einem falschen Maßstab der eigenen Wichtigkeit und einem Übermaß von Ansprüchen heran, die sie an der ersten Klippe des Lebens scheitern läßt, während in einer größeren Kinderschar unwillkürlich eins das andere erziehen hilft. Es ist auch sicher kein Zufall, daß starke Persönlichkeiten, Führernaturen und schöpferische Künstler und Forscher vielfach aus kinderreichen Familien stammen. Eine lehrreiche diesbezügliche Zusammenstellung gibt *Bornträger* [1]).

Händel war ebenso wie der große Naturforscher Frauenhofer (Sohn eines armen Glasermeisters) das letzte Kind unter 10 Geschwistern. Johann Sebastian Bach das letzte unter 12 Kindern (er selbst hatte wieder 21 Kinder, darunter einige tüchtige Musiker). Lessing war das 13. Kind, Franklin, der Erfinder des Blitzableiters, das 16. Kind eines gewöhnlichen Seifensieders. Geibel war das 7., Gellert unter 13 das 5. Kind eines armen Dorfpfarrers. Blücher war das 7. Kind, Mozart ebenso. Der Freiherr vom Stein, Heinrich von Kleist, der berühmte Augenarzt von Graefe waren das 5. Kind. Diese Beispiele beweisen zugleich, daß nicht etwa, wie es gelegentlich behauptet wird, mit Zunahme der Kinderzahl in einer Familie die Erbanlage und der Lebenswert der spät Gezeugten sich verschlechtert. Eine Liste bedeutender Männer, die in einer großen Kinderschar aufgewachsen sind, ließe sich aus der Geschichte in endloser Länge aufstellen. Hier seien nur die Deutschen genannt: Werner von Siemens hatte 13 Geschwister, Albrecht Dürer 14, Luther 6, Ernst Moritz Arndt 5, Haydn 11.

Wir sehen also aus allen diesen Tatsachen, daß die kriminelle Fruchtabtreibung mit ihren gesundheitlichen und geistig-seelischen Gefahren das eheliche Glück in hohem Maße zu bedrohen imstande ist, vielleicht stärker als die wirtschaftliche und soziale Not durch überreichen Kindersegen.

---

[1]) Zit. nach *Vollmann*.

Künstliche Sterilisierung in der Ehe

Von Rainer Fetscher

Unter Sterilisierung verstehen wir einen Eingriff, durch den unter Erhaltung der innersekretorischen Tätigkeit der Keimdrüsen und bei fortdauernder Kohabitationsfähigkeit die potentia generandi dauernd oder vorübergehend beseitigt wird. Die Verfahren scheiden sich demnach nach ihrem Ziel in dauernde und temporäre Sterilisierung, nach der Methode ihrer Durchführung in blutige und unblutige. Die dauernde operative Unfruchtbarmachung ist die älteste, von *Mars* und *Ochsner* (Chikago) beim Manne als Vasektomie empfohlene Form, deren Technik sich *Sharp* zu eigen machte, als er 1899 erstmalig Verbrecher mit ihrem Einverständnis operierte. Der Eingriff ist einfach und wurde von *Sharp* in der Weise ausgeführt, daß er ein Stück des Samenleiters ausschnitt und das zentrale Ende unterband. Das distale Ende blieb offen, so daß die Geschlechtsprodukte in das den Hoden umgebende Gewebe gelangen und dort resorbiert werden konnten. *Sharp* operierte ohne Lokalanaesthesie oder Narkose. Der analoge Eingriff bei der Frau ist die Salpingektomie, die *Kehrer* (1897) angab, nachdem *Blundell* 1836 die Salpingotomie empfohlen, *Froriep* 1850 die Verödung der Tuben durch Kauterisation vom Cavum uteri aus versucht hatte, die neuerdings nach einer brieflichen Mitteilung *Popenoes* in Amerika wieder öfters angewandt wird. Bei der anatomischen Lage der Tuben ist der Eingriff bei der Frau erheblicher als beim Manne, keinesfalls aber als schwer zu bezeichnen. Man geht in der Regel oberhalb des mons veneris durch Leibschnitt vor, der horizontal so gelegt wird, daß eine entstellende Narbe nicht entsteht, wohl auch wird von der Scheide aus operiert. Am sichersten ist keilförmige Excision der Tuben aus der Uteruswand und ihre völlige Entfernung (*Küstner*), doch sind auch hierbei mehrfach Versager beobachtet. In neuerer Zeit tritt die Röntgensterilisierung mit der Vasektomie und besonders der Salpingektomie in Konkurrenz. Namentlich *M. Fränkel*[1]) tritt warm für die Anwendung der Röntgenstrahlen ein, doch wird man sich mit dieser Methode vorerst noch nicht recht befreunden kön-

[1]) *Fränkel*, Unfruchtbarmachung durch Röntgenstrahlen, Berlin 1914.

nen, solange eben doch noch keine völlig sichere Gewähr dafür besteht, daß unbeabsichtigte Kastration durch Überdosierung unbedingt vermieden werden kann und ebenso durch Unterdosierung Versagen des Eingriffes. Trotz des Widerspruchs von verschiedenen Seiten scheint uns ferner die Gefahr einer Keimschädigung durch Röntgenstrahlen vorerst wenigstens noch nicht ausgeschlossen. Es geht nicht an, aus der Tatsache, daß bisher noch kein einwandfreier Fall von Keimschädigung durch Röntgenstrahlen beobachtet wurde, zu folgern, eine solche käme nicht vor. Die experimentellen Erfahrungen an Tieren (*Hertwig* und neuerdings *Muller* und *Dippel*[1])) beweisen mindestens die Möglichkeit. Beim Menschen wird nur die statistische Auswertung großer Beobachtungsreihen über mehrere Generationen Klarheit bringen können. Für die Dauersterilisierung kommt deshalb gegenwärtig in erster Linie das operative Verfahren in Frage.

Während bei Vasektomie zur Not eine Wiedervereinigung des durchtrennten Gefäßes möglich wäre, die Sterilisierung also mit einiger Aussicht auf Erfolg rückgängig zu machen ist, liegen bei der Frau die Dinge wesentlich ungünstiger. Man hat deshalb eine Reihe von Verfahren zu temporärer Sterilisierung vorgeschlagen, über die *Naujoks*[2]) zusammenfassend berichtet. Den operativen haftet erhebliche Unsicherheit an; unter den 24 verschiedenen Verfahren ist bei einem einzigen später die Wiederherstellung der Konzeptionsfähigkeit gelungen; es handelt sich dabei um die intraperitoneale Verlagerung der Eierstöcke (*van de Velde*). *Naujoks* beschreibt die Methode folgendermaßen:

Eröffnung der Bauchhöhle, Hochziehen des Uterus, Durchtrennen der Fimbria ovarica, wodurch das Ovarium beweglich wird. Nach Emporheben des Eierstocks, der Tube und des Lig. rotundum wird ein kleiner Einschnitt in das breite Mutterband gemacht und durch diesen Schlitz das Ovarium auf die vordere Seite des Lig. latum geschoben. Sicherung des Schlitzes mit feinen Seidenknopfnähten. Das Fimbrienende der Tube ist an der Hinterseite zurückgeblieben. Als letzter Akt folgt nach entsprechender Verlagerung des anderseitigen Ovariums die genaue Abschließung des vesiko-uterinen Peritonealraumes durch eine doppelte Nahtlinie unter ausgiebiger Benützung der runden Mutterbänder, bezw. ihres Bauchfellüberzuges. Die Eierstöcke liegen in einer abgeschlossenen Peritonealtasche, die Ovula können nicht heraus, die Spermatozoen nicht hinein.

Insgesamt gliedern sich die Verfahren in drei Gruppen: a) Läsion der Tuben (Unterbindung, Durchtrennung, Resektion), b) Verlagerung der intakten Tuben, c) Verlagerung der Eierstöcke. Außer dem genannten dürften wohl auch andere Verfahren der 2. und 3. Gruppe brauchbar sein.

Wegen der Gefahren eines operativen Eingriffs, der Möglichkeit des Versagens bei jedem von ihnen, sei es, daß Sterilität oder Wieder-

---

[1]) *Muller* u. *Dippel*, Brit. journ. of exp. biol. 3, 1926, S. 85.
[2]) *Naujoks*, Problem der temporären Sterilisierung der Frau, Stuttgart 1925.

herstellung der Konzeptionsfähigkeit nicht erreicht wird, glaubt *Naujoks* temporäre Röntgensterilisierung empfehlen zu sollen. Ihr gegenüber sind aber die oben erwähnten Bedenken zu äußern. Er selbst gibt zu, daß sich die Dauer der Strahlenwirkung nicht exakt dosieren, ebensowenig der Zeitpunkt des Einsetzens der Sterilität genau bestimmen ließe. Lehnt er auch die Möglichkeit einer Keimschädigung ab, so genügen doch die zugestandenen Unsicherheiten, um temporäre Röntgensterilisierung als nicht zweckmäßig erscheinen zu lassen.

Wir glauben deshalb, daß überall dort, wo zeitweilig Schwangerschaft ausgeschlossen werden soll, antikonzeptionelle Mittel besser zu empfehlen sind. Bei einsichtigen Männern wird der Kondom, andernfalls aber Okklusivpessar anzuwenden sein. Die auch bei diesen Methoden vorhandenen Unsicherheiten und Unbequemlichkeiten fallen wegen ihrer Ungefährlichkeit und Einfachheit nicht ins Gewicht. Vielleicht wird später die hormonale Sterilisierung noch hinzutreten; vorerst ist das Verfahren aber noch zu wenig geklärt.

Die Dauersterilisierung wird in erster Linie als Mittel, Minderwertige von der Fortpflanzung auszuschließen, betrachtet. Als solches hat es hauptsächlich einen Zweck, wenn es an unverheirateten Personen vor der Fortpflanzung angewandt wird. In der Regel wird man sich nicht entschließen können, die Ehe Sterilisierter zu befürworten, sofern nicht beide Gatten besser von der Fortpflanzung ausgeschlossen bleiben. Man wird sich aber wohl damit befreunden können z. B. bei bestimmten Gruppen Taubstummer, die Sterilisierung als Vorbedingung der Ehe zu empfehlen, da die Neigung der Taubstummen, untereinander zu heiraten, recht groß und bei der Art des Leidens menschlich begreiflich ist. Im Gegensatz dazu darf ein sterilisierter Geisteskranker nicht als ehetauglich betrachtet werden. In einem Falle wollte ein schwer Tuberkulöser sterilisiert sein, um mit leichterem Gewissen eine gesunde Frau heiraten zu können, die er sich in der Rolle der Pflegerin vorstellte. Ich habe die Sterilisierung verweigert, um die unerwünschte Ehe zu verhindern, was auch gelang. Im allgemeinen ist zu sagen, daß gegen die Ehe Sterilisierter untereinander nichts einzuwenden ist, sofern es sich nur um Personen handelt, die im Leben bestehen können, während die Ehe eines Sterilisierten mit einem gesunden Gatten zu widerraten ist, da es nicht angeht, den gesunden Teil wegen des kranken zur Kinderlosigkeit zu verurteilen. Es gibt indessen auch zahlreiche Fälle, in denen Dauersterilisierung in der Ehe in Frage kommt. Die Indikation in der Ehe ist für die künstliche Unfruchtbarmachung keine andere als außerhalb der Ehe. Sie wird aber wohl in nicht wenigen Fällen dadurch überflüssig werden, daß die gleiche Ursache, welche zur Sterilisierung raten läßt, auch eine Trennung der Ehe nach sich zieht. Sinnlos wäre es aber, einen Gatten, der wegen einer Geisteskrankheit z. B. zeitlebens interniert bleiben muß, zu sterilisieren. Dennoch wird die Indikationsstellung im Zusammenhang mit der Ehe erörtert werden müssen, schon deshalb, weil zahlreiche Minderwertige verheiratet sind. *Hirsch*[1]) schätzt, daß von den etwa 250 000 Geisteskranken im Deutschen Reich 25%, also rund 82 000, verheiratet sind; erheblich größer noch ist die Zahl verheirateter Schwachsinniger und Psychopathen.

Als wichtigste endogene Geisteskrankheit kommt hier die Schizophrenie in Betracht. Ihr Erbgang ist von *Rüdin*[2]), *Kahn*[3]), *H. Hoffmann*[4]) weitgehend erforscht. Wir haben auch Ursache zu der Annahme, daß enge erbbiologische Beziehungen zwischen Schizophrenie, Psychopathie und moral insanity bestehen, etwa in der Form, daß Heterozygotie Psychopathie, Homozygotie Schizophrenie bewirkt. Wahrscheinlich sind zwei rezessive und ein dominantes Faktorenpaar im Spiel. Bei Schizophrenie sollte stets dann sterilisiert werden, wenn Remissionen gestatten, den Kranken aus der Heilanstalt zu entlassen. In dieser Auffassung darf uns der Umstand nicht beirren, daß nur 10% der Kinder eines gesunden und eines schizophrenen Elters erkranken, sondern es ist zu bedenken, daß alle Kinder, auch die äußerlich gesunden, krankhafte Anlagen besitzen müssen. Schwieriger wird die Entscheidung bei der Paranoia, die gleichfalls dem schizophrenen Formenkreis nahesteht. Hier wird deutliche Gradausprägung als Vorbedingung der Sterilisierung zu fordern sein.

Auch bei manisch-depressivem Irresein ist Sterilisierung zu empfehlen. Die Periodizität bei dieser Krankheit bringt es mit sich, daß häufig Ehen lange Jahre trotz Erkrankung eines Gatten fortbestehen, da immer wieder gesunde Perioden ein Zusammenleben der Gatten ermöglichen. Fortpflanzung in diesen Zeiträumen ist im Hinblick auf die Nachkommenschaft höchst unerwünscht. *Hoffmann* nimmt bei dieser Erkrankung mehrere dominante Faktorenpaare, darunter wohl ein geschlechtsgebunden-dominantes, an, woraus sich die größere Erkrankungshäufigkeit der Frau erklärt.

Weeks fand bei 5533 Blutsverwandten von 372 Epileptikern 700 Epileptiker, 350 Geistesschwache, 159 Geisteskranke, 535 Trinker. Abgesehen von traumatischer Epilepsie, die hier als erworbenes Leiden ausscheidet, scheint die Epilepsie erbbiologisch nicht einheit-

---

1) *Hirsch*, Arch. f. Frauenk. u. Konstitutionsforschung, Bd. 12, S. 1, 1926.
2) *Rüdin*, Vererbung u. Neuentstehung der dementia praecox, München 1916.
3) *Kahn*, Schizoid und Schizophrenie im Erbgang, Berlin 1923.
4) *Hoffmann*, Die Nachkommenschaft bei endogenen Psychosen, Berlin 1921.

lich zu sein; es dürfte dominante und rezessive Anlagen geben. Bei dieser Unsicherheit ist es begreiflich, daß *Gaupp*[1]) hier sich recht zurückhaltend äußert. Bei schweren Fällen, die aus belasteter Familie stammen, werden wir aber den Eingriff befürworten können.

Gewisse Schwierigkeiten bestehen auch bei den Intelligenzdefekten. Die schwerste Form, die Idiotie, kommt praktisch kaum in Frage. Vom sozialen und eugenischen Standpunkt am bedenklichsten ist die Gruppe der Debilen und Imbezillen, wobei jedoch wieder erworbener Schwachsinn auszuschalten ist. Die leichtesten Grade der Debilität kommen kaum für Sterilisierung in Frage, umso sicherer berechtigen alle schwereren Grade der Debilität und alle Imbezillen zu dem Eingriff. Nach *Reiter* und *Osthoff* hatten von den Rostocker Hilfsschulkindern 67,7% wenigstens einen schwachsinnigen Elter (24% Vater, 52% Mutter, 11,6% beide Eltern) und 72,7% wenigstens ein schwachsinniges Geschwister. Nach *Danielson* und *Davenport* stammen aus der Ehe zweier Schwachsinnigen 77% schwachsinnige Kinder, bei einem kranken und einem zwar gesunden, aber belasteten Elter 54%, bei einem gesunden unbelasteten Elter 33%. Zu berücksichtigen ist ferner die hohe Kinderzahl Schwachsinniger, die etwa doppelt so groß ist als dem Bevölkerungsdurchschnitt entspricht und sich wohl aus ihrer größeren Hemmungslosigkeit und geringen wirtschaftlichen Voraussicht erklärt. Man wird hier möglichst weitherzig verfahren und auch die soziale Lage der Familie mit berücksichtigen dürfen.

Ganz ähnlich liegen die Dinge bei Kriminellen, in deren Verwandtschaft wir in ziemlicher Häufigkeit psychische Anomalien vorfinden. Insbesondere sollte man bei Sexualverbrechern, sofern nicht Kastration als Heilmaßnahme in Betracht kommt, zur Sterilisierung raten. Es ist eigenartig, wie duldsam gerade Frauen Krimineller ihren Männern gegenüber sind und selbst schwere sexuelle Verfehlungen den eigenen Kindern gegenüber immer wieder entschuldigen und die Ehe fortsetzen. Sorgfältige Prüfung des Einzelfalles ist aber gerade hier unerläßliche Pflicht.

Noch schwieriger ist die Beurteilung weder geisteskranker noch asozialer Psychopathen und Degenerierter. Bei der Ungeklärtheit der erbbiologischen Fragen auf diesem Gebiete sind Regeln gegenwärtig noch nicht aufstellbar. *Gaupp* meint, schwer hysterisch-degenerative Personen, sensitiv-paranoïde Psychopathen und sexuell Abnorme, kämen für Sterilisierung in Frage. Wird in einer solchen Ehe Sterilisierung gewünscht, so wird bei ausgesprochener Belastung der Familie, dem

[1]) *Gaupp*, Die Unfruchtbarmachung geistig und sittlich Minderwertiger, Berlin 1925.

Wunsche Rechnung getragen werden können. Das gleiche gilt von Trinkern, bei denen *Juliusburger* schon 1902 Unfruchtbarmachung befürwortete. Da einerseits Trunksucht vielfach auf dem Boden ererbter Minderwertigkeit entsteht, andererseits die Gefahr der Keimschädigung droht, sollte man mit der Indikationsstellung nicht zu ängstlich sein. *Gaupp* tritt sogar für die Sterilisierung der Frauen von Trinkern ein, wenn jene den Eingriff mit Rücksicht auf den Zustand des Mannes wünschen. Man wird dieser Auffassung beipflichten können, jedoch temporäre Sterilisierung vorziehen müssen oder, wo es irgend angeht, mit Okklusivpessar zum Ziel zu kommen suchen.

Weiterhin kommen als Indikationen für temporäre Sterilisierung noch Huntingtonsche Chorea in Betracht, amaurotische Idiotie, Myoklonusepilepsie, Friedreich'sche Krankheit, Retinis pigmentosa, angeborene Taubstummheit, Bluterkrankheit, Osteopsathyrosis, progressive Muskeldystrophie und noch einige weitere seltenere Erbleiden sowie absolute Beckenenge.

Will man die Indikationen für Dauersterilisierung auf eine gemeinsame Formel bringen, so könnte man sagen: sie ist überall dort anzuraten, wo ein Gatte an schweren Erbleiden erkrankt ist, welche die Fortpflanzung wenigstens zeitweise ermöglichen, und bei allen Leiden, durch welche die Nachkommenschaft erheblich gefährdet erscheint.

Temporäre Sterilisierung wird zu erwägen sein, wenn entweder:

1. Dauersterilisierung abgelehnt wurde,
2. bei gesunden Gatten von Personen, die an schweren Erbleiden erkrankt sind, wenn diese den Eingriff für sich selbst verweigern,
3. bei allen vorübergehenden Krankheitszuständen der Frau, welche durch eine Schwangerschaft verschlimmert werden können.

Als solche sind zu erwähnen:

Herzleiden solchen Grades, daß eine Schwangerschaft als gefahrbringend zu bezeichnen ist, besonders wenn Aussicht auf Besserung des Zustandes vorhanden ist. Man wird aber auch dann, wenn eine solche nicht besteht, mit Rücksicht auf die Psyche der Patientin temporäre Sterilisierung vorziehen. Auch bei Lungentuberkulose ist ein ähnliches Verhalten angezeigt. *Naujoks* empfiehlt bei ihr temporäre Sterilisierung bei:

a) manifester Tuberkulose jüngerer Frauen im ersten Krankheitsstadium, wenn durch Lebensführung und Behandlung eine Aussicht auf wesentliche Besserung gegeben ist,

b) bei weiter fortgeschrittenen Fällen nur dann, wenn der ausdrücklich Wunsch der Dauersterilisierung entgegensteht.

Man wird aber auch hier aus Rücksicht auf die Psyche der Patientin, soweit es irgend angeht, temporärer Sterilisierung den Vorzug geben. Akute Nephritis läßt vorübergehend Schwangerschaft als gefährlich erscheinen. Sollten andere Präventivmittel verweigert werden, käme temporäre Sterilisierung in Frage, vielleicht auch gelegentlich bei Pyelitis. Bei Basedow sind die mittelschweren und schweren Fälle in Betracht zu ziehen. *Schultz* will auch und ebenso *Naujoks* nach eingreifenden Operationen am Urogenitalapparat temporär sterilisieren, um nicht durch eine vorzeitige Schwangerschaft das Ergebnis zu gefährden. Endlich wäre noch zu erörtern, wie man sich bei Geschlechtskrankheiten zu verhalten habe. Akute Gonorrhoe verlangt Abstinenz der Gatten, besonders, wenn nur ein Teil erkrankt ist. Sind beide infiziert, so wird im Interesse besserer Heilung gleichfalls möglichste Enthaltsamkeit zu fordern sein; bei chronischen Prozessen ist der Kondom das gegebene Mittel, um während der Krankheitsdauer Schwangerschaft zu verhüten. Schwieriger liegen die Dinge bei der Syphilis; im allgemeinen wird man Verzicht auf Nachkommenschaft bei dauernd negativem Wassermann bis 3 Jahre nach Abklingen klinischer Symptome fordern müssen. Mit Rücksicht auf die verhältnismäßig lange Zeit kann man *Fränkels* Empfehlung temporärer Sterilisierung begreifen. Dennoch dürfte der Verhütung der Schwangerschaft durch Kondom oder Okklusivpessar der Vorzug zu geben sein, sofern nicht beide Gatten ausdrücklich auf einem Eingriff bestehen. Wegen der erheblichen Gefahr für die Nachkommenschaft sollte man jedoch lieber temporär sterilisieren, wenn das Verhalten der Patienten es wahrscheinlich macht, daß andere Mittel nicht oder unzweckmäßig verwandt werden als aus grundsätzlichen Erwägungen, wie es *Naujoks* tut, einfach abzulehnen.

Die r e c h t l i c h e Z u l ä s s i g k e i t der Sterilisierung richtet sich nach ihrer Indikation. Als persönliche Heilmaßnahme oder um den Patienten vor schweren Schädigungen der eigenen Gesundheit zu bewahren, ist die Sterilisierung zulässig. Sehr umstritten sind dagegen die eugenische und die soziale Indikation. *Rosenfeld*[1]) hält sie für zulässig, ebenso *Winter*[2]) und *Gaupp*, der an die strafbefreiende Wirkung der Zustimmung des Operierten glaubt, sofern dieser geschäftsfähig im Sinne des § 104 BGB. ist. Rechtliche Schwierigkeiten könnten nur eintreten, wenn die Einwilligung im Zustand der Unzurechnungsfähigkeit oder Geschäftsunfähigkeit gegeben würde oder wenn nicht der

---

1) Vierteljahrsschr. f. ger. Med. 45, 1913, Suppl.
2) *Winter*, Indikationen zur künstlichen Sterilisierung d. Frau, Berlin 1920.

Operierte, sondern dessen gesetzlicher Vertreter seine Zustimmung gibt. *Heimberger*[1]), dem auch *K. v. Lilienthal* beipflichtet, hält den Vormund überhaupt nicht für berechtigt, die Einwilligung zur Sterilisierung zu geben, da er nur für die Person des Mündels zu sorgen habe, die Sterilisierung aber im Interesse der Allgemeinheit geschähe. *Dehnow*[2]) vertritt demgegenüber wie *Gerngroß*[3]) den Standpunkt, daß die Unfruchtbarmachung durchaus im Interesse des Vertretenen liegen könne und hält deshalb die Zustimmung des Vormundes für ausreichend. *Ebermayer*[4]) glaubt an die strafbefreiende Wirkung der Zustimmung des Operierten, fügt jedoch hinzu, es sei nicht sicher, wie eine gerichtliche Entscheidung ausfallen würde. *Wilhelm* hält die Einwilligung für belanglos, da der Eingriff eine vorsätzliche schwere Körperverletzung im Sinne des § 225 darstelle: *Schiedmaier* endlich hält die Zustimmung des Vormundes ebensowenig für ausreichend wie eine Vertretung bei der Eheschließung zulässig sei, jedoch die Einwilligung der Operierten für genügend. Bei der Unklarheit der ganzen Lage scheint eine ausdrückliche gesetzliche Festlegung dringend erforderlich. Am besten wäre es, wenn ein dem Vorschlag der sächsischen Regierung entsprechender § 224a hinter § 224 StGB. eingefügt würde:

„Eine strafbare Körperverletzung liegt nicht vor, wenn durch einen Arzt zeugungsunfähig gemacht worden ist, wer an einer Geisteskrankheit, einer dieser gleich zu erachtenden anderen Geistesstörung oder an einer betätigten schweren verbrecherischen Veranlagung leidet oder gelitten hat, die nach dem Gutachten zweier hierfür amtlich anerkannter Ärzte mit großer Wahrscheinlichkeit schwere Erbschädigungen seiner Nachkommen erwarten läßt.

Der Eingriff muß mit seiner Einwilligung oder bei Unmündigen mit Einwilligung des gesetzlichen Vertreters und in beiden Fällen mit Zustimmung des Vormundschaftsgerichtes vorgenommen worden sein. Als Gutachter können nur gelten ein Psychiater und ein in Eugenik und Rassenhygiene erfahrener Arzt."

Im Strafgesetzentwurf von 1925 sind 238 und 239 zu beachten. § 238 lautet: „Eingriffe und Behandlungsweisen, die der Übung eines gewissenhaften Arztes entsprechen, sind keine Körperverletzungen oder Mißhandlungen im Sinne des Gesetzes"; und § 239: „Wer eine Körperverletzung mit Einwilligung des Verletzten vornimmt, wird nur bestraft, wenn die Tat trotz der Einwilligung gegen die guten Sitten verstößt." Durch § 238 dürfte nur die individuelle Heilabsicht des Arztes gedeckt sein, nicht aber Eingriffe, die außerhalb der Person des Operierten begründet sind. In § 239 kommt es ganz auf die Deutung des Begriffes der guten Sitte an, wie auch *Kankeleij*[5]) betont. Man wird

[1]) Monatsschr. f. krim. Psych. 1924, 15, S. 517.
[2]) Arch. f. Krim., 76, H. 3, 1924.
[3]) *Gerngroß*, Sterilisation u. Kastration, München 1913.
[4]) D. M. W. 1924, S. 1660.
[5]) Ztschr. f. d. ges. Neur. u. Psych. 98, H. 1/2, 1926; vgl. *Stemmler*, Arch. f. Soz. Hyg. u. Demogr., Bd. I, H. 3; *Fetscher*, Ztschr. f. indukt. Abst. u. Vererbungslehre, Bd. 41, 1926, S. 375.

deshalb auch im neuen Entwurf eine ausdrückliche Genehmigung der Sterilisierung wünschen müssen. *Gaupp* rechnet mit einer vernünftigen Auslegung des Gesetzes im Falle einer Strafverfolgung, wenn die Sterilisierung mit Einwilligung des Operierten oder dessen gesetzlichen Vertreters vorgenommen wurde. Wenn sich der betreffende Arzt durch Zuziehung eines Kollegen und Befragen des Vormundschaftsgerichtes sichert, wird wohl auch kaum eine ernstliche Schwierigkeit entstehen, solange die Sterilisierung mit Zustimmung beider Gatten geschieht[1]).

[1]) S. hierzu auch den letzten Absatz S. 399. — Der Herausgeber.

Künstliche Befruchtung in der Ehe

Von Otto Herschan

Der Zweck der künstlichen Befruchtung ist, kinderlosen Ehepaaren bei gewissen Formen der männlichen und weiblichen Sterilität die Fortpflanzung zu ermöglichen und zu einem Kind zu verhelfen. Es handelt sich aber dabei strenggenommen nicht um eine Befruchtung, sondern vielmehr um eine künstliche Besamung, eine „Inseminatio arteficialis" (*Prochownik*[1]), *L. Fraenkel*[2])). Der Eingriff hat überhaupt nur für die Ehe eine praktische Bedeutung, da aus naheliegenden Gründen eine außereheliche „Foecundatio arteficialis" kaum jemals in Betracht kommt. Die allgemeine Bedeutung dieses Verfahrens ist für die Ehe keineswegs so nebensächlich, wie es verschiedene Autoren darstellen, da trotz aller Mängel und Schwierigkeiten, die mit der praktischen Anwendung der künstlichen Befruchtung verbunden sind, immerhin doch ganz achtbare Erfolge bisher erzielt wurden. Nachdem seit dem Ende des Weltkrieges die Zahl der sterilen Ehen rapid zugenommen hat, in denen sehnlichst noch ein Kind gewünscht wird und die künstliche Befruchtung in recht vielen Fällen die letzte Rettungsmöglichkeit darstellt, so dürfte an der medizinischen und sittlichen Berechtigung dieses Eingriffes kein Zweifel mehr bestehen.

Rohleder[3]) schätzt die Zahl der sterilen Ehen auf 10% aller Ehen überhaupt und glaubt, daß sich in ungefähr 1% die künstliche Befruchtung mit Aussicht auf Erfolg anwenden ließe. Für Deutschland, wo vor dem Kriege 500000 Ehen im Jahre geschlossen wurden, würde das immerhin 5000 Ehen pro Jahr ergeben, denen man im Erfolgsfalle zu einem Kinde verhelfen könnte. Abgesehen von der allgemein sozialen Bedeutung dieses Verfahrens zur Bekämpfung des Geburtenrückganges, die ja in praxi nicht sehr groß ist, liegt, wie schon erwähnt, die Bedeutung des Eingriffes darin, daß für Ehen, die unter der Kinderlosigkeit leiden, doch noch die Möglichkeit des Glücks gegeben ist.

Die Folgen der Sterilität sind für die Ehe in mehrfacher Hinsicht bedeutsam. Neben wichtigen juristischen, familien-

---

1) Zentrbl. f. Gyn. 1915, S. 145.
2) Sexualphysiologie, Leipzig 1914.
3) Künstliche Befruchtung, Leipzig 1925. (Monographien d. Zeugung.)

rechtlichen, erbrechtlichen Fragen, die bei Kinderlosigkeit zu Konflikten Anlaß geben können, sind ihre Folgen auch in psychischer Hinsicht für die Frau in vielen Fällen so schwerwiegend, daß jeder Eingriff, der auch nur mit einer gewissen Aussicht erfolgreich Abhilfe zu schaffen vermag, seine ärztliche und sittliche Berechtigung eigentlich von selbst erweist. Die Frau mit normalen Lebenstrieben verwindet die Kinderlosigkeit nur schwer, und die Kinderlosigkeit in der Ehe ist für sie noch ein viel tragischeres Ereignis, als wenn die Fortpflanzungsmöglichkeit durch Ehelosigkeit überhaupt nicht in den Bereich des Möglichen gerückt wurde (*Sellheim* [1]). Auch von den meisten Männern wird die Unfruchtbarkeit in der Ehe als ein herber Schicksalsschlag empfunden, der ihr Streben nach einem Leibeserben vernichtet. Wohl jeder Arzt kennt Fälle, in denen unter diesen Umständen von einem der beiden beteiligten Gatten das Glück außerhalb der Ehe gesucht wird, sich auch Ehefrauen zu einer heimlichen, außerehelichen Schwängerung hingeben, nur um Mutter eines eigenen Kindes zu werden. Auch direktes Befragen des Arztes, der den Ehebruch aus moralischen und ärztlichen Gründen sanktionieren soll, ist sehr häufig. Bis zu welchem Grade die Kinderlosigkeit die Ehegatten zur Verzweiflung treiben kann, illustriert am besten der von *Fürbringer* [2]) mitgeteilte Fall, daß ein Arzt, der an Impotentio generandi litt, seiner eigenen Frau Sperma eines fremden Mannes injizierte, um zu einem Kinde zu kommen. In solchen Fällen bleibt der enttäuschten Frau, falls der Betrug entdeckt wird, nichts anderes übrig, als die Ehe aufzulösen. Wird die Adoption eines fremden Kindes nicht erwünscht, so soll der Arzt niemals den Rat zum Ehebruch geben, sondern lieber zur „Inseminatio arteficialis" zurückgreifen, die als verhältnismäßig leichter Eingriff ohne Komplikationen versucht werden kann.

Die künstliche Befruchtung beim Menschen hat ihren Ausgangspunkt von Versuchen genommen, die an Tieren mit Erfolg durchgeführt worden waren. *Rohleder* hat den geschichtlichen Werdegang dieses Verfahrens ausführlich geschildert, so daß an diesem Orte eine kurze Wiedergabe genügt.

Die erste historisch beglaubigte künstliche Befruchtung an Säugetieren wurde im Jahre 1780 von *Spallanzani* bei einer Hündin vorgenommen, ohne daß es damals aus religiösen Gründen möglich gewesen wäre, die sich daraus ergebenden therapeutischen Konsequenzen zu ziehen. Die aufsehenerregenden Arbeiten des Italieners veranlaßten erst *John Hunter* 1799, das Sperma eines Hypospadiekranken der Gattin desselben in die Vagina einzuspritzen. Diese einfache

---

1) Hygiene u. Diätetik des Weibes, Bergmann 1926.
2) In: *Noorden-Kaminer*, Krankheiten und Ehe, Leipzig 1918.

Maßnahme hatte einen vollen Erfolg. Dann geriet das Verfahren wieder in Vergessenheit. Erst *Marion Sims* griff 1866 den Gedanken wieder auf, indem er bei weiblicher Sterilität das Sperma direkt in den Uterus spritzte. Tatsächlich glückte es ihm nach mehreren Versagern, auch einen positiven Erfolg zu erzielen. Seit dem aufsehenerregenden Falle von *Marion Sims* hatte sich dieses Verfahren in der Medizin sein Bürgerrecht erworben und in rascher Folge erschienen nun Berichte von *Gigon, Girault, Courty, Roubaud, Gautier*. In Deutschland beschäftigten sich nach *Rohleder, Kehrer, Fürbringer, Reger, Hirschfeld, Mensinga, Haußmann, Rhemstädter, Peter Müller,* in Italien *Paolo Mantegazza,* in Spanien *Manaut, Sancho Martin,* in England *Harley* mit diesem Problem. Ein wirklich wissenschaftlich streng orientierter Bestandteil der Sterilitätstherapie ist aber die künstliche Befruchtung erst nach den aufsehenerregenden Erfolgen *Iwanoffs* bei der Stute und *Döderleins* Publikation 1912 über die künstliche Befruchtung beim Menschen geworden.

Wenn man die Erfolge betrachtet, die bisher erzielt worden sind, so sind sie doch trotz aller Skepsis recht ermutigend. Die in der Literatur verzeichneten über 50 Fälle von Schwangerschaften bedeuten fast 30% Erfolge der überhaupt vorgenommenen Eingriffe. Die Mißerfolge sind, wie *Rohleder* meint, zum guten Teil auf eine falsche Indikationsstellung resp. ungenügende Auslese der Fälle bedingt. Aber auch bei richtiger Auswahl werden sich bei allen Sterilitätsoperationen selbstverständlich Fehlschläge ergeben, da ja durch den Eingriff eben pathologische Zustände resp. ihre Folgen beseitigt werden sollen. Wenn man die Mißerfolge anderer Sterilitätsoperationen, besonders in schweren Fällen betrachtet (als solche figurieren ja auch diejenigen, in denen eine künstliche Besamung in Anwendung kommt), so sind die bisherigen Erfolge durchaus nicht als schlecht zu bezeichnen und ermutigen zum weiteren Ausbau des Verfahrens. Daß dieses mittels einer verbesserten Technik und stärkeren Berücksichtigung der biologischen Seite des Problems seine Erfolge steigern wird, darüber kann schon heute keinerlei Zweifel sein.

Die Indikationen zur künstlichen Befruchtung können von Seite des Mannes und der Frau kommen. Nach der Zusammenstellung *Nürnbergers*[1]) kommen folgende Indikationen überhaupt in Betracht:

I. Indikationen von Seite des Mannes.

1. Störungen, die den Eintritt des Ejakulates in die Scheide verhindern:

---

[1]) „Sterilität" in *Halban-Seitz*, Biologie u. Pathologie des Weibes, Bd. III.

a) Erektionsstörungen; abnorme Kleinheit des Gliedes; versteckte Lage des normal großen Membrums bei Leistenhernien, Adipositas, Hydrocele, Elephantiasis scroti; Hyperästhesie der Glans mit oder ohne gleichzeitige Balanitis; abnorme Knickungen und Krümmungen des Gliedes; plastische Indurationen der corpora cavernosa; Epispadie, Hypospadie; Erektionsschwäche bei Diabetes, Fettsucht, Nierenerkrankungen; Alterationen der zerebralen Erregung und spinalen Leitung, die zur psychischen Impotenz führen, ferner Impotenz bei Tabes und anderen Rückenmarkserkrankungen,

b) Ejakulationsstörungen: Ejakulatio ante introitum, praecipitierte Ejakulation; Aspermatismus.

2. Störungen, die den Eintritt der Spermatozoen in das Ejakulat verhindern.
Angeborene und erworbene Obliterationsazoospermie.

II. Indikationen von Seite der Frau.

1. Das Sperma gelangt nicht in den Uterus:
   a) wegen pathologischer Rückwärtsbewegung der Spermatozoen: Abfließen des Spermas aus der Scheide;
   b) wegen Behinderung der physiologischen Vorwärtsbewegung der Spermatozoen durch Stenosen des äußeren Muttermundes usw.;
   c) wegen Vernichtung der Spermatozoen in der Scheide durch pathologisches Scheidensekret.

2. Das Sperma gelangt nicht in die Scheide:
   a) Stenosen der Vulva und Vagina;
   b) Psychosexuelle Störungen, Vaginismus.

Die Hauptindikation stellt die Epidydimitis duplex (doppelseitige Nebenhodenentzündung) dar.

Die Vorbedingungen zur künstlichen Befruchtung sind:

1. Von Seiten des Mannes: Normales, gesundes, befruchtungsfähiges Sperma.
2. Von Seiten der Frau: Normale befruchtungsfähige Eier, keine mechanischen Hindernisse in den höheren Genitalabschnitten, die die Vereinigung der Geschlechtszellen verhindern könnten, normale Beschaffenheit des Uterus und der Adnexe.

Dazu verlangt noch *Rohleder:*

1. Möglichst vorherige sexuelle Erregung des Weibes durch Kohabitation oder falls diese nicht möglich ist, artefizielle Erregung, um die Aufwärtsbewegung der Spermatozoen zu erleichtern und alkalisches Zervixsekret für die Samenfäden zu erzeugen.
2. Injektion des Spermas an den beiden ersten Tagen post menstruationem.
3. Einführung der Injektionsspritze über den äußeren Muttermund hinweg wirklich in die Zervix hinein.

Kontraindiziert ist die künstliche Befruchtung selbstverständlich dort, wo auch eine normale unerwünscht wäre oder in solchen Fällen, wo kranke Nachkommen zu erwarten wären.

Die Technik der Operation, die hier nur kurz gestreift werden soll, ist eine vaginale und uterine. Von verschiedenen Seiten, insbesondere von *L. Fraenkel*[1]), ist auch der Vorschlag gemacht worden, das Ejakulat oder Nebenhodenpunktat transperitoneal gelegentlich einer Laparotomie, natürlich steril, direkt in die Eierstockstasche zu bringen, um dem Samen die mannigfaltigen Schädigungen durch das Genitalsekret bei der Passage des Genitalkanals zu ersparen. Obwohl diese Methode die sicherste wäre, um einen Erfolg zu erzielen, so wird sie doch aus naheliegenden Gründen kaum angewendet werden können. Die vaginale Methode scheint in denjenigen Fällen angezeigt, in denen das Genitale der Frau völlig intakt ist, in denen es aber dem Manne infolge Erektions- und Ejakulationsstörungen nicht gelingt, das Sperma in der Vagina zu deponieren. Da in diesen Fällen die Spermatozoen die geringsten Hindernisse zu überwinden haben, wird sie auch die erfolgreichere der beiden Methoden sein.

Die uterine Methode der künstlichen Befruchtung ist dann indiziert, wenn nur relativ oder absolut geringe Mengen von Spermatozoen zur Verfügung stehen, also bei spärlichen Ejakulaten, Oligozoospermie, Asthenospermie und Hodenpunktaten (*Nürnberger, Rohleder*).

[1]) Neue Wege zur Sterilitätsbehandlung in Fortschritte der Therapie, Jg. 1925.

Auch anderweitige Hindernisse der unteren Genitalabschnitte mechanischer Art, pathologisches Scheidensekret, Stenosen des inneren Muttermundes, können die uterine Methode notwendig machen.

Die Ausführung der uterinen Methode gestaltet sich nach *Nürnberger*[1]), *Hofstätter*[2]) und *Rohleder*[3]) folgendermaßen:

Der Samen wird durch Coitus condomatus gewonnen, falls nicht gewisse Störungen des Ehemannes die Selbstmasturbation nötig machen. Vorher ist Glans und Sulcus coronarius sorgfältig mit Wasser oder physiologischer Kochsalzlösung zu reinigen, um den Bakteriengehalt des Ejakulates möglichst niedrig zu halten. Ist auf natürlichem Wege kein Sperma zu erhalten, so muß, z. B. bei Epidydimitis duplex, die Hodenpunktion vorgenommen werden resp. aus dem Nebenhodenpunktat das nötige Sekret genommen werden. *Rohleder* empfiehlt dieses Sekret noch nachträglich mit Prostatasekret zu vermischen, *Iwanoff* hält dies für überflüssig. Der eheliche Koitus kurz vor der künstlichen Befruchtung gestaltet nach den Erfahrungen *Rohleders* die Befruchtung am günstigsten, vorausgesetzt, daß auch bei der Frau ein Orgasmus erzielt wird. Post coitum wird das mit Samen gefüllte Condom vom Manne in eine sterile Glasschale gelegt, und es ist darauf zu achten, daß das Sperma auf dem Transporte keine zu großen Temperaturschwankungen erleidet. Wenn die Frau in Steinschnittlage auf dem Untersuchungsstuhle liegt, wird mit einer sterilen Braunschen Spritze $^1/_2$—1 cm^3 Sperma direkt aus dem Condom aspiriert, die Portio eingestellt, mit Kugelzange gefaßt, die Spritze mit ihrer Kanüle eingeführt, über den inneren Muttermund geschoben, und, wie *Döderlein* verlangt, werden langsam 1-2 Tropfen Sperma in den Uterus injiziert. Macht der Zervixalkanal Schwierigkeiten, so muß natürlich vorher vorsichtig dilatiert werden. Wenn man annimmt, daß schon normalerweise nicht jeder Coitus zur Befruchtung führen kann (die Gründe dafür sollen nicht erörtert werden), anderseits gewisse Frauen schwer konzipieren, so ist es klar, daß die Wahrscheinlichkeit eines Erfolges nach einer einzigen künstlichen Befruchtung nur gering sein kann. Am ungünstigsten gestalten sich die Aussichten wenn man gezwungen ist, Hodenpunktat zu verwenden, da die in der Flüssigkeit vorhandene Zahl von Spermatozoen nur gering ist. Eine weitere Gefahr des Mißerfolges liegt darin, daß die Lebensdauer der so gewonnenen Spermatozoen nur eine begrenzte ist. *Rohleder, L. Fraenkel* und *Mettenleiter*[4]) haben den Vorschlag gemacht, das Ejakulat mit „spermatotaktischen" Mitteln zu versehen. Als solche

---

1) l. c. in *Halban-Seitz*, Bd. 3.
2) Künstliche Befruchtung in Handwörterbuch der Sexualwissenschaften, 2. Auflage.
3) l. c.
4) Künstliche Befruchtung. Archiv f. Gyn., Bd. 126.

gelten Blutserum, Eiweißzucker-Glyzerinlösung, schwache, besonders kohlensaure Alkali, alle Lösungen möglichst isotonisch der Spermaflüssigkeit, die Zuckerlösung in 5—10%ige Stärke mit Ätzkali 1 : 1000 bis 1 : 2000 (*L. Fraenkel*). Nach *Mettenleiter* scheint es zweckmäßig, anstatt des von *Rohleder* vorgeschlagenen schwer erhältlichen Prostatasekrets das Ejakulat mit 5%iger Traubenzuckerlösung zu mischen, aber erst dann zu injizieren, wenn die mikroskopische Untersuchung vor und nach der Vermischung bewegliche Samenfäden ergibt. Die Frage, wie oft die künstliche Befruchtung im Falle eines Mißerfolges fortgesetzt werden soll, wird verschieden beantwortet. Im allgemeinen wird man, wenn nach 5—6 Versuchen im Zeitraum eines halben Jahres kein Erfolg eingetreten ist, von weiteren Manipulationen Abstand nehmen. In der Praxis wird es kaum zu so vielen Versuchen kommen. Die Vornahme der Operation erfordert von allen Beteiligten die höchsten Anforderungen an Menschenerfahrung, Taktgefühl und seelischer Konzentration und es ist stets sowohl vom Arzt wie vom Ehegatten darauf besondere Rücksicht zu nehmen, daß die betreffende Frau sich in einer ganz exceptionellen Verfassung befindet.

Die besten Resultate wurden bis jetzt bei Erektions- und Ejakulationsstörungen des Mannes erreicht.

Die Vornahme der künstlichen Befruchtung mit fremdem Sperma ist besser abzulehnen, da sich für beide Ehepartner daraus Komplikationen ergeben können, die mit einem Erfolge in keinem Einklang stehen. In praxi werden beide Teile aus Anstands- und Sittlichkeitsgefühl diesen Vorschlag sowieso von sich weisen. Alle diesbezüglichen theoretischen Erörterungen sind überflüssig.

Beim Manne, sowohl als auch bei der Frau, erschöpft sich die Bedeutung des Eingriffes aber in der Steuerung der Spermatozoen bis in das Cavum uteri. Darin liegen, wie *Nürnberger* richtig bemerkt, ihre Aufgaben, zugleich aber ihre Grenzen. Auf das weitere Schicksal der Spermien hat die künstliche Besamung keinen Einfluß, und ob sie nun wirklich die erstrebte künstliche Befruchtung bewirkt, ist von anderen Faktoren abhängig.

Die rechtliche Seite des Problems ist namentlich von *R. Wassermann* erörtert worden, auf dessen ausführliche Darstellung Interessenten hier nur kurz hingewiesen werden sollen[1]).

[1]) Archiv f. Sexualforschung, Heidelberg 1914.

Die Psychologie der Gattenbeziehung

(unter besonderer Berücksichtigung der Bedeutung des vorehelichen Geschlechtslebens)

Von Fritz Künkel

Vergleicht man die verschiedenen Standpunkte, die in der wissenschaftlichen Erforschung der erotischen Probleme eingenommen worden sind, so findet man, daß sie sich trotz ihrer fast unübersehbaren Mannigfaltigkeit aus nur zwei einander entgegengesetzten Denkrichtungen ableiten lassen. Diesen beiden Denkrichtungen entsprechen selbstverständlich nicht nur die beiden Gruppen von erotologischen Lehrmeinungen, sondern auch zwei Klassen von Weltanschauungen, zwei Arten von Menschenkenntnis und ebenso zwei Typen von Lebensführung und Charakter. Will man den Unterschied beider Richtungen genau bezeichnen, so greift man am besten auf den alten angeblich längst erledigten Gegensatz zurück, der in der Geschichte der Philosophie durch den Ausdruck Universalienstreit oder Streit zwischen Nominalismus und Realismus gekennzeichnet wird. — In der Anwendung auf erotologische Probleme bedeutet dieser Gegensatz:

Für den Realisten ist die Erotik etwas schlechthin Gegebenes, das den Charakter des Menschen erst macht oder bedingt. Für den Nominalisten ist der Charakter des Menschen das Erste und Eigentliche, aus dem sein erotisches Verhalten erst bedingt wird oder hervorgeht. In der neueren medizinischen Psychologie wird die erstere Richtung durch die Psychoanalyse vertreten, und die letztere durch die Individualpsychologie.

Rein wissenschaftlich betrachtet stehen sich beide Auffassungen als gleichberechtigte Theorien gegenüber, und es wäre abzuwarten, welche von beiden sich als brauchbarer erweisen wird. Man könnte sich gedulden, bis der Wachstums- und Klärungsprozeß der psychologischen Forschung soweit gediehen ist, daß er ein endgültiges Urteil in dieser Frage gestattet, — wenn man sich gedulden könnte. Aber inzwischen muß man handeln, und für die praktische Lebensgestaltung spielen die bewußten oder unbewußten, wissenschaftlichen oder vorwissenschaftlichen Auffassungen von den Dingen des Lebens eine ausschlaggebende Rolle. Wer erotologischer Realist ist, geht mit ganz anderen Voraussetzungen in ein Liebeserlebnis hinein als der erotologische Nominalist. Auf Grund der Verschiedenheit ihrer inneren Haltung reagieren beide auf die gleichen Ereignisse in verschiedener Weise. Der Verlauf beider Schicksale gestaltet sich auf Grund ihrer verschiedenen Reaktionen ebenfalls verschieden. Und die Resultate und ebenso die Konsequenzen, die aus ihnen gezogen werden, müssen grundverschieden ausfallen. Darum können wir nicht warten, bis die theoretische Wissenschaft ihren langsamen und zuverlässigen Weg zur Lösung der Probleme gefunden hat. Sondern das praktische Leben erfordert, heute schon an die provisorische Lösung der Aufgabe heranzugehen, auf die Gefahr hin. daß unser Rüstzeug nicht ganz ausreicht und wir uns darum mit vorläufigen und hypothetischen Lösungen begnügen müssen.

Vergleicht man die beiden eben angeführten Standpunkte miteinander, so findet man, daß vom Standpunkt des erotologischen Realisten (also etwa der Psychoanalyse) die entgegengesetzte Auffassung als leere Ideologie erscheinen muß. Wer an das Vorhandensein einer besonderen sexuellen Kraft (Libido) oder eines Sexualtriebes glaubt, der muß notwendiger Weise eine Ansicht für vollkommen sinnlos halten, die etwa behauptet: „Jeder Mensch hat in jedem Augenblick soviel erotische Spannung, als zur Verwirklichung seines unbewußten Lebensplanes nötig ist". Er wird meinen, eine solche Ansicht entspringe der Furcht vor den unbequemen, unerbittlichen und kulturell perhorreszierten Tatsachen des Geschlechtslebens. Der erotologische Nominalist dagegen, der an die Abhängigkeit der Erotik vom Charakter und damit vom unbewußten Lebensplan des Individuums glaubt, muß notwendiger Weise in der Ansicht seiner Gegner eine Flucht vor der Verantwortlichkeit sehen. Denn wer sich in irgend einer noch so versteckten Form auf einen real vorhandenen Sexualtrieb beruft, der etwas anderes ist als der Mensch selbst, schafft sich dadurch ein Alibi, eine Entschuldigung und die Möglichkeit, im Notfall zu sagen: „Ich bin es nicht gewesen, meine Sexualität war stärker als ich".

Im folgenden soll versucht werden, einige wichtige Ehe-Probleme vom Standpunkt des Nominalisten aus darzustellen.

Wenn das Wort Sexualität weder eine besondere Kraft bezeichnet, die im Menschen wohnt, noch auch einen Dämon, der zeitweise von ihm Besitz ergreift, sondern nur eine Verhaltungsweise, deren der Mensch unter gewissen Bedingungen fähig ist, so fragt es sich, wie und warum diese Verhaltungsweise zustande kommt und von welchen Bedingungen jeweils ihre besondere Gestaltung abhängig ist. Die erstere dieser beiden Fragen führt uns unmittelbar in das vielumstrittene Gebiet des frühkindlichen Sexuallebens hinein.

Die Psychoanalyse hat bekanntlich eine Periode ausgedehnter und meist ziemlich systematischer frühkindlicher Sexualforschung nachgewiesen, die bei jedem normalen Kinde anzutreffen ist. Dieser Tatbestand ist richtig gesehen, aber nach unserer Meinung falsch gedeutet. Selbstverständlich muß jedes Kind, wenn es nicht verschüchtert worden ist, einmal auf die Frage kommen, wie denn die Menschen entstehen. Es fragt ja auch, wie die Häuser und die Bäume entstehen und woher der Regen kommt. Wenn man nun Sexual-„Realist" ist, sieht man in der ersten Frage ein erstes Auftauchen des allmächtigen Fetisches „Sexualität", und in der zweiten und dritten nur Ersatzfragen für die „eigentlich" gemeinte Frage nach dem Geschlechtlichen [1]). Wir dagegen sehen in allen drei Fragen das Gleiche, nämlich den Versuch des Kindes, sich in der Außenwelt zu orientieren. Es handelt sich um beginnende Naturforschung und nicht um beginnendes Sexualleben.

Nun hat aber auch das Kind einen „Fetisch", wenn auch einen ganz anderen. Er heißt gewöhnlich: „Ich will so groß sein wie Du!" oder bescheidener: „Ich bin auch ein Mensch". Ist aber die Erziehung ganz schlecht, so nimmt dieser kindliche Fetisch

---

[1]) Sexualfetischismus bedeutet hier, daß die gesamte Sexualität wie ein Abgott verehrt wird, nicht aber, daß ein Ding zum Liebesobjekt wird, wie es etwa durch das Wort „Schuhfetischismus" ausgedrückt wird.

die Form an: „Ich bin größer als alle anderen Menschen" oder: „Ich habe vor allen Menschen die gleiche Angst und darf darum niemandem trauen". Das Geltungsstreben des Kindes gegenüber den Erwachsenen oder, was dasselbe ist, sein Sicherungsbedürfnis ist der erste Fetisch, der im Menschenleben wirksam wird. Dieses Streben ist nicht auf reale, sondern imaginäre Ziele gerichtet und beruht auf irrtümlichen Voraussetzungen. Es stellt also eine falsche Verhaltungsweise des Kindes dar, aber es bestimmt, bewußt oder unbewußt, den Lebensplan und damit den Charakter des Kindes. Es ist nicht Substanz, sondern Fetisch, ist nicht Realität, sondern Nomen.

Im Dienste seines Geltungswillen sucht das Kind unablässig nach Wegen, die ihm im Kampfe gegen die Erwachsenen einen Vorteil verschaffen. Versucht man es einmal, sich auf diesen kindlichen Standpunkt einzustellen, so versteht man ohne Schwierigkeit, welche überaus große Bedeutung für das Kind die Entdeckung haben muß, daß auch seine Erzieher eine Stelle haben, wo sie verwundbar sind. Nimmt der Erzieher der Sexualität gegenüber eine positiv wertende Stellung ein, so drängt sich dem Kinde die Meinung auf, daß es durch seine „Sexualforschung" im Begriffe stehe, das wichtigste Gebiet des Lebens zu erobern, ja vielleicht sogar das letzte Gebiet, das der Erwachsene vor den Kindern voraus hat, dessen Eroberung also das Kind mit dem Erwachsenen gleichstellen würde. Je stärker nun das Machtstreben des Kindes ausgebildet ist, und d. h., je ungeschickter es erzogen wurde, um so gieriger wird es sich auf die Erforschung dieser neuen Geheimnisse stürzen. — Ist die Sexualität dagegen für den Wertstandpunkt des Erwachsenen mit negativem Vorzeichen versehen, also etwas Böses und Sündhaftes, so kann dieser Erzieher nicht umhin, auch seinen Zögling darauf aufmerksam zu machen, daß hier etwas sei, dem die guten Menschen aus dem Wege zu gehen hätten. Und durch die Art, wie diese erzieherische Offenbarung in Ton und Geste von allen anderen Mitteilungen unterschieden wird, erkennt jedes Kind, daß es sich hier um einen „Fetisch" handelt, vor dem der sonst allmächtige Erzieher zittert. In solchem Falle gleicht die Sexualität, wie *Freud* sehr richtig gesehen hat, genau dem Tabu der primitiven Völker. — Damit aber hat sich der Erzieher rettungslos in die Hand seines Zöglings gegeben. Denn dem steht es nun frei, jederzeit durch einen Einbruch in das sexuelle Fragegebiet den Erzieher in einen beliebigen Grad von Zorn, Angst oder Verzweiflung zu versetzen. Das enfant terrible ist die häufigste Ausdrucksform für diese Geste des kindlichen Machtkampfes.

Wenn sich das Kind des feindlichen Fetisches, genauer gesagt: des Fetisches seiner Feinde, der Erwachsenen, zu bemächtigen sucht, so ist dies zunächst ein Mittel, um dem eigenen Fetisch des Kindes, nämlich seinem Geltungsbedürfnis, zu dienen. Der Wert des Zweckes geht indessen auf das Mittel über, und so wird die Sexualität notwendigerweise auch zum Fetisch des Kindes. Es wird mehr und mehr geneigt sein, sexuellen Erkenntnissen, Verhaltungsweisen und Wahrnehmungen eigenen Wert beizumessen. — Der Grundirrtum unserer falschen Sexualauffassung ist damit von der älteren auf die jüngere Generation übergegangen. Die Welt ist um einen „Sexualfetischisten" reicher geworden.

Indessen mißlingt dem Kinde die erwähnte Abgrenzung seines neuen Fetisches doch häufig genug, und zwar in sehr bezeichnender Weise. Aus erzieherischen Gründen wird ein Teil der kindlichen Funktionen, nämlich die exkrementellen Vorgänge, mit Wichtigkeit und Verschwiegenheit behandelt, die im Gefühlston dem Tabu des Sexualfetisches ganz ähnlich sind. Dazu kommt, daß beide Funktionen den gleichen Organen angehören. Und so ist es kein Wunder, wenn dem Kinde für sein eigenes kindliches Ziel, nämlich für den Machtkampf gegen die Erwachsenen, beide Gebiete den gleichen Dienst leisten. Das Schwelgen in koprophilen Ausdrücken ist für das Kind ebenso ein Triumph über den Erzieher, wie das Schwelgen in erotischen Phantasien.

Will man die psychologische Gesamtsituation eines Kindes erforschen, so tut man gut, von den allgemeinsten Bestimmungen auszugehen, die das Verhalten des Kindes gegenüber seiner Umwelt kennzeichnen. Von diesen Bestimmungen haben sich zwei als besonders wichtig erwiesen:

1. Die Weite des Gesichtsfeldes.

Der Untersucher hat zu fragen, einen wie großen Umkreis von Zusammenhängen, insbesondere von kausalen und finalen Beziehungen, kann das Kind berücksichtigen. Es ist dabei nicht nötig, daß diese Zusammenhänge im Bewußtsein des Kindes gegenwärtig sind, sondern es fragt sich nur, ob das Kind sie respektiert, ob es also so handelt, als ob es sie im Bewußtsein hätte.

2. Die Größe der gerade noch erträglichen Spannungsweite.

Der Beobachter muß fragen, wieviel unlustbetonte Zwischenglieder vermag das Kind in Kauf zu nehmen, um zu einem lustbetonten Endziel zu gelangen, oder, wenn es sich um die wichtigste Komponente dieses Gebietes, nämlich um die Zeit handelt: wie lange kann das Kind auf die Erfüllung seiner Wünsche warten?

Beide Bestimmungen betreffen das, was die Individualpsychologie als zentralen Begriff in den Brennpunkt ihrer Untersuchungen gestellt hat und wofür sie den Ausdruck „Mut“ anzuwenden pflegt.

Damit aber soll nicht gesagt sein, daß sie sich den Mut wie eine Substanz vorstellt. Er ist nicht etwa ein Stoff, aus dem die seelischen Vorgänge oder gar die Seelen selbst gemacht sind, und er ist auch nicht die Kraft, die die Seele bewegt. Das wäre wieder eine falsche Hypostasierung und somit ein neuer Fetischismus. Sondern das Wort Mut soll nur die letzte eben noch faßbare Qualität der Persönlichkeit bezeichnen. Substanz, Reales bleibt nach wie vor der Mensch selbst; Mut ist nur seine Eigenschaft, und zwar eine Eigenschaft, die sich im Laufe des Lebens, wenn auch selten, so doch in ausschlaggebender Weise zu ändern vermag. Mut ist demnach ein Hilfsbegriff, der eine Qualität jener Substanz bezeichnet, aber freilich die zentrale Qualität, gleichsam das Attribut, während die übrigen Qualitäten, wie Modi, nur die Erscheinungsformen dieses Attributes darstellen. Solch ein Modus (und mehr nicht) ist auch die Sexualität, die also nach dieser Auffassung als Ausdrucksform des Mutes angesehen werden muß.

Die Weite des kindlichen Gesichtsfeldes und die Weite seiner Willensspannung ergeben zusammen ungefähr das, was die volkstümliche Psychologie das Temperament zu nennen pflegt. Wer ein weites Blickfeld hat und nicht lange warten kann, ist sanguinisch. Wer bei weitem Blickfeld lange wartet, ist melancholisch. Wer bei engem Blickfeld warten kann, ist phlegmatisch. Wer bei engem Blickfeld nicht warten kann, ist cholerisch. Diese vier Verhaltungsweisen bilden sich in den ersten Lebensjahren aus. Sie stellen gleichsam das Gesamtergebnis der frühkindlichen Lebenserfahrungen dar. Und zwar entstehen sie aus den Wechselwirkungen zwischen Umwelteinflüssen und den ursprünglichen Reaktionsformen des kindlichen Organismus. Es ist also niemand durch „Erbanlagen“ zu einem bestimmten Temperament verpflichtet. Wohl aber kann eine bestimmte angeborene Reaktionsbereitschaft des Nervensystems die Umgebung zu einer bestimmten Gegenwirkung veranlassen. Z. B. kann eine übergroße Empfindlichkeit des Kindes (etwa vieles Schreien) die Mutter zu strengen Gegenmaßregeln führen; und dadurch kann ein circulus vitiosus entstehen, der die Entwicklung des Kindes auf lange Zeit hinaus festlegt. So kann die Strenge der Umgebung bei einem Kinde, das empfindliche Nerven hat, eine außerordentlich starke Entmutigung hervorrufen, so daß eine Schüchternheit entsteht, die mit Notwendigkeit zu dauernden Mißerfolgen führt, wodurch dann die Entmutigung noch gesteigert werden muß. — Eine solche Kindheitsentwicklung liegt auf dem Wege zum melancholischen Temperament.

Da nun das Temperament das gesamte Verhalten des heranwachsenden Menschen bestimmt, bestimmt es unter anderem auch das s e x u e l l e V e r h a l t e n. Wer als Kind gelernt hat, daß Vorsicht besser ist als Tollkühnheit, wird überall im Leben, und folglich auch dem anderen Geschlechte gegenüber, zaghaft zu Werke gehen. Wer als Kind die Erfahrung gemacht hat, daß man mit dreistem Zugreifen am weitesten kommt, wird dreist und anspruchsvoll auftreten, wie auf den übrigen Gebieten des Lebens, so auch auf dem Felde der Liebe. Wer das Warten nicht gelernt hat, wird auch erotische Wünsche nicht lange auszuhalten vermögen, sondern er wird entweder (wenn der Mut dazu ausreicht) ein Draufgänger und Don Juan werden, oder aber (bei stärkerer Verschüchterung) wird er die Wünsche, die er doch nicht zu befriedigen vermag, erst gar nicht in sich aufkommen lassen. Er wird von vornherein eine Entwicklungsrichtung einschlagen, die im Asketentum endet.

Indessen erhebt sich hier ein Einwand sehr allgemeiner Art. Man wird nämlich auf die häufige Tatsache hinweisen, daß ein Mensch etwa in seinem Berufsleben recht aktiv und kampflustig ist, daß er aber dem anderen Geschlecht gegenüber völlig versagt; und daß ein anderer gerade umgekehrt in den Dingen der Liebe sich als unternehmend und erfolgreich erweist, während er auf allen anderen Gebieten unzulänglich bleibt.

Dieser Einwand wird jedoch hinfällig, wenn man nicht die verschiedenen Modi des Mutes, sondern den Mut selber zum Gegenstand der Untersuchung macht. Wer auf erotischem Gebiet unternehmend und scheinbar erlebnisreich ist, im Gegensatz zu den übrigen Gebieten seines Lebens, der trägt zweifellos auch in der Erotik die Zeichen seiner Mutlosigkeit zur Schau, sei es nun, daß er von einem Partner zum andern eilt, weil er nicht den Mut aufbringt, die Gemeinschaft mit dem einen Partner bis zu Ende durchzuführen, oder sei es, daß er zwar bei dem einen Partner beharrt, ihn aber durch seine erotischen Ansprüche zu einem Mittel seines Machtstrebens erniedrigt. Und im umgekehrten Falle, wenn der Betreffende in der Erotik versagt, trotzdem er in den anderen Lebensbeziehungen scheinbar gut funktioniert, wird es dem Psychologen stets leicht gelingen, die Brüchigkeit und Unfreiheit nachzuweisen, die diese gesamte Persönlichkeit kennzeichnet, selbst wenn es auf manchen Gebieten gelungen ist, eine scheinbar einwandfreie Fassade zu errichten. Jener Einwand besagt also höchstens etwas gegen die volkstümliche Lehre von der umfassenden Bestimmtheit des Menschen durch sein Temperament, aber er besagt nichts gegen die Lehre vom Mut als der zentralen Qualität der Persönlichkeit.

Wir können mit Wahrscheinlichkeit annehmen, daß vom Grade der frühkindlichen Entmutigung eines Menschen sein gesamtes späteres Verhalten und folglich auch sein Verhalten gegenüber dem Geschlechtspartner in ausschlaggebender Weise bestimmt wird. Der wichtigste Umstand hierbei ist, daß die spätere Sexualität nicht durch Erfahrungen des Kindes auf sexuellem Gebiet gestaltet wird, sondern daß die entmutigenden Erfahrungen auf jeder beliebigen Seite des Lebens zustande kommen können. Sie beeinflussen stets den ganzen Menschen, und erst auf dem Wege über die Gesamtpersönlichkeit beeinflussen sie auch das erotische Verhalten.

Die beiden bisher erörterten Äußerungsformen des Mutes oder der Mutlosigkeit, nämlich die Weite des Blickfeldes und die Weite der Willensspannung, sind Bestimmungen rein formaler Natur. Es fragt sich hier nur ganz allgemein, in welcher Form der Mensch sich mit seiner Umwelt auseinanderzusetzen gelernt hat. Nun ist aber noch in einer anderen Richtung eine allgemeine Bestimmung der gleichen zentralen Qualität, nämlich eben des Mutes, möglich. Es fragt sich dann nicht mehr, wie oder in welcher Form, sondern wozu oder in welchem Sinne setzt sich der Mensch mit seiner Umwelt auseinander.

Das Prinzip dieser Bestimmung wurde schon angedeutet, als vom Machtstreben des Kindes als dem ersten wirksamen „Fetisch" die Rede war. Je stärker die Entmutigung ist, umso mehr sieht sich der Mensch darauf angewiesen, seine gesamte Umgebung in den Dienst seines Machthungers oder seiner Sicherungspolitik zu stellen, umso rücksichtsloser wird er also Personen und Sachen zur Erhöhung seiner eigenen Persönlichkeit ausnützen müssen.

Diese Politik, die selbstverständlich unbewußt und meistens zwangsläufig, nach Art einer Dressur, in Wirksamkeit tritt, bildet einen wichtigen Teil des menschlichen Lebensplanes und stellt somit einen Teil dessen dar, was man als Charakter bezeichnet.

Prinzipiell lassen sich nun für eine solche Politik drei Möglichkeiten oder Attitüden denken, die tatsächlich alle drei in der Wirklichkeit vorkommen. Die erste ist aktiv und manchmal geradezu gewalttätig. Sie läuft darauf hinaus, daß man Dinge und Menschen unmittelbar zu beherrschen sucht, um sie in dem genannten Sinne ausnützen zu können. Die zweite ist passiv und mehr anschmiegender Art. Sie versucht durch Fügsamkeit und scheinbare Unterordnung sich Anerkennung zu verschaffen und auf diese Weise die Umwelt auszunutzen. Die dritte Form ist defektiv. Um die eigene Überlegenheit nicht aufs Spiel zu setzen, wird die Beziehung zur Umwelt entweder mißachtet oder aber garnicht erst entwickelt. Statt dessen findet sich dann im

Charakterbild ein Defekt, eine leere Stelle; die Beziehung zur Umwelt besteht gewissermaßen darin, daß sie nicht vorhanden ist.

Auch hier zeigt sich, daß manchmal den beiden Hälften der Umwelt, den Menschen und den Dingen gegenüber, eine verschiedene Politik verfolgt wird. Man kann etwa gegen die Dinge aktiv und gegen die Menschen passiv eingestellt sein oder umgekehrt. Aber es wird sich immer zeigen, daß beiden Verhaltungsweisen der gleiche Grad von Entmutigung zugrunde liegt. Je stärker die Entmutigung ist, umso starrer wird das Schema der Verhaltungsweise durchgeführt. In krassen Fällen läßt es sich geradezu auf eine sprachliche Formel bringen, die dann freilich wie eine unsinnige Verallgemeinerung klingt und im praktischen Leben zu immer wachsenden Schwierigkeiten führen muß. (Wir bezeichnen diese Charakterhaltung dann als Neurose.) Sie entwickelt sich aus dem Fetischismus, den das Kind mit seiner eigenen Geltung zu treiben gelernt hat, und nimmt etwa die Form an: „Alle Menschen sind besser und klüger und stärker als ich" (passive Attitüde) oder „alle Menschen sind schwächer, dummer und schlechter als ich" (aktive Attitüde) oder „alle Menschen sind meine Feinde, kein Mensch geht mich etwas an" (defektive Attitüde). In den meisten Fällen aber wird die Formel auf die fernerstehenden Personen nur in oberflächlicher Weise angewendet, etwa so, daß bei einer Begegnung flüchtig abgeschätzt wird, ob der neu auftauchende Mensch überlegen oder unterlegen ist, ob man also besser tut, sich aktiv oder passiv gegen ihn einzustellen. Je näher einem aber die betreffende Person steht, je wichtiger sie für die Gestaltung des Schicksals wird, umso krasser und zwingender tritt das Schema in Wirksamkeit.

Der Psychoanalyse gebührt das Verdienst, diesen Vorgang zuerst eingehend studiert zu haben. Sie hat ihn als „Übertragung" bezeichnet und abgesehen von der realistischen Ausdeutung auch in seinem Entstehen und Wirken richtig erkannt. Für den Nominalisten handelt es sich freilich nicht um die Übertragung einer Kraftrichtung (der Libidobesetzung) von einer Person auf die andere, sondern um die Anwendung der gleichen Verhaltungsweise oder Attitüde denjenigen Personen gegenüber, die jeweils im Leben des betreffenden Menschen eine ähnliche Rolle spielen oder eine ähnliche Bedeutung haben. So gesehen stellt sich die „Übertragung" nur als ein krasser Sonderfall und gewissermaßen als Prototyp jener frühkindlichen Lebensdressur dar, deren Auswirkungen schon vorhin bei der Besprechung der Temperamente angedeutet wurden.

Wer z. B. als Kind einer Mutter ausgeliefert war, deren Benehmen im willkürlichen Wechsel von Zärtlichkeit und Härte bestand, der wird auf dem Grunde seines Wesens die Erfahrung mit sich herumtragen, daß die Menschen wetterwendisch sind, und daß man sich ihnen nie anvertrauen darf, weil sie die Geheimnisse, die man ihnen in der zärtlichen Phase ausliefert, unweigerlich in der harten Phase als Waffen gegen den allzu Zutraulichen mißbrauchen werden. — Andere Thesen, die auf die gleiche Art zustande kommen und jahrzehntelang das Verhalten ihres Trägers bestimmen, sind etwa: „Alle Männer sind schlecht"; oder „alle Frauen sind schlecht"; oder „man muß Hammer oder Amboß sein", und ähnliches mehr.

Es versteht sich von selbst, daß nicht etwa ein intellektuelles Erlernen von Lebensregeln und noch weniger ein bewußtes Anwenden von politischer Klugheit gemeint ist, sondern eine Dressur im eigentlichen Sinne des Wortes, wenn auch freilich eine Dressur, die nicht in der Absicht der Dresseure gelegen hatte. Die Zwangsläufigkeit, Unausweichlichkeit und Unbewußtheit der so erworbenen Attitüden läßt sie aber fast ausnahmlos gar nicht als Dressur, sondern vielmehr als „Natur" erscheinen. Erst die auf analytischem Wege erreichte Änderung beweist dann endgültig, daß nicht die „eigentliche Natur", sondern eine zur „zweiten Natur" gewordene frühkindliche Gewöhnung vorgelegen hat.

Aus der Entstehung dieser Verhaltungsweise ergibt sich mit Deutlichkeit, daß es sich nicht um spezifisch sexuelle Eigentümlichkeiten handelt, sondern um allgemeine Eigenschaften, die jedem Partner und somit auch dem Geschlechtspartner gegenüber zur Auswirkung kommen. Aber je näher die Partnerschaft ist, umso starrer und ausschließlicher tritt die Dressur in Erscheinung; und darum erweckt dieses Verhalten so oft den Anschein, als ob es spezifisch sexuell gefärbt wäre In Wahrheit aber äußert es sich nur am deutlichsten dem intimsten Partner, und d. h. dem Geschlechtspartner gegenüber.

Denjenigen Partner, dem gegenüber die hier in Rede stehende Dressur am stärksten in Erscheinung tritt, bezeichnen wir als die Bestimmungsperson. Und wir können nun sagen: Alles, was ein Mensch denkt, fühlt, will oder tut, ist mehr oder weniger stark bedingt durch seine Rücksicht auf seine Bestimmungsperson. Und da die Politik, die man der Bestimmungsperson gegenüber einschlägt, wie vorhin erwähnt wurde, drei verschiedene Formen annehmen kann, so wird das Verhalten des Menschen entweder darauf abzielen, die Bestimmungsperson zu unterwerfen, oder sie zur Anteilnahme zu zwingen, oder sie sich so weit wie möglich vom Leibe zu halten. Man muß hierbei immer im Auge behalten, daß dem handelnden Menschen die Motive und Zusammenhänge seines Handelns durchaus nicht völlig klar zu sein pflegen.

Er ahnt meist nur dunkel, daß er irgendwie durch die Rücksicht auf eine Bestimmungsperson in seiner Lebensführung beeinflußt ist. Er sagt etwa: „Wenn es mir gelingt Millionär zu werden, möchte ich, daß mein alter Vater es noch erlebt, denn der hat immer gesagt, ich werde sicher noch einmal im Zuchthaus enden." Oder er sagt: „Bei allem, was ich erlebe, denke ich immer an meine Mutter, und niemals verläßt mich die Vorstellung, wie sie sich freuen oder grämen würde, wenn sie mich in meiner jeweiligen Lage beobachten könnte." Der alternde Flaubert hat einmal behauptet, er habe alle seine Werke nur geschrieben, um einen Advokaten, der mit ihm verfeindet war, von Grund aus zu ärgern. Je stärker die unbewußte Abhängigkeit von der Bestimmungsperson wird, umso weniger wird das Verhalten durch die jeweils gegebene Sachlage bedingt sein können, um so unsachlicher wird es also sein. Ein Kind lernt in der Schule etwas, aber nicht um es zu wissen, sondern um dem Lehrer zu gefallen. Ein junger Mann spricht in einer Gesellschaft, nicht um den anderen etwas mitzuteilen, sondern um auf die Dame, die er liebt, einen guten Eindruck zu machen. Eine Frau sagt Nein, wo sie logischerweise hätte Ja sagen müssen, weil es ihr ehepolitisch richtiger scheint, Nein zu sagen. In allen diesen Fällen ist die Verhaltungsweise nicht durch die Sachlage, sondern durch die Rücksicht auf die Bestimmungsperson bedingt.

In krasseren Fällen (vielleicht bei der Hälfte aller Menschen) wirkt diese Abhängigkeit so stark, daß man die so entstehende Charakterform als typisch subaltern bezeichnen kann. Sie ist gekennzeichnet durch das Überwiegen persönlicher Rücksichten oder Rücksichtslosigkeiten, und durch die geringe Wirksamkeit der sachlichen Motive, die man zunächst erwarten sollte. Der „alter" ist für den Subalternen die Bestimmungsperson. Die Subalternität eines Charakters ist also gleichbedeutend mit dem Vorhandensein einer Bestimmungsperson, damit aber ist gesagt, daß der subalterne Mensch ein Mutloser ist.

Wir haben drei Bestimmungen des menschlichen Charakters besprochen, und zwar die Weite des Blickfeldes, die Weite der Willensspannung, und die Bedingtheit durch die Bestimmungsperson. Alle drei werden umso starrer auftreten und die Lebensgestaltung umso ungünstiger beeinflussen, je stärker die Mutlosigkeit ist. Wir müssen nun darstellen, wie diese Bestimmungen sich auswirken, wenn die konkreten Probleme des Geschlechtslebens hervortreten, und das heißt, wenn der heranwachsende Mensch geschlechtsreif wird. Freilich wurde schon eingangs darauf hingewiesen, daß das Problem der Geschlechtsbeziehungen in der Reifezeit nicht zum ersten Male und unvorbereitet auftaucht. Es ist ein jahrelanges Training vorhergegangen, das in unserer angeblichen Kultur leider fast ausnahmslos gleichbedeutend ist mit der Ausbildung des „Sexualfetischismus".

Nehmen wir ein typisches Beispiel:

Ein Knabe wurde verhältnismäßig vernünftig, ohne Verweichlichung und Verängstigung, ohne Isolierung und ohne Ehrgeiz erzogen. Aber man hat ihm mit Strenge eingeprägt, daß er unanständige Worte nicht gebrauchen und nach unanständigen Vorgängen nicht fragen darf.

Etwa im Beginn der Schulzeit hat ihm die Mutter, eine sehr kluge und im sozialen Leben tätige Dame, erklärt, woher die Kinder kommen; d. h. sie hat ihm von der Geburt, aber nicht von der Zeugung erzählt. Sie sagte ihm auch, daß alles, was mit diesen Dingen zusammenhängt, sehr schön und heilig sei. Nur die Grenze zwischen Unanständigkeit und Heiligkeit hat sie ihm nicht klar gemacht. Erst viel später, als er herangewachsen und in schwere geschlechtliche Konflikte geraten war, kam es zutage, daß die Mutter selber völlig im unklaren darüber lebte, wie die Begriffe anständig und heilig oder unanständig und unheilig sich zueinander verhalten. Ja, im Grunde schien sie sogar überzeugt zu sein, daß das „Heilige" (Geburt und Zeugung) ein klein wenig unanständig, und das „Anständige" (etwa arbeiten und essen) ein klein wenig unheilig, profan und banal sei. In diesen Unklarheiten verriet sich ihre eigene Mutlosigkeit; hier versagte die Erziehung, und hier traten später die sexuellen Nöte des Sohnes hervor.

Der Knabe wuchs, wie zahllose andere Kinder, in der Meinung auf, die erotischen Dinge seien einerseits unanständig, genau wie die exkrementellen Vorgänge, und andererseits heilig, wie etwa das Abendmahl, von dem er ebensowenig verstand wie von Zeugung und Geburt. Vor allem aber erschienen ihm diese Dinge als gefährlich und schreckenerregend.

Im Alter von sieben Jahren stand er auf dem Standpunkt, es wäre das Beste, wenn er nie in seinem Leben etwas davon zu sehen oder zu hören, geschweige denn selbst zu erleben bekommen würde. Als er zehn Jahre alt war, wollte er mit derartigen Erlebnissen in der Wirklichkeit noch ebensowenig zu tun haben; aber er ergötzte sich doch heimlich mit sadistisch-masochistischen Phantasien, von denen er genau wußte, daß sie dem verbotenen Bereich der Erotik angehörten. Ja, ein wichtiger Faktor bei dem Zustandekommen dieser Phantasien bestand eben in der Verlockung, etwas Verbotenes und Gefährliches oder Tollkühnes zu unternehmen. Er kam sich groß vor und erlebte eine Art Triumph über die Erwachsenen, wenn er sich des Abends im Bett derartigen Träumereien überließ.

Der Siebenjährige zeigte auf der ganzen Linie ausschließlich passive Verhaltungsweisen. Er tat nie etwas Verbotenes, tat aber auch nie etwas auf eigene Verantwortung. Ihm fehlte jede Initiative, und man hätte ihn für einen Musterknaben halten können, wenn seine Leistungsfähigkeit nicht allzu eng an die Gegenwart der Mutter gebunden gewesen wäre. Sein Mut war sehr gering; jede Bedürfnisspannung erschien ihm unerträglich, und darum vermied er sie lieber. Sein Blickfeld war dabei nicht klein, aber schief; alle Zusammenhänge wurden nur beachtet, insofern sie geeignet waren, bei der Mutter, die deutlich als Bestimmungsperson wirkte, Wohlwollen oder Unwillen zu erregen.

Drei Jahre später hatte sich daran nur in einer Hinsicht etwas geändert. Er fand zwar noch immer nicht den Mut zu selbständigen Taten, aber doch schon zu selbständigen Gedanken. Da ihm jedoch die Selbständigkeit schon an und für sich wie ein Verbrechen gegen die geliebte Mutter erschien, konnte es sich bei diesen selbständigen Gedanken nur um Äußerungen der Opposition, also um verbotene Gedanken handeln. Daß auch hierin noch kein Schritt zur wirklichen Freiheit, sondern nur eine Formveränderung der Abhängigkeit von der Mutter vorlag, war dem Zehnjährigen natürlich nicht bewußt. Er glaubte, wenn er sich seinen erotischen Phantasien überließ, ein völlig selbständiger Sünder, ein heimatloser Rebell, ein von allen ausgestoßener Verbrecher zu sein.

Wieder drei Jahre später traten bei ihm die körperlichen Anzeichen der beginnenden Pubertät deutlich hervor.

Nach dem Gesagten läßt sich mit einiger Wahrscheinlichkeit voraussehen, zu welcher Stellungnahme der Knabe als Antwort auf die Fragen seiner Pubertät gelangen mußte.

Bestimmungsperson blieb die Mutter. Das heißt aber nicht etwa, daß „seine Libido an die Mutter fixiert blieb", sondern nur, daß seine sämtlichen Erlebnisse so orientiert waren, als ob sie unter Berücksichtigung der mütterlichen Meinung, gleichsam „sub specie matris" verliefen. Da nun aber nach seiner Meinung die sexuellen Vorgänge einerseits heilig und andererseits unanständig und überdies noch gefährlich waren, mußte eine starke Scheu vor allen erotisch gefärbten Gefühlserlebnissen bestehen. Und diese Scheu nahm die Form an: „Niemand, und am allerwenigsten die Mutter, darf wissen, daß ich derartige Erlebnisse habe". Sein Blickfeld aber war nicht klein. Er konnte mit ziemlicher Sicherheit beurteilen, wann und wie eine Situation auf Erotik hinauslaufen würde, und wußte auch, wie man sich derartigen Situationen auf die günstigste Weise entziehen konnte. Dazu nehme man seine Unfähigkeit, Bedürfnisspannungen zu ertragen, und man wird zu der Vermutung kommen, daß er sich allen erotischen Reizen entziehen, und lieber auf Asketentum trainieren würde. Das trifft auch tatsächlich zu, aber nur für den nach außen zur Schau getragenen Teil seines Wesens; in seinen Taten war und blieb er Musterkind und Asket. Aber in seinen Phantasien hatte er schon gelernt, durch das Spielen mit den verbotenen Gedanken heimliche Triumphe über die Mutter zu erringen, und diese Möglichkeit wurde in der Zeitspanne zwischen dem 13. und dem 16. Lebensjahre außerordentlich stark zur Entwicklung gebracht. Er entdeckte ohne fremde Anleitung die Masturbation und brachte seine sadistisch- masochistischen Tagträume auf einen erstaunlichen Grad von Raffiniertheit. Die ausschlaggebende Bedingung war hierbei das Nichtwartenkönnen. Im Dienste der Opposition gegen die Mutter waren mit den Phantasien auch sexuelle Bedürfnisse gezüchtet worden, die nun ihrerseits wieder das Gesetz des Nichtwartenkönnens in Funktion setzten. Dadurch war ihm der gesunde Weg über das jahrelange Ringen und Werben um die Gunst eines Mädchens von Anfang an versperrt, und die Scheinbefriedigung mit Hilfe der spielenden Phantasie blieb als einzig mögliche erotische Verhaltungsweise übrig.

Wir finden also die Entwicklung, die die Erotik während der Pubertät durchmacht, vorgezeichnet durch die allgemeine Charaktereinstellung des Jugendlichen. Dieser Charakter aber ist nicht eine gegebene und unveränderte Form, sondern etwas im Werden Begriffenes und durchaus Beeinflußbares, das freilich umso starrer bleiben wird, je höhere Grade von frühkindlicher Entmutigung vorliegen. So sind die Erfahrungen, die der Jugendliche in der Reifezeit macht, wesentlich mitbedingt durch den vorangegangenen Abschnitt der Erziehung. Und in genau gleicher Weise sind die Erfahrungen, die er später in der Ehe machen wird, schon wesentlich vorbereitet durch die Verhaltungsweisen, die sich in der Reifezeit allmählich herausbilden.

In der Pubertät gibt der heranwachsende Mensch von der Basis seiner bisherigen Charaktergestaltung aus seine Antwort auf die neu auftauchenden Fragen der erotischen Gefühlserlebnisse. Diese seine Stellungnahme und die Antwort der Umwelt auf diese Stellungnahme, und seine Rückantwort auf die Antwort der Umwelt bringt in unablässigem Wechselspiel die Umgestaltungen des Charakters zuwege, die wir unter dem Ausdruck „Geschlechtsreife" zusammenzufassen pflegen. Von der Basis dieser neu erworbenen Charakterhaltung aus muß nun der Jugendliche Stellung nehmen zu der nächsten großen Frage, die das Leben an ihn richtet. Diese Frage lautet: Welchen Partner wählst Du? Und die Antwort besteht nicht in theoretischen Erwägungen, nicht in Gedanken über die Liebe, auch nicht in platonischen Entschlüssen und Schwüren, sondern in der konkreten Liebeswahl selbst.

Der vorhin geschilderte Knabe hatte mit 16 Jahren noch keinerlei Annäherung an das andere Geschlecht gewagt. Sein Verhalten erweckte vielmehr den Anschein, als ob er sich zeitlebens mit Phantasien und Masturbation begnügen wollte. Indessen lernte er kurz nach seinem 17. Geburtstag eine Frau kennen, die etwa 30 Jahre alt war, in unglücklicher Ehe lebte, und sich seiner aufs Liebevollste annahm. Er benahm sich seiner Dressur entsprechend durchaus zurückhaltend, versuchte auch mehrfach, ihr aus dem Wege zu gehen. Bald jedoch fand er eine Einstellung, die ihm das Zusammensein mit ihr ermöglichte: Er verhielt sich ihr gegenüber genau so, als ob sie seine Mutter wäre. Er spielte ihr gegenüber das Musterkind und verheimlichte ihr seine erotischen Tagträume. In der Phantasie aber war er ihr gegenüber weit kühner, als er es der Mutter oder sonst einer Frau gegenüber jemals gewagt hätte. Er machte sie zum Gegenstand seiner traumhaften Orgien. So wurde sie für ihn mehr und mehr zur Bestimmungsperson. Sein Leben wurde durch die Rücksicht auf sie allmählich genau so weitgehend bedingt wie früher durch die Rücksicht auf die Mutter.

Mehrere Monate hindurch schien es, als habe sich dadurch nicht das Geringste geändert. Dann aber zeigte sich, daß eine mütterliche Freundin eben doch nicht das Gleiche ist wie eine Mutter. Eines Tages küßte sie ihn und stürzte ihn dadurch in einen Ozean von Verwirrung. Er stand plötzlich vor der Notwendigkeit, eine neue Verhaltungsweise anzunehmen, zu der ihm jede Vorbereitung fehlte. Alles, was er in seinen Tagträumen nur in grotesker und krasser Verzerrung gestalten konnte, mußte er nun. ob er wollte oder nicht, im vollen Lichte der Wirklichkeit kennen lernen. Selbstverständlich wäre er vor dieser Zumutung geflohen, wenn seine Partnerin es zugelassen hätte. Aber sie erlaubte ihm den Rückzug nicht, und kam ihm soweit entgegen, daß ihm die Lösung seiner Aufgabe schließlich, wenigstens scheinbar, gelingen mußte.

Die Folge dieses scheinbaren Ereignisses war ein scheinbares Steigen seines Mutes. Aus dem schüchternen, gefügigen und immer traurigen Knaben wurde ein energischer, entschlossener und selbstbewußter junger Mann. Aber dem tatsächlichen Übergang von der passiven zur aktiven Attitüde entsprach kein wirkliches Wachstum seines Mutes. In Wahrheit blieb er genau der gleiche Lebensflüchtling, der er vorher war. Anstelle des mühseligen, jahrelangen Sichvorwärtstastens, das für einen so entmutigten Menschen den einzigen natürlichen Weg zum anderen Geschlechte dargestellt hätte, war für ihn durch einen Glücksfall, oder vielmehr durch einen Unglücksfall, ein unverdientes Geschenk getreten, dessen Preis er sich nachträglich in langen qualvollen Jahren erst verdienen mußte.

Wer die Erotik als charakterologisch bedingte Verhaltungsweise zu sehen gewohnt ist, der wird mit eindeutiger Sicherheit errechnen können, wie das weitere Schicksal dieses jungen Menschen verlaufen mußte.

Vor diesem Liebeserlebnis besaß er nicht den Mut, sich einer Frau zu nähern. Nachher hatte er weder den Mut, sich einer Frau zu nähern, noch auch, sich von einer Frau zu entfernen. Da er die erotische Befriedigung, das Geliebtwerden, Bejahtwerden, als denkbar höchste Steigerung des Lebensgefühls kennen gelernt hatte und doch auf Grund seiner in der Kindheit erworbenen Charakterbestimmungen ein Mensch war, der nicht warten konnte, so blieb ihm nichts anderes übrig, als mit allen nur irgend denkbaren Mitteln eine dauernde Vereinigung mit der geliebten Frau anzustreben. Das Ergebnis eines zu frühen und d. h. eines unverdienten Liebesglückes kann mit Naturnotwendigkeit nur eines sein: die sexuelle Hörigkeit.

Die Partnerin aber, die die Mutigere von beiden war, ging ihren eigenen Schicksalen nach. Und er, der nicht warten konnte, sah sich gezwungen, unter außerordentlich starken inneren Opfern gerade das zu erlernen, was von vornherein seiner Charakterhaltung das Allerfremdeste war: das Verzichten.

Die vielen Jahre dieser bitteren Lehrzeit hindurch blieb er in der Abhängigkeit von seiner treulosen Partnerin. Erst allmählich gelang es ihm, sich von der Rücksicht auf sie und von dem Kampf um ihren Besitz frei zu machen. Und in gleichem Maße hörte er auf, ein subalterner Mensch zu sein.

Bei diesem jungen Manne bestand der Fehler nicht so sehr in der allgemeinen Passivität, also nicht darin, daß er sich wählen ließ, sondern vielmehr darin, daß er dies Gewähltwerden ruhig hinnahm. Wäre er ein klein wenig mutiger gewesen, hätte er die Flucht ergriffen, um nicht gewählt zu werden, ehe er dazu reif war. Als Gegenstück zu diesem Fall sei noch ein Mädchen geschildert, das ebenfalls nicht warten konnte, und das seinerseits zu wählen pflegte, ehe die Situation zum Wählen reif war.

Sie stammte aus guter Familie, war durch eine strenge Erziehung frühzeitig entmutigt, aber als einziges Kind trotzdem stark verwöhnt. Ihr Gesichtskreis war nicht groß. Sie vermochte jeweils nur den kleinen Ausschnitt der Wirklichkeit zu übersehen, der gerade vor ihr lag. Und da sie nicht warten konnte, hatte sie sich gewöhnt, mit einer raschen und selbstsicheren Geste zuzugreifen, sodaß man sie auf den ersten Blick für einen mutigen und aktiven Menschen halten konnte.

Ihr typisches Schicksal bestand darin, daß sie sich immer wieder an einen Partner anschloß, oder wenigstens anzuschließen suchte, der, wie sie jedesmal mit Schrecken wahrnahm, bereits anderweitig festgelegt war. Sie zog daraus den Schluß, daß die Männer es darauf abgesehen hätten, sie böswillig zu täuschen. Sie wurde auch wohl im Laufe der Zeit etwas vorsichtiger; aber die einzige Besserung, die sie dadurch erreichte, war, daß es schließlich nicht mehr bis zu wirklichen Liebesszenen kam, sondern daß sie schon vorher feststellte, der Mann ihrer Wahl sei bereits anderweitig verliebt oder gar verlobt. Einen Mann, der frei gewesen und für sie als Partner ernstlich in Betracht gekommen wäre, konnte sie auch dann noch nicht finden.

Die Erklärung für diese seltsame Kette von Mißgeschick ist nicht schwer zu geben, wenn man nach der typischen Form der hier vorliegenden Mutlosigkeit fahndet. Sie läßt sich am besten beschreiben als ein Mangel an Mut des Gefühls. Das junge Mädchen war nicht fähig, ein starkes Gefühlserlebnis zu ertragen; und die Art, wie sie sich davor zu schützen pflegte, verriet gleichzeitig den Grund dieser Ängstlichkeit. Sobald ihr eine stärkere Gefühlsregung zum Bewußtsein kam, sagte sie ärgerlich: „Das sind sentimentale Affereien!" — Gefühle haben war für sie gleichbedeutend mit Lächerlichsein, Schwachsein oder Unterlegene sein.

Da sie aufgeklärt und modern sein wollte, wie es übrigens auch ihre Eltern zu sein vermeinten, hatte sie nichts gegen sexuelle Abenteuer einzuwenden. Sie hielt sie für natürlich und nahezu unvermeidlich, aber sie blieb auch hier ihrem Standpunkt treu. Die Gefühlsstürme, die andere im Zusammenhang mit diesen Vorgängen erleben, erschienen ihr genau wie alle anderen Gefühle als „Affereien".

Die Entstehung dieser Einstellung ergab sich ohne Schwierigkeit, wenn man sich nach der Bestimmungsperson des jungen Mädchens umsah. Zunächst hatte diese Rolle ihr Vater gespielt, und allmählich war an seine Stelle ein größerer Kreis Menschen getreten, den sie als „die Gesellschaft" bezeichnete. „Was wird die Gesellschaft sagen .... wird man in der Gesellschaft nicht über mich lachen ....", das waren die Bedenken, durch die sie sich in ihrer inneren und äußeren Haltung bestimmen ließ. Der Vater aber und ebenso die von ihr als „Gesellschaft" angesehenen Menschen, waren frivole, kalte und rücksichtslose Genießer.

In der Reifezeit hatte sie bereits völlig unter der Herrschaft dieser Vorurteile gestanden; aber nicht etwa so, daß sich daraus bewußte Regeln für ihre Lebensführung ergeben hätten, sondern in unbewußter und zwangsläufiger Weise erfolgte die jeweilige Stellungnahme zu den eigenen Erlebnissen, und dadurch wurde der Verlauf dieser Erlebnisse selbst von vornherein in die angegebene Richtung dirigiert. Auch hier läßt sich die so entstehende Charakterhaltung am besten als eine Dressur, und wenn man will, sogar als eine Selbstdressur auffassen.

Die Erlebnisse der Pubertät, vor allem das erste Auftreten der Menstruation, hätten zu einer Klärung und Vertiefung ihres Innenlebens führen können. Das aber hätte dem Grundsatz widersprochen, daß alle Gefühle lächerlich sind. Und es war niemand da, der ihr den Mut verschafft hätte, diesen trostlosen Grundsatz zu durchbrechen. Darum kam auch hier nur eine Verstärkung ihrer oberflächlichen oder gar frivolen Einstellung zu den geschlechtlichen Vorgängen zustande. Die Dressur befestigte sich immer mehr.

Die Auswirkung dieser Haltung im praktischen Leben ergab das vorhin geschilderte Bild. Da das junge Mädchen die ernstlichen Gefühlserlebnisse für lächerlich hielt, mußte sie die oberflächlichen Beziehungen für die einzig wirklichen und ernsten halten. Darum erschien ihr jede flüchtige Begegnung mit einem jungen Manne als die Anbahnung eines Liebesverhältnisses, und da sie nicht warten konnte, deutete sie irgend ein beliebiges Scherzwort als verkappte Liebeserklärung oder gar als Eheversprechen. Es versteht sich von selbst, daß durch ein solches Verhalten automatisch eine Auswahl unter ihren Herrenbekanntschaften bewirkt wurde. Wer ernstlich eine Lebensgefährtin suchte, wer bereit war, sich und sein Erleben ehrlich einzusetzen, ging ihr aus dem Wege. Nur wer auf flüchtige Abenteuer Wert legte, konnte sich für sie interessieren. Und so kam es, daß sie immer wieder an Partner geriet, die entweder schon anderweitig gebunden waren, oder die garnicht daran dachten, sich ernstlich zu binden. In beiden Fällen entdeckte sie alsbald eine Nebenbuhlerin und räumte ihr hohnlächelnd das Feld.

Je mehr schlechte Erfahrungen sie auf diese Weise machte, um so mißtrauischer wurde sie. Umso weniger war sie aber auch geneigt, einen echten Einsatz des Gefühls zu wagen, umso weniger war sie also imstande, ernste Menschen an sich zu fesseln, und umso sicherer mußte sich ihr typisches Schicksal wiederholen. Sie kam über oberflächliche Liebeserlebnisse und Enttäuschungen nicht hinaus, und blieb subaltern, nämlich abhängig von ihrer Bestimmungsperson, der „Gesellschaft".

Man erkennt auch hier deutlich, wie die *Gestaltung des Liebeslebens abhängt von der Gestaltung des Charakters*, und wie die *Gestaltung des Charakters abhängt vom Grade der frühkindlichen Entmutigung*.

Die Plattform, von der aus der Mensch das Problem der Geschlechtsbeziehungen endgültig lösen muß, pflegt in Europa etwa gegen Anfang oder Mitte der zwanziger Jahre konsolidiert zu sein. Genetisch betrachtet stellt sie ein vielfach zusammengesetztes Ergebnis langwieriger Entwicklungen dar. Psychologisch läßt sie sich, wie jedes andere Zustandsbild, durch die oben erwähnten Bestimmungen mit genügender Schärfe charakterisieren. Der Kenner wird dann mit Hilfe dieser Bestimmungen über den mutmaßlichen *Verlauf der Ehe* eine *Prognose* stellen können, der ein ziemlich hoher Grad von Wahrscheinlichkeit innewohnt. Aber auch hier ist es *nicht* die Gestaltung der *Sexualität*, die den Verlauf der Ehe bedingt, sondern die Gestaltung des *Charakters*, von dem die zukünftigen Verhaltungsweisen und das Schicksal und darin auch die *erotischen und ehelichen Schicksale* abhängig sind.

Geht man auch hier wieder von den allgemeineren zu den spezielleren Bestimmungen vor, so läßt sich zunächst feststellen: *Je mehr Mut sich ein Mensch von Geburt an bewahrt hat, um so mehr wird er zu allen Aufgaben des Lebens und somit auch zur Ehe geeignet sein.* Denn Mut ist gleichbedeutend mit Anpassungsfähigkeit und Produktivität. Jede Entmutigung bringt unweigerlich das Auftreten von Sicherungen, Forderungen oder Fluchtbereitschaften mit sich, und je größer die Mutlosigkeit ist, um so starrer hält der Mensch an seinen einmal erworbenen Sicherungen fest; um so zwangsläufiger steht er im Banne seiner Dressur. *Je geringer der Mut ist, umso weniger ist man imstande, lange Willensspannungen zu ertragen.* Man verzichtet entweder von Anfang an auf das Gewollte oder gar auf das Wollen überhaupt; dann trainiert man auf Entsagung oder Vermeidung und erntet dafür entweder die falsche Märtyrerkrone eines falschen *Asketentums* oder das leicht erkaufte überlegene Lächeln des *Frigiden*. Oder aber man empfindet jede Willensspannung als unerträglich stark und sieht in dieser Empfindung eine Entschuldigung für voreilige Taten. Dann sucht man seine zwischenmenschlichen Beziehungen im Sinne irgend einer erotischen Befriedigung auszuwerten, ehe sie reif dazu sind. Das Resultat eines solchen Trainings ist der *Don Juan*. — Es braucht nicht erst gesagt zu werden, daß beide Charakterhaltungen für die Ehe eine *schlechte Prognose* bedeuten.

Genau das Gleiche gilt mutatis mutandis auch für die zu große oder zu geringe *Weite des Gesichtskreises*. Freilich sind hier die Maße durchaus relativ gemeint. Von einem zu weiten Gesichtskreis kann nur die Rede sein, wenn der Mut nicht ausreicht, die Größe des Risikos, das dank jener Weite erkannt wird, ruhig zu ertragen; wenn also vor lauter Bedenken, vor lauter Wenn und Aber keine konkrete Aktion mehr zustande kommt. Und von einem zu kleinen Gesichtskreis kann man nur sprechen, wenn die Aktivität eines Menschen größer ist, als seiner Einsicht entsprechen würde; wenn er also immer wieder Dinge tut, deren Folgen ihn nachher unangenehm überraschen, — und wenn er zu starr ist, um durch Schaden klug zu werden. Selbstverständlich unterliegt, wie schon mehrfach betont wurde, dieser Dressur auch das erotische Verhalten eines Menschen. Der zu weite Gesichtskreis äußert sich etwa als *Angst vor Nachwuchs* oder als *Syphilidophobie*; der zu enge als *suxuelle Disziplinlosigkeit*. Beides erschwert das Gelingen der Ehe, und beides würde verschwinden, wenn es gelänge, dem betreffenden Menschen *aus seiner Mutlosigkeit herauszuhelfen*.

Je geringer der Mut ist, um so starrer ist nicht nur das Schema des Temperamentes, sondern umso unerbittlicher wirkt auch die zwangsläufige Rücksichtnahme auf das Urteil der anderen, um so krasser tritt die *Abhängigkeit von der Bestimmungsperson* in Erscheinung. Es ist hierbei ziemlich gleichgültig, ob die Rolle der Bestimmungsperson auf den Ehepartner übertragen wird oder nicht. Die freie, sachliche und selbständige Reaktion wird auf jeden Fall dadurch gestört, und zwar umso mehr, je rigoroser man an den Vorurteilen festhält, die das Verhalten gegenüber der Bestimmungsperson so unheilvoll gestalten. Man denke sich z. B. eine Ehe, in der jeder der beiden Partner für den anderen zur Bestimmungsperson geworden ist. (Das dürfte in der Mehrzahl der Fälle zutreffen). Jeder handelt dann immer so, daß seine Handlungsweise einen bestimmten Eindruck auf seinen Partner machen soll. Der Mann beschimpft etwa seine Angestellten, nicht, weil sie Fehler machen, sondern weil er seiner Frau dadurch imponieren will; und die Frau geht des Abends auf Besuch, nicht um sich zu unterhalten, sondern um ihrem Manne ihre Selbständigkeit zu beweisen. Beide verfolgen das gleiche Ziel, nämlich den Ehepartner niederzuringen; und die Einstellung zur Bestimmungsperson dürfte für beide etwa durch den Satz gekennzeichnet werden: „Wer nicht Hammer sein kann, muß Amboß sein". Trotz dieser scheinbar feindlichen Haltung ist jeder von seinem Partner abhängig; er braucht ihn gewissermaßen, um ihn unterdrücken zu können, da er selbst nicht leben kann, wenn er niemanden hat, über den er sich zu erheben vermag. In diesem Angewiesensein auf einen Scheinkrieg und auf einen Scheintriumph drückt sich die Abhängigkeit von der Bestimmungsperson aus, und damit gleichzeitig die Unsachlichkeit und Unselbständigkeit, die allen entmutigten Charakteren den Stempel der Subalternität aufprägt.

Die Prognose solcher Kampfehen ist nicht ganz so ungünstig, wie man zunächst meinen sollte. Sie verlangen zwar einen außerordentlich hohen Aufwand an Nervenkraft, aber sie enthalten einen heilenden Faktor, von dem in den nächsten Abschnitten noch die Rede sein wird. Hier kommt es nur darauf an, fühlbar zu machen, eine wie ausschlaggebende Rolle für den Verlauf jeder Ehe es spielt, ob und in welcher Weise und vor allem wie starr die Beteiligten „auf die Bestimmungsperson dressiert sind".

Fragt man sich nun zum Schluß, welchen Einfluß auf den Verlauf der Ehe die tatsächlichen sexuellen Erlebnisse und Erfahrungen ausüben, so ist die Antwort nicht mehr schwer zu geben. Das sexuelle Verhalten ist ein Teil des menschlichen Charakters und bildet auch da, wo es scheinbar im Widerspruch mit der sonstigen Persönlichkeit steht, eine geschlossene Einheit mit ihr. Wer diese Einheit versteht, sieht sofort ein, welchen Sinn in dem unbewußten Lebensplan des betreffenden Menschen der scheinbare Konflikt zwischen „Trieb und Gewissen" oder zwischen „der höheren und der niederen Natur" haben soll. Und er erkennt auch, warum dieser Mensch seinen Konflikt braucht, und warum er sich sträuben muß, die Fiktivität des Konfliktes anzuerkennen. Wer auf Grund seiner frühkindlichen Dressur danach strebt, den Geschlechtspartner mit allen nur denkbaren Mitteln zu unterwerfen, der wird von vornherein entweder auf die starke Entfaltung oder auf die völlige Unterdrückung seiner Sexualfunktionen trainieren. Er wird die Sexualität zu einem positiven oder negativen „Fetisch" stempeln, je nachdem, wie es zu seinem sonstigen Lebensplane paßt, und er wird im Notfall seine zu reichliche oder zu geringe Sexualbetätigung damit entschuldigen, daß nicht er, sondern sein Geschlechtstrieb dafür verantwortlich ist. Der theoretische Sexualfetischismus ist also genau so wie die praktische Betätigung oder Nichtbetätigung der Sexualfunktion ein Teil des unbewußten Lebensplanes. Wenn dieser Lebensplan sich ändert, ändert sich die Einstellung zum Fetisch und in Übereinstimmung damit auch das wirkliche sexuelle Erleben. Die Änderung des Lebensplanes ist aber gleichbedeutend mit einer Änderung des Mutes. So lange sich der Mut nicht ändert, ändert sich nichts Wesentliches in der sexuellen Verhaltungsweise, selbst wenn das Gelingen oder Mißlingen der Ehe oder gar des Lebens davon abhängt. Freilich kommt es in seltenen Fällen vor, daß ein angeblich starker Sexualtrieb angeblich schwach wird oder umgekehrt, ohne gleichzeitige Änderung des Mutes. Die Individualanalyse zeigt dann aber stets, daß nur eine Änderung in der Taktik, nur ein Formenwandel der Mutlosigkeit vorlag, und daß nach wie vor die Distanz und die Abhängigkeit von der Bestimmungsperson durchaus die gleiche geblieben ist, wenn sie auch nachher mit anderen Mitteln durchgeführt wird als vorher.

Das große Problem aber, auf das alle diese Erwägungen hinauslaufen, lautet: Wann und wie läßt sich die frühkindliche Entmutigung eines Menschen rückgängig machen? Gibt es eine Heilung der Mutlosigkeit oder nicht? — Damit aber kommen wir zu einem neuen und großen Komplex von Fragen, der eine eigene Untersuchung nötig macht. Die Richtung jedoch, in welcher wir die Lösung dieses Problems zu finden hoffen, wird angedeutet durch die Bezeichnung, die für diesen Fragenkomplex in der individualpsychologischen Literatur üblich geworden ist; sie heißt: Die Ehe als Aufgabe.

Das Verhalten in der Ehe ist die Antwort des verheirateten Menschen auf die neue Situation, nämlich auf das Gebundensein an den Partner. Der Ausfall dieser Antwort hängt davon ab, wie weit die neue Situation den Erwartungen entspricht, mit denen man sie angetreten hat. Will man also das Verhalten eines Menschen in der Ehe, das ja oft von seinem sonstigen Verhalten in überraschender Weise abweicht, psychologisch verstehen, so muß man untersuchen,

mit welchen bewußten und unbewußten Erwartungen, Hoffnungen, Ansprüchen und Forderungen er in die Ehe hineingegangen ist.

Unter diesen Erwartungen sind viele angeblich unumstößliche Wahrheiten, die sich auf das Wesen der Ehe selbst beziehen, andere beziehen sich auf die Persönlichkeit des Partners, andere wieder auf die charakterologischen Unterschiede zwischen Mann und Frau, und manche schließlich auch auf die eigene Persönlichkeit dessen, der alle diese Wahrheiten mit sich herumträgt. Meist weiß er zunächst selber nicht, wie genau seine Erwartungen und seine Ansichten bis ins Kleinste festgelegt sind. Das tritt ihm erst ins Bewußtsein, wenn die rauhe Wirklichkeit ihn zwingt, diese Ansichten entweder zu ändern, oder aber ihre Anerkennung mit Gewalt durchzusetzen. Dann zeigt sich auch, daß für die Gestaltung der Ehe nicht so sehr der Inhalt der einzelnen Erwartungsvorstellungen ins Gewicht fällt, als vielmehr die Starrheit, mit der der Inhalt festgehalten und im Notfall zwangsweise verwirklicht wird.

Untersucht man, woher die Erwartungen im einzelnen stammen, so findet man, daß viele aus der kulturellen Atmosphäre übernommen worden sind. Freilich werden durchaus nicht sämtliche Urteile oder Vorurteile des betreffenden Milieus übernommen, sondern nur die, welche sich dem sonstigen Lebensplan des Individuums als brauchbare Mittel einfügen. Die Auswahl erfolgt also unbewußt und, wenn man so sagen will, kritiklos, aber doch durchaus sinnvoll. Ob z. B. ein junger Mann daran festhält, daß seine Frau unberührt in die Ehe kommen müsse, oder ob er behauptet, nur eine Frau, die schon erotische Erfahrungen gemacht hat, heiraten zu können, das hängt davon ab, wie die betreffende These sich als Sicherung neben den übrigen Sicherungen seines Lebensplanes einfügt. Ihrem Inhalt nach wird er beide Behauptungen in dem kulturellen Milieu, das ihn umgibt, gleichsam zur Auswahl vorfinden.

Eine weitere Quelle solcher Thesen sind die eigenen vorangegangenen Erfahrungen. Ein Mädchen, das in seinem Elternhause unter einem tyrannischen Vater gelitten hat, wird entweder geneigt sein, den Satz „Er soll Dein Herr sein" buchstäblich anzuerkennen, oder sie wird, wenn ihr etwas mehr Mut erhalten geblieben ist, Garantien suchen, um ihre Freiheit zu wahren; sie wird also immer so handeln, als ob sie von allen Männern voraussetzte, daß sie Sklavenhalter seien. Als bewußte Persönlichkeit wird sie diese törichte Verallgemeinerung natürlich weit von sich weisen, aber in ihrem tatsächlichen Verhalten wird sie sich gleichwohl durch sie bestimmen lassen. D. h. sie wird sich der Dressur ihrer Kinderjahre nicht entziehen können.

Wieder andere Erwartungen ergeben sich aus dem „Sexualfetischismus", in den man durch seine Erziehung hineingeführt worden ist. Es wurde schon gesagt, daß der Sexualfetischismus genau in der Form entwickelt wird, wie der Lebensplan es verlangt. Bei dem einen nimmt er beispielsweise die Form an: Die Betätigung des Sexualtriebes ist naturnotwendig; wer sie unterdrückt, wird krank. Und bei dem anderen heißt es: Der Sexualtrieb ist etwas Tierisches; wer ihn betätigt, wird dadurch in seinen geistigen Fähigkeiten geschädigt, er wird krank. Auch Ansichten über die angeblich stärkere erotische Bedürftigkeit des Mannes oder der Frau und damit die Rechtfertigung polygamer Neigungen gehören in diesen Zusammenhang.

Die für die Ehe wichtigsten Erwartungen erwachsen aus der Einstellung zur Bestimmungsperson. Wird der Ehepartner nicht selbst mit dieser Rolle betraut, so bildet das Verhalten gegen ihn nur ein Mittel, um auf die tatsächliche Bestimmungsperson eine möglichst nachhaltige Wirkung auszuüben. Ein Mann, dessen Bestimmungsperson die Mutter ist, benimmt sich gegen seine Frau stets so, wie es der Mutter gefällt, oder im Falle der Opposition, wie es ihr nicht gefällt. Eine Frau, die von der Rücksicht auf ihren Vater beherrscht wird, „liebt" ihren Mann genau so weit, wie es die Rücksicht auf den Vater erfordert. Eine Zeitlang kann der Partner sich bei dieser Verhaltungsweise ganz wohl fühlen. Eines Tages aber wird er bemerken, daß es im Grunde keine direkten, sondern nur immer indirekte Beziehungen zwischen ihm und seinem Partner gibt, und er wird mit außerordentlich starken Affekten gegen die fragliche Bestimmungsperson reagieren, die ihm das Wesentlichste an seiner Ehe verkümmert.

Wird dagegen, wie es wohl häufiger der Fall ist, der Ehepartner selbst zur Bestimmungsperson, so wird er eingesponnen in das umfangreiche, aber unbewußte System von Sicherungen, das sich im Laufe der Jugendzeit entwickelt hat. Oft sind die Sicherungen so gut ausgebildet, daß sie lange Zeit hindurch ihren Zweck erfüllen. Da ist z. B. ein Mann, der seine Frau auf Händen trägt, ihr jeden Wunsch erfüllt, aber ihr keinerlei Anteilnahme an den wichtigen Entscheidungen des gemeinsamen Lebens gestattet. Sein bewußter Grundsatz heißt: „Ich liebe meine Frau und stelle mein ganzes Leben in ihren Dienst." Der unbewußte Grundsatz aber, der sein tatsächliches Verhalten dirigiert, lautet: „Man darf die Zügel nie aus der Hand geben, nur so lange man die Macht hat, wird man bewundert und verehrt, wie ich bewundert und verehrt werden möchte." Sein Leben wird eindeutig durch seine Bestimmungsperson gelenkt, aber so, daß als höchster Wert dieses Lebens erscheint, der Bestimmungsperson Bewunderung und Verehrung abzuzwingen.

Eines Tages aber muß das Leben mit unerbittlicher Deutlichkeit zeigen, daß nicht Liebe und nicht Rücksichtnahme auf die tatsächlichen Bedürfnisse der Partnerin die Handlungsweise des Mannes bestimmen, sondern daß er nach zwangsläufigen Regeln verfährt, die er in früher Kindheit gelernt hat; und daß er garnicht imstande ist, Rücksicht darauf zu nehmen, ob diese Regeln seiner Partnerin angemessen sind oder nicht. Falls aber die Frau bei diesem Verfahren nicht gedeiht, oder falls sie sich gar dagegen zur Wehr setzt, stellt sich das dem Manne so dar, als ob sie seine berechtigten Erwartungen getäuscht habe. Die Erwartung also, mit der man seiner Bestimmungsperson gegenübertritt, ist die, daß sie die Sicherungen des Lebensplanes nicht durchkreuze, sondern sich in diesen Lebensplan einfüge. Solange sie das tut, ist alles in Ordnung, und man glaubt, in einer glücklichen Ehe zu leben.

Man wird einwenden, daß bei dieser Betrachtungsweise nur Fehler und Unzulänglichkeiten zur Beobachtung kommen, und daß von den positiven Qualitäten der Liebe und der Ehe gar keine Notiz genommen werde. Darauf ist zu erwidern, daß das Positive ja die unerläßliche Voraussetzung für jedes lebendige Geschehen bildet, aber seinem Wesen nach wissenschaftlicher Erörterung unzugänglich bleiben muß. Aus diesen zwei Gründen brauchen wir es hier auch nicht ausdrücklich zu erwähnen.

Erwartungen, wie sie in diesem Abschnitt besprochen wurden, sind immer negativ, wenn sie in ihrer äußeren Form auch noch so positiv aufzutreten scheinen. Wer von der Ehe etwas Bestimmtes erwartet oder gar ein Recht auf inhaltlich festgelegte Ansprüche zu haben vermeint, muß notwendigerweise enttäuscht sein, wenn das Leben ihm statt dessen etwas ganz anderes liefert. Er macht Vorschriften und stellt Bedingungen, die ihm die Wirklichkeit nicht erfüllen wird. Seine Erwartungen sind Einschränkungen, also negativ.

Die Discrepanz zwischen dem, was man in der Ehe erwartet, und dem, was die Ehe zu bieten vermag, muß früher oder später zutage treten. Und zwar wird diese Entdeckung für den Verlauf der Ehe umso gefährlicher sein, je starrer die beiden Partner an ihren vermeintlich berechtigten Ansprüchen festhalten, und d. h. je mutloser im Sinne der Individualpsychologie sie sind.

Wichtig ist, daß für den mutlosen Menschen eine der schmerzlichsten Enttäuschungen in der Einsicht besteht, daß der Partner mutiger ist als man selber. Diese Entdeckung kommt meistens dadurch zustande, daß der Partner Interessen entfaltet, zu denen man selber den Mut nicht mehr aufbringt. Es fragt sich dann, ob man durch diese Feststellung sich noch weiter niederdrücken läßt, oder ob man aufbegehrt und durch (meist unbewußte) Gegenmaßnahmen seinen Partner so weit entmutigt, daß wieder eine Kongruenz der Mutlosigkeit und damit eine Art von Ruhestadium hergestellt wird. In schematischer Darstellung ergeben sich etwa folgende Möglichkeiten:

Die Partner A und B haben die gemeinsamen Interessengebiete a, b und c (beispielsweise Pädagogik, Musik und bildende Kunst). Auf Grund dieser Gemeinsamkeit ist die Ehe zustande gekommen. Allmählich entfaltet sich bei dem Partner A noch das Interessengebiet d (beispielsweise Politik). Es fragt sich nun, wie B sich zu dieser Entwicklung stellen wird.

Ist er mutig, so ist er auch anpassungsfähig, er wird dann die neue Erweiterung des gemeinsamen Gesichtskreises freudig begrüßen, wird, so gut er kann, an den Arbeiten seines Partners teilnehmen oder, wenn dies nicht möglich ist, froh sein, wenigstens indirekt an dem Wachstumsprozeß Anteil zu haben. Ist er dagegen mutlos, so vermag er sich an die neue Situation nicht anzupassen. Sie wird ihm außerordentlich unbequem sein, und er wird vielleicht sogar meinen, wenn er das vorausgesehen hätte, wäre er auf die Ehe garnicht eingegangen. Er wird die Tätigkeit d also als einen Verrat an der Gemeinschaft empfinden, und vielleicht sogar als eine persönliche Beleidigung. Man darf sich daher nicht wundern, wenn er mit entsprechenden Gegenmaßregeln antwortet.

Wie er das tut, hängt von seinem sonstigen Lebensplan ab, jedenfalls aber wird seine Verhaltungsweise darauf hinauslaufen, bewußt oder unbewußt seinem Partner das neue Tätigkeitsfeld zu verleiden. Ist er auf aktive Attitüden eingestellt, wird er etwa versuchen, das neue d lächerlich zu machen oder gar es kurzerhand zu verbieten. Zieht er passive Attitüden vor, so wird er sich als stummer Märtyrer seinem Partner in den Weg stellen und so lange und so aufdringlich leiden, bis er ihm seine Entwicklung verleidet hat. — In beiden Fällen ist der letzte und immer uneingestandene Sinn dieses Gegenzuges, den als unbequem empfundenen Mut des Partners so weit zu dämpfen, daß er sich wieder in die Schranken des Lebensplanes einfügt, die man als Liebesforderungen mit in die Ehe gebracht hat.

Freilich ist die menschliche Natur so vieler Schleichwege fähig, daß B manchesmal Recht hat, wenn er in der Tätigkeit d nur einen unfreundlichen Akt seines Partner A vermutet. Manch einer entfaltet ein neues Interessengebiet, auf das ihm sein Partner nicht folgen kann, um auf diese Weise einen neuen Trumpf in die Hand zu bekommen. Dann aber sind stets schon andere Enttäuschungen vorhergegangen. Ein solcher Schachzug gehört also einem späteren Stadium der Eheentwicklung an.

Hin und wieder bildet sich eine noch kompliziertere Situation heraus, wenn nämlich A das neue Gebiet tatsächlich als ein Mittel benutzen möchte, um seinem Partner überlegen zu sein, und wenn B seinerseits mit dem Gegenzug antwortet, daß er den A in voller Toleranz gewähren läßt. Dann bleibt dem A nur noch eine Möglichkeit, wenn er überhaupt Gewinn für sich aus seiner neuen Errungenschaft ziehen will. Er muß dann darunter leiden, daß sein Partner ihn auf dem Gebiete d allein läßt. Damit stellt er seinerseits die Forderung auf, daß sein Partner sich genau parallel mit ihm zu entwickeln habe, und er gibt durch sein Leiden zu verstehen, daß das Nichtmitmachen einer bestimmten Entwicklungsphase ebenfalls einen Verrat an der Gemeinschaft bedeutet. Aber selbstverständlich gehört auch diese Situation einem späteren Stadium des Kampfes an.

Das Gebiet, auf welchem der Anspruch auf parallele Entwicklung am rigorosesten und scheinbar auch mit dem besten Rechte erhoben wird, ist die E r o t i k. Jeder verlangt von seinem Partner das gleiche Steigen und Fallen der erotischen Spannungskurve, das er selber erlebt. Als „glücklich" erscheint das Liebesleben erst, wenn die Parallelität dieser Kurven nicht nur im allgemeinen hergestellt ist, so daß der Begattungsakt von beiden Partnern in gleichen Abständen gewünscht wird, sondern wenn sie auch im einzelnen besteht, wenn also im Begattungsakte selbst die Orgasmen beider Partner zeitlich zusammenfallen. —

Wer erotologischer Realist ist, muß dies Verlangen für ebenso berechtigt wie unerfüllbar halten. Wie sollen zwei eigengesetzliche Kräfte oder Wesenheiten zum parallelen Ablauf ihrer aus ganz verschiedenen Entwicklungen kommenden Kurven gelangen? Dem Nominalisten aber erscheint diese ganze Problemstellung falsch, da sie von einer falschen Auffassung der Sexualität ausgeht. Wir behaupten, daß jeder Mensch in jedem Augenblick so viel erotische Spannung zur Verfügung hat, wie er im Dienste seines unbewußten Lebensplanes gerade braucht. Wenn also A eine Spannungskurve erlebt, die rascher und häufiger ansteigt, als es bei seinem Partner B der Fall ist, so muß in dieser (vielleicht unausgesprochenen) Forderung eine Kampfansage liegen. Und wenn B weniger erotische Spannungen verspürt als A, so liegt auch in diesem Weniger schon eine Waffe, die dem Lebensplan dient.

Erotik nämlich ist, nominalistisch gesehen, weder bei dem einen noch bei dem anderen als ein selbständiges Etwas vorhanden. Was dort als erotische Spannung gefühlt wird, ist ein Züchtungsprodukt des vielleicht jahrelangen Trainings im Dienste des „Sexualfetischismus". Die Erotik selbst b e f i n d e t sich nirgends, sondern sie g e s c h i e h t. Sie ist keine Substanz, sondern ein Ereignis, und zwar ein Ereignis, zu dem nur e i n e e i n z i g e V o r b e d i n g u n g gehört, das also immer und überall eintritt. wo diese Vorbedingung erfüllt wird. Die Vorbedingung aber besteht darin, d a ß e i n M a n n u n d e i n e F r a u s i c h l i e b e n. Ob ihre Liebe sich in Worten oder Blicken oder zärtlichen Berührungen oder im Rausche der Begattung äußert, ist eine weitere Frage, die von weiteren Bedingungen abhängig ist, und die mit dem Auftreten oder Nichtauftreten der erotischen Spannung schon nichts mehr zu tun hat.

Was mit dem Ausdruck Liebe hier bezeichnet werden soll, entzieht sich, wie alles Positive, Lebendige und Mutige, der wissenschaftlichen Definition. Nur negativ, per exclusionem läßt sich darüber sagen, daß zum Lieben gehört: Verzicht auf alle eigenen Ansprüche, Sicherungen und Forderungen, also Verzicht auf alles das, was hier unter dem Namen Dressur zusammengefaßt worden ist. Demnach setzt vollkommene Liebe vollkommenen Mut voraus, und *jede Entmutigung hindert das Zustandekommen der Liebe*, weil sie das Zustandekommen von Sicherungen und Forderungen veranlaßt. Da es nun in unserer Kultur kaum einen Menschen geben wird, der ganz ohne Entmutigung durch seine Kinderzeit gegangen wäre, wird die Liebe in dieser Kultur außerordentlich selten sein.

Das Geschlechtsleben muß aber überall da, wo es der Liebe Abbruch tut, zu bitteren *Enttäuschungen* führen. Man wird gerade auf diesem Gebiet, wo man glaubt, die höchste Beglückung des Menschenlebens erwarten zu dürfen, unter dem Versagen des Partners oder — wenn man schon klüger geworden ist — unter dem eigenen Versagen am schmerzlichsten leiden. Und darum ist das Zusammenleben mit dem Geschlechtspartner der stärkste und schonungsloseste Antrieb zur Überwindung der eigenen Unzulänglichkeit und Mutlosigkeit. Hier werden die Menschen erbarmungslos vor die Aufgabe gestellt, entweder bei Zeiten zu resignieren, oder aber zu leiden, bis die Starrheiten des Lebensplanes geschmolzen und die Entmutigungen der frühen Kindheit rückgängig gemacht worden sind.

Damit tritt deutlich zutage, welcher Sinn dem Ausdruck „Ehe als Aufgabe" zugrunde liegt. Die Ehe ist die Aufgabe, *jedem einzelnen seinen ursprünglichen Mut wiederzugeben*. Aber sie enthält in ihrer Institution nicht nur das Ziel, und den Zwang, dieses Ziel zu erreichen, sondern auch das Mittel, das allein die Erreichung des Zieles möglich macht. Dieses Mittel ist die Treue. Doch davon wird erst später die Rede sein.

Analysiert man das Zustandekommen zahlreicher Ehen, so findet man fast ausnahmslos, neben vielen mutlosen Motiven und irrtümlichen Erwartungen auch ein *irrationales* Moment, das sich im Bewußtsein des Einzelnen meist als eine vage Hoffnung oder eine unklare und rätselhafte Erregung abbildet. Er sagt etwa: „Ich dachte, nun wird alles gut werden", oder „Nun soll das eigentliche Leben anfangen", oder „ich fühle, daß hier mein Schicksal ruft, und daß es kein Entrinnen mehr gibt". Soviel Selbsttäuschung und Sicherungsbedürfnis sich in diesen Wendungen auch noch verbergen mag, es äußert sich hier gleichzeitig eine Ahnung vom eigentlichen Wesen der Ehe, und auch die Ahnung, daß der Weg zur Verwirklichung dieses Wesens nicht leicht sein kann. Ein langer und schwerer Leidensweg kündigt sich an, aber an seinem Ende steht das, was dem einzelnen als der eigentliche Sinn seines Lebens erscheint, und daß sich wiederum nur negativ bestimmen läßt, als die Befreiung von allem, was den Mut und das Leben und die Liebe behindert.

Die Entdeckung nun, die die erste große Enttäuschung auf diesem Wege bringt, lehrt, daß diese Erlösung nicht ein Geschenk sein kann, das uns durch den Partner ins Haus gebracht wird, sondern daß man das Glück nur erreicht, wenn man in langer, entsagungsvoller Arbeit Zug um Zug die Hindernisse aus dem Wege räumt, die der Entfaltung unserer Liebe im Wege stehen.

Die Starrheit der zum großen Teil unbewußten Erwartungen, mit denen man in die Ehe geht, und die Notwendigkeit der Enttäuschung, die im Laufe der Zeit eintreten muß, bringt es mit sich, daß die Mehrzahl der heutigen Ehen mindestens einmal in eine ernste Krisis gerät. Freilich pflegt dieser Krisis eine Phase scheinbaren Glückes vorherzugehen, die unter Umständen jahrelang anhalten kann. Oft werden nämlich die von beiden Seiten gehegten Erwartungen scheinbar erfüllt, die Enttäuschung bleibt aus oder deutet sich nur so geringfügig an, daß man sie ohne große Schwankungen erträgt, und man meint, in einer glücklichen Ehe zu leben. In einzelnen Fällen dürfte ein solches unerprobtes Glück sogar bis zum Tode eines der beiden Partner andauern können.

Aber man sehe sich um in der Welt, in der wir leben, und man wird finden, daß die Wirklichkeit sich die süße Täuschung auf die Dauer nicht gefallen läßt. Die krisenhaft verlaufenden Ehen sind unendlich viel häufiger als die scheinbar glücklichen. Und auch dieser Schein des Glückes wird oft genug durch das stille Martyrium eines der beiden Partner mühsam erkauft, so daß es sich in Wahrheit auch hier um eine verdeckte Krisenehe handelt.

Wer über diese Zustände klagen würde und etwa meinte, in der guten alten Zeit sei es um Liebe und Ehe besser bestellt gewesen, der befände sich im Irrtum über den psychologischen und ethischen Sinn der heutigen Ehe. Die glückliche Geschlechtsgemeinschaft, an die er denkt, ist nur zwischen den sippenhaft gebundenen Menschen primitiver Kulturen möglich. Dort aber ist der Sinn der Ehe weit mehr die Fortpflanzung des Stammes als die Fortentwicklung der Einzelnen. Dort steht die Zeugung und die Ernährung der Vielen im Mittelpunkt des Interesses, hier die Erziehung und die Selbsterziehung der Wenigen. In allen Zeiten nämlich, in denen die Einordnung des Menschen in die Sippe sich lockert, sodaß er selbst zum Träger seines eigenen Schicksals wird, treten die hier besprochenen Probleme der Mutlosigkeit und der Ermutigung auf. und damit wird die Ehe eine Frage der Gemeinschaftsfähigkeit des Einzelnen, und ein kritischer Prozeß, in dem es gilt, an seiner Lieblosigkeit zugrunde zu gehen, oder das Lieben zu erlernen.

Betrachtet man die Probleme der Ehe von diesem Gesichtspunkte aus, so erscheint es als verhältnismäßig gleichgültig, an welcher Stelle und zu welcher Zeit die Krisis in Erscheinung tritt. Manchmal ist es schon die Rückkehr von der Hochzeitsreise, manchmal sogar schon die Hochzeitsnacht selbst, die die Unstimmigkeit der beiderseitigen Erwartungen deutlich werden läßt. In anderen Fällen ist es die Geburt des ersten Kindes oder die Frage, ob weitere Kinder verhindert werden sollen. Oft sind es wirtschaftliche oder berufliche Schwierigkeiten, bei anderen wieder ist es die Gestaltung des gesellschaftlichen Verkehrs oder die Frage, wie man den Sommerurlaub verbringen soll, und recht häufig ist es auch die Stellungnahme zu den beiderseitigen Verwandten, die die Lawine der Ehekonflikte ins Rollen geraten läßt.

Immer aber wird der gewissenhafte Untersucher finden, daß die im Vordergrunde stehenden Streitobjekte nicht die wahre Ursache der Reibung darstellen. Auch wenn erotische Dissonanzen den Anlaß zur Entfremdung bieten, liegt der eigentliche Grund nicht hier, sondern in einer noch tieferen Schicht. Darum ist durch eine Verständigung über den jeweils vorliegenden Streitfall niemals eine Sanierung der Ehe zu erzielen. Eine solche Verständigung wird bestenfalls eine vorläufige Applanierung und damit ein Hinausschieben der eigentlichen Krisis bedeuten, was in manchen Fällen freilich ratsam erscheinen mag, aber nie die Krisis selber überflüssig machen kann.

Hört man nämlich aufmerksam und geduldig alle Klagen der Beteiligten mit an, so ergibt sich ausnahmslos, daß der Klagende meint, er werde von seinem Partner „falsch behandelt", „mißverstanden", „nicht genügend beachtet", „nicht genug geliebt". In dieser Klage ist, wie überall im menschlichen Dasein, Wahres und Falsches, Mutiges und Mutloses, Lebendiges und Totes miteinander vermengt.

Zunächst liegt der Irrtum vor, daß man das Anrecht darauf habe, von seinem Partner in einer bestimmten Weise behandelt und in einem bestimmten Grade geliebt zu werden. Und das Urteil darüber, welches die richtige Art der Behandlung und der ausreichende Grad des Geliebtwerdens sei, glaubt man selber fällen zu dürfen. Man will also Kläger und Richter in einer Person sein.

Der folgenschwerste Irrtum dieser Art, von dem heutzutage in Europa theoretisch nur wenige und praktisch vielleicht gar keine Menschen frei sind, besteht darin, daß man die Ehe für eine Einrichtung hält, die uns einen Anspruch auf „Liebe" gewähre. Und bei genauerem Nachfragen ergibt sich, daß mit „Liebe" gemeint ist „Geliebtwerden". Freilich wird das oft etwas weniger egoistisch ausgedrückt. Man sagt etwa: „Ich will meinen Partner lieben; aber selbstverständlich muß er mich dann wiederlieben". Und die Fortsetzung dieses Satzes würde lauten (wenn der Betreffende noch den Mut hätte, sie sich ins Bewußtsein treten zu lassen): „Wenn aber die Gegenliebe ausbleibt, bin ich auch nicht mehr willens, weiter zu lieben". Die Liebe wird als Tauschgeschäft mit der Verpflichtung zu gegenseitiger Belieferung mit Gefühlen aufgefaßt.

Der Gedanke aber, daß Liebe nur ein Schenken sein kann, und daß sie aufhört Liebe zu sein, sobald auch nur im geringsten ein Anspruch auf Gegenleistung in Betracht kommt; und erst recht der Gedanke, daß lieben ohne Gegenleistung reich macht, weil es in der positiven Richtung des Lebens verläuft, und daß Geliebtwerdenwollen arm macht, weil es uns zwingt, den Partner zu beeinflussen und zu überwachen, — dieser Gedanke wird erst aufgenommen und verstanden, wenn die Krisis ihren Höhepunkt erreicht hat.

Deutlich wird zunächst nur, daß es sich nicht um eine erotische oder wirtschaftliche oder sonstige Streitigkeit handelt, sondern daß hier zwei Ehepartner prinzipielle Ansprüche aneinander stellen, die prinzipiell nicht erfüllt werden, und vielleicht nicht erfüllt werden können, daß also die fundamentale Krisis der Ehe in Gang geraten ist.

Spürt man aber dem Körnchen Wahrheit nach, das in der vorhin erwähnten Klage enthalten ist, so findet man, daß tatsächlich ein „falsch behandelt werden" vorliegt. Die Falschheit aber besteht nicht darin, daß man so und nicht anders behandelt wird, sondern vielmehr in dem Umstand, daß man überhaupt behandelt wird. Einen Menschen behandeln, heißt ihn zum Objekt machen, ihn in einer bestimmten Absicht beeinflussen, ihn zum Mittel eines Zweckes mißbrauchen. Und wenn der Zweck noch so gut wäre, — wer einen Menschen zum Mittel macht, handelt überheblich und anmaßend und darf sich nicht wundern, wenn sich der Mißhandelte in schweren Affektausbrüchen Luft zu machen sucht. Nicht einmal Kinder, und auch nicht unzurechnungsfähige Kranke darf man zu Objekten einer Behandlung erniedrigen, geschweige denn seinen Ehepartner, selbst wenn man noch so sehr ihm überlegen zu sein glaubt. Das einzige, was man tun kann, besteht darin, daß man gegen seine eigene Überlegenheit mißtrauisch wird und diesen Irrtum mit samt seinen Gründen aus der Welt zu schaffen trachtet.

Damit aber kommen wir auf den eigentlichen K e r n d e s E h e k o n f l i k t e s. Er besteht immer darin, daß die beiden Partner sich gegenseitig zum Objekt einer Behandlung machen. Jeder ordnet unwillkürlich den anderen als Faktor seines Lebensplanes ein und verfährt mit ihm, wie es der Lebensplan vorschreibt. Am deutlichsten wird der Partner zum Objekt gemacht, wenn er in die Rolle der Bestimmungsperson eintritt; aber auch in anderen Fällen kann kein Zweifel darüber bestehen, selbst wenn der Laie zunächst einen ganz anderen Eindruck von dem beiderseitigen Verhältnis haben sollte.

Um verständlich zu machen, wie geschickt oft der Wolf seinen Schafspelz trägt, und wie mühsam es ist, ihn Zug um Zug zu entlarven, soll im folgenden eine t y p i s c h e E h e k r i s i s dargestellt werden.

Das Ehepaar W. hatte sich unter scheinbar günstigen Bedingungen geheiratet. Er war kaufmännisch tätig und hatte, wie es hieß, Aussichten auf einflußreiche und verantwortungsvolle Posten. Sie war Kunstgewerblerin und ein vielseitig interessierter und begabter Mensch. Von Liebe und Ehe hatten beide eine gleich hohe Auffassung. Als sie sich verlobten, war er 27 und sie 23 Jahre alt, beide hatten zwar mehrere intensive Freundschaften, aber noch kein ernstliches Liebeserlebnis gehabt.

Es war eine Liebesheirat. Keinerlei andere Motive, etwa wirtschaftlicher oder sozialer Art, schienen im Spiele zu sein. Es bestand eine weitgehende Interessengemeinschaft, besonders auf künstlerischem Gebiet. Wer die beiden sah, mußte zugeben, daß sie gut zueinander paßten. Und doch trat schon nach einem Jahre die Krisis deutlich hervor.

Während des ersten Jahres bestand, wie sich später erwies, eine scheinbare Harmonie zwischen den Gatten in der Weise, daß jeder für den anderen Bestimmungsperson war, und daß keiner die Ansprüche und Sicherungen des anderen verletzte. Herr W. hatte sich auf Grund seiner Kindheitserlebnisse daran gewöhnt, in seiner Partnerin ein priesterliches Wesen zu sehen, das er mit heiliger Scheu verehrte, und das er im Grunde genau so tyrannisierte, wie ein Götzendiener seinen Götzen zu tyrannisieren pflegt. Er umgab sie, ohne den Zweck seines Handelns zu durchschauen, so lange mit Lob und Bewunderung, bis sie tat, was er wollte. Und sie ihrerseits sah in ihrem Manne nicht nur den Beschützer und Erhalter ihrer neuen Existenz, sondern auch eine überlegene und fast allwissende Persönlichkeit, von deren Bedeutung und Ruhm ein starker Abglanz auch auf sie fallen mußte.

So erhielt jeder vom anderen gerade das, was er für seinen eigenen Lebensplan brauchte, nämlich die Erhöhung seines Selbstgefühls. Und jeder richtete sein Verhalten so ein, daß die Bewunderung und die Geltung, die er wie eine Rente von seinem Partner bezog, immer noch gesteigert wurde. Darum hütete sich jeder, dem anderen wehe zu tun. Man war rücksichtsvoll und liebreich mit einander. Und man glaubte, in einer glücklichen Ehe zu leben. — Wir würden sagen, beide waren gleich stark entmutigt.

Da es beiden Beteiligten gut ging, und da sie auch nach außen Licht und Wärme zu verbreiten schienen, könnte man meinen, eine solche Ehe sei durchaus erfreulich und vielleicht sogar beneidenswert. Aber der eine große Fehler, den sie hatte, mußte sich doch im Laufe der Zeit bemerkbar machen. Da das Zusammenleben auf einer falschen gegenseitigen Bewertung der Persönlichkeiten aufgebaut war, bestand stets die Gefahr, daß durch die rauhe Wirklichkeit eine Korrektur dieser Vorurteile erzwungen wurde. Und deswegen zogen sich beide, einem sicheren Instinkte folgend, mehr und mehr von der Außenwelt zurück. Sie hatten dabei die Meinung, daß sie sich gegenseitig genug sein könnten, und daß es ein Zeichen von Liebe sei, wenn sie sich mit einander begnügten. Den wahren Grund ihrer Verhaltungsweise kannten sie nicht.

Die Geburt des ersten Kindes brachte die erste Störung in dies scheinbare Gleichgewicht. Beide meinten zwar, durch das große Ereignis aufs Tiefste berührt zu sein. Aber bald zeigte sich, daß die Nur-Frau durch ihr Erleben während der Entbindung der Wirklichkeit ein gutes Stück näher gekommen war. Sie hatte gelernt, was es heißt, den Naturgesetzen ausgeliefert zu sein, und hatte die Erfahrung gemacht, daß man diese Gesetze nur erträgt, wenn man sich ihnen fügt. Und an dieser Erfahrung war ihr Mut gewachsen. Sie sah nun viele Dinge natürlicher und harmloser an als vorher, war bereit zu Freude und Leid, und hatte weniger als ihr Mann das Bedürfnis, dem Schicksal Vorschriften zu machen. Der Weihrauch, mit dem er sie nach wie vor umgab, wurde ihr lästig, und gleichzeitig sah sie ein, daß er gar nicht die überragende Persönlichkeit war, für die sie ihn gehalten hatte. Diese Täuschung verschwand, als sie für ihren Lebensplan nicht mehr notwendig war, und das heißt in diesem Falle, als der Lebensplan ein klein wenig von seiner Starrheit verlor.

Diesen Fortschritt zu einer freieren und natürlicheren Lebensauffassung mußte der Mann als einen Verrat an der bisherigen Gemeinschaft empfinden. Wenn er wie früher die tiefen Intuitionen seines priesterlichen Weibes mit ehrfürchtigem Schauer preisen wollte, begegnete er einem freundlichen Lächeln, das ein klein wenig Ironie enthielt. Und wenn er seine genialen Weltverbesserungspläne vor ihr entwarf, stieß er zum ersten Mal in seiner Ehe auf klare Kritik und vernünftige Skepsis.

Jeder Mensch, der seiner Bestimmungsperson nicht mehr im guten Herr werden kann, muß es im bösen versuchen. Herr W. ging also in die Opposition über. Und zwar gebrauchte er zuerst die Waffen, die er zufällig in der Hand hatte. Er beanstandete die Wirtschaftsführung seiner Frau, machte bissige Bemerkungen, wenn er ihr „sein sauer verdientes Geld" aushändigte, und fing an, sich über die „Frau mit den selbständigen Ansichten" lustig zu machen.

Mit der Instinktsicherheit der Notwehr traf er die empfindlichsten Schwächen seiner Partnerin. Sie begann, unter ihrer Abhängigkeit zu leiden, und es schien eine Zeit lang, als ob sein Verhalten sie so weit entmutigen würde, daß sich das Gleichgewicht wieder herstellte.

Immer, wenn es ihr innerlich schlecht ging, wenn sie traurig war oder litt, fühlte er sich wohl. Er tröstete sie dann und versprach ihr alles nur Erdenkliche an Rücksicht und Freiheit und Liebe. Sobald sie aber unter seiner Sorgfalt wieder zu Kräften kam und ihrer freien Meinung Ausdruck gab, wurde er unglücklich, fühlte sich verraten und im Stich gelassen, und begann aufs Neue seinen unterirdischen und unbewußten Kampf gegen ihre Überlegenheit. Seine heimlichen Schachzüge wurden immer raffinierter und trafen ihr Opfer mit immer größerer Sicherheit, so daß es ihm in kurzer Zeit gelang, sie wieder unglücklich zu machen.

Dieses Auf und Ab, das an das Schwanken einer Wage erinnert, war der Ausdruck für den uneingestandenen, aber unerbittlichen Kampf um Macht, der zwischen beiden entbrannt war. Es zeigte sich nun deutlich, daß das scheinbare Glück des ersten Jahres nur solange standhalten konnte, als jeder die Überlegenheit des anderen gelten ließ, und daß mit dem Zusammenbruch dieser Illusionen erst die eigentliche Aufgabe ihrer Ehe begann, nämlich das Abschleifen der Ansprüche und Forderungen, das Verzichten auf die eigene Überlegenheit oder, was dasselbe ist, die Überwindung der Mutlosigkeit und die Erlernung der Liebe.

Wäre die Frau durch ihre Erlebnisse bei der Geburt noch gründlicher zum Mute durchgedrungen, als sie es tatsächlich war, so hätte sie wahrscheinlich eine Verhaltungsweise gefunden, die ihren Mann veranlaßt hätte, die entsprechende Entwicklung auch seinerseits zu vollziehen. Aber ihre Ermutigung reichte nur aus, die Unhaltbarkeit der bisherigen Situation zu erkennen. Dem nun entbrennenden Machtkampf vermochte sie sich nicht zu entziehen. Und so kam es, daß eine Krisis von fast drei Jahren durchlitten werden mußte, ehe sie beide gemeinsam den Weg der Ermutigung fanden.

Die wichtigste Waffe in derartigen Kämpfen ist stets die Verneinung. Wer Mut hat, bejaht seine Mitmenschen, auch wenn er ihre Fehler und Schwächen sehr genau kennt. Er lehnt nur den Fehler ab, aber nicht den Menschen, der den Fehler macht. Und durch diese Stellungnahme erleichtert er es dem anderen, sich von seinen Fehlern zu befreien. Wer aber selber mutlos ist, fühlt sich durch die Fehler des anderen in seiner eigenen unsichtbaren Stellung bedroht. Er muß sich wehren, und tut dies, indem er den Gegner herabsetzt. Die Herabsetzung trifft dann aber nicht den Fehler, sondern den Menschen, der ihn gemacht hat. Dadurch wird die Mutlosigkeit vergrößert, und die Fehler nehmen notwendigerweise zu.

Das „Nein", das demnach gleichbedeutend ist mit der Verteidigung der eigenen Position des Mutlosen und mit der Herabsetzung seines Gegners, kann in den verschiedensten Formen auftreten, je nach der Empfindlichkeit und dem Kulturniveau der beiden Kämpfenden. Es kann in groben Beschimpfungen und Tätlichkeiten bestehen oder in subtilen Sticheleien und kaum bemerkbaren Kränkungen. Es tritt bewußt hervor, wenn das Gewissen robust genug ist, den offenen Kampf zuzulassen, und es bleibt unbewußt, unverstanden und umso quälender, wenn das Gewissen zu zart ist, um eine offensichtliche Feindschaft zu dulden.

Eine besondere Form dieses „Nein" ist das Leiden. Es ist in seinem Charakter als Waffe des Machtkampfes am schwersten zu durchschauen und wird darum von dem jeweils schwächeren Teile mit Vorliebe angewendet. Es wirkt gleichsam wie aus dem Hinterhalt und ist manchmal geradezu unwiderstehlich, aber freilich nur, solange sein wahrer Sinn den Beteiligten nicht zum Bewußtsein kommt.

Wenn man nicht mehr die Macht hat, dem Partner eine Verhaltungsweise, die man als überlegen und darum als unerträglich empfindet, einfach zu verbieten, so wird man unter ihr leiden. Dies Leiden ergibt sich aus dem natürlichen Zusammenhang der Ereignisse von selbst. Ist es aber erst einmal da, so wird es als willkommenes Material für die Ehepolitik verwandt. Und es bleibt solange, wie es (final) seinen Zweck erfüllt, und verschwindet nicht etwa, wenn (causal) sein Entstehungsgrund verschwindet. — Hier zeigt sich das schwierige Verhältnis von Kausalität und Finalität im Seelenleben, das die Individualpsychologie zu einem besonderen Zweige ihrer Forschungen gemacht hat.

In unserem Beispiel wurde die Waffe des Leidens zunächst, und zwar mit gutem Erfolge, vonseiten des Mannes angewandt. Erst in einem späteren Stadium, von dem noch die Rede sein wird, sah sich auch die Frau genötigt, zu diesem Aushilfsmittel zu greifen. Beide waren sich selbstverständlich über den geheimen Sinn ihres Leidens nicht klar. Aber beide verwandten es mit außerordentlichem Geschick. Es gelang ihnen stets, die aufkeimende gute Laune des Partners zu vergiften, seine Entwicklung aufzuhalten, und seinen Mut, der gewissermaßen als Übermut empfunden wurde, erheblich zu beeinträchtigen.

Es gab nun drei Möglichkeiten für den weiteren Verlauf dieser Ehe. Entweder konnte die Krisis zu einer permanenten und ergebnislosen Erscheinung werden, dann wäre das entstanden, was man als „Strindberg-Ehe" bezeichnet. Oder aber die Ehe wäre zerbrochen, sie hätte mit Trennung oder Scheidung geendet, ohne daß es zu einer innerlichen Lösung der Konflikte und damit zu einer Weiterentwicklung gekommen wäre. In beiden Fällen wäre das Ende die Resignation gewesen. Drittens aber konnten die beiden Gatten schließlich einen

Ausweg aus ihren Krisen entdecken. Dies letztere trat tatsächlich ein. Aber ehe wir den Ausgang des Konfliktes beschreiben, muß sein Höhepunkt noch einer genaueren Darstellung gewürdigt werden.

Das Tragische und doch schließlich heilsame Gesetz der Krisis besteht darin, daß sie in der Form eines circulus vitiosus verläuft. Der Partner A. ist mit dem Partner B. unzufrieden, und da ihm zu einer positiven Überwindung der Schwierigkeiten im Sinne einer gemeinsamen Vorwärtsentwicklung der Mut fehlt, so bleibt ihm nichts übrig, als durch negative Reaktionen, wie Hohn, Spott, Zorn oder Leiden, den B. seine Macht spüren zu lassen. Dadurch muß B. sich beeinträchtigt fühlen, und da auch ihm der Mut zu einer positiven Wendung fehlt, wird er ebenfalls mit bewußten oder unbewußten Repressalien antworten. Dadurch wird A. sich noch mehr gekränkt fühlen und wird zu noch schärferen Abwehrmaßnahmen greifen, und wird dadurch den B. zwingen, seinerseits noch feindseliger zu reagieren.

Man sieht, daß es sich nicht um einen geschlossenen Zirkel handelt, sondern vielmehr um eine Schraubenlinie, nicht um einen beharrenden Zustand, sondern um einen fortschreitenden Prozeß. Der Kampf muß immer heftiger, immer bitterer und immer rücksichtsloser werden. Aber gerade darin liegt seine Heilungsmöglichkeit. Es fragt sich nur, wo und wie, unter welchen Bedingungen und in welcher Weise die Schraubenlinie umkehrt, und die Entwicklung in entgegengesetzter Richtung vorzuschreiten beginnt.

In unserem Falle lag der Höhepunkt der Krisis im E h e b r u c h , und im Augenblick, als dieser Höhepunkt den Beteiligten klar ins Bewußtsein trat, war die Umkehrstelle erreicht.

Dem Manne begegnete eines Tages ein junges Mädchen, das ihm über alle Maßen gut gefiel. Er liebte sie vom ersten Augenblick an, und fühlte bald die Wellen einer Leidenschaft über sich zusammenschlagen, wie er sie noch nie in seinem Leben kennengelernt hatte. Das Mädchen erwiderte seine Neigung, und in wenigen Wochen entspann sich zwischen ihnen ein außerordentlich intensives Liebesverhältnis.

Die Heftigkeit ihrer gegenseitigen Beglückung brachte alle Bedenken und Skrupel zum Schweigen. Der Mann wurde durch die starke Bestätigung seines Wertes, die er durch dieses Erlebnis erfuhr, erheblich ruhiger, zuversichtlicher und klarer. Dadurch besserte sich zunächst die Situation auf dem ehelichen Kriegsschauplatz; und auch das bestätigte ihn in seiner Meinung, daß in diesem Falle ausnahmsweise der Ehebruch das Richtige sei. Er wußte nicht, daß in der gleichen Lage alle Menschen das Gleiche denken.

Bald aber zeigte es sich, daß seine Ermutigung nicht so groß oder nicht so echt war, daß er dadurch zu einer tatsächlichen Lösung der Konflikte gelangt wäre. Im Gegenteil, seine neue Verhaltungsweise reichte gerade aus, ihm eine momentane Überlegenheit zu verschaffen, mußte also eine neue Verschärfung des Kampfes zur Folge haben. Psychologisch gesehen geschah auf seiner Seite jetzt das Gleiche, was vorher durch die Geburt des Kindes auf Seiten seiner Frau geschehen war. Er verhielt sich zwar etwas mutiger als bisher, aber seine Frau empfand gerade hierin eine neue Bedrückung.

Er glaubte, jetzt die gesamte Situation zu überschauen. Seine Frau tat ihm leid, und er behandelte sie mit viel Schonung und Rücksichtnahme. Sein Verhältnis zu dem jungen Mädchen verheimlichte er ihr, „weil sie diese Belastung nicht aushalten würde". Sie aber fühlte sich mit Recht durch dies „Behandeltwerden" degradiert. Sie merkte, daß sie nicht mehr als gleichberechtigter Gegner anerkannt wurde, ohne sich jedoch erklären zu können, wie dieser Umschwung zustande gekommen war. Ihr Gefühl des Erniedrigtseins nahm die Form einer chronischen Depression an. Sie wurde körperlich elend, und ihre Angehörigen begannen, sich um den Zustand ihrer Lungen Sorge zu machen.

In dieser Phase setzte die Eheanalyse ein. Sie brachte der Patientin ziemlich rasch zum Bewußtsein, daß ihre Depression bedeutete: „Nun seht bitte alle, wie weit mein Mann mich getrieben hat! Er soll sich um mich kümmern, soll mich lieben und mich anerkennen. wie früher, sonst werde ich sterben". Und freilich kümmerte sich der Mann mit rührender Sorgfalt um sie. Aber ihr Zustand besserte sich nicht.

Inzwischen gelang es der Analyse, ihren Mut ein wenig zu heben. Sie beschloß, sich wirtschaftlich unabhängig zu machen, und wenn es sein müßte, ihre Ehe zu lösen. Sie nahm ihre kunstgewerblichen Arbeiten wieder auf und verständigte ihren Mann so freundlich wie möglich über ihre Pläne. Der Erfolg war, daß er ihr sein Verhältnis zu dem jungen Mädchen erzählte. Es war klar, daß hier Zug um Zug, wie bei einem Turnier, die Trümpfe gegeneinander ausgespielt wurden. Ihr Schritt zur Selbständigkeit war noch eine Kampfhandlung, und er empfand ihn auch so. Sein Geständnis des Ehebruchs war ebenfalls ein kämpferischer Akt, und es schien auch einige Tage lang, als ob er damit der Frau eine tödliche Wunde beigebracht hätte. Dann aber wurde ihr klar, daß sie weniger um die zerbrochene Ehe litt, die zu lösen sie ja ohnehin bereit war, als vielmehr um den Vortritt auf dem Wege der Trennung. Sie hielt sich für entehrt und glaubte, die Kränkung nicht ertragen zu können. Allmählich aber merkte sie, daß, wenn man schon ein Werturteil abgeben wollte, es nur zu ihren Gunsten ausfallen konnte. Und nun durchschaute sie auch die Mutlosigkeit im Verhalten ihres Mannes und in ihrem eigenen Verhalten.

Sie fand keinen Grund mehr, sich ihm überlegen oder unterlegen zu fühlen, sondern sah nur die Qual der beiden irrenden Menschen, die gleichsam im Zustand der Notwehr nach törichten Rettungsmitteln gegriffen hatten. Und sie sah vor allem die Notwendigkeit, ruhig und schlicht ihren eigenen selbständigen Weg zu gehen, jeden Augenblick bereit, das Leben aufs neue mit dem Partner zu teilen, wenn er seinerseits bereit war, in ihr nicht mehr seine Bestimmungsperson, sondern den selbständigen Menschen zu sehen.

Diese Haltung brachte ihn zur Raserei, und brachte ihn, da sie unerschütterlich blieb, durch die Raserei hindurch zur Besinnung. Er erlebte nun, wie vordem seine Frau, was es heißt, den Naturgesetzen ausgeliefert zu sein, und erlebte auch, daß man dies nur erträgt, wenn man den Mut findet, sich zu fügen. Er begriff, daß sein Verhalten seit der Geburt des Kindes im wesentlichen durch den Kampf um die Vormacht in der Ehe bestimmt gewesen war. Auch in seinem Liebeserlebnis mit dem jungen Mädchen erkannte er nun die kämpferische Note gegen seine Frau. Die Freude an der Heimlichkeit, der Reiz des Verbotenen, der Sieg über die getäuschte Gattin, die nun plötzlich bedauernswert erschien, der Triumph dessen, der endgültig alle Vorurteile gesprengt zu haben glaubt, das alles war zusammengeflossen zu dem Gefühl eines berauschenden und noch nie dagewesenen Glückes. Er verstand jetzt, daß alles, was wir als Triebe erleben, nur unbewußte Arrangements im Dienste unseres Lebensplanes sind, und daß wir jederzeit genau so viel erotische Spannung empfinden, wie der Lebensplan uns vorschreibt. — Seit dieser Einsicht aber brachte er dem jungen Mädchen gegenüber keinerlei Leidenschaftlichkeit mehr auf. Nur eine einfache Sympathie und das peinliche Gefühl, sich falsch benommen zu haben, war noch vorhanden.

Der Machtkampf hatte sich überlebt, und die beiden Gegner sahen sich an, als ob sie aus einer tiefen Verblendung erwachten. Was eben noch so wichtig erschien, daß man

Himmel und Hölle dafür in Bewegung gesetzt hätte, das war nun gleichgültig, wie eine abgetane Kinderei. Ob der Partner einem etwas mehr oder etwas weniger Achtung zollte, ob er etwas mehr oder etwas weniger Rücksicht nahm, das fiel nun kaum noch ins Gewicht. Auch die Vergangenheit, die man sich in endlosen nächtlichen Gesprächen wie das Belastungsmaterial eines Prozesses gegenseitig vorgeworfen hatte, verlor allmählich ihre Bitterkeit.

Fragt man aber, was diesen Umschwung herbeigeführt hatte, so muß die Antwort lauten: Die Ermutigung. Hier aber stehen wir am Angelpunkt der individualpsychologischen Lebensauffassung, und darum verdient dieser Vorgang eine ausführliche Darstellung.

Die geschilderten Schwierigkeiten stammten sämtlich aus Forderungen und Ansprüchen, die das Leben nicht erfüllen konnte. Wer sich den Forderungen und Ansprüchen des Lebens zu fügen verstünde, anstatt seinerseits solche ans Leben zu stellen, der würde sowohl an seinen guten wie auch an seinen schlechten Erfahrungen unablässig reifen und wachsen. Er würde zwar nicht ohne Leiden, aber doch ohne die unfruchtbare Qual der Verblendung, seine Kräfte und Fähigkeiten entfalten. Was der Entfaltung im Wege steht, sind die Bedenken, Rücksichtnahmen, Wünsche und Affektausbrüche, die dereinst als Sicherungsmaßregeln des geängstigten Kindes zustande gekommen sind. Hinter jedem Anspruch steckt die Angst der gefährdeten kindlichen Persönlichkeit. Jeder Zorn, jedes Beleidigtsein, jede Depression ist ein Versuch, dieser Angst zu entgehen. Und die Versuche, die sich als zweckmäßig erwiesen, haben im Laufe der Zeit die Form einer zwangsläufigen und unbewußten Dressur angenommen. Die Grundlage aber, die das Zustandekommen der Dressur allererst möglich macht, ist die Entmutigung des Kindes. Und was ist es, das letzten Endes auf dem Spiele steht? Was könnte sich ereignen, das mit einem so großen Aufwand von List und Gewalt vermieden werden soll? Man kann dies Äußerste, das mehr gefürchtet wird als der Tod, den Zusammenbruch der bewußten Persönlichkeit nennen. Er bedeutet das endgültige Versagen und gleichsam die Bankerotterklärung der Ansprüche, Forderungen und Sicherungen, er ist die Erfahrung, daß man den Gesetzen des Lebens keine Vorschriften machen kann, und daß man das Leben nur zu ertragen vermag, wenn man sich ihm einordnet.

Wenn man überlegt, an welcher Stelle des psychologischen Zusammenhanges dieser Gedankengang steht, wird man nicht auf den Gedanken kommen, es sollte hier einem haltlosen Sichtreibenlassen das Wort geredet werden. Im Gegenteil. Wer auf seinen Forderungen besteht und die aus der Kindheit stammenden falschen Wertungen festhält, wird sich in nutzlosen Kämpfen und Affekten erschöpfen und schließlich in einer tatenlosen und freudlosen Resignation untergehen. Er glaubt zu treiben, und er wird getrieben. Wer dagegen immer aufs neue aus seinen Erfahrungen zu lernen versteht, wird sich gezwungen sehen, seine Wertungen und seine Ansprüche immer aufs neue zu korrigieren. Er wird immer mehr Vorurteile und Sicherungen fallen lassen, wird immer klarer die Logik des Lebens erkennen, wird sich immer reibungsloser ihr einordnen, und wird sie in immer großartigerem Maßstabe auszuwerten verstehen.

Die Gesetze des Lebens lassen sich, wie schon angedeutet wurde, stets nur negativ formulieren. Wer sie positiv ausdrücken wollte, würde den Anspruch erheben, das Leben selbst in Begriffe einfangen zu wollen, was ebenfalls noch ein lebensfeindlicher Anspruch wäre. Man darf nicht erdenken wollen, was nur erlebt werden kann. Erst wer diese Überhebung des Denkens aufgibt, wird allmählich lernen, sich dem Leben anzuvertrauen, ohne seine positiven Ziele zu kennen. Er wird sich damit begnügen, immer klarer die Fehler zu verstehen und zu vermeiden, die uns das Leben vergiften. Er wird aus einem mutlosen Menschen ein mutiger werden. Es handelt sich nicht um eine verstandesmäßige Erkenntnis. Auf dem Wege logischer Überlegungen kann man den Standpunkt des Mutes nicht erreichen, und der Logik des Lebens nicht gerecht werden. Es handelt sich um ganz etwas anderes, nämlich um ein bitteres Erlebnis, also um einen Vorgang, der die gesamte Persönlichkeit, einschließlich Gedankenwelt, Gefühlsleben und Willenseinstellung von Grund aus verändert. Daß Erlebnisse, deren Wirkung man sich nicht entziehen kann, obgleich man es vielleicht möchte, imstande sind, derartige tiefgreifende Charakterveränderungen auszuüben, wird niemand bestreiten. Manch einer ist durch ein Erlebnis oder durch eine Kette von Erlebnissen aus einem Optimisten zu einem Pessimisten geworden und umgekehrt. Manch einen hat ein Erlebnis zum Verbrecher oder zum Heiligen gemacht. Man kann dabei gern zugeben, daß die seelischen Verhaltungsweisen auch nach dieser Umstellung noch in hohem Maße die alten bleiben. *Ignatius von Loyola* war auch nach seiner Bekehrung noch in gewissem Sinne Offizier, und *Martin Luther* blieb bis an sein Lebensende ein Bauer. Aber trotzdem ändert sich durch das hier in Frage stehende Erlebnis das Wesentlichste an der charakterologischen Struktur des Menschen. Selbst wenn er nachher das gleiche Gedächtnismaterial verarbeitet, und ganz ähnliches tut, und fast die gleichen Methoden anwendet, wie vorher, so geschieht alles dies doch in einem ganz anderen Sinne, und steht im Dienste einer anderen Wertung und strebt einem anderen Finale zu. Die Zielrichtung des Menschen hat sich in ihrer Gesamtheit geändert, und dadurch ist er ein anderer Mensch geworden.

Diese Änderung der Ziele, und zwar der bewußten sowohl wie vor allem auch der unbewußten, ist das, was wir vorhin den Zusammenbruch der Persönlichkeit genannt haben. Es ist kein Gedanke, kein Gefühl, kein Willensakt, sondern ein Erlebnis. Es ist etwas, das Gedanken, Gefühlen und Willensakten die Richtung vorschreibt. Es ist keine Änderung der Triebkonstellation, sondern eine neue Wertung, eine neue Zielpyramide, deren Gipfel ewig unbekannt bleibt, und deren Inkrafttreten, wenn man so sagen darf, alle Triebe von Grund auf verändert. Auch dieser Vorgang, der wichtigste und gefährlichste, den es im Seelenleben überhaupt gibt, läßt sich nur negativ beschreiben. Seine negative Seite aber ist die Verzweiflung.

In unserem Beispiel begann es mit der Verzweiflung der Frau im Verlauf der Entbindung, und mit der Verzweiflung des Mannes, als er seine Hoffnungen und Wünsche zusammenbrechen sah. An diesen Stellen begann die Vorbereitung der Umkehr. Der Höhepunkt der Krisis aber trat erst ein, als die beiden Gatten sich gegenüberstanden, und es vor aller Augen klar war, daß sie sich gegenseitig durch ihre falschen Ansprüche ins Elend gejagt hatten; als sie sahen, daß keiner mehr Recht und keiner mehr Unrecht hatte als der andere, daß alles Anklagen und Verurteilen von Anfang an aus der Verblendung entstanden war, und daß alle Liebesansprüche, mit denen sie sich so viel Qual bereitet hatten, aus einer tiefen, beiderseitigen Liebesunfähigkeit erwachsen waren. Jeder wollte geliebt werden, anstatt zu lieben. Jeder stellte Forderungen und behandelte den anderen so oder so, um sich ein Anrecht auf seine Forderungen zu erwerben. Jeder benutzte den anderen als Mittel im Dienste seiner Selbsterhöhung. Keiner aber war imstande, seine eigenen Ansprüche zu vergessen, um den anderen vorurteilslos anzuschauen, keiner hatte je das Schicksal und die Entwicklung des anderen auch nur von ferne erkannt, geschweige denn gefördert und gepflegt, und keiner war willens, dem anderen seine selbständige Entfaltung zu gönnen. Alle diese Irrtümer waren hervorgegangen aus der Angst um das eigene Wohlergehen, und aus den Irrtümern war das eben beschriebene System von Sicherungen, Forderungen und Beeinflussungen und das ganze Arsenal der ehepolitischen Waffen mit Naturnotwendigkeit entwickelt worden. Drei Jahre aufreibenden Kampfes, voll gegenseitiger Vergiftung und Verbitterung, lagen hinter ihnen, und es schien unmöglich, alle diese Gehässigkeit und Feindseligkeit jemals zu überwinden. Die beiden Gegner bluteten aus so vielen Wunden, daß eine Heilung ganz unmöglich schien. Und zwischen ihnen, hilflos und verraten, stand das Kind.

Die Verzweiflung fand hier, wie überall, ihren Ausdruck in der Entwertung des Lebens. Die Werte, an die man bisher geglaubt hat, brechen zusammen, die Ziele, die man erstrebt hat, erweisen sich als falsch. Das Leben deckt erbarmungslos alle Irrtümer auf und zerstört alle Illusionen. Es erscheint selbst als feindlich, zerstörerisch und nur noch wert, daß man es von sich werfe. Die Selbstmordidee ist die konsequente Folge des Zusammenbruchs.

Nach mehreren überaus heftigen Dreigesprächen ergab sich die entscheidende Aussprache mit dem Manne unter vier Augen.

„Es ist aus. Es hat keinen Zweck mehr, zu leben. Ich habe durch meine Irrtümer selbst mein Leben gründlich zerstört."

„Wem hilft Ihr Selbstmord?"

„Mir! Ich will nicht mehr leben!"

„Und wem schadet Ihr Selbstmord?"

„Mir! — Dem Leben! — Und dem Kinde! — Aber es mag nun alles zugrunde gehen!"

„Also ist der Selbstmord die letzte Waffe, der letzte Trumpf, der letzte Trotz."

Nach einer Pause: „Ja, es ist Trotz."

„Sie haben die freie Wahl, entweder trotzig zu bleiben, im Irrtum zu verharren und weiterhin Unheil anzurichten wie bisher. Sie können, nachdem Sie Ihre Ehe zerstört haben, auch noch sich selbst zerstören. Oder Sie können das Gegenteil tun."

„Ich werde mich totschießen, ob es Ihnen gefällt oder nicht."

„Die Entscheidung liegt ganz bei Ihnen."

„Sie zwingen mich also zum Selbstmord!"

„Ich kann Sie weder zwingen noch hindern. Sie werden tun, was Sie für richtig halten."

„Was halten Sie für richtig?"

„Ich bin nicht Sie. Jeder hat das Recht, für sich selbst zu entscheiden."

Er lief eine Zeit lang im Zimmer auf und ab. Dann sagte er mit traurigem Lächeln: „Ich will mich umbringen, weil ich meine Irrtümer eingesehen habe, weil ich klüger geworden bin. Ich glaube, ich ertrage es nicht, klüger zu werden". Dann lief er wieder auf und ab, bis er plötzlich stehen blieb, und in Heiterkeit ausbrach: „Man erträgt es nicht, klüger zu werden! Das ist das Ganze! Man sträubt sich, zuzugeben, daß man früher nicht allwissend war! Ich bin klüger geworden, und will es nicht eingestehen! Vor allem will ich es vor meiner Frau nicht eingestehen, das ist das Ganze!" —

Die Selbstmordanalyse verläuft fast immer in der gleichen Weise, vorausgesetzt, daß es dem Psychologen gelingt, seine Ruhe zu bewahren. Bringt es der Patient aber fertig, den Psychologen unsicher zu machen, so zieht er ihn in die Arena seines Machtkampfes hinein. Er ängstigt ihn mit seiner Selbstmorddrohung, verführt ihn zu Zugeständnissen und Ratschlägen, kurz, er verfährt mit ihm, wie mit jeder anderen Bestimmungsperson. Das aber heißt, er zwingt ihn, ihm die Entscheidung abzunehmen, und er bleibt selber, was er vorher war: mutlos und subaltern.

Man beachte in dem angeführten Dialog, der unmittelbar nach der Sitzung aus dem Gedächtnis niedergeschrieben worden ist, wie der Patient immer wieder versucht, die Verantwortung dem Therapeuten zuzuschieben, wie er gewissermaßen, um die Aufrechterhaltung seiner Subalternität mit allen erdenklichen Mitteln kämpft, und wie er sich zur Übernahme der Verantwortung und damit zur inneren Selbständigkeit erst entschließt, als ihm gar kein anderer Weg mehr offen bleibt.

Das Gelingen oder Mißlingen der entscheidenden Aussprache hängt also von der inneren Ruhe und von der weltanschaulichen Sicherheit des Psychologen ab. Nur wer selbst die Klippen der Verzweiflung umfahren hat, nur wer selber hinter aller Finsternis die unerwartete Helligkeit des Mutes finden konnte, darf sich in die Selbstmordanalyse hineinwagen. Und da man vorher nicht weiß, wie tief in der Verzweiflung die Umkehrstelle sich findet, sollte man grundsätzlich Eheanalysen, ja vielleicht alle Doppelanalysen, nur übernehmen, wenn man sich der Selbstmordanalyse gewachsen fühlt. Denn erst wenn man gewillt ist, der negativen Seite des Umkehrerlebnisses bis in die äußersten Tiefen nachzugehen, kann man mit Sicherheit darauf rechnen, hinter der letzten Verzweiflung den positiven Untergrund des Lebens aufleuchten zu sehen. Der Mut des Therapeuten ist es, der den mutlosen Patienten so weit treibt, daß schließlich auch noch seine Verzweiflung zusammenbricht. Und dann erst tritt der selbstverständliche, der harmlose Tatbestand der Wirklichkeit aus all den plötzlich lächerlich gewordenen Paroxysmen der Affekte in voller Einfachheit und Schlichtheit hervor. Der Patient in unserem Beispiel nannte das: „Der Mut steckt an". — —

Er begann alsbald zu überlegen, wie er nun sein Leben einrichten könnte, ohne wieder in die alten Irrtümer zu verfallen. Seine Frau hatte inzwischen eine ganz ähnliche Entwicklung durchgemacht und war mit seinen Vorschlägen gern einverstanden. Sie sahen sich mehrere Monate hindurch nur selten. Sie wohnten getrennt, und besuchten sich nur Sonntags wie gute Freunde. Und trotzdem noch mancherlei Schwankungen und Schwierigkeiten zu überwinden waren, fanden sie doch mit immer wachsender Sicherheit den richtigen Weg. Allmählich lernten sie sich mit vorurteilslosen Augen anzusehen. Sie erkannten ihre Fehler, ihre Aufgaben, und ihre Wege zur Lösung der Aufgaben, aber nicht mehr um sie sich vorzuwerfen, sondern um sich zu helfen. Sie genierten sich nicht mehr, sich ihre Schwächen einzugestehen und erhoben keinen Anspruch mehr auf die Bewunderung des Partners. Ein halbes Jahr später war die Vergangenheit restlos überwunden, das Leben öffnete vor ihnen seine ungeahnten Möglichkeiten des Glückes und der Liebe, und ihre Ehe begann.

Selbstverständlich verlaufen nicht alle Eheanalysen so günstig. Es gibt deren viele, bei denen man sich mit einer reinlichen Scheidung oder mit einer annähernden Sanierung begnügen muß. Die Fortsetzung der langsamen Ermutigung muß man in diesen Fällen bescheiden und getrost dem unerbittlichen Gesetz des Lebens überlassen. Zahllose andere Paare sind glücklicherweise imstande, sich ohne psychologische Hilfe durch ihre Krisen hindurch zu entwickeln und allmählich vom größeren zum kleineren Irrtum durchzudringen. Immer aber zeigt die vorurteilslose Betrachtung, daß die Ehe für unsere Kulturstufe ein Purgatorium ist, in dem die lebenswidrigen Charakterzüge beseitigt werden und der Prozeß der Ermutigung zwangsweise ins Rollen gebracht wird.

In den Schwierigkeiten, die nach individualpsychologischer Auffassung heutzutage kaum je einer Ehe erspart bleiben werden, spielt naturgemäß das Vorhandensein oder Nichtvorhandensein der Kinder eine außerordentlich wichtige Rolle.

Schon die Frage der Kinderzahl wird notwendigerweise hineingeflochten in die vielfältigen und oft völlig unbewußten Konflikte zwischen den Ehegatten. Und es ist lehrreich, zu sehen, wie verschieden das gleiche Motiv in den wechselnden Phasen des Kampfes ausgenutzt werden kann. Das eine Mal werden die Kinder von der Mutter als Ehrentitel und als Begründung eines Rechtsanspruchs verwandt. Sie sagt etwa: „Zwei Kinder habe ich Dir zur Welt bringen müssen und Du willst nicht einmal für mich zum Briefkasten gehen". Und ein andermal sagt die gleiche Frau: „Wenn Du mir wenigstens noch ein drittes Kind gönntest, aber dazu fehlt Dir der Mut". Der Mann läßt sich oft zu ganz ähnlichen Widersprüchen verleiten. Das eine Mal wirft er der Partnerin die zu vielen, und das andere Mal die zu wenigen Kinder vor. Und dem Beobachter wird aus den häufigen Wechsel der Frontstellung sehr bald klar, daß hier die Frage der Kinderzahl gar nicht das eigentliche Streitobjekt bildet, sondern daß es um tiefere Dinge geht, die den beiden jedoch nicht zum Bewußtsein kommen. Und weil sie nicht wissen, um was sie streiten, tragen sie ihre Gegnerschaft auf diesem Gebiete aus, das dazu nicht besser und nicht schlechter geeignet ist, als andere Gebiete auch. Das Gleiche ist, trotzdem es dem Fernerstehenden weniger einleuchtet, auch der Fall, wenn die Möglichkeit einer neuen Konzeption das Problem zu einer unmittelbaren und folgenschweren Entscheidung drängt. Scheinbar werden ethische und wirtschaftliche Erwägungen im Vordergrunde stehen; aber je genauer man die beigebrachten Motive prüft, umso deutlicher sieht man, daß sie in ihrer Auswahl und in ihrer Bewertung durchaus abhängig sind von der Rücksichtnahme auf die Bestimmungspersonen, daß also schließlich nicht sachliche Urteile, sondern persönliche Vorurteile den Ausschlag geben.

Freilich ist es durchaus nicht immer die kämpferische Einstellung gegen den Ehepartner, die die sachliche Stellungnahme verhindert. Oft genug ist es auch, besonders in den vorkritischen Stadien der Ehe, die gemeinsame Abhängigkeit beider Partner von der öffentlichen Meinung oder vom Urteil irgendeiner familiären Autorität, die dann als gemeinsame Bestimmungsperson funktioniert. Weil eine zu große Kinderzahl auf die Fernerstehenden einen peinlichen Eindruck machen könnte, wird die Empfängnis verhindert, oder weil eine gefürchtete Tante das Zweikindersystem unmoralisch findet, wird sie nicht verhindert. Im Bewußtsein der beiden Gatten wird selbstverständlich immer die Rücksichtnahme auf ethische Grundsätze oder wirtschaftliche Nöte oder gesundheitliche Schwierigkeiten den Ausschlag geben. Und es soll nicht etwa geleugnet werden, daß diese Motive außerordentlich stark ins Gewicht fallen. Wenn sie aber nicht mit unsachlichen Sicherungen untermischt wären, müßten beide Gatten in voller Übereinstimmung zu einer gemeinsamen Entschlußfassung gelangen, und es könnte auch nachträglich kein Zwist mehr über den einmal gefaßten Entschluß entstehen.

Daß die Frage der Kinderzahl in den Machtkampf der Gatten hineingezogen wird, dürfte nach dem Gesagten nichts Erstaunliches mehr enthalten. Wichtiger ist dagegen, daß auch die Erziehung von den Konflikten der Eltern nicht unberührt bleiben kann; denn hier erwächst aus der unsachlichen Haltung der Erzieher eine unmittelbare Gefahr für das Kind.

Als von der Entstehung der Erwartungsvorstellungen die Rede war, wurde schon darauf hingewiesen, daß die Ansichten des Menschen über das Verhältnis von Mann und Frau zutiefst begründet sind in den Erfahrungen, die er in frühster Kindheit gemacht hat. Wo eine unbestrittene Überlegenheit eines Elternteils bestand, prägt sich diese Sachlage wie ein selbstverständliches Naturgesetz der kommenden Generation ein. Die Drucksituation zwischen den Gatten bringt gleichzeitig eine Verstärkung der ohnehin kaum vermeidbaren Entmutigung des Kindes mit sich, und so kommt es, daß die Kinder aus solchen Ehen notwendigerweise mit einem falschen Lebensplan in die Welt hinausgehen. Daß die gleiche Mißlichkeit in noch höherem Maße auftritt, wenn es zwischen beiden Gatten zu offenem Streit kommt, bedarf kaum noch der Erwähnung. Indessen scheinen bei feinnervigen Kindern die unausgesprochenen oder unbewußten Feindseligkeiten mindestens ebenso verderblich zu wirken, wie bei robusteren Kindern der lärmende Zank.

Die Verpflichtung, alle Ehekonflikte in sachlichen Formen zum Austrag zu bringen, und das heißt, die in der Ehe liegenden Entwicklungsmöglichkeiten auszuwerten und die Starrheit des eigenen Lebensplanes abzubauen, wird durch die Rücksicht auf das spätere Schicksal der Kinder fast bis zur Unentrinnbarkeit gesteigert. Es ist zwar leicht einzusehen, daß niemand seinen Krisen entgehen kann, und daß man ihnen später in immer neuen und immer schwereren Formen wieder begegnen wird, bis man die vom Leben gestellten Aufgaben löst. Aber es ist zunächst eine rein persönliche Angelegenheit. Nun zeigt sich jedoch, daß die Ungelöstheit der eigenen Aufgabe mit unausweichlicher Gesetzmäßigkeit dazu führen muß, daß die nächste Generation bei der Lösung der gleichen Aufgabe die gleichen Schwierigkeiten finden wird. Und es hilft auch nichts, wenn man sich loszukaufen sucht, indem man die Kinder in ein Heim oder in eine andere Familie verbringt. Die Tatsache, daß sie dann fern von den Eltern aufwachsen und, wenn sie nach Hause kommen, die elterliche Atmosphäre wieder einatmen, genügt schon, um sie unsicher zu machen und mit unlösbaren Problemen zu belasten. Nicht nur die direkte Beeinflussung des unbewußten Lebensplanes durch eine zu harte oder zu weiche Einstellung der Erzieher ist wichtig, sondern fast noch mehr die Gelegenheit zu Beobachtungen und Erfahrungen, die der Erwachsene den Kindern durch seine eigene Lebensauffassung gibt. Enthält der Lebensplan der Mutter den Satz: „Alle Menschen sind schlecht", so lernt das Kind, wenn auch nicht theoretisch, so doch durch dauernde Anschauung, daß es den Menschen gegenüber gar keine andere Verhaltungsweise gibt als die Feindseligkeit. Und es wird diese Haltung umso starrer nachahmen, je gründlicher es gleichzeitig durch die Starrheit der Mutter entmutigt worden ist.

Im Vergleich zu diesen Zusammenhängen spielt das von der modernen Pädagogik in den Vordergrund geschobene Problem der sexuellen Aufklärung nur eine untergeordnete Rolle. Die Koitusbelauschung, die die Psychoanalyse häufig als Ausgangspunkt der seelischen Entgleisung darstellt, hat nach unserer Meinung nur dann eine schädliche Wirkung, wenn ein ohnehin entmutigtes Kind sie erlebt. Und auch die spätere Aufklärung wirkt, selbst wenn sie ungeschickt gemacht wird, nur dann ungünstig, wenn sie auf einen mutlosen Lebensplan trifft, dessen Starrheit sie dann freilich in hohem Maße zu verstärken pflegt. Wird sie aber gut gemacht, so erspart sie dem Kinde eine gefährliche Quelle neuer Entmutigungen. Wo es sich indessen um Kinder handelt, in deren nächster Umgebung sich mutige Erwachsene befinden, da können einzelne Fehler und selbst grobe Entgleisungen verhältnismäßig wenig Schaden anrichten.

In ihrer krassesten Form und in ihrer ungünstigsten Zusammenballung treten alle diese Probleme auf, wenn zwischen den Eltern die Frage der Scheidung auftritt und der Besitz der Kinder als begehrtes Vorrecht oder als unwillkommene Last zum Gegenstand eines Rechtsstreites gemacht wird. Für die Rückwirkung auf die Kinder ist es dabei gleichgültig, ob das Verhalten der Eltern mehr durch die unsachlichen Gründe der Prestige-Politik oder mehr durch die scheinbar zwar sachlichen, im Grunde aber doch egoistischen Motive des wirtschaftlichen Lebens bestimmt wird. Sie werden auf jeden Fall zum Streitobjekt und selbst, wo angeblich die Interessen der Kinder den Ausschlag geben, wird regelmäßig vergessen, daß das wesentlichste Interesse der Kinder in der Erhaltung ihrer Zuversicht und ihres Vertrauens besteht. Beinahe zum Verbrechen wird aber der Fehler der Erwachsenen, wenn sie den Kindern die angeblich freie Wahl überlassen, ob sie sich dem Vater oder der Mutter anschließen wollen. Dann werden die Kinder zu Richtern über das Verhalten der Eltern gemacht; und da sie naturgemäß sehr bestechliche Richter sind, werden die Eltern nicht umhin können, mehr oder weniger bewußt die kindliche Entscheidung zu beeinflussen. Das Ringen um das Wohlwollen oder die Bundesgenossenschaft des Kindes versetzt aber das letztere in eine Lage und belädt es mit einer Verantwortung, der es nach dem Maße seiner Erfahrung noch durchaus nicht gewachsen sein kann. Tief bedauerlich ist es aber, daß auch die deutschen Gerichte in gewissen Fällen die Kinder „von rechtswegen“ zwingen, zwischen ihren Eltern zu wählen.

Bei zahlreichen Ehepaaren besteht freilich eine deutlich gefühlte, wenn auch nicht klar verstandene Abneigung gegen das Hineinziehen der Kinder in die ehelichen Konflikte. Nur wird dieser an sich richtige Grundsatz sofort wieder im Sinne der Mutlosigkeit ausgenutzt. Man läßt sich tyrannisieren „um des lieben Friedens willen“. Man gestattet dem Partner sogar den Ehebruch, weil man „aus Rücksicht auf die Kinder“ die Scheidung vermeiden möchte. Die Kinder aber verkümmern in der pessimistischen Atmosphäre dieses enttäuschten und innerlich zerfallenen Elternpaares. Wer angeblich um der Kinder willen die Scheidung ablehnt, geht in Wahrheit der Klärung seines Ehekonfliktes aus dem Wege und benutzt die Kinder als Vorwand für seine Mutlosigkeit. Er schädigt damit die Kinder weit mehr, als wenn er auf dem Wege zur Scheidung durch die Verzweiflung hindurch zur Ermutigung gelangen würde. Und eine reinlich geschiedene Ehe ist für die Kinder immer noch gesunder, als eine ungeschiedene Ehe, die keine Ehe mehr ist oder nie eine Ehe war.

Über die psychischen Bestimmungen der Gattenwahl

Von Karen Horney

Man mag die Wirksamkeit unbewußter Seelenkräfte im allgemeinen nicht sehr hoch einschätzen, gerade der Frage der Gattenwahl wird man von ihren rationalen Begründungen her nicht beikommen können. Daß hier vielmehr Probleme liegen, die nur von ihren unbewußten Motivierungen her unfaßbar sind, ist von jeher klar gewesen bei solchen Fällen, in denen man vor einem offenen Rätsel stand, warum gerade zwei Persönlichkeiten sich gewählt haben, zwischen denen auch nicht die geringste Gemeinsamkeit zu entdecken war. Indessen zeigt eine genauere Betrachtung und ein empfindlicheres Kausalbedürfnis, daß im Grunde keine Objektwahl sich ganz aus dem Bewußtseinsinhalt der beiden Partner erklären läßt — nicht einmal dann, wenn die Motive zu einer bestimmten Eheschließung vorwiegend wirtschaftlicher oder sozialer Natur sind.

Wie überall, wo wir unbewußte Motive mit letzter Konsequenz verfolgen, kommen wir auch bei der Aufdeckung der unbewußten Bedingungen, die zu einer bestimmten Gattenwahl geführt haben, bis in die Kindheit zurück, auf die Objekte, die sich unserem frühesten Liebesbedürfnis dargeboten haben, also auf die Beziehungen zu Eltern, Geschwistern, Gespielen und sonstigen Personen der ersten Umgebung.

Die psychoanalytische Erfahrung hat gezeigt, daß die Sexualität nicht erst in der Pubertätszeit einsetzt, sondern daß Äußerungen eines Trieblebens bereits in den ersten Lebensjahren zutage treten. Und zwar unterscheidet sich das kindliche Triebleben vom späteren nicht hinsichtlich seiner Stärke, etwa so, daß es sich aus geringen Anfängen steigerte bis zum schließlichen Durchbruch in der Pubertät, sondern der Unterschied ist lediglich qualitativer Natur[1]). Vor allem kann also das Kind schon genau so leidenschaftlich lieben und hassen wie der Erwachsene — wir waren nur bisher nicht gewöhnt, Äußerungen dieser Empfindungen ernst zu nehmen. Infolge des Prinzips der gegengeschlechtigen Anziehung, das wir überall in der Natur wirksam sehen — auch da, wo eine reale körperliche Vereinigung nicht in Frage kommt (vgl. das Überkreuz-Gesetz" von *Th. Zell*) — fühlt sich rein triebmäßig der Knabe stärker zur Mutter und das Mädchen stärker zum Vater hingezogen. Da diese ersten Liebesgefühle schon mit ähnlichem Verlangen nach Ausschließlichkeit auftreten, wie es uns aus dem späteren Liebesleben bekannt ist, entsteht aus dieser psychischen Situation ein Konflikt, den die Psy-

---

[1]) *Freud.* Drei Abhandlungen zur Sexualtheorie. Ges. Schriften, Bd. V.

choanalyse in seiner Gesamtheit als den „Oedipuskomplex" bezeichnet. Er begreift also vor allem die Rivalität gegenüber dem gegengeschlechtlichen Elternteil in sich.

Dieser ganze Gefühlskomplex ist seiner Natur nach zum Untergang bestimmt, stößt er doch nicht nur auf eine reale Versagung, sondern auch auf ein Verbot, das Inzestverbot, das uns bereits tief im Blut sitzt, das wir aber noch bei primitiveren Völkern durch eine Unzahl von Tabus und Strafvorschriften geschützt sehen [1]).

Der normale Ausgang dieses Konfliktes stellt sich so dar, daß der sinnliche Anteil dieser Regungen der Verdrängung anheimfällt, also unbewußt wird, während der seelische Anteil in Form von Vertrauen, Anhänglichkeit, Zärtlichkeit weiter zu einem Teil den Eltern zugewendet bleibt. In der späteren Kindheit findet dann eine allmähliche Lösung statt, die in der Pubertätszeit vollendet sein und den heranwachsenden Menschen dazu instand setzen soll, die Gesamtheit seiner Gefühle auf ein anderes, fremdes Objekt zu übertragen, das zugleich den Ansprüchen seines bewußten Ich angepaßt, also „ichgerecht" ist.

Die bloße Tatsache nun eines historischen (ontogenetischen) Zusammenhanges zwischen den frühen Kindheitseindrücken und einer späteren Objektwahl dürfte heute, nachdem gewisse Grundlagen der Entdeckungen *Freuds* bereits anfangen, Allgemeingut zu werden, kaum mehr von Interesse sein; aber die Wege, die von den einen zur anderen führen, sind so mannigfaltig und so versteckt, daß erst ein Versuch, einige ihrer Hauptlinien aufzuzeigen, ein wirkliches Verständnis für die hier waltenden Kräfte erschließen kann.

Denn nur in relativ seltenen Fällen liegt der Zusammenhang ohne weiteres sichtbar zutage. Wenn also z. B. ein junges Mädchen, das an ihrem Vater mit schwärmerischer Zuneigung hing, einen 30 Jahre älteren Mann liebt und heiratet, der in seinem ganzen körperlichen und seelischen Habitus (z. B. auch in der Art seiner Ritterlichkeit, seines Witzes) eine allen auffallende Ähnlichkeit mit dem Vater hat, wenn sie dementsprechend auch mit diesem Mann eine Ehe führt, die niemals weit über väterlich-töchterliche Zärtlichkeiten hinausgedieh, so dürfte es klar sein, daß der Mann hier ganz direkt an die Stelle des Vaters getreten ist. Viel befremdlicher muten jene Fälle an, in denen der eigene Vater viel mehr gefürchtet als geliebt war: wenn er z. B. rücksichtslos, brutal und trunksüchtig war, und dennoch ein Mann nach seinem Vorbild genommen wird. Aber im Grunde tritt hier nur der vom Unbewußten ausgehende Zwang deutlicher in Erscheinung: die Grundlinie ist dieselbe.

Das Wesentliche dieser Fälle liegt darin, daß bei ihnen die eigentliche psychische Arbeit, die in der Pubertätszeit vollbracht sein soll, nämlich die innere Loslösung von familiären Bindungen, nur ganz oberflächlich geleistet ist. Die unbewußte libidinöse Bindung an Vater oder Mutter bleibt bestehen und wird nur — meist mitsamt den Einschränkungen, denen das Kind-Eltern-Verhältnis unterliegt — ziemlich unverändert auf ein möglichst ähnliches Objekt verschoben. Tat-

[1]) *Freud.* Totem und Tabu. Ges. Schriften, Bd. X.

sächlich erleben diese Menschen oft viel später, wenn entweder der Tod oder die eigene Entwicklung eine Lösung von dem so gewählten Partner erzwingt, eine sexuelle Krise, die man nur als eine verspätete Pubertät auffassen kann. Bis zu diesem Zeitpunkt pflegen solche Menschen dem Partner unerschütterlich treu zu sein: die Fixierung ist so groß, daß ein Antrieb zur Untreue fehlt.

Geringe quantitative Verschiebungen[1]) in dem Tatbestand solcher festen Bindung führen zu ganz anderen Konsequenzen im späteren Liebesleben. Ist die Bindung an die Person von Vater oder Mutter noch um einige Grade fester, so wird die Übertragung auf andere Objekte überhaupt zur inneren Unmöglichkeit. Es kommt dann zu einer allgemeinen Reserve gegenüber dem anderen Geschlecht, und eine Ehe tritt kaum in den Bereich der Möglichkeit.

Ist dagegen die Bindung ein wenig lockerer, so können zwar die Gefühle auf eine andere Person übertragen werden, aber sie haften nicht fest, erkalten leicht und springen weiter auf andere Objekte über, bei denen sich dann dasselbe Spiel wiederholt. Diese Zusammenhänge sind u. a. auch darum bemerkenswert, weil sie uns zeigen, wie zwei solche Gegensätze wie die absolute Unfähigkeit zur Treue und die Unfähigkeit zur Untreue von einem und demselben Punkt der psychosexuellen Entwicklung ihren Ursprung nehmen — also nicht angeborene Charaktereigenschaften sind, sondern erworbene Hemmungen.

In weit häufigeren Fällen zeigt sich die direkte Bedingtheit der späteren Objektwahl durch frühe Gefühlsbindungen nur an bestimmten, aber für den Betreffenden entscheidenden Punkten. Sehen wir von allen individuellen Variationen ab, so sind es vor allem zwei Momente, die — vom Kinde aus gesehen — für Vater oder Mutter charakteristisch sind: der Altersunterschied und das Gebundensein resp. die Unerreichbarkeit. So wird es uns auch nicht wundern, wenn unbewußte Abhängigkeiten der Wahl sich so oft gerade an diesen zwei Punkten dokumentieren. Der innere geheime Z w a n g , unter dem solche Wahl getroffen wird, fällt uns als solcher nur auf, wenn sie im G e g e n s a t z z u d e n b e w u ß t e n G l ü c k s e r w a r t u n g e n steht, und dann, wenn sie sich in gleicher Weise mehrmals im Leben wiederholt, wenn also immer wieder gerade eine viel ältere Frau oder ein schon verheirateter Mann geliebt wird. Man pflegt dann „das Schicksal"[2])

[1]) Diese quantitativen Momente bilden natürlich nur e i n e n Faktor in den Grenzen dieser verschiedenen Typen.

[2]) Wir können uns auch psychologisch mit dem Begriff des „Schicksals" einverstanden erklären, wenn wir nur diese Mächte, die unsern Weg und also auch unsere Objektwahl bestimmen, die die Menschheit aus sich heraus nach außen projiziert hat, wieder in uns einbeziehen, etwa im Sinne des Wortes im Wallenstein: „In deiner Brust sind deines Schicksals Sterne".

dafür verantwortlich zu machen, aber eine tiefere Einsicht zeigt uns, daß eben diese Momente, trotz deren man zu lieben glaubt, gerade das entscheidende unbewußte Motiv darstellen, um dessentwillen man den anderen lieben und begehren muß.

Die theoretische Kenntnis dieser Zusammenhänge erlaubt nun in der Regel noch kein Verständnis für den einzelnen Fall, und zwar vor allem aus zwei Gründen: Einmal sind diese unbewußten Liebesbedingungen selten isoliert wirksam. So kann z. B. bei der Wahl einer schon gebundenen Frau der Nachdruck auf der Rivalität gegenüber dem betr. Mann liegen, von einem bloßen Mitschwingen dieses Motivs bis zu solcher Ausschließlichkeit, daß daneben die Persönlichkeit der Frau selbst nebensächlich wird, daß sie also etwa völlig an Interesse verliert, sobald das Ziel, den Rivalen besiegt zu haben, erreicht ist. *Freud* hat diese Liebesbedingungen als die des „geschädigten Dritten" bezeichnet und sie auf eine besonders starke Rivalität gegenüber dem Vater zurückgeführt.

Ferner müssen sich diese unbewußten Antriebe keineswegs gradlinig in der Richtung der Erfüllung auswirken, sondern können unter dem Druck der Verdrängung allerhand Umbiegungen erfahren. Gerade auf dem Rivalitätsbedürfnis kann geradezu ein so starkes Tabu liegen, daß schon der bloße Gedanke an eine unmögliche anderweitige Bindung des andern zurückweichen läßt. So sagte mir eine Patientin, sie möchte keinen Mann an sich binden, weil sie schon der Gedanke zurückhalte, sie nähme dadurch irgend einer anderen Frau die Möglichkeit, ihn zu heiraten.

In Fällen wie diesem kommt es eben nicht nur da zu einem Zurückweichen, wo ein tatsächliches Rivalitätsverhältnis in Frage steht, sondern es stellt sich für das Gefühl jedes einfache Liebeswerben von seinen harmlosesten Anfängen an unter dem Aspekt einer — verbotenen — Rivalität dar. Für das Liebesleben ergibt sich alsdann eine mehr oder weniger große Passivität, von der aus eine eigentliche, aktive „Wahl" gar nicht mehr vollzogen werden kann. Menschen mit dieser Hemmung kommen begreiflicherweise überhaupt nicht leicht zur Ehe; fast nur dann, wenn sie vom andern gewählt und auch festgehalten werden.

Ein solches Ausweichen vor der Rivalität ist häufig sehr stark mitbestimmt durch das Verhältnis zu den Geschwistern, diesen ersten Rivalen um die Liebe der Eltern. Verfolgen wir die Entwicklung eines derartigen Menschen rückwärts, so zeigt es sich, daß dem Ausweichen zeitlich eine sehr ausgesprochene Eifersucht auf einen bestimmten Bruder oder Schwester vorausgegangen ist.

Ebenso wie die Rivalität können auch die andern aus der Kindheit stammenden Antriebe zu einer bestimmten Gattenwahl eine Verkehrung ins Gegenteil erfahren und dadurch unkenntlich werden. Es kann dann gerade die Wahl auf einen Partner fallen, der durch nichts an die Eltern erinnert, sondern durch Rasse, Charakter, soziales oder geistiges Niveau den vollen Gegensatz zu ihnen darstellt. So können insbesondere die zwei für die Eltern besonders typischen Momente von einer solchen Abwendung betroffen sein, so daß etwa für eine Objektwahl des Mannes ausschließlich das ganz junge, unberührte Mädchen in Frage kommt. Wenn der Mann so häufig in jüngeren Jahren eine ältere Frau liebt und später im Gegensatz dazu ein ganz junges Mädchen zur Frau nimmt, so ist diese Entwicklung keineswegs nur aus rationalen Erwägungen zu begreifen, sondern entspricht einer allmählich fortschreitenden Verdrängung, u. U. auch Loslösung von der ursprünglichen Mutterbindung.

Die Bevorzugung der Virgo intacta läßt sich aber noch von einem andern Gesichtspunkt her begreifen: nämlich von dem der Idealbildung. Es wird nicht das Ebenbild der realen Mutter gesucht, sondern — nach einer psychologisch genialen Schöpfung von *Spitteler* — ihre „Imago", also eine von der Phantasie im Sinne der Wunscherfüllung umgeschaffene Gestalt. Diesen Prozeß der Idealisierung der Eltern sehen wir ja bereits in der Kindheit am Werke, wenn aus einem offenbar sehr tief wurzelnden Bedürfnis heraus den Eltern alle möglichen Vollkommenheiten zugelegt werden. Zu diesen gehört typischer Weise vor allem das Ideal der sexuellen „Reinheit", an dem oft trotz aller selbst gemachten Wahrnehmungen festgehalten wird[1]). Wenn wir an die große kulturelle Bedeutung denken, die gerade dieses Ideal der jungfräulichen Mutter für den Mann hat (Madonnenkult!), so werden wir auch von daher sein Gewicht bei der Gattenwahl verstehen, um so mehr, als es ja auch von bewußten sozialen Einstellungen gestützt und getragen ist.

Dieser Vorgang der Idealisierung der kindlichen Liebesobjekte, von dem die Bedingung der sexuellen Reinheit nur ein Spezialfall ist, ist nun überhaupt für die Gattenwahl des „normalen" Menschen von wesentlicher Bedeutung. Und zwar wird sich eine glückliche Objektwahl in ihren Grundzügen determiniert erweisen durch eine Mischung von realen und idealisierten Zügen der ersten Liebesobjekte. Richtung und Wege der Idealbildung sind dabei im einzelnen genau so streng determiniert, wie alles psychologische Geschehen. Sie erfaßt vor allem solche Eigenschaften der Eltern, unter denen man früher gelitten oder die man entbehrt hat, wird weiter durchsetzt von eigenen Idealsetzungen und bildet auf diese Weise den Weg, auf dem die alten Objekte für das bewußte Ich annehmbar gemacht werden.

---

[1]) So pflegen Kinder sehr häufig, wenn sie die sexuelle Aufklärung im allgemeinen akzeptieren, doch ihre Eltern mit Entschiedenheit auszunehmen.

Bleiben dagegen die alten idealen Forderungen unverändert in einem Menschen lebendig, so kann sich eine sich daraus ergebende Überspannung der Ansprüche als ernstes Hindernis jeder Gattenwahl in den Weg stellen. Es findet sich dann eben kein realer Partner, der einem solchen Phantasiebild entsprechen könnte. Dynamisch betrachtet wird eine derartige Übersteigerung zu einem Mittel, um tatsächlich an den alten Bindungen festzuhalten. Kommt es dennoch zu einer Eheschließung, so kann sie nur auf Grund einer sehr grandiosen Sexualüberschätzung erfolgen, bei der die gewünschten Eigenschaften eben in das Objekt hineingelegt werden. Im extremen Fall spielt dann die wahre Beschaffenheit des Objekts gar keine Rolle — es muß nur vorübergehend geeignet sein, Träger bestimmter Illusionen zu werden.

Werden die im Grunde einfachen Linien, die von der Kindheit her zur Gattenwahl führen, schon durch die Mechanismen der Verdrängung, der Verkehrung ins Gegenteil und der Idealbildung verdeckt, so können sie sich weiterhin komplizieren durch alle Abweichungen von der „normalen" psychosexuellen Entwicklung. Um diese zu verstehen, müssen wir uns daran erinnern, daß die Kind-Eltern-Beziehung, soweit sie im Triebleben wurzelt, einen Konflikt darstellt, und daß dieser — wie andere Konflikte auch — zu verschiedenen Ausgängen führen kann. Vom Gesichtspunkt der Objektbeziehungen aus ergeben sich da vor allem drei Möglichkeiten:

Einmal kann das ursprüngliche Objekt beibehalten werden, aber die spätere Übertragung der Gefühle auf andere Personen unterliegt gewissen Einschränkungen. Die wichtigste unter ihnen ist die an anderer Stelle dieses Buches[1]) beschriebene Spaltung im Liebesleben, also die Unfähigkeit dazu, die Gesamtheit der Gefühle wieder auf einen Menschen zu konzentrieren. Ich sage dort, daß die Gattenwahl dann in der Regel auf eine Frau falle, die dem idealisierten Bild der Mutter entspräche und daß die körperliche sexuelle Befriedigung außerhalb der Ehe gesucht wird; und muß das hier in einem Punkt ergänzen. Wir erleben nämlich so manches Mal auch, daß gerade eine Frau geheiratet wird, zu der ursprünglich rein sexuelle Beziehungen bestanden und die einen ausgesprochen schlechten Ruf hat, zum mindesten aber in dieser Hinsicht gefährdet erscheint. In diesen Fällen ist das wirksame Agens ein gleichfalls aus der Kindheit stammender Impuls, die Frau zu „retten"[2]); ein Impuls, der meist so stark in der Phantasie verankert ist, daß die dem entgegenstehende psychische Realität der Frau dabei falsch eingeschätzt wird, so daß Ehen,

---

1) In dem Kapitel: Psychische Eignung und Nichteignung zur Ehe S. 192 ff.
2) *Freud*. Zur Psychologie des Liebeslebens. Ges. Schriften, Bd. 5.

die auf dieser Basis eingegangen sind, meist rasch zu einer Katastrophe führen.

Eine andere Einschränkung besteht in der Beibehaltung der Bedingung des Geheimen und Verbotenen. Die Liebe kann wohl in großem Umfang auf ein späteres Objekt übertragen werden, aber es besteht eine oft unüberwindliche Scheu vor der Legitimität einer Beziehung; und sie wird auch, falls sie doch erzwungen wird, schlecht vertragen. Wie man denn oft beobachten kann, daß eine Frau vom Augenblicke der Eheschließung an völlig an Reiz und Interesse für den Mann verliert. Für unser bewußtes Denken stellt sich dieses Phänomen so dar, als sei es die Sicherheit des Besitzes, durch die der Partner entwertet wird — wobei allerdings das Rätsel ungelöst bleibt, warum dieser plötzliche Umschwung nur in einigen Fällen auftritt. Haben wir in solchen Fällen Gelegenheit, den unbewußten Vorgängen nachzugehen, so sehen wir, daß das Liebesleben dieser Menschen gewissermaßen unter einer aus den Inzestverboten stammenden Zensur steht, die nicht sehr streng gehandhabt wird, insofern nur die eine Konzession des Heimlichen, Nicht-Offiziellen gemacht wird — ähnlich wie der Staat manche eigentlich verbotene Einrichtungen, z. B. die Prostitution, stillschweigend duldet, so lange sie nicht mit dem Anspruch auf öffentliche Sanktionierung hervortreten. Das geheime Tabu, das auf diese Weise gegenüber der legitimen Eheschließung entsteht, gibt die tiefere Begründung für sehr viele Fälle von Ehescheu und erklärt uns, warum ihre rationalen Begründungen, wie etwa die Scheu vor Verantwortung oder vor wirtschaftlicher Belastung sich oft so unerschütterlich erweisen.

Ein anderer Ausgang der Konflikte des kindlichen Liebeslebens macht bei diesen Einschränkungen der Wahl nicht halt, sondern führt zu einer grundsätzlicheren Lockerung der Beziehung zum andern Geschlecht, die ihren Ursprung von einer ganz bestimmten Umstellung in der Kindheit genommen hat. Während die normale Entwicklung des Mädchens so verläuft, daß sie anfänglich im Spiel und später im Ernst in die Rolle der Mutter hineinwächst, also selbst Mann und Kind haben will, sehen wir in diesen Fällen schon beim kleinen Mädchen lebhafte Wünsche danach, selbst ein Knabe zu sein. Wunschäußerungen dieser Art finden wir häufig; sie besagen an sich nicht viel, erklären sich z. T. durch eine reale Benachteiligung gegenüber Knaben und können, soweit sie eigentlichen Triebansprüchen entsprechen, späterhin im Sinne einer Sublimierung verarbeitet werden. Sie können aber auch der Ausbruch einer inneren Umstellung sein, die sich vollzogen hat, und deren Inhalt besagt, daß das Mädchen den Vater nicht mehr nur liebt, sondern ihm gleich sein will. Im Sinn solcher Identifizierung auf der männlichen Linie wird dann auch später vor allem der Kamerad gesucht, dessen Interessen man teilt.

Die nie fehlende und für das ganze weitere Liebesleben folgenschwere Kehrseite dieser Zuwendung zu einem männlichen Vorbild für das eigene, doch anders geartete Sein ist nun eine Unsicherheit gegenüber der eigenen naturgegebenen Geschlechtsrolle, die infolge der sich immer wieder erweisenden Vorbildlichkeit des Sexuellen auf die gesamte Psyche ausstrahlt. Diese innere Unsicherheit kann bestimmend für die Objektwahl werden, und zwar auf dem Wege, daß sie reaktiv ein erhöhtes Bedürfnis nach Geltung, nach Überlegenheit, Anerkennung oder Bestätigung der erotischen Anziehungskraft schafft. Es wird infolgedessen ein Partner gesucht, der dieses Bedürfnis in irgend einer Richtung befriedigt: entweder der Partner muß selbst in bestimmten Relationen unterlegen sein, sei das nun eine wirtschaftliche Abhängigkeit oder eine intellektuelle Unterlegenheit, eine geringere Vitalität oder ein größeres Anlehnungsbedürfnis des andern; oder er muß umgekehrt Qualitäten besitzen, die auf andere Weise geeignet sind, das Selbstvertrauen des Betreffenden zu stärken; wie es etwa die Wahl einer sehr umworbenen Frau, eines bedeutenden oder angesehenen Mannes tut. Welche Rolle dieser Mechanismus der Wahl tatsächlich spielt, zeigt sich schon darin, daß ein so guter Beobachter wie *Alfred Adler* die Unsicherheit und das aus ihr entspringende Geltungsbedürfnis zum Angelpunkt eines ganzen psychologischen Systems machen konnte, wobei er sich allerdings dazu verführen ließ, diesen Prozeß als etwas Ursprüngliches, nicht weiter Aufzulösendes zu nehmen.

Eine andere Folgeerscheinung der skizzierten Umstellung tritt dann ein, wenn mit der Identifizierung mit dem Mann auch dessen Objektwahl mit übernommen wird, wenn also gleichzeitig ein Umschwung in der Richtung der Homosexualität erfolgt. Für die Frage der Gattenwahl interessieren vor allem die sehr häufigen Fälle, in denen bewußt Personen des andern Geschlechts Gegenstand der Liebe bleiben, aber bei denen diese Einstellung durch stärkere unbewußte homosexuelle Strebungen durchkreuzt wird. Eine solche psychische Situation kann auf die Objektwahl nicht ohne Einfluß bleiben, sondern wirkt sich in ihrer nächsten unmittelbaren Folge dahin aus, daß ein Mann mit Zügen der Mutter-Imago gesucht wird, resp. eine Frau mit Zügen der Vater-Imago, wobei die Einzelheiten solcher Wahl natürlich durch die individuellen Gegebenheiten bestimmt werden.

Was nun die Bedeutung dieser Objektwahlen für die Gesamtpersönlichkeit angeht, so gilt für sie alle, daß sie unter dem Druck von Teilstrebungen erfolgen, und zwar oft von solchen, die im Widerspruch zum Gesamt-Ich stehen, jedenfalls aber nicht von ihm getragen sind. Wir sagen von diesen Wahlen oft, es fehle ihnen die richtige „Instinktsicherheit“ und sind geneigt, diese als eine besondere Anlage anzusehen, die einem Menschen von Natur aus gegeben oder nicht gegeben ist. Auf Grund der dargelegten Zusammenhänge könnten wir versuchen, diesen Eindruck begrifflich genauer zu fassen und müßten dann unter ihr die Fähigkeit begreifen, mit der Treffsicherheit, wie sie nur dem Unbewußten eignet, eine Wahl zu treffen, die das Wesentliche unseres Seins erfaßt, die also nicht nur einen großen Teil unserer bewußten und unbewußten Triebansprüche befriedigt, sondern auch von unserm bewußten Denken und unsern Idealsetzungen aus bejaht werden kann. Sie muß dann fehlen, wenn sich in der Entwicklung isolierte starre Liebesbedingungen, wie sie auf dem Boden bestimmter Fixierungen entstehen, in Form von Wünschen oder Hemmungen auf Kosten des Ganzen durchgesetzt haben.

Ein dritter Ausgang der kindlichen Konflikte endlich besteht darin, daß die Liebesgefühle überhaupt in stärkerem Maße von den Objekten zurückgezogen werden, und daß infolgedessen das eigene Ich stärker in den Mittelpunkt rückt. Es würde zu weit führen, hier auf die theoretische Begründung dieser Entwicklung und ihrer verschiedenen Möglichkeiten einzugehen. Eine Gattenwahl auf der Basis dieser Entwicklung wird natürlich auch durch die kindlichen Objektbindungen und deren Schicksale bestimmt sein — wie sich ja überhaupt jede Wahl mehrfach determiniert erweisen wird —, aber die Hauptdeterminanten liegen dann doch nicht in der Beschaffenheit des Partners, sondern in seiner Eignung, den egoistischen Strebungen des andern dienstbar zu sein. Die gesellschaftliche Stellung der Frau, ihre Beziehungen, ihre wirtschaftliche Tüchtigkeit oder ihr Geld sind ausschlaggebender als ihre menschliche oder erotische Eigenart.

Man ist leicht zu der Annahme geneigt, daß die Basis, auf der solche „Vernunftehen“ geschlossen sind, eigentlich zu schmal sei, um ein so persönlich geartetes und kompliziertes Bauwerk wie die Ehe tragen zu können, und erlebt doch so manches Mal, daß sie sich als tragfähigeres Fundament erweist, als es bei einer ausgesprochenen Liebesheirat der Fall ist. Indessen ist der Gegensatz zwischen Vernunft- und Liebesehen nicht ganz so absolut, wie er scheint. Denn in Vernunftehen stellen sich durch die Situation, die mit der Ehe gegeben ist, die Übertragungen alter Gefühlseinstellungen auf den Partner nachträglich ja auch her. Die Objektwahl wird sozusagen nachgeholt. Was dabei den Gefühlen an Leidenschaftlichkeit abgeht, fehlt auf der anderen Seite auch den unvermeidlichen Konflikten an Schärfe, so daß diese Ehen schwersten Erschütterungen tatsächlich weniger ausgesetzt sind. In derselben Richtung wirkt der Umstand, daß in der Regel eben nur solche Menschen aus eigener Wahl eine Vernunftheirat schließen, die in ihrer Fähigkeit zur Objektliebe stark behindert sind und für die daher die persönliche Beziehung zum andern garnicht die zentrale Bedeutung hat, wie für einen Menschen, desser Liebesleben sich harmonisch entwickelt hat.

Wenn man die dargestellten psychischen Faktoren überblickt, die eine Gattenwahl bedingen sollen, so bleibt leicht der Eindruck zurück, als sei die strenge Determiniertheit derselben durch unbewußte Gefühlsübertragungen doch überschätzt, und zwar zuungunsten akzidenteller Einflüsse und Bedürfnisse. Wie wäre es sonst zu erklären, daß ein Mann z. B. nacheinander oder auch gleichzeitig Frauen lieben kann, die in ihrem ganzen Typ ausgesprochene Gegensätze bilden?

Um dieses Problem der mehrfachen Liebeswahl sauber erfassen zu können, muß man verschiedene Möglichkeiten auseinanderhalten.

Da ist zunächst der Don Juan-Typ, der im Unbewußten an ein bestimmtes Kindheitsobjekt fixiert ist und dieses im Grunde sucht: bei ihm ist ohne weiteres verständlich, daß er bei diesem Suchen an sehr verschiedene Frauen geraten kann, da er ja keine von allen eigentlich meint.

Da sind weiter Menschen mit den geschilderten starren, isolierten Liebesbedingungen, wie der des Gebundenseins oder des Rettungswunsches: bei ihnen allen können grundverschiedene Objekte in Frage kommen, sofern sie nur die eine Hauptbedingung erfüllen[1]). Da sind endlich diejenigen großen Gruppen, bei denen die Beziehung zum anderen Geschlecht überhaupt locker ist und für die bei einer Wahl Momente wie die des geschädigten Dritten, der Geltung, des Macht- oder Besitzzuwachses entscheidend sind: auch hier Ansprüche, die nicht an eine Person von bestimmter Eigenart gebunden sind.

Für alle diese Kategorien gilt ein Gemeinsames: Von der Wahl werden nur bestimmte Qualitäten des Partners erfaßt, die teils so eng umschrieben, teils so allgemeiner Natur sind — bis zu den allgemeinsten: dem einfachen Geschlechtscharakter — daß sie am Wesentlichen des andern Menschen vorbeigehen müssen: es besteht dann auch, wenn keine andern Gründe dafür sprechen, von hier aus gesehen, keine innere Nötigung, gerade nur an dem einen Objekt festzuhalten, sondern es ist relativ leicht ein Partner durch den andern auswechselbar.

[1]) Gerade unter Neurotikern trifft man auf die merkwürdigsten Bedingungen, wie die eines körperlichen Gebrechens, einer bestimmten Körperhaltung etc. Siehe *Freud:* Geschichte einer infantilen Neurose. Ges. Schriften, Bd. 6.

Der Mensch mit weniger gehemmter Entwicklung dagegen, dessen Gesamtlibido sich auf ein Objekt konzentrieren kann, erfaßt darum in ganz anderem Maße — bewußt oder instinktiv — das Einmalige der andern Persönlichkeit. Die Möglichkeit einer längeren Bindung an diesen Partner ist darum viel größer. Dennoch dürfte auch hier ein Zweifel angebracht sein gegenüber der Auffassung, als ob in solchem Fall nur eben diese eine Wahl möglich gewesen sei. Tatsächlich gewinnt man auch in Analysen wohl den Eindruck der vielfachen, strengen psychischen Determinierung einer Wahl, aber nicht immer die Überzeugung, daß die gegebenen Faktoren der psychosexuellen Entwicklung nur zu diesem einen Partner oder einem ihm sehr ähnlichen hätte führen müssen. Das könnte daran liegen, daß selbst tiefreichende Analysen nur einen lückenhaften Einblick in das dynamische Getriebe der Kräfte gestatten —, aber das Leben zeigt uns ja mit aller Deutlichkeit, daß unsere mangelhafte Einsicht weniger schuld ist als die tatsächliche Vielgestaltigkeit der frühen Eindrücke und ihrer späteren Verarbeitungen, durch die sie wie ein Strahl durch ein Prisma in viele Strahlen zerteilt werden. So können also von den gegebenen Bedingungen her wegen ihrer Vielfältigkeit — auch gerade für den gesunden, also innerlich weniger gebundenen Menschen — verschiedene Erfüllungen im Liebesleben möglich sein. Wie etwa Goethe zwei so verschiedene Frauen wie Charlotte v. Stein und Christiane Vulpius lieben konnte und beide sich gut aus seiner Kindheit begreifen lassen.

Die Vorstellung von den zwei Menschen, die „für einander bestimmt" sind, dürfte eine Illusion sein, und zwar eine von jenen, die wir wegen ihres sinnfälligen Wertes nicht geneigt sind, uns zerstören zu lassen.

Über die psychischen Wurzeln einiger typischer Ehekonflikte

Von Karen Horney

Die Ehe schafft Bindungen, die zu allen Zeiten in den gebundenen Persönlichkeiten zu Konflikten geführt haben. Wenn Stärke und Umfang der Konflikte ein Zusammenleben unerträglich machen, pflegt man zu sagen, die beiden Menschen „passen nicht zu einander". Dieser Ausdruck entspringt der Auffassung, als ob die individuelle Beschaffenheit zweier Ehepartner „auf einander abgestimmt sein" oder „sich ergänzen" müsse. Alle nur von dieser Voraussetzung ausgehenden Untersuchungen der Ehekonflikte müssen unfruchtbar bleiben, weil sie zum Ausgangspunkt die Verschiedenheit der physischen und psychischen Konstitutionen nehmen und alsbald vor einer ebensolchen Mannigfaltigkeit der Ehekonflikte stehen, so daß deren Einordnung in Sätze von allgemeingültiger Bedeutung unmöglich wird. Wir sehen, daß z. B. bei Gleichartigkeit der Charaktere eine Ehe sowohl glücken als mißlingen kann, und können ebenso feststellen, daß Gegensätzlichkeit im Wesen weder als positives noch als negatives Vorzeichen für eine Ehe zu werten ist. Selbst die Eigenschaften der Verträglichkeit und der Anpassungsfähigkeit, die in anderen Fällen sozialer Gemeinschaft eine gewisse Gewähr für deren Aufrechterhaltung abgeben, vermögen nicht zu verhindern, daß eine Ehe völlig mißlingt.

Wir wollen daher bei dieser Betrachtung die Verschiedenheit menschlicher Anlagen ebenso beiseite lassen wie alle kulturellen oder wirtschaftlichen Ursachen der Ehekonflikte und dort mit der Untersuchung einsetzen, wo in den ehelichen Beziehungen etwas für alle Fälle und für alle Zeiten Gleichartiges feststellbar ist.

Es gibt aber nur einen einzigen konstanten Inhalt, der sich allen Erscheinungsformen der Ehe gemeinsam erwiesen hat: das ist die durch sie begründete Sexualgemeinschaft. Von ihr müssen wir daher bei der Frage nach dem Ursprung der typischen Konflikte ausgehen, obgleich — worauf bereits *Georg Simmel* in seiner Soziologie hingewiesen hat — sie allein niemals das Wesen einer Ehe ausmacht [1]).

Fragen wir, wie die typische Entwicklung der Sexualbeziehung in der Ehe verläuft, so läßt sie sich unter Zugrundelegung einer von *Freud* geschaffenen Formulierung [2]) kurz so präzisieren, daß die direkten Sexualbestrebungen über kurz oder lang hinter den zielgehemmten Regungen zurücktreten. Der nächstliegende Grund dieser Erscheinung ist offenbar der, daß die Erfüllung des körperlichen genitalen Sexualziels und vor allem seine leichte, stete Erfüllbarkeit, die Sexualspannung als solche herabsetzt.

So naheliegend, ja fast selbstverständlich diese Begründung erscheint, so warnen doch einige Überlegungen davor, sie als einzige gelten zu lassen. Da drängt sich einmal der Gegensatz zur Onanie auf, bei der unter der gleichen Bedingung einer gleichförmigen und leicht erreichbaren, genitalen Befriedigung dennoch eine Ermüdung ihr gegenüber nicht eintritt. Ferner zeigt sich dieser Prozeß in so hohem Maße abhängig von psychischen Einflüssen der verschiedensten Art, daß dadurch die Einschätzung des bloßen Ermüdungsfaktors völlig unsicher wird. Diese psychischen Momente lassen sich grob schematisch einteilen in solche, die vom Partner abstoßen, wie Enttäuschungen oder überhaupt feindselige Regungen jeder Herkunft, und in solche, die zu andern Objekten hinziehen, wie etwa die Neugierde auf das sexuelle Verhalten anderer oder das narzistische Bedürfnis nach Bestätigung der eigenen erotischen Anziehungskraft.

Ehe wir versuchen, für die Kräfte, die hier am Spiel sind, ein tieferes Verständnis zu gewinnen, müssen wir uns klar machen, was denn aus den freigewordenen direkten Sexualbestrebungen wird. Nun, offenbar sind sie zu einem Teil fähig zu eben jener schon erwähnten Umwandlung in zielgehemmte Erotik, also in Zärtlichkeit, Fürsorge und Anhänglichkeit, und es ist offenbar für das weitere Schicksal der Ehe, insbesondere für die Festigkeit ihrer Bindung, von entscheidender Bedeutung, ein wie großer Anteil jener Libido in dieser Form dem Partner zugewendet bleibt. Im übrigen ergeben sich für die Verwendung dieser Libido drei grundsätzliche Möglichkeiten: die Sublimierung in irgendwelche Arbeit, die Zuwendung zu andern Liebesobjekten und ihre Unterdrückung in irgendwelcher Form. Diese drei Möglich-

[1]) „Was die Ehe auch sein mag, sie ist immer und überall mehr als der sexuelle Verkehr; so divergent die Richtungen auch sein mögen, nach denen die Ehe über diesen hinausgeht — d a ß sie über ihn hinausgeht, macht die Ehe erst zur Ehe. Dies ist eine soziologisch fast einzige Formung: daß derjenige Punkt, der allein allen Eheformen gemeinsam ist, zugleich gerade derjenige ist, über den sie hinausgehen müssen, um eine Ehe zu ergeben."

[2]) Massenpsychologie und Ich-Analyse. Ges. Schriften, Bd. VI.

keiten, die wir hier theoretisch trennen, während sie tatsächlich in allen nur denkbaren Mischungen vorkommen, können auf die verschiedenste Weise den Boden abgeben, auf dem Konflikte entstehen.

Nur von der Sublimierungsleistung — sei das nun irgend eine Arbeit oder eine Liebhaberei — können wir sagen, daß sie an sich keine Konflikte schafft, daß sie aber durch ihre Eigentümlichkeit, der Ehe Kräfte zu entziehen, einen geeigneten Schauplatz abgeben kann, auf dem sich Konflikte anderer Herkunft abspielen, und zwar meist nicht offen, sondern versteckt, also mehr oder weniger unbewußt. Denken wir etwa an den Mann, der in „glücklicher Ehe" lebt, aber seine Frau mit einem Versagen in der Berufsarbeit zu Grunde richtet oder schädigt, oder der seine Arbeit oder wenigstens die auf sie verwendete Zeit soweit über die reale Notwendigkeit hinaus steigert, daß er sich mit ihrer Hilfe der Frau und den gesamten Ehekonflikten entzieht. Hat das auf der einen Seite die bedenkliche Folge, daß diese Konflikte so nicht ausgetragen, sondern nur verdeckt werden, so doch auf der andern die günstige, daß die oft lebenszerstörenden Folgen der Konflikte hierdurch eine Milderung erfahren können.

Indessen hat, wie wir wissen, die Fähigkeit zur Sublimierung ihre individuellen festgezogenen und meist sehr beschränkten Grenzen, und die auf diese Weise nicht zu bindende Libidomenge wird unwillkürlich und automatisch nach einer direkten realen Triebbefriedigung drängen, also sich andern Objekten zuwenden. Gegenüber diesem einfachen Tatbestand scheint es mir sich zu erübrigen, die alte Streitfrage nach der „polygamen Veranlagung" aufzuwerfen, zumal wir über die Veranlagung doch viel weniger Sicheres aussagen können, als über Entwicklungsvorgänge, die sich unter unsern Augen abspielen [1]).

Die weitere Frage, ob im Falle des Auftauchens polygamer Wünsche es für den Bestand und das Glück der Ehe besser sei, sie zu unterdrücken oder ihnen nachzugeben, wird den Ethiker weniger in Verlegenheit setzen als den unbefangenen psychologischen Beobachter, denn er weiß, daß sie nicht nur eine fatale Ähnlichkeit hat mit der nach der Bevorzugung der Skylla oder der Charybdis, sondern daß sie außerdem — ähnlich der ihr verwandten nach dem Wert der Askese — nur für den Einzelfall, und auch da nur mit Vorbehalten zu beantworten ist. Indessen beschränkt sich unsere Aufgabe darauf, aufzuzeigen, welche Konflikte sich tatsächlich aus dem einen oder dem andern Verhalten ergeben können.

[1]) Die Unbeweisbarkeit von Hypothesen, wie etwa die von der größeren polygamen Veranlagung des Mannes, läßt den Eindruck aufkommen, daß es sich bei ihnen weniger um das Bestreben nach wissenschaftlicher Klärung handelt als um den Versuch, dem Mann ein Reservatrecht zu sichern, resp. eine Rechtfertigung zu schaffen.

Für den Fall, daß der eine der beiden Ehepartner sich einem neuen Objekt zuwendet, besteht nicht nur die Gefahr der effektiven Sprengung der Ehe durch die größere Intensität der neuen Bindung, sondern auch die weitere, daß damit im andern Partner die gefährlichste und unerschöpflichste aller Haßquellen mobilisiert wird: die Eifersucht. Diese Eifersucht, dunklen archaischen Triebtiefen entstammend, aber vielfach durch Gesetz und Sitte legitimiert und sanktioniert, kann dann aus einer psychologisch schwierigen eine unhaltbare Situation schaffen, in dem sie den Partner weiter aus der Ehe heraustreibt und in ihm Racheimpulse weckt, die ihn etwa dazu verführen, nun die neue Beziehung, in der geheimen oder offenen Absicht, zu kränken, gegen den Eifersüchtigen auszuspielen; solche Impulse verstecken sich gern hinter der Verpflichtung zur Wahrheit und Offenheit, sind aber darum nicht weniger wirksam.

Eben diese selbe Grundgefahr, die Aktivierung von Haß, besteht auch im Falle der Unterdrückung von andersgerichteten Wünschen. *Sadger* hat in seiner jüngsten Arbeit[1]) wahrscheinlich gemacht, daß, ebenso wie die ersten Liebesregungen des Kindes in Anlehnung an die in der Pflege gewährten Befriedigungen entstehen, sich auch die ersten Haßregungen gegen die Pflegepersonen richten, weil und soweit sie es an einer Erlangung von Lust hindern. Aus eben derselben Situation, daß der Ehegatte zwar ein gewisses Maß von Befriedigung gewährt, aber anderen Befriedigungsmöglichkeiten im Wege steht, können auch hier Haßregungen gegen ihn wach werden, und zwar richten sich diese Impulse auf alle Fälle gegen die Person des Partners, auch dann, wenn die Treue gar nicht von diesem selbst erzwungen wird, sondern nur die Auswirkung einer eigenen Idealsetzung darstellt. Sie müssen nicht direkt als Reizbarkeit oder Vorwurf zum Ausdruck kommen, sie können sich auch auf Umwegen in der Form von Mißtrauen gegen ihn richten, wenn etwa die eigenen unterdrückten Untreuewünsche auf ihn projiziert werden.

Dieser Zusammenhang ist darum oft schwer zu erkennen, weil er in der Regel als solcher unbewußt bleibt und nur in seinen Auswirkungen, also in dem Leid, das dem Partner tatsächlich zugefügt wird, zu Tage tritt. Die Vorgänge sind um so unübersichtlicher, als die Libido infolge ihrer Unterdrückung leicht auf regressive Bahnen gedrängt werden kann, d. h. auf Interessengebiete, die einer früheren Stufe der Triebentwicklung entsprechen, wie die oralen oder analen; diese werden dann neu besetzt, nicht nur in der direkten Form der Überbetonung von Essen und Verdauung, sondern auch in den von da ausgehenden Sublimierungserscheinungen wie die der Überwertung von

[1]) Sadomasochismus. Internationale Ztschr. f. Psychoanalyse 1926, Heft 3.

Haushalts- resp. Geldfragen. Auch auf diesen Umwegen können sich oft genug die geheimen feindlichen Impulse durchsetzen, indem beispielsweise die Frau mit Geldangelegenheiten und der Mann mit Haushaltssorgen geplagt wird. Sie setzen sich um so eher durch, als eine solche ungünstige Rückentwicklung der Libido an sich eine verminderte Liebesfähigkeit und eine Entfesselung von sonst gebundenen destruktiven Kräften im Gefolge hat[1]).

Bei diesen regressiven Besetzungen kann es sehr leicht zur Bildung von neurotischen Symptomen kommen, die, wie auch immer ihre Entstehung letztlich bedingt sein mag, ihre Spitze meist gegen den Ehepartner richtet und ihn dann empfindlicher treffen kann, als es irgend eine direkte Äußerung der Feindseligkeit vermöchte[2]).

Ebenso häufig wie zu Regressionen irgend welcher Art kann es infolge heterosexueller Liebesimpulse zur Wiederbelebung homosexuell gerichteter Einstellungen kommen. *Freud* sagt mit Recht, daß unser aller Libido lebenslang zwischen dem heterosexuellen und dem homosexuellen Objekt schwanke. Wichtig ist in diesem Zusammenhang, daß auch dieser an sich normale und kulturell bedeutsame Vorgang der Intensivierung von gleichgeschlechtlichen Freundschaften in den Dienst feindseliger Impulse gestellt werden kann, wie es von Strindberg in krasser Form geschildert worden ist.

Überdenken wir noch einmal kurz diese verschiedenen Möglichkeiten der Libidoumsetzung, so ist die einzige, die für die Ehe selbst nicht nur irgend einen positiven Wert hat, sondern geradezu ihren Bestand und ihr Glück gewährleistet, die in z ä r t l i c h e B i n d u n g. Der Umfang dieser Umwandlung ist nicht nur bedingt durch die Stärke der Zuneigung zum Partner überhaupt und begrenzt durch die Liebesfähigkeit des Betreffenden, also abhängig von seiner gesamten psychosexuellen Entwicklung, sondern sie wird weiterhin durch alles eingeschränkt, was an feindseligen Impulsen in der Ehe entsteht.

Zu den schon aufgezählten Quellen der Ablehnung kommt nun noch eine hinzu, die aus dem Zwangscharakter entsteht, der der Ehe anhaftet. Diese Tatsache ist als solche auch genug gewürdigt worden, und man hat sich zu ihrer Erklärung mit dem Hinweis begnügt, daß ja auch sonst Zwang von der menschlichen Natur schlecht vertragen wird. Diese Erklärung ist in ihrer allgemeinen Form nicht recht befriedigend, denn wir sehen, daß in vielen Situationen Zwang, sofern er nicht in Willkür und Tyrannei ausartet, nicht nur von den meisten Menschen gut vertragen, sondern geradezu gesucht wird. Vielleicht

---

[1]) Siehe *Freud:* Jenseits des Lustprinzips. Ges. Schriften, Bd. VI.

[2]) Es ist dies nur einer der vielen Wege, die aus den Konflikten der Ehe in die Neurose hineinführen. Sie im einzelnen zu verfolgen würde eine Untersuchung für sich beanspruchen.

trägt es zur Klärung des Sachverhaltes bei, wenn wir einmal fragen, was denn überhaupt die Menschen trotz ihres Wissens, daß Gefühle sich gar nicht erzwingen lassen, dazu verführt hat, bei der Ehe doch die Fiktion solcher Möglichkeit gelten zu lassen. Den Weg zur Antwort kann hier wie überall nur die Erfahrung erschließen, und diese zeigt, daß das Gebot der Gattenliebe im Unbewußten als eine Wiederholung des vierten Gebots empfunden wird. Nun wissen wir, daß das vierte Gebot das einzige ist, an das der Gesetzgeber es nötig gefunden hat, die Verheißung einer Belohnung zu knüpfen, also wohl gefühlt hat, daß hier etwas schwer Erfüllbares gefordert wird[1]). Wir wissen weiter, daß jeder Mensch unvermeidlich in seinen frühen Kinderjahren in einen geheimen oder offenen Konflikt mit diesem Gebot geraten ist, und daß sich auch dann, wenn der Konflikt als solcher längst aus dem Bewußtsein geschwunden ist, seine Spuren doch in den Charakter eingegraben haben. Analysen von Eheleuten zeigen uns mit sehr großer Regelmäßigkeit, daß mit dem alten Gebot auch das alte Widerstreben dagegen mobilisiert wird, und zwar so, daß wie unter einem Wiederholungszwang mit der Liebe auch die jeweiligen alten Ansprüche, Vorwürfe, Eifersuchts- und Mißtrauensaffekte auf den Partner übertragen werden.

Gestehen wir offen, daß die Einsicht in diesen Zusammenhang in jeder Weise, sowohl für das persönliche wie für das wissenschaftliche Bedürfnis nach Klarheit, unbehaglich ist, denn die Situation scheint jetzt hoffnungslos undurchsichtig zu werden. Sie besagt nämlich, daß Kräfte in der Ehe wirksam sind, von deren Existenz und Herkunft wir nichts wissen und für deren Entstehung wir weder im Verhalten des Partners noch in irgendwelchen Umständen der realen Situation eine zureichende Erklärung finden. Indessen liegt diese Undurchsichtigkeit offenbar in den Tatsachen selbst: sie zeigen uns die nie ruhende Eifersucht, für deren Intensität wir im Wesen und Verhalten des andern keine Erklärung finden; oder Vorwürfe und Beschuldigungen, deren reale Basis in keinem Verhältnis zu ihrer Schwere steht; oder Trotz- und Racheeinstellungen, die aus den aktuellen Konflikten allein nicht verständlich sind; also lauter Affekte, die nicht oder doch nicht ganz auf dem Boden der Ehe selbst erwachsen, sondern offenbar aus andern Quellen in sie hineingetragen sind.

Es ist jedoch nicht nur die Liebespflicht mit ihrem Anklang an das vierte Gebot, die den Partner für das Unbewußte in die Elternrolle rücken läßt, sondern wir sehen außerordentlich häufig, wie auch das Verhältnis der Eltern zueinander in der Ehe der Kinder wieder lebendig wird. Und zwar wirkt es nicht nur im Bewußtsein nach im

[1]) *Rado:* Das vierte Gebot. Imago 1923, Heft 1.

Sinne eines guten oder warnenden Beispiels, sondern noch viel stärker auf dem Wege einer unbewußten Identifizierung. So kann etwa die Frau unvermerkt gewisse Reaktionsweisen und Eigentümlichkeiten der Mutter übernehmen und sie dem Manne gegenüber agieren, und zwar auch solche, die sie als Kind aufs schärfste kritisiert hat. Sie kann dabei — immer im guten Glauben an die reale Begründetheit ihrer Einstellung — in das Bild ihres Mannes geliebte, gefürchtete oder gehaßte Züge des Vaters hineintragen. Hierbei kommt es in der Regel zu einer doppelten Verfälschung der Wirklichkeit, insofern als auch diese Züge nicht dem wirklichen Vater entsprechen, sondern seinem in der Phantasie idealisierten oder erniedrigten Erinnerungsbild (Imago). *Jung*[1]) hat einige besonders instruktive Beispiele dafür gebracht, wie gleichsam unter einem magischen Zwang die Konflikte der elterlichen Ehe in der eigenen Ehe fast naturgetreu wieder erlebt werden.

Ein solcher Grad der Nachwirkung ist allerdings nur möglich in Fällen, bei denen zur Zeit der Eheschließung noch eine ganz starke Bindung an die Eltern besteht. Je mehr die Loslösung von den Eltern geglückt ist, desto weniger zwangsmäßig und störend werden die alten Eindrücke sich geltend machen können; sie sind dann ichgerechter verarbeitet, d. h. sowohl den Ansprüchen des bewußten Ichs wie denen der Realität besser angepaßt. Es sind also nur der Umfang und die Art der Beeinflussung durch Kindheitseindrücke, durch die die neurotische Ehe von der sogenannten normalen sich unterscheidet; die Nachwirkung als solche dürfte überall nachweisbar sein. So ist schon die Wahl des Ehepartners ganz normalerweise entscheidend durch die Vater- oder Mutter-Imago bedingt, wie ich an anderer Stelle aufzuzeigen versucht habe.

Aber nicht nur die Wahl dieses oder jenes Partners, sondern der innere Antrieb zur Eheschließung überhaupt, dieses „natürliche Verlangen nach Weib resp. Mann und Kind", stammt offenbar aus den Tiefen dieser infantilen Wünsche, wie denn auch umgekehrt die Ehescheu weit mehr einer Hemmung gegenüber diesen Wünschen entspringt, als es nach ihren rationalen Begründungen den Anschein hat.

Der Verankerung des Ehewunsches in diesen Triebtiefen verdankt die Ehe vermutlich auch ihre Resistenz gegenüber allem historischen Wandel; eine Einsicht, die geeignet ist, gegen Prophezeiungen ihrer baldigen Auflösung infolge bevorstehender sozialer Umwälzungen skeptisch zu machen.

---

1) *Jung:* Die Bedeutung des Vaters für das Schicksal des Einzelnen. Jahrbücher für Psychoanalyse, Bd. 1.

Von hier aus ergibt sich offenbar ein Zugang zu dem Problem, das jüngst wieder von *Keyserling* aufgeworfen wurde: was denn die Menschen trotz des „häufigen Eheunglücks aller Zeiten" und trotzdem sie dem Einzelnen „vom Standpunkt seiner Selbstsucht viel mehr Bindung als Befriedigung" bringt, immer wieder in die Ehe hineingedrängt hat. Das im tiefsten Treibende sind diesen Einsichten zufolge offenbar gar nicht bewußte, sondern unbewußte, irreale, sozusagen unvernünftige Glückserwartungen, und sie setzen sich nicht nur darum allen Erfahrungen und allen Überlegungen zum Trotz immer wieder durch, weil sie von stärksten Triebkräften gespeist werden, sondern auch aus dem sehr einfachen Grunde, weil sie — wie alle wirklich unbewußten Wünsche — einer Korrektur durch Erfahrung und Überlegung gar nicht zugänglich sind.

Wegen dieser ihrer irrealen Natur sind sie auf der andern Seite aber auch unerfüllbar und tragen daher unvermeidlich und grundsätzlich den Keim zu einer Enttäuschung in sich. Man wird hier einwenden, daß doch nicht jede Ehe mit einer Enttäuschung endet. Nein, sie muß nicht damit endigen, aber sie fängt damit an. Tatsächlich entstehen ja Enttäuschungen in irgendwelcher Richtung im Beginn auch der relativ besten Ehen, mögen sie auch nur kurz anklingen und rasch überwunden werden. Für das Bewußtsein knüpfen sie sich an bestimmte Eigenschaften oder Handlungsweisen des Partners oder an Schwierigkeiten der äußeren Umgebung (Haushalt, Personal, Wohnung usw.) an. Daß sie aber in ihrem Kern irrationaler Herkunft sind, zeigt sich deutlich da, wo eine Diskrepanz besteht zwischen Geringfügigkeit des bewußten Anlasses und Intensität seiner Auswirkung; oder da, wo sie als solche aufs Hartnäckigste verdrängt wird, während gleichzeitig im Bewußtsein ein Idealbild des Partners festgehalten wird. Grade Fälle letzterer Art, wie sie gar nicht selten und durchaus in der Breite des „Normalen" vorkommen, zeigen mit aller Deutlichkeit, daß es sich hier nicht einfach um eine Desillusionierung infolge des Aufhörens der Verliebtheit handelt, sondern um unerfüllte Triebansprüche des Unbewußten.

Im einzelnen beruht ihre Unerfüllbarkeit auf zwei verschiedenen Momenten: Einmal stammen diese Glückserwartungen aus den frühkindlichen Vorstellungen vom Liebesglück der Eltern. Mag dieses in Wirklichkeit noch so bescheiden gewesen sein, so hat es doch in den unbewußten Erinnerungsspuren einen phantastisch vergrößerten Niederschlag gefunden, teils weil das Denken jener frühen Zeit gar keiner Realitätsprüfung zugänglich war, teils weil Lustmöglichkeiten, von denen wir ausgeschlossen sind — und so war die kindliche Situation — immer in der Phantasie eine Steigerung erfahren. Dazu kommt, daß diese infantilen Wünsche an ganz bestimmte Personen geknüpft waren. Wenn es nun auch bei einer guten Loslösung von den Eltern weitgehend gelingt, diese Gefühle auf andere Menschen zu übertragen, so bleibt doch — wahrscheinlich immer — eine gewisse fühlbare Differenz zwischen dem realen Objekt und der in Anlehnung an jene ersten Objekte gesuchten Imago. Die so entstandene Spannung kann sich zu Gunsten des gewählten Partners ausgleichen, sie kann aber auch einen starken Impuls schaffen, andere Liebesobjekte zu suchen, sei es aus der stets trügerischen Hoffnung heraus, die Imago doch zu finden (Reihenbildung, Don-Juan-Typ), sei es, daß andere Menschen andere Züge der Imago verkörpern und darum eine Anziehungskraft auszuüben vermögen. Daß eine zweite Ehe sich so oft tragfähiger erweist als die erste, dürfte u. a. auch darin seinen Grund haben, daß die infantilen Erwartungen nicht mehr mit so ungebrochener Kraft in sie hineingetragen werden, sondern der Realität gegenüber bereits verblaßt sind, und daß also die Möglichkeit zu Enttäuschungen geringer ist.

Die Festigkeit der monogamen Bindung wird aber noch von einer ganz anderen Seite her bedroht. Insofern nämlich der Ehepartner für das Unbewußte die Elternrolle spielt, kann sich ihm gegenüber auch von seiten einer Gewissensinstanz in uns das Inzestverbot mit all seinen alten Schuldgefühlen und Strafängsten geltend machen und auf diese Weise den Weg zu ihm versperren. So sehen wir in vielen Fällen dem Gatten gegenüber nicht eine einfache Unlust entstehen, wie sie aus dem natürlichen Nachlassen der Sexualspannung allein erklärlich wäre, sondern eine ausgesprochene Hemmung. In der Frigidität der Frau, die gerade dem Gatten gegenüber besteht, wie in der Spaltung im Liebesleben des Mannes, die es ihm unmöglich macht, die legitime Frau sinnlich zu begehren, treten diese Hemmungen sinnfällig in Erscheinung.

Es ergibt sich so das merkwürdige Bild, daß der Mensch mit seinem Liebesverlangen in der Ehe in ein Kreuzfeuer gerät zwischen einer Enttäuschung über ein Zuwenig und einem Schuldgefühl wegen eines Zuviel an Erfüllung. Das Widerspruchsvolle dieses Vorgangs löst sich, wenn wir uns klar machen, daß es sich hier um zwei Strömungen handelt, die zwar beide unbewußt sind, aber doch sehr verschiedenen Schichten der Seele entstammen, nämlich auf der einen Seite den elementaren infantilen Triebansprüchen und auf der andern einer moralischen Instanz, von der aus sich eben gegen diese Ansprüche ein Verbot richtet. Wir erkennen hinter diesem Verbot unschwer dieselben Kräfte, die in der Geschichte der Menschheit wie

[1]) *Freud:* Das Ich und das Es.

in der Kindheitsgeschichte des einzelnen zur Errichtung der Inzestschranke geführt haben.

Mit den alten Konflikten wiederholen sich automatisch auch die alten Versuche, sie zu lösen. Wie verschieden diese auch im einzelnen ausgefallen sein mögen, ist ihnen doch eins gemeinsam: die sexuellen Wünsche werden von dem verbotenen Objekt zurückgezogen. Was wir weiterhin für die Ehe sich entwickeln sahen: die Umwandlung in eine zärtliche Bindung, die Sublimierung, die Verdrängung, entspricht offensichtlich eben denselben Vorgängen, die in der Kindheit aus dem „Oedipuskomplex" hinausgeführt haben. Und zwar wiederholt sich dieser Vorgang nicht nur im großen und ganzen, sondern mit allen Einzelheiten seiner individuellen Gestaltung. So sehen wir auch die weniger günstigen Ausgangserscheinungen des Komplexes wie die in homosexuelle Einstellungen oder in eine Unsicherheit der Geschlechtsrolle im späteren Liebesleben zu ganz bestimmten Konflikten führen, wie z. B. dem Kampf um Geltung und Macht zwischen den Geschlechtern. Ihre Darstellung im einzelnen würde den Rahmen dieser Arbeit überschreiten; auch sind sie trotz ihrer Häufigkeit stärker durch individuelle Schicksale und Zeitströmungen bedingt und können also nicht jene Allgemeingültigkeit beanspruchen wie die dargestellten Grundvorgänge.

Kehren wir jetzt zum Ausgangspunkt unserer Betrachtungen zurück, so können wir zusammenfassend sagen: Die Tatsache, daß der sexuelle Faktor in der Ehe zurücktritt, erscheint zunächst als direkte, unmittelbare Folge der Befriedigung und Auslösung der Sexualspannung. Der Umfang aber und das Tempo dieses Prozesses erweisen sich abhängig von dem Maß, in dem sich am Partner infantile Konflikte wiederholen, oder anders gesagt: von dem Maß der Loslösung von jenen ersten Liebesbindungen.

Will man von einer „grundsätzlichen Tragik"[1]) der Ehe sprechen, so könnte man sie in ihrer tiefsten unbewußten Begründung darin sehen, daß aus eben der Quelle, aus der die vielleicht stärksten Impulse zur Eheschließung entspringen, auch die Konflikte herrühren, die die Bindung zu zersprengen imstande sind. Hier scheint mir auch die Wurzel zu liegen für die verwunderliche Erscheinung, daß gerade Liebesheiraten eine so schlechte Gewähr für Dauer und Glück einer Ehe bieten. Denn Leidenschaft und Verliebtheit werden immer aus diesen Triebquellen gespeist; und je ausschließlicher eine Ehe auf ihrer Basis errichtet ist, um so stärker ist sie notwendig auch den Erschütterungen durch die beschriebenen Konflikte ausgesetzt. Ist die Ehe

---

[1]) *Keyserling:* Ehebuch.

zu einem wesentlichen Teil durch außerpersönliche Faktoren zustande gekommen, wie durch Familienvermittlung, Standesverpflichtungen oder wirtschaftliche Rücksichten, und wird sie auch durch den Druck dieser Kräfte zusammengehalten, so wird das zwar nicht im geringsten die Entstehung dieser grundsätzlichen Konflikte hindern können, aber es wird sie durch einen Gegendruck in ihrer Auswirkung beschränken. Es ist daher auch wahrscheinlich, daß die so unlöslich scheinenden Eheprobleme der Jetztzeit an sich nicht größer sind als in andern Zeiten, sondern nur einen breiteren Raum einnehmen, seit mit dem Beginn eines gesteigerten Individualismus zuerst der Mann und später auch die Frau sich von den Fesseln von Familie und Gesellschaft zu befreien versuchten.

Eifersucht und Ehe

Von Albert Moll

Die Eifersucht ist nicht auf das Sexuelle beschränkt; die sexuelle Eifersucht ist vielmehr nur eine Abart der allgemeinen. Dies ergibt sich sofort, wenn wir den Begriff „Eifersucht" von ähnlichem abzugrenzen suchen, besonders von Mißgunst und Neid[1]).

Die Mißgunst schließt kein Selbstbesitzenwollen ein, und man kann jemandem etwas mißgönnen, ohne das Mißgönnte für sich selbst zu erstreben. Der Neidende hingegen will das Geneidete selbst besitzen. Der arme Mann wird einen reichen beneiden. Wenn er aber selbst ebensoviel besitzt wie der Reiche, besteht kein Neid mehr, höchstens noch Mißgunst. Hier handelt es sich um zwei verschiedene gleichwertige Objekte; aber bei der Eifersucht ist nur ein Besitzobjekt vorhanden. Bekannt ist die Eifersucht zwischen Heerführern; Kriegsgeschichtsforscher, Biographen, die gut beobachten, können in dieser Beziehung vieles berichten. Gewöhnlich wird im siegreichen Kriege nur einem der Höchsterfolg zugeschrieben, ja, auch in mehr lokalisierten Kämpfen. Die Eifersucht zwischen den Feldherren Napoleons ist ebenso in der Kriegsgeschichte bekannt, wie mir durch manche private Mitteilung die Eifersucht zwischen höheren Offizieren, Heerführern aus dem Kriege gegen Frankreich. Im Bühnenleben spielt die Eifersucht eine große Rolle. Ein Schauspieler kann einen anderen beneiden; wenn es sich aber um die erste tragende Rolle handelt, die kein gleichwertiges Gegenstück hat, tritt die Eifersucht auf. Wer sich für das Leben hinter den Kulissen interessiert, wird hierüber leicht Material sammeln können. In diesem Sinne gibt es auch Eifersucht bei Tieren, z. B. bei Hunden Eifersucht auf den Herrn. Seine Gunst ist das einzige Besitzobjekt. Seine besondere Gunst will jeder einzelne Hund besitzen, wenn mehrere Hunde demselben Herrn gehören. Die Eifersucht ist ferner dadurch charakterisiert, daß sie sich selbst dauernd zu steigern neigt, wie schon das Wort „Sucht" charakterisiert. Sie konzentriert sich gerade in der Liebe auf das eine Objekt, und deshalb ist sie eine der intensivsten Leidenschaften, zumal da sie nicht etwa wie der Zorn oder die Wut auf einen kurzen Zeitraum beschränkt ist, sondern eine chronische, zermürbende und nagende Leidenschaft werden kann.

Wir können bei vielen Tieren beobachten, daß sich die Männchen um das Weibchen Kämpfe liefern, so heftige, bis einer, oft auch beide den Tod finden. Dies ist aber etwas anderes, als die Eifersucht in der kultivierten Liebe, mit der sie zwar den Wunsch gemeinsam hat, das Weibchen für den Geschlechtsverkehr zu besitzen; aber bei der menschlichen Liebe ist der Geschlechtsverkehr nicht gerade das einzige, nicht einmal primär das wesentliche. Ferner herrscht bei den

---

[1]) *Albert Moll.* Die Psychologie des normalen Geschlechtstriebes in *Moll,* Handbuch der Sexualwissenschaften, 3. Aufl., Leipzig 1926.

Liebeskämpfen der Tiere nicht die Eifersucht des Weibchens, sondern nur der Besitztrieb des Männchens vor. Deutlich können wir die Vergeistigung der Eifersucht des Kulturmenschen darin erkennen, daß bei tieferstehenden Völkern eine solche Eifersucht weder beim Manne noch beim Weib besteht. Wo die Frau eine niedrige Stellung einnimmt, wird sie als Ware behandelt. Hier stellt der Gastgeber dem Gast die Frau, oder eine seiner Frauen zur Verfügung. Er tut dies ebenso, wie er ihm Bett oder Nahrung und andere Geschenke überläßt. Wenn bei solchen Völkern der Ehebruch der Frau trotzdem sehr streng, oft mit dem Tode, bestraft wird, so hängt das mit der tiefen Stellung der Frau zusammen, hat aber mit Liebeseifersucht nichts zu tun. Erst wo die Frau nicht mehr eine Ware ist, sondern ihr Besitz ein seelisches Erlebnis wird, das zu einem Teil des eigenen Ichs wird, tritt die Eifersucht der Liebe ein. Hier ist die Frau untrennbar vom Mann, der Mann untrennbar von der Frau; jeder will den andern nicht nur körperlich, sondern auch als ganze Persönlichkeit besitzen. Diese Eifersucht ist ohne Liebe unmöglich.

Es gibt Fälle, wo anscheinend ohne Liebe eine gleichartige Erscheinung auftritt. Hier ist aber sehr häufig die Eifersucht nur vorgetäuscht durch Eitelkeit. Ein Mann, der in gleichgültiger Ehe mit seiner Frau lebt, will trotzdem nicht, daß diese einem andern Manne zufällt; besonders darf sie mit keinem andern Manne geschlechtlich verkehren. Hier würde des Mannes Eitelkeit verletzt, und das ist etwas anderes, als das Gefühl, ihm sei ein Teil seines Ichs entrissen. Schon der Umstand, daß ein anderer Mann ihm vorgezogen wird, trifft den Ehemann auf das schwerste, und deshalb hat er oft, besonders wenn es sich um ein gleichgültiges Nebeneinanderleben handelt, nichts dagegen einzuwenden, wenn die Frau von andern verehrt wird und mit andern flirtet. Ja es kann gerade seiner Eitelkeit schmeicheln, daß seine Frau von andern begehrt wird. Jedoch die äußerste Konsequenz, aber auch schon körperliche Hingabe, die auch in Umarmungen bestehen könnte, ist ihm verhaßt.

Beim Kulturmenschen zeigt sich die Eifersucht der Frau in ähnlicher Weise wie die des Mannes. Wie stark bei ihr das seelische Moment wirkt, möge daraus hervorgehen, daß, wenn der Mann etwa gelegentlich zu einer Prostituierten geht, die Frau viel weniger getroffen wird, als wenn er dauernd psychisch einer andern Frau angehört. Eine Dame, die ihren Ehemann sehr liebt, während dieser sich gleichzeitig für eine andere Frau sehr interessiert, verfolgt teils in Wirklichkeit, teils mit ihren Gedanken den Mann auf Schritt und Tritt. Stundenlang ging er mit der andern Dame spazieren, und obwohl die Frau fest überzeugt war, daß es zu einem körperlichen Akt zwischen beiden nicht gekommen ist, nicht einmal zu einem Kuß, war ihr der Gedanke, daß der Mann ihr seelisch entzogen ist, das Peinigende. Einen gelegentlichen Treubruch bei der Prostituierten hätte sie gleichgültig hingenommen.

Natürlich ist auch dieser für die liebende Frau nicht ohne Bedeutung, und zwar besonders aus drei Gründen. Da der Geschlechtsverkehr nicht immer nur aus körperlicher Sinnlichkeit, sondern auch aus der seelischen Liebe hervorgeht, wird sie bei solchem Verkehr des Mannes stets mit dieser Möglichkeit rechnen, und schon der Gedanke daran verwundet sie. Es kommt auch hier die Eitelkeit hinzu, die Vorstellung, daß eine andere Frau ihr geschlechtlich vorgezogen wird. Jede Frau will die schönste sein, mindestens für ihren Ehemann, und wenn schon nicht die schönste, dann wenigstens die begehrteste. Die Unerfülltheit dieses Wunsches wird sie auch dann schwer treffen, wenn keine Eifersucht zugrunde liegt. Und endlich kommt ein Drittes hinzu: das rein Ästhetische. Es ist für die Frau kein besonders angenehmes Gefühl, zu wissen, daß der Mann kurz vorher Körper an Körper mit einer anderen Frau, überdies einer käuflichen, gelegen hat, ganz abgesehen davon, daß der Frau auch hygienische Bedenken bei solcher Untreue des Mannes kommen müssen. Doch dies sind alles Gefühle, die mit der eigentlichen Eifersucht nichts zu tun haben.

Die Eifersucht hängt mit der Liebe zusammen, ist allerdings nicht ihre notwendige Begleiterin. Gerade dann, wenn sich der Mann seiner Frau und die Frau ihres Mannes vollkommen sicher fühlt, hat die Eifersucht keinen Raum. Daß aber die Frau sowohl wie auch besonders der Mann, sehr oft die feste Gebundenheit des andern Teiles an sich überschätzt, kann keinem Zweifel unterliegen. Wenn so häufig gesagt wird, die Eifersucht sei von der Liebe untrennbar, so beruht dies auf der Erfahrung, daß sich kein Verständiger so leicht des Gegenstandes seiner Liebe unbedingt sicher fühlt. Männer, die sich für unwiderstehlich halten, sind ihrer Frau gegenüber frei von Eifersucht. Selbst das Mittel der Frau, durch scheinbares Flirten mit anderen die Liebe des Mannes zu verstärken, versagt dabei. Im übrigen komme ich darauf noch zurück, daß oft die Eifersucht ein überaus wünschenswerter Faktor ist, und daß mancher Ehemann den Treubruch seiner Frau nicht zu beklagen hätte, wenn er rechtzeitig von der Eifersucht gewarnt worden wäre. Andererseits sehen wir, daß, wenn Liebe besteht und der eine Partner einen vermeintlichen oder tatsächlichen Grund für die Eifersucht hat, dann jene Tragödien sich ereignen, die wir teils selbst beobachten, teils aus der Zeitung und Literatur, oft auch aus Gerichtsverhandlungen erfahren. Gerade diese Fälle zeigen uns, wie sich die Eifersucht vom Neid und von der Mißgunst unterscheidet[1]). Bei der Eifersucht spielen drei Personen eine Rolle: die beiden Ehegatten A und B und eine dritte Person C, Mann oder Frau, die in dem einen Falle die Bindung der Frau an ihren Mann, in dem andern Falle die des Mannes an seine Frau löst. Das kann auf mehrfache Weise erfolgen. Es kann die Bindung von A und C durch Tötung von A, durch Tötung von C, durch Tötung von A und C, oder durch Lösung der Verbindung beider erreicht werden. Der Mann, der seinen Nebenbuhler erschießt oder auch seine Frau oder beide, ist aus zahlreichen Strafprozessen bekannt geworden. Die Frau tötet, um den Mann ihrer Liebe ungestört zu besitzen oder zu heiraten, ihren Ehemann. Oft bedient sie sich dabei eines Helfers, in vielen Fällen ist die Waffe der Frau das Gift, das sie ihrem Manne oder ihrer Nebenbuhlerin beibringt. Die Frau hat aber noch andere Waffen: sie sucht ohne Tötung beide von einander zu trennen. Dazu dienen ihr häufig anonyme Briefe, auch die Verunstaltung der Nebenbuhlerin durch ätzende Flüssigkeiten, um ihre Anziehungskraft zu zerstören. Oder es wird in anonymen Briefen dem Mann Ungünstiges über die Nebenbuhlerin mitgeteilt. In einem mir bekannten Falle suchte die unterliegende Ehefrau das ästhetische Empfinden des geliebten Mannes zu treffen, indem sie allerlei häßliche körperliche Eigenschaften, übrigens wahrheitsgemäße, ihrer Nebenbuhlerin schilderte, die des Mannes Ekel zu erregen bestimmt waren; das Mildeste war noch das immer wiederkehrende Wort von den Schweißfüßen dieser Frau.

Auch auf der Bühne sehen wir alle Formen der Eifersuchtsfolgen. Carmen findet Gefallen an dem Sergeant Don José, verleitet ihn zur Insubordination, und dazu, Schmuggler zu werden. Bald wendet sich die Zigeunerin Carmen einer neuen Leidenschaft zu. Sie verspricht dem Stierkämpfer Escamillo ihre Liebe, wenn er den Stierkampf siegreich bestehe. Don José wird jetzt kalt zurückgewiesen, sie eilt dem gefeierten Escamillo entgegen. Der frühere Geliebte stößt ihr den Dolch ins Herz. Ganz anders ist der Ausgang in Cavalleria rusticana. Die von Turiddu geliebte Santuzza glaubt sich von ihm verlassen, und zwar um Lolas Willen, der Frau von Alfio. Drohend ruft sie, von dem Geliebten kalt behandelt und zur Verzweiflung getrieben, ihm zu: „Du sollst mir blutige Ostern feiern", und verrät Alfio die Untreue seiner Frau. Alfio tötet diese. Beabsichtigt war hier vielleicht nur die Trennung Turiddus und Lolas. Aber es wird, ebenso wie in Carmen, die geliebte Person getötet, das eine Mal durch den Dolch des Liebenden, das andere Mal durch den Ehemann. Ein dritter Fall: Othello sucht beide zu beseitigen; als seine Eifersucht entfacht wurde, sagt er zu Jago „Laß in drei Tagen mich von Dir vernehmen, daß Cassio nicht mehr lebt". Er selbst tötet die von ihm geliebte Desdemona. Der Anschlag auf Cassio mißlang, ändert aber nichts an des Othello Wunsch, beide zu vernichten.

Zu jenen Folgen der Eifersucht, die die Öffentlichkeit vor Gericht beschäftigen, kommt es glücklicherweise nur selten, aber sie

[1]) *L. v. Wiese.* Eifersucht in *Max Marcuse,* Handwörterbuch der Sexualwissenschaft, Bonn 1926.

zeigen uns nur eine Steigerung der Hemmungslosigkeit, zu der die Eifersucht führt. Im Leben finden wir die Eifersucht in zahllosen Fällen als Störung der Ehe, in vielen andern Fällen sie befestigen. Der Mann, der seine Frau vernachlässigt, wird von dieser sehr oft wieder an seine Pflicht erinnert, wenn sie seine Eifersucht geschickt zu wecken sucht.

Eine Dame aus der Finanzaristokratie hatte einen Ehemann, der zu ihr sehr gut war. Er war aber recht leicht auch von der Schönheit anderer Frauen hingerissen, und seine sehr kluge Gattin fürchtete, daß er ihr doch entrissen werden könnte. Sie selbst war schon äußerlich eine begehrenswerte Frau, und wenn sie merkte, daß ihr Ehemann irgend welches Interesse für eine andere Frau hatte, wußte sie durch geschickte Koketterie stets den Mann dieser andern für sich zu interessieren. Wer nicht hinter die Kulissen sah, mußte wohl glauben, daß diese Dame zu den leichtsinnigen gehörte. Sie wurde auch viel von anderen gelästert, war aber in Wirklichkeit die beste Ehefrau, die ihren Mann außerordentlich liebte und bei seiner Natur kein anderes Mittel mehr wußte, ihn sich zu erhalten. Wer einen Blick in die Ehe getan, mußte nur darüber erstaunen, mit welcher Klugheit und Selbstbeherrschung sie dieses Spiel viele Jahre hindurch immer von Zeit zu Zeit wiederholte. Sie hat auch einen vollen Erfolg erzielt.

Ich habe bereits oben angedeutet, wie wünschenswert für manche Ehe es ist, wenn der Ehemann einiges Mißtrauen hat, und rechtzeitig zur Eifersucht getrieben wird. Viele Ehen verlaufen in folgender Weise: Beide Teile haben sich geheiratet, weil sie einander liebten. Vielleicht war es sogar eine leidenschaftliche Liebe, die erfahrungsgemäß in den meisten Fällen sehr bald kühler wird. Der Ehemann ist von seinem Beruf fast den ganzen Tag über in Anspruch genommen, die Frau ist an sich eine ganz gute Frau, aber, vielleicht die moderne Frauenbewegung mißverstehend, meint sie zunächst, daß sie berechtigt ist, ihr eigenes Vergnügen — nicht auf sexueller Basis — zu suchen. Die Tanzfreudigkeit, die heute so stark herrscht, hat auch sie bezwungen, sie geht mit ziemlicher Regelmäßigkeit zu den Fünf-Uhr-Tees, anfangs nur mit ihrem Ehemann. Sie lernt durch ihn einen Herrn kennen, der mit ihr öfters tanzt. Die Beziehungen des Ehemannes mit dem dritten werden enger. Dieser fängt an, im Hause des Ehepaars zu verkehren. Der Ehemann freut sich, daß seine Frau einen Partner zum Tanzen gefunden hat, und daß er selbst ungestört seinen Geschäften nachgehen und seiner Ruhe pflegen kann. Der Dritte trifft mit der Frau oft zusammen, zunächst in durchaus ehrbarer Form. Allmählich entzündet sich bei beiden der Funke, es tritt eine erotische Neigung ein, und eines Tages kommt es zum Ehebruch, und von da ab zu regelmäßigem Verkehr.

Diese Entwickelung ist nicht selten; sie war schon in früheren Zeiten fast als natürlicher Verlauf vieler Ehen zu betrachten, auch wenn ursprünglich die Liebe beide zueinander geführt hatte. Die Frau langweilt sich zu Hause. Nicht jeder Frau ist es gegeben, besonders oft nicht in wohlhabenden Kreisen, in der Sorge um das Haus und um die Kinder den Tag im Hause zuzubringen. Wenn aber nicht einmal Kinder das Haus beleben, muß die allein gelassene Frau eine geistige und seelische Öde empfinden, namentlich dann, wenn der Ehemann nicht einmal die Abende bei ihr ist, diese vielleicht in seinem Club verbringt, oder zwar zu Hause bleibt, aber sich ihr nicht widmet. Es muß eine seelische Verlassenheit bei der Frau eintreten. Sie beklagt sich dem Ehemann gegenüber. Er kann oder will es nicht ändern. Er verlangt, wenn er nach Hause kommt, eine Frau, die ihn möglichst wenig stört. Oft haben sich beide schon miteinander ausgesprochen. Der Mann braucht nicht objektiv schuldig zu sein, ebensowenig wie die Frau, wenn jetzt katastrophale Folgen eintreten. Der Freund des Mannes, der im Hause verkehrt, ist mit ihr oft allein. Die Frau verlangt aber neue Liebesbeweise ihres Ehemannes. Dieser denkt garnicht daran, daß seine Frau ihm jemals untreu werden könnte, weder seelisch noch körperlich, und es bahnt sich fast mit mathematischer Sicherheit ein Verhältnis zwischen der verheirateten Frau und dem andern an, das eines Tages den intimen Verkehr zur Folge hat. Bei der Klugheit der Frau braucht das der Mann garnicht zu merken. Es kann lange Zeit vergehen, bis ihm davon Kunde wird. Die Frau hat Mithelferinnen, oft sogar Hausangestellte, die die Verabredung von Stelldicheins nach Zeit und Ort übermitteln. Das Schamgefühl der Frau sinkt allmählich, sie empfindet nicht mehr das Erniedrigende in dem Umstand, daß sie nicht nur mit dem andern Mann, sondern auch mit ihren eigenen Angestellten den Ehemann hintergeht.

Es ist in solchen Fällen leicht, Sittlichkeit zu predigen, überaus schwer, gerecht zu sein. Denn was auch die Frau in solchem Falle gefehlt haben mag, die Veranlassung, ja die Ursache dazu war auch der eigene Ehemann, der seine Bequemlichkeit und seine Gewohnheiten nicht zugunsten der Frau opfern wollte, die keineswegs etwa von Anfang an die Absicht hatte, die Ehe zu brechen, das erste Mal es wohl sogar im augenblicklichen Affekt tat. Viele Ehemänner würden die Katastrophe verhindern, wenn sie rechtzeitig daran denken würden, daß sie doch ihre Frau verlieren können. Wenn ich die verwilderten und degenerierten, auch die protzenhaften Frauen ausnehme und den Durchschnitt, besonders auch des gebildeten Mittelstandes, zugrundelege, so findet man, wie leicht es oft durch Kleinigkeiten für den Ehemann ist, die Frau an sich zu fesseln. Er soll, ehe die Eifersucht einsetzt und ohne an diese zu denken, jene kleinen Hilfsmittel der Liebe anwenden, die fast jeder Frau zeigen, daß sie die Liebe des Mannes besitzt. Hierzu gehören kleine Geschenke, bei denen es garnicht auf den Preis, sondern auf die Aufmerksamkeit selbst ankommt. Er soll aber auch nicht andere Frauen loben. Nichts verträgt die Frau schwerer, als das Lob einer Geschlechtsgenossin, mag es sich um die Kleidung oder um das Aussehen im allgemeinen handeln; die Eifersucht der Frau wird geweckt; sie fühlt sich gekränkt, wenn der Mann eine andere Frau ihr vorzuziehen scheint. Wenigstens ohne ernsten Grund sollte der Mann niemals eine andere Frau mit der leisesten Andeutung über die eigene stellen. Wenn ich oben berichtet habe, wie eine Frau die erkaltende Liebe ihres Ehemannes durch Erregung von Eifersucht stets wieder zu wecken wußte, so ist demgegenüber darauf hinzuweisen, daß der Mann nicht so vorsichtig und klug zu sein pflegt; er wird bei solchen Vorwürfen viel eher etwas verderben, als die Frau, der in der List und Klugheit stets eine gute Waffe gegeben ist. Im übrigen kann auch der Mann unter Umständen die erkaltende Liebe seiner Frau wiedergewinnen, wenn er ihre Eifersucht zu wecken sucht. Nur Vorwürfe soll er nicht machen, das verträgt keine Frau, sobald Liebe dabei beteiligt ist.

Ich habe schon erwähnt, daß die Eifersucht durch die chronischen Quälereien, denen der Eifersüchtige selbst unterliegt und gewöhnlich auch seine Partnerin, von größter Bedeutung ist. Unberechtigte Vorwürfe werden sehr leicht die Ehe zerrütten. Das ist selbst dann oft der Fall, wenn die Eifersucht eine offenbare Krankheitserscheinung ist. Die Eifersucht kann schon durch ihre Steigerung den Eindruck des Pathologischen machen, sie kann aber so weit gehen, daß ein wirkliches Wahngebilde entsteht. Es findet sich dies bei hysterischen Frauen und bei alkoholischen Männern, besonders häufig liegen auch Kokainismus und eine psychopathische Konstitution zugrunde. Ein wirklicher Eifersuchtswahn entwickelt sich.

„Bei seiner häufigen Abwesenheit vom Hause denkt der Trinker wohl gelegentlich daran, entsprechend seinem depravierten Charakter, daß seine Frau gute Gelegenheit habe, mit einem andern anzubinden. Seine eigene Potenz, anfangs gesteigert, nimmt ab, seiner Frau wird er zuwider, sie ist ihm nicht mehr zu Willen, wie früher, er wird mißtrauisch, sieht wohl auch zufällig einen Mann häufiger an dem Hause seiner Frau vorübergehen, oder seine Frau mit einem fremden Manne sprechen; sofort wird es ihm zur Gewißheit, daß seine Frau mit diesem Mann ein Verhältnis habe. Von jetzt ab macht er seiner Frau die größten Vorwürfe, und verfolgt sie mit seiner nicht gerechtfertigten Eifersucht; die Entwicklung des Wahnes ihrer Untreue geht weiter, er ist jetzt fest überzeugt, daß seine Frau es nicht nur mit einem, sondern mit mehreren hält. Durch Sinnestäuschungen irregeleitet, hört er, wie die Kerle entweichen, wenn er das Haus betritt. Ganz in seinem Wahn befangen, erklärt er, wenn das nicht aufhöre, werde er seine Frau umbringen; erbarmungslos prügelt er auf dieselbe ein, wenn er nach Hause kommt, und nicht selten läßt er sich zu schweren Mißhandlungen und Verletzungen seiner Frau hinreißen. Er sieht durchs Schlüsselloch, wie eine ganze Schwadron mit seiner Frau hurt, er findet im Bett den Samen von anderen Männern, die Frau hat selbst sich anderen gegenüber gebrüstet, wie gut sie huren können, das hat er selbst gehört, sie führen des nachts förmliche Tänze auf, um ihn zu ärgern; es ist kein Wunder, daß kein Geld im Hause ist, weil die Frau alles mit den Kerlen durchbringt. Oft werden dabei die Frauen in der scheußlichsten Weise von den Männern gequält, sie werden eingeschlossen, gefesselt, es werden ihnen die Geschlechtsteile zugebunden, Pech daran geschmiert, alles nur, um die vermeintlichen Nebenbuhler fernzuhalten. Anzeigen bei der Staatsanwaltschaft erfolgen über den Ehebruch der Frau in sehr drastisch gehaltenen Schilderungen, der Kranke kommt zu keiner Beschäftigung mehr, er bringt den ganzen Tag damit zu, um seine Frau zu beobachten und seinen Kummer in neuen Alkoholfluten zu ertränken. Gar nicht selten führt dann schließlich ein schwerer Gewaltakt — leider ist der Frauenmord keine seltene Erscheinung bei den Eifersuchtswahnsinnigen — den Kranken in Konflikt mit dem Strafgesetzbuch; denn es ist eine häufige Erscheinung, daß diese Eifersuchts-Wahnsinnigen viel zu spät in eine Anstalt, in eine sachgemäße Behandlung kommen."

So schildert *A. Cramer* diesen Eifersuchtswahn des Alkoholikers. Eine mir bekannte, schwer hysterische Dame wurde von den Eifersuchtsideen bis in ihre Träume verfolgt. Am Tage ließ sie dem Ehemann keine Ruhe, er war ein Mann der Wissenschaft, der in öffentlichen Bibliotheken arbeitete. Wenn er in die Bibliothek ging, ging er — so meinte die Frau — nur weg, um sich mit andern Frauen zu treffen. Besonders eifersüchtig ist die Dame auf ihre eigene Schwester, mit der der Mann ein Verhältnis habe. Über ihre Träume, die ebenfalls von dem Eifersuchtswahn beherrscht sind, sagte sie folgendes:

„Jetzt werden meine Träume immer schrecklicher und verfolgen mich den ganzen Tag. Über Tag wehre ich mich. Ich stelle ihn mir abwesend vor und habe auch noch nicht an ihn geschrieben, erstens weil ich die Angst habe, ich bringe ihn durch mein Verfolgen schließlich dazu, daß er mir untreu wird. Andernfalls, ist er mir untreu, so lacht er mit meiner Schwester über die Träume. Ich träume, mein Mann und ich standen an einem Flußufer, und mein Mann sagte, ich komme dann nach, ich will erst einmal allein sein. Da war mein Mißtrauen geweckt. Ein andermal träumte ich, mein Mann und meine Schwester unterhielten sich im Herrenzimmer, ich ging nicht hinein. Auf einmal stand die Tür zum Herrenzimmer offen, und niemand war darin, ich höre meine Schwester auf dem Flur sprechen, ich sehe ins Kinderzimmer die Kinder schlafen. Ich mache mir Vorwürfe, gestört zu haben, ich öffne aber noch schnell die Badestube, und da stand mein Mann völlig entkleidet an der Tür, ich zog die Tür auf, er machte sie wieder zu, ich öffnete sie wieder, und ging hinein ins Badezimmer; da lag meine Schwester in der Badewanne mit Kleidern, das wunderte mich nicht, sie stöhnte und drückte den Kopf meines Mannes herunter, er sollte sich schämen. So vergeht Nacht für Nacht, und wenn ich am Tage gelegentlich den Gedanken habe, daß ich mich vielleicht irre, so kommt in der Nacht immer wieder die Überzeugung zum Durchbruch, daß mein Mann mich mit meiner Schwester hintergeht. Auch am Tage sind nur wenige Minuten frei von diesen Gedanken."

Und eine andere Dame, eine schwere Psychopathin, deren Ehemann der vortrefflichste Mann ist, den man sich denken kann, und die selbst einen ausgezeichneten Charakter hat, wird von dem Gedanken beherrscht, der Ehemann hintergehe sie. Wenn er geschäftlich verreist, steht sie am Fenster, um zu sehen, daß nur keine Dame in den Wagen einsteigt, sie eilt hinunter, um es aus der Nähe zu kontrollieren, und wenn er fort ist, läßt ihr die Vorstellung, daß die Reise nur vorgeschoben ist, weil er mit Frauen zusammenkommen will, keine Ruhe. Sie will nachreisen, fährt zum Bahnhof usw. Hier handelt es sich um krankhafte Wahngebilde, die übrigens später vollständig verschwanden.

Die Eifersucht kann Formen annehmen, die Körper und Geist zerrütten. Die Arbeitsfähigkeit nimmt ab, der nächtliche Schlaf ist gestört. Selbst wenn der Eifersüchtige kurze Zeit schläft, — in dem Augenblick, wo er erwacht, quält ihn wieder der Gedanke, daß seine Frau Umgang mit einem anderen hat. Und die eifersüchtige Frau weckt den Mann des nachts, quält ihn, hindert ihn am Schlaf. Beim ersten Frühstück ist der Inhalt der Unterhaltung nur seine Untreue. Man wird begreifen, wie auch da, wo es sich noch nicht um einen Wahn handelt, die Selbstquälereien und die Quälereien des andern allmählich zu einer starken seelischen Erschütterung und zu schwerer Nervosität führen müssen. Aber auch abgesehen von diesen Störungen ist eine übertriebene Eifersucht geeignet, die Ehe erheblich zu stören, ja, zu zerstören. Selbst in dem Beruf wird der Mann von solcher eifersüchtigen Frau verfolgt. Mir ist ein Arzt bekannt, bei dem besonders viele junge Mädchen in Behandlung waren, und dessen Frau während der Sprechstunde stets an der Tür horchte, um festzustellen, ob der Ehemann, der allerdings den Ruf eines Don Juans hatte, mit irgend einer seiner Patientinnen verfängliche Gespräche führe oder auch sonst zu weit gehe. Der Fall spielte in einer kleineren Stadt, und da sich das Verhalten der Frau sehr bald herumsprach, waren die Patientinnen bei der Beichte, die sie sonst dem Arzt ablegen wollten, behindert. Manche Geschäftsleiter, Bankdirektoren u. a., für die ein weibliches Personal unumgänglich notwendig ist, werden ebenfalls von ihren Frauen in bedenklichster Weise kontrolliert. Ein freundliches Wort zur Stenotypistin oder zur Privatsekretärin wird als Beweis der Untreue hingenommen, und ich kenne Männer, die nur dadurch einigermaßen ihre Frauen zu beruhigen vermochten, daß sie wenigstens als Privatsekretärinnen sich Damen nehmen mußten, die das Gegenteil einer Venus darstellten. In der Ehe selbst führen solche Eifersuchtsszenen, ob sie begründet sind oder nicht — und oft sind sie gänzlich unbegründet — zu den schwersten Konflikten, weil gerade die Eifersucht eben eine Gefühlsregung ist, die nicht mit einer einmaligen, oder gelegentlichen Aussprache beseitigt wird, sondern immer in sich selbst das Feuer weiter schürt, das schließlich jede Harmonie vernichtet.

Wo nicht günstige Bedingungen für die Rückkehr bestehen, wird die Eifersucht umso mehr zur Qual, als sie gewöhnlich mit sehr starker Liebe verknüpft ist. Und sie ist um so qualvoller, als der Eifersüchtige sich durch nichts Gewißheit darüber verschaffen kann, ob sein Verdacht, die beiden seien schon zum intimen Verkehr gekommen, berechtigt ist oder nicht. Vor Gericht werden, wenn es sich um die Rettung der geliebten Frau handelt, häufig Meineide geschworen. Ich kenne mehrere Fälle, in denen ich von dem Ehebruch Kenntnis hatte, aber mit größter Kaltblütigkeit vor Gericht fast serienweise Meineide geleistet wurden. Und ähnlich liegt es mit Ehrenwörtern. Männer, die sonst ein falsches Ehrenwort für den Gipfel der Ehrlosigkeit halten, verpfänden ihr Ehrenwort, um die Frau zu retten. Und gerade, weil man sich bei der Eifersucht fast nie ein Bild machen kann, selbst wenn es zu gerichtlichen Verhandlungen und Eiden kommt, ist sie für den Betroffenen oft etwas, was den seelischen Frieden auf lange Zeit oder auch dauernd vernichtet.

Es gibt aber auch Fälle, in denen noch eine rechtzeitige Besinnung erfolgt und beide Teile verständige Einkehr halten. Wie ich schon erwähnte, kann die Eifersucht sogar das eheliche Glück wieder neu herstellen. Wenn aber erst eine enge Verbindung mit der dritten Person geschlossen ist, sei es von dem Mann oder der Frau, eine völlige Umkehr nur schwer gelingt, so können wir beobachten, daß, wenn rechtzeitig die Entwicklung der neuen Liebe gehemmt wird, die Ehe nicht nur erhalten, sondern auch wie neu geschlossen erscheint. Solange der Partner sich in der Gewalt hat — oft täuscht er sich allerdings darüber — kann durch Neuanfachung der Liebe und Vermeiden der Fehler, die zur Entfremdung führten, die Eifersucht geradezu als ein Heilmittel für die Ehe gelten. Doch erfordert es einen hohen Grad von Selbstbeherrschung und Aufopferung, wenn der sich von dem Ehepartner abwendende Teil die neue Verbindung vollkommen löst. Sie ist mit ihm meistens schon mit so viel angenehmen Empfindungen und der Hoffnung auf ein neues großes Erleben verknüpft, daß die Zerreißung nur einer moralisch hochstehenden Persönlichkeit gelingen wird. Daß das aber möglich ist, kann keinem Zweifel unterliegen.

Übrigens gibt es auch Ehen, wo alles sehr gleichmäßig zugeht, aber nur eine rein wirtschaftliche Gemeinschaft, ohne tieferes Band besteht. So lag es in einem Fall, den ich vor Jahren beobachtete. Als der Ehemann eines Tages nach Hause kam, fand er seine Frau in eindeutigem Zusammensein mit seinem besten Freund. Dieser und die Frau waren sehr erschrocken, als der Mann eintrat, der sonst im Leben nur Geschäftsmann war, aber über eine gute Dosis Humor verfügte. Und als er den Schrecken seines alten Freundes und seiner Frau sah, rief er ihnen zu, sie sollten sich nur nicht aufregen, und sich zu seinem Freunde wendend, sagte er: „Siebenzehn Jahre habe ich sie gehabt, die nächsten siebenzehn Jahre wirst Du sie haben“. Es kam zur Ehescheidung. Der Freund heiratete die Frau. Alle drei blieben miteinander befreundet. Der Verdacht, daß es sich um ein abgekartetes Spiel handelte, lag nahe. Ich glaube aber nicht, daß dies in Wirklichkeit der Fall war. Wer die Persönlichkeit dieses Ehemannes kannte, wird auch schwerlich an eine Verabredung glauben, die etwa getroffen war, um die Scheidung herbeizuführen.

Psychopathen als Ehegatten

Von Helenefriderike Stelzner

Dem Gebiet der psychopathischen Veranlagung gehört zweifellos eine große Gruppe Ehescheuer an, zu der das männliche Geschlecht ein höheres Kontingent stellt als das weibliche. Die scheinbare Misogynie des Mannes ist nur zum kleinsten Teile bedingt aus einer rein seelischen Einstellung. Auch die seltenere Ehescheu des Weibes hat nicht immer endogene Ursachen. Die sexuelle Frigidität hält sie nicht von der Lebensgemeinschaft ab, um so weniger als sie der unberührten Frau vor der Ehe kaum zum Bewußtsein kommt. Bei beiden Teilen spielen wirtschaftliche Erwägungen, je nach verschiedenen Richtungen orientiert, eine nicht zu unterschätzende Rolle. Das Hervorstürmen der Frauenrechtsbewegung in den letzten Zeiten hat mit einer Kulturgewohnheit nur zum Teil gebrochen, mit dem Zuschieben der wirtschaftlichen Verantwortlichkeit in der Ehe auf die Schultern des Mannes, und je weitere Fortschritte der Amerikanismus in Europa macht, um so stärker wird sich auch diese Seite wieder bei uns betont finden. Die weitgehende Teilnahme der Frau an den Verdienstmöglichkeiten ist nur eine Übergangs-, eine Nachkriegs- und Inflationserscheinung der bitteren Not, die mit besseren Erwerbsverhältnissen wieder verschwinden wird. In einem Kulturstaate mit gesunden Verhältnissen wird die Ehefrau und Mutter immer nur die Erhalterin der Vermögen sein dürfen — im Interesse der künftigen Generation und unter Erhaltung aller Bildungsmöglichkeiten. Ist eine bestimmte Summe der wirtschaftlichen Eheverantwortlichkeit von ihr genommen, so ist der Eheentschluß auch für ein ängstliches weibliches Gemüt ein leichter, der Weg zur Ehe nicht verbaut wie bei vielen psychopathischen Männern, die aus ökonomischen Ängsten nicht zur Ehe gelangen. Für beide Geschlechter aber bleiben idiopathische Ehehemmungen bei entsprechender Veranlagung bestehen, und ein großer Teil kann sich infolge dieser mangelhaften Anlage zur Lebensgemeinschaft nicht entschließen. Es sind dieselben Persönlichkeiten, nur graduell verschieden, an denen die Ehen zerbrechen, oft unter gleichzeitigem Zusammenbruch der Gesamtpersönlichkeit, die den Konflikten nicht gewachsen war.

Damit ist nicht gesagt, daß die Psychopathen im allgemeinen als eheunfähig anzusehen sind. Gewisse Konstellationen führen geradezu zur Ehe hin: Anlehnungsbedürfnis des femininen Mannes und dessen Korrelat: unter Pflegelust versteckte Herrschaftsbegierden der imperatorischen Frau, sind beide als eine Art Ehebegabung anzusehen, während andererseits manche Ehe von Psychopathen, z. B. von zykloid veranlagten aus einer plötzlich auftauchenden hypomanisch bedingten Wunschidee heraus geschlossen wird, deren Intensität mit Zunahme einer depressiven Tendenz plötzlich wieder verblaßt und dann die Ungeeignetheit des Ehepartners erst recht erkennen läßt. Das Glück einer Psychopathen-Ehe ist selbstverständlich um so gefährdeter, je stärker die Belastung des kranken Lebensgenossen ist und je weniger der als der gesunde Teil Fungierende seine Intaktheit mit der Geschicklichkeit verbindet, dem kranken helfend und pflegend entgegenzukommen. Daß aber trotzdem so viele Ehen an den psychopathischen Eigenschaften der Eheteilnehmer zerbrechen, ist darauf zurückzuführen, daß die schon von vielen Autoren aufgestellte und bewiesene Behauptung richtig ist: „Die kranken Elemente drängen einander zu". Die Hysterika sieht in dem schweren Neurastheniker ihr Ideal, der irgendwie Verschrobene betet ähnliche Eigenschaften bei der Frau an, oder es kommen Verhältnisse wie die oben angedeuteten vor: Starker Feminismus des Mannes sucht die maskuline Frau oder ein ganz besonders zart, vielleicht sogar ein wenig masochistisch veranlagtes Weib ergibt sich dem psychopathischen Tyrannen und Ichling. Es ist zu unterscheiden zwischen Eigenschaften, die das Wesen der Ehe wenig berühren, solchen, die als ehefreundlich anzusehen sind und anderen, die zur Ehe drängen, in ihr den Ausgleich suchen, den jedes psychopathische Individuum aus seiner labilen Gleichgewichtslage heraus erstrebt. Gesundheit oder Einfühligkeit des Lebenskameraden kann die Angelegenheit aus der Problematik herausrücken. Immer aber ist zu bedenken, daß Psychopathen schlechte Wähler sind. Nicht ein gerader Weg führt sie zu Begehrungsvorstellungen, sondern Stimmungen, Ängste, Zufälle, die plötzlich zum unüberwindlichen Drang umschlagen können, um im nächsten Augenblick wieder in Unentschlossenheit zusammenzufallen. Die Erinnerung an die früheren Wahlentscheidungen aus anderen Daseinsepochen hemmen die Entschlußfähigkeit, bis das Individuum unerwartet und explosiv, nur um den Schwankungen zu entgegen, rasch und unüberlegt zugreift, oft angespornt von dem hetzenden Gedanken, ein anderes Wesen begehre das zu wählende Objekt, und das bis jetzt vielleicht nur spielerisch gewünschte entfesselt plötzlich heiße Begehrungsvorstellungen. Fällt aber das erwünschte dem Suchenden zu schnell zu, so beginnen sofort die Zweifel, ob das Errungene auch des Preises wert sei, und während der ganzen Ehe bleibt dieser Erdenrest zu tragen peinlich.

Als das Eheglück hindernde Eigenschaften stehen im Vordergrund die Schädigungen der Willenseignung, die labile Energie, die temporäre Unentschlossenheit. Zu den Willensperversionen treten Zweifel, Grübelsucht, das ganze Heer der aus unterdrückter Angst entstehenden Beunruhigungen, die Furcht vor Krankheit, Enttäuschung usw. *Kretschmer*[1]) hat darauf hingewiesen, daß die Abgrenzung der psychopathischen Konstitutionen in ihrer Nomenklatur keine Konstitutionsbegriffe im vertieften biologischen Sinne gibt, daß manche Nervöse und Hysterische, manche Dégénérés, nichts anderes sind als Schizoide, wie ja unter ihnen sich auch viele finden, die zykloide Ausschläge beobachten lassen. M. E. ist die psychopathische Konstitution in ihren verschiedenen Erscheinungsformen in ausgesprochener Weise durch zykloide Ein- und Ausschläge charakterisiert, die als Launenhaftigkeit, als Unausgeglichenheit des charakterologischen Gesamtbildes, als unerwartete Reaktion, als Stimmungsüberschwang imponieren. Die präpsychotische (*Kretschmer*) Persönlichkeit fließt zusammen mit der Psychopathie im gewöhnlichen Sinne, solange aus ihr eine Psychose nicht bewiesen werden kann.

Als besonders ungünstig wird immer die Konstellation anzusehen sein, wo sich die krankhaften Eigenschaften nicht nur bei der in Frage stehenden Person, sondern ausgesprochen in der nächsten Aszendenz finden und eine Summe von Vererbungsmöglichkeiten vorliegen, die, worauf man bisher viel zu wenig geachtet hat, sich nicht nur im Gesamtorganismus von Geburt an zeigen, sondern, die je nach dem Lebensalter in den verschiedenen Phasen sich erst herausmendeln, der schon bekannten psychopathischen Persönlichkeit eine neue Note zufügend. Die Erbgüter liegen offenbar latent im Gebiet der Gesamtveranlagung, bis das ihnen adäquate Lebensalter sie erst zur Entfaltung bringt.

Der alte Witz, daß der Schwiegervater seine nicht sehr dekorative Gattin auffordert, sich dem präsumptiven Schwiegersohn erst nach der Verlobung mit der Tochter zu zeigen, enthält eine von den Fachleuten noch viel zu wenig aufgenommene Volksweisheit. Reizende junge Mädchen gibt es zahllose, aber von wenigen nur können wir ein heiteres Frauentum, ein kluges und philosophisches Matronen- und Greisenalter erwarten. Nur wenige hochgezüchtete Familien bringen klimakterisch unbeeinflußte oder schön alternde Menschen hervor, Menschen, die seelisch nicht verfallen in Depressionen, Mißgunst, Unzufriedenheit, nervöse Störungen u. a. Ein Beispiel edler, froher und gesunder Greisenhaftigkeit bietet Goethes Mutter äußerlich und innerlich. Ein gegenteiliges Bild vom Altern hat Anzengruber in seiner Horlacherlies gezeichnet, deren be-

[1]) Körperbau und Charakter. Untersuch. z. Konstitutionsproblem und zur Lehre von den Temperamenten. 3. Aufl., Berlin 1926.

scheidene Jungmagdhaftigkeit sich in eine keifende geizige Bäuerin verwandelt, Eigenschaften, die in der Erbmasse einer ländlichen Familie sicher als vorhanden anzunehmen sind und in der entsprechenden Alterslage herauskommen, also nicht als Dauereigenschaften, immerhin aber als solche, mit denen man zu rechnen hat, sobald die Epoche im Dasein erreicht ist.

All' dies ist in gesunder Breite möglich. Die Ausschläge, welche die Psyche Gefährdeter in den verschiedenen bedrohten Zeiten und kritischen Altersgrenzen durchmacht, sind viel energischere, und der Psychopath, der als Jüngling ein frühreifer Zweifler oder ein überideal gerichteter Zärtling war, kann sich nach den Möglichkeiten seiner Erbmasse zum schweren Hypochonder oder zum menschenscheuen Tyrannen auswachsen. Der künstlerisch begabte scheinbar glückliche Frauenliebling wird später in der Ehe, aber nicht durch sie ein derber Prosaiker und Egoist, ganz den Entwicklungsgängen folgend, die ein Ahn ihm vorgezeichnet hat. Genauere Kenntnis der Familiengeschichten im Sinne der zeitlichen Individualentwicklung der Einzelpersönlichkeiten, besonders der abnormen, ist die wichtigste Erbforschung, deren Resultate auch in der Eheberatung zu verwenden wären. Stellen sich die Beziehungen zwischen Körperbau und Charakter als so ausschlaggebend heraus, wie *Kretschmer* dies lehrt, so müßten zu den äußeren Ähnlichkeiten der Ahnen und Enkel die geistigen Beziehungen gesucht und bei beiden die gesetzmäßigen Übereinstimmungen beobachtet werden. Die Erziehung könnte Vorbeugungen treffen, daß die bei einem Ahn vorliegenden seelischen Unebenheiten bei dem ihm körperlich ähnelnden Enkel sich möglichst abgeschwächt wiederholen. Bestimmte für die Ehe praedisponierende Eigenschaften sollten studiert und gezüchtet, nicht nur immer nach der Summe der anti- oder asozialen Eigenschaften innerhalb des Clans gesucht werden. Gerade für die Eheeignung sind ganz bestimmte Anlagen als erwünschte zu begrüßen, vor allem die Talente zur Lebenskunst, die Gabe anderen zur Freude und sich nicht zur Last zu leben, die Fähigkeit, etwas Festliches in den Alltag zu tragen. Ihr Fehlen, so häufig bei den verschiedenen Formen der Psychopathie, sollte, wenn ihr Nichtvorhandensein bei den Aszendenten festgestellt ist, zu einem Erziehungsproblem werden.

Anstatt die Frage rein theoretisch zu studieren, ob Ehen zwischen und mit Psychopathen zu befürworten sind, beziehe ich mich auf praktische Erfahrungen, die eindeutige Ergebnisse zeitigten, dahingehend, daß gewisse psychopathische Veranlagungen in allen Kreisen, nicht nur in den hochkultivierten, auf die Ehe zerstörend wirken. Wenn *Kretschmer* sagt, man könne das schizoide Innenleben nicht an Bauern studieren, sondern Könige (Ludwig II.) und Dichter (Hölderlin, Strindberg) seien gerade gut genug dazu, so ist das exogene Auswirkungsgebiet, das ich hier behandle, die Ehe, als eine soziale Einrichtung auf die Massen zugeschnitten, und es war mir wichtiger nachzuweisen, wie ein bestimmtes Kontingent sich bei psychopathischer Einstellung als Ehepartner verhält, als darauf, welche Ehen hochgestellter Individuen sich als unhaltbar erweisen, umsomehr als Könige und Dichter sich leichter als ein Mann aus dem Volk eines eheähnlichen Weges zum Glück bedienen können.

Bei Untersuchungen an Fürsorgezöglingen, die ich in immerwährender Folge psychiatrisch zu begutachten hatte, wurde, soweit dies möglich, bei den Anamnesen auf die Erblichkeitsverhältnisse mit eingegangen. Es ist bekannt, daß bei der fluktuierenden Bevölkerung der Großstadt wie in den Industriegegenden Abstammungsdaten sich selten weiter als bis zu den Großeltern zurückverfolgen lassen. Sicheres wurde mir meist nur betreffs der Eltern bekannt. So ergab sich ein Material, aus dem ich das folgende entnahm:

Das Abgleiten der jüngsten Erbschicht in die Fürsorge-Erziehung leitete auf gewisse Erbfehler hin, und die Nachfragen bei Aufnahme der Vorgeschichten, unterstützt durch Aktenstudium, ergab ein Bild von Psychopathenehen in einer gewissen sozialen Ebene, die zerfielen nicht wegen wirtschaftlicher Schwierigkeiten, die natürlich auch nicht ohne Eindruck blieben, oder weil ein etwaiger ethischer Tiefstand unüberbrückbare Klüfte gerissen hatte, sondern die nicht hielten, weil die Bedingungen zum Verständnis auf dem Boden der Psychopathie nicht gedeihen konnten. Die Psychopathien sind in ihren Auswirkungen nicht an bestimmte soziale oder wirtschaftliche Schichten gebunden. Ihr Kern ist aber um so leichter herauszuschälen, die Tonart ihrer Musik um so sicherer zu bestimmen, je weniger Kultur- und Zivilisationsfasern in ihre Struktur verwebt sind. Einfache Formen waren am ehesten zu gewinnen, wenn Kreise herangezogen wurden, deren krankhafte Ausbrüche geradlinig und ungemildert zum Ausdruck kamen. Die Eltern der von mir untersuchten Zöglinge entstammten fast ausnahmslos einem einfachen Milieu mit einfachen Bildungsmöglichkeiten. Die öfter behandelte weitgehende Belastung der Deszendenten, eben der Fürsorgezöglinge, ließ Ähnliches bei den Aszendenten vermuten, und wenn sich hier viele Ehescheidungen fanden, so war es nicht schwer, die abnormen Naturen unter diesen Geschiedenen herauszufinden gegenüber den wenigen, bei denen es sich lediglich um ein Vorbeigreifen in der Ehewahl gehandelt hatte. Zunächst wollte es scheinen, als ob in der Mehrzahl der Alkoholismus Schicksal gebend hervorträte; aber aus dieser ungenügenden Wertbestimmung entwickelte sich recht bald die Erkenntnis, daß er ebenso oft als Folgeerscheinung psychischer Leiden den, um sie mit einem Wort zu treffen, labilen Naturen sich aufdrängte, die aus irgend einem Reizhunger heraus dem Alkohol verfielen, vielleicht weil er das einzige ihnen bekannte und zugängliche Rauschmittel war. Auch bei dieser Gruppe finden sich, wenn auch schwer erkennbar, Hyperästheten, die aus Mangel an Schönheit und Freude im Dasein abirrten. Die Ehe hatte ihnen nichts von dem gebracht, was sie als letztes Ideal im Herzen trugen. So greifen die Einen zu einem toxischen Betäubungsmittel, die Anderen gelangen zur ehelichen Untreue. Zunächst suchen sie nicht die Andere, sondern frohe weibliche und männliche Genossen, die ihnen einen Schimmer des Glückes vorzutäuschen imstande sind, nach dem sie sich immer sehnten und um den sie eine allzu nüchterne Ehe betrog. Bei nur wenigen Frauen konnten alkoholistische Neigungen beobachtet werden, häufiger solche zu Vagabondage und Prostitution, bei den Männern zu Gewalttätigkeiten oder Kriminalität in anderer Form. Der Boden, auf dem sich dies bei den Ehegeschiedenen der hier gezeichneten Kreise abspielte, ist die Unbeherrschtheit der Affekte und die sich daraus ergebende Szenenbildung. Die Häufigkeit der Ehescheidungen und Eheirrungen ist hier vielfach durch die Unmöglichkeit gegeben, in einem Surrogat Ersatz zu finden, was in den kulturell höherstehenden Kreisen natürlich viel leichter gelingt, z. B. in den Gebieten von Kunst und Wissenschaft, von Naturfreude u. a. Der Ungebildete flieht aus der ihn nicht befriedigenden Ehe in tiefer liegende Gefilde, ins Kneipenleben oder zu den Dirnen. Der Affektive tobt sich in rohen Szenen mit Tätlichkeiten aus, die auch letzten Endes ein verletztes Ästhetentum zur Ursache haben können, das zur Verzweiflung getrieben wurde durch die unschönen Auswirkungen der Gravidität und der Kleinkinderaufzucht in engen Verhältnissen, ein Psychopathentum, das, wie alles, was dem Gebiet der Fortpflanzung als einer natürlichen Anlage entgegensteht, von der Allgemeinheit am meisten geächtet wird und am meisten unverstanden bleibt. Die Ehescheidung ist, soweit nicht wirtschaftliche Erwägungen hineinspielen, als Ausdruck der Kulmination ehefeindlicher Tendenzen in der Familiengemeinschaft anzusehen. Sind unglückliche Ehen in mehr als 50% der Fälle die Produkte einer psychopathischen ehefeindlich gerichteten Anlage, so ist die Ehescheidung in ihrer Allgemeinheit und Häufigkeit der Gradmesser für die Anzahl Psychopathischer unter den Eheteilnehmern.

Die gegenwärtige Zunahme der Ehescheidungen hat mit endogenen Gründen übrigens weniger zu tun als mit exogenen: mit räumlicher Beschränkung in den Wohnungen, mit dem Zwang der daraus resultierenden Abstinenz bezüglich der Fortpflanzung und der Notwendigkeit, daß beide Ehegatten durch bezahlte Arbeit zum Unterhalt beitragen müssen, zum Teil auch noch mit der Leichtigkeit, mit der in der Kriegs- und Nachkriegszeit Ehen geschlossen wurden.

Die Art der verfehlten Anlagen scheint in der hier angezogenen Kulturschicht ungemein einfach konstruiert zu sein, die Reaktionen auf Reizungen der labilen Zonen demgemäß leicht verständlich. Unbeherrschter Zorn über das häusliche Elend führt zum Alkoholismus. Die psychopathische Anlage läßt krankhafte Rauschzustände entstehen, innerhalb deren vor allem brutale Wutanfälle bis zur Besinnungslosigkeit dominieren, wobei es zum Zerstören des mit Mühe Erworbenen, des Hausrates, an dem in diesen Kreisen meist beide Teile innig hängen, kommt, ebenso häufig sind Roheitsakte gegen die einzelnen Familienmitglieder. Der Alkoholismus ist hier auch durchaus nicht immer ein endogen bedingter, wie verschiedene Fälle beweisen, wo der Mann in einer neuen Ehe sich das Trinken je nachdem entweder an- oder abgewöhnte. Die eine Ehe war unglücklich, deswegen wurde der Mann zum Trinker, eine zweite brachte ihm die biologische und psychologische Erfüllung seines Eheideales. Damit wurde das Stimulans für die Tragfähigkeit des Daseins überflüssig. Der Fall kann natürlich auch in umgekehrter Richtung verlaufen. Die Einförmigkeit des Trachtens gerade nach Alkohol liegt nur in der mangelnden Auswahl von Ersatzmitteln für die fehlende Glückseligkeit des Daseins, ob es sich beim Einzelnen um Insuffizienzgefühle, Leben und Ehe zu meistern, handelt, ob die Neurasthenie in den Formen allgemeiner Unerträglichkeitsgefühle oder unterdrückter echter Depressionen auftritt, ob der Kranke zu den Unglücklichen gehört, die nie mit dem Bestehenden zufrieden, verbrennen müssen, was sie angebetet und anbeten, was sie verbrannt haben, welche Empfindungen als scheinbare Launenhaftigkeit bei Männern und Frauen auftreten und als hysterisch wie als schizoid gewertet werden können, oder ob es sich um Individuen handelt, die überhaupt zu schwach sind, die Nöte und Sorgen des Alltags zu tragen und die darum Vergessenheitsräusche suchen, ja suchen müssen, ist für das Gesamtbild nicht entscheidend; wichtiger was dazu kommt: Intolerabilität gegen das Rauschgift, die den meisten Psychopathen eignet. Aber auch in diesen Kreisen gibt es höherstehende Naturen, die des Alkohols in ihren Leiden entraten können. Daran erinnert die Alltagstragödie zweier zykloid eingestellter Ehegatten.

Eine Frau im klimakterischen Alter wurde mit Depressionen in eine geschlossene Anstalt eingeliefert. Sie kam aus dem melancholischen Zustand in kurzer Zeit heraus, und in der darauf folgenden leicht manisch gefärbten Gemütsstimmung war sie offener als es sonst in ihrer herben bäuerlichen Natur lag. Sie gab als Grund ihrer Traurigkeit an, daß der Ehemann unter dem Vorwand, ehemals ausgewanderte Verwandte besuchen zu wollen, sich eines Tages auf die Reise nach einem Balkanstaat aufgemacht hätte. Zunächst habe sie auf seine Rückkehr fest vertraut. Da schrieb er eines Tages einen schönen Brief, in Worten, wie er sie früher nie gebraucht hätte, daß dort alles so wundervoll sei, wie sie es sich gar nicht vorstellen könne. Dort blühten die herrlichsten Bäume, das

Wetter sei immer gut, das Getreide stehe viel höher als er es je zuhause gesehen habe, kurz ein Mignonlied ins Bäuerische übersetzt, das aber gerade in seiner Sprödigkeit und Verhaltenheit unendlich ergreifend wirkte. Das Feingefühl der Frau hatte aber sofort daraus ersehen, daß er nie mehr zu seiner Familie zurückkehren würde, denn wenn Männer wie der ihre solche ungewohnten Worte brauchen, da sei etwas anderes los als die Freude an der Natur.

Hier haben wir einen pathologischen Schönheitssucher, der des Alkohols nicht bedurfte, um aus dem Dilemma einer sonst guten Ehe mit einer tüchtigen Frau, nur ohne höheren Schwung, zu kommen. Das gesuchte Liebesglück hat er wohl kaum gefunden, als er an der von ihm so geschätzten Frau vorbeistrebte und das Loslösen von ihr in der Hilflosigkeit seiner zarten Natur nur mit einer abenteuerlichen Flucht in andere Verhältnisse zu betreiben wußte, wo er wohl dem ersten Geschöpf verfiel, das ihm ein wenig Poesie vortäuschte. Die Psychopathie führte ihn in die Abgründe der Tragik eines unverstandenen und sich selbst nicht verstehenden Mannes, eines Dichters auf der Grenze des Analphabetentums, der keinen rechten Ausdruck für seine überquellenden Empfindungen, vor allem keine Resonanz dafür fand.

Unter den von mir Beobachteten fällt eine nicht zu kleine Gruppe von Vätern auf mit Neigung zu Inzesthandlungen, meist vergeschwistert mit Trunkfälligkeit, deren Impulse so mächtig waren, daß sie nicht nur an einer, sondern selbst wenn eine Strafe erfolgt war, an einer weiter heranwachsenden Tochter sich vergingen. Gerade diese Vielfältigkeit eines Verbrechens, das nach allgemeinem Gefühl wider die Natur, jedenfalls gegen unsere kulturellen Anschauungen gerichtet ist, läßt Schlüsse auf die Psychopathie des Täters zu. Meist war es wohl ein bestimmtes Jugendalter, das den unholden Vater reizte und an einem jüngeren Kind das Verbrechen wiederholen ließ. Die nicht zu überwindende Stärke des Triebes, die absolute Stumpfheit gegenüber Gesetzen, die dem Normalen in unserer Zivilisationsbreite als eingeborene imponieren, deuten auf die abnorme Veranlagung, deren Vorhandensein noch stärker durch die Stellungnahme der bedrohten Kinder zum Verbrechen betont wird. Es darf nicht unausgesprochen bleiben, daß nicht alle Mädchen — von den umgekehrten viel selteneren Fällen einer Auswirkung des sogenannten Oedipuskomplexes erübrigt sich in diesem Zusammenhange zu sprechen — sich in der gehörigen Weise gegen die Angriffe der Väter zur Wehr setzten[1]). Schwachsinnige ließen sich von der väterlichen Autorität führen bezw. verführen. Anderweitig psychisch Abnorme

[1]) *Max Marcuse* (Inzest im Handwörterbuch der Sexualwissenschaft, 2. Aufl., Bonn 1926) berichtet über einen besonderen Fall, in dem ein Vater mit seiner Tochter 5 Kinder zeugte und als Grund dafür angab, daß seine Tochter seiner verstorbenen Frau so ähnlich sei. Hier ist ein Einverständnis beider ohne weiteres anzunehmen.

sprachen von dem verbrecherischen Vater noch immer wie von einem huldigenden Verehrer, dessen Liebkosungen ihnen schmeichelten, sie mit Freude erfüllten und sie das Furchtbare mit Gier und Neugier, mit Erlebnishunger, mit Rivalitätsempfindungen gegen die Mutter, mit egozentrischer Genugtuung und anderen Sensationen aufnehmen ließen. *Innige Wechselbeziehungen des Psychopathentums von Vätern und Töchtern* kommen durch den mangelnden Willen zur Abwehr der Vergewaltigung wohl am deutlichsten zum Ausdruck. Sie zu differenzieren war schon schwieriger. Wir lernten die Ausdrücke psychisch abnormer Veranlagung der Männer kennen als Roheitsakte gegen die eigene Frau, als wirtschaftliche Wahnsinnstaten des Delirs, als unbeherrschtes Liebesleben mit anderen Frauen oder als Neigung zu sexuellem Vergehen gegen die eigenen Töchter, alles Dinge, die zu einem ungewöhnlich hohen Prozentsatz der Scheidungen in den hier behandelten Kreisen führte. Nicht unerwähnt darf bleiben, daß Ehescheidung durchaus nicht immer dem Inzest folgt. In vielen Fällen ist die Gattin sogar gegen die Anzeige, aus Furcht, dadurch vielleicht auf Jahre hinaus den Ernährer zu verlieren. Welche Ehetragödien eine derartige Duldsamkeit nach sich zieht, läßt sich ermessen, ein Martyrium, das für beide Teile fast untragbar ist, am schlimmsten für den psychopathischen.

Auch vonseiten der *Frauen* liegen Belastungen vor, die geradezu als *ehewidrige* anzusehen sind. Die Frau ist gelegentlich Trinkerin, neigt zur Vagabondage oder hat in häufigeren Fällen angeborene Dirneninstinkte, die sie von der Familie forttreiben, das Haus unbehaglich machen, die wirtschaftliche Lage des Mannes erschweren und ihn das von allen guten Geistern verlassene Heim zu meiden zwingen. Es erübrigt sich, die vielfachen Konstellationen aufzuzählen, die hier zu beobachten sind. Sie aber zeigen die *Urelemente*, die aus den psychopathischen Schädigungen hervorgehen, unverblümt, während sie in höher kultivierten Familien sich nur verkappt und unter hundert Verkleidungen hervorwagen, um letzten Endes auch da nichts anderes zu bringen als asoziale Verhältnisse, als die Unmöglichkeit, daß zwei nicht entsprechend begabte Menschen miteinander in enger Verbindung glücklich werden. *Es gibt keine Psychopathien besonderer Struktur unter den Vertretern der verschiedenen Stände*, höchstens nur eine *Verschleierung* der schlimmsten Formen durch *Kultur* und ein *Überglänzen* durch *wirtschaftlich* bessere Verhältnisse; denn *wenn zwei Menschen sich übersatt haben, so fallen die Konflikte weg, sobald sie möglichst viele räumliche Trennungen herbeiführen können*. Hier wie dort aber ist die Ehescheidung schließlich meist der Ausweg aus den Labyrinthen seelischer Dämmerzustände, die auf unproportionierter Entwicklung oder minderwertiger Anlage der Gesamtpsyche entstanden sind.

Wenn der Alkohismus der Frau keine wesentliche Rolle spielt, da sie ihn niemals als Gewohnheitströster wie der Mann benützt, so ist die psychopathisch veranlagte Frau doch in den seltensten Fällen eine gute Gattin und Mutter, gehöre sie nun dem allgemeinen nervösen Typ an, der immer klagsam ist, oder sei sie ausgesprochen zykloid veranlagt mit weniger tiefen als lästigen depressiven Zeichen, oder sei sie gar die in Haß und Liebe unbefriedigte Hysterika, deren Charakter gut durch die Phrase eines routinierten Schriftstellers gekennzeichnet wird, der eine seiner Heldinnen sagen läßt: „Wir wissen nie zu schätzen, was wir besitzen, und verlangen krampfhaft nach dem, was wir verloren haben". Das sind die unglücklichen und Unglück bringenden Ehekandidatinnen, die sich immer nach dem andern sehnen, die stets den Falschen geheiratet haben, und nun als Märtyrerinnen oder als Messalinen durchs Leben wallen, die in ihrer angeborenen Frigidität für das Unglück stets den Partner verantwortlich machen, durch die verschiedensten Hände gehen und immer unbefriedigt bleiben. Jede ausgesprochene Hysterika, von Natur mit übermäßiger Ich- und Geltungssucht bedacht, muß in der Ehe unglücklich werden und unglücklich machen. Es mag dies manchmal aus einer Verschmelzung spezifisch männlicher und weiblicher Eigenschaften hervorgehen, die beim Zusammenleben mit dem Manne unüberwindliche Widerstände aufsteigen läßt, die Frau auf der anderen Seite aber auch in gewisse sinnliche Verstrickungen treibt: uralte entwicklungsgeschichtlich bedingte Instinkte, wie die Neigung gewisser Spinnenweibchen, den Geschlechtspartner aufzufressen, werden in der Hysterika als Wut und Haß wach gegen den, der sie zwar schwach gesehen, ihr aber seelisch und körperlich doch keine Entspannung brachte. Beim Verfolg der Ahnengeschichten von zur Ehe ungeeigneten Elementen stellt es sich sehr oft heraus, daß diese Individuen selbst aus unglücklichen Ehen mit schwer belastender Erblichkeit stammen. Wo viele Psychopathen vom hysterischen Typus geboren werden, sollte man die Einzelnen von der Ehe auszuschließen suchen, sicher nicht den Versuch machen, sie durch die Ehe zu „heilen". Im übrigen ist der Lebensweg der gleich Veranlagten für alle Stände ein ähnlicher. Auch Frauen mit einfachster Bildung wissen prachtvoll die Tragödie ihres Lebens in Szene zu setzen, dem Manne alle Schuld zuzuschieben mit einer sanften und leisen Selbstverständlich- und

Glaubwürdigkeit, sich meist auch kultivierter auszudrücken, als ihre einfachen Bildungsgänge das erwarten lassen, wie sie in Wohnung und Kleidung sich auch immer eine Stufe höher halten als ihre Umgebung. Immer sind sie dem erheirateten Feind an Dialekt überlegen, wissen überhaupt die Wahrheit stets in einer ihnen günstigen Richtung zu beugen.

Man kann bei ihnen schwer von wirklichen Lügen sprechen. Das wäre ja immerhin eine gewisse negativ betonte Wahrheit. Aber sie sind, wie Hardt in „Tantris der Narr" so wunderbar und verworren Frau Isot schildert, wenn er den verzweifelnden Marke, dem es um Wahrheit, nur um Wahrheit zu tun ist, sagen läßt: „O wie doch ihre rote irländische Zunge die Worte wohl zu setzen weiß! So glatte Worte hat sie, daß die Hand, die packen will, daran ausgleitet wie an schillernden gewundnen Schlangenleibern. — — — O sie hat Worte, Worte, alle Worte, die sie zum lügen braucht."

In dem von mir durchforschten Material nach unglücklichen Ehen unter den Psychopathen der unteren Stände und durch das Merkmal schwer erziehbarer Kinder besonders gekennzeichneter Gruppen ergab das Moment der Ehescheidung, als das Charakteristikum der unglücklichen Ehen genommen, recht hohe Zahlen.

Von 150 in fortlaufender Reihe untersuchten Zöglingen waren 17 außerehelich geboren, der Vater meist, sowohl der Mutter, als auch dem Kind, aus dem Gesichtskreis entschwunden. In sieben anderen Fällen waren die Eltern längst beide verstorben, sodaß über die Ehen nichts zu erfragen war. So blieben 126 verwendbare Fälle, unter denen wiederum 68 normal verlaufende Ehen darstellten, während 29 als unglückliche Bündnisse zu verzeichnen sind und andere 29 bereits gänzlich zerfallen, d. h. geschieden sind.

Diese geradezu ungeheuerliche Zahl von 58 abnorm verlaufenden als Lebensgemeinschaft gedachten Vereinigungen unter 126, denen nur 68 normale Ehen gegenüberstehen, hat hier ja einen bestimmten Grund darin, daß es häufig gerade die Zerfallserscheinungen der Familienbande sind, durch die die Sprößlinge entweder zur Depravation geführt werden oder überhaupt der Fürsorge als Vorsorge benötigen.

Unter den Müttern der Zöglinge konnten zwei als Gewohnheitstrinkerinnen festgestellt werden, die eine davon geborene Vagantin, vor der der sehr tüchtige Vater seine 12 mit ihr gezeugten Kinder rettete, die andere Gelegenheitstrinkerin in entsprechender Gesellschaft. Dagegen wurden 24 Väter als schwere Trinker bezeichnet, manche davon nur im Exzeß roh, sonst freundlich und willfährig wie alte Trinker zu sein pflegen, die anderen ethisch tief gesunken, in vier Fällen bis zum Tochterinzest.

Einer davon hatte zwei seiner Töchter geschändet, ein anderer, ehe er den Angriff auf das eigene Blut machte, ein fremdes 13jähriges Mädchen vergewaltigt, dafür eine Zuchthausstrafe abgebüßt, ohne daß seine verbrecherischen Gelüste dadurch eine Umkehrung erfuhren. Neben der Unbeherrschtheit gegenüber dem Rauschgift, die zum Trunke führte und durch den Trunk eine Verstärkung erfuhr, ist es vielfach die

Sieben Töchter klagen ihre Väter an, daß sie sich mit anderen Weibern abgeben und sie in die Familien mitbringen, sieben andere berichten, daß ihre Mütter sich in der entsprechenden Weise vergingen. Eine Tochter, die der Vater mit Vergewaltigung bedroht hatte, wollte die Mutter aus dem Hause, aber in schlechte Gesellschaft bringen. Andere Mütter hatten sich, während die Männer im Feld waren, prostituiert und den Kindern das vom Vater gesandte Geld vorenthalten.

Alle diese hier angeführten und viele andere Tragödien sind auf psychopathischem Boden erstanden. Ich führe nur einige Erblichkeitsverhältnisse an:

Ein schwachsinniges kongenital syphilitisches Mädchen hatte zwei ebenso unbegabte Brüder, dazu einen epileptischen und einen ebenfalls kongenital syphilitischen, der plötzlich auf einem Auge erblindete, und einen 5., mit Ohnmachtsanfällen (verlarvte Epilepsie).

Wenn hier Alkohol und Syphilis die psychisch-somatischen Degenerationszeichen hervorgerufen hatten, so standen in anderen Fällen hauptsächlich psychische und gemütliche Störungen im Vordergrund:

Da ist eine Tochter der geschiedenen Ehe, die infantil veranlagt ist und an Depressionen leidet, ein Bruder erhängte sich ohne nachweisbaren Grund, der Vater krampft, und einer seiner Brüder ist im Irrenhaus, die Mutter starb an Tuberkulose. Ein Mädchen erzählt, daß ihr Vater die Mutter vergiftet habe, der Vater eines anderen Kindes wurde von seinem Bruder erstochen. Ein Vater saß im Zuchthaus, weil er die Frucht der Beziehungen zu seiner verheirateten Tochter bei der Geburt erwürgte.

Kurz, die Familiengeschichten der psychopathischen Ehegeschiedenen dieser Kreise hören sich an, als ob sie den englischen Königsdramen nachgelebt wären oder „der Borgia Lust, vor der's dem Teufel graust" zum Vorbild hätten, jedenfalls bewegen sie sich auf einem Boden, auf dem glückliche Ehen nicht gedeihen können. Hier wie dort Dégénérés, dort mehr vom superioren, hier vom inferioren Typus, der Ausgang hier wie dort der gleiche: Vergewaltigung, Blutschande, Selbstmord, Mord, vereinzelte Geisteskrankheiten, bezahlte und unbezahlte Prostitution und Perversionen, Ehen und eheähnliche Einrichtungen ohne Bestand, weil die Teilnehmer objektiv und subjektiv untauglich dazu sind. Schwerblütige Veranlagung sowohl wie Unerträglichkeitsgefühle treiben zu Vergessenheitsräuschen und während dieser zur Zerstörung letzter freundlicher Beziehungen zwischen den Gatten. Überempfindlichkeit gegenüber den Reizen des anderen Geschlechtes führt zur ehelichen Untreue; ein gewisses Schönheitsempfinden läßt die unvermeidlichen Häßlichkeiten des nahen Beieinanderseins Vieler in enger Gemeinschaft zur Katastrophe werden. Die Abkömmlinge wirken durchaus nicht immer als Friedensengel, bringen allerlei Aufregungen infolge ihrer Schwererziehbarkeit und gelten viel häufiger als ein weiteres Belastungsmoment in der Ehe, als die Märchenbücher für Große und Kleine das in ihren Schilderungen ahnen lassen.

Auffallend ist es, wie wenig diese Tatsachen der mißglückten Ehebildung bei Psychopathen bisher das Interesse der Forscher erregt hat, ob man sie nun unter *Ziehens* Schema zusammenfaßt oder auch die Präpsychoten (*Kretschmer*) hineingibt. *Kretschmer* legt das größte Gewicht auf Durchforschung der Familien auch nach Richtung der anscheinend gesunden Elemente, ohne auf die Eheeignung einzugehen. Gelegentlich der Aufzählung einer kleinen Sammlung von zykloiden Elementen hören wir einmal, daß das Exemplar eines stillvergnügten Sonderlings sich nicht verheiratete, weil er fürchtete eine kranke Frau und kranke Kinder zu bekommen und andere Leiden erdulden zu müssen, die er bei verheirateten Freunden sah. Das ist die gutmütige Gruppe der Ehescheuen, aber es gibt noch andere, die aus einer widernatürlichen Anlage heraus ein überästhetisches Empfinden mitbringen und, wie schon erwähnt, z. B. vor der Gravidität der Geliebten einen unüberwindlichen Abscheu haben, wie sie auch ein Grauen vor allem, was mit den wenig ästhetischen ersten Lebensregungen eines Säuglings zu tun hat, empfinden. Der höher Kultivierte flieht diese Epochen im Kreislauf der Familienbildung, der Rohling beschimpft seine Frau, und Kindesmord vonseiten des Vaters ist sicher manchmal eine Folge solch krankhafter Anlage.

Wie die Psychopathien zu asozialem Leben in den verschiedensten Richtungen führen, sah ich an den Insassen der Pfrund, eine Art Siechen- und Versorgungshaus eines Schweizer Kantons, der in seinen nach Hunderten zählenden Insassen eine Musterkarte psychopathisch bedingter Abirrungen im sozialen Dasein darstellte. Eine Gruppe von ganz besonderer Wertigkeit stellte sich in den Auslandsfahrern dar. Die Schweiz kann ihre Kinder nicht alle in der Heimat ernähren und gibt andauernd ein hochwertiges Material an das Ausland ab, das später zu Besitz gelangt, heimkehrt und dem Lande nützliche Patrioten stellt. Durch das Bekanntsein mit den Auswanderungsgelegenheiten werden aber auch eine Menge von Individuen zur Emigration verführt, deren seelische Kräfte dem harten Auswandererdasein nicht gewachsen sind. Aus dieser Gruppe, von deren Gliedern die meisten als asozial geborene anzusprechen sind, versuchte ich ein Bild der Ehefähigkeit der Einzelnen zu gewinnen.

Unter fünf Globetrottern fand ich da drei Unverheiratete; der eine war als Hotelangestellter von Lust und Beruf in der Welt umhergetrieben worden, hatte zur Ehe keine Zeit gehabt, auch den Frauen wenig Interesse entgegengebracht, kam mit seinem reichlichen Erwerb zurück, verlor sein Geld durch einen Freund und war damit in seinen Willenskräften für immer erledigt, zog klaglos in die mehr als bescheidenen Räume der Pfrund ein, um diese nicht wieder zu verlassen. Ein anderer wohl Zykloider ging nach Indien, wo er sich ein Vermögen verdiente. Er erzählt, daß er nach fünfjährigem Aufenthalt daselbst von solch heftigem Heimweh gepackt wurde, vergesellschaftet mit der Sehnsucht, sich sobald als möglich mit einer Landsmännin — keiner bestimmten — zu verheiraten, daß er seine Stellung ohne alle Sicherungen aufgab, sein Geld bei der Heimkehr als verloren ansehen mußte, alle Ehepläne über Bord warf und klaglos als noch junger und gesunder Mann ohne weitere Kämpfe zum Sozialrentner, Pfründner wurde. Ein debiler Analphabet war irgendwie unter die Buren geraten, wo er einige Jahre blieb, dann wohl abgeschoben wurde und, heimgekehrt, der Gemeinde zur Last fiel. Die Frauen kümmerten ihn nicht, vor allem der Tabak. Zwei andere waren zwar verheiratet gewesen, aber die Frau des einen weigerte sich, mit nach Amerika zu gehen. Dort arbeitete er 32 Jahre als Sattler, kam aber ohne nennenswertes Gut zurück, verfiel der Pfrund. Typus: selbstzufriedener lächelnder Alkoholist. Ein anderer nahm seine Frau mit nach drüben. Sie starb, und er heiratete eine schon länger eingesessene, die ihm einen Weinberg zubrachte. Nach den Bildern war sie der Typus des unschönen Arbeitstieres. Sie starb, und er gab an, daß ihn die Prohibition um alles gebracht habe. M. E. war es aber der Alkohol, dem er sich ergab, als die fleißige Frau ihn nicht mehr antrieb. Alle fünf waren irgendwie morsch in ihrer Anlage, drei kamen nicht zur Ehebildung, zwei wurden vermutlich durch die Frauen gehalten, solange diese lebten, sanken dann schnell — das Ende Sozialrentner in einer ländlichen Pfrund.

Auch hier sieht man, daß die seelisch irgendwie Kranken *nicht zur Ehe passen*. Willensperversionen, Stimmungswechsel, Unfähigkeit der Hingabe bis zum ausgesprochenen Inferiorismus, Mangel an Stetigkeit der Gesamtpersönlichkeit und daraus hervorgehend die Freude an ehelichen Szenen, eine Eigenschaft, die unter primitiven Verhältnissen leichter zu ertragen ist als unter kultivierten. Nicht umsonst ist bei den Primitiven der Glaube verbreitet, daß zu einer glücklichen Ehe *Prügel* gehören. Die normale Frau nimmt sie als eine Schickung hin, die psychopathische in ihrem Hunger nach Erregungen findet sich dabei vor allem aus der Zone der Langenweile entrückt. Es muß nicht immer ein masochistischer Kern zu Grunde liegen, sondern lediglich der Wunsch, aus der Meeresstille herauszukommen und den befreienden Atem einer Tat zu spüren. Psychopathische Naturen mit der ewigen *Sehnsucht nach Emotionen*, nach Zanken und Versöhnen, nach einem Auf und Ab der Tagesstimmungen können keine zufriedene Daueratmosphäre schaffen oder ertragen. Der ewig gärende Sauerteig in ihrem Innern mit seiner sprengenden Kraft ist ihr Verhängnis, noch mehr aber das ihrer Ehepartner. In dasselbe Gebiet gehört übrigens auch das *Eifersuchtsmotiv*, sowohl in der Form, sich gern eifersüchtig betrachtet zu sehen als in der anderen, selbst ewig zittern zu müssen um die Bedrohungen der Liebe. Es sind dies Veranlagungen, denen wir vielfach in den sogenannten *romantischen Ehen* begegnen.

Lotte konnte froh sein, daß Werther aus der Welt ging, ehe sie schließlich als seine unglückliche Gattin geendet hätte; denn was er für sie empfand, war nur der unklare Ausdruck einer ins unendliche gesteigerten Spannung, die für ihn die Brücke zum Selbstmord wurde. Wie die meisten romantischen Ehen, die oft aus einer Milieusehnsucht heraus geschlossen wurden und kein eigentliches Ziel im Auge hatten, wäre auch diese Ehe unglücklich geworden.

Wenn eheliche Gemeinschaft im allgemeinen als eine psychopathiefeindliche Institution anzusehen ist, so kann man nicht sagen, daß die Abnormen nicht innerhalb der Familie mit Ausschluß sexueller Beziehungen sich ganz gut zurechtfinden können.

Ich kenne eine solche, wo drei Mitglieder an den schwersten Erscheinungen der Hypochondrie und der Hyperästhesie leiden und sehr glücklich als Geschwister mit einander leben, d. h. sie respektieren ihre Eigentümlichkeiten in der rührendsten Weise, z. B. die Schall abschwächenden Verdichtungen in der Wohnung des einen Bruders, die Licht dämpfenden Vorrichtungen im Zimmer der einen Schwester, die besonderen Sitz- und Liegegelegenheiten, die jedes von ihnen in seinem Zimmer angebracht hat, die hygienischen Vorrichtungen, um sich vor ansteckenden Krankheiten zu schützen, die eigentümlichen Erfindungen für die Nahrungsaufnahme u. a.

Keines wäre ehefähig gewesen, denn welcher Gatte oder welche Gattin hätte solchen Einrichtungen gegenüber den Ernst oder die Ruhe zu wahren gewußt; aber so, unter Geschwistern, die sich gegenseitig in diesen Dingen stützen und schützen, geht es ausgezeichnet, selbstverständlich unter Vernachlässigung alles sozialen Denkens und aller sozialen Pflichten.

Verfolgt man die Schicksale der verschiedenen Psychopathen in der Ehe systematisch weiter, so stellt es sich heraus, daß die Hysterie und ihre Komponenten wohl die stärksten ehewidrigen Eigenschaften bietet. Es wurde schon hervorgehoben, daß es am richtigsten sein würde, die starkbelasteten unter den so Veranlagten ganz von der Ehe auszuschließen, sie keinesfalls in die Ehe hineinzudrängen, was sehr leicht geschieht, da sie infolge ihrer gesellschaftlichen Anlagen meist zu den gefeierten Persönlichkeiten eines Kreises gehören, worauf sie mit Eitelkeitsregungen zu antworten pflegen.

Die für die Ehe untaugliche Hysterika gehört in einen ihr zusagenden Beruf. Hat sie darin das richtige gefunden, so pflegt eine Sublimierung ihrer Kräfte vor sich zu gehen, durch die ihre oft hochwertigen Fähigkeiten nutzbar werden und sie sich eine Stellung innerhalb der Gemeinschaft sichert, die sie auszufüllen imstande ist. Vielleicht sehnt sie sich gelegentlich nach dem Glück der Ehe und der Familie. Meist ist das aber nur ein Spiel mit Gefühlen, in die sie sich aus Koketterie mit ihrer Einsamkeit einmal vertieft, ohne daß es zu einem wirklichen Sehnen käme. Im übrigen wirkt sich bei ihr auch das psychologische Gesetz, von dem *Wulffen* [1]) spricht, aus, daß fast jede starke Hebung eines Elementes im Seelenleben die Umgebung mithebt. Bei der Sublimierung, die durch einen angenehmen und fesselnden Beruf erfolgt, wird die psychische Ganzheit erhöht.

Es hat sich gezeigt, daß unter den Psychopathen im allgemeinen die Ehetalente wenig entwickelt sind. Bei vielen kommt aber die

[1]) Kunst und Verbrechen. Sonderdruck aus dem *Karl May*-Jahrbuch 1925.

Qualität des Ehepartners schwerwiegend in Betracht, bei der Hysterie aber kann auch eine außerordentlich geeignet erscheinende Wahl versagen.

Praktische Erfahrungen an einem naiven Material zeigten die Auswirkungen der Psychopathie in einfachen groben Linien. Die Sachlage ändert sich, sobald autopsychologische Beobachtung mit hereinspielt. Der Ungebildete nimmt sich und seine Geistigkeit hin wie die sagenhaften Dichter der Volksepen ihre Stoffe als etwas Gottgegebenes, das ihnen selbst nicht zur Erkenntnis kommt, deswegen auch nicht in das Beobachtungsfeld gezogen wird. Anders der in den Mechanismus der Geistigkeit Eingeweihte. Die psychopathische Auswirkung wird durch die Reflexion umsomehr verändert, und vertieft, als niemand mehr als der Psychopath geneigt ist, die eigenen Absonderlichkeiten unter die Lupe zu nehmen. Ist er gar ein Dichter, dessen Beruf speziell die psychologische Betrachtung seit einem halben Jahrhundert geworden ist, so sind seine Werke als Fundgrube der Psychopathenforschung anzusehen, an denen der Psychiater nicht vorübergehen darf. Innerhalb des hier behandelten Stoffgebietes darf Strindberg trotz der vielen Durchforschungen, die er sich schon gefallen lassen mußte, nicht fehlen, weil er persönlich als das Prototyp des die Ehe suchenden Psychopathen gelten kann.

Er vermochte nicht ohne das Weib auszukommen und verfiel mit verblüffender Sicherheit immer auf die Falsche. Alle seine Dichtungen sind ein Niederschlag der dabei gemachten Erfahrungen, die ihm Leiden genug brachten, aber ihn fast bis zum Ende seines Lebens nicht vermochten, die Versuche aufzugeben. Nimmt man den Helden seines Romans „An offner See" als expressionistisches Bild seines Wesens, so ist hier sein Suchen nach Einsamkeit, um sich „in die Seide der eigenen Persönlichkeit einzuspinnen", seine wiederholt betonte Abneigung gegen das Wesen des Weibes, wie er sie sieht, neben der Unmöglichkeit, ohne sie auszukommen, ausgezeichnet geschildert, besonders auch, wie er das ganze Geschlecht für den Zwiespalt in seinem Innern verantwortlich macht, wie er den Haß auf die Wesen, denen er nicht gewachsen war, in den Gestalten der Braut und deren Mutter und in einer Nebenfigur verkörpert, wie er den viel tiefer stehenden Nebenbuhler gleichzeitig verachtet, weil er sich von ihm betrogen weiß, ihm aber noch viel mehr seine Naturinstinkte als Eroberer und Frauenräuber neidet. Es ist das Grundthema seiner Werke, der bedeutendere Mann als Opfer der listigen Weiber, die ihn mit einem Untergeordneten betrügen. In der Komposition seiner Seele ist das W nach *Weininger* zu stark entwickelt, dafür die Schwäche des M durch eine Ersatzeigenschaft, in diesem Falle Brutalität ergänzt, die er, sobald er sich bedroht glaubt, als Schutzmittel anwendet. In seiner Unfreiheit gegenüber Personen und Verhältnissen, denen er von Kind auf bewundernd gegenüberstand, in seiner leichten Verletzlichkeit und Ohnmacht lebt immer etwas vom „Sohn der Magd", aus äußeren Verhältnissen herausgewachsen, die seine Psychopathie zu verstärken geeignet waren. Seine Stellung zur Ehe bietet den Inbegriff der Psychopathenehe überhaupt. Seine Beziehungen zum Weibe stellen eine Galerie aller der Leiden dar, die Menschen, welche sich zu lieben glauben, durchzumachen haben. Sein psychischer Organismus bietet alles, was hindernd auf Familienglück und Familienbindung einwirkt. In ihm lebt das Unerfüllte mit der

Gewalt der Vorstellungen eines Mädchen- oder Knabenhirns und läßt ihn übereilte Entschlüsse fassen. Er treibt und steigert sich selbst in die Notwendigkeit eines neuen Verhältnisses hinein oder wird von seiner Anlage hineingesteigert, manchmal fast gegen seinen Willen, wie es dem echten Psychoneuropathen, au seiner Seele wund und ohne Selbstvertrauen zu geschehen pflegt. Seine Ehen sind nicht so sehr das Produkt seiner Persönlichkeit, sondern das einer langen Generationsreihe, in der sich sozial und charakterologisch nicht zusammenpassende Menschen in unglücklichen Bündnissen fanden. Wie er in dem vorher erwähnten Roman das Erlebnis des Bekanntwerdens eines schon zweiflerisch durchsetzten Mannes mit der zu Liebenden schildert, ist selbstverständlich ein retrospektiver Hinweis auf eines seiner persönlichen Frauenerlebnisse; denn hätte der Held im Beginn der Bekanntschaft wirklich so empfunden, so wäre unter normaler Lage aus der Bekanntschaft keine Verlobung geworden. Aber gerade hier bekennt sich Strindberg als schweren Psychopathen. Er sieht abstoßende Fehler sofort, aber er kann sich nicht davor retten, ein stark betonter schizoider psychopathischer Einschlag. Dabei eine wundervolle Schilderung der minderwertigen Frau: „Jetzt lacht die jugendliche Stimme, ein nach dem Gespräch (das der Held belauscht), unmotiviertes Lachen, ein Lachen, um ihre weißen Zähne zu zeigen, ein Lachen ohne komische Veranlassung, eine Reihenfolge klingender Töne ohne andere Absicht, als die Aufmerksamkeit eifersüchtig von etwas wirklichem abzuleiten, das sich dazwischen drängen wollte, ein „Gebt Achtung!", ein Lockton, ohne Zweifel ein junges Weib." Sind hier Strindbergs persönliche Empfindungen gegen ein junges törichtes Mädchen, das er heiraten wollte oder vielmehr einmal geheiratet hatte, ausgedrückt, so schließt er daran seine Gedanken über das Weibtum einer bestimmten Epoche, in denen er sich mit Nietzsche trifft. So sagt er von dem Helden: „Er wollte von einem Weibe geliebt sein, das zu ihm als dem Stärkeren aufblickte; er wollte der Grundstamm sein, dem der schwache Schößling aufgepfropft wurde; aber er war in einer Zeit geistiger Krankheit geboren, in der das weibliche Geschlecht durch einen geistigen Größenwahn verheert wurde, welcher hervorgerufen war durch ausgeartete kranke Männer und politische Kleinheiten, die der Massen für die Abstimmung bedurften, deshalb war er einsam geblieben." Was zum Teil an diesem Ausspruch wahr ist, hätte ein Feld der Arbeit für einen Starken und Gesunden abgegeben. Strindberg aber wurde gerade von dem neuen Typus energisch angezogen, und sein Unglück war es, daß er ihn nicht meistern konnte. Immer hatte er in der Frau nicht nur das Weib gesucht, sondern die Genossin, mit der er seine Pläne besprechen, oder durch die er seine Absichten verkündigen konnte und als deren Kind er sich in zärtlichem Überschwang gelegentlich gern fühlen wollte. War Siri Essen nicht mit seiner Hilfe aus der familialen Gebundenheit herausgetreten und Schauspielerin geworden? Hat er mit Harriet Bosse nicht seine besten dramatischen Pläne in die Wirklichkeit übersetzt? Und hat Frieda Uhl, die schon einen Namen als Malerin hatte, nicht auch als selbständige Frau gewirkt? Es war seine Tragödie. daß er gerade die schöpferischen und selbständigen Eigenschaften der Frau brauchte und daneben Herrschergelüste hatte, aber es waren Herrschergelüste eines Sklaven, der durch die Disharmonie seiner Anlage immer und immer wieder dem Weibe gegenüber zu Fehlgriffen drängte. Was die eine Seite seiner Anlage forderte, verneinte die andere, und seine Eheentschlüsse wurden gefaßt, je nachdem gerade der eine oder der andere Teil seines Wesens, das nie zur Einheit gedeihen konnte, der dominierende war. Auch das kommt in dem Seeroman zum Ausdruck: „Und als er nach dreimonatlicher Brautzeit wieder einmal allein ist, da fühlte er, wie er drei Monate lang in einer Barbarei gelebt, die ihn allmählich und unbemerkt in kleinliche Streitigkeiten gezogen, die sein Gedankenleben unter das affektive und vegetative gestellt, die Reproduktionsarbeit zur Hauptsache erhoben hatte. Das Individuum, das nach reicherer Entwicklung strebte, konnte nur in der Einöde wachsen." Was Strindberg hier an Machtwillen zeigt und wie er dabei an allen Punkten geschlagen wird, ohne die richtige Einstellung zu nehmen, ist typisch für den Psychopathen und seine Stellung zur Umwelt. Wir sehen die geistig hochstehende Frau ebenso wie den Mann — das Krankhafte ist hier das Richtunggebende — in einer Atmosphäre niederer Interessen verkommen. Wir sehen, wie ein Beethoven Zeit seines Lebens von den kleinen Dingen des Daseins erschlagen wird, und nicht die Fähigkeit hat, seine nächste Umwelt zu meistern. Der kleine gesunde Alltagsmensch triumphiert über das Genie, das in Wolken wandelt und keine Wegsäulen findet, die zu einem Verständnis mit denen da drunten führen, denen allerdings noch viel weniger das Verständnis für die da oben ermöglicht ist. Strindberg zeigt, daß die von ihm angestrebte und ersehnte Ehe nur seine verkehrten Anlagen zu stärkerer Betonung bringt, und wenn wir angesichts Beethoven's Leben manchmal geneigt sind, anzunehmen, daß eine glückliche Ehe ihn vor den robusten Einfällen des täglichen Lebens geschützt hätte. so zeigt ein Blick auf seine Veranlagung, daß eine solche nicht im Plane seiner seelischen Struktur lag. Seine Neigungen gingen in Richtung des Romantischen und Aristokratischen; die einfache praktische Natur, die seinem Leben eine behagliche Note hätte geben können, verschmähte er. Sein Geschlechtsleben hatte sich zur Höhe eines ungeheuren Formates genialer Leistungen sublimiert, war kein drängendes und forderndes. So befielen ihn nur gelegentlich Träume von Glück, die sich an Unerreichbares verloren.

Das Eheschicksal, das die psychopathische Ausnahmepersönlichkeit des Genies erlebte, wiederholt sich im wesentlichen auch in den Durchschnittsverhältnissen. Immer ist der überzarte Mann, verkoppelt mit der robusteren und einfacher konstruierten Gefährtin, hilflos und kommt leicht in die Stellung des Pantoffelhelden. Aber auch die psychopathische vielfach feiner empfindende Frau unterliegt den Rauheiten des gesunden und ein wenig brutalen Mannes. Ich behaupte aber, daß dies der seltenere Fall ist. Hier kommt der Unterschied der Geschlechter, wie Strindberg ihn herausgearbeitet hat, zur entschiedeneren Auswirkung. Die Frau aus dem Volke ist im allgemeinen als der gebildetere Teil der Ehe anzusehen, wenn das Wort Bildung wegen der geringen Quantität überhaupt hier angewandt werden darf. Es handelt sich eigentlich mehr um Lebensgewandtheit, um Schlauheit und sprachliche Ausdrucksfähigkeit. Diesen Anlagen gegenüber arbeitet der Mann aus dem Volke mit Brutalität, und sie kommen beide gut dabei aus. Ist aber in etwas höherstehenden Kreisen der Mann Neurastheniker oder durch seine Anlagen der scheinbar schwächere, so nützt ihm seine Philosophie und Gelehrsamkeit gegenüber dem naiven Weibe nichts. Die rasch und unbedenklich zupackende Frau wird ihm seinen Mangel in praktischen Dingen z. B. immer fühlbar machen und ihre Vorteile dabei herausgreifen.

Es ist ein altes Vorurteil, daß die Ehen der Genies weniger glücklich ausfallen als die einfach eingestellter Naturen, — eine falsche Verallgemeinerung; denn es gibt ebenso ehebegabte Genies wie das Gegenteil. Die gute Ehe ist keine Funktion oder Mißfunktion der Hochbegabung. Aber es ist der Welt bekannter geworden, wenn auf der Höhe ein Schloßbrand seine Feuersäulen zum Himmel lodern läßt, als wenn einer kleinen Hütte das Strohdach abbrennt. Nach meinen Ausführungen über die Ehen einer sicher nicht durch Hochbegabung aus den Ebenen herausragenden Schicht mit ihren vielfachen Scheidungen und anderen Unglücksfällen kann man einer höher oder höchst begabten Gruppe sicher die Eheunfähigkeit in größerer Ausbreitung nicht zusprechen. Im Gegenteil kann man hier die weitergehende Vorurteilslosigkeit, eine Eigenschaft, die sonst ehezerstörend wirken würde, als das Glück einer Ehe befestigend ansehen. Ich denke dabei an die quasi Doppelehen, die einige Große im Reiche der Geister geführt haben.

Schiller liebte die beiden Schwestern Lengefeld im idealen Sinne und hätte keine in der häuslichen Gemeinschaft missen mögen. Das Glück seiner Ehe war in der Hauptsache durch die Klugheit seiner Frau gewährleistet und dadurch, daß die andere die Schwester Karolinens war. Bei Bürger haben wir ein ähnliches Verhältnis. Solange die Schwestern Leonhart in seinem Leben waren, konnte Unglück nicht an ihn heran, auch nachdem die eine verstorben war und er die andere ehelichte. Als er aber schließlich nach dem Tode Molly's allein blieb mit seiner expansiven und exterioristischen Natur, fiel er infolge seines nach der überwundenen Erschütterung des Verlustes in statu nascendi befindlichen Lebenshungers dem Schwabenmädchen zu, das Opfer einer hypomanischen Komponente seiner zykloiden Temperamentsschwankungen. Dagegen war Goethe in seiner Ehewahl der große Lebenskünstler, als welchen er sich in allen persönlichen Fragen bewährte. Das Band mit Frau von Stein war zerschnitten. Ob er je an eine Ehe mit der älteren Frau gedacht hat, mag dahingestellt bleiben, als ganz junger Mann sicher. Aber nach dem Bruch, den er durch seine Italienreise eingeleitet hatte, wurden ihm seine häuslichen Pläne klarer und klarer. Er suchte vor allem nach einer guten Wirtin, die auf der einen Seite für sein persönliches Behagen sorgte, der er auf der anderen Seite seine Kunstwerke und Sammlungen anvertrauen konnte, um seinen Geist nicht mit der täglichen Kleinarbeit des Erhaltens beladen zu müssen. Er hatte diese Tugenden bei Christiane wohl bald herausgefunden, wohl auch, daß sie ihn zunächst mit Ehegedanken wenig beunruhigen würde. Sie sollte ihm vor allem absolute Schaffensruhe in seinem Heim, das er liebte und das er gut betreut sehen wollte, ermöglichen. Wie sehr er an Ordnung auch in kleinen Dingen hing, geht aus einem seiner Briefe an Frau von Stein hervor, der er eines Tages schreibt, ob es nicht zu ermöglichen sei, daß ihre Frisur zu der Zeit, wo er sie zu besuchen pflegte, schon in Ordnung sei. Sicher war es kein Akt der Gekränktheit oder des Kränkenwollens, wenn er seine Freunde erst durch das Zusammenleben mit Christiane, dann durch seine Ehe mit ihr überraschte, sondern eine wohl überlegte Handlung, die der ganzen Welt zugute kam, indem er sich für seine Geisteswerke Ruhe und Raum verschaffte. Der psychopathische Einschlag, den besonders *Möbius* bei Goethe nachweist, mag sich bei anderen Gelegenheiten gezeigt haben, sicher in seinen Liebes- und Eheverhältnissen wenig, in dem mit Christiane gar nicht.

Erstaunlich ist es, wie mit der bewußten Psychologie in der Literatur plötzlich von allen Seiten psychopathologische Erwägungen und Auswirkungen der Ehe dem Leser geboten werden.

Schon Flaubert's Madame Bovary zeigt eine Reihe psychotischer Abirrungen, durch welche die Ehe der beiden Leute unglücklich werden mußte. Ibsen gibt eine Musterkarte von Ehen, die an der Psychopathie der Weggenossen scheiterten, zerfielen oder nicht zustandekamen: Wildente, Gespenster, Rosmersholm, Peer Gynt, Frau vom Meere und das Prototyp der Hysterika Hedda Gabler. Hauptmann schreibt „Vor Sonnenaufgang“ und entwickelt darin gleichzeitig psychopathische Stammbäume, alkoholistische Heredität; — Friedensfest, Einsame Menschen, Versunkene Glocke, Rose Berndt und Fuhrmann Henschel, alle sind sie mit Eheproblemen psychopathischer Herkunft beladen. Die lustige Person, die sich schon bei Shakespeare vielfach zur schicksalhaften Psychose wandelt, wird bei den Realisten erbgangmäßig zum Psychopathen, den besonders Ibsen in seinen letzten Dramen gelegentlich als Anstaltsbedürftigen einführt, womit die psychologische Note und die dadurch bedingte Anteilnahme wieder verloren geht. Ibsen und Hauptmann waren die Bahnbrecher, denen Unzählige in der angegebenen Richtung folgten, die zu erwähnen hier nicht der Ort ist. Viele arbeiteten im übrigen nur nach einer von der Wissenschaft vorgezeichneten Methode, und je mehr sie ihre Fantasieprodukte nach den ärztlichen erforschten Regeln einordneten, um so geringer ist die Teilnahme des Arztes an ihren Werken.

Die Historie hat eine Familiengeschichte von unermeßlichem Wert für die Wissenschaft aufbewahrt, deren psychopathologischen Schätze *Déjérine*[1]) hob und aus den Beobachtungen der Leibärzte einiger Jahrhunderte zur Veröffentlichung brachte. Die verschiedenen Hofmedici haben in naiver Weise, von Hereditätsfragen unbeschwert, über die einzelnen Glieder einer schwer belasteten Familie berufsmäßig berichtet. Die daraus hervorgegangene Kenntnis der großen und weit verzweigten Familie der spanischen Habsburger, die auch anderweit in der Literatur aller Disziplinen der vergangenen und gegenwärtigen Zeit von Staatsmännern, Dichtern und Psychiatern retrospektiv beleuchtet wurde, hat das beste Material für eine weitgehende Erbforschung an langen Ahnenreihen gegeben. Die Zukunft hat in dieser Richtung noch ganz andere Forschungsergebnisse zu erwarten, wenn die Kinematographie und die Radiographie erst genügend ausgewertet werden und diese wissenschaftlichen Erkenntnismittel in ihrer Fähigkeit, ungezählte Generationsreihen in verschiedenen einander entsprechenden Lebensaltern der Einzelnen fast wie als Lebende neben einander zu stellen, die Forschung unterstützen.

Kretschmer hat das Gebiet der Erblichkeitslehre erweitert, indem er das Axiom aufstellte, daß unter Zuhilfenahme der Erforschung auch der gesunden Mitglieder einer bedrohten Familie das Vererbungskonstituens nicht vom kranken Ahn zu stammen brauche, sondern daß in der gesunden Reihe sich Abnormitäten finden können, die der Temperamentsveranlagung eines Produktes vollständig entsprechen, dort nur ins Pathologische verkehrt wurden, indem eine phänotypisch nicht erkennbare Erbmasse auch von der anderen Seite zum Zustandekommen einer wirklichen Psychose beitrug. In diesem Falle bezieht er sich auf Beobachtungen an einer Zyklotomie. Anderseits nimmt er an, daß zum Zustandekommen einer manifesten Schizophrenie wahrscheinlich in vielen Fällen zwei Keimmassen, eine väterliche und eine mütterliche zusammentreffen müssen, die sich vielleicht wie zwei Komplemente zu einander verhalten. Solange diese Komplementwirkung nicht erfolgt, könnten Teilanlagen des z. B. Schizophrenie erzeugenden Agens sich durch Generationen weitererben; sie äußern sich phänotypisch nur in ausgeprägten eigentümlichen Persönlichkeitsbildern. Es wäre also Sache der Erblichkeitsforschung, nachzuweisen, daß zu dem allgemeinen psychopathischen Typus, den *Kretschmer*

[1]) L'hérédité dans les maladies du système nerveux. Paris 1886.

wohl unter den „eigentümlichen Persönlichkeitsbildern" verstanden wissen will, keine als Komplement dienende Belastung tritt. Allerdings würde es nicht leicht sein, das, was sich retrospektivisch vermuten ließ, prospektivisch festzulegen. Haben wir aber erst wirklich gut studierte Reihen belasteter Familien, d. h. solcher, die bisher nur zu „eigentümlichen Persönlichkeiten" führten, so wird sich die gefährdende Erblichkeit, die als Komplement wirkende schließlich auch erfassen lassen, wenn die Forscher erst darüber zu eindeutigen Thesen gelangt sind.

Jedenfalls würde es nötig sein, daß die hier niedergelegten Ausblicke weiterer Beobachtung unterzogen, sie auf eine einheitliche Formel gebracht würden, nach der es sich ermöglichen ließe, die hereditären Momente der Gefährdeten zusammen zu fassen, indem man beide Familien der Ehelustigen gründlich durchforschte, um die Eheeignung beider festzulegen. Die Ehe zwischen Psychopathen wäre demnach nicht unter allen Umständen zu widerraten, sondern nur falls der eine Teil bedrohliche Zeichen, also die gefährlicheren Komplemente aufwiese. Daß neben den eigentlichen Geisteskrankheiten in Psychopathenfamilien eine Reihe von abnormen Charakteren auftreten, ist bekannt und selbstverständlich. Derartigen Familien Entstammenden sollten, bis die Wissenschaft giltige Gesetze gefunden hat, die Ehe mit hereditär ähnlich Bedachten widerraten werden. Die Rasse einer Familie richtet sich am ehesten wieder auf, wenn sich zum Gefährdeten viel Gesundes findet. Meist aber geht der Trieb den umgekehrten Weg, als ob die Natur die Absicht hätte, durch Häufung des schlechten Materiales dieses schnell zum Aussterben zu bringen. Wie bei Degenerierten viele Triebe pervers entwickelt sind, so auch die erotischen, besonders in der Form von Schmutzneigungen. Man scheut vor der mangelnden Reinheit des Ehepartners nicht nur nicht zurück, sondern man versucht den Reinen nach der Gegenseite zu verderben.

Dies Motiv ist in der Dichtung aller Zeiten übrigens häufig verwandt: die Freude, eine Fromme, eine Madonna zu verderben, Glosters Werbung um die im Witwenschmerz sich Auflösende oder verschiedene Don Juanszenen u. a. m. Diese im anderen sich selbst mit zerstörende Lust kann man schon bei Kindern wahrnehmen, die ihre Spielzeuge in schänderischer Weise zerstören, Tiere quälen u. a.

Ich habe nachgewiesen, daß unglücklich geartete Geschöpfe häufig als die Produkte von Ehen psychopathisch Veranlagter hervorgehen, daß das abirrende Kind einen Hinweis auf die Ehe der Eltern gibt und daß eine größere Gruppe bedrohter psychopathischer Elemente sich zurückverfolgen lassen zu Eltern, deren Ehefähigkeit eine tief herabgesetzte ist und deren Eheglück fast immer Schiffbruch litt. Der beste Schutz, auch für das psychische Gedeihen des zu erwartenden Kindes wäre demnach die immer wiederholte Warnung vor psychopathischen Elementen als Ehepartner. Selbst die wenigen persönlich Ehebegabten unter den Psychopathen, auf die hingewiesen wurde, können nur unter besonderer Beobachtung der Anlagen des Ehepartners einer befriedigenden Zeugungsgemeinschaft entgegensehen.

Bei dem Drang zu einander, den man an Psychopathen und Degenerierten jeder Art beobachten kann, ist die Gefahr der Häufung von ungeeigneten Erbmassen auf jeden Fall beträchtlich.

Sexuell abnorme Ehen

Von Albert Moll

Welche Ehe ist sexuell abnorm? Die sexuellen Vorgänge zerfallen in zwei große Gruppen, psychische und genitale. Ein Mann, der eine Frau liebt und im Verlauf der Neigung den Trieb zum Beischlaf hat, empfindet zweierlei: den Trieb, sich mit ihr zu beschäftigen, für sie zu sorgen, mit ihr eine seelische Einheit zu bilden. Hierzu kommen, und zwar meist sekundär, die Genitalempfindungen, die mit jenen Vorgängen vereint, zum Beischlaf treiben. Wir müssen, wenn wir sexuell abnorme Ehen prüfen, diese beiden Vorgänge trennen.

Es kann jemand sich leidenschaftlich in eine Frau verlieben, er ist aber nicht fähig, mit ihr den Beischlaf auszuüben, hat auch nicht den Trieb dazu, oder dieser ist doch so schwach, daß man kaum noch von einem Triebe sprechen kann. Es gibt Fälle von eingeborener konstitutioneller Impotenz, die keineswegs eine starke Liebe ausschließen. Hier kann also der psychische Vorgang normal sein, es fehlen aber die Kopulationsprozesse. Es können aber auch beide Prozesse fehlen. Ein homosexueller Mann liebt nur einen Mann, nicht die Frau. Er hat weder den Trieb, sie zu küssen, sich um sie zu kümmern, ihre Liebe zu besitzen, noch insbesondere den Trieb, mit ihr einen genitalen Akt auszuführen. Es gibt aber auch Fälle, wo der Trieb zur Frau vorhanden ist, die erstrebte Befriedigungsart aber nicht im Beischlaf, sondern in anderen Akten besteht. Mancher masochistisch Fühlende braucht, wenn er auch die Frau überaus stark liebt, nicht den Beischlaf zu ersehnen; trotzdem finden Prozesse an seinen Genitalien statt. Er wünscht aber eine andere Befriedigungsart, er will z. B. geschlagen, gefesselt, gedrückt, getreten werden, und hierbei treten Erektionen und Ejakulationen mit Orgasmus ein, und umgekehrt kann eine sadistische Frau von leidenschaftlicher Liebe zu einem Manne beherrscht sein, sie lehnt aber den Beischlaf ab. Wenn sie ihn schlägt oder fesselt und ihn sich vor Schmerzen winden sieht, treten bei ihr ohne Beischlaf alle jenen Vorgänge an den peripheren Genitalien ein, die sonst beim Beischlaf stattfinden. Ein fetischistischer Mann kann sich ebenfalls leidenschaftlich zu einer bestimmten Frau hingezogen fühlen, aber auch hier wird in vielen Fällen nicht der Beischlaf als solcher erstrebt, sondern eine perverse Befriedigungsart, z. B. beim Wäsche-Fetischisten Masturbation in die Wäsche der Frau, beim Busen-Fetischismus Entleerung des Samens zwischen die Brüste.

Es ist notwendig zum Verständnis sexuell abnormer Ehen streng auseinander zu halten, welches der Kernpunkt des Abnormen ist. Ich will mich hier zunächst nur mit jenen Fällen beschäftigen, wo das Psychische die Ursache der Impotenz, d. h. der Unfähigkeit, den Beischlaf auszuüben, ist. In allen diesen Fällen von Perversionen mangelt es an dem Trieb zum Beischlaf. Wir müssen aber trotzdem jene Unterscheidungen treffen. Während der homosexuelle

Mann nicht einmal eine Neigung zur Frau hat, kann diese bei einer heterosexuellen Perversion durchaus bestehen. Gemeinsam allen reinen Fällen von seelischer Perversion ist, daß der Trieb zu einem abnormen Akt besteht. In den meisten Fällen ist dieser sogar das einzige, was erstrebt wird, sodaß nicht nur die Erektion, sondern auch die Ejakulation bei dem perversen Akt erfolgt; beim Homosexuellen bei der Umarmung des Mannes, meistens durch mutuelle Onanie, bei den heterosexuellen Perversionen durch einen abnormen Akt mit der Frau. Daß mitunter der Beischlaf trotzdem ausgeübt wird und möglich ist, sei schon hier erwähnt. Durch künstliche Manipulationen kann es beim Manne zur Erektion, zur Einführung des Gliedes und zur Ejakulation in der Scheide kommen. Bei der Frau liegt die Sache insofern anders, wenn auch nicht so einfach, wie manche glauben, weil sie beim Beischlaf passiv und dieser ihr infolgedessen möglich ist, ohne daß jene psychischen Vorgänge stattfinden, die für den Mann im allgemeinen eine Voraussetzung für die Erektion sind. Der Mann mit reiner Homosexualität ist unfähig zum Beischlaf, weil durch die Anwesenheit und Berührung der Frau die Erektion nicht ausgelöst wird. Solche Erektion ist bei der Frau nicht notwendig. Immerhin verlaufen auch bei ihr die sexuellen Vorgänge, wenn sie pervers ist, abnorm, da die peripheren Vorgänge an den Genitalien, die zur Auslösung des Wollustgefühls und der Befriedigung notwendig sind, ausbleiben. Es ist bei der reinen Homosexualität auch mit der Tatsache zu rechnen, daß oft eine starke Antipathie gegen die intime Berührung eines Angehörigen des andern Geschlechts besteht. Ebenso wie einem normal fühlenden Mann die Berührung mit einem Mann unsympathisch ist, liegt es beim homosexuellen Mann mit der Berührung einer Frau. Der horror feminalis ist in manchen Fällen vorhanden, wenn auch vielleicht nicht so häufig, wie am Anfang der diesbezüglichen Forschungen angenommen wurde. Wenn aber der Horror besteht, ist schon dadurch die Möglichkeit des Beischlafes ausgeschlossen, da jede Berührung der andern Person durch das starke Ekelgefühl ausgeschlossen wird. Auch wenn Berührung und Umarmung nicht so widerlich wirken, liegt es schon anders beim Kuß. Der homosexuelle Mann kann die Frau nicht küssen, und wenn er sie küßt, fehlt die Herzhaftigkeit bei der Berührung der Lippen. Die Frau eines homosexuellen Mannes beschrieb mir die Art, wie ihr Mann küßte.

Er zog die Lippen ein, und suchte dabei die Berührung möglichst leicht zu gestalten. Die Frau merkte erst allmählich, mit wem sie es zu tun hatte. Längere Zeit versuchte er seine Homosexualität zu verbergen; aber schon bei Beginn der Ehe war der Frau, die übrigens vorher keine erheblichen Erfahrungen hatte, die Art des Küssens aufgefallen.

Ich hatte schon erwähnt, daß der Mann bei der homosexuellen Perversion oft beischlafsunfähig ist; doch gibt es Ausnahmen, ganz abgesehen von denen, bei denen die sexuelle Perversion neben normalen Sexualgefühlen besteht. Aber auch wenn diese fehlen, kann sich der Perverse, besonders in jüngeren Jahren, künstlich Erektion schaffen. Er braucht sich nur die von ihm geliebte Person, z. B. der homosexuelle Mann einen ihm sympathischen Jüngling vorzustellen und die Erektion tritt ein, oder der hetero-sexuell Perverse stellt sich ein seinem Gefühl adäquates Objekt vor, wie jener Haarfetischist, der sich durch den Anblick von Perücken während des Beischlafes, der natürlich im Hellen erfolgte, Erektion zu schaffen sucht. Kleiderfetischisten suchen den Stoff, oder das Kleidungsstück während der Begattung anzusehen, da ihnen oft die Vorstellung nicht genügt. Ein Unterrockfetischist verlangt von seiner Frau, daß sie sich entkleidet, mit Ausnahme des Unterrocks, und so den Beischlaf ausüben läßt, ein Schuhfetischist, daß ein wohlassortiertes Lager von Schuhen während des Beischlafes vor seinen Augen ist. Ein Samtfetischist hatte es verhältnismäßig bequem, indem er nur ein Stück Samt in seinen Händen zu reiben brauchte, um sofort Erektion zu haben. Im übrigen kommt der Perverse allmählich zu allerlei Hilfsmitteln, sich Erektion zu schaffen. Manche erreichen Erektion durch leichte Dosen Alkohol, andere benutzen eine zufällige Erektion, die eine Folge somatischer Vorgänge ist (Morgenerektion bei voller Blase); aber das sind nur Surrogate. Mitunter erfährt die Frau durch anonyme Briefe von der Homosexualität des Mannes, während sie bis dahin so lange sich selber getäuscht hatte und zu täuschen suchte, und zwar selbst dann, wenn ihr die lange Dauer und die eigentümlichen Manipulationen beim Beischlaf auffielen. Auch diese kommen vor. Der Mann läßt sich durch die Frau das Glied streicheln, um zur Erektion zu kommen, oder er tut es wohl auch selbst; und alles dies wird zwar eine Zeit lang, kaum je auf die Dauer vor der Frau harmlos gedeutet. Wenn die Frau einen gesunden Geschlechtstrieb hat, merkt sie allmählich doch, daß etwas nicht stimmt. Die unerfahrene Frau läßt sich oft längere Zeit hintergehen, aber meist nicht so lange, wie der Mann es glaubt. Die Frau ist oft sehr taktvoll, und wenn sie auch z. B. an den Küssen des Mannes merkt, daß sein Geschlechtstrieb nicht normal ist, so schweigt sie oft lange Zeit. Man macht sich schwer eine Vorstellung, wie lange Frauen in solchen Fällen schweigen können, da das Schamgefühl, aber auch die Furcht, den andern zu kompromittieren, sie abhält, die Sache zur Sprache zu bringen. Der Beischlaf selbst wird meistens durch die lange Dauer zu einer Qual für beide; der Mann bemüht sich, zu einer Erektion zu kommen, immer wieder strengt er seine Phantasie an, und die Frau, die immer wieder auf das Eintreten des längst erwarteten Wunders hofft, ist stets neu enttäuscht. Stundenlang dauern die nächtlichen Quälereien, die sich Frauen von Perversen, besonders Homosexuellen, gefallen lassen müssen. Gelegentlich vertraut sich die Frau, ehe sie dem Ehemann etwas sagt, einem erfahrenen Arzt an, um seinen Rat zu erbitten. Oft sind ein, zwei und mehr Jahre vergangen, ehe die Frau sich dazu aufrafft.

Viel leichter gelingt es aus den oben erwähnten Gründen einer perversen Frau, den Mann zu täuschen. Oft werden dem Manne die Augen erst geöffnet, wenn ihm die Intimitäten seiner Frau mit einer Freundin auffallen, wenn er von Hausgenossen erfährt, daß, als er vereist war, sein Bett, ohne daß er vorher davon benachrichtigt war, von irgend einer weiblichen Person benutzt wurde, die die Bettgenossin seiner Frau wurde.

Anders liegt es bei jener großen Gruppe von Personen, die *Krafft-Ebing* als psycho-sexuelle Hermaphroditen bezeichnete, und bei denen die Liebe sowohl zum Mann wie zur Frau möglich ist. Wie auch sonst in der Liebe, aber oft enger begrenzt, ist es nur ein besonderer Typ des andern Geschlechts, der den Reiz ausübt. Hat er solchen Typ gefunden, so können wenigstens die Genitalvorgänge normal verlaufen.

Aber auch wo solche psychische sexuelle Anziehung nicht besteht, sehen wir trotzdem psycho-sexuelle Hermaphroditen, sowie reine Homosexuelle häufig in der Ehe. Die Motive für die Heirat solcher Personen sind verschieden. Der eine will eine Geldheirat machen, der andere seinen durch die bekanntgewordene Homosexualität verschlechterten Ruf wieder herstellen. In adligen und in bürgerlichen Patrizierfamilien besteht wohl auch der Wunsch, den Stamm zu erhalten. Manche glauben, daß sie durch die Ehe ihre Homosexualität würden heilen können. Wiederholt ist es mir begegnet, daß sie sich auch auf Ärzte beriefen, die ihnen zur Ehe rieten, und zwar mitunter angeblich in der Annahme, daß dadurch die Homosexualität oder auch eine andere sexuelle Perversion schwinden würde. Heute dürften solche ärztlichen Ratschläge nur noch selten vorkommen.

Ganz zu trennen hiervon sind solche Ehen Perverser, die nach vorheriger Mitteilung des Sexuallebens an den Ehepartner geschlossen werden. Ich bin häufig in solchen Fällen um Rat gefragt worden, und ausnahmslos ging mein Rat dahin, den andern Teil über den Tatbestand aufzuklären. Mehrere Gründe haben mich zu dieser Auffassung geführt: Erstens halte ich es für unsittlich, wenn ein Mann oder eine Frau eine ausgesprochene sexuelle Perversion dem Ehepartner verschweigt, zweitens kann unter Umständen der andere Teil an der Heilung mitwirken, wenn er über den Tatbestand aufgeklärt ist. Wenn aber der perverse Teil eine Heilung nicht will, so mag er die Verantwortung selbst tragen. Der Arzt ist verpflichtet, ihm von einer Täuschung des andern Teils abzuraten. Zu diesen beiden Gründen, d. h. erstens der ethischen Pflicht, zweitens der Erleichterung der Heilung, kommt ein drittes: Die Anfechtbarkeit der Ehe, wenn eine ausgesprochene sexuelle Perversion besteht und verschwiegen wird.

Die §§ 1333 und 1334 des BGB. lassen in Fällen, wo dem Partner vorher keine Mitteilung gemacht wird, und er nachträglich Kenntnis erhält, die Gültigkeit der Ehe anfechten. § 1333 lautet:

„Eine Ehe kann von dem Ehegatten angefochten werden, der sich bei der Eheschließung in der Person des anderen Ehegatten oder über solche persönliche Eigenschaften des anderen Ehegatten geirrt hat, die ihn bei Kenntnis der Sachlage und bei verständiger Würdigung des Wesens der Ehe von der Eingehung der Ehe abgehalten haben würden."

§ 1334 lautet:

„Eine Ehe kann von dem Ehegatten angefochten werden, der zur Eingehung der Ehe durch arglistige Täuschung über solche Umstände bestimmt worden ist, die ihn bei Kenntnis der Sachlage und bei verständiger Würdigung des Wesens der Ehe von der Eingehung der Ehe abgehalten haben würden. Ist die Täuschung nicht von dem anderen Ehegatten verübt worden, so ist die Ehe nur dann anfechtbar, wenn dieser die Täuschung bei der Eheschließung gekannt hat.

Auf Grund einer Täuschung über Vermögensverhältnisse findet die Anfechtung nicht statt."

Nach § 1333 ist die Ehe selbst dann anfechtbar, wenn der Perverse die Bedeutung seiner Perversion für die Ehe nicht erkannt hat und gar nicht zu täuschen beabsichtigte, in der Ehe aber Impotenz besteht. Man braucht es keiner Frau, aber auch keinem Manne zuzumuten, jemand zu heiraten, der homosexuell ist. Nicht nur die gesellschaftliche Ächtung der Homosexualität steht dem entgegen, sondern auch die Tatsache selbst, daß im allgemeinen der Mann eine normale Frau, eine normale Frau einen gesundfühlenden Mann heiraten will. Der § 1334 käme nur dann in Frage, wenn der perverse Partner die Bedeutung der Perversion erkannt hat, aber sie dem andern Teil absichtlich verschwiegen hat. Hat er dem Partner Mitteilung gemacht, so liegt weder ein Irrtum (§ 1333), noch eine arglistige Täuschung (§ 1334) vor. Am besten wird es übrigens sein, wenn nicht der Partner selbst den andern Teil aufklärt, sondern eine Mittelsperson, und als solche wird am zweckmäßigsten ein erfahrener und gewissenhafter Arzt in Frage kommen. Meistens wird bei der Mitteilung durch den Ehekandidaten doch irgend etwas verschwiegen, weil er die Perversion nur andeutet und dadurch leicht ein Irrtum entsteht. Eine verständliche Scheu hält ihn davon ab, den anderen Teil vollkommen aufzuklären. Außerdem hat aber die Mitteilung durch einen dritten noch den großen Vorteil, daß der Perverse einen Zeugen gewinnt, der bei der etwaigen Anfechtung bekunden kann, daß der Partner vollkommen aufgeklärt worden ist. Die Gerichte haben wiederholt, wie mir aus konkreten Fällen bekannt ist, die Ehen für nichtig erklärt, weil Irrtum oder arglistige Täuschung vorlag. In vielen Fällen wird dann die Anfechtung auch nicht einmal auf die Perversion gestützt, sondern auf die aus ihr folgende Impotenz des Mannes.

Ich habe allerdings auch mehrfach edle Frauen kennen gelernt, die, obwohl sie getäuscht waren, es ablehnten, die Ehe anzufechten, weil sie, teils aus Interesse für den andern, teils aus Mitleid, ihn durch die gerichtlichen Verhandlungen nicht kompromittieren wollten. Dabei ist zu berücksichtigen, daß bei solchen Prozessen viel von dem Takte des Anwalts abhängt. Der eine wird rücksichtslos zur Preisgabe des Geheimnisses raten, während der andere durch kluges, taktvolles Benehmen die Anfechtung ohne Kompromittierung durchführen wird. Gerade, weil auch Impotenz schon vor der Ehe bestand, wird häufig ohne sensationelle Enthüllungen die Nichtigkeitserklärung durchführbar sein.

Es sind mir auch Fälle bekannt, wo solche Ehen durchaus n i c h t u n g l ü c k l i c h verliefen. Die Individualität beider spielt hierbei eine große Rolle. Sie sind, obwohl der andere Kenntnis von der Perversion des ersten hat, entschlossen, eine wirtschaftliche Gemeinschaft, wie sie die Ehe darstellt, ein soziales Zusammenleben, herbeizuführen, und auf jeden Geschlechtsverkehr zu verzichten. Mitunter wird dem perversen Partner auch vollkommene Freiheit für seinen sexuellen Verkehr gelassen, ja, es sind mir Ehen zwischen homosexuellen Männern und homosexuellen Frauen bekannt, vor deren Schließung jeder dem andern Freiheit für seine sexuellen Bedürfnisse gewährte. Wenn auch ein Hauptzweck der Ehe dadurch nicht erfüllt wird, braucht eine solche Gemeinschaft durchaus nicht unheilvoll zu sein. Daß ein auf dem Boden der traditionellen Sexualethik Stehender solche Ehen mißbilligt und mißbilligen muß, kann nichts an der Tatsache ändern, daß manche derartige Ehe, wenn auch keine Kinder gezeugt werden — obwohl dies nicht unmöglich ist — ein friedliches Zusammenleben zuläßt. Einen Rat, solche Ehe einzugehen, habe ich allerdings nie gegeben und würde das auch nicht tun. Man vergesse nicht, daß der Perverse oft nicht zum Arzt kommt, um ihn um einen Rat zu fragen, sondern in der Absicht, von ihm die Billigung eines Schrittes zu erhalten, der dem Perversen selbst bedenklich scheint, aber erwünscht ist. Auch wenn die Wahrheit dem Ehepartner mitgeteilt wird, können die Folgen doch sehr bedenklich sein, zumal wenn dieser Partner die Folgen nicht vorauszusehen vermag. Ich erinnere an schwere Erpressungen, die gelegentlich an den Perversen auch nach Eingehung der Ehe verübt wurden, und selbstverständlich auch seinen Ehepartner in Mitleidenschaft zogen.

Der Beischlaf ist in der Ehe nicht das einzige, was in Frage kommt, auch nicht die Regelung der wirtschaftlichen Verhältnisse. Zu einer Ehe gehören seelische Beziehungen, und wenn diese nicht bestehen, wird man von einer normalen Ehe nicht sprechen können. Es ist nicht notwendig, daß beide Teile zueinander von leidenschaftlicher Liebe erfüllt sind; diese pflegt im Laufe der Zeit abzuklingen, aber notwendig ist eine psychische Einstellung der beiden aufeinander, und zwar auf sexueller Grundlage. Es darf nicht die Berührung des einen dem andern widerlich sein, er soll auch nicht rein vernunftgemäß, ohne Gefühle, dem andern zugesellt sein. Eine Liebe beider ist notwendig, und zwar eine Liebe, die, wie wir sahen, unter normalen Verhältnissen zum Beischlaf führt. Die Liebe umfaßt so viele einzelne Faktoren bei dem Sicheinstellen, und wenn auch in vielen Ehen dies nicht der Fall sein mag, so kann es doch nicht zweifelhaft sein, daß das in der Ehe der Fall sein s o l l. Wenn solche Liebe fehlt, so schwindet der wesentliche Inhalt der Ehe.

Wir finden aber mitunter, daß gerade die Liebe zwei Menschen zueinander führt, die a u f d e n G e s c h l e c h t s v e r k e h r v o l l k o m m e n v e r z i c h t e n. Wiederholt ist es vorgekommen, daß sehr Bejahrte miteinander sich vermählten. Kürzlich wurde sogar von einem Fall berichtet, wo der Bräutigam schon 85 Jahre zählte. Ich habe es stets als eine Taktlosigkeit empfunden, wenn solche Fälle in die Öffentlichkeit gebracht, in der Zeitung als Kuriosa behandelt und ins Lächerliche gezogen wurden. In Wirklichkeit kommt es vor, daß zwei Personen, die das ganze Leben hindurch sich zueinander sehnten, in weit vorgeschrittenen Jahren erst den Weg dazu finden. Es gibt Männer, die in vorgerückten Jahren ihre erste Liebe geheiratet haben, nachdem diese aus materiellen Gründen, aber auch aus Familienrücksichten Jahrzehnte in einer anderen Ehe gelebt und schließlich Witwe geworden ist. Ich habe eine wunderbare Harmonie in solchen Fällen mehrfach gesehen. Es kommt weiter vor, daß ein Mann in vorgerückten Jahren die in der Zeit der Menopause befindliche Witwe eines Freundes heiratet, und umgekehrt habe ich gesehen, daß eine Frau, die schon eine würdige Matrone ist, endlich noch ihr Liebesziel erreicht hat. Das große Erleben zweier solcher Menschen ist etwas Ehrfurchtgebietendes, und wenn in solchen Fällen die Beischlafsmöglichkeit beim Manne fehlt, bei der Frau ganz sicher die Möglichkeit, noch befruchtet zu werden, so ändert das nichts an den tiefen Gefühlen, von denen beide beherrscht sind. Wenn es auch keine vollkommene Ehe ist, wo ein intimer Verkehr ausgeschlossen ist, so ist doch die Zeit, die beiden zusammenzuleben vergönnt ist, eine wirklich hohe Zeit. Jedenfalls liegt gegen eine solche Ehe weder ein ethisches, noch ein hygienisches Bedenken vor.

Zu den „Scheinehen" gehören besonders jene Fälle, die lediglich den Zweck verfolgen, der Frau durch eine Ehe einen angesehenen Namen zu verschaffen. So der Fall eines deutschen Prinzen, der sich in eine talentlose Schauspielerin verliebte und von dieser gänzlich beherrscht wurde. Da der Name der Schauspielerin dem Prinzen nicht gefiel, wurde sie nach London geschickt, um mit einem heruntergekommenen österreichischen Baron eine Namensheirat einzugehen. Der Baron erhielt ein paar Tausend Mark nach vollzogener Trauung, und seine Gattin kehrte als Baronin zu dem Prinzen zurück (*Hans von Tresckow* hat diesen Fall der Öffentlichkeit mitgeteilt). Verarmte Adlige, und zwar auch solche aus alten gräflichen Geschlechtern, haben sich dazu hergegeben, Namensehen einzugehen. Der Adlige erhält eine Geldsumme, die schon früher auffallend gering war, aber jetzt in Deutschland seit der Revolution geradezu minimal zu sein pflegt. Beide verpflichten sich vorher, unmittelbar nach der Heirat sich scheiden zu lassen und geschlechtlich nicht einander näher zu treten. Als Vertrag ist ein solcher Vertrag an sich nichtig, weil er den guten Sitten widerspricht. Immerhin scheint das Vertrauen zu der Innehaltung der vertraglichen Bestimmung durch den andern Teil sehr groß zu sein. Das hängt allerdings damit zusammen, daß keiner von beiden von dem Fortbestehen der Ehe einen Vorteil hat. Die Frau behält auch bei der Scheidung den Adel und hat kein Interesse, einem meistens moralisch sehr heruntergekommenen Adligen dauernd als Gattin anzugehören. Der Mann hat kein Interesse, mit ihr lange zusammenzuleben; denn sein Interesse an der Ehe ist mit dem Empfange des Geldes erschöpft, und auf diesem beiderseitigen Interesse beruht es, daß die Scheidung dann sehr schnell erfolgt. Ein Ehebruch oder ein ähnlicher Vorfall wird zu diesem Zwecke als Scheidungsgrund genommen.

Noch auf eine andere Gruppe von Ehen weise ich hier hin, die wohl dem Fernerstehenden als sehr bedenklich erscheinen werden. Es handelt sich um die dem einen Ehepartner ausdrücklich erteilte Erlaubnis, außerehelich geschlechtlich zu verkehren. Zwei Beispiele will ich bringen: In dem einen Fall handelt es sich um einen Offizier, der an einer schweren Rückenmarkskrankheit litt, die als eines der ersten Symptome Impotenz zeigte. Seine Gattin pflegte ihn aufopfernd; ihre Sinnlichkeit forderte aber Befriedigung. Beide litten außerordentlich unter diesem Konflikt. Endlich gab der Ehemann seiner Frau selbst die Erlaubnis, außerhalb der Ehe mit einem Herrn geschlechtlich zu verkehren, der einiges Interesse für sie zeigte, und der ihr offenbar auch nicht unsympathisch war. Er stellte nur die Bedingung, daß eine Schwangerschaft verhütet würde. Die Dame wurde mir seinerzeit aus besonderen Gründen von einem Frauenarzt zugesendet. Es stellte sich heraus, daß sie dem Ehemann eine treue Helferin war; ja, sie wurde eine solche ganz besonders infolge dieser Beziehungen, da sie jetzt die Befriedigung ihrer Triebe fand und für sein Einverständnis dem Ehemann besonders dankte. Das Einverständnis wurde übrigens auch schriftlich erteilt. In einem andern Falle lag es ähnlich. Eine Dame, jung und hübsch, hatte einen Ehemann, der ihr gegenüber vollständig impotent war. Wenn man ihn neben dieser blühenden Frau sah, mußte man schon das Mißverhältnis erkennen. Die Dame interessierte sich sehr für einen anderen unverheirateten Herrn, und es kam zum intimen Verkehr zwischen beiden. Er war abends bis in die Nacht hinein, wenn der Ehemann ausging, bei der Frau, so daß dieser, der das wußte, garnicht daran zweifeln konnte, was vorging. Er duldete das Verhältnis offenbar stillschweigend. Die Dame, die sonst schon zu ihrem Ehemann immer sehr gut gewesen war, wurde jetzt geradezu ein Vorbild der Hausfrau, zwar nicht als Gattin, aber als Fürsorgerin ihres Mannes. Der Fall wurde später dadurch etwas kompliziert, daß eines Tages eine Verwandte des Junggesellen hinzukam, in die sich der Ehemann verliebte. Er, der äußerlich einen sehr dekrepiden Eindruck machte, und der, soweit es überhaupt möglich ist das zu erkennen, äußerlich das richtige Bild eines Impotenten zeigte, verliebte sich in diese Dame und diese in ihn, so daß nun zwei glückliche Paare vorhanden waren. Er wurde frisch und potent. Eine Ehescheidung konnte aus wichtigen Gründen nicht durchgeführt werden. Die Dame mußte wegen eines besonderen Leidens einen Frauenarzt konsultieren, dem ich mit ihrer Zustimmung von dem eigentümlichen ehelichen Verhältnissen Mitteilung machte. Es schien mir richtig, daß kein anderer sich in diese Verhältnisse einmischen sollte. Die Folgen wären unabsehbar gewesen, wenn man eine Sprengung dieser illegitimen Beziehungen bewirkt hätte. Der strenge Ethiker wird selbstverständlich solche Fälle tadeln. Wenn man sie aber vor sich sieht und feststellt, was die Personen gelitten haben und leiden, und wenn man sieht, wie schließlich dieser eine Ausweg aus den zusammenbrechenden, glückliche frohe Menschen macht, so gewöhnt man sich daran, nicht nur zu verstehen, sondern auch zu verzeihen. In diesen Fällen lag es auch noch dadurch klarer, daß ausdrücklich oder stillschweigend die Genehmigung des andern Partners zu den illegitimen Beziehungen erteilt war.

Ich habe eine Reihe von Fällen, die man wohl als Scheinehen bezeichnen könnte, geschildert. Die Fälle liegen ganz verschieden. Hier ist es oft Aufgabe des gewissenhaften Arztes, der die tatsächlichen Verhältnisse berücksichtigt, und nicht im Doktrinären stecken geblieben ist, vieles zu verstehen, und wenn er gefragt wird, auch mit seinem Rate zu helfen. Da, wo alles nach der Schablone abläuft, mag die Beratung sehr leicht sein; wo aber die Fälle von der geraden Linie abweichen, da kann der gewissenhafte, erfahrene Arzt Großes leisten. Er muß sich frei halten von allem Doktrinarismus und stets erwägen, daß es etwas anderes ist, am Schreibtisch zu sitzen und ethische Forderungen aufstellen, als die Wirklichkeit mit ihren zahllosen Konflikten zu erschauen.

Wenn auch die genitalen Beziehungen in solchen Ehen Perverser geregelt sein mögen, so kann natürlich von dem, was man Ehe nennt, trotzdem nicht die Rede sein.

Vererbung des elterlichen Eheschicksals

Von Albert Moll

Die Frage nach der Vererbung des elterlichen Schicksals ist sehr kompliziert; drei großen Schwierigkeiten begegnen wir sofort. Erstens: der Umstand, daß z w e i Personen beteiligt sind, von denen jede ihr Erbgut mitbringt, so daß man zuerst feststellen muß, welcher der beiden Teile bei der Vererbung eine Rolle spielt, beleuchtet die Schwierigkeit, ja, die heutige Unlösbarkeit des Problems. Zweitens ist meist nicht mit Sicherheit festzustellen, was vererbt und was im Leben, sei es in früher Kindheit, sei es später, durch Beobachtung der Umwelt und deren sonstige Einflüsse erworben ist. Drittens hängt das Eheschicksal von vielen einzelnen Faktoren ab, und zwar sowohl solchen, die vererbt, wie solchen, die das Leben bringt. Nehmen wir an, daß bestimmte psychische Anlagen eingeboren sind, z. B. das Variationsbedürfnis, allgemeine Lockerung der sexuellen Reaktionsfaktoren, Stärke des Sexualtriebes, die Potenzschwäche, die uns mitunter sogar eine eingeborene Impotenz annehmen läßt. Betrachten wir dann einzelne Faktoren des Lebens, die sehr häufig das Schicksal der Ehen bestimmen, z. B. die Beschaffenheit des Ehepartners, plötzlichen Vermögensverfall, lange Trennung des Gatten, Einwirkungen der Familie, so sehen wir, wie vielfältig die Einflüsse auf den Verlauf der Ehe sein können. Eine vielleicht sonst ganz gut geartete, aber nicht kluge Mutter der Frau kann die Ehe auseinanderbringen. Wenn die Eltern der Frau in derselben Stadt leben, wird diese Folge eintreten, leben sie aber weit entfernt, vielleicht sogar in einem anderen Lande, so tritt diese Wirkung nicht ein. Dieselbe Schwiegermutter, die in dem einen Fall den Verlauf der Ehe stört, wird im andern Fall nicht diesen Einfluß ausüben.

Wir müßten also alle diese Fragen erst klären, und wir sehen uns dann wie vor einer unübersteigbaren Mauer. Eine Ehe kann zunächst glatt verlaufen, ein Zwischenfall, an den niemand gedacht hat, kann die ganz harmonische Ehe auseinanderbringen oder wenigstens scheint es so. In Wirklichkeit hat jeder Vorgang nicht e i n e Ursache, sondern es bestehen deren eine große Zahl, und deshalb ist es meist unmöglich, die Frage, ob ein einzelnes Eheschicksal ererbt oder erworben ist, vorbehaltlos zu beantworten; denn in den meisten Fällen wirkt eine Reihe von Ursachen zusammen, von denen einzelne erbbiologisch sein können, während andere in bestimmten Lebensbedingungen wurzeln.

Die Vererbungsforschung hat seit der Wiederentdeckung der *Mendel*schen Gesetze einen wunderbaren Aufstieg genommen; aber was sind die komplizierten Verhältnisse des menschlichen Lebens gegenüber diesen verhältnismäßig einfachen Bedingungen, die uns die *Mendel*schen Vererbungsgesetze zeigen! Schon das, was wir Konstitution nennen, ist etwas so Vielgestaltiges, daß wir mit den Rechenexempeln der *Mendel*schen Normen nicht auskommen, und wenn wir berücksichtigen, daß die psychischen Eigenschaften eine so große Rolle spielen, so wird das Problem noch viel komplizierter, denn, wenn wir auch die Menschen mit bestimmten Eigenschaftswörtern zu charakterisieren suchen: gut, schlecht, intelligent, dumm, mutig, feig usw., so bezeichnet schon jedes dieser Eigenschaftswörter nicht etwa eine eindeutige Eigenschaft.

W. Peters[1]) hat über Vererbung geistiger Eigenschaften und die psychische Konstitution alles, was auf diesem Gebiet an gesichertem Material vorliegt, berichtet. Aber seine Erhebungen zeigen gerade, welchen ungeheuren Schwierigkeiten wir begegnen, wenn wir die Vererbung einer bestimmten Eigenschaft untersuchen wollen. *Peters* unterscheidet auch psychische Eigenschaft und psychische Anlage. Mutiges Verhalten ist eine Eigenschaft. Sie kann aber, so fährt er fort, bei dem einen aus einer triebartigen Angriffslust entstehen, bei einem andern aus dem Bedürfnis der Abwehr und der Einsicht in die bestehende Gefahr. Ein dritter zeigte nur Mut, weil er das Bedürfnis hat, vor Zeugen zu brillieren, ein vierter, weil er seine eigene Körperkraft überschätzt. Wenn wir ein gleichartiges Verhalten zweier Personen in der Ehe sehen, so geht daraus noch nicht hervor, daß bei beiden die gleiche Anlage besteht. Der eine Ehemann behandelt seine Frau gut, weil er fürchtet, wenn er das nicht tut, könnte es bei ihr zu einer Erregung kommen, die sich bis zu einer psychischen Explosion auswirken kann. Ein zweiter ist gut zu seiner Frau, weil er Wert darauf legt, bei einer etwaigen Scheidung nicht als der schuldige Teil gelten zu wollen, ein dritter, weil er auf solche Weise auf die Eltern seiner Frau dadurch Eindruck macht, und er vielleicht bei der Erbschaft besser abzuschneiden hofft. Ein vierter ist gut aus Überzeugung. Wir sehen, daß das gleiche Verhalten nicht die gleiche Anlage beweist, mithin aus dem gleichen Verhalten auch nicht ohne weiteres auf ein gleiches Erbgut geschlossen werden kann.

---

[1]) Die Vererbung geistiger Eigenschaften und die psychische Konstitution. Verlag Gustav Fischer, Jena 1925.

Auch bei geistigen Eigenschaften begegnen uns große Schwierigkeiten, sowohl bei dem, was man allgemeine Intelligenz, wie bei dem, was man Spezialanlage nennt. Über Vergleichung der Intelligenz von Kindern mit der der Eltern liegt ein erhebliches Material vor, desgleichen für einseitige, über- und unterdurchschnittliche Anlagen. Man hat versucht, die Familie *Siemens* 500 Jahre zurückzuverfolgen. *Peters* faßt die Ergebnisse in folgender Weise zusammen: Kaum ein Dutzend von Erfindern kommt während eines halben Jahrtausend in dieser Familie vor, nur sechs von ihnen werden von dem Vererbungsforscher *H. W. Siemens*, einem Mitgliede derselben Familie, selbst als ausgesprochene Erfindernaturen bezeichnet; doch sind in einer verhältnismäßig jungen Generation vier Brüder „Erfinder", darunter die drei großen: Werner, Wilhelm, Friedrich. Verwandtenähnlichkeit scheint hier offensichtlich zu sein. Aber es sind immerhin verhältnismäßig wenige Erfinder in der großen Zahl von Einzelindividuen zu verzeichnen.

Die Tatsache, daß psychische Eigenschaften zum großen Teil auf ererbten Anlagen beruhen, kann nicht bestritten werden. Im Gegenteil, wir haben sehr viel Anhaltspunkte dafür, daß Anlage für Mathematik sich häufig als ererbt findet. Dafür haben verschiedene Forscher, u. a. *Möbius* uns Beispiele geliefert. Ebenso zeigt die Forschung, daß musikalisches Talent sich vielfach als Familienanlage findet. In neuerer Zeit hat *Robert Sommer*[1]) die Familienforschung besonders gefördert, er hat zielbewußt die Familienanlage verschiedener hervorragender Persönlichkeiten untersucht. Das strategische Genie betrachtet *Sommer* als eine Abart der mechanisch-mathematischen Anlage mit Anwendung auf die im Kriege zu führenden Menschenmassen und ihre Bewegung, und er glaubt, daß bei großen Heerführern, z. B. Friedrich d. Großen, Napoleon I., Moltke, die Art dieses Genies im Grunde gleichartig sei. Er versucht, zu erforschen, ob sich für diese Auffassung des strategischen Genies Unterlagen in der Familie Hindenburgs finden lassen, und er verweist auf einen bedeutenden Mathematiker Hindenburg, der in der zweiten Hälfte des 18. Jahrhunderts lebte. Auch der Stammbaum Goethes ist von *Sommer*[2]) besonders erforscht worden, mit dem Ergebnis, daß aus der Familie seiner mütterlichen Großmutter Anna Margarete Lindheimer ein erheblicher Beitrag zu der individuellen Anlage Goethes stammt, z. B. seine stark optische Einstellung. *Sommer* versucht auch, sich selbst zu analysieren; u. a. tritt seit seiner Kindheit der Raumsinn besonders in Neigung und Tätigkeit stark

[1]) Familienforschung und Vererbungslehre. Leipzig 1922.
[2]) Goethe im Lichte der Vererbungslehre. Verlag Johann Ambrosius Barth, Leipzig 1908.

hervor. Seiner dreidimensionalen Anschauungsweise verdankt auch die Wissenschaft manche Anregung, und er glaubt, daß dieser Raumsinn ein Erbteil aus seiner väterlichen Familie sei, da er sich ebenso bei seinem Vater und dessen Bruder, aber auch bei anderen Vorfahren oder Seitenlinien zeigt.

Diese und ähnliche Feststellungen sind selbstverständlich für die Wissenschaft von großem Wert; für die uns hier interessierende Frage haben sie nicht die große Bedeutung. Wir sehen, daß es sich häufig um das Zusammentreten nicht nur der Erbmassen der Eltern handelt, daß vielmehr aus diesen Erbmassen ganz bestimmte Elemente zusammentreten und sich manifestieren. *R. Sommer* und die anderen Forscher beanspruchen natürlich auch nicht, erklärt zu haben, warum im konkreten Fall die einzelnen Elemente zusammenkommen und an die Oberfläche treten, und wie etwa das Wunder Goethe entstanden ist.

Auch verschiedene Gruppen abnormer Menschen sind auf die Verwandtenähnlichkeit untersucht worden. Es sind wiederholt die Verbrecher-Stammbäume verfolgt worden. *Rath* hat (nach *Peters*) die Stammbäume von 296 Verbrechern und 44 Verbrecherinnen untersucht. Auch wo der Vater keinen Hang zum Verbrechen zeigt, findet er sich, wenn die Frau aus Verbrecherfamilien stammt. *Peters* schließt daraus auf eine Geschlechtsgebundenheit bei der Vererbung in dem Sinne: das Manifestwerden der verbrecherischen Anlage eines Individuums wird von seinem Geschlecht beeinflußt. Die Eigenschaften des weiblichen Geschlechts üben nach *Raths* Annahme einen dämpfenden, aber keinen vollständig unterdrückenden Einfluß auf dieses Manifestwerden aus. Dem sei aber zunächst entgegengehalten, daß, wenn Frauen, wie aus sehr vielen Statistiken hervorgeht, beim Verbrechen verhältnismäßig wenig beteiligt sind, dies zum großen Teil durch Einflüsse des Lebens bedingt ist. Dabei spielt auch die körperliche Kraft eine Rolle, so daß schon aus diesem Grunde bei Gewalttaten der Mann in viel größerer Zahl beteiligt ist. Daß die Frauen viel seltener Selbstmord begehen als Männer, ist ebenfalls festgestellt; *Möbius* nahm an, daß die geringere Initiative der Frau hierbei den Ausschlag gebe. Jedenfalls sehen wir, daß bei Verbrecherfamilien oft mehrere Generationen stark beteiligt sind.

Der bekanntgewordene Zuhälter Heinze, mit dessen Namen die Lex Heinze seinerzeit versehen wurde, war stolz darauf, daß sein Großvater der berüchtigte Einbrecher „Palisadenkarl" war. Er selbst wurde wegen Ermordung des Nachtwächters Braun zu 15 Jahren Zuchthaus verurteilt. *Kurella* hat in den hessischen Polizeiakten den Stammbaum von Gewohnheitsverbrechern durch vier Generationen verfolgt und kam zu dem Ergebnis, daß von 546 Gewohnheitsverbrechern $^2/_3$ nachweislich seit vier Generationen polizeilich bekannte Verbrecherfamilien waren. Ebenso finden wir, daß gerade bei Gewohnheitsverbrechern sehr häufig die Kinder leicht zu Verbrechen neigen. Aber auch da müssen wir berücksichtigen, daß das, was sie von Kindheit auf vor sich sehen, auch ohne Annahme einer Vererbung ausschlaggebend sein kann. Das Kind wird oft frühzeitig angelernt. Bekannt ist, daß die größtenteils aus Polen, besonders aus Galizien stammenden Taschendiebe vielfach von ihren Vätern schon als Kinder angelernt, und daß dazu sogar besondere Modelle benutzt werden. Andererseits gibt es Untersuchungen von *Davenport*, der zu dem Ergebnis kam, daß der Nomadismus auf eine Hemmungsschwäche zurückzuführen sei, und es wird von anderer Seite vermutet, daß diese angeborene Hemmungsschwäche die Ursache der Entwicklung zum Verbrecher sei. *Peters* schließt daraus, man sollte die Geschwister und die Vorfahren der Verbrecher auf das Vorkommen von Erscheinungen der Hemmungsschwäche untersuchen. Aber diese kann sich auch in vielem anderen zeigen, z. B. in einem Nichtbeherrschen der Affekte, einem besonders bei Neurasthenikern und Hysterikern, aber auch bei Psychopathen häufigen Symptom, so daß aus diesem allgemeinen Begriff der Hemmungsschwäche nicht unmittelbar auf eine Vererbung des Verbrechertums geschlossen werden dürfte. Übrigens weise ich darauf hin, daß gerade die großen Verbrecher, z. B. Manolescu, „der König der Einbrecher", einer der berüchtigtsten Hoteldiebe vor etwa 20 Jahren, nicht aus einer Verbrecherfamilie stammte; ebenso wenig neuere große Verbrecher, z. B. Haarmann, Denke, Spruch. Gerade große Verbrecher treten oft, soweit man die Familien verfolgen kann, als Einzelerscheinungen auf.

Eine enge Beziehung hat auch die Frage, wie weit Prostituierte aus Familien hervorgegangen sind, in denen das Geschlechtsleben ungezügelt und das Schamgefühl stark gemindert war. *Kurt Schneider*[1]) hat die Lebensläufe von 70 Prostituierten untersucht und sein Endergebnis ist, daß die Berichte über die weitere Familie in den einzelnen Fällen zu spärlich seien, um diese Fälle im Sinne der Erblichkeitsforschung verwerten zu können. Immerhin kommt ein sehr interessantes Ergebnis nach der Richtung zutage, daß in den meisten Familien, aus denen seine Prostituierten hervorgingen, der große Kinderreichtum auffällt. Daß die Prostituierten und die Verbrecher vielfach unehelich geboren sind, kann ebenfalls nicht im Sinne der Erblichkeit verwertet werden, da die Mangelhaftigkeit der Erziehung vielfach mit der unehelichen Geburt verknüpft ist, und meist aus diesen Erziehungsmängeln die Abweichung vom geraden Lebenswege erklärbar wird.

Sehr interessantes Material hat seinerzeit *Parent-Duchatelet*[2]) gebracht. (Es wäre übrigens sehr wünschenswert, wenn die neueren Forscher sich in der alten Literatur umsehen, sie würden dort sehr viel finden, was uns oft als neue Entdeckung gebracht wird.) *Parent-Duchatelet* hat in Paris Untersuchungen an 5183 Prostituierten nach der Richtung gemacht, daß er festzustellen suchte, ob auch sonst in der Familie Prostitution vorkam, und er kam zu dem Ergebnis, daß in 164 Fällen zwei Schwestern gleichzeitig eingeschrieben waren, viermal sogar drei Schwestern, dreimal vier Schwestern, so daß in der Gesamtzahl von 5183 sich 352 Mädchen befanden, bei denen gleichzeitig eine Schwester eingeschrieben war. Der Prozentsatz ist außerordentlich hoch und charakteristisch. Außerdem wurden festgestellt 16 mal Mutter und Tochter, viermal Tante und Nichte, 22 mal leibliche Kusinen, so daß im ganzen 436 Mädchen sich darunter befanden, von denen eine nahe Verwandte ebenfalls sich als Prostituierte betätigte. Zu berücksichtigen ist dabei, daß

1) Studien über Persönlichkeit und Schicksal eingeschriebener Prostituierter. Berlin 1926.

2) De la Prostitution dans la Ville de Paris.

es sich nur um die eingeschriebenen Prostituierten handelte. Allerdings waren nicht alle gleichzeitig eingeschrieben, sondern es bezieht sich dies auf einen Zeitraum von 7—8 Jahren, der immerhin verhältnismäßig klein ist. Eine Londoner Statistik, die ungefähr aus derselben Zeit stammt, erwies ebenfalls verhältnismäßig viele Blutsverwandte gleichzeitig der Prostitution ergeben. *Richelot*, von dem diese Londoner Statistik stammt — sie befindet sich in der späteren Auflage von *Parent-Duchatelet* — kam zu dem Ergebnis, daß der Einfluß der Mutter sehr wesentlich ist, aber nach der Richtung, daß die Eltern oft ihre jungen Kinder zur Prostitution benutzen, um dadurch Geld zu verdienen. In den 50er Jahren des vorigen Jahrhunderts spielte in London ein Prozeß gegen Frau Leah Davis, die wegen der Verkuppelung Minderjähriger unter Anklage stand. Sie war die Mutter von 13 Mädchen; alle 13 waren entweder selbst Prostituierte oder Kupplerinnen in London geworden.

Ein für manche Ehe zerrüttender Faktor ist der Alkoholismus. Was seine Vererbung betrifft, so gibt es richtige Trinkerfamilien, in denen der Vater ebenso trinkt wie der Sohn und beider Ehen denselben traurigen Verlauf zeigen. Aber das ist keineswegs notwendigerweise der Fall. Sehr häufig ist der Alkoholismus nur bei einer oder wenigen Personen der Familie vorhanden. Daß er trotzdem die Nachkommenschaft schädigt, ist richtig. Die Ehen werden sehr häufig durch den Alkoholismus des Mannes vollkommen zerrüttet; es ist aber nicht notwendig, daß deshalb auch die Ehe der nicht trinkenden Kinder eine unglückliche wird.

Daß der Alkoholismus zu den schwer erblich belastenden Faktoren gehört und deshalb auch die Nachkommenschaft schädigt, auch zu Krankheiten disponiert, ist etwas wesentlich anderes, da derartige Degenerationskrankheiten nicht ohne weiteres den guten Verlauf der Ehe stören. Eine besondere Stelle nimmt im Alkoholismus die periodische Trunksucht ein. Auch sie ist schädigend für die Nachkommenschaft. Ich habe aber in vielen Fällen, die ich beobachtet habe, nicht gefunden, daß die Ehen von Nachkommen periodischer Alkoholiker häufig Schiffbruch leiden, und noch viel weniger, daß ein periodischer Trinker auch einen Sohn zeugt, der periodischer oder dauernder Trinker wird. Als sonstiges degeneratives Moment kommt allerdings dem periodischen Alkoholismus eine besondere große Bedeutung bei; scheint doch gerade er der Epilepsie außerordentlich nahe zu stehen, ja, er ist in vielen Fällen nur als ein epileptisches Äquivalent anzusehen.

Man sieht aus allem diesem, daß der Einfluß der Eltern ein außerordentlicher ist, daß man aber die Faktoren, die auf Vererbung beruhen, von denen der Verführung und der übrigen Umwelteinflüsse nicht scharf trennen kann. Immerhin glaube ich, wird man doch zuweilen auch schon Ansätze zur Forschung finden, wenn es sich darum handelt, die Herkunft von Komponenten festzustellen, die zur Erhaltung, andere, die zur Zerstörung einer Ehe führen. Wenn z. B. der Sohn einer Familie, die Tochter einer anderen eine Ehe eingehen wollen und man feststellt, daß bei den bekannten Mitgliedern eine gewisse allgemeine Gleichförmigkeit im Lebenslauf sich findet, die sich sowohl im Eheleben, wie in der sonstigen Lebensführung zeigt, so darf man vermuten, daß auch die Kinder aus diesen Familien zu einer gleichförmigen Ehe disponiert sind. Andererseits werden Kinder aus Ehen, in denen es oft stürmisch zugegangen ist, wo Männer und Frauen ein starkes Variationsbedürfnis zeigen, wahrscheinlich auch Kinder zeugen, bei denen die Eigenschaften, die ein ruhiges Eheleben am besten gewährleisten, nicht vorhanden sind. Praktisch wird allerdings das Ganze oft daran scheitern, daß über sehr viele Familienglieder überhaupt nichts bekannt ist. Man möge nur drei Generationen zurückgehen und wird feststellen, wie lückenhaft das Material ist, wie wenig man von den Angehörigen der Großeltern und deren Kindern weiß.

Wenn dies nicht der Fall ist, d. h. wenn man sich vollkommen informieren kann, wird man allerdings zuweilen für die Zukunft der Ehe eine Wahrscheinlichkeitsprognose, wenn auch nur in ganz allgemeiner Umgrenzung stellen dürfen. Zu einer erheblichen Wahrscheinlichkeit wird man auch in solchem Falle nur selten kommen. Viele Familienangehörige sind jung gestorben; man weiß daher nicht, wie bei ihnen die Ehe verlaufen wäre, wenn sie älter geworden wären.

Ich erinnere hier an die „Johannistriebe", die bei manchen Männern erst im vorgerückten Alter, oft erst Mitte der 50er Jahre, auftreten und die schon manche Ehe gestört haben. Bei derartigen Fällen, die die schwersten Zerwürfnisse in der Ehe veranlaßten und meist zur Scheidung führten, habe ich niemals beobachtet, daß in der Familie mehrere solche Fälle vorgekommen wären. Allerdings muß einschränkend hinzugefügt werden, daß ich immer nur über einen verhältnismäßig kleinen Ausschnitt des Gesamtmaterials verfügen konnte, da mir das meiste aus der Familiengeschichte nicht bekannt war. Vieles wußten die Betreffenden selbst nicht, anderes suchten sie optimistsich darzustellen. Gerade in Familien, wo sonst alles in ebener Gleichmäßigkeit verläuft, wird, um die Familienehre nicht herabzusetzen, mit Vorliebe alles verheimlicht, was etwa nach dieser Richtung sonst vorgekommen ist.

Allerdings habe ich bei solchen Johannistrieben, aber auch in anderen etwas auffallenden Störungen von Ehen die Erfahrung gemacht, daß irgend etwas sonst nicht normal verlief, oder daß z. B. schwere psychopathische Zustände in der Blutsverwandtschaft gefunden wurden. Es ist aber festzuhalten, wenn auch die Ehe der Eltern und die der Kinder ruhig verläuft, daß mitunter ein isolierter Fall vorkommt, wo jede Familienähnlichkeit zu fehlen scheint. Ein Beispiel:

In einer Familie, die ich durch drei Generationen verfolgen konnte und die ziemlich zahlreich war, verliefen die Ehen anscheinend ganz harmonisch; nur in einem Falle hat ein 28jähriger Sohn aus der dritten Generation kurze Zeit nach der Verheiratung seine Frau verlassen und ist mit einer erheblich älteren Abenteurerin, einer hübschen anziehenden Frau, durchgegangen, um in einem anderen Lande sich eine Existenz zu schaffen. Erst nachträglich zeigte sich bei genauester Nachforschung, daß doch in der Familie andere rätselhafte Fälle vorgekommen waren. Zwei Brüder des Vaters waren verschollen, der eine war verhältnismäßig jung nach Nordamerika gegangen, man hat nie mehr etwas von ihm gehört. Ein anderer soll viele Jahre in einer Irrenanstalt zugebracht haben und dort gestorben sein.

Auch wo alles scheinbar gut verlaufen zu sein scheint, findet man, wenn man den Stammbaum vollständig aufzubauen sucht, doch Lücken oder bei weiterer Nachforschung Fälle bedenklicher Art. Die allgemeine Stetigkeit des Lebens, die ein allgemeines Erbteil zu sein schien, erwies sich bei weiterer Nachforschung keineswegs als ausnahmslos gegeben.

Ich habe wiederholt betont, daß oft sehr schwer feststellbar ist, ob ein bestimmtes Verhalten auf Erbfaktoren oder auf Umwelteinflüssen beruht. Gerade die gegenwärtige Zeit zeigt uns, daß die Einwirkungen der Umwelt doch von großer Bedeutung sind, auch bei Familien, die eine Tradition haben. Was heute so viele Frauen als ihr Recht betrachten, Untreue gegen ihren Mann, Geschlechtsverkehr vor der Ehe, übt auch auf diejenigen Mädchen und Frauen einen Einfluß aus, die durch ihre Erbanlagen vor Abwegen geschützt zu sein scheinen. Sogar das früher so solide Bürgertum, besonders des gebildeten Mittelstandes, ist von diesen Einwirkungen schon beeinflußt worden.

Junge Mädchen aus Familien, von denen man, wenigstens soweit das Material reicht, annehmen müßte, daß bei ihnen ein außerehelicher Verkehr eines weiblichen Wesens niemals stattgefunden hat, betrachten es als selbstverständlich, von ihrem „Verhältnis" oder ihrem „Freunde" (im sexuellen Sinne) zu sprechen. Die Ausdehnung solcher Anschauungen und ihr allmähliches Eindringen in die kulturell gehobenen Mittelstandsschichten weist auf die Überwindung von ererbten Dispositionen durch Einflüsse des Lebens hin. (Übrigens ist in verschiedenen Kreisen der Gesellschaft schon eine leichte Reaktion gegen dieses angeblich berechtigte Sichausleben eingetreten.) Die besten und am festesten verankerten vererbten Eigenschaften werden, wenn immer und immer wieder ungünstige Faktoren im Leben einwirken, in ihrer Wirksamkeit behindert. Dabei ist festzuhalten, daß jeder Weg, der von der geraden Linie abweicht, immer mehr für spätere Fehltritte den Weg freimacht. Der Widerstand, der am Anfang verhältnismäßig stark war, wird allmählich schwächer.

Das gilt auch für viele Ehen. Es gibt Fälle, wo Frauen neben der Ehe eine illegitime Liebesperiode im Leben gehabt haben, die zu einer Katastrophe führte. *Krafft-Ebing* hat schon solche Fälle beschrieben. Diese Fälle mit der einmaligen Abweichung meine ich hier nicht, da gewöhnlich diesem Abweichen von der Tradition tiefste Reue folgt. *Krafft-Ebing* hat sogar hier einen pathologischen Zustand vermutet. Ich meine damit vielmehr die Fälle, wo das Recht, sich trotz der Ehe mit andern Männern auszuleben, propagiert wird und die Frau, wenn sie auch beim ersten Mal starke Widerstände zu überwinden hatte, in der Zukunft widerstandslos neuen Verführungen anheimfällt.

Noch auf einen wichtigen Punkt sei hingewiesen, bei dem umgekehrt das Eingeborene, d. h. Ererbte sehr leicht übersehen und den Zufällen des Lebens irrtümlich ein zu großer Einfluß zugeschrieben wird.

Möbius hat versucht, Goethes Leben als Mann in verschiedene Perioden zu zerlegen. Er nahm einen siebenjährigen Zyklus an; alle sieben Jahre sei bei *Goethe* eine große Liebesleidenschaft aufgetreten. Dies kann in der Form, wie es *Möbius* schildert, nicht als richtig angesehen werden. *Möbius* kommt zu den siebenjährigen Perioden nur dadurch, daß er manche sehr starke Erlebnisse Goethes nicht berücksichtigt, anderen hingegen eine übertriebene Bedeutung beimißt. Nur eines sei erwähnt: Nicht einmal die Liebe zu Lili rechnet *Möbius* bei seiner Einteilung mit. Die siebenjährige Periode wäre sofort als irrtümlich erwiesen, wenn man dieses Erlebnis einrechnet. Man darf es aber auf keinen Fall übergehen; denn Lili war, wie selbst Goethes Mutter sagte, die erste Heißgeliebte ihres Sohnes. Der siebenjährige Zyklus ist in dieser schematischen Form, wie es *Möbius* tut, nicht aufrecht zu erhalten. Auch andere starke Erlebnisse würden sofort zeigen, daß der siebenjährige Zyklus dabei gesprengt würde. Aber in einem Punkt, glaube ich, hatte *Möbius* recht: wenn sich Goethe in eine Frau verliebte, war nicht das zufällige Zusammensein mit dieser einen Frau die Ursache, sondern die in ihm verwurzelte Neigung zum Verlieben, die nach einer Reihe von Jahren immer wieder bei ihm auftrat. Goethe verliebte sich also nicht, weil er zufällig mit einer Frau zusammen war, die auf ihn einen starken Eindruck machte, sondern weil er für eine neue Liebe reif war.

Was hier für Goethe gilt, gilt auch für zahlreiche andere Fälle des menschlichen Lebens. Es gibt viele Personen, Männer und Frauen, die von Zeit zu Zeit für eine neue Liebe reifen. Wenn auch nicht jede weibliche Person in diesem Falle den Betreffenden zum Verlieben bringt, so spielt doch die Persönlichkeit des sich Verliebenden und sicherlich nicht die Individualität der anderen Person die entscheidende Rolle. Wenn sich der Haß und die Eifersucht der Frau eines verheirateten Mannes auf dessen neue Liebe konzentriert, so ist das vom Gefühlsleben der Frau wohl berechtigt, objektiv aber unberechtigt; denn nicht die Frau, die das Objekt der Liebe bildet, ist an diesem Ergebnis schuld, sondern seine eigene (ererbte) Konstitution und Disposition zu dieser Zeit. Daß bei solcher, wenn auch unregelmäßigen Periodizität nicht die eigene Frau das Objekt wird, ist vom Standpunkt der Ehe aus bedauerlich, aber eine Folge des gerade in solchen Personen oft wurzelnden Variationsbedürfnisses. Es wird oft von den Irrungen der Künstler gesprochen. Hierbei ist im Zusammenhang mit dem oben Genannten zweierlei zu berücksichtigen: Diese periodisch auftretende Liebe zu einer anderen ist nicht immer mit genitosexuellen Bedürfnissen verbunden; das ist auch nicht bei Goethe der Fall gewesen, der anscheinend sogar nach dieser Richtung besonders schwach veranlagt war. Diese periodische Liebe kann ohne Ehebruch bestehen, wenigstens ohne somatischen Ehebruch. Die Erschütterung der Ehe ist selbstverständlich auch dann gegeben, ganz abgesehen davon, daß ein genitaler Verkehr oft erst viel später als die Liebe einsetzt. Ein Zweites, was zu berücksichtigen ist, ist der Umstand, daß wir auch keineswegs etwa nach dieser Richtung den Künstlern allgemein eine solche Anlage zum Verlieben zuschreiben dürfen. Das bezieht sich nur auf einen Teil der Künstler, während andere in sehr guter gleichmäßiger, bürgerlich unanfechtbarer Ehe, trotz bedeutender Künstlerschaft, ihr Leben verbringen.

Wenn aber bei Künstlern oder andern solche Periodizität eintritt, so können wir fast stets feststellen, wenn es uns gelingt, einen Einblick in die sonstigen Familienverhältnisse zu gewinnen, daß auch sonst Unebenheiten bei andern Familienmitgliedern eine große Rolle spielen.

In folgendem Falle konnte ich durch mehrere Generationen einen großen Teil des Stammes rekonstruieren.

Die Urgroßeltern aus einer alten Kaufmannsfamilie Süddeutschlands lebten in einer Mittelstadt. Die Ehe glücklich, harmonisch und gleichmäßig. Der Gedanke an eine Ehescheidung wäre ihnen so fremd gewesen, daß sie eine Erörterung solcher Frage gar nicht verstanden hätten. Aus dieser Ehe gingen vier Kinder hervor, zwei Töchter und zwei Söhne, die mir zum Teil bekannt waren.

Einer der beiden Söhne war ein Mann von strenger Sachlichkeit, Korrektheit und Klugheit. Der Ehefrau gegenüber, die eine mäßige Bildung hatte und ihn darin nicht erreichte, war er von besonderer Güte. Aus dieser Ehe gingen drei Kinder hervor: ein Sohn und zwei Töchter. Über die Ehe der einen Tochter ist mir nichts bekannt, ich weiß auch wenig von ihren Nachkommen. Sie war verheiratet, ist jung gestorben und hat mehrere Kinder hinterlassen, über die ich fast nichts weiß. Sie ging, als sie verwitwet war, zu ihren Eltern zurück. Was die beiden anderen Kinder betrifft, so war der Sohn aus dieser Ehe sehr tüchtig, kam zwar in seinem akademischen Beruf nicht besonders vorwärts, machte aber viele Nebengeschäfte, in denen er sich sehr klug erwies. Er heiratet eine geistig sehr hochstehende und im Charakter vortreffliche Frau. Er selbst aufbrausend. Die Frau, die ein schweres Schicksal zu tragen hatte, wenig temperamentvoll. Der Mann geht viel auf Abwege. Seine Gattin wußte das und hatte unter diesem Schicksal schwer zu leiden. In jüngeren Jahren hat sie die Scheidung öfters erwogen; sie tat es aber, wie so häufig, der Kinder wegen nicht. Aber sie schien auch seelisch an den Mann sehr gebunden zu sein. Bis zum Tode hat sie das Martyrium mit großer Geduld getragen. Der Mann erkrankte an Tabes und wurde ziemlich jung sehr gebrechlich. Er ging von einem Sanatorium ins andere. Beide Teile hatten hohe geistige Interessen, wenn auch nach verschiedener Richtung. Die Frau interessierte sich sehr für Kunst (Musik, Malerei), der Mann für Politik und Literatur. Allmählich schien übrigens auch bei der Frau die Neigung zu ihrem Mann erkaltet zu sein, obwohl es sich ursprünglich um eine echte Liebesheirat handelte. Aus dieser Ehe gingen drei Söhne hervor. Über den ältesten weiß ich nichts Genaueres. Er ist zwar verheiratet, doch ist die Ehe undurchsichtig. Der andere lebt mit einer geistig nicht sehr hochstehenden, aber liebenswürdigen und gebildeten Frau in guter, harmonischer Ehe. Er selbst ist im allgemeinen gütig und gewissenhaft, besonders anhänglich an die Familie. Der dritte, unverheiratet, ist ein großer Egoist und Streber.

Die Schwester war eine geistig hochstehende Frau, ebenfalls, wie sehr viele in der Familie, von großer Güte. Verheiratet war sie mit einem besonders vornehm denkenden Mann. Dieser war etwas langweilig, aber von untadliger Gesinnung, sehr anhänglich an die Familie. Die Ehe war besonders glücklich. Aus ihr gingen fünf Kinder hervor, von denen ich drei weiter verfolgen konnte. Ein Sohn und eine Tochter sind in glücklichen Ehen verheiratet. Über die Kinder läßt sich noch nichts sagen, da sie noch sehr jung sind. Bruder und Schwester sind von gleicher vornehmer Gesinnung. Der Bruder, vielleicht etwas berechnend, ist mit einer Dame aus alter Schweizer Kaufmannsfamilie verheiratet. Auch diese Ehe ist harmonisch und gut.

Wir haben hier in einer weitverzweigten Familie, aus der ich mir einen Stammbaum machen konnte, obwohl ich mehrere Mitglieder der Familie nur wenig oder garnicht kenne, sehr viele glückliche, harmonische Ehen. Der eine, dessen Untreue in der Ehe ich schon erwähnt habe, ist der einzige Don Juan in der ganzen Familie geblieben, wenigstens unter den verheirateten. Die Ehemänner waren im allgemeinen wohl sehr treu, der eine oder andere vielleicht gelegentlich auch mal auf Reisen von Abwegen nicht ganz frei, aber in der Steigerung, wie bei dem einen die Untreue trotz schöner und guter Frau sich zeigte, ist in der ganzen Familie kein Gegenstück vorhanden. Ehescheidung ist in keinem Fall vorgekommen. Gerade diesen Punkt habe ich noch in neuerer Zeit, weil ich den Stammbaum vervollkommnen wollte, weiter erkundet. Mit Ausnahme des einen Falles ist auch niemals eine Ehescheidung beabsichtigt gewesen, noch bestand je eine Ehe, die man als unglücklich bezeichnen könnte.

Wie schwer das Material zu beschaffen ist, möge folgender Fall zeigen, den ich einem unserer besten und verdienstvollsten Familienforscher verdanke, Herrn *Hellmuth Bogen*, dem Leiter der Prüfstelle beim Landesberufsamt Berlin.

Ausgangspunkt ist ein Förster, der Großvater. Er war zweimal verheiratet, und schon bei Lebzeiten seiner ersten Frau eng an die Frau gebunden, die er in zweiter Ehe heiratete. Er hat mit beiden Frauen Kinder gezeugt. Er ist ein Mann von hyperathymischem Temperament mit pseudologischem Einschlag. Die Pseudologie wurde nur eingesetzt im Dienst von Eitelkeit, Selbstbespiegelung, und im Wunsche, anderen über zu sein. Er war klug, für seine Zeit belesen, ohne Hochschulbildung.

Die erste Frau energisch, heiter, liebevoll, aufopfernd für den Ehemann. Soweit eine Kenntnis möglich ist, war die Brautzeit hochgestimmt gewesen, auch die Zeit der ersten Ehejahre. Dann setzte eine Bindung des Mannes an eine schizothyme Frau ein. Die eigene Ehe wird geschäftsmäßig ohne große Erschütterung weitergeführt, da der Abweg sehr geschickt verdeckt wird. Die erste Frau stirbt. Aus dieser Ehe sind drei Kinder: ein Mädchen und zwei Knaben hervorgegangen. Er heiratete jetzt die geliebte Frau. Aus dieser Ehe stammen fünf Kinder. Nach dreijähriger Ehe tritt Bindung an eine dritte Frau ein.

Nun zu den Kindern der ersten Ehe. Beide Knaben sind dem Vater in den Charakterzügen nachgeartet, leicht manische Pseudologen, intelligent, besonders der jüngere, der sich geistig recht vielseitig mit Erfolg betätigen konnte, solange ihn nicht sein Abwechslungsbedürfnis packte. Beide Brüder heirateten nach längerer glücklicher Brautzeit recht frische, energische Frauen. Diese beiden Frauen sind ebenso, wie die erste des Försters (Großvaters), wenig differenziert und gradlinig. Beide Söhne, der ältere nach fünfjähriger, der jüngere nach dreijähriger Ehe, gehen illegitime Beziehungen zu ernsten, undurchsichtigen konsequenten Frauen ein, denen sie ihr Leben lang durch die beengendsten Verhältnisse die Treue halten. Vor ihren Frauen verdecken sie beide die illegitimen Beziehungen gut. Zur Scheidung fehlt der Mut; aber beide haben auch ein starkes Verpflichtungsgefühl insbesondere gegen ihre Kinder. Aus der Ehe des älteren stammt ein Sohn, der seiner Mutter nachgeartet ist, und in einer harmonischen Ehe lebt. Aus der Ehe des jüngeren stammen zwei Söhne. Der ältere ist der Mutter nachgeartet, lebt in fester harmonischer Ehe. Der jüngere ist im Charakter das Abbild des Vaters, intelligent, ziemlich hoch entwickelt, aber ohne das Wechselbedürfnis, das den Vater kennzeichnete. Wenigstens ist man zu diesem Urteil nach der jetzt beendeten 18jährigen Arbeit im geistigen Beruf in der Lage. Er heiratete eine sympathische, gradlinige Frau; heiter, aufopferungsvoll vergöttert sie ihren Mann. Aus dieser Ehe ist ein Sohn hervorgegangen. Der Vater dieses Sohnes fürchtet, daß der Sohn nach seinem Großvater, d. h. dem Vater des Vaters sich entwickeln werde; besonders aber fürchtet er, daß sich der Sohn auch so entwickeln würde, wie er selbst, der schon jahrelang an eine differenzierte, kapriziöse Frau gebunden ist, der er in selbstloser Treue anhängt. Auch wegen seiner, seinem Vater nachgearteten Geschicklichkeit, die alles zu verbergen versteht, fürchtet er wegen seines Sohnes. Der Vater lebt die Pflichtehe weiter, und ist fest an die Kinder als Vater gebunden, er fühlt sich innerlich aber sehr stark verwandt mit dem Lebensschicksal seines Vaters. Immer wieder erkennt er in eigenen Handlungen und Schicksalen seinen Vater wieder.

Fassen wir den Fall kurz zusammen: Großvater verheiratet, illegitime Beziehungen und starke Bindung an eine andere Frau. Die beiden Söhne desselben verheiratet, beide illegitim an undurchsichtige Frauen gebunden. Der jüngere der beiden Söhne ebenfalls verheiratet, an eine differenzierte Frau illegitim gebunden. — Was hier auffällt, sind nicht etwa die illegitimen Beziehungen, sondern das Spezifische in den Bindungen. Herr *Bogen*, dem ich den Fall verdanke, meint wohl mit Recht, es sei nicht sicher, daß man hieraus auf eine Vererbung schließen müsse; es scheint aber doch so, als ob alle zunächst eine falsche Gattenwahl vollziehen, indem sie sich einfachen, heiteren Naturen zuwenden, die in ihren Zügen alle etwas weiches und warmes haben, und nach kurzer Zeit findet man sie gebunden an differenzierte Naturen. Zwei der fraglichen Frauen, die Geliebte des Jüngsten, und die von dessen Vater zeigen in ihren Bildern, die zur Verfügung stehen, harte, faszinierende Züge. Sie sehen nicht aus, wie Frauen, die man hintergehen könnte, wie die eigenen. Interessant ist es, daß die Familie die Angelegenheit kennt, und nach dem Tode der Beteiligten ziemlich genau erkundete, während die beteiligten Frauen nur in dunklen Annahmen lebten oder leben. Die Vererbung ist, wenn sie besteht, nach Herrn *Bogens* Ansicht vielleicht in der Temperaments- und Charakterform der männlichen Ehepartner zu suchen. Die letzten drei — vom Großvater ist in dieser Beziehung nichts bekannt, — sind in dieser Beziehung Spätreifende, die männliche Körperbehaarung hat sich bei ihnen allen erst nach der Mitte der zwanziger eingestellt, bis dahin zeigten sie zarte, weiße Haut mit Flaumbehaarung. Ihr Charakter scheint auch spät seine Form erlangt zu haben; sie gelten alle bis in die Zwanziger hinein als naiv-begeisterungsfähig, als unüberlegt. Erst später zeigt sich überlegtes Handeln, soweit sie bei ihrem ganzen Charakter sich überhaupt entwickeln konnten. Die zweite Linie vom Großvater her zeigt keine derartigen Eheformen. Von fünf Kindern (drei männlich, zwei weiblich) sind vier ausgesprochene Herrschernaturen in der Ehe. Der eine männliche ist nach einem Berliner Ausdruck eine Nudel, zeitweilig hat er gegenüber der Beherrschung durch seine Frau Ausbrüche starken Jähzorns; dann versucht er sich zum Herrscher zu machen, aber vergeblich. Alle fünf sind eigensinnige, konsequente Naturen. Der Eigensinn ist in zwei Fällen zu einer gewissen Schrulligkeit gesteigert. Hierfür dürfte die oben beschriebene Mutter als vererbender Elternteil in Frage kommen. Die Mutter hatte schizophrene Schübe durchzumachen, und endete in Altersdemenz durch Selbstmord. In ihren Krankheitsschüben zeichnete sie sich durch verschrobene Eigenwilligkeit, Konsequenz in Selbstmordversuchen, starres Festhalten an Kindermordphantasien und einem kaum einzudämmenden Trieb aus, die Kachelöfen andauernd zu heizen. Diese Schübe hatten etwa zwei- bis dreijährige Dauer. In den Zwischenzeiten bot sie ihr sonstiges Bild.

Man kann auch ein großes Material aus der Weltgeschichte, Literaturgeschichte, Biographien usw. gewinnen. Nehmen wir einen uns nahestehenden Fall: die Hohenzollern.

Die Ehe des letzten deutschen Kaisers, Wilhelms II., ist, soweit man ein Urteil hat, eine gleichmäßig glückliche gewesen. Allerdings wird darauf hingewiesen, daß Wilhelm II. nicht sehr gern sich in der Familie aufhielt. Es hängt dies offenbar mit seiner Reiselust und steten Unruhe zusammen, aber von gröberen Differenzen ist wenig bekannt geworden. Vielleicht sind sie aber nur durch die Klugheit seiner Frau, der letzten Kaiserin, ausgeblieben. Die Ehe seines Vaters, Friedrich III., galt ebenfalls als glücklich; die des Großvaters, Wilhelm I., war anscheinend eine Ehe, bei der sich beide Gatten ziemlich kühl gegenüberstanden. Dessen Vater, Friedrich Wilhelm III., soll mit seiner ersten Frau, der Königin Luise, glücklich gelebt haben. Vielleicht sind beide erst durch das große Unglück, das Napoleon über Preußen brachte, fester zusammengekittet worden, obwohl Unglück sehr häufig Ehen auseinanderbringt. Dessen Vater, Friedrich Wilhelm II., war wohl der einzige preußische König, der durch sein liederliches Eheleben zu großem öffentlichem Skandal Anlaß gab; war er doch gleichzeitig mit mehreren Frauen verheiratet und kirchlich getraut.

Wir sehen also hier in gerader Linie gleichmäßig verlaufene Ehen, und trotzdem bei Friedrich Wilhelm II. das Gegenteil. Allerdings darf nicht übersehen werden, daß manches vor der Öffentlichkeit verheimlicht wurde. Aber Wilhelm I., der offenbar in vielen Charakterzügen und Anschauungen von Kaiserin Augusta stark abwich, hat trotzdem vermieden, was die öffentliche Kritik hätte herausfordern können. Insofern sind in der Tat die Ehen von Friedrich Wilhelm III. an immerhin normal verlaufen. Friedrich Wilhelm II. war ein Sohn von August Wilhelm, dem Bruder Friedrichs des Großen. Er stammte von einem Vater, der durch seine Liebesskandale ebenfalls Berlin seinerzeit in Aufruhr versetzte. *R. Sommer* weist auf folgende Bemerkungen *Bismarcks* im dritten Bande seiner „Gedanken und Erinnerungen" über die Vererbung hin. Wilhelm II. hatte mit Friedrich I. (Großvater Friedrichs des Großen) die Prachtliebe gemein, mit Friedrich Wilhelm I. die Äußerlichkeiten der Vorliebe für lange Kerls und mit

Friedrich dem Großen die Neigung zur selbstherrlichen Leitung der Regierungsgeschäfte sowie den Glauben an seine Allmacht. Von Friedrich Wilhelm II. habe Wilhelm II. die starke sexuelle Entwicklung und eine gewisse Empfänglichkeit für mystische Einflüsse; mit Friedrich Wilhelm IV., dem Bruder Wilhelms I., die Gabe der Beredsamkeit und das Bedürfnis, mehr zu reden als geboten ist. In gewissen Beziehungen suche man vergeblich nach Ähnlichkeiten bei Wilhelm II. und seinen nächsten Aszendenten: Friedrich III., Wilhelm I. und Friedrich Wilhelm III. Die Ähnlichkeit zwischen Friedrich Wilhelm II. und Wilhelm II. ist vermutlich von Bismarck wohl nicht ernst gemeint gewesen. Er wollte wohl Wilhelm II. wegen seiner vielen Kinder mit Friedrich Wilhelm II. ironisch vergleichen. Daß beide gerade für die Ehe gänzlich verschiedene Persönlichkeiten waren, kann wohl Bismarck nicht entgangen sein. Würde aber auch die genannte Ähnlichkeit in der starken sexuellen Entwicklung bestehen, so ergäbe sich daraus gerade, daß Friedrich Wilhelm II. zu öffentlichen Skandalen, zur Herausforderung des Volkes, und sogar zu einer Doppelehe geführt wurde, während Wilhelm II. eine Ehe führte, die man gut bürgerlich nennen könnte.

Wenn ich auf Grund dessen, was ich in den verschiedenen Gesellschaftsschichten in vielen, vielen Jahren zu beobachten Gelegenheit hatte, zusammenfasse, ergibt sich, daß sich in gewissen mit einander freundschaftlich oder verwandtschaftlich verbundenen Gesellschaftskreisen gleichmäßige, ruhige Ehen besonders oft finden, wenn man auch in einem Einzelfall einer Abirrung begegnet. Andererseits kann man beobachten, daß in anderen Gesellschaftskreisen, die sich auch aus verschiedenen Familien zusammensetzen, auffallend viele Ehekatastrophen vorkommen. Man wird zu dem Ergebnis kommen, daß einerseits die Kreise, bei denen wir durch Generationen hindurch gefestigte sittlich ernste Anschauungen über die Ehe finden, auch auf ihre Kinder derartig wirken. Ein Kind, das stets die Mutter vom Vater vornehm behandelt sieht und das von frühen Jahren beobachtet, wie sich die Mutter bemüht, dem Vater das Haus zu einem Friedenstempel zu machen, wird die Nachwirkungen solcher Eindrücke sein ganzes Leben hindurch in sich tragen. Wer hingegen sieht, daß der Vater die Mutter roh behandelt oder die Mutter, ohne sich um das Haus zu kümmern, lediglich ihren Vergnügungen nachgeht, läuft Gefahr, auch in seiner Ehe ein gleiches Verhalten zu zeigen. Es ist das nicht die notwendige Folge; aber Eindrücke der Kindheit sind eben von außerordentlicher Macht. Die Eltern, die ihre Streitigkeiten laut und erregt zum Ausdruck bringen, dabei wohl wähnend, daß die Kinder nichts merken, geben sich einem verhängnisvollen Irrtum hin. Das Kind beobachtet und fixiert seine

Kindheitseindrücke besser, als viele Eltern glauben. Aber zu diesen Eindrücken der Kindheit kommen die ererbten Charaktere, nicht in dem Sinne, daß etwa die Kinder die Ebenbilder der Eltern sein müßten, wohl aber in dem Sinne, daß sich durch viele Generationen manche Eigenschaften befestigen, die Voraussetzung für eine gute Ehe sind. Ebenso wie Jähzorn, so finden wir, daß auch Besonnenheit sich in manchen Familien viel stärker findet als in andern. Wir haben es hier mit allgemein vererbten Dispositionen zu tun, die durch das Leben in hohem Maße modifiziert werden können, die aber schon durch die Ererbung an sich einen glücklichen oder unglücklichen Verlauf der Ehe begünstigen. Ein bekannter Rat ist wissenschaftlich nicht ganz korrekt, spricht aber doch in vielen Fällen eine Wahrheit aus: „Willst Du wissen, wie einstmals Deine von Dir so heißgeliebte Braut beschaffen sein wird, so sieh Dir Deine Schwiegermutter an.“ Von Frauenärzten ist wiederholt darauf hingewiesen worden, daß man den Eintritt der ersten Menstruation bei der Tochter mit einem hohen Grad von Wahrscheinlichkeit im gleichen Alter, wie er bei der Mutter stattgefunden hat, erwarten kann. Aus all dem ergeben sich natürlich nur ganz allgemeine Gesichtspunkte, aber als Tatsache doch: viele Anlagen, die für den Verlauf der Ehe ausschlaggebend sind, sind durch viele Generationen hindurch in der Familie gefestigt. Ebenso aber steht auch fest: die gewaltige Macht der Eindrücke, die das Kind in seinem frühen Lebensalter im Hause erfahren hat.

Ehegesuche und Ehevermittlung. Eheberatung, Eheverbote und Ehezeugnisse

Von Rainer Fetscher

I. Ehegesuche und Ehevermittlung.

Aus der Tatsache, daß öffentliche Wege der Eheanbahnung in immer steigendem Maße beansprucht werden, darf gefolgert werden, daß ein erhebliches Bedürfnis nach wirksameren Formen des „Sichfindens" besteht, als es der Zufall allein ermöglicht. Im allgemeinen gilt es noch heute nicht als ganz fair, regelrecht nach einem geeigneten Ehepartner zu suchen, wenn auch „Ehevermittlung" im weitesten Sinne seit jeher eine nicht unbedeutende Rolle gespielt hat. Vielleicht darf man in den „Heiratsmärkten", die noch da und dort vorkommen, Überreste einer „patriarchalischen" Form der Ehevermittlung erblicken, wohl auch in den „Schadchen", den in jüdischen Kreisen vielfach üblichen Vermittlern, die nicht selten Männer in angesehenen Ämtern (Rabbiner) sind. Auch bei bäuerlichen Familien begegnet man einer Gewohnheit, die einer Ehevermittlung mindestens nahe kommt, der Besprechung erwünschter Heiraten durch die Familie und die bewußte Beeinflussung der Gattenwahl durch die Verwandtschaft. Im Folgenden seien jedoch ausschließlich die modernen Formen der Ehevermittlung besprochen, nämlich:

1. die Heiratsanzeige
2. die geschäftsmäßige Ehevermittlung
3. die Heiratszeitung
4. die amtliche Ehevermittlung.

1. Die Heiratsanzeige.

Nach *Sampson* ist die erste Heiratsanzeige in der Collection for Improvement of Husbandry and Trade am 19. 6. 1695 erschienen. Es handelt sich um zwei ehelustige Männer. In Deutschland erschien 1758 in einem Frankfurter Blatt nach *Mataja*[1]) die Heiratsanzeige eines „honetten Frauenzimmers". 1793 erschien in der Wiener Zeitung die erste Heiratsanzeige in Österreich. In beiden letztge-

[1]) Heiratsvermittlung und Heiratsanzeigen, Duncker u. Humblot, München und Leipzig 1920.

nannten Fällen sind wirtschaftliche Gründe für die Suche nach einem Ehegefährten maßgebend. Von diesen vereinzelten Vorkommnissen abgesehen ist aber die Heiratsanzeige erst in den letzten Jahrzehnten allgemein üblich geworden.

Bei einer Durchmusterung der Heiratsanzeigen fällt auf, daß wirtschaftliche Gründe fast ausschließlich betont werden. Daneben trifft man allmählich konventionell gewordene Formeln wie „des Alleinseins müde" usw. Der Wunsch nach Kindern wird nur äußerst selten ausgesprochen, wenn er auch öfters mitbestimmend sein mag. Ich selbst[1]) fand unter 3243 Heiratsanzeigen eine einzige, in der der Wunsch nach einem Kinde ausgesprochen wurde. Bei den Frauen scheint neben dem Bestreben sich zu versorgen auch Unzufriedenheit in einem nicht zusagenden Berufe eine Rolle zu spielen. Etwas klareren Einblick in die soziale Zusammensetzung der männlichen Heiratssuchenden in Tageszeitungen gibt nachstehende Tabelle:

Tabelle 1.

Unter 1346 männlichen Ehebewerbern, die ihren Beruf angegeben hatten, waren:

	Zahl	in %
Akademiker	135	10%
Berufe des gebildeten Mittelstandes	956	71%
Selbständige Gewerbetreibende usw.	109	8%
Arbeiter	146	11%
Summe	1346	100

Es zeigt sich hier ein auffallendes Überwiegen der Akademiker gegenüber der Berufsgliederung der Bevölkerung sowie des gebildeten Mittelstandes, in dem Kaufleute und Beamte besonders stark vertreten sind. In der Gruppe „selbständige Gewerbetreibende usw." sind neben Handwerkern, kleinen Geschäftsleuten noch einige wenige Bauern zusammengefaßt. Die Gruppe „Arbeiter" ist auffallend schwach besetzt, was sich daraus erklärt, daß der sozialistischen Auffassung die Heiratsanzeige als unsittlich gilt[2]). Dementsprechend sind in der sozialistischen Presse Heiratsanzeigen nicht zu finden, da sie die Aufnahme verweigert. Umso zahlreicher sind sie dafür in der Presse der bürgerlichen Mitte, namentlich um die Zeit hoher Festtage, etwas seltener in konservativen Zeitungen.

Die Altersgliederung der männlichen Ehebewerber ergibt sich aus umstehender Tabelle.

Aus Tabelle 2 läßt sich ein durchschnittliches Heiratsalter von 35,6 Jahren als Annäherungswert errechnen. Die Akademiker sind

[1]) *Fetscher*. Über geschäftsmäßige und amtliche Ehevermittlung. Öffentl. Gesundheitspflege, 1922, H. 4 u. 5.

[2]) Vgl. *Bebel*. Die Frau und der Sozialismus. J. H. W. Dietz, Berlin.

Tabelle 2.

	Akademiker	Gebildeter Mittelstand	Selbständige Gewerbetreibende	Arbeiter	Zusammen	%
bis zu 25 Jahren	1	32	23	22	78	5,8
von 25—30 Jahren	9	197	27	57	290	21,5
von 30—40 Jahren	67	547	28	32	676	50
von 40—50 Jahren	35	121	22	28	206	15,2
über 50 Jahren	23	57	9	7	96	8,5

berechnet an 1346 männlichen Ehebewerbern, die ihr Alter angegeben hatten.

durchschnittlich 39,4 Jahre alt, der „gebildete Mittelstand" 36, „Selbständige und Gewerbetreibende" 34,3, Arbeiter 32,1. Diese Altersgliederung ist in mehrfacher Hinsicht von Bedeutung. Zunächst liegt das durchschnittliche Alter der Bewerber erheblich über dem durchschnittlichen Heiratsalter der Bevölkerung. Von 1000 Eheschließenden waren 1921 325 unter 25, 383 im Alter von 25—30, 292 über 30 Jahre alt, während bei der aus Tabelle 2 ersichtlichen Verteilung rund drei Viertel nach dem 30. Lebensjahr eine Ehegefährtin suchen.

Dann aber zeigt sich auch wieder, daß die einzelnen sozialen Stände erhebliche Verschiedenheiten aufweisen. Im allgemeinen läßt sich sagen, daß die Differenz zwischen dem Heiratsalter der sozialen Schicht überhaupt und den durch die Heiratsanzeige Ehegefährten suchenden ihr zugehörigen Personen etwa 7 Jahre beträgt.

Unter 2963 Heiratsgesuchen stammten 1672 von Männern, 1291 von Frauen, also 56,3% männliche, 43,7% weibliche Gesuche. Das Verhältnis weicht somit von der Geschlechtsproportion der heiratsfähigen Jahresklassen in der Gesamtbevölkerung erheblich ab. Es ist lediglich daraus zu erklären, daß eine Reihe von Bedenken weibliche Personen davon abhalten, eine Heiratsanzeige einzurücken. *Werner* (zit. nach *Mataja*) fand unter 1302 Heiratsanzeigen 727 von Männern, 457 von Frauen ausgehende neben 118 Vermittleranzeigen. Diese Angaben stammen aus der Zeit vor dem Kriege; sie zeigen ein noch stärkeres Überwiegen der männlichen Heiratsanzeigen wie meine aus dem Jahre 1920 stammenden Erhebungen ergeben. Die Altersgliederung der weiblichen Bewerber zeigt nebenstehende Tabelle.

Rund zwei Drittel der Frauen sind demnach zwischen 30 und 50 Jahre alt; das durchschnittliche Alter der Bewerberinnen berechnet sich auf 35,4 Jahre, während das durchschnittliche Heiratsalter der Frauen in der Gesamtbevölkerung 25,2 beträgt. Wie im Geschlechtsverhältnis drückt sich auch hier wieder die größere Scheu der Frau, öffentliche Wege des Sichfindens zu beschreiten, gegenüber dem Manne darin aus, daß die Differenz des allgemeinen Durchschnittes gegenüber den annoncierenden Frauen rund 10 Jahre, somit 3 Jahre mehr als beim Manne beträgt.

Tabelle 3.

Unter 1133 Heiratsanzeigen von Frauen, die ihr Alter angegeben hatten, waren alt:

	Zahl	%
bis zu 25 Jahren	121	10,1
von 25—30 Jahren	238	21,0
von 30—40 Jahren	520	43,4
von 40—50 Jahren	258	22,4
über 50 Jahren	36	3,2
Summe	1133	100

Hervorzuheben ist noch, daß unter 1672 männlichen Ehebewerbern 53, also 3,1 %, verwitwet oder geschieden waren; 47 von ihnen gaben an, Kinder zu haben, insgesamt 64. Unter 1291 Frauen waren 49 Witwen (3,9 %); 38 von ihnen hatten zusammen 56 Kinder.

Mataja glaubt, daß Heiratsanzeigen meist Erfolg haben. Er schließt dies daraus, daß Wiederholungen selten sind. Ich selbst fand unter 2963 Heiratsgesuchen 57 Wiederholungen, also nicht ganz 2%. Man darf aber nicht übersehen, daß wohl die Form der Anzeige oft gewechselt werden dürfte, wenn ihre erste Fassung nicht den gewünschten Erfolg hatte. Nach Beobachtungen der Geschäftsstelle des Neuen Wiener Tageblattes soll es selten sein, daß gleiche Bewerber mehrmals auf Heiratsgesuche antworten, was dafür sprechen könnte, daß sie meist bald zum Ziele kommen oder aber auch, daß sie ungünstige Erfahrungen von weiteren gleichen Schritten abhalten. Da vielfach auf Heiratsanzeigen eine große Zahl von Antworten einlaufen, und damit eine erhebliche Auswahl zur Verfügung steht, wäre es aber sehr wohl möglich, daß der gewünschte Erfolg häufig erreicht wird. *Werner* teilt mit, daß die Heiratsanzeige eines „hübschen, unvermögenden Mädchens“ 45, einer „Köchin mit kleiner Ersparnis“ 72, eines „Mädchen“ mit 100 000 Mk. bar und kleinem körperlichen Fehler“ 158, darunter 115 mit voller Adresse, also dem Stempel der Aufrichtigkeit, Angebote zur Folge hatte. Auf eine Anzeige im Leipziger Tageblatt sollen sogar 478 Bewerbungsschreiben nach Angabe des Blattes eingelaufen sein. Unter den 52 Antworten, die auf die Heiratsanzeige eines „Beamten in gesicherter Lebensstellung“ eingingen und mir zugänglich waren, stammten 75% von berufstätigen Frauen. Eine „23jährige Waise mit schöner Aussteuer und etwas Vermögen“ erhielt 64 mir zugängliche Antworten, darunter 59 mit vollem Namen und Adresse, jedoch auch einige zweideutige Angebote. Außer zwei Handwerkern und einem Arbeiter gehören alle Bewerber dem Kaufmannsstande an.

Recht wesentlich wäre es, festzustellen, wieviel Ehen durch die Zeitung geschlossen werden und wie sie verlaufen. Darüber jedoch sind Anhaltspunkte kaum zu gewinnen. Ich kam zu der Schätzung, daß 1920 in Württemberg insgesamt etwa 10 000 verschiedene Heiratsanzeigen erschienen; im gleichen Jahre wurden 40 000 Ehen geschlossen. Man darf daraus die Vermutung ziehen, daß eine recht erhebliche Zahl von Ehen durch die Heiratsanzeige zustande kommt. Über ihren Verlauf können nicht einmal Mutmaßungen geäußert werden, da die Paare meist über ungewöhnliche Formen des Zusammenkommens schweigen. Mir sind nur 5 Ehen bekannt, die durch eine Heiratsanzeige zustande kamen; darunter ist keine unglückliche.

2. Die geschäftsmäßigen Ehevermittlungen.

Die Geschäftspraxis der Vermittlungen wird durch ihre besondere rechtliche Lage bestimmt. Sie unterliegen einerseits nach § 35 der Reichsgewerbeordnung der Anzeigepflicht, sind also behördlich konzessioniert, anderseits bestimmt § 655 des B. G. B., daß das Versprechen einer Vergütung für Ehevermittlung rechtsunwirksam sei. Sie sind deshalb bemüht, für ihre Dienste im Voraus in Gestalt einer „Einschreibegebühr“ oder eines „Unkostenvorschusses“ Bezahlung zu erhalten. Antworten von Vermittlern erfolgen deshalb fast stets unter Nachnahme. Die Angebote werden stets unter Decknamen gemacht, um die Vermittlung nicht entbehrlich zu machen. In der Regel werden von dem Bewerber Fragebogen ausgefüllt, die Rubriken für Namen, Wohnort, Alter, Beruf, Stand, Einkommen, Vermögen enthalten, ferner eine, in die die Wünsche bezüglich des Ehepartners zu vermerken sind. Häufig sind Lichtbilder beizufügen, die manche Vermittlungen vervielfältigen und zur Auswahl an ihre Kunden senden. Bevor der Vermittler seine Tätigkeit beginnt, verlangt er vielfach die „ehrenwörtliche“ Zusicherung, daß er, meist 14 Tage nach standesamtlicher Trauung, 1—3% der Mitgift erhalten werde. Einen Anhaltspunkt über die Zahl der Vermittlungen mag geben, daß in Stuttgart 36 konzessionierte bestehen.

Die in 22 Vermittlungen gleichzeitig laufenden männlichen und weiblichen Kunden sind mir bekannt geworden. Tabelle 4 gibt darüber Auskunft.

Das durchschnittliche Alter beträgt für die Männer 35,8, für die Frauen 33,2 Jahre, liegt also erheblich über dem Heiratsalter im Volksganzen, aber unter dem Alter der Bewerber, welche sich der Heiratsanzeige bedienen. Auffallend ist ferner, daß sich mehr Frauen als Männer der Vermittlung bedienen.

Tabelle 4.

In 22 Vermittlungen waren gleichzeitig Bewerber:

	Insgesamt	Davon bis zu 25 Jahren	25—30 Jahre	30—40 Jahre	40—50 Jahre	über 50 Jahre alt
Männlich	363	21	81 (2)	194 (21)	78 (7)	9 .
in Prozenten . . .	100	5,8	23,3	52,6	15,8	2,5
Weiblich	451	63	154	192	38	4
in Prozenten . . .	100	13,8	36,3	50,6	8,4	0,9

Die Zahlen in Klammer bedeuten die Akademiker unter den Bewerbern.

Die Heiratsvermittler treiben großzügige Reklame, wie sich auch darin zeigt, daß mindestens 8% der Heiratsanzeigen Anpreisungen der Vermittler sind. Nicht selten ist die Reklame unter Scheinangeboten versteckt und erst hinterher kommt der Vermittler zum Vorschein. Die versandten Prospekte sind häufig so abgefaßt, daß sie recht geschickt die geschäftliche Absicht der Vermittler bemänteln; so beginnt einer: „Die neue Zeit bringt dem christlichen Leben täglich neue Gefahren . . .“ Häufig werden völlig unkontrollierbare Empfehlungsschreiben „erster Persönlichkeiten“ abgedruckt. Bemerkenswert ist ferner, daß eine Reihe von Heiratsvermittlungen aus Stellenvermittlungen hervorgingen. Manchmal auch geschieht die Vermittlung in Form einwandfreier gesellschaftlicher Veranstaltungen im Hause des Vermittlers.

3. Die Heiratszeitungen.

Eine Zwischenstellung zwischen Heiratsanzeigen und Vermittlung nehmen die Heiratszeitungen ein, deren älteste der „Lebensbund“ ist. Der Vermittlungsweg ist folgender: Die Bewerber geben anonyme Anzeigen auf, die von der Schriftleitung nummeriert und zu einer Herren- und einer Damenliste zusammengestellt werden; so werden sie an die Abonnenten verschickt. Unter der Decknummer kann die Korrespondenz durch die Vermittlung des Herausgebers begonnen werden. Es genügt auch, die entsprechende „Briefliste“ zu bestellen, ohne selbst zu inserieren. Die Auswahl ist relativ groß, enthält doch eine einzige Nummer einer Heiratszeitung oft mehrere Hundert Anzeigen. Die Alters- und Berufsgliederung der Bewerber entspricht durchaus dem Inserat der Tagespresse, weshalb auf die Mitteilung weiterer Zahlen verzichtet sei. Hervorzuheben ist, daß in den Heiratszeitungen die Anzeigen sich in Form wie Inhalt wesentlich von allen übrigen unterscheiden. Ausführlich, häufig mit sehr ausgesprochener Betonung erwünschter seelischer Artung des gesuchten Partners machen sie nicht selten einen guten Eindruck. Häufig suchen Auslandsdeutsche in ihnen nach einer Frau. Neben 5 mir bekannten allgemeinen Heiratszeitungen besteht noch ein „Beamten-Heiratsblatt", das nur Anzeigen von deutschen Staats-, Gemeinde- und Privatbeamten aufnimmt.

Die Erfolge dieser Einrichtung sind natürlich schwer abzuschätzen, doch gewinnt man durchaus den Eindruck, daß sie häufig ihren Zweck erreichen werden, vielleicht am häufigsten von allen verwandten Unternehmungen. Da man nach Lage der Dinge von einem Bedürfnis nach einer „Reform des Sichfindens" sprechen muß, dürfte die Heiratszeitung Zukunftsaussichten haben.

4. Die amtliche Ehevermittlung.

Die Forderung einer amtlichen oder gemeinnützigen Ehevermittlung ist nicht mehr neu. *Löwenfeld*[1]) befürwortete als erster eine „ehrenamtliche Vermittlung in Eheangelegenheiten" 1911. *Thewalt*[2]) schlägt staatliche Nachweise für Ehebewerber vor, vor Zulassung zur Vermittlung genaue ärztliche Untersuchung und Prüfung der persönlichen Verhältnisse[3]). Auch *Stigler*[4]) schließt sich, ebenso wie *Kuhn* und *Spinner*[5]) diesem Vorschlag an. *Kuhn*[6]) berichtete auch über zwei Versuche dieser Art, deren erster vom Frauenbund der Deutschen Kolonialgesellschaft mit gutem Erfolge unternommen wurde. Es wurden durch ihn insgesamt 2251 Mädchen in die Kolonien befördert, ihnen dort eine berufliche Tätigkeit vermittelt, aus der sie bei dem Frauenmangel in den Kolonien meist rasch den Weg in die Ehe fanden. Die Mädchen wurden durch Vertrauensleute beiderlei Geschlechts sorgfältig ausgewählt. Die Magdeburger Kriegerwitwenberatungsstelle[7]) kam gleichfalls zur Ehevermittlung, als der Leiter des Amtes sah, daß vielen Frauen, besonders den Witwen von Geschäftsleuten, am besten durch Wiederverheiratung zu helfen sei. Er vermittelte daher geeignete Bekanntschaften mit gutem Erfolge und fand dauernd steigenden Zustrom bald aus dem ganzen Reich, weshalb die Vermittlertätigkeit eingestellt wurde. Bedauerlich ist nur an ihr eines, daß eine ärztliche Untersuchung der Bewerber nicht stattfand.

Man wird ähnliche, umfassendere Neugründungen amtlichen Charakters als eine nötige Einrichtung mit *Mataja* und den erwähnten Autoren befürworten müssen. Nur dürfte es, wie bei allen solchen

---

[1]) Ehrenamtliche Vermittlung in Eheangelegenheiten. Neue Generation 1911, H. 9.
[2]) Archiv f. Rassen- u. Gesellschaftsbiol. 1916.
[3]) Vgl. *Marcuse*, Handwörterbuch der Sexualwissenschaft, 2. Aufl., Bonn 1926.
[4]) Die volksgesundheitliche Bedeutung einer staatlichen Ehevermittlung. Wien. med. W. 1918, Nr. 38.
[5]) Ehevermittlung. Die neue Generation 1920, S. 186.
[6]) Eheförderung und Rassenhygiene in den Kolonien. Öffentl. Gesundheitspflege 1919, S. 152; Über amtliche Ehevermittlung. Öffentl. Gesundheitspfl. 1919, S. 221.
[7]) Vgl. *H. Harmsen*. Die amtliche Magdeburger Heiratsvermittlung für Kriegerwitwen. Veröff. Mediz. Verwalt., 22, 257, 1926.

Dingen, erhebliche Zeit dauern, bis es soweit kommt. Vielleicht geben die amtlichen Eheberatungsstellen Gelegenheit, ihnen in irgendeiner Form auch Vermittlertätigkeit zuzuteilen. Besser noch schiene es, vorerst eine „Gemeinnützige Ehevermittlung“ aus privater Initiative zu schaffen. Es würde nicht schwer fallen, eine Einrichtung zu treffen, die selbst die Kosten trägt, wenn sie von vertrauenswürdigen Personen geleitet wird. Sie wäre berufen, die heutige „Ehenot“, über die soviel geklagt wird, zu mildern und gesunde Ehen zu begründen, wie wir sie im Hinblick auf das kommende Geschlecht wünschen.

II. Ehezeugnisse, Eheberatung, Eheverbote.

Die ärztliche Prüfung der Ehetauglichkeit vor der Eheschließung ist von einer großen Zahl von Autoren seit langem gefordert. Sind sie sich auch über die Notwendigkeit einer solchen Prüfung einig, so gehen jedoch die Ansichten über die Art ihrer Durchführung teilweise stark auseinander. Im Folgenden seien Entwicklung und gegenwärtiger Stand der Frage erörtert.

In Amerika[1]) hat eine ganze Reihe von Staaten kurzerhand Eheverbote für Verbrecher, Trinker, Epileptiker, Nerven- und Geisteskranke, sowie Geschlechtskranke erlassen. Eine obligatorische Untersuchung findet nirgends statt. Der Standesbeamte ist lediglich verpflichtet, die Gatten über ihre Ehetauglichkeit zu befragen. Noch unwirksamer als durch diese einfache Befragung wird die Maßregel dadurch, daß vielfach benachbarte Staaten voneinander erheblich abweichende Gesetze haben, so daß bei der Ablehnung einer Eheschließung in dem einen Staat wenige Kilometer davon entfernt in einem anderen die Trauung dennoch vollzogen wird. Schweden hat in einem Gesetz vom 12. 11. 1915 Geisteskranken, Geistesschwachen, Fallsüchtigen und Geschlechtskranken die Verheiratung verboten. Die Ehebewerber müssen eidesstattlich versichern, daß sie nicht an einer der genannten Krankheiten leiden. Es ist indes nicht zu erwarten, daß solche Eheverbote irgend eine praktische Bedeutung erlangen. Ähnliche, aber noch weniger umfassende Gesetze bestehen in Norwegen und Dänemark. In Ungarn ist ein Gesetzentwurf über den obligatorischen Austausch in Vorbereitung. Die armenische Kirche verlangt ärztliche Gesundheitszeugnisse vor der Eheschließung (z. B. auch in Persien). In Holland haben sich bisher insgesamt 30 Gemeinden zusammengeschlossen, um Stellen für freiwillige Eheberatung zu schaffen[2]).

---

[1]) *Hoffmann.* Rassenhygiene in den Vereinigten Staaten von Nordamerika, München 1913.

[2]) Vgl. *J. Schwalbe.* D. M. W. 1926, Nr. 44—47 u. 50.

Die einzig wirklich brauchbare Regelung hat das Jugendamt von Frankfurt a. M. am 21. 7. 22 getroffen durch seinen Beschluß, bei allen städtischen Pflegekindern vor Zustimmung zur Ehe Gesundheitszeugnisse beider Teile beizuziehen und die Untersuchung von einem Amtsarzt vornehmen zu lassen[1]).

Unabhängig von solchen behördlichen Maßnahmen sind in Deutschland in den letzten Jahren eine Reihe privater Eheberatungsstellen entstanden. Der erste Versuch dieser Art wurde im Auftrag des deutschen Monistenbundes 1911 vom *Dr. Braune* in Dresden unternommen. Ich verdanke die Akten über die Beratung der freundlichen Vermittlung von *Dr. Vogel* und entnehme aus ihnen, daß von 1911 bis 1915 64 Beratungen stattfanden. Mit dem Wegzug von *Dr. Braune* nach Süddeutschland erlosch diese Beratungsstelle. *Dr. Wollenweber* ging 1920 in Dortmund in gleicher Weise vor; seine Beratungsstelle besteht heute noch. 1919 begründete *M. Hirschfeld* in Berlin eine Sexual-Beratungsstelle, die teilweise auch gesundheitliche Beratung für die Ehe erteilt. 1924 wurde in Hamburg mit Unterstützung der Gesellschaft für Mutterschutz eine Sexual-Beratungsstelle eröffnet, die so lebhaften Zuspruch fand, daß bald eine zweite eingerichtet werden mußte. Die gleiche Gesellschaft rief auch in Frankfurt a. M. eine Beratungsstelle ins Leben und beabsichtigt in einer Reihe weiterer Städte die gleichen Gründungen, wie ich einer brieflichen Mitteilung *Helene Stöckers* entnehme. Diese Sexualberatungsstellen richten jedoch ihre Hauptaufmerksamkeit auf sexuelle Schwierigkeiten in der Ehe selbst. Eigentliche Eheberatung trieb *Poll* in Berlin bis zu seiner Berufung nach Hamburg, *v. Drigalski* während seiner Amtstätigkeit in Halle, worüber er Oktober 1924 bei der Tagung der deutschen Gesellschaft für Rassenhygiene berichtete. *Ph. Kuhn* begann im Herbst 1923 mit Eheberatungen, wobei besonders bemerkenswert ist, daß er eine Vereinbarung mit der Ortskrankenkasse Dresden traf, der zufolge für jedes beratene Paar das Pauschale von 5,— Mk. bezahlt wird. Einer Aufforderung der O. K. Dresden entsprechend habe ich jetzt die Beratung übernommen. In Rostock, Leipzig und Wien sind ebenfalls Eheberatungsstellen von mehr oder minder behördlichem Charakter entstanden.

In Freiburg unter *Fischer*, in Tübingen unter *Weitz*, in München unter *Martin* haben sich familienbiologische Beratungsstellen aufgetan, deren Zweck nicht ausschließlich Eheberatung, sondern eugenische Beratung der Familien im allgemeinen und in den besonderen Fragen der Familienforschung ist.

Die Forderung gesetzlicher Regelung der ganzen Materie wurde

---

[1]) *Fetscher*. Arch. f. Soz. Hyg. u. Demogr., Bd. 2, H. 1, S. 54, 1926.

erstmalig von *Breitfeld, J. Marcuse* und dem deutschen Monistenbund erhoben. Letzterer richtete an den Reichstag folgenden Antrag.

München, 7. März 1913.

An den Hohen Reichstag in Berlin.

Petition

des Deutschen Monistenbundes betr. eine Ergänzung des Gesetzes über die Beurkundung des Personenstandes und die Eheschließung vom 6. Februar 1875 durch Forderung eines Gesundheitsattestes.

Angesichts der erfahrungsgemäß festgelegten Tatsache, daß die Gesundheit, Macht, und Leistungsfähigkeit der Völker in erster Linie von der Gesundheit, Kraft und Tüchtigkeit der einzelnen und ihrer vererblichen Anlage abhängt;

in Anbetracht ferner, daß aus der Verpflichtung der Gesellschaft, für Schwache und Krüppelhafte zu sorgen, zugleich die Berechtigung sich ergibt, Schwäche und Krüppelhaftigkeit im sozialen Körper so viel als möglich zu verhüten;

in Anbetracht, daß es heute ganz besonders nottut, beim Eingehen einer Ehe das Verantwortlichkeits- und Pflichtgefühl des einzelnen für Volk und Nachkommen, gegen Mitwelt und Nachwelt zu stärken;

in Anbetracht, daß ein großer Teil von Elend und Sorge im Familienleben auf minderwertiger Keimanlage und daraus entstehendem Siechtum (Tuberkulose, Syphilis, Geisteskrankheit, Alkoholismus) beruht;

in Erwägung endlich, daß es im wohlberechtigten Interesse der Eheschließenden und der Eltern beruhen muß, über den Gesundheitszustand beider Kontrahenten Klarheit zu erlangen:

gestatten wir uns, den Hohen Reichstag zu ersuchen, in Erwägung zu ziehen, ob es sich empfiehlt, das Reichsgesetz über die Beurkundung des Personenstandes und die Eheschließung vom 6. Febr. 1875 in folgender Weise zu ergänzen:

§ 45, Abs. 2 erhalte folgenden Zusatz: (Insbesondere haben die Verlobten in beglaubigter Form beizubringen 1. . . . ., 2. . . . .,)

„3. je eine Bescheinigung eines approbierten Arztes, nicht älter als 6 Monate, aus welcher ersichtlich sein muß, ob im Falle einer Eheschließung wesentliche Gründe für Gefährdung der Gesundheit von Gatten oder Nachkommen vorliegen, und in welche Einsicht zu nehmen auf Wunsch beiden Beteiligten gestattet ist."

(§ 45, Abs. 3 hätte dann zu lauten: „Der Beamte kann die Beibringung der Urkunden zu 1. und 2. erlassen usw.").

Sollte es aber nicht möglich erscheinen, obige Bestimmung in das Gesetz aufzunehmen, so wäre dafür wenigstens die nachfolgende zu empfehlen:

„3. je eine Bescheinigung eines approbierten Arztes, nicht älter als 6 Monate, dahin lautend, daß der (die) Verlobte in Hinsicht auf die beabsichtigte Eheschließung eine ärztliche Beratung in Anspruch genommen hat."

Die sinkende Geburtenzahl im Deutschen Reiche hat die allgemeine Aufmerksamkeit erhöht auf die Bevölkerungsfrage hingelenkt und weite Kreise um die Zukunft unseres Volkes besorgt gemacht. Es könnte scheinen, daß die geforderte Bestimmung geeignet sei, den Geburtenrückgang eher noch zu beschleunigen und so die Volkskraft noch weiter zu schwächen. Dieser Schluß ist irrig. Nicht die Zahl allein bedingt die Stärke eines Volkes, sondern in erster Linie die körperliche, geistige und wirtschaftliche Leistungsfähigkeit seiner Bürger.

Der durch die geforderte Bestimmung etwa zu befürchtende Rückgang der Geburtenzahl würde sich übrigens nur, oder wenigstens in ganz überwiegendem Maße auf schwächliche oder krankhaft veranlagte Kinder beziehen, Individuen also, die für ihre Angehörigen nur Sorgen, für die Gesellschaft nur eine Last bedeuten, dem Staate jedenfalls nicht von Vorteil sind.

Völlig aufgehoben dürfte dieser geringe, in Wirklichkeit nur erwünschte Ausfall noch dadurch werden, daß in der Mehrzahl der Fälle, da zunächst nicht beide Verlobte, sondern nur der eine Teil krank oder krankhaft veranlagt sein werden, der gesunde Partner später eine andere Ehe eingehen wird. Bei der großen, noch ständig wachsenden Zahl völlig gesunder, ehe- und kinderlos bleibender Personen kann diese Folge nur als eine durchaus erwünschte bezeichnet werden.

Die von mancher Seite ausgesprochene Befürchtung, daß die Zahl der unehelichen Geburten zunehmen könnte, ist vollkommen hinfällig, da es sich nicht um ein Verbot der Eheschließung handelt, sondern lediglich um einen Hinweis auf mögliche Nachteile. — Aus dem gleichen Grunde dürfte sich auch der Einwand erledigen, daß es sich hier um einen Eingriff in die persönlichen Rechte des Einzelnen handle.

Wenn schließlich gesagt worden ist, daß man Bedenken tragen müsse, derart neue und ungewöhnliche Bestimmungen einzuführen, so ist demgegenüber darauf hinzuweisen, daß derartige Untersuchungen durchaus nichts Neues darstellen, sondern beim Militärdienst, bei zahlreichen staatlichen und privaten Anstellungen, bei Lebensversicherungen längst anstandslos eingeführt sind.

Ehrerbietigst ergebenst

der Deutsche Monistenbund
gez. Prof. Dr. W. Ostwald, I. Vorsitzender.

Geschäftsstelle: München, Weinstr. 8/I.

Schubart [1]) beantragte in einem Schreiben vom 6. 3. 1920 in dem Gesetz betr. den Personenstand zu § 45 folgenden Abs. 5 hinzufügen:

„Der Standesbeamte soll den Verlobten und denjenigen, deren Einwilligung nach dem Gesetz erforderlich ist, vor Anordnung des Aufgebots je ein Merkblatt aushändigen, in welchem auf die Wichtigkeit einer ärztlichen Beratung vor der Eheschließung hingewiesen wird. Den Wortlaut des Merkblattes bestimmt das Reichsgesundheitsamt."

Bekanntlich ist das Merkblatt im Verordnungswege eingeführt worden und stellt den ersten Schritt im Sinne des erwähnten Antrages des Monistenbundes dar.

In sehr ausführlicher Weise hat sich 1916 *Trumpp* [2]) zu der Frage geäußert. Seine Leitsätze wurden nach eingehender Aussprache vom ärztlichen Verein München gutgeheißen und können noch heute in allen wesentlichen Teilen als mustergültig angesehen werden. Auf Anregung der Berliner Gesellschaft für Rassenhygiene fanden am 23. 9. 1916 und 6. 2. 1917 über die Frage der Ehezeugnisse eingehende Besprechungen statt, die jedoch zu keinem endgültigen Beschlusse führten, wohl aber wesentlich zur Klärung der ganzen Sachlage beitrugen.

---

[1]) Klin. W. 1922, Nr. 22.
[2]) Zur Erhaltung und Mehrung der deutschen Volkskraft, München 1918.

Besonders erwähnt sei das einleitende Referat von *Christian*[1]). Am 26. 2. 1920 stellte der Reichsgesundheitsbeirat eine Reihe von Leitsätzen auf, in deren 5. es heißt:

„Nötig erscheint es, einen Zwang zur ärztlichen Untersuchung auf beide Ehebewerber auszuüben, indem ihnen auferlegt wird, bei der standesamtlichen Meldung zur Eheschließung je ein in den letzten 4 Wochen vorher ausgestelltes ärztliches Zeugnis über den Gesundheitszustand vorzulegen, dessen gegenseitige Kenntnisnahme sie durch Unterschrift bestätigt haben."

Die Forderung entspricht also fast wörtlich dem Antrag des deutschen Monistenbundes von 1911.

Der Reichsgesundheitsbeirat nahm ferner eine Entschließung an, in der, als erster Schritt zum zwangsweisen, der freiwillige Austausch von Gesundheitszeugnissen und die Errichtung behördlicher Beratungsstellen befürwortet wird. Ganz ähnliche Vorschläge machte 1922 der Preußische Landes-Gesundheitsrat, über die der preußische Landtag in einer Sitzung vom 2. 12. 22 beriet. Er beschloß die Staatsregierung zu ersuchen, eine Gesetzesvorlage einzubringen, durch die vor Eingehung der Ehe der Austausch von Gesundheitszeugnissen vorgeschrieben werde mit der Maßgabe, daß daraus nicht die Folgerung eines Eheverbotes gezogen werde. In den anschließenden Besprechungen der preußischen mit der Reichs-Regierung zeigte sich jedoch, daß eine landesgesetzliche Regelung nicht möglich, sondern ein Reichsgesetz erforderlich sei. Daraufhin beschloß der preußische Landesgesundheitsrat in seiner Sitzung vom 18. 7. 25 das Wohlfahrtsministerium zu ersuchen, auf den freiwilligen Austausch von Gesundheitszeugnissen vor der Ehe hinzuwirken und die Errichtung behördlicher Eheberatungsstellen anzuregen. Dies ist in einem Erlaß an die Regierungspräsidenten vom 19. 2. 26 geschehen.

Dank den Bestrebungen der preußischen Regierung ist die rechtliche Seite der Frage nunmehr weitgehend geklärt. Wir haben zwischen dem obligatorischen Austausch, der nur reichsgesetzlich eingeführt werden kann, und landesgesetzlichen Regelungen des freiwilligen Austausches zu unterscheiden. Daraus folgt weiter, daß Eheverbote gleichfalls nur durch Reichsgesetz möglich sind, die Landesregierungen aber vorerst in keiner Hinsicht durch Zwang die Gattenwahl beeinflussen können. Eine dem preußischen Erlaß ähnliche Regelung steht in Sachsen bevor. Es wäre sehr zu wünschen, daß sich auch die anderen Landesregierungen ähnlich verhielten, um einer späteren reichsgesetzlichen Ordnung möglichst den Weg zu ebnen.

Die folgenden Ausführungen werden sich im wesentlichen auf

---

[1]) Öffentl. Gesundheitspflege 1917.

den freiwilligen Austausch beziehen müssen, da nur dieser schon in nächster Zukunft in größerem Umfange durchführbar sein dürfte.

Die ärztliche Untersuchung vor der Ehe bedeutet für die Gatten nur eine relative Sicherheit. Die Möglichkeiten eines Mißgriffes sind zu vielfältig, als daß mehr erreicht werden könnte als die Verhütung ganz offensichtlicher Schäden.

Wir werden dabei zu unterscheiden haben:

1. Zeitliche Untauglichkeit zur Ehe
2. Dauernde Eheuntauglichkeit
   a) beschränkte
   b) allgemeine.

Zeitlich eheuntauglich ist, wer an einem heilbaren Ehehindernis leidet. Am häufigsten werden die Geschlechtskrankheiten und die Tuberkulose hier in Betracht kommen. Die Deutsche Gesellschaft zur Bekämpfung der Geschlechtskrankheiten hat die Forderung aufgestellt, daß lediglich das Ergebnis der Untersuchung, nicht aber die Versicherung des Bewerbers, nie geschlechtskrank gewesen zu sein, maßgebend sein solle. Mir scheint jedoch diese Forderung etwas zu weit zu gehen. Die schriftliche eidesstattliche Versicherung, eine Geschlechtskrankheit nie durchgemacht zu haben, sollte wenigstens bei Mädchen als ausreichend betrachtet werden, um auf genitale Untersuchung zu verzichten. Die Anstellung der Wassermann'schen Reaktion in jedem Falle scheint aber unerläßlich. Hat der Bewerber eine Geschlechtskrankheit durchgemacht, so muß eine eingehende Untersuchung durch den Spezialarzt entsprechend den Richtlinien der Deutschen Gesellschaft zur Bekämpfung der Geschlechtskrankheiten vorgenommen werden. Ganz ähnlich wird man sich bei der Tuberkulose zu verhalten haben, jedoch auch dann eine sorgfältige spezialärztliche Untersuchung empfehlen, wenn der Betreffende zwar selbst angeblich immer gesund war, aber aus tuberkulosebelasteter Familie stammt. Ebenso wird man bei allen anderen Leiden zu verfahren haben, die geeignet sind, das Leben des Behafteten erheblich zu verkürzen oder zu gefährden, oder aber wenn eine Verschlimmerung des Leidens durch die Ehe zu befürchten ist.

Dauernd allgemein eheuntauglich ist, wer an einem schweren Erbleiden erkrankt ist oder an schweren Störungen des Sexualempfindens leidet. Im allgemeinen wird das Urteil „dauernd eheuntauglich" stets dann abgegeben werden müssen, wenn auch die Voraussetzungen zur Sterilisierung gegeben erscheinen. Man wird ferner, da in allen diesen Fällen die Ehetauglichkeit wesentlich vom eugenischen Standpunkte zu beurteilen ist, entschiedenen Wert auch auf die Gebärfähigkeit bzw. die Zeugungsfähigkeit zu legen haben und nicht nur die Potentia coeundi berücksichtigen dürfen. Ein Mädchen mit Aplasie der Genitalien wird nicht dadurch ehetauglich, d. h. in dem hier gedachten Sinne als fortpflanzungstauglich, daß man operativ eine künstliche Scheide bildet. Auch dürfte auf dauernde Eheuntauglichkeit dann zu erkennen sein, wenn erworbene schwere Leiden, die unheilbar sind, vorliegen; bestimmte nachsyphilitische Krankheiten werden hier am häufigsten in Frage kommen.

Dauernd beschränkt ehetauglich sind solche Personen, die zwar selbst gesund sind, aber unter Eltern oder Geschwistern Personen aufweisen, die an den genannten schweren Erbleiden erkrankt sind, sofern dieses nach der Natur seines Erbganges auch in das Erbbild des Ehekandidaten übergegangen sein kann. Bei solcher Sachlage ist jede Verwandtenehe und die Heirat in gleichbelastete Familien zu widerraten. Wir werden das gleiche Urteil in manchen Fällen auch dann abgeben, wenn die beiden Gatten mit dem gleichen, aber einem leichten Erbleiden behaftet sind. Z. B. dürfte sich eine Ehe zweier Personen mit Gesichtsspalte nicht empfehlen, obgleich an sich die Mißbildung nicht als Ehehindernis anzusprechen ist.

Die Eheberatung ist jedoch mit der Beurteilung der gesundheitlichen Ehetauglichkeit und Fortpflanzungstüchtigkeit nicht erschöpft. In zahlreichen Fällen legen die Brautleute großes Gewicht auf Beratung über die psychologische Seite der Eheschließung. Insbesondere spielt die Frage des Altersunterschiedes, wohl auch diejenige nach der Bedeutung kleinerer Normabweichungen in den Sexualzielen eine Rolle. Häufiger noch als vor der Ehe kommen solche Dinge bei jungen Ehepaaren zur Sprache, da meist zu große Scheu, über diese Dinge vor der Ehe zu sprechen, besteht. Aufgabe des Eheberaters wird es sein, auch darauf von vornherein einzugehen, ohne erst den ausdrücklichen Wunsch des Paares abzuwarten.

Über die Form der Zeugnisse, die zum Austausch bestimmt sind, ist zu sagen, daß sie nichts über die Art des Ehehindernisses enthalten sollen, sondern lediglich einfach eine Tatsache feststellen. Ich selbst habe vor einiger Zeit folgende Form vorgeschlagen, der ich mich auch regelmäßig bediene:

Ehetauglichkeitszeugnis.

Hierdurch wird bescheinigt, daß . . . . geboren am . . . . in . . . ., soweit sich gegenwärtig feststellen läßt,

als unbeschränkt ehetauglich
beschränkt ehetauglich
gegenwärtig eheuntauglich
dauernd eheuntauglich

anzusehen ist.

Schubart schlägt folgendes vor:

Ärztliches Zeugnis.

Herrn . . . . wird das in dem umstehend abgedruckten Reichsgesetze bezeichnete Einheitszeugnis hiermit erteilt.

Diese Regelung hat einen von *Schubart* ausgearbeiteten Gesetzentwurf über den zwangsweisen Austausch von Gesundheitszeugnissen vor der Ehe zur Voraussetzung, dessen Wortlaut nachstehend mitgeteilt sei.

Gesetz über ärztliche Einheitszeugnisse für Männer betreffend Geschlechtskrankheiten vom (Tag des Gesetzes, Seitenzahl des Reichsgesetzblattes).

§ 1. Ärzte sind berechtigt, volljährigen Männern auf deren Verlangen das in diesem Gesetze bezeichnete Einheitszeugnis auszustellen.

§ 2. Das Einheitszeugnis bezweckt, dem Manne selber, der zu heiraten beabsichtigt, und seiner künftigen Ehefrau oder deren gesetzlichem Vertreter darzutun, daß der Gesundheitszustand des Mannes hinsichtlich Geschlechtskrankheiten den Anforderungen dieses Gesetzes genügt.

Das Einheitszeugnis erstreckt sich nur auf die in der Verordnung vom 11. Dezember 1918 (Reichs-Gesetzbl. S. 1431) bezeichneten Krankheiten (Geschlechtskrankheiten).

Bemerkt der Arzt bei der Untersuchung eine andere Krankheit, welche nach ärztlicher Anschauung das Heiraten unrätlich macht, insbesondere eine ansteckende Krankheit, so hat er dies dem Untersuchten vor oder bei Erteilung des Einheitszeugnisses mitzuteilen.

§ 3. Der zu Untersuchende hat dem Arzte wahrheitsgemäße Auskunft zu geben über frühere und gegenwärtige Geschlechtskrankheiten und deren Behandlung sowie über frühere Anträge auf Erteilung des Einheitszeugnisses; er hat den Arzt zu ermächtigen, Auskünfte von allen Ärzten einzuziehen, die den Untersuchten bei einer Geschlechtskrankheit behandelt haben.

Auf Verlangen des Arztes hat er eine entsprechende Erklärung schriftlich abzugeben.

Der Arzt hat ihn über die Folgen unwahrer Angaben und über die Verordnung vom 11. Dezember 1918 (Reichs-Gesetzbl. S. 1431) zu belehren.

§ 4. Das Einheitszeugnis wird in der aus § 5 ersichtlichen Fassung ausgestellt. Durch Erteilung des Einheitszeugnisses gibt der Arzt die Erklärung ab, daß er die in dem Zeugnisse bezeichnete Person gemäß den Vorschriften dieses Gesetzes und der Ausführungsverordnung (§§ 7, 8) untersucht hat, und daß diese Untersuchung ein Ergebnis hatte, welches die Voraussetzungen dieses Gesetzes und der Ausführungsverordnung für die Erteilung des Einheitszeugnisses erfüllte.

§ 5. Der Vordruck für das Einheitszeugnis enthält auf der einen Seite den Wortlaut dieses Gesetzes; dieser Aufdruck soll so angebracht sein, daß er von dem übrigen Zeugnisse nicht abgelöst werden kann.

Auf der anderen Seite enthält der Vordruck folgenden Text:

Ärztliches Zeugnis.

Herrn (Rufname und Familienname) . . . . geboren am . . . ten . . . . 1 . . . in (Geburtsort, Kreis, Land) . . . . wird das in dem umstehend abgedruckten Reichsgesetze vom (Tag des Gesetzes, Seitenzahl des Reichsgesetzblattes) bezeichnete Einheitszeugnis hiermit erteilt.

(Ort) . . . ., den . . . ten . . . . 19 .

. . . . , Arzt.

In den Vordruck sind nur Rufname und Familienname, Geburtstag und Geburtsort des Untersuchten, Tag und Ort der Ausstellung einzusetzen; der Arzt unterschreibt ihn eigenhändig und soll seinen Stempel beidrücken.

Sonstige Angaben sind in dem Vordruck nicht einzufügen, insbesondere nicht darüber, auf Grund welcher von den Ziffern des § 6 das Einheitszeugnis im Einzelfalle erteilt worden ist.

§ 6. I. Das Einheitszeugnis ist zu erteilen, wenn nach dem Ergebnis der Untersuchung und den Angaben des Untersuchten feststeht, daß er weder früher an einer Geschlechtskrankheit gelitten hat, noch jetzt daran leidet.

II. Das Einheitszeugnis ist ferner dann zu erteilen, wenn nach dem Ergebnis der Untersuchung und den Angaben des Untersuchten kein Anhalt besteht für die Annahme, daß er früher an einer Geschlechtskrankheit gelitten hat, oder jetzt daran leidet.

III. Das Einheitszeugnis ist auch dann zu erteilen, wenn zwar feststeht oder anzunehmen ist, daß der Untersuchte an einer oder mehreren Geschlechtskrankheiten gelitten hat, aber jede derselben als ausreichend behoben im Sinne dieses Gesetzes (§ 7) anzusehen ist.

§ 7. Unter welchen Voraussetzungen eine Geschlechtskrankheit als ausreichend behoben im Sinne dieses Gesetzes anzusehen ist, und wie der Arzt diese Voraussetzungen festzustellen hat, das wird durch die Ausführungsverordnung zu diesem Gesetze bestimmt.

§ 8. Das Reichsgesundheitsamt erläßt die Ausführungsverordnung zu diesem Gesetze. Diese enthält auch Bestimmungen über die Gebühren bei Erteilung und bei Versagung des Einheitszeugnisses, ferner darüber, inwieweit der das Einheitszeugnis erteilende Arzt die Untersuchung selber vornehmen muß, inwieweit er sie Hilfskräften übertragen darf, und über Inhalt und Aufbewahrung seiner Aufzeichnungen über die Untersuchung. Auch alle sonstigen Durchführungsmaßnahmen werden durch die Ausführungsverordnung geregelt.

§ 9. Dieses Gesetz tritt drei Monate nach der Verkündigung in Kraft.

So erfreulich reichsgesetzliche Regelung an sich sein würde, so dürfen wir jedoch nicht übersehen, daß für sie z. Zt. die Aussichten nicht allzugünstig sind. Es ist deshalb die Diskussion über das Schubart'sche Einheitszeugnis, wenn man es für alle Krankheiten, also nicht *nur* die Geschlechtskrankheiten, anwenden wollte, noch verfrüht. Immerhin müssen wir noch festlegen, daß auch die Eheverbote, die automatisch dann eintreten, wenn einem Ehebewerber das Einheitszeugnis verweigert wird, noch zu weit gehen. Wir werden wohl einem zeitlich beschränkten Eheverbot, bis zur Heilung eines oben als zeitliches Ehehindernis genannten Leidens das Wort sprechen, nicht aber ein dauerndes Eheverbot, etwa bei den schweren Erbleiden, befürworten können. Wir dürfen nicht übersehen, daß *unsere erbbiologischen Voraussagen nur in wenigen Fällen einen so hohen Grad der Sicherheit* erreichen, *daß die völlige Ausschaltung des Willens der Brautleute gerechtfertigt* erscheint. Es scheint zweckmäßiger, sich vorerst nur mit einem *Rat* zu begnügen, die letzte Entscheidung aber dem Verantwortungsbewußtsein des Paares zu überlassen. Solange nur landesgesetzliche Regelungen zur Erörterung stehen, werden irgendwie geartete auch zeitlich beschränkte Eheverbote nicht in Betracht kommen, da einerseits die Länder gar nicht in der Lage sind, sie zu erlassen, andererseits ohne Zwang zum Austausch die Möglichkeit eines Eheverbotes sehr viele Paare abhalten würde, eine Beratungsstelle aufzusuchen. Abgesehen davon steht wenigstens für die Geschlechtskrankheiten eine reichsgesetzliche Regelung bevor, deren endgültige Wortlaut und Auswirkung vor weiterer Stellungnahme abzuwarten bleibt.

Schon *Trumpp* hat 1916 vorgeschlagen, einen besonderen Stand ärztlicher Eheberater zu schaffen, die eine Sonderausbildung für ihre Aufgabe erfahren haben. Die Verordnung des preußischen Wohlfahrtsministeriums vom 19. Februar 1926 sieht eine ganz entsprechende Regelung vor und rät, besonders für diese Aufgabe geeignete Ärzte mit der Leitung der Eheberatungsstelle zu beauftragen. Sie betont ausdrücklich, daß nicht etwa der Amtsarzt sie übernehmen solle. Es dürfte zweckmäßig sein, die Leitung einem erbbiologisch geschulten Arzte anzuvertrauen und, soweit es möglich ist, seine Zusammenarbeit mit den verschiedenen Spezialisten dadurch zu erleichtern, daß die Beratungsstelle in ein größeres Krankenhaus verlegt wird. Ferner wäre die Begründung von Kommissionen, vielleicht in den Ländern, zu befürworten, die dauernd die Indikationen für die einzelnen oben erwähnten Urteile über die Ehetauglichkeit überwachen und dem jeweiligen Stande des Wissens entsprechend in Richtlinien festlegen. Um ihnen diese Arbeit zu ermöglichen, werden Berichte der Eheberatungsstellen über ihre Fälle nötig sein, die von der Kommission auch wissenschaftlich auszuwerten wären, wie es auch in der oben zitierten preußischen Verordnung vorgesehen ist.

Die biologische Bedeutung der Monogamie

Von Max Christian

In der Entwicklung der menschlichen Sexualordnung spiegelt sich der große Kampf zwischen Natur und Kultur wider, der dem Lebensgange der Menschheit von jeher das Gepräge gegeben hat, und der den Schlüssel zum Verständnis der menschlichen Biologie birgt. So werden die folgenden Ausführungen unter dem Gesichtspunkt des Gegensatzes von Natur und Kultur und ihrer Vereinigung im Sinne eines Kompromisses stehen müssen.

Der Mensch ist schon seit ungezählten Jahrtausenden auf der Erde nicht lebensfähig ohne Kultur. Jeder Versuch, ihn wieder zur unverfälschten Natur zurückzuführen, müßte mit seiner Vernichtung enden. Andererseits läßt auch die Natur nicht mit sich spaßen. Verstößt die Kultur in wichtigen Belangen gegen die Gesetzmäßigkeiten der Natur, so rächt sich diese wiederum durch Vernichtung der Kulturträger. Ferner kann man niemals dessen gewiß sein, daß die Kultur, die eine menschliche Gesellschaft zu einer großen Blüte emporgetragen hat, auch imstande sein wird, das Weiterleben der Gesellschaft auf derselben Höhe zu gewährleisten. Die Daseinsbedingungen verändern sich dauernd, weniger durch Naturereignisse als durch die Menschen selber, durch ihre Zahl, ihre Sitten und Gewohnheiten und die daraus entstehenden Folgen. Den sich ändernden Daseinsbedingungen muß sich die Kultur dauernd anpassen, sie muß immer wieder neu geschaffen werden, wenigstens teilweise, und der Richter über das Gelingen der neuen Kulturschöpfungen bleibt immer die Natur.

Betrachten wir nun zunächst vom Standpunkt der Natur die menschliche Sexualordnung, also hier in erster Linie die Einehe. Das Wesen des Lebens besteht darin, daß einzelne Organismen von mehr oder weniger beschränkter Lebensdauer geschaffen werden, die nach Vollendung ihrer Lebenszeit dem Tode und der Auflösung verfallen, aber während ihrer Lebenszeit die Fähigkeit besitzen, ihr Leben auf neue gleichartige Individuen zu übertragen. Diese, als Fortpflanzung bezeichnete Übertragung des Lebens auf neue Individuen, kann auf die verschiedenste Art erfolgen, durch einfache Teilung, durch Zerfall in eine größere Anzahl von Tochterindividuen, durch Abschnürung von Knospen oder Sprossen usw. Bei allen höheren Lebewesen ist aber die Differenzierung in getrennte Geschlechtswesen durchgeführt, die einerseits einen Leib (Soma) für die Anforderungen des individuellen oder vegetativen Lebens, andererseits Geschlechtsorgane für die Anforderungen des unterhaltenden oder germinativen

Lebens aufweisen. Die Differenzierung in männliche und weibliche Geschlechtswesen muß mit besonderen Vorzügen ausgestattet sein, denn sonst würden die höheren Lebewesen nicht ohne Ausnahme diese Fortpflanzungsart aufweisen. Es ist hier nicht der Ort, sich mit der Lösung der tiefsten Rätsel der Natur zu beschäftigen, jedenfalls besteht die Tatsache, daß durch die Trennung der Geschlechter eine weitgehende Variabilität der Nachkommen geschaffen und vor allem, daß dadurch eine willkürliche Beeinflussung der Nachkommen nach Zahl und Art ermöglicht wird. Voraussetzung für die Variabilität (Abweichung in einzelnen Eigenschaften) ist die Feststellung, daß Abweichungen nicht nur vorübergehend durch äußere Einflüsse (Umwelt), sondern auch in Form von vererbbaren Eigenschaftsänderungen auftreten. Über die ersteren in ihrer Umweltbedingtheit und ihrer, auf das Individuum beschränkten Erscheinungsform, braucht hier kein Wort verloren zu werden. Die anderen aber, von der Wissenschaft Mutationen oder Idiovariationen genannt, spielen für den Artprozeß die allerwichtigste Rolle. Ohne daß wir bisher noch im Geringsten von ihren Ursachen Kenntnis erlangt hätten, wirken die Mutationen schon seit den Urzeiten auf die einzelnen Arten der Lebewesen ein, bald in ganz unwesentlichen, kaum bemerkbaren erblichen Eigenschaftsänderungen, bald in eine bestimmte Richtung wie unter einem Zwange, drängend. Es herrscht über die Bedeutung der Mutationen insofern ein gewisser Streit, als die einen behaupten, die Mehrzahl der Mutationen erfolge in der Richtung der Unterwertigkeit, während die anderen das Gegenteil behaupten. In der ganzen Natur findet man immer wieder das biologische Phänomen einer ungeheuren Verschwendung von Lebenskraft. Zahlreiche Individuen werden erzeugt, ohne daß sie jemals zur Erfüllung ihres Daseinszweckes gelangten. Von den zirka 400 Drohnen eines Bienenstocks gelangt z. B. nur eine zur Begattung. In Anbetracht der Vernichtung so ungeheurer Mengen von Leben, scheinbar ohne Zweck, kann man wohl annehmen, daß die unterwertigen Mutationen die weitaus größte Zahl darstellen. Die praktische Erfahrung scheint das auch für den Menschen zu bestätigen, denn nur so sind die zahlreichen Krankheitsanlagen und -Dispositionen zu erklären, während die Höherentwicklung doch nur kaum erkennbare Fortschritte zeigt. Daß die durchschnittliche Konstitution der Menschen gegen frühere Jahrhunderte und Jahrtausende eine ins Gewicht fallende Verschlechterung nicht zeigt, ist kein Gegenbeweis gegen jene Hypothese, denn die minderwertigen Varianten können ja immer durch Auslesevorgänge irgend welcher Art von der Fortpflanzung ausgeschaltet werden, und das ist im Laufe der Zeit wohl immer in mehr oder weniger geringem Umfange geschehen.

Rein naturwissenschaftlich gehört der Mensch in die große Klasse der Säugetiere. Die Gesetzmäßigkeiten der Fortpflanzung, die in der Klasse der Säugetiere herrschen, sind auch mit gewissen Einschränkungen für den Menschen anwendbar. Wenn man diese nun herausschält und durch Vergleiche mit den Tatsachen der Menschheitsgeschichte nachprüft, so ergibt sich als unzweifelhaftes Gesetz, daß der weitaus größte Teil der Menschen von der Natur zur Ausmerzung ohne Fortpflanzung bestimmt ist. Ein normales Weib ist von Natur, auch bei Ausübung des Säugegeschäfts, durchaus imstande, 12—20 Kinder zur Welt zu bringen. Wenn nun jede Generation die mindestens fünffache Besetzung wie die vorhergehende aufwiese, würden aus einem Ehepaar in vier Jahrhunderten etwa 500 Millionen Menschen entstehen. Die Vernichtung des überschüssigen Lebens, wie sie von der Natur betrieben wird, ist nun zwar im einzelnen wahl- und ziellos, wenigstens für unsere Erkenntnis, im großen aber von einer deutlichen Zweckmäßigkeit erfüllt. Es findet tatsächlich bei der Vernichtung und Erhaltung aller Lebewesen ein Auslesevorgang statt, der geradezu als das beherrschende Prinzip der Biologie angesehen werden kann.

Ohne Auslese sind die Arten der Lebewesen der Degeneration und Vernichtung ausgeliefert. Nur die Auslese verbürgt die Erhaltung der Art. Die große Fortpflanzungsfähigkeit aller Lebewesen würde in kurzer Zeit zu einer Überfüllung führen, für die die Erde weder Platz noch Nahrungsspielraum hätte. Die naturnotwendige Vernichtung des überschüssigen Lebens findet dauernd durch Ereignisse in der unbelebten Natur (Temperatur, Feuchtigkeit, Trockenheit, Luftbewegung, Gifte) durch Einwirkungen der belebten Natur (Tötung zwecks Nahrungsaufnahme, Infektion), durch Verhungern, Verdursten oder durch Vernichtungsmaßnahmen innerhalb der Art statt. Das Dasein aller Lebewesen ist stets und von vornherein von Feinden umlauert, und es gehören, wenn auch nicht im Einzelfalle so doch im großen und ganzen besondere Eigenschaften dazu, aus dem gewaltigen Daseinskampf unversehrt hervorzugehen. Da nun die Eigenschaften der Einzelwesen in hervorragendem Maße erblich sind, so werden mit der Zeit nur solche Lebewesen übrig bleiben und in die Welt gesetzt, die genügend Eigenschaften aufweisen, um den Daseinskampf unter den vorher geltenden Bedingungen zu bestehen. Es ist dies die bekannte Theorie von *Charles Darwin*, die sich heute mehr denn je als Grundprinzip der Biologie erwiesen und keineswegs, wie vom Kepplerbund und anderen behauptet wurde, überlebt hat. Dahingegen ist die Hypothese von *Jean Baptist Lamarck*, die darauf beruht, daß erworbene Eigenschaften, z. B. die Kräftigung eines Organs infolge fleißigen Gebrauchs, vererbt werden können und daß der Nichtgebrauch eines Organs oder Gliedes mit der Zeit zu dessen erblichem Schwund führt, von fast allen Naturforschern verlassen worden. Es ist jedenfalls eine unbestreitbare Tatsache, daß innerhalb menschlicher Berechnungen derartig willkürliche Beeinflussungen des Erbganges an einzelnen Eigenschaften, wie sie nach *Lamarcks* Theorie denkbar wären, niemals festgestellt werden konnten, denn die wenigen, von den Lamarckisten ins Feld geführten Beispiele, lassen auch eine Deutung im darwinistischen Sinne zu.

Zunächst also ist festzuhalten, daß für die Menschheit eine Züchtung in lamarckistischem Sinne nicht in Betracht kommt, dahingegen unterliegt der Mensch dem Gesetz der Variabilität durch Mutationsvorgänge und der natürlichen Auslese. Durch die Mutationen sind bereits sehr weitgehende Verschiedenheiten innerhalb der Menschheit zustande gekommen.

Die Körpergröße, die Farbe der Haut, Haare und Augen, der Knochenbau, die Muskel- und Fettbildung, die einzelnen Körper- und Schädelmaße, die Funktionen der Organe, des Nervensystems, des Gehirns usw., weisen bereits recht ausgiebige Verschiedenheiten auf. Indes ist diese Entwicklung noch keineswegs abgeschlossen, denn die Mutationen wirken ständig weiter im Sinne der Variabilität, wenngleich ihre Tätigkeit für die unmittelbare Beobachtung des Forschers, wegen dessen unzulänglichen Gesichtsfeldes, nicht feststellbar ist. Welche Richtung diese Mutationen nehmen werden, entzieht sich natürlich erst recht unserer Beobachtung, sehr wahrscheinlich ist es aber, daß es immer, so lange die Erde unter ähnlichen Bedingungen für das organische Leben weiterbesteht, irgendwo menschliche Varianten geben wird, die den Daseinsbedingungen angepaßt sind. Über manche Erdstriche sind ja bereits so stark veränderte Daseinsbedingungen hereingebrochen, daß dadurch die denkbar schärfste Lebensauslese hervorgebracht wurde, so z. B. wurde vor mehr als 15 000 Jahren der gesamte Norden Europas und wohl auch eines Teils von Asien, von einer mehrere hundert Meter starken Gletschermasse zugedeckt. Die vor dieser letzten Eiszeit recht zahlreiche Kromagnonrasse wurde dadurch restlos vernichtet. Überlebend blieben nur wenige Exemplare einer menschlichen Varietät, die sich äußerlich von der Kromagnonrasse durch einen langen Gesichtsschädel und innerlich durch besondere Klugheit, namentlich vorausschauendes Denken, auszeichneten. Aus den wenigen, die Eiszeit in Nordeuropa überlebenden Menschen, hat sich dann, als beim Rückzuge der Gletschermassen die Lebensbedingungen günstiger wurden, die nordische Rasse entwickelt. Sie verdankt also ihren Ursprung einer mörderischen Einschmelzung einer großen Menschenmasse durch gewaltige Naturereignisse.

Durch irgendwelche tiefeingreifende Naturereignisse, die eine starke Einschmelzung von bereits durch Mutationen differenzierten Menschenmassen zur Folge hatten, müssen alle menschlichen Rassen und Unterrassen entstanden sein. Es ist dies das Wirken der sog. Lebensauslese, die aber nicht nur bei der Rassenbildung, sondern auch sonst, besonders unter primitiven Verhältnissen, eine gewichtige Rolle spielte. Von dem Nachwuchs eines Volksstammes wird ein großer Teil in mehr oder weniger fortgeschrittenem Lebensalter dem Tode verfallen. Ungenügende Widerstandskraft gegen die Unbilden der Witterung oder krankmachende Agentien, geringe Behendigkeit bei der Flucht vor menschlichen oder tierischen Feinden, Unvorsichtigkeit bei der Verhütung von Unfällen oder im Kampfe, schlechte Entwicklung der Sinnesorgane, Anlagen zu Krankheiten und Mißbildungen, mangelnde Intelligenz und allgemeine Körperschwäche, das sind alles Eigenschaften, die unter natürlichen Verhältnissen ihre Träger einem frühen Tod ausliefern. Es besteht gar kein Zweifel, daß es immer Varianten mit solchen und anderen minderwertigen Eigenschaften gegeben hat, wobei natürlich das Kriterium der Minderwertigkeit an den jeweiligen Daseinsbedingungen zu messen ist. Biologisch kommt es immer darauf an, daß das Lebewesen zur Fortpflanzung gelangt. Tut es das nicht, so ist mit ihm eine Generationsreihe abgerissen, kommt es aber nur ein einziges Mal zur Fortpflanzung, so kann sich die Generationsreihe weiterspinnen. Für den Menschen verdient hier eine Tatsache noch der besonderen Erwähnung. Es besteht nämlich hinsichtlich der Lebensauslese ein Unterschied zwischen den Geschlechtern, der geradezu gesetzmäßig ist.

Das weibliche Geschlecht besitzt unstreitig die größere Lebenszähigkeit. Fast in jeder Bevölkerung werden auf 100 Mädchen etwa 106 Knaben lebend geboren, aber beim Eintritt in die Pubertät ist der Knabenüberschuß bereits so weit geschwunden, daß auf 100 weibliche nur noch 101—102 männliche Wesen kommen. Das Verhältnis der Geschlechter zueinander verändert sich jetzt, in den Ländern die eine brauchbare Statistik betreiben, nach der Pubertät noch weiter zugunsten der Frauen, doch liegen hier so viele kulturelle Gründe vor, daß an dieser Stelle auf ihre Verwertung verzichtet werden muß. Dahingegen darf nicht unerwähnt bleiben, daß bei den Totgeburten auf 100 Mädchen etwa 135 Knaben, und bei den Fehlgeburten auf 100 Mädchen etwa 165 Knaben entfallen. Diese letzteren Beobachtungen haben insofern einen besonderen Wert, als diese Verhältniszahlen nicht durch willkürliche Eingriffe oder kulturelle Besonderheiten beeinflußt sein können. Bei den Aborten in den ersten Monaten der Schwangerschaft wird im allgemeinen das Geschlecht des Embryos nicht festgestellt, es ist wohl möglich, daß dadurch das Geschlechtsverhältnis noch höher als 100 zu 165 ist; indes, abgesehen von diesen Vermutungen, kann man auf Grund aller vorliegenden Zahlenunterlagen annehmen, daß das Geschlechtsverhältnis der Früchte ganz allgemein 100 weibliche zu 110 männlichen Wesen beträgt, daß die Proportion bei den Lebensgeburten auf 100 zu 106 und nach Beendigung der Aufzuchtsperiode 100 zu 102 beträgt. Daraus scheint mit aller Deutlichkeit hervorzugehen, daß von Natur das männliche Wesen den Einwirkungen der Lebensauslese in stärkerem Maße ausgesetzt ist als das weibliche.

Neben die sog. Lebensauslese tritt aber noch eine andere, die man allgemein als Fruchtbarkeitsauslese bezeichnet. Sie besteht darin, daß die Lebewesen, die das Fortpflanzungsalter erreichen, keineswegs zur zahlenmäßig gleichen Fortpflanzung gelangen, vielmehr ergibt sich nach der Geschlechtsreife im allgemeinen ein Kampf um die Weibchen. Fast überall im Tierleben ist das Männchen der aggressive Teil beim Liebeswerben. Es werden diejenigen Weibchen bevorzugt, die sich infolge ihres Alters und ihrer sonstigen Eigenschaften am besten für den Fortpflanzungsakt zu eignen scheinen. Um sie entbrennen mehr oder weniger wilde und sogar tötliche Kämpfe unter den Männchen. Von Natur ist das Männchen in jedem Falle geeignet, eine größere Anzahl von Weibchen zu befruchten, während die Weibchen die befruchteten Eizellen erst entwickeln müssen, ehe sie wieder zur Befruchtung bereit sind. Von den Männchen kommt im allgemeinen das stärkste oder sonst seinen Nebenbuhlern überlegene Tier zur Begattung oder das Weibchen läßt sich, wenn keine Brunstkämpfe stattfinden, nur durch besondere instinktmäßig empfundene Eigenschaften des Männchens zum Geschlechtsakt bereitfinden. Alles dies liegt im Dienste der Art im Sinne der Fruchtbarkeitsauslese. Es liegt kein Grund vor, anzunehmen, daß auch beim Menschen die Fruchtbarkeitsauslese nicht bis weit in die Kultur hinein eine sehr gewichtige Rolle gespielt hat. Noch heute finden wir bei den Männern eine starke Triebhaftigkeit, die sich mindestens in den ersten Jahren der Geschlechtsreife zahlreichen Frauen gegenüber äußert, und dann liegen genügend Überlieferungen aus vergangenen Zeiten vor, die das Streben der kühnsten und erfolgreichsten Männer nach möglichst vielen und den schönsten Frauen schildern und als typisch auch für die Menschheit erscheinen lassen. Das, was wir jetzt beobachten oder aus der Geschichte lernen können, ist ja selbstverständlich nicht die reine Natur, aber wir sind doch berechtigt, gewisse Schlüsse auf die vor der Kultur liegenden Zeiten zu ziehen, weil wir wissen, daß die Natur auch durch die intensivste Kultur nicht vollständig verdrängt werden kann und durch den Kulturfirnis hindurch immer wieder Zeichen von ihrer unbeirrten Anwesenheit gibt. Halten wir zunächst also daran fest, daß die Natur auch bei der Menschheit eine große Verschwendung sowohl an Zahl wie an Qualität treibt, aber die Entartung infolge unterwertiger Mutationen durch eine scharfe Lebens- und Fruchtbarkeitsauslese ausschaltet.

In welcher Weise sind nun die natürlichen Auslesevorgänge durch die Kultur verändert worden? Zunächst ist durch die Kultur die Lebensauslese immer mehr abgeschwächt worden. Der Schutz gegen die Unbilden der Witterung und sonstige Naturgefahren wurde mit immer größerer Vollkommenheit ausgebildet, die Bekämpfung der tierischen und pflanzlichen Schädlinge und Feinde mit immer größerem Erfolg durchgeführt. Der Kampf zwischen Sippen, Volksstämmen und Völkern immer mehr eingeschränkt und humanisiert. Die Beschaffung der Lebensmittel und sonstigen Bedürfnisse mit immer größerer Umsicht sichergestellt. Die Heilkunst und Krankheitsverhütung zu immer höherer Blüte getrieben, und den Schwachen und Hilflosen jede nur erdenkliche Fürsorge bereitet. So hat es die Menschheit dahin gebracht, daß von den einmal lebend zur Welt gekommenen Kindern etwa $^4/_5$ bis ins Fortpflanzungsalter gelangen, und darunter befinden sich zahlreiche Individuen, deren Fortpflanzung keineswegs im Interesse der Allgemeinheit liegt. Nur wenige der ausgesprochen Minderwertigen können nach den heutigen Gesetzen aus dem Fortpflanzungsprozeß ausgeschaltet werden. Es sind das die Idioten und die gemeingefährlichen Geisteskranken; aber auch bei diesen tritt die gesetzliche Verwahrung in den Idioten- und Irrenhäusern erst ein, wenn die Krankheit einen hohen Grad erreicht hat, so daß die Kranken oft schon vorher ihre krankhaften Anlagen auf Nachkömmlinge vererbt haben können. Alle übrigen Arten von asozialen und antisozialen Elementen, die Landstreicher, die Arbeitsscheuen, die Trinker, die Prostituierten, die Psychopathen, die Gewohnheitsverbrecher unterliegen z. Z. noch keiner Einschränkung ihrer Fortpflanzungsfreiheit, ja selbst schwere Sittlichkeitsverbrecher werden nach verbüßter Freiheitsstrafe wieder auf die Menschheit losgelassen oder brechen von Zeit zu Zeit aus den Zuchthäusern aus. Dabei ist es eine bekannte Tatsache, daß gerade von diesen Asozialen und Antisozialen die Fortpflanzung mit besonderer Intensität in der gewissenlosesten Weise betrieben wird. Indes sind auch die neuzeitliche Hygiene und soziale Fürsorge soweit fortgeschritten, daß es gelingt, Individuen von der schlechtesten Gesundheit und von außerordentlich geringer Fähigkeit zu geordneter Lebensführung in das fortpflanzungsfähige Alter zu bringen. Es muß unumwunden ausgesprochen werden, daß die Segnungen der Kultur, so sehr sie auch auf anderen Gebieten zu begrüßen sein mögen, zu einer Verschlechterung der Rasse führen.

Betrachten wir z. B. die Tiere, die noch in der Wildnis, also unter natürlichen Verhältnissen, leben. Da kommen Spielarten der einzelnen Arten kaum in Betracht, oder aber die Abweichungen der Spielarten sind so geringer Natur, daß sie kaum bemerkbar sind. Hier wirkt die Lebensauslese so scharf, daß Abweichungen wie z. B. Albinobildungen oder Zwergwuchs, oder Beinverkrüppelungen ohne weiteres zur Ausmerzung führen. Dahingegen sind die von den Menschen gezähmten Arten unter dem Einfluß der Domistikation, d. h. der Kultur, bereits in außerordentlich weit von einander abweichende Spielarten zerspalten. Die ursprünglich von dem Wildhund, etwa dem Wolf, abstammenden Hunderassen, zeigen wohl die größten Abweichungen. (Windhunde, Dackel, Neufundländer, Rehpinscher usw.). Zu erklären sind derartige Züchtungen nur dadurch, daß durch Mutationen hervorgerufene Mißbildungen, die unter natürlichen Verhältnissen der Ausmerzung verfallen würden, künstlich am Leben erhalten und systematisch zur Zucht benutzt wurden.

Auf diesem Wege befindet sich auch der Mensch. Man hat der Hygiene und sozialen Fürsorge schon gelegentlich Vorwürfe wegen der schädlichen Folgen ihrer Bestrebungen gemacht, indes ist das vorderhand ziemlich zwecklos, da wir ja ohne Kultur gar nicht leben können, und der Ausweg aus der Sackgasse in einer ganz anderen Richtung gesucht werden muß als durch Rückbildung unserer Kulturerrungenschaften. Wie die Verhältnisse nun einmal liegen, ist es ganz sicher, daß durch die jetzige Kultur die Lebensauslese fast ganz und jedenfalls in ihrem wichtigsten Teil aus dem Artprozeß der Menschheit ausgeschaltet ist.

Nicht viel anders steht es mit der Fruchtbarkeitsauslese. Es ist nicht unwahrscheinlich, daß es zu gewissen Zeiten und an gewissen Orten Sexualordnungen gegeben hat, deren Einzelheiten und Wirkungen man sich jetzt schwer vorstellen kann. Zu diesen gehört z. B. das Mutterrecht. In der Hauptsache besteht es darin, daß das Verfügungsrecht über die Kinder ausschließlich der Mutter zustand, während dem Vater weder Rechte noch Pflichten erwuchsen. Wie aber der Unterhalt der Kinder, der doch immerhin gewisse Aufwendungen beanspruchte, bestritten wurde, darüber sind wir keineswegs im Klaren. Jedenfalls ist das Mutterrecht eine für die Fruchtbarkeitsauslese durchaus günstige Einrichtung, da es die Ausschaltung vieler Männer aus der Fortpflanzung, also auch der Unterwertigen, gestattet. Es ist aber heute wohl nirgends mehr in der Welt anzutreffen, vielmehr herrscht in ganz überwiegendem Maße in den menschlichen Gesellschaften die monogamische Sexualordnung vor. Durch sie wird systematisch die Fruchtbarkeitsauslese ausgeschaltet. Wie schon erwähnt, treten zur Zeit annähernd gleichviel männliche und weibliche Individuen in die Geschlechtsreife. Bei restloser Durchführung der Monogamie würde das Exempel mit kaum nennenswerten Resten aufgehen, und im allgemeinen jeder Mann eine Frau und jede Frau einen Mann finden. Daß die Sache im praktischen Leben sich nicht ganz so verhält, wird uns noch weiter beschäftigen. Indes besteht gar kein Zweifel daran, daß die Einehe nicht nur theoretisch, sondern auch praktisch zu einem Versagen der Fruchtbarkeitsauslese führen muß, ja, es ist sogar im Laufe der Neuzeit zur sog. Gegenauslese gekommen.

Während in früheren Zeiten bei den Kämpfen zwischen Volksstämmen und Völkern im allgemeinen die stärksten, tapfersten und tüchtigsten Männer als überlebende Sieger das Feld behaupteten, und meist auch die Weiber der Unterlegenen als Kriegsbeute heimführten, rafft der moderne Krieg gerade die biologisch Tüchtigsten einer Nation in großen Massen dahin, denn nur oder doch weitaus vorwiegend diese werden zum Waffendienst eingezogen und drängen auch von selbst zu den Fahnen, während die körperlichen und geistigen Schwächlinge in Sicherheit daheim bleiben. Gegen die modernen weittragenden Waffen aber gibt die persönliche Tüchtigkeit keinen Schutz. Für Deutschland z. B. ist der Tod von zwei Millionen Kriegern im Weltkrieg, gerade in biologischer Hinsicht, kaum zu verschmerzen.

Weit wichtiger aber noch als die Einwirkungen der Kriege, die ja nicht allzu häufig stattfinden, sind die Einflüsse der sozialen Zustände. Die weitgehende Arbeitsteilung im modernen Staat hat nicht nur zu einer großen Zahl verschiedener Berufe, sondern auch zur Bildung verschiedener sozialer Schichten geführt, die sich durch ihre Anforderungen an Vorbildung, an besondere Eignung, an Umweltbedingungen usw. unterscheiden. Die höheren sozialen Schichten stellen im allgemeinen ein Ausleseerzeugnis aus der Bevölkerung vor, bei dem hauptsächlich die intellektuelle Begabung, aber auch die Charakterbildung, die ausschlaggebende Rolle spielt. Während nun in früheren Jahrhunderten in biologischer Hinsicht ein Unterschied zwischen den sozialen Schichten nicht festgestellt werden kann, zeigt sich in neuester Zeit ein ausgesprochenes Bild der Gegenauslese. Die höheren sozialen Schichten haben, wenigstens in den sog. Kulturstaaten, eine völlig unzureichende eheliche Kinderzahl. In Deutschland ist dieser Zustand seit etwa einem Menschenalter offenbar geworden und befindet sich noch im Wachsen. Es sei hier an die bekannte Erhebung der Postverwaltung vom Jahre 1912 erinnert, wonach die Unterbeamten durchschnittlich 3,9, die mittleren Beamten 2,6 und die höheren Beamten 2,2 Kinder hatten. Wenn es nicht gelingt, der Gegenauslese durch die Geburteneinschränkung in den höheren sozialen Schichten Einhalt zu gebieten, so ist die erst langsame, dann aber immer mehr sich beschleunigende Rassenverschlechterung nicht mehr aufzuhalten. Auch das Aufsteigen der Begabteren aus den unteren Schichten in die höheren, das ja von jeher in mehr oder weniger starkem Grade stattgefunden hat, verspricht keine Rettung vor dem Verfall, da ja diese sofort der Sitte der Einschränkung der Kinderzahl anheimfallen.

Es ist zweifellos, daß die Dauereinehe zunächst ganz bewußt zur Ausschaltung der Benachteiligung von Männern durch die Erscheinungen der Fruchtbarkeitsauslese bestimmt war und auch jetzt noch ist. Es handelt sich dabei um wirtschaftliche Motive und einen Rechtsgedanken. Tatsächlich sind aber die Kulturvölker durch einige Jahrtausende gekommen, ohne eine Entartung zu zeigen, ja, sie haben sogar einen gewaltigen wirtschaftlichen und kulturellen Aufschwung erlebt. Also könnte man daraus schließen, daß die Fruchtbarkeitsauslese biologisch gänzlich nebensächlich sei. Aber man muß demgegenüber bedenken, daß die Lebensauslese in früheren Jahrhunderten eine weit schärfere war als heute. Das geht mit aller Deutlichkeit aus der sehr langsamen Vermehrung der Menschheit in den letzten 3000 Jahren hervor: im Durchschnitt kam eine Vermehrung auf das kaum $1^1/_2$fache innerhalb eines Jahrhunderts bei den meisten Völkerschaften in Betracht, die außerdem oft genug von starken Rückgängen infolge von Seuchen und Kriegen unterbrochen wurde. Man bedenke, daß in diesen Zeiten eine willkürliche Einschränkung der Kinderzahl kaum bekannt war und die Ehefrauen meistens sehr zahlreiche Geburten durchmachten. Dafür war die Kindersterblichkeit eine außerordentlich hohe, so daß man annehmen muß, daß die hierdurch bewirkte Lebensauslese die Fruchtbarkeitsauslese zum größten Teil überflüssig machte. Erst im 18. Jahrhundert beginnt in England und Frankreich die Bevölkerungszahl schneller zu wachsen, in Deutschland erst im zweiten Drittel des 19. Jahrhunderts.

In den letzten hundert Jahren ist in Deutschland die Volkszahl etwa auf das Dreifache gestiegen. Es ist bereits darauf hingewiesen worden, daß die Kindersterblichkeit inzwischen auf etwa $^1/_5$, in neuester Zeit noch weiter herabgedrückt worden ist, und damit tritt das Problem der Fruchtbarkeitsauslese wieder schärfer in den Vordergrund. Betrachtet man nun die Beziehungen von Monogamie und Fruchtbarkeitsauslese genauer im Lichte der Wirklichkeit, so muß man feststellen, daß die Fruchtbarkeitsauslese niemals gänzlich in Fortfall gekommen ist. Bei der Vereinigung von Ehepaaren innerhalb einer Bevölkerung hat es immer eine Anzahl von Frauen und Männern gegeben, die aus irgendwelchen Gründen ledig blieben. Ein großer Teil von diesen kam deswegen nicht zur Ehe und Fortpflanzung, weil sie beim Liebeswerben wegen irgendwelcher körperlicher, geistiger, seelischer oder wirtschaftlicher Minderwertigkeit verschmäht wurden. Es ist durchaus möglich und sogar wahrscheinlich, daß die so in Wirksamkeit tretende Fruchtbarkeitsauslese im Verein mit der Lebensauslese im Laufe der aufeinander folgenden Generationen völlig ausgereicht hat, eine Entartung zu verhindern, ja vielleicht sogar eine Höherentwicklung bewirkt hat. Je größer die Vorsicht wurde, die bei der Wahl des Gatten für eine lange Lebensgemeinschaft angewandt wurde, desto stärker machte sich die Fruchtbarkeitsauslese bemerkbar. Es ist der Vorzug eines Eherechts, das die Ehescheidung erschwert, die Vorsicht bei der Gattenwahl zu schärfen. Im übrigen darf nicht vergessen werden, daß zu allen Zeiten in einem gewissen Prozentsatz der Fälle außereheliche Beziehungen vorhanden waren, die in sicherlich nicht ganz geringem Umfange die Erzeugung des Nachwuchses im Sinne der Fruchtbarkeitsauslese beeinflußten. Hiermit ist nicht das Problem der unehelichen Kinder gemeint, sondern das Problem der ehelichen Untreue.

Die Dauereinehe ist in der menschlichen Gesellschaft keineswegs aus Gründen der Fruchtbarkeitsauslese oder sonstiger biologischer Zweckmäßigkeit eingeführt worden, sondern vorwiegend aus wirtschaftlichen und ethischen Gründen. Sie hat sich auch in dieser Beziehung vollständig bewährt und dem modernen Staat in der sog. Familie ein außerordentlich tragfähiges Gerüst für den organisatorischen Aufbau gegeben. Mit der Eheschließung wurde eine Familie für Lebenszeit gegründet, die in sich einen geschlossenen Kreis in wirtschaftlicher, ethischer und biologischer Hinsicht bildete und mit dem Staat verschmolz, soweit es dessen Aufgaben erheischten. Insbesondere war der Familie die Aufzucht des Nachwuchses bis zu dessen Selbständigkeit völlig anvertraut, und es muß anerkannt werden, daß es in diesen Zeiten keine Möglichkeit gab, den Nachwuchs zweckmäßiger aufzuziehen. Eine öffentliche Fürsorge gab es ja überhaupt nicht oder nur in ganz verschwindendem Maße, und erst allmählich griff der Staat durch Schulgesetze usw. in die elterlichen Erziehungsrechte ein. Es gab daher nur in der Familie Schutz vor allen Fährnissen des Lebens und die Möglichkeit, zu einem ordentlichen Staatsbürger heranzuwachsen. Man muß sich bei dieser Betrachtung gegenwärtig halten, daß der fast alleinige Produktionszweig der Gesellschaft der Landbau war. Was noch sonst im Staate vorhanden war an Bürgern, Geistlichen, Beamten und Fürsten, das war nur eine ganz dünne Schicht, die kaum einige Prozent betrug. Die in den wenigen und kleinen Städten wohnende Bürgerschaft, meistens Handwerker, spielt in dem Bevölkerungsprozeß keine große Rolle, da die städtischen Familien in höchstens 4—5 Generationen auszusterben pflegten. Das lag allerdings nicht an einer Degeneration durch das Stadtleben, sondern an der Bauart der Städte mit ihren engen dunklen Gassen und Höfen, in denen sich immer wieder verheerende Seuchen festsetzten. *In der hier kurz angedeuteten Umwelt hat sich die Monogamie auf das glänzendste bewährt.* Es ist zwar niemals gelungen, alle unehelichen und außerehelichen Beziehungen der Geschlechter gänzlich zu verbannen, aber es ist doch eine *Ordnung in das Sexualleben* eingezogen, die jedem Kinde ein Recht an seinen Vater und seine Mutter verbürgte, die die meisten Ehepaare mit voller Befriedigung hinsichtlich der Anforderungen an das Leben erfüllte, die den inneren Frieden in der Gesellschaft in hohem Grade sicherte, und dem Staat einen auskömmlichen Nachwuchs ohne besondere Aufwendungen gewährleistete.

Die Neuzeit hat die Grundlagen der Monogamie in vielen Punkten erheblich verschoben. Die heutigen Kulturstaaten sind nicht mehr ausschließlich Agrarländer, sondern treiben neben der Landwirtschaft noch zahlreiche andere Erwerbszweige, insbesondere *Handel* und *Industrie*. Mit dieser Entwicklung geht die *städtische Siedlung*, insbesondere die *großstädtische*, Hand in Hand. In Deutschland waren vor hundert Jahren noch mehr als 80% der Bevölkerung in der Landwirtschaft beschäftigt. In den siebziger Jahren des vorigen Jahrhunderts waren es noch zwei Drittel, jetzt ist es nur noch ein knappes Drittel. In der Industrie ist jetzt beinahe die Hälfte der Bevölkerung beschäftigt. 1871 wohnten nur 4,8% der Bevölkerung in Großstädten, jetzt bereits 26%. Mit der städtischen, insbesondere großstädtischen Siedlung ist eine *Wandlung des Volkscharakters* verbunden.

Der Landbewohner, namentlich der Landbesitzer und Landarbeiter, stehen der Natur noch ziemlich nahe, die ihre Gedanken und Empfindungen so stark in Anspruch nimmt, daß sie vor allzugroben Verirrungen bewahrt bleiben. Der Städter ist im allgemeinen schon vom Boden losgelöst, der ihm immer wieder, wie dem Antäus der griechischen Sage, Kraft für den Kampf ums Dasein geben könnte. In der Stadt häufen sich die Menschen zu ungesunden Verklumpungen in riesigen Mietshäusern mit all ihren Gefahren für die Gesundheit und die echte Lebensfreude. Die Verlockung zum Sinnentaumel, zu Ausschweifungen aller Art und zur Überkultur, wachsen mit der Größe der Siedlung. Die Städte sind der Sammelpunkt des Verbrechertums, der Prostitution, des Lasters jeglicher Art und das Hauptverbreitungsgebiet der Geschlechtskrankheiten. Es soll keineswegs verkannt werden, daß sich in den Städten die Kultur eines Volkes in erster Linie entwickelt und die herrlichsten Blüten treibt. Hier pflegen sich Literatur, Kunst, Wissenschaft und alle Richtungen des geistigen Lebens zusammenzufinden. Aber für die Frage, die uns in dieser Abhandlung beschäftigt, treten doch die Schattenseiten der städtischen Kultur in den Vordergrund. Die Veräußerlichung der Lebensfreude durch die Großstadtvergnügungen, die Lösung von Tradition, Religion und sittlichem Ernst, machen im Stadtleben, das soviel Gelegenheit zum Untertauchen in der Masse bietet, reißende Fortschritte und sind der Reinheit und Aufrechterhaltung der Ehe nicht günstig.

Mit dem Aufkommen des „vierten Standes“, der Arbeiterklasse, sind ferner neue Formen in das Staatsleben gelangt, die früher unbekannt waren. Die Industriearbeiterschaft bedurfte, da sie selbst nicht die Möglichkeit besaß, der Not und dem Elend in ihren Reihen vorzubeugen, einer staatlichen Fürsorge. Diese wurde zuerst in Deutschland in dem stolzen Bau der Sozialpolitik, insbesondere der Sozialversicherung, geschaffen. Es ist hier nicht der Ort, über Wert, Unwert, Vorzüge und Mängel der Sozialpolitik zu sprechen; für die Einrichtung der Ehe hat aber sicherlich die Sozialpolitik die Bedeutung einer Lockerung von deren Gefüge. Die Familie wird durch die Sozialpolitik ihrer bis dahin unangefochtenen Aufgabe entkleidet, im Falle der Not und Schutzbedürftigkeit der rettende Hafen zu sein. Früher war es selbstverständlich, daß Eltern, wenn sie alt oder arbeitsunfähig wurden, von ihren Kindern unterhalten wurden, und kranke Kinder flüchteten in den Schoß ihrer Familie. Jetzt bürgert sich immer mehr die Sitte ein, daß die Kinder, sobald sie erwerbsfähig werden, ihres Weges ziehen und sich um Eltern und Geschwister Zeit ihres Lebens nicht mehr kümmern. Da ist es kein Wunder, wenn die Ehepaare immer mehr Bedenken tragen, Kinder in die Welt zu setzen, die sie mit Mühe und Sorgen aufziehen, um sie zu verlieren, wenn sie einmal einen Vorteil von ihnen erwarten könnten. Hinzu kommt die ungeheure Entwicklung der Technik und unseres gesamten Wirtschaftslebens, die fast überall zu Großbetrieben der Industrie und des Handels führt. Nur wenige Menschen in der Stadt können noch ihren Beruf im Hause oder im Kreise der Häuslichkeit ausüben. Am frühen Morgen eilt alles in die Fabriken, die Büroräume, die Warenhäuser usw., um erst gegen Abend wieder heimzukommen. Da lernt der Sohn die Arbeit des Vaters nicht kennen, und wenn er nach Verlassen der Schule in einen Beruf eintritt, ist er der Aufsicht und dem

Einfluß der Eltern fast ganz entzogen. Aber auch die jungen Mädchen, die früher meist bis zu ihrer Verheiratung im Elternhause verblieben und hier in strenger Zucht und Ordnung gehalten wurden, sind jetzt größtenteils gezwungen, Berufe zu ergreifen. Was aber das Schlimmste für das Familienleben ist, ist, daß auch die Mütter und Hausfrauen in immer steigendem Maße genötigt sind, einen Erwerb außerhalb des Hauses zu suchen. Alle diese Verhältnisse bringen zwangsläufig einen freieren Verkehr und eine Lockerung des Zusammenhaltes der Familie mit sich. Im weiteren Verfolg dieser Entwicklung, die natürlich durch so große Ereignisse, wie den Weltkrieg, einen stärkeren Schritt vorwärts gemacht hat als sie es sonst getan haben würde, vollzieht sich nun allmählich die Wandlung in den Welt- und Lebensanschauungen, die von Zeit zu Zeit durch besondere Ereignisse oder Beobachtungen blitzartig beleuchtet werden. Es erscheint eine Statistik, die das ungeheure Anwachsen der Ehescheidungen registriert. Ein andere Statistik illustriert die relative Häufigkeit der Ehedramen. Zahlreiche Beobachtungen zeigen in durchsichtiger Klarheit, daß bei jungen berufstätigen Mädchen aus Kreisen der sog. guten Bürgerlichkeit, der freie Geschlechtsverkehr schon weit verbreitet ist. Es gewinnt den Anschein, als ob die Einrichtung der Einehe allmählich einer grundstürzenden Krise entgegenginge.

Welchem Zustand treibt die Entwicklung zu? Die Hochhaltung des Ideals der Einehe ist sicherlich im Sinken begriffen. Aus der Statistik geht das bisher noch nicht hervor, denn die Zahl der Eheschließungen hat sich bisher in kaum nennenswertem Grade erniedrigt; aber die Art, wie die Ehe aufgefaßt wird und wie sie in den Dienst der Rasse und Gesellschaft gestellt wird, zeigt bereits in weiten Kreisen der Bevölkerung einen unverkennbaren Wandel. Die Ehe wird viel äußerlicher genommen und verpflichtet nicht mehr zur Treue. Oft sind es ganz äußerliche Gründe, die zur Ehe oder richtiger gesagt, Scheinehe führen, z. B. der Wunsch, eine Wohnung zu erlangen. Auch die Absicht, Kindern das Leben zu geben und sie sorgfältig aufzuziehen, wird immer geringer. Während die absolute Zahl der unehelichen Geburten keineswegs gesunken ist, ist die eheliche Geburtlichkeit in Deutschland seit Beginn des Jahrhunderts von 35 auf etwa 20 gesunken, und wenn auch ein Teil dieses Tiefstandes auf die Einwirkungen der Kriegszeit und die große Wirtschaftsnot nach dem Kriege zurückzuführen ist, so war doch die Geburtlichkeit in den glücklichen Zeiten vor dem Kriege bereits unter 28 gefallen und wird sich, auch wenn ein wirtschaftlicher Aufstieg erfolgt, nicht mehr auf die normale Höhe erheben. Die Folgen einer solchen Entwicklung sind unschwer zu überschlagen. Die Eheschließungen werden an Zahl weiter abnehmen, der Junggeselle und die Junggesellin werden immer mehr das Feld behaupten, die Technik der Konzeptionsverhütung wird sich immer mehr verbreiten, die Abtreibungen, die jetzt schon die ungeheure Zahl von 500000 pro Jahr überschreiten, werden noch mehr keimendes Leben vernichten.

Wir haben in der Geschichte mehrere Beispiele von dem Untergang großer Zivilisationen. Am bekanntesten und genauesten studiert sind die Geschicke des alten Hellas und Rom.

Der südliche Teil der Balkanhalbinsel wurde etwa bis zum Jahre 1500 v. Chr. von einem nordischen Volksstamm erobert und unter Verdrängung der Ureinwohner gänzlich besiedelt. Es waren die Hellenen, die in ihrer neuen Heimat infolge ihrer hohen Begabung ein mächtiges Reich und eine so wunderbare Kulturblüte schufen, daß sie noch heute die größte Bewunderung hervorruft. Dieses hochbegabte Volk ist von der Bildfläche vollkommen verschwunden, denn die heutigen Griechen sind keineswegs die Nachkommen der alten Hellenen, sondern von ganz anderer rassischer Herkunft und haben auch ihre Sprache erst künstlich wieder eingeführt. Die Frage, wie ein so glänzend begabtes Volk untergehen konnte, beantwortet uns der hellenische Schriftsteller Polybios mit aller Deutlichkeit. Die Hellenen, die früher ein so glückliches und gesegnetes Familienleben geführt hatten, wollten nicht mehr heiraten, und wenn sie dies aus äußeren Gründen taten, so wollten sie keine natürliche Ehe führen, und gänzlich kinderlos bleiben oder aber höchstens 1—2 Kinder großziehen. Sie zogen es vor, ihr Liebesbedürfnis im Verkehr mit jenen hochgebildeten und schönen Hetären zu befriedigen, die im Grunde genommen Prostituierte, wenn auch von besonders hoher Qualität waren. Ursprünglich waren die hellenischen Geschlechtssitten monogamisch fest verankert und wurden rein gehalten. Unter Lykurg, im 9. Jahrhundert v. Chr., wurden in Sparta Gesetze erlassen, die die Ehe im heiratsfähigen Alter vorschrieben, dieselbe schützten und kinderlose Ehen trennten. Ähnlich waren wohl die Gesetze in allen griechischen Gauen. Unter der Herrschaft streng monogamischer Sitten wuchs die Macht und Kultur des Volkes. So konnte z. B. der dorische Militäradel Spartas zur Zeit der Perserkriege 8000 Mitglieder stellen, nach der Schlacht von Leuktra 2000 und im Jahre 230 waren es nur 700. Bezeichnend ist eine Inschrift auf dem Denkmal der Laïs: „Hellas, sonst unbezwinglich und fruchtbar an Helden, wurde besiegt und geknechtet durch die göttliche Schönheit der Laïs", wobei man sich unter der Laïs eine der berühmtesten Dienerinnen der Venus vulgivaga vorzustellen hat. Das Schicksal des römischen Volkes hat sich nicht viel anders abgespielt. Wenige Jahrhunderte nach dem Verfallsbeginn in Hellas riß auch in Rom die Sittenlosigkeit ein. War es bis dahin dem Kernvolk des römischen Reiches in Italien ein Leichtes gewesen, zahlreiche körperlich und geistig begabte Soldaten, Beamte, Heerführer und Staatsmänner zu stellen, weil die Familien in allen, besonders auch den höheren Schichten, kinderreich waren, so stellten sich in den letzten Jahrhunderten vor unserer Zeitrechnung bereits bedenkliche Lücken ein. Es mußten immer mehr Fremdlinge herbeigezogen werden, um die Lücken auszufüllen. Der Kaiser Augustus erkannte die drohende Gefahr und ging persönlich in den Senat, um dort eine heftige Anklage gegen die römischen Bürger wegen ihrer Sittenlosigkeit und ihrer Scheu vor Kinderaufzucht zu erheben. Er erließ auch ein Gesetz, das Ehelosigkeit und Kinderlosigkeit mit Strafe bedrohte, aber dieses Gesetz hat keine Wirkung mehr erzielt, da es bald in Vergessenheit geriet und wahrscheinlich niemals mit aller Strenge durchgeführt wurde. Tatsächlich war es bei den Römern zur Gewohnheit geworden, überhaupt keine Ehen, sondern nur Scheinehen einzugehen und die Kindererzeugung den Sklaven und

Sklavinnen oder Freigelassenen, alles volkfremden Elementen, zu überlassen. Als dann nach einigen Jahrhunderten der Ansturm der sog. Barbaren erfolgte, da gab es kaum noch Männer und Frauen vom Schlag der alten Römer, sondern nur ein buntes Rassengemisch, das die erforderlichen Eigenschaften zur Selbstbehauptung im Daseinskampfe nicht mehr aufwies.

Der Untergang der beiden, zu so wunderbarer Kulturblüte und Weltbeherrschung gelangten Reiche, ist für uns in mehr als einer Hinsicht lehrreich. Er zeigt uns vor allem, daß das Schicksal einer ganz außerordentlich erfolgreichen Zivilisation nicht von äußeren Geschehnissen, sondern von dem inneren Wert ihrer Bevölkerung abhängig ist und zwar von der Fähigkeit, die erforderliche Anzahl von hochbegabten, kulturschöpferischen Persönlichkeiten hervorzubringen. Bei beiden Reichen war diese Fähigkeit eng verknüpft mit der Hochhaltung der Monogamie. Mit dem inneren Verfall dieser Einrichtung verschwand verhältnismäßig rasch die Widerstandsfähigkeit der beiden Zivilisationen gegen die Stürme des Lebens, die inneren und äußeren Feinde. Man darf daraus nicht ohne weiteres den Schluß ziehen, daß die Monogamie der einzige Schutz gegen den drohenden Untergang einer Gesellschaft ist, aber man wird mit Recht behaupten dürfen, daß eine Zivilisation, die unter der Herrschaft der Monogamie aufgebaut ist, diese nicht ohne die schwerste Gefahr abschaffen oder entwerten darf, wenn sie nicht an deren Stelle eine andere Einrichtung zur Verfügung hat, die der Einehe biologisch und soziologisch mindestens gleichwertig ist.

Wenn wir uns im Schrifttum der Geistes- und Naturwissenschaften nach Gedanken umsehen, die einen gangbaren Weg zu einem vollwertigen Ersatz der Einehe aufweisen könnten, so stoßen wir hier auf eine beschämende Armut, die umso mehr auffallen muß, als die in den vorstehenden Zeilen gemachten Ausführungen doch in mehr oder weniger ausgesprochenem Maße Gemeingut nicht nur der Naturwissenschaftler, sondern auch der Soziologen und Philosophen sind. Der Prager Philosophieprofessor *Christian von Ehrenfels* hat schon vor 20 Jahren in zahlreichen Schriften die biologische, oder wie er sich ausdrückt, die „konstitutive Verderblichkeit der Monogamie" behauptet und mit zahlreichen Beispielen aus der Tier- und Pflanzenwelt wie auch der Geschichte zu belegen versucht.

Er hat die Schäden der monogamischen Sexualordnung im ganzen richtig herausgestellt, ist aber in den Fehler verfallen, die Fragen der menschlichen Fortpflanzung allzu theoretisch zu behandeln. Insbesondere hat er die enge Verflechtung der biologischen Belange mit denen der Wirtschaft, der Ethik, der sozialen Umwelt und der Kultur überhaupt, wenn nicht übersehen, so doch kaum berücksichtigt. Das Bild, das er von der biologischen Lage der europäischen Kulturvölker entwirft, ist daher nach der ungünstigen Seite stark verzogen. Der sog. „v i r i l e n A u s l e s e“ wird eine derartige praktische Bedeutung zugemessen, wie sie sie tatsächlich nicht entfernt besitzt. Dementsprechend erscheinen die vorgeschlagenen Abhilfsmaßnahmen allzu sehr am grünen Tisch ausgeklügelt. Es wird mit dem Gedanken gespielt, die natürliche Erotik aus dem menschlichen Artprozeß gänzlich auszuschalten, und die Befruchtung nur noch auf künstlichem Wege vorzunehmen, wobei dann die Möglichkeit bestände, mit dem Sperma eines einzigen Mannes viele tausende von Frauen zu befruchten. Allerdings verdichtet sich dieser kühne Gedanke nicht zu einem ernsthaften Vorschlag, dahingegen scheint es E h r e n f e l s ernst damit zu sein, wenn er die Beschränkung der Zeugung auf verhältnismäßig geringe Teile der Männerwelt erörtert. Er glaubt hierfür eine Art M u t t e r r e c h t m i t s t a a t l i c h e r F ü r s o r g e f ü r M u t t e r u n d K i n d e r, natürlich mit H i l f e d e s m ä n n l i c h e n E r w e r b s, empfehlen zu sollen. Da aber, wo es sich darum handelt, die zur Zeugung geeigneten Männer auszuwählen, bleiben seine Vorschläge nicht nur praktisch, sondern auch theoretisch recht unbefriedigend. Es werden nämlich als Auslesefaktor für die p s y c h o l o g i s c h e E i g n u n g die S c h u l z e n s u r e n und für die p h y s i o l o g i s c h e E i g n u n g das Ergebnis der U n t e r s u c h u n g z u m H e e r e s d i e n s t genannt. Man stelle sich nur vor, welche unmöglichen Urteile bei dieser, für ganz andere Zwecke vorgenommenen und keineswegs sachverständigen Prüfung zustande kämen. Keine, noch so gründliche Aufklärung der Lehrer und Militärärzte, wie sie sich *Ehrenfels* denkt, würde an der Tatsache etwas ändern, daß diese Art der Auslese mindestens ebenso viel Fehlgriffe wie richtige Urteile zustande brächte. Es genügt, daran zu erinnern, daß viele Männer im praktischen Leben sich als außergewöhnlich tüchtig erwiesen haben, die in der Schule versagten. So hat z. B. ein großer Gelehrter wie *Justus von Liebig,* nur sehr geringe Schulerfolge aufzuweisen. Bei der Tauglichkeitsuntersuchung zum Heeresdienst führen Verletzungsfolgen, die keinerlei biologische Minderwertigkeit bedeuten, zur Unbrauchbarkeitserklärung, und überhaupt hängt die Tauglichkeitsziffer ganz außerordentlich von dem Bedarf ab. In Frankreich z. B. betrug sie vor dem Kriege 85%, während sie in Deutschland unter 55% blieb. Den so ausgesuchten Männern sollte nun rechtmäßig eine beliebige Polygynie erlaubt sein, während die übrigen nur mit Hilfe antikonzeptioneller Technik ihrem Vergnügen nachgehen dürften. Es bedarf keiner weiteren Erörterung, daß derartige Vorschläge utopistisch sind. *v. Ehrenfels* muß das wohl auch später eingesehen haben, denn als er 1915 noch einmal auf seine Gedankengänge zurückkam [1]), da hielt er wohl seine Theorie von der virilen Auslese aufrecht, glaubte aber unter dem Eindruck eines Vortrages von *A. Damaschke* auf die Polygynie zugunsten einer wirksamen Bodenreform und systematischer Siedlungstätigkeit verzichten zu können.

Die Vorschläge *v. Ehrenfels,* betreffend Einführung der Polygynie sind wohl das radikalste, was bisher in der Literatur aufgetreten ist. Aber auch in ihrer anscheinend positiven Form liegt keinerlei aufbauender Wert. Wenn man sich ihre Durchführung vorstellt, so kommen nur zerstörende Tendenzen zum Vorschein. Die sog. neue Sexualordnung würde ein Bild v o l l s t e r U n o r d n u n g ergeben. Die Wirtschaft würde verwüstet, die Ethik zerrüttet und der innere Frieden zerstört werden. Wahrscheinlich würde der ganze, so kunstvolle Aufbau der Gesellschaft in Trümmer gehen. Zum Glück haben die Lehren *v. Ehrenfels* nur hier und da ein wenig Beachtung gefunden, aber nirgends merkbare Wellen geschlagen. Immerhin bleibt ein Versuch, p r a k t i s c h e S e x u a l p o l i t i k zu treiben, bemerkens-

[1]) Archiv für Rassenkunde und Gesellschaftsbiologie. 1914. Heft 5.

wert, von dem nicht bekannt ist, ob er durch die Anregungen *v. Ehrenfels* entstanden ist oder den letzteren beeinflußt hat. Das letztere dürfte wahrscheinlich sein. Es handelt sich um den von *Willibald Henschel* in den letzten Jahren vor dem Kriege begründeten „Mittgardbund", der sich die Aufgabe stellte, etwa nach dem Vorbild eines Gestüts, eine edle Rassenzucht zu bewerkstelligen.

Entsprechend ausgesuchte Frauen sollten auf Kosten des Bundes nur ihrer Gattungspflicht obliegen und hierfür von eigens hierfür ausgesuchten Männern begattet werden. Sicherlich ein recht eigenartiger, und wenn durchführbar, nicht uninteressanter Plan. Es ist aber leider niemals bekannt geworden, ob er jemals zur Durchführung gelangte und seit mehr als 12 Jahren hat man von dem Bestehen dieses Bundes nichts mehr gehört.

In den Revolutionszeiten nach dem Weltkriege hat man der Einrichtung der Ehe verschiedentlich praktisch und theoretisch an den Leib gewollt. Mit allen Abstufungen des Radikalismus ist man hierbei vorgegangen. Die Kinder sollten den Müttern schon im dritten Lebensjahr fortgenommen und in staatlichen Erziehungsanstalten aufgezogen werden, selbst die Registrierung der Ehe sollte aufgehoben werden, die Frauen sollten gewissermaßen Staatseigentum werden, und was die Phantasie an eigentümlichen Erzeugnissen noch sonst hervorbrachte. Natürlich ist alles beim alten geblieben, und selbst in Rußland hat der dort herrschende Radikalismus keine wesentliche Änderung in der familiären Struktur der Bevölkerung hervorgerufen. Zwar ist dort die Eingehung oder Lösung der Ehe jeder staatlichen Bevormundung und Bevorrechtung entzogen, und zu einer einfachen Förmlichkeit gemacht worden. Es genügt, wenn ein Ehepaar sich gegen Hinterlegung eines Rubels in die Liste der Verwaltung eintragen läßt. Es werden aber auch diejenigen Paare, die längere Zeit eine gemeinsame Wohnung bewohnen, automatisch als Ehepaare in den Listen geführt. Die Ehescheidung ist ebenso einfach. Es genügt die einfache Willenserklärung eines der beiden Ehepartner, und die Hinterlegung einer geringen Geldsumme, um die Ehe aufzulösen; damit erlischt aber nicht die Unterhaltspflicht für den andern Ehegatten und die der Ehe entsprossenen Kinder. Ob es nun die letztere Bestimmung oder der konservative Sinn der Bevölkerung oder Zweckmäßigkeitsrücksichten sind, jedenfalls erscheint die monogamische Ordnung des russischen Staatswesens in ihrer Grundlage keineswegs erschüttert zu sein, wenn auch vielleicht an einigen Stellen eine Verwilderung der Sitten festzustellen sein wird, die ja auch im zaristischen Rußland nicht ganz selten anzutreffen war[1]). Es hat also den Anschein, daß die vorwiegend monogame Struktur aller neuzeitlichen, kulturell noch so fortgeschrittenen Gesell-

[1]) *S. Haustein:* Zur sexuellen Hygiene in Sowjet-Rußland. Abhandl. a. d. Geb. d. Sex.-Forsch., Bd. V. Bonn 1926.

schaften, noch sehr lange erhalten bleiben würde, selbst wenn der Staat der Ehe und Familie seinen Schutz entziehen würde. Man kann das als eine Wirkung der Sitten und Gewohnheit bezeichnen, die durch jahrhundertelange Erziehung, durch Gesetz und Tradition in das Volksempfinden so fest fest verwurzelt sind, daß sie nur durch außergewöhnliche Erlebnisse und Ereignisse umgebracht werden können. Man kann aber auch annehmen, daß im Laufe der Jahrtausende bereits eine Auslese zu Gunsten derjenigen Menschen stattgefunden hat, die nach ihrer angeborenen Anlage in der Einehe die Befriedigung ihres Lebensziels und vielleicht auch ihres Lebensglückes finden.

Wie schon erwähnt, ist es auch theoretisch noch nicht gelungen, einen Vorschlag zu formulieren, der geeignet wäre, die Monogamie in ihrer biologischen, soziologischen, ethischen und wirtschaftlichen Bedeutung zu ersetzen. Die Gegner der Monogamie haben nur zerstörende, aber niemals aufbauende Tendenzen aufzuweisen. Wenn man die Einehe beseitigen wollte, so müßte man das heutige Staatswesen von Grund auf neu aufbauen. Es gelte zunächst an Stelle der Familie neue Einheiten der Gesellschaften zu schaffen, die wirtschaftlich gefestigt in den ethischen Begriffen und natürlichen Empfindungen des Volkes verankert und auch biologisch zweckmäßig gestaltet werden müßten. Wer es unternimmt, dieses Problem einmal nach allen Seiten durchzudenken, wird recht bald einsehen, daß dazu eine *vollkommene Umwälzung des Gedanken- und Empfindungskreises* gehört, der die heutige Kulturwelt beherrscht. *Eine solche Umwälzung wird einmal kommen*, aber nicht dadurch, daß man am grünen Tisch neue Einrichtungen ausklügelt oder auch dadurch, daß man die so bewährten Einrichtungen unserer Gesellschaftskultur mutwillig zerstört, sondern allein dadurch, daß *ganz neue leitende Ideen* emporwachsen, die unsere *Kultur nach einer bisher noch nicht übersehbaren Richtung hin befruchten*. Nur das eine kann man heute schon mit einiger Sicherheit behaupten, daß die neuen Ideen *aus dem Boden der Biologie* hervorsprießen werden, denn dieser ist im Gegensatz zu den übrigen geistig-kulturellen Produktionsstätten im Laufe der Jahrtausende noch kaum beackert worden und verspricht daher aufsehenerregende Erträge. Es wird aber noch mehrerer Jahrhunderte bedürfen, ehe diese Erträge in die Scheuern gefahren werden können. Das Endziel wird es dann sein, eine Edelzucht auch des menschlichen Geschlechtes zu verwirklichen, um ihm den größten Teil des Unglücks, der Not, der Krankheiten und der Unsicherheit der Erdentage zu ersparen. Auf welche Weise dieses Ziel erreicht wird, ob mit einer umgestalteten Monogamie, ob mit einem dem Zweck angepaßten Mutterrecht, ob mit einer Art von Sozialisierung der Fortpflanzung oder sonstigen Einrichtungen höherer gesellschaftlicher Entwicklungsstufen, darüber ist es heute ganz müßig, Betrachtungen anzustellen.

Das eine muß jedoch mit aller Klarheit festgestellt werden. Es ist zur Zeit ganz außerordentlich gefährlich, mit dem monogamischen Aufbau unserer Gesellschaftsordnung Experimente anzustellen. Gerade, wem die physische und psychische Gesundung des Volkes am Herzen liegt, kann nicht eindringlich genug vor dieser Gefahr warnen. Die physischen und psychischen Minderwertigkeiten stecken in der Bevölkerung in bedrohlicher Zahl und zwar größtenteils in überdeckter, rezessiver Form. Um sie nicht allzusehr anwachsen zu lassen und sie nach Möglichkeit allmählich auszuschalten, bedarf es eingehender familiengeschichtlicher Forschungen. Läßt man die monogamische Ordnung und die Familie verkümmern, so entfällt jede Möglichkeit, den Minderwertigkeiten den Boden abzugraben. Überhaupt wird die Biologie dadurch zur Ohnmacht gegenüber der Aufgabe der Aufartung der kommenden Geschlechter verurteilt, denn die Zeugungsvorgänge würden dann so unsicher, daß sich auf ihre Bekundung weder ein Urteil noch ein Plan aufbauen ließe. Die Fortpflanzungsverhältnisse würden sich dann der allgemeinen Promiskuität wieder annähern, und es ist ohne weiteres anzunehmen, daß damit das Verantwortungsbewußtsein und das Gewissen gegenüber dem kommenden Geschlecht eine ganz erhebliche Schwächung erfahren würde. Man braucht sich nur in die Verhältnisse zu vertiefen, die im allgemeinen bei den unehelichen Kindern herrschen. Die zwei- bis dreimal so hohen Sterblichkeitsziffern der unehelichen Kinder sind allein ein Beweis für die hohe Gefahr der Ehelosigkeit. Natürlich ist die hohe Sterblichkeit der unehelichen Kinder nicht allein die Folge von biologischer Minderwertigkeit, sondern auch der wirtschaftlichen Lage der Mutter, der mangelnden Fürsorge der Väter und der Gesellschaft. Aber eben diese Verhältnisse sind ja gleichfalls Auswirkungen der Ehelosigkeit, die bei allgemeiner Ehelosigkeit keine grundsätzliche Abschwächung erfahren würden. Sollte es dazu kommen, daß der Unterbau unseres Staats- und Gesellschaftslebens, die monogame Sexualordnung, zerstört werden, so würde die jetzt schon in den Anfängen vorhandene Entartung der weißen Rasse mit Riesenschritten fortschreiten und auch die glänzendsten neuen Ideen könnten sie nicht vor dem Untergange retten, weil es dann zu spät wäre.

Biologische Kritik des Eherechts

Von Max Christian

Wenn man einen Rechtszustand von irgend einem Standpunkt aus kritisch würdigen will, kommt man nicht darum herum, seinen Entwicklungsgang von den ersten Anfängen her in seinen Abhängigkeiten von der kulturellen Umwelt zu verfolgen. Das heutige Eherecht ist ohne Zweifel der stärkste Eingriff in die Lebensgestaltung der Menschheit, der je von der fortschreitenden Kultur vorgenommen worden ist. Da dieser Eingriff nicht zum Versiegen des Daseinsstroms der Menschheit geführt hat, begnügt man sich im allgemeinen mit dem Vorhandensein dieser Kulturentwicklung, ohne ihrer Zweckmäßigkeit und Folgerichtigkeit besonders nachzuforschen. Es werden aber, wenn man dem Eherecht von biologischen Gesichtspunkten aus zu Leibe geht, eine Reihe von Fragen auftauchen, die nicht ohne weiteres zu einer Bejahung des heutigen Zustandes führen werden. Das soll nicht bedeuten, daß an einigen Einzelheiten des heutigen Rechts eine abfällige Kritik möglich und eine Fortentwicklung wünschenswert wäre, sondern, daß sogar die Grundlagen des heutigen Eherechts nicht unerschüttert bleiben können. Um das Hauptergebnis der folgenden Untersuchungen vorweg zu nehmen, sei zunächst ohne Beweis der Satz vorangestellt, daß die Ehegesetzgebung der Kulturmenschheit niemals von biologischen Gedankengängen maßgebend beeinflußt worden ist.

Die Menschheitsgeschichte umfaßt Zeiträume von ungezählten Tausend Jahren. Aus der vorgeschichtlichen Zeit sind uns nur Knochenreste und Werkzeuge hinterblieben, aus denen wir nur geringe Schlüsse auf ihren Kulturstand folgern können. Immerhin kann man aus gewissen Bestattungsgewohnheiten schließen, daß bis tief in die vorgeschichtliche Zeit hinein, bereits eine ausgeprägte Gesellschaftskultur geherrscht hat. Die eigentliche Geschichte und Kulturgeschichte beginnt erst von dem Zeitpunkt an, von dem wir schriftliche oder bildnerische Überlieferungen haben, also vor etwa 6000 Jahren. Auch aus den ersten dieser 6000 Jahre wissen wir noch recht wenig, und wenn wir uns ein Bild von den damaligen und noch weiter zurückliegenden Kulturzuständen machen wollen, so müssen wir Analogieschlüsse zu Hilfe nehmen, die wir aus der Beobachtung der in der Kultur zurückgebliebenen Völker gewinnen können. Es gibt in den entlegenen Gebieten der meisten Erdteile noch Völkerschaften, die noch heute in Kulturzuständen verharren, die man im allgemeinen als primitiv bezeichnet. Es ist zwar kein strenger Beweis dafür vorhanden, daß die in der Kultur fortgeschrittene Menschheit in ihren Entwicklungsreihen die gleichen Zustände durchlaufen hat, aber die Wahrscheinlichkeit ist doch außerordentlich groß, daß dies der Fall ist. Es würde zu weit führen, dies im Einzelnen zu erläutern, es mag aber an dieser Stelle genügen, auf die gegenseitige Beeinflussung von Natur und Kultur hinzuweisen. Die primitiven Kulturvölker — der Ausdruck Naturvölker erscheint nicht angebracht — weisen nun in ihrem Sexualleben eine fast unverminderte Promiskuität auf. Eine Gesellschaftskultur ist hier bereits in nicht unbeträchtlichem Maße vorhanden insofern, als die mehr oder weniger großen Stämme für die gemeinsamen Lebensbedürfnisse organisiert sind, von Führern, weltlichen oder priesterlichen, beherrscht werden und unter ungeschriebenen oder geschriebenen Gesetzen leben, die Rechte und Pflichten verteilen, die Arbeitsteilung regeln usw. Von dieser primitiven Stufe müssen die heutigen Kulturvölker im Laufe der letzten Jahrtausende emporgestiegen sein. Von dem Fehlen jeder Sexualordnung bis zur heute vorherrschenden monogamischen Dauerehe, sind verschiedene Entwicklungsstufen zu beobachten. Bei manchen Negerstämmen herrscht zwischen den jungen Leuten vollständige Promiskuität, aber nach einigen Jahren pflegen sich einige Paare, ohne Zwang oder Bindung, aus rein persönlichen Gründen, abzusondern. Noch entsteht dadurch keine Familie, denn die Kinder werden innerhalb des Stammes gemeinsam aufgezogen. Es beginnt sich hier ein gewohnheitsmäßiges Besitzrecht des Mannes an einer Frau herauszubilden. Die nächste Folge der fortschreitenden Kultur ist die sog. Kaufehe. Sie ist bedingt durch die allmählich sich festigende Entwicklung des Privatbesitzes, der überhaupt erst das Kaufen von Frauen ermöglicht. Die Frauen gelten hierbei lediglich als Ware. Es hängt mit den allgemeinen Kulturzuständen zusammen, daß der Privatbesitz ausschließlich in Nahrungsmitteln, Haustieren oder Schmuckgegenständen besteht und größtenteils durch Raub gewonnen wird. Die stärksten und kriegerischesten Männer sind also die reichsten und auch die reichsten an Weibern. So kommt es auch, daß die Kaufehe teilweise zu einer Raubehe wird, manche Volksstämme betreiben diese systematisch. Auf dieser Entwicklungsstufe ist bereits der erste Ansatz zu einer Familienbildung im engeren Sinne zu bemerken, da die Kinder gewohnheitsmäßig bis zur Selbständigkeit unter der Botmäßigkeit des Vaters bleiben.

Ein entscheidender Schritt in der Kulturentwicklung ist dann der Übergang vom Nomadendasein zur Seßhaftigkeit. Er bedeutet die endgültige Herrschaft des Eigentumsgedankens und Besitzrechtes an Grund und Boden. Dies scheint der eigentliche Ausgangspunkt der Familienbildung zu sein; denn überall, wo die Volksstämme seßhaft werden, tritt eine ausgesprochene Familienbildung auf. Es muß zwischen diesen beiden Erscheinungen ein ursächlicher Zusammenhang bestehen, denn ohne Seßhaftwerdung findet die Familienbildung, selbst bis in die heutige Zeit, nicht statt. Da besteht z. B., von der übrigen Welt fast hermetisch abgeschlossen, das interessante Volk der Tibeter, dem man eine ziemlich fortgeschrittene Kultur nicht absprechen kann. Sie umfaßt eine geordnete Regierung des ausgedehnten Hochgebirgslandes, eine fortgeschrittene Baukunst, die sich jedoch auf Tempel und Klöster beschränkt, Handfertigkeiten, eine Schriftsprache, Poesie und Wissenschaften im Sinne der buddistischen Philosophie. Aber die breite Masse des Volkes führt noch ein Nomadenleben, ohne Privateigentum an Grund und Boden. Eine Sexualordnung ist nicht vorhanden, vielmehr völlige Regellosigkeit im Geschlechtsleben. Mitunter haben mehrere Männer eine Frau oder ein Mann mehrere Frauen, diese werden beliebig ausgetauscht oder verlassen, die Kinder bleiben bei der Mutter solange dies nötig ist. Kein Gesetz und auch keine Sitte beschränkt die sexuelle Freiheit.

Ganz anders verhält es sich bei kulturell niedriger stehenden Völkerschaften, sobald sie aus irgend welchen Gründen dazu übergehen, ein Besitzrecht am Boden auszuüben. Für den Grundbesitzer werden Frauen und heranwachsende Kinder Arbeitskräfte zur Ausnützung der Bodenerzeugnisse, die dementsprechend im Werte gegenüber den anderen Stammesgenossen steigen und eine gewisse Pflege verlangen. Die Familie sondert sich also gewissermaßen als Arbeits- und Genußgemeinschaft aus dem übrigen Stamm heraus. Naturgemäß hat der stärkste und tüchtigste Mann die meisten Frauen und Kinder und versteht sich auch, den meisten Bodenbesitz zu beschaffen. Die primitive Familienbildung beruht im allgemeinen auf der sogenannten Gesittung, d. h. Gebräuchen, die sich ohne bewußte Zielsetzung von selbst herausbilden.

Mit der fortschreitenden Ausbildung der Gesellschaftsform, tritt allmählich an die Stelle der Gesittung das Gesetz. Dieses versucht durch Ordnung des Zusammenlebens aller Mitglieder eines Stammes oder Volkes eine immer leistungsfähigere Organisation zu erreichen. Auch an die bereits gewordene Familienbildung geht allmählich die Gesetzgebung heran, weil sich aus ihr Unzuträglichkeiten entwickelt haben, die die Leistungsfähigkeit des Gesellschaftsorganismus nach außen und nach innen beeinträchtigen. Da die Anzahl der erwachsenen Männer und Frauen allenthalben ungefähr gleich ist, muß durch die Besitzergreifung mehrerer Frauen durch Männer auf der einen Seite, Unzufriedenheit auf der anderen Seite und Unfrieden in der Gesellschaft entstehen. Die rein wirtschaftlich und rechnerisch denkende Leitung einer Gesellschaft muß daher auf den Plan verfallen, das Triebleben im Menschen zu Gunsten einer gesellschaftlich zweckmäßigen Regelung zu unterjochen. So entsteht zwangsläufig überall, gleichgültig unter welchen Umweltbedingungen und inneren Entwicklungsmöglichkeiten, die Einehe auf Grund eines wirtschaftlichen Denkaktes. Das wirtschaftliche Denken ist immer die primitivste Form der Gedankenführung. Es ist schon möglich vor dem Übergang zur Gesellschaftsbildung, während das ethische Denken erst durch die Gesellschaftsbildung ins Leben gerufen wird, und beherrscht auch heute noch den größeren Teil der Zivilisation. In manchen Gesellschaften, z. B. in der konfuzianischen und mohammedanischen Verfassung, ist die Institution der Einehe im Interesse instinktiv gefühlter biologischer Bedenken oder bestimmter ethischer Zielpunkte mehr oder weniger durchlöchert worden, aber das Ideal der restlos durchgeführten Einehe schwebte auch den Begründern der beiden Kulturschöpfungen vor.

Die Einführung der Einehe stieß naturgemäß überall zunächst auf die größten Schwierigkeiten; das geht schon daraus hervor, daß in den Völkern, die bereits gesetzmäßig die Einehe eingeführt hatten, noch jahrhundertelang Nebenweiber unter besonderen Umständen erlaubt blieben, und auch heute ist es ja bekanntlich, trotz Jahrtausende dauernder Erziehung und Bedrohung mit kirchlichen und weltlichen Strafen, nicht gelungen, die monogamische Sexualordnung restlos durchzuführen. Es besteht also die Tatsache, daß die Gesellschaftsbildung der Menschheit auf der Kulturstufe, auf der sie sich heute im großen und ganzen befindet, zur Durchführung der Einehe aus wirtschaftlichen und ethischen Gründen hindrängt, aber an der völligen Erreichung dieses Zieles durch die Übermacht des Sexualtriebes gehindert wird. Dieser letztere Punkt wieder ist der Anlaß zu immer schärferen Maßregeln, denen oft genug der Erfolg versagt bleibt. Wie auf vielen anderen Gebieten, so hat es auch auf dem Gebiete des Eherechts noch kaum einen Gesetzgeber gegeben, der die natürlichen Folgen der geschaffenen Rechtsnorm berechnen konnte, weil das biologische Denken nicht zu seinem Rüstzeug gehörte. Die Lebensvorgänge haben ein eigenes Gesetz, das ganz außerhalb des in der bisherigen Kulturentwicklung geltenden Gedankenbereiches liegt, und in der Hauptsache auf dem Grundsatz beruht, auf jeden äußeren oder inneren Reiz antwortet der lebende Organismus mit einer, in seinem inneren Bau begründeten Reaktion. Dieser Satz gilt nicht nur für das Individuum, sondern auch für die einzelnen, das Individuum zusammensetzenden Zellen, und die von mehr oder weniger vielen Individuen zusammengesetzten Lebensgemeinschaften. *Eine Untersuchung des Eherechts vom biologischen Standpunkt aus wird also zunächst die Frage aufwerfen müssen, welchen Reiz setzt die Ehegesetzgebung mit all ihren Einzelheiten und Besonderheiten für die Menschheit in ihren verschiedenen Abarten und welche Reaktionen sind von den Menschen unter dem Einfluß dieser Reize zu erwarten?*

In dem vorigen Kapitel ist die Frage erörtert, ob die *monogamische Sexualordnung* als ein Fortschritt für die Menschheitsentwicklung zu werten sei. An dieser Stelle wird vorausgesetzt, daß die Einführung der Einehe für die Kulturmenschheit eine Notwendigkeit gewesen ist. Jede Gesellschaft, die sich hat am Leben erhalten wollen, war genötigt, die Einehe soweit als möglich durchzuführen. Es muß hier, ohne einen besonderen Beweis, die Tatsache vorangestellt werden, daß die Einführung der Einehe an sich niemals der Anlaß zum Niedergang einer Gesellschaft oder Rasse gewesen ist, im Gegenteil kann es als feststehend betrachtet werden, daß die blühendsten Zivilisationen eine verhältnismäßig gut durchgeführte monogamische Verfassung aufwiesen und daß der Verfall des Familienlebens den Verfall der Zivilisation einleitete. Also gehen wir von der Voraussetzung aus, daß in dem hier zur Erörterung stehenden Kulturabschnitt der Menschheit, die Einehe als solche, zwar aus anderen Gründen herbeigeführt worden sei, aber als biologisch gerechtfertigt zu gelten habe. Die Aufgabe entsteht nun, zu untersuchen, ob das heutige Eherecht imstande ist, die Sexualordnung praktisch so zu gestalten, daß die Lebensinteressen der Gesellschaft gewahrt werden. Unter Gesellschaft ist hier selbstverständlich nur der allgemeingültige Ausdruck für jede Form einer sozialen Lebensgemeinschaft zu verstehen.

Die Lebensinteressen einer Gesellschaft sind dann gewahrt, wenn für die durch das physiologische Altern und allerlei pathologische

Verhältnisse ausfallenden Individuen, die erforderliche Zahl gleichwertiger Arbeitskräfte und die zum Bestehen des Konkurrenzkampfes mit anderen Gesellschaften erforderliche Spannung gewährleistet ist. Daß die Monogamie hierzu wohl imstande ist, bedarf keines Beweises. Ebenso zweifellos ist der Vorteil der Einehe für die Aufzucht der Kinder, und doch gibt es in der Geschichte berühmte Beispiele, die ein Versagen der Monogamie hinsichtlich des vollzähligen und vollwertigen Nachwuchses aufweisen. Es sei hier nur an Hellas und Rom erinnert. Hat in diesen Fällen das Eherecht den Anlaß zu dem Verfall unmittelbar gegeben oder es nur versäumt, sich rechtzeitig den Verfallserscheinungen anzupassen? Man könnte von vornherein annehmen, daß eine dieser beiden Fragen zu bejahen sei; denn der biologische Verfall ist, wie längst bekannt ist, nicht die Folge eines physischen Niederganges, sondern psychologischer Vorgänge, die auf dem Wege der willkürlichen Geburtenbeschränkung zur Entartung führen. Die Gesetzgebung ist aber in erster Reihe dazu berufen, Erziehung, d. h. psychische Beeinflussung auszuüben. Sehen wir zu, wie die Erziehung zur Einehe des modernen Eherechts sich praktisch gestaltet!

Die Ehegesetzgebung in fast allen Kulturstaaten, seit 1925 auch in der Türkei, verbietet die Bigamie unter Androhung sehr empfindlicher Freiheitsstrafen. Da auch sonst durch allerhand Verwaltungsmaßnahmen (Personenstandregister, polizeiliche Personalnachweise, Aufgebote) die Schließung einer Ehe bei noch gültigem Bestand einer anderweitigen Ehe nur unter ganz besonderen Umständen ermöglicht wird, so ist die Bigamie juristisch fast ganz ausgerottet, biologisch bedeutet das natürlich gar nichts, denn ohne standesamtliche oder sonstige Sanktion finden dauernd geschlechtliche Verbindungen von mehr oder weniger langer Dauer statt, die das gerade Gegenteil einer monogamischen Sexualordnung bedeuten. Hiergegen ist bis jetzt jede Gesetzgebung machtlos gewesen. Die Quittung dieses Verhaltens besteht in der ungeheuren Ausbreitung der Geschlechtskrankheiten, die bei tatsächlicher Monogamie in kurzer Zeit ausgerottet wären. Das Verbot der Bigamie ist also eine rein juristische Angelegenheit, der nicht einmal ein ins Gewicht fallender Erziehungsfaktor beigemessen werden kann; denn er spielt nur dort eine Rolle, wo wirtschaftliche Interessen ausschlaggebend auftreten. Daß natürlich das Verbot der Bigamie der springende Punkt des Eherechts ist, wenn anders die Institution der Einehe aufrecht erhalten werden soll, ist ohne weiteres klar, und wir werden ihm bei den weiteren Untersuchungen noch mehrfach begegnen.

Auf der anderen Seite müssen wir uns fragen, ob die Ehe durch das Gesetz mit besonderen Vorteilen ausgestatt e t i s t. Nach der Annahme des Gesetzgebers ist dies in ausgesprochenem Maße der Fall. Nur die rechtmäßige eheliche Verbindung genießt im vollen Maße den obrigkeitlichen Schutz, der sich auf den verschiedensten Gebieten des bürgerlichen Lebens auswirkt. Das sog. Konkubinat dagegen wird als ungesetzlich allerhand polizeilichen Schikanen und sonstigen Benachteiligungen ausgeliefert. Es ist aber nur zu bekannt, daß es in allen Schichten der Bevölkerung genügend Mittel gibt, aller dieser Benachteiligungen Herr zu werden, und daß davon auch reichlicher Gebrauch gemacht wird. Indes steht die Steuergesetzgebung mit dem Bestreben des Eherechts, die Einehe zu fördern, wenigstens in Deutschland, in unmittelbarem Widerspruch. Wenn ein Mann und eine Frau, die beide über ein Einkommen verfügen, im Konkubinat zusammenleben, so zahlen sie jedes für sich Einkommensteuer in verhältnismäßig niedriger Staffel. Heiraten sie, so wird beider Einkommen steuertechnisch zusammengezogen, d. h. das steuerfreie Existenzminimum für beide erniedrigt sich, und das zusammengezählte Einkommen beider wird mit höheren Prozenten veranlagt. Man könnte das als eine fortlaufende Geldstrafe für die Verehelichung bezeichnen. z. Z. sind freilich die im bürgerlichen Leben vorherrschenden Anschauungen über die Ehe als sittliche und soziale Einrichtung so fest gewurzelt, daß ein fühlbarer Einfluß des ehefeindlichen Steuergesetzes nicht zu befürchten ist. Vielleicht kommt aber diese Frage später einmal in den Vordergrund.

Die Zulassung zur Ehe ist nach dem heutigen Recht fast unbegrenzt. Während früher noch allerhand wirtschaftliche E h e h i n d e r n i s s e durch mannigfache Zunftregeln, Einkommens- oder Wohnungsnachweis und dgl. bestanden, sind alle diese Einschränkungen im Laufe des vorigen Jahrhunderts gefallen, und es bleiben nur noch die Einschränkungen, die auf biologischen Grundlagen beruhen und zwar das M i n d e s t a l t e r und die B l u t s v e r w a n d t s c h a f t.

Das M i n d e s t a l t e r für die Verehelichung ist bei dem Manne in Deutschland das der Mündigkeit, also das vollendete 21. Lebensjahr, bei Frauen das 16. Lebensjahr, doch muß die Frau bis zum Mündigkeitsalter die Einwilligung der Eltern oder des Vormundes beibringen. Diese Vorschriften entsprechen wohl den Notwendigkeiten der Natur, da es tatsächlich Frauen und Männer gibt, die im Alter von 16 bzw. 21 Jahren die zur Begründung einer Ehe erforderliche körperliche und moralische Reife besitzen. Man könnte vielleicht sogar behaupten, daß gelegentlich Männer vor vollendetem 21. Jahr schon die erforderliche Reife zur Heirat besitzen und unter Umständen aus irgend welchen Gründen, zur Vermeidung von Unzuträglichkeiten, zur Ehe zugelassen werden müßten. Für solche, ziemlich vereinzelt dastehenden Fälle, kann nach dem Gesetz eine vorzeitige Mündigkeitserklärung erfolgen, womit alle diesbezüglichen Bedenken behoben sind. Im ganzen jedoch sind die Entwicklungsverhältnisse der Bevölkerung derart, daß für den Durchschnitt die Altersgrenzen für die Heirat, als recht niedrig zu bezeichnen sind. Von dem Eintritt der Geschlechtsreife bis zur Ehereife ist noch ein ziemlich langer Weg zurückzulegen. Nicht nur der Körper soll einen solchen Zustand der Festigkeit der Gewebe und der Leistungsfähigkeit der Organe, insbesondere des Nervensystems und der Blutbildung gewinnen, daß die Vorgänge der Kindererzeugung keine Schwächung des Körpers mehr hervorrufen, sondern es soll auch die erforderliche Einsicht in den Pflichtenkreis der Ehe und die Verantwortung der Familienbildung bis zu einem bestimmten Grade vorhanden sein. Das wird bei Frauen selten vor dem 18., bei Männern vor dem 22. Jahre der Fall sein. Das Durchschnittsheiratsalter der Frauen ist etwa 26, das der Männer 29, wobei jedoch die zweiten, dritten usw. Heiraten mitrechnen. In anderen Ländern, mit einer früher zur Reife gelangenden Bevölkerung, wie z. B. Spanien, ist das Mindestalter für die Heirat natürlich ein geringeres. Ein Höchstalter für Heiraten gibt es nicht, und dies ist leicht erklärlich, weil die Ehe nicht als eine Gemeinschaft zur Erzeugung und Aufzucht von Kindern, sondern eben als eine Lebensgemeinschaft aufgefaßt wird, die nicht notwendig zur Fortpflanzung zu dienen braucht. Ursprünglich war die Kindererzeugung wohl die hauptsächliche Vorbedingung der Eheschließung, weil die Kinder als spätere Arbeitskräfte und Mehrer des Besitzes von besonderer Bedeutung werden. Noch heute ist es auf dem Lande, besonders bei Landarbeitern, noch so, daß Mädchen erst geheiratet werden, wenn sie den Beweis geliefert haben, daß sie gesunde Kinder zur Welt bringen können. Im Laufe der Zeit hat jedoch vielfach die Ehe eine veräußerlichte Form angenommen, die teils bewußt teils unbewußt, dem biologischen Zweck entgegenläuft und nur noch eine Haus- und Lebensgemeinschaft bedeutet. Die Gesetzgebung hätte dieser Veräußerlichung des Ehegedankens vielleicht bis zu einem gewissen Grade vorbeugen können, indem sie Eheschließungen in einem nicht mehr fortpflanzungsfähigen Alter nicht mehr zuließe, aber abgesehen davon, daß Männer bis in ein sehr hohes Alter zeugungsfähig sein können, und Frauen dann durch ein Ausnahmegesetz getroffen würden, widerspricht es der ganzen Tendenz des gesellschaftlichen Aufbaues, Lebensgemeinschaften ohne die eherechtliche Grundlage zuzulassen. Es wäre wohl wünschenswert, daß die Ehepartner im Alter einigermaßen zueinander stimmten, daß nicht Altersunterschiede von 30 und mehr Jahren bestünden und, daß besonders die Frau mehrere Jahrzehnte älter wäre als der Mann, aber zu einer gesetzlichen Regelung in diesem Sinne fehlt es an den nötigen Voraussetzungen, die in der persönlichen Freiheit ihre Grenze finden. Im übrigen sind die Fälle von grotesken Altersunterschieden selten genug, um für das öffentliche Interesse ins Gewicht zu fallen und die Heirat älterer Leute zum Zweck einer geistigen Gemeinschaft, ist ohne jeden biologischen Belang.

Das Verbot der Heirat von Blutsverwandten ist, so merkwürdig es klingt, vom biologischen Standpunkt aus der einzige positive Gedankengang im Eherecht. Hiermit soll einer Degeneration vorgebeugt werden. Eigentümlicherweise ist das Verbot der Verwandtenehe schon uralt, obwohl tatsächliche schlimme Erfahrungen mit ihr noch nicht bekannt geworden sind. Bei den Ägyptern hat ja die Verwandten- und sogar die Geschwisterehe in großem Maßstabe stattgefunden, und das Herrscherhaus der Ptolemäer, das sich fast ausschließlich durch Geschwisterehe fortpflanzte, hat mehrere Jahrhunderte geherrscht, ohne eine Entartung aufzuweisen. Richtig ist dagegen die Erfahrungstatsache, daß bestimmte Krankheiten, die einmal auf irgend eine Weise in eine Familie eingedrungen sind und durch Heirat mit anderen Familien scheinbar unterdrückt sind, durch den rezissiven Erbgang bei Inzucht wieder manifest werden. Gegen diese Inzuchtschädigungen helfen die Verbote der Verwandtenehe wie sie im heutigen Eherecht begründet sind, nicht viel. Falls Entartungsvorgänge ausgeschaltet werden sollen, müßten die Verbote der Verwandtenehen viel weiter ausgedehnt werden und auf genealogischen Aufzeichnungen beruhen. Die Verbote der Verheiratung zwischen Stiefeltern und Stiefkindern haben überhaupt keinen biologischen Sinn und am wenigsten die bei nicht Blutsverwandten, sondern nur Verschwägerten, wie das bis vor kurzer Zeit in England der Fall war. In dieser Richtung wird die Ehegesetzgebung in absehbarer Zeit eine Fortentwicklung erfahren müssen, die den biologischen Belangen Rechnung trägt. Auf der einen Seite eine Erweiterung auf Grund familiengeschichtlicher Feststellungen, auf der anderen Seite eine Einengung, sodaß dann nur die Ehe zwischen Geschwistern und den Blutsverwandten aufsteigenden Grades verboten zu bleiben braucht.

Dafür wird aber in nicht zu ferner Frist ein weitgehendes Verbot aller solcher Ehen erfolgen müssen, die für einen der beiden Ehepartner oder die zu erwartenden Kinder, eine unmittelbare oder mittelbare gesundheitliche Gefahr bedeuten. Bisher ist die Ehe nur Entmündigten, Geisteskranken und Geistesschwachen verboten, doch kann sie diesen mit Zustimmung ihres Vormundes erlaubt werden. Auch hier sehen wir wieder die überwiegend wirtschaftliche und zum geringeren Teil ethische Einstellung des Gesetzes. Der Geisteskranke wird im allgemeinen entmündigt, weil er nicht fähig ist, seine Geschäfte selbständig zu führen, trotz dieser, gewiß recht weit gehenden Minderwertigkeit, genügt die einfache Zustimmung des Vormundes zum Eingehen einer Heirat. Es mögen wohl Fälle vorkommen, wo ein exogenes Moment, z. B. eine Verletzung, zur Geistesschwäche und Entmündigung geführt hat, wo also die Geistesschwäche nicht vererbbar ist, aber diese Fälle sind die bei weitem selteneren. Die meisten betreffen angeborene Imbezillität oder Idiotie oder aber eigentliche Geisteskrankheiten, die unzweifelhaft vererbbar sind. Zum mindesten wäre hier zu fordern, daß, solange eine Entmündigung wegen Geisteskrankheit oder Geistesschwäche, aus konstitutioneller Ursache rechtskräftig besteht, eine Heirat nicht zugelassen werden dürfte. Sollte aus bürgerlichen Gründen eine Heirat erwünscht erscheinen, so müßte der Zustand des Geisteskranken oder Geistesschwachen wenigstens so beschaffen sein, daß die Entmündigung aufgehoben werden kann. Die biologischen Bedenken wären dann freilich noch nicht beseitigt, da auch dann noch der Vererbung von Minderwertigkeit ein Weg geöffnet bleibt. Aber eine Anzahl von nicht wünschenswerten Heiraten würde auf diese Weise doch verhütet werden können.

In den Vereinigten Staaten von Nordamerika hat man seit etwa zwei Jahrzehnten den Versuch gemacht, die Ehegesetzgebung in ein biologisches Fahrwasser zu lenken. Eine Reihe von Staaten hat Gesetze erlassen, durch die allen Personen mit bestimmten körperlichen, geistigen oder moralischen Minderwertigkeiten bzw. Krankheiten, das Eingehen einer Ehe verboten wurde. Von solchen Minderwertigkeiten wurden angeführt: Geschlechtskrankheiten, Tuberkulose, Geisteskrankheiten, Idiotie, Epilepsie, Trunksucht und Gewohnheitsverbrechertum. Die Einzelheiten dieser Gesetzgebung sind nachzulesen in dem Buche „Die Rassenhygiene in den Vereinigten Staaten", von *G. von Hoffmann*[1]). Im großen und ganzen hat jedoch diese Gesetzgebung fast überall völlig versagt, weil für die Standesbeamten keine Möglichkeit bestand, das Vorhandensein der genannten Ehehindernisse durch Sachverständige feststellen zu lassen, und die unmittelbare Befragung der Ehebewerber, zumal bei der völligen Verständnislosigkeit der Bevölkerung diesen Fragen gegenüber, zu ganz unbrauchbaren Ergebnissen führte. Man könnte daraus den Schluß ziehen, daß jede Ehegesetzgebung in dieser Richtung von vornherein zu einem Fehlschlag verurteilt sei, das wäre jedoch falsch, denn an dem amerikanischen Beispiel kann man nur lernen, daß für die Wirkung eines Gesetzes auch die erforderlichen Voraussetzungen geschaffen werden müssen, und diese bestehen in erster Linie darin, daß die Bevölkerung in der überwiegenden Zahl das erforderliche Verständnis für den Sinn und die Ziele des Gesetzes besitzt. In Amerika wird im übrigen mit einem großen Aufgebot von wissenschaftlicher

[1]) München 1912.

Aufklärung und großzügiger Werbetätigkeit an der Erziehung der Bevölkerung zu den Idealen der Eugenik gearbeitet. Es ist daher der Zeitpunkt abzusehen, an dem die bestehenden Gesetze über Eheverbote in ihrer jetzigen oder zeitgemäß abgeänderter Form zu einer segensreichen Wirkung gelangen werden.

Inzwischen sind einige skandinavische Staaten zu Eheverboten übergegangen, die wahrscheinlich von dem amerikanischen Vorbild teilweise angeregt worden sind, aber keineswegs zu so umfassenden Einschränkungen der Ehefreiheit gelangten. Zuerst wurde im Jahre 1915 (12. November) in Schweden ein Gesetz über Eheschließung erlassen, daß außer Minderjährigen, Blutsverwandten, Geisteskranken, Geistesschwachen und Ehegatten von Verwandten auf- und absteigender Linie, auch Geschlechtskranken und Epileptikern die Eheschließung verbot. Die Ehebewerber müssen dem Standesbeamten ein vorgeschriebenes Formular mit eigenhändiger Unterschrift einreichen, in dem die Abwesenheit der genannten Ehehindernisse auf Ehre und Gewissen versichert wird.

In Norwegen wurde ein ähnliches Gesetz über Eheschließung und Auflösung der Ehe am 31. Mai 1918 erlassen. Auch hier finden sich die gleichen Eheverbote, außer für Blutsverwandte und Gatten von Verwandten auf- und absteigender Linie, für Geisteskranke, Geistesschwache, Syphiliskranke im ansteckenden Stadium, anderweitige Geschlechtskranke im ansteckenden Stadium und Epileptiker. Darüber hinaus besteht auch ein Eheverbot für Leprakranke. Ein ausführlicher Fragebogen, der Auskunft über all die genannten Dinge verlangt, muß von den Ehebewerbern ausgefüllt werden, im übrigen ist vorgesehen, daß bei dem Aufgebot ein Arzt zugegen ist, der über die Anzeichen der das Ehehindernis bedingenden Krankheiten und Zustände Auskunft erteilt und den Ehebewerbern bei der wahrheitsgemäßen Beantwortung der Fragen behilflich ist. Es ist hier bereits ein erheblicher Fortschritt gegenüber dem schwedischen Gesetz eingetreten, weil hier eine unmittelbare Einwirkung auf die Ehebewerber durch einen Sachverständigen erfolgt. Es ist damit zu rechnen, daß auf diese Weise ein weit höherer Prozentsatz von wahrheitsgemäßen Angaben über die biologischen Ehehindernisse erzielt wird, und daß ein weit stärkerer erzieherischer Einfluß auf die Bevölkerung ausgeübt werden kann. Auch in Schweden sind besonders durch das Gesetz zur Bekämpfung der Geschlechtskrankheiten von 1918, die Ärzte verpflichtet worden, die Tatsache einer das Eheverbot bedingenden Krankheit, an die zuständige Behörde zu melden, wenn ihnen bekannt wird, daß der betreffende Kranke im Begriff ist, eine Ehe einzugehen. Das Gleiche ist auch in Norwegen der Fall, für derartige Fälle wird ausdrücklich das ärztliche Schweigegebot aufgehoben. Leider ist in der Literatur über die praktischen Erfahrungen mit diesen, nun schon eine Anzahl von Jahren bestehenden Gesetzen, nichts zu finden. Ich verdanke es lediglich einer mündlichen Mitteilung aus Norwegen, wenn ich der Ansicht Ausdruck verleihe, daß man im allgemeinen mit dem Erfolg dieser Bestimmungen zufrieden ist, und daß sich ernsthafte Schwierigkeiten für die Durchführung nicht ergeben haben. Freilich wird die Durchführung des wichtigsten Punktes der Gesetzgebung, nämlich der Beratung durch den Arzt, nicht ganz gleichmäßig gehandhabt werden. Insofern werden vermutlich bei näherem Zusehen noch erhebliche Lücken festzustellen sein. In Schweden, wo die Zuziehung des Arztes nicht vorgeschrieben ist, werden aus Unkenntnis noch viele Irrtümer und aus bewußter Arglist, manche Übertretungen des Gesetzes vorkommen. Allein der Anfang ist gemacht und aus den bescheidenen Anfängen mit der noch unsicher tastenden Technik, wird sich allmählich der Neubau erheben, der die Ehegesetzgebung auf neuen Grundlagen aufbaut.

Schon um einen Grad sicherer tritt das dänische Gesetz über die Schließung und Lösung der Ehe vom 30. Juni 1922 auf. In diesem ist nur die Ehe Verwandten auf- und absteigender Linie und Geschwistern verboten, nicht aber die von anderen Verwandtschaftsgraden. Die Heiratserlaubnis wird ferner Geisteskranken und Geistesschwachen versagt, eine Ausnahme kann hiervon mit königlicher Genehmigung gemacht werden, wenn die Aussicht auf minderwertige Nachkommen gering ist, und die erforderliche Einsicht in die Bedeutung der Ehe vorhanden ist. Beim Vorhandensein einer Geschlechtskrankheit oder Epilepsie besteht nicht unbedingtes Eheverbot, die Ehe darf aber erst geschlossen werden, wenn die Tatsache der Epilepsie oder der noch übertragbaren Geschlechtskrankheit, dem anderen Ehebewerber mitgeteilt worden ist und beide Ehebewerber von einem Arzte über die Bedeutung dieser Krankheit aufgeklärt worden sind. Falls ein Ehebewerber geschlechtskrank war, muß er ein ärztliches Zeugnis, das frühestens 14 Tage vorher ausgestellt sein darf, einreichen, das sich über die Wahrscheinlichkeit der Übertragung der Krankheit ausspricht. Unzuverlässigen Ärzten kann vom Justizminister die Ermächtigung zur Ausstellung derartiger Zeugnisse entzogen werden. Sind trotz dieser Vorschriften Täuschungen oder Irrtümer über das Vorhandensein übertragbarer Geschlechtskrankheiten oder der Epilepsie vorgekommen, so kann die Ehe auf Antrag, innerhalb von 6 Monaten nach Wahrnehmung der Täuschung oder des Irrtums gelöst werden. Man wird zugeben müssen, daß das dänische Gesetz sich von jeder Überspannung des Gedankens der biologischen Heiratsregelung fern hält und doch, entsprechend dem heutigen Stande der wissenschaftlichen Erkenntnis, die praktischen Möglichkeiten eines Eingriffs zur

Verhütung gesundheitlich und erbbiologisch gefährlicher Verbindungen, erschöpft. Wie schon oben angedeutet, gibt es Geistesschwache und Geisteskranke, bei denen der Verehelichung keine biologischen Bedenken entgegenstehen. Es handelt sich hier hauptsächlich um Folgezustände von Gehirnverletzungen oder Infektionen, z. B. Encephalitis, bei denen eine Vererbung auf Nachkommen mit Sicherheit auszuschließen ist. Es werden jedoch auch gewisse geistige Erkrankungen, über deren Entstehungsursache keine völlige Klarheit besteht, unter Umständen in Betracht gezogen werden können. Die Form, unter der für solche Fälle eine Ausnahme von dem Eheverbot zugelassen wird, bietet durchaus die Gewähr, daß jedem Mißbrauch vorgebeugt wird. Auch die für Epilepsie und Geschlechtskrankheiten getroffene Regelung kann als glücklich bezeichnet werden. Ein absolutes Eheverbot für Geschlechtskranke hat unter Umständen keinen Sinn, wenn beide Ehepartner an derselben Geschlechtskrankheit leiden, was praktisch nicht selten infolge vorehelicher Beziehungen vorkommt. Die Epilepsie, mit ihrem ausgesprochen rezessiven Erbgang, müßte allerdings aus eugenischen Gründen einen Hinderungsgrund für die Fortpflanzung abgeben. Der Gesetzgeber hat wohl aber angenommen, daß die ausreichende Aufklärung über die furchtbaren Folgen der Ehe mit einem Epileptiker oder Geschlechtskranken die weitaus meisten solcher ehelichen Verbindungen verhüten werde, und daß der verbleibende Rest als das kleinere Übel gegenüber dem unkontrollierbaren freien Geschlechtsverkehr angesehen werden müsse.

In Deutschland ist es bisher zu einem entschlossenen Schritt auf dem Wege zur biologischen Reform des Eherechts noch nicht gekommen. Man versucht hier dasselbe Ziel wie in den genannten Staaten auf einem anderen Wege zu erreichen, nämlich auf dem der Einführung obligatorischer Gesundheitszeugnisse für die Eheschließung, zunächst ohne Eheverbot. Zuerst ist ein derartiger Vorschlag von *J. Marcuse* in der Fachpresse vertreten worden, dann sind bereits vor dem Kriege zwei Eingaben von Breitfeld und dem deutschen Monistenbund in diesem Sinne an die gesetzgebenden Körperschaften eingereicht worden, ohne daß die Öffentlichkeit aufmerksam wurde. Die Frage kam erst in Gang, nachdem im Jahre 1915 durch eine Konferenz der Zentralstelle für Volkswohlfahrt, das Bevölkerungsproblem in den Mittelpunkt der öffentlichen Erörterung gestellt worden war, und die Münchener Ärzteschaft im Anschluß daran 1916 ein umfassendes Programm über gesundheitliche Eheverbote auf Grund ärztlicher Begutachtung aufgestellt hatte. Auf die Einzelheiten dieser Veranstaltungen kann hier verzichtet werden, weil sie den Gang der Ereignisse nicht maßgebend beeinflußt haben. Dahingegen bedeutet die Tagung, zu der die Berliner Gesellschaft für Rassenhygiene im Februar 1917 zahlreiche medizinische und sozialpolitische Gesellschaften und Persönlichkeiten eingeladen hatte, den eigentlichen Beginn einer neuen Entwicklung. Hier wurde der breiteren Öffentlichkeit der Plan vorgelegt, das deutsche Reichsgesetz über den Personenstand und die Eheschließung, vom 6. Februar 1875, durch einen Zusatz zu ergänzen, der beiden Ehebewerbern beim Aufgebot die Vorlegung eines, von einem beglaubigten ärztlichen Eheberater innerhalb der letzten vier Wochen ausgestellten Zeugnisses über die Ehetauglichkeit, vorschrieb. Erst nach Kenntnisnahme der beiderseitigen Zeugnisse durch die Ehebewerber sollte die Eheschließung erlaubt sein. Es sollte also von jedem stärkeren Eingriff in die persönliche Freiheit abgesehen werden, und die Ehebewerber nur gezwungen werden, sich von einem amtlich hierfür beglaubigten Sachverständigen für die Ehe beraten zu lassen. Maßgebend hierfür war die Überlegung, daß der Grad unserer Kenntnisse über die Vererbung von Krankheiten und Minderwertigkeiten sowie die Technik der Erkennung von Übertragungsmöglichkeiten, noch nicht fortgeschritten genug sei, um alle Fehler bei der Begutachtung auszuschließen. Im übrigen aber komme es zunächst darauf an, das allgemeine Interesse für die gesundheitliche Seite der Eheschließung zu wecken und erst mit der Vervollkommnung von Wissenschaft und Praxis zu umfassenderen Maßnahmen überzugehen. Der Vorschlag der Berliner Gesellschaft für Rassenhygiene fand nun keineswegs die allgemeine Zustimmung. Die Bedenken waren überwiegend, und es kam zu dem, in solchen Fällen üblichen Beschluß, von der Reichsregierung die amtliche Verbreitung eines Merkblattes zu verlangen, das auf die Wichtigkeit der ärztlichen Eheberatung hinwies. Diese Anregung ist dann auch im Juni 1920 in die Tat umgesetzt worden durch einen Zusatz zum Personenstandsgesetz, der die Standesbeamten verpflichtet, Ehebewerbern beim Aufgebot ein vom Reichsgesundheitsamt herausgegebenes Merkblatt über die Bedeutung der ärztlichen Eheberatung auszuhändigen. Daß diese Maßnahme zu einem nennenswerten Erfolg geführt hätte, wird man bis jetzt nicht behaupten können. Wenigstens ist nicht bekannt geworden, daß die Befragung von Ärzten über die Eignung zur Ehe in Aufnahme gekommen sei, und die Standesbeamten berichten, daß die beim Aufgebot ausgegebenen Merkblätter zum größten Teil auf der Treppe des Standesamts oder vor der Tür wieder aufzufinden seien. *Wenn man also hofft, mit Hilfe von Merkblättern die Frage der biologischen Gesundung der Ehe zu lösen, so muß man hierfür mit Zeiträumen rechnen, die über mehrere Menschenalter hinausgehen.* Dann wird wahrscheinlich die beste Zeit verloren sein, und die inzwischen vergeudete Volkskraft *nicht mehr gerettet* werden können.

Die Berliner Gesellschaft für Rassenhygiene hat sich, entsprechend ihrer Überzeugung, mit dem Beschluß der Versammlung von 1917 nicht begnügt, sondern für sich eine Eingabe im Sinne der obigen Ausführungen, an die gesetzgebenden Körperschaften eingereicht. Von diesen wurde der Reichsgesundheitsrat mit der Erstattung eines Gutachtens über diese Frage beauftragt, der im Februar 1920 mit großer Mehrheit zu der Entscheidung gelangte, daß die Einführung obligatorischer Gesundheitszeugnisse bei der Eheschließung, ohne unmittelbare Eheverbote, vom Standpunkte der Volksgesundheitslehre zu empfehlen sei. Die hier beschlossenen Leitsätze sind von *Abel*[1]), der Berichterstatter des Reichsgesundheitsrates zu dem Thema war, veröffentlicht worden. Sie lauten folgendermaßen:

1. Bei dem Wiederaufbau des deutschen Volkes ist nicht nur ein zahlenmäßiger Ersatz der Verluste aus der Kriegszeit anzustreben, sondern noch mehr die Erzeugung einer gesundheitlich gut beschaffenen Nachkommenschaft.

2. Diese Aufgabe ist um so wichtiger, als durch den Krieg eine ungeheure Zahl gesunder und daher für die Zeugung wertvoller Männer verloren gegangen ist, und weil die Zunahme der Lues und der Tuberkulose die Gesundheit der Ehegatten und ihrer Nachkommenschaft besonders bedroht.

Fernhaltung der körperlichen oder geistig für die Ehe und die Zeugung gesunder Kinder Untauglichen von der Eheschließung, würde ein wesentliches Mittel zur Verhütung einer Rassenverschlechterung sein.

3. Die Lückenhaftigkeit unserer Kenntnisse über die Vererbungsverhältnisse beim Menschen und die Schwierigkeit der Beschaffung zuverlässiger und erschöpfender Aufschlüsse über den Gesundheitszustand eines Menschen, gestattet zwar nicht, in jedem Falle beabsichtigter Eheschließung ein ganz sicheres Urteil über deren Unbedenklichkeit zu gewinnen. In vielen Fällen wird aber durch ärztliche Feststellungen eine Eheschließung als unzulässig im Interesse der Nachkommenschaft oder des anderen Ehegatten bezeichnet, in anderen durch Erteilung und Befolgung geeigneter Ratschläge Schädigung des anderen Ehegatten und der Nachkommenschaft verhütet werden können.

4. Aufklärung der Bevölkerung über die Wichtigkeit einer ärztlichen Untersuchung vor der Eheschließung und Rat an beide Ehebewerber, sich ihr zu unterziehen, ist zwar als nützlich, aber nicht als ausreichend zu erachten, weil die Einschätzung der Ehe als reine Privatangelegenheit und der mißverstandene Begriff von der persönlichen Freiheit in der neuen Zeit Beachtung des Rates in größerem Umfang nicht erwarten lassen.

5. Nötig erscheint es vielmehr, einen Zwang zur ärztlichen Untersuchung auf beide Ehebewerber auszuüben, indem ihnen auferlegt wird, bei der standesamtlichen Meldung zur Eheschließung je ein in den letzten vier Wochen vorher ausgestelltes ärztliches Gesundheitszeugnis vorzulegen, dessen gegenseitige Kenntnisnahme sie durch Unterschrift zu bestätigen haben.

6. Es empfiehlt sich, bestimmte Ärzte als „Eheberater" mit der Ausstellung der Gesundheitszeugnisse zu betrauen und ihnen für die Vornahme der Untersuchungen und die Abgabe ihres Urteils Weisungen zu geben.

Das auf Kosten der Ehebewerber auszustellende Zeugnis soll nur die Angabe enthalten, daß gegen die Eheschließung ärztliche Bedenken nicht zu erheben sind oder daß sie aus gesundheitlichen Gründen z. Z. oder dauernd widerraten werden muß. Einzelheiten über den Gesundheitszustand der Untersuchten soll es nicht beibringen.

---

[1]) Vierteljahrsschrift für Öffentliche Gesundheitspflege 1920.

7. Die Bewertung der ärztlichen Zeugnisse und der Entschluß, ob sie bei Abraten von der Heirat dennoch die Ehe eingehen wollen, ist Sache der Ehebewerber. Für Eheverbote auf Grund ungünstigen ärztlichen Befundes ist die Zeit noch nicht gekommen.

Erwägungswert erscheint jedoch eine Abänderung der Bestimmungen des Bürgerlichen Gesetzbuches über die Zulässigkeit der Eheschließung wegen Geistesschwäche Entmündigter, wofern von dieser Möglichkeit häufiger Gebrauch gemacht werden soll.

Trotz dieses Gutachtens der höchsten Gesundheitsbehörde hat sich weder Reichstag noch Reichsregierung ernsthaft mit der praktischen Durchführung des Vorschlages beschäftigt. Vielleicht geht man nicht fehl mit der Ansicht, daß die Einführung des Merkblatts für Eheschließende die moralische Beruhigung für den Gesetzgeber abgegeben habe, daß ja nun wenigstens etwas für die Sanierung der Ehe geschehen sei. Dahingegen hat der preußische Landtag sich zu wiederholten Malen mit diesen Fragen beschäftigt und seinerzeit mit großer Mehrheit den Beschluß gefaßt, die Reichsregierung zur Vorlage eines Gesetzes über Ehetauglichkeitszeugnisse aufzufordern. Als diese Aufforderung erfolglos blieb, trat man dem Gedanken nahe, die Gesundheitszeugnisse bei der Eheschließung wenigstens für Preußen einzuführen, doch mußte man sich davon überzeugen, daß diese Absicht aus verfassungsrechtlichen Gründen undurchführbar sei; denn sie bedeutete eine Änderung eines Reichsgesetzes, die nur durch ein Reichsgesetz vorgenommen werden kann. Welche Gründe die gesetzgebenden Instanzen im Reiche davon abhalten, ein derartiges Gesetz zur Erörterung zu stellen, ist mit Sicherheit nicht festzustellen. Eine Mehrheit würde vermutlich auch im Reichstage, ähnlich wie in Preußen, für das Gesetz zustande kommen. Wie dem aber auch sei, es ist wohl kaum daran zu zweifeln, daß *die Einführung der Ehetauglichkeitszeugnisse in das deutsche Eherecht nur eine Frage der Zeit* ist, und es bleibt hier nur noch zu erörtern, *welche tatsächlichen Wirkungen hiervon zu erwarten sind.*

Die *Ehe* wird nicht nur vom staatlichen Standpunkte als eine *vorwiegend rechtliche und wirtschaftliche Einrichtung* betrachtet, sondern auch im Privatleben. Verfolgt man die Gründe, die zur ehelichen Verbindung führen, im Einzelnen, so ist es verhältnismäßig selten die unbezwingliche Leidenschaft, sondern weit öfter die Überlegung, daß wirtschaftliche Vorteile für die Eingehung der Ehe sprechen. Es soll hier *keinesfalls* die kühle Überlegung bei Eingehung der Ehe *verurteilt* werden. Eine alte Erfahrung lehrt, daß Leidenschaften oft sehr schnell verfliegen, und daß die mit ruhiger Überlegung geschlossenen Ehen im allgemeinen die glücklicheren und dauerhafteren sind. Es darf auch nicht vergessen werden, daß die Begründung einer Familie nicht unerhebliche wirtschaftliche Anforderungen stellt. Da bei der augenblicklichen Staatsverfassung die Kosten der Aufzucht von Kindern fast ausschließlich der Familie zufallen, so ist die Sicherstellung dieser Kosten im Interesse der Familie selbst und des ganzen Staatsgefüges notwendig. Auch der Eugeniker muß auf die wirtschaftlichen Existenzmöglichkeiten der Familie, schon aus gesundheitlichen Gründen, den größten Wert legen. Daß aber die Frage, ob die Eheschließenden auch körperlich, seelisch, gesundheitlich und rassenbiologisch zueinander passen und ob nicht aus der Verbindung minderwertige Nachkommen entstehen können, bisher eine gar so geringe Rolle gespielt hat, das muß als ein unbedingter Fehler empfunden werden. Als Entschuldigung hierfür kann man wohl anführen, daß man bisher von dem Erbgang von Krankheiten und Minderwertigkeiten noch zu wenig gewußt hat, und daß auch heute noch auf rassenbiologischem Gebiet keine genügende Klarheit herrscht. Aber daß Krankheits-Übertragungen und -Vererbungen möglich sind, das weiß man seit Jahrhunderten, und am genauesten weiß man es, wie leicht die Geschlechtskrankheiten beim Geschlechtsverkehr übertragen werden. Ebenso genau weiß man, daß Krankheiten und Minderwertigkeiten soviel als möglich verheimlicht werden. Ganz besonders ist das bei den Geschlechtskrankheiten der Fall, wohl vorwiegend als Folge der kirchlichen und staatlichen Maßnahmen zur Unterdrückung des außerehelichen Verkehrs. Durch diese Krankheiten wird der eigentliche Zweck der Ehe, die Gewährleistung des Volksbestandes geradezu in Frage gestellt. Heißt es da nicht den Kopf in den Sand stecken, wenn der Staat angibt, die Ehe zu schützen, aber nichts tun will, um den Gefahren, die ihm bekannt sind, entgegenzutreten. Dabei wächst die Gefahr der Entartung immer mehr. Noch vor 50 Jahren lebten etwa 4% der Bevölkerung in Großstädten, etwa zwei Drittel der Bevölkerung auf dem platten Lande einschließlich der Landstädte. Auf dem Lande aber waren die Geschlechtskrankheiten fast unbekannt, und die reichliche Geburtenzahl von mehr als 40 Geburten auf 100 Einwohner gestattete bis zum gewissen Grade eine natürliche Auslese. Die Sachlage hat sich inzwischen gründlich verschoben. Heute wohnt über ein Viertel der Gesamtbevölkerung in Großstädten, die Landbevölkerung ist unter die Hälfte der Gesamtzahl gesunken. In den Großstädten haben schon immer die Geschlechtskrankheiten ihren Hauptsitz gehabt, mit ihrer Vermehrung und Vergrößerung mußten diese Krankheiten auch an Ausbreitung gewinnen. Der Krieg hat bekanntlich dazu geführt, daß auch auf dem Lande die Geschlechtskrankheiten in bisher nie gekanntem Maße auftraten.

Über die tatsächliche Zahl der Geschlechtserkrankungen wird sich natürlich niemals ein vollständig richtiges Bild gewinnen lassen, indes sind der Anhaltspunkte genug für die Behauptung vorhanden, daß in und nach dem Kriege eine gewaltige Flutwelle der geschlechtlichen Erkrankungen über alle europäischen Völker hinweggegangen ist, deren Höhepunkt, wenigstens bezüglich der Gonorrhoe, noch kaum überschritten ist. Nun mag es ja richtig sein, daß mit Hilfe der Ehegesetzgebung kein nennenswerter Damm gegen diese Gefahr aufgerichtet werden kann. Die meisten der in der Ehe erfolgenden Übertragungen stammen nicht von einer vorehelichen, sondern einer durch Untreue während der Ehe erworbenen Infektion. Es ist auch ohne weiteres zuzugeben, daß die ärztliche Untersuchung auch bei größter Sorgfalt nicht mit absoluter Sicherheit die Abwesenheit jeder Übertragungsmöglichkeit feststellen kann. Es wird ferner der Einwand erhoben, daß in einer Reihe von Fällen die ärztliche Untersuchung auf Geschlechtskrankheiten eine schwere Verletzung des Schamgefühls darstelle. Aus allen diesen Gründen will man die Ehegesetzgebung mit besonderen gesundheitlichen Maßnahmen nicht belasten und die Bekämpfung des Übels den Sondergesetzen zur Bekämpfung der Geschlechtskrankheiten überlassen. Hier ist eine Bestimmung vorgesehen, die den Geschlechtsverkehr beim Vorhandensein einer übertragbaren Krankheit verbietet. Durch das BGB. § 1343 ist ferner die Möglichkeit gegeben, eine Ehe für ungültig zu erklären, wenn ein Ehegatte über den Gesundheitszustand des andern getäuscht worden ist. Alles dies sind aber keine wirksamen Mittel, gesundheitsschädliche Ehen zu verhüten, dazu gehört eben eine regelrechte ärztliche Beratung in jedem einzelnen Fall.

Als sehr dringliches Moment kommt noch hinzu, daß auch in Deutschland seit der Jahrhundertwende ein sehr jäher Geburtenrückgang aufgetreten ist. Während die Geburtenziffer noch um die Jahrhundertwende etwa 35 betrug, fiel sie in 14 Jahren bis auf 28, während des Krieges fast bis auf 14, um dann noch einmal auf nahezu 26 zu steigen, und jetzt zwischen 20 und 22 hin und her zu schwanken. Da nahezu 90% der Geburten ehelich sind, und die Zahl der unehelichen Kinder nur während des Krieges abgenommen hat, so bedeutet das sicherlich eine Krankheitserscheinung der staatlichen Sexualordnung. Wir wissen recht gut, daß dieses immer bedenklicher werdende Versagen der ehelichen Kindererzeugung nur zum geringsten Teil auf gesundheitliche Einflüsse, zum überwiegenden Teil aber auf willkürliche psychische Einflüsse zurückzuführen ist. Jedenfalls muß diese Tatsache dazu führen, daß nicht nur Krankheitsübertragungen mit der Folge der Kinderlosigkeit vermieden werden, sondern auch auf eine möglichst gute Beschaffenheit und Lebenskraft des Nachwuchses besonderer Wert gelegt wird. Hier ist das eigentliche Arbeitsgebiet der Rassenhygiene oder Eugenik.

Diese, auf der Vererbungswissenschaft beruhende Bewegung, die im letzten Viertel des vorigen Jahrhunderts unter der Führung von *Francis Galton, A. Ploetz* und *W. Schallmayer* entstanden ist, bezweckt letzten Endes die Aufartung der Menschheit, d. h. die Verhütung der Erzeugung minderwertiger Nachkommen, die reichliche Vermehrung der rassenbiologisch wertvolleren Volksteile und damit die Hebung der Durchschnittsbeschaffenheit einer Bevölkerung. Noch ist die Eugenik, trotzdem sie in den letzten Jahren an Umfang und Stoßkraft erheblich zugenommen hat, aus der Beschäftigung mit der theoretischen Untermauerung ihres Lehrgebäudes noch kaum in die praktische Betätigung hineingewachsen. Sie wird aber vor dem Eherecht um so weniger Halt machen können, als ja die Fortpflanzung in den Kulturstaaten zu etwa 90% durch die Ehen erfolgt. Die vorstehenden Ausführungen haben bereits gezeigt, auf welchen Wegen die Eugenik versucht, das Eherecht umzugestalten. Wohin diese Versuche mit der Zeit führen werden, das soll hier nicht untersucht werden, jedenfalls muß es ihr Bestreben sein, das Eherecht so zu formen, daß die Geburt von minderwertigen Nachkommen mit möglichster Sicherheit ausgeschlossen wird. Wie das amerikanische Beispiel gezeigt hat, genügt es aber keineswegs, Gesetze einzuführen, die noch so vernünftig und gut begründet sind, wenn die Bevölkerung sie nicht versteht. Wir haben auch weiter gesehen, daß die einfache Aufklärung mit Hilfe von Merkblättern, Vorträgen usw. keineswegs die wünschenswerten Ergebnisse zeitigt. Von der Einführung der obligatorischen Ehetauglichkeitszeugnisse ist aber eine rasche, gründliche und sachgemäße Aufklärung der gesamten Bevölkerung über die Bedeutung der biologischen Eignung für die Ehe zu erwarten. Selbst wenn es zunächst mit Hilfe der Zeugnisse nicht gelänge, auch nur eine einzige biologisch ungünstige Ehe zu verhüten, so würde man doch diesen Weg der allgemeinen Aufklärung beschreiten müssen, um den Zugang zur weiteren Entwicklung des Eherechts, nach der biologischen Seite hin, zu erschließen. Tatsächlich aber wird vom ersten Augenblick der Ehetauglichkeitszeugnisse an der ausschlaggebende Teil der im volksgesundheitlichen Interesse zu verhindernden Ehen ausgeschaltet werden können. Dieser Erfolg allein würde den nur recht geringen Eingriff in die persönliche Freiheit rechtfertigen. Nach sehr kurzer Zeit würde die übergroße Zahl der Bevölkerung den Segen dieser Einrichtung begreifen und würdigen. Vor allem aber würde die Überzeugung Platz greifen, daß die Ehe und die Fortpflanzung in erster Linie eine biologische Einrichtung ist, deren Wesen man nicht ungestraft vernachlässigen kann.

Die nach dem heutigen Recht bestehenden Ehehindernisse bedürfen nach den vorstehenden Ausführungen im allgemeinen keiner weiteren Erörterung. Wenn nach Auflösung einer Ehe der Frau eine mindestens 10monatige Wartezeit zur Eingehung einer neuen Ehe auferlegt wird, § 1313 BGB., so ist dagegen vom biologischen Standpunkt nichts einzuwenden. Es soll ja dadurch nur jeder Zweifel an der Abstammung eines in dieser Zeit geborenen Kindes vermieden werden. Das ist ein Grund, der nicht nur aus rechtlichen und wirtschaftlichen, sondern auch aus rassen- und sozialbiologischen Überlegungen berechtigt ist. Im übrigen kann ja die Wartezeit abgekürzt werden, wenn innerhalb dieser Zeit eine Geburt oder Fehlgeburt stattgefunden hat oder ein Gutachten über die Abwesenheit einer Schwangerschaft vorgelegt werden kann. Nur ein Ehehindernis bedarf noch einer kurzen Erwähnung. Im § 1315 des BGB. wird für die Angehörigen der Wehrmacht und für Landesbeamte die Einwilligung der vorgesetzten Behörde zur Voraussetzung der Ziviltrauung gemacht. Maßgebend waren hierfür die Landesgesetze, die jedoch den Heiratskonsens für Beamte längst aufgehoben hatten. Für die Berufssoldaten blieben jedoch bis zur Umwälzung die Konsensvorschriften bestehen, die u. a. Ruf und soziale Stellung der Braut und den Nachweis eines bestimmten außerdienstlichen Einkommens bei den unteren Gehaltsgruppen betrafen. Noch jetzt ist die Heiratsbewilligung für Offiziere, Unteroffiziere und Mannschaften der Wehrmacht aufrecht erhalten (Wehrgesetz vom 23. März 1921, § 31b), indes sind Unteroffiziere und Mannschaften von dem Nachweis eines Heiratsgutes befreit, ihnen und den Offizieren steht bei Verweigerung der Heiratserlaubnis die Beschwerde zu. In der Regel soll die Heiratserlaubnis nicht vor Vollendung des 27. Lebensjahres erteilt werden. Im Verhältnis zum durchschnittlichen Heiratsalter erscheint diese Bestimmung nicht besonders ungünstig, aber es wäre doch im allgemeinen Interesse zu wünschen, daß das Mindestalter für die Verheiratung von Militärpersonen noch weiter herabgesetzt würde. Wir haben in unserer kleinen Wehrmacht z. Z. ein so ausgesuchtes und gesundheitlich streng überwachtes Menschenmaterial, wie es kaum noch an anderer Stelle zusammengebracht werden könnte. Dieses so früh als möglich in den Dienst der Menschenerzeugung zu stellen, müßte das Bestreben jedes Bevölkerungspolitikers sein. Daß dienstliche Rücksichten einem derartigen Bestreben ernstlich im Wege stünden, ist kaum glaubhaft zu machen; auf der anderen Seite aber bedingt die Hinausschiebung des Ehealters die Gefahr der geschlechtlichen Infektion.

Naturgemäß ist die Gesetzgebung der inneren Gestaltung der Ehe gegenüber ziemlich machtlos. Die Kulturentwicklung hat es mit sich gebracht, daß der rein körperliche Geschlechtsverkehr zum seelisch verankerten Liebesgenuß geworden ist, und daß die ursprüngliche geschlechtliche Gemeinschaft sich zur Lebensgemeinschaft umgewandelt hat. Je stärker sich Geist und Seele im Menschen differenzieren, desto verwickelter wird das Eheproblem und desto schwieriger die gesetzliche Beeinflussung ihrer inneren Gestaltung. Immerhin gibt es kaum ein Eherecht, das nicht wenigstens grundsätzlich von den Ehegatten die geschlechtliche Hingabe und die eheliche Treue verlangte. Selbst im kanonischen und protestantischen Recht sind derartige Forderungen aufgestellt. Zu ihrer Durchsetzung besitzt aber das Eherecht kein anderes Mittel als die Drohung mit der Scheidung. Es braucht hier kaum betont zu werden, daß mit Ausnahme derjenigen Ehen, die diesen Namen eigentlich nicht verdienen, vom biologischen Standpunkt aus, die Forderungen der Geschlechtsgemeinschaft in den natürlichen, durch Gesundheitsrücksichten bedingten Grenzen und der ehelichen Treue, nur lebhafte Unterstützung finden müssen. Es darf nicht dahin kommen, daß die Ehe zu einer äußerlichen, mehr geschäftsmäßigen Einrichtung, etwa zur Erlangung einer Wohnung oder sonstiger gesellschaftlicher Vorrechte herabgewürdigt wird, deshalb sollte nicht nur der Treubruch, sondern auch die Verweigerung der ehelichen Pflicht ohne zureichenden Grund, ein absoluter Scheidungsgrund sein.

Wie wir gesehen haben, ist die Ehe eine geschichtlich gewordene Einrichtung, die ihre Entstehung den gesellschaftlichen Bedürfnissen verdankt. Sie konnte nur dadurch durchgesetzt werden, daß eine immer größere Mehrheit von Menschen mit einer für diesen Zweck ausreichenden Kulturbefähigung geboren wurde. Daß die Befähigung gerade für die Einehe ein Auslesefaktor jemals gewesen sein könnte, ist sehr unwahrscheinlich. Dahingegen dürfte im allgemeinen diese Befähigung mit der allgemeinen Kulturbegabung gewachsen sein, die ja zweifellos das ausschlaggebende Ausleseprinzip bei der Menschheitsentwicklung gewesen ist. Bisher ist nun die Menschheit noch nicht auf den Gedanken gekommen, systematisch Nachwuchs zu züchten und alle unerwünschten Eigenschaften durch Zuchtmaßnahmen auszuschalten. Infolgedessen werden bei den Menschen noch in starkem Maße Rückschläge in die Triebhaftigkeit des Wesens beobachtet. Gerade bei der Ehe, die zwar auf einem gebändigten und sublimierten Trieb, aber doch immerhin ursprünglichen Trieb aufgebaut ist, muß sich diese Tatsache ganz besonders auswirken. Es ist oben schon darauf hingewiesen, wie wenig es gelingt, die monogamische Sexualordnung durchzuführen. Nicht nur daß vor der Ehe, besonders von den Männern, zahlreiche geschlechtliche Verbindungen gesucht und gefunden werden, auch der Ehebruch ist ganz außerordentlich viel häufiger als in der Öffentlichkeit bekannt wird. Das Gesetz hat von jeher versucht, die Durchbrechung der Monogamie durch Strafandrohung zu verhindern und zwar in früheren Zeiten z. T. auf recht drakonische Weise. Die Todesstrafe war im Altertum gang und gäbe doch wird dabei meistens zwischen männlichem und weiblichem Ehebruch geschieden. Im alten deutschen Recht stand dem Ehemann ohne jedes Urteil die Todesstrafe an seinem ehebrecherischen Weibe zu, den Männern aber war im allgemeinen der Treubruch erlaubt. Diese unterschiedliche Behandlung von Männern und Frauen ist von besonderem Interesse. Man könnte zwar behaupten, daß die Gesetze ausschließlich von Männern gemacht seien, und darum für sie größere Freiheiten in Anspruch genommen wurden; damit ist diese Frage aber nicht erschöpft, es liegt vielmehr in diesem Recht ein natürliches Empfinden, das von der Kultur noch nicht überwunden ist. Man muß sich vor Augen halten, daß die Natur mit einer scharfen Auslese arbeitet und zu diesem Zweck den Kampf zwischen den Männchen braucht. Wenn von manchen Seiten die sog. polygame Veranlagung der Männer gegenüber der mehr monogamen Veranlagung der Frau als ein bloßer Vorwand hingestellt wird, so genügt es demgegenüber auf die Tatsachen der Zuchtwahl in der Natur hinzuweisen. Dafür spricht auch die Beobachtung, daß unter kulturell weniger fortgeschrittenen Verhältnissen, sogar in den romanischen Ländern und auch bei uns in den weniger gebildeten Volkskreisen, die unterschiedliche Behandlung des männlichen und des weiblichen Ehebruchs beibehalten wird. Ein mehr durch die Kultur eingeführter Grund für diese Auffassung ist der, daß der Treubruch für die Frau viel weitergehende Folgen haben kann, da sie ja die Trägerin des keimenden Lebens ist. Jedenfalls ist die Bestrafung des Ehebruchs in den modernen Staaten ganz außerordentlich gemildert und in allen Staaten von nordischem Charakter für beide Geschlechter gleichgestellt. Im allgemeinen ist die Bestrafung sogar von einem Antrag des betrogenen Ehegatten oder einer ähnlich wirkenden Willenserklärung abhängig, so daß z. B. in Deutschland alljährlich nur wenige hundert Verurteilungen wegen Ehebruchs zustande kommen und auch diese größtenteils nur zu wenigen Tagen Gefängnis. Es fragt sich nun, ob diese Art der Ehebruchsbestrafung vom biologischen Standpunkt zu rechtfertigen ist. Zweifellos kann die strafrechtliche Verfolgung des Ehebruchs ohne jeden Schaden für die Einrichtung der Einehe fallen. Die geringe Zahl der Bestrafungen zeigt schon, daß die Strafe kein ernsthaftes Schreckmittel ist. Die zivilrechtlichen Folgen erscheinen weit wirksamer in dieser Richtung. Die strafrechtliche Bedrohung des Ehebruchs ist längst nicht mehr in dem Bewußtsein der großen Mehrzahl des Volkes verankert, das beweist immer wieder das grenzenlose Staunen, wenn man das jemanden mitteilt. Wozu soll also eine unwirksame Waffe aufrecht erhalten werden? Ganz abwegig wäre es aber, die Waffe des Strafrechts beim Ehebruch noch zu verstärken. Indes soll diese Frage ausführlicher in einem anderen Zusammenhang besprochen werden.

Von tiefeingreifender Bedeutung, nicht bloß in juristischer, sondern auch in jeder anderen Beziehung, ist die Frage der Lösung einer geschlossenen Ehe. Es liegt natürlich im Interesse der Gesellschaft, die Ehe von vornherein als eine Gemeinschaft für Lebenszeit aufzufassen. Von der in manchen, jetzt wohl überall überwundenen eherechtlichen Norm, daß die Treue auch über das Grab hinaus gehalten werden muß, soll hier nicht gesprochen werden; sie ist natürlich völlig unsinnig. Aber auch das Verbot der Ehescheidung und der Wiederverheiratung, wie es durch das kanonische Recht und die Erhebung der Ehe zum Sakrament eingeführt wurde, widerspricht jeder Vernunft, besonders bei biologischer Betrachtungsweise. Durch die verschiedensten Umstände kann das eheliche Verhältnis derart zerrüttet werden, daß von irgend einer Gemeinschaft keine Rede mehr ist, ja, es können aus der unlösbaren Ehekette unmittelbare Gefahren für Leben und Gesundheit entstehen. In solchen Fällen den Ehegatten den Weg in die Freiheit zu sperren, ist eine idiologische Verbohrtheit. Das moderne Eherecht sieht daher allenthalben Lösungsmöglichkeiten der Ehe vor und zwar durch Anfechtung und Scheidung.

Bei der Anfechtung kommen als Gründe praktisch nur in Betracht der Irrtum oder die Täuschung hinsichtlich von Tatsachen, bei deren Kenntnis die Ehe nicht zustande gekommen wäre. Natürlich muß es sich dabei um Tatsachen von schwerwiegender Bedeutung handeln, zu denen nach herrschendem Recht körperliche und geistige Gebrechen sowie auch ethische Abnormitäten gehören. In dieser Hinsicht zeigt die Rechtspraxis eine immer stärkere Nachgiebigkeit gegen die Forderungen der biologischen Vernunft. Das Vorhandensein einer übertragbaren Geschlechtskrankheit, einer Epilepsie, einer unheilbaren Geisteskrankheit, der unheilbaren Impotenz, der homosexuellen Perversionen und sonstiger körperlicher Mißbildungen und Gebrechen, die ein normales Eheleben zur Unmöglichkeit machen, sind im allgemeinen als Gründe für die Nichtigkeitserklärung der Ehe wegen Irrtums oder Täuschung anerkannt. Es macht sich auch die Neigung bemerkbar, schwere Formen der Hysterie und die Abwesenheit der Jungfräulichkeit bei der Frau als Nichtigkeitsgründe anzuerkennen. Es wird kaum möglich sein, in dieser Hinsicht noch weiter zu gehen, als die Rechtsprechung es bereits tut. Man darf schließlich nicht zu der Auffassung kommen, daß jede Enttäuschung in der Ehe zu einer Nichtigkeitserklärung führen kann, denn dann würden wohl nicht allzuviel Ehen aufrechterhalten bleiben. Aber diejenigen Ehen, die infolge eines Irrtums oder einer Täuschung von vornherein als gänzlich verfehlt zu betrachten sind, müssen ohne allzuviel Schwierigkeiten gelöst werden, damit die Betreffenden für eine gesunde Ehe gerettet werden, und in dieser Hinsicht scheint sich die Rechtsprechung fast überall auf dem richtigen Wege zu befinden.

Das eigentliche Zentralproblem des Eherechts ist die Ehescheidung insofern, als sie die jeweils herrschende gesellschaftliche Auffassung im Lichte des Kulturzustandes widerspiegelt, und die Rechtsprechung am stärksten beschäftigt. Vom biologischen Standpunkte aus erscheint die Frage der Ehescheidung nicht ebenso wichtig, immerhin aber wichtig genug, um sie etwas eingehender zu würdigen. In den Ehegesetzen des Altertums war die Lösung der Ehe im allgemeinen sehr erleichtert, da nicht nur Ehebruch, sondern auch gegenseitige Abneigung oder Vereinbarung, und selbst einseitige Willenserklärung zur Auflösung der Ehe führten. Es war erst das kanonische Recht, das allmählich nach langwierigen Kämpfen, besonders unter dem Einfluß Augustins, zur völligen Unauflöslichkeit der einmal geschlossenen Ehe zwischen Lebenden führte. Das protestantische Recht erkannte die Ehe als Sakrament nicht an und griff daher auf das alte deutsche Recht zurück, nachdem die Ehe nicht nur durch Verschulden, sondern auch durch gegenseitige Vereinbarung aufgelöst werden konnte. Auch das preußische Landrecht ging diesen Weg, indem es unüberwindliche gegenseitige Abneigung als Scheidungsgrund anerkannte. Die übrigen Länder zeigten in dieser Beziehung ein recht schwankendes Verhalten, je nachdem ihre Gesetzgebung mehr unter dem Einfluß der katholischen, der protestantischen oder weltlichen Weltanschauung stand. Ganz besonders lehrreich ist hier das Beispiel Frankreichs. Das Eherecht des deutschen Reiches ist stark von kirchlichen Anschauungsformen beeinflußt. Auf diese Weise herrscht das Bestreben vor, die Ehescheidung nach Möglichkeit zu erschweren. Mit Ausnahme der Geisteskrankheit (§ 1569 BGB.) kann nur ein schweres Verschulden einen gültigen Scheidungsgrund abgeben. Eigentlich bildet nur der nachgewiesene, vollzogene Ehebruch (§ 1565 BGB.) einen absoluten Scheidungsgrund. In allen übrigen Fällen, Trachtung nach dem Leben, bösliche Verlassung, Mißhandlung und schwere Verletzungen der ehelichen Pflichten (§§ 66—68 BGB.) steht dem Richter die Beurteilung darüber zu, ob das Verschulden derart war, daß dem anderen Ehegatten die Fortsetzung der Ehe nicht zugemutet werden könne. Auch beim Vorliegen einer Geisteskrankheit muß dieselbe schon mehrere Jahre bestehen, und nach dem Ermessen des Richters einen solchen Zustand herbeigeführt haben, daß für den anderen Ehegatten eine eheliche Gemeinschaft nicht mehr in Betracht kommt. Man wird ohne weiteres zugeben, daß hier viel Scharfsinn aufgewendet worden ist, um nach Möglichkeit die Lust nach dem Bruch der Eheketten von vornherein zu unterbinden. Wieviel mit dieser Art des Eherechts erreicht wird, darüber ist man sich wohl in allen unterrichteten Kreisen im Reinen. Man fragt sich vergeblich, was es für einen Sinn haben soll, eine innerlich morsche Ehe künstlich aufrecht zu erhalten, wenn doch beide Ehegatten, oder wenigstens einer von ihnen, in einer anderen Ehe volle Befriedigung und die Ermöglichung der Erfüllung staatsbürgerlicher Pflichten finden könnten. Es ist eine unbestreitbare Tatsache, daß mit der fortschreitenden Kultur auch die menschliche Seele sich mehr und mehr ethisch und ästhetisch differenziert, und daß hierdurch die Erotik und selbst das Sympathieempfinden wesentlich labiler wird. Das muß natürlich mehr und mehr zu Reibungen auch innerhalb der Ehe führen, die nicht an der Oberfläche bleiben, sondern zerstörend auf den Gemeinschaftsgeist wirken. Tatsächlich steigt die Zahl der Ehescheidungen in allen Kulturländern von Jahr zu Jahr, und auch in Deutschland ist die rückschrittliche Gesetzgebung keineswegs imstande, diese Erscheinung aufzuhalten. Gegen die Vorkriegszeit sind die Ehescheidungen ungefähr auf das Doppelte gestiegen. Wohl mag hieran die an sich unbestreitbare Tatsache mitschuldig sein, daß während des Krieges und kurz nach ihm eine große Reihe von sehr unüberlegten Heiraten geschlossen wurde, und daß die außergewöhnlichen Verhältnisse der Kriegs- und Nachkriegszeit mit der langen Abwesenheit der Ehemänner und der allgemeinen Wirtschafts- und Wohnungsnot so manche Ehe brüchig gemacht hat, die unter günstigen äußeren Bedingungen unberührt geblieben wäre. Es wäre aber falsch, diese Gründe allein für das Steigen der Scheidungsziffer verantwortlich zu machen. Die Tatsache, daß die Scheidungsziffer trotz Linderung der Wirtschaftsnot unausgesetzt wächst, spricht dafür, daß tiefere Gründe diese Erscheinung herbeiführen und diese können nur auf psychologischem Gebiete gesucht werden. Man wird in ruhigen Zeiten, wo das öffentliche und private Leben in geordneten Bahnen verläuft, immer feststellen können, daß die Mehrzahl der Menschen sich ohne Widerrede in die gesetzlichen Gegebenheiten fügt und auch einem etwa aufkommenden Begehren, die Ehefesseln zu sprengen, nicht ohne weiteres nachgibt, um nicht aus der geordneten bürgerlichen Lebensführung herausgeworfen zu werden. Wo aber große, die Seele aufrührende Ereignisse, wie Kriege, Umwälzungen und dgl. eintreten, da werden derartige Widerstände merklich geringer. Außer den bekannten großen Ereignissen der letzten zwölf Jahre, die allein schon imstande wären, die Scheidungswelle zu erklären, gibt es aber noch einen weiteren Grund für sie, der allerdings nicht exakt zu beweisen ist. Es geht ein Ahnen durch die ganze Welt, daß die europäische Kultur an einem Wendepunkt angekommen ist. Entweder schlägt sie neue Wege ein, die abseits von vielen bisher heilig gehaltenen Grundlinien führen, oder sie führt allmählich ins Verderben. Es ist eine Unsicherheit in die Volksseele gekommen, die sich auf fast allen Kulturgebieten fühlbar macht. Literatur, Kunst, Religion und Philosophie machen hiervon keine Ausnahme. Dieses Gefühl der Unsicherheit in der Stellung zum Weltgeschehen, zu den Daseinsbedingungen der Allgemeinheit und des Einzelnen, ruft die Stimmung hervor, die auch die Ehe oft als lästige Fessel empfindet und den Entschluß zur Reife bringt, sie zu sprengen. Eine derartige, noch kaum ins Bewußtsein der Allgemeinheit getretene Bewegung, schafft sich allmählich Raum. Wenn auch die Gesetze die gleichen bleiben, so wird allmählich eine Technik ausgebildet, die das gewünschte Ziel erreichbar macht, ohne daß die schwersten bürgerlichen und gesellschaftlichen Nachteile entstehen. Allmählich wird auch die gesellschaftliche Ächtung des geschiedenen Menschen, namentlich der geschiedenen Frau, immer geringer. Selbst unter den Richtern macht sich der allgemeine Zug der Zeit insofern geltend, als die gesetzlichen Bestimmungen im allgemeinen mit größerer Milde und größerem Entgegenkommen gehandhabt werden. Immerhin ist das deutsche Eherecht in der Scheidungsfrage noch recht starr und hart. Da es im Grunde auf der Schuldfrage aufgebaut ist und dementsprechend in vermögensrechtlichen Angelegenheiten, in betreffs der Zueignung der Kinder, zu ungunsten des Schuldigen, zu entscheiden vorschreibt. Die Folge davon ist gewöhnlich ein sehr erbitterter Streit der Ehegatten, der sich oft jahrzehntelang über die vollzogene Scheidung hinaus fortsetzt. Solange derartige Erscheinungen vereinzelt sind, spielen sie in der Gesellschaftsstruktur keine Rolle, man wird aber nicht mehr im Zweifel darüber sein können, daß diese Erscheinungen allmählich einen Umfang annehmen, der sie nicht mehr als gleichgültiges Gesellschaftsproblem zu übersehen erlaubt. Überblickt man die gesamte Sachlage, so muß man feststellen, daß zwischen dem gesunden Volksempfinden und dem Eherecht ein Zwiespalt zu entstehen beginnt, der nicht ohne Folgen bleiben kann. Gewisse Normen des Eherechts sind überaltert, und es hat keinen Zweck, sie eigensinnig aufrecht zu erhalten. Die Ehegesetzgebung in Norwegen und Schweden ist in dieser Beziehung bereits einen entscheidenden Schritt vorwärts gegangen. Hier können Ehegatten, die auf Grund wahrhafter Überzeugung glauben, die Ehe nicht mehr fortsetzen zu können, gemeinsam ein Gerichtsurteil herbeiführen, das die Trennung von Tisch und Bett verfügt. Ist im Verlauf eines Jahres keine Versöhnung erfolgt, dann wird auf Antrag eines der beiden Gatten die Ehescheidung ohne weiteres vollzogen. Auch wenn eine Trennung ohne Gerichtsurteil mindestens 3 Jahre lang bestanden hat, kann auf Antrag eines der Gatten eine Ehescheidung ausgesprochen werden. Daß es daneben auch eine Scheidung wegen Verschuldens eines der Ehegatten gibt, ist wohl selbstverständlich und sei hier nur nebenbei erwähnt. Natürlich bedingt die Scheidung auf Grund gegenseitiger Vereinbarung auch andere Grundsätze der vermögensrechtlichen Auseinandersetzung, der Unterhaltspflicht, des Verbleibs der Kinder u. s. f. Aber soweit dies ohne Kenntnis der tatsächlichen Zustände unter diesem Eherecht zu beurteilen ist, muß die Regelung der privatrechtlichen Auseinandersetzung bei freiwilliger Vereinbarung wesentlich einfacher und befriedigender sein, als bei Ehescheidungen auf Grund eines Verschuldens. Auch die Rechtspraxis in den anderen Ländern zeigt ja das Bestreben, sich nach der gleichen Richtung hin zu entwickeln. Unter unserem deutschen Eherecht wird gewöhnlich der Ausweg der böslichen Verlassung gewählt, der das geringste Maß des Verschuldens darstellt. Immerhin ist da derjenige Teil, der das Verschulden der böslichen Verlassung auf sich nimmt, in privatrechtlicher Beziehung benachteiligt. Es gehört wohl keine besondere Sehergabe dazu, vorherzusagen, daß in allen Kulturländern in absehbarer Zeit das Eherecht nach dem Muster der nordischen Länder reformiert werden wird, und das ist vom biologischen Standpunkt auf das wärmste zu begrüßen. Wenn die Ehe das sein soll, was sie nach ihrer ursprünglichen Bestimmung und ihrer weiteren Entwicklung unter dem Einfluß der gesamten Kulturgestaltung werden sollte, nämlich die Zelle des Staates, die diesem das Leben in bestimmten Bahnen gewährleistet, so muß sie von den Vorurteilen befreit werden, die den wohlverstandenen Lebenszweck einengen oder ihn gar vergiften. Es ist durchaus nicht nötig, das Eherecht so frei zu gestalten, daß leichtfertige Launen zur Schließung und Lösung der Ehe führen können. Gewisse Sicherheiten gegen Leichtfertigkeiten in der Auffassung der Pflichten innerhalb der Ehe, gegenüber der Familie, der Sippe und dem Staat sind durchaus erforderlich. Da aber, wo aus Gründen der unabänderlichen Veranlagung der Menschen, der eigentliche Zweck der Ehe, als Zelle der Gesellschaft zu dienen, unerreichbar oder zerstört ist, da müssen Wege geöffnet werden, die wieder ins Freie führen und zwar ohne übermäßige Belastung der seelischen Spannkraft der im Eheleben Gescheiterten.

Es gibt noch sehr weite und sehr einflußreiche Kreise, die sich jeder Reform des Eherechts energisch widersetzen. Ihre Beweggründe sind teils religiöser, juristischer, pädagogischer, teils auch politischer Natur. Sie alle laufen aber darauf hinaus, daß man mit Hilfe eines strengen unnachgiebigen Gesetzes die Einrichtung der Ehe aufrechterhalten müsse, die sich in der Vergangenheit nach jeder Richtung hin so glänzend bewährt habe. Die Zahl derjenigen, die die Ehe grundsätzlich abschaffen möchten, ist außerordentlich klein und fast ausschließlich unter den Utopisten zu finden. Man kann also wohl annehmen, daß auf Menschenalter hinaus der Wille der Kulturmenschheit darauf hinausgeht, die Ehe als wichtigste staatliche Einrichtung in möglichst vollkommener Form zu erhalten. Daß man dies aber durch zähes Festhalten an dem alten und zum Teil veralteten Eherecht erreichen kann, ist eine Verblendung. Wenn man nicht bloß die letzten Jahrhunderte, sondern einige Jahrtausende überblickt, so sieht man recht deutlich die allmähliche Wandlung des Eherechts unter dem Einfluß der Kultur. Alles, was mit der Kultur zusammenhängt, muß sich dauernd wandeln, um sich den Lebensverhältnissen anzupassen. Auch das Eherecht muß sich den Lebensnotwendigkeiten anpassen, und diese fordern, wie gezeigt wurde, die Berücksichtigung physiologischer und psychologischer Überlegungen bei der Auffassung des gesamten Eheproblems. Bis jetzt ist ein ernsthafter und wesentlicher Schaden an der Einrichtung der Ehe noch nicht bemerkbar geworden. Sie hat bisher noch ihre Aufgaben für Staat und Gesellschaft erfüllt, aber gewisse Anzeichen liegen vor, daß sie im Begriff ist, nach der biologischen Seite hin zu versagen. Die Abhilfsmittel dagegen sind nur zum Teil eherechtlicher Natur. Soweit sie dies sind, sind sie in den vorstehenden Ausführungen besprochen. Das Übrige sind Aufgaben der Bevölkerungspolitik, der Rassenhygiene und der allgemeinen Staatspolitik.

Namen-Register

Sachregister

Gedruckt bei der
von Münchow'schen Universitäts-Druckerei
Otto Kindt in Gießen

FSC
www.fsc.org
MIX
Papier | Fördert gute Waldnutzung
FSC® C083411

Kolibri 360 GmbH
Ferdinand-Jühlke-Straße 7
99095 Erfurt, Deutschland
produktsicherheit@kolibri360.de